表紙写真：C/2023 P1　西村彗星
2023年9月9日04時43分44秒　自作30cm F4ニュートン反射　タカハシJP赤道儀　ASI 6200MC
総露出11分30秒（30秒×23コマ）　撮影地／和歌山県紀の川市　撮影：津村光則（和歌山県）

データ

JN026569

天文年鑑編集委員会／編

天 文 年 鑑

2024年版
（閏年・甲辰）

創刊 76 年

C/2023 P1 西村彗星

　2023年8月13日03時43分（JST）に静岡県掛川市の天体捜索家の西村栄男さんが, ふたご座の領域を撮影した画像から, 光度10.3等の新彗星を発見し, 「C/2023 P1 (Nishimura)」として登録されました. 通算3個めの彗星発見となります. 西村彗星は, 2023年9月18日の近日点通過前, 明け方東の空で, その勇姿を見ることができました.

C/2023 P1 西村彗星の発見画像
視直径約5′ の拡散状の彗星像が写っていました. 撮影：西村栄男

1 deg. ───────▶ W

C/2023 P1　西村彗星　8月29日04時00分13秒〜　自作30cm F4ニュートン式反射望遠鏡＋ビクセンコレクター PH ZWO ASI6200MC冷却カラー CMOSカメラ　露出1分×20コマ　撮影地／和歌山県紀美野町　撮影：津村光則（和歌山県）

日食

2023年4月20日の金環皆既日食
2023年4月20日11時30分（現地時）　輝度情報：ボーグ107FL（D107mm f600mm F5.6 屈折）＋
マルチフラットナー　ZWO ASI6200MM-pro（ゲイン100）　露出1/4000秒～1/2秒までの151枚の
段階露出　色情報：タカハシFC-76D＋レデューサー（D76mm f417mm F5.5 屈折）　キヤノンEOS
R5（ISO320）　露出1/4000秒～1/4秒までの段階露出　撮影地／西オーストラリア・エクスマウス
市街地　撮影：土生祐介（東京都）

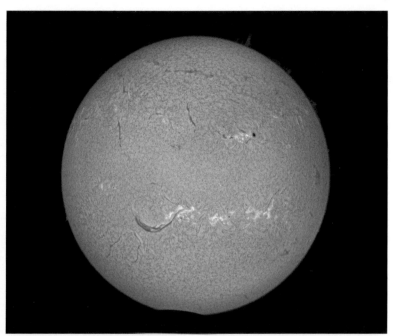

2023年4月20日の部分日食　2023年4月20日14時40分41秒（食の最大時）　トミーテック BORG72FL（D72mm f400mm F5.6 屈折）　アストロストリートGSO 0.5×フォーカルレデューサー（合成f925mm 合成F15）Daystar Quark彩層仕様フィルター　ビクセンSX2赤道儀　ZWO ASI 183MM Photoshopで画像処理　撮影地／千葉県南房総市　撮影：木下里美（東京都）

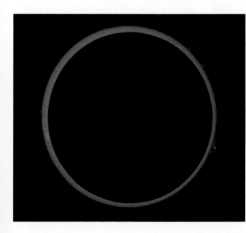

2023年10月14日の金環日食
2023年10月14日10時34分30秒（現地時／日本時では10月15日）最大食の頃　タカハシFOA-60Q　タカハシP-2Z赤道儀　キヤノンEOS R5　ISO 125　露出1/30, 1/60, 1.125秒の3カットからHDR処理　コロナドSOLAR MAX 60フィルター　撮影地／アメリカ・ニューメキシコ州ブルームフィールド郊外　撮影：中西アキオ（東京都）

月食

2022年11月8日の皆既月食（地球の影）
2022年11月8日17時54分〜22時04分　ペンタックス125SDP（D125mm F6.4 屈折）　タカハシEM-200赤道儀　ニコンD800E　露出4秒〜1/1000秒　ISO200〜800　撮影した11枚を描画モード・スクリーンで合成　撮影地／静岡県富士宮市　撮影:渡部 剛（神奈川県）　※画像は上が北です.

2023年5月6日の半影月食（最大食）
2023年5月6日02時23分　タムロンSP 150-600mm F5-6.3（f600mm 絞りF8）＋シグマ2×アポテレ（合成f1200mm F16）キヤノンEOS R7（ISO200, RAW）　露出1/125秒 Photoshop CCで画像処理　撮影地／兵庫県西宮市　撮影：川口 勉（兵庫県）　※画像は上が北です.

2023年10月29日の部分月食（最大食）
2023年10月29日05時14分00秒　ビクセンED102SS（D102mm F6.3 屈折）＋エクステンダーQ1.6×　ビクセンAP赤道儀　キヤノンEOS R6Ⅱ　ISO400　露出1/250　撮影地／埼玉県児玉郡上里町　撮影：片岡克規　※雲間からの撮影となりました. 画像は上が北です.

惑星食

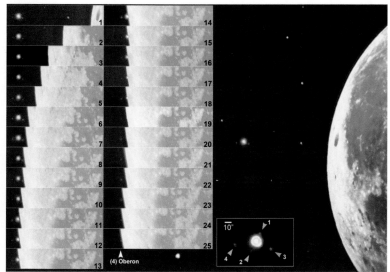

皆既月食中の天王星と衛星の食　2022年11月8日20時9分56秒より撮影　セレストロンC14 (D355 mm f3910mm F11 シュミット・カセ) アストロフィジックス1200GTO赤道儀　キヤノンEOS Ra (ISO6400) 露出各1秒　Photoshop CS5,ステライメージ9で画像処理　撮影地／岡山県津山市　撮影：片山栄作 (岡山県)　※U3-ティタニア, U1：アリエル, U2：ウンブリエル, U4：オベロンは,それぞれフレーム #10 (20時27分46秒),#12 (20時28分28秒) ,#21 (20時29分06秒),#25 (20時30分17秒) に潜入しました.

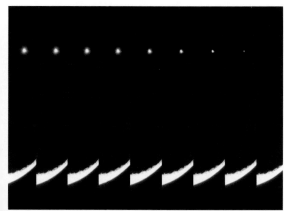

金星食
2023年3月24日19時18分24秒 (現地時)　ニコンAF-S DX ニッコール18-140mm f/3.5-5.6G ED VR (35mm 絞りF5.6)　ニコンD7100 (ISO 3200, WB/太陽光, RAW) 各画像は露出2秒×12コマ合成　Photoshop CS6で画像処理　撮影地／台湾台南市黄金海岸　撮影：王朝鈺 (台湾)　※2023年3月24日に起こった金星食ですが,日本国内はあいにくの天候で金星食を見ることができませんでした.

この1年で見られた主な食現象

Occultation of TYC 1868-2053-1 by Mars　[Mar. 29, 2023　JST]

火星による8等星の食　2023年3月29日21時10分〜23時30分まで10分ごと　掩蔽は22時39分〜40分までの間　セレストロンC14（D355mm f3910mm F11 シュミット・カセ）アストロフィジックス1200GTO赤道儀　キヤノンEOS Ra（ISO6400）露出各1秒 Photoshop CS5で画像処理　撮影地／岡山県津山市　撮影：片山栄作（岡山県）　※Goffinの予報にしたがってとらえた，ふたご座の足もとで起こった火星による8等星（TYC 1868-2053-1 ＝ SAO 77982）の食の様子です.

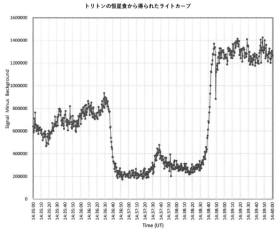

トリトンの恒星食から得られたライトカーブ

海王星の衛星トリトンによる11.5等星の食
2022年10月6日の海王星の衛星トリトン（N1）による11等星の食観測のライトカーブです．吉田秀敏氏（北海道）による観測．潜入は図の左側（雲の影響がある）です．減光中に中央集光（セントラルフラッシュ）が見られます．データはp.255表1，およびp.257表2を参照．国内初の観測結果です．

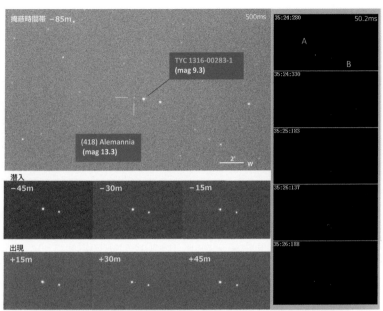

小惑星（418）Alemanniaによる恒星食　2023年1月8日00時09分51秒 Coated Optics（D130mm f650mm F5 ニュートン式反射）タカハシEM-1S赤道儀 ZWO ASI290MMモノクロCMOSカメラ（2×2ビニング，掩蔽以外のゲイン350，掩蔽時のゲイン400）掩蔽以外の露出500/1000秒，掩蔽時の露出50.2/1000秒　撮影地／福島県田村郡三春町　撮影：細井克昌（福島県）

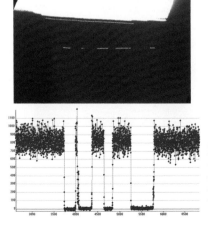

月による恒星（R1373）のグレージング
2023年4月28日21時54分00秒〜1秒ごと ミードLX90-20（200mm f2000mm F10 シュミット・カセ）レデューサー（合成F6.3）ミードLX90経緯台 ワテックWAT120カメラモジュール ステライメージほかで画像処理　撮影地／岡山県倉敷市　撮影：石田正行・知子（滋賀県）　※4月28日のかに座90H¹.Cnc星（6.5等，星表番号ZC1373）の北限界線接食の観測・解析画像です．限界線は島根県，岡山県，香川県，徳島県を通るものでした．この画像では潜入・出現が4回観測されていることがわかります．

この1年の惑星

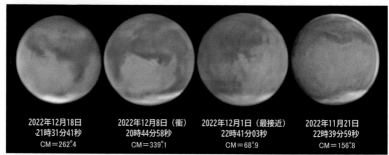

| 2022年12月18日 21時31分41秒 CM=262°.4 | 2022年12月8日（衝） 20時44分58秒 CM=339°.1 | 2022年12月1日（最接近） 22時41分03秒 CM=68°.9 | 2022年11月21日 22時39分59秒 CM=156°.8 |

火星　2022年11月21日～12月18日（時刻は画像中に表示）　英オライオンCT10L（D250mm f1588mm F6.4 ニュートン式反射）テレビュー パワーメイト5×（合成F44.3）UV/IRカットフィルター，ZWO ADC（大気分散補正）プリズム使用 タカハシEM-200 USD-3赤道儀　ZWO ASI 290 MCカラー CMOSカメラ　露出1/100秒で2分間に撮影した約12000コマから3000 ～ 6000コマをスタック RegiStax6で画像処理　撮影地／愛知県刈谷市　撮影：二宮 修（愛知県）　※火星は2022年12月1日に最接近しました．この画像は最接近の前後，11月21日から12月18日にかけてとらえた火星面の全経度を並べたものです．

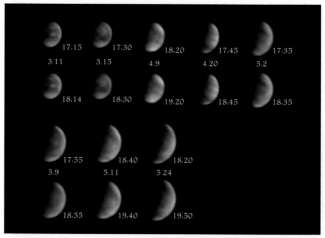

17:15	17:30	18:20	17:45	17:35
3.11	3.15	4.9	4.20	5.2
18:14	18:30	19:20	18:45	18:35
17:55	18:40	18:20		
5.9	5.11	5.24		
18:55	19:40	19:50		

金星のスーパーローテーション　2023年3月11日～5月24日（時刻は画像中に表示）タカハシμ-250（D250mm f3000mm F12 ドール・カーカム式反射）自作2倍石英バーローレンズ（合成F24）タカハシEM-200 Temma2赤道儀 ZWO ASI183MMモノクロ CMOSカメラ，4月9日以降はASI462MMモノクロ CMOSカメラ アストロドン UV Venusフィルター 露出5/1000 ～ 70/1000秒 2000フレームのうち上位40％をスタック ステライメージほかで画像処理　撮影地／愛知県あま市　撮影：宮崎智永（愛知県）　※金星は自転（地球と逆方向，周期約243日）と同じ方向に，自転の約60倍の速い風が吹いており，これをスーパーローテーションといいます．この画像はアストロドンのUV Venusフィルターを使って近紫外域で金星の速い雲の動きをとらえたものです．

木星①
2023年7月27日3時41分（体系Ⅰ＝108°　体系
Ⅱ＝291°　体系Ⅲ＝302°）※大赤斑の反対側
の経度で、南赤道縞（SEB）も北赤道縞（NEB）
も複雑な構造が見られます。

木星②
2023年7月30日4時9分（体系Ⅰ＝239°　体系
Ⅱ＝039°　体系Ⅲ＝051°）※大赤斑は顕在で
すが、大赤斑のリムがやや不明瞭で見えにくくな
っています。大赤斑のすぐ南にある南温帯縞
（STB）は複雑な暗斑群となっています。

〔共通データ〕セレストロンC-14（D355mm f3910mm F11 シュミット・カセ）ZWO ASI462MM, ASI
662MC　CMOSカメラによるLRGB合成　撮影地／大阪府　撮影：熊森照明

土星　2023年8月2日02時23分　体系Ⅰ＝302°　　体系Ⅱ＝254°　　体系Ⅲ＝240°　セレストロン
C-14（D355mm f3910mm F11 シュミット・カセ）ZWO ASI462MM、ASI662MC　CMOSカメラに
よるLRGB合成　撮影地／大阪府　撮影：熊森照明
※2023年の土星は環の傾きが浅くなり、衛星の軌道が本体に近づき、衛星が本体の近くに見えたり、
本体上を通過するようになりました．

この1年間に訪れた明るい彗星

C/2022 E3 ZTF彗星　2023年1月20日04時03分40秒　タカハシε-180ED (D180mm f500mm F2.8 アストログラフ) タカハシEM-200 Temma2M赤道儀　キヤノンEOS6D (HKC改造, ISO1250) 露出120秒×17コマ (総露出24分)　撮影地／岡山県備前市　撮影：玉島英樹 (兵庫県)

C/ 2022 E3 ZTF彗星
2023年1月25日04時00分53秒 (現地時) シャープスター15028HNT (D150mm f420mm F2.8 アストログラフ) ZWO AM5赤道儀　ZWO ASI6200MC Proカラー冷却CMOSカメラ (−10℃, ゲイン100) 露出2分×38コマ (総露出1時間16分)　撮影地／台湾南投県合歡山觀星園 撮影：施勇旭 (台湾)　※編集部でトリミング

81P/ウィルド第2周期彗星
2022年11月27日05時17分20秒　タカハシε-250 (D250mm f854mm F3.4 アストログラフ) タカハシNJP赤道儀　キヤノンEOS 6D (ISO 3200, WB/オート, JPEG) 露出1分×16コマ 撮影地／宮崎県延岡市・鏡山　撮影：柏木周二 (大分県)

96P/マックホルツ第1周期彗星
2023年2月17日05時07分46秒 ORION
（D300mm f1656mm F5.5 エクステンダー
付ニュートン式反射）タカハシNJP
Temma PC赤道儀 ASI183MM Pro冷
却モノクロCMOSカメラ 露出30秒×79
コマ 擬似カラー処理 撮影地／長野県
長野市 撮影：大島雄二（長野県）
※m1＝9.0等

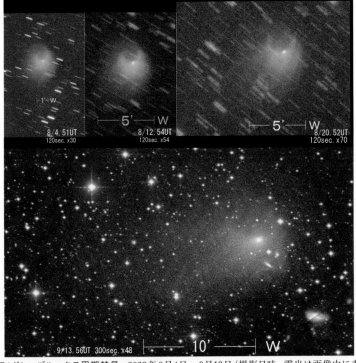

12P/ポン・ブルックス周期彗星 2023年8月4日〜9月13日（撮影日時・露出は画像中に表示
（UT）） 自作30cm F4ニュートン式反射望遠鏡 タカハシJP赤道儀 ZWO ASI6200MC冷却カラー
CMOSカメラ 撮影地／和歌山県紀美野町ほか 撮影：津村光則（和歌山県） ※2020年に23等
級で検出された12P/ポン・ブルックス周期彗星は7月中旬に増光しました．その後，12P彗星はバー
ストで噴出した物質が拡散するにつれて大きく淡くなり，8月中旬から南東に見え始めた淡い構造は，
9月には東にダストの尾のように長くなり筋構造も見えました．

C/2021 T4 レモン彗星
2023年7月5日02時06分14秒 ORION（D300
mm f1656mm F5.5 エクステンダー付ニュートン
式反射）タカハシNJP Temma PC赤道儀 ASI
183MM Pro冷却モノクロCMOSカメラ 露出
30秒×176コマ 擬似カラー処理 撮影地／
長野県長野市 撮影：大島雄二（長野県）
※m1＝10.7等 ※編集部でトリミング

C/2023 E1 ATLAS彗星
2023年8月26日02時35分16秒 タカハシε
-350（D350mm f1248mm F3.57 アストログラフ）
昭和機械25E赤道儀 SBIG ST-8E冷却CCD
カメラ 露出1分×11コマ 撮影地／群馬県桐
生市 撮影：坂田雅道（群馬県）※編集部でト
リミング

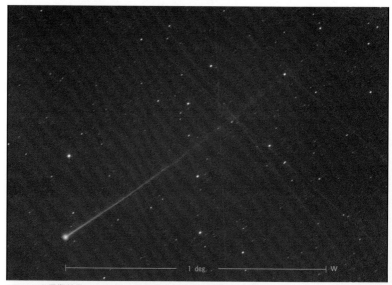

2P/エンケ周期彗星 2023年10月13日04時52分28秒〜 自作30cm F4ニュートン式反射望遠鏡
ZWO ASI6200MC冷却カラーCMOSカメラ 露出30秒×29コマ 撮影地／和歌山県紀美野
町 撮影：津村光則（和歌山県）

流星群と火球，隕石

ペルセウス座流星群
2023年8月12日22時53分25秒〜　ニッコール20mm F1.8S（絞りF1.8）　スカイウォッチャー Star Adventurer赤道儀　ニコン Zfc(ISO3200,RAW)　総露出3分(30秒×6コマ)　Photoshopほかで画像処理　撮影地／北海道苫前郡初山別村　撮影：花崎洋平（北海道）
※2023年のペルセウス座流星群は8月13日16時が極大と予報され，新月期で月明かりの影響がない好条件で，期待どおりの堅実な出現となりましたが，台風接近による悪天候で観測を阻まれた地域が多くありました.

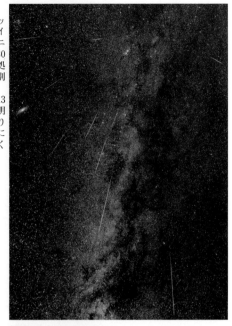

いっかくじゅう座流星群の火球にともなう流星痕の変化
2022年12月14日20時30分46秒　シグマ20mm F1.4 DG HSM（絞りF1.4）　ソニー α7S II（ISO1250, WB/太陽光, JPEG）　露出4秒×17コマ　ステライメージほかで画像処理（画像処理：杉本 智）　撮影地／茨城県常陸大宮市・花立自然公園　撮影：松尾 研（東京都）

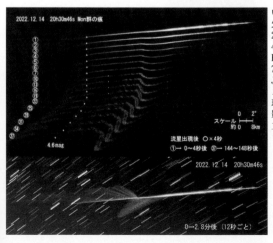

火球と冬の星座
2022年10月26日03時39分48
秒　AF-Sニッコール14-24mm
F2.8G ED（f14mm 絞りF3.2）Lee
ソフト#3フィルター　タカハシ
90S赤道儀　ニコンD810（IR改
造，ISO6400，WB/プリセット，
RAW）　露出13秒×12コマ　比
較明合成　総露出2分36秒
Sequatorほかで画像処理　撮影
地／長野県下条村　撮影：守田
浩淑（静岡県）

越谷隕石
1902（明治35）年3月8日の明け方，
埼玉県南埼玉郡桜井村大字大里（現
在の越谷市）に落下した隕石（重量
4.05kg）が，宇宙線生成核種からのガ
ンマ線が検出されたこと，鉱物組成分
析の結果などから，L4普通コンドライト
（球粒隕石，小惑星が起源）と確定し
ました．これらの結果，2023年2月23
日に国際隕石学会で「越谷隕石
(Koshigaya)」として登録されました．(画
像提供：国立科学博物館)

この1年の観測

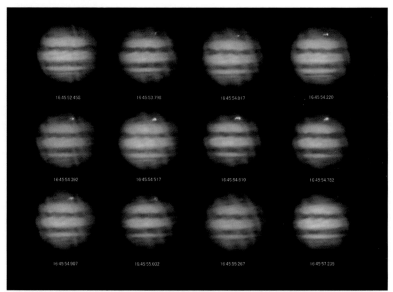

木星の閃光現象 2023年8月29日01時45分52秒〜57秒（画像内の時刻はUT） セレストロン C14HD（D350mm f3900mm F11 シュミット・カセ）＋エクステンダー（合成f6700mm） アストロミックフィルター（G画像） スカイウオッチヤー EQ8-R赤道儀 ZWO ASI290MMカラーカメラ 総露出42秒 9913フレーム/42秒のうち，3500〜4700フレームを使用 各画像30〜50フレーム前後．現象は約2秒，イベント前後 撮影地／群馬県玉村町 撮影：冨田安明（群馬県） ※2023年8月29日1時46分に木星面に小天体の衝突と思われる閃光現象が見られました．閃光現象の発生は2010年以来10例目でした．

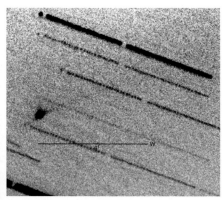

小惑星 (65803) Didymosの尾
2022年10月1日02時00分23秒 オライオン（D300mm f1200mm F4 ニュートン式反射）エクステンダー（合成F5.5）タカハシNJP Temma PC赤道儀 ASI 183MM Pro冷却モノクロCMOSカメラ（0℃）露出1分×28コマ＋30秒×59コマ 総露出57分30秒 ステライメージ9で画像処理 撮影地／長野県長野市 撮影：大島雄二（長野県）
※2022年9月27日（JST），NASAは小惑星 (65803) ディディモスの周りを回る衛星ディモルフォスに惑星防衛実験探査機「ダート」を衝突させて軌道を変える実験を成功．その衝突によって小惑星に発生した尾をとらえた画像で，西北西方向に細長い尾と北方向に幅広い短い尾が確認できます．

超新星SN2023gfo
2023年4月27日23時23分 自作望遠鏡（D250mm f1000mm F4.0 ニュートン式反射）エクステンダーPH（合成F5.6）スカイウオッチャー EQ6R赤道儀 D60mm f240mmガイド鏡＋ASI120MMmini＋ASIAIR Proによる自動ガイド ZWO ASI1600MM-Cool冷却モノクロCMOSカメラ（−20℃）ZWO LRGBフィルター 露出L（5分×20コマ）：RGB各（5×4）総露出2時間40分 PixInsightほかで画像処理 撮影地／和歌山県すさみ町 撮影：前岡理照（大阪府）
※編集部でトリミング ※4月21.294日に渦巻銀河NGC4995に発見された超新星です.

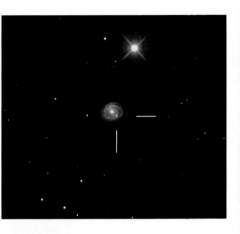

プロミネンス
2022年12月8日14時05分 コロナドソーラーマックスⅡ-90（D90mm f800mm F8.8 Hα太陽望遠鏡）タカハシ90S赤道儀 ZWO ASI 174MMモノクロCMOSカメラ 露出1/1000秒×1000フレーム×2枚モザイク プロミネンスと彩層面を合成 AviStack2ほかで画像処理 撮影地／大阪府堺市 撮影：柴田浩一（大阪府）
※太陽の南東縁に現われたこの巨大なプロミネンスは長時間にわたって観測されました.

2024年のこよみ

2024年の主な天文現象のデータ, 2024年の太陽・月の
出没時刻, 各惑星の位置・動き, 流星, 小惑星, 彗星,
連星, 変光星の予報を中心にデータを掲載.

天文年鑑 凡例

　最近普及している自動導入の天体望遠鏡に必要な天体の座標値は, 観測時の視位置である. 主な恒星, 星雲, 星団, 銀河, 連星などの表の赤経, 赤緯座標の分点は2000.0である. 本書の「大惑星のこよみ」では, 視位置が表示されている. そこで, 分点2000.0の星図に大惑星の位置を書き込むときに必要な補正値を表示してある.

　2002年4月1日施行の「測量法および水路業務法」の一部改正にともない, 地球上の位置表示の基準として, 従来の日本測地系に代わり, 世界測地系を用いることになった. それにともない, 各地の日の出・日の入の観測地は変わらないが, その位置の数値が変わっている場合がある. ご使用に当たってお気付きの点はご指摘願いたい.

★使用上の注意事項

1. 時刻は原則として中央標準時で表示してある. JST, 日本時と略記することがある.
2. 主な恒星, 星雲, 星団, 銀河, 連星などの表の赤経, 赤緯の分点は2000.0である. その他の表には使用した分点を明記してある.
3. 太陽・月・惑星のこよみ, 毎月の空に記されている天体の位置関係のデータは, 場所が記されていない限り地球中心から見た「視位置」の値であり, 惑星現象の衝, 合, 東矩, 西矩, 留は「視赤経」を基準にした時刻である.
4. 本文や表の中で, 0日と記してあるのは前月末日, 12月32日と記してあるのは翌年の1月1日のことである.
5. 本書に使用した主な記号は, 次のとおりである.
   角度：角度の度, 分, 秒は ° ′ ″ で, 赤経 (α) の時, 分, 秒は h m s で, 赤緯 (δ) の度, 分, 秒は ° ′ ″ で示してある.
   時：時間, 時刻の表示は, h m s を使用. 本文中は, 時分秒を使った箇所もある.
   長さ：auは天文単位を示し, 1auは約1.5億kmである.
   nmはナノメートル (10^{-9}m), 本書では光の波長の単位として用いられる.
   hPaはヘクトパスカル, 気圧の単位である.
   nTはナノテスラ, 磁力の単位である.
   その他：λ は経度, φ は緯度, Hzは周波数ヘルツである.

展　望 (山岡　均)

【西暦　2024年】

　西暦2024年（令和6年）は閏年（366日）で，年の干支は甲辰（きのえたつ，こうしん）である．

　　　1月1日世界時0時の　ユリウス通日（JD）：2460310.5

　　　1月1日世界時0時の修正ユリウス日（MJD）：　60310

　　　1月1日の干支：甲子（きのえね，こうし）

　　　1月1日世界時3時（中央標準時12時）の月齢：19.1

　　　1月1日は月曜日である．

　2017年1月1日以降，閏（うるう）秒の挿入はなく，また予定されていない．

　2023年2月に公表された暦要項による2024年の国民の祝日は下表のとおり．二十四節気・雑節は22ページ参照．

　2024年の節分は2月3日（土），伝統的七夕は8月10日（土），中秋の名月（太陰太陽暦の八月十五日）は9月17日（火）で，満月（望）は翌18日である．後の月（太陰太陽暦の九月十三日）は10月15日（火）．天保暦の置閏法では，本年は日本では閏月はない．

名　称	月　日	曜日
元日	1月 1日	月
成人の日	1月 8日	月
建国記念の日	2月11日	日
天皇誕生日	2月23日	金
春分の日	3月20日	水
昭和の日	4月29日	月
憲法記念日	5月 3日	金
みどりの日	5月 4日	土
こどもの日	5月 5日	日
海の日	7月15日	月
山の日	8月11日	日
敬老の日	9月16日	月
秋分の日	9月22日	日
スポーツの日	10月14日	月
文化の日	11月 3日	日
勤労感謝の日	11月23日	土

2月12日，5月6日，8月12日，9月23日，11月4日は休日になる．

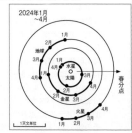

図1　2024年の太陽系（太線は今年中に動く範囲）

【2024年の主な天文現象】(以下，すべて中央標準時＝日本時)

　2024年には全世界的には日食が2回，月食が1回起こるが，いずれも日本では見られない．国内で日食月食がまったく見られないのは2003年以来だ．4月9日の皆既日食は，北アメリカ大陸をメキシコからカナダにかけて南西から北東に皆既食帯が横切る．ダラスやインディアナポリス，モントリオールといった大都市も皆既食帯に入る．テキサス州の内陸部には，2023年10月15日に金環日食が見られ，なおかつ今回の皆既日食が見られるという幸運な地域がある．9月18日の部分月食は大西洋上空で起こるため，アメリカ東海岸や西ヨーロッパでは食の全体が観測でき，アメリカ西部の広い範囲で月出帯食，ヨーロッパ東部から中近東で月入帯食となる．10月3日の金環日食は南太平洋上空で起こり，金環食帯が陸地を通るのはイースター島と南アメリカ大陸の南端のみだ．イースター島では2010年7月12日にも皆既日食が観測されており，遠征隊がモアイ像と皆既日食を写真に収めていた．今回も遠征観測される人が多いだろうか．なお，3月25日には半影月食が起こり，日本では月出帯食となる．撮影すると半影によって月面に明暗ができているのがわかるだろう．

　惑星食は，世界的には水星食が1回，金星食が2回，火星食が2回，土星食が10回，そして海王星食が13回起こる．このうち日本からは，5月5日昼間の火星食，12月8日夕方の土星食，12月9日夕方の海王星食が比較的観測しやすい．ただし12月8日の土星食は札幌や福岡では食にはならず，岡山では土星が月の縁をぎりぎりかすめていく様子が見えるだろう．明るい恒星では，8月10日と12月25日にスピカが，12月14日にはプレヤデス星団が月に隠される．

　火星は次回の衝が2025年1月で，1年間にわたって明け方の空から徐々に深夜へと移っていくとともに視直径が大きくなっていくが，火星と地球の距離は年末にようやく1億kmを切る程度で，その時期でも視直径は14″ちょっとと大接近時の半分ほどだ．この間，1月28日には水星が，4月11日には土星が，4月29日には海王星が，7月15日には天王星が，そして8月15日には木星が火星と接近する．土星は9月9日に衝（黄道座標系で

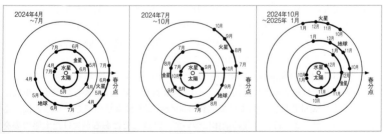

図2　3ヵ月ごとの内側惑星の動き　・印は毎月1日の位置

は8日）となり，2025年の消失に向けて環がどんどん細くなっていく様子を夏から冬にかけて好条件で見ることができる．9月21日には海王星が，11月17日には天王星が衝をむかえる．そして12月8日には木星が衝となり，おうし座で−3等級の威容を見せる．

周期彗星では，周期7.5年の144P/串田彗星が1月に近日点を通過し，その前後に7等級で観測できそうだ．次に期待が高いのは周期70年超の12P/ポン・ブルックス彗星で，4月にはおひつじ座周辺を移動して4等級ほどで輝くと予想されている．2023年7月にはこの彗星がバーストを起こして，数日前より5等級も明るくなったところがとらえられた．これが吉兆であることを期待したい．さらに6〜7月には，周期70年弱の13P/オルバース彗星が，やまねこ座からこじし座を移動しつつ7等級で見えると期待される．そして，2023年1月に発見されたC/2023 A3 紫金山・アトラス彗星が，日本からは10月に夕方の空でマイナス等級にもなると予報されている．新彗星の明るさはなかなか予報どおりにはならないが，良い方にぶれてくれることを期待したい．

3大流星群は，1月のしぶんぎ座流星群は短い活動極大が日本では1月3日夕方にあたるため，また12月のふたご座群は満月直前の月に邪魔されるため，観測される流星数は条件の良い年ほどではないだろう．一方，8月のペルセウス座流星群は，上弦の月が沈んだ後の13日未明が観測の絶好期で，1時間に60個程度の流星を楽しむことができると予想される．2023年の酷暑が翌年も続かないことを祈りたい．

上弦ごろの月の欠け際にクレーターの光と影が織りなす模様「月面X」が見えるチャンスは，2024年は1月18日19時20分ごろがもっとも好条件だ．夜間に見えるのは2022年12月30日以来となる．

【2023年の話題から】

2022年11月8日，皆既月食の最中に天王星食が起こるという一大天文ショーが話題となった．皆既月食中に惑星食が起こるのが日本で見られるのは1580年7月26日（このときは土星食）以来だ，などとも報じられたが，織田信長や徳川家康が見たかどうかは定かでない．東京では天候にも恵まれ，月食の始まりから終わりまでクリアに観測できた．国立天文台三鷹キャンパスからのライブ中継では，天王星食の前に恒星の星食もとらえられ，潜入・出現に10秒以上かかる天王星食と，潜入時に恒星が瞬時に消える様子との対比を鮮やかに伝えることができた．

2023年3月24日の金星食，同年4月20日の部分日食は，いずれも東京では起きないが南西諸島では起きるという現象で，国立天文台石垣島天文台からのライブ中継が企画された．金星食は雲に阻まれて，食の30分前ごろに金星の姿をチラリと伝えるにとどまったが，部分日食は食の全体について，雲越しではあるが欠けた太陽の姿を

　配信することができた．オーストラリア西岸などでは皆既日食，洋上では金環日食となったこの日食では，久しぶりに海外遠征ツアーで日食を楽しんだ人もいた．次回日本で観測可能な日食は，2030年6月1日の北海道金環日食まで待たないといけない．

　2022年12月後半には，7惑星が夕方の空に勢ぞろいした．同年6月には明け方の空でやはり7惑星が集合したが，夕方に起こった12月の方が多くの人の目に止まったようだ．初冬の澄んだ空で，地平線近い金星や水星までとらえられやすかったという事情もあるだろう．次回に見やすい7惑星集合は2061年とのことで，再度目にすることができる人は幸せだ．

　2023年1月から2月にかけて，ZTF彗星（C/2022 E3）が明るく観測された．近日点を1月13日に通過したあと，1月末には北斗七星とこぐま座の間で周極星となり，一晩中その姿を楽しむことができた．2月2日には地球に最接近（4200万km）し，4等級の明るさでとらえられた．その後ぎょしゃ座からおうし座へと南下して，視界から去っていった．8月に発見された西村彗星（C/2023 P1）は，9月上旬まで明け方の低空で尾を引いた姿が撮影された．

　小惑星が恒星を隠す掩蔽（えんぺい）現象を観測すると，小惑星の形状を求めることができたり，小惑星の軌道の精度を向上させることができたりするため，近年注目を集めている．とくに，探査機ミッションが予定されている小惑星ではひときわ重要である．2021年，2022年には，DESTINY+ミッションの対象天体である小惑星（3200）ファエトンによる掩蔽の観測に成功し，複数の断面での小惑星の形状が求められた．また，2023年3月5日には，「はやぶさ2」拡張ミッションの対象天体である小惑星（98943）2001CC$_{21}$による掩蔽が多数の観測者の協力で観測され，1地点で減光がとらえられて小惑星の直径が449m以上であると推定され，軌道の精度が大幅に改良された．

　すばる望遠鏡などの活躍により，土星の新衛星が多数発見されてきている．いずれも土星本体から遠く離れたもので，土星を周回するのに1年以上かかる．すべてたいへん暗いもので，追跡観測も容易ではなく，確定番号や名称が与えられるには長い時間がかかるだろう．

　おおぐま座の渦巻銀河M101に出現した超新星2023ixfを，山形県山形市の板垣公一さんが2023年5月19日に発見した．Ⅱ型の超新星で，5月下旬には11等を上回る明るさで観測された．また三重県伊勢市の奥野浩さんが2023年1月12日，ペルセウス座のレンズ状銀河IC 1874に超新星2023fuを発見した．自身初の超新星発見となる．

　日本の天文普及活動を長年にわたり力強く牽引されてきた藤井旭さんが，2022年12月28日に逝去された．藤井さんの著作や星空イベントに感化されて天文の世界に入った人は数限りないだろう．筆者もそのひとりである．心からご冥福をお祈りする．

毎月の空 (渡辺和郎)

【カレンダー】 1年間に起こる天文現象を毎月, 日付ごとにまとめたのが「毎月の空」カレンダー（一覧表）である. 現象ごとに月の状態や地平高度, 対象物の明るさなど, 観測条件にうまく合致するものを選んで収録した. その中でも, 注目すべき現象は目立つように太字で表示した. **時刻はすべて中央標準時（日本時・JST）**で示した. ただ, 日・月食や星食を日付だけで表示することや, 流星群の活動や長周期変光星の極大を時分秒までくわしく表示することは困難であり, また意味を持つものではない. 現象ごとに必要とされる時刻を表示した. 各現象のより詳しい内容については, 各章で解説されるので「毎月の空」は, 天文現象の見出し的なものと考えていただきたい.

【祝日と休日, 二十四節気, 雑節】 日曜, 祝日は休日となり観測機会も多い. 計画を練る上では重要である. 節気や雑節は日々の節目となるもので, 目立つように太字で表示した. 毎月0日（前月最終日）の修正ユリウス日（MJD）と年間通日をカレンダー下部に表示した. 0日とは, 日常では使いなれない表示だが, この値に単純に毎月の日付分を加算すればよいため, 使用上はまことに都合がよい. 本来のユリウス日（JD）はMJDにさらに2400000.5を加えればよい.

【午後9時(21時)の月齢, 月の新月(朔), 満月(望), 上弦, 下弦】 カレンダーの月齢は実際の観望時刻に合わせ, 新聞や他の年鑑類と違う午後9時(21時)の値を表示している. 月齢とは, 朔（新月）から経過した時間を1日単位, 小数点以下1位の数字で表わしたもので, 月の満ち欠けのおよその形がわかる. 朔から朔, または望から望までの日数は平均29.53日であり, これを朔望月という. 朔望月は短くて29.27日, 長くて29.84日と変化する. これは月が地球を焦点とした楕円運動をしているためである. 27ページから始まる図中には, その時刻における月の位置を○で示した. 満月を過ぎ, 月末に西の空にもう一度現われた場合は×で示してある. 表および図中には, ●は新月(朔)を, ◐は

表1 二十四節気

名 称	太陽黄経	月	日	名 称	太陽黄経	月	日
小 寒	285°	1月	6日	小 暑	105°	7月	6日
大 寒	300	1	20	大 暑	120	7	22
立 春	315	2	4	立 秋	135	8	7
雨 水	330	2	19	処 暑	150	8	22
啓 蟄	345	3	5	白 露	165	9	7
春 分	0	3	20	秋 分	180	9	22
清 明	15	4	4	寒 露	195	10	8
穀 雨	30	4	19	霜 降	210	10	23
立 夏	45	5	5	立 冬	225	11	7
小 満	60	5	20	小 雪	240	11	22
芒 種	75	6	5	大 雪	255	12	7
夏 至	90	6	21	冬 至	270	12	21

表2 雑節

名 称	太陽黄経	月	日
土 用	297°	1月	18日
節 分		2	3
彼 岸		3	17
土 用	27	4	16
八十八夜		5	1
入 梅	80	6	10
半 夏 生	100	7	1
土 用	117	7	19
二百十日		8	31
彼 岸		9	19
土 用	207	10	20

上弦を, ○は満月（望）を, ◗は下弦を意味する記号を時刻と共に示した. 時刻は, それぞれ月と太陽の地心視黄経の差が, 0°（新月）, 90°（上弦）, 180°（満月）, 270°（下弦）になる時刻である. 図1は紙面を黄道面（地球の公転軌道を含む面）とし, 黄道の北側からながめた図である.

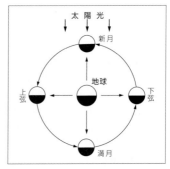

図1　月齢と月, 太陽, 地球の関係

【月の赤道通過, 赤緯最北, 赤緯最南, 月の最近と最遠, 視直径】　月の天球上の移動を赤道座標で表わすと, 1ヵ月間に赤道通過→赤緯最南→赤道通過→赤緯最北→赤道通過と動く. その軌跡を白道といい, 太陽の通り道 黄道と約5°7′の傾きがある. 太陽は天球を1年で1周し, 月は13.4周する. 白道は黄道と違い天球上に固定しているものでなく, 黄道との交点が約18.6年で天球を1周する速度で移動している. 白道と黄道の交点付近で朔が起こると日食が起こり, 望が起こると月食となる.

　月は地球を焦点としている楕円運動をしており, 地心（地球の中心）と月心（月の中心）との距離は変化する. 極大のときを月の最遠, 極小のときを最近という. 視直径とは地心から月を見たときの見かけの直径（半分を視半径という）で, °（度）, ′（分）, ″（秒）の角度で表わす.

【惑星の衝, 合, 東方最大離角, 西方最大離角, 東矩, 西矩, 最大光度, 留】　「合」とは太陽との赤経（赤道座標系）の差が0時間（0°）となる時刻である. 内惑星（水星, 金星）の場合は, 地球と太陽の間にある「内合」と, 太陽の向こう側にある「外合」がある. いずれも太陽と同じ方向にあるので, 観測に適さない. 「衝」は太陽と外惑星との赤経の差が12時間（180°）となる時刻である. 地球より外側にある惑星が地球をはさんで太陽と反対側にあるときで, 観測の好期である. さらに衝の前後に地球との距離が最近となる. 地球の軌道面である黄道面を基準とした黄道座標による黄経差でもって「合」と「衝」を定義している書籍もあるが, 『天文年鑑』では観測に都合のよい赤道座標を使っている. 軌道傾斜角の大きい天体では, 赤道座標による「合」「衝」の時刻と, 黄道座標による時刻とで数日の差が生じることがある.

　「最大離角」とは, 内惑星, 水星または金星と太陽との地心真角距離が極大となるときの離角. 惑星が太陽の東にあるときを「東方最大離角」, 西にあるときを「西方最大離角」という. 「矩」とは, 外惑星（地球の軌道より外側を回る惑星）と太陽との赤経差が6時間（90°）になるときをいう. 外惑星が太陽の東側90°にあるときを「東矩」, 西側90°にあるときを「西矩」という（図2）.

　金星の「最大光度」とは, 明るさが極大になる時刻である. 「留」とは, 外惑星の地心視赤経の変化率が0となる時刻である. 惑星が太陽と同じ向きの動き（星座の間を西から東）をするのを「順行」, この向きと正反対の動きを「逆行」といい, 順行から

24

逆行，あるいは逆行から順行に移るとき，一時的に惑星の見かけの動きが止まるが，そのときを「留」という（図3）．

【月と惑星，惑星相互の合，衝】 月と惑星，または惑星相互の接近など，2天体の合の時刻は赤経（赤道座標）が等しくなる時刻であり，その離角は赤緯上の角度である．また，衝の場合は太陽との赤経の差が12時間（180°）となる時刻である．

【小惑星の衝と合】 惑星の場合と同じである．「合」とは太陽との赤経（赤道座標系）の差が0時間（0°）となる時刻，「衝」は太陽との赤経の差が12時間（180°）となる時刻である．

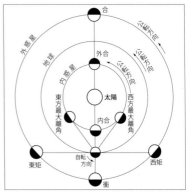

図2　太陽と惑星と地球の位置関係

【周期彗星の近日点通過】 今年回帰すると予想される周期彗星の近日点通過日を表示したが，過去の観測（概略位置観測や回帰数が少ない）から不確かなものも含まれることを承知願いたい．近日点通過前後は太陽に近いため観測がむずかしく，近日点通過の数週間から数ヵ月前後が観測の好期といえる．

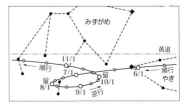

図3　外惑星が，順行→留→逆行→留→順行と変化する例

くわしくは『近く訪れる彗星』，『番号登録された周期彗星』の項を参照．

【変光星の極大・極小時期】 明るいミラ型の長周期変光星は，極大予報日は数日から1ヵ月も違うことがある．目安と考えてほしい．また，食変光星の観測で極小に差異を観測された人は最寄りの機関へ報告してほしい．なお，スペースの関係で重要な変光星でもすべてのデータを掲載してはいないので注意願いたい．詳細は『変光星』の項を参照．

【月食，日食，惑星食，星食，接食】 日食，月食は最もポピュラーな天文現象で，一般の興味の度合も大きい．国内の現象のみならず世界で見られるものも参考のため掲載している．星食はできるだけ月齢の条件や明るい恒星，地平高度のあまり低くないものを抽出し，東京での潜入の時刻を掲載した．各地それぞれに見られる星食は（札幌）（福岡）を，出現だけの場合は（出現）の表示をした．接食は条件の本当に良いものだけを掲載した．それ以外の予報の詳細は，『日食・月食・星食・接食』の項を参照されたい．

【主な流星群の活動期と極大】 主な流星群を掲載した．その中でも，出現数の多いものや火球が飛ぶものなど活動がきわだっているものを太字で表示した．流星群の活動幅が狭く出現のピークがわりとはっきりした流星群もあるが，その大半は数日から

大気差について

　地球を取り巻く大気の屈折の影響で,地表から天体を観察すると浮き上がって見える.高度0°の平均的大気差は約35′で,太陽・月の視直径以上ある.

『日本の日出没時と月出没時』,『日本各地の日出没時と月出没時』の項は大気差を考慮して計算してある.

見かけの高度	真の高度	大気差
0°	$-35'\ 22''$	$35'\ 22''$
1	$35\ 16$	$24\ 44$
2	$1°41\ 33$	$18\ 27$
3	$2\ 45\ 33$	$14\ 27$
4	$3\ 48\ 13$	$11\ 47$
5	$4\ 50\ 07$	$9\ 53$

※詳しくは363ページ

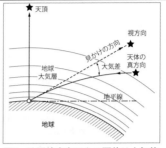

図4　地平線方向にある天体は大気差によって浮かび上がって見える

1ヵ月におよぶ活動幅があることを留意願いたい.

【その他の天文現象の観望好期】　黄道光の観望好期は,一般に黄道がその土地の地平線に立つ時期が見やすいとされるが,月明の影響や低空がかすむような気象条件や光害などの有無によっても大きく左右される.

【全天図】　太い外円は地平線を表わし,その中に北緯35°の全天の様子が描かれている.北東と南西の細円の一部は北緯30°,40°の地平線である.細長い日本列島では見える星空も違うため,その分ずらして表示した.その他の観測地は,これから判断していただきたい.経度は日本標準時の基準になる東経135°で,これより経度1°東(西)の地では表記の時刻より4分早く(遅く)同じ星空が見られる.毎月の空の全天図は,5日の午後9時(21時)と,半月後の午後8時(20時)の星空を示している.この時間帯は一般に,星を見るのに最も適している.地球の自転により,星空は1時間に角度の15°ずつ東から西へ回転しているため見える星空も違ってくる.下の表を参考にすれば,およその見える範囲がわかる.惑星は毎月1日における位置で,1ヵ月間の動きが大きいものは月末までの動きを示した.なお太陽の近くの明け方の惑星は図では表示されていない.

全天図早見表　数字は,その時に見られる全天図のページを示す.惑星の位置は変化する.

上旬	下旬	1月	2月	3月	4月	5月	6月	7月	8月	9月	10月	11月	12月
1時	0時	31	33	35	37	39	41	43	45	47	49	27	29
3	2	33	35	37	39	41	43	45	47	49	27	29	31
5	4	35	37	39	41	43	45	47	49	27	29	31	33
7	6	37	39	41	43	45	47	49	27	29	31	33	35
この間昼		—	—	—	—	—	—	—	—	—	—	—	—
17	16	47	49	27	29	31	33	35	37	39	41	43	45
19	18	49	27	29	31	33	35	37	39	41	43	45	47
21	20	27	29	31	33	35	37	39	41	43	45	47	49
23	22	29	31	33	35	37	39	41	43	45	47	49	27

1月の空 　(渡辺和郎)

日付	曜日	月齢(21時)	天 文 現 象
1	月	19.5	**元日.** 0時10分 木星が留. 62P/ツーチンシャン第1周期彗星が明るい(8.6等級).
2	火	20.5	0時28分 月が最遠(29′30″, 1.053). 12時51分 水星が留. ちょうこくしつ座S (5.5-13.6等, 周期365日)が極大光度.
3	水	21.5	9時39分 地球が近日点を通過(147,100,632km, 0.983307au). 16時53分 月が赤道を通過. 20時35分 おうし座λが極小光度.
4	木	22.5	6時5分 てんびん座δが極小光度. **18時 しぶんぎ座流星群が極大(HR=20,条件:悪).** **12時30分 ◗下弦.**
5	金	23.5	8時48分 月がスピカの北1°59′.
6	土	24.5	**5時49分 小寒(太陽の黄経が285°になる).**
7	日	25.5	19時28分 おうし座λが極小光度. ヘルクレス座RS(7.0-13.0等, 周期222日)が極大光度.
8	月	26.5	**成人の日.** 23時59分 月がアンタレスの北0°47′.
9	火	27.5	5時10分 月が金星の南5°42′.
10	水	28.5	3時47分 月が水星の南6°35′. 16時4分 月の赤緯が最南. 17時31分 月が火星の南4°10′.
11	木	0.0	5時39分 てんびん座δが極小光度. 18時20分 おうし座λが極小光度. **20時57分●新月.**
12	金	1.0	10時47分 月が冥王星の南2°13′. **23時38分 水星が西方最大離角(光度−0.2等, 視直径6″.7, 離角23°.5).**
13	土	2.0	3時24分 アルゴルが極小光度. 19時36分 月が最近(32′58″, 0.943). りゅう座R(6.7-13.2等, 周期246日)が極大光度.
14	日	3.0	18時33分 月が土星の南2°08′.
15	月	4.0	17時46分 みずがめ座χ(4.9等)の星食(潜入:東京). 17時13分 おうし座λが極小光度.
16	火	5.0	0時13分 アルゴルが極小光度. 5時25分 月が海王星の南0°57′. 19時18分 月が赤道を通過.
17	水	6.0	
18	木	7.0	0時24分 冬の土用の入り(太陽の黄経が297°になる). **12時53分◖上弦.** 5時12分 てんびん座δが極小光度. 21時3分 アルゴルが極小光度.
19	金	8.0	21時23分 おひつじ座40番星(5.8等)の星食(潜入:東京). 5時42分 月が木星の北2°46′.
20	土	9.0	4時39分 月が天王星の北2°58′. **23時7分 大寒(太陽の黄経が300°になる).**
21	日	10.0	0時50分 おうし座104B.星(5.4等)の星食(潜入:福岡). 13時48分 準惑星 冥王星が合. 17時52分 アルゴルが極小光度.
22	月	11.0	
23	火	12.0	3時40分 木星が東矩. 12時41分 月の赤緯が最北. 21時37分 ぎょしゃ座49番星(5.3等)の星食(潜入:東京).
24	水	13.0	おおぐま座R(6.5-13.7等, 周期300日)が極大光度.
25	木	14.0	4時39分 月がポルックスの南1°44′. 4時45分 てんびん座δが極小光度.
26	金	15.0	**2時54分○満月.** 144P/串田周期彗星が近日点を通過.
27	土	16.0	19時50分 天王星が留.
28	日	17.0	1時7分 水星が火星の北0°15′. 1時59分 月がレグルスの北3°35′.
29	月	18.0	17時14分 月が最遠(29′26″, 1.055).
30	火	19.0	23時12分 月が赤道を通過.
31	水	20.0	

1月0日の修正ユリウス日(MJD)=60309日(日本標準時9時) 年通日=0日

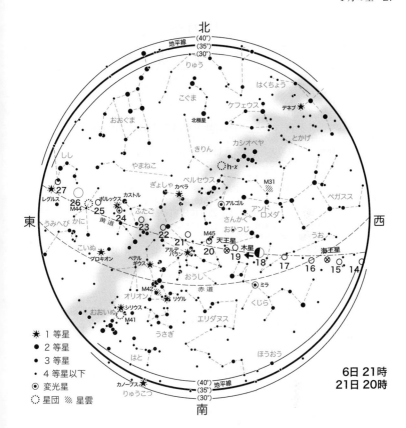

北

地平線
(40°)
(35°)
(30°)

りゅう

こぐま

はくちょう

おおぐま

ケフェウス

テネブ

きりん

北極星

カシオペヤ

しし

やまねこ

とかげ

ベルセウス

カペラ

M31

ペガスス

レグルス

★27

ぎょしゃ

アルゴル

アンド
ロメダ

26 M44

ポルックス

カストル

25

24

ふたご

23

黄道

かに

22

M45

天王星

木星

おうし

うお

海王星

こいぬ

プロキオン

21

アルデ
バラン

20

19

18

17

16 15 14

うみへび

ベテル
ギウス

さんかく

M42

おうし

赤道

ミラ

オリオン

リゲル

おおいぬ

シリウス

M41

くじら

エリダヌス

うさぎ

ほうおう

はと

東

西

★ 1 等星
● 2 等星
• 3 等星
· 4 等星以下
⊙ 変光星
○ 星団　🖾 星雲

カノープス ★
りゅうこつ

(40°)
(35°)
(30°)
地平線

6日 21時
21日 20時

南

1月の話題

　4日18時，しぶんぎ座流星群が極大（HR＝20）．夜半に月が昇るので条件は悪い．

　前年12月25日に近日点を通過した62P/ツーチンシャン第1周期彗星（8.6等級）が2024年初めに地球に0.5auまで接近する．太陽近傍で明るくなると考えられるため注意が必要である．しし座のデネボラの南を東進し，彗星特有の拡散状の姿を双眼鏡で確認できる．新月となる11日前後が観察条件が良いのでしっかり追跡したい．

　9日早朝，明けの南東の空低くで，細い月と金星・水星・火星・アンタレスが会合する．火星は高度が低いので5天体そろってカメラに収めるのはむずかしいかもしれない．

　12日，水星が西方最大離角（光度−0.2等，視直径6″.7，離角23°.5）となって明けの空で見つけやすい．一方，夕方の西空で単独で輝き，目立つのは土星である．

2月の空 (渡辺和郎)

日付	曜日	月齢(21時)	天 文 現 象
1	木	21.0	4時18分 てんびん座δが極小光度. 16時46分 月がスピカの北1°40′.
2	金	22.0	4時13分 −12°3887星(8.1等)が青森・岩手方面で接食(南限界).
3	土	23.0	節分. 8時18分 ◗下弦.
4	日	24.0	0時19分 天王星が東矩. 17時27分 立春(太陽の黄経が315°になる).
5	月	25.0	1時59分 アルゴルが極小光度. 9時52分 月がアンタレスの北0°33′. 11時0分 白昼のアンタレス食(潜入:東京), 出現11時3分. 10時54分 関東から九州 南部の太平洋岸では接食(北限界).
6	火	26.0	2時42分 水星が冥王星の北1°22′.
7	水	27.0	2時3分 月の赤緯が最南. 22時48分 アルゴルが極小光度.
8	木	28.0	3時50分 月が金星の南5°26′. 3時51分 てんびん座δが極小光度. 15時30分 月が火星の南4°12′. 23時10分 月が冥王星の南2°11′.
9	金	29.0	6時59分 月が水星の南3°13′. りょうけん座R(6.5-12.9等, 周期329日)が極大光度.
10	土	0.5	7時59分 ●新月. 19時37分 アルゴルが極小光度.
11	日	1.5	建国記念の日. 3時53分 月が最近(33′22″, 0.932). 9時40分 月が土星の南1°48′.
12	月	2.5	振替休日. 15時45分 月が海王星の南0°41′.
13	火	3.5	3時4分 月が赤道を通過. 6時14分 こと座βが極小光度.
14	水	4.5	
15	木	5.5	3時24分 てんびん座δが極小光度. 4時55分 火星が冥王星の北1°56′. 17時16分 月が木星の北3°09′. C/2021 S3 PANSTARRS彗星が近日点を通過.
16	金	6.5	11時0分 月が天王星の北3°14′.
17	土	7.5	0時1分 ◖上弦. 20時29分 おうし座χ (5.4等)の星食(潜入:東京).
18	日	8.5	5時47分 金星が冥王星の北2°43′.
19	月	9.5	13時13分 雨水(太陽の黄経が330°になる). 17時40分 月の赤緯が最北. ヘルクレス座U(6.4-13.4等, 周期403日)が極大光度.
20	火	10.5	
21	水	11.5	10時33分 月がポルックスの南1°37′.
22	木	12.5	2時57分 てんびん座δが極小光度.
23	金	13.5	天皇誕生日. 0時35分 金星が火星の北0°38′.
24	土	14.5	8時26分 月がレグルスの北3°33′. 21時30分 ○満月.
25	日	15.5	23時59分 月が最遠(29′24″, 1.057).
26	月	16.5	1時10分 しし座σ(4.0等)が石川-静岡方面で接食(南限界). 1時33分 しし座σ(4.0等)の星食(出現:札幌). 4時52分 こと座βが極小光度.
27	火	17.5	5時4分 月が赤道を通過. 20時28分 水星が外合. さんかく座R(5.4-12.6等, 周期265日)が極大光度.
28	水	18.5	0時33分 アルゴルが極小光度. 23時3分 水星が土星の南0°12′. 23時23分 月がスピカの北1°28′. こぎつね座R(7.0-14.3等, 周期138日)が極大光度.
29	木	19.5	2時30分 てんびん座δが極小光度.

2月0日の修正ユリウス日(MJD)＝60340日(日本標準時9時) 年通日＝31日

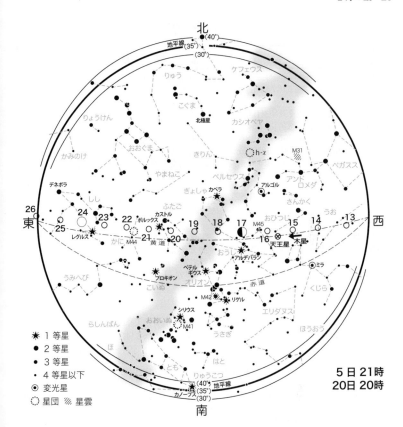

北

地平線(35°)
(30°)
(40°)

ケフェウス

りゅう

こぐま

北極星

カシオペヤ

おおぐま

きりん

h-χ

M31

ベルセウス

アンド
ロメダ

ペガスス

かみのけ

やまねこ

ぎょしゃ　カペラ

アルゴル

さんかく

デネボラ

しし

ふたご

ぎょしゃ　カペラ

おひつじ

うお

24

23

22

ポルックス

カストル

19

18

17

M45

15

14

13

26

25

レグルス

21

20

16

天王星

木星

東

かに M44

黄道

おうし

アルデバラン

西

うみへび

こいぬ
プロキオン

ベテル
ギウス

オリオン

赤道

ミラ

くじら

らしんばん

M42

リゲル

エリダヌス

シリウス

ほうおう

おおいぬ

M41

うさぎ

とも

はと

りゅうこつ

(40°)

地平線(35°)

(30°)

カノープス

5日21時
20日20時

★ 1等星
● 2等星
・ 3等星
・ 4等星以下
⊙ 変光星
○ 星団　▨ 星雲

南

2月の話題

　5日11時0分, 白昼のアンタレス食(潜入:東京), 出現は11時3分. 月齢24.6の月で, 南西の空に低いので地平線まで開けた場所で観測したい. 10時54分, 関東から九州南部を結ぶ太平洋岸のラインでは接食(北限界)となる. 今年は白昼の惑星・恒星食が多い.

　8日, 明け方の南東の空低く, 金星と火星と細い月が三角形を作る会合となり, 朝焼けの中で際立つ. 北寄りの低空には水星もあるが太陽に近く見つけるのはむずかしい.

　15日, C/2021 S3 PANSTARRS彗星が近日点を通過. パンスター・サーベイで2021年に発見されていた彗星で, オールトの彗星雲付近からやってきたと推定されている. 南半球で明るくなり, 3月にはさそり座からへび座を通って北上し, 6等級へと成長して北半球でも見られると思われる. 早朝の夏の天の川の中で明るく成長した姿を期待.

3月の空 (渡辺和郎)

日付	曜日	月齢 (21時)	天 文 現 象
1	金	20.5	0時28分 土星が合. 21時23分 アルゴルが極小光度. うみへび座T (6.7-13.5等, 周期285日)が極大光度.
2	土	21.5	
3	日	22.5	1時32分 さそり座31B.星(5.4等)の星食(出現:東京). 7時58分 小惑星(3) ジュノーが衝(＋8.6等). 17時54分 月がアンタレスの北0°21′. へびつかい座R (7.0-13.8等, 周期302日)が極大光度.
4	月	23.5	**0時23分 ▶下弦.** 18時12分 アルゴルが極小光度.
5	火	24.5	10時58分 月の赤緯が最南. **11時23分 啓蟄(太陽の黄経が345°になる).** アンドロメダ座R (5.8-14.9等, 周期409日)が極大光度.
6	水	25.5	
7	木	26.5	2時4分 てんびん座δが極小光度. 11時5分 月が冥王星の南2°13′. はくちょう座RT (6.0-13.1等, 周期190日)が極大光度.
8	金	27.5	14時0分 月が火星の南3°31′.
9	土	28.5	2時0分 月が金星の南3°17′. 2時35分 水星が海王星の北0°30′.
10	日	0.1	2時28分 月が土星の南1°31′. 16時4分 月が最近(33′28″, 0.929). **18時0分 ●新月.** 3時30分 こと座βが極小光度.
11	月	1.1	4時26分 月が海王星の南0°31′. 11時31分 月が水星の南1°02′. 13時38分 月が赤道を通過.
12	火	2.1	
13	水	3.1	
14	木	4.1	1時37分 てんびん座δが極小光度. 10時3分 月が木星の北3°36′. 20時35分 月が天王星の北3°27′.ヘルクレス座RU (6.8-14.3等, 周期474日)が極大光度.
15	金	5.1	
16	土	6.1	
17	日	7.1	**春の彼岸の入り. 13時11分◑上弦.** 23時38分 月の赤緯が最北.
18	月	8.1	9時36分 海王星が合.
19	火	9.1	16時24分 月がポルックスの南1°30′.ヘルクレス座S (6.4-13.8等, 周期310日)が極大光度.
20	水	10.1	**春分の日.** 0時20分 かに座ω(5.9等)の星食(潜入:東京). **12時6分 春分(太陽の黄経が0°になる).**
21	木	11.1	19時10分 てんびん座δが極小光度. 23時8分 アルゴルが極小光度.
22	金	12.1	11時0分 金星が土星の北0°21′. 14時27分 月がレグルスの北3°37′. 22時10分 おうし座λが極小光度. しし座R (4.4-11.3等, 周期312日)が極大光度.
23	土	13.1	2時8分 こと座βが極小光度.
24	日	14.1	0時45分 月が最遠(29′24″, 1.057). 19時57分 アルゴルが極小光度.
25	月	15.1	**7時34分 水星が東方最大離角(光度－0.1等, 視直径7″.5, 離角18°.7).** 11時8分 月が赤道を通過. **16時0分 ○満月(半影月食, 月出帯食).**
26	火	16.1	21時3分 おうし座λが極小光度.
27	水	17.1	5時23分 月がスピカの北1°25′.
28	木	18.1	0時43分 てんびん座δが極小光度.
29	金	19.1	
30	土	20.1	1時54分 てんびん座42番星(5.0等)の星食(出現:東京). 19時56分 おうし座λが極小光度.
31	日	21.1	0時3分 月がアンタレスの北0°16′.

3月0日の修正ユリウス日(MJD)＝60369日(日本標準時9時) 年通日＝60日

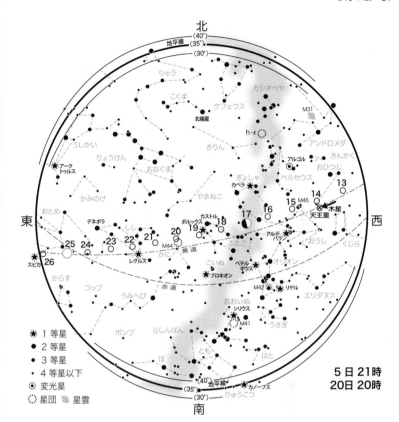

北
地平線(40°)
(35°)
(30°)

りゅう
こぐま
ケフェウス
北極星
カシオペヤ
M31
うしかい
h-χ
アンドロメダ
りょうけん
きりん
さんかく
おひつじ
おおぐま
アルゴル
ぎょしゃ
ペルセウス
アーク
トゥルス
カペラ
13
かみのけ
やまねこ
14
15 M45
天王星
16
17
おうし
デネボラ
カストル
18
19
アルデ
バラン
20
ポルックス
木星
しし
21
ふたご
くじら
23 22
M44
25 24
かに
黄道
こいぬ
オリオン
おとめ
26
レグルス
プロキオン
ベテル
ギウス
スピカ
からす
赤道
M42 リゲル
コップ
うみへび
おおいぬ
エリダヌス
シリウス
ポンプ
M41
うさぎ
らしんばん
はと
とも
ほ
★ 1 等星
● 2 等星
● 3 等星
· 4 等星以下
◉ 変光星
◯ 星団 ⧄ 星雲

東

西

(40°)地平線
(35°)
(30°)
カノープス
りゅうこつ

南

5日21時
20日20時

3月の話題

　8日早朝,明けの空,東南東の低空で金星・火星・月(月齢26.9)が並ぶ光景が見られる.また11日夕方の空では,細い月(月齢1.0)とその下側に水星(−1.4等)が寄り添うように輝くのが見られる.天文ファンでも水星を見たことがない人は多い.月を見つけられると水星を特定しやすいので,この機会を水星を見るチャンスにしてほしい.

　25日7時34分,水星が東方最大離角(光度−0.1等,視直径7″.5,離角18°.7)となる.

　16時0分,夕方,東から昇る月が半影月食となっている(月出帯食).18時34分ごろには月は半影の外に出てしまうので,月の出のころの早い時間帯に月の一部が暗くなって見えるかを確認したい.大気の減光などで意外に薄暗くなっているのがわかる可能性もある.微妙なところなので,肉眼での観望と並行して,ぜひ写真撮影もしてほしい.

4月の空 (渡辺和郎)

日付	曜日	月齢(21時)	天 文 現 象
1	月	22.1	17時52分 月の赤緯が最南.
2	火	23.1	5時7分 水星が留. **12時15分 ◗下弦.**
3	水	24.1	18時48分 おうし座λが極小光度. 19時54分 金星が海王星の南0°17′. 20時31分 月が冥王星の南2°12′.
4	木	25.1	0時17分 てんびん座δが極小光度. **16時2分 清明(太陽の黄経が15°になる).**
5	金	26.1	0時46分 こと座βが極小光度. 4時2分 やぎ座ε(4.5等)の星食(出現:東京).
6	土	27.1	12時51分 月が火星の南1°59′. 18時24分 月が土星の南1°13′.
7	日	28.1	17時11分 月が海王星の南0°25′. 17時41分 おうし座λが極小光度. うしかい座R(6.2-13.1等, 周期224日)が極大光度.
8	月	29.1	0時46分 月が赤道を通過. 1時38分 月が金星の北0°24′. 2時51分 月が最近(33′17″, 0.934). はくちょう座R(6.1-14.4等, 周期430日)が極大光度.
9	火	0.7	**3時21分 ●新月(北アメリカ方面で皆既日食, 日本からは見られない).** 10時24分 月が水星の南2°11′. ふたご座R(6.0-14.0等, 周期372日)が極大光度.
10	水	1.7	23時51分 てんびん座δが極小光度. カシオペヤ座V(6.9-13.4等, 周期230日)が極大光度.
11	木	2.7	6時9分 月が木星の北3°59′. 8時51分 月が天王星の北3°33′. 12時13分 火星が土星の北0°29′. 18時58分 水星が内合. 16時59分 (136477)マケマケが衝(+17.1等).
12	金	3.7	
13	土	4.7	21時42分 アルゴルが極小光度. へび座R(5.2-14.4等, 周期354日), はくちょう座U(5.9-12.1等, 周期470日)が極大光度.
14	日	5.7	7時32分 月の赤緯が最北. 20時9分 ぎょしゃ座54番星(6.0等)の星食(潜入:東京). 20時25分 ぎょしゃ座54番星(6.0等)が青森方面で接食(北限界).
15	月	6.7	19時41分 ふたご座υ(4.1等)の星食(潜入:東京). 19時55分 ふたご座υ(4.1等)が佐渡・新潟から茨城北部方面で接食(北限界). 23時25分 月がポルックスの南1°29′. 23時49分 ふたご座76番星(5.3等)の星食(潜入:札幌).
16	火	7.7	**4時13分 ◖上弦.** 18時31分 アルゴルが極小光度. **21時20分 春の土用の入り(太陽の黄経が27°になる).**
17	水	8.7	23時24分 こと座βが極小光度. 23時24分 てんびん座δが極小光度.
18	木	9.7	20時56分 月がレグルスの北3°37′.
19	金	10.7	2時23分 しし座37番星(5.4等)の星食(潜入:札幌). 7時40分 水星が金星の北1°58′. **23時0分 穀雨(太陽の黄経が30°になる).** くじら座U(6.8-13.4等, 周期233日)が極大光度.
20	土	11.7	10時10分 月が最遠(29′27″, 1.055). 16時39分 木星が天王星の南0°32′.
21	日	12.7	17時40分 月が赤道を通過. **12P/ポン・ブルックス周期彗星が近日点を通過.**
22	月	13.7	16時 こと座流星群が極大(HR=5, 条件:最悪).
23	火	14.7	11時45分 月がスピカの北1°25′.
24	水	15.7	**8時49分 ○満月.** 17時25分 水星が留. 22時58分 てんびん座δが極小光度.
25	木	16.7	
26	金	17.7	
27	土	18.7	5時39分 月がアンタレスの北0°18′. 14時21分 準惑星 冥王星が西矩.
28	日	19.7	5時48分 アルゴルが極小光度. 23時19分 月の赤緯が最南. きりん座R(7.0-14.4等, 周期266日)が極大光度.
29	月	20.7	**昭和の日.** 13時2分 火星が海王星の南0°02′.
30	火	21.7	22時2分 こと座βが極小光度.

4月0日の修正ユリウス日(MJD)=60400日(日本標準時9時) 年通日=91日

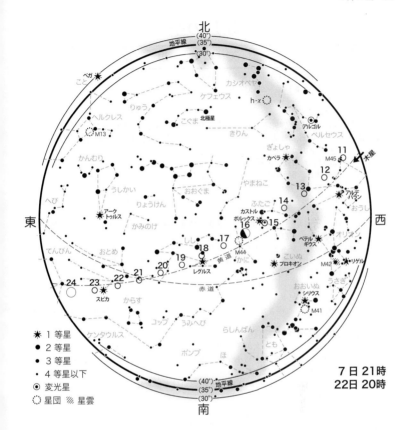

7日 21時
22日 20時

★ 1等星
● 2等星
• 3等星
· 4等星以下
◉ 変光星
○ 星団 〰 星雲

4月の話題

　7日, 暁の空で細い月(月齢27.4)を挟んで金星・土星・火星が集う会合が起こる. 早起きして眺めてほしい. 清々しい一日が始められること間違いなし.

　9日, 日本からは見られないが, **北アメリカ方面で皆既日食が起こる.** 昨年10月15日に起こった北アメリカでの金環日食に続くものだが, コロナ禍以降, 旅行代金は倍近くに跳ね上がり, おいそれと「海外へ」ともいえなくなった. 日本国内で皆既日食を見るには, 11年後の2035年9月2日まで待たねばならない. 海外で起こる日食を遠征観測することは, 貴重な観測チャンスを増やすよい手段である. なお, 金環日食は2030年6月1日に, 北海道で見ることができる.

　21日, **12P/ポン・ブルックス周期彗星が近日点を通過.** 夕方の空で4等級になるか.

５月の空 (渡辺和郎)

日付	曜日	月齢(21時)	天 文 現 象
1	水	22.7	八十八夜. 3時11分 月が冥王星の南2°03′. 10時47分 (136108)ハウメアが衝(+17.3等). **20時27分 ◗下弦**. 22時32分 てんびん座δが極小光度.
2	木	23.7	
3	金	24.7	**憲法記念日**.
4	土	25.7	**みどりの日**. 7時32分 月が土星の南0°50′. 12時23分 準惑星 冥王星が留.
5	日	26.7	**こどもの日**. 3時55分 月が海王星の南0°17′. **9時10分 立夏(太陽の黄経が45°になる)**. 10時3分 月が赤道を通過. 11時26分 月が火星の北0°12′. **12時11分 白昼の火星食(潜入の始まり:東京)**.
6	月	27.7	**振替休日**. **6時 みずがめ座η流星群が極大(HR=15, 条件:最良)**. 7時4分 月が最近(32′54″, 0.945). 17時25分 月が水星の北3°49′. 20時15分 アルゴルが極小光度. おとめ座R(6.1-12.1等, 周期146日)が極大光度.
7	火	28.7	
8	水	0.4	1時3分 月が金星の北3°30′. **12時22分 ●新月**. 21時51分 月が天王星の北3°37′. 22時6分 てんびん座δが極小光度.
9	木	1.4	3時14分 月が木星の北4°20′. 17時4分アルゴルが極小光度.
10	金	2.4	**6時29分 水星が西方最大離角(光度+0.5等, 視直径8″.1, 離角26°.4)**.
11	土	3.4	16時41分 月の赤緯が最北.
12	日	4.4	
13	月	5.4	7時54分 月がポルックスの南1°35′. 20時2分 天王星が合. 20時40分 こと座βが極小光度. ヘルクレス座T(6.8-13.7等, 周期164日)が極大光度.
14	火	6.4	
15	水	7.4	**20時48分◖上弦**. 21時40分 てんびん座δが極小光度.
16	木	8.4	4時24分 月がレグルスの北3°30′.
17	金	9.4	6時26分 おうし座λが極小光度. **20時45分 しし座σ(4.1等)の星食(潜入:東京)**.
18	土	10.4	3時59分 月が最遠(29′31″, 1.053). 18時17分 金星が天王星の南0°28′. くじら座o[ミラ](2.0-10.1等, 周期331日)が極大光度.
19	日	11.4	0時35分 月が赤道を通過. 9時13分 木星が合. オリオン座U(4.8-13.0等, 周期370日)が極大光度.
20	月	12.4	19時3分 月がスピカの北1°22′. **22時0分 小満(太陽の黄経が60°になる)**.
21	火	13.4	4時20分 アルゴルが極小光度.
22	水	14.4	22時15分 てんびん座δが極小光度.
23	木	15.4	18時30分 金星が木星の北0°12′. **22時53分○満月**. カシオペヤ座R(4.7-13.5等, 周期432日)が極大光度.
24	金	16.4	12時10分 月がアンタレスの北0°22′.
25	土	17.4	
26	日	18.4	4時50分 月の赤緯が最南. 19時18分 こと座βが極小光度.
27	月	19.4	
28	火	20.4	7時56分 小惑星(2)パラスが衝(+9.0等). 8時26分 月が冥王星の南1°49′. うさぎ座R(5.5-11.7等, 周期424日)が極大光度.
29	水	21.4	18時46分 アルゴルが極小光度. 20時49分 てんびん座δが極小光度.
30	木	22.4	
31	金	23.4	**2時13分 ◗下弦**. 10時27分 水星が天王星の南1°21′. 17時9分 月が土星の南0°23′.

5月0日の修正ユリウス日(MJD)=60430日(日本標準時9時) 年通日=121日

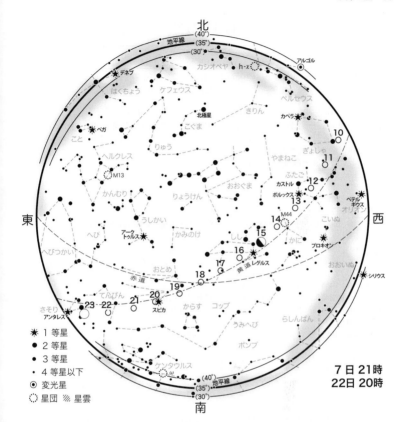

7日21時
22日20時

1等星 ✳
2等星 ●
3等星 •
4等星以下 ·
変光星 ◉
星団 ○ **星雲** ▨

5月の話題

　5日12時11分, 白昼の火星食 (1.2等, 視直径4″8, 潜入の始まり:東京). 西南西の空で高度34°, 月齢26.4であれば, 昼間とはいえ, 細い月を見つけるのは容易なはず. 6月20日には似たような白昼のアンタレス食, 7月25日には土星食が起こる. アンタレスは1.1等, 土星は0.9等, どのように写真やビデオでとらえられるか見ものである.

　6日6時, みずがめ座η流星群が極大 (HR=15). 10月のオリオン座流星群と同様, ハレー彗星に起因する流星群である. 輻射点が南に低いため, 日本での活動は低調だが, 南半球では非常に活発な流星群として知られる. 今年は月回りの条件が良く, 連休を利用して南半球へ遠征するのも悪くない.

　10日6時29分, 水星が西方最大離角 (光度+0.5等, 視直径8″1, 離角26°.4) で明けの空へ.

6月の空 (渡辺和郎)

日付	曜日	月齢 (21時)	天 文 現 象
1	土	24.4	11時54分 月が海王星の南0°01′. 16時30分 月が赤道を通過.
2	日	25.4	1時52分 金星がアルデバランの北5°21′. 16時16分 月が最近(32′27″, 0.958).
3	月	26.4	8時37分 月が火星の北2°24′.
4	火	27.4	19時4分 水星が木星の南0°07′. 23時56分 金星が外合.
5	水	28.4	9時37分 月が天王星の北3°44′. **13時10分 芒種(太陽の黄経が75°になる)**. 20時0分23分 てんびん座δが極小光度. 23時25分 月が木星の北4°40′.
6	木	29.4	3時28分 月が水星の北4°39′. **21時38分●新月**. 23時27分 月が金星の北4°33′.
7	金	1.0	
8	土	2.0	1時35分 月の赤緯が最北. 17時56分 こと座βが極小光度. 23時57分 水星がアルデバランの北5°27′.
9	日	3.0	17時0分 月がポルックスの南1°45′.
10	月	4.0	6時2分 アルゴルが極小光度. **18時33分 入梅(太陽の黄経が80°になる)**.
11	火	5.0	
12	水	6.0	9時11分 土星が西矩. 12時41分 月がレグルスの北3°16′. 19時58分 てんびん座δが極小光度. おおぐま座T(6.6-13.5等, 周期256日)が極大光度.
13	木	7.0	2時51分 アルゴルが極小光度.
14	金	8.0	**14時18分◑上弦**. 22時35分 月が最遠(29′34″, 1.051). **22時33分 おとめ座β(3.6等)の星食(潜入:東京)**.
15	土	9.0	2時21分 水星が外合. 7時38分 月が赤道を通過.
16	日	10.0	
17	月	11.0	3時11分 月がスピカの北1°11′. 21時39分 水星が金星の北0°53′.
18	火	12.0	
19	水	13.0	19時33分 てんびん座δが極小光度. 22時55分 てんびん座42番星(5.0等)が屋久島で接食(北限界).
20	木	14.0	**18時47分 日没前のアンタレス食(1.1等, 潜入:東京)**, 出現は18時58分. 18時53分 アンタレスが新潟-関東方面で接食(北限界). 20時11分 月がアンタレスの北0°20′.
21	金	15.0	**5時51分 夏至(太陽の黄経が90°になる)**. 15時22分 海王星が西矩.
22	土	16.0	**10時8分○満月**. 11時30分 月の赤緯が最南.
23	日	17.0	
24	月	18.0	14時13分 月が冥王星の南1°36′.
25	火	19.0	22時38分 やぎ座ε(4.5等)の星食(出現:東京).
26	水	20.0	1時57分 やぎ座κ(4.7等)の星食(出現:東京). 19時7分 てんびん座δが極小光度.
27	木	21.0	20時30分 月が最近(32′21″, 0.961). てんびん座RS(7.0-13.0等, 周期219日)が極大光度.
28	金	22.0	0時0分 月が土星の北0°05′. 17時57分 月が海王星の北0°18′. 21時9分 月が赤道を通過. ペガスス座R(6.9-13.8等, 周期376日)が極大光度.
29	土	23.0	**6時53分◐下弦**.
30	日	24.0	3時35分 うお座ζ(5.2等)の星食(出現:福岡). **13P/オルバース周期彗星が近日点を通過**.

6月0日の修正ユリウス日(MJD)=60461日(日本標準時9時)年通日=152日

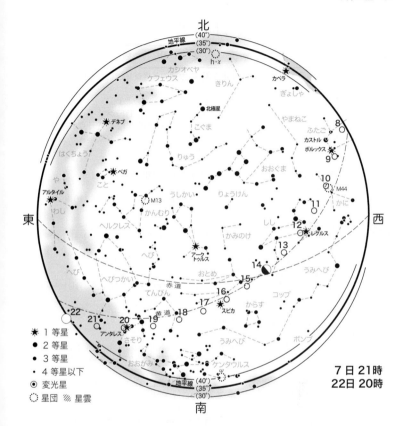

北

地平線 (40°)
(35°)
(30°)

カシオペヤ
h-χ
ケフェウス
きりん
カペラ
ぎょしゃ
北極星
こぐま
やまねこ
ふたご
8
テネブ
カストル
ポルックス
9
りゅう
おおぐま
はくちょう
ベガ
こと
M13
うしかい
りょうけん
10　M44
11
かんむり
かに
ヘルクレス
かみのけ
しし
12　レグルス
アーク
トゥルス
13
へび
おとめ
14
へびつかい
15
赤道
てんびん
16
コップ
うみへび
17
スピカ
22
18
からす
21
普道
19
ポンプ
20
アンタレス
さそり
うみへび
★ 1 等星
● 2 等星
ケンタウルス
● 3 等星
地平線 (40°)
・ 4 等星以下
おおかみ
(35°)
⊙ 変光星
(30°)
◌ 星団 ⃰ 星雲

東

西

7日21時
22日20時

南

6月の話題

　5日, 明けの東北東の空低くに水星と木星が寄り添うように見える. その上方には地球照が見える月齢27.7の細い月が彩りを添え, 朝焼けの中ですばらしい眺めとなろう.

　14日22時33分, おとめ座 β (3.6等)の星食(潜入:東京).

　20日18時47分, 日没前のアンタレス食(1.1等, 潜入:東京), 出現は18時58分. 日没前だが, 東の空に昇った月(月齢13.9)は見つけやすい. カメラのビデオ機能を使って望遠鏡で撮影するとよい. 18時53分, 新潟-関東を結ぶラインでは接食(北限界)となる.

　30日3時35分, うお座 ζ (5.2等)の星食(出現:福岡).

　30日, 13P/オルバース周期彗星が近日点を通過. ハレー彗星型の中周期の彗星で, 太陽に接近して明るくなる特徴がある. 7月には夕方北西の空に7等台で見られる.

7月の空 (渡辺和郎)

日付	曜日	月齢 (21時)	天 文 現 象
1	月	25.0	6時15分 土星が留. **17時31分 半夏生(太陽の黄経が100°になる).** りゅう座Y(6.2-15.0等, 周期328日)が極大光度.
2	火	26.0	3時26分 月が火星の北4°05′. 19時7分 月が天王星の北3°57′.
3	水	27.0	4時32分 アルゴルが極小光度. 12時8分 海王星が留. 17時28分 月が木星の北5°01′.
4	木	28.0	かに座R(6.1-11.8等, 周期363日)が極大光度. P/2003 T12が近日点を通過.
5	金	29.0	9時2分 月の赤緯が最北. 14時6分 地球が遠日点を通過(152,099,968km, 1.016725au). へびつかい座X(5.9〜9.2等, 周期330日)が極大光度.
6	土	0.5	1時21分 アルゴルが極小光度. **7時57分 ●新月. 23時20分 小暑(太陽の黄経が105°になる).**
7	日	1.5	0時4分 月が金星の北3°52′. 0時30分 準惑星ケレスが衝(+7.3等). 1時29分 月がポルックスの南1°51′. 15時14分 金星がポルックスの南5°41′.
8	月	2.5	3時32分 月が水星の北3°13′.
9	火	3.5	21時0分 月がレグルスの北3°02′.
10	水	4.5	18時17分 てんびん座δが極小光度. ぎょしゃ座R(6.7-13.9等, 周期462日)が極大光度.
11	木	5.5	
12	金	6.5	14時33分 月が赤道を通過. 17時11分 月が最遠(29′33″, 1.052). かんむり座S(5.8-14.1等, 周期361日)が極大光度.
13	土	7.5	15時57分 木星がアルデバランの北4°49′. わし座R(5.5-12.0等, 周期271日)が極大光度.
14	日	8.5	**7時49分 ☾上弦.** 11時31分 月がスピカの北0°54′.
15	月	9.5	海の日. 18時25分 火星が天王星の南0°33′. こぎつね座R(7.0-14.3等, 周期138日)が極大光度.
16	火	10.5	20時44分 てんびん座64G.星(5.5等)の星食(潜入:東京).
17	水	11.5	17時52分 てんびん座δが極小光度. こじし座R(6.3-13.2等, 周期377日), うお座R (7.0-14.8等, 周期358日), おとめ座S(6.3-13.2等, 周期378日)が極大光度.
18	木	12.5	5時16分 月がアンタレスの北0°12′.
19	金	13.5	**13時17分 夏の土用の入り(太陽の黄経が117°になる).** 19時58分 月の赤緯が最南.
20	土	14.5	**はくちょう座X (3.3-14.2等, 周期409日)が極大光度.**
21	日	15.5	**19時17分 ○満月.** 21時41分 月が冥王星の南1°31′.
22	月	16.5	**15時39分 水星が東方最大離角(光度+0.5等, 視直径7″.8, 離角26°.9).** **16時44分 大暑(太陽の黄経が120°になる).**
23	火	17.5	6時13分 アルゴルが極小光度.
24	水	18.5	**8時37分 準惑星 冥王星が衝(+15.0等, やぎ座)観望の好期.** 14時41分 月が最近(32′44″, 0.949). 17時27分 てんびん座δが極小光度.
25	木	19.5	5時47分 月が土星の北0°24′. 6時30分 白昼の土星食(潜入の始まり:東京). 23時54分 月が海王星の北0°34′.
26	金	20.5	2時21分 月が赤道を通過. 3時1分 アルゴルが極小光度.
27	土	21.5	21時13分 水星がレグルスの南2°39′.
28	日	22.5	**11時52分 ☽下弦.** 23時50分 アルゴルが極小光度.
29	月	23.5	
30	火	24.5	2時30分 月が天王星の北4°13′. 19時37分 月が火星の北5°02′.
31	水	25.5	8時53分 月が木星の北5°23′. **10時 みずがめ座δ南流星群が極大(HR=10, 条件:良),** やぎ座α流星群が極大(HR=3, 条件:良). 17時2分 てんびん座δが極小光度.

7月0日の修正ユリウス日(MJD)=60491日(日本標準時9時) 年通日=182日

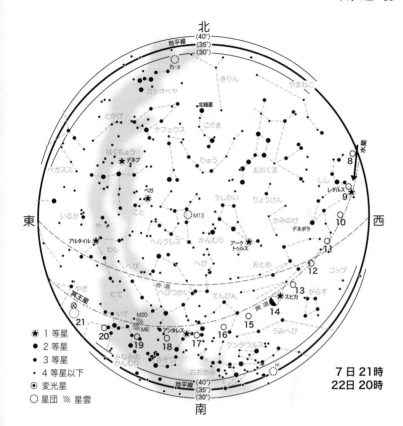

★ 1 等星
● 2 等星
• 3 等星
· 4 等星以下
⊙ 変光星
○ 星団 ⁒ 星雲

7日 21時
22日 20時

7月の話題

　7日, 夕方の西北西の空で金星と月が上下に並ぶ. 月齢1.5の細い月の左側に目をやると水星を見付けられる. 水星は22日に東方最大離角なので, 水星を見るチャンスである.

　20日, はくちょう座χ (3.3〜14.2等, 周期409日) が極大光度. 1686年にドイツのゴットフリート・キルヒによって発見, ミラ, アルゴルに次いで有名なミラ型の脈動変光星である. はくちょう座のγ星とβ星 (アルビレオ) の間にあるη星のそばにある.

　22日15時39分, 水星が東方最大離角 (光度+0.5等, 視直径7″8, 離角26°9) で夕空へ.

　24日8時37分, 準惑星の冥王星がやぎ座で衝 (+15.0等) をむかえ観望の好期.

　25日6時30分, 白昼の土星食 (0.8等, 視直径18″6, 潜入の始まり:東京). 望遠鏡などで強拡大し, 環と本体が順に隠されていく状況を写真やビデオで記録してほしい.

８月の空　(渡辺和郎)

日付	曜日	月齢(21時)	天 文 現 象
1	木	26.5	14時52分 月の赤緯が最北.
2	金	27.5	
3	土	28.5	8時35分 月がポルックスの南1°49′.
4	日	0.0	17時21分 水星が留. **20時13分 ●新月.** ケフェウス座T(5.2-11.3等, 周期374日), はと座T(6.6-12.7等, 周期225日)が極大光度.
5	月	1.0	7時5分 金星がレグルスの北1°06′.
6	火	2.0	3時44分 火星がアルデバランの北5°00′. 4時34分 月がレグルスの北2°55′. 7時3分 月が金星の北1°44′. 9時2分 月が水星の北7°28′.
7	水	3.0	0時15分 水星が金星の南5°56′. **9時9分 立秋(太陽の黄経が135°になる).**
8	木	4.0	6時37分 おうし座λが極大光度. 21時12分 月が赤道を通過.
9	金	5.0	10時31分 月が最遠(29′28″, 1.054).
10	土	6.0	**伝統的七夕.** 19時17分 月がスピカの北0°49′. **20時24分 スピカ食(1.0等, 潜入:東京), 出現は20時51分.**
11	日	7.0	**山の日.**
12	月	8.0	**振替休日.** 5時29分 おうし座λが極小光度. 7時8分 水星がレグルスの南5°32′. 21時1分 てんびん座43B.星(5.9等)の星食(潜入:東京). **23時 ペルセウス座流星群が極大(HR=60, 条件良).**
13	火	9.0	**0時19分 ☽上弦.**
14	水	10.0	14時17分 月がアンタレスの南0°00′.
15	木	11.0	1時50分 火星が木星の北0°19′. 4時41分 アルゴルが極小. 5時57分 天王星が西矩.
16	金	12.0	4時20分 おうし座λが極小光度. 5時6分 月の赤緯が最南. ヘルクレス座RS(7.0-13.0等, 周期222日)が極大光度.
17	土	13.0	3時 はくちょう座κ流星群が極大(HR=3, 条件:最悪).
18	日	14.0	1時10分 いて座ω星(4.7等)の星食(潜入:東京). 1時30分 アルゴルが極小光度. 6時39分 月が冥王星の南1°33′. 13時5分 水星が内合. カシオペヤ座T(6.9-13.0等, 周期461日)が極大光度.
19	月	15.0	
20	火	16.0	**3時26分 ○満月.** 3時12分 おうし座λが極小光度. 22時19分 アルゴルが極小光度. うみへび座R(3.5-10.9等, 周期358日)が極大光度.
21	水	17.0	12時2分 月が土星の北0°28′. 14時2分 月が最近(33′10″, 0.937).
22	木	18.0	7時21分 月が海王星の北0°42′. 10時0分 月が赤道を通過. **23時55分 処暑(太陽の黄経が150°になる).** ペガスス座S(6.9-13.8等, 周期317日)が極大光度.
23	金	19.0	10時55分 小惑星(4)ベスタが合.
24	土	20.0	2時4分 おうし座λが極小光度.
25	日	21.0	22時5分 おひつじ座ζ(4.9等)の星食(出現:東京).
26	月	22.0	9時1分 月が天王星の北4°27′. **18時26分 ☾下弦.**
27	火	23.0	21時43分 月が木星の北5°40′. さそり座RR(5.0-12.4等, 周期282日), こいぬ座S(6.6-13.2等, 周期335日)が極大光度.
28	水	24.0	0時56分 おうし座λが極小光度. 9時22分 月が火星の北5°16′. 11時41分 水星が留. 19時58分 月の赤緯が最北.
29	木	25.0	
30	金	26.0	14時26分 月がポルックスの南1°43′.
31	土	27.0	**二百十日.** 23時47分 おうし座λが極小光度.

8月0日の修正ユリウス日(MJD)＝60522日(日本標準時9時) 年通日＝213日

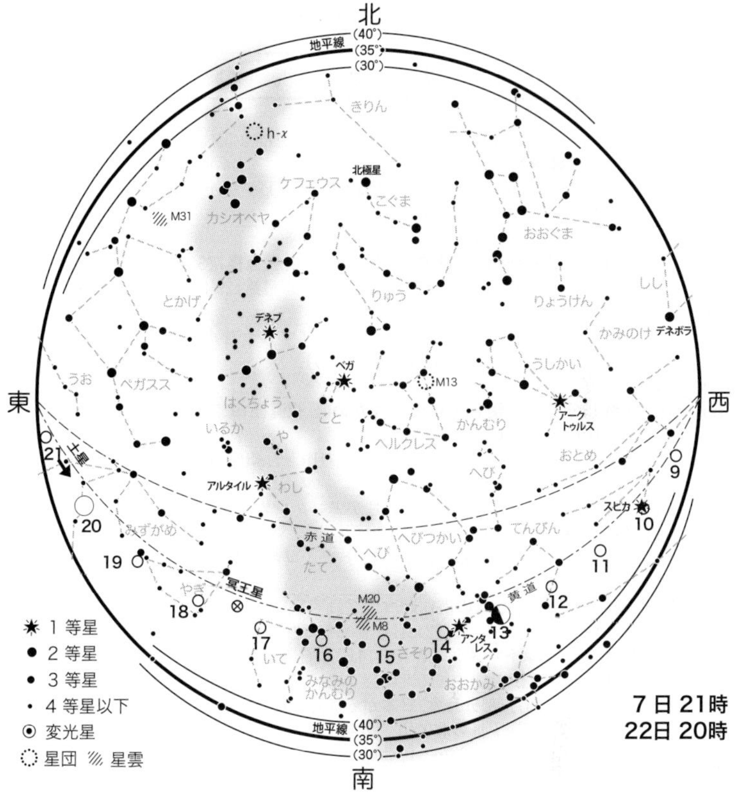
北
地平線
(40°)
(35°)
(30°)
きりん
h-χ
北極星
ケフェウス
こぐま
カシオペヤ
M31
おおぐま
とかげ
りゅう
りょうけん
しし
デネブ
かみのけ
デネボラ
うお
ペガスス
ベガ
M13
うしかい
東
はくちょう
こと
かんむり
アーク
トゥルス
西
いるか
や
ヘルクレス
おとめ
21
土星
9
アルタイル
わし
へび
スピカ
10
20
みずがめ
赤道
へびつかい
てんびん
19
へび
たて
11
やぎ
冥王星
黄道
12
18
M20
M8
17
16
15
さそり
14
アンタレス
13
いて
みなみのかんむり
おおかみ
南
★ 1等星
● 2等星
● 3等星
・ 4等星以下
⊙ 変光星
星団
星雲
7日 21時
22日 20時

8月の話題

10日が伝統的七夕(たなばた)．あえて「伝統的」と記したのは，現代の暦の7月7日や8月7日に行なわれている七夕の行事は商業主義的なもので，本来の七夕ではないからである．天文ファンだけでも七夕を正しく理解しておきたい．

10日20時24分，スピカ食（1.0等，潜入：東京）が起こる．出現は20時51分．

12日23時，ペルセウス座流星群が極大（HR＝60）をむかえる．新聞やTVなどの報道で毎年恒例のように報じられる天文現象に，中秋とペルセウス座流星群がある．夏の暑い夜の時季でもあり，夕涼みを兼ねて，流星を見る風情として国民に浸透してきている． 13日が上弦で，夜半前に月は沈み，流星観察には絶好の条件である．遠出してでも，少しでも街の灯りの少ない場所を見つけて観察してほしい．

9月の空　(渡辺和郎)

日付	曜日	月齢 (21時)	天　文　現　象
1	日	28.0	18時16分 月が水星の北5°02′.
2	月	29.0	0時44分 天王星が留. 11時5分 月がレグルスの北2°55′.
3	火	0.4	**10時56分●新月.**
4	水	1.4	6時22分 アルゴルが極小光度. 22時39分 おうし座λが極小光度. いて座R (6.7-12.8等, 周期270日) が極大光度.
5	木	2.4	3時33分 月が赤道を通過. **11時30分 水星が西方最大離角 (光度−0.2等, 視直径7″.3, 離角18°.1).** 19時16分 月が金星の南1°11′. 23時54分 月が最遠 (29′24″, 1.056).
6	金	3.4	
7	土	4.4	2時5分 月がスピカの北0°31′. 3時10分 アルゴルが極小光度. **12時11分 白露 (太陽の黄経が165°になる).**
8	日	5.4	
9	月	6.4	**10時48分 土星が衝 (+0.6等, みずがめ座, 視直径19″.2) 観望の好期.** 15時41分 水星がレグルスの北0°30′. 15時 9月ペルセウス座ε流星群が極大 (HR=7, 条件:最良). 23時59分 アルゴルが極小光度.
10	火	7.4	19時55分 木星が西矩. 22時9分 月がアンタレスの南0°09′.
11	水	8.4	**15時6分◑上弦.** いて座RR (5.4-14.0等, 周期339日) が極大光度.
12	木	9.4	13時43分 月の赤緯が最南. 20時48分 アルゴルが極小光度.
13	金	10.4	
14	土	11.4	15時58分 月が冥王星の南1°38′. はくちょう座RT (6.0-13.1等, 周期190日) が極大光度.
15	日	12.4	りゅう座R (6.7-13.2等, 周期246日)、かんむり座V (6.9-12.6等, 周期358日) が極大光度.
16	月	13.4	敬老の日. アンドロメダ座W (6.7-14.6等, 周期396日) が極大光度.
17	火	14.4	中秋. 19時22分 月が土星の北0°18′. 21時55分 金星がスピカの北2°38′.
18	水	15.4	**11時34分○満月 (部分月食, 日本からは見られない).** 16時35分 月が海王星の北0°40′. 20時14分 月が赤道を通過. 22時22分 月が最近 (33′26″, 0.930).
19	木	16.4	秋の彼岸の入り.
20	金	17.4	
21	土	18.4	**23時0分 海王星が衝 (+7.7等, うお座, 視直径2″.4) 観望の好期.**
22	日	19.4	秋分の日. 16時14分 月が天王星の北4°32′. **21時44分 秋分 (太陽の黄経が180°になる).**
23	月	20.4	振替休日.
24	火	21.4	8時21分 月が木星の北5°50′. みずがめ座R (5.8-12.4等, 周期384日) が極大光度.
25	水	22.4	1時52分 月の赤緯が最北. **3時50分◐下弦.** 20時49分 月が火星の北4°54′.
26	木	23.4	20時3分 月がポルックスの南1°39′.
27	金	24.4	4時51分 アルゴルが極小光度.
28	土	25.4	**C/2003 A3 ツーチンシャン・ATLAS彗星が近日点を通過.** おとめ座R (6.1-12.1等, 周期146日) が極大光度.
29	日	26.4	16時57分 月がレグルスの北2°57′.
30	月	27.4	1時39分 アルゴルが極小光度. 12時32分 水星が外合.

9月0日の修正ユリウス日 (MJD) = 60553日 (日本標準時9時) 年通日 = 244日

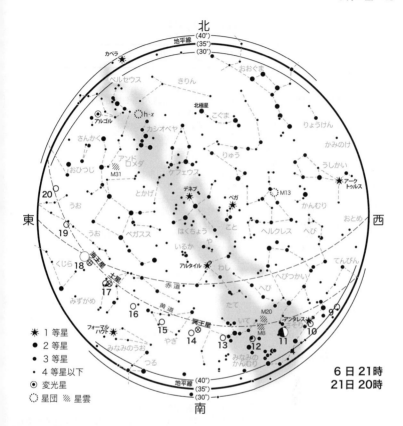

北
地平線
(40°)
(35°)
(30°)
カペラ
ペルセウス
きりん
おおぐま
北極星
こぐま
りょうけん
アルゴル
h-χ
カシオペヤ
さんかく
かみのけ
アンドロメダ
りゅう
うしかい
M31
おひつじ
ケフェウス
アーク
トゥルス
うお
りかげ
デネブ
ベガ
M13
東
うお
はくちょう
こと
かんむり
西
ペガスス
ヘルクレス
へび
おとめ
いるか
や
わし
てんびん
海王星
アルタイル
くじら
土星
みずがめ
17
赤道
へび
へびつかい
16
黄道
たて
M20
冥王星
いて
アンタレス
さそり
くじら
フォーマル
ハウト
15
やぎ
14
13
M8
12
さそり
11
10
みなみのうお
みなみの
かんむり
地平線
(40°)
(35°)
(30°)

★ 1 等星
● 2 等星
• 3 等星
· 4 等星以下
⊙ 変光星
○ 星団 ⧄ 星雲

6日21時
21日20時

南

9月の話題

　5日11時30分, 水星が西方最大離角 (光度−0.2等, 視直径7″.3, 離角18°.1) となる.

　9日10時48分, 土星がみずがめ座で衝 (+0.6等, 視直径19″.2) をむかえ観望の好期. 土星の衛星の数は現在146個あまり. 直径数百メートルの衛星と, 環を構成する無数の微小な物質との境界が定かでなくなり, 数の特定がより困難になっていると聞く.

　17日, 中秋. ここ数年は中秋と満月の日が一致していたが, 今年は翌日が満月. 次に中秋と満月の日が一致するのは2030年となる.

　18日11時34分, 満月. アフリカ, 南北アメリカ大陸方面では食分の浅い部分月食が見られる. 日本からは見られないが, この時期, この方面に渡航される人はお見逃しなく.

　21日23時0分, 海王星がうお座で衝 (+7.7等, 視直径2″.4) をむかえ, 観望の好期.

10月の空　(渡辺和郎)

日付	曜日	月齢(21時)	天　文　現　象
1	火	28.4	
2	水	29.4	9時42分 月が赤道を通過. 22時28分 アルゴルが極小光度.
3	木	0.7	**3時49分 ●新月(金環日食, 南アメリカ大陸南端方面, 日本からは見られない).** 4時39分 月が最遠(29′23″, 1.058). 9時2分 月が水星の南1°48′. いっかくじゅう座V (6.0-13.9等, 周期330日)が極大光度.
4	金	1.7	7時16分 白昼のスピカ食(出現:札幌). 8時10分 月がスピカの北0°31′.
5	土	2.7	19時17分 アルゴルが極小光度.
6	日	3.7	5時26分 月が金星の南3°00′.
7	月	4.7	17時35分 さそり座48B.星(5.0等)の星食(潜入:東京).
8	火	5.7	**4時0分 寒露(太陽の黄経が195°になる).** 4時29分 月がアンタレスの南0°10′. 22時 りゅう座流星群が極大(HR=3, 条件:良).
9	水	6.7	16時13分 木星が留. 20時44分 月の赤緯が最南. おとめ座RS (7.0-14.6等, 周期353日)が極大光度.
10	木	7.7	0時15分 水星がスピカの北2°39′. へび座S (7.0-14.1等, 周期368日)が極大光度.
11	金	8.7	**3時55分 ◐上弦.** 20時44分 いて座60番星(4.8等)の星食(潜入:東京).
12	土	9.7	0時15分 月が冥王星の南1°47′. 11時16分 準惑星 冥王星が留. からす座R (6.7-14.4等, 周期319日)が極大光度.
13	日	10.7	
14	月	11.7	スポーツの日.
15	火	12.7	後の月(十三夜). 3時13分 月が土星の北0°07′.
16	水	13.7	0時48分 うお座20番星(5.5等)の星食(潜入:東京). 2時32分 月が海王星の北0°35′. 7時25分 月が赤道を通過.
17	木	14.7	アルゴルが極小光度. 9時51分 月が最近(33′27″, 0.929). **20時26分 ○満月.** ペガスス座V (7.0-15.0等, 周期302日)が極大光度.
18	金	15.7	
19	土	16.7	
20	日	17.7	0時53分 月が天王星の北4°28′. 3時21分 アルゴルが極小光度. **6時51分 秋の土用の入り(太陽の黄経が207°になる).** 7時36分 おうし座η(2.9等)の星食(出現:東京). 10時0分 小惑星(3)ジュノーが合.
21	月	18.7	15時1分 火星がポルックスの南5°43′. 17時5分 月が木星の北5°48′. 15時 オリオン座流星群が極大(HR=10, 条件:悪).
22	火	19.7	9時43分 月の赤緯が最北. 10時9分 火星が西矩. 9時6分 (136199)エリスが衝(+18.6等).
23	水	20.7	0時9分 アルゴルが極小光度. **7時15分 霜降(太陽の黄経が210°になる).**
24	木	21.7	2時54分 月がポルックスの南1°42′. 4時56分 月が火星の北3°55′. **17時3分 ◑下弦.** ヘルクレス座T (6.8-13.7等, 周期164日)が極大光度.
25	金	22.7	20時58分 アルゴルが極小光度.
26	土	23.7	4時1分 金星がアンタレスの北3°06′. 23時5分 月がレグルスの北2°54′.
27	日	24.7	2時27分 しし座37番星(5.4等)の星食(出現:東京).
28	月	25.7	5時6分 準惑星 冥王星が東矩. 17時47分 アルゴルが極小光度.
29	火	26.7	15時48分 月が赤道を通過.
30	水	27.7	6時45分 おうし座λが極小光度. 7時50分 月が最遠(29′25″, 1.057).
31	木	28.7	14時20分 月がスピカの北0°31′.

10月0日の修正ユリウス日(MJD)=60583日(日本標準時9時) 年通日=274日

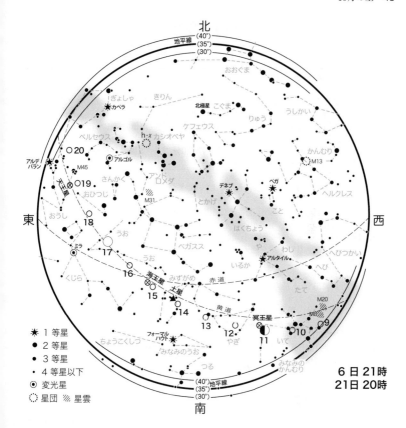

北

地平線
(40°)
(35°)
(30°)

おおぐま

ぎょしゃ　きりん

カペラ

北極星　こぐま

ペルセウス　りゅう　うしかい

ケフェウス

h・χ　カシオペヤ

かんむり

アルゴル

M13

アルデ
バラン

M45　さんかく　アンドロメダ

ペガ

ヘルクレス

おひつじ

M31

デネブ

とかげ

こと

東　18　うお　ペガスス　はくちょう　西

ミラ　うお　わし

17　アルタイル　へびつかい

くじら　16　海王星　みずがめ　いるか　へび

15　土星　赤道

14　黄道　M20

13　12　冥王星　M8

フォーマル
ハウト　やぎ　10　9

★ 1 等星　ちょうこくしつ　11　いて

● 2 等星　みなみのうお　みなみの
かんむり

• 3 等星　つる

· 4 等星以下

⊙ 変光星　(40°)　地平線

◌ 星団 ◎ 星雲　(35°)
(30°)

6日21時
21日20時

南

10月の話題

　3日,南アメリカ大陸南端方面で金環日食.日本からは見られない.遠い地なので観測に行く人は少ないだろうが,今はライブ配信が飛び交う時代.それを待ちたい.

　15日,今年の「十三夜」,「後の月」になる.言い伝えによると,十五夜(芋名月)と十三夜(栗名月)を合わせて「二夜の月」とよんで,両方を愛でる慣習が残る.中国から伝わったものに日本独自の慣習が融合された.そこには縁起を担ぐだけで何ら科学的な意味はないが,風習とはそういうものである.

　21日15時,オリオン座流星群が極大.ふたご座の弟(向かって左)の足下からオリオン座の右腕付近に輻射点がある.冬の代表的な星座をかすめて飛ぶ流星は見物だ.5月のみずがめ座η群同様にハレー彗星に起因する流星群だが,今年は月回りが悪い.

11月の空 （渡辺和郎）

日付	曜日	月齢 (21時)	天 文 現 象
1	金	29.7	**21時47分●新月.**
2	土	1.0	
3	日	2.0	**文化の日.** 5時37分 おうし座λが極小光度. 16時36分 月が水星の南2°07′.
4	月	3.0	**振替休日.** 10時6分 月がアンタレスの南0°05′.
5	火	4.0	9時15分 月が金星の南3°06′. おうし座南流星群が極大(HR＝7, 条件:最良).
6	水	5.0	2時10分 月の赤緯が最南.
7	木	6.0	4時29分 おうし座λが極小光度. **7時20分 立冬(太陽の黄経が225°になる).**
8	金	7.0	7時2分 月が冥王星の南1°31′.
9	土	8.0	5時2分 アルゴルが極小光度. **14時55分◖上弦.** 22時18分 −19°6133番星(6.9等)が山陰方面で接食(南限界).
10	日	9.0	13時7分 水星がアンタレスの北2°01′. 18時41分 みずがめ座50番星(5.8等)の星食(潜入:東京).
11	月	10.0	3時21分 おうし座λが極小光度. 10時43分 月が土星の北0°05′.
12	火	11.0	1時51分 アルゴルが極小光度. 11時25分 月が海王星の北0°37′. 17時5分 月が赤道を通過. おうし座北流星群が極大(HR＝5, 条件:悪).
13	水	12.0	
14	木	13.0	20時16分 月が最近(33′10″, 0.937). 22時40分 アルゴルが極小光度. 23時31分 土星の衛星相互の食現象(p.169参照).
15	金	14.0	2時13分 おうし座λが極小光度.
16	土	15.0	**6時29分○満月.** 10時13分 月が天王星の北4°22′. 14時57分 土星が留. **17時9分 水星が東方最大離角(光度−0.2等, 視直径6″6, 離角22°6).** 20時51分 土星の衛星相互の食現象(p.169参照).
17	日	16.0	**13時14分 天王星が衝(＋5.6等, おうし座, 視直径3″8) 観望の好期.** 19時29分 アルゴルが極小光度. 21時 しし座流星群が極大(HR＝15, 条件:最悪). 23時54分 月が木星の北5°39′. うしかい座R(6.2-13.1等, 周期224日)が極大光度.
18	月	17.0	18時11分 土星の衛星相互の食現象(p.169参照). 19時19分 月の赤緯が最北. さんかく座R(5.4-12.6等, 周期265日)が極大光度.
19	火	18.0	1時5分 おうし座λが極小光度.
20	水	19.0	11時44分 月がポルックスの南1°52′. おおぐま座R(6.5-13.7等, 周期300日)が極大光度.
21	木	20.0	2時46分 かに座λ(5.9等)の星食(出現:東京). 6時9分 月が火星の北2°26′.
22	金	21.0	**4時56分 小雪(太陽の黄経が240°になる).** 23時58分 おうし座λが極小光度.
23	土	22.0	**勤労感謝の日.** 6時29分 月がレグルスの北2°43′. **10時28分◗下弦.**
24	日	23.0	
25	月	24.0	4時58分 ＋04°2491番星(7.3等)が北海道方面で接食(南限界). 22時4分 月が赤道を通過. カシオペヤ座V(6.9-13.4等, 周期230日)が極大光度.
26	火	25.0	20時56分 月が最遠(29′28″, 1.054). 13時26分 水星が留. 22時50分 おうし座λが極小光度.
27	水	26.0	21時16分 月がスピカの北0°25′.
28	木	27.0	
29	金	28.0	
30	土	29.0	21時42分 おうし座λが極小光度. こぎつね座R(7.0-14.3等, 周期138日)が極大光度.

11月0日の修正ユリウス日(MJD)＝60614日(日本標準時9時) 年通日＝305日

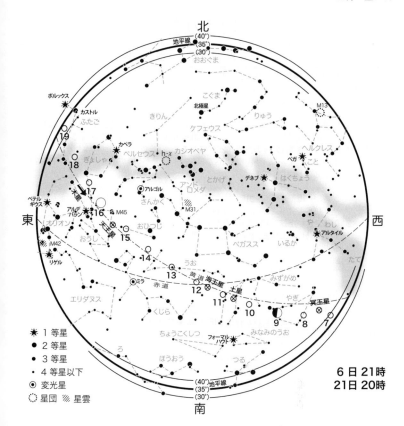

北

地平線 (40°)
(35°)
(30°)
おおぐま

ポルックス
カストル
ふたご
19
カペラ
ぎょしゃ
ペルセウス　h・χ
18
アルゴル
17
大星雲
ベテルギウス
アルデバラン
16　M45
オリオン
M42
リゲル
15
14
ミラ
赤道
13
12 ⊗
11
10
9
8
7
エリダヌス
くじら
ちょうこくしつ
フォーマルハウト
みなみのうお
ろ
ほうおう
つる

こぐま
北極星
ケフェウス
りゅう
M13
ヘルクレス
ペガ
こと
はくちょう
デネブ
とかげ
アンドロメダ
M31
さんかく
おひつじ
おうし
うお
ペガスス
いるか
みずがめ
やぎ
冥王星 ⊗
わし
アルタイル
や
海王星
土星
黄道

カシオペヤ

東

西

* 1 等星
● 2 等星
• 3 等星
· 4 等星以下
⊙ 変光星
◌ 星団　〰 星雲

6日 21時
21日 20時

(40°) 地平線
(35°)
(30°)

南

11月の話題

16日17時9分, 水星が東方最大離角 (光度−0.2等, 視直径6″.6, 離角22°.6) で夕空へ.

17日13時14分, 天王星がおうし座で衝 (+5.6等, 視直径3″.8) をむかえ観望の好期. 1781年, ウイリアム・ハーシェルによって発見されたが, それまで恒星として20回以上観測されていた. 水星から土星までの6惑星の平均距離の法則 (ボーデの法則) に沿って見つかったため, 火星と木星の間に惑星が存在すると天文界がざわめき立った話は有名.

かに座を東へ順行中の火星は, 来月12月8日の留で逆行に転ずるが, 11月下旬にかけプレセペ星団 (M44) に接近する. 徐々に明るくなっており, 来年1月に衝をむかえる.

土星は「環の消失」を2025年にひかえている. そんな折, 衛星どうしの相互食が11月14・16・18日に予報されている. 望遠鏡が必要な天文現象だが, ぜひ挑んでみてほしい.

48

12月の空　(渡辺和郎)

日付	曜日	月齢(21時)	天　文　現　象
1	日	0.2	**15時21分●新月**. 16時26分 月がアンタレスの南0°01′.
2	月	1.2	3時34分 アルゴルが極小光度. 11時10分 月が水星の南4°57′.
3	火	2.2	7時24分 月の赤緯が最南.
4	水	3.2	20時35分 おうし座λが極小光度.
5	木	4.2	0時23分 アルゴルが極小光度. 7時41分 月が金星の南2°15′. 13時25分 月が冥王星の南1°18′.
6	金	5.2	12時56分 水星が内合. 19時24分 −20°6178番星(6.6等)が日本縦断で接食(南限界).
7	土	6.2	**0時17分 大雪**(太陽の黄経が255°になる). 21時12分 アルゴルが極小光度.
8	日	7.2	3時16分 金星が冥王星の北0°53′. 5時59分 火星が留. **7時24分 木星が衝(−2.8等、おうし座、視直径48″2)観望の好期**. 9時45分 土星が東矩. 17時56分 月が土星の北0°18′. **18時19分 土星食**(潜入の始まり:東京). 19時27分 おうし座λが極小光度. 20時5分 海王星が留. 21時41分 みずがめ座83番星(5.5等)の星食(潜入:東京). くじら座U(6.8-13.4等、周期234日)が極大光度.
9	月	8.2	**0時27分●上弦**. 18時19分 月が海王星の北0°50′. **17時26分 海王星食**(潜入の始まり:東京). 23時39分 月が赤道を通過.
10	火	9.2	18時2分 アルゴルが極小光度.
11	水	10.2	20時27分 うお座π(5.5等)の星食(潜入:東京).
12	木	11.2	18時19分 おうし座λが極小光度. 22時20分 月が最近(32′42″、0.950). うみへび座T(6.7-13.5等、周期285日)が極大光度.
13	金	12.2	18時34分 月が天王星の北4°21′.
14	土	13.2	**3-4時 プレヤデス星団の食**(詳細は星食の頁参照). **10時 ふたご座流星群が極大**(HR=30、条件:最悪).
15	日	14.2	4時42分 月が木星の北5°28′. **18時2分○満月**.
16	月	15.2	5時8分 月の赤緯が最北. 6時14分 水星が留. 17時12分 おうし座λが極小光度.
17	火	16.2	21時49分 月がポルックスの南2°03′.
18	水	17.2	17時49分 月が火星の北0°54′.
19	木	18.2	21時17分 海王星が東矩.
20	金	19.2	15時19分 月がレグルスの北2°26′.
21	土	20.2	**18時21分 冬至**(太陽の黄経が270°になる).
22	日	21.2	19時 こぐま座流星群が極大(HR=5、条件:悪).
23	月	22.2	4時51分 月が赤道を通過. **7時18分 ▶下弦**.
24	火	23.2	16時25分 月が最遠(29′32″、1.052).
25	水	24.2	2時7分 アルゴルが極小光度. **3時17分 スピカ食**(1.0等、潜入、東京). 出現は4時13分. 3時45分 スピカ食が北海道・渡島半島で接食(北限界). 5時11分 月がスピカの北0°10′. **11時30分 水星が西方最大離角**(光度−0.3等、視直径6″6、離角22°0).
26	木	25.2	
27	金	26.2	22時57分 アルゴルが極小光度.
28	土	27.2	
29	日	28.2	0時17分 月がアンタレスの南0°05′. 13時22分 月が水星の南6°23′.
30	月	29.2	14時0分 月の赤緯が最南. 19時46分 アルゴルが極小光度. へびつかい座R(7.0-13.8等、周期302日)が極大光度.
31	火	0.6	**7時27分●新月**. 9時50分 小惑星(2)パラスが合.

12月0日の修正ユリウス日(MJD)=60644日(日本標準時9時)年通日=335日

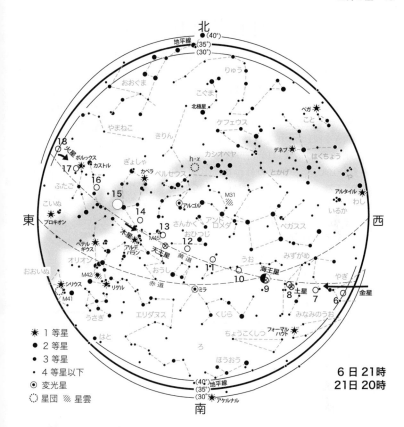

6日21時
21日20時

1等星　★
2等星　●
3等星　●
4等星以下　・
変光星　◎
星団　（点線円） 星雲　（斜線）

12月の話題

　8日7時24分, 木星がおうし座で衝(－2.8等, 視直径48″.2)をむかえ観望の好期.

　8日18時19分, 土星食の始まり(東京, 潜入終了18時20分, 出現の始まり19時00分, 出現19時02分).

　9日17時26分, 海王星食(7.7等, 潜入の始まり:東京).

　14日3時～ 4時, プレヤデス星団の星ぼしが月に隠される星食が続く.

　14日10時, ふたご座流星群が極大(HR＝30)をむかえる. 翌日が満月で条件は最悪.

　25日3時17分, スピカ食(1.0等, 潜入:東京), 出現は4時13分. 今月は土星に始まり, 海王星, スピカと食現象が続く. 惑星や恒星が月に隠される現象を一気に体験できるチャンスである. 3時45分, 北海道・渡島半島を結ぶラインではスピカ食が接食(北限界)となる.

　25日11時30分, 水星が西方最大離角(光度－0.3等, 視直径6″.6, 離角22°0)で明けの空へ.

50

日食と月食 （相馬 充）

2024年は日食が2回, 月食が1回, 半影月食が1回ある. このうち日本で見られるのは3月25日の半影月食のみである. 以下, 日本で見られないものを含め, 時刻はすべて日本標準時で示す. 外国で観測する際は日本との時差に注意されたい.

[1] 3月25日の半影月食

地球の影に対する月の動きを図1に示す. 半影月食の始めは$13^h50^m.9$, 食の最大は$16^h12^m.8$（半影食の食分0.98）, 半影月食の終わりは$18^h34^m.7$である. この半影月食が見られる地域は図2に示したとおりで, 太平洋の大部分と南北アメリカ大陸, 大西洋などである. 日本では九州西部と南西諸島を除いて月出の時に半影月食になっている区域に入っている. 図3に東京で見る月にかかる半影の様子を描いたが, 半影月食は肉眼で見ていても気づきにくい現象であることに注意したい. 図に描いたような, はっきりした影の境界は確認できず, 影の中心に近い側がかすかに暗いというのが分かるかどうかという程度のものである. さらに今回は薄明中の明るい空の中で, 高度も低い. このような条件下で, 半影月食によって月が薄暗くなっているのが分かるかどうか, 確認されたい. 半影月食は写真のほうが分かりやすいということもいわれているので, それも試してみるとよいだろう.

[2] 4月9日の皆既日食

この日食が見られる地域は図4に示すとおり. 図4でAは欠けた状態で日出になる区域, Bは日食の始めから終わりまで見られる区域, Cは欠けたまま日没になる区域である. 地球全体としてこの日食が始まるのは0^h42^m, 終わるのは5^h29^mである. 日本では見られない. 北ア

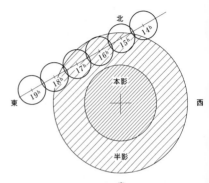

図1　3月25日の半影月食

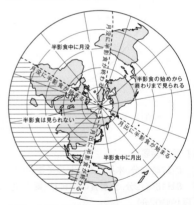

図2　3月25日に半影月食が見られる地域

図3　3月25日の半影月食　東京での状況

メリカ大陸を通る細長い帯状の地域で皆既日食が見られる．皆既食帯は，端（日出没ころに皆既食を見る）より中心部（子午線付近で皆既食を見る）のほうが広く，皆既食継続時間も長くなるのが特徴である．すでに書いたように，本ページでは時刻を日本標準時（JST）で示している．アメリカ合衆国本土では，この時期，西側から太平洋夏時（PDT=JST-16^h），山岳夏時（MDT=JST-15^h），中部夏時（CDT=JST-14^h），東部夏時（EDT=JST-13^h）の4つの時刻が使われている．ただし，ア

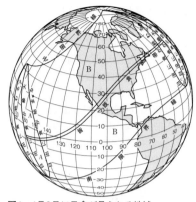

図4　4月9日に日食が見られる地域

リゾナ州の大部分では夏時を使わず山岳標準時（MST=JST-16^h）を使っている．メキシコやカナダでも複数の時刻帯が使われている．現地で観測する場合は，自分のいる地域がどの時刻帯になっているかを確認して日食の時刻を知るようにしてほしい．アメリカ各地における日食の始めや終わりの時刻，最大食分は図5から読み取れる．表1と図6には日食が見られる主要地点（アメリカ以外の都市を含む）に対する予報を示した．この図は食の最大時の欠け方を示し，

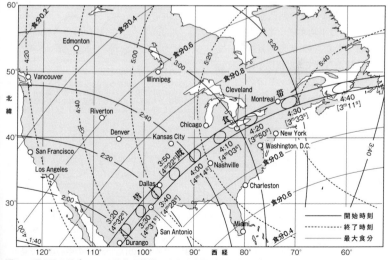

図5　4月9日の日食　アメリカの状況　　[ ] 内は皆既食継続時間を表す．

食の始めや終わりの方向を矢印で示した. 食の終わりの方向が示してないのは, その地点で日没後に食が終わることを示している. 表1と図6の最後の5地点は皆既日食が見られる地点である. 図5には10分毎の本影の位置とその中心地点での皆既食継続時間を示してある. たとえば4:00[4^{m}14^s]は時刻が4時0分JSTで皆既食継続時間が4^{m}14^{s}という意味である. 今回の皆既日食における皆既食継続時間の最大はメキシコのDurango州の西経103°30′.5, 北緯25°56′.4の地点 (図5でDurangoとある地点のやや北西) で見られる. この地点での皆既日食は3^{h}19^{m}37^{s}JSTを中心とする4^{m}32^s.1, 高度は70°, 太陽の方位は南から東向きに27°である. この地点での皆既食帯の幅は200kmである. 月の本影はここからさらに北東に進み, 中心線上での皆既食継続時間も徐々に短くなる. 以上の予報は月縁の凹凸を考慮せず, 月は平均半径を半径とする球としたもの. 実際の月縁には地球から見て±2″程度の凹凸がある. 例としてアメリカのテキサス州Dallas近くの中心線上で見る日食の状況を図7に, 皆既食の際の月縁を拡大して図8に示した. 皆既食の開始と終了前後の太陽縁の位置も5秒毎に示してある. 太陽縁は拡大した月縁に合わせて描いているため, 実際の太陽より見かけ上, 小さく描かれている. この図からDallasでは皆既食の始めが約2^{s}遅れ, 皆既食の終わりが

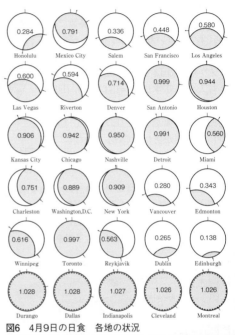

図6 4月9日の日食 各地の状況

図は食の最大時の状況で, 上が天頂の方向, 小数はそのときの食分. 矢印は食の始め (内向き) と食の終わり (外向き) の方向を示す. 外向きの矢印がないのは, 食の終わりが地平線下で見られないことを意味している. なおDublinとEdinburghでは食の最大も見られないので, 状況図は日没時のものである.

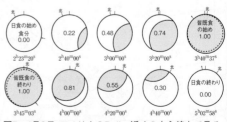

図7 4月9日 アメリカのDallas近くの中心線上で見る皆既日食の状況

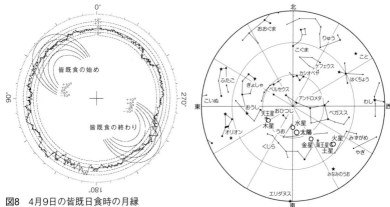

図8　4月9日の皆既日食時の月縁

アメリカのDallas近くの中心線上で見る月縁と太陽縁との位置関係. 位置角は天の北極基準, 月縁を拡大し, それに合わせて太陽縁の位置を5秒ごとに示す.

図9　アメリカのDallas近くで4月9日の皆既食中に見る星空

表1　4月9日の日食の各地予報

地　名	食の始め				食の最大					食の終わり			
	時刻	P	V	h	時刻	食分	P	V	h	時刻	P	V	h
	h　m　s	°	°	°	h　m　s		°	°	°	h　m　s	°	°	°
Honolulu (US)	1 33 40	192	261	3	2 13 01	0.284	147	217	12	2 54 56	102	172	21
Mexico City (MX)	1 55 22	238	300	63	3 14 17	0.791	314	340	77	4 36 28	31	343	72
Salem (US)	2 32 12	189	225	38	3 24 30	0.336	141	169	45	4 18 42	93	108	51
San Francisco (US)	2 14 02	196	242	40	3 13 23	0.448	139	176	49	4 15 46	83	104	57
Los Angeles (US)	2 06 16	203	253	43	3 12 26	0.580	138	176	54	4 22 14	73	88	63
Las Vegas (US)	2 12 53	204	249	45	3 20 21	0.600	138	168	56	4 30 57	72	77	61
Riverton (US)	2 32 55	205	233	49	3 40 10	0.594	140	150	54	4 48 56	75	64	54
Denver (US)	2 28 14	211	240	51	3 40 43	0.714	139	146	57	4 54 02	67	49	56
San Antonio (US)	2 14 29	228	266	61	3 34 19	0.999	316	317	68	4 55 44	46	7	62
Houston (US)	2 20 01	231	263	63	3 40 13	0.944	317	307	67	5 01 10	43	0	59
Kansas City (US)	2 37 52	222	230	57	3 54 46	0.906	139	127	58	5 11 16	57	23	50
Chicago (US)	2 51 28	225	226	55	4 07 41	0.942	141	118	52	5 22 01	58	20	43
Nashville (US)	2 44 36	233	235	61	4 03 25	0.950	320	292	57	5 20 16	47	3	46
Detroit (US)	2 58 21	229	221	54	4 14 20	0.991	142	114	49	5 27 38	56	15	39
Miami (US)	2 47 29	254	237	71	4 01 46	0.560	319	270	60	5 13 21	24	324	46
Charleston (US)	2 53 41	245	229	63	4 11 01	0.751	321	279	54	5 24 59	37	345	41
Washington, D.C. (US)	3 04 17	239	220	56	4 20 32	0.889	323	285	47	5 32 56	47	360	35
New York (US)	3 10 41	239	216	53	4 25 39	0.909	324	285	43	5 36 27	49	3	32
Vancouver (CA)	2 43 07	186	216	37	3 30 57	0.280	142	165	43	4 20 10	98	111	47
Edmonton (CA)	2 54 25	191	210	39	3 46 36	0.343	143	152	43	4 39 37	94	94	44
Winnipeg (CA)	2 54 57	208	217	46	4 01 35	0.616	142	135	47	5 07 54	76	55	43
Toronto (CA)	3 04 57	230	217	52	4 19 53	0.997	143	112	45	5 31 38	57	16	35
Reykjavik (IS)	3 49 24	216	190	11	4 39 51	0.563	154	128	6	5 28 33	91	66	1
Dublin (IE)	3 55 44	233	196	1	—	—	—	—	—	#4 10 17	228	192	(0.26)
Edinburgh (GB)	3 54 24	228	194	0	—	—	—	—	—	#4 02 12	225	192	(0.14)
皆既日食が見られる5地点													
Durango (MX)	1 55 22	226	283	56	3 14 00	1.028	332	5	70	4 36 32	45	20	72
Dallas (US)	2 23 20	227	256	61	3 42 50	1.028	309	301	65	5 02 58	48	10	57
Indianapolis (US)	2 50 09	230	228	58	4 08 00	1.027	296	269	53	5 23 18	53	11	43
Cleveland (US)	2 59 25	231	221	55	4 15 40	1.026	286	255	49	5 28 57	54	12	38
Montreal (CA)	3 14 29	233	212	48	4 27 50	1.026	272	237	40	5 37 18	57	15	30

時刻は日本時.　PとVは欠けた方向の位置角で, Pは北極方向角, Vは天頂方向角, またhは高度である.　外国地名の (　) 内は国を表し, USはアメリカ合衆国, MXはメキシコ, CAはカナダ, ISはアイスランド, IEはアイルランド, GBはイギリスを意味する. 食の終わりで#を付けたのは日没時で, hの欄にはそのときの食分を (　) 内に示した. 皆既日食が見られる5地点は皆既日食中心線上の地点で, それらの地点での皆既食継続時間は, Durangoで4^{m}32^s, Dallasで4^{m}26^s, Indianapolisで4^{m}06^s, Clevelandで3^{m}56^s, Montrealで3^{m}37^s.

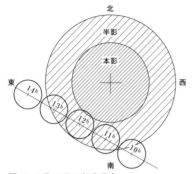

図10　9月18日の部分月食

約3ˢ早まることが分かる．皆既食中には惑星や明るい恒星も見えるようになる．図9にDallasで見る皆既中の星の位置を示した．

[3]　9月18日の部分月食　地球の影に対する月の動きを図10に示す．この月食が見られる地域は図11に示すとおりで，日本では見られない．9ʰ39ᵐ.3に半影食の始め，11ʰ11ᵐ.8に部分食の始め，11ʰ44ᵐ.3に食の最大（食分0.090），12ʰ16ᵐ.7に部分食の終わり，13ʰ49ᵐ.2に半影食の終わりである．

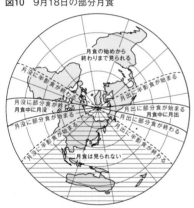

図11　9月18日に月食が見られる地域

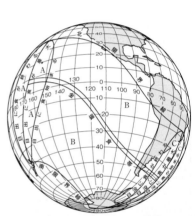

図12　10月3日に日食が見られる地域

表2　10月3日の日食の各地予報

地　名	食の始め				食の最大					食の終わり			
	時刻	P	V	h	時刻	食分	P	V	h	時刻	P	V	h
	h m s	°	°	°	h m s		°	°	°	h m s	°	°	°
Lima（PE）	4 20 24	238	133	53	4 47 57	0.031	222	119	47	5 14 26	206	104	40
Santa Cruz（BO）	4 54 12	236	127	31	5 26 28	0.062	214	106	24	5 56 43	192	84	17
Rio de Janeiro（BR）	5 01 18	245	132	11	5 45 10	0.190	207	94	1	#5 49 54	202	89	(0.19)
Porto Alegre（BR）	4 38 55	265	144	22	5 42 27	0.391	209	89	9	#6 24 39	163	43	(0.16)
Asuncion（PY）	4 39 35	256	139	28	5 37 25	0.259	211	96	16	6 29 25	166	51	4
Santiago（CL）	4 02 08	283	148	44	5 25 43	0.549	215	89	28	6 39 42	148	25	14
Cordoba（AR）	4 17 10	274	147	37	5 32 36	0.458	213	91	22	6 39 21	152	31	8
Buenos Aires（AR）	4 23 23	277	149	30	5 37 49	0.532	211	86	16	6 43 57	145	21	2
金環日食が見られる2地点													
Tortel（CL）	3 56 48	307	155	37	5 23 19	0.963	216	74	26	6 41 57	122	344	14
Estancia La Navarra（AR）	4 04 08	305	156	33	5 27 34	0.962	214	73	21	6 43 19	121	342	9

時刻は日本時．PとVは欠けた方向の位置角で，Pは北極方向角，Vは天頂方向角，またhは高度である．外国地名の（　）内は国を表し，PEはペルー，BOはボリビア，BRはブラジル，PYはパラグアイ，CLはチリ，ARはアルゼンチンを意味する．食の終わりで#を付けたのは日没時で，hの欄にはそのときの食分を（　）内に示した．金環日食が見られる2地点は金環食帯中心線上の地点で，それらの地点での金環食継続時間は，Tortelで6ᵐ21ˢ，Estancia La Navarraで6ᵐ12ˢ．

[4] **10月3日の金環日食**　この日食が見られる地域は図12に示すとおりで，日本では見られない．図12のA，B，Cの意味は図4に同じ．地球全体としてこの日食が始まるのは 0^h43^m，終わるのは 6^h47^m である．金環食帯内で金環日食が見られる．図13から南アメリカ大陸南部の各地での日食の始めや終わりの時刻，最大食分を知ることができる．表2と図14には日食が見られる主要地点に対する予報を示した．この図は食の最大時の欠け方を示し，食の始めや終わりの方向を矢印で示した．食の終わりの方向を示していないものは，日没時に食が終わっていないことを意味している．表2と図14の最後の2地点は金環日食が見られる地点である．図13の金環食帯には5分毎の擬本影の位置とその中心地点での金環食継続時間を示してある．たとえば5:30 $[6^m06^s]$ は時刻が5時30分JSTで金環食継続時間が 6^m06^s という意味である．今回の金環日食における金環食継続時間の最大は太平洋の海上の西経112°55′.1，南緯24°00′.1の地点で見られる．この地点での金環日食は $3^h53^m10^s$ JSTを中心とする $7^m20^s.2$，高度が69°，太陽の方位北から東向きに19°である．この地点での金環食帯の幅は261kmである．図13の5:30の金環食帯の幅は299kmである．

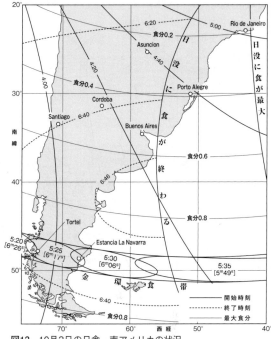

図13　10月3日の日食　南アメリカの状況
[ ] 内は金環食継続時間を表す．

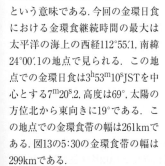
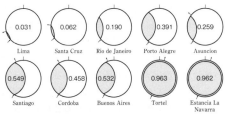

図14　10月3日の日食　各地の状況
図は食の最大時の状況で，上が天頂の方向，小数はそのときの食分．矢印は食の始め（内向き）と食の終わり（外向き）の方向を示す．外向きの矢印がないのは，食の終わりが地平線下で見られないことを意味している．

2024年の主な星食 <small>(相馬 充)</small>

月は約27.3日で天球を1周している. その運行の途中, 星を隠す現象が見られることがある. その現象を星食という. 星食の観測では星が潜入または出現する時刻を正確に測定する. 正確な時刻測定ができるのは暗縁側で起こる現象で, ふつう満月前では潜入が, 満月後では出現が観測の対象になる. 潜入の観測では予報時刻の数分前に月のすぐ東側の星を見つけ, それが消えるまで追いか

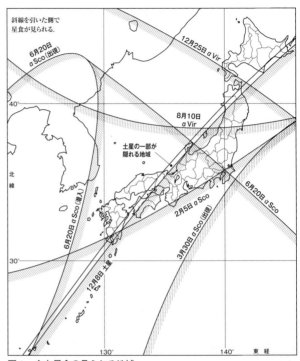

斜線を引いた側で星食が見られる.

6月20日 αSco (出現)

12月25日 αVir

40°

8月10日 αVir

北緯

土星の一部が隠れる地域

6月20日 αSco (潜入)

6月20日 αSco

30°

2月5日 αSco (出現)

3月30日 αSco

12月8日 土星

130°

140° 東経

図1　主な星食の見られる地域

ければよい. 出現の観測では予報図や予報位置角から出現する場所の見当をつけて観測する. 時刻測定には外国の短波無線報時やGPS時計を利用するのが便利である. 測定方法には, ストップウォッチを使って現象時に時計をスタートさせ, 1～2分後の0秒のときにストップさせてその時間から現象時刻を知る方法, 現象時に声を発して時報といっしょにボイスレコーダーに録音する方法, 時報を耳で聞きながら現象を目で追って時刻を測定する目耳法などがある. 星食をビデオ撮影することも行われている. 正確な報時信号を同時に録音すれば, 現象時刻が正確に求められる. その際, ビデオの手ぶれ防止機構は映像信号を遅らせる恐れがあるので撮影の際はオフにして観測してほしい. 正確な報時信号が利用できない場合は117番のNTTの電話の時報が利用できる. なお, 携帯電話 (PHSを含む) は信号の遅れが大きいこと, また, JJY長波の時刻信号を受信して時刻を自動調整する電波時計は電波受信直後でも0.2秒前後の遅れがある

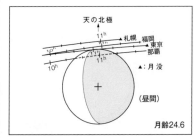

図2　2月5日　α Scoの食

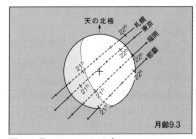

図3　5月17日　σ Leoの食

のが一般的で,遅れの量も機種や時間により変化することに注意してほしい.観測地点は15m以内の精度で求める必要がある.このため観測地点の経度・緯度・標高を国土地理院発行の2万5千分の1地形図等から読み取るかGPSによって測定する.測地系に関する注意とGPSによる経緯度測定については「接食」のページを参照のこと.

　星食観測結果はかつては月の運動を調べたり,地球自転速度の不整を求めたり,あるいはまた,観測地の経緯度を求めたりするために使用された.しかし,これらは現在では月レーザ測距,VLBI,GPS,原子時計などの技術を用いて,より精密に求められるようになり,星食観測はそれらの目的では使用されなくなった.日本の海上保安庁でも,精密な天体暦や航海暦の作成のために星食観測を行ってきたが,その目的は新しい観測方法で達成されるようになったとの理由で星食観測を終了した.しかし,今でも星食観測は恒星の座標系の誤差を調べるために重要である.また,重星の星食を観測すると潜入や出現のときの光度変化が階段状になる.この時間差や光度比を測定することで,重星の主星と伴星の位置関係やおのおのの明るさを知ることができる.星食の観測から新たな重星が発見されることもめずらしくない.このような重星の研究も星食観測の大きな目的である.星食観測の解析には月縁の凹凸のデータが必要だが,それは2007年から2009年にかけて日本の月周回衛星「かぐや」の観測から得られた精密月面地形から求められる.アメリカの月周回衛星「ルナー・リコネサンス・オービ

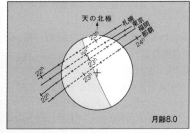

図4　6月14日　β Virの食

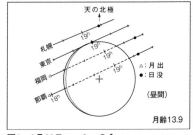

図5　6月20日　α Scoの食

ター」も月面地形を精密に求めた. 両者の結果はかなりよく一致している. これらの月縁データは日食観測から議論されている太陽の半径の変化を調べるためにも重要である.

星食観測結果は2009年から国際掩蔽観測者協会 (IOTA) が収集している. この日本の窓口は, アマチュア天文家の宮下和久氏が中心となる「星食観測日本地域コーディネーター」である. 観測方法や報告の仕方については, そのインターネットホームページ

http://astro-limovie.info/jclo/index.html を参照のこと.

60ページに比較的条件の良い星食の予報時刻を掲げる. 札幌, 東京, 福岡以外の地点 (東経λ, 北緯φ) の予報時刻Tは, 表にある最寄りの予報地点のT_0, a, bの値を用いて, $T = T_0 + Aa + Bb$ から求めることができる. ここで, $A = \lambda - \lambda_0$, $B = \varphi - \varphi_0$ であり, λ_0, φ_0は表の中に示してある予報地点の東経と北緯である. AとBを1°単位で表わすと$Aa + Bb$は時間の1分単位で得られる. この式による予報時刻の精度は基準の地点から400km以内でふつう1分

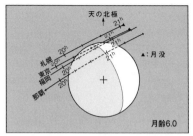

図6 8月10日 αVirの食

図9 8月10日のαVirの食の予報時刻

以内である. aとbの値が与えられていないのは, 星食限界線に近いため, この式が使えないことを意味する. 星表番号は恒星のロバートソン黄道帯星表 (星食観測結果を報告する際の星表コードはR) 中の番号である.

日本で見られる星食について, 主な星食の見られる地域を図1に, 状況を図2～8に示した. なお, 惑星食については61～64ページを参照のこと.

今年は1等星のαSco (さそり座のアンタレス) とαVir (おとめ座のスピカ) の食が日本で見られる. さらに, おうし座にあるプレヤデス星団の星食期間が今年から2028年まで続く. この星団の前回の食は2010年だったので, 14年ぶりの現象になる.

αScoの食は世界的には昨年8月以降, 毎月起こっている. 日本では, 2月5日昼と6月20日の日没前に見られる. いずれも昼間の現象だが, 望遠鏡を使えば観測は可能だろう.

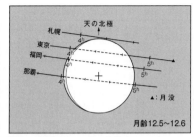

図7　12月14日　η Tauの食

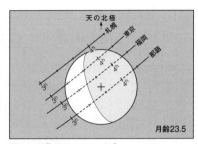

図8　12月25日　α Virの食

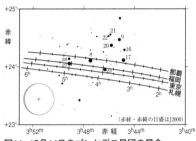

図11　12月14日のプレヤデス星団の星食

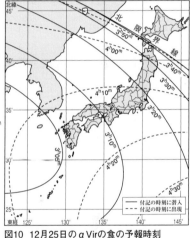

図10　12月25日のα Virの食の予報時刻

2月5日の現象（図2）は関東, 東海, 近畿, 九州地方の太平洋岸を北限界線が通っており（図1）, それより南の地域で星食が見られる. 月没前で高度が低いので, 南西の空の開けた場所で観測してみよう. 6月20日の現象（図5）は日没直前で, 西日本で潜入

時の高度がとくに低い. こちらは南東の空の開けた場所を選ぼう. α Scoの食はほかに3月30日にも小笠原諸島で見られる. 父島では22^{h}58^{m}5に出現する. 高度は6°, 方位は東から南に34°, 月齢は20.2. 高度が低いので, 南東の空の開けた場所で観測する必要があろう. α Virの食は世界的には今年の6月以降, 毎月起こる. 日本で見られるのは8月10日夜, 10月4日朝, 12月25日未明となっているが, 10月4日の現象は北日本が見られる区域に入っているものの, 低高度で太陽からの離角も小さいので, 観測は困難だろう. 8月10日の現象（図6）と12月25日の現象（図8）は北限界線がそれぞれ東北地方と北海道を通っている. 各地での潜入・出現の予報時刻は, それぞれ図9と図10から読み取れる. プレヤデスの食は12月14日未明にある（図11）. 10月20日の日出後にもあるが, こちらは2.9等のη Tauの出現が観測できるかどうか, 望遠鏡で挑戦してほしい.

表1 2024年の主な星食（現象欄のDは潜入, Rは出現：惑星の場合は潜入終了と出現開始）

月日	月齢	星名	星表番号	等級	現象	札幌 東経141°.4 北緯43°.1			東京 東経139°.8 北緯35°.7			福岡 東経130°.4 北緯33°.6		
						T_0	a	b	T_0	a	b	T_0	a	b
						h m			h m			h m		
1 15	3.9	χ Aqr	3421	4.9	D	—	—	—	17 46.6	+0.2	+1.9	—	—	—
1 19	8.0	40 Ari	415	5.8	D	21 21.8	+1.3	-0.1	21 23.9	+1.7	-1.2	21 07.8	+2.3	-1.0
1 21	9.2	104 B. Tau	556	5.4	D	—	—	—	—	—	—	0 50.9	+1.6	+2.1
1 23	12.0	49 Aur	1008	5.3	D	21 49.2	+2.1	+1.8	21 37.9	+2.4	+0.4	21 15.0	+2.2	+0.6
2 5	24.6	a Sco	2366	1.1	D	—	—	—	11 00.9	—	—	—	—	—
2 5	24.6	a Sco	2366	1.1	R	—	—	—	11 03.2	—	—	—	—	—
2 17	7.5	χ Tau	647	5.4	D	20 50.6	—	—	20 29.0	+2.0	+1.1	20 07.1	+2.2	+1.1
2 26	15.7	σ Leo	1644	4.1	R	1 33.7	+2.3	-0.7	1 28.2	—	—	—	—	—
3 3	21.7	31 B. Sco	2269	5.4	R	—	—	—	1 32.1	+0.6	-0.1	—	—	—
3 20	9.3	ω Cnc	1206	5.9	D	0 17.8	+1.6	-0.3	0 20.6	+1.0	-0.9	0 14.0	+1.0	-1.4
3 30	19.3	42 Lib	2237	5.0	R	1 45.0	0.0	-1.7	1 54.8	+1.0	-1.2	1 45.6	+1.3	-0.4
4 5	25.4	ε Cap	3164	4.5	R	—	—	—	4 02.8	—	—	—	—	—
4 14	5.7	54 Aur	1022	6.0	D	—	—	—	20 09.3	+2.1	+0.5	19 50.6	+2.0	-0.5
4 15	6.7	υ Gem	1149	4.1	D	—	—	—	19 41.8	—	—	19 09.0	+2.8	+0.4
4 15	6.9	76 Gem	1169	5.3	D	23 49.3	-0.4	-1.8	24 03.6	-0.6	-1.9	24 15.3	-1.0	-2.6
4 19	10.0	37 Leo	1504	5.4	D	2 23.8	-0.3	-1.7	—	—	—	2 43.4	-0.3	-1.9
5 5	26.4	火星		1.1	R	13 16.1	+0.7	-1.2	13 19.5	+0.6	0.0	13 12.0	+1.0	+0.1
5 17	9.3	σ Leo	1644	4.1	D	20 36.2	+1.7	-1.4	20 45.9	+1.6	-1.9	20 37.6	+1.1	-2.4
6 14	8.0	β Vir	1712	3.6	D	22 24.9	+0.9	-1.3	22 33.3	+0.8	-1.3	22 27.1	+1.1	-1.6
6 20	13.9	a Sco	2366	1.1	D	—	—	—	18 47.1	—	—	18 20.9	+1.0	+1.7
6 20	13.9	a Sco	2366	1.1	R	—	—	—	18 58.7	—	—	19 12.3	-0.1	-0.9
6 25	19.1	ε Cap	3164	4.5	R	22 56.7	+1.0	+2.0	22 38.3	+1.1	+2.6	—	—	—
6 26	19.2	κ Cap	3175	4.7	R	2 11.2	+1.2	+1.3	1 57.4	+1.2	+1.9	1 40.7	+1.4	+2.0
6 30	23.2	ζ Psc	180	5.2	R	—	—	—	—	—	—	3 35.2	—	—
7 16	10.5	64 G. Lib	2183	5.5	D	20 49.1	—	—	20 44.5	+2.7	-0.1	20 18.2	+2.8	-0.1
7 25	19.0	土星		0.9	R	7 27.0	+0.3	-0.1	7 23.6	+0.1	+1.1	7 19.4	+0.3	+1.1
7 30	24.0	η Tau	552	2.9	R	—	—	—	7 39.9	—	—	7 10.7	—	—
8 10	6.0	a Vir	1925	1.0	D	—	—	—	20 24.6	—	—	20 13.0	—	—
8 10	6.0	a Vir	1925	1.0	R	—	—	—	20 51.6	—	—	20 52.4	+0.8	-3.7
8 12	8.0	43 B. Lib	2134	5.9	D	20 45.2	+1.3	-2.2	21 01.3	+1.5	-2.8	20 52.2	+1.7	-2.8
8 18	13.2	ω Sgr	2910	4.7	D	1 09.2	+0.4	-0.3	1 10.5	+0.8	-0.4	1 02.7	+1.0	+0.1
8 25	21.1	ζ Ari	472	4.9	R	22 15.1	-0.2	+1.4	22 05.8	-0.3	+1.3	—	—	—
10 4	1.1	a Vir	1925	1.0	R	7 16.6	+0.8	+2.6	—	—	—	—	—	—
10 7	4.6	48 B. Sco	2298	5.0	D	—	—	—	17 35.1	—	—	—	—	—
10 11	8.7	60 Sgr	2914	4.8	D	20 48.4	+0.2	+0.6	20 44.1	+0.7	+0.4	20 35.6	+0.7	+1.1
10 16	13.9	20 Psc	3505	5.5	D	0 45.3	+1.0	-0.4	0 48.4	+1.6	-1.2	0 33.8	+1.8	-0.4
10 20	17.1	η Tau	552	2.9	D	7 23.6	-0.3	-2.2	7 36.2	-0.1	-1.2	7 36.9	+0.4	-0.7
10 27	23.9	37 Leo	1504	5.4	R	2 32.9	+0.6	+0.2	2 27.9	+0.5	+0.9	—	—	—
11 10	8.9	50 Aqr	3288	5.8	D	18 53.6	+0.8	+1.4	18 41.4	+1.2	+1.5	18 27.3	+1.0	+2.1
11 21	19.2	λ Cnc	1251	5.9	D	2 46.9	+1.8	-0.9	2 46.1	+2.3	+0.3	2 24.4	+2.0	+1.2
12 6	5.1	φ Cap	3106	5.2	D	17 26.8	+1.8	-0.7	17 30.3	+2.8	-1.3	—	—	—
12 8	7.1	土星		1.0	D	—	—	—	18 20.4	-0.7	+3.4	—	—	—
12 8	7.3	83 Aqr	3388	5.5	D	21 56.3	—	—	21 41.2	+0.2	+1.2	21 36.5	+0.2	+1.6
12 11	10.2	π Psc	240	5.5	D	20 48.4	+0.2	+3.5	20 27.6	+1.0	+2.2	20 14.9	+0.5	+2.9
12 14	12.5	17 Tau	537	3.7	D	—	—	—	3 15.2	—	—	2 58.6	+1.2	+0.9
12 14	12.5	23 Tau	545	4.1	D	3 27.1	+0.6	0.0	3 28.6	+0.4	-0.6	3 26.2	+0.5	-1.0
12 14	12.5	η Tau	552	2.9	D	—	—	—	4 03.7	+0.6	-0.3	3 58.9	+0.5	-0.3
12 14	12.5	27 Tau	560	3.6	D	4 33.9	+0.3	0.0	4 35.4	0.0	-0.4	4 36.3	+0.1	-0.5
12 25	23.5	a Vir	1925	1.0	D	—	—	—	3 17.3	+1.5	+1.5	3 06.2	+0.6	+0.5
12 25	23.5	a Vir	1925	1.0	R	—	—	—	4 13.4	0.0	-2.0	4 13.2	+0.5	-0.9

惑星食 <small>(相馬　充)</small>

　月が惑星を隠す現象を惑星食という. 今年は日本で観測可能な惑星食が4つある.
5月5日の火星食, 7月25日と12月8日の土星食, 12月9日の海王星食である. 状況図を
図1, 3, 5, 7に, 予報時刻を表に示す. この予報時刻は, 日本の主要都市に対する, 欠け
た部分を含む惑星本体についてのもので, 現象欄には潜入開始 (1), 潜入終了 (2), 出
現開始 (3), 出現終了 (4) を示す数字に続いて, 現象が起こるのが月縁の暗縁 (D) か明
縁 (B) かを示す記号を示してある. T_0 が各地点に対する予報時刻, a と b は他の地点の予
報を求めるための係数で, 札幌, 仙台, 東京, 京都, 福岡, 那覇以外の地点 (東経 λ, 北緯 φ)
の予報時刻 T は, 表にある最寄りの予報地点の T_0, a, b の値を用いて, $T = T_0 + Aa + Bb$ か
ら求めることができる. ここで, $A = \lambda - \lambda_0$, $B = \varphi - \varphi_0$ であり, λ_0, φ_0 は表の中に示し

表　惑星食の予報 <small>(現象欄の1は潜入開始, 2は潜入終了, 3は出現開始, 4は出現終了)</small>

月日	月齢	星名	等級	現象	札幌 東経 141°.4 北緯 43°.1			仙台 東経 140°.9 北緯 38°.3			東京 東経 139°.8 北緯 35°.7		
					T_0	a	b	T_0	a	b	T_0	a	b
					h m			h m			h m		
5　5	26.4	火　星	1.2	1B	12 17.3	+0.5	+1.0	12 13.3	+0.8	+0.6	12 11.0	+1.0	+0.4
5　5	26.4	火　星	1.2	2B	12 17.5	+0.5	+1.0	12 13.5	+0.8	+0.6	12 11.2	+1.0	+0.4
5　5	26.4	火　星	1.2	3D	13 16.0	+0.7	-1.2	13 19.6	+0.6	-0.4	13 19.5	+0.6	0.0
5　5	26.4	火　星	1.2	4D	13 16.2	+0.7	-1.2	13 19.8	+0.6	-0.4	13 19.6	+0.6	0.0
7　25	18.9	土　星	0.8	1B	6 27.1	+0.7	-0.3	6 29.4	+0.9	-0.7	6 30.0	+1.1	-0.9
7　25	18.9	土　星	0.8	2B	6 27.6	+0.7	-0.3	6 29.7	+0.9	-0.7	6 30.7	+1.1	-1.0
7　25	19.0	土　星	0.8	3D	7 27.0	+0.3	-0.1	7 25.8	+0.2	+0.6	7 23.5	+0.1	+1.1
7　25	19.0	土　星	0.8	4D	7 27.6	+0.3	-0.1	7 26.4	+0.2	+0.6	7 24.2	+0.1	+1.1
12　8	7.1	土　星	1.0	1D	—			18 27.5			18 19.1	-0.6	+3.3
12　8	7.1	土　星	1.0	2D	—			18 29.1			18 20.4	-0.7	+3.4
12　8	7.2	土　星	1.0	3B	—			18 58.4			19 00.8	+3.3	-1.9
12　8	7.2	土　星	1.0	4B	—			19 00.0			19 02.0	+3.2	-1.8
12　9	8.1	海王星	7.7	1D	17 35.0	+1.8	+0.8	17 30.7	+2.3	+0.6	17 26.6	+2.5	+0.5
12　9	8.1	海王星	7.7	2D	17 35.1	+1.8	+0.8	17 30.8	+2.3	+0.6	17 26.7	+2.5	+0.5

月日	月齢	星名	等級	現象	京都 東経 135°.8 北緯 35°.0			福岡 東経 130°.4 北緯 33°.6			那覇 東経 127°.7 北緯 26°.2		
					T_0	a	b	T_0	a	b	T_0	a	b
					h m			h m			h m		
5　5	26.4	火　星	1.2	1B	12 06.8	+1.1	+0.6	11 59.5	+1.2	+0.9	11 50.0	+1.8	+0.6
5　5	26.4	火　星	1.2	2B	12 06.9	+1.1	+0.6	11 59.7	+1.2	+0.9	11 50.2	+1.8	+0.6
5　5	26.4	火　星	1.2	3D	13 16.7	+0.8	0.0	13 12.0	+1.0	+0.1	13 04.5	+0.9	+1.2
5　5	26.4	火　星	1.2	4D	13 16.9	+0.8	0.0	13 12.2	+1.0	+0.1	13 04.7	+0.9	+1.2
7　25	18.9	土　星	0.8	1B	6 25.9	+1.2	-0.7	6 19.8	+1.4	-0.4	6 21.1	+2.4	-1.5
7　25	18.9	土　星	0.8	2B	6 26.6	+1.2	-0.7	6 20.5	+1.4	-0.5	6 22.1	+2.4	-1.6
7　25	19.0	土　星	0.8	3D	7 22.2	+0.2	+1.0	7 19.3	+0.3	+1.1	7 05.5	-0.2	+2.8
7　25	19.0	土　星	0.8	4D	7 22.9	+0.2	+1.0	7 20.0	+0.3	+1.0	7 06.4	-0.2	+2.7
12　8	7.1	土　星	1.0	1D	18 21.7	—		—			17 54.1		
12　8	7.1	土　星	1.0	2D	18 24.0	—		—			17 55.9		
12　8	7.1	土　星	1.0	3B	18 45.3	—		—			18 27.3		
12　8	7.1	土　星	1.0	4B	18 47.5	—		—			18 29.1		
12　9	8.1	海王星	7.7	1D	17 16.7	+2.2	+0.9	—			—		
12　9	8.1	海王星	7.7	2D	17 16.8	+2.2	+0.9	—			—		

てある予報地点の東経と北緯である．AとBを1°単位で表わすと$Aa+Bb$は時間の1分単位で得られる．この式による予報時刻の精度は基準の地点から400km以内でふつう1分以内である．予報時刻が与えてあるのにaとbの値が与えられていない場合は，星食限界線に近いため，この式が使えないことを意味する．

　日本で見られると予報されている上に述べた4つの現象は，いずれも昼間や日没前後の現象になり，条件は良いとは言えない．

　5月5日の火星食は全国で見られるが，昼の12時前後の現象である．月齢26.4で，太陽からの離角は42°．日本各地で明縁潜入，暗縁出現になる．火星は視直径が4″8あり，この大きさのため，潜入や出現には10^{s}前後の時間がかかる．各地の潜入開始と出現終了のおよその時刻は図2から読み取れる．火星の明るさは1.2等なので，望遠鏡があれば観測できる明るさだが，北日本で高度がやや低い（出現時の高度は札幌18°，東京21°，福岡30°，那覇36°）ことに注意しよう．昼間の空に月を見つけられれば，その方向に望遠鏡を向けて火星食を観測することができるが，今回の月は細く（輝面率12％），昼間に肉眼では見つけにくいだろう．昼間の空に月が見つけられない場合でも，目盛環の付いた望遠鏡を用いれば月を視野内に導入できるが，それがない場合は，赤緯が近い恒星を利用して，夜のうちに前もって望遠鏡を月や火星の来る方向に向けておく方法がある．現象時の火星の位置は視赤経0^{h}14^{m}7，視赤緯$+0°13'$で，この赤緯に近い恒星として例えばζ Vir（おとめ座ζ星）を利用してみよう．その恒星の位置は視赤経13^{h}36^{m}0，視赤緯$-0°43'$である．赤緯は火星が恒星より56′北である．火星の視赤経から恒星の視赤経を減じると0^{h}14^{m}7$-13^h36^m0 = -13^h21^m3$で負になるので24^{h}を加えて10^{h}38^{m}7．恒星時で測って恒星が金星よりこれだけ先にほぼ同じ場所を通過する．恒星時の時間を1.0027379で

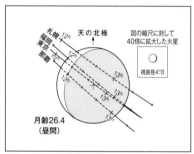

図1　5月5日　火星食

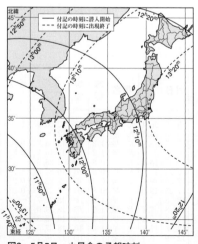

図2　5月5日　火星食の予報時刻

割ると世界時や太陽時での時間になる（110ページ参照）．その時間は $10^h38^m\!.7 / 1.0027379 = 10^h37^m\!.0$，つまり，金星を望遠鏡の視野の中央に導入したい時刻より $10^h37^m\!.0$ だけ前に（例えば，12^h0^m に導入しようとする場合には $12^h0^m - 10^h37^m\!.0 = 1^h23^m\!.0$ に）ζ Vir の方向に望遠鏡を向けて，そこから $56'$（月の視直径の2倍弱）だけ北にずらしておけば，望みの時刻に火星が望遠鏡の視野の中央に入ってくる．太陽を視野内に入れないように注意すること．

　7月25日の土星食も全国で見られるが，朝7時前後の現象である．月齢18.9〜19.0で，太陽からの離角は134°，月の輝面率は84％である．日本各地で明縁潜入，暗縁出現になる．土星本体は視直径 $18''\!.6$ あり，この大きさのため，潜入や出現には時間がかかる．その時間は南東に行くほど長く，札幌で約 33^s，東京や福岡で約 40^s，那覇で約 59^s である．環まで含めると，時間はさらにかかる．土星本体に対する各地の潜入開始と出現終了のおよその時刻は図4から読み取れる．土星の明るさは0.8等なので，望遠鏡があれば観測できる明るさだと思えるが，これは面積のある土星全体を合わせた明るさなので，空の状況によっては観測しにくい可能性もある．出現時には北日本での高度が低いことに注意を要する（出現時の高度は札幌9°，東京14°，福岡22°，那覇30°）．

　12月8日の土星食は図6に示すように，北限界線が日本列島を横断し，それより南で食が見られる．土星の明るさは1.0等である．沖縄地方で日没後間もなくの薄明中の現象になるが，それ以外の地域では空の明るさは問題ないだろう．月齢7.1〜7.2で，太陽からの離角は86°，月の輝面率は47％である．土星本体は視直径 $17''\!.2$ あり，この大きさのため，潜入や出現には時間がかかる．その時間は東京で約 1^m15^s，那覇で約 1^m50^s であるが，限界線に近づくほど長くなり，京都で約 2^m15^s，宮崎では 5^m を超える．土星本体に対する各地の潜入開始と出現終了のおよその時刻

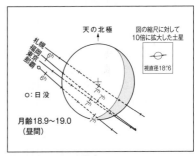

図3　7月25日　土星食

図4　7月25日　土星食の予報時刻

64

は図6から読み取れる．食の見られる地域では，だいたい暗縁潜入，明縁出現になるが，限界線の近くでは潜入も出現も明縁側で起こる．京都付近では潜入開始が暗縁側だが，潜入終了は明縁側になる．

12月9日の海王星食は17時過ぎの現象で，月齢8.1，太陽からの離角は99°，月の輝面率は58％である．全国で暗縁潜入，明縁出現となるが，海王星の明るさが7.7等なので，暗縁潜入が観測の対象になる．ただし，西日本で日没前後の明るい空での現象になるため，潜入が観測できるのも，東日本から北日本にかけての地域のみとなるが，そこでも薄明中なので，実際に観測できるかどうかは，空の状況と望遠鏡の能力しだいとなろう．海王星の視直径は2″3あるため，潜入には6秒前後の時間がかかる．ほかに，日本が見られる範囲に入っている海王星食は，6月1日13時ごろに近畿地方以西で起こるものと，10月16日3時ごろに北海道で起こるものがあるが，いずれも月没直前で高度が低く，さらに前者は昼間，後者は月の輝面率大ということで，観測の対象にならない．

以上の現象を含めて，今年世界で見られるはずの惑星食をまとめておくと，水星食が1回，金星食が2回，火星食が2回，土星食が10回，海王星食が13回である．これらのうち，条件の良いものは，いずれも土星で，日付と見られる主な地域は，4月6日南極，5月4日南極，5月31日南アメリカ，6月27日オーストラリア東部，8月21日南アメリカとアフリカとヨーロッパ，9月17日オーストラリア東部と北アメリカ西部，10月15日アフリカとインドと中国，11月11日ラテンアメリカである．

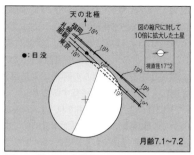

図5　12月8日　土星食

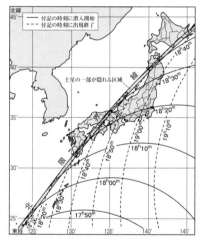

図6　12月8日　土星食の予報時刻

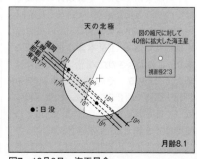

図7　12月9日　海王星食

2024年の接食 <small>(相馬　充)</small>

　月の縁すれすれを星がかすめてゆく現象を接食という．この現象を観測すると，星が月の縁の凹凸に見え隠れし，短時間に多数の明滅が見られることもある．この現象は，星食限界線付近でのみ見られるもので，その観測結果は普通の星食の観測結果と同様に，恒星の基準座標系の誤差を調べるための重要なデータになる．また恒星の潜入や出現の際の光度変化から，重星の位置関係を知ることも可能であり，新しい重星が発見されることもある．予報の概略を表1，2と図に示す．

　表のデータは図中で○印を付けた地点に対するものである．表中の星表番号に付いている記号X，ZCはそれぞれ米国海軍天文台が作成しIOTA（国際掩蔽観測者協会）が改定しているXZ星表とロバートソンの黄道帯星表を意味する．観測報告にはこの星

表1　2024年に日本で見られる条件の良い接食（北限界線）

番号	月 日 曜	時 刻 (JST)	星 名	星表番号		等級	輝面率	カスプ角	北極方向角	高度	方位	条件
		h m					%		°	°	°	
1	2 5 月	10 54. 1	α Sco	ZC	2366	1. 1	30 −	− 0. 1	6. 5	17	223	
2	3 16 土	19 22. 2	+27° 716	ZC	746	7. 0	42 +	1. 9	355. 6	56	251	
3	3 16 土	21 52. 3	38 B.(Aur)	ZC	756	6. 6	43 +	7. 9	2. 1	38	286	
4	4 14 日	20 25. 9	54 Aur	ZC	1022	6. 0	36 +	11. 3	13. 9	44	272	○
5	4 14 日	21 22. 9	25 Gem	ZC	1026	5. 1	37 +	11. 6	14. 6	33	282	○
6	4 15 月	19 55. 5	υ Gem	ZC	1149	4. 1	46 +	12. 4	21. 7	60	260	◎
7	5 11 土	20 23. 0	+28° 1058	X	8669	8. 4	13 +	13. 3	10. 2	21	290	
8	5 12 日	21 36. 3	+27° 1354	X	10832	7. 8	22 +	13. 1	17. 9	18	291	
9	5 12 日	21 56. 0	+27° 1356	X	10851	8. 0	22 +	14. 6	19. 3	18	292	
10	6 19 水	22 55. 8	42 Lib	ZC	2237	5. 0	93 +	17. 4	23. 9	35	194	
11	6 20 木	18 53. 3	α Sco	ZC	2366	1. 1	97 +	26. 9	23. 8	12	136	
12	7 14 日	21 8. 8	− 12° 3869	X	19602	7. 2	55 −	9. 1	30. 2	24	233	
13	8 10 土	20 33. 5	α Vir	ZC	1925	1. 0	30 +	3. 1	26. 0	7	250	
14	8 27 火	7 7. 6	+25° 703	X	5608	7. 8	47 −	13. 5	337. 1	32	80	
15	9 23 休	4 39. 0	+25° 678	X	5382	7. 2	71 −	9. 2	337. 7	88	41	
16	9 25 水	3 47. 0	+28° 1026	X	8437	7. 9	50 −	5. 1	355. 8	64	121	
17	9 28 土	3 21. 0	+22° 2029	X	1334	7. 0	21 −	5. 3	13. 8	28	84	
18	10 21 月	1 5. 6	+26° 731	X	701	6. 5	86 −	5. 1	341. 9	70	128	
19	10 22 火	23 26. 7	25 Gem	ZC	1026	6. 5	67 −	6. 5	355. 6	32	80	
20	12 25 水	3 45. 3	α Vir	ZC	1925	1. 0	33 −	− 16. 9	37. 6	22	131	○

表2　2024年に日本で見られる条件の良い接食（南限界線）

番号	月 日 曜	時 刻 (JST)	星 名	星表番号		等級	輝面率	カスプ角	北極方向角	高度	方位	条件
		h m					%		°	°	°	
A	1 4 木	5 21. 2	− 02° 3540	X	18595	7. 9	53 −	20. 3	223. 7	51	173	
B	1 16 火	21 21. 8	− 01° 14	ZC	27	8. 2	31 +	9. 7	147. 3	19	258	
C	1 18 木	21 4. 5	+ 11° 251	X	2684	7. 6	53 +	10. 9	148. 5	49	251	
D	2 2 金	4 13. 3	− 12° 3887	X	19700	8. 1	61 −	18. 1	219. 6	37	173	
E	2 26 月	1 10. 7	σ Leo	ZC	1644	4. 0	99 −	26. 6	223. 5	61	191	
F	3 5 火	4 50. 7	− 29° 14214	X	24215	8. 4	37 −	10. 5	189. 4	18	155	
G	10 28 月	4 31. 2	+ 08° 2452	X	16612	7. 2	18 −	7. 3	211. 6	30	111	
H	11 9 土	22 18. 1	− 19° 6133	X	29870	6. 9	53 +	14. 6	145. 9	16	234	
I	11 10 日	22 25. 1	182 B. Aqr	ZC	3303	6. 4	64 +	14. 9	142. 2	26	232	
J	11 25 月	4 58. 1	+ 04° 2491	X	17352	7. 3	33 −	14. 9	218. 6	42	141	
K	12 6 金	19 24. 9	− 20° 6178	ZC	3116	6. 6	26 +	19. 0	145. 4	23	224	
L	12 22 日	1 33. 0	+ 06° 2420	X	16896	7. 9	61 −	9. 6	212. 6	30	101	

66

表番号を明記すること. 輝面率は月の見かけの面積中, 輝いている部分の割合 (数値の あとの符号は輝面率が増加しつつあるか減少しつつあるかを表し, ＋が満月前, －が満 月後に対応する), カスプ角は月の明縁の先端 (カスプ) から星の接触点まで暗縁側を プラスに測った角度である. 北極方向角は天の北極方向から接触点までの角を月縁に沿 って左まわりに測る. 高度は地平線から測った星の高度, 方位は北から東まわりに測っ た星の方位角である. 条件の◎は好条件のもの, ○は比較的観測しやすいものである.

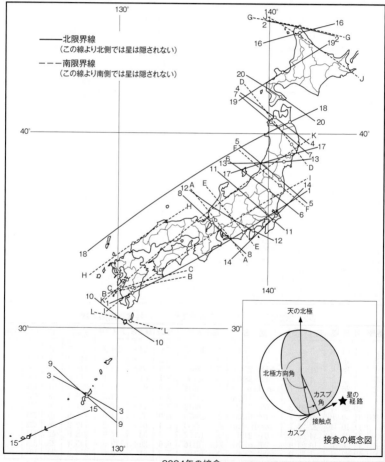

2024年の接食

　観測は星食限界線にだいたい垂直にほぼ一定間隔にできるだけ多人数の観測者を配置して行うとよい．観測地点の経緯度（0.゚5以内の精度）と標高（15m以内の精度）は地形図から読み取る．経緯度の決定には後述するGPSを使用することも可能である．GPSには従来，測位精度を意図的に悪くするSAの信号が混入されていたため，誤差が100mを越えることも多かったが，2000年からはこのSAが解除され，単独の測定でも十数メートル以内の精度で測定可能になった．ただし，測定精度を確認する意味で数分間測定を行い平均することが望ましい．高さについては，GPS受信機により準拠楕円体面からの高さと平均海水面からの高さ（標高）が出力されるものがあるが，精度が不明な場合があるので，従来どおり，地形図から標高を求めて報告するのが望ましい．

　接食の観測では通常の星食同様，恒星が消えたり現われたりする時刻を観測すればよい．ただし，接食の場合は恒星の多数の明滅が短時間に起こる可能性があることに注意する必要がある．接食の観測に成功するために，普通の星食の観測で時刻測定に充分慣れていることが望ましい．

　日本地図に使用されている経緯度は日本測地系に基づいていた．これは明治時代に当時の東京天文台で天文観測により求めた経緯度を基準にして全国の経緯度を測量により定めたものであるが，地球重心を中心とし地球楕円体に合わせた世界測地系からは東京付近で約450mずれていた．また明治時代の測量技術の制約とその後の地殻変動により，日本測地系に数メートルの歪みが生じていた．さらにGPS（汎地球測位システム＝人工衛星の電波を受信して衛星までの距離を測定し受信点の位置を決定するシステム）やGIS（地理情報システム－地図とさまざまな統計データ等をコンピュータで統合的に処理し，検索や解析の結果をわかりやすい形で表示するシステム）といった高度の技術の発達に伴い，日本も世界測地系を採用することが求められていた．そのため，2002年以降は，日本でも世界測地系が使用されている．接食等の予報も現在は世界測地系でなされている．接食の観測や報告に際しては，自分の使用している地形図の経緯度がどちらの測地系に基づいているかに注意してほしい．

　観測には星食限界線の予報位置が必要である．また，月縁は地球から見た場合±2″前後の凹凸があり，月の秤動によって変化する．2007年9月に打ち上げられ2009年6月まで月の探査を行った日本の月周回衛星「かぐや」はレーザ高度計LALTを用いて精密な月面地形を観測した．このデータから各接食に対する月縁の凹凸がかなり正確に予報できるようになった．各接食について，星食限界線の経緯度とかぐやのデータから作成した月縁予報はウェブサイト *https://www2.nao.ac.jp/~mitsurusoma/occ.html* に掲載するので，参考にされたい．

　接食の観測結果は星食観測結果と同じく，国際掩蔽観測者協会（IOTA）が収集している．観測に必要な予報計算ソフトや，観測と報告の仕方等については星食のページで紹介した「星食観測日本地域コーディネーター」のウェブサイトを参照のこと．

68

2024年の小惑星による恒星の食 (広瀬敏夫)

　国内を掩蔽帯が通過する10等級より明るい対象星の主な現象予報を表1に，その掩蔽帯を図1に掲げた．そのほかの観測しやすい現象予報を次のページの表2に，それらの掩蔽帯を図2a〜図2cに掲げた．これらの観測から，小惑星の大きさや，3Dモデルがある場合はその大きさの校正値を求めることができるほか，小惑星の位置測定や，重星であればその情報も得られる．一般に推定される直径の数％以下での時刻測定精度が望まれる．小さな小惑星ほど食の継続時間が短く，高精度の時刻測定が要求される．

　本年は例年にくらべると比較的明るい対象星の現象が多い（表1）．この中には木星の前方L4トロヤ群の(7119) Hieraや木星の後方L5トロヤ群の(5120) Bitiasが含まれる．後者は対象星が7.0等と明るく，高度70°前後と高く好条件である．トロヤ群は一般に衝の時期であってもメインベルトの小惑星とは1.5倍前後の遠方にあり，予報誤差を考慮して掩蔽帯幅の倍離れた近傍でも観測が望まれる．

　表1中，最も大きい直径262 kmの(65) Cybeleの掩蔽帯が北陸から北関東を幅広く覆っており，食の継続時間は最大11.0秒間と見込まれる．対象星

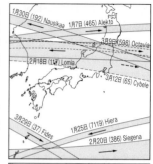
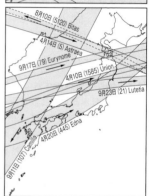

図1　10等より明るい主な恒星の食

表1　2024年　10等より明るい対象星の現象

現象時刻*(JST) 月日	時	分	小惑星 番号／名称	直径 km	恒星 星表番号	光度 等	継続時間 秒	減光等級 等	月 離角	輝面率 %	掩蔽帯経路域内の高度	
1 7	20	53	465 Alekto	75	TYC 0590-01033-1	9.0	3.4	7.4	127	19	秋田	23
25	22	24	7119 Hiera	64	UCAC4 572-030957	9.7	4.5	6.9	25	100	那覇	85
30	02	7	192 Nausikaa	98	HIP 48168	7.4	7.7	3.6	29	86	郡山	65
2 18	01	13	117 Lomia	158	TYC 0275-00483-1	9.3	13.8	3.5	103	61	郡山	55
25	05	29	386 Siegena	179	TYC 5126-02852-1	8.6	4.9	5.2	158	81	那覇	27
3 9	20	24	598 Octavia	76	TYC 1258-00072-1	9.9	2.7	4.6	87	1	福島	38
12	20	42	65 Cybele	262	TYC 1254-00052-1	9.3	11.0	4.4	40	7	長野	31
29	22	1	37 Fides	105	TYC 1885-00260-1	8.6	4.6	3.4	144	84	奄美	38
4 10	21	35	1585 Union	52	TYC 1392-00864-1	9.8	4.6	5.6	83	4	奥州	50
14	20	51	5 Astraea	108	HIP 33890	7.9	4.4	3.5	8	37	松前	40
20	03	51	445 Edna	90	TYC 5222-00510-1	9.5	2.7	5.4	162	85	福島	21
8 10	01	17	5120 Bitias	48	HIP 115371	7.0	3.7	10.4	152	23	函館	71
9 11	00	3	107 Camilla	208	TYC 0032-00518-1	8.9	22.6	3.8	133	44	対馬	43
17	02	36	79 Eurynome	67	TYC 1338-00190-1	9.8	2.5	2.6	126	97	青森	35
22	04	49	21 Lutetia	100	HIP 44749	7.9	2.8	5.3	68	71	二本松	37

＊ 掩蔽帯が東京に最接近する時刻

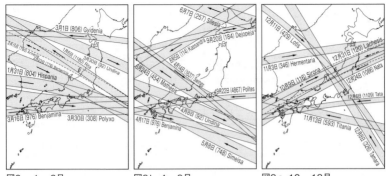

図2a　1〜3月　　　　　図2b　4〜9月　　　　　図2c　10〜12月

2024年　主な掩蔽帯経路JST　矢印は影の移動方向を示す

は γ Tau（3.7等）より北西へ約4°.7，赤経差で18^{m}.2にある（図3）．(445)Ednaによる9.5等星の掩蔽帯は九州から東北南部にかけて広く覆っている．対象星の高度が20°前後と若干低いために国内の半分ほどを覆う帯幅があり，域内の多くの観測者にとって現象を目撃できる機会になる．対象星は22 β Aqrの東側約5°.2にある（図4）．(21)Lutetiaによる7.9等星の食は祝日の早朝に起こる．ESAの探査機Rosettaによって半

表2　2024年　小惑星による恒星の主な食予報（初期予報）

番号	現象時刻＊ (JST)				小惑星 番号／名称	直径	恒星 星表番号	光度	継続時間	減光等級	太陽離角	月		掩蔽帯経路 域内の高度	
	月	日	時	分		km	UCAC4	等	秒	等	°	離角 °	輝面率 %		°
1	1	6	04	56	1180 Rita	87	576-033961	11.8	5.0	3.7	175	113	34	新潟	22
2		31	01	48	804 Hispania	147	659-045114	11.0	12.7	2.1	143	86	79	大津	46
3	2	15	20	34	780 Armenia	102	513-046646	11.4	7.2	2.7	155	81	38	白河	57
4		23	00	19	776 Berbericia	155	610-020143	10.4	21.3	2.4	109	51	97	塩尻	27
5	3	1	22	45	806 Gyldenia	70	558-051345	11.5	5.8	3.1	161	62	70	森町	57
6		16	19	00	976 Benjamina	82	535-024908	11.5	7.9	3.6	98	20	42	高知	57
7		30	03	10	308 Polyxo	137	356-123294	11.7	9.8	1.8	98	33	82	今治	26
8		30	21	39	92 Undina	121	581-034746	10.6	9.4	2.5	93	146	76	八幡平	43
9	4	8	20	48	92 Undina	121	581-035677	10.7	7.2	2.4	85	89	0	福山	54
10		14	20	36	1637 Swings	48	629-025150	10.7	1.6	6.0	60	17	37	焼津	33
11		17	19	38	976 Benjamina	82	535-032298	10.3	3.5	5.0	73	38	66	八代	55
12	5	8	23	34	748 Simeisa	107	342-076225	10.7	6.6	4.8	167	173	0	別府	23
13	6	7	22	35	257 Silesia	76	337-076348	10.7	5.8	3.9	163	150	1	名寄	23
14		24	21	17	454 Mathesis	82	293-126847	10.4	9.3	2.3	164	45	92	一宮	20
15	8	5	00	20	114 Kassandra	98	371-174057	11.6	8.2	1.4	163	160	0	浜頓別	23
16	9	20	04	00	184 Dejopeja	65	568-036863	10.8	2.6	3.8	72	84	96	恵庭	51
17		22	23	25	4867 Polites	61	574-000743	11.0	3.4	6.2	155	50	73	新居浜	75
18	10	9	01	29	116 Sirona	74	570-025088	11.3	7.0	1.8	103	168	29	奥州	49
19	11	3	03	11	346 Hermentaria	96	522-050313	10.2	3.3	3.1	64	78	1	青森	28
20		13	02	55	593 Titania	79	466-004242	10.6	6.9	2.0	165	41	86	北九州	39
21	12	6	00	14	1109 Tata	64	565-008992	11.3	4.4	3.9	169	117	19	長岡	75
22		8	05	44	326 Tamara	93	684-028364	10.8	6.1	2.7	155	96	41	秩父	57
23		11	01	53	429 Lotis	73	457-046067	10.1	10.8	4.6	111	130	73	古河	44
24		24	20	48	1086 Nata	70	605-032653	11.9	5.4	2.1	172	104	36	舞鶴	47
25		28	20	31	120 Lachesis	167	613-032932	10.8	12.1	1.8	169	166	1	一関	58

＊掩蔽帯が東京に最接近する時刻

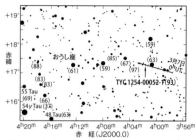

図3　2024年3月12日　(65) Cybele
小惑星の経路のマークは1日ごと．( )内の数値は恒星の等級（小数点を省略）．

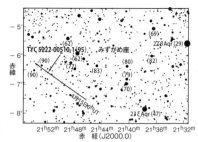

図4　2024年4月20日　(445) Edna
小惑星の経路のマークは1日ごと．( )内の数値は恒星の等級（小数点を省略）．

球が撮影され，高精細3Dモデルも公表されているが，裏側半球の検証が求められる．対象星は δ Cnc（3.9等）の東側約5°.3にある（図5）．

表2は上記にくらべて若干対象星は暗くなるが，各々好条件の現象である．このうち，(1180) Rita と (748) Simeisa は木星との公転周期が2：3になるヒルダ群である．また，(4867) Polites は木星のL5トロヤ群で，これらの群は同じ起源を持つとされる．

各予報の詳細は *https://www.asteroidoccultation.com/IndexAll.htm* より，また，現象時の小惑星の形状モデルは，*https://astro.troja.mff.cuni.cz/projects/damit/* で入手できるほか，小惑星の全体像が知りたい場合は *https://3d-asteroids.space/* が便利である．3Dモデルの提案は近年，増加傾向にはあるものの，ない場合がある．

表3　表2の恒星の位置

番号	恒星の位置 赤経(J2000.0)	赤緯	背景の星座
	h m s	° ′ ″	
1	06 46 33.5	+25 07 30.2	ふたご
2	06 38 57.5	+41 45 55.3	ぎょしゃ
3	08 12 04.3	+12 28 16.0	かに
4	05 23 00.0	+31 54 31.6	ぎょしゃ
5	11 44 47.1	+21 28 07.2	しし
6	06 17 56.0	+16 51 20.3	オリオン
7	18 05 35.0	−18 49 32.1	いて
8	06 57 13.0	+26 09 05.1	ふたご
9	07 03 07.8	+26 06 15.6	ふたご
10	05 31 37.7	+35 38 46.8	ぎょしゃ
11	06 42 43.8	+16 59 04.3	ふたご
12	15 54 45.9	−21 40 00.7	さそり
13	15 50 32.2	−22 47 08.4	さそり
14	17 11 38.3	−31 30 49.6	さそり
15	19 49 42.3	−15 58 14.8	いて
16	07 04 49.1	+23 33 48.7	ふたご
17	00 18 54.3	+24 44 06.9	アンドロメダ
18	06 09 49.4	+23 57 44.0	ふたご
19	10 44 18.2	+14 19 15.4	しし
20	03 09 28.8	+03 01 16.3	くじら
21	04 01 38.8	+22 50 25.1	おうし
22	04 22 57.1	+46 45 48.6	ペルセウス
23	09 40 58.1	+01 14 11.1	うみへび
24	06 26 29.8	+30 59 29.2	ぎょしゃ
25	06 16 05.1	+32 26 23.8	ぎょしゃ

出典
1　E.Goffin；Occultations of catalogue stars by major and minor planets in 2024
2　S.Preston；Asteroid Occultation Updates

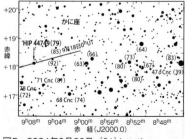

図5　2024年9月23日　(21) Lutetia
小惑星の経路のマークは1日ごと．( )内の数値は恒星の等級（小数点を省略）．

2024年の流星 （長田和弘）

【2024年の流星群展望】

　2024年は年の後半を中心として，極大期に月明かりの影響を大きく受ける群が多い年となる．母天体が太陽系のはるか彼方に遠ざかっても堅実な活動を見せる10月のオリオン座群，母天体の接近にともなう活動期が迫る11月のしし座群，そして年間最大の活動を見せるはずの12月のふたご座群はそろって満月の前後にあたり，残念な出現に終わる可能性が高い．しかし5月のみずがめ座η群や8月のペルセウス座群は比較的好条件であるほか，多くの群活動の競演が楽しめる8月上旬や12月上旬など，主要群とともに好条件の小流星群の姿を浮き彫りにする良いチャンスでもある．月明かりに加えて天候に左右されることもあるが，へこたれずに根気強い追跡をお願いしたい．

　1年間で出現が認められる主な流星群のデータは表1・2のとおりである．国際流星機構（IMO）より公表された流星群カレンダーと国際天文連合（IAU）の確定流星群リストから，近年の観測実績を元に定常的に活動が認められる群を選別し，さらに日本流星研究会（NMS）に報告のあった眼視やTV観測の実績を考慮し，2023年版より若干の追加と修正を加えた．表1にはある程度の出現数が毎年確実に観測されている群を主要流星群として，表2では活動実績はやや不明瞭であるが今後の活動に注意を要する群を主な小流星群としてまとめた．

　流星群の極大および表中の極大日時については，それぞれの極大の太陽黄経を2024年の日本時間に当てはめたものである．流星群の極大は地球がその軌道上の特

表1　主な流星群

| 流星群名 | 出現期間 | 極　大 | | 輻射点 | | 予想 HR | 極大日の月齢 12^h (JST) | 流星性状 | 観測条件 |
		時　刻 (JST)	太陽黄経 (2000.0)	赤経 (2000.0)	赤緯 (2000.0)				
1　しぶんぎ座	1月 1日 〜 1月 7日	1月 4日18時	283.°15	230°	+49°	20	22	中〜速	悪
2　4月こと座	4月16日 〜 4月25日	4月22日16時	32.32	271	+34	5	13	中〜速	最悪
3　みずがめ座η	4月25日 〜 5月20日	5月 6日06時	45.5	338	− 1	15	27	速・痕	最良
4　みずがめ座δ南	7月15日 〜 8月20日	7月31日10時	128.0	340	−16	10	24	中	良
5　やぎ座α	7月10日 〜 8月25日	7月31日10時	128.0	307	−10	3	24	緩	良
6　ペルセウス座	7月20日 〜 8月20日	8月12日23時	140.0	48	+58	60	7	速・痕	良
7　はくちょう座κ	8月 8日 〜 8月25日	8月17日03時	144.0	286	+59	3	12	緩	最悪
8　9月ペルセウス座ε	9月 5日 〜 9月17日	9月 9日15時	166.7	60	+47	7	6	速・痕	良
9　りゅう座	10月 5日 〜 10月13日	10月 8日22時	195.4	262	+54	3	5	緩〜中	良
10　オリオン座	10月10日 〜 11月 5日	10月21日15時	208.0	95	+16	10	18	速・痕	悪
11　おうし座南	10月15日 〜 11月30日	11月 5日	223	52	+15	7	3	緩	最良
12　おうし座北	10月15日 〜 11月30日	11月12日	230	58	+22	5	10	緩	良
13　しし座	11月 5日 〜 11月25日	11月17日21時	235.27	152	+22	15	15	速・痕	最悪
14　ふたご座	12月 5日 〜 12月20日	12月14日10時	262.2	112	+33	30	12	中	最悪
15　こぐま座	12月18日 〜 12月24日	12月22日19時	270.7	217	+76	5	20	緩	悪

定の位置を通過したときに起こり，その位置は黄道と天の赤道との交点のうち昇交点を太陽が通過する瞬間（春分点）を0°とした太陽黄経によって表現される．地球の公転周期は自転周期の整数倍でないことから極大時刻は毎年約6時間程度後退するが，2024年のように4年に1度訪れる閏年により端数がほぼ調整され，4年ごとにほぼ同一の時刻となる．また流星群を観測するうえで重要な要素となる月明かりの存在を意味する月齢は，1年で10から11前進する．この2つの条件を重ね合わせるとおおよそ8年ごとに極大時刻，月齢ともに似たような観測条件となるため，2024年の活動を予測するうえでは2016年の活動状況が参考となろう．

　以下，季節ごと4期に分けて2024年の展望をのべる．主要流星群の活動概要と併せ，注意を要する小流星群や現時点で入手している突発出現の可能性を秘めた群活動についても解説する．季節ごとの文中では表1・2に含まれない流星群名もあるが，これらの解説を補完する意味で，『月刊天文ガイド』内の「流星ガイド」も併せてご覧いただきたい．解説文中において，極大時の予想出現数は輻射点高度と空の暗さを考慮し補正した，いわゆる理想的な最高条件下の1時間平均出現数（ZHR）ではなく，日本中央域の比較的人工光の少ないエリアで観測可能と思われる条件（天の川が肉眼で分別可能・最微光星5等台後半）であることを前提にした，1時間あたりの出現数（以下HR）で示している．このため空の条件によってはこの数倍の流星を観測できる

表2　注意を要する主な小流星群

流星群名	出現期間	極大		輻射点		予想 HR	流星 性状	観測 条件
		月 日 (JST)	太陽黄経 (2000.0)	赤経 (2000.0)	赤緯 (2000.0)			
A とも座π	4月15日〜 4月28日	4月23日	33°.5	110°	−45°	1	緩	最悪
B こと座η	5月 3日〜 5月12日	5月10日	50.0	287	+44	3	中	最良
C ヘルクレス座τ	5月中旬〜 6月中旬	6月 3日	72.6	229	+40	1	緩	最良
D おひつじ座昼間	6月 3日〜 6月18日	6月 7日	76.6	44	+24	1	中〜速	最良
E 6月うしかい座	6月中旬〜 7月上旬	6月27日	95.7	224	+48	1	緩・痕	良
F 7月ペガスス座	7月 4日〜 7月14日	7月10日	108	347	+11	2	速・痕	良
G みずがめ座δ北	7月20日〜 8月10日	7月28日	125	345	0	1	緩〜中	悪
H みなみのうお座	7月20日〜 8月 5日	7月28日	125	341	−30	1	緩〜中	悪
I エリダヌス座η	8月 1日〜 8月17日	8月 7日	135	41	−11	2	速	最良
J ぎょしゃ座	8月25日〜 9月 8日	8月31日	158.3	91	+39	2	速	良
K ぎょしゃ座β	9月中旬〜 9月下旬	9月22日	179.3	90	+40	1	速・痕	悪
L ろくぶんぎ座昼間	9月下旬〜10月上旬	9月27日	184.3	152	0	1	中	良
M 10月きりん座	10月上旬	10月 6日	192.6	164	+79	1	中	最良
N ふたご座ε	10月中旬〜10月下旬	10月18日	205	102	+27	2	速	最悪
O こじし座	10月19日〜10月27日	10月24日	211	162	+37	2	速・痕	悪
P いっかくじゅう座α	11月15日〜11月25日	11月21日	239.3	117	+ 1	2	中	良
Q 11月オリオン座	11月中旬〜12月上旬	11月28日	246	91	+16	2	中	良
R アンドロメダ座	11月中旬〜12月上旬	12月 2日	250	29	+47	2	緩	最良
S いっかくじゅう座	11月27日〜12月17日	12月 9日	257	100	+ 8	2	中	良
T うみへび座σ	12月上旬〜12月中旬	12月 9日	257	127	+ 2	3	中	良
U かみのけ座	12月中旬〜 1月下旬	12月26日	274	175	+20	3	中〜速	良
V 12月こじし座	12月中旬〜 1月下旬	12月29日	278	160	+30	2	中〜速	最良

可能性がある一方，逆に人工光の多い市街地ではこの数分の1にも満たないわずかな出現に終わる可能性もあるため，それぞれの極大夜をはさんだ前後数日は，できるだけ空の暗い良好な条件の地で観測を試みたい．

【1月〜3月】

2024年の幕開けは満月過ぎのまぶしい月明かりの中でむかえる．明け方では前年の年末に極大をむかえた U：かみのけ座群と V：12月こじし座群がしし座東部付近にて活動を続けるが，月明かりの前では2群合計でHR＝2〜3と例年より弱い活動になるものと想定される．過去のプロフィールでは微光な高速流星が多く観測しづらい流星群とされていたが，毎年少なからず火球クラスの流星もとらえられているため，明るい流星の出現にも注意を払いたい．

そして仕事始めのタイミングでピークに達するのが 1：しぶんぎ座群である．年間3大流星群の一角をなすこの群は極大期に世界のどこかでZHR＝100程度の出現を見せるが，活発な活動が短時間で終了することから極大がどのタイミングで訪れるかによって出現数が大きく変動する．2024年は予想される極大時刻が1月4日18時とされ，国内では天文薄明が終了する前後となるほか，輻射点は多くの地域で地平線下となる．この予想極大から遡ること半日前の4日早朝が国内では見かけの極大になるものと思われるが，この時間帯では増加のペースは緩やかであること，さらにおとめ座に

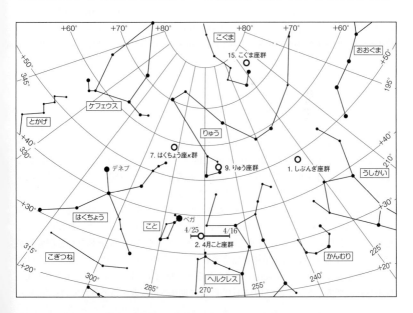

下弦の月が位置するのもマイナス要素であることから，冬場の良好な透明度をもってしてもHR＝20程度の出現数となろう．その一方で，4日夕方は輻射点がきわめて低高度な場合に，のけぞるほど経路の長い水切り流星を楽しむチャンスがある．また極大翌日として普段はノーマークに近い4日深夜から5日明け方にかけては，例年よりやや多めの出現数を記録する可能性もある．基本的にはハズレの年だが侮ってはいけない．しぶんぎ座群の活動は例年1月7日ごろまで認められるが，8〜10日ごろに若干起伏が認められる年もある．月明かりの影響がほとんどない時期のため，末期活動に絞って動向の調査を行なってもよいだろう．

　1月中旬にかけてかみのけ座群や12月こじし座群も収束に向かい，ほかに群活動も感じなくなることから観測時には寒さが身に応える時期となる．とくに1月下旬以降は3月末までこれといった活動が感じられない忍耐の日々が続く．IMOの流星群カレンダーでは1月19日ごろにピークをむかえるこぐま座γ群がリストアップされているが，国内ではこれまで活動実績がまったくない．また1月21日には1月おおぐま座ξ群がピークをむかえるが，こちらもここ数年は鳴りを潜めたままである．極大にあわせて月明かりの影響が忍び寄る中で，久しぶりの明確な出現を見せるだろうか．そのほかでは夜半の南天でごく弱い黄道群の活動が続き，1月中旬はかに座中部，2月上旬から中旬にかけてしし座西〜中部，2月下旬から3月中旬にかけてはしし座東部からおとめ座西部へと活動域がしだいに東進する．しかし出現数はHR＝1に満たず，出現を見出すには3時間程度の経路記入観測が必須となろう．輻射点が拡散する黄道群の低レベルな出現が続く中で，3月15日に極大をむかえるおとめ座η群は輻射点がコンパクトにまとまっていて趣を異にしている．来年が4年周期で活発化する年にあたり，平穏年にどのような活動を示すのか本年のパトロールが重要といえよう．

　このように北半球では多くの出現が望めないがまんの日々が続くが，真夏の南半球ではその隙間を縫うように複数の群活動が蠢いている．まず2月9日に極大をむかえるケンタウルス座α群は国内では南西諸島を除いて輻射点が地平線下のため活動を認めることすら事実上不可能だが，輻射点が没しない南半球中緯度帯では夜間であればいつでも追跡が可能である．出現規模はZHR＝5とされ，ちょうど新月期にあたることから南天の天体を撮影にこの方面へ遠征される場合は，この群活動にも注意を払ってほしい．2021年2月13〜15日にかけては隣接するみなみじゅうじ座γ付近でごく小規模な突発出現がとらえられているため，ケンタウルス座α群の観測時にはこの群も併せて追跡をお願いしたい．3月13日に極大をむかえるじょうぎ座γ群についても輻射点が南に低いため，出現を確認するにはケンタウルス座α群と同様の観測態勢が望ましい．この期間に突発予報が発令されているものでは，72P／デニング・藤川周期彗星が母天体とされる群活動が挙げられるが，1834年の回帰時に母天体より生成・放出されたダストトレイルが1月8日05時台に地球へ最接近するとされているものの，

やぎ座 β 星に近い輻射点付近に太陽が位置するため，眼視を含めた光学観測では追跡が不可能なのが惜しい.

【4月〜6月】

　3月末まで継続した平穏期は，4月の訪れをもって終わりを告げる. 早速4月上旬には明け方の天頂付近に位置するヘルクレス座東部から，痕をともなった高速流星の出現が目に留まることがある. ときおり見られるこの群活動は **2：4月こと座群** の先駆的活動とされ，火球クラスの流星が出現することもある. 本年の4月こと座群は極大期が満月のためまぶしい月明かりのもとでの観測を強いられ，国内で見かけ上の極大とされる22日早朝は多くても HR ＝ 5程度と3ヵ月ぶりに訪れる主要群にも関わらず出鼻を挫かれるが，こういったときこそ普段目が届かない初期活動に注目したい. 幸いにも9日が新月のため最良の条件であるのがうれしい. この新月は北アメリカでは皆既日食となるため，この方面に遠征を計画している方は4月こと座群と併せて2014年の突発出現以来沈黙を続けている4月やぎ座 α 群にも注意を払ってほしい.

　4月は24日に満月をむかえるが，過去に突発出現がとらえられている **A：とも座 π 群** がちょうどその日に極大をむかえる. 本年は母天体である 26P／グリッグ・シェレラップ周期彗星が2023年12月に近日点を通過した直後のため，活動状態に変化があるものと期待される. 南半球で観測された1977年や1982年の突発出現はどちらも母天体が近日点通過した直前・直後であったことから，今回の突発出現に向けて期待が高まる. あいにく国内では輻射点が宵の南西天に低く観測に適さないが，この方面から長経路の流星が出現する可能性があり，事実2022年4月19日夕刻にはこの群と思われる痕をともなった長経路の崩壊流星がとらえられているため，悪条件の中でも注目に値する群活動といえる.

　4月末から5月初めにかけては，時間の経過とともに月明かりの影響が少なくなる. 夜半ごろの天頂付近に位置するうしかい座付近では，おとめ座東部で活動する黄道群の北分枝との研究もある4月うしかい座 α 群の存在が知られているが，近年は目立った活動を見せていない. 微光な流星が多いことから，月明かりを気にしなくてすむ夕方から夜半前に追跡したい. またこのころの明け方では，東南東の低空から出現する経路の長い明るい流星の出現に気がつくようになる. この活動は **3：みずがめ座 η 群** の初期活動にあたり，本年は例年観測される極大期が下弦から新月にあたることから，中堅の主要群ながら大いに期待できる. 極大期がゴールデンウィーク期間中にあたるため，空の条件の良い観測地への遠征も苦にならないだろう. 予想される出現数は HR ＝ 15前後，火球クラスの流星も飛び交うことから満足感を得られるはずである. この群特有の高原状ピーク全般のほか，東隣のうお座に活動域が移動する5月20日ごろまで月明かりの影響を受けないため，じっくり腰を据えてパトロールを実施したい. なお今回は母天体である 1P／ハレー周期彗星から－985年の回帰時に生成・放

出されたダストトレイルが5月3日14〜17時台に接近する予報がなされているが，時間帯からもわかるとおり国内では観測不能である．

好条件のみずがめ座η群に続いて訪れる **B：こと座η群** も，今回は最良の条件で追跡が可能である．明け方の天頂付近に輻射点が位置し，月明かりの影響もまったくないため，空の状況によってはHR＝5に達する可能性もある．明るい流星が多く火球クラスの流星も期待できるため，思った以上に見ごたえがあろう．5月下旬にかけては23日が満月のため観測に不向きだが，そんな中でも要注意なのが5月きりん座群である．本年は母天体である209P/LINEAR周期彗星より生成・放出されたダストトレイルが5月23日13時台から24日02時台にかけて接近する予報がなされていて，とくに1979・1984年回帰時のトレイルが接近する24日02時台は各研究者の予報が揃っていることから，もっとも注意が必要な時間帯といえよう．予報どおり天の北極付近からゆっくりとした流星が出現するだろうか．彗星がらみの群としては2022年に突発出現を見せた **C：ヘルクレス座τ群**，近年では2004年に突発出現を見せた **E：6月うしかい座群** も気になるが，微光な流星が多いとされる前者は夜半前を中心に追跡が可能である一方，後者は月明かりの影響を受ける以外に梅雨時の悪天候が予想されるため，実際に出現をとらえるのは困難であろう．

夜間に活動する流星群と併せて追跡を試みたいのが，活動域が太陽方向と重なる昼間群である．この期間は4月中〜下旬にピークをむかえる4月うお座昼間群，5月中旬に相次いで極大に達するくじら座ω南・昼間群，6月中旬にはペルセウス座ζ昼間群，下旬にはおうし座β昼間群と続々と極大をむかえるが，どれも輻射点と太陽との離角がほとんどないため光学観測は困難である．そういった中で，6月7日に極大をむかえる **D：おひつじ座昼間群** は太陽から西に30°ほど離れているため，明け方のごく短時間ながら追跡が可能である．電波観測では年間で最大の活動が観測されているが，

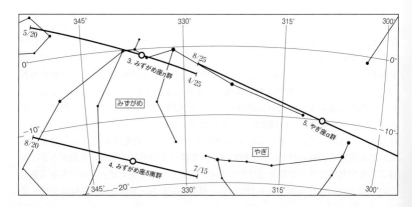

眼視では輻射点が常に低高度なため多くの出現は望めず，天文薄明をむかえて白みゆく空に1個でも目撃できれば御の字といえよう．ほかの群と同様に輻射点が低高度時に観測される長経路の雄大な姿となって，我われの目前に現われるだろうか．

【7月〜9月】

　例年7月上〜中旬は本州では梅雨の最盛期にあたり，観測日和となる晴天は望み薄である．そういった天候の事情とは関係なく流星群活動は継続していて，7月10日には明け方の東天に位置するうお座との境界に近いペガスス座南部で **F：7月ペガスス座群** が極大をむかえる．前述のとおり好天に恵まれるチャンスは少ないが，梅雨明け後の沖縄方面や梅雨がない北海道では可能性が広がるだろう．その後は21日の満月を経て，全国的な夏の訪れとともに夜半の南天が活動域となる **4：みずがめ座δ南群，5：やぎ座α群** の最盛期がやってくる．前者は中速の地味な流星が多いが，分枝群とされる **G：みずがめ座δ北群，H：みなみのうお座群** にみずがめ座ι群が加わり，観測時の総流星数は自ずと増加する．高原状のピークに達する7月末には，みずがめ座群系だけでHR＝15〜20に達するポテンシャルを秘めている．後者は極大期の7月末でも出現数こそHR＝3〜5と多くを期待できないが，ゆっくりとした火球の出現比率がほかの群と比較してずば抜けて高く，その中には串団子のごとく複数回爆発増光をともなう特異なものも含まれるだろう．どちらの群活動も極大期には下弦過ぎの月明かりの影響を受けるが，日を追うにしたがって影響は軽減される．このため，本年の見かけ上の極大は8月上旬となる可能性もある．

　夜半の南天でレベルの高い活動が継続する8月上旬，明け方ではそれらと異なる2つの群活動に注目したい．まずくじら座の南東方向から出現する高速流星の存在に気がつくが，この活動は **I：エリダヌス座η群** にあたり，本年は8月7日に極大をむかえる．出現数こそHR＝2〜3程度だが，月明かりがまったくないため出現数の上乗せ

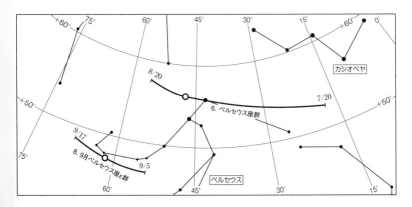

も期待できる．そしてもう1つ，本年のメインともいえる **6：ペルセウス座群** の季節がやってくる．本年は全体的に条件の優れない群活動が多い中で，8月12日23時に極大へと達するこの群だけは上弦にあたり月明かりの影響が軽微なことから，輻射点が上昇する8月12日深夜から13日明け方にかけては本年一番の星降る夜を堪能できるだろう．予想される出現数は最微等級5等台後半の空でもHR＝60〜80に達し，同6等台の良好な条件下では余裕をもってHR値で3桁に届くものと思われる．永続痕をともなった高速火球が続発し，13日明け方の観測終了時には言葉にならない感動を覚えるだろう．なお母天体である109P／スウィフト・タットル周期彗星より1300年以上前の回帰時に生成・放出されたダストトレイルが12日13〜20時台にかけて接近し，2021年に現われた突発出現は2024年は13日11時台に相当する．後者の時間帯は国内では追跡が事実上不可能だが，それを受けた13日夕刻から14日未明の活動にも注目したい．極大後に明るい流星が増加する傾向にもあるため，予想以上の出現となるかもしれない．それを確認できるのは，そのタイミングを逃すことなく追跡した人のみである．ペルセウス座群は8月15日を過ぎると急速に衰えるが，その一方で **7：はくちょう座κ群** が17日に極大をむかえる．経路の末端で急増光して消滅するこの群特有の流星は多くの観測者を虜にするが，本年は極大期が満月直前のためとらえるにはそれなりの工夫が必要である．予想される出現数はHR＝3程度となるだろう．

　8月末から9月にかけては明け方の天頂付近に位置するペルセウス座からぎょしゃ座付近で，多くの小流星群が活動している気配を感じる．この時期のトップバッターは8月31日が極大とされる **J：ぎょしゃ座群** だが，本年は著しい出現を望めずHR＝1〜2の出現となるだろう．また9月唯一の主要群である **8：9月ペルセウス座ε群** は9月9日午後に極大をむかえ，本年は月明かりのない絶好条件で追跡が可能である．極大後の9日夜から10日早朝にかけては明るい火球を含むHR＝7〜10の出現数に達する可能性もあるほか，活動自体が9月下旬まで継続する年もあるため，月明かりと関係なく粘り強い追跡をお願いしたい．ぎょしゃ座では9月22日に **K：ぎょしゃ座β群** がピークをむかえるが，本年は活動期間が満月から下弦にあたり輻射点の近傍でまぶしい月明かりを放つため，出現を認めることすら困難だろう．月末にかけては明け方の天文薄明が始まるころ東天低空に輻射点が位置する **L：ろくぶんぎ座昼間群** が高原状のピークをむかえる．5〜6月に活動するほかの昼間群と比較すると，太陽と同程度の離角ながら地平線に対する黄道の角度が垂直に近いため，輻射点が急速に高度を上げる．幻ともいえる昼間群の片鱗を感じ取る大チャンスといえよう．なお9月末から10月初めにかけては，明け方の超低空に肉眼彗星への期待が高まるC/2023 A3 ツーチンシャン・ATLAS彗星がこの群の輻射点の近傍に位置する．多くの眼が東天の低空に注がれることから，彗星の観望時にはこの群活動にも注意を払っていただきたい．

【10月〜12月】

本年最後の3ヵ月は月の半ばが満月にあたり，そのころが極大に重なる流星群はどれも強烈な月明かりが降り注ぐ中での観測を強いられる．まず10月は21日に **10：オリオン座群**が極大をむかえるが，満月を4日経過した月が輻射点にごく近いふたご座西部で輝き，この群の出現数を支える微光流星をことごとく消し去るだろう．痕をともなった明るい流星の出現に期待したいが，本年はHR＝10程度の出現に終わるものと思われる．11月は17日夜に **11：しし座群**が極大に達する．母天体である55P/テンペル・タットル周期彗星の回帰を7年後にひかえ，過去の回帰年のサイクルからそろそろ規模の大きい火球が出現し始めるタイミングにあたるが，本年は満月からわずか1日経過しただけの月がおうし座東部に位置し，ほぼ一晩中夜空を照らし出す．この状況では，オリオン座群と同様に極大期の出現数はHR＝10〜15が精一杯だろう．ただしこの群については，複数の研究者より母天体から過去の回帰時に生成・放出された複数のダストトレイルが接近する予報がなされている．注目の時間帯は15日01時台と20日08〜09時台となるが，予報どおりの出現がとらえられるだろうか．

そして12月，本来であれば1年で最大の活動となるはずの **14：ふたご座群**も月明かりの前に屈することとなる．本年は12月14日10時ごろに極大をむかえるものと思われ，国内では観測不能な時間帯となるが，問題はこの点ではない．本来であれば

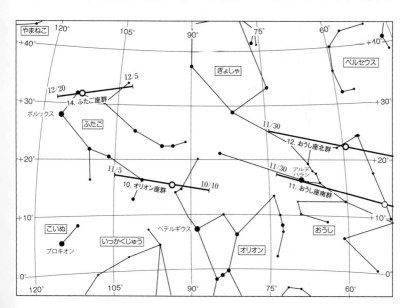

14日明け方に向かって急速に出現数が増加するはずだが，最大の敵は満月を翌日にひかえた明るい月がおうし座のプレヤデス星団付近に位置し，夕方から明け方まで容赦ない光を放つ．近年では稀な最悪条件であることから，本年の出現数は14日明け方にHR＝30程度が精一杯だろう．例年極大後に明るい流星が増加する傾向にあり，14日夕刻から夜半までがその時間帯にあたるが，はたして満月をものともしない明るさの大物は出現するだろうか．

このように主要群は軒並み月明かりに苦しめられ，10月18日に極大をむかえる**N：ふたご座ε群**もほぼ満月であることから残念な出現に終わる可能性が濃厚だが，各月の下旬から上旬が極大にあたる小流星群については，月明かりの影響が少なく絶好の条件といえよう．まず10月上旬に気になる存在は6日が極大とされる**M：10月きりん座群**，そして8日に極大をむかえる**9：10月りゅう座群**である．前者は輻射点が天の北極に近いことから夜間であればいつでも追跡が可能であり，本年は6日01時が極大に相当する．年によって出現にムラがあるが，本年は活動に異変が認められるだろうか．後者は母天体である21P／ジャコビニ・チンナー周期彗星の回帰を来年3月にひかえ，出現状況に注意を要する．過去の出現データから本年は10月8日22時台が極大とされるが，母天体が19世紀半ばに回帰した際に生成・放出されたダストトレイルが同日15時台に接近する予報が公表されている．この時間帯は国内では日没前のため惜しくも観測不能だが，月明かりの影響がまったくないため宵の北西天をなるべく長時間注視しよう．24日には**O：10月こじし座群**が極大に達し，明け方の北東天方向から出現する高速流星の存在に気がつく．本年は下弦にあたり月明かりの影響が残るが，活動状況はしっかり把握しておきたい．

10月下旬から11月上旬にかけては，夜半の天頂付近に輻射点が位置するおうし座群の活動期をむかえる．輻射点は南北に分かれ，**11：おうし座南群**は11月5日に，

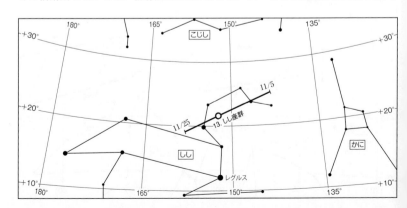

12：おうし座北群は12日にそれぞれ極大をむかえるが，それぞれ著しい極大とはならず緩やかな高原状ピークを示す．数年に一度南群が活発化して大物火球が頻発するが，本年は平穏年とされ北群が南群を常に上回るものと思われる．おおむね11月上旬に両群合計でHR＝7～10に達し，明るい流星の出現比率が高いことから雄大な火球の出現にも期待したい．またしし座群の出現が収束へと向かう11月下旬には，P：いっかくじゅう座α群とQ：11月オリオン座群が相次いでピークをむかえる．いっかくじゅうα群はごく短時間ながら突発出現を見せることがあり油断のならない群でもあるが，本年はそういった予報が現時点では公表されていない．多くてもHR＝1～2の弱い活動となるだろう．その一方で11月オリオン座群は暗い群流星が大半を占め，活動期が下弦から新月に向かう本年は観測に都合がよい．11月末にはHR＝5を超える可能性もある．この時期に突発出現が期待されるものでは，R：アンドロメダ座群とほうおう座群が挙げられる．前者は母天体である3D/ビエラ彗星の崩壊にともない19世紀末には流星雨レベルの活動が複数回とらえられた以降，表面上は沈黙しているが，近年は自動TV観測で拡散した輻射点構造とともに弱い活動がとらえられ，電波観測では著しい出現も記録されている．活動自体が11月上～中旬に認められることもあるため，活動状況を見出すには根気強い観測態勢が求められるだろう．後者は流星群名こそほうおう座だが，実際の活動域はうお座との境界に近いくじら座西部付近となる．本年は母天体である289P/ブランペイン周期彗星より過去の回帰時に生成・放出されたダストトレイルの接近が複数なされていて，国内では1861年のトレイルが接近する17日22時台の出現に注目したい．

　12月に注意を払いたい群活動は，高速の明るい火球が特徴であるT：うみへび座σ群と2022年に明るい火球が複数認められたS：12月いっかくじゅう座群である．どちらもそろって9日に極大をむかえ，夜半にかけて月明かりの影響が残るが明け方の3時間程度は好条件のもとで追跡が可能だろう．前者はHR＝3～5の出現を，後者は多くの出現を期待できないが明るい火球の出現を待とう．22日夕刻には15：こぐま座群が極大に達するが，通常極大と別に突発予報が22日08時台になされている．もちろん眼視では追跡不能だが，昼夜を問わず活動を追える電波観測ではよい観測対象となろう．こぐま座群の観測時に気がつくものが，明け方の東天に位置するしし座東部付近が活動域となるU：かみのけ座群とV：12月こじし座群である．本年は高原状ピークが新月期にあたり，両群合計でHR＝5～7に達するだろう．年末には新年に向けて1：しぶんぎ座群が活動レベルをじわじわ上げてくる．2025年は1月4日未明が極大と，輻射点高度がやや低いものの月明かりがないまずまずの条件で観測が可能となる．こちらの詳細については2025年版のこの項を参考にされたい．

82

太陽・月・惑星の正中・出没図 （鈴木充広）

　正中・出没図は東経135°北緯35°（兵庫県中部）の地点における太陽, 月および惑星の出没, 正中時刻の概略を示したもので, 各天体の観測や観望の計画をたてるのに便利である.

【出没図の使い方】

　横軸の目盛りA〜A′は月日で, 縦軸の目盛りB〜B′は時刻（中央標準時）である. 図の中央の横線Cは夜半00時0分で, この線から下方のDの部分は夕方から夜半前, 上方Eの部分は夜半後から明け方に相当する. したがって, 横軸の下辺の日付AA′と, 上辺のAA′では1日違っている.

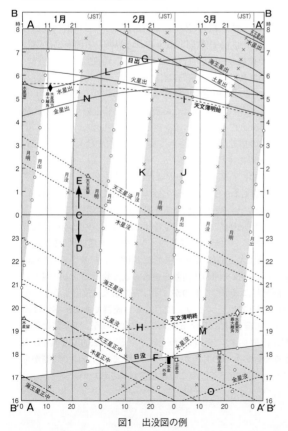

図1　出没図の例

　Fの曲線は毎日の日没時刻を, Gの曲線は日出の時刻を結んだもので, この2曲線の間が夜間である.

　Hの曲線は太陽が西の地平線下18°まで沈んで天文薄明が終わる時刻, Iの曲線は太陽が東の地平線下18°になって明け方の天文薄明が始まる時刻である. この2つの点線の間の時間帯は月明がなければ暗夜であって, 微光天体を観測するのに好条件である.

　Jは毎日の月出, Kは月没時刻を結んだ曲線で, その間の月明と記した半暗部は月齢の大小にかかわらず, 月が地平線上に姿を見せている時間帯で, 微光天体の観測や写真撮影には不向きである.

惑星の出没・正中の線種	現象別の記号	
出　　━━━━━━ 正　中　━━ - ━━ 没　　-------------	東方最大離角　◇ 西方最大離角　◆ 外　合　❚ 内　合　■	留　　△ 合　　□ 衝　　❘❘ 最大光度　☼

出没図の線の種類と記号

　L, Mは水星の出没時刻の曲線で, 日出や日没曲線と1年間に何回も交わる複雑な曲線となることがわかる.

　N, Oは金星の出没線である. 2つの内惑星を観測するには, 夕方がよいか, 明け方がよいかはこの図1から見当がつく. たとえば, 水星出の線が日出の線の近くにあれば明け方が見やすく, さらに水星が太陽よりできるだけ早く出る日, 日出線より水星出の線が図の下へ離れるほど見やすいはずである. なお, 水星と金星の正中時刻は, 図の範囲外の昼間となる.

　火星から海王星までの外惑星は, 出・没・正中線ともに右下がりのなだらかな曲線となる.

　外惑星は出時線と日出線が交わる点, あるいは没時線と日没線が交わる点付近の日付近くで合となる. また, 没時線と日出線との交わる点, 出時線が日没線と交わる点付近, あるいは正中線が0時の線と交わる付近の日付近くで衝となる.

　なお, 各惑星の出没線, 正中時線上と図の下部に, 内合, 外合, 西方最大離角, 東方最大離角, 合, 衝, 留などが記入されているが, これはその惑星の各現象が, この日付に起きることを表わしているだけで, これらの現象を時間軸から読み取らないでもらいたい.

　これら惑星の現象は, 太陽の周りの惑星の公転を地球から見た場合, その見かけの位置が太陽に対してある特別な位置関係になる時刻をいっているのであり（22ページ参照）, 地球の自転（日周運動）によって生じる出没・正中時とは別の性質のものである. したがって, 図の時刻目盛は出没・正中時に対してだけ意味のあるものである.

【図より観測の好期をさがす】

　本図から次のようなことが判断できる.

　内惑星の場合, 日出線と惑星出線とに囲まれた日出前が観測の好期であり, とくに西方最大離角の前後が絶好期である. また, 日没線と惑星没線とに囲まれた日没後が観測好期で, とくに東方最大離角の前後が絶好期となる.

　外惑星の場合には, 日出線と惑星出線とに囲まれた時間帯が, または日没線と惑星没線とに囲まれた時間帯が惑星の見えている時間を示しており, とくに正中時線が時間軸の0時（真夜中）を示すCの線と交わる衝の前後が, 長時間の観測の好期となる.

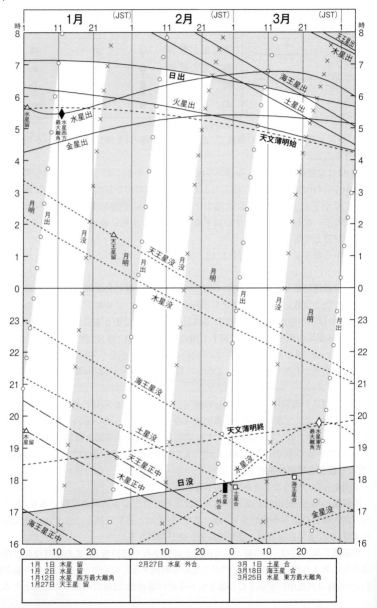

1月		2月		3月	
1月 1日	木星 留	2月27日 水星 外合		3月 1日	土星 合
1月 2日	水星 留			3月18日	海王星 合
1月12日	水星 西方最大離角			3月25日	水星 東方最大離角
1月27日	天王星 留				

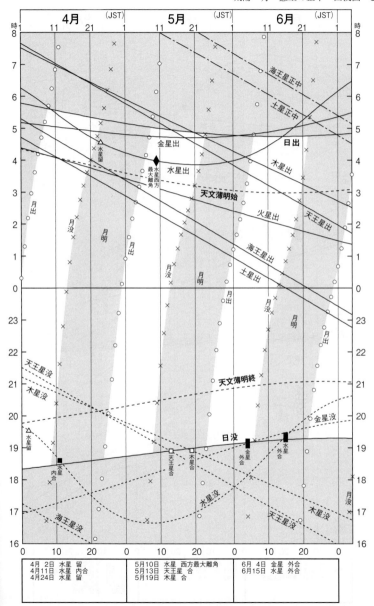

4月 2日	水星	留	5月10日	水星	西方最大離角	6月 4日	金星	外合
4月11日	水星	内合	5月13日	天王星	合	6月15日	水星	外合
4月24日	水星	留	5月19日	木星	合			

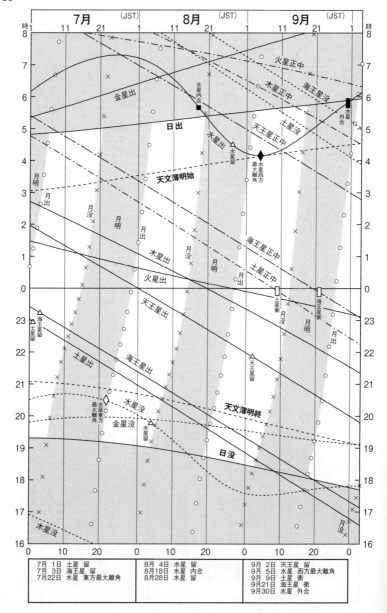

7月 1日	土星 留	8月 4日	水星 留	9月 2日	天王星 留
7月 3日	海王星 留	8月18日	水星 内合	9月 5日	水星 西方最大離角
7月22日	水星 東方最大離角	8月28日	水星 留	9月 9日	土星 衝
				9月21日	海王星 衝
				9月30日	水星 外合

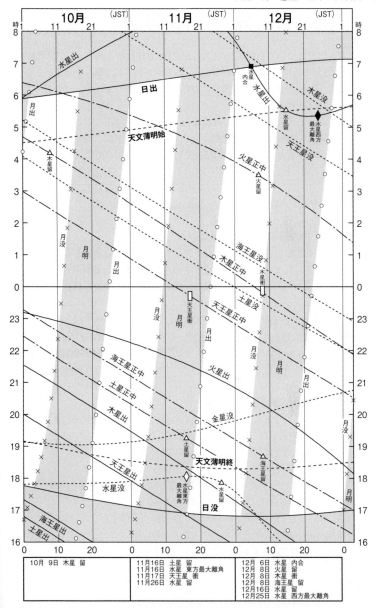

| 10月 9日 木星 留 | 11月16日 土星 留
11月16日 水星 東方最大離角
11月17日 天王星 衝
11月26日 水星 留 | 12月 6日 水星 内合
12月 8日 火星 留
12月 8日 木星 衝
12月 8日 海王星 留
12月16日 水星 留
12月25日 水星 西方最大離角 |

日本の日出没時と月出没時 (国立天文台暦計算室)

【太陽と月の出没について】 全国7ヵ所の日出没時,月出没時を96ページ以降に掲げた.
そのほかの地点の出没時刻は,90〜95ページの表から以下の計算により求めることが
できる. なお,日出,日没,月出,月没の代わりに日の出,日の入り,月の出,月の入りと
いう表現もよく用いられる.

　日出,日没は毎日起こるが,月出,月没は起こらない日がある. 地球から見る月の方
向は,太陽に対して毎日12°ほど東に動くため,月の出没時刻は平均50分あまり遅くな
る. 出没から次の出没までの間隔が24時間を超えるので,月の出没が起こらない日が
生じる.

　観測地点の東経をλ,北緯をφとすると,この地点の日出没時,月出没時Tは,
$A = 139°\!.7 - \lambda$, $B = 35°\!.7 - \varphi$として,
$$T = T_0 + aA + bB \text{ で算出できる.}$$
ここでT_0は東京(北緯35°.7 東経139°.7)での出没時で,a, bとともに90〜95
ページに与えられており,λ, φは度とその端数で表わした値をとると,$aA + bB$は分の単位で得られる. 結果は精密な計算に対し1分前後違う場合もある.

【太陽・月の出没時の位置について】 日出没時は,太陽の上辺が地平線と接する瞬間を
大気差を考慮して計算している. 月出没時は,92〜95ページの日本の月出没時の表お
よび96〜109ページの各地の月出没時の表では,月の中心が地平線と一致する瞬間を
大気差を考慮して計算している.

●観測地の東経(λ),北緯(φ)を求める

　太陽や月などが関連する天文現象(日食や星食)の予報や観測結果には,地球上で
の観測地の位置を,東経(λ),北緯(φ)と標高(H)で明示する必要がある.

　ここで使用する経緯度は,世界測地系に基づいている.

●計算例1　釧路($\lambda = 144°\!.4$, $\varphi = 43°\!.0$)における元日の日出時を求める

　　　表より,$T_0 =$ 6時51分,　$a = 4.1$,　$b = -3.0$

　　　$A = 139°\!.7 - 144°\!.4 = -4°\!.7$　$B = 35°\!.7 - 43°\!.0 = -7°\!.3$

　　　$T = T_0 + aA + bB$にそれぞれの値を入れると

　　釧路の日出時 $= 6$時51分 $+ 4.1 \times (-4.7) + (-3.0) \times (-7.3)$

　　　　　　　　 $= 6$時54分

となる.

　月出没時の計算も同様であるが,日出没時と違い東京での月出没時が日付の変わりめ前後(真夜中の0時)であると,ほかの観測地では日付が前後することがある.計算結果が24時を超えれば,日付は翌日とし,時刻は24時を引いて得られる.結果がマイナスとなれば,日付は前日とし,時刻は24時を加えて得られる.

●計算例2　熊本($\lambda = 130°7$, $\varphi = 32°8$)における7月29日の月出時を求める

　　　表より,$T_0 = 23$時33分,　$a = 4.0$,　$b = +3.1$,

　　　$A = 139°7 - 130°7 = 9°0$　$B = 35°7 - 32°8 = 2°9$,

　　　$T = T_0 + aA + bB$にそれぞれの値を入れると

熊本の月出時$= 23$時33分$+ 4.0 \times 9.0 + (+3.1) \times 2.9$

　　　　　　$= 24$時18分

よって29日に月出はなく,30日0時18分の月出となる.

天文薄明継続時間

　下表のT_0は東京での天文薄明継続時間(太陽の高度が$-18°$になる瞬時と日出時または日没時との間の時間)である.ほかの地点ではこの時間が異なり,a, bを用いて出没時の計算式と同様にして薄明時間が得られる.したがって各地の日出没時を上述の方法で求め,この薄明時間を加減すれば天文薄明の始め,終りの時刻が得られる.

計算例　釧路($\lambda = 144°4$, $\varphi = 43°0$)における元日の薄明継続時間を求める

　　　表より,$T_0 = 1$時間31分,　　$a = 0.1$,　$b = -1.5$

　　　$A = 139°7 - 144°4 = -4°7$　$B = 35°7 - 43°0 = -7°3$,

　　　$T = T_0 + aA + bB$にそれぞれの値を入れると

釧路の薄明継続時間$= 1$時間31分$+ 0.1 \times (-4.7) + (-1.5) \times (-7.3)$

　　　　　　　　　$= 1$時間41分

　よって,前ページの計算例1の元日の釧路の日の出6時54分より1時間41分前,5時13分に薄明が始まるのがわかる.

天文薄明継続時間(T_0は東京での値)

月日	T_0	a	b	月日	T_0	a	b	月日	T_0	a	b	月日	T_0	a	b
1 1	1ʰ 31ᵐ	0.1	-1.5	4 20	1ʰ 31ᵐ	0.1	-1.9	8 8	1ʰ 36ᵐ	0.1	-2.3	11 26	1ʰ 30ᵐ	0.1	-1.5
1 11	1 30	0.1	-1.5	4 30	1 34	0.1	-2.2	8 18	1 33	0.1	-2.0	12 6	1 31	0.1	-1.5
1 21	1 29	0.1	-1.4	5 10	1 38	0.2	-2.5	8 28	1 30	0.1	-1.8	12 16	1 31	0.1	-1.5
1 31	1 28	0.1	-1.4	5 20	1 42	0.2	-3.0	9 7	1 28	0.1	-1.6	12 26	1 31	0.1	-1.5
2 10	1 26	0.1	-1.3	5 30	1 45	0.3	-3.5	9 17	1 26	0.1	-1.4	1 5	1 31	0.1	-1.5
2 20	1 25	0.1	-1.3	6 9	1 48	0.3	-3.8	9 27	1 25	0.1	-1.4				
3 1	1 25	0.1	-1.3	6 19	1 49	0.3	-4.1	10 7	1 25	0.1	-1.3				
3 11	1 25	0.1	-1.3	6 29	1 48	0.3	-4.0	10 17	1 25	0.1	-1.3				
3 21	1 25	0.1	-1.4	7 9	1 47	0.3	-3.6	10 27	1 26	0.1	-1.3				
3 31	1 27	0.1	-1.5	7 19	1 43	0.2	-3.2	11 6	1 27	0.1	-1.3				
4 10	1 29	0.1	-1.6	7 29	1 40	0.2	-2.7	11 16	1 28	0.1	-1.4				

日本の日出没時 （1）　（T_0は東京での値）

月 日	日出 T_0	a	b	日没 T_0	a	b
1 1	6 51	4.1	−3.0	16 38	3.9	+3.0
1 3	6 51	4.1	−2.9	16 40	3.9	+2.9
1 5	6 51	4.1	−2.9	16 41	3.9	+2.9
1 7	6 51	4.1	−2.9	16 43	3.9	+2.9
1 9	6 51	4.1	−2.8	16 45	3.9	+2.8
1 11	6 51	4.1	−2.8	16 47	3.9	+2.8
1 13	6 51	4.1	−2.7	16 48	3.9	+2.7
1 15	6 51	4.1	−2.7	16 50	3.9	+2.7
1 17	6 50	4.1	−2.6	16 52	3.9	+2.6
1 19	6 49	4.1	−2.6	16 54	3.9	+2.5
1 21	6 48	4.1	−2.5	16 56	3.9	+2.5
1 23	6 48	4.1	−2.4	16 58	3.9	+2.4
1 25	6 46	4.1	−2.4	17 0	3.9	+2.3
1 27	6 45	4.1	−2.3	17 3	3.9	+2.3
1 29	6 44	4.1	−2.2	17 5	3.9	+2.2
1 31	6 43	4.1	−2.1	17 7	3.9	+2.1
2 2	6 41	4.1	−2.0	17 9	4.0	+2.0
2 4	6 40	4.0	−2.0	17 11	4.0	+2.0
2 6	6 38	4.0	−1.9	17 13	4.0	+1.9
2 8	6 36	4.0	−1.8	17 15	4.0	+1.8
2 10	6 34	4.0	−1.7	17 17	4.0	+1.7
2 12	6 32	4.0	−1.6	17 19	4.0	+1.6
2 14	6 30	4.0	−1.5	17 21	4.0	+1.5
2 16	6 28	4.0	−1.5	17 23	4.0	+1.4
2 18	6 26	4.0	−1.4	17 25	4.0	+1.4
2 20	6 23	4.0	−1.3	17 27	4.0	+1.3
2 22	6 21	4.0	−1.2	17 29	4.0	+1.2
2 24	6 19	4.0	−1.1	17 31	4.0	+1.1
2 26	6 16	4.0	−1.0	17 33	4.0	+1.0
2 28	6 14	4.0	−0.9	17 35	4.0	+0.9
3 1	6 11	4.0	−0.8	17 36	4.0	+0.8
3 3	6 8	4.0	−0.7	17 38	4.0	+0.7
3 5	6 6	4.0	−0.6	17 40	4.0	+0.6
3 7	6 3	4.0	−0.6	17 42	4.0	+0.5
3 9	6 0	4.0	−0.5	17 44	4.0	+0.4
3 11	5 58	4.0	−0.4	17 45	4.0	+0.3
3 13	5 55	4.0	−0.3	17 47	4.0	+0.3
3 15	5 52	4.0	−0.2	17 49	4.0	+0.2
3 17	5 49	4.0	−0.1	17 50	4.0	+0.1
3 19	5 46	4.0	+0.0	17 52	4.0	−0.0
3 21	5 43	4.0	+0.1	17 54	4.0	−0.1
3 23	5 41	4.0	+0.2	17 56	4.0	−0.2
3 25	5 38	4.0	+0.3	17 57	4.0	−0.3
3 27	5 35	4.0	+0.4	17 59	4.0	−0.4
3 29	5 32	4.0	+0.5	18 0	4.0	−0.5
3 31	5 29	4.0	+0.6	18 2	4.0	−0.6
4 2	5 26	4.0	+0.7	18 4	4.0	−0.7

月 日	日出 T_0	a	b	日没 T_0	a	b
4 2	5 26	4.0	+0.7	18 4	4.0	−0.7
4 4	5 23	4.0	+0.7	18 5	4.0	−0.8
4 6	5 21	4.0	+0.8	18 7	4.0	−0.9
4 8	5 18	4.0	+0.9	18 9	4.0	−1.0
4 10	5 15	4.0	+1.0	18 10	4.0	−1.0
4 12	5 12	4.0	+1.1	18 12	4.0	−1.1
4 14	5 10	4.0	+1.2	18 14	4.0	−1.2
4 16	5 7	4.0	+1.3	18 15	4.0	−1.3
4 18	5 5	4.0	+1.4	18 17	4.0	−1.4
4 20	5 2	4.0	+1.5	18 19	4.0	−1.5
4 22	5 0	4.0	+1.6	18 20	4.0	−1.6
4 24	4 57	4.0	+1.6	18 22	4.0	−1.7
4 26	4 55	4.0	+1.7	18 24	4.0	−1.8
4 28	4 52	3.9	+1.8	18 25	4.1	−1.8
4 30	4 50	3.9	+1.9	18 27	4.1	−1.9
5 2	4 48	3.9	+2.0	18 29	4.1	−2.0
5 4	4 46	3.9	+2.1	18 30	4.1	−2.2
5 6	4 44	3.9	+2.1	18 32	4.1	−2.2
5 8	4 42	3.9	+2.2	18 34	4.1	−2.2
5 10	4 40	3.9	+2.3	18 35	4.1	−2.3
5 12	4 38	3.9	+2.4	18 37	4.1	−2.4
5 14	4 37	3.9	+2.4	18 39	4.1	−2.5
5 16	4 35	3.9	+2.5	18 40	4.1	−2.5
5 18	4 34	3.9	+2.6	18 42	4.1	−2.6
5 20	4 32	3.9	+2.7	18 43	4.1	−2.7
5 22	4 31	3.9	+2.7	18 45	4.1	−2.7
5 24	4 30	3.9	+2.8	18 46	4.1	−2.8
5 26	4 29	3.9	+2.8	18 48	4.1	−2.9
5 28	4 28	3.9	+2.9	18 49	4.1	−2.9
5 30	4 27	3.9	+2.9	18 51	4.1	−3.0
6 1	4 27	3.9	+3.0	18 52	4.1	−3.0
6 3	4 26	3.9	+3.0	18 53	4.1	−3.0
6 5	4 25	3.9	+3.1	18 54	4.1	−3.1
6 7	4 25	3.9	+3.1	18 55	4.1	−3.1
6 9	4 25	3.9	+3.1	18 56	4.1	−3.1
6 11	4 25	3.9	+3.2	18 57	4.1	−3.2
6 13	4 25	3.9	+3.2	18 58	4.1	−3.2
6 15	4 25	3.9	+3.2	18 59	4.1	−3.2
6 17	4 25	3.9	+3.2	18 59	4.1	−3.2
6 19	4 25	3.9	+3.2	19 0	4.1	−3.2
6 21	4 26	3.9	+3.2	19 0	4.1	−3.2
6 23	4 26	3.9	+3.2	19 1	4.1	−3.2
6 25	4 27	3.9	+3.2	19 1	4.1	−3.2
6 27	4 27	3.9	+3.2	19 1	4.1	−3.2
6 29	4 28	3.9	+3.2	19 1	4.1	−3.2
7 1	4 29	3.9	+3.2	19 1	4.1	−3.2

日出時，日没時＝$T_0 + aA + bB$

日本の日出没時 （2）　　　(T_0は東京での値)

月 日	日 出			日 没			月 日	日 出			日 没		
	T_0	a	b	T_0	a	b		T_0	a	b	T_0	a	b
	h m			h m				h m			h m		
7 1	4 29	3.9	+3.2	19 1	4.1	−3.2	10 1	5 36	4.0	−0.3	17 25	4.0	+0.3
7 3	4 30	3.9	+3.1	19 1	4.1	−3.1	10 3	5 38	4.0	−0.4	17 22	4.0	+0.4
7 5	4 31	3.9	+3.1	19 1	4.1	−3.1	10 5	5 39	4.0	−0.5	17 19	4.0	+0.5
7 7	4 32	3.9	+3.1	19 0	4.1	−3.1	10 7	5 41	4.0	−0.6	17 17	4.0	+0.6
7 9	4 33	3.9	+3.0	19 0	4.1	−3.0	10 9	5 43	4.0	−0.7	17 14	4.0	+0.7
7 11	4 34	3.9	+3.0	18 59	4.1	−3.0	10 11	5 44	4.0	−0.8	17 11	4.0	+0.8
7 13	4 35	3.9	+2.9	18 58	4.1	−2.9	10 13	5 46	4.0	−0.9	17 8	4.0	+0.9
7 15	4 37	3.9	+2.9	18 57	4.1	−2.9	10 15	5 48	4.0	−1.0	17 6	4.0	+1.0
7 17	4 38	3.9	+2.8	18 56	4.1	−2.8	10 17	5 49	4.0	−1.0	17 3	4.0	+1.1
7 19	4 39	3.9	+2.8	18 55	4.1	−2.8	10 19	5 51	4.0	−1.1	17 1	4.0	+1.2
7 21	4 41	3.9	+2.7	18 54	4.1	−2.7	10 21	5 53	4.0	−1.2	16 58	4.0	+1.2
7 23	4 42	3.9	+2.7	18 53	4.1	−2.6	10 23	5 55	4.0	−1.3	16 56	4.0	+1.3
7 25	4 44	3.9	+2.6	18 51	4.1	−2.6	10 25	5 57	4.0	−1.4	16 53	4.0	+1.4
7 27	4 45	3.9	+2.5	18 50	4.1	−2.5	10 27	5 58	4.0	−1.5	16 51	4.0	+1.5
7 29	4 47	3.9	+2.5	18 48	4.1	−2.4	10 29	6 0	4.0	−1.6	16 49	4.0	+1.6
7 31	4 48	3.9	+2.4	18 46	4.1	−2.4	10 31	6 2	4.0	−1.7	16 47	4.0	+1.7
8 2	4 50	3.9	+2.3	18 45	4.1	−2.3	11 2	6 4	4.0	−1.7	16 45	4.0	+1.8
8 4	4 51	3.9	+2.2	18 43	4.1	−2.2	11 4	6 6	4.0	−1.8	16 43	4.0	+1.8
8 6	4 53	3.9	+2.2	18 41	4.1	−2.1	11 6	6 8	4.1	−1.9	16 41	3.9	+1.9
8 8	4 55	3.9	+2.1	18 39	4.1	−2.1	11 8	6 10	4.1	−2.0	16 40	3.9	+2.0
8 10	4 56	3.9	+2.0	18 36	4.0	−2.0	11 10	6 12	4.1	−2.1	16 38	3.9	+2.1
8 12	4 58	4.0	+1.9	18 34	4.0	−1.9	11 12	6 14	4.1	−2.1	16 36	3.9	+2.2
8 14	4 59	4.0	+1.8	18 32	4.0	−1.8	11 14	6 16	4.1	−2.2	16 35	3.9	+2.2
8 16	5 1	4.0	+1.7	18 30	4.0	−1.7	11 16	6 18	4.1	−2.3	16 34	3.9	+2.3
8 18	5 2	4.0	+1.7	18 27	4.0	−1.6	11 18	6 20	4.1	−2.4	16 33	3.9	+2.4
8 20	5 4	4.0	+1.6	18 25	4.0	−1.5	11 20	6 22	4.1	−2.4	16 31	3.9	+2.4
8 22	5 5	4.0	+1.5	18 22	4.0	−1.5	11 22	6 24	4.1	−2.5	16 31	3.9	+2.5
8 24	5 7	4.0	+1.4	18 19	4.0	−1.4	11 24	6 26	4.1	−2.6	16 30	3.9	+2.6
8 26	5 9	4.0	+1.3	18 17	4.0	−1.3	11 26	6 28	4.1	−2.6	16 29	3.9	+2.6
8 28	5 10	4.0	+1.2	18 14	4.0	−1.2	11 28	6 30	4.1	−2.7	16 28	3.9	+2.7
8 30	5 12	4.0	+1.1	18 11	4.0	−1.1	11 30	6 31	4.1	−2.7	16 28	3.9	+2.7
9 1	5 13	4.0	+1.0	18 9	4.0	−1.0	12 2	6 33	4.1	−2.8	16 28	3.9	+2.8
9 3	5 15	4.0	+1.0	18 6	4.0	−0.9	12 4	6 35	4.1	−2.8	16 28	3.9	+2.8
9 5	5 16	4.0	+0.9	18 3	4.0	−0.8	12 6	6 37	4.1	−2.9	16 28	3.9	+2.9
9 7	5 18	4.0	+0.8	18 0	4.0	−0.8	12 8	6 38	4.1	−2.9	16 28	3.9	+2.9
9 9	5 19	4.0	+0.7	17 57	4.0	−0.7	12 10	6 40	4.1	−2.9	16 28	3.9	+2.9
9 11	5 21	4.0	+0.6	17 54	4.0	−0.6	12 12	6 41	4.1	−3.0	16 28	3.9	+3.0
9 13	5 22	4.0	+0.5	17 51	4.0	−0.5	12 14	6 43	4.1	−3.0	16 29	3.9	+3.0
9 15	5 24	4.0	+0.4	17 48	4.0	−0.4	12 16	6 44	4.1	−3.0	16 30	3.9	+3.0
9 17	5 25	4.0	+0.3	17 46	4.0	−0.3	12 18	6 45	4.1	−3.0	16 30	3.9	+3.0
9 19	5 27	4.0	+0.2	17 43	4.0	−0.2	12 20	6 46	4.1	−3.0	16 31	3.9	+3.0
9 21	5 28	4.0	+0.1	17 40	4.0	−0.1	12 22	6 47	4.1	−3.0	16 32	3.9	+3.0
9 23	5 30	4.0	+0.0	17 37	4.0	−0.0	12 24	6 48	4.1	−3.0	16 33	3.9	+3.0
9 25	5 31	4.0	−0.0	17 34	4.0	+0.1	12 26	6 49	4.1	−3.0	16 34	3.9	+3.0
9 27	5 33	4.0	−0.1	17 31	4.0	+0.2	12 28	6 50	4.1	−3.0	16 36	3.9	+3.0
9 29	5 34	4.0	−0.2	17 28	4.0	+0.2	12 30	6 50	4.1	−3.0	16 37	3.9	+3.0
10 1	5 36	4.0	−0.3	17 25	4.0	+0.3	1 1	6 51	4.1	−2.9	16 39	3.9	+2.9

$A = 139°.7 -$観測地の東経，$B = 35°.7 -$観測地の北緯

日本の月出没時　(1)　　(T_0は東京での値)

月日	月出 T_0	a	b	月没 T_0	a	b
	h m			h m		
1 1	21 30	4.1	+1.2	10 14	4.1	-1.5
1 2	22 27	4.1	+0.5	10 37	4.1	-0.8
1 3	23 23	4.2	-0.2	11 0	4.1	-0.1
1 4	—	—	—	11 22	4.1	+0.5
1 5	0 20	4.2	-0.9	11 46	4.0	+1.2
1 6	1 20	4.2	-1.7	12 12	4.0	+2.0
1 7	2 22	4.2	-2.5	12 42	4.0	+2.7
1 8	3 29	4.3	-3.2	13 19	4.0	+3.4
1 9	4 37	4.3	-3.9	14 6	4.0	+4.0
1 10	5 45	4.3	-4.2	15 3	4.0	+4.3
1 11	6 48	4.3	-4.2	16 11	4.1	+4.1
1 12	7 42	4.2	-3.7	17 26	4.1	+3.5
1 13	8 27	4.2	-2.9	18 43	4.1	+2.6
1 14	9 5	4.2	-2.1	19 58	4.2	+1.7
1 15	9 37	4.1	-1.2	21 10	4.2	+0.8
1 16	10 6	4.1	-0.3	22 20	4.2	-0.1
1 17	10 33	4.1	+0.5	23 29	4.2	-0.9
1 18	11 1	4.1	+1.3	—	—	—
1 19	11 31	4.0	+2.1	0 37	4.2	-1.8
1 20	12 5	4.0	+2.8	1 45	4.3	-2.6
1 21	12 44	4.0	+3.5	2 52	4.3	-3.3
1 22	13 30	4.0	+4.0	3 58	4.3	-3.9
1 23	14 22	4.0	+4.1	4 58	4.3	-4.1
1 24	15 20	4.0	+4.0	5 52	4.3	-4.0
1 25	16 21	4.1	+3.5	6 38	4.2	-3.6
1 26	17 23	4.1	+2.9	7 16	4.2	-3.1
1 27	18 23	4.1	+2.2	7 48	4.1	-2.4
1 28	19 21	4.1	+1.5	8 16	4.1	-1.7
1 29	20 18	4.1	+0.7	8 40	4.1	-1.0
1 30	21 14	4.2	+0.0	9 3	4.1	-0.4
1 31	22 10	4.2	-0.7	9 25	4.1	+0.3
2 1	23 8	4.2	-1.4	9 47	4.0	+1.0
2 2	—	—	—	10 12	4.0	+1.7
2 3	0 8	4.2	-2.2	10 39	4.0	+2.4
2 4	1 11	4.3	-2.9	11 12	4.0	+3.1
2 5	2 17	4.3	-3.6	11 53	4.0	+3.8
2 6	3 24	4.3	-4.1	12 44	4.0	+4.2
2 7	4 28	4.3	-4.3	13 46	4.1	+4.3
2 8	5 27	4.3	-4.0	14 57	4.1	+3.9
2 9	6 16	4.2	-3.3	16 14	4.1	+3.1
2 10	6 58	4.2	-2.5	17 32	4.2	+2.2
2 11	7 33	4.1	-1.6	18 48	4.2	+1.2
2 12	8 4	4.1	-0.7	20 2	4.2	+0.3
2 13	8 33	4.1	+0.2	21 14	4.2	-0.6
2 14	9 2	4.1	+1.0	22 25	4.2	-1.5
2 15	9 32	4.0	+1.8	23 35	4.3	-2.4
2 16	10 5	4.0	+2.6	—	—	—
2 17	10 43	4.0	+3.3	0 44	4.3	-3.1
2 18	11 27	4.0	+3.9	1 51	4.3	-3.8
2 19	12 17	4.0	+4.1	2 54	4.3	-4.1
2 20	13 14	4.0	+4.1	3 50	4.3	-4.1
2 21	14 14	4.1	+3.7	4 37	4.2	-3.8
2 22	15 15	4.1	+3.1	5 17	4.2	-3.3
2 23	16 15	4.1	+2.4	5 51	4.2	-2.6
2 24	17 14	4.1	+1.7	6 19	4.1	-2.0
2 25	18 11	4.1	+1.0	6 44	4.1	-1.3
2 26	19 8	4.1	+0.3	7 7	4.1	-0.6
2 27	20 4	4.2	-0.5	7 29	4.1	+0.1
2 28	21 1	4.2	-1.2	7 51	4.0	+0.8
2 29	21 59	4.2	-1.9	8 15	4.0	+1.5
3 1	23 1	4.2	-2.7	8 41	4.0	+2.2
3 2	—	—	—	9 11	4.0	+2.9
3 3	0 4	4.3	-3.4	9 47	4.0	+3.6
3 4	1 9	4.3	-4.0	10 32	4.0	+4.1
3 5	2 13	4.3	-4.3	11 27	4.0	+4.3
3 6	3 12	4.3	-4.2	12 32	4.1	+4.1
3 7	4 4	4.2	-3.7	13 45	4.1	+3.5
3 8	4 49	4.2	-3.0	15 1	4.1	+2.7
3 9	5 26	4.2	-2.1	16 19	4.2	+1.8
3 10	5 59	4.1	-1.2	17 34	4.2	+0.8
3 11	6 29	4.1	-0.3	18 49	4.2	-0.2
3 12	6 59	4.1	+0.6	20 2	4.2	-1.1
3 13	7 29	4.1	+1.5	21 16	4.2	-2.0
3 14	8 2	4.0	+2.3	22 29	4.3	-2.9
3 15	8 39	4.0	+3.1	23 39	4.3	-3.6
3 16	9 22	4.0	+3.7	—	—	—
3 17	10 11	4.0	+4.1	0 46	4.3	-4.1
3 18	11 7	4.0	+4.2	1 45	4.3	-4.2
3 19	12 6	4.0	+3.9	2 36	4.2	-4.0
3 20	13 7	4.1	+3.3	3 18	4.2	-3.5
3 21	14 8	4.1	+2.7	3 54	4.2	-2.9
3 22	15 7	4.1	+1.9	4 23	4.1	-2.2
3 23	16 5	4.1	+1.2	4 49	4.1	-1.5
3 24	17 2	4.1	+0.5	5 12	4.1	-0.8
3 25	17 58	4.2	-0.2	5 34	4.1	-0.1
3 26	18 55	4.2	-0.9	5 56	4.1	+0.5
3 27	19 53	4.2	-1.7	6 19	4.0	+1.2
3 28	20 54	4.2	-2.4	6 44	4.0	+2.0
3 29	21 56	4.3	-3.2	7 13	4.0	+2.7
3 30	23 0	4.3	-3.8	7 47	4.0	+3.4
3 31	—	—	—	8 28	4.0	+3.9
4 1	0 4	4.3	-4.2	9 18	4.0	+4.3
4 2	1 3	4.3	-4.3	10 18	4.0	+4.3

月出時, 月没時 $=T_0+aA+bB$

日本の月出没時 (2)　　(T_0は東京での値)

月日	月 出 T_0	a	b	月 没 T_0	a	b	月日	月 出 T_0	a	b	月 没 T_0	a	b
	h m			h m				h m			h m		
4 2	1 3	4.3	-4.3	10 18	4.0	+4.3	5 18	13 42	4.1	+0.3	1 43	4.1	-0.6
4 3	1 56	4.3	-4.0	11 26	4.1	+3.8	5 19	14 39	4.2	-0.4	2 5	4.1	+0.1
4 4	2 42	4.2	-3.3	12 38	4.1	+3.1	5 20	15 36	4.2	-1.2	2 27	4.0	+0.7
4 5	3 21	4.2	-2.5	13 53	4.1	+2.2	5 21	16 35	4.2	-1.9	2 51	4.0	+1.5
4 6	3 55	4.1	-1.6	15 7	4.2	+1.3	5 22	17 38	4.2	-2.7	3 17	4.0	+2.2
4 7	4 25	4.1	-0.8	16 21	4.2	+0.4	5 23	18 42	4.3	-3.4	3 48	4.0	+2.9
4 8	4 55	4.1	+0.1	17 34	4.2	-0.6	5 24	19 48	4.3	-4.0	4 25	4.0	+3.6
4 9	5 24	4.1	+1.0	18 49	4.2	-1.5	5 25	20 51	4.3	-4.3	5 11	4.0	+4.1
4 10	5 56	4.1	+1.9	20 3	4.3	-2.4	5 26	21 49	4.3	-4.2	6 6	4.0	+4.3
4 11	6 31	4.0	+2.7	21 18	4.3	-3.3	5 27	22 38	4.2	-3.7	7 9	4.1	+4.1
4 12	7 13	4.0	+3.5	22 29	4.3	-3.9	5 28	23 20	4.2	-3.0	8 18	4.1	+3.6
4 13	8 1	4.0	+4.0	23 34	4.3	-4.2	5 29	23 56	4.2	-2.2	9 29	4.1	+2.8
4 14	8 56	4.0	+4.2	———			5 30	———			10 40	4.1	+1.9
4 15	9 56	4.0	+4.0	0 30	4.3	-4.1	5 31	0 27	4.1	-1.4	11 50	4.2	+1.0
4 16	10 58	4.1	+3.6	1 16	4.2	-3.7	6 1	0 55	4.1	-0.6	12 59	4.2	+0.2
4 17	11 59	4.1	+2.9	1 54	4.2	-3.1	6 2	1 22	4.1	+0.3	14 8	4.2	-0.7
4 18	13 0	4.1	+2.2	2 26	4.1	-2.4	6 3	1 51	4.1	+1.1	15 19	4.2	-1.6
4 19	13 58	4.1	+1.5	2 53	4.1	-1.7	6 4	2 21	4.0	+1.9	16 31	4.3	-2.5
4 20	14 55	4.1	+0.8	3 17	4.1	-1.1	6 5	2 57	4.0	+2.7	17 44	4.3	-3.3
4 21	15 51	4.2	+0.0	3 39	4.1	-0.4	6 6	3 38	4.0	+3.5	18 55	4.3	-3.9
4 22	16 48	4.2	-0.7	4 1	4.1	+0.3	6 7	4 28	4.0	+4.0	20 0	4.3	-4.2
4 23	17 46	4.2	-1.4	4 24	4.0	+1.0	6 8	5 25	4.0	+4.2	20 57	4.3	-4.0
4 24	18 46	4.2	-2.2	4 48	4.0	+1.7	6 9	6 27	4.1	+3.9	21 44	4.2	-3.6
4 25	19 49	4.3	-2.9	5 16	4.0	+2.4	6 10	7 32	4.1	+3.4	22 23	4.2	-3.0
4 26	20 53	4.3	-3.6	5 48	4.0	+3.2	6 11	8 35	4.1	+2.7	22 54	4.1	-2.3
4 27	21 57	4.3	-4.1	6 27	4.0	+3.8	6 12	9 37	4.1	+2.0	23 21	4.1	-1.6
4 28	22 58	4.3	-4.3	7 15	4.0	+4.2	6 13	10 35	4.1	+1.3	23 45	4.1	-0.9
4 29	23 53	4.3	-4.1	8 12	4.0	+4.3	6 14	11 32	4.1	+0.6	———		
4 30	———			9 16	4.1	+4.0	6 15	12 28	4.2	-0.2	0 8	4.1	-0.2
5 1	0 40	4.2	-3.6	10 26	4.1	+3.4	6 16	13 25	4.2	-0.9	0 29	4.1	+0.5
5 2	1 20	4.2	-2.8	11 38	4.1	+2.6	6 17	14 23	4.2	-1.6	0 52	4.0	+1.2
5 3	1 54	4.1	-2.0	12 49	4.1	+1.7	6 18	15 24	4.2	-2.4	1 17	4.0	+1.9
5 4	2 25	4.1	-1.1	14 1	4.2	+0.8	6 19	16 28	4.3	-3.1	1 46	4.0	+2.6
5 5	2 53	4.1	-0.3	15 12	4.2	-0.1	6 20	17 33	4.3	-3.8	2 21	4.0	+3.3
5 6	3 21	4.1	+0.6	16 24	4.2	-1.1	6 21	18 38	4.3	-4.2	3 3	4.0	+3.9
5 7	3 51	4.1	+1.4	17 37	4.3	-2.0	6 22	19 40	4.3	-4.3	3 55	4.0	+4.3
5 8	4 24	4.0	+2.3	18 52	4.3	-2.9	6 23	20 33	4.3	-3.9	4 57	4.0	+4.2
5 9	5 3	4.0	+3.1	20 5	4.3	-3.6	6 24	21 19	4.2	-3.2	6 6	4.1	+3.8
5 10	5 48	4.0	+3.8	21 15	4.3	-4.1	6 25	21 57	4.2	-2.4	7 18	4.1	+3.0
5 11	6 42	4.0	+4.1	22 17	4.3	-4.2	6 26	22 30	4.1	-1.6	8 31	4.1	+2.2
5 12	7 41	4.0	+4.1	23 9	4.2	-3.9	6 27	22 58	4.1	-0.8	9 42	4.2	+1.3
5 13	8 44	4.1	+3.8	23 51	4.1	-3.3	6 28	23 26	4.1	+0.0	10 51	4.2	+0.4
5 14	9 47	4.1	+3.2	———			6 29	23 53	4.1	+0.9	12 0	4.2	-0.5
5 15	10 49	4.1	+2.5	0 26	4.2	-2.7	6 30	———			13 9	4.2	-1.3
5 16	11 48	4.1	+1.7	0 55	4.1	-2.0	7 1	0 22	4.0	+1.7	14 19	4.3	-2.2
5 17	12 46	4.1	+1.0	1 20	4.1	-1.3	7 2	0 55	4.0	+2.5	15 30	4.3	-3.0
5 18	13 42	4.1	+0.3	1 43	4.1	-0.6	7 3	1 34	4.0	+3.2	16 40	4.3	-3.7

$A = 139°.7 - $観測地の東経, $B = 35°.7 - $観測地の北緯

日本の月出没時 （3）　（T_0は東京での値）

月日	月出 T_0	a	b	月没 T_0	a	b
7 3	1 34	4.0	+3.2	16 40	4.3	-3.7
7 4	2 19	4.0	+3.8	17 47	4.3	-4.1
7 5	3 13	4.0	+4.1	18 47	4.3	-4.1
7 6	4 13	4.0	+4.1	19 37	4.2	-3.8
7 7	5 17	4.1	+3.7	20 19	4.2	-3.2
7 8	6 21	4.1	+3.0	20 53	4.2	-2.5
7 9	7 24	4.1	+2.3	21 22	4.1	-1.8
7 10	8 24	4.1	+1.6	21 47	4.1	-1.1
7 11	9 22	4.1	+0.8	22 10	4.1	-0.4
7 12	10 18	4.1	+0.1	22 32	4.1	+0.2
7 13	11 14	4.2	-0.6	22 54	4.0	+0.9
7 14	12 11	4.2	-1.3	23 18	4.0	+1.6
7 15	13 10	4.2	-2.1	23 45	4.0	+2.3
7 16	14 12	4.3	-2.8	—	—	—
7 17	15 16	4.3	-3.5	0 16	4.0	+3.0
7 18	16 22	4.3	-4.1	0 55	4.0	+3.7
7 19	17 25	4.3	-4.3	1 42	4.0	+4.2
7 20	18 23	4.3	-4.1	2 40	4.0	+4.3
7 21	19 12	4.2	-3.5	3 47	4.1	+4.0
7 22	19 54	4.2	-2.8	5 0	4.1	+3.3
7 23	20 29	4.1	-1.9	6 15	4.1	+2.5
7 24	21 0	4.1	-1.1	7 29	4.2	+1.6
7 25	21 29	4.1	-0.2	8 41	4.2	+0.7
7 26	21 56	4.1	+0.6	9 51	4.2	-0.2
7 27	22 25	4.1	+1.5	11 1	4.2	-1.1
7 28	22 57	4.0	+2.3	12 11	4.2	-2.0
7 29	23 33	4.0	+3.1	13 21	4.3	-2.8
7 30	—	—	—	14 32	4.3	-3.6
7 31	0 16	4.0	+3.7	15 39	4.3	-4.0
8 1	1 6	4.0	+4.1	16 40	4.3	-4.2
8 2	2 3	4.0	+4.2	17 33	4.3	-3.9
8 3	3 5	4.1	+3.8	18 17	4.2	-3.4
8 4	4 9	4.1	+3.3	18 53	4.2	-2.8
8 5	5 12	4.1	+2.6	19 23	4.1	-2.1
8 6	6 13	4.1	+1.8	19 49	4.1	-1.4
8 7	7 12	4.1	+1.1	20 13	4.1	-0.7
8 8	8 9	4.1	+0.4	20 35	4.1	+0.0
8 9	9 5	4.2	-0.4	20 57	4.0	+0.7
8 10	10 2	4.2	-1.1	21 19	4.0	+1.4
8 11	10 59	4.2	-1.8	21 45	4.0	+2.1
8 12	11 59	4.2	-2.6	22 13	4.0	+2.8
8 13	13 1	4.3	-3.3	22 48	4.0	+3.5
8 14	14 5	4.3	-3.9	23 30	4.0	+4.0
8 15	15 8	4.3	-4.3	—	—	—
8 16	16 8	4.3	-4.3	0 23	4.0	+4.3
8 17	17 1	4.3	-3.9	1 25	4.1	+4.2
8 18	17 47	4.2	-3.2	2 35	4.1	+3.7

月日	月出 T_0	a	b	月没 T_0	a	b
8 18	17 47	4.2	-3.2	2 35	4.1	+3.7
8 19	18 25	4.2	-2.3	3 50	4.1	+2.9
8 20	18 58	4.1	-1.4	5 6	4.1	+2.0
8 21	19 28	4.1	-0.6	6 21	4.2	+1.1
8 22	19 57	4.1	+0.3	7 34	4.2	+0.1
8 23	20 26	4.1	+1.2	8 47	4.2	-0.8
8 24	20 57	4.0	+2.0	9 59	4.2	-1.7
8 25	21 33	4.0	+2.8	11 11	4.3	-2.6
8 26	22 14	4.0	+3.6	12 23	4.3	-3.4
8 27	23 2	4.0	+4.1	13 32	4.3	-4.0
8 28	23 57	4.0	+4.2	14 36	4.3	-4.2
8 29	—	—	—	15 30	4.3	-4.1
8 30	0 58	4.0	+4.0	16 17	4.2	-3.6
8 31	2 1	4.1	+3.5	16 55	4.2	-3.0
9 1	3 4	4.1	+2.8	17 26	4.1	-2.3
9 2	4 5	4.1	+2.1	17 53	4.1	-1.6
9 3	5 4	4.1	+1.3	18 17	4.1	-0.9
9 4	6 2	4.1	+0.6	18 39	4.1	-0.2
9 5	6 58	4.2	-0.1	19 1	4.1	+0.5
9 6	7 54	4.2	-0.8	19 23	4.0	+1.1
9 7	8 51	4.2	-1.6	19 47	4.0	+1.8
9 8	9 50	4.2	-2.3	20 14	4.0	+2.5
9 9	10 50	4.3	-3.0	20 46	4.0	+3.2
9 10	11 53	4.3	-3.7	21 24	4.0	+3.8
9 11	12 55	4.3	-4.2	22 11	4.0	+4.2
9 12	13 55	4.3	-4.3	23 7	4.0	+4.3
9 13	14 49	4.3	-4.1	—	—	—
9 14	15 37	4.2	-3.6	0 12	4.1	+4.0
9 15	16 18	4.2	-2.8	1 24	4.1	+3.4
9 16	16 53	4.1	-1.9	2 38	4.1	+2.5
9 17	17 25	4.1	-1.0	3 53	4.2	+1.6
9 18	17 54	4.1	-0.1	5 8	4.2	+0.6
9 19	18 24	4.1	+0.8	6 23	4.2	-0.3
9 20	18 55	4.1	+1.7	7 37	4.2	-1.3
9 21	19 29	4.0	+2.5	8 52	4.3	-2.2
9 22	20 9	4.0	+3.3	10 8	4.3	-3.1
9 23	20 56	4.0	+3.9	11 21	4.3	-3.8
9 24	21 50	4.0	+4.2	12 28	4.3	-4.2
9 25	22 50	4.0	+4.1	13 27	4.3	-4.2
9 26	23 54	4.1	+3.7	14 16	4.2	-3.8
9 27	—	—	—	14 56	4.2	-3.2
9 28	0 57	4.1	+3.0	15 30	4.2	-2.6
9 29	1 59	4.1	+2.3	15 58	4.1	-1.8
9 30	2 58	4.1	+1.6	16 22	4.1	-1.1
10 1	3 56	4.1	+0.8	16 45	4.1	-0.5
10 2	4 52	4.1	+0.1	17 6	4.1	+0.2
10 3	5 48	4.2	-0.6	17 28	4.0	+0.9

月出時, 月没時＝$T_0+aA+bB$

日本の月出没時 （4）　　（T_0は東京での値）

月日	月 出 T_0	a	b	月 没 T_0	a	b	月日	月 出 T_0	a	b	月 没 T_0	a	b
10 3	h m 5 48	4.2	-0.6	h m 17 28	4.0	+0.9	11 18	h m 18 21	4.0	+4.2	h m 8 56	4.3	-4.2
10 4	6 45	4.2	-1.3	17 52	4.0	+1.6	11 19	19 26	4.1	+4.0	9 58	4.3	-4.1
10 5	7 43	4.2	-2.1	18 17	4.0	+2.3	11 20	20 33	4.1	+3.5	10 48	4.2	-3.7
10 6	8 43	4.2	-2.8	18 47	4.0	+3.0	11 21	21 38	4.1	+2.8	11 29	4.2	-3.0
10 7	9 45	4.3	-3.5	19 23	4.0	+3.6	11 22	22 41	4.1	+2.1	12 2	4.1	-2.3
10 8	10 46	4.3	-4.0	20 6	4.0	+4.1	11 23	23 41	4.1	+1.3	12 29	4.1	-1.6
10 9	11 46	4.3	-4.3	20 58	4.0	+4.3	11 24	—	—	—	12 53	4.1	-0.9
10 10	12 41	4.3	-4.3	21 58	4.0	+4.2	11 25	0 38	4.1	+0.6	13 16	4.1	-0.2
10 11	13 30	4.2	-3.8	23 5	4.1	+3.7	11 26	1 34	4.2	-0.1	13 37	4.1	+0.5
10 12	14 12	4.2	-3.1	—	—	—	11 27	2 31	4.2	-0.8	14 0	4.0	+1.1
10 13	14 49	4.2	-2.3	0 15	4.1	+2.9	11 28	3 28	4.2	-1.6	14 24	4.0	+1.8
10 14	15 21	4.1	-1.5	1 28	4.1	+2.0	11 29	4 27	4.2	-2.3	14 52	4.0	+2.5
10 15	15 50	4.1	-0.6	2 41	4.2	+1.1	11 30	5 28	4.3	-3.0	15 24	4.0	+3.2
10 16	16 19	4.1	+0.3	3 54	4.2	+0.2	12 1	6 31	4.3	-3.7	16 3	4.0	+3.8
10 17	16 49	4.1	+1.2	5 8	4.2	-0.8	12 2	7 33	4.3	-4.1	16 50	4.0	+4.2
10 18	17 22	4.1	+2.1	6 24	4.3	-1.7	12 3	8 32	4.3	-4.3	17 45	4.0	+4.3
10 19	18 1	4.0	+2.9	7 41	4.3	-2.7	12 4	9 24	4.3	-4.1	18 48	4.1	+4.0
10 20	18 46	4.0	+3.7	8 58	4.3	-3.5	12 5	10 10	4.2	-3.5	19 55	4.1	+3.4
10 21	19 39	4.0	+4.1	10 11	4.3	-4.1	12 6	10 48	4.2	-2.8	21 4	4.1	+2.6
10 22	20 39	4.0	+4.2	11 16	4.3	-4.2	12 7	11 21	4.1	-2.0	22 13	4.1	+1.7
10 23	21 43	4.1	+3.9	12 11	4.3	-4.0	12 8	11 51	4.1	-1.2	23 21	4.2	+0.9
10 24	22 48	4.1	+3.3	12 55	4.2	-3.4	12 9	12 18	4.1	-0.4	—	—	—
10 25	23 51	4.1	+2.6	13 31	4.2	-2.8	12 10	12 45	4.1	+0.4	0 29	4.2	+0.0
10 26	—	—	—	14 1	4.1	-2.1	12 11	13 14	4.1	+1.2	1 38	4.2	-0.9
10 27	0 51	4.1	+1.8	14 27	4.1	-1.4	12 12	13 46	4.0	+2.1	2 50	4.2	-1.8
10 28	1 50	4.1	+1.1	14 50	4.1	-0.7	12 13	14 23	4.0	+2.9	4 4	4.3	-2.7
10 29	2 46	4.1	+0.4	15 12	4.1	+0.0	12 14	15 8	4.0	+3.6	5 19	4.3	-3.5
10 30	3 42	4.2	-0.4	15 33	4.0	+0.7	12 15	16 2	4.0	+4.1	6 32	4.3	-4.0
10 31	4 38	4.2	-1.1	15 56	4.0	+1.4							
							12 16	17 5	4.1	+4.2	7 39	4.3	-4.2
11 1	5 36	4.2	-1.8	16 21	4.0	+2.1	12 17	18 12	4.1	+3.8	8 35	4.3	-3.9
11 2	6 36	4.2	-2.6	16 50	4.0	+2.8	12 18	19 20	4.1	+3.1	9 21	4.2	-3.3
11 3	7 37	4.3	-3.3	17 24	4.0	+3.4	12 19	20 26	4.1	+2.4	9 58	4.2	-2.6
11 4	8 40	4.3	-3.9	18 5	4.0	+4.0	12 20	21 28	4.1	+1.6	10 29	4.1	-1.9
11 5	9 40	4.3	-4.3	18 54	4.0	+4.3	12 21	22 27	4.1	+0.9	10 54	4.1	-1.2
11 6	10 37	4.3	-4.3	19 51	4.0	+4.2	12 22	23 25	4.2	+0.1	11 18	4.1	-0.5
11 7	11 27	4.3	-4.0	20 55	4.1	+3.8	12 23	—	—	—	11 40	4.1	+0.2
11 8	12 10	4.2	-3.4	22 3	4.1	+3.2	12 24	0 21	4.2	-0.6	12 2	4.0	+0.9
11 9	12 47	4.2	-2.6	23 12	4.1	+2.4	12 25	1 17	4.2	-1.3	12 25	4.0	+1.6
11 10	13 19	4.1	-1.8	—	—	—	12 26	2 16	4.2	-2.0	12 51	4.0	+2.3
11 11	13 49	4.1	-1.0	0 22	4.1	+1.5	12 27	3 16	4.2	-2.8	13 22	4.0	+3.0
11 12	14 17	4.1	-0.1	1 32	4.2	+0.6	12 28	4 18	4.3	-3.5	13 58	4.0	+3.6
11 13	14 45	4.1	+0.7	2 43	4.2	-0.3	12 29	5 21	4.3	-4.0	14 42	4.0	+4.1
11 14	15 16	4.1	+1.6	3 56	4.2	-1.2	12 30	6 22	4.3	-4.3	15 35	4.0	+4.3
11 15	15 51	4.0	+2.5	5 11	4.3	-2.2	12 31	7 18	4.3	-4.2	16 37	4.1	+4.1
11 16	16 33	4.0	+3.3	6 29	4.3	-3.1	1 1	8 6	4.2	-3.7	17 45	4.1	+3.6
11 17	17 23	4.0	+3.9	7 45	4.3	-3.8	1 2	8 48	4.2	-3.0	18 55	4.1	+2.8
11 18	18 21	4.0	+4.2	8 56	4.3	-4.2	1 3	9 23	4.2	-2.3	20 5	4.1	+2.0

$A=139°\!.7-$観測地の東経，$B=35°\!.7-$観測地の北緯

日本各地の日出没時と月出没時 （国立天文台暦計算室）

札幌の日出没時と月出没時 （北緯43°04′ 東経141°21′）

日出時と日没時

月日	日 出	日 没	月日	日 出	日 没	月日	日 出	日 没	月日	日 出	日 没	月日	日 出	日 没
	h m	h m		h m	h m		h m	h m		h m	h m		h m	h m
1 1	7 6	16 10	4 1	5 17	18 1	7 1	3 59	19 18	10 1	5 32	17 16
1 6	7 6	16 14	4 6	5 8	18 7	7 6	4 2	19 17	10 6	5 37	17 7
1 11	7 5	16 20	4 11	4 59	18 13	7 11	4 6	19 14	10 11	5 43	16 59
1 16	7 3	16 25	4 16	4 51	18 18	7 16	4 10	19 11	10 16	5 49	16 50
1 21	7 0	16 31	4 21	4 43	18 24	7 21	4 14	19 7	10 21	5 55	16 42
1 26	6 56	16 38	4 26	4 35	18 30	7 26	4 19	19 3	10 26	6 1	16 35
2 1	6 51	16 46	5 1	4 28	18 36	8 1	4 25	18 56	11 1	6 9	16 27
2 6	6 45	16 53	5 6	4 22	18 42	8 6	4 30	18 50	11 6	6 15	16 20
2 11	6 39	16 59	5 11	4 16	18 47	8 11	4 36	18 43	11 11	6 22	16 15
2 16	6 32	17 6	5 16	4 10	18 52	8 16	4 41	18 36	11 16	6 28	16 10
2 21	6 25	17 12	5 21	4 5	18 58	8 21	4 47	18 28	11 21	6 34	16 6
2 26	6 17	17 19	5 26	4 2	19 2	8 26	4 52	18 20	11 26	6 40	16 3
3 1	6 11	17 24	6 1	3 58	19 7	9 1	4 59	18 10	12 1	6 46	16 1
3 6	6 2	17 30	6 6	3 56	19 11	9 6	5 4	18 1	12 6	6 51	16 0
3 11	5 54	17 36	6 11	3 55	19 14	9 11	5 10	17 52	12 11	6 56	16 0
3 16	5 45	17 42	6 16	3 55	19 16	9 16	5 15	17 43	12 16	7 0	16 1
3 21	5 36	17 48	6 21	3 55	19 18	9 21	5 21	17 34	12 21	7 3	16 3
3 26	5 27	17 54	6 26	3 57	19 18	9 26	5 26	17 25	12 26	7 5	16 6

月出時と月没時

月日	月 出	月 没	月日	月 出	月 没	月日	月 出	月 没	月日	月 出	月 没
	h m	h m		h m	h m		h m	h m		h m	h m
1 1	21 14	10 18	2 1	23 12	9 33	3 1	23 13	8 18	4 1	0 28	8 40
2	22 16	10 37	2	——	9 52	2	——	8 43	2	1 28	9 40
3	23 18	10 54	3	0 17	10 15	3	0 22	9 14	3	2 19	10 51
4	——	11 11	4	1 26	10 43	4	1 31	9 55	4	3 0	12 9
5	0 20	11 30	5	2 37	11 18	5	2 38	10 48	5	3 33	13 29
6	1 25	11 51	6	3 47	12 6	6	3 36	11 55	6	4 0	14 51
7	2 34	12 16	7	4 53	13 7	7	4 25	13 12	7	4 24	16 11
8	3 45	12 48	8	5 49	14 22	8	5 4	14 35	8	4 47	17 32
9	4 59	13 30	9	6 34	15 44	9	5 35	15 59	9	5 10	18 53
10	6 9	14 25	10	7 9	17 9	10	6 1	17 22	10	5 35	20 14
11	7 12	15 34	11	7 38	18 32	11	6 25	18 43	11	6 5	21 33
12	8 2	16 53	12	8 3	19 53	12	6 48	20 4	12	6 40	22 51
13	8 42	18 16	13	8 25	21 12	13	7 11	21 24	13	7 25	23 58
14	9 13	19 38	14	8 48	22 29	14	7 38	22 43	14	8 18	——
15	9 39	20 58	15	9 11	23 46	15	8 9	23 59	15	9 19	0 53
16	10 1	22 14	16	9 39	——	16	8 35	——	16	10 25	1 37
17	10 23	23 29	17	10 11	1 1	17	9 34	1 9	17	11 31	2 10
18	10 45	——	18	10 51	2 12	18	10 29	2 9	18	12 37	2 37
19	11 9	0 43	19	11 40	3 17	19	11 31	2 58	19	13 40	2 59
20	11 37	1 57	20	12 37	4 13	20	12 36	3 37	20	14 42	3 18
21	12 12	3 10	21	13 39	4 59	21	13 42	4 8	21	15 44	3 35
22	12 54	4 19	22	14 45	5 35	22	14 46	4 33	22	16 46	3 52
23	13 45	5 22	23	15 50	6 3	23	15 49	4 53	23	17 49	4 10
24	14 44	6 15	24	16 55	6 27	24	16 51	5 12	24	18 55	4 29
25	15 48	6 58	25	17 57	6 47	25	17 53	5 29	25	20 3	4 51
26	16 55	7 32	26	18 59	7 5	26	18 55	5 46	26	21 13	5 18
27	18 0	7 59	27	20 0	7 22	27	19 59	6 3	27	22 21	5 53
28	19 4	8 22	28	21 3	7 39	28	21 5	6 23	28	23 23	6 37
29	20 6	8 41	29	22 7	7 57	29	22 13	6 46	29	——	7 33
30	21 7	8 59				30	23 22	7 15	30	0 16	8 40
31	22 9	9 16				31	——	7 52			

月日	月　出	月　没	月日	月　出	月　没	月日	月　出	月　没	月日	月　出	月　没
5　1	0ʰ59ᵐ	9ʰ54ᵐ	6　1	0ʰ52ᵐ	12ʰ51ᵐ	7　1	0ʰ 3ᵐ	14ʰ28ᵐ	8　1	0ʰ29ᵐ	17ʰ 4ᵐ
2	1 34	11 12	2	1 14	14 7	2	0 30	15 45	2	1 25	17 55
3	2 2	12 30	3	1 36	15 24	3	1 3	17 1	3	2 30	18 35
4	2 26	13 48	4	2 0	16 42	4	1 44	18 10	4	3 38	19 7
5	2 48	15 6	5	2 30	18 1	5	2 35	19 10	5	4 47	19 32
6	3 10	16 25	6	3 6	19 17	6	3 36	19 58	6	5 53	19 53
7	3 34	17 45	7	3 52	20 24	7	4 43	20 36	7	6 57	20 11
8	4 1	19 6	8	4 47	21 20	8	5 52	21 5	8	8 0	20 28
9	4 33	20 25	9	5 51	22 4	9	7 0	21 29	9	9 1	20 45
10	5 14	21 38	10	7 0	22 38	10	8 6	21 49	10	10 3	21 3
11	6 4	22 41	11	8 8	23 4	11	9 9	22 6	11	11 6	21 23
12	7 4	23 30	12	9 15	23 26	12	10 11	22 23	12	12 11	21 46
13	8 9	—	13	10 19	23 45	13	11 12	22 40	13	13 19	22 16
14	9 17	0 9	14	11 21	—	14	12 14	22 59	14	14 27	22 54
15	10 24	0 39	15	12 23	0 2	15	13 19	23 21	15	15 33	23 44
16	11 29	1 3	16	13 25	0 19	16	14 26	23 47	16	16 33	—
17	12 32	1 23	17	14 28	0 37	17	15 36	—	17	17 23	0 47
18	13 33	1 41	18	15 35	0 57	18	16 45	0 21	18	18 3	2 1
19	14 35	1 58	19	16 44	1 20	19	17 50	1 5	19	18 35	3 22
20	15 38	2 15	20	17 54	1 50	20	18 46	2 1	20	19 2	4 44
21	16 43	2 33	21	19 3	2 28	21	19 32	3 11	21	19 26	6 6
22	17 50	2 54	22	20 4	3 17	22	20 8	4 28	22	19 48	7 26
23	19 0	3 20	23	20 55	4 19	23	20 37	5 49	23	20 11	8 45
24	20 10	3 52	24	21 36	5 31	24	21 1	7 10	24	20 36	10 5
25	21 16	4 34	25	22 8	6 49	25	21 23	8 29	25	21 5	11 24
26	22 13	5 27	26	22 35	8 8	26	21 45	9 46	26	21 41	12 41
27	22 59	6 32	27	22 58	9 26	27	22 8	11 2	27	22 25	13 55
28	23 36	7 45	28	23 19	10 41	28	22 33	12 19	28	23 19	15 4
29	—	9 2	29	23 40	11 56	29	23 4	13 35	29	—	15 54
30	0 6	10 19	30	23 40	13 12	30	23 41	14 51	30	0 21	16 37
31	0 30	11 35				31	—	16 2	31	1 28	17 10

月日	月　出	月　没	月日	月　出	月　没	月日	月　出	月　没	月日	月　出	月　没
9　1	2ʰ36ᵐ	17ʰ37ᵐ	10　1	3ʰ43ᵐ	16ʰ41ᵐ	11　1	5ʰ43ᵐ	15ʰ59ᵐ	12　1	6ʰ51ᵐ	15ʰ28ᵐ
2	3 43	17 58	2	4 44	16 58	2	6 48	16 23	2	7 57	16 12
3	4 48	18 17	3	5 46	17 15	3	7 55	16 52	3	8 56	17 7
4	5 50	18 34	4	6 48	17 33	4	9 1	17 29	4	9 47	18 12
5	6 52	18 51	5	7 51	17 54	5	10 5	18 15	5	10 29	19 24
6	7 54	19 8	6	8 57	18 18	6	11 2	19 13	6	11 2	20 38
7	8 56	19 27	7	10 3	18 49	7	11 50	20 19	7	11 30	21 53
8	10 0	19 49	8	11 9	19 29	8	12 28	21 32	8	11 53	23 7
9	11 6	20 15	9	12 11	20 19	9	13 0	22 48	9	12 14	—
10	12 13	20 49	10	13 6	21 20	10	13 26	—	10	12 35	0 22
11	13 19	21 33	11	13 52	22 31	11	13 49	0 4	11	12 58	1 38
12	14 20	22 28	12	14 29	23 47	12	14 11	1 21	12	13 23	2 56
13	15 13	23 36	13	14 59	—	13	14 33	2 38	13	13 55	4 16
14	15 57	—	14	15 25	1 6	14	14 57	3 58	14	14 34	5 38
15	16 32	0 52	15	15 48	2 26	15	15 26	5 21	15	15 25	6 55
16	17 1	2 13	16	16 10	3 46	16	16 2	6 44	16	16 27	8 3
17	17 25	3 35	17	16 34	5 7	17	16 47	8 6	17	17 37	8 57
18	17 48	4 57	18	17 0	6 30	18	17 43	9 20	18	18 50	9 39
19	18 11	6 18	19	17 32	7 54	19	18 49	10 21	19	20 1	10 11
20	18 36	7 40	20	18 12	9 17	20	20 0	11 8	20	21 9	10 36
21	19 4	9 2	21	19 2	10 34	21	21 11	11 44	21	22 14	10 56
22	19 38	10 24	22	20 1	11 41	22	22 19	12 12	22	23 17	11 15
23	20 20	11 42	23	21 8	12 33	23	23 24	12 34	23	—	11 32
24	21 12	12 52	24	22 17	13 14	24	—	12 53	24	0 18	11 49
25	22 13	13 51	25	23 25	13 45	25	0 27	13 11	25	1 20	12 7
26	23 19	14 37	26	—	14 10	26	1 29	13 27	26	2 24	12 28
27	—	15 14	27	0 31	14 30	27	2 30	13 45	27	3 29	12 53
28	0 28	15 42	28	1 35	14 48	28	3 32	14 4	28	4 36	13 25
29	1 35	16 5	29	2 37	15 5	29	4 37	14 26	29	5 43	14 5
30	2 40	16 24	30	3 38	15 22	30	5 44	14 53	30	6 46	14 57
			31	4 40	15 39				31	7 42	16 0

仙台の日出没時と月出没時 （北緯38°16′ 東経140°52′）

日出時と日没時

月日	日 出	日 没	月日	日 出	日 没	月日	日 出	日 没	月日	日 出	日 没
	h m	h m		h m	h m		h m	h m		h m	h m
1 1	6 53	16 26	4 1	5 22	18 0	7 1	4 17	19 4	10 1	5 32	17 20
1 6	6 54	16 31	4 6	5 14	18 4	7 6	4 19	19 3	10 6	5 37	17 12
1 11	6 53	16 35	4 11	5 7	18 9	7 11	4 22	19 1	10 11	5 41	17 5
1 16	6 52	16 40	4 16	4 59	18 14	7 16	4 26	18 59	10 16	5 46	16 57
1 21	6 50	16 46	4 21	4 53	18 19	7 21	4 30	18 56	10 21	5 51	16 51
1 26	6 47	16 51	4 26	4 46	18 23	7 26	4 34	18 52	10 26	5 56	16 44
2 1	6 42	16 58	5 1	4 40	18 28	8 1	4 39	18 46	11 1	6 3	16 37
2 6	6 38	17 4	5 6	4 34	18 33	8 6	4 43	18 41	11 6	6 8	16 32
2 11	6 33	17 9	5 11	4 29	18 37	8 11	4 48	18 35	11 11	6 13	16 27
2 16	6 27	17 15	5 16	4 25	18 42	8 16	4 52	18 29	11 16	6 19	16 24
2 21	6 21	17 20	5 21	4 21	18 46	8 21	4 56	18 22	11 21	6 24	16 20
2 26	6 14	17 26	5 26	4 18	18 50	8 26	5 1	18 15	11 26	6 29	16 18
3 1	6 8	17 30	6 1	4 15	18 54	9 1	5 6	18 6	12 1	6 34	16 17
3 6	6 1	17 35	6 6	4 13	18 57	9 6	5 10	17 59	12 6	6 39	16 16
3 11	5 54	17 40	6 11	4 13	19 0	9 11	5 15	17 51	12 11	6 43	16 16
3 16	5 46	17 45	6 16	4 13	19 2	9 16	5 19	17 43	12 16	6 47	16 18
3 21	5 38	17 49	6 21	4 13	19 3	9 21	5 23	17 35	12 21	6 49	16 20
3 26	5 31	17 54	6 26	4 15	19 4	9 26	5 28	17 27	12 26	6 52	16 23

月出時と月没時

月日	月 出	月 没	月日	月 出	月 没	月日	月 出	月 没	月日	月 出	月 没
1 1	h m 21 23	h m 10 13	2 1	h m 23 7	h m 9 40	3 1	h m 23 2	h m 8 31	4 1	h m 0 9	h m 9 4
2	22 21	10 35	2	—	10 3	2	—	8 59	2	1 8	10 3
3	23 19	10 55	3	0 8	10 29	3	0 7	9 34	3	2 1	11 12
4	—	11 16	4	1 13	11 0	4	1 13	10 18	4	2 45	12 26
5	0 18	11 38	5	2 21	11 39	5	2 18	11 12	5	3 22	13 43
6	1 19	12 2	6	3 29	12 31	6	3 17	12 18	6	3 54	14 59
7	2 23	12 31	7	4 34	13 31	7	4 8	13 32	7	4 22	16 15
8	3 31	13 7	8	5 31	14 43	8	4 51	14 50	8	4 49	17 31
9	4 41	13 52	9	6 19	16 2	9	5 26	16 9	9	5 17	18 47
10	5 50	14 48	10	6 59	17 22	10	5 57	17 28	10	5 46	20 4
11	6 53	15 57	11	7 32	18 41	11	6 25	18 44	11	6 20	21 21
12	7 46	17 13	12	8 1	19 57	12	6 52	20 0	12	7 0	22 33
13	8 29	18 31	13	8 28	21 11	13	7 21	21 16	13	7 47	23 39
14	9 5	19 49	14	8 54	22 24	14	7 51	22 30	14	8 41	—
15	9 35	21 4	15	9 23	23 36	15	8 27	23 43	15	9 41	0 34
16	10 2	22 16	16	9 54	—	16	9 8	—	16	10 45	1 20
17	10 27	23 26	17	10 30	0 47	17	9 57	0 50	17	11 48	1 57
18	10 53	—	18	11 13	1 55	18	10 52	1 50	18	12 50	2 27
19	11 21	0 36	19	12 3	2 59	19	11 52	2 40	19	13 49	2 53
20	11 53	1 46	20	12 59	3 54	20	12 55	3 22	20	14 48	3 15
21	12 31	2 55	21	14 0	4 41	21	13 57	3 56	21	15 46	3 35
22	13 16	4 2	22	15 2	5 20	22	14 58	4 24	22	16 44	3 56
23	14 8	5 3	23	16 4	5 52	23	15 57	4 48	23	17 44	4 17
24	15 6	5 57	24	17 5	6 19	24	16 56	5 10	24	18 46	4 39
25	16 8	6 42	25	18 4	6 43	25	17 54	5 30	25	19 51	5 5
26	17 11	7 19	26	19 2	7 4	26	18 52	5 50	26	20 57	5 36
27	18 13	7 49	27	20 0	7 24	27	19 52	6 11	27	22 2	6 14
28	19 13	8 15	28	20 59	7 45	28	20 55	6 35	28	23 3	7 0
29	20 12	8 38	29	21 59	8 6	29	21 59	7 2	29	23 58	7 57
30	21 9	8 59				30	23 5	7 34	30	—	9 2
31	22 7	9 19				31	—	8 14			

月日	月出	月没	月日	月出	月没	月日	月出	月没	月日	月出	月没
5 1	0ʰ44ᵐ	10ʰ13ᵐ	6 1	0ʰ52ᵐ	12ʰ54ᵐ	7 1	0ʰ14ᵐ	14ʰ19ᵐ	8 1	0ʰ51ᵐ	16ʰ45ᵐ
2	1 22	11 27	2	1 17	14 5	2	0 45	15 32	2	1 48	17 37
3	1 54	12 41	3	1 43	15 18	3	1 21	16 44	3	2 51	18 20
4	2 23	13 54	4	2 12	16 32	4	2 5	17 52	4	3 57	18 55
5	2 49	15 7	5	2 45	17 47	5	2 58	18 51	5	5 1	19 23
6	3 15	16 21	6	3 25	18 59	6	3 58	19 41	6	6 4	19 48
7	3 43	17 37	7	4 14	20 5	7	5 3	20 22	7	7 5	20 10
8	4 14	18 54	8	5 10	21 2	8	6 9	20 54	8	8 3	20 30
9	4 51	20 9	9	6 13	21 48	9	7 14	21 22	9	9 1	20 50
10	5 35	21 20	10	7 19	22 25	10	8 15	21 45	10	9 59	21 11
11	6 27	22 22	11	8 24	22 55	11	9 15	22 6	11	10 59	21 35
12	7 26	23 13	12	9 27	23 20	12	10 13	22 26	12	12 0	22 2
13	8 30	23 54	13	10 27	23 43	13	11 11	22 47	13	13 4	22 35
14	9 35	——	14	11 26	——	14	12 10	23 9	14	14 9	23 16
15	10 38	0 27	15	12 24	0 3	15	13 10	23 34	15	15 14	——
16	11 39	0 55	16	13 22	0 24	16	14 14	——	16	16 13	0 8
17	12 39	1 18	17	14 22	0 45	17	15 20	0 4	17	17 5	1 10
18	13 37	1 40	18	15 25	1 8	18	16 26	0 41	18	17 49	2 22
19	14 35	2 0	19	16 30	1 35	19	17 30	1 28	19	18 26	3 38
20	15 34	2 21	20	17 37	2 8	20	18 27	2 25	20	18 57	4 56
21	16 35	2 43	21	18 43	2 49	21	19 16	3 33	21	19 25	6 13
22	17 39	3 7	22	19 45	3 41	22	19 56	4 47	22	19 51	7 29
23	18 45	3 36	23	20 38	4 42	23	20 29	6 4	23	20 18	8 44
24	19 52	4 12	24	21 22	5 52	24	20 58	7 20	24	20 48	9 58
25	20 56	4 56	25	21 58	7 6	25	21 24	8 34	25	21 21	11 13
26	21 54	5 51	26	22 29	8 21	26	21 50	9 47	26	22 0	12 26
27	22 42	6 54	27	22 56	9 34	27	22 17	10 58	27	22 47	13 37
28	23 23	8 4	28	23 21	10 45	28	22 46	12 11	28	23 42	14 41
29	23 56	9 17	29	23 46	11 56	29	23 21	13 23	29		15 35
30		10 30	30		13 7	30		14 35	30	0 43	16 20
31	0 25	11 42				31	0 2	15 43	31	1 48	16 57

月日	月出	月没	月日	月出	月没	月日	月出	月没	月日	月出	月没
9 1	2ʰ52ᵐ	17ʰ27ᵐ	10 1	3ʰ49ᵐ	16ʰ41ᵐ	11 1	5ʰ36ᵐ	16ʰ12ᵐ	12 1	6ʰ34ᵐ	15ʰ49ᵐ
2	3 55	17 52	2	4 47	17 1	2	6 37	16 39	2	7 38	16 35
3	4 56	18 15	3	5 45	17 21	3	7 40	17 11	3	8 37	17 31
4	5 55	18 35	4	6 43	17 43	4	8 44	17 51	4	9 29	18 34
5	6 53	18 55	5	7 43	18 7	5	9 45	18 39	5	10 13	19 42
6	7 51	19 16	6	8 45	18 35	6	10 42	19 36	6	10 50	20 53
7	8 50	19 38	7	9 48	19 10	7	11 32	20 41	7	11 21	22 4
8	9 50	20 3	8	10 51	19 51	8	12 13	21 50	8	11 49	23 14
9	10 53	20 33	9	11 53	20 43	9	12 49	23 2	9	12 14	——
10	11 57	21 10	10	12 47	21 43	10	13 19	——	10	12 39	0 24
11	13 0	21 56	11	13 34	22 51	11	13 46	0 14	11	13 6	1 35
12	14 0	22 52	12	14 15	——	12	14 12	1 26	12	13 36	2 49
13	14 54	23 58	13	14 49	0 4	13	14 39	2 39	13	14 11	4 5
14	15 41	——	14	15 19	1 18	14	15 7	3 54	14	14 55	5 22
15	16 20	1 11	15	15 47	2 33	15	15 40	5 12	15	15 48	6 37
16	16 53	2 28	16	16 14	3 49	16	16 20	6 31	16	16 50	7 44
17	17 22	3 45	17	16 42	5 5	17	17 9	7 49	17	17 58	8 40
18	17 50	5 2	18	17 13	6 23	18	18 7	9 1	18	19 8	9 24
19	18 17	6 18	19	17 49	7 43	19	19 12	10 3	19	20 15	10 0
20	18 46	7 35	20	18 32	9 2	20	20 20	10 52	20	21 20	10 28
21	19 18	8 53	21	19 24	10 16	21	21 27	11 31	21	22 21	10 53
22	19 57	10 10	22	20 24	11 21	22	22 31	12 2	22	23 19	11 14
23	20 42	11 25	23	21 29	12 15	23	23 33	12 28	23		11 35
24	21 36	12 33	24	22 35	12 59	24		12 51	24	0 17	11 55
25	22 36	13 32	25	23 40	13 33	25	0 32	13 11	25	1 16	12 17
26	23 40	14 20	26		14 1	26	1 30	13 32	26	2 16	12 41
27		14 59	27	0 42	14 25	27	2 28	13 52	27	3 17	13 10
28	0 45	15 31	28	1 42	14 47	28	3 27	14 15	28	4 21	13 45
29	1 48	15 57	29	2 40	15 7	29	4 27	14 41	29	5 25	14 28
30	2 49	16 20	30	3 38	15 27	30	5 30	15 11	30	6 27	15 21
			31	4 36	15 48				31	7 23	16 23

新潟の日出没時と月出没時（北緯37°55′ 東経139°02′）

日出時と日没時

月日	日 出	日 没	月日	日 出	日 没	月日	日 出	日 没	月日	日 出	日 没
1 1	6 59	16 35	4 1	5 29	18 7	7 1	4 25	19 10	10 1	5 39	17 27
1 6	7 0	16 39	4 6	5 22	18 12	7 6	4 28	19 9	10 6	5 44	17 19
1 11	7 0	16 44	4 11	5 14	18 16	7 11	4 31	19 8	10 11	5 48	17 12
1 16	6 58	16 49	4 16	5 7	18 21	7 16	4 34	19 5	10 16	5 53	17 5
1 21	6 56	16 54	4 21	5 0	18 25	7 21	4 38	19 2	10 21	5 58	16 58
1 26	6 53	16 59	4 26	4 54	18 30	7 26	4 42	18 58	10 26	6 3	16 52
2 1	6 49	17 6	5 1	4 48	18 35	8 1	4 47	18 53	11 1	6 9	16 45
2 6	6 44	17 12	5 6	4 42	18 39	8 6	4 51	18 48	11 6	6 15	16 40
2 11	6 39	17 17	5 11	4 37	18 44	8 11	4 56	18 42	11 11	6 20	16 35
2 16	6 34	17 23	5 16	4 33	18 48	8 16	5 0	18 36	11 16	6 25	16 32
2 21	6 27	17 28	5 21	4 29	18 52	8 21	5 4	18 29	11 21	6 31	16 29
2 26	6 21	17 33	5 26	4 26	18 56	8 26	5 9	18 22	11 26	6 36	16 26
3 1	6 15	17 37	6 1	4 23	19 1	9 1	5 14	18 13	12 1	6 41	16 25
3 6	6 8	17 42	6 6	4 22	19 4	9 6	5 18	18 6	12 6	6 45	16 24
3 11	6 1	17 47	6 11	4 21	19 6	9 11	5 22	17 58	12 11	6 49	16 25
3 16	5 53	17 52	6 16	4 21	19 8	9 16	5 26	17 50	12 16	6 53	16 26
3 21	5 46	17 57	6 21	4 22	19 10	9 21	5 31	17 43	12 21	6 56	16 28
3 26	5 38	18 1	6 26	4 23	19 10	9 26	5 35	17 35	12 26	6 58	16 31

月出時と月没時

月日	月 出	月 没	月日	月 出	月 没	月日	月 出	月 没	月日	月 出	月 没
1 1	21 31	10 20	2 1	23 14	9 48	3 1	23 9	8 39	4 1	0 15	9 13
2	22 28	10 42	2	———	10 11	2	———	9 8	2	1 15	10 12
3	23 26	11 3	3	0 15	10 37	3	0 14	9 43	3	2 7	11 21
4	———	11 24	4	1 20	11 9	4	1 20	10 27	4	2 52	12 35
5	0 25	11 46	5	2 27	11 48	5	2 24	11 21	5	3 29	13 51
6	1 26	12 10	6	3 35	12 38	6	3 23	12 27	6	4 1	15 7
7	2 30	12 39	7	4 40	13 40	7	4 14	13 41	7	4 30	16 23
8	3 38	13 15	8	5 37	14 52	8	4 57	14 59	8	4 57	17 38
9	4 48	14 1	9	6 26	16 11	9	5 33	16 18	9	5 25	18 55
10	5 56	14 57	10	7 6	17 30	10	6 4	17 36	10	5 55	20 11
11	6 59	16 6	11	7 39	18 49	11	6 33	18 52	11	6 29	21 27
12	7 52	17 22	12	8 8	20 4	12	7 0	20 8	12	7 8	22 40
13	8 36	18 40	13	8 35	21 18	13	7 28	21 23	13	7 56	23 45
14	9 12	19 57	14	9 2	22 31	14	8 0	22 37	14	8 50	———
15	9 42	21 12	15	9 31	23 43	15	8 35	23 49	15	9 50	0 41
16	10 9	22 23	16	10 2	———	16	9 17	———	16	10 53	1 26
17	10 35	23 34	17	10 39	0 54	17	10 3	0 57	17	11 56	2 3
18	11 1	———	18	11 22	2 2	18	11 1	1 56	18	12 58	2 34
19	11 30	0 43	19	12 12	3 5	19	12 1	2 47	19	13 58	2 59
20	12 2	1 53	20	13 8	4 1	20	13 3	3 28	20	14 56	3 22
21	12 40	3 2	21	14 9	4 48	21	14 5	4 2	21	15 54	3 43
22	13 25	4 8	22	15 11	5 27	22	15 6	4 30	22	16 52	4 3
23	14 17	5 9	23	16 13	5 59	23	16 5	4 55	23	17 51	4 24
24	15 15	6 3	24	17 13	6 26	24	17 3	5 17	24	18 53	4 47
25	16 17	6 48	25	18 12	6 50	25	18 1	5 37	25	19 57	5 13
26	17 20	7 25	26	19 10	7 11	26	18 59	5 58	26	21 3	5 44
27	18 21	7 56	27	20 8	7 32	27	19 59	6 19	27	22 8	6 22
28	19 21	8 22	28	21 6	7 52	28	21 1	6 43	28	23 9	7 9
29	20 19	8 45	29	22 6	8 14	29	22 6	7 10	29	———	8 6
30	21 17	9 6				30	23 11	7 43	30	0 4	9 11
31	22 15	9 27				31	———	8 23			

月日	月 出	月 没	月日	月 出	月 没	月日	月 出	月 没	月日	月 出	月 没
5　1	0h50m	10h22m	6　1	0h59m	13h1m	7　1	0h22m	14h26m	8　1	1h0m	16h51m
2	1 28	11 35	2	1 25	14 12	2	0 53	15 39	2	1 57	17 43
3	2 1	12 49	3	1 51	15 25	3	1 30	16 51	3	3 0	18 26
4	2 30	14 2	4	2 20	16 39	4	2 14	17 58	4	4 5	19 1
5	2 56	15 15	5	2 54	17 53	5	3 7	18 58	5	5 10	19 30
6	3 23	16 29	6	3 34	19 6	6	4 7	19 48	6	6 13	19 55
7	3 51	17 44	7	4 23	20 12	7	5 12	20 28	7	7 13	20 17
8	4 22	19 0	8	5 19	21 8	8	6 18	21 1	8	8 11	20 38
9	4 59	20 16	9	6 22	21 54	9	7 22	21 28	9	9 9	20 58
10	5 44	21 26	10	7 28	22 32	10	8 24	21 52	10	10 7	21 19
11	6 36	22 28	11	8 33	23 2	11	9 23	22 13	11	11 6	21 43
12	7 35	23 19	12	9 35	23 27	12	10 21	22 34	12	12 7	22 10
13	8 39		13	10 35	23 50	13	11 18	22 55	13	13 11	22 44
14	9 44	0 1	14	11 34	——	14	12 17	23 17	14	14 16	23 25
15	10 47	0 34	15	12 31	0 11	15	13 17	23 42	15	15 20	
16	11 48	1 2	16	13 29	0 31	16	14 21	——	16	16 19	0 17
17	12 47	1 25	17	14 29	0 53	17	15 26	0 13	17	17 12	1 19
18	13 44	1 47	18	15 32	1 16	18	16 33	0 50	18	17 56	2 31
19	14 42	2 7	19	16 37	1 44	19	17 36	1 37	19	18 33	3 47
20	15 41	2 28	20	17 44	2 17	20	18 34	2 34	20	19 4	5 5
21	16 42	2 50	21	18 50	2 58	21	19 22	3 42	21	19 32	6 21
22	17 46	3 15	22	19 51	3 50	22	20 2	4 56	22	19 59	7 37
23	18 52	3 45	23	20 44	4 51	23	20 36	6 13	23	20 26	8 51
24	19 59	4 21	24	21 28	6 1	24	21 5	7 28	24	20 56	10 5
25	21 2	5 5	25	22 5	7 15	25	21 32	8 42	25	21 29	11 20
26	22 0	6 0	26	22 36	8 29	26	21 58	9 54	26	22 9	12 33
27	22 49	7 3	27	23 3	9 42	27	22 25	11 6	27	22 56	13 43
28	23 29	8 13	28	23 28	10 53	28	22 55	12 18	28	23 51	14 47
29		9 26	29	23 54	12 4	29	23 29	13 30	29		15 41
30	0 3	10 39	30		13 14	30		14 42	30	0 52	16 27
31	0 32	11 50				31	0 11	15 50	31	1 56	17 3

月日	月 出	月 没	月日	月 出	月 没	月日	月 出	月 没	月日	月 出	月 没
9　1	3h1m	17h34m	10　1	3h57m	16h48m	11　1	5h43m	16h20m	12　1	6h41m	15h58m
2	4 4	17 59	2	4 55	17 9	2	6 44	16 47	2	7 44	16 44
3	5 4	18 22	3	5 52	17 29	3	7 47	17 20	3	8 43	17 40
4	6 3	18 42	4	6 50	17 51	4	8 50	18 0	4	9 35	18 43
5	7 1	19 3	5	7 50	18 15	5	9 52	18 48	5	10 20	19 51
6	7 59	19 24	6	8 52	18 44	6	10 48	19 45	6	10 57	21 2
7	8 57	19 46	7	9 54	19 18	7	11 38	20 50	7	11 28	22 12
8	9 57	20 12	8	10 57	20 0	8	12 20	21 59	8	11 56	23 22
9	10 59	20 42	9	11 58	20 52	9	12 55	23 10	9	12 22	
10	12 3	21 19	10	12 53	21 52	10	13 26	——	10	12 47	0 32
11	13 6	22 5	11	13 41	23 0	11	13 53	0 22	11	13 14	1 43
12	14 6	23 1	12	14 21	——	12	14 20	1 34	12	13 44	2 56
13	15 1	——	13	14 56	0 12	13	14 46	2 47	13	14 20	4 12
14	15 47	0 7	14	15 26	1 27	14	15 15	4 1	14	15 4	5 29
15	16 26	1 20	15	15 54	2 41	15	15 49	5 19	15	15 57	6 43
16	17 0	2 36	16	16 21	3 57	16	16 29	6 38	16	16 59	7 50
17	17 29	3 53	17	16 50	5 13	17	17 18	7 56	17	18 7	8 46
18	17 57	5 10	18	17 21	6 31	18	18 16	9 7	18	19 17	9 31
19	18 25	6 26	19	17 57	7 50	19	19 21	10 9	19	20 24	10 6
20	18 54	7 43	20	18 41	9 8	20	20 28	10 58	20	21 28	10 35
21	19 27	9 0	21	19 33	10 22	21	21 36	11 38	21	22 28	11 0
22	20 5	10 17	22	20 33	11 28	22	22 40	12 9	22	23 27	11 21
23	20 51	11 31	23	21 38	12 22	23	23 41	12 35	23		11 42
24	21 45	12 38	24	22 44	13 5	24		12 58	24	0 25	12 3
25	22 45	13 38	25	23 48	13 40	25	0 40	13 19	25	1 23	12 25
26	23 49	14 27	26		14 8	26	1 38	13 39	26	2 22	12 49
27		15 6	27	0 50	14 32	27	2 35	14 0	27	3 24	13 18
28	0 53	15 38	28	1 50	14 54	28	3 34	14 23	28	4 28	13 53
29	1 57	16 4	29	2 48	15 14	29	4 34	14 49	29	5 32	14 37
30	2 58	16 27	30	3 46	15 35	30	5 37	15 20	30	6 33	15 20
			31	4 43	15 56				31	7 29	16 32

名古屋の日出没時と月出没時 （北緯35°10′ 東経136°55′）

日出時と日没時

月日	日 出 (h m)	日 没 (h m)	月日	日 出 (h m)	日 没 (h m)	月日	日 出 (h m)	日 没 (h m)	月日	日 出 (h m)	日 没 (h m)
1 1	7 0	16 51	4 1	5 39	18 14	7 1	4 42	19 11	10 1	5 47	17 36
1 6	7 1	16 55	4 6	5 32	18 18	7 6	4 44	19 10	10 6	5 51	17 29
1 11	7 1	16 59	4 11	5 25	18 22	7 11	4 47	19 9	10 11	5 55	17 23
1 16	7 0	17 4	4 16	5 19	18 26	7 16	4 50	19 7	10 16	5 59	17 16
1 21	6 58	17 9	4 21	5 13	18 30	7 21	4 53	19 4	10 21	6 3	17 10
1 26	6 56	17 14	4 26	5 7	18 34	7 26	4 57	19 0	10 26	6 8	17 4
2 1	6 52	17 20	5 1	5 1	18 38	8 1	5 1	18 56	11 1	6 13	16 58
2 6	6 48	17 25	5 6	4 56	18 42	8 6	5 5	18 51	11 6	6 18	16 53
2 11	6 44	17 30	5 11	4 52	18 46	8 11	5 9	18 46	11 11	6 23	16 49
2 16	6 38	17 35	5 16	4 48	18 50	8 16	5 13	18 40	11 16	6 28	16 46
2 21	6 33	17 40	5 21	4 44	18 54	8 21	5 17	18 34	11 21	6 33	16 43
2 26	6 27	17 44	5 26	4 41	18 58	8 26	5 20	18 27	11 26	6 38	16 41
3 1	6 22	17 48	6 1	4 39	19 2	9 1	5 25	18 19	12 1	6 42	16 40
3 6	6 15	17 52	6 6	4 38	19 4	9 6	5 28	18 12	12 6	6 46	16 40
3 11	6 8	17 57	6 11	4 37	19 7	9 11	5 32	18 5	12 11	6 50	16 41
3 16	6 2	18 1	6 16	4 37	19 9	9 16	5 36	17 58	12 16	6 54	16 42
3 21	5 55	18 5	6 21	4 38	19 10	9 21	5 39	17 51	12 21	6 57	16 44
3 26	5 47	18 9	6 26	4 40	19 11	9 26	5 43	17 43	12 26	6 59	16 47

月出時と月没時

月日	月 出 (h m)	月 没 (h m)	月日	月 出 (h m)	月 没 (h m)	月日	月 出 (h m)	月 没 (h m)	月日	月 出 (h m)	月 没 (h m)
1 1	21 42	10 24	2 1	23 19	9 59	3 1	23 11	8 53	4 1	0 13	9 32
2	22 39	10 48	2	———	10 24	2	———	9 23	2	1 13	10 32
3	23 34	11 11	3	0 19	10 52	3	0 14	10 0	3	2 6	11 39
4	———	11 34	4	1 21	11 25	4	1 19	10 45	4	2 52	12 52
5	0 31	11 57	5	2 27	12 6	5	2 22	11 41	5	3 31	14 6
6	1 30	12 24	6	3 34	12 57	6	3 22	12 46	6	4 5	15 19
7	2 33	12 55	7	4 38	13 59	7	4 14	13 58	7	4 36	16 33
8	3 39	13 33	8	5 36	15 10	8	4 59	15 14	8	5 6	17 46
9	4 47	14 19	9	6 26	16 27	9	5 37	16 31	9	5 36	19 0
10	5 55	15 17	10	7 8	17 45	10	6 10	17 46	10	6 8	20 14
11	6 57	16 25	11	7 44	19 1	11	6 41	19 0	11	6 44	21 28
12	7 52	17 39	12	8 15	20 14	12	7 10	20 14	12	7 26	22 39
13	8 37	18 56	13	8 44	21 25	13	7 41	21 27	13	8 14	23 43
14	9 15	20 11	14	9 14	22 36	14	8 14	22 39	14	9 10	———
15	9 48	21 23	15	9 44	23 46	15	8 52	23 49	15	10 9	0 39
16	10 17	22 32	16	10 18	———	16	9 35	———	16	11 11	1 26
17	10 45	23 40	17	10 56	0 55	17	10 25	0 55	17	12 12	2 4
18	11 13	———	18	11 40	2 1	18	11 20	1 55	18	13 12	2 36
19	11 43	0 48	19	12 31	3 4	19	12 20	2 46	19	14 10	3 3
20	12 18	1 55	20	13 27	3 59	20	13 21	3 28	20	15 7	3 28
21	12 57	3 2	21	14 27	4 47	21	14 21	4 4	21	16 2	3 50
22	13 43	4 7	22	15 28	5 27	22	15 20	4 34	22	16 59	4 13
23	14 36	5 8	23	16 28	6 1	23	16 17	5 0	23	17 57	4 35
24	15 34	6 2	24	17 26	6 30	24	17 13	5 23	24	18 56	5 0
25	16 34	6 48	25	18 23	6 55	25	18 9	5 46	25	19 59	5 28
26	17 36	7 26	26	19 19	7 18	26	19 6	6 8	26	21 3	6 1
27	18 36	7 59	27	20 15	7 40	27	20 4	6 31	27	22 7	6 43
28	19 34	8 26	28	21 12	8 3	28	21 4	6 56	28	23 8	7 28
29	20 30	8 51	29	22 10	8 27	29	22 6	7 25	29	———	8 25
30	21 26	9 14				30	23 10	8 0	30	0 2	9 30
31	22 22	9 36				31	———	8 42			

月日	月 出	月 没	月日	月 出	月 没	月日	月 出	月 没	月日	月 出	月 没
5 1	0ʰ50ᵐ	10ʰ39ᵐ	6 1	1ʰ6ᵐ	13ʰ11ᵐ	7 1	0ʰ35ᵐ	14ʰ29ᵐ	8 1	1ʰ19ᵐ	16ʰ49ᵐ
2	1 30	11 50	2	1 34	14 19	2	1 8	15 40	2	2 17	17 42
3	2 5	13 2	3	2 3	15 30	3	1 47	16 50	3	3 19	18 26
4	2 35	14 13	4	2 34	16 41	4	2 33	17 57	4	4 22	19 3
5	3 4	15 23	5	3 9	17 54	5	3 26	18 56	5	5 25	19 34
6	3 33	16 35	6	3 52	19 5	6	4 26	19 47	6	6 26	20 0
7	4 3	17 48	7	4 41	20 10	7	5 30	20 29	7	7 24	20 24
8	4 37	19 2	8	5 38	21 7	8	6 34	21 3	8	8 21	20 46
9	5 16	20 15	9	6 41	21 54	9	7 36	21 32	9	9 17	21 8
10	6 2	21 25	10	7 45	22 33	10	8 36	21 58	10	10 13	21 31
11	6 55	22 26	11	8 48	23 5	11	9 34	22 21	11	11 10	21 57
12	7 54	23 18	12	9 49	23 32	12	10 30	22 43	12	12 9	22 26
13	8 57	——	13	10 47	23 56	13	11 26	23 6	13	13 11	23 1
14	10 0	0 1	14	11 44	——	14	12 22	23 30	14	14 15	23 44
15	11 2	0 36	15	12 40	0 19	15	13 21	23 57	15	15 18	——
16	12 1	1 5	16	13 36	0 41	16	14 22	——	16	16 18	0 36
17	12 58	1 31	17	14 34	1 4	17	15 26	0 29	17	17 11	1 38
18	13 54	1 54	18	15 34	1 30	18	16 31	1 8	18	17 57	2 49
19	14 50	2 16	19	16 38	1 59	19	17 35	1 56	19	18 35	4 3
20	15 47	2 39	20	17 43	2 34	20	18 32	2 54	20	19 9	5 19
21	16 46	3 3	21	18 48	3 17	21	19 22	4 1	21	19 39	6 33
22	17 48	3 30	22	19 49	4 9	22	20 4	5 13	22	20 8	7 46
23	18 52	4 1	23	20 43	5 11	23	20 40	6 28	23	20 38	8 58
24	19 57	4 38	24	21 29	6 19	24	21 11	7 41	24	21 10	10 10
25	21 1	5 24	25	22 7	7 31	25	21 40	8 53	25	21 45	11 22
26	21 58	6 19	26	22 40	8 44	26	22 8	10 2	26	22 27	12 33
27	22 48	7 22	27	23 9	9 54	27	22 37	11 12	27	23 15	13 42
28	23 30	8 31	28	23 37	11 3	28	23 9	12 22	28	——	14 45
29	——	9 42	29	——	12 11	29	23 46	13 31	29	0 11	15 40
30	0 6	10 53	30	0 5	13 20	30	——	14 42	30	1 11	16 26
31	0 38	12 2				31	0 29	15 49	31	2 14	17 4

月日	月 出	月 没	月日	月 出	月 没	月日	月 出	月 没	月日	月 出	月 没
9 1	3ʰ17ᵐ	17ʰ36ᵐ	10 1	4ʰ8ᵐ	16ʰ56ᵐ	11 1	5ʰ47ᵐ	16ʰ34ᵐ	12 1	6ʰ41ᵐ	16ʰ16ᵐ
2	4 18	18 4	2	5 4	17 18	2	6 46	17 3	2	7 43	17 3
3	5 17	18 28	3	5 59	17 40	3	7 48	17 37	3	8 41	17 59
4	6 14	18 51	4	6 56	18 4	4	8 49	18 18	4	9 34	19 2
5	7 10	19 13	5	7 54	18 30	5	9 50	19 7	5	10 20	20 8
6	8 5	19 35	6	8 53	19 0	6	10 46	20 5	6	10 58	21 17
7	9 2	19 59	7	9 55	19 36	7	11 37	21 8	7	11 32	22 25
8	10 0	20 27	8	10 56	20 19	8	12 20	22 16	8	12 1	23 33
9	10 59	20 59	9	11 56	21 11	9	12 57	23 25	9	12 29	——
10	12 3	21 37	10	12 51	22 11	10	13 30	——	10	12 57	0 40
11	13 5	22 24	11	13 40	23 18	11	14 0	0 34	11	13 26	1 49
12	14 4	23 21	12	14 22	——	12	14 28	1 44	12	13 58	3 0
13	14 59	——	13	14 59	0 29	13	14 57	2 55	13	14 36	4 14
14	15 47	0 26	14	15 31	1 41	14	15 28	4 7	14	15 21	5 29
15	16 28	1 37	15	16 1	2 53	15	16 4	5 22	15	16 16	6 42
16	17 4	2 51	16	16 31	4 6	16	16 46	6 39	16	17 18	7 49
17	17 36	4 6	17	17 1	5 20	17	17 36	7 55	17	18 26	8 45
18	18 5	5 20	18	17 35	6 35	18	18 35	9 6	18	19 33	9 31
19	18 35	6 34	19	18 14	7 52	19	19 39	10 7	19	20 39	10 8
20	19 7	7 48	20	18 59	9 8	20	20 46	10 58	20	21 41	10 39
21	19 42	9 3	21	19 53	10 21	21	21 51	11 39	21	22 39	11 5
22	20 22	10 18	22	20 53	11 26	22	22 54	12 12	22	23 36	11 30
23	21 10	11 30	23	21 56	12 21	23	23 53	12 40	23	——	11 51
24	22 4	12 38	24	23 1	13 5	24	——	13 4	24	0 32	12 14
25	23 4	13 36	25	——	13 41	25	0 50	13 27	25	1 28	12 37
26	——	14 26	26	0 4	14 12	26	1 46	13 49	26	2 26	13 4
27	0 7	15´6	27	1 4	14 37	27	2 42	14 12	27	3 26	13 35
28	1 10	15 40	28	2 2	15 1	28	3 39	14 36	28	4 28	14 11
29	2 11	16 8	29	2 58	15 23	29	4 37	15 4	29	5 30	14 56
30	3 10	16 33	30	3 53	15 45	30	5 38	15 37	30	6 31	15 49
			31	4 49	16 8				31	7 27	16 51

104

大阪の日出没時と月出没時 （北緯34°41′ 東経135°29′）

日出時と日没時

月日	日 出	日 没	月日	日 出	日 没	月日	日 出	日 没	月日	日 出	日 没
1 1	7 5	16 58	4 1	5 45	18 19	7 1	4 49	19 15	10 1	5 53	17 42
1 6	7 6	17 2	4 6	5 38	18 23	7 6	4 51	19 15	10 6	5 56	17 35
1 11	7 6	17 6	4 11	5 32	18 27	7 11	4 54	19 13	10 11	6 0	17 29
1 16	7 5	17 11	4 16	5 25	18 31	7 16	4 57	19 11	10 16	6 4	17 22
1 21	7 3	17 15	4 21	5 19	18 35	7 21	5 0	19 9	10 21	6 9	17 16
1 26	7 1	17 20	4 26	5 13	18 39	7 26	5 4	19 5	10 26	6 13	17 11
2 1	6 57	17 26	5 1	5 8	18 43	8 1	5 8	19 0	11 1	6 18	17 4
2 6	6 53	17 31	5 6	5 3	18 47	8 6	5 12	18 56	11 6	6 23	17 0
2 11	6 49	17 36	5 11	4 58	18 51	8 11	5 16	18 50	11 11	6 28	16 56
2 16	6 44	17 41	5 16	4 54	18 55	8 16	5 19	18 44	11 16	6 33	16 53
2 21	6 38	17 46	5 21	4 51	18 59	8 21	5 23	18 39	11 21	6 38	16 50
2 26	6 32	17 50	5 26	4 48	19 2	8 26	5 27	18 33	11 26	6 42	16 48
3 1	6 27	17 54	6 1	4 46	19 6	9 1	5 31	18 25	12 1	6 47	16 47
3 6	6 21	17 58	6 6	4 45	19 9	9 6	5 35	18 18	12 6	6 51	16 47
3 11	6 14	18 3	6 11	4 44	19 11	9 11	5 38	18 11	12 11	6 55	16 48
3 16	6 7	18 7	6 16	4 45	19 13	9 16	5 42	18 4	12 16	6 58	16 49
3 21	6 0	18 11	6 21	4 45	19 15	9 21	5 45	17 56	12 21	7 1	16 51
3 26	5 53	18 15	6 26	4 47	19 15	9 26	5 49	17 49	12 26	7 3	16 54

月出時と月没時

月日	月 出	月 没	月日	月 出	月 没	月日	月 出	月 没	月日	月 出	月 没
1 1	21 49	10 30	2 1	23 24	10 5	3 1	23 16	9 0	4 1	0 18	9 40
2	22 45	10 54	2	——	10 30	2	——	9 31	2	1 17	10 39
3	23 40	11 17	3	0 24	10 59	3	0 19	10 8	3	2 10	11 47
4	——	11 40	4	1 26	11 32	4	1 23	10 53	4	2 57	12 59
5	0 37	12 4	5	2 32	12 14	5	2 27	11 48	5	3 36	14 12
6	1 36	12 31	6	3 38	13 5	6	3 26	12 53	6	4 11	15 26
7	2 38	13 2	7	4 42	14 7	7	4 18	14 6	7	4 42	16 39
8	3 43	13 40	8	5 41	15 18	8	5 3	15 22	8	5 12	17 52
9	4 52	14 27	9	6 31	16 35	9	5 42	16 38	9	5 42	19 5
10	5 59	15 25	10	7 13	17 52	10	6 15	17 53	10	6 15	20 19
11	7 2	16 32	11	7 49	19 7	11	6 46	19 6	11	6 51	21 32
12	7 56	17 47	12	8 21	20 20	12	7 16	20 19	12	7 33	22 43
13	8 42	19 3	13	8 50	21 31	13	7 47	21 32	13	8 22	23 48
14	9 20	20 17	14	9 20	22 41	14	8 21	22 44	14	9 17	——
15	9 53	21 29	15	9 51	23 51	15	8 59	23 54	15	10 17	0 44
16	10 23	22 38	16	10 25	——	16	9 42	——	16	11 18	1 30
17	10 51	23 46	17	11 3	0 59	17	10 32	1 0	17	12 20	2 9
18	11 19	——	18	11 48	2 6	18	11 28	1 59	18	13 19	2 41
19	11 50	0 53	19	12 39	3 8	19	12 27	2 50	19	14 17	3 9
20	12 25	2 0	20	13 35	4 3	20	13 28	3 33	20	15 13	3 33
21	13 4	3 7	21	14 34	4 51	21	14 28	4 8	21	16 8	3 56
22	13 51	4 12	22	15 35	5 32	22	15 27	4 38	22	17 4	4 19
23	14 43	5 12	23	16 35	6 6	23	16 24	5 5	23	18 2	4 42
24	15 41	6 6	24	17 33	6 35	24	17 20	5 29	24	19 2	5 7
25	16 42	6 52	25	18 30	7 0	25	18 15	5 51	25	20 4	5 35
26	17 43	7 31	26	19 25	7 24	26	19 11	6 14	26	21 7	6 8
27	18 42	8 3	27	20 21	7 46	27	20 9	6 37	27	22 11	6 48
28	19 40	8 31	28	21 17	8 9	28	21 9	7 3	28	23 12	7 36
29	20 36	8 56	29	22 15	8 33	29	22 11	7 32	29	——	8 33
30	21 32	9 20				30	23 15	8 7	30	0 7	9 37
31	22 27	9 42				31	——	8 49			

月日	月出	月没	月日	月出	月没	月日	月出	月没	月日	月出	月没
5 1	0h54m	10h47m	6 1	1h12m	13h17m	7 1	0h41m	14h34m	8 1	1h27m	16h54m
2	1 35	11 58	2	1 40	14 25	2	1 15	15 45	2	2 24	17 47
3	2 10	13 9	3	2 9	15 35	3	1 54	16 55	3	3 26	18 31
4	2 41	14 19	4	2 40	16 46	4	2 40	18 1	4	4 30	19 8
5	3 10	15 29	5	3 17	17 59	5	3 34	19 1	5	5 32	19 39
6	3 39	16 40	6	3 59	19 9	6	4 34	19 51	6	6 33	20 5
7	4 10	17 53	7	4 49	20 14	7	5 38	20 33	7	7 31	20 29
8	4 44	19 7	8	5 46	21 11	8	6 41	21 8	8	8 27	20 52
9	5 23	20 20	9	6 48	21 59	9	7 43	21 37	9	9 22	21 14
10	6 9	21 29	10	7 52	22 37	10	8 43	22 3	10	10 18	21 38
11	7 3	22 31	11	8 55	23 10	11	9 40	22 27	11	11 15	22 4
12	8 2	23 23	12	9 56	23 37	12	10 36	22 49	12	12 14	22 33
13	9 5	——	13	10 54	——	13	11 31	23 12	13	13 16	23 8
14	10 8	0 5	14	11 50	0 2	14	12 28	23 36	14	14 19	23 51
15	11 9	0 41	15	12 46	0 24	15	13 26	——	15	15 22	——
16	12 8	1 10	16	13 42	0 47	16	14 27	0 4	16	16 22	0 44
17	13 4	1 36	17	14 39	1 11	17	15 31	0 36	17	17 15	1 46
18	14 0	2 0	18	15 39	1 36	18	16 36	1 15	18	18 1	2 56
19	14 56	2 22	19	16 43	2 6	19	17 39	2 3	19	18 40	4 11
20	15 52	2 45	20	17 48	2 41	20	18 36	3 1	20	19 14	5 26
21	16 51	3 9	21	18 52	3 24	21	19 27	4 8	21	19 45	6 39
22	17 53	3 36	22	19 53	4 17	22	20 9	5 21	22	20 14	7 52
23	18 57	4 8	23	20 47	5 18	23	20 45	6 35	23	20 44	9 4
24	20 2	4 46	24	21 33	6 27	24	21 16	7 48	24	21 16	10 15
25	21 5	5 32	25	22 12	7 39	25	21 46	8 59	25	21 52	11 27
26	22 2	6 27	26	22 45	8 51	26	22 14	10 8	26	22 34	12 38
27	22 53	7 30	27	23 15	10 1	27	22 44	11 17	27	23 23	13 46
28	23 35	8 39	28	23 43	11 9	28	23 16	12 27	28	——	14 49
29	——	9 49	29	——	12 17	29	23 53	13 37	29	0 18	15 44
30	0 11	10 59	30	0 11	13 25	30	——	14 46	30	1 19	16 31
31	0 43	12 8				31	0 36	15 53	31	2 21	17 9

月日	月出	月没	月日	月出	月没	月日	月出	月没	月日	月出	月没
9 1	3h24m	17h41m	10 1	4h14m	17h 1m	11 1	5h52m	16h40m	12 1	6h45m	16h24m
2	4 25	18 9	2	5 10	17 24	2	6 51	17 10	2	7 47	17 11
3	5 23	18 33	3	6 5	17 46	3	7 52	17 44	3	8 45	18 7
4	6 20	18 56	4	7 1	18 10	4	8 54	18 26	4	9 38	19 9
5	7 15	19 19	5	7 59	18 37	5	9 54	19 15	5	10 24	20 16
6	8 11	19 41	6	8 58	19 7	6	10 51	20 12	6	11 3	21 24
7	9 7	20 6	7	9 59	19 43	7	11 41	21 16	7	11 37	22 32
8	10 5	20 34	8	11 0	20 27	8	12 25	22 23	8	12 7	23 39
9	11 5	21 6	9	12 0	21 19	9	13 2	23 32	9	12 35	——
10	12 7	21 45	10	12 55	22 19	10	13 35	——	10	13 3	0 46
11	13 9	22 32	11	13 44	23 26	11	14 5	0 41	11	13 32	1 55
12	14 9	23 28	12	14 27	——	12	14 34	1 50	12	14 5	3 6
13	15 3	——	13	15 4	0 36	13	15 3	3 0	13	14 43	4 19
14	15 51	0 33	14	15 37	1 47	14	15 35	4 13	14	15 29	5 34
15	16 33	1 44	15	16 7	3 0	15	16 11	5 27	15	16 24	6 46
16	17 9	2 58	16	16 37	4 12	16	16 53	6 44	16	17 26	7 53
17	17 41	4 13	17	17 8	5 25	17	17 44	8 0	17	18 33	8 49
18	18 11	5 26	18	17 42	6 40	18	18 43	9 10	18	19 41	9 36
19	18 41	6 40	19	18 21	7 57	19	19 47	10 12	19	20 46	10 13
20	19 13	7 54	20	19 7	9 13	20	20 54	11 2	20	21 47	10 44
21	19 49	9 8	21	20 0	10 25	21	21 59	11 43	21	22 46	11 11
22	20 30	10 23	22	21 0	11 30	22	23 1	12 17	22	23 42	11 34
23	21 17	11 35	23	22 4	12 25	23	24 0	12 45	23	——	11 57
24	22 12	12 42	24	23 8	13 10	24	——	13 10	24	0 38	12 20
25	23 12	13 41	25	——	13 46	25	0 56	13 33	25	1 34	12 44
26	——	14 30	26	0 11	14 17	26	1 52	13 55	26	2 31	13 11
27	0 14	15 11	27	1 11	14 43	27	2 47	14 18	27	3 31	13 42
28	1 17	15 45	28	2 8	15 6	28	3 44	14 43	28	4 32	14 19
29	2 18	16 13	29	3 4	15 29	29	4 42	15 11	29	5 35	15 3
30	3 17	16 38	30	3 59	15 51	30	5 43	15 44	30	6 35	15 57
			31	4 55	16 15				31	7 31	16 58

福岡の日出没時と月出没時（北緯33°35′ 東経130°24′）

日出時と日没時

月日	日出 (h m)	日没 (h m)	月日	日出 (h m)	日没 (h m)	月日	日出 (h m)	日没 (h m)	月日	日出 (h m)	日没 (h m)
1 1	7 22	17 22	4 1	6 6	18 39	7 1	5 12	19 33	10 1	6 13	18 3
1 6	7 23	17 25	4 6	5 59	18 43	7 6	5 14	19 32	10 6	6 16	17 56
1 11	7 23	17 29	4 11	5 53	18 46	7 11	5 17	19 31	10 11	6 20	17 50
1 16	7 23	17 33	4 16	5 47	18 50	7 16	5 20	19 29	10 16	6 24	17 44
1 21	7 21	17 38	4 21	5 41	18 54	7 21	5 23	19 26	10 21	6 28	17 38
1 26	7 19	17 43	4 26	5 35	18 58	7 26	5 26	19 23	10 26	6 32	17 32
2 1	7 15	17 49	5 1	5 30	19 2	8 1	5 31	19 18	11 1	6 37	17 26
2 6	7 12	17 54	5 6	5 25	19 5	8 6	5 34	19 14	11 6	6 42	17 22
2 11	7 7	17 58	5 11	5 21	19 9	8 11	5 38	19 9	11 11	6 46	17 18
2 16	7 2	18 3	5 16	5 17	19 13	8 16	5 41	19 4	11 16	6 51	17 15
2 21	6 57	18 7	5 21	5 14	19 16	8 21	5 45	18 58	11 21	6 56	17 11
2 26	6 51	18 12	5 26	5 11	19 20	8 26	5 48	18 52	11 26	7 0	17 11
3 1	6 47	18 15	6 1	5 9	19 24	9 1	5 52	18 44	12 1	7 4	17 10
3 6	6 40	18 19	6 6	5 8	19 26	9 6	5 56	18 37	12 6	7 9	17 10
3 11	6 34	18 23	6 11	5 8	19 29	9 11	5 59	18 30	12 11	7 12	17 11
3 16	6 27	18 27	6 16	5 8	19 31	9 16	6 2	18 24	12 16	7 16	17 12
3 21	6 21	18 31	6 21	5 9	19 32	9 21	6 6	18 17	12 21	7 19	17 14
3 26	6 14	18 35	6 26	5 10	19 33	9 26	6 9	18 10	12 26	7 21	17 17

月出時と月没時

月日	月出 (h m)	月没 (h m)	月日	月出 (h m)	月没 (h m)	月日	月出 (h m)	月没 (h m)	月日	月出 (h m)	月没 (h m)
1 1	22 11	10 49	2 1	23 44	10 27	3 1	23 34	9 23	4 1	0 35	10 5
2	23 6	11 14	2	——	10 53	2	——	9 54	2	1 34	11 5
3	——	11 37	3	0 43	11 22	3	0 37	10 32	3	2 28	12 12
4	0 1	12 1	4	1 45	11 56	4	1 41	11 18	4	3 14	13 23
5	0 57	12 26	5	2 49	12 38	5	2 44	12 14	5	3 55	14 36
6	1 55	12 53	6	3 55	13 30	6	3 43	13 19	6	4 30	15 48
7	2 57	13 25	7	5 0	14 32	7	4 36	14 30	7	5 2	17 1
8	4 2	14 4	8	5 58	15 43	8	5 21	15 46	8	5 33	18 12
9	5 9	14 52	9	6 49	16 59	9	6 1	17 1	9	6 4	19 25
10	6 16	15 50	10	7 31	18 15	10	6 35	18 15	10	6 37	20 38
11	7 19	16 57	11	8 8	19 30	11	7 7	19 28	11	7 15	21 51
12	8 14	18 11	12	8 41	20 42	12	7 38	20 39	12	7 58	23 1
13	9 0	19 27	13	9 11	21 52	13	8 10	21 51	13	8 47	——
14	9 39	20 40	14	9 42	23 1	14	8 44	23 2	14	9 42	0 5
15	10 13	21 51	15	10 13	——	15	9 23	——	15	10 42	1 1
16	10 43	22 59	16	10 48	0 10	16	10 7	0 12	16	11 43	1 48
17	11 12	——	17	11 27	1 18	17	10 57	1 17	17	12 44	2 27
18	11 41	0 6	18	12 12	2 24	18	11 53	2 16	18	13 42	2 59
19	12 13	1 12	19	13 3	3 25	19	12 52	3 7	19	14 39	3 28
20	12 48	2 19	20	14 0	4 21	20	13 52	3 50	20	15 35	3 53
21	13 29	3 25	21	14 59	5 9	21	14 52	4 26	21	16 30	4 16
22	14 15	4 30	22	15 59	5 49	22	15 50	4 57	22	17 25	4 40
23	15 8	5 30	23	16 58	6 24	23	16 46	5 24	23	18 22	5 3
24	16 6	6 23	24	17 56	6 53	24	17 41	5 49	24	19 21	5 29
25	17 8	7 10	25	18 52	7 20	25	18 36	6 12	25	20 22	5 58
26	18 7	7 49	26	19 47	7 44	26	19 32	6 35	26	21 25	6 32
27	19 6	8 22	27	20 42	8 7	27	20 29	6 59	27	22 29	7 13
28	20 3	8 50	28	21 37	8 30	28	21 28	7 26	28	23 29	8 1
29	20 58	9 16	29	22 35	8 55	29	22 29	7 56	29	——	8 58
30	21 53	9 40				30	23 32	8 31	30	0 24	10 2
31	22 48	10 3				31	——	9 14			

月日	月 出	月 没	月日	月 出	月 没	月日	月 出	月 没	月日	月 出	月 没
5 1	1h12m	11h11m	6 1	1h32m	13h38m	7 1	1h 4m	14h54m	8 1	1h52m	17h11m
2	1 53	12 21	2	2 1	14 46	2	1 38	16 3	2	2 49	18 4
3	2 29	13 31	3	2 31	15 55	3	2 18	17 13	3	3 51	18 49
4	3 0	14 41	4	3 3	17 5	4	3 5	18 18	4	4 54	19 26
5	3 31	15 50	5	3 40	18 17	5	3 59	19 18	5	5 56	19 57
6	4 0	17 1	6	4 23	19 27	6	4 59	20 9	6	6 56	20 25
7	4 32	18 13	7	5 14	20 32	7	6 2	20 51	7	7 53	20 49
8	5 7	19 26	8	6 11	21 29	8	7 5	21 27	8	8 48	21 13
9	5 47	20 38	9	7 13	22 16	9	8 7	21 56	9	9 43	21 36
10	6 34	21 47	10	8 17	22 56	10	9 5	22 23	10	10 38	22 0
11	7 28	22 48	11	9 19	23 28	11	10 2	22 47	11	11 35	22 26
12	8 27	23 40	12	10 19	23 56	12	10 57	23 10	12	12 33	22 57
13	9 29	——	13	11 16	——	13	11 52	23 34	13	13 34	23 33
14	10 32	0 23	14	12 12	0 21	14	12 47	23 59	14	14 37	——
15	11 32	0 59	15	13 7	0 45	15	13 45	——	15	15 40	0 16
16	12 30	1 29	16	14 2	1 8	16	14 46	0 27	16	16 39	1 9
17	13 26	1 55	17	14 59	1 32	17	15 49	1 0	17	17 33	2 11
18	14 21	2 20	18	15 58	1 59	18	16 53	1 40	18	18 19	3 21
19	15 16	2 43	19	17 1	2 29	19	17 56	2 28	19	18 59	4 35
20	16 12	3 6	20	18 5	3 5	20	18 54	3 26	20	19 34	5 49
21	17 11	3 31	21	19 10	3 49	21	19 44	4 33	21	20 5	7 2
22	18 12	3 59	22	20 11	4 42	22	20 27	5 45	22	20 35	8 13
23	19 15	4 32	23	21 5	5 43	23	21 4	6 58	23	21 6	9 24
24	20 19	5 10	24	21 51	6 52	24	21 36	8 11	24	21 39	10 35
25	21 22	5 57	25	22 31	8 3	25	22 6	9 21	25	22 16	11 46
26	22 20	6 52	26	23 5	9 14	26	22 35	10 29	26	22 59	12 56
27	23 10	7 55	27	23 35	10 23	27	23 6	11 38	27	23 48	14 4
28	23 53	9 3	28	——	11 31	28	23 39	12 46	28	——	15 7
29	——	10 13	29	0 4	12 38	29	——	13 55	29	0 43	16 2
30	0 30	11 22	30	0 33	13 45	30	0 17	15 4	30	1 44	16 48
31	1 2	12 31				31	1 1	16 10	31	2 46	17 27

月日	月 出	月 没	月日	月 出	月 没	月日	月 出	月 没	月日	月 出	月 没
9 1	3 48	18 0	10 1	4 36	17 22	11 1	6h12m	17h 3m	12 1	7h 3m	16h48m
2	4 48	18 28	2	5 31	17 45	2	7 10	17 33	2	8 4	17 36
3	5 46	18 53	3	6 26	18 8	3	8 10	18 8	3	9 3	18 32
4	6 41	19 17	4	7 21	18 32	4	9 11	18 50	4	9 55	19 34
5	7 36	19 40	5	8 18	19 0	5	10 11	19 40	5	10 42	20 40
6	8 31	20 3	6	9 17	19 31	6	11 8	20 37	6	11 21	21 48
7	9 27	20 28	7	10 17	20 8	7	11 58	21 41	7	11 56	22 55
8	10 24	20 57	8	11 18	20 52	8	12 42	22 47	8	12 26	——
9	11 24	21 30	9	12 17	21 44	9	13 20	23 55	9	12 55	0 1
10	12 25	22 9	10	13 12	22 44	10	13 54	——	10	13 24	1 8
11	13 26	22 57	11	14 2	23 50	11	14 25	1 4	11	13 54	2 15
12	14 26	23 54	12	14 45	——	12	14 54	2 12	12	14 28	3 25
13	15 21	——	13	15 22	1 0	13	15 25	3 21	13	15 7	4 38
14	16 9	0 58	14	15 56	2 11	14	15 57	4 33	14	15 53	5 52
15	16 51	2 9	15	16 27	3 22	15	16 34	5 47	15	16 49	7 4
16	17 28	3 22	16	16 58	4 33	16	17 17	7 2	16	17 51	8 10
17	18 1	4 35	17	17 30	5 46	17	18 9	8 17	17	18 58	9 7
18	18 32	5 48	18	18 5	7 0	18	19 8	9 28	18	20 5	9 53
19	19 3	7 1	19	18 44	8 16	19	20 12	10 29	19	21 9	10 31
20	19 36	8 14	20	19 31	9 31	20	21 18	11 20	20	22 10	11 3
21	20 12	9 27	21	20 25	10 43	21	22 22	12 1	21	23 8	11 30
22	20 54	10 41	22	21 25	11 47	22	23 24	12 35	22	——	11 55
23	21 42	11 53	23	22 29	12 42	23	——	13 4	23	0 3	12 18
24	22 37	12 59	24	23 33	13 27	24	0 22	13 29	24	0 58	12 41
25	23 37	13 58	25	——	14 4	25	1 18	13 53	25	1 54	13 6
26	——	14 48	26	0 34	14 35	26	2 13	14 16	26	2 50	13 34
27	0 39	15 29	27	1 33	15 2	27	3 8	14 40	27	3 49	14 5
28	1 41	16 3	28	2 30	15 26	28	4 4	15 5	28	4 50	14 43
29	2 42	16 32	29	3 25	15 49	29	5 1	15 34	29	5 52	15 28
30	3 40	16 58	30	4 20	16 12	30	6 1	16 8	30	6 53	16 22
			31	5 15	16 37				31	7 49	17 23

那覇の日出没時と月出没時（北緯26°13′ 東経127°40′）

日出時と日没時

月日	日出	日没	月日	日出	日没	月日	日出	日没	月日	日出	日没
1 1	7 17	17 48	4 1	6 20	18 46	7 1	5 41	19 26	10 1	6 22	18 16
1 6	7 18	17 52	4 6	6 15	18 49	7 6	5 42	19 26	10 6	6 24	18 11
1 11	7 18	17 56	4 11	6 10	18 51	7 11	5 45	19 25	10 11	6 26	18 5
1 16	7 18	17 59	4 16	6 5	18 54	7 16	5 47	19 24	10 16	6 29	18 1
1 21	7 18	18 3	4 21	6 0	18 56	7 21	5 49	19 22	10 21	6 32	17 56
1 26	7 16	18 7	4 26	5 56	18 59	7 26	5 52	19 20	10 26	6 34	17 52
2 1	7 14	18 12	5 1	5 52	19 1	8 1	5 55	19 16	11 1	6 38	17 47
2 6	7 11	18 15	5 6	5 48	19 4	8 6	5 57	19 13	11 6	6 41	17 44
2 11	7 8	18 19	5 11	5 45	19 7	8 11	6 0	19 9	11 11	6 45	17 41
2 16	7 5	18 22	5 16	5 42	19 9	8 16	6 2	19 5	11 16	6 49	17 39
2 21	7 1	18 26	5 21	5 40	19 12	8 21	6 4	19 0	11 21	6 52	17 38
2 26	6 56	18 29	5 26	5 38	19 15	8 26	6 7	18 55	11 26	6 56	17 37
3 1	6 53	18 31	6 1	5 37	19 18	9 1	6 9	18 49	12 1	7 0	17 37
3 6	6 48	18 34	6 6	5 36	19 20	9 6	6 11	18 44	12 6	7 3	17 37
3 11	6 43	18 36	6 11	5 36	19 22	9 11	6 13	18 38	12 11	7 7	17 39
3 16	6 37	18 39	6 16	5 37	19 24	9 16	6 15	18 33	12 16	7 10	17 40
3 21	6 32	18 41	6 21	5 38	19 25	9 21	6 17	18 27	12 21	7 12	17 42
3 26	6 27	18 44	6 26	5 39	19 26	9 26	6 19	18 21	12 26	7 15	17 45

月出時と月没時

月日	月出	月没	月日	月出	月没	月日	月出	月没	月日	月出	月没
1 1	22 29	10 51	2 1	23 47	10 44	3 1	23 31	9 46	4 1	0 23	10 40
2	23 20	11 20	2	——	11 14	2	——	10 22	2	1 22	11 39
3	——	11 48	3	0 42	11 47	3	0 29	11 3	3	2 17	12 44
4	0 11	12 15	4	1 40	12 25	4	1 30	11 52	4	3 7	13 52
5	1 3	12 44	5	2 41	13 11	5	2 32	12 49	5	3 52	15 0
6	1 57	13 16	6	3 44	14 4	6	3 31	13 53	6	4 32	16 7
7	2 54	13 52	7	4 47	15 7	7	4 26	15 1	7	5 9	17 14
8	3 55	14 35	8	5 47	16 16	8	5 16	16 12	8	5 45	18 20
9	4 59	15 25	9	6 41	17 28	9	6 0	17 22	9	6 21	19 27
10	6 5	16 24	10	7 29	18 39	10	6 39	18 31	10	7 0	20 35
11	7 8	17 31	11	8 10	19 48	11	7 16	19 38	11	7 42	21 44
12	8 5	18 42	12	8 48	20 55	12	7 53	20 44	12	8 29	22 50
13	8 55	19 53	13	9 24	22 0	13	8 30	21 51	13	9 21	23 53
14	9 39	21 1	14	9 59	23 4	14	9 9	22 57	14	10 17	——
15	10 17	22 7	15	10 35	——	15	9 52	——	15	11 15	0 49
16	10 52	23 10	16	11 14	0 7	16	10 39	0 3	16	12 14	1 38
17	11 26	——	17	11 58	1 11	17	11 32	1 6	17	13 11	2 20
18	12 0	0 12	18	12 45	2 14	18	12 27	2 4	18	14 6	2 57
19	12 36	1 13	19	13 38	3 14	19	13 25	2 56	19	14 59	3 29
20	13 16	2 15	20	14 34	4 9	20	14 22	3 42	20	15 50	3 58
21	14 0	3 18	21	15 31	4 59	21	15 18	4 21	21	16 41	4 25
22	14 49	4 19	22	16 28	5 42	22	16 12	4 56	22	17 32	4 53
23	15 43	5 18	23	17 23	6 20	23	17 4	5 27	23	18 25	5 21
24	16 39	6 12	24	18 17	6 53	24	17 55	5 55	24	19 19	5 50
25	17 37	7 0	25	19 9	7 23	25	18 46	6 22	25	20 17	6 24
26	18 34	7 42	26	20 0	7 52	26	19 37	6 50	26	21 16	7 1
27	19 29	8 19	27	20 50	8 19	27	20 30	7 18	27	22 17	7 45
28	20 22	8 52	28	21 42	8 46	28	21 25	7 48	28	23 17	8 36
29	21 14	9 21	29	22 35	9 15	29	22 23	8 22	29	——	9 33
30	22 4	9 49				30	23 23	9 2	30	0 13	10 36
31	22 55	10 16				31	——	9 47			

月日	月　出	月　没	月日	月　出	月　没	月日	月　出	月　没	月日	月　出	月　没
5 1	1h 3m	11h 41m	6 1	1h 40m	13h 50m	7 1	1h 25m	14h 52m	8 1	2h 26m	16h 59m
2	1 48	12 47	2	2 14	14 53	2	2 4	15 57	2	3 24	17 53
3	2 28	13 52	3	2 48	15 57	3	2 48	17 3	3	4 24	18 41
4	3 5	14 57	4	3 26	17 2	4	3 38	18 7	4	5 24	19 21
5	3 40	16 1	5	4 7	18 10	5	4 33	19 6	5	6 22	19 57
6	4 15	17 6	6	4 54	19 17	6	5 33	19 59	6	7 17	20 28
7	4 52	18 12	7	5 47	20 20	7	6 34	20 44	7	8 10	20 57
8	5 32	19 21	8	6 46	21 18	8	7 34	21 23	8	9 2	21 24
9	6 16	20 29	9	7 46	22 7	9	8 31	21 57	9	9 52	21 51
10	7 6	21 35	10	8 47	22 50	10	9 26	22 27	10	10 43	22 19
11	8 2	22 36	11	9 46	23 26	11	10 18	22 55	11	11 35	22 50
12	9 1	23 30	12	10 42	23 58	12	11 9	23 23	12	12 30	23 24
13	10 2	——	13	11 35	——	13	11 59	23 50	13	13 27	——
14	11 1	0 16	14	12 26	0 28	14	12 51	——	14	14 27	0 3
15	11 57	0 55	15	13 17	0 55	15	13 45	0 19	15	15 28	0 50
16	12 51	1 29	16	14 8	1 22	16	14 41	0 52	16	16 27	1 44
17	13 43	1 59	17	15 1	1 51	17	15 41	1 28	17	17 22	2 46
18	14 34	2 27	18	15 56	2 21	18	16 42	2 12	18	18 13	3 53
19	15 25	2 54	19	16 55	2 56	19	17 44	3 3	19	18 57	5 2
20	16 17	3 22	20	17 56	3 35	20	18 43	4 1	20	19 37	6 12
21	17 11	3 51	21	18 58	4 22	21	19 36	5 7	21	20 13	7 19
22	18 8	4 23	22	19 59	5 16	22	20 23	6 15	22	20 49	8 25
23	19 7	4 59	23	20 55	6 18	23	21 4	7 24	23	21 25	9 31
24	20 9	5 42	24	21 44	7 24	24	21 41	8 31	24	22 2	10 36
25	21 10	6 31	25	22 28	8 31	25	22 16	9 36	25	22 44	11 42
26	22 8	7 27	26	23 7	9 37	26	22 51	10 39	26	23 30	12 48
27	23 1	8 29	27	23 42	10 42	27	23 26	11 42	27	——	13 53
28	23 47	9 34	28	——	11 44	28	——	12 46	28	0 22	14 55
29	——	10 40	29	0 15	12 46	29	0 4	13 51	29	1 18	15 50
30	0 29	11 45	30	0 49	13 49	30	0 46	14 56	30	2 17	16 39
31	1 6	12 48				31	1 33	15 59	31	3 17	17 21

月日	月　出	月　没	月日	月　出	月　没	月日	月　出	月　没	月日	月　出	月　没
9 1	4 15	17h 58m	10 1	4 52	17h 30m	11 1	6h 12m	17h 26m	12 1	6h 54m	17h 21m
2	5 11	18 30	2	5 43	17 57	2	7 7	18 0	2	7 53	18 11
3	6 4	18 59	3	6 33	18 24	3	8 3	18 39	3	8 50	19 7
4	6 56	19 27	4	7 25	18 53	4	9 1	19 24	4	9 44	20 7
5	7 47	19 54	5	8 17	19 24	5	9 59	20 15	5	10 33	21 10
6	8 38	20 21	6	9 12	19 59	6	10 56	21 12	6	11 16	22 14
7	9 29	20 50	7	10 9	20 40	7	11 48	22 13	7	11 55	23 16
8	10 22	21 23	8	11 7	21 26	8	12 35	23 16	8	12 30	——
9	11 18	21 59	9	12 5	22 19	9	13 17	——	9	13 4	0 17
10	12 16	22 42	10	13 0	23 18	10	13 55	0 20	10	13 38	1 19
11	13 15	23 32	11	13 52	——	11	14 30	1 23	11	14 13	2 22
12	14 13	——	12	14 38	0 22	12	15 5	2 27	12	14 51	3 26
13	15 9	0 29	13	15 20	1 27	13	15 40	3 31	13	15 35	4 34
14	16 1	1 32	14	15 59	2 34	14	16 18	4 37	14	16 25	5 44
15	16 47	2 39	15	16 35	3 40	15	17 0	5 45	15	17 23	6 53
16	17 28	3 47	16	17 11	4 46	16	17 48	6 56	16	18 25	7 58
17	18 6	4 56	17	17 48	5 53	17	18 42	8 8	17	19 30	8 56
18	18 43	6 3	18	18 28	7 1	18	19 42	9 16	18	20 34	9 46
19	19 19	7 10	19	19 13	8 12	19	20 46	10 17	19	21 34	10 28
20	19 57	8 18	20	20 3	9 23	20	21 49	11 11	20	22 31	11 3
21	20 38	9 26	21	21 0	10 32	21	22 50	11 55	21	23 24	11 35
22	21 24	10 35	22	22 0	11 35	22	23 47	12 33	22	——	12 3
23	22 15	11 43	23	23 2	12 31	23	——	13 6	23	0 15	12 31
24	23 12	12 47	24	——	13 19	24	0 41	13 35	24	1 6	12 58
25	——	13 46	25	0 2	14 0	25	1 33	14 3	25	1 57	13 27
26	0 11	14 38	26	1 0	14 34	26	2 23	14 30	26	2 50	13 58
27	1 11	15 22	27	1 55	15 5	27	3 14	14 58	27	3 45	14 34
28	2 10	15 59	28	2 48	15 34	28	4 6	15 27	28	4 42	15 15
29	3 6	16 33	29	3 39	16 1	29	4 59	16 0	29	5 42	16 2
30	4 0	17 2	30	4 29	16 28	30	5 56	16 38	30	6 41	16 57
			31	5 20	16 56				31	7 37	17 57

天体の高度・方位・正中時・出没時

(相馬 充)

【時角，恒星時，グリニジ恒星時】　我われが空を見上げるとき，天体は観測者を中心とする球面上に張りついているように見える．この球面を天球という．地球の自転により，天球はほぼ1日に1回，東から西に日周運動する．下図は天球を表している．天の北極Pと天頂Zを通る大円を子午線（地球上の子午線と区別する際には「天の子午線」），Pから天体Qを通って天の南極に至る大円弧をその天体の時圏といい，子午線と時圏との交角∠APBの大きさをその天体の時角という．時角は大円弧PAから西向きに測る．春分点Kの時角を恒星時という．経度0°の地点における恒星時をグリニジ恒星時といいΘで表す．経度λの地点での恒星時θは$\theta = \Theta + \lambda$となる．経度は東経を正，西経を負とする．赤経$\alpha$の天体の時角$t$は$t = \theta - \alpha$で求められる．

【恒星時の計算】　グリニジ恒星時Θを計算するには世界時UT1が必要である．概算でよければ世界時は日本標準時JSTから9時間を引いて求められる．最近の「時」(p.352)を参照のこと．$\Theta = \Theta_0 + 1.0027379 \mathrm{UT1}$である，ここで$\Theta_0$はその日の「世界時0時の恒星時」(p.112-113)である．恒星時を$0°\!.001$の桁まで求める必要がある場合は，章動の効果である分点均差の変化を考慮する必要があるが，本年鑑掲載の恒星時の精度では，上式を用いるので充分である．以下，世界時UT1をUで表す．

【正中時，出没時】　天体が子午線を通過する時刻（正中時）と地平線上に現れたり，地平線に沈んだりする出没時の求め方を解説する．下図で天体がT点を通過する時刻が正中時，D点を通過する時刻が没時である．正中時には天体の時角tが$t = 0°$を満たす．すなわち$\Theta_0 + 1.0027379\, U - \alpha + \lambda = 0°$が成り立つ．ここで$\alpha$は天体の視赤経である．したがって正中時は$U = 0.9972696\,(\alpha - \Theta_0 - \lambda)$から求められる．$\alpha$は惑星の場合（厳密には恒星の場合も），時刻とともに変化する．その変化を考慮するために反復法を適用する．天体によっては1日に2回正中する場合や正中がない場合がある．出没時は

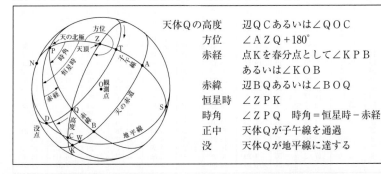

天体Qの高度	辺QCあるいは∠QOC
方位	∠AZQ + 180°
赤経	点Kを春分点として∠KPB
	あるいは∠KOB
赤緯	辺BQあるいは∠BOQ
恒星時	∠ZPK
時角	∠ZPQ　時角 = 恒星時 − 赤経
正中	天体Qが子午線を通過
没	天体Qが地平線に達する

$U = 0.9972696 \left[\alpha - \Theta_0 - \lambda \mp \cos^{-1}(-0.0100 \sec\varphi \sec\delta - \tan\varphi \tan\delta) \right]$ から計算する.
ここで α, δ は U における天体の視赤経と視赤緯, φ は観測地点の緯度である. 複号 $\mp$ は出の場合は $-$, 没の場合は $+$ を採る. この式では地平大気差として $34'.4$ を採用している. ここでも厳密には反復法を適用する. 時間と角度は $15° = 1^{\mathrm{h}}$, $15' = 1^{\mathrm{m}}$, $15'' = 1^{\mathrm{s}}$ の関係によって換算する. $\cos^{-1}(\ )$ の括弧内の絶対値が1を超える場合は出没がない.

【高度，方位角の計算式】　世界時 U における天体 Q の高度 a, 方位角 A の計算式は次のとおりである.

$$t = \Theta_0 + 1.0027379 U - \alpha + \lambda$$
$$a = \sin^{-1}(\sin\delta \sin\varphi + \cos\delta \cos\varphi \cos t)$$
$$A = \tan^{-1}\left[\cos\delta \sin t / (\cos\delta \sin\varphi \cos t - \sin\delta \cos\varphi) \right]$$

方位角 A は [ ] 内の分母が正の場合は $180°$ を加える. さらに得られた A が負の場合は $360°$ を加える. A は北から東回りに 0 から $360°$ まで測る.

【正中時の計算式】　$F(\alpha) = 0.9972696(\alpha - \Theta_0 - \lambda)$ とおく. ここに α は赤経, Θ_0 は計算日の世界時0時のグリニジ視恒星時, λ は東経を正とする経度で, いずれも単位は時とする. $(\ )$ 内は 24^{h} を加減して 0^{h} 以上 24^{h} 未満になるようにしておく. 計算日の世界時0時の赤経を α_0 とし, α の1日の変化量を υ とすると, 正中時 U_{T} は $U_{\mathrm{T}} = F(\alpha_0 + \upsilon U_{\mathrm{T}}/24)$ である. 計算は $U_{\mathrm{T}} = F(\alpha_0)$ によって第1近似値を求め, 以後反復法で所要精度の収束値を求めていく.

【出没時の計算式】　$G(\delta) = 0.0664846 \cos^{-1}(-0.0100 \sec\varphi \sec\delta - \tan\varphi \tan\delta)$ とおく. $\cos^{-1}$ の値を度で求めておくと $G(\delta)$ の単位は時となる. 計算日の世界時0時の赤経, 赤緯を α_0, δ_0 とし, α の1日の変化量を υ, δ の1日の変化量を ν とすると, 出時は $U_{\mathrm{R}} = F(\alpha_0 + \upsilon U_{\mathrm{R}}/24) - G(\delta_0 + \nu U_{\mathrm{R}}/24)$, 没時は $U_{\mathrm{S}} = F(\alpha_0 + \upsilon U_{\mathrm{S}}/24) + G(\delta_0 + \nu U_{\mathrm{S}}/24)$ である. $F(\alpha)$ の計算式の $(\ )$ 内は正中時の場合と同じく 0^{h} 以上 24^{h} 未満になるようにしておく. 出時の第1近似値は $U_{\mathrm{R}} = F(\alpha_0) - G(\delta_0)$, 没時の第1近似値は $U_{\mathrm{S}} = F(\alpha_0) + G(\delta_0)$ とし, 以後反復法で所要精度の収束値を求める.

【出没時，正中時の反復計算結果例】　2024年12月1日における木星の出・正中・没時を反復計算する. 東京の経度 $\lambda = 139°.7$, 緯度 $\varphi = 35°.7$, 12月1日の $\Theta_0 = 4^{\mathrm{h}}41^{\mathrm{m}}38$, 「木星のこよみ」から $\alpha_0 = 5^{\mathrm{h}}.077$, $\upsilon = -0^{\mathrm{h}}.0096$, $\delta_0 = +22°.14$, $\nu = -0°.011$ を用い U_{R}, U_{T}, U_{S} を下表のように反復計算する.

	出時（世界時）	正中時（世界時）	没時（世界時）
第1近似値	$7^{\mathrm{h}}.8659$	$15^{\mathrm{h}}.0328$	$22^{\mathrm{h}}.1997$
第2近似値	$7^{\mathrm{h}}.8631$	$15^{\mathrm{h}}.0268$	$22^{\mathrm{h}}.1903$
第3近似値	$7^{\mathrm{h}}.8631$	$15^{\mathrm{h}}.0268$	$22^{\mathrm{h}}.1903$

日本時では, 12月1日16時51.8分に出た木星は, 翌日0時01.6分に正中し, 7時11.4分に没する.

世界時０時のグリニジ視恒星時 <small>(相馬 充)</small>

日	1月	2月	3月	4月	5月	6月	日
	h m	h m	h m	h m	h m	h m	
0	6 36. 66	8 38. 88	10 33. 22	12 35. 44	14 33. 72	16 35. 94	0
1	6 40. 60	8 42. 83	10 37. 16	12 39. 38	14 37. 66	16 39. 88	1
2	6 44. 55	8 46. 77	10 41. 10	12 43. 32	14 41. 60	16 43. 82	2
3	6 48. 49	8 50. 71	10 45. 05	12 47. 27	14 45. 54	16 47. 76	3
4	6 52. 43	8 54. 65	10 48. 99	12 51. 21	14 49. 49	16 51. 71	4
5	6 56. 38	8 58. 60	10 52. 93	12 55. 15	14 53. 43	16 55. 65	5
6	7 0. 32	9 2. 54	10 56. 87	12 59. 09	14 57. 37	16 59. 59	6
7	7 4. 26	9 6. 48	11 0. 82	13 3. 04	15 1. 31	17 3. 54	7
8	7 8. 20	9 10. 42	11 4. 76	13 6. 98	15 5. 26	17 7. 48	8
9	7 12. 15	9 14. 37	11 8. 70	13 10. 92	15 9. 20	17 11. 42	9
10	7 16. 09	9 18. 31	11 12. 64	13 14. 86	15 13. 14	17 15. 36	10
11	7 20. 03	9 22. 25	11 16. 59	13 18. 81	15 17. 08	17 19. 31	11
12	7 23. 97	9 26. 20	11 20. 53	13 22. 75	15 21. 03	17 23. 25	12
13	7 27. 92	9 30. 14	11 24. 47	13 26. 69	15 24. 97	17 27. 19	13
14	7 31. 86	9 34. 08	11 28. 41	13 30. 63	15 28. 91	17 31. 13	14
15	7 35. 80	9 38. 02	11 32. 36	13 34. 58	15 32. 86	17 35. 08	15
16	7 39. 74	9 41. 97	11 36. 30	13 38. 52	15 36. 80	17 39. 02	16
17	7 43. 69	9 45. 91	11 40. 24	13 42. 46	15 40. 74	17 42. 96	17
18	7 47. 63	9 49. 85	11 44. 19	13 46. 40	15 44. 68	17 46. 90	18
19	7 51. 57	9 53. 79	11 48. 13	13 50. 35	15 48. 63	17 50. 85	19
20	7 55. 51	9 57. 74	11 52. 07	13 54. 29	15 52. 57	17 54. 79	20
21	7 59. 46	10 1. 68	11 56. 01	13 58. 23	15 56. 51	17 58. 73	21
22	8 3. 40	10 5. 62	11 59. 96	14 2. 17	16 0. 45	18 2. 67	22
23	8 7. 34	10 9. 56	12 3. 90	14 6. 12	16 4. 40	18 6. 62	23
24	8 11. 29	10 13. 51	12 7. 84	14 10. 06	16 8. 34	18 10. 56	24
25	8 15. 23	10 17. 45	12 11. 78	14 14. 00	16 12. 28	18 14. 50	25
26	8 19. 17	10 21. 39	12 15. 73	14 17. 95	16 16. 22	18 18. 45	26
27	8 23. 11	10 25. 33	12 19. 67	14 21. 89	16 20. 17	18 22. 39	27
28	8 27. 06	10 29. 28	12 23. 61	14 25. 83	16 24. 11	18 26. 33	28
29	8 31. 00	10 33. 22	12 27. 55	14 29. 77	16 28. 05	18 30. 27	29
30	8 34. 94		12 31. 50	14 33. 72	16 31. 99	18 34. 22	30
31	8 38. 88		12 35. 44		16 35. 94		31
日	1月	2月	3月	4月	5月	6月	日

※mの端数は60倍すると s 単位に直せる．例：$6^h36^m.66 = 6^h36^m(0.66×60)^s = 6^h36^m40^s$
毎月の０日とは前月の末日のこと，12月32日は翌年の1月1日のことである．

日	7月	8月	9月	10月	11月	12月	日
	h　m	h　m	h　m	h　m	h　m	h　m	
0	18 34.22	20 36.44	22 38.66	0 36.94	2 39.15	4 37.43	0
1	18 38.16	20 40.38	22 42.60	0 40.88	2 43.10	4 41.38	1
2	18 42.10	20 44.32	22 46.54	0 44.82	2 47.04	4 45.32	2
3	18 46.04	20 48.27	22 50.49	0 48.76	2 50.98	4 49.26	3
4	18 49.99	20 52.21	22 54.43	0 52.70	2 54.92	4 53.20	4
5	18 53.93	20 56.15	22 58.37	0 56.65	2 58.87	4 57.15	5
6	18 57.87	21　0.09	23　2.31	1　0.59	3　2.81	5　1.09	6
7	19　1.81	21　4.04	23　6.26	1　4.53	3　6.75	5　5.03	7
8	19　5.76	21　7.98	23 10.20	1　8.48	3 10.70	5　8.97	8
9	19　9.70	21 11.92	23 14.14	1 12.42	3 14.64	5 12.92	9
10	19 13.64	21 15.86	23 18.08	1 16.36	3 18.58	5 16.86	10
11	19 17.59	21 19.81	23 22.03	1 20.30	3 22.52	5 20.80	11
12	19 21.53	21 23.75	23 25.97	1 24.25	3 26.47	5 24.74	12
13	19 25.47	21 27.69	23 29.91	1 28.19	3 30.41	5 28.69	13
14	19 29.41	21 31.63	23 33.85	1 32.13	3 34.35	5 32.63	14
15	19 33.36	21 35.58	23 37.80	1 36.07	3 38.29	5 36.57	15
16	19 37.30	21 39.52	23 41.74	1 40.02	3 42.24	5 40.52	16
17	19 41.24	21 43.46	23 45.68	1 43.96	3 46.18	5 44.46	17
18	19 45.18	21 47.40	23 49.62	1 47.90	3 50.12	5 48.40	18
19	19 49.13	21 51.35	23 53.57	1 51.84	3 54.06	5 52.34	19
20	19 53.07	21 55.29	23 57.51	1 55.79	3 58.01	5 56.29	20
21	19 57.01	21 59.23	0　1.45	1 59.73	4　1.95	6　0.23	21
22	20　0.95	22　3.17	0　5.39	2　3.67	4　5.89	6　4.17	22
23	20　4.90	22　7.12	0　9.34	2　7.61	4　9.84	6　8.11	23
24	20　8.84	22 11.06	0 13.28	2 11.56	4 13.78	6 12.06	24
25	20 12.78	22 15.00	0 17.22	2 15.50	4 17.72	6 16.00	25
26	20 16.72	22 18.95	0 21.16	2 19.44	4 21.66	6 19.94	26
27	20 20.67	22 22.89	0 25.11	2 23.38	4 25.61	6 23.88	27
28	20 24.61	22 26.83	0 29.05	2 27.33	4 29.55	6 27.83	28
29	20 28.55	22 30.77	0 32.99	2 31.27	4 33.49	6 31.77	29
30	20 32.49	22 34.72	0 36.94	2 35.21	4 37.43	6 35.71	30
31	20 36.44	22 38.66		2 39.15		6 39.66	31
32						6 43.60	32
日	7月	8月	9月	10月	11月	12月	日

太陽のこよみ （国立天文台暦計算室）

　太陽のこよみとしては，視赤経，視赤緯，真地心距離，およびJ2000.0の平均赤道，平均春分点を基準とした太陽の黄経と，赤道直角座標（$X_{2000.0}$, $Y_{2000.0}$, $Z_{2000.0}$）を掲げた．表値は地球時（ＴＴ）0時（最近の時，352ページ参照）における値である．

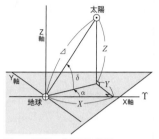

図1　2種類の座標系の関係

　とくに赤道直角座標（$X_{2000.0}$, $Y_{2000.0}$, $Z_{2000.0}$）は，彗星，小惑星の地心座標を求める際に必要なデータである．本書の彗星，小惑星の項には特定の彗星，小惑星だけの地心座標が掲載されているが，それ以外は次のような手順で地心座標を求める．

　各天体の軌道要素から計算した日心直角座標を（$u_{2000.0}$, $v_{2000.0}$, $w_{2000.0}$）とすると，地心座標（$\varDelta$, $\alpha_{2000.0}$, $\delta_{2000.0}$）は，次の3式から計算できる．3式の右辺の数値をそれぞれ(1)，(2)，(3)とすると，

$$\varDelta\cos\delta_{2000.0}\cos\alpha_{2000.0} = u_{2000.0} + X_{2000.0} \quad (1)$$
$$\varDelta\cos\delta_{2000.0}\sin\alpha_{2000.0} = v_{2000.0} + Y_{2000.0} \quad (2)$$
$$\varDelta\sin\delta_{2000.0} = w_{2000.0} + Z_{2000.0} \quad (3)$$

$$\tan\alpha_{2000.0} = \frac{(2)}{(1)} \quad \tan\delta_{2000.0} = \frac{(3)}{\sqrt{(1)^2+(2)^2}}$$

$$\varDelta = \sqrt{(1)^2+(2)^2+(3)^2}$$

から得られる．$\alpha_{2000.0}$の象限は，$\varDelta$, $\cos\delta_{2000.0}$はともに正の値をとるから，$\sin\alpha_{2000.0}$, $\cos\alpha_{2000.0}$の符号から判定する．$\varDelta$, $\alpha_{2000.0}$, $\delta_{2000.0}$はそれぞれ，各天体の地心距離，J2000.0準拠の赤経，赤緯である．

　なお，日心距離は$\sqrt{u_{2000.0}^2 + v_{2000.0}^2 + w_{2000.0}^2}$である．

月　日	視赤経	視赤緯	地心距離	黄経 2000.0	$X_{2000.0}$	$Y_{2000.0}$	$Z_{2000.0}$
12 31	h m 18 39.3	° ′ −23　8	au 0.9833	° 278.691	au +0.1485921	au −0.8918521	au −0.3866047
1　1	18 43.7	−23　4	0.9833	279.710	+0.1658513	−0.8892737	−0.3854875
1　2	18 48.1	−22 59	0.9833	280.729	+0.1830602	−0.8864191	−0.3842506
1　3	18 52.5	−22 53	0.9833	281.748	+0.2002135	−0.8832888	−0.3828944
1　4	18 56.9	−22 48	0.9833	282.767	+0.2173060	−0.8798836	−0.3814190
1　5	19　1.3	−22 41	0.9833	283.787	+0.2343324	−0.8762043	−0.3798249
1　6	19　5.7	−22 35	0.9833	284.806	+0.2512873	−0.8722518	−0.3781123
1　7	19 10.1	−22 28	0.9833	285.825	+0.2681652	−0.8680269	−0.3762816
1　8	19 14.5	−22 20	0.9834	286.845	+0.2849608	−0.8635309	−0.3743332
1　9	19 18.8	−22 12	0.9834	287.864	+0.3016684	−0.8587648	−0.3722678
1 10	19 23.2	−22　4	0.9834	288.884	+0.3182827	−0.8537301	−0.3700857
1 11	19 27.5	−21 55	0.9835	289.903	+0.3347979	−0.8484282	−0.3677876
1 12	19 31.9	−21 46	0.9835	290.922	+0.3512086	−0.8428608	−0.3653743
1 13	19 36.2	−21 36	0.9835	291.942	+0.3675092	−0.8370299	−0.3628466
1 14	19 40.5	−21 26	0.9836	292.961	+0.3836943	−0.8309374	−0.3602053
1 15	19 44.8	−21 15	0.9836	293.980	+0.3997584	−0.8245856	−0.3574515
1 16	19 49.1	−21　4	0.9837	294.998	+0.4156965	−0.8179770	−0.3545862
1 17	19 53.4	−20 53	0.9837	296.017	+0.4315036	−0.8111140	−0.3516106
1 18	19 57.7	−20 41	0.9838	297.035	+0.4471748	−0.8039992	−0.3485259

月　日	視赤経	視赤緯	地心距離	黄　経 2000.0	X 2000.0	Y 2000.0	Z 2000.0
	h　m	°　′	au		au	au	au
1 18	19 57.7	− 20 41	0.9838	297. 035	+ 0. 4471748	− 0. 8039992	− 0. 3485259
1 19	20　2.0	− 20 29	0.9839	298. 054	+ 0. 4627054	− 0. 7966352	− 0. 3453331
1 20	20　6.2	− 20 17	0.9839	299. 071	+ 0. 4780910	− 0. 7890247	− 0. 3420335
1 21	20 10.5	− 20　4	0.9840	300. 089	+ 0. 4933270	− 0. 7811702	− 0. 3386282
1 22	20 14.7	− 19 50	0.9841	301. 106	+ 0. 5084090	− 0. 7730744	− 0. 3351185
1 23	20 18.9	− 19 37	0.9842	302. 124	+ 0. 5233329	− 0. 7647400	− 0. 3315054
1 24	20 23.1	− 19 23	0.9843	303. 141	+ 0. 5380944	− 0. 7561696	− 0. 3277902
1 25	20 27.3	− 19　8	0.9844	304. 157	+ 0. 5526893	− 0. 7473659	− 0. 3239740
1 26	20 31.5	− 18 54	0.9845	305. 174	+ 0. 5671133	− 0. 7383315	− 0. 3200579
1 27	20 35.6	− 18 39	0.9846	306. 190	+ 0. 5813624	− 0. 7290691	− 0. 3160432
1 28	20 39.8	− 18 23	0.9847	307. 206	+ 0. 5954324	− 0. 7195816	− 0. 3119309
1 29	20 43.9	− 18　7	0.9848	308. 222	+ 0. 6093191	− 0. 7098717	− 0. 3077224
1 30	20 48.0	− 17 51	0.9850	309. 237	+ 0. 6230186	− 0. 6999422	− 0. 3034187
1 31	20 52.1	− 17 35	0.9851	310. 253	+ 0. 6365265	− 0. 6897960	− 0. 2990212
2　1	20 56.2	− 17 18	0.9852	311. 268	+ 0. 6498389	− 0. 6794362	− 0. 2945311
2　2	21　0.3	− 17　1	0.9854	312. 283	+ 0. 6629517	− 0. 6688656	− 0. 2899496
2　3	21　4.4	− 16 44	0.9855	313. 298	+ 0. 6758607	− 0. 6580874	− 0. 2852781
2　4	21　8.4	− 16 26	0.9857	314. 312	+ 0. 6885619	− 0. 6471049	− 0. 2805180
2　5	21 12.5	− 16　9	0.9858	315. 327	+ 0. 7010513	− 0. 6359212	− 0. 2756705
2　6	21 16.5	− 15 50	0.9860	316. 341	+ 0. 7133247	− 0. 6245397	− 0. 2707372
2　7	21 20.5	− 15 32	0.9862	317. 355	+ 0. 7253781	− 0. 6129639	− 0. 2657195
2　8	21 24.5	− 15 13	0.9863	318. 368	+ 0. 7372075	− 0. 6011974	− 0. 2606189
2　9	21 28.5	− 14 54	0.9865	319. 381	+ 0. 7488089	− 0. 5892441	− 0. 2554372
2 10	21 32.5	− 14 35	0.9867	320. 394	+ 0. 7601785	− 0. 5771078	− 0. 2501760
2 11	21 36.4	− 14 16	0.9868	321. 407	+ 0. 7713123	− 0. 5647926	− 0. 2448371
2 12	21 40.4	− 13 56	0.9870	322. 419	+ 0. 7822070	− 0. 5523030	− 0. 2394225
2 13	21 44.3	− 13 36	0.9872	323. 431	+ 0. 7928591	− 0. 5396431	− 0. 2339340
2 14	21 48.2	− 13 16	0.9874	324. 442	+ 0. 8032654	− 0. 5268175	− 0. 2283735
2 15	21 52.2	− 12 55	0.9876	325. 453	+ 0. 8134232	− 0. 5138304	− 0. 2227432
2 16	21 56.1	− 12 35	0.9878	326. 463	+ 0. 8233296	− 0. 5006865	− 0. 2170448
2 17	21 59.9	− 12 14	0.9880	327. 473	+ 0. 8329821	− 0. 4873899	− 0. 2112804
2 18	22　3.8	− 11 53	0.9881	328. 483	+ 0. 8423782	− 0. 4739451	− 0. 2054519
2 19	22　7.7	− 11 32	0.9883	329. 492	+ 0. 8515156	− 0. 4603563	− 0. 1995611
2 20	22 11.5	− 11 11	0.9886	330. 500	+ 0. 8603918	− 0. 4466278	− 0. 1936098
2 21	22 15.4	− 10 49	0.9888	331. 508	+ 0. 8690049	− 0. 4327638	− 0. 1876000
2 22	22 19.2	− 10 28	0.9890	332. 515	+ 0. 8773525	− 0. 4187686	− 0. 1815334
2 23	22 23.0	− 10　6	0.9892	333. 522	+ 0. 8854325	− 0. 4046464	− 0. 1754120
2 24	22 26.8	−　9 44	0.9894	334. 529	+ 0. 8932430	− 0. 3904013	− 0. 1692374
2 25	22 30.6	−　9 22	0.9896	335. 535	+ 0. 9007818	− 0. 3760377	− 0. 1630114
2 26	22 34.4	−　8 59	0.9899	336. 540	+ 0. 9080471	− 0. 3615596	− 0. 1567360
2 27	22 38.2	−　8 37	0.9901	337. 545	+ 0. 9150367	− 0. 3469714	− 0. 1504129
2 28	22 41.9	−　8 14	0.9903	338. 550	+ 0. 9217489	− 0. 3322773	− 0. 1440439
2 29	22 45.7	−　7 52	0.9906	339. 554	+ 0. 9281817	− 0. 3174816	− 0. 1376309
3　1	22 49.5	−　7 29	0.9908	340. 558	+ 0. 9343333	− 0. 3025886	− 0. 1311757
3　2	22 53.2	−　7　6	0.9911	341. 562	+ 0. 9402018	− 0. 2876027	− 0. 1246801
3　3	22 56.9	−　6 43	0.9913	342. 564	+ 0. 9457855	− 0. 2725282	− 0. 1181460
3　4	23　0.7	−　6 20	0.9916	343. 567	+ 0. 9510826	− 0. 2573697	− 0. 1115754
3　5	23　4.4	−　5 57	0.9918	344. 569	+ 0. 9560913	− 0. 2421317	− 0. 1049701
3　6	23　8.1	−　5 34	0.9921	345. 571	+ 0. 9608101	− 0. 2268187	− 0. 0983322
3　7	23 11.8	−　5 10	0.9924	346. 572	+ 0. 9652373	− 0. 2114355	− 0. 0916637
3　8	23 15.5	−　4 47	0.9926	347. 573	+ 0. 9693713	− 0. 1959869	− 0. 0849667
3　9	23 19.2	−　4 23	0.9929	348. 573	+ 0. 9732108	− 0. 1804779	− 0. 0782433
3 10	23 22.9	−　4　0	0.9932	349. 573	+ 0. 9767545	− 0. 1649134	− 0. 0714957
3 11	23 26.6	−　3 36	0.9934	350. 572	+ 0. 9800012	− 0. 1492987	− 0. 0647262
3 12	23 30.2	−　3 13	0.9937	351. 571	+ 0. 9829503	− 0. 1336389	− 0. 0579372
3 13	23 33.9	−　2 49	0.9939	352. 569	+ 0. 9856011	− 0. 1179393	− 0. 0511309
3 14	23 37.6	−　2 25	0.9942	353. 567	+ 0. 9879534	− 0. 1022049	− 0. 0443095
3 15	23 41.3	−　2　2	0.9945	354. 564	+ 0. 9900068	− 0. 0864408	− 0. 0374754
3 16	23 44.9	−　1 38	0.9947	355. 560	+ 0. 9917615	− 0. 0706520	− 0. 0306307

月　日	視赤経	視赤緯	地心距離	黄経 2000.0	X 2000.0	Y 2000.0	Z 2000.0
	h　　m	°　　′	au	°	au	au	au
3 16	23 44. 9	− 1 38	0. 9947	355. 560	+ 0. 9917615	− 0. 0706520	− 0. 0306307
3 17	23 48. 6	− 1 14	0. 9950	356. 556	+ 0. 9932175	− 0. 0548434	− 0. 0237775
3 18	23 52. 2	− 0 51	0. 9953	357. 551	+ 0. 9943750	− 0. 0390198	− 0. 0169179
3 19	23 55. 9	− 0 27	0. 9956	358. 545	+ 0. 9952342	− 0. 0231857	− 0. 0100540
3 20	23 59. 5	− 0　3	0. 9958	359. 539	+ 0. 9957956	− 0. 0073461	− 0. 0031878
3 21	0　3. 2	+ 0 21	0. 9961	0. 532	+ 0. 9960593	+ 0. 0084947	+ 0. 0036787
3 22	0　6. 8	+ 0 44	0. 9964	1. 525	+ 0. 9960259	+ 0. 0243320	+ 0. 0105436
3 23	0 10. 5	+ 1　8	0. 9967	2. 517	+ 0. 9956957	+ 0. 0401613	+ 0. 0174049
3 24	0 14. 1	+ 1 32	0. 9969	3. 509	+ 0. 9950693	+ 0. 0559781	+ 0. 0242607
3 25	0 17. 7	+ 1 55	0. 9972	4. 499	+ 0. 9941447	+ 0. 0717779	+ 0. 0311091
3 26	0 21. 4	+ 2 19	0. 9975	5. 490	+ 0. 9929299	+ 0. 0875564	+ 0. 0379482
3 27	0 25. 0	+ 2 42	0. 9978	6. 479	+ 0. 9914180	+ 0. 1033092	+ 0. 0447761
3 28	0 28. 7	+ 3　6	0. 9981	7. 468	+ 0. 9896122	+ 0. 1190317	+ 0. 0515910
3 29	0 32. 3	+ 3 29	0. 9984	8. 457	+ 0. 9875131	+ 0. 1347196	+ 0. 0583909
3 30	0 35. 9	+ 3 52	0. 9987	9. 445	+ 0. 9851223	+ 0. 1503685	+ 0. 0651740
3 31	0 39. 6	+ 4 16	0. 9990	10. 433	+ 0. 9824376	+ 0. 1659740	+ 0. 0719383
4　1	0 43. 2	+ 4 39	0. 9992	11. 420	+ 0. 9794627	+ 0. 1815315	+ 0. 0786820
4　2	0 46. 9	+ 5　2	0. 9995	12. 407	+ 0. 9761974	+ 0. 1970367	+ 0. 0854033
4　3	0 50. 5	+ 5 25	0. 9998	13. 393	+ 0. 9726425	+ 0. 2124849	+ 0. 0921000
4　4	0 54. 2	+ 5 48	1. 0001	14. 378	+ 0. 9687990	+ 0. 2278716	+ 0. 0987702
4　5	0 57. 8	+ 6 11	1. 0004	15. 364	+ 0. 9646677	+ 0. 2431922	+ 0. 1054119
4　6	1　1. 5	+ 6 33	1. 0007	16. 348	+ 0. 9602500	+ 0. 2584418	+ 0. 1120230
4　7	1　5. 1	+ 6 56	1. 0010	17. 332	+ 0. 9555470	+ 0. 2736157	+ 0. 1186014
4　8	1　8. 8	+ 7 18	1. 0013	18. 316	+ 0. 9505602	+ 0. 2887091	+ 0. 1251449
4　9	1 12. 5	+ 7 41	1. 0016	19. 299	+ 0. 9452913	+ 0. 3037171	+ 0. 1316515
4 10	1 16. 2	+ 8　3	1. 0019	20. 282	+ 0. 9397423	+ 0. 3186351	+ 0. 1381191
4 11	1 19. 8	+ 8 25	1. 0021	21. 264	+ 0. 9339154	+ 0. 3334583	+ 0. 1445454
4 12	1 23. 5	+ 8 47	1. 0024	22. 245	+ 0. 9278127	+ 0. 3481822	+ 0. 1509287
4 13	1 27. 2	+ 9　9	1. 0027	23. 226	+ 0. 9214368	+ 0. 3628024	+ 0. 1572668
4 14	1 30. 9	+ 9 31	1. 0030	24. 206	+ 0. 9147901	+ 0. 3773147	+ 0. 1635580
4 15	1 34. 6	+ 9 52	1. 0032	25. 186	+ 0. 9078752	+ 0. 3917149	+ 0. 1698004
4 16	1 38. 3	+10 13	1. 0035	26. 164	+ 0. 9006947	+ 0. 4059989	+ 0. 1759924
4 17	1 42. 0	+10 34	1. 0038	27. 143	+ 0. 8932512	+ 0. 4201629	+ 0. 1821321
4 18	1 45. 7	+10 55	1. 0041	28. 120	+ 0. 8855474	+ 0. 4342030	+ 0. 1882180
4 19	1 49. 5	+11 16	1. 0043	29. 097	+ 0. 8775858	+ 0. 4481153	+ 0. 1942484
4 20	1 53. 2	+11 37	1. 0046	30. 074	+ 0. 8693693	+ 0. 4618962	+ 0. 2002218
4 21	1 56. 9	+11 57	1. 0049	31. 050	+ 0. 8609005	+ 0. 4755420	+ 0. 2061365
4 22	2　0. 7	+12 17	1. 0051	32. 025	+ 0. 8521822	+ 0. 4890491	+ 0. 2119910
4 23	2　4. 4	+12 37	1. 0054	33. 000	+ 0. 8432170	+ 0. 5024140	+ 0. 2177839
4 24	2　8. 2	+12 57	1. 0057	33. 974	+ 0. 8340077	+ 0. 5156331	+ 0. 2235136
4 25	2 12. 0	+13 17	1. 0060	34. 948	+ 0. 8245570	+ 0. 5287029	+ 0. 2291786
4 26	2 15. 7	+13 36	1. 0062	35. 921	+ 0. 8148678	+ 0. 5416201	+ 0. 2347776
4 27	2 19. 5	+13 55	1. 0065	36. 893	+ 0. 8049426	+ 0. 5543812	+ 0. 2403089
4 28	2 23. 3	+14 14	1. 0068	37. 866	+ 0. 7947844	+ 0. 5669827	+ 0. 2457713
4 29	2 27. 1	+14 33	1. 0070	38. 837	+ 0. 7843958	+ 0. 5794212	+ 0. 2511631
4 30	2 30. 9	+14 51	1. 0073	39. 809	+ 0. 7737797	+ 0. 5916932	+ 0. 2564830
5　1	2 34. 7	+15 10	1. 0075	40. 780	+ 0. 7629390	+ 0. 6037954	+ 0. 2617294
5　2	2 38. 6	+15 28	1. 0078	41. 750	+ 0. 7518766	+ 0. 6157241	+ 0. 2669007
5　3	2 42. 4	+15 45	1. 0081	42. 720	+ 0. 7405956	+ 0. 6274758	+ 0. 2719955
5　4	2 46. 3	+16　3	1. 0083	43. 690	+ 0. 7290990	+ 0. 6390470	+ 0. 2770121
5　5	2 50. 1	+16 20	1. 0086	44. 660	+ 0. 7173901	+ 0. 6504340	+ 0. 2819491
5　6	2 54. 0	+16 37	1. 0088	45. 628	+ 0. 7054726	+ 0. 6616334	+ 0. 2868047
5　7	2 57. 9	+16 54	1. 0091	46. 597	+ 0. 6933499	+ 0. 6726416	+ 0. 2915774
5　8	3　1. 7	+17 10	1. 0093	47. 565	+ 0. 6810260	+ 0. 6834553	+ 0. 2962657
5　9	3　5. 6	+17 26	1. 0095	48. 533	+ 0. 6685048	+ 0. 6940711	+ 0. 3008682
5 10	3　9. 5	+17 42	1. 0098	49. 500	+ 0. 6557904	+ 0. 7044859	+ 0. 3053835
5 11	3 13. 5	+17 57	1. 0100	50. 467	+ 0. 6428871	+ 0. 7146968	+ 0. 3098102
5 12	3 17. 4	+18 12	1. 0102	51. 433	+ 0. 6297991	+ 0. 7247009	+ 0. 3141471
5 13	3 21. 3	+18 27	1. 0104	52. 398	+ 0. 6165307	+ 0. 7344956	+ 0. 3183930

月　日	視赤経	視赤緯	地心距離	黄経 2000.0	X 2000.0	Y 2000.0	Z 2000.0
	h　m	°　′	au	°	au	au	au
5　13	3 21. 3	+18 27	1. 0104	52. 398	+ 0. 6165307	+ 0. 7344956	+ 0. 3183930
5　14	3 25. 3	+18 42	1. 0106	53. 364	+ 0. 6030860	+ 0. 7440784	+ 0. 3225470
5　15	3 29. 2	+18 56	1. 0109	54. 328	+ 0. 5894694	+ 0. 7534468	+ 0. 3266078
5　16	3 33. 2	+19 10	1. 0111	55. 293	+ 0. 5756851	+ 0. 7625984	+ 0. 3305746
5　17	3 37. 1	+19 24	1. 0113	56. 256	+ 0. 5617372	+ 0. 7715311	+ 0. 3344464
5　18	3 41. 1	+19 37	1. 0115	57. 220	+ 0. 5476301	+ 0. 7802427	+ 0. 3382222
5　19	3 45. 1	+19 50	1. 0117	58. 182	+ 0. 5333678	+ 0. 7887311	+ 0. 3419013
5　20	3 49. 1	+20 2	1. 0119	59. 145	+ 0. 5189547	+ 0. 7969942	+ 0. 3454826
5　21	3 53. 1	+20 15	1. 0121	60. 107	+ 0. 5043947	+ 0. 8050301	+ 0. 3489655
5　22	3 57. 1	+20 26	1. 0123	61. 068	+ 0. 4896921	+ 0. 8128369	+ 0. 3523492
5　23	4 1. 1	+20 38	1. 0124	62. 030	+ 0. 4748509	+ 0. 8204128	+ 0. 3556327
5　24	4 5. 2	+20 49	1. 0126	62. 990	+ 0. 4598752	+ 0. 8277559	+ 0. 3588155
5　25	4 9. 2	+21 0	1. 0128	63. 951	+ 0. 4447690	+ 0. 8348644	+ 0. 3618967
5　26	4 13. 3	+21 10	1. 0130	64. 911	+ 0. 4295364	+ 0. 8417366	+ 0. 3648757
5　27	4 17. 3	+21 21	1. 0132	65. 871	+ 0. 4141815	+ 0. 8483706	+ 0. 3677515
5　28	4 21. 4	+21 30	1. 0134	66. 830	+ 0. 3987082	+ 0. 8547647	+ 0. 3705235
5　29	4 25. 5	+21 40	1. 0135	67. 790	+ 0. 3831206	+ 0. 8609170	+ 0. 3731908
5　30	4 29. 5	+21 49	1. 0137	68. 749	+ 0. 3674229	+ 0. 8668256	+ 0. 3757527
5　31	4 33. 6	+21 57	1. 0139	69. 708	+ 0. 3516192	+ 0. 8724888	+ 0. 3782083
6　1	4 37. 7	+22 6	1. 0140	70. 666	+ 0. 3357141	+ 0. 8779048	+ 0. 3805568
6　2	4 41. 8	+22 13	1. 0142	71. 625	+ 0. 3197129	+ 0. 8830716	+ 0. 3827974
6　3	4 45. 9	+22 21	1. 0143	72. 583	+ 0. 3036173	+ 0. 8879876	+ 0. 3849292
6　4	4 50. 0	+22 28	1. 0145	73. 541	+ 0. 2874349	+ 0. 8926511	+ 0. 3869515
6　5	4 54. 2	+22 35	1. 0146	74. 499	+ 0. 2711698	+ 0. 8970605	+ 0. 3888637
6　6	4 58. 3	+22 41	1. 0148	75. 456	+ 0. 2548268	+ 0. 9012146	+ 0. 3906650
6　7	5 2. 4	+22 47	1. 0149	76. 414	+ 0. 2384110	+ 0. 9051121	+ 0. 3923550
6　8	5 6. 6	+22 52	1. 0150	77. 371	+ 0. 2219275	+ 0. 9087518	+ 0. 3939331
6　9	5 10. 7	+22 57	1. 0151	78. 327	+ 0. 2053813	+ 0. 9121330	+ 0. 3953989
6　10	5 14. 8	+23 2	1. 0153	79. 284	+ 0. 1887777	+ 0. 9152548	+ 0. 3967522
6　11	5 19. 0	+23 6	1. 0154	80. 240	+ 0. 1721214	+ 0. 9181167	+ 0. 3979926
6　12	5 23. 1	+23 10	1. 0155	81. 196	+ 0. 1554176	+ 0. 9207180	+ 0. 3991199
6　13	5 27. 3	+23 14	1. 0156	82. 152	+ 0. 1386712	+ 0. 9230584	+ 0. 4001341
6　14	5 31. 4	+23 17	1. 0157	83. 107	+ 0. 1218870	+ 0. 9251376	+ 0. 4010349
6　15	5 35. 6	+23 19	1. 0157	84. 063	+ 0. 1050698	+ 0. 9269554	+ 0. 4018224
6　16	5 39. 7	+23 21	1. 0158	85. 018	+ 0. 0882245	+ 0. 9285114	+ 0. 4024963
6　17	5 43. 9	+23 23	1. 0159	85. 972	+ 0. 0713557	+ 0. 9298057	+ 0. 4030569
6　18	5 48. 1	+23 25	1. 0160	86. 927	+ 0. 0544681	+ 0. 9308382	+ 0. 4035039
6　19	5 52. 2	+23 26	1. 0161	87. 881	+ 0. 0375664	+ 0. 9316090	+ 0. 4038376
6　20	5 56. 4	+23 26	1. 0161	88. 835	+ 0. 0206551	+ 0. 9321180	+ 0. 4040579
6　21	6 0. 5	+23 26	1. 0162	89. 789	+ 0. 0037387	+ 0. 9323654	+ 0. 4041649
6　22	6 4. 7	+23 26	1. 0163	90. 743	− 0. 0131784	+ 0. 9323513	+ 0. 4041587
6　23	6 8. 9	+23 25	1. 0163	91. 697	− 0. 0300918	+ 0. 9320759	+ 0. 4040394
6　24	6 13. 0	+23 24	1. 0164	92. 650	− 0. 0469972	+ 0. 9315392	+ 0. 4038070
6　25	6 17. 2	+23 23	1. 0164	93. 604	− 0. 0638900	+ 0. 9307413	+ 0. 4034615
6　26	6 21. 3	+23 21	1. 0165	94. 557	− 0. 0807661	+ 0. 9296823	+ 0. 4030030
6　27	6 25. 5	+23 19	1. 0165	95. 511	− 0. 0976209	+ 0. 9283623	+ 0. 4024315
6　28	6 29. 6	+23 16	1. 0166	96. 464	− 0. 1144498	+ 0. 9267813	+ 0. 4017468
6　29	6 33. 8	+23 13	1. 0166	97. 418	− 0. 1312483	+ 0. 9249393	+ 0. 4009492
6　30	6 37. 9	+23 9	1. 0166	98. 371	− 0. 1480116	+ 0. 9228366	+ 0. 4000385
7　1	6 42. 0	+23 5	1. 0167	99. 325	− 0. 1647348	+ 0. 9204734	+ 0. 3990149
7　2	6 46. 2	+23 1	1. 0167	100. 279	− 0. 1814131	+ 0. 9178502	+ 0. 3978784
7　3	6 50. 3	+22 56	1. 0167	101. 232	− 0. 1980413	+ 0. 9149672	+ 0. 3966293
7　4	6 54. 4	+22 51	1. 0167	102. 186	− 0. 2146146	+ 0. 9118253	+ 0. 3952678
7　5	6 58. 6	+22 45	1. 0167	103. 140	− 0. 2311277	+ 0. 9084253	+ 0. 3937943
7　6	7 2. 7	+22 39	1. 0167	104. 093	− 0. 2475758	+ 0. 9047680	+ 0. 3922090
7　7	7 6. 8	+22 33	1. 0167	105. 047	− 0. 2639537	+ 0. 9008546	+ 0. 3905126
7　8	7 10. 9	+22 26	1. 0167	106. 001	− 0. 2802566	+ 0. 8966864	+ 0. 3887056
7　9	7 15. 0	+22 19	1. 0167	106. 955	− 0. 2964796	+ 0. 8922646	+ 0. 3867886
7　10	7 19. 1	+22 12	1. 0167	107. 908	− 0. 3126179	+ 0. 8875907	+ 0. 3847621

月　日	視赤経	視赤緯	地心距離	黄　経 2000.0	$X_{2000.0}$	$Y_{2000.0}$	$Z_{2000.0}$
7 10	h m 7 19.1	+22 12	au 1.0167	° 107.908	au −0.3126179	au +0.8875907	au +0.3847621
7 11	7 23.1	+22 4	1.0166	108.862	−0.3286668	+0.8826664	+0.3826270
7 12	7 27.2	+21 56	1.0166	109.816	−0.3446217	+0.8774932	+0.3803840
7 13	7 31.3	+21 47	1.0165	110.770	−0.3604780	+0.8720728	+0.3780338
7 14	7 35.3	+21 38	1.0165	111.723	−0.3762312	+0.8664070	+0.3755772
7 15	7 39.4	+21 29	1.0164	112.677	−0.3918771	+0.8604977	+0.3730151
7 16	7 43.4	+21 19	1.0164	113.631	−0.4074114	+0.8543466	+0.3703482
7 17	7 47.4	+21 9	1.0163	114.585	−0.4228297	+0.8479557	+0.3675775
7 18	7 51.5	+20 58	1.0163	115.538	−0.4381280	+0.8413271	+0.3647038
7 19	7 55.5	+20 47	1.0162	116.492	−0.4533023	+0.8344626	+0.3617280
7 20	7 59.5	+20 36	1.0161	117.446	−0.4683487	+0.8273643	+0.3586511
7 21	8 3.5	+20 25	1.0161	118.400	−0.4832632	+0.8200342	+0.3554738
7 22	8 7.4	+20 13	1.0160	119.354	−0.4980420	+0.8124741	+0.3521970
7 23	8 11.4	+20 1	1.0159	120.309	−0.5126814	+0.8046861	+0.3488215
7 24	8 15.4	+19 48	1.0158	121.263	−0.5271775	+0.7966719	+0.3453481
7 25	8 19.3	+19 35	1.0157	122.218	−0.5415265	+0.7884335	+0.3417776
7 26	8 23.3	+19 22	1.0156	123.173	−0.5557243	+0.7799727	+0.3381107
7 27	8 27.2	+19 9	1.0155	124.128	−0.5697670	+0.7712914	+0.3343483
7 28	8 31.1	+18 55	1.0154	125.084	−0.5836504	+0.7623917	+0.3304912
7 29	8 35.0	+18 41	1.0153	126.040	−0.5973703	+0.7532756	+0.3265402
7 30	8 38.9	+18 26	1.0152	126.996	−0.6109225	+0.7439455	+0.3224963
7 31	8 42.8	+18 12	1.0151	127.952	−0.6243028	+0.7344037	+0.3183605
8 1	8 46.7	+17 56	1.0150	128.909	−0.6375069	+0.7246527	+0.3141339
8 2	8 50.6	+17 41	1.0149	129.866	−0.6505306	+0.7146952	+0.3098176
8 3	8 54.5	+17 26	1.0147	130.824	−0.6633699	+0.7045340	+0.3054129
8 4	8 58.3	+17 10	1.0146	131.781	−0.6760207	+0.6941720	+0.3009210
8 5	9 2.2	+16 53	1.0145	132.739	−0.6884791	+0.6836122	+0.2963432
8 6	9 6.0	+16 37	1.0143	133.697	−0.7007411	+0.6728579	+0.2916809
8 7	9 9.8	+16 20	1.0142	134.655	−0.7128032	+0.6619120	+0.2869355
8 8	9 13.6	+16 3	1.0140	135.614	−0.7246616	+0.6507781	+0.2821086
8 9	9 17.4	+15 46	1.0139	136.573	−0.7363129	+0.6394593	+0.2772014
8 10	9 21.2	+15 29	1.0137	137.532	−0.7477536	+0.6279591	+0.2722157
8 11	9 25.0	+15 11	1.0135	138.491	−0.7589805	+0.6162810	+0.2671528
8 12	9 28.8	+14 53	1.0133	139.451	−0.7699903	+0.6044284	+0.2620144
8 13	9 32.6	+14 35	1.0132	140.411	−0.7807801	+0.5924048	+0.2568019
8 14	9 36.3	+14 16	1.0130	141.371	−0.7913469	+0.5802137	+0.2515169
8 15	9 40.1	+13 57	1.0128	142.331	−0.8016877	+0.5678588	+0.2461611
8 16	9 43.8	+13 39	1.0126	143.292	−0.8118000	+0.5553436	+0.2407359
8 17	9 47.5	+13 19	1.0124	144.253	−0.8216809	+0.5426716	+0.2352429
8 18	9 51.3	+13 0	1.0122	145.214	−0.8313281	+0.5298463	+0.2296836
8 19	9 55.0	+12 41	1.0120	146.176	−0.8407390	+0.5168711	+0.2240595
8 20	9 58.7	+12 21	1.0118	147.137	−0.8499111	+0.5037495	+0.2183721
8 21	10 2.4	+12 1	1.0116	148.100	−0.8588422	+0.4904849	+0.2126228
8 22	10 6.1	+11 41	1.0114	149.062	−0.8675295	+0.4770804	+0.2068129
8 23	10 9.7	+11 21	1.0112	150.026	−0.8759706	+0.4635396	+0.2009439
8 24	10 13.4	+11 0	1.0110	150.989	−0.8841629	+0.4498656	+0.1950172
8 25	10 17.1	+10 40	1.0108	151.953	−0.8921035	+0.4360620	+0.1890343
8 26	10 20.8	+10 19	1.0106	152.918	−0.8997898	+0.4221324	+0.1829966
8 27	10 24.4	+ 9 58	1.0104	153.883	−0.9072191	+0.4080805	+0.1769057
8 28	10 28.1	+ 9 37	1.0102	154.849	−0.9143886	+0.3939101	+0.1707633
8 29	10 31.7	+ 9 15	1.0099	155.815	−0.9212958	+0.3796251	+0.1645712
8 30	10 35.3	+ 8 54	1.0097	156.781	−0.9279381	+0.3652298	+0.1583309
8 31	10 39.0	+ 8 32	1.0095	157.748	−0.9343132	+0.3507281	+0.1520445
9 1	10 42.6	+ 8 10	1.0093	158.716	−0.9404186	+0.3361244	+0.1457137
9 2	10 46.2	+ 7 49	1.0090	159.684	−0.9462523	+0.3214231	+0.1393404
9 3	10 49.8	+ 7 27	1.0088	160.653	−0.9518122	+0.3066284	+0.1329266
9 4	10 53.5	+ 7 5	1.0085	161.622	−0.9570962	+0.2917449	+0.1264742
9 5	10 57.1	+ 6 42	1.0083	162.591	−0.9621028	+0.2767771	+0.1199852
9 6	11 0.7	+ 6 20	1.0080	163.561	−0.9668301	+0.2617294	+0.1134616

地球時 0 時

月　日	視赤経	視赤緯	地心距離	黄経 2000.0	X 2000.0	Y 2000.0	Z 2000.0
	h　m	+ 。　′	au	。	au	au	au
9　6	11　0.7	+ 6 20	1.0080	163.561	− 0.9668301	+ 0.2617294	+ 0.1134616
9　7	11　4.3	+ 5 58	1.0078	164.532	− 0.9712767	+ 0.2466065	+ 0.1069054
9　8	11　7.9	+ 5 35	1.0075	165.502	− 0.9754411	+ 0.2314129	+ 0.1003186
9　9	11 11.5	+ 5 12	1.0073	166.474	− 0.9793222	+ 0.2161532	+ 0.0937033
9 10	11 15.1	+ 4 50	1.0070	167.445	− 0.9829188	+ 0.2008319	+ 0.0870613
9 11	11 18.7	+ 4 27	1.0067	168.418	− 0.9862298	+ 0.1854537	+ 0.0803948
9 12	11 22.2	+ 4　4	1.0065	169.390	− 0.9892544	+ 0.1700230	+ 0.0737057
9 13	11 25.8	+ 3 41	1.0062	170.363	− 0.9919918	+ 0.1545443	+ 0.0669960
9 14	11 29.4	+ 3 18	1.0059	171.336	− 0.9944415	+ 0.1390223	+ 0.0602676
9 15	11 33.0	+ 2 55	1.0056	172.310	− 0.9966027	+ 0.1234612	+ 0.0535224
9 16	11 36.6	+ 2 32	1.0054	173.285	− 0.9984751	+ 0.1078654	+ 0.0467624
9 17	11 40.2	+ 2　9	1.0051	174.259	− 1.0000583	+ 0.0922391	+ 0.0399893
9 18	11 43.8	+ 1 46	1.0048	175.235	− 1.0013518	+ 0.0765865	+ 0.0332048
9 19	11 47.3	+ 1 22	1.0046	176.211	− 1.0023551	+ 0.0609118	+ 0.0264108
9 20	11 50.9	+ 0 59	1.0043	177.187	− 1.0030676	+ 0.0452190	+ 0.0196090
9 21	11 54.5	+ 0 36	1.0040	178.164	− 1.0034889	+ 0.0295123	+ 0.0128011
9 22	11 58.1	+ 0 12	1.0037	179.141	− 1.0036182	+ 0.0137960	+ 0.0059889
9 23	12　1.7	− 0 11	1.0035	180.120	− 1.0034549	− 0.0019256	− 0.0008257
9 24	12　5.3	− 0 34	1.0032	181.098	− 1.0029984	− 0.0176481	− 0.0076409
9 25	12　8.9	− 0 58	1.0029	182.078	− 1.0022482	− 0.0333669	− 0.0144547
9 26	12 12.5	− 1 21	1.0026	183.058	− 1.0012038	− 0.0490773	− 0.0212649
9 27	12 16.1	− 1 44	1.0024	184.039	− 0.9998650	− 0.0647747	− 0.0280697
9 28	12 19.7	− 2　8	1.0021	185.020	− 0.9982317	− 0.0804543	− 0.0348669
9 29	12 23.3	− 2 31	1.0018	186.002	− 0.9963037	− 0.0961111	− 0.0416544
9 30	12 26.9	− 2 54	1.0015	186.984	− 0.9940813	− 0.1117405	− 0.0484301
10　1	12 30.5	− 3 18	1.0012	187.968	− 0.9915647	− 0.1273374	− 0.0551918
10　2	12 34.1	− 3 41	1.0009	188.951	− 0.9887543	− 0.1428971	− 0.0619374
10　3	12 37.8	− 4　4	1.0007	189.936	− 0.9856507	− 0.1584146	− 0.0686647
10　4	12 41.4	− 4 27	1.0004	190.921	− 0.9822546	− 0.1738850	− 0.0753716
10　5	12 45.0	− 4 50	1.0001	191.906	− 0.9785668	− 0.1893035	− 0.0820559
10　6	12 48.7	− 5 13	0.9998	192.892	− 0.9745882	− 0.2046652	− 0.0887156
10　7	12 52.3	− 5 36	0.9995	193.878	− 0.9703201	− 0.2199653	− 0.0953485
10　8	12 56.0	− 5 59	0.9992	194.865	− 0.9657637	− 0.2351991	− 0.1019524
10　9	12 59.7	− 6 22	0.9989	195.853	− 0.9609204	− 0.2503619	− 0.1085255
10 10	13　3.3	− 6 45	0.9986	196.841	− 0.9557916	− 0.2654489	− 0.1150656
10 11	13　7.0	− 7　8	0.9983	197.829	− 0.9503790	− 0.2804557	− 0.1215707
10 12	13 10.7	− 7 30	0.9980	198.818	− 0.9446844	− 0.2953777	− 0.1280389
10 13	13 14.4	− 7 52	0.9977	199.808	− 0.9387096	− 0.3102105	− 0.1344683
10 14	13 18.1	− 8 15	0.9975	200.798	− 0.9324564	− 0.3249499	− 0.1408571
10 15	13 21.8	− 8 37	0.9972	201.788	− 0.9259267	− 0.3395916	− 0.1472034
10 16	13 25.6	− 8 59	0.9969	202.779	− 0.9191226	− 0.3541317	− 0.1535056
10 17	13 29.3	− 9 21	0.9966	203.771	− 0.9120458	− 0.3685660	− 0.1597619
10 18	13 33.0	− 9 43	0.9963	204.763	− 0.9046981	− 0.3828906	− 0.1659708
10 19	13 36.8	− 10　5	0.9960	205.755	− 0.8970814	− 0.3971016	− 0.1721304
10 20	13 40.6	− 10 26	0.9958	206.749	− 0.8891973	− 0.4111948	− 0.1782392
10 21	13 44.3	− 10 48	0.9955	207.742	− 0.8810475	− 0.4251663	− 0.1842953
10 22	13 48.1	− 11　9	0.9952	208.737	− 0.8726339	− 0.4390117	− 0.1902969
10 23	13 51.9	− 11 30	0.9949	209.732	− 0.8639583	− 0.4527269	− 0.1962423
10 24	13 55.7	− 11 51	0.9947	210.728	− 0.8550228	− 0.4663074	− 0.2021294
10 25	13 59.6	− 12 11	0.9944	211.724	− 0.8458294	− 0.4797490	− 0.2079565
10 26	14　3.4	− 12 32	0.9941	212.721	− 0.8363805	− 0.4930473	− 0.2137216
10 27	14　7.2	− 12 52	0.9939	213.718	− 0.8266785	− 0.5061979	− 0.2194228
10 28	14 11.1	− 13 12	0.9936	214.717	− 0.8167260	− 0.5191966	− 0.2250582
10 29	14 15.0	− 13 32	0.9933	215.715	− 0.8065256	− 0.5320389	− 0.2306259
10 30	14 18.9	− 13 52	0.9931	216.715	− 0.7960803	− 0.5447207	− 0.2361240
10 31	14 22.7	− 14 12	0.9928	217.715	− 0.7853931	− 0.5572377	− 0.2415507
11　1	14 26.7	− 14 31	0.9926	218.715	− 0.7744669	− 0.5695857	− 0.2469041
11　2	14 30.6	− 14 50	0.9923	219.716	− 0.7633052	− 0.5817607	− 0.2521824
11　3	14 34.5	− 15　9	0.9921	220.717	− 0.7519112	− 0.5937586	− 0.2573838

地球時 0 時

月 日	視赤経	視赤緯	地心距離	黄経 2000.0	X 2000.0	Y 2000.0	Z 2000.0
	h m	° ′	au	°	au	au	au
11 3	14 34.5	−15 9	0.9921	220.717	− 0.7519112	− 0.5937586	− 0.2573838
11 4	14 38.5	−15 27	0.9918	221.719	− 0.7402885	− 0.6055753	− 0.2625066
11 5	14 42.4	−15 46	0.9915	222.722	− 0.7284408	− 0.6172072	− 0.2675492
11 6	14 46.4	−16 4	0.9913	223.725	− 0.7163717	− 0.6286503	− 0.2725098
11 7	14 50.4	−16 21	0.9910	224.728	− 0.7040851	− 0.6399011	− 0.2773868
11 8	14 54.4	−16 39	0.9908	225.732	− 0.6915849	− 0.6509560	− 0.2821788
11 9	14 58.4	−16 56	0.9905	226.736	− 0.6788752	− 0.6618116	− 0.2868842
11 10	15 2.5	−17 13	0.9903	227.741	− 0.6659599	− 0.6724646	− 0.2915017
11 11	15 6.5	−17 30	0.9901	228.746	− 0.6528432	− 0.6829120	− 0.2960299
11 12	15 10.6	−17 46	0.9898	229.751	− 0.6395291	− 0.6931505	− 0.3004676
11 13	15 14.7	−18 2	0.9896	230.757	− 0.6260217	− 0.7031775	− 0.3048135
11 14	15 18.8	−18 18	0.9894	231.763	− 0.6123250	− 0.7129901	− 0.3090664
11 15	15 22.9	−18 33	0.9891	232.770	− 0.5984429	− 0.7225855	− 0.3132253
11 16	15 27.0	−18 48	0.9889	233.777	− 0.5843792	− 0.7319611	− 0.3172890
11 17	15 31.1	−19 3	0.9887	234.784	− 0.5701377	− 0.7411140	− 0.3212564
11 18	15 35.3	−19 17	0.9885	235.792	− 0.5557224	− 0.7500416	− 0.3251262
11 19	15 39.4	−19 31	0.9883	236.800	− 0.5411369	− 0.7587409	− 0.3288972
11 20	15 43.6	−19 45	0.9881	237.809	− 0.5263853	− 0.7672091	− 0.3325682
11 21	15 47.8	−19 58	0.9879	238.819	− 0.5114716	− 0.7754433	− 0.3361380
11 22	15 52.0	−20 11	0.9877	239.829	− 0.4964000	− 0.7834407	− 0.3396052
11 23	15 56.2	−20 24	0.9875	240.839	− 0.4811747	− 0.7911985	− 0.3429687
11 24	16 0.4	−20 36	0.9873	241.850	− 0.4658003	− 0.7987137	− 0.3462271
11 25	16 4.7	−20 48	0.9871	242.861	− 0.4502813	− 0.8059838	− 0.3493793
11 26	16 8.9	−20 59	0.9870	243.873	− 0.4346222	− 0.8130061	− 0.3524241
11 27	16 13.2	−21 10	0.9868	244.885	− 0.4188279	− 0.8197781	− 0.3553604
11 28	16 17.5	−21 21	0.9866	245.897	− 0.4029031	− 0.8262971	− 0.3581871
11 29	16 21.8	−21 31	0.9864	246.910	− 0.3868530	− 0.8325610	− 0.3609030
11 30	16 26.1	−21 41	0.9863	247.924	− 0.3706824	− 0.8385673	− 0.3635072
12 1	16 30.4	−21 50	0.9861	248.937	− 0.3543966	− 0.8443138	− 0.3659987
12 2	16 34.7	−21 59	0.9860	249.951	− 0.3380009	− 0.8497986	− 0.3683766
12 3	16 39.0	−22 8	0.9858	250.966	− 0.3215004	− 0.8550197	− 0.3706401
12 4	16 43.4	−22 16	0.9856	251.980	− 0.3049007	− 0.8599753	− 0.3727883
12 5	16 47.7	−22 24	0.9855	252.995	− 0.2882072	− 0.8646638	− 0.3748206
12 6	16 52.1	−22 31	0.9853	254.010	− 0.2714253	− 0.8690836	− 0.3767362
12 7	16 56.5	−22 38	0.9852	255.026	− 0.2545606	− 0.8732335	− 0.3785348
12 8	17 0.8	−22 45	0.9851	256.041	− 0.2376184	− 0.8771123	− 0.3802157
12 9	17 5.2	−22 50	0.9849	257.057	− 0.2206043	− 0.8807191	− 0.3817786
12 10	17 9.6	−22 56	0.9848	258.073	− 0.2035237	− 0.8840528	− 0.3832231
12 11	17 14.0	−23 1	0.9847	259.089	− 0.1863818	− 0.8871129	− 0.3845490
12 12	17 18.4	−23 6	0.9846	260.105	− 0.1691838	− 0.8898985	− 0.3857560
12 13	17 22.8	−23 10	0.9844	261.122	− 0.1519348	− 0.8924091	− 0.3868439
12 14	17 27.3	−23 13	0.9843	262.138	− 0.1346399	− 0.8946442	− 0.3878124
12 15	17 31.7	−23 17	0.9842	263.155	− 0.1173041	− 0.8966031	− 0.3886614
12 16	17 36.1	−23 19	0.9841	264.172	− 0.0999322	− 0.8982853	− 0.3893906
12 17	17 40.5	−23 22	0.9840	265.189	− 0.0825292	− 0.8996902	− 0.3899997
12 18	17 45.0	−23 24	0.9840	266.206	− 0.0651001	− 0.9008171	− 0.3904886
12 19	17 49.4	−23 25	0.9839	267.224	− 0.0476500	− 0.9016656	− 0.3908568
12 20	17 53.8	−23 26	0.9838	268.242	− 0.0301839	− 0.9022349	− 0.3911042
12 21	17 58.3	−23 26	0.9838	269.260	− 0.0127072	− 0.9025246	− 0.3912305
12 22	18 2.7	−23 26	0.9837	270.278	+ 0.0047749	− 0.9025344	− 0.3912354
12 23	18 7.1	−23 26	0.9836	271.297	+ 0.0222569	− 0.9022638	− 0.3911189
12 24	18 11.6	−23 25	0.9836	272.315	+ 0.0397336	− 0.9017127	− 0.3908807
12 25	18 16.0	−23 23	0.9835	273.334	+ 0.0571994	− 0.9008808	− 0.3905208
12 26	18 20.5	−23 21	0.9835	274.353	+ 0.0746487	− 0.8997682	− 0.3900392
12 27	18 24.9	−23 19	0.9835	275.372	+ 0.0920760	− 0.8983749	− 0.3894358
12 28	18 29.3	−23 16	0.9834	276.391	+ 0.1094756	− 0.8967012	− 0.3887107
12 29	18 33.8	−23 13	0.9834	277.411	+ 0.1268419	− 0.8947472	− 0.3878641
12 30	18 38.2	−23 9	0.9834	278.430	+ 0.1441691	− 0.8925136	− 0.3868960
12 31	18 42.6	−23 5	0.9834	279.450	+ 0.1614516	− 0.8900008	− 0.3858068
1 1	18 47.0	−23 0	0.9834	280.469	+ 0.1786835	− 0.8872097	− 0.3845968

地球時 0 時

太陽面の経緯度

（国立天文台暦計算室）

太陽黒点の位置は，太陽面の中央に対する黒点の位置の測定値と，本表の北極方向角（P），日面中央緯度（B_0），日面中央経度（L_0）とから計算でき，日面経緯度で表わす．

Pは太陽面の中央と天の北極を結ぶ大円弧から測った太陽の北極点の位置角で，東回りに測った角を+とする．B_0, L_0は太陽面の中央の位置を日面緯度（B），日面経度（L）で表わしたものである．

日面緯度とは，太陽の赤道面と，太陽面のある1点と太陽の中心とを結ぶ線との交角で，赤道面に対して，この点が北にあれば+，南にあれば−とする．

日面経度とは，太陽面上の基準子午線から太陽面上のある1点を通る子午線までの離角で，東回りに0°から360°まで測る．

P, B_0は年周的にある角度の範囲内を秤動運動する．L_0は1日に約13°2の割合で常に減少する．

均時差より，東経135°における太陽の正中時を次のようにして求めることができる．

正中時=12^h−均時差

表値は中央標準時（JST）9時における値である．

月　日	北　極方向角 P	日面中央緯度 B_0	日面中央経度 L_0	視半径 $S. D.$	均時差
12 27	+ 4.73	− 2.34	293.26	16 17	−0 39
1 1	+ 2.31	− 2.94	227.40	16 17	− 3 5
1 6	− 0.11	− 3.52	161.55	16 17	− 5 23
1 11	− 2.52	− 4.06	95.71	16 17	− 7 31
1 16	− 4.88	− 4.58	29.87	16 17	− 9 24
1 21	− 7.18	− 5.06	324.04	16 17	−11 1
1 26	− 9.40	− 5.50	258.20	16 16	−12 18
1 31	−11.52	− 5.90	192.37	16 16	−13 15
2 5	−13.54	− 6.25	126.54	16 15	−13 53
2 10	−15.43	− 6.55	60.70	16 14	−14 10
2 15	−17.20	− 6.80	354.87	16 13	−14 8
2 20	−18.82	− 7.00	289.03	16 12	−13 48
2 25	−20.29	− 7.14	223.18	16 11	−13 10
3 1	−21.62	− 7.22	157.32	16 10	−12 18
3 6	−22.78	− 7.25	91.45	16 9	−11 13
3 11	−23.79	− 7.23	25.57	16 8	− 9 59
3 16	−24.63	− 7.15	319.67	16 6	− 8 37
3 21	−25.30	− 7.01	253.76	16 5	− 7 10
3 26	−25.79	− 6.82	187.83	16 4	− 5 39
3 31	−26.11	− 6.59	121.88	16 2	− 4 9
4 5	−26.25	− 6.30	55.91	16 1	− 2 41
4 10	−26.21	− 5.97	349.92	15 59	− 1 18
4 15	−25.99	− 5.59	283.92	15 58	− 0 2
4 20	−25.58	− 5.18	217.89	15 57	+ 1 5
4 25	−24.99	− 4.73	151.84	15 55	+ 2 3
4 30	−24.22	− 4.25	85.77	15 54	+ 2 47
5 5	−23.26	− 3.74	19.68	15 53	+ 3 19
5 10	−22.13	− 3.20	313.58	15 52	+ 3 36
5 15	−20.83	− 2.64	247.46	15 51	+ 3 38
5 20	−19.37	− 2.07	181.32	15 50	+ 3 28
5 25	−17.75	− 1.48	115.17	15 49	+ 3 4
5 30	−16.00	− 0.88	49.01	15 48	+ 2 27
6 4	−14.11	− 0.28	342.84	15 47	+ 1 40
6 9	−12.12	+ 0.33	276.67	15 47	+ 0 44
6 14	−10.03	+ 0.93	210.49	15 46	− 0 18
6 19	− 7.86	+ 1.52	144.31	15 46	− 1 23
6 24	− 5.65	+ 2.10	78.12	15 46	− 2 27
6 29	− 3.40	+ 2.67	11.94	15 45	− 3 30
7 4	− 1.13	+ 3.22	305.76	15 45	− 4 27
7 9	+ 1.13	+ 3.75	239.58	15 45	− 5 16
7 14	+ 3.37	+ 4.25	173.41	15 46	− 5 55
7 19	+ 5.56	+ 4.73	107.25	15 46	− 6 20
7 24	+ 7.70	+ 5.17	41.10	15 46	− 6 32
7 29	+ 9.77	+ 5.57	334.96	15 47	− 6 30
8 3	+11.76	+ 5.94	268.83	15 47	− 6 12
8 8	+13.65	+ 6.27	202.71	15 48	− 5 40
8 13	+15.44	+ 6.55	136.61	15 49	− 4 53
8 18	+17.12	+ 6.79	70.52	15 50	− 3 52
8 23	+18.67	+ 6.98	4.44	15 51	− 2 38
8 28	+20.10	+ 7.12	298.37	15 52	− 1 14
9 2	+21.40	+ 7.21	232.32	15 53	+ 0 19
9 7	+22.56	+ 7.25	166.29	15 54	+ 1 59
9 12	+23.57	+ 7.24	100.26	15 55	+ 3 43
9 17	+24.43	+ 7.17	34.25	15 56	+ 5 31
9 22	+25.13	+ 7.05	328.25	15 58	+ 7 18
9 27	+25.66	+ 6.88	262.25	15 59	+ 9 2
10 2	+26.03	+ 6.66	196.27	16 0	+10 40
10 7	+26.23	+ 6.39	130.30	16 2	+12 11
10 12	+26.24	+ 6.07	64.34	16 3	+13 31
10 17	+26.07	+ 5.71	358.38	16 4	+14 40
10 22	+25.71	+ 5.30	292.43	16 6	+15 33
10 27	+25.16	+ 4.85	226.49	16 7	+16 9
11 1	+24.41	+ 4.36	160.56	16 8	+16 26
11 6	+23.46	+ 3.84	94.63	16 10	+16 23
11 11	+22.32	+ 3.29	28.71	16 11	+15 59
11 16	+20.99	+ 2.71	322.79	16 12	+15 15
11 21	+19.47	+ 2.11	256.88	16 13	+14 10
11 26	+17.78	+ 1.49	190.98	16 14	+12 44
12 1	+15.92	+ 0.86	125.08	16 15	+11 0
12 6	+13.92	+ 0.22	59.19	16 15	+ 9 0
12 11	+11.79	− 0.42	353.31	16 16	+ 6 47
12 16	+ 9.55	− 1.06	287.43	16 17	+ 4 25
12 21	+ 7.23	− 1.69	221.56	16 17	+ 1 57
12 26	+ 4.84	− 2.31	155.69	16 17	− 0 32
12 31	+ 2.43	− 2.91	89.84	16 17	− 2 58
1 5	+ 0.01	− 3.49	23.99	16 17	− 5 17

月のこよみ （国立天文台暦計算室）

　月のこよみとしては視赤経, 視赤緯と真地心距離, 視半径, P（暗縁の北極方向角）, k（輝面率）を掲げた. 表値は地球時（TT）0時の値である.

　地心距離の単位はkmとした. 地球の赤道半径を1とした単位に変換するには, 6378.14kmで割ればよい.

　Pは月の欠けている部分の中央点までの北極方向角で, 月の中央から天の北極に向かう方向を0°とし, 東回りに360°まで測る.

　kは輝面率で, 太陽光によって輝いて見える部分の全表面に対する比である. この比は月面上の明暗境界線の両端を結ぶ直線に垂直で, 月の直径に対する明るい部分の長さの比でもある（Pとkについては図1を参照）.

　月の明るさは等級ではあまり表示されないが, 明るさの目安として用いたもので, 約$-5 \sim -13$等（新月から満月）の間で変化している. 月齢との関係は毎月の空（26ページから48ページ）に21時（JST）の月齢の値が掲載されている.

　月は地球の半径の約60倍という近距離にある天体であるため, 地表から見た月の位置は, 地心（地球の中心）から見た位置と比較すると, 最大で約1°も異なる場合がある. したがって必要に応じ地表の観測者から見た測心座標に変換しなければならない.

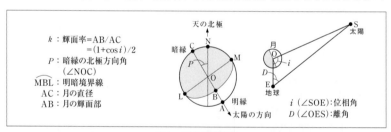

k：輝面率=AB/AC
　　　＝$(1+\cos i)/2$
P：暗縁の北極方向角
　　　（∠NOC）
$\widehat{MBL}$：明暗境界線
AC：月の直径
AB：月の輝面部

i（∠SOE）：位相角
D（∠OES）：離角

図1　Pとkの説明図

月日	視赤経	視赤緯	地心距離	視半径	P	k	等級	月日	視赤経	視赤緯	地心距離	視半径	P	k	等級
12 31	h m 9 51.4	′ +17 28	km 403410	14.8	285.5	0.85	−11	1　9	h m 16 53.3	′ −26 39	km 376427	15.9	270.3	0.08	− 7
								10	17 55.8	−28　6	371175	16.1	257.9	0.03	− 6
1　1	10 36.4	+12 38	404668	14.8	289.5	0.78	−11								
2	11 19.5	+ 7 22	404834	14.8	291.9	0.70	−11	11	19　0.7	−27 42	366876	16.3	228.0	0.01	− 5
3	12　1.5	+ 1 51	403780	14.8	293.0	0.61	−10	12	20　5.0	−25 23	363887	16.4	113.6	0.01	− 5
4	12 43.6	− 3 47	401460	14.9	293.0	0.52	−10	13	21　7.3	−21 20	362417	16.5	85.1	0.03	− 6
5	13 26.8	− 9 21	397926	15.0	291.7	0.42	−10	14	22　5.7	−15 56	362499	16.5	75.2	0.09	− 7
6	14 12.4	−14 42	393339	15.2	289.0	0.32	− 9	15	23　0.5	− 9 38	363993	16.4	70.1	0.17	− 8
7	15　1.4	−19 35	387968	15.4	284.8	0.23	− 9	16	23 52.5	− 2 55	366632	16.3	67.6	0.26	− 9
8	15 54.9	−23 41	382183	15.6	278.7	0.15	− 8	17	0 42.9	+ 3 50	370081	16.1	67.2	0.37	−10
9	16 53.3	−26 39	376427	15.9	270.3	0.08	− 7	18	1 33.0	+10 15	374007	16.0	68.5	0.48	−10

月日	視赤経 (h m)	視赤緯 (° ′)	地心距離 (km)	視半径 (′)	P (°)	k	等級
1 18	1 33.0	+10 15	374007	16.0	68.5	0.48	-10
19	2 24.0	+16 4	378118	15.8	71.5	0.59	-10
20	3 16.6	+20 59	382202	15.6	76.1	0.70	-11
21	4 11.3	+24 46	386118	15.5	82.0	0.79	-11
22	5 7.8	+27 13	389794	15.3	89.4	0.86	-12
23	6 5.1	+28 12	393200	15.2	98.3	0.93	-12
24	7 1.8	+27 42	396319	15.1	109.7	0.97	-12
25	7 56.5	+25 48	399129	15.0	131.6	0.99	-12
26	8 48.3	+22 44	401577	14.9	226.5	1.00	-12
27	9 37.0	+18 43	403577	14.8	272.2	0.98	-12
28	10 22.8	+14 0	405008	14.7	283.6	0.95	-12
29	11 6.3	+8 48	405724	14.7	288.9	0.91	-12
30	11 48.4	+3 19	405573	14.7	291.6	0.84	-11
31	12 30.1	-2 17	404417	14.8	292.7	0.77	-11
2 1	13 12.4	-7 51	402160	14.9	292.3	0.69	-11
2	13 56.4	-13 12	398769	15.0	290.6	0.60	-10
3	14 43.2	-18 10	394297	15.1	287.5	0.50	-10
4	15 33.7	-22 29	388905	15.4	283.1	0.40	-10
5	16 28.8	-25 50	382869	15.6	277.1	0.30	-9
6	17 28.4	-27 52	376575	15.9	269.8	0.21	-8
7	18 31.4	-28 14	370504	16.1	261.1	0.12	-8
8	19 36.0	-26 44	365179	16.4	251.0	0.06	-7
9	20 39.6	-23 22	361106	16.5	235.9	0.02	-6
10	21 40.5	-18 23	358682	16.7	153.0	0.00	-5
11	22 38.0	-12 12	358131	16.7	80.5	0.02	-6
12	23 32.7	-5 20	359453	16.6	70.7	0.06	-7
13	0 25.4	+1 44	362434	16.5	67.7	0.13	-8
14	1 17.3	+8 34	366700	16.3	67.7	0.22	-9
15	2 9.5	+14 47	371796	16.1	69.8	0.33	-9
16	3 3.0	+20 6	377263	15.8	73.5	0.43	-10
17	3 58.1	+24 14	382505	15.6	78.6	0.54	-10
18	4 54.6	+27 0	387817	15.4	84.9	0.64	-11
19	5 51.8	+28 18	392396	15.2	91.8	0.74	-11
20	6 48.5	+28 6	396335	15.1	99.1	0.82	-11
21	7 43.3	+26 30	399594	14.9	106.3	0.89	-12
22	8 35.4	+23 41	402184	14.9	113.7	0.94	-12
23	9 24.5	+19 52	404133	14.8	122.6	0.98	-12
24	10 10.7	+15 17	405465	14.7	144.3	1.00	-12
25	10 54.6	+10 10	406184	14.7	262.7	1.00	-13
26	11 37.0	+4 42	406264	14.7	286.3	0.98	-12
27	12 18.8	-0 55	405653	14.7	291.3	0.95	-12
28	13 0.8	-6 32	404277	14.8	292.6	0.90	-12
29	13 44.0	-11 58	402059	14.9	291.9	0.83	-11
3 1	14 29.4	-17 1	398943	15.0	289.7	0.75	-11
2	15 17.9	-21 29	394916	15.1	286.1	0.66	-11
3	16 10.4	-25 5	389733	15.3	281.1	0.57	-10
4	17 6.9	-27 31	384457	15.5	274.9	0.46	-10
5	18 7.0	-28 29	378439	15.8	267.8	0.36	-9
6	19 9.3	-27 45	372357	16.0	260.2	0.26	-9
7	20 11.8	-25 12	366676	16.3	252.8	0.16	-8
8	21 12.7	-20 56	361911	16.5	245.8	0.09	-7
9	22 11.3	-15 16	358553	16.7	238.7	0.03	-6
10	23 7.3	-8 36	356983	16.7	220.4	0.00	-5
11	0 1.5	-1 37	357393	16.7	75.7	0.01	-5
12	0 54.9	+5 48	359741	16.6	67.4	0.04	-7
13	1 48.7	+12 33	363762	16.4	67.6	0.10	-8
14	2 43.5	+18 28	369433	16.2	70.4	0.18	-8
15	3 40.0	+23 12	375011	15.9	75.0	0.28	-9
16	4 38.0	+26 30	381214	15.7	80.9	0.38	-10

月日	視赤経 (h m)	視赤緯 (° ′)	地心距離 (km)	視半径 (′)	P (°)	k	等級
3 16	4 38.0	+26 30	381214	15.7	80.9	0.38	-10
17	5 36.5	+28 15	387184	15.4	87.5	0.48	-10
18	6 34.3	+28 25	392577	15.2	94.3	0.59	-10
19	7 30.1	+27 8	397161	15.0	100.8	0.68	-11
20	8 23.0	+24 34	400812	14.9	106.7	0.77	-11
21	9 12.7	+20 58	403497	14.8	111.7	0.84	-11
22	9 59.4	+16 33	405247	14.7	115.7	0.91	-12
23	10 43.7	+11 33	406136	14.7	119.0	0.95	-12
24	11 26.3	+6 8	406253	14.7	122.3	0.98	-12
25	12 8.1	+0 31	405681	14.7	135.3	1.00	-13
26	12 50.1	-5 10	404485	14.8	291.4	1.00	-12
27	13 33.0	-10 42	402700	14.8	294.1	0.97	-12
28	14 18.0	-15 54	400332	14.9	292.6	0.93	-12
29	15 5.7	-20 32	397372	15.0	289.4	0.88	-11
30	15 56.9	-24 22	393809	15.2	284.7	0.81	-11
31	16 51.7	-27 6	389655	15.3	278.9	0.72	-11
4 1	17 49.8	-28 28	384972	15.5	272.3	0.62	-11
2	18 50.0	-28 14	379895	15.7	265.2	0.52	-10
3	19 50.6	-26 20	374652	15.9	258.3	0.41	-10
4	20 50.2	-22 46	369564	16.2	252.2	0.30	-9
5	21 47.7	-17 46	365031	16.4	247.3	0.20	-8
6	22 43.1	-11 38	361490	16.5	243.9	0.11	-8
7	23 36.9	-4 44	359349	16.6	242.2	0.05	-7
8	0 30.1	+2 28	358910	16.6	243.0	0.01	-6
9	1 23.8	+9 32	360295	16.6	56.6	0.00	-5
10	2 18.9	+15 59	363421	16.4	64.5	0.02	-6
11	3 16.0	+21 24	368002	16.2	69.5	0.07	-7
12	4 15.2	+25 26	373605	16.0	75.6	0.14	-8
13	5 15.5	+27 50	379728	15.7	82.4	0.23	-9
14	6 15.4	+28 34	385868	15.5	89.5	0.32	-9
15	7 13.4	+27 42	391587	15.3	96.4	0.42	-10
16	8 8.2	+25 27	396540	15.1	102.4	0.52	-10
17	8 59.3	+22 4	400496	14.9	107.5	0.62	-10
18	9 47.0	+17 50	403330	14.8	111.4	0.71	-11
19	10 31.9	+12 57	405020	14.7	114.1	0.79	-11
20	11 14.9	+7 38	405619	14.7	115.7	0.86	-11
21	11 56.8	+2 3	405243	14.7	115.9	0.92	-12
22	12 38.7	-3 38	404037	14.8	114.3	0.96	-12
23	13 21.5	-9 14	402161	14.9	108.8	0.99	-12
24	14 6.1	-14 35	399763	14.9	17.2	1.00	-13
25	14 53.5	-19 25	396968	15.0	300.1	0.99	-12
26	15 44.3	-23 30	393866	15.2	291.4	0.96	-12
27	16 38.7	-26 32	390515	15.3	284.3	0.91	-12
28	17 36.2	-28 14	386951	15.4	277.0	0.84	-11
29	18 35.8	-28 23	383209	15.6	269.6	0.76	-11
30	19 35.7	-26 54	379341	15.7	262.5	0.66	-11
5 1	20 34.4	-23 49	375447	15.9	256.1	0.55	-10
2	21 30.9	-19 19	371687	16.1	251.0	0.44	-10
3	22 25.2	-13 41	368289	16.2	247.3	0.33	-9
4	23 17.6	-7 14	365539	16.3	245.3	0.23	-9
5	0 9.3	-0 19	363740	16.4	245.3	0.13	-8
6	1 1.4	+6 40	363168	16.4	247.7	0.06	-7
7	1 54.9	+13 19	364007	16.4	254.7	0.02	-6
8	2 50.8	+19 10	366302	16.3	307.3	0.00	-5
9	3 49.5	+23 50	369937	16.1	60.1	0.01	-6
10	4 50.3	+26 58	374641	15.9	73.5	0.05	-7
11	5 51.8	+28 23	380028	15.7	82.7	0.10	-7
12	6 52.0	+28 6	385657	15.5	90.8	0.18	-8
13	7 49.3	+26 16	391086	15.3	97.8	0.26	-9

地球時0時

月日	視赤経	視赤緯	地心距離	視半径	P	k	等級	月日	視赤経	視赤緯	地心距離	視半径	P	k	等級
5 13	7h 49.3m	+26°16′	391086 km	15.3′	97.8°	0.26	− 9	7 10	10h 32.2m	+12°19′	401244 km	14.9′	109.0°	0.16	− 8
14	8 42.7	+23 11	395924	15.1	103.6	0.36	− 9	11	11 15.7	+ 6 54	403293	14.8	111.8	0.24	− 8
15	9 32.1	+19 8	399857	15.0	108.2	0.45	−10	12	11 57.1	+ 1 18	404291	14.8	113.1	0.32	− 9
16	10 18.2	+14 24	402672	14.8	111.4	0.55	−10	13	12 39.4	− 4 19	404092	14.8	113.1	0.41	−10
17	11 1.9	+ 9 11	404261	14.8	113.5	0.64	−10	14	13 21.9	− 9 49	402635	14.8	111.9	0.51	−10
18	11 44.0	+ 3 40	404614	14.8	114.3	0.73	−11	15	14 6.2	−15 2	399954	14.9	109.4	0.60	−10
19	12 25.8	− 1 59	403812	14.8	113.9	0.81	−11	16	14 53.5	−19 45	396181	15.1	105.6	0.69	−11
20	13 8.3	− 7 37	402007	14.9	112.0	0.88	−11	17	15 44.5	−23 44	391547	15.3	100.2	0.78	−11
								18	16 39.8	−26 40	386371	15.5	93.2	0.86	−11
21	13 52.4	−13 2	399404	15.0	108.1	0.93	−12	19	17 39.0	−28 14	381038	15.7	84.2	0.93	−12
22	14 39.1	−18 3	396235	15.1	100.5	0.97	−12	20	18 40.8	−28 9	375961	15.9	71.5	0.97	−12
23	15 29.4	−22 24	392737	15.2	78.0	1.00	−12								
24	16 23.4	−25 46	389126	15.3	318.8	1.00	−12	21	19 43.1	−26 18	371540	16.1	39.5	1.00	−13
25	17 21.1	−27 51	385576	15.5	288.8	0.98	−12	22	20 43.9	−22 44	368107	16.2	284.8	0.99	−13
26	18 21.1	−28 23	382214	15.6	276.9	0.93	−12	23	21 41.9	−17 44	365683	16.3	260.3	0.97	−12
27	19 21.8	−27 15	379115	15.8	267.6	0.87	−12	24	22 36.9	−11 40	364952	16.4	252.0	0.91	−12
28	20 21.2	−24 29	376317	15.9	260.1	0.79	−11	25	23 29.4	− 4 59	365259	16.4	248.2	0.83	−11
29	21 18.1	−20 17	373838	16.0	254.1	0.69	−11	26	0 20.6	+ 1 54	366637	16.3	246.8	0.74	−11
30	22 12.3	−14 56	371707	16.1	249.8	0.58	−10	27	1 11.5	+ 8 38	368856	16.2	247.5	0.63	−10
31	23 4.1	− 8 46	369977	16.1	247.1	0.47	−10	28	2 3.1	+14 59	371669	16.1	250.0	0.51	−10
								29	2 57.3	+20 12	374856	15.9	254.1	0.40	−10
6 1	23 54.7	− 2 8	368745	16.2	246.1	0.36	− 9	30	3 53.6	+24 24	378246	15.8	259.7	0.30	− 9
2	0 45.1	+ 4 40	368139	16.2	246.9	0.25	− 9	31	4 52.1	+27 12	381725	15.6	266.8	0.20	− 8
3	1 36.6	+11 14	368308	16.2	248.9	0.16	− 8								
4	2 30.3	+17 13	369381	16.2	255.1	0.08	− 7	8 1	5 51.7	+28 25	385224	15.5	274.9	0.13	− 8
5	3 26.8	+22 14	371429	16.1	264.8	0.03	− 6	2	6 50.8	+28 1	388697	15.4	284.1	0.06	− 7
6	4 26.3	+25 55	374436	16.0	292.2	0.00	− 5	3	7 47.7	+26 6	392102	15.2	295.9	0.02	− 6
7	5 27.5	+27 58	378277	15.8	48.9	0.00	− 5	4	8 41.3	+22 55	395376	15.1	324.5	0.00	− 5
8	6 28.7	+28 18	382725	15.6	78.3	0.03	− 6	5	9 31.3	+18 43	398424	15.0	76.3	0.00	− 5
9	7 27.8	+26 59	387470	15.4	90.2	0.07	− 7	6	10 18.0	+13 50	401112	14.9	101.4	0.02	− 6
10	8 23.4	+24 17	392160	15.2	98.4	0.13	− 8	7	11 2.1	+ 8 28	403274	14.8	108.8	0.06	− 7
								8	11 44.5	+ 2 53	404728	14.8	112.0	0.11	− 7
11	9 14.9	+20 28	396437	15.1	104.4	0.21	− 8	9	12 26.2	− 2 46	405295	14.7	113.2	0.18	− 8
12	10 2.6	+15 53	399977	14.9	108.9	0.30	− 9	10	13 8.1	− 8 19	404818	14.8	112.9	0.26	− 9
13	10 47.3	+10 45	402515	14.8	111.6	0.39	− 9								
14	11 30.0	+ 5 18	403870	14.8	113.2	0.48	−10	11	13 51.4	−13 37	403192	14.8	111.3	0.35	− 9
15	12 11.8	− 0 19	403957	14.8	113.5	0.57	−10	12	14 37.0	−18 27	400379	14.9	108.3	0.44	−10
16	12 53.8	− 5 56	402785	14.8	112.7	0.67	−11	13	15 25.9	−22 39	396430	15.1	104.1	0.54	−10
17	13 37.1	−11 24	400461	14.9	110.6	0.75	−11	14	16 18.7	−25 55	391501	15.3	98.6	0.64	−11
18	14 22.8	−16 32	397179	15.0	106.9	0.83	−11	15	17 15.5	−27 59	385854	15.5	91.9	0.73	−11
19	15 11.8	−21 6	393200	15.2	101.3	0.90	−12	16	18 15.6	−28 32	379851	15.7	84.2	0.82	−11
20	16 4.8	−24 49	388834	15.4	92.8	0.95	−12	17	19 17.3	−27 23	373940	16.0	75.8	0.90	−12
								18	20 18.5	−24 28	368606	16.2	66.5	0.95	−12
21	17 1.8	−27 20	384408	15.5	76.9	0.99	−12	19	21 18.5	−19 56	364315	16.4	51.7	0.99	−12
22	18 2.1	−28 21	380231	15.7	6.8	1.00	−13	20	22 15.5	−14 6	361448	16.5	292.7	1.00	−13
23	19 3.9	−27 40	376563	15.9	285.8	0.99	−12								
24	20 5.0	−25 16	373587	16.0	268.2	0.95	−12	21	23 10.1	− 7 25	360233	16.6	253.2	0.98	−12
25	21 3.8	−21 18	371398	16.1	258.8	0.89	−12	22	0 3.1	− 0 18	360712	16.6	247.5	0.93	−12
26	21 59.4	−16 5	370006	16.1	252.7	0.81	−11	23	0 55.6	+ 6 46	362737	16.5	246.5	0.85	−12
27	22 52.3	−10 0	369358	16.2	248.8	0.71	−11	24	1 48.7	+13 22	366014	16.3	248.0	0.76	−11
28	23 43.1	− 3 25	369367	16.2	246.9	0.61	−11	25	2 43.3	+19 8	370169	16.1	251.4	0.66	−11
29	0 33.1	+ 3 19	369943	16.1	246.8	0.49	−10	26	3 40.0	+23 43	374816	15.9	256.4	0.54	−10
30	1 23.5	+ 9 52	371023	16.1	248.4	0.38	−10	27	4 38.6	+26 53	379612	15.7	262.7	0.43	−10
								28	5 38.2	+28 27	384290	15.5	269.7	0.33	− 9
7 1	2 15.6	+15 54	372576	16.0	251.8	0.27	− 9	29	6 37.2	+28 23	388666	15.4	277.0	0.24	− 9
2	3 10.2	+21 3	374598	15.9	257.1	0.18	− 8	30	7 34.3	+26 48	392634	15.2	284.0	0.16	− 8
3	4 7.6	+25 2	377098	15.8	264.5	0.10	− 7	31	8 28.2	+23 54	396143	15.1	290.6	0.09	− 7
4	5 7.3	+27 31	380071	15.7	27.9	0.05	− 7								
5	6 7.9	+28 22	383468	15.6	293.3	0.01	− 6	9 1	9 18.6	+19 56	399176	15.0	297.1	0.04	− 6
6	7 7.4	+27 34	387186	15.4	12.6	0.00	− 5	2	10 5.7	+15 13	401721	14.9	305.6	0.01	− 5
7	8 4.1	+25 16	391060	15.3	81.3	0.01	− 6	3	10 50.1	+ 9 57	403754	14.8	1.5	0.00	− 5
8	8 57.1	+21 45	394868	15.1	96.6	0.05	− 6	4	11 32.7	+ 4 24	405226	14.7	105.8	0.01	− 6
9	9 46.3	+17 21	398352	15.0	104.3	0.10	− 7	5	12 14.5	− 1 17	406078	14.7	112.7	0.03	− 6
10	10 32.2	+12 19	401244	14.9	109.0	0.16	− 8	6	12 56.2	− 6 54	406152	14.7	114.0	0.08	− 7
								7	13 38.9	−12 17	405393	14.7	113.2	0.13	− 8

月日	視赤経 h m	視赤緯 ° '	地心距離 km	視半径	P	k	等級
9 7	13 38.9	-12 17	405393	14.7	113.2	0.13	-8
8	14 23.5	-17 15	403678	14.8	110.9	0.20	-8
9	15 10.8	-21 37	400936	14.9	107.3	0.29	-9
10	16 1.6	-25 9	397152	15.0	102.5	0.38	-9
11	16 55.9	-27 35	392390	15.2	96.6	0.48	-10
12	17 53.5	-28 39	386816	15.4	89.8	0.58	-10
13	18 53.2	-28 9	380704	15.7	82.7	0.68	-11
14	19 53.5	-25 58	374440	16.0	75.7	0.78	-11
15	20 52.9	-22 9	368498	16.2	69.4	0.86	-12
16	21 50.4	-16 53	363398	16.4	64.1	0.93	-12
17	22 45.9	-10 30	359633	16.6	59.1	0.98	-12
18	23 39.9	-3 26	357592	16.7	29.7	1.00	-13
19	0 33.5	+3 53	357477	16.7	245.7	0.99	-12
20	1 27.8	+10 56	359269	16.6	245.1	0.95	-12
21	2 23.6	+17 17	362731	16.5	247.9	0.88	-12
22	3 21.5	+22 29	367465	16.3	252.5	0.79	-11
23	4 21.4	+26 13	372991	16.0	258.5	0.69	-11
24	5 22.4	+28 17	378831	15.8	265.4	0.59	-10
25	6 22.9	+28 38	384566	15.5	272.5	0.48	-10
26	7 21.1	+27 22	389874	15.3	279.3	0.38	-9
27	8 15.9	+24 44	394538	15.1	285.3	0.28	-9
28	9 7.0	+21 1	398439	15.0	290.2	0.20	-8
29	9 54.5	+16 27	401539	14.9	293.9	0.13	-8
30	10 39.3	+11 19	403853	14.8	296.4	0.07	-7
10 1	11 22.1	+5 50	405423	14.7	297.7	0.03	-6
2	12 3.8	+0 10	406296	14.7	297.1	0.01	-5
3	12 45.5	-5 29	406505	14.7	126.3	0.00	-5
4	13 27.9	-10 57	406058	14.7	118.6	0.01	-5
5	14 12.0	-16 4	404933	14.7	115.4	0.04	-6
6	14 58.6	-20 36	403088	14.8	111.5	0.09	-7
7	15 48.2	-24 21	400474	14.9	106.6	0.15	-8
8	16 41.1	-27 4	397054	15.0	100.8	0.23	-9
9	17 36.9	-28 31	392831	15.2	94.3	0.32	-9
10	18 34.7	-28 30	387873	15.4	87.4	0.42	-10
11	19 33.3	-26 54	382337	15.6	80.7	0.52	-10
12	20 31.1	-23 45	376482	15.9	74.6	0.63	-11
13	21 27.4	-19 10	370677	16.1	69.6	0.74	-11
14	22 22.1	-13 22	365375	16.3	66.1	0.83	-11
15	23 15.5	-6 42	361068	16.5	64.5	0.91	-12
16	0 8.5	+0 28	358220	16.7	65.5	0.97	-12
17	1 2.4	+7 42	357176	16.7	75.7	1.00	-13
18	1 58.0	+14 31	358091	16.7	232.5	1.00	-13
19	2 56.3	+20 23	360891	16.6	244.7	0.96	-12
20	3 57.3	+24 54	365286	16.4	252.1	0.91	-12
21	5 0.1	+27 42	370828	16.1	259.7	0.83	-11
22	6 3.0	+28 40	376998	15.8	267.5	0.74	-11
23	7 3.8	+27 52	383280	15.6	274.8	0.64	-11
24	8 0.9	+25 33	389229	15.3	281.3	0.54	-10
25	8 53.8	+22 2	394500	15.1	286.5	0.43	-10
26	9 42.6	+17 38	398865	15.0	290.5	0.34	-9
27	10 28.1	+12 38	402205	14.9	293.1	0.25	-9
28	11 11.3	+7 13	404495	14.8	294.5	0.17	-8
29	11 53.1	+1 37	405782	14.7	294.4	0.11	-7
30	12 34.7	-4 3	406161	14.7	292.6	0.06	-7
31	13 16.9	-9 34	405746	14.7	287.9	0.02	-6
11 1	14 0.7	-14 48	404655	14.8	268.3	0.00	-5
2	14 46.8	-19 30	402982	14.8	139.7	0.00	-5
3	15 36.0	-23 29	400794	14.9	117.1	0.02	-6
4	16 28.4	-26 28	398126	15.0	107.8	0.06	-7

月日	視赤経 h m	視赤緯 ° '	地心距離 km	視半径	P	k	等級
11 4	16 28.4	-26 28	398126	15.0	107.8	0.06	-7
5	17 23.7	-28 12	394988	15.1	99.8	0.11	-7
6	18 20.9	-28 12	391380	15.3	92.2	0.18	-8
7	19 18.6	-27 19	387320	15.4	84.9	0.27	-9
8	20 15.5	-24 37	382863	15.6	78.4	0.37	-9
9	21 10.7	-20 32	378135	15.8	73.1	0.47	-10
10	22 4.0	-15 17	373343	16.0	69.1	0.58	-10
11	22 55.8	-9 7	368784	16.2	66.6	0.69	-11
12	23 47.0	-2 22	364829	16.4	66.0	0.79	-11
13	0 38.8	+4 40	361877	16.5	67.4	0.88	-12
14	1 32.4	+11 32	360297	16.6	72.0	0.95	-12
15	2 28.9	+17 48	360353	16.6	84.6	0.99	-12
16	3 28.9	+22 58	362139	16.5	186.1	1.00	-13
17	4 31.9	+26 35	365553	16.3	244.8	0.98	-12
18	5 36.3	+28 22	370302	16.1	258.5	0.94	-12
19	6 39.9	+28 14	375960	15.9	268.3	0.87	-12
20	7 40.2	+26 24	382030	15.6	276.2	0.79	-11
21	8 36.1	+23 11	388022	15.4	282.6	0.70	-11
22	9 27.3	+18 57	393502	15.2	287.5	0.61	-10
23	10 14.5	+14 1	398132	15.0	290.9	0.51	-10
24	10 58.7	+8 40	401682	14.9	292.9	0.41	-10
25	11 41.0	+3 5	404035	14.8	293.7	0.32	-9
26	12 22.6	-2 34	405177	14.7	293.3	0.24	-9
27	13 4.6	-8 7	405181	14.7	291.4	0.16	-8
28	13 47.9	-13 25	404186	14.8	287.9	0.10	-7
29	14 33.4	-18 16	402373	14.8	281.8	0.05	-7
30	15 22.0	-22 28	399943	14.9	270.0	0.02	-6
12 1	16 14.1	-25 44	397088	15.0	224.7	0.00	-5
2	17 9.3	-27 48	393973	15.2	124.6	0.01	-5
3	18 6.9	-28 28	390721	15.3	102.7	0.03	-6
4	19 5.2	-27 35	387413	15.4	91.4	0.08	-7
5	20 2.7	-25 10	384090	15.6	83.0	0.14	-8
6	20 58.2	-21 21	380774	15.7	76.4	0.23	-9
7	21 51.3	-16 24	377491	15.8	71.5	0.32	-9
8	22 42.3	-10 33	374300	16.0	68.3	0.43	-10
9	23 32.2	-4 6	371312	16.1	66.7	0.54	-11
10	0 22.1	+2 38	368700	16.2	66.7	0.65	-11
11	1 13.2	+9 20	366692	16.3	68.7	0.76	-11
12	2 6.7	+15 37	365541	16.3	72.8	0.85	-12
13	3 3.7	+21 5	365481	16.3	79.7	0.92	-12
14	4 4.5	+25 15	366670	16.3	91.8	0.97	-12
15	5 8.0	+27 46	369149	16.2	128.8	1.00	-13
16	6 12.3	+28 25	372813	16.0	240.1	0.99	-13
17	7 14.9	+27 13	377416	15.8	265.0	0.96	-12
18	8 13.6	+24 27	382603	15.6	276.1	0.92	-12
19	9 7.7	+20 28	387959	15.4	283.2	0.85	-11
20	9 57.3	+15 38	393060	15.2	288.1	0.77	-11
21	10 43.2	+10 18	397521	15.0	291.3	0.68	-11
22	11 26.7	+4 42	401030	14.9	293.0	0.59	-10
23	12 8.3	-0 59	403369	14.8	293.4	0.49	-10
24	12 50.6	-6 35	404423	14.8	292.6	0.40	-10
25	13 33.4	-11 57	404184	14.8	290.6	0.31	-9
26	14 18.0	-16 55	402741	14.8	287.2	0.23	-8
27	15 5.5	-21 19	400270	14.9	282.3	0.15	-8
28	15 56.4	-24 28	397011	15.0	275.5	0.09	-7
29	16 51.1	-27 19	393247	15.2	265.7	0.04	-6
30	17 48.6	-28 24	389273	15.3	247.6	0.01	-6
31	18 47.8	-27 56	385361	15.5	166.3	0.00	-5
1 1	19 46.7	-25 52	381738	15.6	98.8	0.01	-6

地球時 0 時

太陽の月面余経度と月面緯度 (相馬 充)

月日	Y	b	月日	Y	b	月日	Y	b	月日	Y	b
	°	°		°	°		°	°		°	°
12 31	133.73	-1.55	2 19	21.99	-1.16	4 9	270.90	+0.12	5 29	161.09	+1.26
1 1	145.87	-1.55	20	34.14	-1.15	10	283.13	+0.15	30	173.30	+1.27
2	158.01	-1.55	21	46.29	-1.14	11	295.35	+0.18	31	185.51	+1.29
3	170.16	-1.55	22	58.43	-1.12	12	307.57	+0.20	6 1	197.73	+1.30
4	182.32	-1.55	23	70.58	-1.11	13	319.79	+0.23	2	209.96	+1.31
5	194.48	-1.54	24	82.72	-1.09	14	332.00	+0.25	3	222.20	+1.33
6	206.64	-1.54	25	94.86	-1.07	15	344.21	+0.28	4	234.44	+1.35
7	218.82	-1.53	26	107.01	-1.05	16	356.41	+0.30	5	246.69	+1.36
8	230.99	-1.53	27	119.15	-1.02	17	8.61	+0.33	6	258.94	+1.38
9	243.18	-1.52	28	131.30	-1.00	18	20.80	+0.35	7	271.19	+1.39
10	255.36	-1.52	29	143.45	-0.97	19	32.98	+0.37	8	283.44	+1.41
11	267.55	-1.51	3 1	155.61	-0.94	20	45.17	+0.40	9	295.68	+1.42
12	279.74	-1.51	2	167.77	-0.91	21	57.35	+0.42	10	307.93	+1.43
13	291.93	-1.51	3	179.94	-0.88	22	69.52	+0.45	11	320.17	+1.44
14	304.12	-1.51	4	192.12	-0.86	23	81.70	+0.48	12	332.41	+1.46
15	316.30	-1.51	5	204.30	-0.83	24	93.87	+0.50	13	344.64	+1.47
16	328.48	-1.51	6	216.49	-0.80	25	106.04	+0.53	14	356.86	+1.47
17	340.65	-1.51	7	228.69	-0.77	26	118.22	+0.56	15	9.08	+1.48
18	352.81	-1.51	8	240.89	-0.74	27	130.40	+0.58	16	21.30	+1.49
19	4.97	-1.52	9	253.09	-0.72	28	142.58	+0.61	17	33.50	+1.50
20	17.12	-1.52	10	265.30	-0.69	29	154.77	+0.64	18	45.71	+1.51
21	29.26	-1.53	11	277.51	-0.66	30	166.96	+0.66	19	57.91	+1.51
22	41.40	-1.53	12	289.72	-0.64	5 1	179.16	+0.69	20	70.10	+1.52
23	53.54	-1.53	13	301.93	-0.61	2	191.37	+0.71	21	82.29	+1.52
24	65.67	-1.53	14	314.13	-0.59	3	203.58	+0.74	22	94.48	+1.52
25	77.80	-1.53	15	326.33	-0.57	4	215.80	+0.76	23	106.67	+1.53
26	89.93	-1.52	16	338.52	-0.54	5	228.03	+0.79	24	118.87	+1.53
27	102.06	-1.52	17	350.71	-0.52	6	240.26	+0.81	25	131.06	+1.52
28	114.20	-1.51	18	2.89	-0.50	7	252.50	+0.84	26	143.26	+1.52
29	126.33	-1.50	19	15.07	-0.48	8	264.74	+0.86	27	155.46	+1.52
30	138.47	-1.48	20	27.24	-0.46	9	276.98	+0.89	28	167.67	+1.52
31	150.62	-1.47	21	39.41	-0.44	10	289.22	+0.91	29	179.89	+1.52
2 1	162.77	-1.45	22	51.57	-0.41	11	301.46	+0.94	30	192.12	+1.52
2	174.92	-1.43	23	63.73	-0.39	12	313.69	+0.96	7 1	204.35	+1.52
3	187.08	-1.41	24	75.89	-0.36	13	325.92	+0.98	2	216.59	+1.53
4	199.25	-1.39	25	88.05	-0.33	14	338.14	+1.00	3	228.83	+1.53
5	211.42	-1.37	26	100.21	-0.30	15	350.36	+1.02	4	241.08	+1.53
6	223.60	-1.36	27	112.37	-0.27	16	2.58	+1.04	5	253.33	+1.54
7	235.79	-1.34	28	124.53	-0.24	17	14.78	+1.06	6	265.58	+1.54
8	247.98	-1.32	29	136.70	-0.21	18	26.99	+1.07	7	277.83	+1.54
9	260.17	-1.30	30	148.86	-0.18	19	39.19	+1.09	8	290.09	+1.54
10	272.37	-1.28	31	161.04	-0.15	20	51.38	+1.11	9	302.34	+1.54
11	284.57	-1.27	4 1	173.22	-0.12	21	63.57	+1.13	10	314.58	+1.54
12	296.76	-1.25	2	185.41	-0.09	22	75.76	+1.15	11	326.82	+1.54
13	308.95	-1.24	3	197.60	-0.06	23	87.94	+1.17	12	339.06	+1.54
14	321.14	-1.22	4	209.81	-0.03	24	100.13	+1.18	13	351.29	+1.54
15	333.32	-1.21	5	222.01	0.00	25	112.31	+1.20	14	3.51	+1.54
16	345.50	-1.20	6	234.23	+0.03	26	124.50	+1.22	15	15.73	+1.53
17	357.67	-1.19	7	246.45	+0.06	27	136.69	+1.23	16	27.94	+1.53
18	9.83	-1.18	8	258.67	+0.09	28	148.89	+1.24	17	40.15	+1.52
19	21.99	-1.16	9	270.90	+0.12	29	161.09	+1.26	18	52.35	+1.51

月日	Y (°)	b (°)	月日	Y (°)	b (°)	月日	Y (°)	b (°)	月日	Y (°)	b (°)
7 18	52.35	+1.51	8 29	205.23	+0.79	10 10	357.90	−0.26	11 20	136.90	−1.28
19	64.55	+1.50	30	217.45	+0.77	11	10.09	−0.29	21	149.05	−1.30
20	76.74	+1.49	31	229.69	+0.75	12	22.27	−0.32	22	161.21	−1.32
21	88.93	+1.48	9 1	241.92	+0.73	13	34.44	−0.35	23	173.37	−1.33
22	101.12	+1.46	2	254.16	+0.71	14	46.61	−0.38	24	185.54	−1.34
23	113.30	+1.44	3	266.40	+0.70	15	58.77	−0.41	25	197.71	−1.36
24	125.50	+1.43	4	278.63	+0.68	16	70.92	−0.45	26	209.89	−1.37
25	137.69	+1.41	5	290.87	+0.66	17	83.07	−0.49	27	222.07	−1.38
26	149.89	+1.39	6	303.10	+0.64	18	95.22	−0.52	28	234.26	−1.39
27	162.10	+1.38	7	315.33	+0.62	19	107.37	−0.56	29	246.45	−1.40
28	174.31	+1.36	8	327.56	+0.60	20	119.53	−0.59	30	258.64	−1.40
29	186.53	+1.35	9	339.78	+0.58	21	131.68	−0.63	12 1	270.83	−1.41
30	198.76	+1.34	10	351.99	+0.56	22	143.84	−0.66	2	283.03	−1.42
31	210.99	+1.33	11	4.20	+0.53	23	156.01	−0.68	3	295.22	−1.42
8 1	223.23	+1.32	12	16.40	+0.51	24	168.18	−0.71	4	307.41	−1.43
2	235.48	+1.31	13	28.59	+0.48	25	180.36	−0.73	5	319.60	−1.43
3	247.72	+1.30	14	40.78	+0.45	26	192.55	−0.76	6	331.78	−1.44
4	259.97	+1.29	15	52.96	+0.42	27	204.74	−0.78	7	343.95	−1.45
5	272.22	+1.29	16	65.13	+0.39	28	216.94	−0.80	8	356.12	−1.45
6	284.47	+1.28	17	77.30	+0.35	29	229.14	−0.82	9	8.28	−1.46
7	296.71	+1.26	18	89.47	+0.31	30	241.34	−0.84	10	20.43	−1.47
8	308.96	+1.25	19	101.64	+0.28	31	253.54	−0.85	11	32.57	−1.48
9	321.20	+1.24	20	113.80	+0.24	11 1	265.75	−0.87	12	44.71	−1.50
10	333.43	+1.23	21	125.97	+0.20	2	277.96	−0.89	13	56.85	−1.51
11	345.66	+1.22	22	138.15	+0.17	3	290.16	−0.91	14	68.97	−1.52
12	357.88	+1.20	23	150.33	+0.14	4	302.37	−0.92	15	81.10	−1.53
13	10.10	+1.18	24	162.52	+0.11	5	314.56	−0.94	16	93.23	−1.54
14	22.30	+1.17	25	174.71	+0.08	6	326.76	−0.96	17	105.35	−1.55
15	34.51	+1.15	26	186.91	+0.05	7	338.95	−0.97	18	117.48	−1.55
16	46.70	+1.13	27	199.11	+0.03	8	351.13	−0.99	19	129.62	−1.56
17	58.89	+1.10	28	211.32	0.00	9	3.31	−1.01	20	141.75	−1.56
18	71.08	+1.08	29	223.54	−0.02	10	15.48	−1.03	21	153.90	−1.56
19	83.26	+1.05	30	235.76	−0.04	11	27.64	−1.06	22	166.05	−1.56
20	95.44	+1.02	10 1	247.98	−0.06	12	39.79	−1.08	23	178.20	−1.56
21	107.62	+0.99	2	260.20	−0.08	13	51.93	−1.11	24	190.36	−1.56
22	119.80	+0.96	3	272.42	−0.11	14	64.08	−1.14	25	202.53	−1.56
23	131.99	+0.93	4	284.65	−0.13	15	76.21	−1.16	26	214.70	−1.56
24	144.18	+0.90	5	296.87	−0.15	16	88.35	−1.19	27	226.88	−1.55
25	156.38	+0.88	6	309.08	−0.17	17	100.48	−1.22	28	239.06	−1.55
26	168.58	+0.85	7	321.30	−0.19	18	112.62	−1.24	29	251.25	−1.54
27	180.79	+0.83	8	333.50	−0.21	19	124.76	−1.26	30	263.43	−1.54
28	193.00	+0.81	9	345.70	−0.24	20	136.90	−1.28	31	275.62	−1.53
29	205.23	+0.79	10	357.90	−0.26				1 1	287.81	−1.52

中央標準時9時

　月面上で太陽が真上から照らす地点の月面経度，月面緯度を l, b で表わす．l は時間とともに減少するため，計算に不便である．そこで，l のかわりに 90°−l（負になるときは360°を加える）を用いる．これを Y で表わす．Y, b を太陽の月面余経度，月面緯度とよぶ．Y は月面上での中央子午線から西向きに（地球から見て東向きに）日出明暗境界線まで測った角度にほぼ等しい．

　月面経緯度（p, q）の地点における太陽の地平線からの高度 H は次式から求まる．

$$\sin H = \sin b \sin q + \cos b \cos q \sin(Y+p)$$

月の首振り運動（秤動）(相馬　充)

　月は自転周期と公転周期が一致しているため，地球にいつも同じ面を向けているが，実際はわずかながら首振り運動をしている．下図は平均の月面中心に対する見かけの月面中心の位置を示しており，×または●印が毎日9時の位置である．Eが正のときは

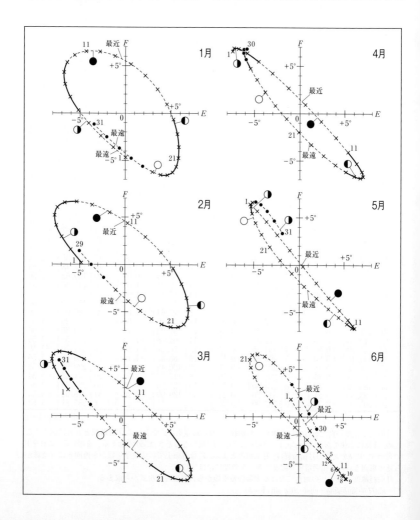

月の東側（豊かの海のある側）が，またFが正のときは月の北側（雨の海のある側）が地球に向かっている．実線部分は，その方向の周縁部分が観測の好期であることを示している．次ページの表にはE, F, Cの数値を示す．Cは月の自転軸の方向角で，天の北極方向から左回りに測る．これらは地球の中心から見た場合の数値で，地球表面の観測者から見た場合は最大$1°$の差がある．

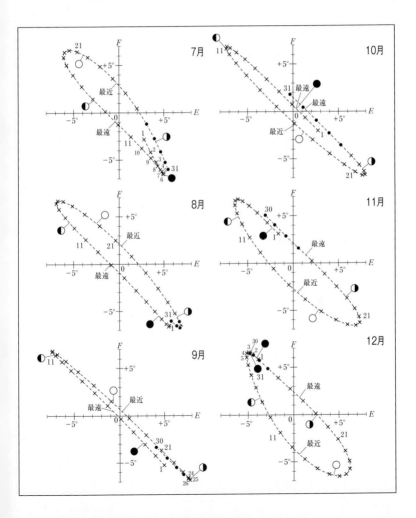

月の首振り運動の表

月 日	E	F	C	月 日	E	F	C	月 日	E	F	C
12 31	+1.31	-5.54	+18.88	3 1	-6.22	+2.74	+17.00	5 1	-5.39	+6.37	-13.90
1 1	+0.04	-4.68	+20.75	2	-7.15	+3.99	+13.71	2	-4.62	+5.63	-17.66
2	-1.33	-3.63	+21.77	3	-7.78	+5.08	+9.51	3	-3.62	+4.54	-20.26
3	-2.72	-2.42	+22.00	4	-8.03	+5.95	+4.48	4	-2.42	+3.14	-21.68
4	-4.04	-1.11	+21.46	5	-7.84	+6.52	-1.15	5	-1.05	+1.53	-21.94
5	-5.20	+0.28	+20.13	6	-7.19	+6.75	-6.91	6	+0.42	-0.20	-21.03
6	-6.10	+1.68	+17.97	7	-6.06	+6.57	-12.24	7	+1.90	-1.91	-18.96
7	-6.65	+3.04	+14.86	8	-4.51	+5.96	-16.62	8	+3.30	-3.49	-15.72
8	-6.77	+4.27	+10.75	9	-2.64	+4.93	-19.75	9	+4.51	-4.82	-11.36
9	-6.42	+5.32	+5.66	10	-0.61	+3.54	-21.53	10	+5.43	-5.82	-6.12
10	-5.60	+6.08	-0.16	11	+1.44	+1.89	-21.99	11	+5.99	-6.46	-0.42
11	-4.37	+6.48	-6.20	12	+3.32	+0.12	-21.21	12	+6.16	-6.73	+5.20
12	-2.82	+6.46	-11.79	13	+4.92	-1.63	-19.24	13	+5.94	-6.65	+10.26
13	-1.12	+6.01	-16.34	14	+6.14	-3.23	-16.16	14	+5.34	-6.24	+14.45
14	+0.59	+5.15	-19.57	15	+6.95	-4.59	-12.06	15	+4.42	-5.56	+17.67
15	+2.17	+3.95	-21.43	16	+7.32	-5.64	-7.16	16	+3.26	-4.64	+19.93
16	+3.50	+2.51	-22.03	17	+7.30	-6.37	-1.78	17	+1.94	-3.54	+21.32
17	+4.53	+0.93	-21.50	18	+6.92	-6.75	+3.65	18	+0.55	-2.29	+21.91
18	+5.26	-0.67	-19.92	19	+6.24	-6.81	+8.70	19	-0.83	-0.94	+21.73
19	+5.69	-2.20	-17.34	20	+5.31	-6.56	+13.06	20	-2.12	+0.46	+20.79
20	+5.87	-3.58	-13.80	21	+4.19	-6.01	+16.57	21	-3.24	+1.85	+19.06
21	+5.83	-4.75	-9.42	22	+2.93	-5.22	+19.17	22	-4.15	+3.18	+16.45
22	+5.59	-5.65	-4.37	23	+1.59	-4.20	+20.89	23	-4.81	+4.38	+12.92
23	+5.17	-6.26	+0.99	24	+0.21	-3.01	+21.79	24	-5.19	+5.39	+8.48
24	+4.59	-6.55	+6.25	25	-1.17	-1.69	+21.92	25	-5.30	+6.13	+3.27
25	+3.85	-6.53	+11.02	26	-2.52	-0.29	+21.29	26	-5.15	+6.56	-2.36
26	+2.94	-6.21	+15.00	27	-3.79	+1.14	+19.90	27	-4.79	+6.63	-7.91
27	+1.87	-5.61	+18.08	28	-4.94	+2.52	+17.69	28	-4.25	+6.32	-12.86
28	+0.66	-4.77	+20.23	29	-5.92	+3.81	+14.62	29	-3.55	+5.65	-16.85
29	-0.67	-3.72	+21.51	30	-6.69	+4.94	+10.67	30	-2.75	+4.63	-19.71
30	-2.07	-2.53	+21.99	31	-7.20	+5.85	+5.90	31	-1.85	+3.33	-21.40
31	-3.48	-1.22	+21.70	4 1	-7.41	+6.49	+0.51	6 1	-0.88	+1.81	-21.97
2 1	-4.83	+0.15	+20.65	2	-7.26	+6.80	-5.12	2	+0.16	+0.17	-21.44
2	-6.02	+1.53	+18.82	3	-6.74	+6.74	-10.47	3	+1.23	-1.48	-19.81
3	-6.97	+2.87	+16.12	4	-5.84	+6.28	-15.08	4	+2.30	-3.03	-17.05
4	-7.58	+4.10	+12.48	5	-4.59	+5.42	-18.61	5	+3.31	-4.39	-13.17
5	-7.77	+5.17	+7.89	6	-3.03	+4.18	-20.90	6	+4.14	-5.46	-8.28
6	-7.47	+5.99	+2.45	7	-1.27	+2.64	-21.93	7	+4.85	-6.20	-2.73
7	-6.65	+6.48	-3.48	8	+0.58	+0.91	-21.72	8	+5.24	-6.56	+3.01
8	-5.35	+6.59	-9.30	9	+2.39	-0.88	-20.30	9	+5.30	-6.57	+8.37
9	-3.66	+6.26	-14.39	10	+4.01	-2.60	-17.68	10	+5.01	-6.24	+12.97
10	-1.71	+5.50	-18.28	11	+5.35	-4.10	-13.93	11	+4.38	-5.61	+16.59
11	+0.31	+4.34	-20.79	12	+6.32	-5.32	-9.18	12	+3.45	-4.74	+19.22
12	+2.24	+2.87	-21.92	13	+6.86	-6.19	-3.77	13	+2.28	-3.67	+20.92
13	+3.92	+1.23	-21.80	14	+6.98	-6.69	+1.85	14	+0.95	-2.46	+21.78
14	+5.26	-0.46	-20.52	15	+6.70	-6.85	+7.18	15	-0.44	-1.14	+21.87
15	+6.21	-2.08	-18.17	16	+6.05	-6.67	+11.86	16	-1.81	+0.22	+21.20
16	+6.78	-3.54	-14.82	17	+5.12	-6.18	+15.65	17	-3.05	+1.59	+19.75
17	+6.98	-4.76	-10.57	18	+3.95	-5.44	+18.52	18	-4.09	+2.91	+17.46
18	+6.86	-5.70	-5.62	19	+2.65	-4.47	+20.48	19	-4.92	+4.12	+14.26
19	+6.47	-6.34	-0.30	20	+1.26	-3.31	+21.61	20	-5.28	+5.15	+10.10
20	+5.84	-6.66	+5.00	21	-0.14	-2.02	+21.95	21	-5.36	+5.94	+5.08
21	+5.02	-6.66	+9.87	22	-1.49	-0.63	+21.53	22	-5.10	+6.42	-0.54
22	+4.04	-6.36	+14.03	23	-2.73	+0.79	+20.35	23	-4.55	+6.55	-6.27
23	+2.93	-5.79	+17.32	24	-3.83	+2.20	+18.35	24	-3.76	+6.29	-11.54
24	+1.70	-4.96	+19.71	25	-4.74	+3.52	+15.49	25	-2.82	+5.65	-15.89
25	+0.38	-3.92	+21.22	26	-5.45	+4.69	+11.73	26	-1.81	+4.66	-19.09
26	-1.00	-2.73	+21.82	27	-5.94	+5.65	+7.10	27	-0.78	+3.38	-21.08
27	-2.40	-1.39	+21.84	28	-6.18	+6.34	+1.82	28	+0.20	+1.89	-21.92
28	-3.78	-0.01	+21.01	29	-6.17	+6.72	-3.77	29	+1.13	+0.29	-21.66
29	-5.07	+1.39	+19.42	30	-5.90	+6.73	-9.16	30	+2.00	-1.32	-20.33
3 1	-6.22	+2.74	+17.00	5 1	-5.39	+6.37	-13.90	7 1	+2.79	-2.85	-17.92

月日	E	F	C	月日	E	F	C	月日	E	F	C
7 1	+2.79	-2.85	-17.92	9 1	+4.94	-5.28	+16.72	11 1	-1.65	+3.09	+18.75
2	+3.50	-4.19	-14.43	2	+3.94	-4.26	+19.27	2	-2.87	+4.27	+16.10
3	+4.12	-5.28	-9.92	3	+2.78	-3.07	+20.93	3	-3.95	+5.27	+12.59
4	+4.59	-6.05	-4.63	4	+1.48	-1.75	+21.75	4	-4.86	+6.04	+8.25
5	+4.89	-6.48	+1.02	5	+0.09	-0.37	+21.83	5	-5.58	+6.53	+3.25
6	+4.96	-6.54	+6.52	6	-1.34	+1.03	+21.15	6	-6.09	+6.72	-2.10
7	+4.76	-6.27	+11.41	7	-2.77	+2.38	+19.72	7	-6.38	+6.58	-7.39
8	+4.28	-5.69	+15.39	8	-4.13	+3.65	+17.49	8	-6.42	+6.09	-12.20
9	+3.52	-4.85	+18.38	9	-5.35	+4.76	+14.41	9	-6.18	+5.27	-16.19
10	+2.50	-3.80	+20.40	10	-6.36	+5.68	+10.47	10	-5.64	+4.13	-19.17
11	+1.28	-2.60	+21.56	11	-7.08	+6.36	+5.73	11	-4.79	+2.71	-21.09
12	-0.08	-1.29	+21.91	12	-7.44	+6.75	+0.38	12	-3.63	+1.10	-21.90
13	-1.49	+0.06	+21.51	13	-7.39	+6.79	-5.18	13	-2.18	-0.62	-21.57
14	-2.86	+1.42	+20.35	14	-6.88	+6.47	-10.49	14	-0.51	-2.31	-20.05
15	-4.09	+2.73	+18.39	15	-5.93	+5.74	-15.05	15	+1.27	-3.86	-17.26
16	-5.09	+3.94	+15.56	16	-4.56	+4.64	-18.56	16	+3.05	-5.13	-13.19
17	-5.78	+4.99	+11.79	17	-2.87	+3.19	-20.84	17	+4.65	-6.05	-8.01
18	-6.09	+5.82	+7.10	18	-0.96	+1.50	-21.87	18	+5.95	-6.55	-2.13
19	-5.99	+6.37	+1.67	19	+1.02	-0.30	-21.65	19	+6.84	-6.64	+3.81
20	-5.47	+6.58	-4.11	20	+2.91	-2.08	-20.21	20	+7.27	-6.35	+9.22
21	-4.58	+6.40	-9.68	21	+4.60	-3.68	-17.54	21	+7.22	-5.72	+13.71
22	-3.41	+5.82	-14.48	22	+5.98	-5.01	-13.69	22	+6.74	-4.83	+17.16
23	-2.07	+4.85	-18.17	23	+6.98	-6.00	-8.85	23	+5.88	-3.74	+19.59
24	-0.66	+3.57	-20.59	24	+7.58	-6.61	-3.35	24	+4.74	-2.50	+21.11
25	+0.71	+2.05	-21.79	25	+7.77	-6.84	+2.31	25	+3.41	-1.18	+21.81
26	+1.96	+0.41	-21.82	26	+7.58	-6.71	+7.63	26	+1.98	+0.19	+21.76
27	+3.04	-1.24	-20.75	27	+7.07	-6.25	+12.24	27	+0.55	+1.55	+20.95
28	+3.93	-2.79	-18.59	28	+6.27	-5.51	+15.95	28	-0.81	+2.84	+19.38
29	+4.62	-4.16	-15.06	29	+5.24	-4.53	+18.82	29	-2.04	+4.02	+16.97
30	+5.13	-5.27	-11.11	30	+4.04	-3.37	+20.58	30	-3.09	+5.04	+13.68
31	+5.44	-6.06	-6.06	10 1	+2.72	-2.07	+21.62	12 1	-3.93	+5.83	+9.52
8 1	+5.57	-6.52	-0.53	2	+1.33	-0.69	+21.88	2	-4.55	+6.36	+4.61
2	+5.49	-6.62	+4.98	3	-0.10	+0.72	+21.40	3	-4.95	+6.58	-0.75
3	+5.20	-6.39	+10.01	4	-1.52	+2.10	+20.17	4	-5.15	+6.48	-6.15
4	+4.69	-5.85	+14.23	5	-2.88	+3.39	+18.15	5	-5.17	+6.03	-11.12
5	+3.94	-5.03	+17.52	6	-4.14	+4.55	+15.30	6	-5.01	+5.25	-15.31
6	+2.98	-4.00	+19.84	7	-5.26	+5.51	+11.60	7	-4.68	+4.16	-18.52
7	+1.83	-2.79	+21.26	8	-6.19	+6.24	+7.10	8	-4.17	+2.83	-20.67
8	+0.52	-1.48	+21.87	9	-6.87	+6.70	+1.98	9	-3.48	+1.31	-21.76
9	-0.88	-0.11	+21.72	10	-7.26	+6.83	-3.44	10	-2.59	-0.31	-21.80
10	-2.32	+1.26	+20.82	11	-7.31	+6.62	-8.72	11	-1.50	-1.94	-20.75
11	-3.70	+2.59	+19.15	12	-6.97	+6.04	-13.44	12	-0.24	-3.45	-18.52
12	-4.94	+3.81	+16.65	13	-6.23	+5.10	-17.26	13	+1.14	-4.75	-15.05
13	-5.95	+4.89	+13.27	14	-5.10	+3.82	-19.99	14	+2.55	-5.73	-10.39
14	-6.64	+5.77	+8.99	15	-3.60	+2.26	-21.54	15	+3.87	-6.34	-4.79
15	-6.95	+6.38	+3.89	16	-1.82	+0.51	-21.90	16	+4.98	-6.55	+1.21
16	-6.81	+6.68	-1.73	17	+0.14	-1.29	-21.04	17	+5.76	-6.35	+6.96
17	-6.21	+6.61	-7.40	18	+2.13	-3.10	-18.91	18	+6.15	-5.80	+11.95
18	-5.18	+6.14	-12.57	19	+4.00	-4.49	-15.50	19	+6.11	-4.95	+15.90
19	-3.79	+5.27	-16.77	20	+5.61	-5.64	-10.91	20	+5.65	-3.87	+18.77
20	-2.15	+4.03	-19.76	21	+6.83	-6.41	-5.44	21	+4.83	-2.64	+20.65
21	-0.40	+2.50	-21.47	22	+7.62	-6.76	+0.41	22	+3.72	-1.32	+21.65
22	+1.34	+0.80	-21.93	23	+7.93	-6.73	+6.04	23	+2.41	+0.05	+21.86
23	+2.93	-0.94	-21.20	24	+7.80	-6.34	+11.00	24	+1.00	+1.40	+21.31
24	+4.30	-2.60	-19.32	25	+7.26	-5.66	+15.02	25	-0.41	+2.69	+20.00
25	+5.39	-4.06	-16.31	26	+6.38	-4.73	+18.06	26	-1.73	+3.87	+17.89
26	+6.18	-5.25	-12.24	27	+5.25	-3.60	+20.17	27	-2.87	+4.90	+14.90
27	+6.65	-6.10	-7.31	28	+3.95	-2.31	+21.18	28	-3.78	+5.72	+11.02
28	+6.82	-6.61	-1.84	29	+2.54	-0.98	+21.88	29	-4.41	+6.28	+6.31
29	+6.72	-6.76	+3.69	30	+1.10	+0.43	+21.60	30	-4.75	+6.54	+1.00
30	+6.35	-6.57	+8.83	31	-0.31	+1.79	+20.57	31	-4.81	+6.47	-4.52
31	+5.75	-6.06	+13.23	11 1	-1.65	+3.09	+18.75	1 1	-4.63	+6.05	-9.75

惑星のこよみの解説 (相馬 充)

　惑星のこよみには下表のような項目のデータを各惑星の状況に応じ選択して載せた. データの時刻は地球時 (p.352参照) の0時のものである.

●**項目1〜3**　位置情報で, 視赤経・視赤緯は瞬時の真赤道と真春分点に準拠した惑星の見かけの方向を示しており, 地球の公転速度による年周光行差の補正と惑星から発した光が地球に到達するまでの時間に動く惑星の位置変化を考慮したものであり, 地心距離は地球中心から惑星中心までの距離で天文単位 (au) で表わしてある. 2000.0年分への補正値 (水星のこよみでは単に「補正」と表記) とは2000.0年分点準拠の赤経と赤緯を得るための補正値である. この補正をすることで2000.0年分点準拠

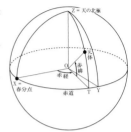

図1　赤経・赤緯

の星図や星表と直接比較することができる. 冥王星の位置は2000.0年分点準拠の赤経・赤緯を載せた. 図1に天体の赤経・赤緯を示した. 地心視差 (地心と地上の観測者から見た位置の差) は本年鑑のこよみの精度では無視できる.

●**項目4**　明るさを表わす. 天王星以遠は各解説欄に載せた.

●**項目5**　惑星の見かけの半径で単位は角度の秒. 図2の∠PEQである. 木星と土星は楕円状に見えるので, 赤道視半径と極視半径を載せた. 天王星と海王星は視直径を各解説欄に掲載した. なおRを地球の赤道上で∠PREが直角となる点とするとき∠RPEを赤道地平視差という.

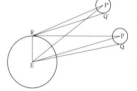

図2　視差と視半径

項　　　目	水金火木土天海冥 　　　　王王王 星星星星星星星	項　　　目	水金火木土天海冥 　　　　王王王 星星星星星星星
1　視赤緯	○○○○○○○○	11　B′ 太陽の惑心緯度	○
2　視赤経	○○○○○○○○	12　P 暗縁方向角	○○○○
3　地心距離	○○○○○○○○	13　Q 暗縁幅	○○
4　等級	○○○○○	14　L 惑星経度	○○○
5　視半径	○○○○○	15　L$_S$ 火星黄経	○
6　離角	○○	16　正中時 T	○○
7　k 輝面率	○○	17　中央子午線通過	○
8　i 位相角	○○	18　火星暦	○
9　A 自転軸方向角	○○○○○	19　体系	○○
10　B 惑理緯度	○○○○△	20　土星の環	○

冥王星は準惑星

●**項目6**　地球から見て惑星が太陽からどのくらい離れているかの角度で, 太陽の東側ならE, 西側ならWと付記した. 図3のDが離角である. 火星以遠に対しては載せていないが, p.84〜87の太陽・月・惑星の正中・出没図から, これら惑星の離角のおおよそが読み取れる.

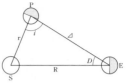

図3　離角, 輝面率(k), 位相角(i)

●**項目7, 8**　惑星面の位相, すなわち輝いて見える部分の割合（輝面率）を示すkと位相角iである. 惑星面は, $k=1$のとき全面が輝き, $k=0.5$のとき半月状, $k=0$のとき暗黒となる. 図3でEを地球, Sを太陽, Pを惑星とすると, 離角Dは$\angle$SEP, 位相角iは$\angle$EPSである. kはiの関数で, $k=(1+\cos i)/2$である. 火星以遠の惑星では$k=0$にはならず, 惑星が遠くなればなるほど, 角度iは小さくなり, 水星と金星のような顕著な位相の変動がなく, 常に$k=1$に近い値をとる. そのため, 火星以遠にはkやiの値は載せていない. ただし, 火星・木星に対しては項目13を参照のこと.

●**項目9, 10**　地球から見て惑星の自転軸と赤道面の傾きを示す量である. 図4の円は惑星面で, Oは地球から見た惑星面の中心, ONは天の北極の方向, OPは自転軸である. 観測者を中心とする天球上で, 惑星の中心から天の北極に向かう方向と惑星面の北極点を通る方向とで作る角Aが自転軸方向角でNから反時計回りに測る. 惑星面上の経度を決めるために, 基準子午線PQが設定されている. 惑星経度はこの子午線から惑星の自転と反対の向きに測る. この向きは地球などから見る中央点の惑星経度が増えるようにするためである. 地球・太陽・月の経度が東向きを正とするのとは異な

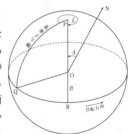

図4　惑星面中心緯度・経度

る. 図5は惑星面上の点Tを通り惑星の自転軸を含む面で惑星を切った切り口であり, PRは惑星の赤道面内の半直線である. Tにおける惑星面の法線とPRと交点をQとする. $\angle$TQRをTの惑理緯度, $\angle$TPRをTの惑心緯度という. いずれも惑星赤道面から北向きを正とする. 惑星中心と地球中心とを結ぶ線分が惑星面と交わる点の惑理緯度がBである. Bが正なら惑星の北極側が, 負なら南極側が見える. なお土星は環の傾きを知るのに便利なように惑心緯度を掲載している.

●**項目11**　B'は惑星中心と太陽中心を結ぶ線分が惑星表面と交わる点の惑心緯度. 土星では$B'=0°$の場合, 土星の環が太陽光線に平行になり, 環の輝きはなくなる. $B=0°$の場合は地球から見て環は直線状となって消失する.

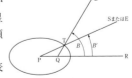

図5　惑理緯度(B), 惑心緯度(B')

●**項目12, 13**　惑星面で太陽からの光を受けずに見えない部分に関するデータであ

134

る. 水星, 金星は満ち欠けが顕著で, 明るい部分の比率は項目7のkで表わすが, 火星以遠の場合は, 暗い部分の幅Qで示す. 図6で惑星面の中心から天の北極に向かう方向をONとする. Sは太陽方向で, 弧CADが明暗境界線である. Pが暗縁中心点Bの北極方向角, ABの幅がQである. PはON方向から反時計回りに測り, Qは地球から見た見かけの角距離で測る.

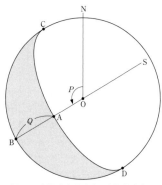

図6　暗縁方向角(P), 暗縁幅(Q)

●項目14　地球から見た惑星面の中央点の惑星面経度である. 図4の惑星面基準子午線から惑星の自転と反対向きに測った角度Lである. 惑星面上の任意の点は惑星経度, 惑理緯度で表わされる. 木星・土星には複数の経度体系があり, 項目19の箇所で解説する.

●項目15, 18　火星世界での季節を示すパラメータである. 図7は火星Mを中心とする天球で, 火星から見た太陽の通り道を火星の黄道, 火星の赤道面と天球との交線を火星の赤道としたものである. 火星から見た太陽の黄経L_Sは地球上の季節に対応する季節のパラメータと見ることができる. $L_S=0°$のとき春分, $L_S=90°$のとき夏至, $L_S=180°$のとき秋分, $L_S=270°$のとき冬至である. 火星暦の月日は火星世界の季節を, 地球上の月日と季節との関係から類比できるようにしたものである. この月日から, たとえば火星の北極や南極の極冠の消長が推定できる.

●項目16　惑星が東経135°の地点で正中する時刻 (中央標準時) である. 図8で円周は地平線, N, E, S, Wは北, 東, 南, 西で, Pは天の北極, Zは天頂である. 大円PZSが地方子午線であり, 天体が日周運動で子午線を通過する時刻が正中時である. 東経135°の地

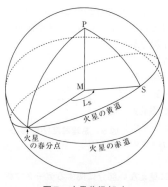

図7　火星黄経(L_S)

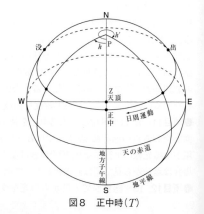

図8　正中時(T)

点におけるこの時刻を水星・金星に対して載せた．他の惑星の正中時のだいたいの時刻はp.84〜87の太陽・月・惑星の正中・出没図から読みとることができる．

●**項目17**　惑星面基準子午線が惑星面の中心を通過する時刻．中央子午線通過とは，基準子午線が中央子午線（惑星面の中心を通る子午線）となる時刻（地球時）を指す．図4を火星面とすると，基準子午線PQがPRに達する時刻である．このとき$L=0°$となる．

●**項目19**　木星・土星の見かけの中央点の経度のデータである．両星とも厚い大気層に覆われ，内部を見ることができず，表層だけが観察できる．これら表面の模様の自転速度はその惑理緯度によって異なる．そのため，木星と土星には複数の経度体系がある．体系Ⅰは赤道帯に，体系Ⅱはそれ以外の緯度に適用する．体系Ⅲは惑星からの電波に基づくもので惑星内部の自転角を表していると考えられる．

●**惑星面経度の補間法**　惑星面経度の表値の変化量は，惑星の地心位置の変化と惑星の自転との合成の結果である．毎10日（水星の場合は毎5日）の惑星面経度の値から，中間日時の値を計算するには次のとおりにする．

　各惑星は自転によって1日にW回転する．水星は$W=6°14$，金星は$W=-1°48$，火星は$W=350°89$である．ある日の表値がA，10日後の表値がBであったとすると，$B=A+10W+\Delta$からΔを計算する．ある日からX日Y時間（地球時で）経過した時刻の惑星面経度Lは，$L=A+(X+Y/24)(W+\Delta/10)$である．水星の毎5日値の表値からは$L=A+(X+Y/24)(W+\Delta/5)$である．$\Delta$は$\pm90°$以内の小角である．

　木星・土星の場合は毎日値を使ってp.150とp.171を参照して計算する．火星についても1日の変化量が約350°であることを使って毎日値から同様に計算できる．

●**火星の基準子午線の中央子午線通過時刻**　下の表値からの計算例を示す．表値の日からx日経過した日の通過時刻は，表値$+(240^{\mathrm{h}}+表差)\times0.1\times x$から計算できる．ただし，表差がマイナスの場合には$24^{\mathrm{h}}$を加える．これは火星面経度$L=0°$になる地球時である．右表から1月10日における通過時を計算すると，表差は$6^{\mathrm{h}}43^{\mathrm{m}}$，経過日は$x=10-6=4$であるから，$12^{\mathrm{h}}43^{\mathrm{m}}+(240^{\mathrm{h}}+(6^{\mathrm{h}}43^{\mathrm{m}}))\times0.1\times4=15^{\mathrm{h}}24^{\mathrm{m}}.2$となる．検算として，

月/日	L	中央子午線通過時刻
1/ 6	174°3	$12^{\mathrm{h}}43^{\mathrm{m}}$
1/16	76°3	$19^{\mathrm{h}}26^{\mathrm{m}}$

この日時での火星面経度を計算する．Lの表から$A=174°3$，$B=76°3$，$\Delta=76°3-174°3-3508°9=-6°9$，$X=4$，$Y=15.40$．よって経度$=174°3+(4+15.40/24)\times(350.89-0.69)=359°6$となり，ほぼ$0°$になっていることが確認できる．一般に，惑星面基準子午線の中央子午線通過時刻は$L=0°$となる瞬時である．

●**項目20**　土星のA環の外側についてのデータである．図9においてPA×2が視長径，PB×2が視短径である．同図の土星本体に一番近い環はC環の内側である．A環の内側，B環の外側，B環の内側（C環の外側），C環の内側に対する視長径と視短径は，A環の外側の値にそれぞれ0.892，0.859，0.673，0.545を掛け算すれば得られる．

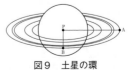

図9　土星の環

136

水　　星(堀川邦昭)

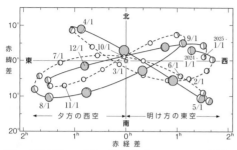

図1　太陽の周りの水星の動き（毎月1・11・21日の位置）

水星は太陽系のもっとも内側を公転周期88日で回る惑星である．常に太陽のそばにいるため，日の出前と日没後のわずかな時間しか見ることができない観望が困難な惑星である．

水星の観望には，離角が大きく，地平高度の高い時期が適しているのだが，離心率が0.206と大きいため，太陽との最大離角は18°から28°まで10°も変化する．また，地平に対する黄道の傾きにも大きく左右され，春分のころの夕方と秋分のころの明け方は傾きが大きく高度が上がりやすい．水星の高度はこの2つの要因の微妙な組み合わせに左右されていて，夕方は4月から5月，明け方は8月から11月の間に起こる最大離角は条件が良い．それでも高度20°を超えるのは，東方最大離角（夕方）が5月下旬に起こるときに限られていて，西方最大離角（明け方）における高度は最大でも18°どまりである．

　図1は太陽を中心とした2024年の水星の動きである．内惑星である水星は月のように満ち欠けするので，その様子も示した．図の水星は形がわかるように900倍に拡大してある．動きを示す線のうち，破線部分は外合をはさんだ西方最大離角から東方最大離角までの動きを表わす．水星が観望しやすいのは最大離角の前後なので，望遠鏡で見る水星は，おおむね半月に近い形状をしているはずである．

　図2は黄道を中心とした水星の星座間の動きである．水星は1年で天球をほぼ1周し，その間，9月上旬に明け方の東空でしし座のレグルス（1.4等）と30′まで接近する．最大離角の時期で，日の出時の高度は17°前後ある．また，9月1日には細い月も加わるので，観望のチャンスである．

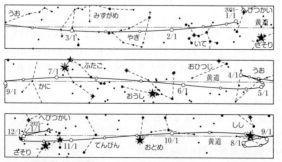

図2　2024年　星座間の水星の動き（黄道中心図,毎月1・11・21日の位置）

　図3と図4は水星の日没時と日出時の高度と方位である．明け方に見える西方最大離角は，1月12日，5月10日，9月5日，12月25日の4回で，夕方に見える東方最大離角は，3月25日，7月22日，11月16日の3回起こる．その前後1〜2週間は水星を見つけやすい時期であるが，前述のとおり，2024年に水星の高度が

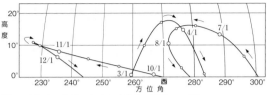

図3　日没時の水星の高度と方位角（東京での値）

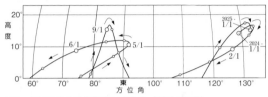

図4　日出時の水星の高度と方位角（東京での値）

高く観望に適しているのは，年初（明け方）と春分のころ（夕方），7月半ば（夕方），9月初め（明け方），それに年末（明け方）となるだろう．

　2024年における水星の諸現象と，月やほかの惑星，明るい恒星との接近を下表に示した．ほかの惑星との接近は合に近く高度が低いものばかりで，見つけることすら困難と思われる．月との接近のうち，日出時／日没時に水星の高度が15°以上あるのは，1月，7月，9月，12月の4回ある．双眼鏡を使えば同視野にとらえることができるだろう．水星食は1回だけ起こるが日本からは見ることができない．

留	西方最大離角		外合	東方最大離角		留	内合
月　日	月　日	離　角	月　日	月　日	離　角	月　日	月　日
1　2	1　12	23° 30′	2　27	3　25	18° 42′	4　2	4　11
4　24	5　10	26° 22′	6　15	7　22	26° 56′	8　4	8　18
8　28	9　5	18° 03′	9　30	11　16	22° 33′	11　26	12　6
12　16	12　25	22° 03′					

1月10日 3時47分	月の北	6° 35′		6月17日21時39分	金星の北	0° 53′
1月28日 1時 7分	火星の北	0° 15′		7月 8日 3時32分	月の南	3° 13′
2月 6日 2時42分	冥王星の北	1° 22′		7月27日21時13分	しし座α星の南	2° 39′
2月 9日 6時59分	月の北	3° 13′		8月 6日 9時22分	月の南	7° 28′
2月28日23時 3分	土星の南	0° 12′		8月 7日 0時15分	金星の南	5° 56′
3月 9日 2時35分	海王星の北	0° 30′		8月12日 7時 8分	しし座α星の南	5° 32′
3月11日11時31分	月の北	1° 2′（食＊）		9月 1日18時16分	月の南	5° 2′
4月 9日10時24分	月の北	2° 11′		9月 9日15時41分	しし座α星の北	0° 30′
4月19日 7時40分	金星の北	1° 58′		10月 3日 9時22分	月の北	1° 48′
5月 6日17時25分	月の南	3° 49′		10月10日 0時15分	おとめ座α星の北	2° 22′
5月31日10時27分	天王星の南	1° 21′		11月 3日16時36分	月の北	2° 7′
6月 4日19時 4分	木星の南	0° 7′		11月10日13時 7分	さそり座α星の北	2° 1′
6月 6日 3時28分	月の南	4° 39′		12月 2日11時10分	月の北	4° 57′
6月 8日23時57分	おうし座α星の北	5° 27′		12月29日13時22分	月の北	6° 23′

（食＊）日本では見られない．

2024年　水星のこよみ （国立天文台暦計算室）

月日	視赤経	補正	視赤緯	補正	地心距離	等級	視半径	離角	k	i	A	B	P	L	正中時 T
	h　m	m	°　　′	′	au		″			°	°		°	°	h　m
12 27	17 40.1	− 1.4	− 20 24	+ 1	0.70	+ 2.4	4.8	W10	0.1	147	8	− 7	289	31	11 18
1　1	17 27.1	− 1.4	− 20　9	+ 1	0.78	+ 0.5	4.3	W18	0.3	117	9	− 7	283	65	10 46
1　6	17 31.0	− 1.4	− 20 42	+ 1	0.88	− 0.0	3.8	W22	0.5	95	9	− 7	279	95	10 31
1 11	17 46.5	− 1.4	− 21 33	+ 1	0.98	− 0.2	3.4	W23	0.6	78	7	− 6	276	122	10 27
1 16	18　9.1	− 1.4	− 22 21	− 0	1.08	− 0.2	3.1	W23	0.7	66	4	− 6	272	147	10 29
1 21	18 35.9	− 1.5	− 22 51	− 1	1.16	− 0.2	2.9	W22	0.8	57	1	− 6	267	172	10 37
1 26	19　5.3	− 1.4	− 22 57	− 2	1.22	− 0.3	2.7	W20	0.8	49	357	− 6	263	196	10 46
1 31	19 36.4	− 1.4	− 22 33	− 3	1.28	− 0.3	2.6	W18	0.9	42	354	− 5	258	219	10 58
2　5	20　8.6	− 1.4	− 21 37	− 4	1.33	− 0.4	2.5	W16	0.9	36	350	− 5	253	242	11 10
2 10	20 41.5	− 1.4	− 20　8	− 5	1.36	− 0.5	2.5	W13	0.9	30	346	− 5	247	265	11 24
2 15	21 15.0	− 1.4	− 18　5	− 6	1.38	− 0.7	2.4	W10	1.0	23	343	− 5	241	287	11 37
2 20	21 48.7	− 1.3	− 15 28	− 7	1.39	− 1.0	2.4	W　7	1.0	16	340	− 5	233	310	11 51
2 25	22 22.9	− 1.3	− 12 16	− 7	1.38	− 1.4	2.4	W　3	1.0	9	337	− 5	213	331	12　6
3　1	22 57.4	− 1.3	− 8 31	− 8	1.36	− 1.8	2.5	E　2	1.0	6	335	− 5	117	353	12 21
3　6	23 32.2	− 1.2	− 4 16	− 8	1.31	− 1.6	2.6	E　6	1.0	18	333	− 5	78	14	12 36
3 11	0　6.5	− 1.2	+ 0 17	− 8	1.24	− 1.4	2.7	E11	0.9	35	332	− 5	69	35	12 50
3 16	0 38.8	− 1.2	+ 4 50	− 8	1.13	− 1.1	3.0	E15	0.8	56	331	− 5	65	56	13　3
3 21	1　6.4	− 1.3	+ 8 51	− 8	1.00	− 0.6	3.4	E18	0.6	80	331	− 5	62	79	13 10
3 26	1 26.1	− 1.3	+ 11 50	− 8	0.87	+ 0.0	3.9	E19	0.4	103	332	− 5	61	104	13 10
3 31	1 35.5	− 1.3	+ 13 22	− 7	0.75	+ 1.0	4.5	E17	0.2	127	332	− 6	58	132	13　0
4　5	1 34.2	− 1.3	+ 13 18	− 7	0.65	+ 2.8	5.1	E11	0.1	149	332	− 6	52	163	12 38
4 10	1 24.8	− 1.3	+ 11 44	− 8	0.60	+ 5.5	5.6	E　4	0.0	170	332	− 6	30	196	12　9
4 15	1 12.6	− 1.3	+ 9 17	− 8	0.58	+ 5.2	5.8	W　5	0.0	167	332	− 5	263	231	11 37
4 20	1　3.5	− 1.3	+ 6 51	− 8	0.59	+ 3.0	5.7	W13	0.1	150	331	− 4	248	265	11　9
4 25	1　0.8	− 1.3	+ 5 11	− 8	0.63	+ 1.7	5.4	W19	0.2	134	331	− 3	244	297	10 47
4 30	1　5.2	− 1.3	+ 4 35	− 8	0.69	+ 1.1	4.9	W23	0.2	121	332	− 2	242	327	10 31
5　5	1 16.1	− 1.3	+ 4 59	− 8	0.75	+ 0.7	4.5	W26	0.3	110	332	− 1	242	355	10 23
5 10	1 32.2	− 1.3	+ 6 15	− 8	0.83	+ 0.5	4.1	W26	0.4	99	332	+ 0	242	21	10 19
5 15	1 52.8	− 1.3	+ 8 12	− 7	0.91	+ 0.3	3.7	W26	0.5	90	333	+ 1	243	47	10 20
5 20	2 17.6	− 1.3	+ 10 40	− 7	1.00	+ 0.0	3.4	W24	0.6	80	334	+ 1	244	71	10 25
5 25	2 46.4	− 1.3	+ 13 30	− 6	1.08	− 0.3	3.1	W21	0.7	69	336	+ 2	246	94	10 34
5 30	3 19.6	− 1.4	+ 16 33	− 5	1.17	− 0.7	2.9	W17	0.8	57	338	+ 2	250	116	10 48
6　4	3 57.7	− 1.4	+ 19 33	− 4	1.24	− 1.1	2.7	W13	0.9	41	341	+ 2	254	137	11　6
6　9	4 40.7	− 1.5	+ 22 11	− 3	1.30	− 1.6	2.6	W　7	1.0	23	346	+ 3	262	158	11 30
6 14	5 27.5	− 1.5	+ 24　4	− 1	1.32	− 2.3	2.5	W　1	1.0	4	351	+ 3	311	177	11 57
6 19	6 15.5	− 1.5	+ 24 53	+ 0	1.31	− 1.8	2.6	E　5	1.0	18	357	+ 3	76	197	12 25
6 24	7　1.5	− 1.5	+ 24 33	+ 2	1.27	− 1.2	2.6	E11	0.9	36	2	+ 4	87	217	12 52
6 29	7 43.6	− 1.5	+ 23 15	+ 3	1.21	− 0.8	2.8	E16	0.8	50	7	+ 4	93	238	13 14
7　4	8 20.7	− 1.4	+ 21 14	+ 5	1.14	− 0.4	3.0	E20	0.7	62	11	+ 5	99	260	13 31
7　9	8 52.9	− 1.4	+ 18 47	+ 5	1.06	− 0.1	3.2	E23	0.7	72	15	+ 6	103	283	13 44
7 14	9 20.3	− 1.4	+ 16　7	+ 6	0.98	+ 0.2	3.4	E25	0.6	81	18	+ 7	107	306	13 51
7 19	9 42.9	− 1.3	+ 13 24	+ 7	0.91	+ 0.3	3.7	E27	0.5	90	20	+ 7	110	331	13 54
7 24	10　0.6	− 1.3	+ 10 49	+ 7	0.83	+ 0.5	4.0	E27	0.4	99	21	+ 8	113	357	13 52
7 29	10 12.6	− 1.3	+ 8 35	+ 7	0.76	+ 0.7	4.4	E26	0.3	109	22	+ 9	116	24	13 44
8　3	10 18.3	− 1.3	+ 6 56	+ 7	0.70	+ 1.1	4.8	E23	0.2	121	23	+ 10	119	53	13 29
8　8	10 16.5	− 1.3	+ 6　9	+ 7	0.65	+ 1.8	5.2	E18	0.1	135	23	+ 11	124	83	13　6
8 13	10　7.1	− 1.3	+ 6 29	+ 7	0.61	+ 3.2	5.5	E12	0.1	151	22	+ 12	134	116	12 38
8 18	9 52.4	− 1.3	+ 7 58	+ 7	0.61	+ 5.2	5.5	E　5	0.0	167	21	+ 12	177	151	12　4

表中の補正値は2000.0年分点への補正　　　　　　　　　　　地球時 0 時（記号などの解説は132ページ）

月日	視赤経	補正	視赤緯	補正	地心距離	等級	視半径	離角	k	i	A	B	P	L	正中時 T
	h m	m	° ′	′	au		″	°		°	°	°	°	°	h m
8 23	9 38.4	-1.3	+10 8	+ 7	0.65	+4.0	5.2	W 8	0.0	159	20	+11	260	186	11 31
8 28	9 32.3	-1.3	+12 9	+ 6	0.73	+1.6	4.6	W14	0.1	136	19	+ 9	279	219	11 5
9 2	9 38.6	-1.3	+13 14	+ 7	0.84	+0.3	4.0	W17	0.3	111	19	+ 8	286	248	10 52
9 7	9 57.6	-1.3	+12 57	+ 7	0.98	-0.5	3.4	W18	0.5	86	21	+ 6	292	274	10 51
9 12	10 26.0	-1.3	+11 15	+ 7	1.12	-1.0	3.0	W16	0.7	62	23	+ 5	296	298	11 0
9 17	10 59.1	-1.3	+ 8 24	+ 8	1.23	-1.3	2.7	W12	0.9	40	25	+ 5	301	320	11 14
9 22	11 33.4	-1.3	+ 4 51	+ 8	1.32	-1.4	2.6	W 8	1.0	23	27	+ 4	307	342	11 28
9 27	12 7.0	-1.3	+ 0 59	+ 8	1.37	-1.6	2.5	W 4	1.0	9	28	+ 4	320	3	11 42
10 2	12 39.3	-1.3	- 2 55	+ 8	1.40	-1.6	2.4	E 1	1.0	4	29	+ 3	59	25	11 55
10 7	13 10.4	-1.3	- 6 43	+ 8	1.42	-1.2	2.4	E 5	1.0	11	28	+ 3	104	47	12 6
10 12	13 40.7	-1.3	-10 18	+ 8	1.41	-0.8	2.4	E 8	1.0	18	28	+ 2	110	69	12 17
10 17	14 10.5	-1.3	-13 37	+ 7	1.40	-0.6	2.4	E11	1.0	24	26	+ 2	112	92	12 27
10 22	14 40.1	-1.4	-16 37	+ 6	1.37	-0.5	2.5	E14	0.9	30	25	+ 2	112	115	12 37
10 27	15 9.5	-1.4	-19 17	+ 6	1.33	-0.4	2.5	E16	0.9	37	23	+ 1	111	138	12 46
11 1	15 38.8	-1.4	-21 32	+ 5	1.27	-0.3	2.6	E19	0.9	44	20	+ 1	109	162	12 56
11 6	16 7.7	-1.5	-23 21	+ 4	1.20	-0.3	2.8	E20	0.8	52	18	+ 0	107	185	13 5
11 11	16 35.4	-1.5	-24 39	+ 3	1.12	-0.3	3.0	E22	0.7	61	15	- 0	105	210	13 13
11 16	17 0.2	-1.5	-25 23	+ 2	1.03	-0.3	3.3	E23	0.6	74	12	- 1	102	235	13 18
11 21	17 19.4	-1.5	-25 29	+ 2	0.92	-0.1	3.7	E22	0.5	90	10	- 1	100	261	13 17
11 26	17 27.7	-1.5	-24 52	+ 1	0.81	+0.3	4.2	E19	0.3	112	9	- 2	98	290	13 5
12 1	17 18.9	-1.5	-23 24	+ 2	0.72	+1.9	4.7	E11	0.1	142	10	- 3	96	323	12 36
12 6	16 53.8	-1.5	-21 24	+ 3	0.68	+6.2	5.0	E 1	0.0	176	13	- 4	16	360	11 52
12 11	16 28.9	-1.5	-19 22	+ 3	0.72	+1.9	4.7	W11	0.1	142	16	- 5	292	37	11 7
12 16	16 20.2	-1.4	-18 34	+ 4	0.81	+0.3	4.1	W18	0.3	112	16	- 5	288	69	10 39
12 21	16 27.9	-1.5	-19 11	+ 3	0.93	-0.2	3.6	W21	0.5	88	16	- 5	285	98	10 28
12 26	16 46.3	-1.5	-20 24	+ 3	1.03	-0.3	3.3	W22	0.7	72	14	- 5	282	124	10 26
12 31	17 10.9	-1.5	-21 42	+ 2	1.13	-0.4	3.0	W21	0.8	59	11	- 5	278	149	10 31
1 5	17 39.1	-1.5	-22 48	+ 1	1.21	-0.4	2.8	W20	0.8	49	8	- 5	274	173	10 40

最大離角のころの水星

月日	視赤経	補正	視赤緯	補正	地心距離	等級	視半径	離角	k	i	A	B	P	L	正中時 T
東方最大離角															
	h m	m	° ′	′	au		″	°		°	°	°	°	°	h m
3 25	1 22.9	-1.3	+11 20	- 8	0.90	-0.1	3.8	E19	0.4	99	332	- 5	61	99	13 11
7 22	9 54.1	-1.3	+11 49	+ 7	0.86	+0.5	3.9	E27	0.5	95	21	+ 8	112	346	13 53
11 16	17 0.2	-1.5	-25 23	+ 2	1.03	-0.2	3.3	E23	0.6	74	12	- 1	102	235	13 18
西方最大離角															
1 12	17 50.6	-1.4	-21 44	+ 0	1.00	-0.2	3.4	W23	0.6	76	6	- 6	275	127	10 27
5 10	1 32.2	-1.3	+ 6 15	- 8	0.83	+0.5	4.1	W26	0.4	99	332	+ 0	242	21	10 19
9 5	9 48.7	-1.3	+13 14	+ 7	0.93	-0.2	3.6	W18	0.4	96	20	+ 7	290	264	10 50
12 25	16 42.0	-1.5	-20 8	+ 3	1.01	-0.3	3.3	W22	0.6	75	14	- 5	283	119	10 26

東方および西方最大離角のころの高度・方位角 （東京での値）

東方最大離角									西方最大離角											
3月25日			7月22日			11月16日			1月12日			5月10日			9月5日			12月25日		
時刻	高度	方位	時刻	高度	方位	時刻	高度	方位	時刻	高度	方位	時刻	高度	方位	時刻	高度	方位	時刻	高度	方位
	°	°		°	°		°	°		°	°		°	°		°	°		°	°
16時	41	252	16時	49	243	16時	16	222	4時	—	—	4時	4	85	4時	2	75	4時	—	—
17時	29	263	17時	38	256	17時	7	232	5時	—	—	5時	16	94	5時	13	83	5時	—	—
18時	17	272	18時	26	266	18時	—	—	6時	8	124	6時	28	103	6時	26	92	6時	9	123
19時	5	281	19時	14	275	19時	—	—	7時	17	135	7時	39	115	7時	38	101	7時	19	134

※高度が0°以上, 時刻が16~7時 (JST) の場合　方位は北を0°として東回り

金　　星 (堀川邦昭)

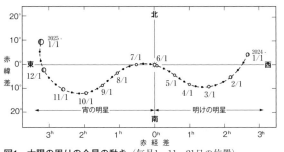

図1　太陽の周りの金星の動き（毎月1・11・21日の位置）

2024年の金星は，6月に外合となるのみで，内合も最大離角も起こらない．後述するように，年初と年末を除く1年のほとんどの期間は地平線の近くにあるので，ふだんの生活の中では金星を目にすることがなく，存在を忘れてしまいそうな1年になるかもしれない．

　図1は太陽を中心とした2024年の金星の動きである．内惑星である金星は，月のような満ち欠けが見られる．図の金星は形がわかるように360倍に拡大してある．2024年はほとんどの期間，満月に近い見え方で，年末になってようやく半月状になる．また，動きを示す線のうち，破線部分は外合をはさんだ西方最大離角から東方最大離角までの動きを表わしていて，2024年は1年を通して破線となる．

　図2は黄道を中心に描いた金星の星座間での動きである．2024年の金星はさそり座をスタートしたあと，ひたすら順行を続けて天球を445°も回り，やぎ座とみずがめ座の境界で年末をむかえる．この間，いくつかの明るい恒星と接近するが，低空のため観望には向かない．ほかの惑星との接近も同様である．唯一，年初のさそり座β（2.5等）との接近は，日の出時の高度が27°前後になるので，観望のチャンスとなりそうだ．

　図3と図4に金星の日没時と日出時の高度と方位角の変化を示した．年初は明け方

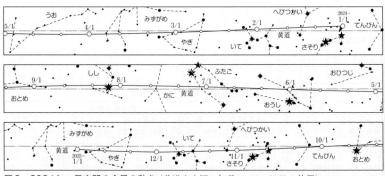

図2　2024年　星座間の金星の動き（黄道中心図，毎月1・11・21日の位置）

の空で高度は30°近くあるが，すぐに下がって地平近くを這うように進む．6月4日の外合後も同様で，夕暮れの西空で高度20°になるのは11月に入ってからで，年末になってようやく30°を超える．この間，金星はひたすら地平に沿って南へ南へと移動し，宵の明星として目を引くようになるころの方位角は200°と，南西を通り過ぎて南南西の方角に達している．

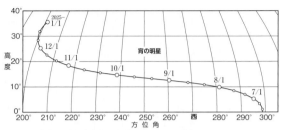

図3　日没時の金星の高度と方位角（東京での値）

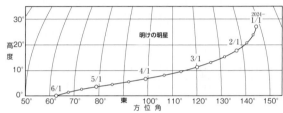

図4　日出時の金星の高度と方位角（東京での値）

　2024年における金星の諸現象と，月やほかの惑星，明るい恒星との会合を下表に示した．前述のように，低高度での現象ばかりで，観望には適さない．

　可視光では明るく輝くだけの金星だが，紫外光ではスーパーローテーションによる雲の明暗が写り，近年は国内外でさかんに撮像観測が行なわれている．金星の観望には最大離角～最大光輝あたりの大きく欠けた時期が好まれるが，技術の進歩によって解像度が向上した現在の撮像観測では，視直径が小さくても輝面の大きな時期の方が好まれる傾向があるようだ．

外合	
月	日
6	4

1月 9日 5時10分	月の北	5° 42′	
2月 8日 3時50分	月の北	5° 26′	
2月18日 5時47分	冥王星の北	2° 43′	
2月23日 0時35分	火星の北	0° 38′	
3月 9日 2時00分	月の北	3° 17′	
3月22日11時00分	土星の北	0° 21′	
4月 3日19時54分	海王星の南	0° 17′	
4月 8日 1時38分	月の南	0° 24′	(食*)
4月19日 7時40分	水星の南	1° 58′	
5月 8日 1時 3分	月の南	3° 30′	
5月18日18時17分	天王星の南	0° 28′	
5月23日18時30分	木星の北	0° 12′	
6月 2日 1時52分	おうし座α星の北	5° 21′	
6月 6日23時27分	月の南	4° 33′	

6月17日21時39分	水星の南	0° 53′	
7月 7日 0時 4分	月の南	3° 52′	
7月 7日15時14分	ふたご座β星の南	5° 41′	
8月 5日 7時 5分	しし座α星の北	1° 6′	
8月 6日 7時 3分	月の南	1° 44′	
8月 7日 0時15分	水星の北	5° 56′	
9月 5日19時16分	月の北	1° 11′	(食*)
9月17日21時55分	おとめ座α星の北	2° 38′	
10月 6日 5時26分	月の北	3° 0′	
10月26日 4時 1分	さそり座α星の南	3° 6′	
11月 5日 9時15分	月の北	3° 6′	
12月 5日 7時41分	月の南	2° 15′	
12月 8日 3時16分	冥王星の北	0° 53′	

（食＊）日本では見られない．

2024年　金星のこよみ (国立天文台暦計算室)

月日	視赤経	視赤緯	地心距離	等級	視半径	離角	k	i	A	B	P	L	正中時 T
	h m	° ′	au		″			°	°	°	°	°	h m
12 22	15 14.7	−15 46	1.12	−4.1	7.5	W39	0.7	60	16	− 1	288	258	9 14
1 1	16 3.8	−18 46	1.18	−4.0	7.1	W37	0.8	56	12	− 1	284	284	9 23
1 11	16 54.9	−20 59	1.24	−4.0	6.7	W35	0.8	52	7	− 1	279	311	9 35
1 21	17 47.4	−22 14	1.30	−4.0	6.4	W33	0.8	48	2	− 0	273	339	9 48
1 31	18 40.7	−22 25	1.36	−3.9	6.1	W31	0.9	45	357	− 0	267	6	10 2
2 10	19 33.9	−21 29	1.41	−3.9	5.9	W29	0.9	41	352	− 0	261	33	10 16
2 20	20 26.1	−19 30	1.46	−3.9	5.7	W27	0.9	38	348	+ 0	256	60	10 28
3 1	21 16.7	−16 34	1.50	−3.9	5.5	W24	0.9	34	344	+ 0	251	87	10 40
3 11	22 5.5	−12 51	1.55	−3.9	5.4	W22	0.9	31	341	+ 0	247	114	10 49
3 21	22 52.8	− 8 33	1.58	−3.9	5.3	W20	0.9	27	339	+ 0	244	142	10 57
3 31	23 38.9	− 3 52	1.62	−3.9	5.2	W17	1.0	24	337	+ 0	242	169	11 3
4 10	0 24.3	+ 1 0	1.65	−3.9	5.1	W15	1.0	20	337	+ 0	241	196	11 9
4 20	1 9.7	+ 5 52	1.68	−3.9	5.0	W12	1.0	17	338	+ 0	241	223	11 16
4 30	1 55.9	+10 32	1.70	−3.9	4.9	W10	1.0	13	340	+ 0	242	250	11 22
5 10	2 43.3	+14 47	1.72	−3.9	4.9	W 7	1.0	10	342	− 0	244	277	11 30
5 20	3 32.3	+18 26	1.73	−3.9	4.8	W 4	1.0	6	346	− 0	247	304	11 40
5 30	4 23.2	+21 17	1.73	−3.9	4.8	W 2	1.0	2	350	− 1	250	332	11 51
6 9	5 15.8	+23 10	1.73	−3.9	4.8	E 1	1.0	2	355	− 1	80	359	12 5
6 19	6 9.3	+23 55	1.73	−3.9	4.8	E 4	1.0	6	360	− 1	84	26	12 19
6 29	7 3.0	+23 30	1.72	−3.9	4.9	E 7	1.0	10	5	− 1	89	53	12 33
7 9	7 55.9	+21 56	1.70	−3.9	4.9	E 9	1.0	13	10	− 1	94	80	12 46
7 19	8 47.2	+19 19	1.68	−3.9	5.0	E12	1.0	17	14	− 1	99	107	12 58
7 29	9 36.6	+15 48	1.65	−3.9	5.1	E15	1.0	21	18	− 1	103	134	13 8
8 8	10 24.1	+11 35	1.62	−3.9	5.2	E18	1.0	25	20	− 0	107	161	13 16
8 18	11 10.0	+ 6 51	1.58	−3.9	5.3	E20	0.9	29	22	− 0	109	188	13 23
8 28	11 54.8	+ 1 49	1.54	−3.9	5.4	E23	0.9	33	23	− 0	111	215	13 28
9 7	12 39.3	− 3 20	1.49	−3.9	5.6	E25	0.9	37	23	+ 0	111	243	13 33
9 17	13 24.0	− 8 24	1.44	−3.9	5.8	E28	0.9	41	22	+ 1	111	270	13 38
9 27	14 9.8	−13 10	1.39	−3.9	6.0	E30	0.9	44	20	+ 1	110	297	13 45
10 7	14 57.0	−17 26	1.33	−3.9	6.3	E33	0.8	48	17	+ 2	107	324	13 53
10 17	15 46.2	−21 0	1.27	−4.0	6.6	E35	0.8	52	13	+ 2	104	350	14 2
10 27	16 37.1	−23 39	1.21	−4.0	6.9	E37	0.8	55	9	+ 2	100	17	14 14
11 6	17 29.5	−25 13	1.14	−4.0	7.3	E39	0.8	59	4	+ 3	95	44	14 27
11 16	18 22.3	−25 36	1.08	−4.1	7.7	E41	0.7	63	359	+ 3	90	71	14 40
11 26	19 14.5	−24 47	1.01	−4.1	8.3	E43	0.7	67	354	+ 3	85	98	14 53
12 6	20 4.8	−22 49	0.94	−4.2	8.9	E44	0.7	71	349	+ 2	81	124	15 4
12 16	20 52.3	−19 52	0.87	−4.3	9.6	E46	0.6	76	345	+ 2	76	150	15 12
12 26	21 36.7	−16 7	0.79	−4.4	10.5	E47	0.6	81	342	+ 1	73	176	15 15
1 5	22 17.5	−11 49	0.72	−4.5	11.6	E47	0.5	86	340	+ 0	70	202	15 18

地球時 0 時　（記号などの解説は132ページ）

金星の視赤経と視赤緯の2000.0年分点への補正値

赤経		赤緯					
期　間	補正値	期　間	補正値	期　間	補正値	期　間	補正値
	m		′		′		′
1月 1日～ 1月25日	−1.4	1月 1日～ 1月 4日	+4	5月17日～ 5月23日	−5	10月 3日～10月11日	+6
1月26日～ 1月27日	−1.5	1月 5日～ 1月10日	+3	5月24日～ 5月29日	−4	10月12日～10月18日	+5
1月28日～ 2月28日	−1.4	1月11日～ 1月16日	+2	5月30日～ 6月 4日	−3	10月19日～10月24日	+4
2月29日～ 3月25日	−1.3	1月17日～ 1月21日	+1	6月 5日～ 6月10日	−2	10月25日～10月30日	+3
3月26日～ 4月17日	−1.2	1月22日～ 1月24日	+0	6月11日～ 6月15日	−1	10月31日～11月 4日	+2
4月18日～ 5月13日	−1.3	1月25日～ 1月26日	−0	6月16日～ 6月18日	−0	11月 5日～11月10日	+1
5月14日～ 6月 2日	−1.4	1月27日～ 2月 1日	−1	6月19日～ 6月20日	+0	11月11日～11月12日	+0
6月 3日～ 7月 8日	−1.5	2月 2日～ 2月 6日	−2	6月21日～ 6月26日	+1	11月13日～11月15日	−0
7月 9日～ 7月29日	−1.4	2月 7日～ 2月12日	−3	6月27日～ 7月 1日	+2	11月16日～11月20日	−1
7月30日～ 9月30日	−1.3	2月13日～ 2月19日	−4	7月 2日～ 7月 7日	+3	11月21日～11月26日	−2
10月 1日～10月18日	−1.4	2月20日～ 2月26日	−5	7月 8日～ 7月13日	+4	11月27日～12月 1日	−3
10月19日～12月11日	−1.5	2月27日～ 3月 5日	−6	7月14日～ 7月20日	+5	12月 2日～12月 8日	−4
12月12日～12月31日	−1.4	3月 6日～ 3月18日	−7	7月20日～ 8月 9日	+6	12月 9日～12月15日	−5
		3月19日～ 4月24日	−8	8月10日～ 9月 1日	+7	12月16日～12月24日	−6
		4月25日～ 5月 7日	−7	8月10日～ 9月21日	+8	12月25日～12月31日	−7
		5月 8日～ 5月16日	−6	9月22日～10月 2日	+7		

火　星 (安達　誠)

　2024年の火星は，2025年1月12日に衝となる観測シーズンの前半期になる．観測シーズンとしては，最接近時に視直径が最も小さい2027年と並び，ここ3回は小接近が続く．西矩は10月22日で，このとき火星は最も大きく欠けて見える．2025年1月の，衝のときの視直径は14″.6であり，木星の衝のころとくらべると30％強程度の大きさとなる．火星の大きな姿は見えないものの，この時期だけしか見えないものもあり，大切な観測時期であることを知ってほしい．

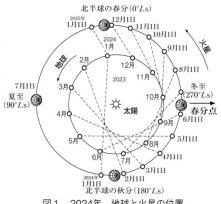

図1　2024年　地球と火星の位置

　2024年の観測シーズンのLsは，2024年1月の174°から年末の24°までの期間となる．北半球は秋分から冬至を過ぎ，春分を過ぎるころまでが今年の観測期間となる．2024年7月までの期間には，火星は南半球が地球の方向を向いており，

現象	月　日　時　分
西矩	10月22日10時 9分
留	12月 8日 5時59分

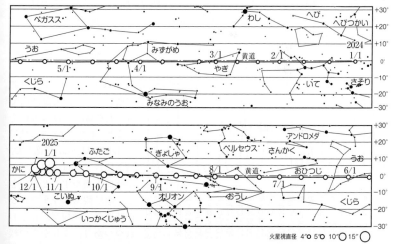

図2　2024年　星座間の火星の動き　（黄道中心図，毎月1・11・21日の位置）

144

南半球の様子が見やすくなっている．このころは視直径は小さいながらも南極冠の縮小過程を見ることできる．この期間は，ダストストームの起こりやすい時期と重なる．

火星の惑理緯度（De）が0°を超える（反対側の半球に移動する日）は8月23日で，この日からは北半球が見やすくなってくる．このころのLsは317°で，北半球は冬至と春分の中間付近の季節となっている．火星のダストストームはLs = 180°よりも大きくなると発生数が増えるのだが，今シーズン180°になるのは1月中旬で，視直径は4″に満たない状態である．火星のダストストームの起こりやすい時期（近日点付近）4月付近でも，まだ視直径は4″あまりしかなく，今シーズンのダストストームの観測は，かなりむずかしい状況になると思われる．

ダストストームの小規模なもの（ローカルダストストーム）は年中起こっているが，視直径が小さいと見つけるのはむずかしい．視直径が大きくなってくるととらえやすくなるので，夏の良いシーイングを活用するとよい．撮像するときは，カメラの横の向きを，天空の東西にいつもそろえるなどの工夫をし，位置や形が正しく判断できる画像にすることが大切である．

年末の12月には大きくなった北極冠を見ることができる．このとき惑理緯度（De）は12°.9となり，火星面は北半球が地球の方向を向いている．また，視直径は14″.2あり，観測には好条件となっている．近年，北極冠の全体を観測できるシーズンは事実上なかったが，小接近のときは北極冠や北極冠周辺の様子が観測しやすくなる位相となる．これまで，北極付近は雲に覆われていることが多く，詳しい様子を見ることができなかったが，今回からは小接近とはいえ，これから3回の接近で，北半球や北極付近の模様や，風や雲の様子をくわしく観測することができる．火星全面を知るうえで，小接近時の観測は大切である．

2024年4月1日での，視直径は4″.5で夜明け前の東天で地平高度は6°ぐらいである．このころから観測に入る人が増えてくるが，地平高度が低く，観測はやりにくい．しかし，最近では夜明け後に明るい空で撮像した画像を処理し，よい成果を挙げている観測が増えている．肉眼観測でも，太陽高度が30°より低くなると，黄色フィルター使用で，模様が見える．撮像して，画像処理すれば，観測可能な時間を増やすことができる．惑星観測は今までにない時間帯での観測が行なわれつつあり，これからの観測成果に期待したい．

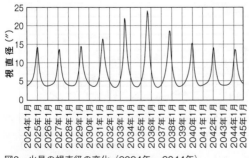

図3　火星の視直径の変化（2024年〜2044年）

1月10日17時31分　火星は月の北	4° 10′	6月 3日 8時37分　火星は月の南	2° 24′
1月28日 1時 7分　火星は水星の南	0° 15′	7月 2日 3時26分　火星は月の南	4° 5′
2月 8日15時30分　火星は月の北	4° 12′	7月15日18時25分　火星は天王星の南	0° 33′
2月15日 4時55分　火星は冥王星の北	1° 56′	7月30日19時37分　火星は月の南	5° 2′
2月23日 0時35分　火星は金星　の南	0° 38′	8月15日 1時50分　火星は木星の北	0° 19′
3月 8日13時60分　火星は月の北	3° 31′	8月28日 9時22分　火星は月の南	5° 16′
4月 6日12時51分　火星は月の北	1° 59′	9月25日20時49分　火星は月の南	4° 54′
4月11日12時13分　火星は土星の北	0° 29′	10月24日 4時56分　火星は月の南	3° 55′
4月29日13時 2分　火星は海王星の南	0° 2′	11月21日 6時 9分　火星は月の南	2° 26′
5月 5日11時26分　火星は月の南	0° 12′	12月18日17時49分　火星は月の南	0° 54′

　　火星とほかの天体との会合では，2025年1月27日と28日には明け方の低空で水星と火星が接近する．2月22日には金星．8月14日には木星に接近する．また，9月13日にはM35の近くで輝き，留に近い年末は，プレセペ星団の近くでしばらく見続けることができる．撮影には好対象だろう．

　　火星とほかの天体との接近では，4月29日は海王星と，5月5日には月と接近するが，東天の低空であるためによい条件が必須だ．とりわけ4月29日の海王星との会合は，0°.02と非常に近くなる．8月15日の木星との会合は東の中天で，離角は0°.19ほどで好条件である．

火星面の中央点の火星面経度（中央標準時9時）　　　　　（相馬 充）

日	1月	2月	3月	4月	5月	6月	7月	8月	9月	10月	11月	12月
1	30.9	87.5	161.9	214.5	275.8	328.3	33.1	90.7	150.5	221.9	286.5	6 5
2	21.1	77.7	152.0	204.5	265.9	318.4	23.3	81.0	140.9	212.3	277.1	357.3
3	11.4	67.8	142.2	194.6	255.9	308.5	13.5	71.3	131.2	202.7	267.6	348.1
4	1.6	58.0	132.3	184.6	246.0	298.6	3.7	61.6	121.6	193.1	258.2	339.0
5	351.8	48.2	122.4	174.7	236.0	288.8	353.9	51.9	111.9	183.6	248.8	329.8
6	342.1	38.4	112.5	164.7	226.1	278.9	344.2	42.2	102.3	174.0	239.3	320.7
7	332.3	28.6	102.6	154.8	216.2	269.0	334.4	32.5	92.7	164.4	229.9	311.6
8	322.5	18.7	92.7	144.8	206.2	259.2	324.6	22.8	83.0	154.9	220.5	302.5
9	312.7	8.9	82.8	134.9	196.3	249.3	314.8	13.1	73.4	145.3	211.1	293.4
10	302.9	359.1	72.9	124.9	186.3	239.4	305.1	3.4	63.7	135.7	201.7	284.3
11	293.2	349.2	63.0	115.0	176.4	229.6	295.3	353.7	54.1	126.2	192.3	275.2
12	283.4	339.4	53.1	105.0	166.5	219.7	285.5	344.0	44.5	116.6	182.9	266.2
13	273.6	329.6	43.2	95.1	156.5	209.9	275.8	334.3	34.8	107.1	173.6	257.2
14	263.8	319.7	33.3	85.1	146.6	200.0	266.0	324.6	25.2	97.6	164.2	248.1
15	254.0	309.9	23.3	75.1	136.7	190.2	256.2	314.9	15.6	88.0	154.9	239.1
16	244.3	300.0	13.4	65.2	126.8	180.4	246.5	305.2	6.0	78.5	145.5	230.1
17	234.5	290.2	3.5	55.2	116.8	170.5	236.7	295.6	356.3	68.9	136.2	221.1
18	224.7	280.3	353.6	45.3	106.9	160.7	227.0	285.9	346.7	59.4	126.8	212.1
19	214.9	270.5	343.7	35.3	97.0	150.8	217.2	276.2	337.1	49.9	117.5	203.2
20	205.1	260.6	333.7	25.3	87.1	141.0	207.5	266.5	327.5	40.4	108.2	194.2
21	195.3	250.8	323.8	15.4	77.2	131.2	197.8	256.8	317.9	30.9	98.9	185.3
22	185.5	240.9	313.9	5.4	67.3	121.4	188.0	247.2	308.3	21.3	89.6	176.4
23	175.7	231.0	303.9	355.5	57.3	111.6	178.3	237.5	298.7	11.8	80.3	167.5
24	165.9	221.2	294.0	345.5	47.4	101.7	168.5	227.8	289.1	2.3	71.1	158.6
25	156.1	211.3	284.1	335.6	37.5	91.9	158.8	218.2	279.5	352.8	61.8	149.7
26	146.3	201.4	274.1	325.6	27.6	82.1	149.1	208.5	269.9	343.4	52.6	140.8
27	136.5	191.6	264.2	315.7	17.7	72.3	139.3	198.8	260.3	333.9	43.3	132.0
28	126.7	181.7	254.3	305.7	7.8	62.5	129.6	189.2	250.7	324.4	34.1	123.1
29	116.9	171.8	244.3	295.7	357.9	52.7	119.9	179.5	241.1	314.9	24.9	114.3
30	107.1		234.4	285.8	348.0	42.9	110.2	169.9	231.5	305.4	15.7	105.4
31	97.3		224.4		338.2		100.5	160.2		296.0		96.6

2024年　火星のこよみ （国立天文台暦計算室）

月 日	視赤経	視赤緯	地心距離	等級	視半径	A	B (φ)	P	Q	L (ω)	中央子午線通過	Ls	火星暦
	h　m	°　′	au		″	°	°	°	″	°	h　m	°	月　日
12 22	17 16.0	-23 30	2.45	+1.4	1.9	31.0	+ 1.9	271.8	0.0	128.3	15 53	168.1	9 10
1 1	17 48.2	-23 58	2.42	+1.4	1.9	27.8	- 1.4	268.7	0.0	30.6	22 34	173.6	9 15
1 11	18 20.8	-24 0	2.39	+1.4	2.0	24.2	- 4.6	265.6	0.0	292.9	4 36	179.1	9 21
1 21	18 53.7	-23 36	2.36	+1.3	2.0	20.1	- 7.9	262.4	0.0	195.0	11 18	184.8	9 27
1 31	19 26.5	-22 47	2.32	+1.3	2.0	15.7	-11.0	259.4	0.1	97.0	18 1	190.6	10 3
2 10	19 59.1	-21 33	2.29	+1.3	2.0	11.1	-14.0	256.5	0.1	358.8	0 5	196.4	10 9
2 20	20 31.2	-19 56	2.25	+1.3	2.1	6.3	-16.8	253.8	0.1	260.3	6 50	202.4	10 15
3 1	21 2.8	-17 57	2.21	+1.2	2.1	1.4	-19.3	251.5	0.1	161.7	13 36	208.4	10 21
3 11	21 33.8	-15 40	2.17	+1.2	2.2	356.4	-21.4	249.4	0.1	62.7	20 23	214.5	10 27
3 21	22 4.1	-13 7	2.13	+1.2	2.2	351.4	-23.2	247.8	0.2	323.5	2 30	220.6	11 2
3 31	22 33.8	-10 21	2.09	+1.2	2.2	346.6	-24.5	246.5	0.2	224.2	9 19	226.9	11 8
4 10	23 3.0	- 7 26	2.06	+1.1	2.3	341.9	-25.4	246.6	0.2	124.7	16 8	233.1	11 15
4 20	23 31.8	- 4 25	2.02	+1.1	2.3	337.5	-25.7	245.2	0.3	25.1	22 58	239.5	11 21
4 30	0 0.2	- 1 22	1.98	+1.1	2.4	333.4	-25.5	245.1	0.3	285.5	5 6	245.8	11 27
5 10	0 28.4	+ 1 42	1.94	+1.2	2.4	329.9	-24.9	245.4	0.3	186.1	11 55	252.1	12 3
5 20	0 56.5	+ 4 42	1.90	+1.1	2.5	326.9	-23.7	246.1	0.4	86.8	18 44	258.5	12 10
5 30	1 24.5	+ 7 37	1.87	+1.1	2.5	324.5	-22.2	247.1	0.4	347.8	0 50	264.8	12 17
6 9	1 52.7	+10 22	1.83	+1.1	2.6	322.9	-20.3	248.5	0.4	249.0	7 36	271.1	12 23
6 19	2 21.0	+12 56	1.79	+1.0	2.6	321.9	-18.1	250.2	0.5	150.6	14 21	277.4	12 29
6 29	2 49.4	+15 16	1.75	+1.0	2.7	321.5	-15.6	252.2	0.5	52.4	21 5	283.6	1 4
7 9	3 18.0	+17 21	1.70	+1.0	2.7	321.9	-12.9	254.4	0.5	314.6	3 7	289.7	1 10
7 19	3 46.6	+19 8	1.66	+1.0	2.8	322.8	-10.2	256.9	0.6	217.0	9 48	295.8	1 16
7 29	4 15.2	+20 37	1.61	+0.9	2.9	324.3	- 7.3	259.5	0.6	119.6	16 28	301.8	1 22
8 8	4 43.6	+21 47	1.56	+0.9	3.0	326.2	- 4.5	262.3	0.7	22.5	23 7	307.7	1 28
8 18	5 11.6	+22 38	1.51	+0.9	3.1	328.6	- 1.7	265.1	0.7	285.6	5 6	313.5	2 2
8 28	5 39.1	+23 11	1.45	+0.8	3.2	331.2	+ 1.1	267.9	0.8	188.9	11 43	319.3	2 8
9 7	6 5.7	+23 27	1.40	+0.7	3.4	334.1	+ 3.7	270.6	0.8	92.4	18 20	324.9	2 14
9 17	6 31.3	+23 28	1.33	+0.6	3.5	337.1	+ 6.1	273.1	0.9	356.1	0 16	330.5	2 19
9 27	6 55.5	+23 16	1.27	+0.5	3.7	340.1	+ 8.3	275.5	0.9	260.0	6 51	335.9	2 25
10 7	7 18.1	+22 54	1.20	+0.4	3.9	343.1	+10.3	277.7	1.0	164.2	13 25	341.3	3 1
10 17	7 38.7	+22 27	1.13	+0.3	4.2	346.0	+12.1	279.5	1.0	68.7	19 57	346.5	3 6
10 27	7 57.1	+21 58	1.06	+0.1	4.4	348.6	+13.5	281.1	1.0	333.6	1 49	351.7	3 11
11 6	8 12.7	+21 33	0.98	-0.0	4.8	350.9	+14.6	282.2	1.0	239.1	8 17	356.8	3 16
11 16	8 25.0	+21 15	0.91	-0.2	5.1	352.8	+15.3	282.9	1.0	145.2	14 42	1.8	3 21
11 26	8 33.5	+21 11	0.84	-0.4	5.6	354.1	+15.6	283.0	0.9	52.3	21 3	6.7	3 26
12 6	8 37.1	+21 25	0.77	-0.6	6.0	354.7	+15.4	282.4	0.8	320.4	2 42	11.6	3 31
12 16	8 35.3	+22 0	0.72	-0.8	6.5	354.4	+14.8	280.8	0.6	229.8	8 54	16.4	4 5
12 26	8 27.7	+22 54	0.67	-1.1	6.9	353.3	+13.7	277.2	0.3	140.5	15 0	21.1	4 10
1 5	8 14.8	+23 59	0.65	-1.3	7.2	351.3	+12.2	273.4	0.1	52.4	21 1	25.7	4 16

地球時 0 時（記号などの解説は132ページ）

火星の視赤経と視赤緯の2000.0年分点への補正値

赤経

期間	補正値
	m
1月 1日 ～ 1月25日	-1.5
1月26日 ～ 3月 3日	-1.4
3月 4日 ～ 4月16日	-1.3
4月17日 ～ 5月16日	-1.2
5月17日 ～ 6月29日	-1.3
6月30日 ～ 8月 1日	-1.4
8月 2日 ～ 11月13日	-1.5
11月14日 ～ 12月 9日	-1.4
12月10日 ～ 12月31日	-1.5

赤緯

期間	補正値	期間	補正値	期間	補正値
	′		′		′
1月 1日	+1	3月14日 ～ 4月 1日	-7	9月 2日 ～ 9月 6日	-0
1月 1日 ～ 1月 6日	+0	4月 2日 ～ 6月 2日	-8	9月 7日 ～ 9月12日	+0
1月 7日 ～ 1月10日	-0	6月 3日 ～ 6月23日	-7	9月13日 ～ 9月23日	+1
1月11日 ～ 1月19日	-1	6月24日 ～ 7月 8日	-6	9月24日 ～ 10月 5日	+2
1月20日 ～ 1月28日	-2	7月 9日 ～ 7月20日	-5	10月 6日 ～ 10月20日	+3
1月29日 ～ 2月 6日	-3	7月21日 ～ 8月11日	-4	10月21日 ～ 11月 8日	+4
2月 7日 ～ 2月16日	-4	8月12日 ～ 8月22日	-2	11月 9日 ～ 12月31日	+5
2月17日 ～ 2月28日	-5	8月23日 ～ 9月 1日	-1		
2月29日 ～ 3月13日	-6				

火星の衛星の位置予報 (相馬　充)

　火星は2025年1月に衝になるので，2024年末には観測しやすい位置にある．このページでは，2024年11月と12月における火星の衛星の位置を知るためのデータを示す．

　火星にはフォボスとデイモスという2つの衛星がある．1877年に米国海軍天文台の口径66cm屈折望遠鏡でホール（A. Hall）が発見したもので，公転周期は8時間弱と30時間余である．明るさは最接近のころに11〜12等級になるが，すぐ近くには衛星の20万倍以上も明るい火星があるため，衛星を確認するだけでも口径30cm以上の望遠鏡が必要になろう．

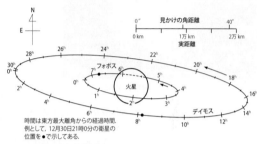

図1　火星の衛星の軌道

時間は東方最大離角からの経過時間．例として，12月30日21時0分の衛星の位置を●で示してある．

　表1と表2はフォボスとデイモスの東方最大離角の日時を示している．フォボスは1日にほぼ3回，火星の周りを公転するので，毎日の18時以前に起こる東方最大離角の日時の1つを示してある．他の日時は7時間39分を加えていって求めることができる．図1は火星の衛星の軌道図で，2024年の年末のころに地球から見た様子を示している．軌道上に記した時間は東方最大離角時からの経過時間である．この図から，東方最大離角時からの経過時間を知って衛星の見かけの位置を求めることができる．火星の見かけの位置の変化により軌道の見かけの傾きが多少変化するため，年初から離れると，図から求められる衛星の位置にわずかな誤差が生じるが，衛星のおよその位置を確認するのには便利である．図には例として12月30日21時0分の衛星の位置を示した．

表1 フォボスの東方最大離角の日時

11月 日	時	分	12月 日	時	分
1	14	15	1	13	50
2	13	13	2	12	48
3	12	11	3	11	45
4	11	9	4	10	43
5	17	47	5	17	20
6	16	45	6	16	18
7	15	43	7	15	15
8	14	41	8	14	13
9	13	39	9	13	11
10	12	37	10	12	8
11	11	35	11	11	6
12	10	33	12	17	43
13	17	10	13	16	40
14	16	8	14	15	38
15	15	6	15	14	36
16	14	4	16	13	33
17	13	2	17	12	30
18	12	0	18	11	28
19	10	58	19	10	25
20	17	35	20	17	2
21	16	33	21	16	0
22	15	31	22	14	57
23	14	28	23	13	54
24	13	26	24	12	52
25	12	24	25	11	49
26	11	22	26	10	46
27	17	59	27	17	23
28	16	57	28	16	20
29	15	54	29	15	17
30	14	52	30	14	15
			31	13	12

表2 デイモスの東方最大離角の日時

11月 日	時	分	12月 日	時	分
1	4	31	1	12	17
2	10	51	2	18	35
3	17	11	4	0	53
4	23	31	5	7	11
6	5	51	6	13	29
7	12	11	7	19	47
8	18	31	9	2	5
10	0	51	10	8	23
11	7	11	11	14	41
12	13	30	12	20	58
13	19	50	14	3	15
15	2	9	15	9	33
16	8	29	16	15	50
17	14	48	17	22	7
18	21	8	19	4	24
20	3	27	20	10	41
21	9	46	21	16	58
22	16	5	22	23	16
23	22	24	24	5	31
25	4	43	25	11	47
26	11	2	26	18	5
27	17	21	28	0	20
28	23	39	29	6	36
30	5	58	30	12	52
			31	19	8

木　星 （堀川邦昭）

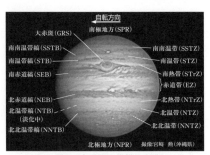

図1　木星面の模様の名称

自転方向

大赤斑(GRS)　　南極地方(SPR)
南南温帯縞(SSTB)　　　　南南温帯(SSTZ)
南温帯縞(STB)　　　　　　南温帯(STZ)
南赤道縞(SEB)　　　　　　南熱帯(STrZ)
　　　　　　　　　　　　　赤道帯(EZ)
北赤道縞(NEB)　　　　　　北熱帯(NTrZ)
北温帯縞(NTB)　　　　　　北温帯(NTZ)
（淡化中）　　　　　　　　北北温帯(NNTZ)
北北温帯縞(NNTB)
　　　　　北極地方(NPR)　撮像宮崎 勲(沖縄県)

2024年の木星はおひつじ座からおうし座へと進み，冬のにぎやかな星座たちに仲間入りする．

2024年における天球上での木星の動きを図2に示す．年初の木星はおひつじ座にあり，夕暮れの南天に見える．1月23日の東矩を過ぎるとしだいに西空へと傾き，5月にはおうし座に入って合をむかえる．その後，プレヤデス星団とヒヤデス星団の間を抜けて，梅雨明けをむかえるころには夜明け前の東天高く昇るようになる．9月10日の西矩のころになると，おうしの2本の角の間，オリオン座の真上に位置する．衝は12月8日である．おうしの頭の上で棍棒を振り上げたオリオンと対峙する構図は，華やかな冬の星座にいっそうの趣を加えることだろう．

木星面には図1で示すような縞模様が見られ，その変化は小口径望遠鏡でも楽しむことができる．有名な大赤斑は10年以上もオレンジ色で目立ち続けているし，2024年は同じ緯度にある南赤道縞（SEB）が淡化する可能性がある．また，4つのガリレオ衛星が木星を回り，ときにはカリストを除く3衛星やその影が木星面を横切る現象も見ることができる．

現象	月	日	現象	月	日	現象	月	日
留	1	1	合	5	19	留	10	9
東矩	1	23	西矩	9	10	衝	12	8

4月20日16時39分木星は天王星の南	0°32′
5月23日18時30分木星は金星の南	0°12′
6月 4日19時 4分木星は水星の北	0° 7′
8月15日 1時50分木星は火星の南	0°19′

※角距離の小さい現象のみ．

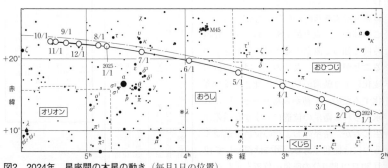

図2　2024年　星座間の木星の動き（毎月1日の位置）

2024年　木星のこよみ (国立天文台暦計算室)

月 日	視赤経	視赤緯	地心距離	等級	視半径 赤道	視半径 極	A	B	P	Q	$⊿l$
	h　m	°　′	au		″	″	°	°	°	°	°
12　22	2　15. 4	+12　16	4. 34	− 2. 7	22. 7	21. 2	339. 5	+ 3. 6	69. 8	0. 3	+ 0. 4
1　1	2　14. 7	+12　16	4. 48	− 2. 6	22. 0	20. 6	339. 5	+ 3. 5	70. 1	0. 4	+ 0. 5
1　11	2　15. 5	+12　23	4. 63	− 2. 5	21. 3	19. 9	339. 5	+ 3. 4	70. 4	0. 4	+ 0. 5
1　21	2　17. 5	+12　36	4. 79	− 2. 4	20. 6	19. 2	339. 7	+ 3. 4	70. 7	0. 4	+ 0. 6
1　31	2　20. 7	+12　56	4. 95	− 2. 4	19. 9	18. 6	339. 9	+ 3. 4	71. 1	0. 4	+ 0. 6
2　10	2　25. 1	+13　20	5. 11	− 2. 3	19. 3	18. 0	340. 2	+ 3. 3	71. 5	0. 4	+ 0. 5
2　20	2　30. 5	+13　49	5. 27	− 2. 2	18. 7	17. 5	340. 6	+ 3. 3	72. 0	0. 3	+ 0. 5
3　1	2　36. 7	+14　21	5. 41	− 2. 2	18. 2	17. 0	341. 0	+ 3. 3	72. 6	0. 3	+ 0. 4
3　11	2　43. 7	+14　56	5. 55	− 2. 1	17. 8	16. 6	341. 6	+ 3. 3	73. 2	0. 2	+ 0. 4
3　21	2　51. 4	+15　32	5. 67	− 2. 1	17. 4	16. 3	342. 2	+ 3. 3	73. 9	0. 2	+ 0. 3
3　31	2　59. 7	+16　10	5. 77	− 2. 1	17. 1	16. 0	342. 8	+ 3. 3	74. 8	0. 1	+ 0. 2
4　10	3　8. 4	+16　47	5. 86	− 2. 0	16. 8	15. 7	343. 6	+ 3. 3	75. 7	0. 1	+ 0. 1
4　20	3　17. 5	+17　24	5. 93	− 2. 0	16. 6	15. 5	344. 4	+ 3. 3	77. 0	0. 0	+ 0. 1
4　30	3　26. 8	+18　1	5. 98	− 2. 0	16. 5	15. 4	345. 2	+ 3. 3	78. 8	0. 0	+ 0. 0
5　10	3　36. 4	+18　35	6. 02	− 2. 0	16. 4	15. 3	346. 1	+ 3. 3	83. 1	0. 0	+ 0. 0
5　20	3　46. 1	+19　8	6. 03	− 2. 0	16. 4	15. 3	347. 0	+ 3. 3	217. 8	0. 0	− 0. 0
5　30	3　55. 9	+19　39	6. 02	− 2. 0	16. 4	15. 3	347. 9	+ 3. 3	253. 2	0. 0	− 0. 0
6　9	4　5. 6	+20　7	5. 99	− 2. 0	16. 4	15. 4	348. 8	+ 3. 3	256. 4	0. 0	− 0. 0
6　19	4　15. 1	+20　32	5. 95	− 2. 0	16. 6	15. 5	349. 8	+ 3. 3	258. 2	0. 1	− 0. 1
6　29	4　24. 5	+20　55	5. 88	− 2. 0	16. 8	15. 7	350. 7	+ 3. 3	259. 5	0. 1	− 0. 1
7　9	4　33. 5	+21　15	5. 80	− 2. 0	17. 0	15. 9	351. 6	+ 3. 3	260. 7	0. 1	− 0. 2
7　19	4　42. 2	+21　32	5. 70	− 2. 1	17. 3	16. 2	352. 5	+ 3. 3	261. 7	0. 2	− 0. 3
7　29	4　50. 3	+21　47	5. 59	− 2. 1	17. 6	16. 5	353. 4	+ 3. 3	262. 6	0. 2	− 0. 4
8　8	4　57. 8	+21　58	5. 46	− 2. 1	18. 0	16. 9	354. 2	+ 3. 3	263. 5	0. 3	− 0. 4
8　18	5　4. 6	+22　8	5. 32	− 2. 2	18. 5	17. 3	354. 9	+ 3. 3	264. 3	0. 3	− 0. 5
8　28	5　10. 4	+22　15	5. 18	− 2. 2	19. 0	17. 8	355. 5	+ 3. 3	264. 9	0. 4	− 0. 5
9　7	5　15. 3	+22　20	5. 03	− 2. 3	19. 6	18. 3	356. 0	+ 3. 3	265. 5	0. 4	− 0. 6
9　17	5　19. 0	+22　24	4. 88	− 2. 4	20. 2	18. 9	356. 4	+ 3. 3	266. 0	0. 4	− 0. 6
9　27	5　21. 4	+22　26	4. 73	− 2. 4	20. 9	19. 5	356. 7	+ 3. 3	266. 3	0. 4	− 0. 5
10　7	5　22. 5	+22　26	4. 58	− 2. 5	21. 5	20. 1	356. 8	+ 3. 3	266. 6	0. 4	− 0. 5
10　17	5　22. 1	+22　26	4. 45	− 2. 6	22. 2	20. 7	356. 7	+ 3. 3	266. 7	0. 3	− 0. 4
10　27	5　20. 2	+22　24	4. 33	− 2. 7	22. 8	21. 3	356. 5	+ 3. 3	266. 7	0. 2	− 0. 3
11　6	5　17. 0	+22　21	4. 23	− 2. 7	23. 3	21. 8	356. 2	+ 3. 3	266. 7	0. 2	− 0. 2
11　16	5　12. 7	+22　17	4. 15	− 2. 8	23. 7	22. 2	355. 7	+ 3. 3	266. 8	0. 1	− 0. 1
11　26	5　7. 4	+22　12	4. 11	− 2. 8	24. 0	22. 4	355. 2	+ 3. 3	267. 7	0. 0	− 0. 0
12　6	5　1. 7	+22　5	4. 09	− 2. 8	24. 1	22. 5	354. 6	+ 3. 3	281. 6	0. 0	− 0. 0
12　16	4　55. 9	+21　58	4. 10	− 2. 8	24. 0	22. 5	354. 0	+ 3. 3	79. 8	0. 0	+ 0. 0
12　26	4　50. 4	+21　51	4. 15	− 2. 8	23. 8	22. 2	353. 4	+ 3. 2	81. 5	0. 1	+ 0. 1
1　5	4　45. 8	+21　45	4. 22	− 2. 7	23. 3	21. 8	352. 9	+ 3. 2	81. 8	0. 1	+ 0. 2

地球時 0 時（記号などの解説は132ページ）

$⊿l$ は, 欠けた部分を含まない中央点の経度に加えて, 欠けた部分を含む中央点の経度を求めるための補正値

木星の視赤経と視赤緯の2000.0年分点への補正値

赤　　経		赤　　緯			
期　　　間	補正値	期　　　間	補正値	期　　　間	補正値
	m		′		′
1月 1日〜 4月 5日	− 1. 3	1月 1日〜 2月17日	− 7	6月28日〜 8月 2日	− 3
4月 6日〜 7月 9日	− 1. 4	2月18日〜 4月15日	− 6	8月 3日〜12月17日	− 2
7月10日〜12月31日	− 1. 5	4月16日〜 5月23日	− 5	12月18日〜12月31日	− 3
		5月24日〜 6月27日	− 4		

木星面の中央点の木星面経度（体系Ⅰ, 中央標準時9時）　（相馬 充）

日	1月	2月	3月	4月	5月	6月	7月	8月	9月	10月	11月	12月
1	60.1	270.7	163.7	10.9	60.2	267.7	318.8	169.4	22.0	79.0	296.4	357.4
2	217.9	68.4	321.3	168.5	217.9	65.4	116.5	327.2	179.9	237.0	94.4	155.4
3	15.7	226.2	119.0	326.2	15.5	223.1	274.3	124.9	337.7	34.9	252.4	313.5
4	173.5	23.9	276.7	123.8	173.2	20.8	72.0	282.7	135.6	192.9	50.4	111.5
5	331.3	181.6	74.3	281.4	330.8	178.5	229.7	80.5	293.5	350.8	208.5	269.5
6	129.1	339.3	232.0	79.1	128.5	336.1	27.5	238.3	91.3	148.8	6.5	67.6
7	286.9	137.0	29.6	236.7	286.1	133.8	185.2	36.1	249.2	306.7	164.5	225.6
8	84.7	294.7	187.3	34.4	83.8	291.5	343.0	194.0	47.1	104.7	322.5	23.7
9	242.5	92.4	345.0	192.0	241.4	89.2	140.7	351.8	205.0	262.7	120.6	181.7
10	40.3	250.1	142.6	349.7	39.1	246.9	298.5	149.6	2.9	60.6	278.6	339.7
11	198.1	47.8	300.3	147.3	196.7	44.6	96.2	307.4	160.8	218.6	76.6	137.7
12	355.8	205.5	97.9	305.0	354.4	202.3	254.0	105.2	318.6	16.5	234.7	295.8
13	153.6	3.2	255.6	102.6	152.1	360.0	51.7	263.0	116.5	174.5	32.7	93.8
14	311.4	160.9	53.2	260.2	309.7	157.7	209.5	60.8	274.4	332.5	190.7	251.8
15	109.2	318.5	210.9	57.9	107.4	315.4	7.2	218.7	72.3	130.5	348.8	49.8
16	266.9	116.2	8.5	215.5	265.0	113.1	165.0	16.5	230.2	288.4	146.8	207.8
17	64.7	273.9	166.2	13.2	62.7	270.8	322.7	174.3	28.1	86.4	304.8	5.9
18	222.4	71.6	323.8	170.8	220.3	68.5	120.5	332.1	186.0	244.4	102.9	163.9
19	20.2	229.3	121.5	328.5	18.0	226.2	278.3	130.0	343.9	42.4	260.9	321.9
20	177.9	27.0	279.1	126.1	175.7	23.9	76.0	287.8	141.9	200.4	58.9	119.9
21	335.7	184.6	76.8	283.8	333.3	181.6	233.8	85.6	299.8	358.4	217.0	277.9
22	133.4	342.3	234.4	81.4	131.0	339.3	31.6	243.5	97.7	156.4	15.0	75.9
23	291.2	140.0	32.1	239.0	288.7	137.0	189.3	41.3	255.6	314.4	173.1	233.9
24	88.9	297.7	189.7	36.7	86.3	294.8	347.1	199.2	53.5	112.3	331.1	31.9
25	246.6	95.3	347.4	194.3	244.0	92.5	144.9	357.0	211.4	270.3	129.1	189.8
26	44.4	253.0	145.0	352.0	41.7	250.2	302.7	154.9	9.4	68.3	287.2	347.8
27	202.1	50.7	302.7	149.6	199.3	47.9	100.4	312.7	167.3	226.4	85.2	145.8
28	359.8	208.3	100.3	307.3	357.0	205.6	258.2	110.6	325.2	24.4	243.3	303.8
29	157.6	6.0	257.9	104.9	154.7	3.4	56.0	268.4	123.2	182.4	41.3	101.8
30	315.3		55.6	262.6	312.4	161.1	213.8	66.3	281.1	340.4	199.3	259.7
31	113.0		213.2		110.0		11.6	224.1		138.4		57.7

木星面の中央点の木星面経度（体系Ⅱ, 中央標準時9時）

日	1月	2月	3月	4月	5月	6月	7月	8月	9月	10月	11月	12月
1	115.7	89.8	121.5	92.2	272.7	243.7	65.8	39.8	15.9	204.1	184.9	16.9
2	265.9	239.9	271.6	242.2	62.7	33.7	215.9	190.0	166.2	354.4	335.2	167.4
3	56.1	30.0	61.6	32.3	212.7	183.8	6.0	340.2	316.4	144.7	125.6	317.8
4	206.3	180.1	211.6	182.3	2.7	333.8	156.2	130.3	106.6	295.0	276.0	108.2
5	356.4	330.2	1.7	332.3	152.8	123.9	306.3	280.5	256.9	85.3	66.4	258.6
6	146.6	120.3	151.7	122.3	302.8	273.9	96.4	70.7	47.1	235.6	216.8	49.0
7	296.8	270.3	301.7	272.3	92.8	64.0	246.5	220.8	197.4	26.0	7.2	199.4
8	86.9	60.4	91.8	62.3	242.8	214.0	36.6	11.0	347.6	176.3	157.6	349.8
9	237.1	210.5	241.8	212.3	32.9	4.1	186.7	161.2	137.9	326.6	308.0	140.2
10	27.2	0.5	31.8	2.4	182.9	154.2	336.8	311.4	288.1	117.0	98.4	290.6
11	177.4	150.6	181.8	152.4	332.9	304.2	126.9	101.6	78.4	267.3	248.8	81.0
12	327.5	300.7	331.9	302.4	122.9	94.3	277.0	251.7	228.6	57.6	39.2	231.4
13	117.7	90.7	121.9	92.4	273.0	244.4	67.2	41.9	18.9	208.0	189.6	21.8
14	267.8	240.8	271.9	242.4	63.0	34.4	217.3	192.1	169.2	358.3	340.0	172.2
15	58.0	30.9	61.9	32.4	213.0	184.5	7.4	342.3	319.4	148.7	130.4	322.6
16	208.1	180.9	212.0	182.4	3.0	334.6	157.5	132.5	109.7	299.0	280.8	113.0
17	358.2	331.0	2.0	332.5	153.1	124.6	307.7	282.7	260.0	89.3	71.2	263.3
18	148.4	121.0	152.0	122.5	303.1	274.7	97.8	72.9	50.2	239.7	221.6	53.7
19	298.5	271.1	302.0	272.5	93.1	64.8	247.9	223.1	200.5	30.1	12.0	204.1
20	88.6	61.1	92.0	62.5	243.2	214.9	38.1	13.3	350.8	180.4	162.4	354.5
21	238.7	211.2	242.0	212.5	33.2	4.9	188.2	163.5	141.1	330.8	312.8	144.8
22	28.8	1.2	32.1	2.5	183.2	155.0	338.3	313.7	291.4	121.1	103.3	295.2
23	179.0	151.3	182.1	152.5	333.3	305.1	128.5	103.9	81.7	271.5	253.7	85.6
24	329.1	301.3	332.1	302.6	123.3	95.2	278.6	254.1	232.0	61.9	44.1	235.9
25	119.2	91.3	122.1	92.6	273.3	245.3	68.8	44.4	22.2	212.2	194.5	26.3
26	269.3	241.4	272.1	242.6	63.4	35.4	218.9	194.6	172.5	2.6	344.9	176.6
27	59.4	31.4	62.2	32.6	213.4	185.5	9.1	344.8	322.8	153.0	135.3	327.0
28	209.5	181.5	212.2	182.6	3.5	335.6	159.2	135.0	113.1	303.3	285.7	117.3
29	349.6	331.5	2.2	332.6	153.5	125.7	309.4	285.2	263.4	93.7	76.1	267.7
30	149.7		152.2	122.7	303.6	275.7	99.5	75.5	53.7	244.1	226.5	58.0
31	299.8		302.2		93.6		249.7	225.7		34.5		208.4

木星面の中央点の木星面経度（体系Ⅲ，中央標準時9時）

日	1月	2月	3月	4月	5月	6月	7月	8月	9月	10月	11月	12月
1	169.0	151.4	190.8	169.7	358.1	337.4	167.5	149.8	134.1	330.2	319.3	159.3
2	319.4	301.7	341.1	320.0	148.4	127.7	317.9	300.2	284.6	120.8	109.9	310.0
3	109.9	92.1	131.4	110.3	298.7	278.0	108.3	90.6	75.1	271.4	260.6	100.7
4	260.3	242.4	281.7	260.5	89.0	68.3	258.6	241.1	225.6	61.9	51.2	251.4
5	50.8	32.8	72.0	50.8	239.3	218.6	49.0	31.5	16.1	212.5	201.9	42.0
6	201.2	183.1	222.3	201.1	29.6	8.9	199.4	181.9	166.6	3.1	352.5	192.7
7	351.6	333.4	12.5	351.4	179.9	159.3	349.7	332.4	317.1	153.7	143.2	343.4
8	142.1	123.8	162.8	141.7	330.1	309.6	140.1	122.8	107.6	304.3	293.9	134.0
9	292.5	274.1	313.1	291.9	120.4	99.9	290.5	273.3	258.2	94.9	84.5	284.7
10	82.9	64.4	103.4	82.2	270.7	250.2	80.9	63.7	48.7	245.5	235.2	75.4
11	233.3	214.8	253.7	232.5	61.0	40.6	231.3	214.1	199.2	36.1	25.8	226.0
12	23.7	5.1	44.0	22.8	211.3	190.9	21.6	4.6	349.7	186.7	176.5	16.7
13	174.1	155.4	194.3	173.1	1.6	341.2	172.0	155.0	140.3	337.3	327.2	167.4
14	324.6	305.8	344.6	323.3	151.9	131.6	322.4	305.5	290.8	127.9	117.8	318.0
15	115.0	96.1	134.9	113.6	302.2	281.9	112.8	96.0	81.3	278.5	268.5	108.7
16	265.4	246.4	285.2	263.9	92.5	72.3	263.2	246.4	231.9	69.1	59.2	259.3
17	55.8	36.7	75.5	54.2	242.8	222.6	53.6	36.9	22.4	219.8	209.9	50.0
18	206.1	187.0	225.7	204.5	33.1	12.9	204.0	187.3	172.9	10.4	0.5	200.6
19	356.5	337.4	16.0	354.7	183.4	163.3	354.4	337.8	323.5	161.0	151.2	351.3
20	146.9	127.7	166.3	145.0	333.7	313.6	144.8	128.3	114.0	311.6	301.9	141.9
21	297.3	278.0	316.6	295.3	124.0	104.0	295.2	278.8	264.6	102.2	92.6	292.5
22	87.7	68.3	106.9	85.6	274.3	254.3	85.6	69.2	55.1	252.9	243.2	83.2
23	238.1	218.6	257.2	235.9	64.6	44.7	236.0	219.7	205.7	43.5	33.9	233.8
24	28.4	8.9	47.4	26.1	214.9	195.0	26.4	10.2	356.2	194.1	184.6	24.4
25	178.8	159.2	197.7	176.4	5.2	345.4	176.8	160.7	146.8	344.8	335.3	175.1
26	329.2	309.5	348.0	326.7	155.5	135.7	327.2	311.1	297.4	135.4	125.9	325.7
27	119.6	99.9	138.3	117.0	305.8	286.1	117.7	101.6	87.9	286.0	276.6	116.3
28	269.9	250.2	288.6	267.3	96.1	76.4	268.1	252.1	238.5	76.7	67.3	266.9
29	60.3	40.5	78.9	57.6	246.4	226.8	58.5	42.6	29.1	227.3	218.0	57.5
30	210.6		229.1	207.8	36.7	17.2	208.9	193.1	179.6	18.0	8.6	208.1
31	1.0		19.4		187.0		359.3	343.6		168.6		358.7

（注：体系Ⅰ～Ⅲの表値は欠けた部分を含まない木星面中央点の木星面経度）

　体系Ⅰは南赤道縞の北端から北赤道縞の南端まで（両端を含む）の赤道帯に，体系Ⅱはそれ以外に適用，体系Ⅲは木星電波に基づくもので，木星内部の自転角を表していると考えられる．なお体系Ⅲの計算式は国際的な勧告にしたがい2014年版より改訂した．

　中央経度の1日の増加量は体系Ⅰが877°.900，体系Ⅱが870°.270，体系Ⅲが870°.536である．ただし，これは固定した方向に対する値であり，地球から見た場合はこれらの値から時により若干変化するので，実際の1日の増加量は前後の値から計算するのがよい．例えば，2024年11月1日から2日にかけての1日では体系Ⅰの表値の差は94°.4 − 296°.4 = −202°.0になる．これに360°の整数倍を加えて870°に近い値を求める．この場合は −202°.0 + 360°×3 = 878°.0が実際の1日の増加量である．表値は日本の中央標準時で朝9時の値なので，例えば11月1日の夜8時（中央標準時20時）の体系Ⅰの中央経度を求める場合は296°.4 + 878°.0 ×（20 − 9）/ 24 = 688°.8となり，これから360°の整数倍を引いて688°.8 − 360°×1 = 338°.8が求める中央経度になる．

　表値は観測から中央点の経度が容易に求められるようにするため，2011年版から欠けた部分を含まない木星面中央点の木星面経度にした．欠けた部分を含むものを求めるには，木星のこよみにある⊿lを加えればよい．木星の場合，自転軸の軌道面に垂直な軸に対する角度が3°.1と小さいため，明暗境界線がほぼ経度線に沿い，欠けた部分を含まない中央点の経度を与えることができる．これは土星の場合と異なる点である．

「木星の衛星の運動図」と食現象の説明 (鈴木充広)

　次ページから5ページ分の図は2024年の木星の四大衛星（ガリレオ衛星）の運動図である. 5月と6月は木星が合の付近で観測に適さないため省略した. ガリレオ衛星は内側から第1, 2, 3, 4衛星とよぶ. 図の波状曲線がその運動経路で, 中央にある幅の狭い平行線は木星の位置と大きさを示す. 横線は中央標準時0時に対応する時刻の線で, この横線と曲線との交点がその時刻における衛星の位置である. 波状曲線が中央の木星を示す平行線を横切る場合, 衛星は木星の前面（太陽に近い側）を, 平行線でとぎれている場合は, 木星の背面（太陽から遠い側）にあることを示す.

　ガリレオ衛星の食現象には, 衛星の木星面経過（Tr.）, 衛星の影の木星面経過（Sh.）, 木星の背後に隠れる掩蔽（Oc.）, 木星の影に隠れる食（Ec.）がある. これらの様子を木星の南側から見た図で示してあるのが図1である.

　ガリレオ衛星の食現象は, 図1に示すとおり合から衝まではSh.→Tr.→Ec.→Oc.の順に, また衝から合まではTr.→Sh.→Oc.→Ec.の順で起こる.

　食現象のこよみは, これらの諸現象を中央標準時で時刻順に記載し, 次の場合には, こよみから除いてある.

　1）東経138°, 北緯36°の地点で, 夜間に木星の高度が10°以下および薄明中の現象の場合.
　2）木星が合の近くにある場合.
　3）現象が木星の裏側や影の中で地球から見えないもの.

　現象に＊印を付記したものは, 図1-Aにおいて衛星A, 衛星Bいずれの場合も, Sh.Iは地球から見た場合の木星の裏側での現象, Tr.Eは木星の暗部での現象であるから, その瞬間の現象は見えない. 図1-Bで衛星A, 衛星Bのどちらも, Sh.Eは地球から見た場合の木星の裏側での現象, Tr.Iは木星の暗部での現象で, その瞬間の現象は見えない.

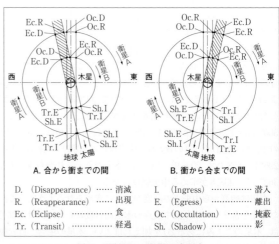

D. (Disappearance) …… 消滅	I. (Ingress) …………… 潜入
R. (Reappearance) …… 出現	E. (Egress) …………… 離出
Ec. (Eclipse) …………… 食	Oc. (Occultation) …… 掩蔽
Tr. (Transit) …………… 経過	Sh. (Shadow) ………… 影

図1　ガリレオ衛星の食現象

木星の衛星の運動図<1>

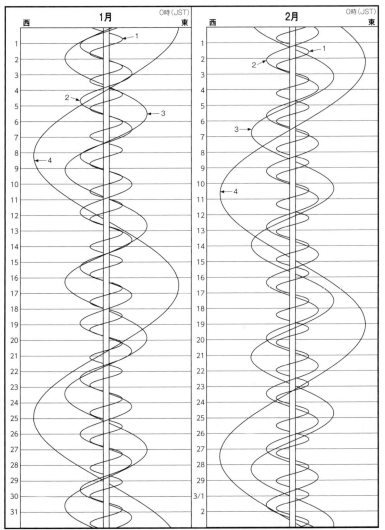

1…イオ　2…エウロパ　3…ガニメデ　4…カリスト

木星の衛星の運動図<2>

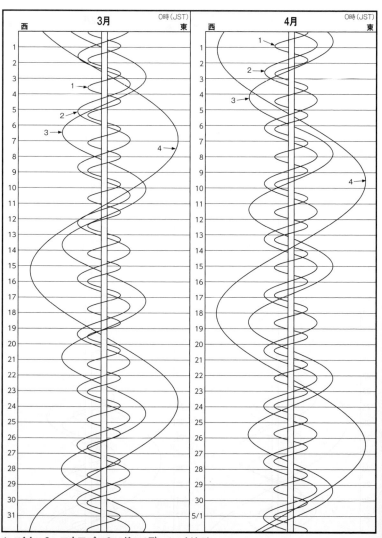

1…イオ　2…エウロパ　3…ガニメデ　4…カリスト

木星の衛星の運動図＜3＞

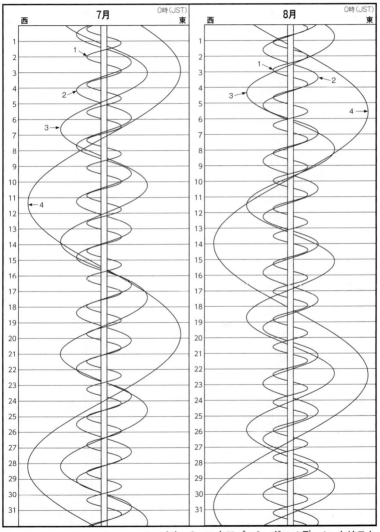

1…イオ　2…エウロパ　3…ガニメデ　4…カリスト

5月, 6月は木星が合の付近で観測に適さないため省略

木星の衛星の運動図＜4＞

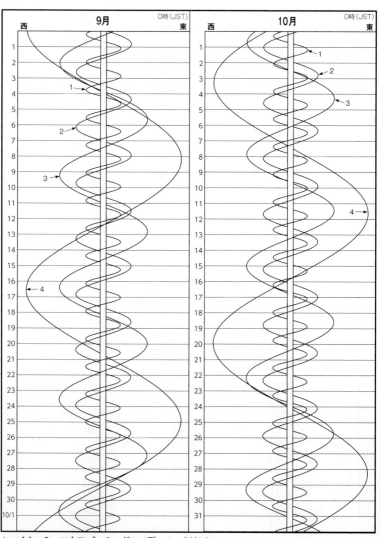

1…イオ　2…エウロパ　3…ガニメデ　4…カリスト

木星の衛星の運動図＜5＞

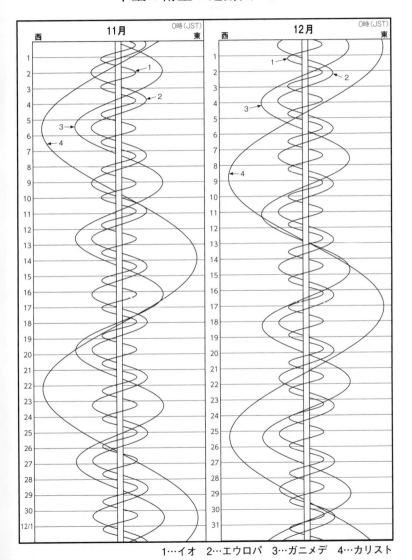

1…イオ　2…エウロパ　3…ガニメデ　4…カリスト

木星の衛星の食現象＜1＞　（鈴木充広）

月 日	時 刻	衛星	現 象	木星高度	月 日	時 刻	衛星	現 象	木星高度	月 日	時 刻	衛星	現 象	木星高度
	h m			°		h m			°		h m			°
1 1	23 10	II	Oc. D.	33.3	2 10	21 29	I	Sh. I.	24.7	9 5	2 50	I	Tr. E.*	45.8
2	0 24	I	Oc. D.	18.4		22 20	I	Tr. E.	14.4	6	0 10	I	Oc. R.	14.4
	21 37	I	Tr. I.*	50.5	11	20 1	II	Tr. I.*	41.7	7	1 57	II	Oc. R.	36.4
	22 51	I	Sh. I.	36.3		20 50	I	Ec. R.	32.0		3 48	III	Sh. I.*	58.7
	23 47	I	Tr. E.	25.1		22 23	II	Tr. E.	13.1		1 3	III	Oc. R.	28.4
3	1 0	I	Sh. E.*	10.3		22 36	II	Sh. I.	10.5	12	1 15	I	Sh. I.*	31.5
	18 51	I	Oc. D.	65.8	13	19 54	III	Ec. R.	41.7		2 34	I	Tr. I.	47.5
	20 12	II	Tr. E.	62.8	15	21 17	III	Ec. D.	23.8		3 24	I	Sh. E.	57.5
	20 18	II	Sh. I.	62.1	17	22 8	I	Tr. I.*	12.2	13	2 4	I	Oc. R.	42.2
	21 5	III	Ec. D.	55.3	18	19 19	I	Oc. D.	45.4		23 20	II	Ec. D.	10.4
	22 15	I	Ec. R.	42.6	19	20 3	I	Sh. E.*	36.1	14	1 49	II	Ec. R.	39.9
	22 37	II	Sh. E.*	38.3	20	20 1	I	Oc. R.	35.9		2 0	II	Oc. D.	42.1
	22 46	III	Ec. R.	36.6		20 11	II	Ec. D.	33.9	15	23 30	I	Tr. E.*	13.6
4	19 29	I	Sh. E.*	65.9	22	20 6	III	Oc. D.	33.6	17	23 32	III	Ec. R.	15.5
9	23 30	I	Tr. E.	23.1	25	21 18	I	Oc. D.	17.1	18	3 1	III	Oc. D.	57.2
10	19 46	III	Oc. D.	62.7	26	19 50	I	Sh. I.	34.3	19	3 8	I	Sh. I.*	59.3
	20 22	II	Tr. I.*	57.9		20 48	I	Tr. E.	22.6	20	0 25	I	Ec. D.	27.4
	20 43	II	Oc. D.	54.5	27	19 9	I	Ec. R.	41.7		3 58	I	Oc. R.	69.1
	21 41	III	Oc. R.	44.0		20 21	II	Oc. D.	27.4		22 55	II	Tr. I.	10.4
	22 42	II	Tr. E.	32.0	29	19 26	II	Sh. E.*	37.2		23 46	I	Sh. E.	20.3
	22 54	II	Sh. I.	29.6	3 4	19 38	III	Sh. I.	32.3	21	1 5	I	Tr. E.*	36.1
11	0 11	I	Ec. R.	14.1		20 37	I	Tr. I.*	20.4		1 54	II	Ec. D.	46.1
	19 16	I	Sh. I.	65.2		21 16	III	Sh. E.*	12.5	22	23 22	II	Sh. E.	17.0
	20 8	I	Tr. E.	59.4	5	21 5	I	Ec. R.	14.1		23 34	II	Tr. I.	19.4
	21 25	I	Sh. E.*	46.4	7	19 42	II	Sh. I.	29.6	23	2 5	II	Tr. E.*	49.8
12	18 39	I	Ec. R.	66.4		19 53	II	Tr. E.	27.4	25	1 33	III	Ec. D.	44.8
	19 59	II	Ec. R.	60.2	12	19 47	II	Oc. D.	25.5		3 33	III	Ec. R.	67.9
17	22 37	I	Oc. D.	27.8	13	20 20	I	Sh. E.*	18.3	27	2 19	I	Ec. D.	55.6
	22 54	II	Tr. I.*	24.4	14	20 15	II	Tr. I.*	18.7		23 30	I	Sh. I.*	22.3
	23 38	III	Oc. D.	15.5	16	19 46	I	Ec. R.	23.2	28	0 47	I	Tr. I.	37.8
18	19 52	I	Tr. I.*	58.0	20	20 6	I	Sh. I.	16.9		1 40	I	Sh. E.	48.5
	21 12	I	Sh. I.	44.0		19 59	III	Oc. R.	13.0		2 57	I	Tr. E.*	63.6
	22 2	I	Tr. E.	34.1	29	19 53	I	Tr. E.	10.1		22 58	III	Tr. E.*	16.7
	23 21	I	Sh. E.*	18.2	7 19	2 49	II	Ec. D.	13.8	29	0 18	I	Oc. R.	32.7
19	19 55	II	Oc. R.	57.0	28	2 7	I	Tr. I.	11.2		23 30	I	Sh. I.*	23.8
	20 16	II	Ec. D.	53.5		2 25	II	Sh. E.	14.7	30	1 59	II	Sh. E.	53.8
	20 35	I	Ec. R.	50.2		3 6	I	Sh. E.	22.8		2 6	II	Tr. I.	55.2
	22 38	II	Ec. R.	26.1	8 4	2 35	II	Sh. I.	21.1	10 1	22 49	II	Oc. R.	17.2
21	19 25	III	Sh. I.	60.4		2 50	I	Sh. I.*	24.1	4	4 13	I	Ec. D.	76.4
	21 2	III	Sh. E.*	43.8	6	2 0	I	Oc. R.	15.5	5	1 23	I	Sh. I.*	50.4
25	21 47	I	Tr. I.*	32.1	12	2 17	III	Oc. D.	18.8		2 37	I	Tr. I.	64.8
	23 8	I	Sh. I.	15.8	13	1 22	I	Sh. E.	12.6		3 33	I	Sh. E.	73.7
26	19 0	I	Oc. D.	61.5		1 37	III	Ec. D.	15.5		22 42	II	Ec. D.	18.8
	20 9	II	Oc. D.	50.4		2 34	I	Tr. E.*	26.8	6	0 46	III	Tr. I.	43.8
	22 30	II	Ec. R.	22.7	20	1 6	I	Sh. I.*	14.0		2 8	I	Oc. R.	60.1
	22 33	I	Oc. R.	22.1		2 21	I	Tr. I.	28.8		2 44	III	Tr. E.*	66.8
	22 55	II	Ec. R.	17.6		2 22	II	Ec. D.	29.0		22 2	II	Sh. E.	11.8
27	19 46	I	Sh. E.*	53.9		3 15	I	Sh. E.	39.7		23 15	I	Tr. E.*	26.2
28	19 43	II	Sh. E.*	53.8	21	1 50	I	Oc. R.	23.3	7	2 6	II	Sh. I.*	60.5
	19 48	III	Tr. E.	52.9	22	2 15	II	Tr. E.*	29.0	9	1 16	II	Oc. R.	52.2
	23 26	III	Sh. I.	10.0	24	1 2	III	Tr. I.	15.8	12	3 17	I	Sh. I.*	74.9
2 2	20 55	I	Oc. D.	37.0		3 0	III	Tr. E.*	39.4		4 27	I	Tr. I.	73.9
	22 48	II	Oc. D.	14.2	27	3 0	I	Sh. I.*	41.5		23 42	III	Sh. I.*	36.4
3	19 33	I	Sh. I.	52.0	28	3 46	I	Oc. R.	51.5	13	0 36	I	Ec. D.	47.2
	20 23	I	Tr. E.	42.6	29	0 55	I	Tr. E.*	17.8		1 43	III	Sh. E.	60.6
	21 42	I	Sh. E.*	26.9		2 13	I	Sh. E.	33.4		3 48	III	Tr. I.	73.3
4	18 54	I	Ec. R.	57.9		2 26	II	Tr. I.	36.0		3 58	III	Oc. R.	76.1
	19 43	II	Tr. E.	49.6	31	1 42	III	Sh. E.	28.5	14	1 4	I	Tr. E.*	53.7
	20 0	II	Sh. I.	46.4	9 4	0 8	II	Ec. D.	36.7		22 25	I	Oc. R.	22.5
	21 54	III	Tr. E.	23.7	5	0 40	I	Tr. I.	19.6	15	22 54	II	Ec. D.	29.2
	22 19	II	Sh. E.*	18.7		1 31	I	Sh. E.	29.8					
8	18 55	III	Ec. R.	55.6		2 22	II	Sh. I.*	40.1					
10	20 10	I	Tr. I.*	40.6										

＊印の付いた現象は，日本からは見えない（詳しくは152ページ参照）.

木星の衛星の食現象＜2＞

月日	時刻	衛星	現象	木星高度
	h　m			°
10 16	3 42	II	Oc. R.	76.2
17	22 46	II	Tr. E.*	29.1
20	2 30	I	Ec. D.	73.2
	3 41	III	Sh. I.*	75.3
	23 39	I	Sh. I.*	42.3
21	0 42	I	Tr. I.	55.0
	1 49	I	Sh. E.	67.6
	2 52	I	Tr. E.*	75.8
	20 58	I	Ec. D.	11.1
22	0 13	I	Oc. R.	50.0
	21 19	I	Tr. E.*	15.9
23	1 29	II	Ec. D.	65.5
	21 43	III	Oc. D.	21.4
	23 42	III	Oc. R.	45.4
24	22 38	I	Tr. I.	33.3
	23 7	II	Sh. E.	39.1
25	1 9	II	Tr. E.*	63.4
27	4 24	I	Ec. D.	64.8
28	1 32	I	Sh. I.*	69.6
	2 29	I	Tr. I.	76.1
	3 43	I	Sh. E.	71.0
	4 39	I	Tr. E.*	61.2
	22 52	I	Ec. D.	39.6
29	2 0	I	Oc. R.	74.1
	20 56	I	Tr. I.	17.1
	22 11	I	Sh. E.	32.0
	23 6	I	Tr. E.*	43.2
30	4 4	II	Ec. D.	66.1
	20 27	I	Oc. R.	12.3
	21 29	II	Ec. D.	24.5
	23 35	III	Ec. R.	49.9
31	1 12	III	Oc. D.	68.4
	3 11	III	Oc. R.	73.6
	23 12	II	Sh. I.*	46.1
11 1	0 59	II	Tr. I.	66.9
	1 44	II	Sh. E.	73.7
	3 30	II	Tr. E.*	70.4
2	21 35	II	Oc. R.	28.2
4	3 26	I	Sh. I.*	68.9
	4 15	I	Tr. I.	60.0
5	0 46	I	Ec. D.	67.6
	3 46	I	Oc. R.	64.7
	21 54	I	Sh. I.*	34.6
	22 41	I	Tr. I.	44.1
6	0 5	I	Sh. E.	60.8
	0 52	I	Tr. E.*	69.3
	22 12	I	Oc. R.	39.1
7	1 28	III	Ec. D.	74.8
	3 36	III	Ec. R.	65.0
	4 38	III	Oc. D.	53.0
8	1 48	II	Sh. I.*	76.3
	3 18	II	Tr. I.	67.4
	4 20	II	Sh. E.	55.7
9	19 57	II	Ec. D.	14.7
	23 53	II	Oc. R.	61.8
10	20 27	III	Tr. E.*	21.5
12	2 41	I	Ec. D.	70.6
	23 48	I	Sh. I.*	63.3
13	0 26	I	Tr. I.	70.0
	2 0	I	Sh. E.	75.1
	2 37	I	Tr. E.*	70.5
	21 9	I	Ec. D.	32.6
	23 57	I	Oc. R.	65.8

月日	時刻	衛星	現象	木星高度
	h　m			°
11 14	20 28	I	Sh. E.	25.2
	21 3	I	Tr. E.*	32.2
15	4 24	II	Sh. I.*	48.8
16	22 32	II	Ec. D.	52.0
17	2 9	II	Oc. R.	72.0
	19 37	III	Sh. I.*	17.7
	21 45	III	Sh. E.	43.4
	21 49	III	Tr. I.	44.2
	23 46	III	Tr. E.*	66.9
18	20 14	II	Sh. E.	25.9
	21 13	II	Tr. E.*	37.8
19	4 35	I	Ec. D.	43.0
20	1 42	I	Sh. I.*	73.8
	2 10	I	Tr. I.	69.8
	3 54	I	Sh. E.	50.3
	4 21	I	Tr. E.*	44.9
	23 3	I	Ec. D.	61.6
21	1 41	I	Oc. R.	73.3
	20 11	I	Sh. I.*	27.9
	20 36	I	Tr. I.	33.0
	22 23	I	Sh. E.	54.6
	22 47	I	Tr. E.*	59.3
22	20 7	I	Oc. R.	28.0
24	1 8	II	Ec. D.	75.3
	4 24	II	Oc. R.	40.6
	23 36	III	Sh. I.*	70.4
25	1 5	III	Tr. I.	75.2
	1 46	III	Sh. E.	70.1
	3 3	III	Tr. E.*	56.0
	20 17	II	Sh. I.*	32.7
	20 57	II	Tr. I.	40.8
	22 50	II	Sh. E.	63.2
	23 28	II	Tr. E.*	69.8
27	3 37	I	Sh. I.*	47.4
	3 54	I	Tr. I.	44.0
28	0 58	I	Ec. D.	74.6
	3 25	I	Oc. R.	48.9
	22 5	I	Sh. I.*	57.2
	22 20	I	Tr. I.	60.1
29	0 17	I	Sh. E.	76.1
	0 31	I	Tr. E.*	76.0
	19 26	I	Ec. D.	26.2
	21 51	I	Oc. R.	55.3
30	18 46	I	Sh. E.	19.0
	18 57	I	Tr. E.*	21.2
12 1	3 44	II	Ec. D.	42.4
2	3 36	III	Sh. I.*	43.0
	4 20	III	Tr. I.	34.1
	22 53	II	Sh. I.*	69.2
	23 11	II	Tr. I.	71.9
3	1 27	II	Sh. E.	67.2
	1 42	II	Tr. E.*	64.5
4	19 46	II	Oc. R.	34.6
5	2 52	I	Ec. D.	49.1
	5 8	I	Oc. R.	21.8
	19 49	III	Oc. R.	36.1
	24 0	I	Sh. I.*	75.9
6	0 4	I	Tr. I.	75.8
	2 12	I	Sh. E.	56.2
	2 15	I	Tr. E.*	55.6
	21 21	I	Ec. D.	55.5
	23 34	I	Oc. R.	75.8
7	18 28	I	Sh. I.*	21.6

月日	時刻	衛星	現象	木星高度
	h　m			°
12 7	18 29	I	Tr. I.	21.8
	20 40	I	Sh. E.	48.3
	20 41	I	Tr. E.*	48.5
10	1 25	II	Tr. I.*	61.8
	1 29	II	Sh. I.	61.0
	3 56	I	Tr. E.	31.6
	4 3	II	Sh. E.*	30.2
11	19 28	II	Oc. D.	37.3
	22 13	II	Ec. R.	69.3
12	4 40	I	Oc. D.	21.0
	21 2	III	Oc. D.	57.1
	23 40	III	Ec. R.	75.2
13	1 47	I	Tr. I.	54.9
	1 54	I	Sh. I.	53.5
	3 58	I	Tr. E.	28.5
	4 6	I	Sh. E.*	26.9
	23 6	I	Oc. D.	75.9
14	1 27	I	Ec. R.	57.8
	20 13	I	Tr. I.*	49.2
	20 23	I	Sh. I.	51.2
	22 24	I	Tr. E.	72.8
	22 35	I	Sh. E.*	74.1
15	19 56	I	Ec. R.	46.7
17	3 38	II	Tr. I.*	28.9
	4 5	II	Sh. I.	23.4
18	21 43	II	Oc. D.	69.4
19	0 50	II	Ec. R.	60.6
20	0 17	III	Oc. D.	65.9
	3 31	I	Tr. I.*	27.5
	3 41	III	Ec. R.	25.5
	3 49	I	Sh. I.	23.9
	19 17	II	Tr. E.	43.2
	19 57	II	Sh. E.*	51.3
21	0 50	I	Oc. D.	59.0
	3 22	I	Ec. R.	28.4
	21 57	I	Tr. I.*	73.2
	22 18	I	Sh. I.	75.2
22	0 8	I	Tr. E.	65.9
	0 30	I	Sh. E.*	61.9
	19 16	I	Oc. D.	44.8
	21 51	I	Ec. R.	73.0
23	18 34	I	Tr. E.	37.2
	18 59	I	Sh. E.*	42.3
25	23 58	II	Oc. D.	64.5
26	3 28	II	Ec. R.	22.7
27	3 34	III	Oc. D.	20.7
	19 1	II	Tr. I.*	46.3
	19 59	II	Sh. I.	57.8
	21 32	II	Tr. E.	73.4
	22 33	II	Sh. E.*	75.1
28	2 34	III	Oc. D.	31.8
	23 42	I	Tr. I.*	65.0
29	0 13	I	Sh. I.	59.2
	1 53	I	Tr. E.	39.2
	2 25	I	Sh. E.*	32.7
	21 1	I	Oc. D.	70.4
	23 46	I	Ec. R.	63.5
30	18 42	I	Sh. I.	45.1
	19 28	III	Tr. E.	54.3
	19 37	III	Sh. I.	56.1
	20 19	I	Tr. E.	64.1
	20 54	I	Sh. E.*	70.0
	21 52	III	Sh. E.*	55.7

中央標準時

土　星　<small>(堀川邦昭)</small>

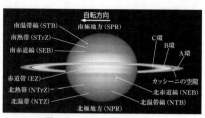

図1　土星面の模様の名称

2024年の土星はみずがめ座を進む. 赤緯は12年ぶりにマイナスひと桁台にもどるので, 正中高度が高く, 良い条件で観望できるだろう.

図2は天球上での2024年の土星の動きである. 年初の土星は夕暮れの南西天にあり, 日ごとに高度を下げて3月1日には合となる. 春は明け方の東天で見られるが, 西矩のころには梅雨に入るため, 条件良く観望できるのは梅雨明け後となりそうだ. 衝は9月9日で, 夏の間は安定した大気の下で土星を堪能できるだろう. 秋は明るい星の少ない夜空で輝き, 東矩を過ぎると夕暮れの南天で年末をむかえる.

3本の環のうち, A環とB環と, その間のすき間であるカッシーニの空隙は小口径望遠鏡でも見ることができる. 環の消失を2025年にひかえ, 地球から見た環の傾き(右ページの表のBの値)はとても小さい. さらに衝のあとはBよりも太陽の対する傾き(B')の方が小さくなるため, 環は本体よりも著しく暗く見えるだろう.

土星の衛星では, もっとも明るいティタン(8.4等)や, 9〜10等のレア, テティス, ディオーネなどが観望の対象となる. 2024年は大きなティタンとその影が土星面を経過する現象が起こるので, 絶好の観望対象になる.

日本で見られる土星食は2回起こる. 12月8日の食は限界線が日本を通るので, 土星が月の北縁をかすめる様子を観察できるだろう.

現象	月	日	現象	月	日	現象	月	日
合	3	1	留	7	1	留	11	16
西矩	6	12	衝	9	9	東矩	12	8

2月28日23時 3分	水星の北	0°12′
3月22日11時00分	金星の南	0°21′
4月11日12時13分	火星の南	0°29′
7月25日 5時47分	月の南	0°24′ (食)
12月 8日17時56分	月の南	0°18′ (食)

※角距離の小さい現象のみ.

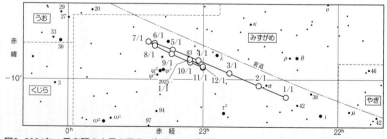

図2　2024年　星座間の土星の動き (毎月1日の位置)

2024年　土星のこよみ (国立天文台暦計算室)

月 日	視赤経	視赤緯	地心距離	等級	視半径		A	B	B′	環	
					赤道	極				視長径	視短径
	h　m	°　′	au		″	″	°	°	°	″	″
12 22	22 20.0	−12　9	10.15	+0.9	8.2	7.4	5.9	+ 9.6	+ 7.3	37.1	6.2
1　1	22 23.1	−11 50	10.29	+1.0	8.1	7.3	5.9	+ 9.2	+ 7.1	36.6	5.8
1 11	22 26.7	−11 29	10.42	+1.0	8.0	7.2	5.8	+ 8.7	+ 7.0	36.2	5.5
1 21	22 30.6	−11　6	10.52	+1.0	7.9	7.1	5.8	+ 8.3	+ 6.8	35.8	5.2
1 31	22 34.8	−10 41	10.61	+1.0	7.8	7.1	5.7	+ 7.7	+ 6.7	35.6	4.8
2 10	22 39.2	−10 15	10.67	+1.0	7.8	7.0	5.7	+ 7.2	+ 6.6	35.4	4.4
2 20	22 43.7	− 9 48	10.70	+1.0	7.8	7.0	5.6	+ 6.7	+ 6.4	35.2	4.1
3　1	22 48.3	− 9 21	10.71	+1.0	7.8	7.0	5.5	+ 6.1	+ 6.3	35.2	3.7
3 11	22 52.9	− 8 54	10.69	+1.0	7.8	7.0	5.4	+ 5.5	+ 6.1	35.3	3.4
3 21	22 57.4	− 8 27	10.65	+1.0	7.8	7.0	5.4	+ 5.0	+ 6.0	35.4	3.1
3 31	23　1.7	− 8　2	10.59	+1.1	7.8	7.1	5.3	+ 4.5	+ 5.9	35.6	2.8
4 10	23　5.8	− 7 37	10.50	+1.1	7.9	7.1	5.2	+ 4.0	+ 5.7	35.9	2.5
4 20	23　9.7	− 7 15	10.39	+1.1	8.0	7.2	5.2	+ 3.5	+ 5.6	36.3	2.2
4 30	23 13.2	− 6 55	10.27	+1.1	8.1	7.3	5.1	+ 3.1	+ 5.4	36.7	2.0
5 10	23 16.3	− 6 37	10.13	+1.1	8.2	7.4	5.1	+ 2.7	+ 5.3	37.2	1.8
5 20	23 19.0	− 6 23	9.97	+1.0	8.3	7.5	5.0	+ 2.4	+ 5.1	37.8	1.6
5 30	23 21.2	− 6 11	9.81	+1.0	8.5	7.6	5.0	+ 2.2	+ 5.0	38.4	1.5
6　9	23 22.8	− 6　4	9.65	+1.0	8.6	7.8	4.9	+ 2.0	+ 4.9	39.1	1.4
6 19	23 23.8	− 6　0	9.48	+1.0	8.8	7.9	4.9	+ 2.0	+ 4.7	39.8	1.4
6 29	23 24.2	− 6　0	9.32	+0.9	8.9	8.0	4.9	+ 1.9	+ 4.6	40.5	1.4
7　9	23 24.1	− 6　4	9.17	+0.9	9.1	8.2	4.9	+ 2.0	+ 4.4	41.2	1.4
7 19	23 23.3	− 6 12	9.03	+0.8	9.2	8.3	4.9	+ 2.2	+ 4.3	41.8	1.6
7 29	23 21.9	− 6 23	8.90	+0.8	9.3	8.4	5.0	+ 2.4	+ 4.1	42.4	1.8
8　8	23 20.0	− 6 37	8.80	+0.7	9.4	8.5	5.0	+ 2.7	+ 4.0	42.8	2.0
8 18	23 17.7	− 6 53	8.73	+0.7	9.5	8.6	5.0	+ 3.0	+ 3.8	43.2	2.2
8 28	23 15.1	− 7 11	8.68	+0.6	9.6	8.6	5.1	+ 3.3	+ 3.7	43.5	2.5
9　7	23 12.3	− 7 30	8.66	+0.6	9.6	8.7	5.1	+ 3.7	+ 3.6	43.6	2.8
9 17	23　9.5	− 7 48	8.67	+0.6	9.6	8.6	5.2	+ 4.1	+ 3.4	43.5	3.1
9 27	23　6.8	− 8　5	8.71	+0.6	9.5	8.6	5.2	+ 4.4	+ 3.3	43.3	3.3
10　7	23　4.4	− 8 19	8.78	+0.7	9.5	8.5	5.3	+ 4.7	+ 3.1	43.0	3.5
10 17	23　2.3	− 8 31	8.88	+0.7	9.4	8.4	5.3	+ 4.9	+ 3.0	42.5	3.7
10 27	23　0.7	− 8 39	8.99	+0.8	9.2	8.3	5.3	+ 5.1	+ 2.8	41.9	3.7
11　6	22 59.8	− 8 44	9.13	+0.8	9.1	8.2	5.3	+ 5.2	+ 2.7	41.3	3.8
11 16	22 59.4	− 8 44	9.28	+0.9	9.0	8.1	5.3	+ 5.2	+ 2.5	40.6	3.7
11 26	22 59.7	− 8 40	9.44	+0.9	8.8	7.9	5.3	+ 5.2	+ 2.4	39.9	3.6
12　6	23　0.7	− 8 33	9.61	+1.0	8.6	7.8	5.3	+ 5.0	+ 2.2	39.2	3.4
12 16	23　2.3	− 8 21	9.77	+1.0	8.5	7.7	5.3	+ 4.8	+ 2.1	38.6	3.2
12 26	23　4.5	− 8　6	9.93	+1.0	8.4	7.5	5.3	+ 4.5	+ 1.9	38.0	3.0
1　5	23　7.2	− 7 47	10.08	+1.1	8.2	7.4	5.2	+ 4.1	+ 1.8	37.4	2.7

地球時 0 時　(記号などの解説は132ページ)

土星の視赤経と視赤緯の2000.0年分点への補正値

赤　　　経		赤　　　緯	
期　　　間	補正値	期　　　間	補正値
1月　1日〜12月31日	−1.3ᵐ	1月　1日〜 2月14日	−7′
		2月15日〜12月31日	−8

162

土星の衛星の運動図 （鈴木充広）

　土星の衛星の運動図は衛星観測に役立つよう作成した．各図の中央の2本線が土星本体の幅（18″~20″）を表わしている．向かって右側が東，左側が西となっている．縦方向が時間軸，この瞬時の横座標は図1に例示したような距離である．南，北と付記された直線は，土星中心を通る時圏である．横座標は衛星からこの時圏までの垂直距離である．土星の自転軸は時圏に対して傾いている（前ページ「土星のこよみ」の項目A参照）．したがって横座標は衛星から自転軸までの垂直距離ではない．

土星の衛星ミマス（S1），テティス（S3），レア（S5）の運動図

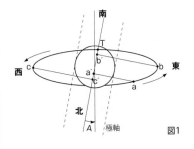

　時間経過とともに衛星は軌道上を運動し，横座標は変動する．この運動図はこの横座標を連続的にプロットしたものである．この曲線と土星の幅を示す縦線との交点が，土星に対する潜入・出現を意味するわけではない．潜入・出現は B（「土星のこよみ」「惑星のこよみ解説」参照）の大きさによって決まり，$B=0$ のときは，イアペ

図1

土星の衛星ミマス (S1)，テティス (S3)，レア (S5) の運動図

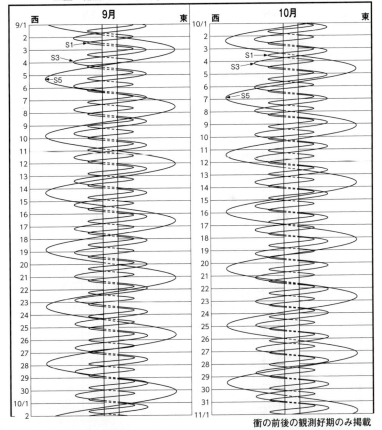

衝の前後の観測好期のみ掲載

トゥスを除く衛星は交点に来たときに潜入・出現となり，$B \fallingdotseq \pm 30°$ のときは全衛星は潜入・出現はなく近傍通過となる．イアペトゥスの場合は軌道面が土星赤道面と約7°.6の傾きがあり，交点が移動するから，潜入・出現はそのつど吟味しなければならない．

$B > 0°$ なら，土星の南側で前方通過（近傍または前面通過），北側で後方通過（近傍または潜入・出現）となる．$B < 0°$ なら，南，北が逆になる．

図1のT点は土星中心を通る時圏を衛星が通過するときである．2本の破線が運動図の2本の縦線に相当する．この図はミマスの軌道を例としてとりあげた．Bは16°としたが，Aは実際よりも大きく誇張して傾けてある．

土星の衛星エンケラドゥス（S2），ディオネ（S4）の運動図

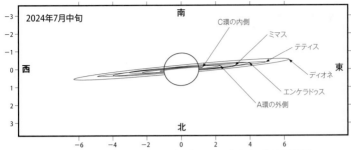

土星の衛星エンケラドゥス (S2)，ディオネ (S4) の運動図

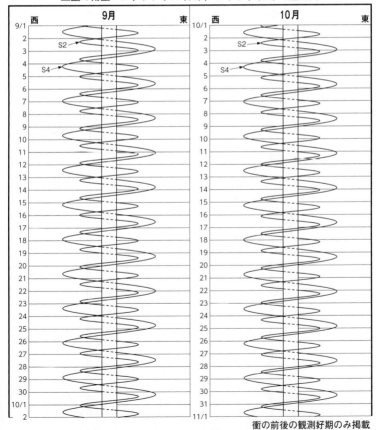

衝の前後の観測好期のみ掲載

166

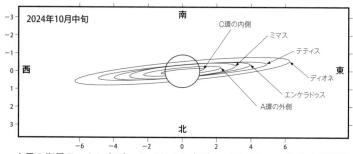

土星の衛星ティタン (S6)，ヒペリオン (S7)，イアペトゥス (S8) の運動図

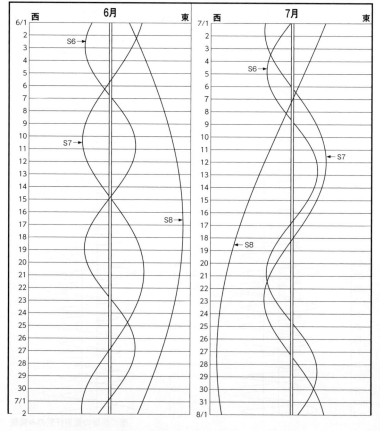

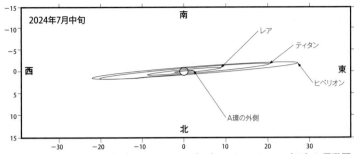

2024年7月中旬

南

西　　　　　　　　　　　　　　　　　東

レア
ティタン
ヒペリオン

A環の外側

北

土星の衛星ティタン (S6)，ヒペリオン (S7)，イアペトゥス (S8) の運動図

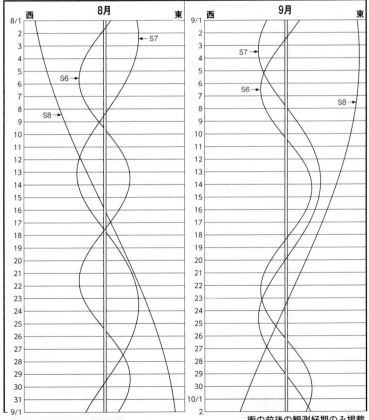

衝の前後の観測好期のみ掲載

168

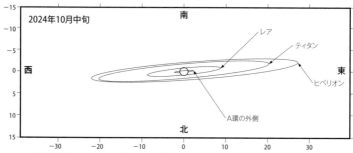

土星の衛星ティタン (S6)，ヒペリオン (S7)，イアペトゥス (S8) の運動図

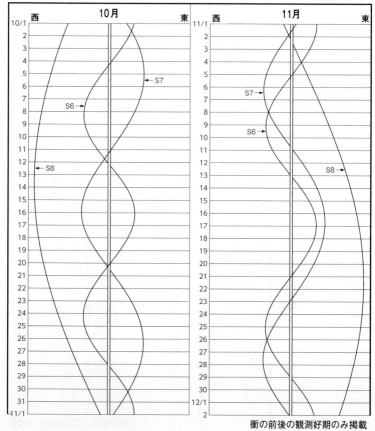

衝の前後の観測好期のみ掲載

土星の衛星の食現象　(相馬　充)

　土星は約29.5年の周期で太陽の周りを公転している．地球から見た場合には，この周期で見かけの環の傾きも変化しており，この半分の約15年毎に環を真横から見ることになる．その際には，環が消失して見える．次の土星環の消失は2025年3月24日で，また同年5月7日には太陽光が環を真横から照らすことになり，その間の期間は地球から見て太陽に照らされた側と反対の側を見るため，環はとくに暗い．

　土星の第7衛星ヒペリオン(Hyperion)までの内側の衛星は，ほぼ環の面を運行しているため，環の消失の前後には，それらの衛星が土星面を通過したり，土星面に影を落としたり，土星の影の中に入ったりする現象が起こる．ただし，第6衛星ティタン(Titan，英語読みに基づくタイタンとも呼ばれる)以外は小さく暗いので，小口径望遠鏡でのこれらの観測は困難である．環消失の前年の今年2024年は中口径以上の望遠鏡で観測可能な第5衛星レア(Rhea)が土星の影に隠れる現象が起こる．表1にその現象の予報を掲げる．表の時刻は衛星の明るさが半分になる(約0.75等減光する)予報時刻，現象欄の数字は衛星番号を表し，「5」はレアを意味する．その次の記号のDは土星本体の影への潜入，Rは土星本体の影からの出現である．x, yは現象の起こる見かけの位置の座標で，土星中心を原点に，y軸を土星の北極方向，x軸を土星の赤道面上西向きにとり，土星の赤道半径を単位としている．衛星と太陽の大きさのため，現象は「継続時間」の欄に示した時間がかかる．

表1　土星の衛星の食

月 日	時　刻	現象	x	y	継続時間
	h　m				m
6 26	1 36.2	5D	+1.3	+0.3	7.7
7 5	2 26.7	5D	+1.3	+0.4	7.3
7 14	3 17.1	5D	+1.3	+0.4	6.9
9 1	20 1.6	5D	+0.9	+0.6	5.6
9 10	20 54.6	5D	+0.8	+0.6	5.5
9 10	23 56.9	5R	−0.8	+0.6	5.5
9 19	21 47.8	5R	+0.6	+0.7	5.3
9 20	0 54.4	5R	−0.9	+0.7	5.3
9 29	1 51.9	5R	−1.1	+0.7	5.2
11 8	18 11.9	5R	−1.6	+0.8	4.8
11 17	19 9.3	5R	−1.6	+0.8	4.7
11 26	20 7.2	5R	−1.7	+0.8	4.6
12 5	21 4.9	5R	−1.7	+0.8	4.5

表2　土星の衛星相互の現象

月 日	時　刻	現　象	減光量	減光等級	x	y	継続時間
	h　m		%				m　　m
8 13	21 24.4	3O2P		0.14	+2.4	−0.2	47.1
11 14	23 31.8	1E3P本	4	0.05	+2.8	+0.3	2.5
11 16	20 51.4	1E3A本	16	0.19	+2.7	+0.3	3.8 (1.9)
11 18	18 11.4	1E3A本	12	0.14	+2.7	+0.3	3.5 (0.8)

　この時期には，また，衛星が他の衛星を隠す掩蔽や，ほかの衛星の影に入る食という衛星相互の現象も起こる．表2にその予報を示す．時刻は現象中心時刻で，それに継続時間の半分を減加することで，現象の開始と終了の予報時刻が得られる．現象欄のOは掩蔽，Eは食，Pは部分，Aは金環，Tは皆既，「本」は本影食，「半」は半影食を意味する．例えば「3O2P」は第3衛星による第2衛星の部分掩蔽(第3衛星が第2衛星の前面を通過し，一部を隠す)を，「1E3A本」は第1衛星による第3衛星の本影金環食(第1衛星の本影のすべてが第3衛星の中に落ちる)を意味する．衛星の番号と衛星名の対応は

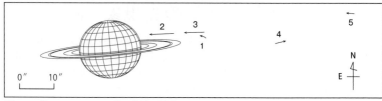

図1　11月16日の1E3Aの際の衛星の位置

図2　11月18日の1E3Aの際の衛星の位置

1.ミマス（Mimas），2.エンケラドゥス（Enceladus），3.テティス（Tethys）である．減光量と減光等級は，掩蔽の場合は掩蔽する衛星と掩蔽される衛星を合成した明るさに対するもの，食の場合は食される衛星の明るさに対するものである．この違いは，掩蔽の場合は両衛星が分離できなくなって，掩蔽される衛星のみの明るさが測定できなくなるのに対して，食の場合は，両衛星が見かけ上，必ずしもすぐ近くにあるわけではなく，食される衛星のみの明るさが測れることが多いことによる．減光量ΔD％と減光等級Δmの間には $\Delta m = -2.5 \log (1 - \Delta D/100)$ の関係がある．ここで，対数は常用対数である．表2に示したx, yは掩蔽または食される衛星の見かけの位置の座標で，その測り方は表1のx, yと同じである．継続時間は現象の始めから終わりまでの時間であり，皆既や金環の掩蔽と食については，その皆既や掩蔽の継続時間を括弧内に示した．図1と図2に11月16日と18日の1E3Aの現象時の衛星の位置関係を示す．矢印は現象時刻の30分前から30分後までに衛星が動く経路である．2日隔てて第1衛星と第3衛星が同じような位置関係になっているのは，第1衛星の公転周期の2倍と第3衛星の公転周期がほぼ等しく1日21時間余になっているためである．

　土星の衛星相互の現象は口径11cmの望遠鏡でレアによるティタンの食の観測に成功した例があるが，普通は口径15cm以上の望遠鏡が必要であろう．相互現象を眼視観測する場合は，衛星の明るさを近くの衛星や恒星の明るさと比較して，光階法や比例法の変光星の等級観測の要領で十数秒から1分毎に行うとよい．光電観測やビデオ観測で測光できれば，さらに正確な観測結果を得ることができる．その際，背景の空の明るさの変化も測って，それを補正することが必要である．

土星面の中央点の土星面経度（体系Ⅰ，中央標準時9時）　　　（相馬 充）

日	1月	2月	3月	4月	5月	6月	7月	8月	9月	10月	11月	12月
1	343.4	232.2	233.4	124.0	251.9	145.6	276.3	172.3	68.4	199.0	92.0	218.8
2	107.5	356.4	357.6	248.2	16.2	269.9	40.7	296.7	192.8	323.3	216.3	343.0
3	231.7	120.6	121.8	12.5	140.5	34.3	165.1	61.1	317.1	87.7	340.6	107.2
4	355.8	244.7	245.9	136.7	264.8	158.6	289.5	185.5	81.5	212.0	104.8	231.4
5	120.0	8.9	10.1	261.0	29.0	282.9	53.8	309.9	205.9	336.3	229.1	355.6
6	244.1	133.1	134.3	25.2	153.3	47.3	178.2	74.3	330.3	100.6	353.3	119.8
7	8.3	257.2	258.5	149.5	277.6	171.6	302.6	198.7	94.6	224.9	117.5	243.9
8	132.4	21.4	22.7	273.7	41.9	296.0	67.0	323.1	219.0	349.2	241.8	8.1
9	256.6	145.6	146.9	38.0	166.2	60.3	191.4	87.5	343.4	113.5	6.0	132.3
10	20.8	269.7	271.1	162.2	290.5	184.7	315.8	211.9	107.7	237.9	130.3	256.5
11	144.9	33.9	35.4	286.5	54.8	309.0	80.1	336.3	232.1	2.2	254.5	20.7
12	269.1	158.1	159.6	50.7	179.1	73.4	204.5	100.7	356.5	126.5	18.7	144.9
13	33.2	282.3	283.8	175.0	303.5	197.7	328.9	225.1	120.8	250.8	143.0	269.0
14	157.4	46.4	48.0	299.2	67.8	322.1	93.3	349.4	245.2	15.1	267.2	33.2
15	281.5	170.6	172.2	63.5	192.1	86.5	217.7	113.8	9.5	139.4	31.4	157.4
16	45.7	294.8	296.4	187.8	316.4	210.8	342.1	238.2	133.9	263.7	155.6	281.6
17	169.8	59.0	60.6	312.0	80.7	335.2	106.5	2.6	258.2	27.9	279.9	45.8
18	294.0	183.1	184.8	76.3	205.0	99.5	230.8	127.0	22.6	152.2	44.1	169.9
19	58.2	307.3	309.0	200.6	329.3	223.9	355.2	251.4	146.9	276.5	168.3	294.1
20	182.3	71.5	73.3	324.8	93.6	348.3	119.6	15.8	271.3	40.8	292.5	58.3
21	306.5	195.7	197.5	89.1	218.0	112.6	244.0	140.2	35.6	165.1	56.7	182.4
22	70.6	319.9	321.7	213.4	342.3	237.0	8.4	264.6	160.0	289.4	181.0	306.6
23	194.8	84.0	85.9	337.6	106.6	1.4	132.8	28.9	284.3	53.6	305.2	70.8
24	318.9	208.2	210.2	101.9	230.9	125.7	257.2	153.3	48.7	177.9	69.4	194.9
25	83.1	332.4	334.4	226.2	355.3	250.1	21.6	277.7	173.0	302.2	193.6	319.1
26	207.3	96.6	98.6	350.5	119.6	14.5	146.0	42.1	297.3	66.5	317.8	83.3
27	331.4	220.8	222.8	114.7	243.9	138.8	270.4	166.5	61.7	190.7	82.0	207.4
28	95.6	345.0	347.1	239.0	8.2	263.2	34.8	290.9	186.0	315.0	206.2	331.6
29	219.8	109.2	111.3	3.3	132.6	27.6	159.2	55.2	310.3	79.3	330.4	95.8
30	343.9		235.5	127.6	256.9	152.0	283.6	179.6	74.7	203.5	94.6	219.9
31	108.1		359.8		21.2		47.9	304.0		327.8		344.1

土星面の中央点の土星面経度（体系Ⅱ，中央標準時9時）

日	1月	2月	3月	4月	5月	6月	7月	8月	9月	10月	11月	12月
1	57.2	24.8	169.3	138.6	17.4	349.7	231.4	206.0	180.7	62.4	34.2	272.0
2	149.1	116.7	261.2	230.5	109.4	81.8	323.5	298.1	272.8	154.4	126.1	3.9
3	240.9	208.6	353.1	322.5	201.4	173.8	55.5	30.2	4.9	246.4	218.1	95.8
4	332.8	300.4	85.0	54.4	293.4	265.8	147.6	122.3	96.9	338.4	310.0	187.7
5	64.6	32.3	176.9	146.4	25.4	357.9	239.7	214.4	189.0	70.4	42.0	279.6
6	156.5	124.2	268.8	238.3	117.4	89.9	331.8	306.5	281.1	162.5	133.9	11.5
7	248.3	216.0	0.7	330.2	209.4	182.0	63.8	38.6	13.2	254.5	225.9	103.4
8	340.2	307.9	92.6	62.2	301.3	274.0	155.9	130.7	105.2	346.5	317.8	195.3
9	72.1	39.8	184.5	154.1	33.3	6.1	248.0	222.7	197.3	78.5	49.8	287.1
10	163.9	131.7	276.4	246.1	125.3	98.1	340.1	314.8	289.4	170.5	141.7	19.0
11	255.8	223.5	8.3	338.0	217.3	190.1	72.2	46.9	21.4	262.5	233.6	110.9
12	347.6	315.4	100.2	70.0	309.3	282.2	164.2	139.0	113.5	354.5	325.6	202.8
13	79.5	47.3	192.1	162.0	41.4	14.2	256.3	231.1	205.5	86.5	57.5	294.7
14	171.3	139.1	284.0	253.9	133.4	106.3	348.4	323.2	297.6	178.5	149.4	26.6
15	263.2	231.0	15.9	345.9	225.4	198.4	80.5	55.3	29.7	270.5	241.4	118.4
16	355.1	322.9	107.8	77.8	317.4	290.4	172.6	147.4	121.7	2.5	333.3	210.3
17	86.9	54.8	199.7	169.8	49.4	22.5	264.7	239.5	213.8	94.5	65.2	302.2
18	178.8	146.7	291.6	261.7	141.4	114.5	356.8	331.6	305.8	186.5	157.1	34.1
19	270.6	238.5	23.6	353.7	233.4	206.6	88.8	63.6	37.9	278.5	249.1	126.0
20	2.5	330.4	115.5	85.7	325.4	298.6	180.9	155.7	129.9	10.5	341.0	217.8
21	94.4	62.3	207.4	177.6	57.4	30.7	273.0	247.8	222.0	102.5	72.9	309.7
22	186.2	154.2	299.3	269.6	149.5	122.8	5.1	339.9	314.0	194.5	164.8	41.6
23	278.1	246.1	31.2	1.6	241.5	214.8	97.2	72.0	46.1	286.4	256.7	133.4
24	9.9	337.9	123.2	93.6	333.5	306.9	189.3	164.1	138.1	18.4	348.7	225.3
25	101.8	69.8	215.1	185.5	65.5	39.0	281.4	256.2	230.2	110.4	80.6	317.2
26	193.7	161.7	307.0	277.5	157.6	131.0	13.5	348.2	322.2	202.4	172.5	49.1
27	285.5	253.6	38.9	9.5	249.6	223.1	105.6	80.3	54.2	294.3	264.4	140.9
28	17.4	345.5	130.9	101.5	341.6	315.2	197.6	172.4	146.3	26.3	356.3	232.8
29	109.2	77.4	222.8	193.4	73.6	47.2	289.7	264.5	238.3	118.3	88.2	324.7
30	201.1		314.7	285.4	165.7	139.3	21.8	356.6	330.3	210.2	180.1	56.5
31	293.0		46.7		257.7		113.9	88.6		302.2		148.4

(注：表値は欠けた部分を含む土星面中央点の土星面経度)

土星面の中央点の土星面経度 （体系Ⅲ, 中央標準時9時）

日	1月	2月	3月	4月	5月	6月	7月	8月	9月	10月	11月	12月
1	219.3	149.6	259.0	191.0	33.6	328.5	174.0	111.2	48.5	254.0	188.4	30.1
2	310.0	240.2	349.7	281.7	124.4	59.4	264.9	202.1	139.4	344.8	279.2	120.8
3	40.6	330.9	80.4	12.4	215.2	150.2	355.7	293.0	230.3	75.6	9.9	211.4
4	131.3	61.6	171.1	103.2	305.9	241.0	86.6	23.9	321.1	166.4	100.7	302.1
5	221.9	152.2	261.8	193.9	36.7	331.8	177.5	114.8	52.0	257.3	191.4	32.8
6	312.6	242.9	352.5	284.6	127.5	62.7	268.3	205.7	142.9	348.1	282.1	123.5
7	43.2	333.5	83.2	15.4	218.3	153.5	359.2	296.5	233.7	78.9	12.9	214.2
8	133.9	64.2	173.9	106.1	309.1	244.4	90.1	27.4	324.6	169.7	103.6	304.9
9	224.5	154.9	264.6	196.9	39.9	335.2	181.0	118.3	55.5	260.5	194.4	3.6
10	315.2	245.5	355.3	287.6	130.7	66.0	271.8	209.2	146.3	351.3	285.1	126.2
11	45.8	336.2	86.0	18.4	221.5	156.9	2.7	300.1	237.2	82.1	15.8	216.9
12	136.5	66.9	176.7	109.1	312.3	247.7	93.6	31.0	328.0	172.9	106.6	307.6
13	227.1	157.5	267.4	199.8	43.1	338.6	184.5	121.9	58.9	263.7	197.3	38.3
14	317.8	248.2	358.1	290.6	133.9	69.4	275.3	212.7	149.8	354.5	288.0	129.0
15	48.4	338.9	88.8	21.3	224.7	160.3	6.2	303.6	240.6	85.3	18.7	219.6
16	139.1	69.5	179.5	112.1	315.5	251.1	97.1	34.5	331.5	176.1	109.5	310.3
17	229.7	160.2	270.2	202.9	46.3	342.0	188.0	125.4	62.3	266.9	200.2	41.0
18	320.4	250.9	0.9	293.6	137.1	72.8	278.9	216.3	153.1	357.7	290.9	131.6
19	51.1	341.6	91.6	24.4	227.9	163.7	9.7	307.1	244.0	88.4	21.6	222.3
20	141.7	72.2	182.3	115.1	318.7	254.5	100.6	38.0	334.8	179.2	112.3	313.0
21	232.4	162.9	273.0	205.9	49.5	345.4	191.5	128.9	65.7	270.0	203.0	43.7
22	323.0	253.6	3.7	296.7	140.3	76.2	282.4	219.8	156.5	0.8	293.8	134.3
23	53.7	344.3	94.5	27.4	231.1	167.1	13.3	310.7	247.4	91.5	24.5	225.0
24	144.3	74.9	185.2	118.2	321.9	257.9	104.1	41.5	338.2	182.3	115.2	315.7
25	235.0	165.6	275.9	209.0	52.8	348.8	195.0	132.4	69.0	273.1	205.9	46.3
26	325.6	256.3	6.6	299.7	143.6	79.7	285.9	223.3	159.9	3.9	296.6	137.0
27	56.3	347.0	97.3	30.5	234.4	170.5	16.8	314.2	250.7	9.4	27.3	227.6
28	146.9	77.7	188.1	121.3	325.2	261.4	107.7	45.1	341.5	185.4	118.0	318.3
29	237.6	168.4	278.8	212.0	56.0	352.3	198.6	135.9	72.3	276.1	208.7	49.0
30	328.3		9.5	302.8	146.9	83.1	289.5	226.8	163.2	6.9	299.4	139.6
31	58.9		100.2		237.7		20.3	317.7		97.7		230.3

（注：表値は欠けた部分を含む土星面中央点の土星面経度）

体系Ⅰは赤道帯，体系Ⅱはそれ以外に適用，体系Ⅲは土星電波に基づくもので，土星内部の自転角を表していると考えられる．国際天文学連合（IAU）では土星の経度体系について，現在，体系Ⅲのみを定義しているが，アマチュア観測者は観測の整理に現在でも体系ⅠやⅡも使用しているため，それらのデータを掲載した．体系Ⅰは以前のIAUの定義に基づくもの，体系Ⅱはアメリカ ALPO（The Association of Lunar and Planetary Observers）の定義に基づくものである．

中央経度の1日の増加量は体系Ⅰが 844°.300，体系Ⅱが 812°.000，体系Ⅲが 810°.7939024である．ただし，これは固定した方向に対する値であり，地球から見た場合はこれらの値からときにより若干変化するので，実際の1日の増加量は前後の値から計算するのがよい．例えば，2024年7月1日から2日にかけての1日では体系Ⅰの表値の差は $40°.7 − 276°.3 = − 235°.6$ になる．このように差が負の場合は1日間の差には $360° × 3 = 1080°$ を加え（正の場合は $360° × 2 = 720°$ を加える），実際の1日の増加量は $− 235°.6 + 1080° = 844°.4$ になる．表値は日本の中央標準時で朝9時の値なので，例えば7月1日の夜8時（中央標準時20時）の体系Ⅰの中央経度を求める場合は $276°.3 + 844°.4 × (20 − 9)/24 = 663°.3$ となり，これから360°の整数倍を引いて $663°.3 − 360° × 1 = 303°.3$ が求める中央経度になる．

天王星 (堀川邦昭)

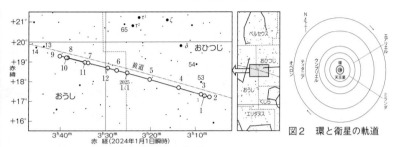

図1　2024年　天王星の動き（毎月1日の位置）

図2　環と衛星の軌道

　2024年の天王星はおひつじ座からおうし座へと移る．衝は晩秋の11月17日で，観望の好期となるのは，年初と秋以降に分かれる．衝のときでも地球から18.6auと遠く，視直径は3″.8，光度は5.6等しかない．観望には双眼鏡や望遠鏡が必要である．

　図1は2024年の天王星の天球上での動きで，8等星まで示してある．天王星を探す際は，年初ならおひつじ座δ星（4.3等）の南西側を，秋以降はプレヤデス星団の南にある，おうし座の13番星と14番星のペア（ともに6等星）の南西側を探す．それと思われる星を望遠鏡で拡大して青緑色の円盤像が見えれば，天王星である．

　4月には木星と14年ぶりに接近する．赤経の会合は4月20日で，月の視直径と同じくらいの32′まで接近する．両惑星の接近は，色のコントラストが美しいと期待されるが，あいにく合に近く，日没時の高度は20°程度と条件はきびしい．

現象	月	日
留	1	27
東矩	2	4
合	5	13
西矩	8	15
留	9	2
衝	11	17

2024年　天王星のこよみ（国立天文台暦計算室）地球時0時

月日	視赤経	視赤緯	地心距離	月日	視赤経	視赤緯	地心距離	月日	視赤経	視赤緯	地心距離
	h m	° ′	au		h m	° ′	au		h m	° ′	au
12 22	3 9.1	+17 21	18.85	4 30	3 20.0	+18 6	20.58	9 7	3 40.1	+19 17	19.24
1 1	3 8.1	+17 17	18.98	5 10	3 22.3	+18 15	20.60	9 17	3 39.7	+19 16	19.09
1 11	3 7.3	+17 14	19.12	5 20	3 24.7	+18 23	20.60	9 27	3 39.1	+19 14	18.94
1 21	3 6.9	+17 13	19.27	5 30	3 27.0	+18 32	20.57	10 7	3 38.1	+19 10	18.82
1 31	3 6.9	+17 13	19.44	6 9	3 29.3	+18 40	20.51	10 17	3 36.8	+19 6	18.72
2 10	3 7.2	+17 14	19.61	6 19	3 31.4	+18 48	20.43	10 27	3 35.4	+19 1	18.64
2 20	3 7.9	+17 17	19.78	6 29	3 33.4	+18 55	20.33	11 6	3 33.7	+18 56	18.59
3 1	3 8.8	+17 21	19.94	7 9	3 35.2	+19 1	20.20	11 16	3 32.0	+18 50	18.57
3 11	3 10.1	+17 27	20.10	7 19	3 36.8	+19 6	20.06	11 26	3 30.3	+18 44	18.58
3 21	3 11.7	+17 33	20.23	7 29	3 38.1	+19 11	19.91	12 6	3 28.7	+18 38	18.63
3 31	3 13.5	+17 40	20.35	8 8	3 39.1	+19 14	19.75	12 16	3 27.2	+18 33	18.70
4 10	3 15.5	+17 48	20.45	8 18	3 39.8	+19 16	19.58	12 26	3 25.9	+18 28	18.80
4 20	3 17.7	+17 57	20.52	8 29	3 40.1	+19 17	19.41	1 5	3 24.8	+18 25	18.92

※2000.0年分点への補正値　　赤経：1月 1日～ 2月10日　　−1ᵐ.3，　2月11日～12月31日　　−1ᵐ.4
　　　　　　　　　　　　　赤緯：1月 1日～ 3月28日　　−6′，　3月29日～12月31日　　−5′

天王星の衛星の運動図 <small>(鈴木充広)</small>

　天王星の27個の衛星のうち, ティタニア (U3) とオベロン (U4) はほかの衛星にくらべて大きく, 明るさはどちらも約14等星である. また天王星からも充分離れた軌道を巡っており, 望遠鏡と高感度のCCDカメラなどの機材があれば充分観測可能な天体なので, 観測条件のよい天王星の衝の時期3ヵ月分の両衛星の運動図を掲載した.

　天王星の赤道傾斜角は約98°と大きく, 両衛星はこの赤道面とほぼ一致する軌道を公転しているため, 木星の衛星などのように黄道に沿った直線上の動きだけではその位置を表わすことがむずかしい. 運動図は両衛星の天王星からの見かけの離角をX (東西：東+), Y (南北：北+) に分解して表示したものである.

　各衛星のXとYの値を示す必要があることから, 図には計4本の曲線を描いている. 縦軸は日付を表わしている. 図上で観測日時の各衛星のX, Yを読み取ることで衛星の位置を求めることができる.

計算例：2024年10月5日0時 (JST) の位置を求める.

ティタニア(U3)：$X = -29\overset{\prime\prime}{.}2$　$Y = -5\overset{\prime\prime}{.}7$

オベロン(U4)　：$X = -16\overset{\prime\prime}{.}9$　$Y = -38\overset{\prime\prime}{.}8$

　この読み取り結果を天王星を原点とした座標でプロットすれば, 天王星と両衛星の位置関係を知ることができる.

　なお, この時期の天王星の視直径は, $3\overset{\prime\prime}{.}7$である.

　X, Yは天王星の中心からの見かけの離角なので, 天王星と衛星の赤経・赤緯の差 $(\varDelta\alpha, \varDelta\delta)$ は,

$$\varDelta\alpha\,^{(s)} = X/15\sec\delta$$

$$\varDelta\delta\,^{(\prime\prime)} = Y$$

で表わせる.

ティタニア (U3), オベロン (U4) の運動図

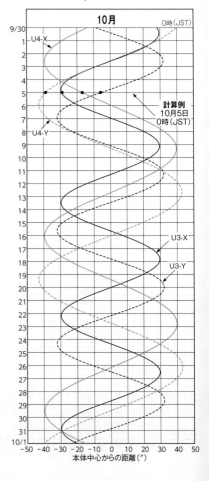

　衛星の赤道座標を知りたい場合は,この $\varDelta\alpha$, $\varDelta\delta$ を天王星の赤経赤緯に加算すればよい.

　ティタニア,オベロン両衛星は天王星にくらべて8等級以上も暗いため,両衛星が天王星に近い位置にある場合は観測がむずかしいが,X, Y の絶対値が大きな時期を選んで高感度のCCDカメラ,ビデオカメラなどを取り付けた望遠鏡を向ければ,その姿をとらえることが可能だ.

ティタニア (U3), オベロン (U4) の運動図

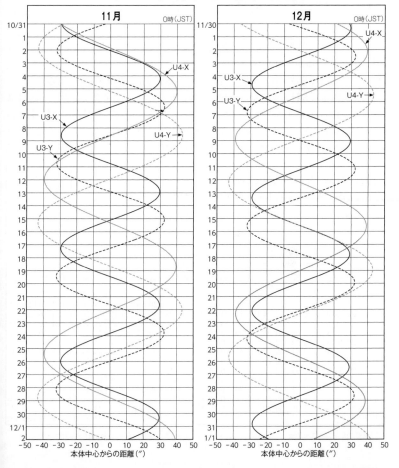

海王星 (堀川邦昭)

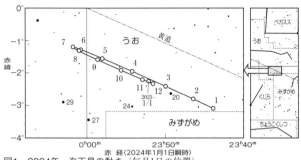

図1　2024年　海王星の動き（毎月1日の位置）

　　2024年の海王星はうお座を運行する。衝は9月21日で、夏から秋にかけてが観望の好期となる。地球との距離は30au前後もあるので、視直径は2″3と小さく、光度は7.7等と暗い。観望には天王星と同様、双眼鏡や望遠鏡の助けが必要である。

　図1は2024年における海王星の天球上での動きである。天王星よりも暗いので、図は9等星まで含めた。海王星を探すには、うお座の20番星（5.5等）が目印で、夏は北東側へ少し離れるが、年末はかなり近くなる。確かめるには天王星のように、望遠鏡で青緑色の円盤像を確認するのだが、海王星は小さいので、200倍以上の倍率が必要だろう。

現象	月	日
合	3	18
西矩	6	21
留	7	3
衝	9	21
留	12	8
東矩	12	19

　2024年は海王星食が全部で13回もあり、そのうち3回は日本でも見ることができる。もっとも条件が良いのは12月9日の食で、夕方の時間帯に上弦を過ぎたばかりの月に隠される様子を、全国で見ることができる。

2024年　海王星のこよみ（国立天文台暦計算室）地球時0時

月日	視赤経	視赤緯	地心距離	月日	視赤経	視赤緯	地心距離	月日	視赤経	視赤緯	地心距離
	h　m	° ′	au		h　m	° ′	au		h　m	° ′	au
12 22	23 43.5	− 3　9	29.97	4 30	23 57.9	− 1 34	30.65	9　7	23 58.1	− 1 39	28.92
1　1	23 43.9	− 3　6	30.14	5 10	23 59.0	− 1 28	30.53	9 17	23 57.1	− 1 46	28.89
1 11	23 44.5	− 3　1	30.31	5 20	23 59.9	− 1 22	30.39	9 27	23 56.1	− 1 52	28.90
1 21	23 45.3	− 2 56	30.46	5 30	0　0.6	− 1 18	30.24	10　7	23 55.1	− 1 59	28.94
1 31	23 46.3	− 2 49	30.59	6　9	0　1.2	− 1 15	30.08	10 17	23 54.1	− 2　5	29.00
2 10	23 47.4	− 2 41	30.70	6 19	0　1.6	− 1 13	29.91	10 27	23 53.3	− 2 10	29.09
2 20	23 48.7	− 2 33	30.79	6 29	0　1.8	− 1 12	29.74	11　6	23 52.6	− 2 14	29.21
3　1	23 50.0	− 2 25	30.85	7　9	0　1.8	− 1 13	29.58	11 16	23 52.1	− 2 18	29.34
3 11	23 51.3	− 2 16	30.89	7 19	0　1.5	− 1 15	29.42	11 26	23 51.7	− 2 19	29.50
3 21	23 52.7	− 2　7	30.90	7 29	0　1.1	− 1 18	29.28	12　6	23 51.5	− 2 20	29.66
3 31	23 54.1	− 1 58	30.87	8　8	0　0.6	− 1 22	29.16	12 16	23 51.6	− 2 19	29.83
4 10	23 55.5	− 1 49	30.82	8 18	23 59.8	− 1 27	29.05	12 26	23 51.9	− 2 17	30.01
4 20	23 56.7	− 1 41	30.75	8 28	23 59.0	− 1 33	28.97	1　5	23 52.3	− 2 14	30.18

※2000.0年分点への補正値　　赤経：1月1日～　6月18日　−1ᵐ2、　6月19日～12月31日　−1ᵐ3
　　　　　　　　　　　　　　赤緯：1月1日～12月31日　−8′

準惑星 （渡辺和郎）

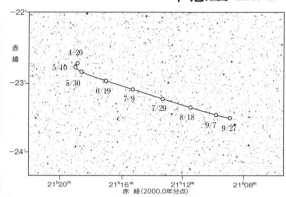

図1　2024年　冥王星の動き

太陽の周囲を公転する8つの惑星以外で，それ自身の重力によって球形を維持できるだけの質量を有する天体を準惑星とよぶ．前年版の本稿で4つの定義を記したが，2006年の国際天文学連合の総会後，"dwarf planets"を「矮惑星」として訳したこともあったが，2007年の日本学術会議において「準惑星」と記すことを推奨し，以降，我が国は第9惑星だった冥王星と小惑星ケレスに3つの天体を加えて準惑星とした．

【(1) ケレス】　178ページの四大小惑星の項を参照．

【(134340) 冥王星】　2024年の冥王星は，やぎ座からいて座の境界付近を移動している．図1は4月20日から9月27日までの冥王星の動きを示したものである．衝は7月23日3時1分（赤経基準，以下同様）．地球との距離は34.1au（天文単位）．光度は15.0等．

【(136199) エリス】　2003年10月21日発見．くじら座を移動している．衝は10月22日29時6分．地球との距離は94.7au．光度は18.6等．

【(136472) マケマケ】　2005年3月31日発見．かみのけ座を移動している．衝は4月11日16時59分．地球との距離は51.8au．光度は17.1等．

(136108) ハウメア　2003年3月7日発見．うしかい座を移動している．衝は5月1日10時47分．地球との距離は49.1au．光度は17.3等．

冥王星の現象

現象	月	日
合	1	21
西矩	4	27
留	5	4
衝	7	24
留	10	12
東矩	10	28

（赤経基準）

2024年　冥王星のこよみ（国立天文台暦計算室）　地球時0時

月日	赤経	赤緯	地心距離	月日	赤経	赤緯	地心距離	月日	赤経	赤緯	地心距離
	h　m	°　′	au		h　m	°　′	au		h　m	°　′	au
12 22	20　5.9	−23　7	35.77	5 10	20 18.9	−22 45	34.69	9 27	20　9.0	−23 29	34.67
1 11	20　8.5	−23　0	35.90	5 30	20 18.3	−22 50	34.40	10 17	20　8.8	−23 29	35.01
1 31	20 11.3	−22 53	35.91	6 19	20 17.0	−22 57	34.19	11　6	20　9.4	−23 27	35.36
2 20	20 13.9	−22 48	35.81	7　9	20 15.3	−23　5	34.07	11 26	20 10.8	−23 23	35.69
3 11	20 16.2	−22 43	35.61	7 29	20 13.3	−23 13	34.06	12 16	20 12.8	−23 17	35.95
3 31	20 17.8	−22 41	35.33	8 18	20 11.5	−23 20	34.16	1　5	20 15.3	−23 10	36.12
4 20	20 18.8	−22 42	35.01	9　7	20　9.9	−23 26	34.37				

冥王星の赤経・赤緯は2000.0年分点の赤経・赤緯である．視赤経・視赤緯とは異なる．

小惑星のこよみ （渡辺和郎）

四大小惑星のうち(1)ケレス，(2)パラス，(3)ジュノーが2024年内に衝をむかえる．準惑星に分類される(1)ケレスは7月7日ごろ7.3等台だが，南のいて座で高度が低い．(2)パラスは5月下旬，うしかい座付近で9等台となる．(3)ジュノーは3月初旬，しし座で8等台．(4)ベスタは2023年末に衝を過ぎて，8月中旬に合となり太陽の方向にあって，次に衝をむかえるのは2025年5月になる．

表1　ケレス・パラスの位置

月 日 21ʰ JST	(1) Ceres　ケレス（準惑星） 赤経 (2000.0) h m	赤緯 (2000.0) ° ′	地心 距離 au	日心 距離 au	離角 °	等級 (V)	(2) Pallas　パラス 赤経 (2000.0) h m	赤緯 (2000.0) ° ′	地心 距離 au	日心 距離 au	離角 °	等級 (V)
2023年 12 22	16 39.9	−19 58	3.66	2.75	18.9	8.9	15 04.8	+00 41	3.14	2.60	48.9	9.6
2024年 1 1	16 57.2	−20 44	3.62	2.76	25.0	8.9	15 20.7	+01 09	3.06	2.63	55.1	9.6
1 11	17 14.3	−21 22	3.56	2.77	31.1	9.0	15 36.0	+01 51	2.98	2.65	61.4	9.6
1 21	17 31.2	−21 53	3.49	2.78	37.3	9.0	15 50.4	+02 48	2.89	2.68	67.9	9.6
1 31	17 47.6	−22 18	3.41	2.78	43.6	9.0	16 03.8	+04 02	2.79	2.70	74.4	9.5
2 10	18 03.4	−22 37	3.32	2.79	50.1	9.0	16 15.9	+05 32	2.70	2.73	81.1	9.5
2 20	18 18.6	−22 51	3.22	2.80	56.7	9.0	16 26.6	+07 18	2.60	2.75	87.9	9.4
3 1	18 32.9	−23 02	3.11	2.81	63.5	9.0	16 35.5	+09 19	2.51	2.77	94.8	9.4
3 11	18 46.2	−23 11	2.99	2.82	70.5	8.9	16 42.5	+11 33	2.42	2.80	101.7	9.3
3 21	18 58.3	−23 18	2.86	2.82	77.7	8.9	16 47.2	+13 57	2.34	2.82	108.5	9.2
3 31	19 09.1	−23 27	2.74	2.83	85.1	8.8	16 49.6	+16 26	2.27	2.84	115.0	9.1
4 10	19 18.2	−23 39	2.72	2.84	92.9	8.7	16 49.4	+18 55	2.22	2.87	121.0	9.1
4 20	19 25.5	−23 55	2.59	2.85	101.1	8.6	16 46.7	+21 15	2.18	2.89	126.3	9.0
4 30	19 30.8	−24 17	2.46	2.85	109.7	8.5	16 41.7	+23 20	2.16	2.91	130.3	9.0
5 10	19 33.7	−24 47	2.33	2.86	118.7	8.3	16 34.7	+25 00	2.15	2.93	132.6	8.9
5 20	19 34.1	−25 26	2.20	2.87	128.3	8.1	16 26.5	+26 09	2.17	2.95	132.9	9.0
5 30	19 31.9	−26 11	2.08	2.87	138.5	7.9	16 18.0	+26 44	2.21	2.98	131.3	9.0
6 9	19 27.0	−27 03	1.96	2.88	149.1	7.8	16 09.8	+26 44	2.26	3.00	128.1	9.1
6 19	19 19.9	−27 56	1.86	2.89	159.9	7.6	16 02.9	+26 13	2.33	3.02	123.7	9.2
6 29	19 11.0	−28 48	1.76	2.89	170.1	7.4	15 57.7	+25 14	2.42	3.04	118.5	9.4
7 9	19 01.3	−29 33	1.69	2.90	172.1	7.3	15 54.6	+23 55	2.51	3.06	112.8	9.5
7 19	18 51.9	−30 09	1.92	2.91	162.8	7.5	15 53.7	+22 20	2.62	3.07	106.9	9.6
7 29	18 43.8	−30 34	1.98	2.91	152.0	7.8	15 54.8	+20 36	2.74	3.09	100.8	9.7
8 8	18 37.7	−30 50	2.06	2.92	141.4	8.0	15 57.9	+18 47	2.86	3.11	94.8	9.8
8 18	18 34.2	−30 57	2.16	2.92	131.2	8.2	16 02.8	+16 55	2.98	3.13	88.8	9.9
8 28	18 33.4	−30 57	2.27	2.93	121.6	8.3	16 09.3	+15 06	3.11	3.15	82.9	10.0
9 7	18 35.3	−30 53	2.40	2.93	112.4	8.5	16 17.2	+13 19	3.23	3.16	77.1	10.1
9 17	18 39.7	−30 44	2.53	2.94	103.7	8.7	16 26.3	+11 38	3.35	3.18	71.4	10.2
9 27	18 46.3	−30 33	2.67	2.94	95.5	8.8	16 36.5	+10 04	3.47	3.19	65.7	10.2
10 7	18 54.9	−30 17	2.82	2.94	87.6	8.9	16 47.6	+08 38	3.59	3.21	60.2	10.3
10 17	19 05.2	−29 58	2.96	2.95	80.0	9.0	16 59.5	+07 20	3.69	3.22	54.8	10.3
10 27	19 16.8	−29 34	3.10	2.96	72.7	9.1	17 12.1	+06 11	3.79	3.24	49.6	10.3
11 6	19 29.6	−29 05	3.23	2.96	65.6	9.2	17 25.2	+05 12	3.88	3.25	44.5	10.4
11 16	19 43.3	−28 32	3.35	2.96	58.7	9.2	17 38.7	+04 23	3.96	3.26	39.8	10.4
11 26	19 57.8	−27 53	3.47	2.97	51.9	9.2	17 52.6	+03 45	4.03	3.28	35.4	10.4
12 6	20 12.8	−27 08	3.58	2.97	45.3	9.2	18 06.7	+03 18	4.09	3.29	31.5	10.4
12 16	20 28.3	−26 18	3.67	2.97	38.8	9.2	18 20.9	+03 01	4.13	3.30	28.4	10.4
12 26	20 44.0	−25 23	3.76	2.97	32.5	9.2	18 35.1	+02 54	4.16	3.31	26.5	10.4
2025年 1 5	20 59.9	−24 22	3.83	2.98	26.3	9.2	18 49.3	+02 58	4.18	3.32	25.8	10.4
1 15	21 15.9	−23 17	3.88	2.98	20.3	9.1	19 03.3	+03 13	4.18	3.33	26.7	10.4

中央標準時（JST）21時の位置．等級のVは実視等級

　2016年に打ち上げられた米NASAの小惑星探査機「オシリス・レックス」は，2020年10月に（101955）ベンヌ＝1999 RQ36 の試料の採取に成功し，2023年9月24日，そのカプセルがユタ州砂漠地帯にパラシュートで着地して無事回収された．日本の「はやぶさ2」同様に，探査機本体はミッション名を変えて，小惑星（99942）アポフィスの周回探査に向かった．

表3　四大小惑星の衝と合

2024年	衝	合
	月　日	月　日
(1) ケレス	7　7	―
(2) パラス	5　28	12　31
(3) ジュノー	3　3	10　20
(4) ベスタ		8　23

太陽と小惑星の赤経基準
TD－UT＝69.00 秒

表2　ジュノー・ベスタの位置

月　日 21ʰ JST	(3) Juno ジュノー 赤経 (2000.0)	赤緯	地心 距離	日心 距離	離角	等級 (V)	(4) Vesta ベスタ 赤経 (2000.0)	赤緯	地心 距離	日心 距離	離角	等級 (V)
2023年	h　m	°　′	au	au			h　m	°　′	au	au		
12　22	11 13.4	−01 35	2.11	2.48	100.1	9.8	05 56.8	+20 34	1.58	2.56	177.0	6.4
2024年												
1　1	11 18.2	−01 48	2.01	2.51	109.0	9.7	05 45.8	+21 01	1.59	2.56	166.3	6.7
1　11	11 20.5	−01 41	1.91	2.53	118.7	9.5	05 36.0	+21 26	1.64	2.56	153.9	6.9
1　21	11 20.2	−01 13	1.83	2.56	129.1	9.4	05 28.7	+21 52	1.71	2.55	142.1	7.2
1　31	11 17.4	−00 23	1.76	2.59	140.2	9.2	05 24.4	+22 17	1.79	2.55	131.0	7.4
2　10	11 12.1	+00 49	1.71	2.62	152.0	9.0	05 23.3	+22 42	1.90	2.55	120.6	7.6
2　20	11 05.0	+02 18	1.68	2.65	164.2	8.8	05 25.4	+23 08	2.01	2.54	111.0	7.8
3　1	10 57.0	+03 58	1.68	2.67	176.1	8.6	05 30.4	+23 33	2.14	2.54	102.1	7.9
3　11	10 48.9	+05 38	1.72	2.70	170.2	8.8	05 37.8	+23 56	2.26	2.53	93.9	8.1
3　21	10 41.9	+07 11	1.78	2.73	158.2	9.1	05 47.5	+24 16	2.39	2.53	86.1	8.2
3　31	10 36.6	+08 29	1.86	2.75	146.6	9.4	05 59.1	+24 33	2.51	2.52	78.9	8.3
4　10	10 33.5	+09 30	1.97	2.78	135.7	9.6	06 12.2	+24 45	2.64	2.51	72.0	8.4
4　20	10 32.7	+10 12	2.10	2.80	125.5	9.9	06 26.6	+24 50	2.75	2.51	65.5	8.4
4　30	10 34.2	+10 36	2.24	2.83	115.9	10.1	06 42.1	+24 49	2.86	2.50	59.3	8.5
5　10	10 37.8	+10 43	2.39	2.85	107.0	10.3	06 58.5	+24 41	2.96	2.49	53.3	8.5
5　20	10 43.2	+10 35	2.55	2.88	98.7	10.5	07 15.5	+24 24	3.05	2.49	47.6	8.5
5　30	10 50.1	+10 14	2.71	2.90	90.8	10.6	07 33.1	+23 59	3.14	2.48	42.0	8.5
6　9	10 58.3	+09 43	2.86	2.92	83.3	10.7	07 51.1	+23 25	3.21	2.47	36.6	8.5
6　19	11 07.6	+09 02	3.02	2.95	76.1	10.9	08 09.4	+22 43	3.27	2.46	31.4	8.5
6　29	11 17.7	+08 14	3.17	2.97	69.2	10.9	08 27.9	+21 53	3.32	2.45	26.2	8.4
7　9	11 28.5	+07 19	3.32	2.99	62.5	11.0	08 46.5	+20 55	3.37	2.44	21.2	8.4
7　19	11 39.9	+06 19	3.46	3.01	56.2	11.1	09 05.2	+19 48	3.40	2.44	16.2	8.3
7　29	11 51.8	+05 14	3.59	3.03	49.6	11.1	09 23.8	+18 35	3.41	2.43	11.4	8.2
8　8	12 04.1	+04 07	3.71	3.05	43.4	11.2	09 42.4	+17 16	3.42	2.42	6.9	8.1
8　18	12 16.6	+02 57	3.82	3.07	37.2	11.2	10 00.9	+15 51	3.42	2.41	3.6	8.0
8　28	12 29.5	+01 46	3.91	3.09	31.0	11.2	10 19.3	+14 20	3.40	2.40	5.3	8.0
9　7	12 42.5	+00 34	4.00	3.11	25.0	11.1	10 37.6	+12 46	3.38	2.39	9.6	8.1
9　17	12 55.8	−00 38	4.06	3.13	19.0	11.1	10 55.8	+11 08	3.34	2.38	14.3	8.2
9　27	13 09.1	−01 48	4.11	3.14	13.1	11.1	11 13.9	+09 28	3.29	2.37	19.3	8.2
10　7	13 22.6	−02 57	4.15	3.16	7.9	11.0	11 31.9	+07 47	3.23	2.36	24.3	8.3
10　17	13 36.1	−04 03	4.17	3.18	5.6	10.9	11 49.7	+06 05	3.17	2.35	29.4	8.3
10　27	13 49.6	−05 05	4.17	3.19	9.0	11.0	12 07.4	+04 25	3.09	2.34	34.6	8.3
11　6	14 03.1	−06 03	4.15	3.21	15.1	11.1	12 25.0	+02 46	3.00	2.33	39.9	8.3
11　16	14 16.4	−06 57	4.12	3.22	21.0	11.2	12 42.4	+01 11	2.91	2.32	45.2	8.3
11　26	14 29.6	−07 45	4.07	3.23	27.5	11.3	12 59.6	−00 21	2.80	2.31	50.8	8.2
12　6	14 42.6	−08 26	4.01	3.24	34.3	11.3	13 16.5	−01 46	2.69	2.30	56.4	8.2
12　16	14 55.1	−09 01	3.93	3.26	41.2	11.4	13 33.0	−03 05	2.58	2.29	62.2	8.1
12　26	15 07.2	−09 28	3.84	3.27	48.3	11.4	13 49.1	−04 16	2.46	2.28	68.2	8.1
2025年												
1　5	15 18.8	−09 47	3.73	3.28	55.6	11.4	14 04.5	−05 18	1.64	2.27	74.3	8.0
1　15	15 29.5	−09 58	3.61	3.29	63.0	11.3	14 19.2	−06 10	1.71	2.26	80.7	7.9

中央標準時（JST）21時の位置．等級のVは実視等級

表4 明るくなる小惑星の位置予報

各表の列：月日 21ʰJST ／ 赤経 (2000.0) [h m] ／ 赤緯 (2000.0) [° ′] ／ 地心距離 [au] ／ 日心距離 [au] ／ 離角 [°] ／ 等級 (V)

(144) ビビリア

月日 21ʰJST	赤経	赤緯	地心距離	日心距離	離角	等級(V)
12 22	03 16.2	+16 50	1.37	2.22	141.1	11.2
1 1	03 15.2	+17 16	1.48	2.25	130.8	11.5
1 11	03 17.4	+17 50	1.60	2.27	121.3	11.7
1 21	03 22.5	+18 32	1.73	2.29	112.4	12.0
1 31	03 30.2	+19 19	1.87	2.32	104.2	12.2
2 10	03 40.1	+20 08	2.01	2.34	96.5	12.4

(37) フィデス

月日 21ʰJST	赤経	赤緯	地心距離	日心距離	離角	等級(V)
12 22	05 32.4	+28 45	1.22	2.20	171.8	9.7
1 1	05 22.9	+28 33	1.25	2.20	160.9	10.0
1 11	05 15.7	+28 15	1.31	2.21	149.4	10.3
1 21	05 12.0	+27 56	1.38	2.22	138.5	10.5
1 31	05 11.9	+27 38	1.48	2.23	128.4	10.8
2 10	05 15.4	+27 23	1.58	2.24	119.1	11.0

(18) メルポメネ

月日 21ʰJST	赤経	赤緯	地心距離	日心距離	離角	等級(V)
12 22	02 44.8	−01 55	1.14	1.89	126.2	9.2
1 1	02 49.0	−00 10	1.24	1.91	118.3	9.4
1 11	02 56.0	+01 45	1.35	1.93	111.0	9.7
1 21	03 05.6	+03 44	1.46	1.95	104.0	9.9
1 31	03 17.2	+05 44	1.58	1.97	97.5	10.1
2 10	03 30.7	+07 41	1.71	1.99	91.3	10.3

(354) エレオノラ

月日 21ʰJST	赤経	赤緯	地心距離	日心距離	離角	等級(V)
1 1	08 14.6	+06 44	1.60	2.52	152.9	9.9
1 11	08 07.1	+08 02	1.55	2.51	163.3	9.7
1 21	07 58.5	+09 38	1.53	2.51	169.2	9.6
1 31	07 50.0	+11 25	1.54	2.50	163.6	9.7
2 10	07 42.7	+13 16	1.58	2.49	153.2	9.9
2 20	07 37.5	+15 03	1.64	2.49	142.2	10.0

(27) エウテルペ

月日 21ʰJST	赤経	赤緯	地心距離	日心距離	離角	等級(V)
4 10	15 16.1	−16 01	1.63	2.55	149.8	10.8
4 20	15 08.0	−15 29	1.59	2.57	161.6	10.6
4 30	14 58.3	−14 50	1.58	2.58	173.5	10.3
5 10	14 48.2	−14 10	1.59	2.59	173.6	10.3
5 20	14 38.8	−13 33	1.63	2.61	161.8	10.7
5 30	14 31.1	−13 05	1.69	2.62	150.4	10.9

(39) エティティア

月日 21ʰJST	赤経	赤緯	地心距離	日心距離	離角	等級(V)
9 17	01 34.8	−00 15	1.52	2.45	151.4	9.6
9 27	01 29.6	−01 46	1.48	2.45	161.4	9.3
10 7	01 22.7	−03 17	1.47	2.46	168.4	9.2
10 17	01 15.3	−04 38	1.48	2.46	165.5	9.3
10 27	01 08.4	−05 40	1.52	2.46	156.2	9.5
11 6	01 02.9	−06 20	1.58	2.46	145.8	9.7

(11) パルテノーペ

月日 21ʰJST	赤経	赤緯	地心距離	日心距離	離角	等級(V)
10 17	03 49.7	+12 38	1.52	2.40	145.6	10.2
10 27	03 42.7	+12 03	1.47	2.41	156.8	10.0
11 6	03 33.6	+11 27	1.45	2.43	167.8	9.7
11 16	03 23.6	+10 55	1.45	2.44	172.0	9.7
11 26	03 14.0	+10 32	1.49	2.45	163.0	9.9
12 6	03 05.9	+10 21	1.55	2.46	151.7	10.2

(13) エゲリア

月日 21ʰJST	赤経	赤緯	地心距離	日心距離	離角	等級(V)
11 6	04 50.9	+31 39	1.56	2.45	147.9	10.3
11 16	04 41.3	+32 53	1.50	2.45	158.4	10.1
11 26	04 29.2	+33 53	1.47	2.44	166.4	9.9
12 6	04 16.2	+34 34	1.46	2.43	165.5	9.9
12 16	04 04.0	+34 58	1.49	2.42	156.7	10.1
12 26	03 54.1	+35 06	1.54	2.42	146.1	10.3

(704) インテラムニア

月日 21ʰJST	赤経	赤緯	地心距離	日心距離	離角	等級(V)
12 22	05 25.6	+30 21	1.86	2.83	169.7	9.9
1 1	05 16.4	+29 09	1.90	2.84	159.3	10.2
1 11	05 09.3	+27 56	1.98	2.86	148.0	10.5
1 21	05 04.8	+26 47	2.07	2.87	136.9	10.7
1 31	05 03.1	+25 45	2.19	2.89	126.4	11.0
2 10	05 04.2	+24 52	2.32	2.90	116.4	11.2

(9) メティス

月日 21ʰJST	赤経	赤緯	地心距離	日心距離	離角	等級(V)
12 22	06 04.7	+27 18	1.12	2.10	176.0	8.4
1 1	05 53.4	+27 49	1.13	2.11	167.5	8.6
1 11	05 43.9	+28 10	1.18	2.11	155.6	8.9
1 21	05 37.4	+28 23	1.24	2.12	144.1	9.2
1 31	05 34.9	+28 30	1.32	2.12	133.5	9.5
2 10	05 36.2	+28 34	1.42	2.13	123.7	9.8

(532) エルクリーナ

月日 21ʰJST	赤経	赤緯	地心距離	日心距離	離角	等級(V)
3 21	14 16.3	+15 16	1.40	2.28	143.7	9.1
3 31	14 11.1	+16 36	1.37	2.29	149.3	8.9
4 10	14 03.8	+17 36	1.36	2.29	151.8	8.9
4 20	13 55.5	+18 05	1.37	2.30	150.2	8.9
4 30	13 47.4	+18 00	1.41	2.31	145.3	9.1
5 10	13 40.6	+17 20	1.46	2.32	138.6	9.2

(6) ヘーベ

月日 21ʰJST	赤経	赤緯	地心距離	日心距離	離角	等級(V)
3 31	14 49.3	+04 57	2.02	2.90	146.4	10.1
4 10	14 42.8	+06 19	1.96	2.90	154.2	10.0
4 20	14 34.7	+07 31	1.93	2.89	158.3	9.9
4 30	14 25.9	+08 28	1.93	2.88	156.6	9.9
5 10	14 17.2	+09 04	1.96	2.88	150.2	10.0
5 20	14 09.6	+09 17	2.01	2.87	141.7	10.2

(7) イリス

月日 21ʰJST	赤経	赤緯	地心距離	日心距離	離角	等級(V)
7 19	21 13.7	−08 27	1.34	2.31	157.6	8.6
7 29	21 04.8	−08 34	1.29	2.29	167.7	8.3
8 8	20 54.8	−08 53	1.25	2.26	171.4	8.1
8 18	20 44.7	−09 20	1.25	2.23	163.2	8.3
8 28	20 36.1	−09 52	1.26	2.21	152.3	8.5
9 7	20 30.0	−10 22	1.30	2.18	141.5	8.7

(10) ヒギエア

月日 21ʰJST	赤経	赤緯	地心距離	日心距離	離角	等級(V)
9 27	02 03.8	+17 57	2.54	3.44	149.1	10.7
10 7	01 57.3	+17 29	2.49	3.45	160.3	10.5
10 17	01 49.9	+16 51	2.47	3.45	171.1	10.3
10 27	01 42.3	+16 06	2.47	3.46	173.0	10.3
11 6	01 35.1	+15 19	2.51	3.46	162.7	10.5
11 16	01 29.1	+14 34	2.57	3.47	151.3	10.7

(54) アレキサンドラ

月日 21ʰJST	赤経	赤緯	地心距離	日心距離	離角	等級(V)
10 27	04 47.4	+38 03	2.11	2.92	136.6	12.4
11 6	04 39.6	+38 13	2.05	2.93	146.8	12.3
11 16	04 29.7	+38 07	2.01	2.97	156.5	12.1
11 26	04 18.5	+37 41	2.03	2.99	163.2	12.0
12 6	04 07.4	+36 57	2.08	3.00	162.6	12.1
12 16	03 57.7	+35 59	2.14	3.02	155.1	12.2

(47) アグラヤ

月日 21ʰJST	赤経	赤緯	地心距離	日心距離	離角	等級(V)
11 16	05 28.4	+29 59	2.11	3.01	150.5	12.4
11 26	05 19.8	+30 04	2.07	3.02	161.8	12.2
12 06	05 09.9	+30 04	2.06	3.04	171.6	12.1
12 16	04 59.8	+29 53	2.07	3.05	169.5	12.1
12 26	04 50.6	+29 35	2.12	3.06	158.8	12.4
1 05	04 43.2	+29 12	2.19	3.07	147.5	12.6

月 日 21ʰJST	赤経	赤緯 (2000.0)	地心 距離	日心 距離	離角	等級 (V)	月 日 21ʰJST	赤経	赤緯 (2000.0)	地心 距離	日心 距離	離角	等級 (V)

	(15) エウノミア							(26) プロセルピーナ					
	h　m	°　′	au	au	°			h　m	°　′	au	au	°	
11 26	05 54. 1	+34 58	1. 33	2. 26	153. 2	8. 3	11 26	06 26. 0	+26 37	1. 98	2. 87	148. 4	11. 8
12 6	05 43. 7	+34 17	1. 31	2. 27	163. 8	8. 1	12 6	06 18. 0	+26 55	1. 92	2. 86	160. 2	11. 6
12 16	05 32. 0	+33 19	1. 31	2. 29	170. 0	8. 0	12 16	06 08. 2	+27 10	1. 88	2. 86	171. 9	11. 3
12 26	05 21. 1	+32 05	1. 35	2. 31	164. 1	8. 2	12 26	05 57. 7	+27 19	1. 87	2. 85	173. 4	11. 3
1 5	05 12. 4	+30 44	1. 40	2. 32	153. 6	8. 5	1 5	05 47. 5	+27 22	1. 90	2. 85	161. 8	11. 5
1 15	05 06. 9	+29 24	1. 45	2. 34	142. 7	8. 7	1 15	05 39. 0	+27 19	1. 95	2. 84	149. 8	11. 8

	(88) シズビー							(14) イレーネ					
12 6	06 57. 0	+23 06	2. 19	3. 09	151. 4	11. 8	12 6	07 17. 4	+24 30	1. 62	2. 51	146. 9	10. 1
12 16	06 48. 6	+23 04	2. 15	3. 10	163. 5	11. 5	12 16	07 10. 4	+25 25	1. 55	2. 49	158. 6	9. 8
12 26	06 39. 0	+23 01	2. 13	3. 11	175. 9	11. 3	12 26	07 01. 0	+26 24	1. 50	2. 47	170. 5	9. 5
1 5	06 29. 1	+22 55	2. 15	3. 12	171. 6	11. 4	1 5	06 50. 2	+27 19	1. 47	2. 45	174. 1	9. 4
1 15	06 20. 0	+22 48	2. 19	3. 13	159. 4	11. 7	1 15	06 39. 3	+28 07	1. 48	2. 44	162. 7	9. 6
1 25	06 12. 6	+22 40	2. 26	3. 14	147. 5	11. 9	1 25	06 30. 0	+28 44	1. 51	2. 42	150. 7	9. 8

	(51) ネマウサ							(55) パンドラ					
12 26	07 53. 8	+05 13	1. 39	2. 30	151. 2	10. 7	12 26	09 03. 8	+27 03	1. 95	2. 80	143. 2	12. 1
1 5	07 45. 2	+05 30	1. 34	2. 29	160. 4	10. 5	1 5	08 56. 9	+27 43	1. 90	2. 82	154. 3	11. 9
1 15	07 35. 4	+06 09	1. 32	2. 29	164. 7	10. 3	1 15	08 48. 0	+28 21	1. 87	2. 83	164. 7	11. 8
1 25	07 25. 6	+07 07	1. 33	2. 28	160. 2	10. 4	1 25	08 37. 8	+28 51	1. 87	2. 85	169. 9	11. 7
2 4	07 17. 4	+08 17	1. 36	2. 27	150. 9	10. 7	2 4	08 27. 5	+29 09	1. 90	2. 86	163. 5	11. 8
2 14	07 11. 8	+09 32	1. 42	2. 27	140. 6	10. 9	2 14	08 18. 5	+29 12	1. 96	2. 87	152. 9	12. 1

	(602) マリアナ							(233) アステローペ					
12 16	09 11. 2	+28 07	2. 28	3. 02	131. 9	13. 3	12 26	08 13. 2	+08 54	1. 91	2. 80	149. 6	12. 5
12 26	09 06. 1	+28 22	2. 20	3. 05	142. 7	13. 1	1 5	08 05. 2	+08 55	1. 86	2. 81	160. 2	12. 3
1 5	08 58. 4	+28 38	2. 16	3. 07	153. 9	13. 0	1 15	07 56. 0	+09 09	1. 85	2. 82	167. 9	12. 2
1 15	08 49. 0	+28 50	2. 14	3. 09	164. 3	12. 8	1 25	07 46. 7	+09 33	1. 86	2. 83	165. 7	12. 2
1 25	08 38. 6	+28 54	2. 14	3. 12	169. 9	12. 7	2 4	07 38. 2	+10 03	1. 90	2. 83	156. 4	12. 4
2 4	08 28. 3	+28 46	2. 18	3. 14	163. 8	12. 9	2 14	07 31. 6	+10 38	1. 97	2. 84	145. 6	12. 6

	(28) ベローナ							(21) ルテティア					
1 5	09 05. 5	+10 54	1. 46	2. 36	149. 0	10. 5	1 5	10 29. 9	+13 14	2. 08	2. 82	130. 7	12. 1
1 15	08 59. 7	+11 54	1. 41	2. 36	160. 7	10. 3	1 15	10 26. 3	+13 50	1. 98	2. 82	141. 8	11. 9
1 25	08 52. 0	+13 09	1. 38	2. 36	172. 4	10. 0	1 25	10 20. 4	+14 38	1. 91	2. 83	153. 5	11. 7
2 4	08 43. 7	+14 32	1. 38	2. 36	172. 9	10. 0	2 4	10 12. 3	+15 34	1. 86	2. 83	165. 5	11. 5
2 14	08 35. 9	+15 54	1. 40	2. 36	161. 4	10. 2	2 14	10 03. 0	+16 32	1. 85	2. 83	175. 5	11. 2
2 24	08 30. 0	+17 09	1. 45	2. 36	149. 8	10. 5	2 24	09 53. 3	+17 25	1. 86	2. 83	168. 0	11. 4

	(29) アンフィトリテ							(8) フローラ					
1 5	10 19. 4	+16 25	1. 71	2. 50	134. 2	9. 9	1 5	12 05. 7	+05 00	1. 86	2. 33	105. 7	10. 6
1 15	10 15. 4	+17 14	1. 63	2. 50	145. 2	9. 7	1 15	12 10. 5	+05 09	1. 75	2. 34	114. 7	10. 5
1 25	10 08. 5	+17 45	1. 58	2. 51	156. 9	9. 5	1 25	12 12. 6	+05 37	1. 65	2. 36	124. 5	10. 3
2 4	09 59. 5	+18 19	1. 55	2. 52	168. 5	9. 2	2 4	12 11. 7	+06 25	1. 57	2. 37	135. 0	10. 1
2 14	09 49. 4	+18 51	1. 54	2. 53	174. 1	9. 1	2 14	12 07. 7	+07 31	1. 50	2. 39	146. 2	9. 9
2 24	09 39. 4	+19 13	1. 57	2. 54	164. 3	9. 3	2 24	12 00. 9	+08 50	1. 45	2. 40	157. 6	9. 7

	(60) エコー							(148) ガリア					
1 5	12 35. 5	06 02	1. 80	2. 12	94. 5	12. 2	1 5	11 01. 5	+07 14	2. 22	2. 85	121. 3	12. 5
1 15	12 44. 8	06 55	1. 70	2. 14	102. 2	12. 0	1 15	11 01. 1	+08 35	2. 12	2. 87	132. 1	12. 3
1 25	12 51. 8	07 32	1. 60	2. 16	110. 6	11. 9	1 25	10 58. 2	+10 15	2. 04	2. 89	143. 4	12. 2
2 4	12 56. 0	−07 49	1. 51	2. 17	119. 7	11. 7	2 4	10 53. 2	+12 11	1. 98	2. 91	155. 2	12. 0
2 14	12 57. 1	−07 44	1. 43	2. 19	129. 5	11. 5	2 14	10 46. 5	+14 16	1. 96	2. 93	166. 7	11. 9
2 24	12 55. 1	−07 18	1. 36	2. 21	140. 2	11. 4	2 24	10 38. 7	+16 21	1. 96	2. 94	172. 8	11. 7

	(97) クロト							(135) ヘルダ					
1 5	12 02. 2	− 00 37	2. 07	2. 50	104. 3	12. 2	1 5	09 39. 3	+15 56	2. 06	2. 91	143. 2	12. 8
1 15	12 06. 5	− 00 25	1. 97	2. 53	113. 6	12. 1	1 15	09 32. 4	+16 28	1. 99	2. 91	155. 1	12. 6
1 25	12 08. 3	+ 00 09	1. 88	2. 55	123. 6	12. 0	1 25	09 23. 5	+17 07	1. 95	2. 92	167. 4	12. 3
2 4	12 07. 5	+ 01 03	1. 80	2. 58	134. 3	11. 8	2 4	09 13. 6	+17 48	1. 93	2. 92	178. 3	12. 1
2 14	12 04. 0	+ 02 16	1. 73	2. 61	145. 3	11. 6	2 14	09 04. 2	+18 24	1. 95	2. 92	167. 2	12. 4
2 24	11 58. 3	+ 03 46	1. 70	2. 64	157. 4	11. 4	2 24	08 54. 5	+18 54	2. 00	2. 93	154. 9	12. 6

予報前半の12月は2023年. 予報後半の1月は2025年である.　　　中央標準時 (JST) 21時の位置. 等級のVは実視等級

近く訪れる彗星 <small>(中野主一)</small>

　2024年に近日点を通過する彗星は下の表1のとおりである．この表は2023年10月10日の時点で作成されたもの．したがって，それ以後に発見，検出，再観測された彗星があることに注意のこと．2023年には93個の彗星が回帰の予定（昨年度82個）である．この数には，P/2013 R3の副核Bは含まないが，近日点が太陽近傍にある番号登録されていないSOHO彗星の回帰は含んでいる．表1の彗星名のあとに，●が付いている彗星は，2024年に6等級，◎は8等級，○は10等級以上まで明るくなる可能性のある彗星を意味する．なお，最近発見された彗星は，観測期間が短いために近日点通過が不確かなものがあることに注意すること．とくに最近は，近日点距離の大きな彗星の発見が多い．必然的に近日点通過時刻は，大きく不確かな彗星がある．

　なお，今年度には，12P（周期が71年）と13P（69年）がそれぞれ1954年，1956年以来，久しぶりに回帰する．回帰の条件は，あまり良くないが明るくなることを期待したい．

　2020年版から日本標準時（JST）における近日点通過時刻日と時刻を表に追加した．2024年には，天体の軌道計算や位置予報に使われている力学時TT（Terrestrial (Dynamical) Time）と一般社会で使用されている世界時UT（UTC；Coordinated Universal Time）との差がTT − UT = ＋70秒（推定値）となる．つまり，現在，天体の軌道や予報位置に使われているTTは，UTより約1分以上進んでいる．表にある日本時刻には，この補正がされている．なお，TTは，1984年まで使われていたET（Ephemeris Time）とほぼ同系列にある時刻系である．

　ところで，位置予報や位置計算ソフトから計算された位置で天体を観測する場合，位置予報の時刻が21時TTとか21時JSTとなっているとき，この時刻はTT系の時刻で，正確には，JSTT（Japanese Standard Terrestrial Time）と表記すべきかもしれない．たとえば，位置予報にある21時00分の位置を観測する場合には，20時58分50秒JST（＝21時00分TT）に望遠鏡を向ける必要がある．仮に，予報の位置へ21時00分JSTに望遠鏡を向けたとき，天体は，どちらかの移動方向に通り過ぎているこ

表1　2024年に近日点を通過する彗星　注意：近日点通過時刻の日本時への変換は，TT − UT = ＋70秒が補正されている．

番号	彗　星　名	近日点通過 きんじつてんつうか		初回出現	最終出現	出現回数	周期	計算者
		T (TT)	JST					
		年　月　日	日　時刻	年	年		年	
1	311P/PANSTARRS	2024　1　1.9576	2 07：58	2004	2024	6	3.24	N
2	C/2021 S4 (Tsuchinshan)	2024　1　2.6013	2 23：25	2024		1	2090	N
3	216P/LINEAR	2024　1　6.8654	7 05：45	2001	2016	3*	7.58	N
4	C/2022 H1 (PANSTARRS)	2024　1 18.6335	19 00：11	2024		1		N
5	144P/Kushida ○	2024　1 25.7771	26 03：38	1993	2024	5	7.50	N
6	207P/NEAT	2024　1 31.8152	32 04：33	2001	2024	3	7.65	N
7	194P/LINEAR	2024　2　4.1981	4 13：44	2000	2016	3	8.36	N
8	251P/LINEAR	2024　2 13.2291	13 14：29	2004	2017	3	6.59	N
9	219P/LINEAR	2024　2 13.8325	14 04：58	2003	2024	4	6.96	N
10	C/2021 S3 (PANSTARRS) ●	2024　2 14.7102	15 02：02	2024		1	.	N
11	C/2022 T1 (Lemmon)	2024　2 17.4670	17 20：11	2024		1		N
12	P/2023 H3 (PANSTARRS)	2024　2 18.7145	19 02：08	2024		1	50.3	N

184ページに続く

とになる．そのため，移動速度のきわめて大きい天体を観測するときは，天体を捕捉することができないこともある．観測の際は，充分，注意をしてほしい．

表1の作成時点までに新発見された17個の新彗星（2023年版は21個）は，近日点通過時刻順（以下，同じ）に，C/2021 S4（Tsuchinshan；ツーチンシャン），C/2022 H1（PANSTARRS），C/2021 S3（PANSTARRS），C/2022 T1（Lemmon；レモン），P/2023 H3（PANSTARRS），C/2022 L2（ATLAS），C/2021 Q6（PANSTARRS），C/2022 U1（Leonard；レナード），C/2022 S4（Lemmon），C/2022 U3（Bok），C/2023 R2（PANSTARRS），C/2021 G2（ATLAS），C/2022 E2（ATLAS），C/2023 A3（Tsuchinshan-ATLAS），C/2023 C2（ATLAS），C/2023 H1（PANSTARRS），C/2023 Q1（PANSTARRS）が2024年にその近日点を通る．これらの彗星のほとんどのものは組織的に行なわれている全天サーベイ，あるいは，それに近いサーベイで発見されたもの．

なお，表1にあるPrefix（接頭符号）にA/を持つ天体は，彗星型の軌道を運行する天体であるが，彗星としての特性が観測されていない．このため，彗星として再登録されるまで，彗星名は決定されない．一般に彗星は，その近日点通過前後に明るくなり発見される．つまり，以前には，新彗星は，その発見年に近日点を通過することが多かった．しかし，1998年以後に本格化した全天サーベイにより，発見の年以後に近日点を通る多くの彗星が発見されるようになった．この傾向は，今後も続くだろう．

1995年から2回以上出現を記録した軌道のよくわかった周期彗星には，周期彗星の登録番号が与えられるようになった．これらの彗星については，その予報が大きくずれない限り，新しい回帰で検出（観測）されても，それは従来の意味での検出とはよばない．これらの登録番号が与えられた周期彗星の一覧表を296ページ以後に示した．この一覧表は，今年の観測に便利なように元期が2024年3月31日（JD 2460400.5）に変更されている．

表1の番号登録済の周期彗星の中で，最終出現が2024年となっている311P/PANSTARRS，144P/Kushida（串田），207P/NEAT，219P/LINEAR，150P/LONEOS，89P/Russell 2（ラッセル第2），309P/LINEAR，130P/McNaught-Hughes（マックノート・ヒューズ），32P/Comas Sola（コマスソラ），12P/Pons-Brooks（ポン・ブルックス），299P/

光度（m1）パラメーター H1　K1	近日点距離 q AU	離心率 e	近日点引数 ω (2000.0) °	昇交点黄経 Ω (2000.0) °	軌道傾斜角 i (2000.0) °	元期 (Epoch) 年 月 日	最終観測 年 月 日	天文台コード	文献
16.0　10.0	1.935222	0.115887	144.2771	279.1740	4.9705	2024 1 11	2023 10 6	(F51)	NK 4744
7.0　7.5	6.689500	0.959077	72.8915	5.4882	17.4787	2024 1 11	2023 9 30	(A77)	NK 4914
13.0　10.0	2.127067	0.448641	151.7308	359.7984	9.0633	2024 1 11	*2016 4 27	(215)	NK 4734
7.5　8.0	7.693365	0.991070	246.2494	6.3597	49.8670	2024 1 11	2023 4 17	(X07)	NK 4883
9.5　15.0	1.398927	0.634909	216.3233	242.9224	3.9319	2024 1 11	2023 9 26	(Z10)	NK 5072
16.5　10.0	0.938230	0.758361	272.9848	198.1584	10.2010	2024 2 20	2023 9 23	(F51)	NK 5074
15.5　10.0	1.799528	0.563178	128.5601	349.5246	11.8060	2024 2 20	2016 5 2	(F51)	NK 3068
15.0　10.0	1.741270	0.504467	31.2218	219.3416	23.3868	2024 2 20	2017 9 21	(215)	NK 3359
11.5　9.0	2.354843	0.353945	107.6268	230.9534	11.5401	2024 2 20	2023 10 3	(M22)	NK 4735
4.0　10.0	1.320169	1.000284	6.8572	215.6208	58.5329	2024 2 20	2023 9 15	(W88)	NK 4913
10.0　8.0	3.444852	0.999951	324.3113	236.9172	22.5438	2024 2 20	2023 6 12	(T14)	NK 5005
11.0　8.0	5.233074	0.615957	193.2933	55.1019	2.4891	2024 2 20	2023 6 13	(X03)	NK 5064

185ページに続く

182ページからの続き

番号	彗星名		近日点通過 T (TT)　年 月 日	JST　日 時刻	初回出現（年）	最終出現（年）	出現回数	周期（年）	計算者
13	P/2001 Q6 (NEAT)		2024　2 28.9312	29 07:20	2001		1	22.5	N
14	P/2019 A3 (PANSTARRS)		2024　3　2.6759	3 01:12	2018		1	5.57	N
15	P/2010 T2 (PANSTARRS)		2024　3　4.7365	5 02:39	2011		1	13.4	N
16	125P/Spacewatch		2024　3　7.2946	7 16:03	2018		6*	5.54	N
17	227P/Catalina-LINEAR		2024　3　8.2474	8 14:55	1997	2017	4	6.37	N
18	P/2002 R1 = 2008 A3 (SOHO)		2024　3　9.7571	10 03:09	2002	2008	2	5.40	N
19	C/2022 L2 (ATLAS)		2024　3 12.2627	12 15:17	2024		1	.	N
20	150P/LONEOS		2024　3 12.4633	12 20:06	1978	2024	6	7.61	N
21	P/2013 R3(Catalina-PANSTARRS)		2024　3 20.2175	20 14:12	2013		1	5.28	N
	P/2013 R3-B(Catalina-PANSTARRS)		2024　3 20.6040	20 23:29	2013		1	5.28	N
22	C/2021 Q6 (PANSTARRS)		2024　3 25.0382	25 09:54	2024		1	.	N
23	C/2022 U1 (Leonard)		2024　3 25.8754	26 05:59	2024		1	.	N
24	89P/Russell 2		2024　3 26.6068	26 23:33	1980	2024	7	7.27	N
25	309P/LINEAR		2024　3 28.9981	29 08:56	2005	2024	3	9.16	N
26	355P/LINEAR-NEAT		2024　4　1.5033	1 21:04	2004	2017	2	6.46	N
27	130P/McNaught-Hughes		2024　4 14.8813	15 06:08	1991	2024	6	6.22	N
28	32P/Comas Solá		2024　4 20.6197	20 23:51	1927	2024	12	9.71	N
29	12P/Pons-Brooks	●	2024　4 21.1179	21 11:49	245	2024	7	71.3	N
30	267P/LONEOS		2024　4 24.8141	25 04:31	2006	2018	3	5.75	N
31	212P/NEAT		2024　4 25.0930	25 11:13	2001	2016	3	7.71	N
32	299P/Catalina-PANSTARRS		2024　4 30.3704	30 17:52	1988	2024	3	9.20	N
33	P/2011 NO1 (Elenin)		2024　5　5.5312	5 21:44	2011		1	13.3	N
34	133P/Elst-Pizarro		2024　5 10.3295	10 16:53	1979	2024	8	5.63	N
35	50P/Arend		2024　5 12.7807	13 03:43	1951	2024	10	8.27	N
36	222P/LINEAR		2024　5 12.8887	13 06:19	2004	2019	4	4.93	N
37	202P/Scotti		2024　5 17.4008	17 18:36	1930	2024	5	8.31	N
38	46P/Wirtanen		2024　5 19.0870	19 11:04	1947	2018	12*	5.44	N
39	192P/Shoemaker-Levy 1		2024　5 24.3885	24 18:18	1990	2007	2	16.4	N
40	349P/Lemmon		2024　5 27.1300	27 12:06	2010	2017	2	6.77	N
41	P/2004 DO29 (Spacewatch-LINEAR)		2024　6　3.1683	3 13:01	2004		1	19.8	K
42	D/1894 F1 (Denning)		2024　6　6.8346	7 04:59	1894		1	8.44	N
43	154P/Brewington		2024　6 13.6288	14 00:04	1992	2013	3	10.5	N
44	13P/Olbers	◎	2024　6 30.0202	30 09:28	1815	2024	4	69.2	N
45	P/2003 T12 = 2012 A3 (SOHO)	○	2024　7　3.7549	4 03:06	2003	2016	3	4.15	N
46	209P/LINEAR		2024　7 14.4972	14 20:55	2004	2019	4	5.09	N
47	P/2002 T6 (NEAT-LINEAR)		2024　7 16.1992	16 13:46	2003		1	21.9	N
48	C/2022 S4 (Lemmon)		2024　7 18.7637	19 03:19	2024		1	.	N
49	362P/(457175) 2008 GO98		2024　7 20.1380	20 12:18	2000	2024	4	7.92	N
50	P/2010 WK (LINEAR)		2024　7 21.1411	21 12:22	2010		1	13.9	N
51	P/2014 C1 (TOTAS)		2024　7 26.8688	27 05:50	2013		1	5.27	N
52	328P/LONEOS-Tucker		2024　7 27.9810	28 08:31	1998	2015	2	8.57	N
53	C/2022 U3 (Bok)		2024　7 28.5127	28 21:17	2024		1	.	N
54	338P/McNaught		2024　8 03.0487	3 10:09	2009	2016	2	7.68	N
55	146P/Shoemaker-LINEAR		2024　8　5.4567	5 19:56	1984	2016	4	8.08	N
56	C/2023 R2 (PANSTARRS)		2024　8 12.4847	12 20:37	2024		1	.	N
57	30P/Reinmuth 1		2024　8 17.1822	17 13:21	1928	2024	13	7.22	N
58	457P/Lemmon-PANSTARRS		2024　8 20.3146	20 16:32	2016	2020	2	4.30	N
59	208P/McMillan		2024　8 23.9575	24 07:58	2000	2016	3	8.11	N
60	345P/LINEAR		2024　8 31.2599	31 15:13	2008	2016	2	8.09	N
61	54P/de Vico-Swift-NEAT		2024　9　3.9345	4 07:24	1844	2009	5*	7.37	K
62	P/2014 MG4(Spacewatch-PANSTARRS)		2024　9　6.5760	6 22:52	2013		1	11.2	N
63	C/2021 G2 (ATLAS)		2024　9　9.2007	9 13:48	2024		1	.	N
64	C/2022 E2 (ATLAS)		2024　9 14.1356	14 12:14	2024		1	.	N
65	384P/Kowalski		2024　9 19.1439	19 12:26	2014	2019	2	4.93	N
66	C/2023 A3 (Tsuchinshan-ATLAS)	●	2024　9 27.7503	28 02:59	2024		1	.	N
67	P/2019 M2 (ATLAS)		2024　9 28.1449	28 12:27	2019		1	5.27	N
68	D/1918 W1 (Schorr)		2024　9 29.2385	29 14:42	1918		1	8.50	N
69	360P/WISE		2024 10　3.7628	4 03:17	2010	2017	2	7.11	N
70	P/2002 Q8 = 2008 E4 (SOHO)		2024 10 11.2009	11 13:48	2002	2008	2	5.56	N
71	37P/Forbes		2024 10 11.2697	11 15:27	1929	2018	12	6.44	N
72	316P/LONEOS-Christensen		2024 10 13.0716	13 8:16	2006	2015	2	9.31	N
73	P/2015 HG16 (PANSTARRS)		2024 10 16.0969	16 11:18	2014		1	10.4	N
74	P/2003 Q1 = 2008 X6 (SOHO)		2024 10 20.4648	20 20:08	2003	2008	2	5.30	N
75	253P/PANSTARRS		2024 10 20.9901	21 08:45	1998	2018	4*	6.44	N
76	P/2012 US27 (Siding Spring)		2024 10 21.3218	21 16:42	2013		1	11.7	N
77	234P/LINEAR		2024 10 23.5877	23 23:05	2002	2017	3	7.40	N
78	3D/Biela-A		2024 10 24.5942	24 23:14	1772	1852	6	6.69	N
79	D/1766 G1 (Helfenzrieder)		2024 11　1.6523	2 00:38	1766		1	4.50	Y
80	33P/Daniel		2024 11 10.9927	11 08:48	1909	2016	11	8.29	N
81	363P/Lemmon		2024 11 13.1974	13 13:43	2011	2018	2	6.76	N
82	C/2023 C2 (ATLAS)		2024 11 16.8251	17 04:47	2024		1	.	N
83	305P/Skiff		2024 11 17.1760	17 13:12	2004	2014	2	9.11	N
84	C/2023 H1 (PANSTARRS)		2024 11 27.6039	27 23:28	2024		1	.	N
85	333P/LINEAR		2024 11 29.2991	29 16:10	2007	2016	2	8.67	N
86	P/2003 Q6 = 2008 Y11 (SOHO)		2024 11 29.6611	30 00:51	2003	2008	2	5.33	N
87	C/2022 Q2		2024 12　2.3128	2 16:29	2024		1	.	N
88	P/2002 S11 = 2008 G6 (SOHO)		2024 12　3.3610	4 17:39	2002	2008	2	5.57	N
89	276P/Vorobjov		2024 12　4.5074	11 03:24	2001	2024	3	12.4	N
90	268P/Bernardi		2024 12 18.4648	18 20:08	2005	2015	2	9.84	N
91	242P/Lemmon		2024 12 23.1830	23 13:22	1999	2016	3	13.0	N
92	190P/Mueller		2024 12 24.1404	24 12:21	1998	2016	3	8.69	N
93	A/2017 MB1		2024 12 29.5508	29 22:12	2017		1	3.66	N

●は今年度に6等級、◎は8等級、○は10等級まで明るくなる可能性のある彗星.
出現回数の後と最終観測の前に（＊）がある彗星は、新しい（または、前回の）回帰の観測があるが1夜の観測のため、この回帰は無視した.

183ページからの続き

光度 (m₁) パラメーター H₁　K₁	近日点距離 q AU	離心率 e	近日点引数 ω (2000.0)	昇交点黄経 Ω (2000.0)	軌道傾斜角 i (2000.0)	元期 (Epoch) 年 月 日	最終観測 年 月 日	天文台 コード	文献
9.0　20.0	1.405769	0.823690	42.9174	22.1857	56.9090	2024 2 20	2002 3 24	(704)	NK 869
15.0　10.0	2.307189	0.266132	325.7148	31.2933	15.3751	2024 2 20	2022 4 1	(111)	NK 4755
13.0　7.5	3.779141	0.330277	351.3258	58.3339	7.9110	2024 2 20	2011 1 2	(A77)	NK 2427
13.0　15.0	1.526692	0.512143	87.1398	153.1508	9.9848	2024 2 20	*2018 10 3	(T05)	NK 4723
15.0　10.0	1.623630	0.527440	105.5669	36.8096	7.5087	2024 2 20	2018 5 18	(Q62)	NK 4736
20.5　10.0	0.048977	0.984086	39.6533	63.7754	18.9881	2024 2 20	2008 1 16	(249)	NK 4755
6.0　10.0	2.692701	1.001428	199.9195	39.2412	129.3142	2024 3 31	2023 9 23	(C23)	NK 5055
13.5　10.0	1.745587	0.548941	246.1130	272.0591	18.5474	2024 3 31	2023 9 26	(G96)	NK 4727
13.0　10.0	2.195735	0.275553	11.4330	341.9378	0.8646	2024 3 31	2014 2 13	(250)	NK 4756
15.0　10.0	2.195765	0.275592	11.3815	341.9843	0.8658	2024 3 31	2014 2 13	(250)	NK 4756
7.5　8.0	8.707839	1.001136	141.0220	133.5366	161.8466	2024 3 31	2023 9 24	(T05)	NK 5079
9.5　8.0	4.202058	0.999364	78.5853	72.5265	128.1500	2024 3 31	2023 9 28	(349)	NK 5081
10.0　13.0	2.221844	0.407774	250.4013	41.3457	12.0720	2024 3 31	2023 4 18	(G96)	NK 4722
14.0　10.0	1.669742	0.618511	49.9126	10.1425	17.0216	2024 3 31	2023 10 6	(F51)	NK 4743
11.5　15.0	1.706807	0.508082	336.3374	51.4345	11.0473	2024 3 31	2018 3 9	(181)	NK 4750
10.5　17.0	1.822985	0.460859	246.1275	70.1787	6.0636	2024 3 31	2022 3 7	(V00)	NK 4724
7.0　18.0	2.024617	0.555224	54.6740	54.5289	9.9209	2024 5 10	2023 9 27	(F51)	NK 5069
4.0　12.0	0.780760	0.954598	198.9889	255.8561	74.1917	2024 5 10	2023 10 6	(N89)	NK 4940
19.5　10.0	1.237960	0.614226	114.2737	228.5603	6.1447	2024 5 10	2018 11 17	(G96)	NK 3952
16.0　10.0	1.612452	0.586666	14.0229	97.9754	22.1488	2024 5 10	2017 3 30	(G96)	NK 4733
11.0　7.5	3.156377	0.280951	323.6895	271.5816	10.4681	2024 5 10	2023 7 18	(K74)	NK 4741
13.5　10.0	1.243706	0.778838	263.5416	295.8314	15.3879	2024 5 10	2011 8 2	(F51)	NK 4403
12.0　10.0	2.670713	0.155988	131.9190	160.0998	1.3899	2024 5 10	2022 2 27	(G96)	NK 4725
9.5　15.0	1.922324	0.530014	49.3467	355.1691	19.0988	2024 5 10	2023 10 4	(E94)	NK 4721
16.0　10.0	0.826700	0.714694	346.3023	6.7668	5.0968	2024 5 10	2019 5 26	(Q62)	NK 3850
13.0　10.0	3.069665	0.251965	274.4924	177.3147	2.1415	2024 5 10	2023 9 21	(W62)	NK 3344
9.0　23.0	1.054816	0.658822	356.3216	82.1620	11.7497	*2019 7 3	2003 7 9	(703)	NK 3768
11.0　10.0	1.464517	0.773305	313.0908	51.6123	24.5893	2024 5 10	2023 7 29	(349)	NK 4730
13.5　10.0	2.510101	0.298556	255.7927	331.7505	5.4884	2024 5 10	2018 8 8	(F51)	NK 4749
9.5　10.0	4.077576	0.442251	40.4026	147.3750	14.5252	2024 6 19	2005 7 10	(673)	NK 1269
13.5　10.0	1.404243	0.661260	200.1949	292.9616	9.4254	2024 6 19	1894 6 5		NK 4756
7.0　20.0	1.552980	0.676365	47.9640	343.0124	17.6333	2024 6 19	2015 1 22	(F51)	NK 4728
4.5　20.0	1.175497	0.930291	64.4116	85.8484	44.6466	2024 6 19	2023 9 27	(A77)	CBET 5289
12.5　10.0	0.593662	0.770272	219.7971	174.5672	11.0211	2024 6 19	2016 5 5	(568)	NK 4756
16.0　10.0	0.964416	0.674041	152.4938	62.7697	21.2825	2024 7 29	2019 8 24	(Q62)	NK 4732
8.0　10.0	3.389616	0.567120	218.9508	205.9985	10.8357	2024 7 29	2004 4 15	(704)	NK 1066
7.0　10.0	2.761855	0.997679	268.5561	220.1744	101.2204	2024 7 29	2023 10 6	(Q62)	NK 5057
9.5　10.0	2.866148	0.278691	53.4804	192.5425	15.5551	2024 7 29	2023 3 19	(X03)	NK 4752
12.0　10.0	1.782266	0.690969	41.0036	11.3242	11.4008	2024 7 29	2011 4 21	(160)	NK 2089
13.5　10.0	1.660132	0.451976	24.0899	167.8089	2.6932	2024 7 29	2014 5 8	(W96)	NK 4756
14.0　10.0	1.873387	0.552722	30.6557	341.6095	17.6735	2024 7 29	2016 1 4	(H06)	NK 4745
8.0　8.0	4.826292	1.001871	189.1071	272.7845	33.6566	2024 7 29	2023 9 27	(T05)	NK 5082
12.0　10.0	2.287731	0.412259	4.5978	9.7936	25.3861	2024 7 29	2017 1 30	(G96)	NK 4747
14.0　10.0	1.419551	0.647395	317.0768	53.3731	23.1227	2024 7 29	2017 1 3	(F51)	NK 3258
11.5　8.0	0.908086	1.000000	337.1114	189.0458	30.7836		2023 9 29	(M49)	CBET 5301
9.0　15.0	1.813637	0.514342	9.4860	117.2358	8.0532	2024 7 29	2021 7 22	(703)	NK 4718
15.5　10.0	2.332056	0.118597	104.3818	175.9680	5.2251	2024 9 7	2021 7 22	(250)	NK 4923
12.5　10.0	2.528674	0.373801	310.6915	36.3344	4.4125	2024 9 7	2017 1 1	(215)	NK 4731
12.0　7.5	3.139807	0.221155	196.8144	154.5080	2.7278	2024 9 7	2016 12 27	(G36)	NK 4748
13.5　10.0	2.171875	0.426305	1.9815	358.7977	6.0642	*2009 12 20	2019 7 29	(F51)	NK 2713
10.5　7.5	3.716815	0.258717	298.9344	311.6928	9.3649	2024 9 7	2016 11 6	(F51)	NK 3261
5.5　8.0	4.982334	1.000300	343.2788	221.0948	48.4732	2024 9 7	2023 7 22	(W68)	NK 4912
6.0　8.0	3.666229	1.001052	41.7269	125.3763	137.1313	2024 9 7	2023 10 2	(349)	NK 4952
9.5　10.0	1.112084	0.616302	37.7130	354.1996	7.2833	2024 9 7	2020 1 20	(F52)	NK 4754
4.5　10.0	0.391400	1.000084	308.4956	21.5605	139.1088	2024 10 17	2023 9 10	(C40)	NK 5059
19.0　10.0	1.068760	0.647275	332.5233	307.6077	12.2663	2024 10 17	2019 11 2	(F52)	NK 3926
13.0　10.0	2.843592	0.317389	326.4700	75.9133	8.0048	2024 10 17	1918 12 31	(029)	NK 4756
16.5　10.0	1.851669	0.499136	354.2824	2.1775	24.1096	2024 10 17	2017 12 14	(703)	NK 4751
21.0　10.0	0.053871	0.982839	55.1209	48.2514	11.4443	2024 10 17	2008 3 23	(249)	NK 4756
10.5　12.0	1.617829	0.532793	330.0664	314.5510	8.9475	2024 10 17	2018 12 14	(G96)	NK 3554
12.0　7.5	3.720370	0.159194	188.1533	245.9373	9.8882	2024 10 17	2014 11 17	(F65)	NK 2802
13.5　7.5	3.123270	0.346496	46.7465	57.0532	19.0062	2024 10 17	2016 7 22	(W84)	NK 4189
12.0　10.0	0.046678	0.984652	27.1477	77.4903	23.3244	2024 10 17	2008 12 7	(249)	NK 4756
13.0　10.0	2.026790	0.414620	230.8184	146.8653	4.9441	*2018 10 17	2013 4 18	(G96)	NK 4738
11.0　10.0	1.814989	0.480000	0.8648	49.2111	39.3701	2024 10 17	2018 6 18	(F51)	NK 2665
12.5　10.0	2.820849	0.256999	357.4227	179.5676	11.5351	2024 10 17	2018 6 18	(F51)	NK 4737
11.0　15.0	0.825398	0.767614	279.2274	189.1403	7.0246	2024 10 17	1852 9 26	(084)	NK 4756
10.0　10.0	0.403703	0.851889	175.8249	93.4179	8.8223	2024 10 17	1766 5 3		NK 4756
9.0　20.0	2.242628	0.452353	20.2856	66.2817	22.2948	2024 11 26	2017 3 30	(Q11)	NK 4720
16.5　10.0	1.720864	0.518556	340.7493	146.7588	5.3940	2024 11 26	2018 5 14	(H06)	NK 4753
6.5　10.0	2.368526	0.999148	357.4574	301.0046	48.3202	2024 11 26	2023 7 28	(M22)	NK 5061
14.5　10.0	1.418602	0.694020	147.4269	240.1061	11.6714	2024 11 26	2015 3 9	(703)	NK 4742
9.5　8.0	4.437368	1.000000	333.8610	292.6466	21.7759		2023 5 16	(F51)	未公表
14.5　10.0	1.112943	0.736321	26.0172	115.7057	132.0220	2024 11 26	2017 7 27	(F51)	NK 4746
10.0　10.0	0.046033	0.984904	25.6030	77.8323	23.5664	2024 11 26	2008 12 22	(249)	NK 4756
11.5　8.0	2.579825	1.000000	84.4328	7.1642	36.6470	2024 11 26	2023 9 27	(L27)	CBET 5300
22.0　10.0	0.050074	0.984061	56.8150	45.6127	12.6515	2024 11 26	2008 4 13	(249)	NK 4756
12.0　7.5	3.898689	0.271268	199.2658	211.3368	14.8011	2024 11 26	2023 10 2	(Q62)	NK 4740
13.0　10.0	2.412630	0.474614	0.0109	125.6318	15.6611	2025 1 5	2016 3 5	(F51)	NK 4739
8.5　10.0	3.971606	0.282689	244.9093	180.2970	32.4290	2025 1 5	2023 9 26	(G96)	NK 5075
10.0　20.0	2.019509	0.522286	50.5263	335.4998	2.1747	2025 1 5	2017 2 2	(G96)	NK 4729
19.0　10.0	0.588011	0.752311	264.7906	126.8066	8.5047	2025 1 5	2018 2 12	(H21)	NK 4756

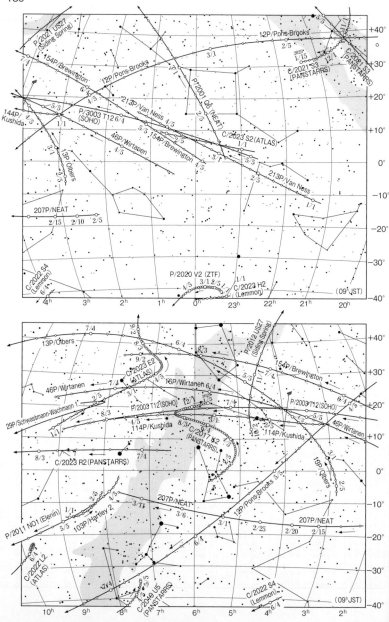

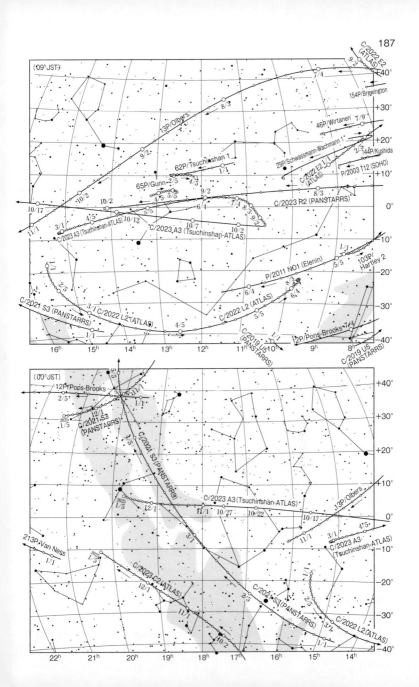

Catalina-PANSTARRS（カテリナ・PANSTARRS），133P/Elst-Pizarro（イルスト・ピザーロ），50P/Arend（アレンド），202P/Scotti（スカッチ），13P/Olbers（オルバース），362P/(457175) 2008 GO98，30P/Reinmuth 1（ラインムート第1），276P/Vorobjov（ボロブヨフ），242P/Spahr（スパール）の19個の周期彗星（2023年版18個）は，今回の回帰で，すでに観測されていることを意味する．なお，最近，その遠日点付近でも観測される周期彗星が増加したため，それが新しい回帰となるか，どうかの判断は，最後に行なわれた観測時刻の彗星の平均近点離角が180°より小さい（前回の回帰）か，あるいは，大きいか（新しい回帰）で判断している．この判断は，『番号登録された周期彗星』での最終出現，出現回数でも同じである．

　それ以外の33個の番号登録周期彗星（2023年版は27個），216P/LINEAR，194P/LINEAR，251P/LINEAR，125P/Spacewatch（スペースウォッチ），227P/Catalina-LINEAR，355P/LINEAR-NEAT，267P/LONEOS，212P/NEAT，222P/LINEAR，46P/Wirtanen（ビルタネン），192P/Shoemaker-Levy 1（シューメーカ・レビー第1），349P/Lemmon，154P/Brewington（ブルウィングトン），209P/LINEAR，328P/LONEOS-Tucker（LONEOS・タッカー），338P/McNaught，146P/Shoemaker-LINEAR，457P/Lemmon-PANSTARRS，208P/McMillan（マクミラン），345P/LINEAR，54P/de Vico-Swift-NEAT（デビコ・スイフト・NEAT），384P/Kowalski（コワルスキ），360P/WISE，37P/Forbes（フォーブズ），316P/LONEOS-Christensen（LONEOS・クリステンセン），253P/PANSTARRS，234P/LINEAR，33P/Daniel（ダニエル），363P/Lemmon，305P/Skiff（スキッフ），333P/LINEAR，268P/Bernardi（ベルナーディ），190P/Mueller（ミラー）は，2023年10月10日，現在，まだ再観測されていない．

　なお，最近の小惑星センター（MPC）の観測処理の怠慢のため，観測のチェックが行なわれておらず，新しい回帰で再観測された1夜のみの観測も公表されている．しかし，1夜の観測では，軌道がよくわかった彗星でも，その回帰は確認できない．出現回数の後，最終観測の前に'＊'が付けられている5個の周期彗星がこれにあたる．これらは，新たな出現回数にはカウントされていない．

　登録番号を持たない過去に1回のみ出現した周期彗星は，次の2回目の出現時に検出されると登録番号が与えられる．P/の前に登録番号のないP/2001 Q6（NEAT），P/2019 A3（PANSTARRS），P/2010 T2（PANSTARRS），P/2013 R3（Catalina-PANSTARRS），P/2011 NO1（Elenin；エレイン），P/2004 DO29（Spacewatch-LINEAR），P/2002 T6（NEAT-LINEAR），P/2010 WK（LINEAR），P/2014 C1（TOTAS），P/2014 MG4（Spacewatch-PANSTARRS），P/2019 M2（ATLAS），P/2015 HG16（PANSTARRS），P/2012 US27（Siding Spring；サイデング・スプリング），A/2017 MB1の14個の彗星（2023年同数）がこれにあたる．

　残りの4個の周期彗星（2023年2個），D/1894 F1（Denning；デニング），D/1918 W1

(Schorr；ショール)，3D/Biela-A（ビエラA核），D/1766 G1（Helfenzrieder；フェルフェンスリーダ）は，過去に見失われた彗星である．これらの彗星は，予報が不確かで，各地で行なわれている全天サーベイでの偶然の発見を待つ以外，再発見の可能性はないだろう．

2014年版までの『天文年鑑』でSOHO彗星を紹介してきたが，2024年版では，表1に太陽近傍に近日点のある連結軌道が計算されたSOHO彗星の予報軌道6個を掲げた．それらは，P/2002 R1 = 2008 A3，P/2003 T12 = 2012 A3，P/2002 Q8 = 2008 E4，P/2003 Q1 = 2008 X6，P/2003 Q6 = 2008 Y11，P/2002 S11 = 2008 G6である．いずれも，近日点距離が0.05 AUと近日点が太陽近傍にある彗星であるが，この中でP/2003 T12の近日点距離は0.59 AUと大きく，ほかの4個の彗星とは異種のものである．この彗星は，すでに2003年，2012年，2016年の3回の回帰を記録しており，2016年の回帰では，地上からも観測された．したがって，今回の回帰でも観測できる可能性があるために注意してほしい．

予報の計算には，水星から海王星までの惑星と3個の小惑星（ケレス，パラスとベスタ）の摂動や非重力効果が考慮されている．後に掲げる予報位置にも同じ摂動が加算されている．予報計算者の略号は，K（小林隆男），Y（ヨーマンス），N（中野主一）である．

なお，元期を観測に適した日付に移した軌道が毎月の『天文ガイド』の「観測のための軌道要素表（Web・サイト版）」に掲載されるので，位置予報は1993年版から省略した．これらは，*http://www.oaa.gr.jp/~oaacs/cometYYYYMMo.htm*にある．最後のYYYYMMには，希望する年月（たとえば，2024年1月のときは202401）を入力のこと．YYYYは，2005年以降が有効で，最後のo（オー）を忘れないこと．ときどき，該当する月に対応したファイルがないときがあるが，これは，その前後の数ヵ月の値で探すこと．ここには，毎月に観測可能な21等級より明るい彗星（最近は，およそ300個）の軌道要素が掲げられている．観測には，これらの軌道要素を使ってほしい．

1年間を通じての位置予報は，International Comet Quarterly発行のComet Handbook 2024（電子版）に掲げられるので，それを参考にしてほしい．そのURLは，*https://www.oaa.gr.jp/~oaacs/ch2024.htm*で，2023年末にはサービス可能となる．今は，末尾を*/ch2023.htm*と置き換えると2023年版が見られる．

● 今年，明るくなる彗星

表1にある彗星の中で，今年中に6等級（m1＜6.0等）以上まで明るくなる彗星（●印），C/2021 S3（PANSTARRS），12P/Pons-Brooks，C/2023 A3（Tsuchinshan-ATLAS）と3個ある．さらに，8等級（m1＜8.0等）までに明るくなる彗星（◎印）は，13P/Olbersが1個，また，10等級（m1＜10等）より明るくなる彗星（○印）として，144P/Kushida，P/2003 T12 = 2012 A3（SOHO）があり，今年は，長い期間，明るくなる可能性のある彗星が多い．さらに，2023年に近日点を通過したC/2017 K2，C/2020 V2，103P，

C/2023 H2, 213P, 62Pなどがまだ明るい.

2024年に13等級（m1＜14等）より明るくなる以上の彗星と，ときどき増光を繰り返す29P/Schwassmann-Wachmann 1を含め，29個の彗星について，その経路図（4枚）を用意した．経路図中の彗星は，その観測条件を無視して，13等級より明るくなる期間を5日ごとに描いてある（29Pは動きが小さいので日付は省いた）．なお，北天・南天近くを動く彗星は，この4枚の図には現われてこないことに注意すること.

◎ 2024年に明るくなる彗星

● 62P/ツーチンシャン第1周期彗星

2023年版ですでに紹介したこの彗星は，2023年12月25日に近日点を通過した．彗星の周期は6.18年（$q = 1.26$ AU, $e = 0.62$, $a = 3.37$ AU）．今期の回帰は，2023年8月に20等級でとらえられた．再観測位置には，予報軌道（NK 4261）から赤経方向に＋60″，赤緯方向に＋8″のずれがあり，近日点通過時刻への補正値$\Delta T = -0.02$日であった．これで，彗星は1965年の発見以来，第9回目の出現を記録した．なお，彗星の回帰は，2011年は観測されなかったが，それ以外の回帰ではすべて観測されている．軌道のずれが大きく，新たな連結軌道（NK 5070）が2004年から2023年までに行なわれた1433個の観測から計算された．この軌道の非重力効果の係数は，A1＝＋0.66, A2＝－0.0513.

最近のCCD全光度が，栗原の高橋俊幸氏が9月23日に15.1等，上尾の門田健一氏が10月2日に

図1　62P/ツーチンシャン第1周期彗星の経路図

表2　62P/ツーチンシャン第1周期彗星の位置予報

2023/2024年 09h JST	赤経 (2000) 赤緯		地心距離 AU	日心距離 AU	日々運動量 ／位置角	太陽離角	位相角	光度 m1
	h　m	°　′				°	°	等
12月 27日	11 16.67	+13 58.4	0.529	1.265	45.4 ／ 102	109.8	47.0	8.7
1月　1日	11 31.88	+13 09.4	0.521	1.268	41.7 ／ 102	111.1	46.4	8.6
6	11 45.80	+12 24.5	0.514	1.273	37.6 ／ 102	112.7	45.5	8.7
11	11 58.33	+11 44.8	0.509	1.281	33.1 ／ 101	114.6	44.3	8.7
16	12 09.35	+11 11.1	0.504	1.292	28.4 ／ 101	116.8	42.8	8.7
21	12 18.79	+10 43.7	0.502	1.306	23.4 ／ 100	119.4	41.0	8.8
26	12 26.61	+10 22.7	0.500	1.322	18.4 ／ 99	122.4	39.0	8.9
31	12 32.77	+10 08.1	0.500	1.340	13.3 ／ 97	125.8	36.6	9.0
2月　5日	12 37.24	+09 59.7	0.501	1.361	8.2 ／ 94	129.6	34.0	9.2
10	12 40.02	+09 56.9	0.503	1.383	3.4 ／ 84	133.7	31.0	9.3
15	12 41.18	+09 58.5	0.508	1.408	1.4 ／ 313	138.2	27.9	9.5
20	12 40.84	+10 03.3	0.515	1.434	5.1 ／ 285	143.0	24.5	9.7
25	12 39.17	+10 09.7	0.525	1.462	8.3 ／ 279	148.0	21.0	9.9
3月　1日	12 36.39	+10 16.2	0.538	1.491	10.8 ／ 276	153.2	17.5	10.1
6	12 32.74	+10 21.5	0.555	1.521	12.5 ／ 272	158.2	14.0	10.4
11	12 28.51	+10 24.1	0.575	1.553	13.2 ／ 269	163.0	10.8	10.6
16	12 24.02	+10 22.8	0.600	1.585	13.2 ／ 265	166.8	8.2	10.9
21	12 19.57	+10 16.8	0.630	1.619	12.5 ／ 260	168.6	7.0	11.2
26	12 15.41	+10 05.7	0.664	1.653	11.3 ／ 254	167.7	7.4	11.5
31	12 11.73	+09 49.7	0.704	1.688	10.0 ／ 245	164.5	9.1	11.8
4月　5日	12 08.66	+09 28.9	0.747	1.723	8.6 ／ 234	160.4	11.2	12.1

m1 = 8.0 + 5 log △ + 20.0 log r　（近日点通過後）

14.4等，高橋氏が10月7日に14.2等，八束の安部裕史氏が10月15日に14.1等と，しだいに明るくなっている．

　経路図を図1に，予報位置を表2に示した．今期の回帰では，彗星は1月末ごろに地球に0.50 AUまで近づき，2023年末ごろから2024年始にかけて，8等級まで明るくなる．なお，太陽近傍で急速に明るくなる彗星の1つで，その近日点通過前と後では，異なる光度変化を示すことに注意のこと．

● PANSTARRS彗星（2021 S3）

　この彗星も，2023年版ですでに紹介したが，彗星は，Pan-STARRSサーベイの1.8-m望遠鏡で，2021年9月24日に発見された20等級の新彗星（$T = 2024$年2月14日，$q = 1.32$ AU，$e = 1.00$）．発見後，彗星には，セロパラナルで行なわれた2020年12月6日の1夜の観測群中にこの彗星の発見前の観測が見つかっている．

　我が国では，東京の佐藤英貴氏が2021年12月9日に18.7等，上尾の門田健一氏が2022年9月25日に16.4等で観測している．CCD全光度から推定される標準等級は$H_{10} = 4.0$等と明るく，彗星は中型の彗星となる．

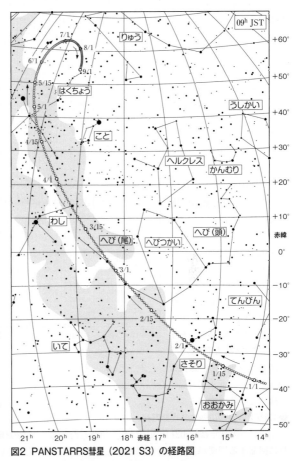

図2　PANSTARRS彗星（2021 S3）の経路図

2023年以後の光度は上尾の門田健一氏が1月29日に14.8等，八束の安部裕史氏が2月16日に15.0等，門田氏が2月17日に14.6等，平塚の杉山行浩氏が2月28日に14.6等，門田氏が3月3日に14.4等と観測している．彗星が南に下ったせいか，その後の観測は，我が国ではまだ報告されていないが，9月16日にブラジルのソーザが30-cm反射で12.3等（1′）と観測している．これは，下の予報光度より2等級ほど暗い．

表1にある軌道（NK 4913）は，2020年12月6日から2023年1月21日までに行なわれた629個の観測から計算したもの．原初軌道の軌道長半径の逆数は

$(1/a)\,\mathrm{origin} = +0.000015$,

未来軌道のそれは

$(1/a)\,\mathrm{future} = +0.000015$

（精度常数Q＝9）と，彗星は，オールトの彗星雲近くからやってきた彗星で，近日点近くでの活動がどうなるか，その成長に多少不安な面もある．

表3 PANSTARRS彗星（2021 S3）の位置予報

2023/2024年 09h JST	赤経 (2000)	赤緯	地心距離 AU	日心距離 AU	日々運動量／位置角	太陽離角	位相角	光度 m1
	h m	° ′	AU	AU	° / °	°	°	等
12月 27日	14 32.36	−38 33.0	1.936	1.511	44.1 / 78	50.3	30.0	7.2
1月 1日	14 50.49	−37 40.5	1.878	1.477	45.3 / 73	51.2	31.3	7.1
6	15 08.61	−36 33.8	1.821	1.446	46.8 / 71	52.3	32.5	7.0
11	15 26.64	−35 12.1	1.765	1.418	48.4 / 67	53.4	33.9	6.7
16	15 44.52	−33 34.2	1.707	1.393	50.2 / 64	54.7	35.2	6.6
21	16 02.18	−31 39.3	1.652	1.371	52.2 / 61	56.0	36.5	6.5
26	16 19.57	−29 26.7	1.598	1.353	54.3 / 57	57.4	37.8	6.3
31	16 36.64	−26 55.8	1.547	1.338	56.5 / 54	58.9	39.1	6.2
2月 5	16 53.36	−24 06.3	1.499	1.328	58.8 / 51	60.5	40.2	6.1
10	17 09.68	−20 58.2	1.454	1.322	61.1 / 48	62.2	41.3	6.0
15	17 25.57	−17 31.8	1.414	1.320	63.1 / 45	63.8	42.2	6.0
20	17 41.02	−13 48.3	1.379	1.323	64.9 / 43	65.5	42.9	5.9
25	17 55.99	−09 49.4	1.349	1.329	66.3 / 41	67.2	43.4	5.9
3月 1	18 10.49	−05 37.3	1.326	1.340	67.1 / 39	68.9	43.6	5.9
6	18 24.48	−01 15.2	1.309	1.355	67.2 / 37	70.6	43.7	5.9
11	18 37.94	+03 13.6	1.300	1.373	66.6 / 35	72.1	43.5	5.9
16	18 50.85	+07 45.1	1.298	1.395	65.2 / 34	73.6	43.2	6.0
21	19 03.18	+12 15.5	1.303	1.421	63.1 / 32	75.0	42.6	6.1
26	19 14.93	+16 41.1	1.315	1.449	60.4 / 31	76.3	42.0	6.2
31	19 26.05	+20 58.8	1.333	1.481	57.3 / 30	77.4	41.2	6.3
4月 5	19 36.53	+25 06.2	1.356	1.515	53.8 / 28	78.4	40.3	6.5
10	19 46.31	+29 01.6	1.385	1.552	50.1 / 27	79.3	39.4	6.6
15	19 55.37	+32 43.5	1.418	1.591	46.4 / 26	80.2	38.4	6.8
20	20 03.65	+36 11.5	1.454	1.631	42.6 / 24	80.9	37.5	6.9
25	20 11.14	+39 25.4	1.493	1.674	39.0 / 22	81.6	36.5	7.1
30	20 17.78	+42 25.4	1.534	1.718	35.5 / 20	82.2	35.5	7.3
5月 5	20 23.51	+45 11.9	1.576	1.763	32.2 / 17	82.9	34.6	7.6
10	20 28.28	+47 45.3	1.620	1.809	29.1 / 14	83.5	33.7	7.6
15	20 32.02	+50 05.9	1.664	1.857	26.2 / 11	84.2	32.8	7.8
20	20 34.71	+52 14.3	1.708	1.905	23.4 / 7	84.9	31.9	8.0
25	20 36.28	+54 10.7	1.752	1.955	21.0 / 2	85.6	31.1	8.1
30	20 36.71	+55 55.4	1.795	2.004	18.7 / 356	86.3	30.3	8.3
6月 4	20 35.96	+57 28.6	1.838	2.055	16.6 / 350	87.1	29.5	8.5
9	20 34.02	+58 50.2	1.881	2.106	14.7 / 342	88.0	28.8	8.6
14	20 30.93	+60 00.1	1.922	2.157	13.1 / 333	88.9	28.1	8.8
19	20 26.77	+60 58.1	1.963	2.209	11.8 / 322	89.9	27.4	8.9
24	20 21.67	+61 44.1	2.003	2.261	10.7 / 310	90.9	26.7	9.1
29	20 15.77	+62 18.1	2.043	2.313	10.0 / 297	92.0	26.1	9.2
7月 4	20 09.29	+62 39.9	2.082	2.366	9.6 / 282	93.1	25.4	9.3
9	20 02.45	+62 49.5	2.120	2.419	9.5 / 268	94.3	24.8	9.5
14	19 55.53	+62 47.1	2.159	2.471	9.7 / 254	95.4	24.2	9.6
19	19 48.79	+62 33.3	2.197	2.524	10.1 / 242	96.6	23.6	9.7
24	19 42.45	+62 08.7	2.236	2.577	10.7 / 230	97.7	23.0	9.9
29	19 36.71	+61 34.8	2.275	2.630	11.4 / 220	98.9	22.4	10.0
8月 3	19 31.70	+60 50.0	2.314	2.683	12.1 / 211	100.0	21.9	10.1
8	19 27.54	+59 56.2	2.355	2.736	12.9 / 203	101.0	21.3	10.2
13	19 24.29	+58 58.2	2.397	2.789	13.7 / 196	101.9	20.8	10.4
18	19 21.95	+57 52.5	2.441	2.842	14.4 / 189	102.8	20.3	10.5
23	19 20.51	+56 41.6	2.486	2.894	15.0 / 184	103.5	19.9	10.6
28	19 19.93	+55 26.5	2.533	2.947	15.7 / 179	104.1	19.4	10.7
9月 2	19 20.16	+54 08.2	2.582	3.000	16.2 / 174	104.6	19.0	10.8
7	19 21.14	+52 47.5	2.634	3.052	16.7 / 169	104.9	18.6	10.9
12	19 22.82	+51 25.3	2.689	3.105	17.1 / 165	105.0	18.3	11.1

$m1 = 4.0 + 5 \log \triangle + 10.0 \log r$

経路図を図2に予報位置を表3に示した．経路図2にあるとおり，彗星は，南天で明るくなり，北天に昇ってくる．うまく成長すれば，春には6等級の明るい彗星として観測できるだろう．

●12P/ポン・ブルックス周期彗星

すでに『天文年鑑』2021年版で詳しく紹介したとおり，この彗星は，2024年4月21日に回帰する周期が71.3年（$q = 0.78$ AU，$e = 0.78$，$a = 17.20$ AU）の彗星の1812年の

発見以来，4回目の出現．
彗星は，マルセイユのポ
ンが1812年7月20日に
きりん座とやまねこ座の
境界近くに発見した．発
見光度は6等級．ほかに
2件の独立発見もあった．
この出現では，彗星は同
年9月に3等級まで明る
くなった．次の回帰は，
ニューヨークのブルック
スが1883年9月1日にり
ゅう座に発見した新彗星
がこの彗星と同じもので
あることが判明した．
2020年になって，ドイツ
のメイヤーは，1385年と
1457年に観測されてい
た彗星，さらに245年に
観測された彗星もこの彗
星の出現であることを見
つけ，出現回数は7回と
増加した．
　今回の回帰での検出
は，ナイトらがローエル
天文台の4.3-m望遠鏡で
2020年6月10日と6月
17日に予報位置のヘル
クレス座を撮影した画像
上に発見した．検出光度
は23等級であった．検出
位置は，大泉の小林隆男
氏が1812年と1883/1884
年の観測位置を改めて整
約し，それらの観測と前

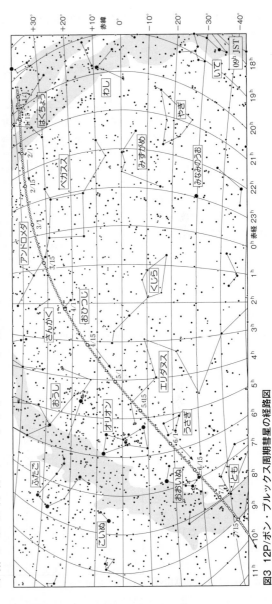

図3　12P/ポン・ブルックス周期彗星の経路図

回の回帰（1953年と1954年）に行なわれた3回の出現，1067個から計算した予報軌道（NK 3996（= HICQ 2020））からのずれは，わずかに赤経方向に−2″，赤緯方向に−6″と予報によく合っており，近日点通過時刻への補正値は⊿T = + 0.19日であった．

しかし，その検出後，光度上昇が鈍い状態が続き，2023年6月中旬以後になって，上尾の門田健一氏が6月16日に16.6等，平塚の杉山行浩氏が6月17日に16.9等，八束の安部裕史氏が6月18日に16.5等，栗原の高橋俊幸氏が6月19日に16.6等（コマ視直径29″），門田氏が7月4日に16.3等，福知山の吉見政義氏が7月11日に16.3等，フランスのクーゲルが7月19日に16.6等と，ようやく16等級まで明るくなった．

その直後，彗星は急激に増光し，クーゲルが7月20日に11.6等，同日，オーストリアのジャガーが11.7等，山口の吉本勝巳氏が7月21日に11.8等（恒星状），同日，オーストラリアのマチアゾが11.8等（0′.1），アリゾナのハーゲンローザが11.6等（0′.3），安部氏が11.8等，高橋氏が11.4等（0′.5），室生の奥田正孝氏が11.4等，可児の水野義兼氏が11.7等，門田氏が11.8等と11等級で観測した．眼視全光度もクラウドクラフトのヘールが40-cm反射，和歌山の

表4　12P/ポン・ブルックス周期彗星の位置予報

2023/2024年 09h JST	赤経 (2000) 赤緯		地心距離	日心距離	日々運動量／位置角		太陽離角	位相角	光度 m1
	h　m	°　′	AU	AU	°	／ °	°	°	等
12月 27日	19 23.28	+37 44.5	2.317	2.063	31.9	/ 89	62.9	25.1	9.6
1月 1日	19 36.71	+37 44.8	2.260	1.999	34.0	/ 88	62.2	25.8	9.4
6	19 51.05	+37 47.8	2.202	1.935	36.3	/ 87	61.4	26.5	9.2
11	20 06.36	+37 53.0	2.145	1.870	38.7	/ 87	60.6	27.3	8.9
16	20 22.70	+37 59.6	2.088	1.804	41.2	/ 87	59.7	28.1	8.7
21	20 40.11	+38 06.6	2.033	1.738	43.8	/ 87	58.7	28.9	8.4
26	20 58.66	+38 12.5	1.979	1.672	46.4	/ 88	57.6	29.8	8.2
31	21 18.36	+38 15.7	1.928	1.606	49.2	/ 89	56.3	30.7	7.9
2月 5日	21 39.25	+38 14.5	1.879	1.540	52.0	/ 90	54.9	31.6	7.6
10	22 01.27	+38 08.3	1.833	1.473	54.7	/ 92	53.3	32.5	7.3
15	22 24.37	+37 50.3	1.791	1.407	57.4	/ 94	51.5	33.3	7.0
20	22 48.40	+37 22.4	1.753	1.341	59.9	/ 96	49.5	34.1	6.7
25	23 13.17	+36 40.9	1.719	1.275	62.2	/ 99	47.3	34.8	6.4
3月 1日	23 38.45	+35 43.6	1.690	1.211	64.3	/ 102	44.9	35.3	6.1
6	00 03.95	+34 28.9	1.666	1.148	66.1	/ 105	42.4	35.6	5.8
11	00 29.37	+32 55.6	1.647	1.086	67.8	/ 108	39.7	35.7	5.5
16	00 54.41	+31 03.4	1.632	1.028	68.6	/ 111	36.9	35.5	5.2
21	01 18.81	+28 52.4	1.622	0.972	69.3	/ 114	34.0	35.0	4.9
26	01 42.34	+26 23.6	1.615	0.921	69.6	/ 117	31.2	34.1	4.6
31	02 04.86	+23 38.3	1.612	0.876	69.5	/ 120	28.6	33.0	4.3
4月 5日	02 26.29	+20 38.5	1.610	0.838	69.2	/ 122	26.2	31.8	4.1
10	02 46.60	+17 26.8	1.609	0.809	68.6	/ 125	24.3	30.6	3.9
15	03 05.84	+14 05.6	1.608	0.789	67.8	/ 127	23.0	29.8	3.8
20	03 24.12	+10 37.5	1.606	0.781	67.0	/ 129	22.6	29.7	3.7
25	03 41.59	+07 05.3	1.602	0.784	66.1	/ 130	23.2	30.3	3.8
30	03 58.48	+03 31.4	1.596	0.799	65.5	/ 131	24.6	31.7	3.8
5月 5日	04 15.00	−00 02.5	1.588	0.824	65.0	/ 131	26.8	33.5	4.0
10	04 31.40	−03 35.1	1.578	0.858	64.8	/ 131	29.5	35.4	4.2
15	04 47.91	−07 05.7	1.568	0.900	64.9	/ 130	32.6	37.2	4.4
20	05 04.72	−10 33.9	1.559	0.949	65.3	/ 129	35.9	38.8	4.7
25	05 22.03	−13 59.2	1.552	1.002	65.7	/ 128	39.4	39.9	5.2
6月 4日	05 58.71	−20 38.4	1.546	1.120	66.6	/ 126	46.3	40.9	5.5
9	06 18.30	−23 50.3	1.551	1.182	66.7	/ 125	49.7	40.9	5.8
14	06 38.79	−26 54.9	1.561	1.246	66.4	/ 123	52.9	40.5	6.1
19	07 00.17	−29 50.3	1.578	1.311	65.8	/ 121	55.8	39.9	6.4
24	07 22.40	−32 34.3	1.602	1.377	64.7	/ 119	58.5	39.0	6.7
29	07 45.35	−35 05.0	1.631	1.443	63.1	/ 117	60.8	38.0	7.0
7月 4日	08 08.89	−37 20.9	1.673	1.510	61.1	/ 115	62.8	36.8	7.3
9	08 32.80	−39 20.9	1.721	1.576	58.8	/ 113	64.4	35.6	7.5
14	08 56.84	−41 04.7	1.776	1.642	56.3	/ 110	65.7	34.3	7.8
19	09 20.76	−42 32.6	1.838	1.709	53.6	/ 108	66.5	33.0	8.1
24	09 44.33	−43 45.2	1.907	1.775	50.8	/ 105	66.9	31.8	8.4
29	10 07.33	−44 43.9	1.982	1.840	48.1	/ 103	67.0	30.5	8.7
8月 3日	10 29.61	−45 30.5	2.063	1.905	45.4	/ 101	66.7	29.3	8.9
8	10 51.03	−46 06.5	2.148	1.970	42.8	/ 99	66.1	28.1	9.2
13	11 11.53	−46 33.9	2.238	2.034	40.3	/ 98	65.3	26.9	9.5
18	11 31.06	−46 54.0	2.332	2.098	38.1	/ 96	64.1	25.7	9.7
23	11 49.62	−47 08.4	2.428	2.162	36.0	/ 95	62.8	24.6	9.9
28	12 07.24	−47 18.4	2.527	2.225	34.0	/ 94	61.3	23.5	10.2
9月 2日	12 23.97	−47 24.9	2.627	2.287	32.2	/ 93	59.5	22.3	10.4
7	12 39.86	−47 29.0	2.728	2.349	30.6	/ 92	57.7	21.3	10.6
12	12 54.96	−47 31.4	2.830	2.411	29.1	/ 92	55.7	20.2	10.8
17	13 09.34	−47 32.4	2.932	2.472	27.8	/ 91	53.6	19.1	11.1
22	13 23.04	−47 32.7	3.034	2.533	26.5	/ 91	51.4	18.1	11.3
27	13 36.14	−47 32.4	3.134	2.593	25.4	/ 91	49.2	17.0	11.4
10月 2日	13 48.68	−47 32.0	3.234	2.653	24.4	/ 91	46.9	16.0	11.6
7	14 00.71	−47 31.5	3.331	2.712	23.4	/ 91	44.6	15.0	11.8

m1 = 4.0 + 5 log △ + 12.0 log r

津村光則氏が50-cm反射で7月21日に11.5等，同日，石岡の宮崎修氏が11.4等（0.2），スペインのゴンザレスが11.6等と観測している．

この時期の位置観測は，CBET 4805（＝NK 4136）にある連結軌道から赤経方向に−14″，赤緯方向に−9″のずれを示すようになり，1883年から2023年3月までに行なわれた999個の観測から表1にある新しい連結軌道（NK 4940）が計算された．この軌道の非重力効果の係数はA1 ＝ ＋0.12，A2 ＝ −0.0262．

その後の眼視全光度を川越の相川礼仁氏が7月24日に10.9等，25日に11.0等（1.5），29日に11.5等（2′），ゴンザレスが8月7日に11.7等（3.5），14日に11.7等（5′），宮崎氏が8月18日に12.6等（0.8），ゴンザレスが8月21日に11.8等（5′），27日に11.5等（6′），9月14日に11.5等（6′），23日に11.6等（6′）と，7月の増光の後，彗星は拡散してコマが大きくなり，CCD光度では暗くなり始めたが，眼視光度では，まだ，11等級を保った．

増光が終わって，少し減光するのかと思われたこの彗星は，7月バースト時の残留物が11等〜12等級で残っている10月上旬，10月4日に中央核が11等級まで再び増光した．ゴンザレスの10月5日の観測では，中央核が11.7等で周囲に7′のコマ，10月9日には，新しいバーストの後，形成された明るい内部コマ0.9が11.7等，7月のバーストの残留物を含むと思われる淡く広がった7′の外部コマが10.8等であった．

明るい時期の経路図をp.193の図3に示した．表1にある連結軌道（NK 4940）から計算した予報位置（表4）は次のとおり．予報光度は，従来からの光度パラメータを使用した．このパラメータからは，2023年10月の増光時の予報光度が約1等級ほど明るく計算されるが，ほぼ合っている．したがって，このまま，順調に成長すれば，4月には3等級まで明るくなるだろう．ただ，観測条件があまり良くないのが残念である．

●13P/オルバース周期彗星

2024年6月30日に回帰する周期が69.2年（q ＝ 1.18 AU，e ＝ 0.93，a ＝ 16.86 AU）のこの彗星の1815年の発見以来，第4回目の出現．彗星は，ブレーメン（ドイツ）のオルバースが1815年3月6日にきりん座に発見した．発見光度は7等級．なお，この出現では，4月下旬に眼視でも観測された．次の1887年の回帰は，ブルックスが1887年8月24日にかに座に発見し，7等級まで明るくなった．1956年の3回目の回帰は，チェコのムルコスが1956年1月4日と9日に16等級でエリダヌス座に検出している．発見前の観測がマクドナルド天文台（11月12日）と東京天文台の冨田弘一郎氏（1月2日）から報告された．

なお，前述の12Pと13Pともに，彗星の周期が約70年のハレー彗星型の中周期の長周期彗星で，この種の彗星は太陽の近くに来て急激に明るくなる傾向にある．12Pにくらべ，この彗星の検出が遅れていたようにも思われるが，前回の回帰での最初の観測が1955年11月に19等級．このとき，彗星は，すでに太陽まで3.1 AUに接近していた．今回の回帰でこの距離（3.1 AU）に到着するのは，2023年11月以降で，おそら

196

く，この彗星を検出できるのは，見かけ上，太陽から離れ始め，その距離が4.1AUまで到着する2023年8月以降になるものと思われた．

その検出は，クラウドクラントのヘールが南アフリカとサイデング・スプリングにある望遠鏡を使用して2023年8月13日から28日に行なった．光度は22等級で，彗星は恒星状であった．検出位置は予報軌道（NK 3997）から赤経方向に＋150″，赤緯方向に＋145″のずれがあり，これは近日点通過時刻への補正値にして，$\varDelta T = -0.50$日であった．表1にある軌道（CBET 5289（＝NK 5066））は，1887年から2023年までに行なわれた86個の観測から計算された．この軌道の非重力効果の係数はA1＝＋1.07，A2＝＋0.0589.

経路図を図4，位置予報を表5に示す．彗星は，位置予報にあるとおり，2024年春には10等級，そして，6月と7月にかけて7等級まで明るくなるだろう．12Pとともに，長周期彗星の久しぶりの回帰である．多くの方々によって観測されることを期待したい．

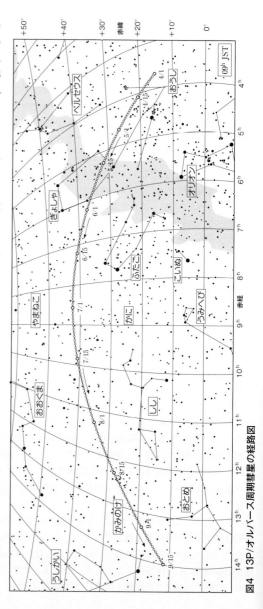

図4 13P/オルバース周期彗星の経路図

表5　13P/オルバース周期彗星の位置予報

2024年 09h JST	赤経 (2000) 赤緯		地心距離 AU	日心距離 AU	日々運動量／位置角	太陽離角	位相角	光度 m_1 等
	h　m	。　′			。／。	。	。	
3月 21日	03 25.72	+11 22.1	2.322	1.877	29.3 / 41	51.8	24.6	11.8
26	03 32.34	+13 11.8	2.322	1.825	30.4 / 43	48.8	24.3	11.6
31	03 39.54	+15 02.0	2.319	1.774	31.6 / 45	45.9	23.8	11.3
4月 5日	03 47.35	+16 52.7	2.313	1.724	32.8 / 47	43.1	23.4	11.1
10	03 55.78	+18 43.8	2.305	1.675	34.0 / 49	40.5	22.9	10.8
15	04 04.86	+20 35.3	2.294	1.626	35.3 / 50	38.0	22.3	10.5
20	04 14.64	+22 27.1	2.281	1.578	36.6 / 52	35.7	21.8	10.3
25	04 25.15	+24 18.8	2.265	1.532	37.9 / 53	33.6	21.3	10.0
30	04 36.46	+26 10.3	2.247	1.488	39.4 / 55	31.7	20.9	9.7
5月 5日	04 48.64	+28 01.2	2.227	1.445	40.9 / 57	30.0	20.5	9.4
10	05 01.77	+29 50.9	2.204	1.404	42.4 / 59	28.6	20.2	9.2
15	05 15.93	+31 38.8	2.180	1.365	44.0 / 60	27.5	20.0	8.9
20	05 31.22	+33 23.9	2.154	1.329	45.7 / 63	26.6	19.9	8.6
25	05 47.73	+35 05.1	2.127	1.296	47.4 / 65	26.1	20.1	8.4
30	06 05.58	+36 41.0	2.099	1.267	49.2 / 67	25.9	20.4	8.2
6月 4日	06 24.85	+38 09.7	2.071	1.241	51.1 / 70	25.9	20.9	7.8
9	06 45.62	+39 29.1	2.043	1.218	52.9 / 73	26.3	21.7	7.8
14	07 07.90	+40 36.9	2.015	1.201	54.8 / 77	26.9	22.5	7.6
19	07 31.66	+41 30.4	1.989	1.188	56.6 / 81	27.7	23.5	7.5
24	07 56.76	+42 06.7	1.964	1.179	58.3 / 85	28.8	24.5	7.4
29	08 22.99	+42 23.4	1.942	1.176	60.0 / 89	29.9	25.5	7.3
7月 4日	08 50.04	+42 18.1	1.924	1.177	61.4 / 93	31.1	26.5	7.6
9	09 17.51	+41 49.5	1.909	1.183	62.6 / 97	32.4	27.4	7.6
14	09 44.94	+40 57.0	1.900	1.195	63.5 / 102	33.7	28.1	7.7
19	10 11.91	+39 41.1	1.895	1.211	64.1 / 106	34.9	28.7	7.7
24	10 38.05	+38 03.7	1.897	1.231	64.2 / 109	36.1	29.1	7.8
29	11 03.06	+36 07.1	1.906	1.255	64.0 / 113	37.1	29.2	7.9
8月 3日	11 26.79	+33 54.7	1.921	1.284	63.4 / 116	38.0	29.1	8.0
8	11 49.13	+31 29.9	1.943	1.315	62.4 / 118	38.7	28.8	8.1
13	12 10.08	+28 56.5	1.972	1.350	61.0 / 120	39.3	28.4	8.3
18	12 29.69	+26 17.8	2.008	1.388	59.4 / 122	39.6	27.7	8.4
23	12 48.04	+23 37.0	2.050	1.428	57.5 / 123	39.8	27.0	8.6
28	13 05.23	+20 56.5	2.098	1.470	55.5 / 124	39.7	26.0	8.8
9月 2日	13 21.39	+18 18.6	2.152	1.514	53.4 / 125	39.4	25.0	9.0
7	13 36.61	+15 44.9	2.210	1.559	51.2 / 125	38.8	23.9	9.2
12	13 51.01	+13 16.7	2.273	1.606	49.1 / 125	38.1	22.7	9.3
17	14 04.62	+10 54.9	2.340	1.654	47.0 / 125	37.2	21.5	9.5
22	14 17.67	+08 39.8	2.410	1.703	45.0 / 124	36.0	20.3	9.7
27	14 30.11	+06 32.0	2.482	1.754	43.0 / 124	34.7	19.0	9.9
10月 2日	14 42.03	+04 31.3	2.554	1.804	41.2 / 123	33.3	17.7	10.1

$m_1 = 4.5 + 5 \log \triangle + 20.0 \log r$ （近日点通過前）

$m_1 = 5.5 + 5 \log \triangle + 10.0 \log r$ （近日点通過後）

●ツーチンシャン・ATLAS彗星（2023 A3）

ATLASサーベイの南アフリカにある50-cmシュミットで，2023年2月22日にへび座を撮影した捜索画像上に2024年に肉眼等級まで明るくなることが期待できる新彗星が発見された（$q = 0.39$ AU，$e = 1.00$）．発見時，光度は18等級，天体は恒星状であった．この発見が彗星状天体確認ページ（PCCP）に掲載された後，紫金山天文台のシューイ観測所にある1.0-mシュミットで2023年1月9日にとらえられていた19等級の1夜の天体がこの彗星と同じものであることが判明した．さらに，ZTFサーベイのイェからは，パロマ

ーの1.2-mオースチン・シュミットで2022年12月22日に撮影されていた画像上にもこの彗星が確認され，その発見前の観測が報告された．このとき，画像では，彗星は19等級で西南西に10″の尾が見られたという．

　2023年2月23日に東京の佐藤英貴氏がサイデング・スプリングにある51-cm望遠鏡で行なった観測では，彗星には集光した6″のコマがあり，光度は18.1等であった．2月26日にオーストラリアのマチアゾがチリにある51-cm望遠鏡で行なった観測でも，集光した4″のコマが見られ，光度は17.9等であった．さらに，2月27日に上尾の門田健一氏が25-cm反射で行なった観測では，彗星は恒星状，光度が18.0等，同じ日，新城の池村俊彦氏が38-cm反射で行なった観測では光度が18.0等，ブラジルのジャッキーズらが2月28日にSONEARの45-cm反射で撮影した画像上では，非常に集光した11″のコマが見られることを報告している．その後の彗星のCCD全光度を山口の吉本勝巳氏が2月28日に18.2等，八束の安部裕史氏が3月2日に17.6等，門田氏が3月15

日に17.8等と観測している．これらの光度観測から彗星の標準等級は$H_{10} = 4.5$等くらいと推測され，彗星は中型の彗星となる．

3月16日になって，カリフォルニアのディーンは，セロトロロで撮影された2022年6月8日と9日の画像上に写っているこの彗星の発見前の観測を見つけた．さらにPan-STARRSサーベイから2022年4月以後の観測も報告され，その軌道が確定した．

表1にある軌道（NK 5059）は，これらの観測を含めた2022年4月9日から2023年8月6日までに行なわれた1950個の観測から計算された．軌道長半径の逆数は，過去軌道では

$(1/a)$ origin = + 0.000014,

未来軌道が

$(1/a)$ future = − 0.000027,

精度常数$Q = 8$となる．どうも，彗星はオールトの彗星雲近く，あるいは，その外側からやってきた新彗星らしい．そのため，近日点近くでの活動がどうなるか，かなり不安な面もある．

なお，10月9日には彗星の位相角が172.4と180°近くになる．位相角は，彗星と太陽・地球がなす角のことで，180°になると，これら3つの天体が一直線に並ぶことになる．彗星は，火星の軌道の外側で黄道面の南側に降り，近日点を通過後，北側に昇

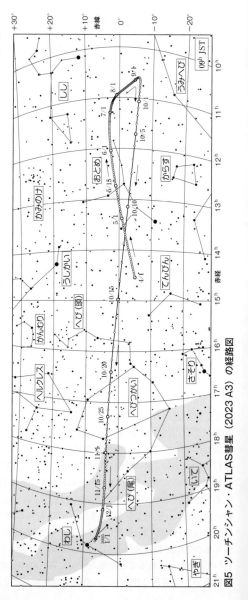

図5 ツーチンシャン・ATLAS彗星（2023 A3）の経路図

ってくる．10月9日には，彗星は，その昇交点を通過した直後で，彗星は地球の軌道面（黄道面）上にある．つまり，彗星の尾（イオン・テイル）の先端をさらに伸ばした位置に地球がある．仮に尾の実長が0.40〜0.50AUほどあった場合，尾の先端は，地球に届くことになる．

彗星のこれからの予報位置を表6に示した．最近のCCD全光度を東京の佐藤英貴氏が6月24日に16.5等（10″），福知山の吉見政義氏が7月16日に16.4等，同日，門田氏が16.3等，栗原の高橋俊幸氏が7月24日に16.5等（38″），門田氏が8月11日に16.1等と，ほぼ，予報光度どおりに観測されたあと，2023年末まで太陽の近傍を動き，観測できない．再び，観測できるのは2023年末か，2024年初になるだろう．順調に増光していれ

表6　ツーチンシャン・ATLAS彗星（2023 A3）の位置予報

2024年 09h JST	赤経 (2000) 赤緯		地心距離	日心距離	日々運動量／位置角	太陽離角	位相角	光度 m1
	h　m	°　′	AU	AU	′　　°/	°	°	等
5月 5日	13 11.72	-00 15.4	1.783	2.710	42.5 / 281	151.2	10.3	10.1
10	12 57.83	+00 26.1	1.763	2.642	41.6 / 281	143.2	13.2	9.9
15	12 44.18	+01 04.0	1.755	2.572	40.0 / 280	135.2	16.1	9.8
20	12 31.03	+01 37.3	1.757	2.502	37.7 / 279	127.2	18.8	9.7
25	12 18.60	+02 05.3	1.768	2.431	35.0 / 277	119.4	21.3	9.6
30	12 07.03	+02 27.8	1.786	2.359	31.9 / 276	111.9	23.5	9.5
6月 4日	11 56.43	+02 45.2	1.810	2.286	28.8 / 274	104.5	25.4	9.4
9	11 46.86	+02 55.7	1.838	2.213	25.6 / 273	97.5	27.1	9.3
14	11 38.31	+03 01.4	1.868	2.138	22.6 / 270	90.7	28.4	9.2
19	11 30.76	+03 02.1	1.900	2.062	19.9 / 268	84.2	29.4	9.0
24	11 24.12	+02 58.3	1.931	1.985	17.4 / 265	77.9	30.0	8.9
29	11 18.34	+02 50.2	1.960	1.907	15.2 / 261	71.9	30.4	8.8
7月 4日	11 13.34	+02 38.4	1.987	1.828	13.3 / 257	66.1	30.6	8.6
9	11 09.03	+02 22.9	2.009	1.748	11.7 / 251	60.4	30.4	8.4
14	11 05.33	+02 04.2	2.027	1.666	10.5 / 246	55.0	30.0	8.3
19	11 02.13	+01 42.5	2.038	1.583	9.6 / 239	49.7	29.3	8.0
24	10 59.37	+01 18.0	2.043	1.498	9.1 / 233	44.5	28.4	7.8
29	10 56.95	+00 52.5	2.041	1.412	8.8 / 227	39.4	27.2	7.5
8月 3日	10 54.80	+00 21.1	2.029	1.324	8.7 / 222	34.5	25.7	7.3
8	10 52.84	-00 11.1	2.009	1.235	8.9 / 219	29.7	24.0	6.9
13	10 50.97	-00 45.8	1.978	1.143	9.2 / 217	25.0	22.0	6.6
18	10 49.12	-01 27.2	1.935	1.050	9.7 / 216	20.6	19.8	6.1
23	10 47.19	-02 01.9	1.880	0.955	10.3 / 217	16.6	17.6	5.7
28	10 45.11	-02 43.1	1.810	0.859	11.0 / 219	13.3	15.7	5.1
9月 2日	10 42.80	-03 26.0	1.724	0.762	11.7 / 221	11.4	15.2	4.5
7	10 40.24	-04 09.9	1.620	0.665	11.7 / 223	11.7	17.9	3.8
12	10 37.58	-04 53.0	1.492	0.572	10.0 / 219	14.1	25.5	2.9
17	10 35.47	-05 32.0	1.337	0.487	5.8 / 165	17.7	38.8	2.0
22	10 35.97	-05 59.9	1.152	0.422	25.2 / 93	21.2	59.2	1.1
27	10 44.40	-06 05.8	0.941	0.392	80.7 / 86	23.0	87.4	0.3
10月 2日	11 11.36	-05 35.6	0.726	0.408	182.4 / 85	20.4	121.2	-0.1
7	12 11.11	-04 09.0	0.553	0.545	303.2 / 85	9.8	158.5	-0.1
12	13 52.75	-01 28.7	0.474	0.545	315.3 / 84	12.3	157.0	0.2
17	15 37.30	+01 15.4	0.517	0.636	215.3 / 85	33.9	119.2	1.1
22	16 48.86	+02 46.8	0.643	0.732	129.8 / 86	47.3	92.5	2.2
27	17 32.12	+03 26.3	0.805	0.830	82.1 / 87	53.7	74.9	3.2
11月 1日	17 59.52	+03 43.6	0.978	0.926	56.1 / 88	56.1	62.8	4.1
6	18 18.38	+03 52.2	1.152	1.021	41.9 / 88	56.3	53.9	4.9
11	18 32.38	+03 58.2	1.323	1.115	33.2 / 88	55.4	47.0	5.6
16	18 43.46	+04 03.9	1.491	1.207	26.7 / 87	53.8	41.4	6.2
21	18 52.66	+04 10.7	1.652	1.297	23.9 / 86	51.7	36.7	6.7
26	19 00.62	+04 18.9	1.808	1.385	21.3 / 83	49.4	32.7	7.2
12月 1日	19 07.70	+04 29.1	1.958	1.472	19.4 / 83	46.9	29.3	7.6
6	19 14.15	+04 41.4	2.101	1.557	18.0 / 81	44.4	26.3	8.0
11	19 20.11	+04 55.9	2.237	1.641	17.0 / 79	41.8	23.6	8.4
16	19 25.68	+05 12.5	2.367	1.723	16.1 / 77	39.3	21.2	8.7
21	19 30.94	+05 31.2	2.490	1.804	15.5 / 74	37.0	19.1	9.0
26	19 35.93	+05 52.1	2.606	1.883	14.9 / 72	34.8	17.3	9.3
31	19 40.68	+06 15.1	2.715	1.962	14.4 / 70	32.8	15.7	9.6
1月 5日	19 45.21	+06 40.2	2.817	2.039	14.0 / 67	31.1	14.4	9.8

m1 = 4.5 + 5 log △ + 10.0 log r

ば，彗星は，このころには14等級まで明るくなっている．さらに彗星は3月には12等級まで明るくなり，眼視観測が可能となる．そして，5月には10等級より明るくなる．そのあと，彗星は，より明るく成長し，近日点通過ごろは0等級となるだろう．うまくいけば，近日点通過後の10月中旬には，尾が伸びた1等級前後の明るさで観測できることになる．今後の彗星の動向に期待しよう．

彗星の明るい時期の経路図を図5に示した．彗星は，近日点通過後に夕方の空で観測条件が良くなり，10月12日には地球に0.47 AUまで接近する．予報どおりに成長すれば，新月が10月3日のため，10月中旬よりなるべく早い時期に彗星をとらえたい．

連　　星 <small>(相馬　充)</small>

　次の表は見やすい実視連星のリストで, 位置角と角距離は2024.5年の予報値, 赤経と赤緯は2000.0年の平均位置である. ADS番号はエイトケン重星星表の番号, 星名の欄のβはS. W. バーナム, ΣはF. ストルーベ, O ΣはO. ストルーベの星表を意味し, それぞれの星表内の番号を示す. これらの星名には星座名を付ける必要はないが, その重星のある星座を知るために星座名を付けた. 分離に要する望遠鏡の口径も示した.

ADS 番号	星　　名	赤　経 (2000.0)	赤　緯 (2000.0)	等　級	位置角 (2024.5)	角距離 (2024.5)	口径
		h　　m	°　　′		°	″	cm
61	Σ3062 Cas	00 06.3	+58 26	6.4 − 7.3	13.8	1.51	8*
102	Σ2 Cep	00 09.3	+79 43	6.7 − 6.9	13.7	0.97	12*
207	Σ13 Cep	00 16.2	+76 57	7.0 − 7.1	45.6	0.91	15*
671	η Cas	00 49.1	+57 49	3.5 − 7.4	328.2	13.52	4
755	36 And	00 55.0	+23 38	6.1 − 6.5	339.0	1.22	10*
——	τ Scl	01 36.1	−29 54	6.0 − 7.3	207.3	0.91	15*
1538	Σ186 Cet	01 55.9	+01 51	6.8 − 6.8	80.3	0.55	25*
1598	48 Cas	02 02.0	+70 54	4.7 − 6.7	54.4	0.40	80
1615	α Psc	02 02.0	+02 46	4.1 − 5.2	257.3	1.85	7*
1631	10 Ari	02 03.7	+25 56	5.8 − 7.9	350.8	1.63	15
1709	Σ228 And	02 14.0	+47 29	6.6 − 7.2	323.0	0.45	30*
1860AB	ι Cas	02 29.1	+67 24	4.6 − 6.9	226.2	2.65	10
2402	α For	03 12.1	−28 59	4.0 − 7.2	301.0	5.52	7
2612	Σ400 Cam	03 35.0	+60 02	6.8 − 8.0	270.6	1.56	8*
2616	7 Tau	03 34.4	+24 28	6.6 − 6.9	348.7	0.78	15*
2963	Σ460 Cep	04 10.0	+80 42	5.6 − 6.3	164.2	0.66	20*
2995	OΣ531 Per	04 07.6	+38 04	7.3 − 9.7	348.5	2.68	12
3159	β744 Eri	04 21.5	−25 44	6.6 − 7.3	70.3	0.52	25*
3230	β311 Eri	04 26.9	−24 05	6.7 − 7.1	168.9	0.41	30*
3264	80 Tau	04 30.1	+15 38	5.7 − 8.1	13.7	1.46	20
3711	14 Ori	05 07.9	+08 30	5.8 − 6.7	276.5	1.02	12*
4115	32 Ori	05 30.8	+05 57	4.4 − 5.8	43.5	1.40	9*
4263	ζ Ori	05 40.8	−01 57	1.9 − 3.7	167.5	2.14	10
5400	12 Lyn	06 46.2	+59 27	5.4 − 6.0	63.2	1.94	6*
5423	α CMa	06 45.1	−16 43	−1.5 − 8.5	60.0	11.26	25
5447	OΣ156 Gem	06 47.4	+18 12	6.6 − 8.0	53.5	0.19	60*
5559	38 Gem	06 54.6	+13 11	4.8 − 7.8	141.6	7.36	5
5983	δ Gem	07 20.1	+21 59	3.5 − 8.2	230.3	5.34	10
6175	α Gem	07 34.6	+31 53	1.9 − 3.0	50.0	5.03	小
6251	α CMi	07 39.3	+05 14	0.5 − 10.8	347.2	5.03	25
6650AB	ζ¹ Cnc	08 12.2	+17 39	5.3 − 6.2	348.5	1.11	12*
6650AB-C	ζ Cnc	08 12.2	+17 39	4.9 − 5.8	62.0	5.94	小
6871	β205 Pyx	08 48.3	−24 36	6.8 − 7.1	89.8	0.59	20*
6993AB-C	ε Hya	08 46.8	+06 25	3.5 − 6.7	313.8	2.83	15
——	10 UMa	09 00.6	+41 47	4.2 − 6.5	9.1	0.71	40
7307	Σ1338 Lyn	09 21.0	+38 11	6.7 − 7.1	329.9	0.99	12*
7390	ω Leo	09 28.5	+09 03	5.7 − 7.3	118.8	0.94	20
7555	γ Sex	09 52.5	−08 06	5.4 − 6.4	27.3	0.41	30*
7724	γ Leo	10 20.0	+19 51	2.4 − 3.6	126.9	4.74	小

*はテスト星

ADS 番号	星　　名	赤　経	赤　緯 (2000. 0)	等　　級	位置角	角距離 (2024. 5)	口径
7846	β 411　Hya	10　36. 1	− 26　41	6. 7　−　7. 8	301. 1	1. 32	9 *
8035	α　UMa	11　03. 7	+ 61　45	2. 0　−　5. 0	317. 9	0. 82	50
8119AB	ξ　UMa	11　18. 2	+ 31　32	4. 3　−　4. 8	137. 6	2. 60	5 *
8148	ι　Leo	11　23. 9	+ 10　32	4. 1　−　6. 7	88. 7	2. 32	15
8197	OΣ 235　UMa	11　32. 3	+ 61　05	5. 7　−　7. 5	55. 7	0. 99	25
8481	β 920　Crv	12　15. 8	− 23　21	6. 9　−　8. 2	308. 9	1. 96	6 *
8539	Σ 1639　Com	12　24. 4	+ 25　35	6. 7　−　7. 8	322. 3	1. 89	7 *
8630	γ　Vir	12　41. 7	− 01　27	3. 5　−　3. 5	352. 3	3. 42	4 *
8695	35　Com	12　53. 3	+ 21　15	5. 2　−　7. 1	211. 2	1. 01	25
8954	β 932　Vir	13　34. 7	− 13　13	6. 3　−　7. 3	69. 1	0. 43	30 *
8974	25　CVn	13　37. 5	+ 36　18	5. 0　−　7. 0	92. 2	1. 62	15
9413	ξ　Boo	14　51. 4	+ 19　06	4. 8　−　7. 0	289. 7	4. 79	6
9425	OΣ 288　Boo	14　53. 4	+ 15　42	6. 9　−　7. 5	152. 5	0. 89	15 *
9494	44 i　Boo	15　03. 8	+ 47　39	5. 2　−　6. 1	215. 2	0. 65	20 *
9909	ξ　Sco	16　04. 4	− 11　22	4. 9　−　5. 2	198. 2	1. 11	12 *
9979	σ　CrB	16　14. 7	+ 33　52	5. 6　−　6. 5	239. 7	7. 32	小
10074	α　Sco	16　29. 4	− 26　26	1. 0　−　5. 4	277. 8	2. 52	25
10087	λ　Oph	16　30. 9	+ 01　59	4. 2　−　5. 2	49. 3	1. 36	9 *
10157	ζ　Her	16　41. 3	+ 31　36	3. 0　−　5. 4	83. 9	1. 53	20
10235	Σ 2107　Her	16　51. 8	+ 28　40	6. 9　−　8. 5	109. 7	1. 39	15
10279	20　Dra	16　56. 4	+ 65　02	7. 1　−　7. 3	66. 2	1. 12	12 *
10345	μ　Dra	17　05. 3	+ 54　28	5. 7　−　5. 7	354. 5	2. 69	5 *
10417	36　Oph	17　15. 3	− 26　36	5. 1　−　5. 1	137. 7	5. 14	小
10598	Σ 2173　Oph	17　30. 4	− 01　04	6. 1　−　6. 2	4. 4	0. 31	40 *
11005	τ　Oph	18　03. 1	− 08　11	5. 3　−　5. 9	291. 7	1. 40	9 *
11046	70　Oph	18　05. 5	+ 02　30	4. 2　−　6. 2	118. 0	6. 71	4
11334	Σ 2315　Her	18　25. 0	+ 27　24	6. 6　−　7. 8	112. 8	0. 58	20 *
11483	OΣ 358　Her	18　35. 9	+ 16　59	6. 9　−　7. 1	141. 0	1. 46	8 *
11635AB	ε^1　Lyr	18　44. 3	+ 39　40	5. 2　−　6. 1	342. 7	2. 14	6 *
11635CD	ε^2　Lyr	18　44. 4	+ 39　37	5. 2　−　5. 4	72. 3	2. 41	5 *
11871	β 648　Lyr	18　57. 0	+ 32　54	5. 3　−　8. 0	220. 7	1. 09	30
11897	Σ 2438　Dra	18　57. 5	+ 58　14	7. 0　−　7. 4	355. 3	0. 81	15 *
——	γ　CrA	19　06. 4	− 37　04	4. 5　−　6. 4	312. 7	1. 63	15
12880	δ　Cyg	19　45. 0	+ 45　08	2. 9　−　6. 3	213. 4	2. 81	15
14296	λ　Cyg	20　47. 4	+ 36　29	4. 7　−　6. 3	356. 3	0. 93	20
14360	4　Aqr	20　51. 4	− 05　38	6. 4　−　7. 4	37. 8	0. 67	20 *
14499	ε　Equ	20　59. 1	+ 04　18	6. 0　−　6. 3	103. 1	0. 18	80
14636	61　Cyg	21　06. 9	+ 38　45	5. 2　−　6. 0	153. 5	32. 08	小
14787	τ　Cyg	21　14. 8	+ 38　03	3. 8　−　6. 6	165. 7	1. 00	40
15270	μ　Cyg	21　44. 1	+ 28　45	4. 8　−　6. 2	331. 9	1. 38	9 *
15600	ξ　Cep	22　03. 8	+ 64　38	4. 5　−　6. 4	273. 2	8. 51	小
15971AB	ζ　Aqr	22　28. 8	− 00　01	4. 3　−　4. 5	154. 2	2. 46	5 *
16057	Σ 2924　Cep	22　33. 0	+ 69　55	6. 3　−　7. 8	60. 7	0. 43	50
16428	52　Peg	22　59. 2	+ 11　44	6. 1　−　7. 3	50. 1	0. 42	30 *
16538	π　Cep	23　07. 9	+ 75　23	4. 6　−　6. 8	7. 2	1. 11	25
16666	o　Cep	23　18. 6	+ 68　07	5. 0　−　7. 3	224. 3	3. 40	8
16836	72　Peg	23　34. 0	+ 31　20	5. 7　−　6. 1	109. 8	0. 59	20 *
17020	OΣ 507　Cas	23　48. 7	+ 64　53	6. 8　−　7. 8	321. 9	0. 69	20 *
17149	Σ 3050　And	23　59. 5	+ 33　43	6. 5　−　6. 7	344. 8	2. 58	5 *

＊はテスト星

変　光　星 (前原裕之)

変光星総合カタログGCVS（Samus, N.N., et al. 2017, Astronomy Reports, 61, 80）の最新版（2022年6月公開）には57,807個の主に銀河系内の変光星が登録されている．最近ではASAS-SNやATLAS, Gaia, OGLE, ZTFなどのさまざまなサーベイから変光星が多数発見されているが，GCVSにはこれらの一部のみが登録されているに過ぎないので注意が必要である．AAVSOがまとめているVSX（The International Variable Star Index; *https://www.aavso.org/vsx/*）には2023年9月時点で2,277,485個もの変光星が登録されている．

変光星は変光の原因や光度曲線の特徴，スペクトル型などから，脈動星，爆発星，回転星，激変星，食変光星，変光X線源に大別される．表1にGCVS に登録されている主な型別の変光星の数を示す（分類が不確かなものも含む）．変光星の中には複数の型の変光を同時に示す天体もあるが，代表的な変光に基づいて分類した．なお，大分類は最近提案されている変光の物理機構に基づく新しい分類を採用した．ここでは，観測しやすい変光範囲の大きな変光星に絞って概説する．

【脈動星】

脈動星には，星が膨張・収縮をするような星の半径方向の脈動による動径脈動が原因で変光する天体と，さざ波が立つように星表面が緯度・経度方向に交互に振動する非動径脈動によって

表1　変光星の分類と天体数 (GCVS5.1 2022年6月版による)

大分類	型 （略号）	星数
脈動星	はくちょう座α型（ACYG）	122
	ケフェウス座β型（BCEP）	175
	ケフェウス座δ型（DCEP）	856
	おとめ座W型（CW）	328
	たて座δ型（DSCT）	987
	ほうおう座SX型（SXPHE）	265
	不規則型（L）	4560
	ミラ型（M）	9133
	ぼうえんきょう座PV型（PVTEL）	15
	こと座RR型（RR）	10426
	おうし座RV型（RV）	170
	半規則型（SR）	7502
	くじら座ZZ型（ZZ）	71
	うしかい座BL型（BLBOO）	2
	かじき座γ型（GDOR）	107
	その他（LPB, RPHS, SRS）	309
爆発星	Be（BE）	322
	カシオペヤ座γ型（GCAS）	127
	オリオン座FU型（FU）	24
	不規則型（I, IN, IS）	3175
	かんむり座R型（RCB）	48
	かじき座S型（SDOR）	17
	くじら座UV型（UV）	1547
	ウォルフ・レイエ星（WR）	38
回転星	りょうけん座α2型（ACV）	468
	りゅう座BY型（BY）	1269
	回転楕円体型（ELL）	201
	かみのけ座FK型（FKCOM）	13
	パルサー（PSR）	1
	反射型（R）	19
	りょうけん座RS型（RS）	675
	おひつじ座SX型（SXARI）	39
食変光星	アルゴル型（EA）	5760
	こと座β型（EB）	1719
	おおぐま座W型（EW）	3800
	トランジット系外惑星（EP）	43
	その他食変光星（E, EC）	959
激変星	新星（N, NA, NB, NC）	493
	回帰新星（NR）	9
	ふたご座U型（UG）	549
	新星様天体（NL）	133
	強磁場激変星（AM, XM）	86
	アンドロメダ座Z型（ZAND）	74
	超新星（SN）	1
	未分類（CV）	15
変光X線源	X線新星（XN, XND）	28
	その他	50
その他	活動銀河核（BLLAC, GAL, QSO）	22
	変光なし（CST），未分類	656

※新星の数には2022年6月以降に新たにGCVS名が付けられた天体の数は含んでいない．

変光する天体がある.脈動星はその変光の原因となっている脈動のタイプや周期,星の
スペクトル型などから以下のようなさまざまな型に細分される.

DCEP(ケフェウス座δ)型やCW(おとめ座W)
型変光星は,F,G,K型スペクトルの超巨星ないし
巨星であり,HR図上を右上から左下へ横切ってい
る脈動不安定帯の上部に位置する天体である.変
光周期は1日弱から50日程度,変光範囲は0.3～1等
程度である(図1).この型の変光星には変光周期
と絶対等級の相関があることが知られており,比較
的近傍の銀河までの距離を測る基準天体としても
有名である.DCEP型は金属量の多い種族Ⅰの天

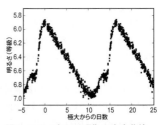

図1　X Cyg(DCEP型)の光度曲線

体,CW型は金属量の少ない種族Ⅱの天体である.DCEP型とCW型では周期光度関係が
異なっており,同じ周期でもCW型のほうがDCEP型よりも絶対等級が暗い.

RR(こと座RR)型変光星は0.3～1日弱の周期で0.2～1等程度の変光を示すF型の巨
星で,太陽質量よりも軽い種族Ⅱの天体である.HR図上では水平分枝上に位置する天体
で,絶対等級がほぼ同じであるため,DCEPやCW型と同様,距離指標として使われる.
「Blazhko効果」とよばれる光度曲線の形状の長期変化が見られる.

DSCT(たて座δ)型やSXPHE(ほうおう座SX)型変光星はA-F型の準巨星ないし
主系列星で,DSCT型は種族I,SXPHE型は種族Ⅱの天体である.DSCT型星の変光範囲
は通常0.1等以下で変光周期は0.01～0.2日にわたる.SXPHE型星の変光範囲は大きなも
のでは0.7等程度に達し,周期は0.04～0.08日と比較的短い.複数の周期成分のうなりによ
る光度曲線形状の変化が見られるものもある.

RV(おうし座RV)型変光星は種族ⅡのF,G,K型スペクトルの超巨星で,低質量星が

表2　明るい脈動星

星名	赤経 (2000. 0) 赤緯			変光範囲	元期	周期	スペクトル型	変光の型
	h m s			等　　等		日		
η Aql	19 52 28. 37	+01 00 20. 4		3.48－ 4.33V	2450323.31	7.176915	F6 Ib-G4 Ib	DCEP
δ Cep	22 29 10. 27	+58 24 54. 7		3.48－ 4.37V	2436075.445	5.366341	F5 Ib-G1 Ib	DCEP
T Mon	06 25 13. 00	+07 05 08. 6		5.58－ 6.62V	2443784.615	27.024649	F7 Iab-K I Iab+A0V	DCEP
W Vir	13 26 01. 99	－03 22 43. 4		9.46－10.75V	2432697.783	17.2736	F0 Ib-G0 Ib	CWA
RR Lyr	19 25 27. 91	+42 47 03. 7		7.06－ 8.12V	2442923.4193	0.56686776	A5.0-F7.0	RRAB
CY Aqr	22 37 47. 85	+01 32 03. 8		10.42－11.20V	2452956.629	0.061038408	A2-A8	SXPHE
SS Vir	12 25 14. 40	+00 46 11. 0		6.0 － 9.6 V	2445361.	364.14	C6,3e (Ne)	SRA
Z UMa	11 56 30. 22	+57 52 17. 6		6.2 － 9.4 V		195.5	M5Ⅲe	SRB
α Ori	05 55 10. 30	+07 24 25. 4		0.0 － 1.3 V		2335.	M1-M2 Ia- Ibe	SRC
μ Cep	21 43 30. 46	+58 46 48. 1		3.43－ 5.1 V		730.	M2e Ia	SRC
UU Her	16 35 57. 29	+37 58 02. 1		8.5 －10.6 p		80.1	F2 Ib-G0	SRD
R Sct	18 47 28. 95	－05 42 18. 5		4.2 － 8.6 V	2444872.	146.5	G0 Iae-K2p (M3) Ibe	RVA
U Mon	07 30 47. 47	－09 46 36. 8		6.1 － 8.8 V	2438496.	91.32	F8eVⅠb-K0p Ib (M2)	RVB

AGB段階を終え,惑星状星雲へ進化する途中で脈動不安定帯に入った天体であると考えられている. 50〜150日程度の周期で変光し,浅い副極小と深い主極小が交互に見られる. 変光範囲は3〜4等に達する. 平均光度の変動のないRVa型と,長い周期（600〜2000日）で平均光度が変動するRVb型がある.

ミラ型変光星は,スペクトル型がM, S, C型などの低温の赤色巨星であり,100〜1000日程度の長い周期で2.5等以上の大きな変光振幅を示すことから,古くからアマチュアのよい観測対象となっている. *o* Cet（ミラ）や *χ* Cygのように肉眼等級まで増光する天体もある（図2）. 近赤外域では周期光度関係があることが知られており,銀河系の構造などの研究に距離指標として用いられている.

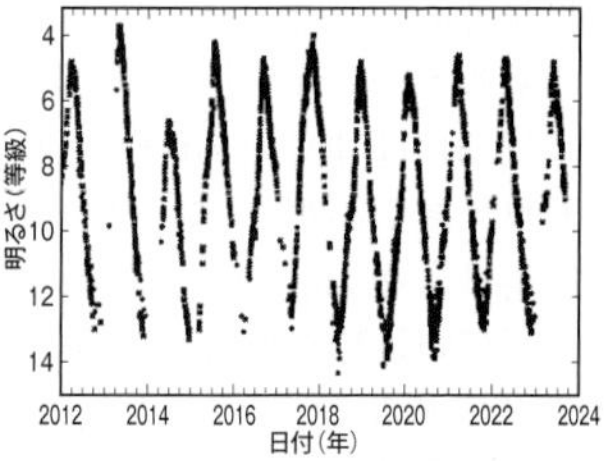

図2 χ Cyg（ミラ型）の光度曲線
（VSOLJのデータより作成）

半規則（SR）型変光星は周期性やスペクトル型からSRa, SRb, SRc, SRdのサブタイプに分類される. SRa, SRb型の天体は,主にM, S, C型などのスペクトル型の赤色巨星で,ミラ型変光星と同様の天体であると考えられている. 変光の振幅はミラ型よりも小さく（2.5等未満）,変光の周期は20〜2000日程度にわたる. 周期や周期ごとの変光の様子がミラ型とくらべると不規則で,周期性のよいものはSRa, 悪いものはSRbと分類される. SRcはM, S, Cなどのスペクトル型の超巨星で,変光の振幅は1等程度,周期は短いもので30日,長いものでは数千日になる. SRdはスペクトル型がF, G, K型の超巨星で,変光範囲は0.1〜4等,変光周期は30〜1100日程度にわたる.

【爆発星】

爆発星は多様なタイプの天体が含まれ,彩層やコロナ中でのフレアのような激しい磁気活動や,強い恒星風,恒星大気中のガスやダストの変化によって変光する. 変光にともなって星外部への物質の放出を起こす天体もある.

BE型やGCAS型（カシオペヤ座 *γ* 型）変光星は,B型星のうち星周円盤を持つ天体で,通常のB型星では吸収線となっている水素のバルマー線がこれらの天体では輝線となっている. 星周円盤の形成・変化にともなう変光が観測される.

FU型（オリオン座FU型）, IN型（INA・INB・INT型など）変光星は,前主系列星とよばれる若い天体で,暗黒星雲やHII領域などの星雲の近くに分布する. FU型は数ヵ月程度かそれより短い時間で最大6等ほどに達する大きな増光を示し,アマチュアによる新天体捜索でも発見されることがある. 近年では板垣公一氏によって発見されたV2492 Cygや小嶋正氏によって発見されたV960 Monがこのタイプの変光星に該当する. IN型には大質量（2〜10太陽質量）でB-A型スペクトルを示すHerbig Ae/Be天体のINA型と,低質量（2太陽質量以下）でF-M型スペクトルを示すINB型やINT型（おうし座T型

表3　主な爆発星

星名	赤経 (2000.0) 赤緯			変光範囲	スペクトル型	変光の型
	h　m　s	。　′　″		等　　等		
γ Cas	00 56 42. 53	+60 43 00. 3		1. 6 − 3. 0 V	B0.5IVpe	GCAS
δ Sco	16 00 20. 01	−22 37 18. 1		1. 86− 2. 32V		GCAS
X Per	03 55 23. 08	+31 02 45. 0		6. 03− 7. 0 V	O9.5(Ⅲ-Ⅴ)ep	GCAS+XP
AB Aur	04 55 45. 84	+30 33 04. 3		6. 3 − 8. 4 V	A0Ve+sh	INA
Z CMa	07 03 43. 16	−11 33 06. 2		7. 8 −11. 2 V	B5/8eq+F5/7	INA
UX Ori	05 04 29. 99	−03 47 14. 3		8. 7 −12. 8 V	A2ea	ISA(YY)
R CrB	15 48 34. 41	+28 09 24. 3		5. 71−14. 8 V	C0, 0(F8pep)	RCB
RY Sgr	19 16 32. 77	−33 31 20. 4		5. 8 −14. 0 V	G0 Iaep(C1,0)	RCB
P Cyg	20 17 47. 20	+38 01 58. 6		3 − 6 V	B1 Iapeq	SDOR
EV Lac	22 46 49. 73	+44 20 02. 4		8. 28−11. 83B	M4.5Ve	UV+BY
YZ CMi	07 44 40. 17	+03 33 08. 8		8. 6 −12. 93B	M4.5Ve	BY+UV

天体）とがある．自転による周期的な変光や星の周辺のダストによる不規則な減光が見られるほか，中にはFU型のような増光を示す天体もある．両者は基本的には同種の天体で，前主系列星の周りの降着円盤を介して中心天体に降着する物質の量が増大することで増光を起こすと考えられている．

　RCB型（かんむり座R型）変光星は不規則に減光を示す天体で，9等にもおよぶ大きな減光を示す天体もある（図3）．この型の天体のスペクトルは水素の吸収線が通常の星よりも弱く炭素の吸収線が強い．星の大気中の炭素が固体のチリとなって星本体の放射を吸収することで暗くなると考えられている．

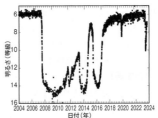

図3　R CrB（RCB型）の光度曲線
（VSOLJのデータより作成）

　SDOR型（かじき座S型）変光星は太陽の数十から100倍程度の非常に質量が大きく明るい天体で，不規則な変光を示す．この種類の天体の中にはP Cygやη Carのように数百年に1回程度の頻度で，数等程度の振幅の突発的な増光を示すものもある．

【回転星】

　星表面の黒点などのために星の表面の明るさが一様でない場合や，近接連星系で星の形状が球ではなく回転楕円体のような形状になっている場合などには，星の自転や連星系の公転にともなって星の明るさが変動する．太陽もこのタイプ（BY Dra型）の変光を示し，大きな黒点が現われた場合には自転にともなう0.1%程度の振幅の変光が観測される．

【食変光星】

　連星系のうち，軌道面が観測者の視線方向に近い場合は，片方の星がもう片方の星を隠す「食」が起こり，明るさが変動する．光度曲線の形状から，EA（アルゴル）型，EB

表4　明るい短周期食変光星

星名	赤経 (2000.0) 赤緯		変光範囲	元期*	周期*	スペクトル型	変光の型
	h m s	° ′ ″	等 等		H		
β Per	03 08 10. 13	+40 57 20. 4	2. 12－3. 39V	2452500. 172	2. 867338	B8 V	EA/SD
δ Lib	15 00 58. 35	－08 31 08. 2	4. 91－5. 90V	2452500. 526	2. 327331	A0Ⅳ-V	EA/SD
RZ Cas	02 48 55. 51	+69 38 03. 4	6. 18－7. 72V	2452500. 584	1. 1952510	A3 V	EA/SD
β Lyr	18 50 04. 79	+33 21 45. 6	3. 25－4. 36V	2452509. 50	12. 9437	B8 Ⅱ-Ⅲ ep	EB
W UMa	09 43 45. 47	+55 57 09. 1	7. 75－8. 48V	2452500. 209	0. 3336313	F8 V p+F8 V p	EW/KW
YY Eri	04 12 08. 85	－10 28 10. 0	8. 1 －8. 80V	2452500. 327	0. 3214967	G5+G5	EW/KW

＊"Up-to-date Linear Elements of Close Binaries", J.M. Kreiner, 2004, Acta Astronomica, vol. 54, pp 207-210のオンライン版（*https://www.as.up.krakow.pl/ephem/*）による値.

（こと座β）型，EW（おおぐま座W）型の3種類に大別される（図4）．また，近年発見数が増大している太陽系外惑星のうち，惑星が中心星を隠すことで減光するものはEP型に分類される．このほか，公転による効果を考慮した星自身の重力圏を表わすロッシュローブに対する連星系をなす星の相対的な大きさを基にしたコパールの分類があり，どちらの

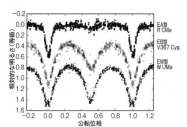

図4　食変光星の光度曲線形状による分類

星もロッシュローブを満たしていない分離型，片方がロッシュローブを満たしている半分離型，両方の星がロッシュローブを満たしている接触型の3種類に分類される．

【激変星】

　白色矮星ないし中性子星などの高密度天体の主星と，主にK-M型の主系列星ないし準巨星，または赤色巨星の伴星からなる連星系で，伴星から主星への質量移動に起因する変光を示すほか，食変光が見られる天体もある．

　新星は白色矮星の主星とK-M型の主系列星ないし準巨星の伴星からなる近接連星か，白色矮星の主星と赤色巨星の伴星からなる連星系（共生星）である．伴星からの質量移動があり，伴星から供給された物質（主に水素）が白色矮星の表面に降り積もり，ある程度の量に達すると暴走的な熱核反応を起こして白色矮星表面の水素の層が爆発を起こし増光する．増光幅は小さなものでも7等程度，大きなものでは19等にも達する．極大光度から3等級減光するまでの時間が100日以下のものをNA，それ以上かけてゆっくり減光するものをNB，光度変化が非常に遅く10年程度かそれ以上かけて非常にゆっくりと減光するものをNC型と分類する．NC型は白色矮星と赤色巨星の連星系で起こる新星爆発（共生星新星とよばれる）であることが多い．新星のうち10〜100年程度の間隔で複数回の新星爆発が観測されている天体はとくに回帰新星または反復新星（NR型）とよばれる．

　矮新星（UG型変光星）は，白色矮星の主星とロッシュローブを満たしたK-M型の主

表5　明るい激変星

星名	赤経 (2000.0)	赤緯	変光範囲	増光間隔	最近の増光年	スペクトル型	変光の型
	h m s	° ′ ″	等 等				
T CrB	15 59 30.16	+25 55 12.6	2.0 -10.8 V	80年	1866, 1946	M3III+pec (Nova)	NR
RS Oph	17 50 13.17	-06 42 28.6	4.3 -12.5 V	20年	1985, 2006, 2021	OB+M2ep	NR
U Sco	16 22 30.78	-17 52 42.8	8.7 -19.3 V	10年	1999, 2010, 2022	pec (e)	NR
SS Cyg	21 42 42.79	+43 35 09.9	7.7 -12.4 V	50日		K5V+pec (UG)	UGSS
U Gem	07 55 05.21	+22 00 04.8	8.2 -14.9 V	105日		pec (UG) +M4.5V	UGSS+E
RX And	01 04 35.52	+41 17 57.8	10.2 -15.1 V	13日		pec (UG)	UGZ
SU UMa	08 12 28.28	+62 36 22.3	10.8 -14.96V	19日		pec (UG)	UGSU
WZ Sge	20 07 36.46	+17 42 14.7	7.0 -15.53V	20-30年	1946, 1978, 2001	DAep (UG)	UGWZ+E+ZZ
ER UMa	09 47 11.89	+51 54 08.7	12.4 -15.2 V				UGER
TT Ari	02 06 53.09	+15 17 41.8	10.2 -16.5 V			pec (e)	NL
AM Her	18 16 13.34	+49 52 04.1	12.3 -15.7 V			pec+M4.5V	AM/XRM+E
Z And	23 33 39.95	+48 49 05.9	7.7 -11.3 V			M2III+B1eq	ZAND
CH Cyg	19 24 33.07	+50 14 29.1	5.60- 8.49V			M7IIIab+Be	ZAND+SR
V404 Cyg	20 24 03.83	+33 52 02.9	11.5 ≤18.5 p	20-30年?	1938, 1989, 2015		XND
V616 Mon	06 22 44.54	-00 20 44.0	11.26-20.2 V		1975	pec (cont-e) +K5-7V	XND+ELL
V3721 Oph	18 20 21.94	+07 11 07.3	11.7 -18.3 V		2018		XN
KV UMa	11 18 10.80	+48 02 12.6	12.8 -18.8 V	6年?	1999, 2005		XND

系列星の伴星からなる近接連星系で,伴星からの質量移動があり,白色矮星の周辺に降着円盤を形成している天体である.降着円盤の熱不安定によって質量降着率が急激に増加することで数日から数十年の間隔で2〜9等程度の増光を示し,明るい期間は数日から数十日続く(図5).光度変化の様子の違いから,UGSS型,UGZ型,UGSU型のように細分類されることもある.新星様天体(NL型)も基本的には矮新星と同じような天体であるが,伴星からの質量移動率が高く降着円盤の熱不安定が

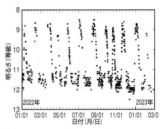

図5　SS Cyg（UGSS型）の光度曲線線
（VSOLJのデータより作成）

起こらない天体と考えられている.不定期に伴星からの質量移動率が低下して減光を起こすことがある.

　AM(ヘルクレス座AM)型変光星(ポーラーともよばれる)は,強い磁場を持った白色矮星とK-M型の主系列星の伴星からなる近接連星系で,矮新星やNL型と同様に伴星からの質量移動がある.しかし強い磁場のため降着円盤は形成されず,伴星からの物質は磁力線に沿って白色矮星の磁極に直接降着していると考えられている.白色矮星の自転や連星系の公転,伴星からの質量降着率の変動などによって変光する.

　ZAND(アンドロメダ座Z)型変光星は共生星ともよばれ,高温の主星(多くは白色矮星)と赤色巨星の伴星からなる連星系で,連星系全体が赤色巨星から放出されたガスに包まれていると考えられている.主星への質量降着率の変化や赤色巨星が高温の主星を隠す食,伴星の脈動変光による変光を示す.

【変光X線源】

中性子星やブラックホールなどの高密度天体を含む連星系で, 相手の星からの質量降着率の変化や連星系の公転等の影響によりX線や可視光の明るさが変動する. X線新星（XND型）とよばれる天体では, 可視光でも増光幅が9等に達する大きな増光を示す. このタイプの天体はブラックホールないし中性子星の主星とロッシュローブを満たしたG-M型主系列星ないし準巨星の伴星からなる連星系で, 主星の周囲に降着円盤が形成され, 矮新星と同様の降着円盤の熱不安定により質量降着率が変化することでX線および可視光で増光すると考えられている. 国際宇宙ステーションのきぼう実験棟船外実験プラットフォームに取り付けられた全天X線監視装置MAXIは, この種の天体の発見に大きな成果を上げている.

表2はミラ型変光星を除く明るく観測しやすい脈動星のリストである. 周期性のよいものには極大日時の元期と周期も記載した（データはGCVSによる）. 表3は主な爆発星, 表4は明るく観測しやすい短周期食変光星, 表5は古典新星を除く明るい激変星とX線新星のリストである. 表6は日本から観測できる明るいミラ型変光星の2024年の予報極大日である. 図2に示すように, ミラ型変光星の極大や極小の明るさは周期ごとに変動する. また, ミラ型星の中には顕著な変光周期の変化を示す天体もあり, このような長期的な変化の研究にはアマチュアの観測も大きな貢献をはたしている.

表6 日本から観測できる明るいミラ型変光星の極大予報日

星名	変光範囲(v等級)	周期	極大月日	星名	変光範囲(v等級)	周期	極大月日	星名	変光範囲(v等級)	周期	極大月日
S Scl	5.5-13.6	365	1 2	o Cet	2.0-10.1	331	5 18	S CMi	6.6-13.2	335	8 27
RS Her	7.0-13.0	222	1 7	U Ori	4.8-13.0	370	5 19	R Sgr	6.7-12.8	270	9 4
R Dra	6.7-13.2	246	1 13	R Cas	4.7-13.5	432	5 23	RR Sgr	5.4-14.0	339	9 11
R UMa	6.5-13.7	300	1 24	R Lep	5.5-11.7	424	5 28	RT Cyg	6.0-13.1	190	9 14
R CVn	6.5-12.9	329	2 9	T UMa	6.6-13.5	256	6 12	R Dra	6.7-13.2	246	9 15
U Her	6.4-13.4	403	2 19	RS Lib	7.0-13.0	219	6 27	V CrB	6.9-12.6	358	9 15
R Tri	5.4-12.6	265	2 27	R Peg	6.9-13.8	376	6 28	W And	6.7-14.6	396	9 16
R Vul	7.0-14.3	138	2 28	Y Dra	6.2-15.0	328	7 1	R Aqr	5.8-12.4	384	9 24
T Hya	6.7-13.5	285	3 1	R Cnc	6.1-11.8	363	7 4	R Vir	6.1-12.1	146	9 28
R Oph	7.0-13.8	302	3 3	X Oph	5.9- 9.2	330	7 5	V Mon	6.0-13.9	330	10 3
R And	5.8-14.9	409	3 5	R Aur	6.7-13.9	462	7 10	RS Vir	7.0-14.6	353	10 9
RT Cyg	6.0-13.1	190	3 7	S CrB	5.8-14.1	361	7 12	S Ser	7.0-14.1	368	10 10
RU Her	6.8-14.3	474	3 14	R Aql	5.5-12.0	271	7 13	R Crv	6.7-14.0	319	10 12
S Her	6.4-13.8	310	3 19	R Vul	7.0-14.3	138	7 15	V Peg	7.0-15.0	302	10 17
R Leo	4.4-11.3	312	3 22	R LMi	6.3-13.2	377	7 17	T Her	6.8-13.7	164	10 24
R Boo	6.2-13.1	224	4 7	R Psc	7.0-14.8	358	7 17	R Boo	6.2-13.1	224	11 17
R Cyg	6.1-14.4	430	4 8	S Vir	6.3-13.2	378	7 17	R Tri	5.4-12.6	265	11 18
R Gem	6.0-14.0	372	4 9	χ Cyg	3.3-14.2	409	7 20	R UMa	6.5-13.7	300	11 20
V Cas	6.9-13.4	230	4 10	T Cep	5.2-11.3	374	8 4	V Cas	6.9-13.4	230	11 25
R Ser	5.2-14.4	354	4 13	T Col	6.6-12.7	225	8 4	R Vul	7.0-14.3	138	11 30
U Cyg	5.9-12.1	470	4 13	RS Her	7.0-13.0	222	8 16	U Cet	6.8-13.4	234	12 8
U Cet	6.8-13.4	233	4 19	T Cas	6.9-13.0	461	8 20	T Hya	6.7-13.5	285	12 12
R Cam	7.0-14.4	266	4 28	R Hya	3.5-10.9	358	8 20	R Oph	7.0-13.8	302	12 30
R Vir	6.1-12.1	146	5 6	S Peg	6.9-13.8	317	8 22				
T Her	6.8-13.7	164	5 13	RR Sco	5.0-12.4	282	8 27				

データ

天文定数, 各惑星に関するデータ, 最近の太陽面現象, 最近発見された小惑星・彗星, 観測された流星・火球, 星食・接食・小惑星による食・人工天体のデータ, 周期彗星の軌道要素, 星座, 恒星, 星雲・星団, 月面図を中心にデータを掲載.

天文基礎データ <small>(相馬 充)</small>

1. IAU (2009) 天文定数系

光の速度 $c = 299792458$ m/s

天文単位距離 $A = 1.495978707 \times 10^{11}$ m

光差 $\tau_A = 499\overset{s}{.}00478384$

地球の赤道半径 $a_e = 6378136.6$ m

地球の形の力学係数 $J_2 = 0.0010826359$

日心重力定数

$$GS = 1.3271244 \times 10^{20}\,\text{m}^3/\text{s}^2$$

万有引力定数

$$G = 6.67428 \times 10^{-11}\,\text{m}^3/\text{kg/s}^2$$

地心重力定数

$$GE = 3.9860044 \times 10^{14}\,\text{m}^3/\text{s}^2$$

地球の偏平率 $f = 1/298.25642$

章動定数 （J2000.0）$N = 9\overset{\prime\prime}{.}2052331$

太陽視差 $\pi = 8\overset{\prime\prime}{.}794143$

光行差定数 （J2000.0）$\kappa = 20\overset{\prime\prime}{.}49551$

地球に対する月の質量比

$$\mu = 0.0123000371$$

地球に対する太陽の質量比

$$S/E = 332946.0487$$

地球＋月に対する太陽の質量比

$$S/[E(1+\mu)] = 328900.5596$$

太陽の質量 $S = 1.9884 \times 10^{30}$ kg

惑星に対する太陽の質量比（太陽／惑星）. 惑星の太陽に対する比は下記数値の逆数.

水星	6023600	金星	408523.719	火星	3098703.59	木星	1047.348644
土星	3497.9018	天王星	22902.98	海王星	19412.26		

2. 歳差, 黄道傾角, 黄道回転 (2024.5, 歳差, 角速度は365.25日に対する値)

一般歳差 $50\overset{\prime\prime}{.}2933$　　　日月歳差 $50\overset{\prime\prime}{.}3851$　　　惑星歳差 $0\overset{\prime\prime}{.}1001$

赤経の歳差 $3\overset{s}{.}07524$　　　赤緯の歳差 $20\overset{\prime\prime}{.}0395$

黄道回転の角速度 $0\overset{\prime\prime}{.}4699$　　　黄道回転の昇交点 $174°48'54''$

平均黄道傾角 $23°26'09\overset{\prime\prime}{.}931$　　　（J2000.0の黄道に対する）

3. 各種の年, 月の長さ (2024.5)

太陽年	365日	$5^h48^m45\overset{s}{.}120$	恒星年	365日	$6^h 9^m 9\overset{s}{.}766$
近点年	365日	$6^h13^m52\overset{s}{.}603$	食 年	346日	$14^h52^m55\overset{s}{.}300$
朔望月	29日	$12^h44^m 2\overset{s}{.}882$	恒星月	27日	$7^h43^m11\overset{s}{.}562$
近点月	27日	$13^h18^m33\overset{s}{.}088$	分点月	27日	$7^h43^m 4\overset{s}{.}709$
交点月	27日	$5^h 5^m35\overset{s}{.}887$			

4. 恒星時と世界時 (2024.5)

1平均太陽日 = 1.0027379094 恒星日 = $24^h03^m56\overset{s}{.}55537$ 恒星時間

1恒星日 = 0.9972695663 平均太陽日 = $23^h56^m04\overset{s}{.}09053$ 平均太陽時間

5. 天文単位距離, 光年, パーセク間の換算 (1年を365.25日とする)

1光年 = $9.460730473 \times 10^{15}$m = 63241.07708 天文単位距離 = 0.3066013938 パーセク

1パーセク = $3.085677581 \times 10^{16}$m = 206264.8062 天文単位距離 = 3.261563777 光年

6. 惑星軌道要素, 周期 （年の単位は365. 25日, J2000.0の黄道と平均春分点準拠）

惑 星	軌 道 長半径	公 転 周 期	会 合 周 期	軌 道 離心率	軌 道 傾 角	近日点 黄 経	昇交点 黄 経	平 均 黄 経
	au	年	日		°	°	°	°
水　星	0. 38710	0. 240847	115. 88	0. 20564	7. 0036	77. 4941	48. 3009	46. 1525
金　星	0. 72333	0. 615197	583. 92	0. 00676	3. 3945	131. 5651	76. 6135	53. 8895
地　球	1. 00000	1. 000017	———	0. 01670	0. 0031	103. 0158	174. 8153	356. 8073
火　星	1. 52368	1. 880848	779. 94	0. 09342	1. 8477	336. 1667	49. 4873	292. 6764
木　星	5. 20260	11. 861983	398. 88	0. 04853	1. 3028	14. 3831	100. 5085	28. 3042
土　星	9. 55491	29. 457159	378. 09	0. 05543	2. 4894	93. 1929	113. 6033	250. 1752
天王星	19. 21845	84. 020473	369. 66	0. 04629	0. 7728	173. 0265	74. 0245	243. 8543
海王星	30. 11039	164. 770132	367. 49	0. 00899	1. 7700	48. 1278	131. 7809	308. 6534

上表は2024年1月1日0^{h}TTの平均軌道要素と, これから得られたものである.

7. 地球に関するデータ （世界測地系採用値に基づく）

赤道半径 6378137 m　　　　極半径 6356752 m　　　　平均半径 6371001 m

赤道全周 40075017 m　　子午線全周 40007863 m　子午線離心率 0. 0818191910

緯度1° の長さ (m)　111133 − 560 cos 2φ + 5 cos 4φ　　φは緯度, 以下同じ

経度1° の長さ (m)　111413 cos φ − 94 cos 3φ

地理緯度φから地心緯度φ'への変換式　　$\varphi' - \varphi = -11' 32''.7 \sin 2\varphi$

地心距離 (m)　6378137 （0. 998327109 + 0. 001676403 cos 2φ − 0. 000003519 cos 4φ）

重力加速度　9. 78033 (1 + 0. 005302 sin^2 φ − 0. 000000315 h)　m/s^2　h は高さ（単位m）

自転角速度　7. 292115×10^{-5} rad/s　　　　　　自転角運動量　5. 861×10^{33} kg m^2/s

地表での自転速度　0. 465101 （1 + 0. 0033583 sin 2φ）cos φ　km/s

質量 5. 9722×10^{24} kg　　　　平均密度 5. 5134 g/cm^3

8. 太陽に関するデータ

平均視半径 15′ 59″.64　　　半径 696000 km　　　　　　質量 1. 9884×10^{30} kg

平均密度 1. 408 g/cm^3　　　赤道重力 273. 98 m/s^2　　　脱出速度 617. 5 km/s

自転周期 25. 38日（対恒星）27. 2753日（対地球）

実視等級 (V) − 26. 74　　　同絶対等級 + 4. 83　　　　色指数 B − V = + 0. 65

写真等級 (B) − 26. 09　　　同絶対等級 + 5. 48　　　　距離母数 31. 57

太陽放射定数 1. 9613 cal/cm^2/min　　　全放射エネルギー 3. 846×10^{33} erg/s

平均照度 137000 lx　　　　　　　　　明るさ 3. 07×10^{27} cd

9. 月に関するデータ

平均距離 3. 84399×10^8 m　平均赤道地平視差 57′ 02″.604　平均視半径 15′ 32″.28

半径 1737. 4 km　　　　質量 7. 3458×10^{22} kg　　　平均密度 3. 3439 g/cm^3

表面重力 162. 2 cm/s^2　　脱出速度 2. 38 km/s　　　満月明るさ（平均）− 12. 70等級

満月色指数 + 0. 88　　　平均公転速度 1. 022 km/s　　軌道の平均離心率 0. 0555455

10. 惑星に関するデータ

惑 星	視長半径	赤道半径	質 量	平均密度	赤道重力	反射能	極大等級	自 転周 期	脱出速度	平均受熱量
	″	km		g/cm³				日	km/s	
水 星	5.48	2440	0.05527	5.43	0.38	0.06	− 2.5	+ 58.6461	4.25	667
金 星	30.16	6052	0.8150	5.24	0.91	0.78	− 4.9	−243.0185	10.36	191
地 球	—	6378	1.0000	5.51	1.00	0.30		+ 0.9973	11.18	100
火 星	8.93	3396	0.1074	3.93	0.38	0.16	− 2.9	+ 1.0260	5.02	43
木 星	23.42	71492	317.83	1.33	2.37	0.73	− 2.9	+ 0.4135	59.53	3.7
土 星	9.67	60268	95.16	0.69	0.93	0.77	− 0.5	+ 0.4440	35.48	1.1
天王星	1.92	25559	14.54	1.27	0.89	0.82	+ 5.3	− 0.7183	21.29	0.27
海王星	1.15	24764	17.15	1.64	1.11	0.65	+ 7.8	+ 0.6623	23.49	0.11

視長半径は, 惑星が地球より平均の最短距離にあるときの値. 質量・赤道重力・平均的受熱量は地球を基準にした相対値. 自転周期は対恒星周期で, 太陽系の不変面の北側から見た極の回転の向きが反時計回りならプラス, 時計回りならマイナスである. 脱出速度は赤道半径を用いて計算した. 反射能は各惑星について, 入射全エネルギーに対する反射全エネルギーの割合. 極大等級は地球から見て最も明るく見えるときの等級である.

11. 平均軌道要素 (瞬時の黄道と平均春分点準拠)

太陽 $L = 280.4665 + 0.985647358d + 0.000303T^2$ $\varpi = 282.9373 + 0.000047076d + 0.000457T^2$
$e = 0.016709 - 0.00004204T$ $a = 1.000001$

月 $L = 218.3166 + 13.176396474d - 0.001466T^2$ $\varpi = 83.3532 + 0.111403522d - 0.010321T^2$
$\Omega = 125.0446 - 0.052953765d + 0.002075T^2$ $e = 0.0555455$ $i = 5.1566898$
$a = 60.111257$ (e, i, a は平均値)

水星 $L = 252.2509 + 4.092377062d + 0.000303T^2$ $\varpi = 77.4561 + 1.556401T + 0.000295T^2$
$\Omega = 48.3309 + 1.186112T + 0.000175T^2$ $i = 7.0050 + 0.001821T$
$e = 0.205632 + 0.00002040T$ $a = 0.387098$

金星 $L = 181.9798 + 1.602168732d + 0.000310T^2$ $\varpi = 131.5637 + 1.402152T - 0.001076T^2$
$\Omega = 76.6799 + 0.901044T + 0.000406T^2$ $i = 3.3947 + 0.001004T$
$e = 0.006772 - 0.00004778T$ $a = 0.723330$

火星 $L = 355.4330 + 0.524071085d + 0.000311T^2$ $\varpi = 336.0602 + 1.840968T + 0.000135T^2$
$\Omega = 49.5581 + 0.772019T$ $i = 1.8497 - 0.000601T$
$e = 0.093401 + 0.00009048T$ $a = 1.523679$

木星 $L = 34.3515 + 0.083129439d - 0.000223T^2$ $\varpi = 14.3312 + 1.612635T + 0.001030T^2$
$\Omega = 100.4644 + 1.020977T + 0.000403T^2$ $i = 1.3033 - 0.005496T$
$e = 0.048498 + 0.00016323T$ $a = 5.202603$

土星 $L = 50.0774 + 0.033497907d + 0.000519T^2$ $\varpi = 93.0572 + 1.963761T + 0.000838T^2$
$\Omega = 113.6655 + 0.877088T - 0.000121T^2$ $i = 2.4889 - 0.003736T$
$e = 0.055548 - 0.00034664T$ $a = 9.554909 - 0.0000021T$

天王星 $L = 314.0550 + 0.011769036d + 0.000304T^2$ $\varpi = 173.0053 + 1.486378T + 0.000214T^2$
$\Omega = 74.0060 + 0.521127T + 0.001339T^2$ $i = 0.7732 + 0.000774T$
$e = 0.046381 - 0.00002729T$ $a = 19.218446$

海王星 $L = 304.3487 + 0.006020077d + 0.000309T^2$ $\varpi = 48.1203 + 1.426296T + 0.000384T^2$
$\Omega = 131.7841 + 1.102204T + 0.000260T^2$ $i = 1.7700 - 0.009308T$
$e = 0.009456 + 0.00000603T$ $a = 30.110387$

Lは平均黄経，ϖは太陽・月では近地点黄経，惑星では近日点黄経，Ωは昇交点黄経，iは軌道傾角，eは軌道離心率，aは軌道長半径，L, ϖ, Ω, i の単位は度，aは天文単位距離（月は地球赤道半径）.

d, Tはそれぞれ $d = \mathrm{JD} - 2451545.0$，$T = d / 36525$で計算する.

JDはユリウス日である.

平均近点離角Mは，$M = L - \varpi$ から，

離心近点離角Eは，ケプラー方程式$E = M + e \sin E$ から，

真近点離角Vは，$\tan\dfrac{V}{2} = \left[\dfrac{1+e}{1-e} \right]^{\frac{1}{2}} \cdot \tan\dfrac{E}{2}$ から，

黄緯引数Uは，$U = \varpi + V - \Omega$ から，

動径 r は，$r = a\,(1 - e^2) / (1 + e \cos V)$，

黄経 l は，$l = \Omega + \tan^{-1}(\cos i \sin U / \cos U)$ から求め，

$\cos U < 0$ であったら lに180°加える.

黄緯 b は，$b = \sin^{-1}(\sin i \sin U)$ から求める.

得られた動径は日心距離（月は地心距離），黄経・黄緯は，水星～海王星では日心黄経・黄緯，太陽・月では地心黄経・黄緯である.

また，月の場合，得られたUに，次式から得られる Δ を加えた$U + \Delta$をUとして l, bの式に適用する.

$$\Delta = 0\overset{\circ}{.}66 \sin 2(L - L') + 1\overset{\circ}{.}27 \sin(L - 2L' + \varpi) - 0\overset{\circ}{.}19 \sin(L' - \varpi')$$
$$- 0\overset{\circ}{.}11 \sin(2(L - \Omega)) + 0\overset{\circ}{.}06 \sin(2(\varpi - L')) + 0\overset{\circ}{.}06 \sin(L + \varpi - 3L' + \varpi'),$$

L', ϖ' は太陽のL, ϖである. 結果の精度は正確な位置に対して角距離で，1950～2050年では，太陽（$\pm 0\overset{\circ}{.}01$），月（$\pm 0\overset{\circ}{.}4$），水星（$\pm 0\overset{\circ}{.}005$），金星（$\pm 0\overset{\circ}{.}006$），火星（$\pm 0\overset{\circ}{.}02$），木星（$\pm 0\overset{\circ}{.}15$），土星（$\pm 0\overset{\circ}{.}4$），天王星（$\pm 0\overset{\circ}{.}24$），海王星（$\pm 0\overset{\circ}{.}1$）である.

12. 人工衛星

人工衛星の軌道長半径 (a)，周期（P：時間），平均運動（n：毎時）の関係
$n = 255\overset{\circ}{.}65443 / a^{3/2}$，$P = 1^{\mathrm{h}}.4081508 a^{3/2}$，$a^3 = 0.5043147 P^2$. aの単位は地球赤道半径

13. 惑理緯度と惑心緯度

惑星のこよみの惑心緯度Bから惑理緯度Wを求める計算式は，$\tan W = F \tan B$.
ここでFは惑星によって異なり，火星1.010，木星1.143，土星1.256である.

14. 惑星赤道面の対軌道面傾斜角（単位は度）

水星	金星	火星	木星	土星	天王星
0.03	177.36	25.19	3.12	26.73	97.77

海王星 28.35　　**対黄道面**　太陽 7.25　月 1.54　地球 23.44

※*http://ssd.jpl.nasa.gov/　http://www.imcce.fr/* など参照.

軌道要素からの赤経・赤緯の計算 <small>(相馬 充)</small>

　本書には,小惑星・彗星の軌道要素が掲載されている. これらの軌道要素からその天体の位置（赤経・赤緯）を計算する方法を述べる.

(1) 軌道要素

　軌道長半径 a, 離心率 e, 軌道傾斜角 i, 昇交点黄経 Ω, 近日点引数 ω, 平均近点角 M_0 の6個の量を軌道要素という. これらの軌道要素の基準になっている日時を元期という.「元期」の読みは学術用語集によると「げんき」である. 元期を T_e で表す. 軌道長半径の単位はふつう天文単位である. 天文単位を表す記号auは大文字でAUと記すこともあったが, 2012年の国際天文学連合総会で小文字でauと記すことになった. 軌道傾斜角と昇交点黄経と近日点引数の基準面と基準の方向は2000.0年の黄道と平均春分点とする. $\Omega + \omega$ を近日点黄経 ϖ, $\Omega + \omega + M_0$ を元期における平均黄経 L_0 という. 軌道要素として, ω の代わりに ϖ が, M_0 の代わりに L_0 が与えられている場合がある. その場合は $\omega = \varpi - \Omega$, $M_0 = L_0 - (\Omega + \omega)$ から ω と M_0 を求める. 放物線や双曲線の軌道など, 主に彗星の軌道では a の代わりに近日点距離 q を, 平均近点角の代わりに近日点通過日時 T_0 を使う. 楕円軌道の場合は $q = a(1 - e)$, $M_0 = n(T_e - T_0)$ の関係がある. ここで n は平均運動で, n が与えられていない場合は天文単位auを単位とする a の値から $n = 0.9856091 / \sqrt{a^3}$ で計算する. この式で求められる n の単位は度／日である. 以下の (2) において, 軌道の種類ごとに軌道要素から天体の軌道面日心座標を計算する方法を説明し, (3) でそれを赤経と赤緯に変換する方法について説明する. 計算したい日時を t とし, $t - T_e$ と $t - T_0$ は日単位で求めるものとする. この計算には必要に応じ, ユリウス日（p.350〜p.351）を用いる.

(2) 軌道面日心座標の計算

　軌道面上で, 太陽を中心として近日点の方向に x 軸を, この方向から惑星の運動方向に測って90°の方向に y 軸を取る座標系を考える. この座標系における惑星の座標 (x, y) を計算する方法を軌道の種類ごとに述べる.

(i) 楕円軌道の場合

　計算する日時 t における天体の平均近点角 M を次式により求める.

$$M = M_0 + n(t - T_e)$$

平均近点角 M と離心近点角 E との間にはケプラー方程式と呼ばれる次の関係がある.

$$E - 57.29577951\, e \sin E = M$$

ここで M と E の単位は角度の度である. M から E を求めるには, E の初期値をたとえば $E_1 = M$ として,

$$E_{i+1} = M + 57.29577951\, e \sin E_i \quad (i = 1, 2, 3, \cdots)$$

から $E_1, E_2, \cdots$ を求め, 所要の精度で $E_{i+1} = E_i$ になるまで計算を繰り返す. 得られた

値がEである. 初期値E_1が正しい値に近いと繰り返し計算の回数が少なくてすむ. Eの値から惑星の座標 (x, y) は次式で求められる.

$$x = r \cos v = a(\cos E - e)$$
$$y = r \sin v = a\sqrt{1 - e^2} \sin E$$

ここでvは真近点角で, 近日点の方向から惑星の運動方向に惑星の位置まで測った角, rは動径である. E, v, r等の関係は次の図のとおりである.

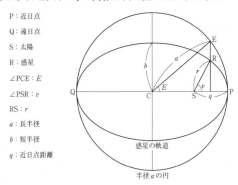

P:近日点
Q:遠日点
S:太陽
R:惑星
∠PCE:E
∠PSR:v
RS:r
a:長半径
b:短半径
q:近日点距離

惑星の軌道

半径aの円

（ii）放物線軌道の場合

放物線軌道に対する基本式は

$$\tan(v/2) + (1/3)\tan^3(v/2) = (t - T_0) / (82.21168627\ q^{3/2})$$

で, 近日点通過日時T_0と近日点距離qが既知のとき, 時刻tを与えてこの式を解いて真近点角vが求められる. vを求める具体的な解法として繰り返し計算を行うものを紹介しておく.

$$N = (t - T_0) / (82.21168627\ q^{3/2})$$

とおき, $\zeta_1 = N$として,

$$\zeta_{i+1} = (2\zeta_i^3/3 + N) / (1 + \zeta_i^2) \quad (i = 1, 2, 3, \cdots)$$

により$\zeta_1, \zeta_2, \cdots$ を求め, 所要の精度で$\zeta_{i+1} = \zeta_i$になるまで計算を繰り返す. 得られた値が$\zeta = \tan(v/2)$である. 惑星の座標 (x, y) は次式で求められる.

$$x = r \cos v = q(1 - \zeta^2)$$
$$y = r \sin v = 2q\zeta$$

（iii）双曲線軌道の場合
（a）定数と係数

$a_0 = \sqrt{(1 + 9e)/10}$

$b_0 = 5(1 - e) / (1 + 9e)$

$c_0 = \sqrt{5(1 + e)/(1 + 9e)}$

$$B = 1 - 0.017142857\,A^2 - 0.003809524\,A^3 - 0.001104267\,A^4$$
$$- 0.000367358\,A^5 - 0.000131675\,A^6 - 0.000049577\,A^7$$
$$C = 1 + 0.4\,A + 0.21714286\,A^2 + 0.12495238\,A^3 + 0.07339814\,A^4$$
$$+ 0.04351610\,A^5 + 0.02592289\,A^6 + 0.01548368\,A^7$$
$$D = 1 - A + 0.2\,A^2 + 0.00571429\,A^3 + 0.00495238\,A^4$$
$$+ 0.00132888\,A^5 + 0.00048295\,A^6 + 0.00017652\,A^7$$

(b) 繰り返し計算

$B=1$ を仮定し, 次式で M を求める.

$$M = B\,a_0\,(t - T_0)\,/\,(82.21168627\,q^{3/2})$$

$\zeta + (1/3)\,\zeta^3 = M$ を満たす ζ を求めるため, $\zeta_1 = M$ として,

$$\zeta_{i+1} = (2\,\zeta_i^3/3 + M)\,/\,(1 + \zeta_i^2) \quad (i = 1,2,3,\cdots)$$

により ζ_1, ζ_2, …を求め, 所要の精度で $\zeta_{i+1} = \zeta_i$ になるまで計算を繰り返す. その ζ_i が ζ になる.

$$A = b_0\,\zeta^2$$

これによる A を用いて (a) の式から B を計算し, M, ζ, A を求める計算を A が所要の精度で変化しなくなるまで繰り返す. その A の値を用いて (a) の式から C と D を求めると, 真近点角 v は $\tan(v/2) = c_0\,C\,\zeta$ で求められ, 惑星の座標 (x, y) は次式で求められる.

$$x = r\cos v = qD\left[1 - \tan^2(v/2)\right]$$
$$y = r\sin v = 2qD\tan(v/2)$$

(3) 軌道面日心座標から赤道座標への変換

次に示すベクトル常数 P_x, P_y, P_z, Q_x, Q_y, Q_z を計算する.

$$P_x = \cos\omega\,\cos\Omega - \sin\omega\,\sin\Omega\,\cos i$$
$$P_y = (\cos\omega\,\sin\Omega + \sin\omega\,\cos\Omega\,\cos i)\cos\varepsilon - \sin\omega\,\sin i\,\sin\varepsilon$$
$$P_z = (\cos\omega\,\sin\Omega + \sin\omega\,\cos\Omega\,\cos i)\sin\varepsilon + \sin\omega\,\sin i\,\cos\varepsilon$$
$$Q_x = -\sin\omega\,\cos\Omega - \cos\omega\,\sin\Omega\,\cos i$$
$$Q_y = (-\sin\omega\,\sin\Omega + \cos\omega\,\cos\Omega\,\cos i)\cos\varepsilon - \cos\omega\,\sin i\,\sin\varepsilon$$
$$Q_z = (-\sin\omega\,\sin\Omega + \cos\omega\,\cos\Omega\,\cos i)\sin\varepsilon + \cos\omega\,\sin i\,\cos\varepsilon$$

ここで ε は平均黄道傾斜角で2000.0年の値は $23°26'21\rlap{.}''406$ である. 赤経 a, 赤緯 δ, 地心距離 Δ は太陽の赤道直角座標 $(X_{2000.0}, Y_{2000.0}, Z_{2000.0})$ (p.114～p.120) を用いて次の式から求める.

$$\Delta\cos\delta\,\cos a = P_x\,r\cos v + Q_x\,r\sin v + X_{2000.0}$$
$$\Delta\cos\delta\,\sin a = P_y\,r\cos v + Q_y\,r\sin v + Y_{2000.0}$$
$$\Delta\sin\delta \quad\;\; = P_z\,r\cos v + Q_z\,r\sin v + Z_{2000.0}$$

で赤経 a は

$$\tan a = (\Delta \cos \delta \sin a)/(\Delta \cos \delta \cos a)$$

から求めるが, 何象限の角になるかは $\Delta \cos \delta \cos a$ と $\Delta \cos \delta \sin a$ の正負で判定できる. 具体的には, 上記の式の $\tan a$ の値から a を $-90° \leqq a \leqq +90°$ の範囲で求め ($\Delta \cos \delta \cos a$ が 0 の場合は $\tan a$ の値が得られないが, その場合は $\Delta \cos \delta \sin a > 0$ のとき $a = +90°$, $\Delta \cos \delta \sin a < 0$ のとき $a = -90°$ となる), $\Delta \cos \delta \cos a$ が負の場合は結果に 180° を加える. その後に a が負の場合は 360° を加えて 0° 以上 360° 未満の値にし, $15° = 1^h$ の割合で時間の単位に換算する. 赤緯 δ は

$$\tan \delta = \Delta \sin \delta \Big/ \sqrt{(\Delta \cos \delta \cos a)^2 + (\Delta \cos \delta \sin a)^2}$$

から, 地心距離 Δ は

$$\Delta = \sqrt{(\Delta \cos \delta \cos a)^2 + (\Delta \cos \delta \sin a)^2 + (\Delta \sin \delta)^2}$$

から求められる. 得られた a と δ は 2000 年分点準拠の値である.

(4) 観測との比較

(i) 時刻の換算と光差の補正

観測は協定世界時 UTC で行う（日本標準時 JST の場合は UTC＝JST－9h で UTC に変換する）が軌道計算には地球時 TT が必要である. 協定世界時 UTC に TT－UTC (p.352) を加えて TT に変換する：$t = $ UTC＋(TT－UTC). さらに, 天体の位置は距離 Δ を光が通過するのに要する時間（1au あたり $8^m 19\overset{s}{.}0$）だけ前の時刻に対するものを計算する必要がある（光差の補正）ので, 繰り返し計算を行う. すなわち, 初めは光差の補正を無視して計算し, その結果得られた Δ の値を用いて光差の補正を行う. Δ の値が所要の精度で前回の値と一致するまで, これを繰り返す.

(ii) 地心視差の補正

以上の計算は地球中心から見た場合の計算であった. 観測は地表で行うから地心視差の補正が必要である. 観測地の経度を λ（東経を正, 西経を負とする）, 緯度を φ（北緯を正, 南緯を負とする）とする. 観測時を世界時 UT1 に換算し, その日の 0^h UT1 のグリニジ恒星時 θ_0 (p.112～p.113) から観測時の地方恒星時 θ は

$$\theta = \theta_0 + 1.0027379 \, \text{UT1} + \lambda$$

から得られる. 時間から角度への換算は $1^h = 15°$ による. 地心視差の補正は太陽の赤道直角座標 $(X_{2000.0}, Y_{2000.0}, Z_{2000.0})$ の各座標から下記の値を減じることで行える.

$$\Delta X = 0.0000426 \cos \varphi \cos \theta$$
$$\Delta Y = 0.0000426 \cos \varphi \sin \theta$$
$$\Delta Z = 0.0000426 \sin \varphi$$

ここでは地球を球とし, 観測地の標高や地球自転軸の歳差・章動による観測地の移動を無視しているが, 観測天体が地球にかなり近づく場合でなければ, この計算で充分である. より精密な計算や, 天体の高度・方位角を求めるための視位置や大気差の計算については, 天体の位置計算の教科書を参照されたい.

太陽面現象 (萩野正興)

1. 太陽黒点

　太陽黒点とは，太陽表面（光球）に出現する周囲よりも暗い領域（構造）である．この黒点以外の太陽表面は粒状斑とよばれる1000km程度の大きさの構造で埋めつくされている．粒状斑は太陽内部で作られたエネルギーが対流により運ばれ表面に現われたもので，秒速1km程度の速度で上下運動している．太陽黒点は太陽内部でできた磁力線の束（磁束管）で，この磁束管が対流層から浮上し光球を貫いた断面の部分に相当する．黒点の中心の黒い部分は暗部とよばれ，その磁場は非常に強く3000ガウスを超えることもある．黒点暗部の周囲には半分暗い半暗部とよばれる部分が存在する．黒点の強い磁力により対流が妨げられ，粒状斑は黒点内部に侵入できず太陽内部のエネルギーの輸送量が減少する．このため周囲の光球とくらべて温度が低い．太陽光球の温度は約6000Kであるが黒点部分は4000K程度であり，黒点は周囲よりも暗く見える．もちろん，周囲の光球とくらべて暗く見えるというだけで，光をまったく発していないわけではない．もしも，黒点部分だけ上手にくり抜いて宇宙空間に置くことができれば，黒点は4000Kの色で光ると考えられる．

　図1は2022年5月4日7時27分（日本時間）に観測された黒点群である．左図に太陽観測科学衛星SDO/HMI（Solar Dynamic Observatory / Helioseismic and Magnetic Imager）による太陽全体の像を示し，その破線内にある黒点を京都大学附属飛騨天文台で観測した彩層Hα線像（6562.8 Å）と光球（6555.1 Å）を右図に示す．彩層は光球の上層大気であり，温度は約1万Kである．この黒点群は観測したタイミングで南16°，西2°付近にあった．この図で上が北，右が西である．先行黒点（3.黒点群の分類で記述）に半暗部を持った黒点と半暗部を持っていない小さな黒点，ポアが東西方向に広がっている．このようにたいてい黒点は群れ（黒点群）として出現する．これは黒点の

正体が磁束管であるということで説明できる．磁極はN極とS極が対を成している．これと同じく黒点も単極ではなく，複数の黒点で群れを構成している．小さな黒点が1つ現われることもあるが，これは黒点を作っている極とペアの極が黒点を作るほど集中していないだけで，磁場としては周囲に存在する．図1の右上図の彩層で見られる細い筋模様（ファイブリル

図1（左）2022年5月4日に観測された太陽光球全面像（太陽観測科学衛星SDO/HMI），（右下）左図の破線内の光球での黒点群，（右上）彩層Hα線像での活動領域（京都大学大学院理学研究科附属飛騨天文台観測）

やアーチ・フィラメント）は磁力線を表わしており，黒点の2つの極性が磁力線により
つながって1つの群を形成していることがわかる．ちなみに，この図で明るいところ
はプラージュとよばれ，周囲よりも温度の高い場所である．

2. 太陽活動周期（黒点相対数）

　太陽黒点は太陽で起こる爆発である太陽フレアなどの活動現象と密接な関係を持っ
ているため，黒点の数の変動が太陽活動の目安になることが知られている．19世紀半
ばに太陽活動の指標として「黒点相対数」が考案された．この黒点相対数Rは観測され
た太陽面上にある黒点の数fと黒点群の数gを用いて，$R = k(10g + f)$ で表わされる．
ここでkは観測方法，観測者，観測状況などによる補正値である．黒点相対数はスイ
スのチューリッヒ天文台のウォルフが1849年に定義したのでウォルフ相対数ともよばれ
る．世界各地で観測された黒点相対数（表2）はベルギー王立天文台にあるS.I.D.C（Solar
Influences Data Analysis Center）に集められるが，ウォルフの行なったのと同じ観測
が基準になっている．

　図2の上図は国立天文台（東京都三鷹市）で観測された黒点相対数である．細い線は
日々の黒点相対数であり，太い線が月平均のグラフである．このグラフから黒点相対数
は約11年の周期で増減を繰り返していることがわかる．黒点相対数のもっとも少ない時
期を極小期，もっとも多い時期を極大期とよび，極小期から次の極小期までを1活動周
期として，1755年から順に番号が振られている．今は第25活動周期である．また，現
在，太陽活動は極大期をむかえ，2023年6月には黒点相対数の月平均値が暫定ながら

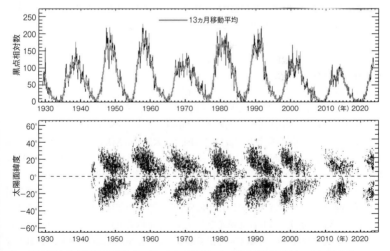

図2　国立天文台太陽観測科学プロジェクトの観測による黒点相対数（上），蝶形図（下）

も，163.4を超えた．このように黒点相対数が150を超えたのは，2002年10月以来で，過去20年間で最も多い黒点が観測されている．つまり，前の活動周期よりも今回の活動周期が活発であると言える．「今後の黒点相対数の増減がどうなるのか？」，「今回の活動周期のピークはいつになるのか？」，この問に答えるにはさらなる継続した観測が必要である．

　太陽活動周期に関しては，黒点相対数だけでなく，黒点を形成する磁場との関係も多く研究されている．ウィルソン山天文台でヘールにより開発された太陽の磁場を観測する装置をマグネトグラフ（1907年）とよぶ．このマグネトグラフの太陽磁場観測によると前の第24活動周期では北半球に出現した黒点群のうち西側の黒点（先行黒点）はおおよそS極の極性を示し，東側の黒点（後行黒点）はN極を示した．南半球の黒点群の極性はおおむねその逆の並びで西側がN極，東側がS極となっていた．この出現する半球による極性の並びは，活動周期が変わると逆転することが知られている（ヘール・ニコルソンの法則）．すなわち今の第25活動周期の黒点群の極性の並びは北半球でN極（先行黒点）- S極（後行黒点）となり，南半球ではS極（先行黒点）- N極（後行黒点）となる．

　一般的に黒点は太陽緯度40°以下の低緯度に出現する．図2の下図は黒点が出現した緯度分布の時間変化を表わしたものである．図2の上図の黒点相対数の変化とくらべると，活動周期の始めには黒点は太陽中緯度帯に出現し，その後，活動周期が進んでいく間に徐々に太陽の赤道に近づいていく．この現象はキャリントン・シュペーラーの法則とよばれ，この図は昆虫の蝶が羽を広げて横向きに並んだように見えることから，蝶形図とよばれる．この法則から，比較的高い中緯度帯での黒点の出現は太陽活動周期が変わる前兆と考えられる．黒点相対数は2020年1月ごろから増加に転じ，国立天文台太陽観測科学プロジェクトの観測によると第25活動周期は2019年12月に始まったとみられる．これにより第24活動周期が2008年12月から2019年12月までの11年間と確定した．

3. 黒点群の分類

　黒点は多くの場合，東西に並んだ大きな主黒点のペアとして出現する．太陽の自転方向に対して，前方（西側）に現われた黒点を先行黒点，後方（東側）に現われた黒点を後行黒点とよぶ．主黒点を取り囲むように小さな黒点が付随することが多い．これらをまとめて1つの黒点群として扱い，米国海洋大気局（NOAA：National Oceanic and Atmospheric Administration）によって1972年から出現順に固有の番号（NOAA番号）が割り振られている．太陽黒点群はその形状，分布，磁場極性によって分類することができる．ここでは黒点観測に必要なチューリッヒ分類法と磁場による分類法を紹介する．図3にワルドマイヤーが1947年に発表し，世界中で広く用いられているチューリッヒ分類法を示す．これは連続光などの太陽光球観測から得られる黒点群の形状と大きさから9つの種類に分類する方法である．この分類は黒点群の発展や減衰と関係している．キーペンホイヤーの研究によるとA型→B型→C型→D型→E型→F型な

どと発展する．一方，図4に磁場による分類法を示す．これは太陽表面の磁場分布を測定できる装置で得られた黒点群の磁場極性配置から5種類に分類したもので，ウィルソン山天文台分類ともいわれる．この分類は太陽活動を説明するダイナモ機構や太陽フレアの研究と関係しているため，黒点群ではなく活動領域といわれることもある．

3.1 チューリッヒ分類 (図3)

A型：単一の小黒点．あるいはその少数の集まりで，半暗部はなく双極性を示さない．

B型：2つ以上の小黒点の集まりで，半暗部はなく双極性を示すもの．

C型：双極性の黒点群で，一方の主黒点に半暗部が存在するもの．

D型：双極性の黒点群で，両方の主黒点に半暗部が存在し，少なくとも一方の主黒点の形状は単純．黒点群の東西の広がりが太陽面経度で10°以内のもの．

E型：大きな双極性の黒点群で，両方の主黒点に半暗部が存在し，その形状は複雑．両方の主黒点の間に多数の小黒点が散在する．黒点群の東西の広がりが太陽面経度で10°を超え15°以内のもの．

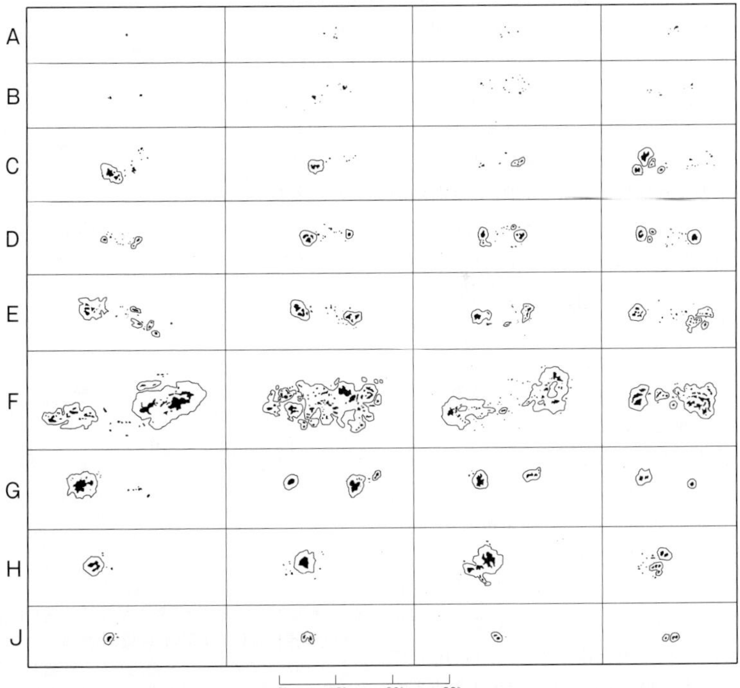

図3　黒点のチューリッヒ分類 (スケールは光球面中心における経度)

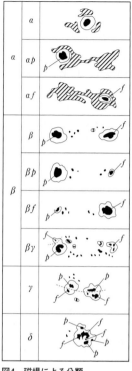

F型：非常に大きな双極性の黒点群．または複雑な黒
　　　点群で，東西の広がりが太陽面経度で15°を超
　　　えるもの．

G型：大きな双極性の黒点群で，両方の主黒点の間に
　　　小黒点が存在しない．東西の広がりが太陽面経
　　　度で10°を超えるもの．

H型：半暗部を持った単極性黒点で，直径が太陽面経
　　　度で2°.5を超えるもの．

J型：半暗部を持った単極性黒点で，直径が太陽面経
　　　度で2°.5以内のもの．

3.2 磁場による分類（図4）

α型：単極性黒点群．N極かS極のどちらかの磁場によ
　　　り構成されている黒点群．近傍には逆極性の非黒
　　　点領域が分布していることが多い（pは先行領域に
　　　黒点があり，fは後行領域に黒点があるもの）．

β型：双極性黒点群．N極とS極の両方の黒点を持つ．
　　　2つの磁極は東西に並ぶ単純な配置になっていて，
　　　両極の境界が区別できるものを指す（pは先行領域
　　　の黒点が大きく，fは後行領域の黒点が大きいもの）．

βγ型：双極性黒点群（β型）ではあるが，一方の主黒
　　　　点の半暗部内に逆極性の黒点を含む．

γ型：複極性黒点群．β型とくらべてN極とS極が不規
　　　則に分布した複雑な活動領域．

δ型：密集複極性黒点群．1つの活動領域内で複雑な磁
　　　場の形状を示し，逆極性の磁場が密
　　　集している．太陽フレアを起こす可
　　　能性が高い．

図4　磁場による分類
（ウィルソン山天文台分類）

4. 太陽フレア・宇宙天気

　活動周期が進み，黒点数が増えると複
雑な磁場構造を持つ活動領域が出現し，
太陽フレアの発生回数も増加する．このこ
とは図5の太陽フレアの年ごとの発生回数
（GOES X線観測）と黒点相対数の年平均
（国立天文台）の推移のグラフから明らかで
ある．大規模な太陽フレアは太陽黒点上空

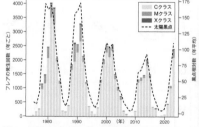

**図5　太陽フレアの年ごとの発生回数（色の違いはク
ラス）と黒点相対数の年平均（破線）の推移**（2023年
のものは9月までのデータを使用した．京都大学大
学院理学研究科附属天文台伊集氏の集計による．）

の大気中に蓄えられた磁気エネルギーが爆発的に解放される現象である. そのメカニズムは「磁力線のつなぎかえ（磁気リコネクション機構）」で概ね説明できる. 一方, 小規模な太陽フレアは複雑な黒点群がない微細な磁場構造でも起こっている. これらの太陽フレアの規模は静止軌道運用のGOES衛星（Geostationary Operational Environmental Satellites）で観測されるX線のエネルギー束でクラス分けされ, その対応を表1にまとめる. このGOES衛星による太陽X線強度の状況はリアルタイムで以下のWebサイトより確認できる.

表1　太陽フレアのクラス分け

クラス	エネルギー束 [W/m²]
A	$10^{-8} \sim 10^{-7}$
B	$10^{-7} \sim 10^{-6}$
C	$10^{-6} \sim 10^{-5}$
M	$10^{-5} \sim 10^{-4}$
X	$>10^{-4}$

https://www.swpc.noaa.gov/products/goes-x-ray-flux

大規模な太陽フレアではフィラメント（プロミネンス）噴出や太陽コロナ質量放出など大量のプラズマ噴出が起こる. その後, 地球近傍では磁気嵐が起こり, オーロラの発生確率が上がる. また, 通信や人工衛星などの障害を引き起こすこともある. そのため太陽フレアが「いつ」, 「どこで」, 「どれくらいの規模で」起こるかを予測する宇宙天気予報の開発が進められている. 最新情報は情報通信研究機構（NICT）の宇宙天気予報センター（*https://swc.nict.go.jp/*）で確認することができる.

5. 太陽活動データベースについて

　国立天文台太陽観測科学プロジェクトでは観測された太陽のデータを公開している. これらのデータの閲覧制限はない. 商用目的で使用する場合には事前の連絡をお願いしている.
国立天文台太陽観測科学プロジェクト　太陽活動データベース:

https://solarwww.mtk.nao.ac.jp/jp/database.html

表2　黒点相対数（月平均値） 1950年～2023年. 2023年4月から8月までは暫定値

年＼月	1月	2月	3月	4月	5月	6月	7月	8月	9月	10月	11月	12月	合計	平均
1950	143.9	134.3	155.4	160.6	150.5	118.3	128.9	120.6	72.7	87.0	77.7	76.7	1426.6	118.9
1951	85.0	84.8	79.3	131.7	153.7	142.4	87.2	86.5	117.7	73.3	74.2	65.0	1180.8	98.4
1952	57.9	32.4	31.5	41.7	33.6	52.0	56.1	77.8	40.4	34.2	31.8	48.9	538.3	44.9
1953	37.9	5.9	14.7	39.6	18.3	31.5	12.7	33.6	28.0	12.3	2.5	3.9	240.9	20.1
1954	0.4	0.8	15.8	2.7	1.2	0.4	7.3	12.6	2.3	10.5	13.4	11.3	78.7	6.6
1955	33.4	29.9	7.3	16.4	41.3	45.2	38.2	58.0	60.8	83.0	126.3	108.8	648.6	54.1
1956	104.1	175.6	167.7	156.7	193.4	165.1	182.7	240.2	245.4	219.9	285.0	272.0	2407.8	200.7
1957	233.7	184.5	222.8	248.0	233.0	284.3	265.1	223.7	334.0	359.4	298.6	339.0	3226.1	268.8
1958	286.7	233.6	270.0	277.6	248.2	242.9	271.0	283.5	285.1	256.9	215.6	265.7	3136.8	261.4
1959	307.7	202.6	263.0	231.3	243.6	238.9	211.9	282.6	205.6	157.7	175.6	177.1	2697.6	224.8
1960	207.2	149.9	144.6	172.7	169.3	156.0	172.4	190.0	180.1	117.3	126.9	121.2	1907.6	159.0
1961	82.1	65.4	75.2	86.9	72.3	109.5	99.3	79.2	90.1	53.7	46.5	56.9	917.1	76.4
1962	55.1	71.7	64.9	65.9	61.9	59.6	31.4	31.5	72.7	56.1	38.8	33.2	642.8	53.6
1963	28.7	35.2	24.8	41.7	61.1	51.2	28.7	47.5	55.2	50.1	33.7	21.6	479.5	40.0
1964	22.6	25.3	24.1	12.9	14.3	13.5	4.8	13.8	7.0	9.2	11.1	22.1	180.7	15.1
1965	25.4	20.8	17.5	10.2	34.5	23.3	17.3	13.3	24.5	29.1	22.8	24.7	263.4	22.0
1966	40.3	35.3	36.4	69.0	64.2	67.7	80.2	72.6	71.1	81.2	81.0	99.8	798.8	66.6
1967	157.0	132.6	158.3	98.4	122.5	95.4	129.5	151.8	108.7	125.0	133.6	179.0	1591.8	132.7
1968	172.5	158.5	130.5	115.0	180.0	156.2	136.2	154.8	166.0	152.5	121.7	155.5	1799.4	150.0

次ページへ続く

前ページからの続き

年＼月	1月	2月	3月	4月	5月	6月	7月	8月	9月	10月	11月	12月	合計	平均
1969	147.8	170.5	192.3	151.1	169.9	150.1	137.1	138.8	129.3	135.4	132.4	138.6	1793.3	149.4
1970	157.9	180.8	145.7	155.1	180.5	151.3	159.3	131.7	140.8	122.6	134.8	118.2	1778.7	148.2
1971	129.2	111.8	85.9	101.6	81.5	70.7	114.7	87.0	71.3	73.4	89.5	116.5	1133.1	94.4
1972	87.0	125.3	113.5	89.6	113.9	124.7	108.3	108.9	90.7	86.9	59.2	64.3	1172.3	97.7
1973	61.8	60.9	65.4	81.8	60.3	56.1	33.2	36.6	84.1	43.7	34.3	33.3	651.5	54.3
1974	39.4	37.3	30.9	57.5	56.3	51.5	79.1	47.9	57.2	67.2	35.9	29.6	589.8	49.2
1975	27.3	16.7	16.9	7.7	13.1	16.7	40.4	56.7	20.3	13.6	27.9	11.6	268.9	22.4
1976	11.9	6.4	31.5	27.3	18.2	17.9	2.9	24.1	20.0	29.7	7.9	22.3	220.1	18.3
1977	23.8	33.3	13.0	19.0	27.0	54.9	30.6	43.0	62.4	62.1	41.6	61.4	472.1	39.3
1978	73.7	132.6	108.4	141.2	117.1	134.6	99.7	82.4	195.7	177.1	138.5	173.9	1574.9	131.2
1979	235.9	194.7	195.3	143.7	190.3	211.7	225.7	201.4	266.9	263.6	259.5	249.6	2638.3	219.9
1980	226.1	219.4	178.7	232.2	254.7	222.7	192.9	191.7	219.6	233.3	209.5	246.9	2627.7	219.0
1981	156.6	189.9	196.6	225.3	194.7	131.6	205.3	242.5	245.3	216.2	186.0	195.4	2385.4	198.8
1982	149.8	230.9	221.1	170.3	119.3	163.7	139.4	161.9	167.4	134.3	127.5	169.9	1954.6	162.9
1983	115.5	73.1	88.7	109.6	132.5	131.5	108.9	96.0	69.9	72.5	45.7	45.6	1089.5	90.8
1984	74.8	110.2	116.7	90.4	96.9	65.1	55.7	35.0	22.6	12.6	26.5	21.4	727.9	60.7
1985	17.8	20.7	16.9	20.4	32.4	28.3	39.9	10.1	4.3	22.0	17.9	15.8	246.5	20.5
1986	2.8	27.9	13.8	22.4	16.1	0.6	18.1	9.9	5.1	40.1	15.4	5.8	178.0	14.8
1987	9.8	3.4	17.4	46.0	39.1	18.8	38.2	47.9	42.2	63.4	48.8	29.1	404.1	33.7
1988	70.5	45.4	91.2	108.8	74.2	124.3	131.4	139.4	142.7	156.5	156.8	231.2	1472.4	122.7
1989	210.1	208.7	170.4	166.3	195.4	284.5	180.5	232.0	225.1	212.2	238.2	211.4	2534.8	211.2
1990	227.4	171.8	191.7	189.7	175.2	153.3	191.1	252.1	169.1	199.4	178.8	197.1	2296.7	191.4
1991	195.3	240.3	197.0	197.6	166.9	224.7	240.2	240.8	168.9	197.1	159.5	212.6	2440.9	203.4
1992	198.3	230.7	115.0	142.2	94.3	98.5	114.2	91.9	94.0	133.4	129.6	122.0	1600.1	133.3
1993	81.4	127.8	102.4	94.4	78.8	69.6	80.4	62.5	31.2	71.1	48.2	68.4	916.2	76.4
1994	84.9	54.9	47.5	27.4	29.8	39.7	50.6	34.3	40.5	67.1	29.5	32.2	538.4	44.9
1995	32.6	45.8	46.3	21.6	19.4	22.5	20.4	18.2	15.7	30.6	14.0	14.9	302.0	25.2
1996	13.3	7.7	12.6	6.8	7.6	16.5	11.8	19.7	3.0	0.7	24.9	14.0	138.6	11.6
1997	7.4	11.0	12.1	23.0	25.4	20.8	12.9	35.7	59.7	32.8	50.4	55.5	346.7	28.9
1998	44.5	50.2	82.0	70.6	74.0	90.5	96.7	121.1	132.0	78.5	97.3	119.2	1056.6	88.1
1999	86.0	98.0	103.5	93.6	149.6	207.2	173.5	142.3	106.3	168.7	188.3	116.8	1633.8	136.2
2000	133.1	165.7	217.7	191.5	165.9	188.0	244.3	180.5	156.0	141.6	158.1	143.2	2085.7	173.8
2001	142.6	121.5	165.8	161.7	142.1	202.9	123.0	161.5	238.2	194.1	176.6	213.4	2043.4	170.3
2002	184.6	170.2	147.1	186.9	187.5	128.8	161	175.6	187.9	151.2	147.2	133.3	1963.3	163.6
2003	133.5	75.7	100.7	97.9	86.8	118.7	128.3	115.4	78.5	97.8	82.9	72.2	1188.4	99.0
2004	60.6	74.6	74.8	59.2	72.8	66.5	83.8	69.7	48.8	74.2	70.1	28.9	784.0	65.3
2005	48.1	43.5	39.6	38.7	61.9	56.8	62.4	60.5	37.2	13.2	27.5	59.3	548.7	45.7
2006	20.9	5.7	17.3	50.3	37.2	24.5	22.2	20.8	23.7	14.9	35.7	22.3	295.5	24.6
2007	29.3	18.4	7.2	5.4	19.5	21.3	15.1	9.8	4.0	1.5	2.8	17.3	151.6	12.6
2008	4.1	2.9	15.5	3.6	4.6	5.2	0.6	0.3	1.2	4.2	6.6	1.0	49.8	4.2
2009	1.3	1.2	0.6	1.2	2.9	6.3	5.5	0.0	7.1	7.7	6.9	16.3	57.0	4.8
2010	19.5	28.5	24.0	10.4	13.9	18.8	25.2	29.6	36.4	33.6	34.4	24.5	298.8	24.9
2011	27.3	48.3	78.6	76.1	58.2	56.1	64.5	65.8	120.1	125.7	139.1	109.3	969.1	80.8
2012	94.4	47.8	86.8	85.9	96.5	92.0	100.1	94.8	93.7	76.5	87.6	56.8	1012.7	84.4
2013	96.1	60.9	78.3	107.3	120.2	76.7	86.2	91.8	54.5	114.4	113.9	124.2	1124.5	93.7
2014	117.0	146.1	128.7	112.5	112.5	102.9	100.2	106.9	130.0	90.0	103.6	112.9	1363.3	113.6
2015	93.0	66.7	54.5	75.3	88.8	66.5	65.8	64.4	78.6	63.6	62.2	58.0	837.4	69.8
2016	57.0	56.4	54.1	37.9	51.5	20.5	32.4	50.2	44.6	33.4	21.4	18.5	477.9	39.8
2017	26.1	26.4	17.7	32.3	18.9	19.2	17.8	32.6	43.7	13.2	5.7	8.2	261.8	21.8
2018	6.8	10.7	2.5	8.9	13.1	15.6	1.6	8.7	3.3	4.9	4.9	3.1	84.1	7.0
2019	7.7	0.8	9.4	9.1	9.9	1.2	0.9	0.5	1.1	0.4	0.5	1.5	43	3.6
2020	6.2	0.2	1.5	5.2	0.2	5.8	6.1	7.5	0.6	14.6	34.5	23.1	106	8.79
2021	10.4	8.2	17.2	24.5	21.2	25.0	34.3	22.0	51.3	37.4	34.8	67.5	353.8	29.48
2022	55.3	60.9	78.6	84.0	96.5	70.3	91.4	74.6	96.0	95.5	80.5	112.8	996.4	83.03
2023	144.4	111.3	123.3	96.4	137.9	163.4	159.1	114.9					1050.7	131.34

※ベルギー王立天文台 World Data Center Sunspot Index and Long-term Solar Observations（WDC-SILSO）のデータによる.

衛星と環 <small>（相馬 充）</small>

【火星の衛星】 火星の衛星は1877年に発見されたPhobosとDeimosの2個のみである.

【木星の衛星と環】 15個の新しい木星の衛星S/2011 J 3, S/2016 J 3〜4, S/2018 J 2〜4, S/2021 J 1〜6, S/2022 J 1〜3が発見されたことが2022年12月から2023年2月にかけて発表された. これにより木星の衛星の総数は95となった. 国際天文学連合（IAU）は, 存在が確実になり軌道が確定した衛星に通し番号と名前を付与する. 番号が付いている木星衛星の数は72である. ただし, 2015年以降に番号が付けられた51番以降の22個の衛星のうち, 衛星名が付いているのは53, 57, 58, 60, 62, 65, 71の7個である.

　木星には3個の環がある. これらは1979年にボイジャー1号探査機によって発見され, 1990年代にガリレオ探査機によって詳しく調査された.

【土星の衛星と環】 8.3mすばる望遠鏡などを用いて2004年から2020年にかけて撮影された画像から63個の新しい土星の衛星が発見されたことが2023年5月に発表された. これにより, 土星の衛星数は全部で149となった. ただし, ＊印を付けた3個は2004年に発見されたが, その後確認されていないため, それらを衛星の数に含めない研究者も多い. 149個の衛星のうち66個には通し番号が付いており, そのうちの63個には名前も付いている. なお, ページ数の都合で, 今回は新たな63個の衛星を表に含めていない.

　土星には内側から D, C, B, A, F, G, E 環があるが, その他に細かな環が多数あり, カッシーニ探査機により弧状の環の発見などもなされている（235ページの解説参照）.

【天王星の衛星と環】 天王星の衛星は2003年に4個の衛星が発見されて以降, 新たな発見はない. 全部で27個の衛星があり, そのすべてに通し番号と名前が付いている.

　天王星の環は1977年に恒星を掩蔽したことから発見され, 現在では全部で13の環が発見されている（235ページの解説参照）.

【海王星の衛星と環】 海王星の衛星は2013年7月に新衛星S/2004 N 1の発見が報じられて以降, 新たな発見の報告はない. 海王星の衛星の総数は14で, 14番目の衛星に2018年に14番の番号が付けられ, 2019年2月にHippocampの名が付いた.

　海王星の環は地上からの恒星の掩蔽観測により存在が予想され, 1989年のボイジャー2号の観測によって確認された. 発見された5個の環には, 海王星の発見等に深くかかわった天文学者の名前が付けられている.

【準惑星の衛星】 小惑星番号1番のCeres, 134340番の冥王星（Pluto）, 136108番のHaumea, 136199番のEris, 136472番のMakemakeが準惑星に分類されている. このうちCeresを除く4個が海王星の軌道の外にある準惑星すなわち冥王星型天体である. 準惑星の衛星は冥王星5個（Ⅰ.Charon, Ⅱ.Nix, Ⅲ.Hydra, Ⅳ.Kerberos, Ⅴ.Styx）, Eris1個（Ⅰ. Dysnomia）, Haumea2個（Ⅰ. Hi'iaka, Ⅱ. Namaka）, Makemake1個（名前は未定）が発見されている.

衛 星

番号	名　称	発　見　者	発見年	軌道の長半径		公転周期
				惑星半径=1	万km	（日）
地球						
	Moon 月	－	－	60. 27	38. 44	27. 3217
火星						
M 1	Phobos フォボス	A. Hall（アメリカ）	1877	2. 76	0. 9378	0. 319
M 2	Deimos デイモス	A. Hall（アメリカ）	1877	6. 91	2. 3459	1. 263
木星						
J 16	Metis メティス	ボイジャー科学チーム	1979	1. 7899	12. 796	0. 2948
J 15	Adrastea アドラステア	ボイジャー科学チーム	1979	1. 8041	12. 898	0. 2983
J 5	Amalthea アマルテア	E. E. Barnard（アメリカ）	1892	2. 536	18. 13	0. 4981
J 14	Thebe テーベ	ボイジャー科学チーム	1979	3. 104	22. 19	0. 6745
J 1	Io イオ	G. Galilei（イタリア）	1610	5. 900	42. 18	1. 769
J 2	Europa エウロパ	G. Galilei（イタリア）	1610	9. 387	67. 11	3. 551
J 3	Ganymede ガニメデ	G. Galilei（イタリア）	1610	14. 972	107. 04	7. 155
J 4	Callisto カリスト	G. Galilei（イタリア）	1610	26. 334	188. 27	16. 689
J 18	Themisto (S/2000J1=S/1975J1)	S. S. Sheppard（アメリカ）他	2000 (1975)	105. 00	750. 70	130. 0
J 13	Leda レダ	C. Kowal（アメリカ）	1974	156. 17	1116. 50	240. 9
J 6	Himalia ヒマリア	C. Perrine（アメリカ）	1904	160. 31	1146. 10	250. 6
	S/2018 J 2	S. S. Sheppard（アメリカ）他	2018	160. 40	1146. 75	250. 88
J 71	Ersa (S/2018 J 1)	S. S. Sheppard（アメリカ）	2018	160. 62	1148. 3	252. 0
J 65	Pandia (S/2017 J 4)	S. S. Sheppard（アメリカ）	2017	161. 21	1152. 5	252. 1
J 10	Lysithea リシテア	S. B. Nicholson（アメリカ）	1938	163. 89	1171. 70	259. 2
J 7	Elara エララ	C. Perrine（アメリカ）	1904	164. 23	1174. 10	259. 6
	S/2011 J 3	S. S. Sheppard（アメリカ）他	2011	165. 01	1179. 72	261. 77
J 53	Dia (S/2000 J 11)	S. S. Sheppard（アメリカ）他	2000	170. 28	1217. 36	274. 4
	S/2018 J 4	S. S. Sheppard（アメリカ）他	2018	230. 85	1650. 43	433. 16
J 46	Carpo (S/2003 J 20)	S. S. Sheppard（アメリカ）	2003	238. 57	1705. 60	456. 5
J 62	Valetudo (S/2016 J 2)	S. S. Sheppard（アメリカ）	2016	265. 48	1898. 0	533. 3
	S/2003 J 12	S. S. Sheppard（アメリカ）	2003	265. 80	1900. 25	533. 3
J 34	Euporie (S/2001 J 10)	S. S. Sheppard（アメリカ）	2001	270. 00	1930. 20	550. 7
J 55	S/2003 J 18	B. Gladman（カナダ）	2003	282. 82	2022. 0	587. 4
J 52	S/2010 J 2	C. Veillet（フランス）	2010	283. 14	2024. 22	588. 36
J 40	Mneme (S/2003 J 21)	B. Gladman（カナダ）	2003	286. 67	2049. 49	599. 7
J 54	S/2016 J 1	S. S. Sheppard（アメリカ）	2016	288. 08	2059. 5	603. 8
J 68	S/2017 J 7	S. S. Sheppard（アメリカ）	2017	288. 52	2062. 7	602. 6
J 1	S/2021 J 1	S. S. Sheppard（アメリカ）他	2021	289. 08	2066. 72	606. 99
J 64	S/2017 J 3	S. S. Sheppard（アメリカ）他	2017	289. 46	2069. 4	606. 3
J 42	Thelxinoe (S/2003 J 22)	S. S. Sheppard（アメリカ）	2003	289. 5	2070	601
	S/2022 J 3	S. S. Sheppard（アメリカ）他	2022	292. 51	2091. 24	617. 82
J 45	Helike (S/2003 J 6)	S. S. Sheppard（アメリカ）	2003	293. 54	2097. 91	617. 3
	S/2003 J 16	B. Gladman（カナダ）	2003	293. 74	2100. 00	595. 4
J 33	Euanthe (S/2001 J 7)	S. S. Sheppard（アメリカ）他	2001	294. 12	2102. 70	620. 0
J 22	Harpalyke (S/2000 J 5)	S. S. Sheppard（アメリカ）他	2000	295. 21	2110. 50	623. 3
	S/2021 J 2	S. S. Sheppard（アメリカ）他	2021	295. 71	2114. 06	627. 96
J 60	Eupheme (S/2003 J 3)	S. S. Sheppard（アメリカ）	2003	295. 74	2114. 3	628. 1
J 27	Praxidike (S/2000 J 7)	S. S. Sheppard（アメリカ）他	2000	295. 80	2114. 70	625. 3
J 35	Orthosie (S/2001 J 9)	S. S. Sheppard（アメリカ）他	2001	296. 09	2116. 80	623. 0
J 30	Hermippe (S/2001 J 3)	S. S. Sheppard（アメリカ）他	2001	297. 26	2125. 20	631. 9
J 24	Iocaste (S/2000 J 3)	S. S. Sheppard（アメリカ）他	2000	297. 50	2126. 90	631. 5
J 12	Ananke アナンケ	S. B. Nicholson（アメリカ）	1951	297. 60	2127. 60	629. 8
J 29	Thyone (S/2001 J 2)	S. S. Sheppard（アメリカ）他	2001	298. 10	2131. 20	632. 4
J 70	S/2017 J 9	S. S. Sheppard（アメリカ）	2017	300. 55	2148. 7	639. 2
	S/2021 J 3	S. S. Sheppard（アメリカ）	2021	300. 67	2149. 57	643. 85
J 50	Herse (S/2003 J 17)	B. Gladman（カナダ）	2003	307. 73	2200. 00	690. 3
	S/2022 J 1	S. S. Sheppard（アメリカ）他	2022	307. 94	2201. 55	667. 34
	S/2016 J 3	S. S. Sheppard（アメリカ）他	2016	310. 71	2221. 35	676. 37
J 44	Kallichore (S/2003 J 11)	S. S. Sheppard（アメリカ）	2003	313. 26	2239. 54	683
	S/2022 J 2	S. S. Sheppard（アメリカ）	2022	313. 51	2241. 32	685. 51
	S/2003 J 9	S. S. Sheppard（アメリカ）	2003	313. 91	2244. 17	683
J 67	S/2017 J 6	S. S. Sheppard（アメリカ）	2017	314. 09	2245. 5	683. 0
J 72	S/2011 J 1	S. S. Sheppard（アメリカ）	2011	314. 19	2246. 2	686. 6
J 61	S/2003 J 19	B. Gladman（カナダ）	2003	318. 32	2275. 7	697. 6
J 58	Philophrosyne (S/2003 J 15)	S. S. Sheppard（アメリカ）	2003	318. 34	2275. 9	701. 4

228ページに続く

自転周期(日)	離心率	軌道傾斜角	半径（km）	質量 母惑星=1	質量 10^20 kg	平均密度 g/cm³	反射能	平均等級	番号
									地球
S	0.05490	5.15	1738	1.23×10^{-2}	734.9	3.34	0.07	−12.7	
									火星
S	0.015	1.02	13.5×10.7×9.6	2.0×10^{-8}	1.26×10^{-4}	1.95	0.06	11.3	M 1
S	0.00052	1.82	7.5×6.0×5.5	2.8×10^{-9}	1.8×10^{-5}	1.7	0.06	12.4	M 2
				−	−				木星
−	0.001	0.0	30×20×17	−	−	−	0.05−0.10	17.5	J 16
−	0.002	0.1	12.5×10×7.5	−	−	−	0.05−0.10	18.7	J 15
S	0.003	0.40	135×82×75	−	−	0.99	0.06	14.1	J 5
−	0.018	1.1	58×49×42	−	−	−	0.05−0.10	16.0	J 14
S	0.0041	0.040	1815	4.704×10^{-5}	894	3.57	0.6	5.0	J 1
S	0.0101	0.470	1569	2.526×10^{-5}	480	2.97	0.6	5.3	J 2
S	0.0006	0.195	2631	7.803×10^{-5}	1482.3	1.94	0.4	4.6	J 3
S	0.007	0.281	2400	5.667×10^{-5}	1076.6	1.86	0.2	5.6	J 4
−	0.242	43.1	4	−	−	−	−	21.0	J 18
−	0.164	27.5	10	−	−	−	−	19.2	J 13
0.4	0.162	27.5	85	−	−	−	−	14.2	J 6
−	0.118	29.4	1	−	−	−	−	23.3	2018 J 2
−	0.094	30.6	1.5	−	−	−	−	22.9	J 71
−	0.180	28.2	1.5	−	−	−	−	23.0	J 65
−	0.112	28.3	18	−	−	−	−	17.9	J 10
−	0.217	26.6	43	−	−	−	−	16.0	J 7
−	0.176	28.7	1	−	−	−	−	22.8	2011 J 3
−	0.211	28.2	2	−	−	−	−	22.4	J 53
−	0.057	53.2	1	−	−	−	−	23.6	2018 J 4
−	0.295	55.1	1.5	−	−	−	−	23.2	J 46
−	0.222	34.0	0.5	−	−	−	−	24.0	J 62
−	0.376	145.8	0.5	−	−	−	−	23.9	2003 J 12
−	0.143	145.8	1	−	−	−	−	23.1	J 34
−	0.105	146.4	1	−	−	−	−	23	J 55
−	0.308	150.3	0.5	−	−	−	−	24.7	J 52
−	0.208	148.0	1	−	−	−	−	23.1	J 40
−	0.140	139.8	1	−	−	−	−	24	J 54
−	0.215	143.4	1	−	−	−	−	23.6	J 68
−	0.246	149.8	1	−	−	−	−	24.0	2021 J 1
−	0.148	147.9	1	−	−	−	−	23.4	J 64
−	0.233	151.1	1	−	−	−	−	23.5	J 42
−	0.272	144.5	1	−	−	−	−	24.1	2022 J 3
−	0.157	156.1	2	−	−	−	−	22.6	J 45
−	0.27	148.6	1	−	−	−	−	23.3	2003 J 16
−	0.230	148.9	1.5	−	−	−	−	22.8	J 33
−	0.227	148.6	2	−	−	−	−	22.2	J 22
−	0.341	150.1	1	−	−	−	−	24.0	2021 J 2
−	0.253	148.0	1	−	−	−	−	23	J 60
−	0.230	149.0	3.5	−	−	−	−	21.1	J 27
−	0.281	146.0	1	−	−	−	−	23.1	J 35
−	0.212	150.7	2	−	−	−	−	22.1	J 30
−	0.216	149.4	2.5	−	−	−	−	21.8	J 24
−	0.244	148.9	14	−	−	−	−	18.3	J 12
−	0.228	148.5	2	−	−	−	−	22.3	J 29
−	0.229	152.7	1.5	−	−	−	−	22.8	J 70
−	0.356	150.1	1	−	−	−	−	23.8	2021 J 3
−	0.19	163.7	1	−	−	−	−	23.4	J 50
−	0.191	165.4	1	−	−	−	−	23.5	2022 J 1
−	0.236	164.1	1	−	−	−	−	23.5	2016 J 3
−	0.223	163.9	1	−	−	−	−	23.7	J 44
−	0.182	165.4	1	−	−	−	−	24.1	2022 J 2
−	0.269	164.5	0.5	−	−	−	−	23.5	2003 J 9
−	0.557	155.2	1	−	−	−	−	23.7	J 67
−	0.233	163.3	1	−	−	−	−	23.7	J 72
−	0.257	166.7	1	−	−	−	−	23.7	J 61
−	0.194	143.6	1	−	−	−	−	23.5	J 58

229ページに続く

番号	名　称	発　見　者	発見年	軌道の長半径		公転周期
				惑星半径=1	万km	（日）
木星						
	S/2018 J 3	S. S. Sheppard（アメリカ）他	2018	319.29	2282.66	704.56
	S/2021 J 5	S. S. Sheppard（アメリカ）他	2021	319.36	2283.18	704.80
	S/2021 J 4	S. S. Sheppard（アメリカ）他	2021	320.97	2294.67	710.13
J 38	Pasithee（S/2001 J 6）	S. S. Sheppard（アメリカ）他	2001	322.12	2302.90	716.3
J 43	Arche（S/2002 J 1）	S. S. Sheppard（アメリカ）	2002	322.61	2306.40	715.6
	S/2003 J 24	S. S. Sheppard（アメリカ）他	2003	322.94	2308.82	716.70
J 37	Kale（S/2001 J 8）	S. S. Sheppard（アメリカ）他	2001	323.45	2312.40	720.9
J 21	Chaldene（S/2000 J 10）	S. S. Sheppard（アメリカ）他	2000	324.22	2317.90	723.8
J 51	S/2010 J 1	R. Jacobson（アメリカ）他	2010	324.59	2320.56	722.18
J 26	Isonoe（S/2000 J 6）	S. S. Sheppard（アメリカ）他	2000	324.75	2321.70	725.5
J 32	Eurydome（S/2001 J 4）	S. S. Sheppard（アメリカ）他	2001	324.78	2321.90	720.8
J 66	S/2017 J 5	S. S. Sheppard（アメリカ）	2017	324.96	2323.2	719.5
J 69	S/2017 J 8	S. S. Sheppard（アメリカ）	2017	324.97	2323.3	719.6
	S/2003 J 4	S. S. Sheppard（アメリカ）	2003	325.32	2325.79	723.2
J 25	Erinome（S/2000 J 4）	S. S. Sheppard（アメリカ）他	2000	325.62	2327.90	728.3
J 63	S/2017 J 2	S. S. Sheppard（アメリカ）	2017	325.95	2330.3	723.1
J 20	Taygete（S/2000 J 9）	S. S. Sheppard（アメリカ）他	2000	326.75	2336.00	732.2
J 56	S/2011 J 2	S. S. Sheppard（アメリカ）	2011	327.32	2340.1	731.3
J 11	Carme カルメ	S. B. Nicholson（アメリカ）	1938	327.37	2340.40	732.2
	S/2021 J 6	S. S. Sheppard（アメリカ）他	2021	327.69	2342.72	732.55
J 59	S/2017 J 1	S. S. Sheppard（アメリカ）	2017	328.48	2348.4	735.2
J 31	Aitne（S/2001 J 11）	S. S. Sheppard（アメリカ）他	2001	329.37	2354.70	741.0
J 23	Kalyke（S/2000 J 2）	S. S. Sheppard（アメリカ）他	2000	329.87	2358.30	743.0
J 8	Pasiphae パシファエ	P. Melotte（イギリス）	1908	330.44	2362.40	743.6
	S/2016 J 4	S. S. Sheppard（アメリカ）	2016	331.00	2366.41	743.69
J 57	Eirene（S/2003 J 5）	S. S. Sheppard（アメリカ）	2003	331.06	2366.8	743.9
J 19	Megaclite（S/2000 J 8）	S. S. Sheppard（アメリカ）他	2000	332.99	2380.60	752.8
J 41	Aoede（S/2003 J 7）	S. S. Sheppard（アメリカ）	2003	333.01	2380.77	748.8
J 36	Sponde（S/2001 J 5）	S. S. Sheppard（アメリカ）他	2001	333.02	2380.80	749.1
J 9	Sinope シノペ	S. B. Nicholson（アメリカ）	1914	334.85	2393.90	758.9
J 48	Cyllene（S/2003 J 13）	S. S. Sheppard（アメリカ）	2003	335.70	2400.00	738
	S/2003 J 23	S. S. Sheppard（アメリカ）	2003	336.5	2406	759.7
J 17	Callirrhoe（S/1999 J 1）	J. V. Scotti（アメリカ）他	1999	337.13	2410.20	758.8
J 28	Autonoe（S/2001 J 1）	S. S. Sheppard（アメリカ）他	2001	337.41	2412.20	765.1
	S/2003 J 10	S. S. Sheppard（アメリカ）	2003	339.19	2424.96	767
J 39	Hegemone（S/2003 J 8）	S. S. Sheppard（アメリカ）	2003	342.89	2451.41	781.6
J 47	Eukelade（S/2003 J 1）	S. S. Sheppard（アメリカ）	2003	343.50	2455.73	781.6
J 49	Kore（S/2003 J 14）	S. S. Sheppard（アメリカ）	2003	349.69	2500.00	807
	S/2003 J 2	S. S. Sheppard（アメリカ）	2003	399.63	2857.00	982.5
土星						
	S/2009 S 1	カッシーニ画像科学チーム	2009	1.941	11.70	0.471
S 18	Pan パン	M. R. Showalter（アメリカ）	1990	2.216	13.357	0.575
S 35	Daphnis（S/2005 S 1）	カッシーニ画像科学チーム	2005	2.264	13.650	0.594
S 15	Atlas アトラス	ボイジャー科学チーム	1980	2.283	13.764	0.602
S 16	Prometheus プロメテウス	ボイジャー科学チーム	1980	2.312	13.935	0.613
	S/2004 S 4*	カッシーニ画像科学チーム	2004	2.326	14.02	0.6
	S/2004 S 6*	カッシーニ画像科学チーム	2004	2.336	14.08	0.6
	S/2004 S 3*	カッシーニ画像科学チーム	2004	2.341	14.11	0.6
S 17	Pandora パンドラ	ボイジャー科学チーム	1980	2.351	14.170	0.629
S 11	Epimetheus エピメテウス	J. Fountain（アメリカ）他	1977	2.512	15.142	0.694
S 10	Janus ヤヌス	A. Dollfus（フランス）	1966	2.513	15.147	0.695
S 53	Aegaeon（S/2008 S 1）	カッシーニ画像科学チーム	2008	2.779	16.75	0.808
S 1	Mimas ミマス	W. Herschel（イギリス）	1789	3.078	18.552	0.942
S 32	Methone（S/2004 S 1）	カッシーニ画像科学チーム	2004	3.223	19.423	1.01
S 49	Anthe（S/2007 S 4）	カッシーニ画像科学チーム	2007	3.280	19.766	1.037
S 33	Pallene（S/2004 S 2）	カッシーニ画像科学チーム	2004	3.50	21.1	1.14
S 2	Enceladus エンケラドゥス	W. Herschel（イギリス）	1789	3.949	23.802	1.370
S 3	Tethys テティス	G. D. Cassini（フランス）	1684	4.889	29.466	1.888
S 13	Telesto テレスト	B. Smith（アメリカ）他	1980	4.889	29.466	1.888
S 14	Calypso カリプソ	D. Pascu（アメリカ）他	1980	4.889	29.466	1.888
S 4	Dione ディオーネ	G. D. Cassini（フランス）	1684	6.262	37.740	2.737
S 12	Helene ヘレネ	P. Laques（フランス）	1980	6.262	37.740	2.737

230ページに続く

自転周期（日）	離心率	軌道傾斜角	半径（km）	質量 母惑星=1	質量 10^{20}kg	平均密度 g/cm²	反射能	平均等級	番号
									木星
－	0.273	164.9	1	－	－	－	－	23.9	2018 J 3
－	0.200	163.2	1	－	－	－	－	23.5	2021 J 5
－	0.159	164.5	1	－	－	－	－	24.0	2021 J 4
－	0.267	165.1	1	－	－	－	－	23.2	J 38
－	0.244	161.6	1.5	－	－	－	－	22.8	J 43
－	0.254	162.1	1	－	－	－	－	23.3	2003 J 24
－	0.267	165.0	1	－	－	－	－	23.0	J 37
－	0.238	165.2	2	－	－	－	－	22.5	J 21
－	0.324	163.2	1	－	－	－	－	23.8	J 51
－	0.261	165.3	2	－	－	－	－	22.5	J 26
－	0.278	150.4	1.5	－	－	－	－	22.7	J 32
－	0.284	164.3	1	－	－	－	－	23.5	J 66
－	0.312	164.7	0.5	－	－	－	－	24.0	J 69
－	0.204	144.9	1	－	－	－	－	23.0	2003 J 4
－	0.270	164.9	1.5	－	－	－	－	22.8	J 25
－	0.236	166.4	1	－	－	－	－	23.5	J 63
－	0.251	165.2	2.5	－	－	－	－	21.9	J 20
－	0.156	148.8	1	－	－	－	－	24	J 56
－	0.253	164.9	23	－	－	－	－	17.6	J 11
－	0.363	166.5	1	－	－	－	－	23.9	2021 J 6
－	0.397	149.2	1	－	－	－	－	24	J 59
－	0.264	165.3	1.5	－	－	－	－	22.7	J 31
－	0.243	165.2	2.5	－	－	－	－	21.8	J 23
－	0.409	151.4	30	－	－	－	－	17.0	J 8
－	0.199	146.3	1	－	－	－	－	24.1	2016 J 4
－	0.222	163.1	1	－	－	－	－	23	J 57
－	0.425	152.7	3.0	－	－	－	－	21.7	J 19
－	0.405	159.4	2	－	－	－	－	22.5	J 41
－	0.312	151.0	1	－	－	－	－	23.0	J 36
－	0.250	158.1	19	－	－	－	－	18.1	J 9
－	0.412	141	1	－	－	－	－	23.2	J 48
－	0.309	149.2	1	－	－	－	－	23.6	2003 J 23
－	0.283	147.1	4.0	－	－	－	－	20.7	J 17
－	0.319	152.4	2	－	－	－	－	22.0	J 28
－	0.214	164.1	1	－	－	－	－	23.6	2003 J 10
－	0.264	152.6	1	－	－	－	－	23.2	J 39
－	0.345	163.4	2	－	－	－	－	22.6	J 47
－	0.222	140.9	1	－	－	－	－	23.6	J 49
－	0.38	151.8	1	－	－	－	－	23.2	2003 J 2
									土星
－	0.0	0.0	0.15	－	－	－		－	2009 S 1
－	0.000	0.0	10	－	－	－	－	19.4	S 18
－	0.0	0.0	4	－	－	－	0.5	22	S 35
－	0.000	0.0	20×18×9	－	－	－	0.5	19.0	S 15
－	0.0024	0.0	70×50×37	－	－	－	0.5	15.8	S 16
－	0.000	0.0	2	－	－	－	－	23	2004 S 4
－	0.008	0.0	2	－	－	－	－	23	2004 S 6
－	0.004	0.0	2	－	－	－	－	23	2004 S 3
－	0.0042	0.0	55×43×33	－	－	－	0.5	16.4	S 17
S	0.021	0.34	70×58×50	－	－	－	0.5	15.6	S 11
S	0.007	0.14	110×95×80	－	－	－	0.5	14.4	S 10
S	0.0002	0.001	0.25	－	－	－	－	25	S 53
S	0.021	1.53	197	6.6×10^{-8}	0.38	1.17	0.77	12.8	S 1
－	0.000	0.0	1.5	－	－	－	－	23	S 32
－	0.001	0.1	1	－	－	－	－	24	S 49
－	0.000	0.0	2	－	－	－	－	23	S 33
S	0.000	0.02	251	1.5×10^{-7}	0.8	1.24	1.04	11.8	S 2
S	0.000	0.2	524	1.3×10^{-6}	7.6	1.26	0.80	10.2	S 3
－	0.001	1.2	16×12×10	－	－	－	0.6	18.5	S 13
－	0.001	1.5	15×13×8	－	－	－	0.9	18.	S 14
S	0.000	0.0	559	1.8×10^{-6}	10.5	1.44	0.55	10.4	S 4
－	0.000	0.2	22×19×13	－	－	－	0.6	18.4	S 12

231ページに続く

番号	名 称	発 見 者	発見年	軌道の長半径		公転周期
				惑星半径=1	万km	（日）
土星						
S 34	Polydeuces (S/2004 S 5)	カッシーニ画像科学チーム	2004	6.262	37.740	2.737
S 5	Rhea レア	G. D. Cassini（フランス）	1672	8.745	52.704	4.518
S 6	Titanティタン（タイタン）	C. Huygens（オランダ）	1655	20.274	122.185	15.945
S 7	Hyperion ヒペリオン	W. Bond（アメリカ）他	1848	24.58	148.11	21.277
S 8	Iapetus イアペトゥス	G. D. Cassini（フランス）他	1671	59.09	356.13	79.331
	S/2019 S 1	E. J. Ashton（カナダ）他	2019	186.19	1122.11	443.78
S 24	Kiviuq (S/2000 S 5)	B. Gladman（フランス）他	2000	188.57	1136.50	449.2
S 22	Ijiraq (S/2000 S 6)	B. Gladman（フランス）他	2000	189.82	1144.00	451.5
S 9	Phoebe フェーベ	W. Pickering（アメリカ）	1898	214.78	1294.43	548.2
S 20	Paaliaq (S/2000 S 2)	B. Gladman（フランス）	2000	252.19	1519.90	686.9
S 27	Skathi (S/2000 S 8)	J. J. Kavelaars（カナダ）他	2000	259.62	1564.70	728.9
	S/2004 S 37	S. S. Sheppard（アメリカ）他	2004	263.68	1589.17	748.0
S 26	Albiorix (S/2000 S 11)	M. Holman（アメリカ）他	2000	272.18	1640.40	783.4
	S/2007 S 2	S. S. Sheppard（アメリカ）他	2007	274.16	1652.32	793.0
S 37	Bebhionn (S/2004 S 11)	D. C. Jewitt（アメリカ）他	2004	280.38	1689.84	820.1
S 60	S/2004 S 29	S. S. Sheppard（アメリカ）他	2004	281.77	1698.15	826.2
S 47	Skoll (S/2006 S 8)	S. S. Sheppard（アメリカ）他	2006	289.93	1747.38	862.4
	S/2004 S 31	S. S. Sheppard（アメリカ）他	2004	291.50	1756.83	869.4
S 28	Erriapus (S/2000 S 10)	J. J. Kavelaars（カナダ）他	2000	292.29	1761.60	871.9
S 52	Tarqeq (S/2007 S 1)	S. S. Sheppard（アメリカ）他	2007	297.18	1791.06	894.9
	S/2004 S 13	D. C. Jewitt（アメリカ）他	2004	299.60	1805.63	905.9
S 51	Greip (S/2006 S 4)	S. S. Sheppard（アメリカ）他	2006	299.76	1806.57	906.6
S 29	Siarnaq (S/2000 S 3)	B. Gladman（フランス）他	2000	301.32	1816.00	893.1
S 44	Hyrrokkin (S/2004 S 19)	S. S. Sheppard（アメリカ）他	2004	301.46	1816.83	914.3
S 21	Tarvos (S/2000 S 4)	J. J. Kavelaars（カナダ）他	2000	302.76	1824.70	925.7
S 50	Jarnsaxa (S/2006 S 6)	S. S. Sheppard（アメリカ）他	2006	307.91	1855.69	943.8
S 25	Mundilfari (S/2000 S 9)	B. Gladman（フランス）他	2000	310.43	1870.90	951.4
	S/2006 S 1	S. S. Sheppard（アメリカ）他	2006	314.10	1893.02	972.4
	S/2004 S 17	D. C. Jewitt（アメリカ）他	2004	316.90	1909.92	985.5
S 31	Narvi (S/2003 S 1)	S. S. Sheppard（アメリカ）他	2003	317.59	1914.08	988.6
	S/2007 S 3	S. S. Sheppard（アメリカ）他	2007	318.23	1917.93	991.7
S 23	Suttungr (S/2000 S 12)	B. Gladman（フランス）他	2000	321.28	1936.30	1016.3
S 38	Bergelmir (S/2004 S 15)	D. C. Jewitt（アメリカ）他	2004	321.43	1937.22	1006.7
S 54	Gridr (S/2004 S 20)	S. S. Sheppard（アメリカ）他	2004	322.20	1941.81	1010.2
S 36	Aegir (S/2004 S 10)	D. C. Jewitt（アメリカ）他	2004	325.51	1961.84	1025.9
	S/2004 S 12	D. C. Jewitt（アメリカ）他	2004	330.29	1990.59	1048.5
S 39	Bestla (S/2004 S 18)	D. C. Jewitt（アメリカ）他	2004	331.17	1995.87	1052.7
S 59	Eggther (S/2004 S 27)	S. S. Sheppard（アメリカ）他	2004	331.46	1997.64	1054.1
S 40	Farbauti (S/2004 S 9)	D. C. Jewitt（アメリカ）他	2004	336.68	2029.08	1079.1
S 43	Hati (S/2004 S 14)	D. C. Jewitt（アメリカ）他	2004	336.88	2030.33	1080.1
S 30	Thrymr (S/2000 S 7)	B. Gladman（フランス）他	2000	338.19	2038.20	1086.9
	S/2004 S 7	D. C. Jewitt（アメリカ）他	2004	341.42	2057.67	1106.8
S 55	Angrboda (S/2004 S 22)	S. S. Sheppard（アメリカ）他	2004	342.41	2063.64	1106.8
S 61	Beli (S/2004 S 30)	S. S. Sheppard（アメリカ）他	2004	345.48	2082.12	1121.7
	S/2006 S 3	S. S. Sheppard（アメリカ）他	2006	349.71	2107.63	1142.4
S 56	Skrymir (S/2004 S 23)	S. S. Sheppard（アメリカ）他	2004	351.16	2116.35	1149.5
S 57	Gerd (S/2004 S 25)	S. S. Sheppard（アメリカ）他	2004	351.33	2117.42	1150.3
S 62	Gunnlod (S/2004 S 32)	S. S. Sheppard（アメリカ）他	2004	352.00	2121.43	1153.6
S 66	Geirrod (S/2004 S 38)	S. S. Sheppard（アメリカ）他	2004	363.51	2190.80	1210.6
	S/2004 S 28	S. S. Sheppard（アメリカ）他	2004	365.36	2201.98	1219.9
S 48	Surtur (2006 S 7)	S. S. Sheppard（アメリカ）他	2006	369.08	2224.36	1238.6
S 45	Kari (S/2006 S 2)	S. S. Sheppard（アメリカ）他	2006	370.37	2232.12	1245.1
S 65	Alvaldi (S/2004 S 35)	S. S. Sheppard（アメリカ）他	2004	371.88	2241.23	1252.7
S 41	Fenrir (S/2004 S 16)	D. C. Jewitt（アメリカ）他	2004	375.17	2261.07	1269.4
	S/2004 S 21	S. S. Sheppard（アメリカ）他	2004	375.73	2264.45	1272.2
	S/2004 S 24	S. S. Sheppard（アメリカ）他	2004	379.98	2290.05	1293.8
S 46	Loge (S/2006 S 5)	S. S. Sheppard（アメリカ）他	2006	381.37	2298.43	1301.0
S 19	Ymir (S/2000 S 1)	B. Gladman（フランス）他	2000	383.22	2309.60	1312.4
	S/2004 S 36	S. S. Sheppard（アメリカ）他	2004	384.82	2319.24	1318.6
	S/2004 S 39	S. S. Sheppard（アメリカ）他	2004	391.17	2357.48	1351.0
S 42	Fornjot (S/2004 S 8)	D. C. Jewitt（アメリカ）他	2004	391.73	2360.89	1354.2
S 63	Thiazzi (S/2004 S 33)	S. S. Sheppard（アメリカ）他	2004	401.01	2416.81	1402.7

232ページに続く

自転周期（日）	離心率	軌道傾斜角	半径（km）	質量 母惑星=1	質量 10^{20}kg	平均密度 g/cm³	反射能	平均等級	番号
		°							土星
－	0. 018	0. 2	2	－	－	－	－	23. 0	S 34
S	0. 001	0. 3	764	4. 4 ×10⁻⁶	24. 9	1. 33	0. 65	9. 6	S　5
S	0. 029	1. 6	2575	2. 36×10⁻⁴	1345. 7	1. 81	0. 2	8. 4	S　6
C	0. 018	0. 6	175×120×100	－	－	－	0. 25	14. 4	S　7
－	0. 028	7. 6	718	3. 3 ×10⁻⁶	18. 8	1. 21	0. 5/0. 04	10.2－11.9	S　8
－	0. 623	44. 4	1	－	－	－	－	25. 2	2019 S 1
－	0. 334	46. 2	7	－	－	－	－	22. 0	S 24
－	0. 322	46. 7	5	－	－	－	－	22. 6	S 22
0. 4	0. 164	174. 8	115×110×105	－	－	－	0. 06	16. 4	S　9
－	0. 364	45. 1	9. 5	－	－	－	－	21. 3	S 20
－	0. 270	152. 7	3	－	－	－	－	23. 6	S 27
－	0. 497	162. 9	2	－	－	－	－	25. 1	2004 S 37
－	0. 478	34. 0	13	－	－	－	－	20. 5	S 26
－	0. 218	176. 7	2	－	－	－	－	24. 5	2007 S　2
－	0. 336	41. 0	3	－	－	－	－	24. 1	S 37
－	0. 440	45. 1	2	－	－	－	－	24. 9	S 60
－	0. 422	155. 6	2	－	－	－	－	24. 5	S 47
－	0. 240	48. 8	2	－	－	－	－	24. 7	2004 S 31
－	0. 474	34. 4	4. 5	－	－	－	－	23. 0	S 28
－	0. 108	49. 9	2	－	－	－	－	24. 0	S 52
－	0. 273	167. 4	3	－	－	－	－	24. 5	2004 S 13
－	0. 374	172. 7	2	－	－	－	－	24. 5	S 51
－	0. 295	45. 6	16	－	－	－	－	20. 1	S 29
－	0. 360	153. 3	2	－	－	－	－	23. 5	S 44
－	0. 536	33. 5	6. 5	－	－	－	－	22. 1	S 21
－	0. 192	162. 9	2	－	－	－	－	24. 8	S 50
－	0. 208	167. 5	3	－	－	－	－	23. 8	S 25
－	0. 130	154. 2	2	－	－	－	－	24. 5	2006 S　1
－	0. 259	166. 6	2	－	－	－	－	25. 2	2004 S 17
－	0. 325	135. 8	4	－	－	－	－	24	S 31
－	0. 151	177. 0	2	－	－	－	－	25. 0	2007 S 3
－	0. 114	175. 8	3	－	－	－	－	23. 9	S 23
－	0. 18	156. 9	3	－	－	－	－	24. 2	S 38
－	0. 197	162. 6	2	－	－	－	－	25. 0	S 54
－	0. 241	167. 0	3	－	－	－	－	24. 4	S 36
－	0. 401	164. 0	3	－	－	－	－	24. 8	2004 S 12
－	0. 795	147. 4	4	－	－	－	－	23. 8	S 39
－	0. 122	167. 8	2	－	－	－	－	24. 5	S 59
－	0. 235	157. 6	3	－	－	－	－	24. 7	S 40
－	0. 292	162. 7	3	－	－	－	－	24. 4	S 43
－	0. 470	175. 8	3	－	－	－	－	23. 9	S 30
－	0. 58	165. 1	3	－	－	－	－	24. 5	2004 S　7
－	0. 251	177. 3	2	－	－	－	－	25. 4	S 55
－	0. 120	157. 5	2	－	－	－	－	25. 5	S 61
－	0. 471	150. 8	2	－	－	－	－	24. 5	2006 S　3
－	0. 373	177. 0	2	－	－	－	－	24. 8	S 56
－	0. 442	173. 0	2	－	－	－	－	25. 1	S 57
－	0. 250	159. 1	2	－	－	－	－	24. 8	S 62
－	0. 146	154. 1	2	－	－	－	－	25. 0	S 66
－	0. 143	170. 3	2	－	－	－	－	25. 1	2004 S 28
－	0. 368	166. 9	2	－	－	－	－	24. 8	S 48
－	0. 340	148. 4	2	－	－	－	－	24. 0	S 45
－	0. 184	176. 7	2	－	－	－	－	24. 7	S 65
－	0. 135	163. 0	2	－	－	－	－	25. 0	S 41
－	0. 318	156. 0	2	－	－	－	－	25. 5	2004 S 21
－	0. 085	35. 5	2	－	－	－	－	25. 1	2004 S 24
－	0. 142	166. 5	2	－	－	－	－	24. 5	S 46
－	0. 333	173. 1	8	－	－	－	－	21. 7	S 19
－	0. 155	155. 0	2	－	－	－	－	25. 3	2004 S 36
－	0. 080	166. 6	2	－	－	－	－	25. 5	2004 S 39
－	0. 213	168. 0	3	－	－	－	－	24. 6	S 42
－	0. 399	160. 5	2	－	－	－	－	25. 1	S 63

233ページに続く

番号	名　称	発　見　者	発見年	軌道の長半径 (惑星半径=1)	軌道の長半径 (万km)	公転周期 (日)
土星						
S 64	S/2004 S 34	S. S. Sheppard（アメリカ）他	2004	403.18	2429.89	1414.2
S 58	S/2004 S 26	S. S. Sheppard（アメリカ）他	2004	442.63	2667.62	1626.7
天王星						
U 6	Cordelia コーディーリア	ボイジャー科学チーム	1986	1.946	4.975	0.335
U 7	Ophelia オフィーリア	ボイジャー科学チーム	1986	2.103	5.376	0.376
U 8	Bianca ビアンカ	ボイジャー科学チーム	1986	2.315	5.916	0.435
U 9	Cressida クレシダ	ボイジャー科学チーム	1986	2.417	6.177	0.464
U 10	Desdemona デスデモーナ	ボイジャー科学チーム	1986	2.452	6.266	0.474
U 11	Juliet ジュリエット	ボイジャー科学チーム	1986	2.518	6.436	0.493
U 12	Portia ポーシア	ボイジャー科学チーム	1986	2.586	6.610	0.513
U 13	Rosalind ロザリンド	ボイジャー科学チーム	1986	2.736	6.993	0.558
U 27	Cupid (S/2003 U 2)	M. R. Showalter（アメリカ）他	2003	2.93	7.48	0.6
U 14	Belinda ベリンダ	ボイジャー科学チーム	1986	2.945	7.526	0.624
U 25	Perdita (S/1986 U 10)	E. Karkoschka（アメリカ）他	1999 (1986)	2.99	7.64	0.6
U 15	Puck パック	ボイジャー科学チーム	1985	3.365	8.601	0.762
U 26	Mab (S/2003 U 1)	M. R. Showalter（アメリカ）他	2003	3.824	9.7734	0.9
U 5	Miranda ミランダ	G. Kuiper（アメリカ）	1948	5.078	12.978	1.414
U 1	Ariel エアリエル	W. Lassell（イギリス）	1851	7.482	19.124	2.520
U 2	Umbriel アンブリエル	〃	1851	10.406	26.597	4.144
U 3	Titania ティタニア	W. Herschel（イギリス）	1787	17.052	43.584	8.706
U 4	Oberon オベロン	〃	1787	22.794	58.260	13.463
U 22	Francisco (S/2001 U 3)	M. Holman（アメリカ）他	2001	167.5	428.1	266.6
U 16	Caliban キャリバン	B. Gladman（フランス）他	1997	280.484	716.890	579
U 20	Stephano ステファーノ	J. J. Kavelaars（カナダ）他	1999	310.750	794.245	676
U 21	Trinculo トリンキュロ	〃	2001	335.616	857.800	759
U 17	Sycorax シコラックス	P. D. Nicholson（アメリカ）他	1997	477.859	1221.360	1289
U 23	Margaret (S/2003 U 3)	S. S. Sheppard（アメリカ）他	2003	574.7	1468.9	1694.8
U 18	Prospero プロスペロー	B. Gladman（フランス）他	1999	630.443	1611.349	1953
U 19	Setebos セティボス	J. J. Kavelaars（カナダ）他	1999	712.280	1820.516	2345
U 24	Ferdinand (S/2001 U 2)	M. Holman（アメリカ）他	2001	822	2100	2823.4
海王星						
N 3	Naiad ナイアッド	ボイジャー科学チーム	1989	1.948	4.823	0.296
N 4	Thalassa タラッサ	ボイジャー科学チーム	1989	2.022	5.007	0.312
N 5	Despina デスピナ	ボイジャー科学チーム	1989	2.121	5.253	0.333
N 6	Galatea ガラテア	ボイジャー科学チーム	1989	2.502	6.195	0.429
N 7	Larissa ラリッサ	ボイジャー科学チーム	1989	2.970	7.355	0.554
N 14	Hippocamp (S/2004 N 1)	M.R.Showalter（アメリカ）他	2004	4.251	10.528	0.950
N 8	Proteus プロテウス	ボイジャー科学チーム	1989	4.750	11.764	1.121
N 1	Triton トリトン	W. Lassell（イギリス）	1846	14.33	35.48	5.877
N 2	Nereid ネレイド	G. Kuiper（アメリカ）	1949	222.64	551.34	360.16
N 11	Sao (S/2002 N 2)	M. Holman（アメリカ）他	2002	813.76	2015.20	2520
N 12	Laomedeia (S/2002 N 3)	〃	2002	862.78	2136.60	2750
N 9	Halimede (S/2002 N 1)	〃	2002	884.39	2190.10	2870
N 10	Psamathe (S/2003 N 4)	D. C. Jewitt（アメリカ）他	2003	1922	4760	9708.3
N 13	Neso (S/2002 N 1)	M. Holman（アメリカ）他	2002	1963	4860	9412.5
冥王星						
P 1	Charon (S/1978 P 1)	J. Christy（アメリカ）他	1978	16.51	1.960	6.387
P 5	Styx (S/2012 P 1)	M. R. Showalter（アメリカ）他	2012	35.73	4.241	20.162
P 2	Nix (S/2005 P 2)	H. A. Weaver（アメリカ）他	2005	41.02	4.869	24.855
P 4	Kerberos (S/2011 P 1)	M. R. Showalter（アメリカ）他	2011	48.65	5.775	32.168
P 3	Hydra (S/2005 P 1)	H. A. Weaver（アメリカ）他	2005	54.52	6.472	38.202

衛星の表の説明

(1) 226〜233ページの衛星の表は，各惑星の衛星を，母惑星に近いものから遠いものへの順に配列してある．したがって，各衛星名の前
についている衛星番号（IAUが決めたもので，ほぼ発見順につけられてある）は順不同である．

(2) 衛星名の原名の読み方はほぼ慣例にしたがっている．新発見の衛星で新しく命名されたものは原名のままとし，仮符号をあわせて
記してある．冥王星の衛星 P 4，P 5 の仮符号はIAUでは P を（134340）に改めたが，ここでは便宜的に以前のものに合わせて記述
した．

(3) 発見者が複数の場合は，代表者名のみを記してある．

(4) 自転周期の項の，Sは公転周期と同期した値．Cは無秩序であることを示す．

(5) 軌道傾斜角のうち，地球の衛星,木星のJ18（Themisto）以遠の衛星，土星のS/2019 S 1以遠の衛星，天王星のU22（Francisco）
以遠の衛星，海王星のN11（Sao）以遠の衛星は黄道に対する値，その他は母惑星の赤道面に対する値である．

自転周期(日)	離心率	軌道傾斜角	半径 (km)	質量 母惑星=1	質量 10^{20}kg	平均密度 g/cm³	反射能	平均等級	番号
									土星
−	0.235	166.0	2	−	−	−	−	25.3	S 64
−	0.165	171.4	2	−	−	−	−	24.9	S 58
									天王星
−	0.000	0.1	20	−	−	−	0.05	23.6	U 6
−	0.010	0.1	12	−	−	−	0.05	23.3	U 7
−	0.001	0.2	25	−	−	−	0.05	22.5	U 8
−	0.000	0.0	40	−	−	−	0.04	21.6	U 9
−	0.000	0.1	32	−	−	−	0.04	22.0	U 10
−	0.001	0.1	47	−	−	−	0.06	21.1	U 11
−	0.000	0.1	68	−	−	−	0.09	20.4	U 12
−	0.000	0.3	36	−	−	−	0.05	21.8	U 13
−	0.000	0.0	5	−	−	−	−	26.0	U 27
−	0.000	0.0	40	−	−	−	0.05	21.5	U 14
−	0.000	0.0	20	−	−	−	−	23.6	U 25
−	0.000	0.3	80	−	−	−	0.06	19.8	U 15
−	0.000	0.0	5	−	−	−	−	26.0	U 26
S	0.001	4.3	235	−	0.689	1.35	0.22	15.8	U 5
S	0.001	0.0	580	−	12.6	1.66	0.38	13.7	U 1
S	0.004	0.1	585	−	13.3	1.51	0.16	14.5	U 2
S	0.001	0.1	790	−	34.8	1.68	0.23	13.5	U 3
S	0.001	0.1	760	−	30.3	1.58	0.20	13.7	U 4
−	0.143	147.6	6	−	−	−	−	25.0	U 22
−	0.159	140.9	45	−	−	−	0.07	22.4	U 16
−	0.230	144.1	10	−	−	−	0.07	24.1	U 20
−	0.208	167.0	5	−	−	−	−	25.4	U 21
−	0.522	159.4	95	−	−	−	0.07	20.8	U 17
−	0.783	50.7	5.5	−	−	−	−	25.2	U 23
−	0.443	152.0	15	−	−	−	0.07	20.8	U 18
−	0.584	158.2	15	−	−	−	0.07	23.3	U 19
−	0.426	167.3	6	−	−	−	−	25.1	U 24
									海王星
−	0.000	4.7	29	−	−	−	0.06	24.6	N 3
−	0.000	0.2	40	−	−	−	0.06	23.9	N 4
−	0.000	0.1	74	−	−	−	0.06	22.5	N 5
−	0.000	0.1	79	−	−	−	0.05	22.4	N 6
−	0.001	0.2	96	−	−	−	0.06	22.0	N 7
−	0.000	0.0	9	−	−	−	0.1	26.5	N 14
−	0.000	0.0	208	−	−	−	0.06	20.3	N 8
S	0.000	156.8	1350	2.09×10^{-4}	214	2.075	0.6−0.9	13.5	N 1
−	0.751	7.2	170	−	−	−	0.14	19.7	N 2
−	0.173	56.9	15	−	−	−	−	25.5	N 11
−	0.473	42.5	15	−	−	−	−	25.1	N 12
−	0.431	120.5	20	−	−	−	−	24.2	N 9
−	0.49	125.1	18	−	−	−	−	25.1	N 10
−	0.39	137.4	21.5	−	−	−	−	24.7	N 13
									冥王星
S	0.000	0.0	606	0.122	15.9	1.70	0.37	18.0	P 1
−	0.000	0.0	<9.8	−	−	−	−	27.0	P 5
−	0.000	0.0	54×41×36	−	−	−	0.46	24.4	P 2
−	0.000	0.4	<14	−	−	−	−	26.1	P 4
−	0.006	0.3	43×33	−	−	−	0.51	24.5	P 3

(6) 平均等級は, 各惑星が衝のときの衛星の最大光度の平均値を示す.

(7) アメリカNASAが2006年1月に打ち上げた探査機ニュー・ホライズンズが2015年7月に冥王星に接近した. その観測から冥王星の衛星 Charon, Nix, Hydra の半径と Charon の質量と密度が詳しく測定された. 上の表にはその結果を掲載した. ニュー・ホライズンズの観測によって得られた冥王星の半径は (1187±4) km, 質量は (130.3±0.3)×10^{20} kg, 密度は (1.860±0.013) g/cm³である.

(8) 発見年の新しい衛星には, 軌道要素や大きさ (半径) の値が不確定なものが多い. 表にかかげた数値には暫定的なものがあることを了承いただきたい. なお発見年は衛星を発見した最初の画像が撮られた年を示している.

(9) 木星の衛星のうち, J18 (Themisto) 以遠のものは, 軌道長半径 (平均距離) と軌道傾斜角のよく似たものが多く, S. Sheppard と D. Jewitt はそれらを Themisto, Himalia, Ananke, Pasiphae, Carme の5つのグループ (族) に分けている. 初めの2つの族の衛星は順行, 残りは逆行である (2006年版図1参照).

環

	名　称	惑星中心からの距離		幅 (km)	厚さ (km)	質量 (g)	反射能	備考
		惑星半径=1	km					
木星	ハロ	1.40 — 1.72	100000 — 122800	22800	20000 :	–	0.05	
	メイン (主環)	1.72 — 1.81	122800 — 129200	6400	<30	10^{16}	0.05	μm大の粒子からなる
	ゴサマー	1.81 — 3.00	129200 — 214200	85000	3000	–	0.05	
土星	D	1.11 — 1.24	67000 — 74500	7500	–	–	–	
	C	1.24 — 1.53	74500 — 92000	17500	–	1.1×10^{21}	0.25	おもにH₂Oの氷の粒
	マクスウェルの空隙	1.45	87500	270	–	–	–	
	B	1.53 — 1.95	92000 — 117500	25500	0.1 : — 1	2.8×10^{22}	0.65	おもにH₂Oの氷の粒 表面にスポーク生成
	カッシーニの空隙	1.95 — 2.03	117500 — 122200	4700	–	5.7×10^{20}	0.30	
	R/2006 S 4	1.97	118960	6	–	–	–	カッシーニ空隙内の環
	R/2006 S 3	1.99	119930	50	–	–	–	
	A	2.03 — 2.27	122200 — 136800	14600	0.1 : — 1	6.2×10^{21}	0.60	おもにH₂Oの氷の粒
	エンケの空隙	2.216	133570	325	–	–	–	
	キーラーの空隙	2.265	136530	35	–	–	–	A, B, Cとも 粒の大きさ<10m 大部分はcm〜m大
	R/2004 S 1	2.284	137640	300	–	–	–	
	R/2004 S 2	2.305	138900	300	–	–	–	
	F	2.326	140210	30 - 500	1000	–	–	大部分μm大の粒子 ボイジャー1号がねじれ発見
	R/2006 S 1	2.514	151500	5000	–	–	–	
	G	2.75 — 2.88	165800 — 173800	8000	100 - 1000	$6\text{-}23 \times 10^9$	–	
	E	3.0 — 8.0	180000 — 480000	300000	15000	–	–	非常に希薄
	R/2006 S 5	3.223	194230	–	–	–	–	弧状
	R/2007 S 1	3.280	197655	–	–	–	–	弧状
	R/2006 S 2	3.518	212000	2500	–	–	–	
天王星	ζ　(1986 U 2R)	1.55	39600	3500	0.1 :	–	0.03 :	
	6	1.638	41870	1 — 3	0.1 :	–	0.03 :	
	5	1.654	42270	2 — 3	0.1 :	–	0.03 :	
	4	1.667	42600	2 — 3	0.1 :	–	0.03 :	
	α	1.751	44750	7 — 12	0.1 :	–	0.03 :	全体に見て 粒子の最大 径は数mm
	β	1.788	45700	7 — 12	0.1 :	–	0.03 :	
	η	1.847	47210	0 — 2	0.1 :	–	0.03 :	
	γ	1.865	47660	1 — 4	0.1 :	–	0.03 :	
	δ	1.891	48330	3 — 9	0.1 :	–	0.03 :	
	λ　(1986 U 1R)	1.959	50060	1 — 2	0.1 :	–	0.03 :	
	ε	2.002	51180	20 - 100	0.1 :	–	0.03	離心率 0.008
	ν　(R/2003 U 2)	2.633	67300	3800	–	–	–	
	μ　(R/2003 U 1)	3.823	97700	17000	–	–	–	
海王星	Galle　ガレ	1.69	41900	15	–		低い	
	LeVerrier ルベリエ	2.15	53200	110	<30		0.03	
	Lassell　ラッセル	2.15 — 2.38	53200 — 59000	5800	–		低い	
	Arago　アラゴ	2.33	57600	100	–		低い	3カ所に濃い 弧の部分あり
	Adams　アダムス	2.54	62900	<50	<30		>0.07	

226〜233ページの衛星の表には，各惑星の衛星を示した．冥王星は2006年8月のIAU の総会で「準惑星」（dwarf planet）に分類されることになったが，その衛星は便宜上， この表に含めた．衛星の表については232〜233ページの下段の説明を参照されたい．

小惑星の新たな衛星を右ページの上の表に示す．以前のものは2022年版以前の『天

小惑星の衛星 （2023年8月末までに公表されたもの）

母小惑星	衛星の直径	軌道半径	公転周期(時間)	衛星発見の公表日	発見者・報告者
(3076) Garber	(>0.22)		22.15	2022 9 8	V. Benishek 他 1)
(5319) Petrovskaya	(>0.26)		28.48	2022 10 18	V. Benishek 他 1)
(4901) O Briain	(>0.28)		47.6	2022 11 7	V. Benishek 他 1)
(14469) Komatsuataka	(0.24)		19.32	2022 11 12	V. Benishek 他 1)
(19281) 1996 AP$_3$	(>0.26)		22.27	2022 11 20	V. Benishek 他 1)
2005 LW$_3$ $		4km		2022 12 10	S. P. Naidu 他 2)
(7615) 1996 TA$_{11}$	(>0.28)		18.89	2022 12 10	M. Conjat 他 1)
(3187) Dalian	(>0.28)		17.461	2023 1 4	M. Conjat 他 1)
(10044) Squyres	(>0.28)		18.67	2023 1 4	V. Benishek 他 1)
(2037) Tripaxeptalis	(0.22)		26.25	2023 2 2	V. Benishek 他 1)
(2871) Schober	(>0.28)		42.47	2023 2 3	V. Benishek 他 1)
(3959) Irwin	(>0.29)		15.641	2023 2 9	V. Benishek 他 1)
(118303) 1998 UG	(>0.28)		35.69	2023 2 20	V. Benishek 他 1)
(97034) 1999 UK$_7$ *	(>0.28)		15.57	2023 3 12	V. Benishek 他 1)
(1990) Pilcher	(>0.22)		17.146	2023 4 22	V. Benishek 他 1)
(5781) Barkhatova	(>0.26)		36.04	2023 5 11	V. Benishek 他 1)
(2966) Korsunia	(0.24)		17.521	2023 6 6	V. Benishek 他 1)
(620082) 2014 QL$_{433}$ $	150 m	480m	11.45	2023 8 15	M. Brozovic 他 2)
(458732) 2011 MD$_5$ $	(0.29)		15.16	2023 8 24	P. Pravec 他 1)

「衛星の直径」で括弧の中に書いた数値は母小惑星の直径に対する比の値である.

「発見者・報告者」の最後に示した数字は衛星の発見方法を表し, 意味は次のとおり. 1) 変光曲線の解析から, 2) ドップラー・レーダー観測から.

$ 2005 LW$_3$, (620082) 2014 QL$_{433}$, (458732) 2011 MD$_5$ はアポロ型小惑星.

* (97034) 1999 UK$_7$ は火星軌道交差小惑星.

文年鑑』を参照のこと.

234ページの表に惑星の環を示した. 数値の後の「：」はその数値の誤差が大きいことを表す. カッシーニ探査機は1997年10月に打ち上げられ, 2004年7月に土星に到着してから2017年9月に土星の大気圏に突入するまで, 土星の衛星や環について詳細な観測を行うとともに新しい衛星や環の発見などの顕著な業績を上げた. 環については2004年9月にR/2004 S 1～ 2の2個の環を, 2006年9月にR/2006 S 1～ 4の4個の環を発見した. 2006年11月の観測からは第32番衛星Methoneの軌道上に弧状環R/2006 S 5の存在が示唆された. この弧状環は2008年9月に確認され, 同時に第49番衛星Antheの軌道上に新たな弧状環R/2007 S 1が発見された. これら2つの弧状環は, そのすぐ内側を回っている第1衛星Mimasと軌道共鳴の状態にある.

天王星の環は1977年3月の天王星による恒星の掩蔽の際にカイパー空中天文台の観測から5個が発見され, 内側から α, β, γ, δ, ε の名前が付けられた. ε の外にあるとされた環にζが付けられたが, それはその後確認されなかった. 後の解析でγの内側に見つかった薄い環にη の名前が付けられた. 一方, Perthの観測からは6個の環が発見され, 外側から1, 2, 3, 4, 5, 6と名前を付けたが, 既知の環を省いた 4, 5, 6の名前が残った. 1978年4月の掩蔽から4, 5, 6が再発見され, そのときにこれらがθ, ι, κ と名付けられたが, 以後は4, 5, 6のほうが使われている. 1986年のVoyager探査機の画像から発見された2個の環にλとζ（上で述べたζとは無関係）, 2003年のHubble宇宙望遠鏡の画像から発見された2個の環にμとνが付けられた.

人 工 天 体 <small>(橋本就安)</small>

　2021年7月1日から2022年6月30日までの1年間で打ち上げられた人工衛星（ペイロード）は1671個で（前年よりも増え），2022年7月1日から2023年6月30日までの打上げでは2902個と大幅に数を増やした．上記の数にロケットや破片の数も含めるとさらに多くなる．ロケットは打上げ後，しばらくして爆発して数を増やすこともあり，地球周辺の宇宙空間は人工天体でいっぱいなので，宇宙飛行士にとっては危険がどんどん増すばかりである．

　原因はスターリンク衛星などの通信衛星もさることながら，相乗り（ピギーバック）衛星が増えたことも影響している．つまり，主な衛星を打ち上げるとき，ロケットの余剰空間に小型衛星を乗せて打ち上げる例が増えているからだ．人類は地球周辺の宇宙空間の環境破壊も起こしつつあるようだ．

表1　最近打ち上げられた人工天体(2022年7月1日〜2023年6月30日)ロケットやデブリは含まず．

衛星番号	国際標識	名　称	国	打上げ年月日	消失年月日	周期	軌道傾斜角	近地点高度	遠地点高度	主な目的
						分		km	km	
52940	2022-073A	WFOV (USA 332)	米	2022-07-01		1436.1	0.7	35781	35791	早期警戒
52941	2022-073B	USA 333	米	2022-07-01		1421.5	0.4	35498	35503	実験
52944	2022-074A	RECURVE	米	2022-07-02		94.1	45.0	471	475	技術
52945	2022-074B	NACHOS-2	米	2022-07-02		94.0	45.0	468	476	技術
52947	2022-074D	SLINGSHOT 1	米	2022-07-02		94.1	45.0	473	475	技術
52948	2022-074E	GPX2 3U	米	2022-07-02		93.9	45.0	465	468	技術
52949	2022-074F	MISR-B-1	米	2022-07-02		93.5	45.0	438	451	電子偵察
52950	2022-074G	CTIM	米	2022-07-02		93.7	45.0	450	464	地球科学
52951	2022-074H	GUNSMOKE-L	米	2022-07-02		93.8	45.0	457	463	技術
52983	2022-065H	DUMMY CUBESAT	韓	2022-06-21		98.7	98.1	692	705	模型
52984	2022-075A	COSMOS 2557 [GLONASS-K]	C	2022-07-07		675.7	64.8	19098	19162	航行
52986	2022-076A	スターリンク-4260 他52機	米	2022-07-07		95.4	53.2	540	540	通信
53043	2022-077A	スターリンク-4362 他45機	米	2022-07-11		95.9	97.7	561	565	通信
53100	2022-078A	TIANLIAN 2-03	中	2022-07-12		1436.2	2.4	35776	35799	中継
53102	2022-079A	USA 334	米	2022-07-13		97.1	40.0	615	629	軍事
53105	2022-080A	LARES-2	IT	2022-07-13		225.4	70.2	5882	5896	基礎測地
53106	2022-080B	GREENCUBE	IT	2022-07-13		224.1	70.2	5833	5854	小型衛星
53107	2022-080C	ASTROBIOCUBESAT	IT	2022-07-13		224.3	70.2	5833	5866	小型衛星
53108	2022-080D	TRISAT-R	SVN	2022-07-13		224.3	70.2	5833	5865	小型衛星
53109	2022-080E	MTCUBE 2 (ROBUSTA 1F)	仏	2022-07-13		224.1	70.2	5832	5854	小型衛星
53110	2022-080F	ALPHA	IT	2022-07-13		224.1	70.2	5550	6134	小型衛星
53111	2022-080G	CELESTA	IT	2022-07-13		223.9	70.4	5805	5866	技術
53113	2022-081A	DRAGON CRS-25	米	2022-07-15	2022-08-20	90.3	51.6	193	382	貨物
53128	2022-082A	SUPERVIEW NEO-2 O1 他1機	中	2022-07-15		94.5	97.4	491	493	地球観測
53132	2022-083A	スターリンク-4063 他52機	米	2022-07-17		95.4	53.2	539	540	通信
53189	2022-084A	スターリンク-4391 他52機	米	2022-07-22		95.9	97.7	562	564	通信
53239	2022-085A	CSS (WENTIAN)	中	2022-07-24		92.1	41.5	373	379	モジュール
53242	2022-086A	スターリンク-4056 他52機	米	2022-07-24		95.4	53.2	539	540	通信
53299	2022-087A	OBJECT A 他4機	中	2022-07-27		94.4	97.4	483	500	TBD
53305	1998-067TQ	OBJECT TQ 他1機	C	1998-11-20	2023-02-14	88.6	51.6	196	210	TBD
53306	1998-067TR	YUZGU 8 他6機	C	1998-11-20	2023-01-25	88.2	51.6	181	189	技術
53312	1998-067TX	TSIOLKOVSKY-RYAZAN 1	C	1998-11-20	2023-01-27	88.1	51.6	176	185	通信技術
53313	1998-067TY	TSIOLKOVSKY-RYAZAN 2	C	1998-11-20	2023-01-27	88.2	51.6	183	192	通信技術
53314	2019-003K	ALE-DOM	日	2019-01-18	2022-08-03	92.5	97.1	390	405	実験
53316	2022-088A	YAOGAN-35 03A 他2機	中	2022-07-29		94.5	35.0	486	499	軍事
53323	2022-089A	COSMOS 2558	C	2022-08-01		93.4	97.2	440	445	衛星監視
53346	2022-090A	OBJECT A 他2機	中	2022-08-04		94.7	97.5	500	506	TBD
53352	2022-091A	USA 335	米	2022-08-04		97.4	70.0	629	639	軍事
53355	2022-092A	SBIRS GEO-6 (USA 336)	米	2022-08-04		1436.2	6.2	35753	35822	早期警戒
53357	2022-093A	PRCTEST SPACECRAFT 2	中	2022-08-04		96.7	50.0	596	607	テスト
53365	2022-094A	DANURI (KPLO)	韓	2022-08-04		月　周　回　軌　道				月探査

衛星番号	国際標識	名称	国	打上げ年月日	消失年月日	周期	軌道傾斜角	近地点高度	遠地点高度	主な目的
						分	°	km	km	
53367	2022-095A	OBJECT A 他2機	中	2022-08-09		94.1	97.4	426	523	TBD
53370	2022-096A	KHAYYAM	IRAN	2022-08-09		94.5	97.4	491	493	地球観測
53371	2022-096B	OBJECT B 他3機	C	2022-08-09		94.2	97.4	479	482	TBD
53373	2022-096C	RS29S (SXC3-2110 CYCLO) 他11機	C	2022-08-09		94.1	97.4	472	475	地球観測
53388	2022-097A	スターリンク-4522 他51機	米	2022-08-10		95.4	53.2	539	541	通信
53444	2022-098A	OBJECT A 他15機	中	2022-08-10		95.3	97.5	525	540	TBD
53462	1998-067UB	HSU-SAT1	日	1998-11-20		90.6	51.6	301	308	小型衛星
53463	1998-067UC	FUTABA	日	1998-11-20	2023-02-16	87.7	51.6	154	162	小型衛星
53464	1998-067UD	TUMNANOSAT	MDA	1998-11-20	2023-01-30	87.9	51.6	168	176	小型衛星
53465	2022-099A	スターリンク-4415 他45機	米	2022-08-12		95.9	97.7	562	564	通信
53521	2022-073E	USA 337	米	2022-07-01		1423.6	0.2	35540	35544	軍事
53522	2022-100A	YAOGAN-35 04A 他2機	中	2022-08-19		94.5	35.0	489	496	軍事
53527	2022-101A	スターリンク-4511 他52機	米	2022-08-19		95.4	53.2	539	541	通信
53586	2022-102A	CHUANGXIN 16A (CX-16A)	中	2022-08-23		96.4	29.0	585	591	技術試験
53587	2022-103A	BEIJING-3B	中	2022-08-24		96.8	97.9	594	615	地球観測
53588	2022-104A	スターリンク-4691 他53機	米	2022-08-28		95.4	53.2	539	541	通信
53648	2022-105A	スターリンク-4622 他45機	米	2022-08-31		95.9	97.7	561	565	通信
53698	2022-106A	YAOGAN-33 02	中	2022-09-02		98.7	98.2	694	697	軍事
53700	2022-107A	スターリンク-4725 他50機	米	2022-09-05		95.4	53.2	539	541	通信
53754	2022-107BG	SHERPA-LTC2	米	2022-09-05		99.4	53.2	393	1062	技術実証
53757	2022-108A	CENTISPACE-1 S3 他1機	中	2022-09-06		98.7	53.5	691	705	技術試験
53760	2022-109A	YAOGAN-35 05A 他2機	中	2022-09-06		94.5	35.0	488	497	軍事
53765	2022-110A	EUTELSAT KONNECT VHTS	EUTE	2022-09-07		1436.1	0.1	35775	35799	通信
53767	1998-067UE	D3	米	1998-11-20		91.5	51.6	345	349	小型衛星
53768	1998-067UF	BEAVERCUBE	米	1998-11-20		91.5	51.6	347	352	小型衛星
53769	1998-067UG	CLICK-A	米	1998-11-20		90.7	51.6	304	312	小型衛星
53770	1998-067UH	CAPSAT 1	米	1998-11-20	2023-01-28	87.8	51.6	162	171	小型衛星
53771	1998-067UJ	JAGSAT 1	米	1998-11-20	2023-01-22	88.8	51.6	210	220	小型衛星
53773	2022-111A	スターリンク-4718 他33機	米	2022-09-11		95.4	53.2	539	541	通信
53807	2022-111AL	BLUEWALKER 3	米	2022-09-11		94.8	53.2	498	517	小型衛星
53813	2022-112A	CHINASAT 1E (ZX 1E)	中	2022-09-13		1436.1	1.1	35773	35799	通信
53815	2022-113A	STRIX-1	日	2022-09-15		95.9	97.6	557	569	小型衛星
53818	2022-114A	スターリンク-4749 他53機	米	2022-09-15		95.4	53.2	538	539	通信
53876	2022-102B	CHUANGXIN 16B (CX-16B)	中	2022-08-23		96.4	29.0	583	591	技術試験
53877	2022-115A	YUNHAI 1-03	中	2022-09-20		100.5	98.5	781	783	気象
53879	2022-116A	SOYUZ-MS 22	C	2022-09-21		92.9	51.6	410	423	人間
53521	2022-073E	USA 337	米	2022-07-01		1423.6	0.2	35540	35544	軍事
53522	2022-100A	YAOGAN-35 04A 他2機	中	2022-08-19		94.5	35.0	489	496	軍事
53527	2022-101A	スターリンク-4511 他52機	米	2022-08-19		95.4	53.2	539	541	通信
53586	2022-102A	CHUANGXIN 16A (CX-16A)	中	2022-08-23		96.4	29.0	585	591	技術試験
53587	2022-103A	BEIJING-3B	中	2022-08-24		96.8	97.9	594	615	地球観測
53588	2022-104A	スターリンク-4691 他53機	米	2022-08-28		95.4	53.2	539	541	通信
53648	2022-105A	スターリンク-4622 他45機	米	2022-08-31		95.9	97.7	561	565	通信
53698	2022-106A	YAOGAN-33 02	中	2022-09-02		98.7	98.2	694	697	軍事
53700	2022-107A	スターリンク-4725 他50機	米	2022-09-05		95.4	53.2	539	541	通信
53754	2022-107BG	SHERPA-LTC2	米	2022-09-05		99.4	53.2	393	1062	技術実証
53757	2022-108A	CENTISPACE-1 S3 他1機	中	2022-09-06		98.7	53.5	691	705	技術試験
53760	2022-109A	YAOGAN-35 05A 他2機	中	2022-09-06		94.5	35.0	488	497	軍事
53765	2022-110A	EUTELSAT KONNECT VHTS	EUTE	2022-09-07		1436.1	0.1	35775	35799	通信
53767	1998-067UE	D3	米	1998-11-20		91.5	51.6	345	349	小型衛星
53768	1998-067UF	BEAVERCUBE	米	1998-11-20		91.5	51.6	347	352	小型衛星
53769	1998-067UG	CLICK-A	米	1998-11-20		90.7	51.6	304	312	小型衛星
53770	1998-067UH	CAPSAT 1	米	1998-11-20	2023-01-28	87.8	51.6	162	171	小型衛星
53771	1998-067UJ	JAGSAT 1	米	1998-11-20	2023-01-22	88.8	51.6	210	220	小型衛星
53773	2022-111A	スターリンク-4718 他33機	米	2022-09-11		95.4	53.2	539	541	通信
53807	2022-111AL	BLUEWALKER 3	米	2022-09-11		94.8	53.2	498	517	通信
53813	2022-112A	CHINASAT 1E (ZX 1E)	中	2022-09-13		1436.1	1.1	35773	35799	通信
53815	2022-113A	STRIX-1	日	2022-09-15		95.9	97.6	557	569	小型衛星
53818	2022-114A	スターリンク-4749 他53機	米	2022-09-19		95.4	53.2	538	539	通信
53876	2022-102B	CHUANGXIN 16B (CX-16B)	中	2022-08-23		96.4	29.0	583	591	技術試験
53877	2022-115A	YUNHAI 1-03	中	2022-09-20		100.5	98.5	781	783	気象
53879	2022-116A	SOYUZ-MS 22	C	2022-09-21		92.9	51.6	410	423	人間
53883	2022-117A	USA 338	米	2022-09-24		軌道データ未公表				光学偵察
53884	2022-118A	OBJECT A 他1機	米	2022-09-24		94.3	97.5	475	497	技術試験
53886	2022-119A	スターリンク-5028 他51機	米	2022-09-24		95.4	53.2	539	540	通信
53943	2022-120A	YAOGAN-36 01A 他2機	中	2022-09-26		94.4	35.0	489	491	軍事
53948	2022-121A	OBJECT A 他2機	中	2022-09-26		94.5	97.4	487	505	技術試験
53951	2022-057BC	SELFIESAT	NOR	2022-05-25		94.7	97.5	495	508	技術試験

（次ページに続く）

（前ページからの続き）

衛星番号	国際標識	名 称	国	打上げ年月日	消失年月日	周期	軌道傾斜角	近地点高度	遠地点高度	主な目的
						分	°	km	km	
53955	2022-122A	TIS SERENITY	米	2022-10-01	2022-10-12	87.8	136.9	160	175	技術
53960	2022-123A	SES-20 他1機	SES	2022-10-04		1436.2	0.0	35778	35797	通信
53963	2022-124A	CREW DRAGON 5	米	2022-10-05	2023-03-12	91.7	51.6	301	410	人間
53964	2022-125A	スターリンク-4633 他51機	米	2022-10-05		95.4	53.2	539	541	通信
54020	2022-126A	CENTISPACE-1 S5 他1機	中	2022-10-07		98.7	55.0	688	709	試験
54023	2022-127A	OTB-3-GAZELLE	米	2022-10-07		99.9	98.3	744	761	技術
54026	2022-128A	GALAXY 33 (G-33) 他1機	ITSO	2022-10-08		1436.1	0.0	35779	35794	通信
54029	2022-129A	ASO-S	中	2022-10-08		99.2	98.3	713	732	太陽観測
54031	2022-130A	COSMOS 2559 [GLONASS-K]	C	2022-10-10		675.7	64.8	19118	19142	航行
54033	2022-131A	ANGOSAT 2	ANG	2022-10-12		1436.1	0.0	35784	35789	通信
54035	2022-132A	HJ-2E	中	2022-10-12		94.7	97.4	499	507	環境減災
54042	2022-133A	YAOGAN-36 02A 他2機	中	2022-10-14		94.4	35.0	478	502	軍事
54048	2022-134A	EUTELSAT HOTBIRD 13F	EUTE	2022-10-15		1436.1	0.1	35779	35793	通信
54050	2022-135A	COSMOS 2560	C	2022-10-15	2022-12-10	87.3	96.3	130	150	軍事
54051	2022-136A	スターリンク-5195 他57機	米	2022-10-20		95.4	53.2	539	541	通信
54109	2022-137A	COSMOS 2561	C	2022-10-21		92.5	97.1	391	406	軍事
54110	2022-137B	COSMOS 2562	C	2022-10-21		91.8	97.2	357	368	軍事
54113	2022-138A	ONEWEB-0490 他35機	英	2022-10-22		109.1	87.9	1184	1187	通信
54150	2022-139A	GONETS-M 23 他2機	C	2022-10-22		115.9	82.5	1477	1512	通信
54153	2022-139D	SKIF-D	C	2022-10-22		287.8	90.0	8050	8070	技術実証
54155	2022-140A	PROGRESS-MS 21	C	2022-10-26	2023-02-19	92.9	51.6	410	423	貨物
54157	2022-141A	スターリンク-5290 他56機	米	2022-10-28		95.4	53.2	539	540	通信
54214	2022-142A	SHIYAN 20C (SY-20C)	中	2022-10-29		100.8	60.0	776	816	機密
54216	2022-143A	CSS (MENGTIAN)	中	2022-10-31		92.3	41.5	386	392	モジュール
54219	2022-144A	LDPE-2	米	2022-11-01		軌 道 デ ー タ 未 公 表				軍事
54220	2022-144B	USA 339	米	2022-11-01		軌 道 デ ー タ 未 公 表				技術
54223	2022-145A	COSMOS 2563	C	2022-11-02		717.9	63.9	1369	38991	早期警戒
54225	2022-146A	EUTELSAT HOTBIRD 13G	EUTE	2022-11-03		1436.1	0.0	35783	35791	通信
54227	2022-147A	MATS	SWED	2022-11-04		96.4	97.7	577	594	科学
54230	2022-148A	CHINASAT 19 (ZX 19)	中	2022-11-05		1436.1	0.1	35771	35801	通信
54232	2022-149A	CYGNUS NG-18	米	2022-11-07	2023-04-22	90.6	51.7	191	421	補給船
54234	2022-150A	NOAA 21 (JPSS-2)	米	2022-11-10		101.4	98.7	826	828	気象
54235	2022-151A	YUNHAI 3	中	2022-11-11		101.9	98.8	847	849	環境観測
54237	2022-152A	TIANZHOU-5	中	2022-11-12		92.5	41.5	393	404	補給船
54243	2022-153A	GALAXY 31 (G-31) 他1機	ITSO	2022-11-12		1436.1	0.0	35779	35794	通信
54249	2022-154A	YAOGAN-34 03	中	2022-11-15		107.0	63.4	1076	1103	軍事
54251	2022-155A	OBJECT A 他4機	中	2022-11-16		95.2	97.5	519	533	TBD
54257	2022-156A	ORION	米	2022-11-16	2022-12-11	月周回軌道へ、そして遷移し、地球に帰還				人間
54259	2022-157A	EUTELSAT 10B	EUTE	2022-11-23		1436.1	0.0	35774	35798	通信
54361	2022-158A	EOS-6 (OCEANSAT-3)	印	2022-11-26		99.5	98.4	737	734	地球観測
54362	2022-158B	OBJECT B	印	2022-11-26		94.8	97.5	522	492	技術試験
54363	2022-158C	THYBOLT-1	印	2022-11-26		94.2	97.4	484	471	技術試験
54364	2022-158D	THYBOLT-2	印	2022-11-26		94.2	97.4	484	472	技術試験
54365	2022-158E	INS-2B	印	2022-11-26		94.2	97.4	485	472	地球観測
54366	2022-158F	ANAND	印	2022-11-26		94.3	97.4	489	477	地球観測
54367	2022-158G	ASTROCAST-0304 他3機	SWTZ	2022-11-26		94.4	97.4	497	485	通信
54371	2022-159A	DRAGON CRS-26	米	2022-11-26	2023-01-11	90.4	51.7	370	213	補給船
54372	2022-160A	YAOGAN-36 03A 他2機	中	2022-11-27		94.4	35.0	494	486	軍事
54377	2022-161A	COSMOS 2564 [GLONASS-M]	C	2022-11-28		675.7	64.8	191502	191581	航行
54379	2022-162A	SHENZHOU-15 (SZ-15)	中	2022-11-29	2023-06-03	92.3	41.5	386	391	人間
54381	2022-163A	COSMOS 2565	C	2022-11-30		103.1	67.2	910	901	電子偵察
54383	2022-163C	COSMOS 2566	C	2022-11-30		103.1	67.1	912	894	電子偵察
54534	1998-067UL	SPACETUNA1	日	1998-11-20	2023-05-13	87.9	51.6	172	169	小型衛星
54535	1998-067UM	PEARLAFRICASAT-1	UGA	1998-11-20	2023-04-25	88.6	51.6	212	195	小型衛星
54536	1998-067UN	TAKA	日	1998-11-20	2023-06-01	88.3	51.6	195	183	小型衛星
54537	1998-067UP	ZIMSAT-1	ZWE	1998-11-20	2023-05-12	87.9	51.6	174	170	小型衛星
54588	2022-164A	OBJECT A	中	2022-12-07		99.7	98.3	750	735	TBD
54640	2022-165A	GAOFEN 5-01A	中	2022-12-08		98.8	98.1	702	699	地球観測
54642	2022-166A	ONEWEB-0527 他39機	英	2022-12-08		108.9	87.9	1179	176	通信
54684	2022-167C	CAS-5A (FO-118) 他13機	中	2022-12-09		95.1	97.6	517	515	アマ無線
54696	2022-168A	HAKUTO-R M1	日	2022-12-11	2023-04-25	月 面 に 墜 落				月探査
54697	2022-168B	LUNAR FLASHLIGHT	米	2022-12-11		月 周 回 軌 道				月探査
54699	2022-169A	SHIYAN 20A (SY-20A) 他1機	中	2022-12-12		100.8	60.0	780	811	試験
54704	2022-060G	SZ-14 MODULE	中	2022-06-05		91.1	41.5	323	338	モジュール
54741	2022-170A	GALAXY 35 (G-35)	ITSO	2022-12-13		1436.1	0.0	35785	35788	通信
54742	2022-170B	GALAXY 36 (G-36)	ITSO	2022-12-13		1436.1	0.0	35772	35803	通信
54743	2022-170C	METEOSAT-12 (MTG-I1)	EUME	2022-12-13		1436.1	0.6	35774	35799	気象

衛星番号	国際標識	名　称	国	打上げ年月日	消失年月日	周期	軌道傾斜角	近地点高度	遠地点高度	主な目的
						分	度	km	km	
54746	2022-171A	YAOGAN-36 04A 他2機	中	2022-12-14		94.4	35.0	485	494	軍事
54752	2022-172A	SHIYAN 21 (SY-21)	中	2022-12-16		94.3	36.0	478	489	技術試験
54754	2022-173A	SWOT	米	2022-12-16		102.1	77.6	859	860	水面観測
54755	2022-174A	O3B MPOWER F1 他1機	O3B	2022-12-16		287.9	0.0	8063	8069	通信
54758	2022-175A	スターリンク-5464 他53機	米	2022-12-17		95.4	53.2	539	540	通信
54816	2021-035C	XW-4 (CAS-10)	中	2021-04-29	2023-03-15	89.0	41.5	213	236	アマ無線
54818	2022-176A	GAOFEN 11-04	中	2022-12-27		94.5	97.3	495	496	地球観測
54820	2022-177A	スターリンク-5382 他53機	米	2022-12-28		95.8	43.0	558	560	通信
54878	2022-178A	SHIYAN 10-02 (SY-10 02)	中	2022-12-29		717.9	63.4	1632	38727	技術試験
54880	2022-179A	EROS C3	ISRA	2022-12-30		94.1	139.4	469	482	地球観測
2023年										
55009	2023-001A	STAR VIBE	POL	2023-01-03		95.1	97.5	517	529	地球観測
55010	2023-001B	MENUT	SPN	2023-01-03		95.1	97.5	516	528	地球観測
55011	2023-001C	BRO-8	仏	2023-01-03		95.1	97.5	517	530	小型衛星
55012	2023-001D	CONNECTA T1.2	TURK	2023-01-03		95.1	97.5	515	528	小型衛星
55013	2023-001E	LEMUR-2-PHILARI	米	2023-01-03		94.7	97.5	500	509	地球観測
55014	2023-001F	LEMUR-2-DISCLAIMER	米	2023-01-03		94.7	97.5	500	511	地球観測
55015	2023-001G	BIRKELAND	NOR	2023-01-03		95.0	97.5	513	525	技術
55016	2023-001H	OBJECT H 他2機	TBD	2023-01-03		95.1	97.5	516	529	TBD
55017	2023-001J	KSF3-C 他3機	米	2023-01-03		94.8	97.5	501	511	地球観測
55018	2023-001K	LEMUR-2-STEVEALBERS	米	2023-01-03		94.9	97.5	507	519	航行
55020	2023-001M	FLOCK 4Y-24 他38機	米	2023-01-03		94.8	97.5	503	516	技術
55034	2023-001AB	LYNK TOWER 4	米	2023-01-03		95.1	97.5	516	531	通信
55036	2023-001AD	UMBRA-05	米	2023-01-03		95.0	97.5	518	523	地球観測
55037	2023-001AE	LEMUR-2-EMMACULATE	米	2023-01-03		94.6	97.5	489	506	交通
55038	2023-001AF	LEMUR-2-MMOLO	米	2023-01-03		94.9	97.5	487	504	地球観測
55044	2023-001AM	STERNULA-1	DEN	2023-01-03		94.9	97.5	507	522	交通
55045	2023-001AN	NUSAT-34 他3機	ARGN	2023-01-03		94.8	97.4	500	516	地球観測
55046	2023-001AP	LYNK TOWER 3	米	2023-01-03		95.1	97.5	516	531	通信
55049	2023-001AS	ICEYE-X21	FIN	2023-01-03		94.9	97.5	507	523	地球観測
55050	2023-001AT	UMBRA-04	米	2023-01-03		95.1	97.5	517	525	地球観測
55051	2023-001AU	ION SCV-008	伊	2023-01-03		95.3	98.2	516	548	小衛星
55053	2023-001AW	EOSSAT-1	SAFR	2023-01-03		95.1	97.5	514	530	地球観測
55054	2023-001AX	SKYKRAFT-1A 他4機	豪	2023-01-03		95.1	97.5	514	530	通信
55056	2023-001AZ	VIGORIDE-5	米	2023-01-03		95.1	97.5	513	529	牽引
55059	2023-001BC	ORBITER SN1	米	2023-01-03		94.9	97.5	504	518	牽引
55060	2023-001BD	ION SCV-007	伊	2023-01-03		97.6	98.1	636	655	小型衛星
55062	2023-001BF	ICEYE-X27	FIN	2023-01-03		94.9	97.5	506	522	地球観測
55067	2023-001BL	NSL-2	ISRA	2023-01-03		94.6	97.5	491	508	通信
55072	2023-001BR	SPHERE-1 EYE	日	2023-01-03		94.9	97.5	503	520	地球観測
55073	2023-001BS	TAUSAT-2	ISRA	2023-01-03		94.8	97.5	500	520	技術
55076	2023-001BV	YAM-5	米	2023-01-03		95.1	97.5	512	530	放出機
55084	2023-001CD	GAMA-ALPHA	仏	2023-01-03		94.9	97.5	506	524	技術
55087	2023-001CG	SPACEBEE-167 他11機	米	2023-01-03		94.7	97.5	496	514	通信
55088	2023-001CH	LEMUR-2-FUENTETAJA-01	米	2023-01-03		94.6	97.5	493	510	地球観測
55093	2023-001CN	HUYGENS	NOR	2023-01-03		95.0	97.5	508	528	技術
55098	2023-001CT	BDSAT-2	CZCH	2023-01-03		94.8	97.5	500	519	アマ無線
55103	2023-001CY	KUWAITSAT-1	KWT	2023-01-03		95.0	97.5	507	527	技術
55104	2023-001CZ	SHARJAHSAT-1	UAE	2023-01-03		95.1	97.5	516	530	技術
55105	2023-001DA	FUTURA-SM1 他3機	伊	2023-01-03	2023-05-03	88.6	97.4	196	217	技術
55107	2023-001DC	AAC-AIS-SAT-1	英	2023-01-03		97.6	98.1	633	651	交通
55123	1998-067UQ	MARIO	米	1998-11-20	2023-05-04	87.7	51.6	160	165	技術
55124	1998-067UR	NUTSAT	ROC	1998-11-20	2023-04-01	88.4	51.6	190	202	地球観測
55125	1998-067US	LORIS	CA	1998-11-20	2023-05-31	87.3	51.6	137	145	技術
55126	1998-067UT	ORCASAT	CA	1998-11-20	2023-07-07	87.9	51.6	169	175	技術
55127	1998-067UU	DANTESAT	伊	1998-11-20	2023-02-07	87.4	51.6	140	147	技術
55128	1998-067UV	TJREVERB	米	1998-11-20	2023-06-05	87.4	51.6	135	152	技術
55129	1998-067UW	SPORT	BRAZ	1998-11-20		87.6	51.6	349	351	小型衛星
55130	1998-067UX	PETITSAT	米	1998-11-20	2023-04-09	87.6	51.6	149	161	電離層
55131	2023-002A	SHIJIAN-23 (SJ-23) 他5機	中	2023-01-08		1433.6	1.0	35737	35739	技術試験
55138	2022-144E	USA 340	米	2022-11-01		1441.6	3.4	35835	35955	技術
55139	2022-144F	USA 341	米	2022-11-01		軌　道　デ ー タ 未　公　表				軍事
55140	2023-004A	ONEWEB-0532 他39機	英	2023-01-10		108.2	88.0	1143	1144	通信
55181	1998-067UY	SS-1	INDO	1998-11-20	2023-05-09	88.2	51.6	184	189	小型衛星
55182	1998-067UZ	HSKSAT	日	1998-11-20	2023-07-07	88.2	51.6	183	190	小型衛星
55183	1998-067VA	OPTIMAL-1	日	1998-11-20		90.9	51.6	315	318	小型衛星
55239	2023-005A	APSTAR 6E	中	2023-01-12		210.7	28.5	2865	7834	通信

（次ページに続く）

（前ページからの続き）

衛星番号	国際標識	名　称	国	打上げ年月日	消失年月日	周期	軌道傾斜角	近地点高度	遠地点高度	主な目的
						分	°	km	km	
55242	2023-006A	OBJECT A 他2機	中	2023-01-13		94.8	43.2	503	517	TBD
55246	2022-144G	LINUSS1	米	2022-11-01		1453.7	2.9	36108	36154	技術
55247	2022-144H	LINUSS2	米	2022-11-01		1453.8	2.9	36109	36154	技術
55248	2023-007A	OBJECT A 他13機	中	2023-01-15		94.4	97.4	483	497	TBD
55263	2023-008A	USA 342	米	2023-01-15		1407.5	0.1	35199	35251	通信
55264	2023-008B	LDPE-3A	米	2023-01-15		1430.9	0.5	35676	35693	技術
55268	2023-009A	NAVSTAR 82 (USA 343)	米	2023-01-18		718.0	55.1	20160	20204	航行
55269	2023-010A	スターリンク-5277 他50機	米	2023-01-19		91.7	70.0	357	361	通信
55324	2023-011A	HAWK-6B 他2機	米	2023-01-24		95.6	40.5	545	551	交通
55329	2023-012A	IGS R-7	日	2023-01-26		軌　道　デ　ー　タ　未　公　表				偵察
55331	2023-013A	スターリンク-5492 他55機	米	2023-01-26		91.6	43.0	353	357	通信
55391	2023-014A	スターリンク-5077 他48機	米	2023-01-31		91.7	70.0	357	361	通信
55441	2023-014BC	ION SCV-009	伊	2023-01-31		91.7	70.0	326	392	小型衛星
55447	2023-005C	APSTAR 6E SPS	中	2023-01-12		189.4	28.7	2029	7060	放送
55449	2023-015A	スターリンク-5699 他52機	米	2023-02-02		91.6	43.0	353	357	通信
55506	2023-016A	ELEKTRO-L 4	С	2023-02-05		1418.5	0.5	35380	35504	気象
55508	2023-017A	AMAZONAS NEXUS	SPN	2023-02-07		1146.4	25.1	331	59480	通信
55560	2023-018A	PROGRESS-MS 22	С	2023-02-09		92.9	51.6	410	423	貨物
55562	2023-019A	EOS-7	印	2023-02-10		93.4	37.2	437	448	地球観測
55563	2023-019B	AZAADISAT-2	印	2023-02-10		93.4	37.2	433	444	技術試験
55564	2023-019C	JANUS-1	印	2023-02-10		93.4	37.2	431	446	技術
55569	2023-020A	スターリンク-5749 他54機	米	2023-02-12		91.7	43.0	354	356	通信
55628	2023-021A	スターリンク-5484 他50機	米	2023-02-17		96.1	70.0	570	574	通信
55683	2023-022A	INMARSAT 6-F2	IM	2023-02-18		1408.1	3.5	21702	48773	通信
55685	2021-102M	DRUMS TARGET-1	日	2021-11-09		95.3	97.5	522	547	デブリ
55686	2023-023A	CHINASAT 26 (ZX 26)	中	2023-02-23		1436.1	0.1	35773	35799	通信
55688	2023-024A	SOYUZ-MS 23	С	2023-02-24		93.0	51.6	416	421	人間
55690	2023-025A	HORUS 1	EGYP	2023-02-24		94.5	97.5	490	501	地球観測
55695	2023-026A	スターリンク-30050 他20機	米	2023-02-27		91.6	43.0	353	356	通信
55740	2023-027A	CREW DRAGON 6	米	2023-03-03		93.0	51.6	416	421	人間
55741	2023-028A	スターリンク-5592 他50機	米	2023-03-03		96.1	70.0	570	574	通信
55796	2023-029A	ONEWEB-0530 他39機	英	2023-03-09		97.1	86.6	617	619	通信
55836	2023-030A	OBJECT A 他1機	中	2023-03-09		102.8	99.0	888	890	TGD
55841	2023-031A	LUCH-5X (OLYMP-K 2)	С	2023-03-12		1436.2	0.1	35781	35798	中継
55844	2023-032A	HORUS 2	EGYP	2023-03-13		94.5	97.5	491	500	地球観測
55861	2023-034A	SHIYAN 19 (SY-19)	中	2023-03-15		94.6	97.5	489	510	機密試験
55908	2023-035A	OBJECT A	中	2023-03-16		96.6	44.2	591	597	TBD
55909	2023-035B	CAPELLA-10-WHITNEY	米	2023-03-16		96.5	44.0	584	594	レーダー
55910	2023-035C	CAPELLA-9-WHITNEY	米	2023-03-16		96.4	44.0	579	589	レーダー
55912	2023-036A	GAOFEN 13-02	中	2023-03-17		1436.1	2.7	35774	35797	地球観測
55914	2023-037A	スターリンク-5856 他51機	米	2023-03-17		96.1	70.0	570	574	通信
55970	2023-038A	SES-18 他1機	SES	2023-03-17		1436.1	0.1	35780	35793	通信
55973	2023-039A	TIANMU-1 03 他3機	中	2023-03-22		94.8	97.4	496	517	気象
55978	2023-040A	COSMOS 2567	С	2023-03-23		94.6	97.6	489	505	偵察
55982	2023-041B	GLOBAL-19 他1機	米	2023-03-24		93.5	42.0	439	449	通信
55986	2023-042A	スターリンク-5905 他55機	米	2023-03-24		95.8	43.0	558	560	通信
56046	2023-043A	ONEWEB-0537 他35機	英	2023-03-26		94.7	86.9	597	605	通信
56083	2023-044A	OFEQ 13	ISRA	2023-03-28		軌　道　デ　ー　タ　未　公　表				軍事
56091	2023-045A	COSMOS 2568	С	2023-03-29		90.4	96.5	289	297	偵察
56093	2023-046A	スターリンク-6102 他55機	米	2023-03-29		95.8	43.0	558	560	通信
56153	2023-047A	OBJECT A 他3機	中	2023-03-30		95.1	97.5	522	524	TBD
56157	2023-048A	OBJECT A	中	2023-03-31		107.0	63.4	1075	1105	TBD
56159	2023-049A	OBJECT A	中	2023-04-02		93.6	97.4	443	455	TBD
56162	2023-050A	CHECKMATE 8 他7機	米	2023-04-02		104.0	81.0	942	953	通信
56170	2023-050J	BB 2 他1機	米	2023-04-02		104.4	81.0	958	975	通信
56172	2023-051A	DUMMY MASS 3/SQX-1	中	2023-04-07		91.0	97.3	264	386	模造
56174	2023-052A	INTELSAT 40E (IS-40E)	ITSO	2023-04-07		1436.1	0.0	35779	35799	通信
56176	2023-053A	JUICE	欧	2023-04-14		木　星　へ				木星衛星探査
56178	2023-054A	IMECE	TURK	2023-04-15		98.2	98.2	667	680	偵察
56179	2023-054B	ORBASTRO-AF 1	英	2023-04-15		94.5	97.4	489	504	小惑星
56180	2023-054C	DEWASAT-2	UAE	2023-04-15		94.4	97.4	482	499	地球観測
56181	2023-054D	KILICSAT	TURK	2023-04-15		94.5	97.4	484	500	小型衛星
56183	2023-054F	OBJECT F 他2機	TBD	2023-04-15		94.5	97.4	487	501	TBD
56184	2023-054G	SSS-2B	TURK	2023-04-15		94.4	97.4	482	500	通信
56185	2023-054H	BRO-9	仏	2023-04-15		94.5	97.4	488	503	小型衛星
56186	2023-054J	GHGSAT-C8 他2機	加	2023-04-15		94.5	97.4	487	503	地球観測
56187	2023-054K	LEMUR-2-SPACEGUS 他2機	米	2023-04-15		94.4	97.4	480	495	地球観測
56188	2023-054L	CIRBE	米	2023-04-15		94.4	97.4	480	496	磁気圏

衛星番号	国際標識	名　称	国	打上げ年月日	消失年月日	周期	軌道傾斜角	近地点高度	遠地点高度	主な目的
						分		km	km	
56189	2023-054M	IT'S ABOUT TIME	米	2023-04-15		94.5	97.4	485	502	技術
56190	2023-054N	NUSAT-36 他3機	ARGN	2023-04-15		94.4	97.4	484	499	地球観測
56191	2023-054P	HAWK-7A 他2機	米	2023-04-15		94.6	97.4	491	509	交通
56192	2023-054Q	ION SCV-010	伊	2023-04-15		95.8	97.5	547	566	小型衛星
56194	2023-054S	NORSAT-TD	NOR	2023-04-15		94.5	97.4	484	501	技術
56195	2023-054T	GHOST-1 他1機	米	2023-04-15		94.5	97.4	486	503	技術
56196	2023-054U	VIGORIDE-6	米	2023-04-15		94.4	97.4	480	498	牽引
56198	2023-054W	UMBRA-06	米	2023-04-15		95.1	97.4	521	525	地球観測
56199	2023-054X	TOMORROW-R1	米	2023-04-15		94.4	97.4	481	500	気象
56205	2023-054AD	FACSAT-2	COL	2023-04-15		94.4	97.4	477	500	地球観測
56208	2023-054AG	TAIFA-1	KEN	2023-04-15		94.4	97.4	479	499	地球観測
56210	2023-054AJ	CONNECTA T2.1	TURK	2023-04-15		94.4	97.4	480	501	小型衛星
56211	2023-054AK	INSPIRE-SAT 7	仏	2023-04-15		94.3	97.4	471	493	小型衛星
56212	2023-054AL	ROSEYCUBESAT-1	MCO	2023-04-15		94.2	97.4	470	492	小型衛星
56213	2023-054AM	SAPLING GIGANTEUM	米	2023-04-15		94.2	97.4	471	493	小型衛星
56214	2023-054AN	LS3C	LTU	2023-04-15		94.3	97.4	472	494	アマ無線
56215	2023-054AP	VCUB1	BRAZ	2023-04-15		94.3	97.4	475	492	地球観測
56216	2023-054AQ	ELO-3	英	2023-04-15		94.4	97.4	481	494	通信
56217	2023-054AR	KEPLER-20 他1機	加	2023-04-15		94.5	97.4	484	503	通信
56219	2023-054AT	LLITED B 他1機	米	2023-04-15		94.3	97.4	476	496	電離層
56221	2023-054AV	IRIS-C	ROC	2023-04-15		94.4	97.4	478	498	技術
56222	2023-054AW	DISCO-1	DEN	2023-04-15		94.4	97.4	480	501	技術
56223	2023-054AX	VIREO	HUN	2023-04-15		94.3	97.4	474	494	小型
56224	2023-054AY	REVELA	伊	2023-04-15		94.4	97.4	480	495	地球観測
56225	2023-054AZ	AAC-HSI-SAT1	英	2023-04-15		95.8	97.5	548	565	小型衛星
56226	2023-084BK	OUTPOST MISSION 1	米	2023-06-12		95.1	97.4	514	527	技術
56227	2023-084BL	SKYKRAFT-3B 他2機	豪	2023-06-12		95.0	97.5	513	528	交通
56232	2023-055A	FENGYUN 3G	中	2023-04-16		92.7	50.0	401	407	気象
56286	2023-056A	スターリンク-30096他20機	米	2023-04-19	2023-05-11	87.9	43.0	167	177	通信
56307	2022-144J	USA 344	米	2022-11-01		1429.7	0.0	35641	35681	技術
56308	2023-057A	POEM-2	印	2023-04-22		96.7	9.9	585	618	技術試験
56309	2023-057B	LUMELITE-4	SING	2023-04-22		96.2	10.0	572	584	通信
56310	2023-057C	TELEOS-2	SING	2023-04-22		96.2	10.0	577	579	レーダー
56311	1998-067VC	ARKSAT 1	米	1998-11-20		91.6	51.6	348	362	技術
56312	1998-067VD	AURORASAT	加	1998-11-20		91.3	51.6	330	345	技術
56313	1998-067VE	EX-ALTA-2	加	1998-11-20		91.6	51.6	347	361	熱圏研究
56314	1998-067VF	LIGHTCUBE	米	1998-11-20		91.4	51.6	334	349	教育
56315	1998-067VG	NEUDOSE	加	1998-11-20		92.0	51.6	367	380	小型衛星
56316	1998-067VH	YUKONSAT	加	1998-11-20		91.8	51.6	356	370	熱圏研究
56317	2023-058A	スターリンク-6038 他45機	米	2023-04-27		95.9	97.7	560	566	通信
56367	2023-059A	O3B MPOWER F4 他1機	O3B	2023-04-28		287.9	0.0	8057	8075	通信
56370	2023-060A	VIASAT-3	米	2023-05-01		1443.4	0.1	35928	35932	通信
56371	2023-060B	ARCTURUS	米	2023-05-01		1436.1	0.0	35777	35795	通信
56372	2023-060C	GS-1	米	2023-05-01		1436.0	0.3	35779	35790	通信
56374	2023-061A	スターリンク-6156 他55機	米	2023-05-04		95.8	43.0	558	560	通信
56442	2023-062A	TROPICS-05 他1機	米	2023-05-08		95.5	32.7	533	548	地球観測
56446	2023-063A	TIANZHOU-6	中	2023-05-10		92.2	41.5	375	389	補給線
56448	2023-064A	スターリンク-5990 他50機	米	2023-05-10		96.1	70.0	570	574	通信
56503	2023-065A	スターリンク-5775 他55機	米	2023-05-14		95.8	43.0	558	560	通信
56564	2023-066A	BEIDOU-3 G4	中	2023-05-17		1436.1	2.8	35758	35815	航行
56688	2023-067A	スターリンク-30122 他21機	米	2023-05-19		95.8	43.0	558	560	通信
56710	2023-068A	ONEWEB-0561 他15機	英	2023-05-20		107.9	88.0	1129	1132	通信
56726	2023-068S	IRIDIUM 181 他4機	米	2023-05-20		99.8	86.9	745	748	通信
56739	2023-070A	AXIOM-2	米	2023-05-21	2023-05-31	92.9	51.6	412	420	人間
56740	2023-071A	PROGRESS-MS 23	С	2023-05-24		92.9	51.6	412	420	貨物
56743	2023-072A	NEXTSAT-2	韓	2023-05-25		95.5	97.5	538	547	試験
56744	2023-072B	SNIPE 4 他1機	韓	2023-05-25		95.5	97.6	536	546	電離層
56746	2023-072D	OBJECT D 他1機	韓	2023-05-25		95.4	97.6	534	545	電離層
56753	2023-073B	TROPICS-03 他1機	米	2023-05-26		95.5	32.7	534	549	地球観測
56756	2023-074A	KONDOR FKA NO.1	С	2023-05-26		94.8	97.4	506	508	レーダー
56757	2023-075A	ARABSAT-7B (BADR-8)	AB	2023-05-27		1508.3	1.1	30978	43398	通信
56759	2023-076A	IRNSS-1J (NVS-01)	印	2023-05-29		1436.1	0.7	35761	35812	航行
56761	2023-077A	SHENZHOU-16 (SZ-16)	中	2023-05-30		92.2	41.5	375	389	人間
56767	2023-078A	スターリンク-6197 他51機	米	2023-05-31		96.1	70.0	570	574	通信
56823	2023-079A	スターリンク-30119 他21機	米	2023-06-04		95.1	43.0	522	524	通信
56845	2023-080A	DRAGON CRS-28	米	2023-06-05	2023-06-30	91.1	51.6	253	404	補給線
56846	2023-081A	OBJECT A 他26機	米	2023-06-07		94.8	97.4	507	509	TBD
56873	2022-162C	SZ-15 MODULE	中	2022-11-29		92.1	41.5	370	383	モジュール

（次ページに続く）

（前ページからの続き）

衛星番号	国際標識	名　　称	国	打上げ年月日	消失年月日	周期	軌道傾斜角	近地点高度	遠地点高度	主な目的
						分	°	km	km	
56874	2023-082A	LONGJIANG 3	中	2023-06-09		94.4	49.1	483	493	通信
56876	2023-083A	スターリンク-6206 他51機	米	2023-06-12		95.8	43.0	558	560	通信
56932	2023-084A	OBJECT A 他7機	TBD	2023-06-12		94.9	97.5	510	521	TBD
56933	2023-084B	OTTER PUP	米	2023-06-12		95.2	97.5	521	532	技術
56934	2023-084C	GEISAT PRECURSOR	SPN	2023-06-12		95.2	97.5	521	533	地球観測
56937	2023-084F	EIVE	独	2023-06-12		95.1	97.5	519	530	小型衛星
56939	2023-084H	LAYAN-23	RWA	2023-06-12		95.1	97.5	517	529	通信
56940	2023-084J	MISR-B-2 他1機	米	2023-06-12		95.0	97.5	514	526	電子偵察
56942	2023-084L	AFRL-XVI	米	2023-06-12		95.1	97.5	516	529	技術
56943	2023-084M	NUSAT-40 他3機	ARGN	2023-06-12		95.1	97.5	518	531	地球観測
56946	2023-084Q	GREGOIRE	BEL	2023-06-12		95.1	97.5	515	529	技術
56947	2023-084R	ICEYE-X30 他3機	FIN	2023-06-12		95.1	97.5	514	528	レーダー
56950	2023-084U	BLACKJACK ACES-3 他3機	米	2023-06-12		95.1	97.5	516	531	技術
56951	2023-084V	QPS-SAR-6 AMATERU-III	日	2023-06-12		95.0	97.5	513	527	レーダー
56953	2023-084X	RUNNER-1 (TYVAK-1005)	米	2023-06-12		95.1	97.5	516	533	地球観測
56954	2023-084Y	HOTSAT-1	英	2023-06-12		95.1	97.5	517	533	地球観測
56957	2023-084AB	ION SCV-011	伊	2023-06-12		97.7	98.0	599	702	小型衛星
56958	2023-084AC	GHOST-3	米	2023-06-12		95.1	97.5	515	532	技術
56959	2023-084AD	PHOTON-04	米	2023-06-12		95.1	97.5	515	532	技術
56962	2023-084AG	TOMORROW-R2	米	2023-06-12		95.0	97.5	513	531	気象
56964	2023-084AJ	AFR-1	印	2023-06-12		95.1	97.5	515	532	地球観測
56965	2023-084AK	DROID.001	米	2023-06-12		95.1	97.5	513	530	宇宙監視
56967	2023-084AM	MUSAT1	米	2023-06-12		95.0	97.5	509	527	技術
56969	2023-084AP	SPACEBEE-179 他11機	米	2023-06-12		95.0	97.5	508	527	通信
56970	2023-084AQ	LEMUR-2-EMBRIONOVIS 他2機	米	2023-06-12		95.1	97.5	513	532	地球観測
56981	2023-084BB	SKYKRAFT-3A	豪	2023-06-12		95.0	97.5	513	528	交通
56986	2023-084BG	AYRIS-2 他1機	ISRA	2023-06-12		95.1	97.5	510	528	小型衛星
56987	2023-084BH	AII-DELTA	LTU	2023-06-12		95.0	97.5	508	527	技術
56990	2023-084BS	ELO-4	英	2023-06-12		95.1	97.5	513	531	通信
56991	2023-084BT	SPEI SATELLES	VAT	2023-06-12		95.0	97.5	511	527	技術
56992	2023-084BU	URESAT-1	SPN	2023-06-12		95.1	97.5	514	531	アマ無線
56993	2023-084BV	MRC-100	HUN	2023-06-12		95.1	97.5	513	536	技術
56995	2023-084BX	AAC-HSI-SAT2	英	2023-06-12		95.8	97.7	543	568	小型衛星
56996	2023-084BY	AAC-AIS-SAT2	英	2023-06-12		97.7	98.0	598	698	小型衛星
57004	2023-085A	OBJECT A 他40機	中	2023-06-15		95.4	97.5	532	547	TBD
57045	2023-086A	NUSANTARA TIGA (SATRIA)	INDO	2023-06-18		1551.3	5.9	16671	59352	通信
57047	2023-087A	SHIYAN 25 (SY-25)	中	2023-06-20		90.0	96.6	271	273	技術試験
57048	2023-088A	スターリンク-5847 他46機	米	2023-06-22		95.8	43.0	558	560	通信
57099	2023-089A	USA 345	米	2023-06-22		1440.4	4.1	35557	36185	電子偵察
57101	2023-090A	スターリンク-6132 他55機	米	2023-06-23		95.7	43.0	552	554	通信
57166	2023-091A	METEOR-M2 3	C	2023-06-27		101.1	98.8	810	815	気象
57167	2023-091B	STRATOSAT-TK 1 (RS52S)	C	2023-06-27		95.7	97.7	541	566	技術
57168	2023-091C	OBJECT A 他11機	C	2023-06-27		95.8	97.7	542	567	TBD
57172	2023-091G	UMKA 1 (RS40S)	C	2023-06-27		95.8	97.7	542	568	アマ無線
57175	2023-091K	CUBEBEL 2 (EU11S)	BELA	2023-06-27		95.8	97.7	545	568	アマ無線
57176	2023-091L	SITRO-AIS-5 (KATYS) 他7機	C	2023-06-27		95.8	97.7	542	569	交通
57177	2023-091M	ZORKIY 2M	C	2023-06-27		95.8	97.7	542	568	地球観測
57178	2023-091N	CUBESX-HSE 3 (RS42S)	C	2023-06-27		95.8	97.7	542	568	技術
57180	2023-091Q	MONITOR-3 (RS58S) 他2機	C	2023-06-27		95.8	97.7	542	568	技術
57185	2023-091V	A-SEANSAT-PG 1	MALA	2023-06-27		95.7	97.7	542	561	交通
57186	2023-091W	CSTP 1.2 (STC 1.2) 他1機	C	2023-06-27		95.7	97.7	541	561	交通
57187	2023-091X	SVYATOBOR 1 (RS60S)	C	2023-06-27		95.7	97.7	542	562	技術
57188	2023-091Y	HORS 1 他1機	C	2023-06-27		95.7	97.7	542	562	技術
57189	2023-091Z	VIZARD-METEO (RS38S)	C	2023-06-27		95.7	97.7	541	560	気象
57190	2023-091AA	NANOZOND 1 (RS49S)	C	2023-06-27		95.6	97.7	541	558	技術
57191	2023-091AB	POLYTECH-UNIVERSE 3	C	2023-06-27		95.8	97.7	543	569	技術
57195	2023-091AF	AVION KALUGA 650	C	2023-06-27		95.7	97.7	542	562	技術
57198	2023-091AJ	YARILO 3	C	2023-06-27		95.6	97.7	540	559	電離層
57203	2023-091AP	UTMN 2 (RS27S)	C	2023-06-27		95.7	97.7	542	561	アマ無線
57205	2023-091AR	ARCCUBE 1 (RS25S)	C	2023-06-27		95.7	97.7	541	558	小型衛星

米：アメリカ合衆国、日：日本、中：中国、英：イギリス、伊：イタリア、豪：オーストラリア、印：インド、BRAZ：ブラジル、C：CIS（独立国家共同体）、CA：カナダ、CZCH：チェコスロバキア、DEN：デンマーク、EGYP：エジプト、EUME：欧州気象衛星開発機構、EUTE：ユーテルサット（フランス・パリに本拠を置く通信衛星運営企業）、INDO：インドネシア、ISRA：イスラエル、ITSO：国際電気通信衛星機構、KWT：クウェート、LUXE：ルクセンブルグ、NOR：ノルウェー、ROC：台湾、SES：欧州衛星会社、SPN：スペイン、SWED：スウェーデン、SWTZ：スイス、TURK：トルコ、UGA：ウガンダ、ZWE：ジンバブエ、O3B：O3Bネットワーク、TBD：未確定

表2　日本から観測可能な静止衛星

静止経度（東経）	衛星番号	名　称	国際標識	静止経度（東経）	衛星番号	名　称	国際標識
100.1	41882	風雲4A	2016 - 077A	127.1	56759	NVS-01	2023 - 076A
101.3	41194	GAOFEN 4	2015 - 083A	127.7	38332	VINASAT 2	2012 - 023B
101.6	37933	ASIASAT 7	2011 - 069A	127.8	32767	VINASAT 1	2008 - 018A
103.8	44978	TJS-5	2020 - 002A	128.0	35755	JCSAT 12	2009 - 044A
103.9	43587	TELKOM-4	2018 - 064A	128.1	29045	JCSAT 9	2006 - 010A
104.1	41380	SES 9	2016 - 013A	128.2	43339	USA 283	2018 - 036A
105.3	45807	北斗-3 G3	2020 - 040A	129.7	45863	APSTAR 6D	2020 - 045A
105.5	32019	BSAT-3A	2007 - 036B	130.2	43450	APSTAR 6C	2018 - 041A
105.5	37207	BSAT-3B	2010 - 056B				
105.6	37677	CHINASAT 10	2011 - 026A	130.9	48808	FENGYUN 4B	2021 - 047A
				132.1	41729	JCSAT 16	2016 - 050A
105.7	37776	BSAT-3C	2011 - 041B	132.5	45245	JCSAT 17	2020 - 013A
105.7	42951	BSAT-4A	2017 - 059B	133.6	50574	TJS-9	2021 - 135A
105.8	46112	BSAT-4B	2020 - 056A	134.0	45465	AEHF 6	2020 - 022B
106.0	41903	JCSAT 15	2016 - 082A	134.1	43611	TELSTAR 18V	2018 - 069A
106.6	42662	CHINASAT 16	2017 - 018A	135.5	43162	SBIRS GEO 3	2018 - 009A
107.5	41586	BD-2-G7	2016 - 037A	136.5	39613	EXPRESS AT2	2014 - 010B
108.7	42984	KOREASAT 5A	2017 - 067A	136.9	40940	SKY MUSTER	2015 - 054A
111.1	45920	KOREASAT 116	2020 - 048A	137.0	39487	EXPRESS AM-5	2013 - 077A
111.4	42691	KOREASAT 7	2017 - 023A				
111.5	56372	GS-1	2023 - 060C	137.1	40267	ひまわり8	2014 - 060A
				137.2	43683	北斗-3G1	2018 - 085A
112.2	37265	KOREASAT 6	2010 - 070B	137.7	36287	北斗-3	2010 - 001A
113.3	41944	TELKOM 3S	2017 - 007A	137.7	41836	ひまわり9	2016 - 064A
114.1	46610	GAOFEN 13	2020 - 071A	139.6	40982	APSTAR 9	2015 - 059A
115.0	44363	BANGABANDHUSA	2018 - 044A	140.5	44231	北斗-2 G8	2019 - 027A
115.1	52940	WFOV	2022 - 073A	141.2	33274	SUPERBIRD 7	2008 - 038A
115.4	40141	ASIASAT 6	2014 - 052A	141.8	41794	SKY MUSTER 2	2016 - 060B
117.7	42942	ASIASAT 9	2017 - 057A	142.5	50001	EXPRESS AMU-7	2021 - 123A
119.9	55686	CHINASAT-26	2023 - 023A	143.3	44048	NUSANTARA SAT	2019 - 009A
120.0	38331	JCSAT 13	2012 - 023A				
120.0	52255	CHINASAT 6D	2022 - 038A	144.9	55912	GAOFEN 13 02	2023 - 036A
				147.6	41879	WGS 8	2016 - 075A
121.3	46916	TIANTONG-1 2	2020 - 082A	148.0	44868	JCSAT 18	2019 - 091A
123.6	42917	QZS-3	2017 - 048A	148.3	41591	BRISAT	2016 - 039A
123.8	29272	JCSAT 10	2006 - 033A	152.3	41471	JCSAT 2B	2016 - 028A
123.8	36744	COMS 1	2010 - 032A	153.3	40892	TJS-1	2015 - 046A
123.9	43823	GEO-KOMPSAT-2	2018 - 100A	154.5	40146	OPTUS 10	2014 - 054A
124.0	45246	GEO-KOMPSAT-2	2020 - 013B	159.1	56564	北斗-3 G4	2023 - 066A
124.4	44332	COSMOS 2526	2018 - 037A	159.3	41838	SJ-17	2016 - 065A
125.0	41034	LAOSAT 1	2015 - 067A	161.2	43271	SUPERBIRD 8	2018 - 033A
125.3	41469	IRNSS 1G	2016 - 027A				
126.2	49505	CHINASAT 1D	2021 - 114A	163.0	54230	CHINASAT 19	2022 - 148A
				165.5	55506	ELEKTRO-L 4	2023 - 016A
126.4	43920	CHINASAT 2D	2019 - 001A	165.7	38356	INTELSAT 19	2012 - 030A
126.7	44067	CHINASAT 6C	2019 - 012A				

日本から見て高度角（仰角）が35°以上に見えるものを選定.

「日本から観測可能な静止衛星」は表2に示した.

●観測地から静止衛星の見えるおよその座標（赤経 α, 赤緯 δ）の求め方

観測地点の直交座標は地球を球と仮定しているので, 0°1程度の精度では問題ない.

λ_o：観測地点の東経　　φ_o：観測地点の北緯　　AE：地球の半径（6378km）

λ_s：衛星の静止経度（東経）　AS：衛星までの地心距離（静止衛星なら約42180km）

まず, 観測地点から見た衛星の直交座標を求める.

観測地点を中心にした直交座標は次の計算式.

$$X = AS \times \cos(\lambda_s) - AE \times \cos(\varphi_o) \times \cos(\lambda_o)$$
$$Y = AS \times \sin(\lambda_s) - AE \times \cos(\varphi_o) \times \sin(\lambda_o)$$
$$Z = -AE \times \sin(\varphi_o)$$
$$DS = \sqrt{X^2 + Y^2 + Z^2} \qquad （DS：観測地点から衛星までの距離）$$
$$\theta = \tan^{-1}(Y/X) - \lambda_o + 180° \qquad （\theta：時角）$$

よって,　$a = 地方恒星時 + \theta$　　$\delta = \tan^{-1}(Z/DS\sqrt{1 - Z^2/DS^2})$　となる.

最近の流星群と火球(長田和弘)

【前年度の流星群活動】

　この項では日本流星研究会（以下NMS）と国際流星機構（以下IMO）の資料により，前年度（2022年7月〜2023年6月）に観測された主な流星群活動の概要を示す．時刻は日本標準時（JST）に統一した．

　出現数については基本的に1時間平均出現数（HR）と天頂修正1時間平均出現数（ZHR）を併記した．これは流星群の活動状況を年ごとに比較する場合はZHRを用いる必要があるためである．ただし輻射点高度が低い場合や月明かりの影響など悪条件の要素がある場合，HRにくらべZHRの数値がはね上がりその分誤差も増幅されるため，注意が必要である．また一部の群については二重日付を用いた（13／14日と表記したものは13日夜から14日早朝にかけてを意味する）ため，日付および時間帯には注意されたい．

みずがめ座δ南群　7月10日ごろに初期活動がとらえられ，7月末には月明かりの影響がない好条件のもとでHR＝10〜15の出現に達し，このころに極大をむかえたものと推定される．出現は8月20日過ぎまで確認され，出現期間は1ヵ月を超えた．

やぎ座群　出現期間は7月中旬から8月中旬におよび，7月末から8月上旬にかけてHR＝3程度の極大をむかえた．例年どおり末端爆発をともなう火球も極大期を中心に複数認められている．

ペルセウス座群　例年よりやや遅い7月20日ごろに活動を開始し，8月4日にはHR＝10を超すなど極大に向けて順調な増加傾向を示していた．今回は極大期が満月にあたりさほど期待されていなかったが，12／13日と13／14日はともにHR＝50・ZHR＝70と最悪条件ながら堅実な活動を示した．傾向としては12／13日は時間の経過とともに増加したが，翌13／14日は夜半前から明け方にかけて横ばいの出現数となった．この段階までは明るい火球の出現がやや控えめだったが，14／15日はHR＝20程度の出現と2021年に突如出現した新ピークにともなう出現数の増加は認められなかったものの，火球クラスの群流星が頻発する傾向にあった．その後は活動が急速に衰え，20日ごろに今回の活動を終えた．

はくちょう座κ群　活動期に満月近い月明かりを受けたが，8月15〜20日にかけてHR＝3〜5と例年並みの出現数となった．

9月ペルセウス座ε群　例年と同様に9月早々には出現が認められ，9〜10日にかけては満月の月明かりの影響を受けたもののHR＝3〜5の出現を見せた．出現自体は9月20日ごろまでとらえられたが，この群特有の明るい火球は今回とらえられなかった．

オリオン座群　10月10日ごろに活動を開始し，10月20〜26日にかけては月明かりの

ない絶好の条件にも支えられHR＝15〜20の高原状ピークに達した．例年極大とされる21／22日は欠測となったが，翌22／23日は個別ながらHR＝30を超す報告もあり，近年鳴りを潜めていた永続痕をともなう明るい火球が各地でとらえられるなどかなり活動的な出現となった．高原状ピークが終焉を迎えたはずの10月31日早朝にもHR＝5〜7，11月3〜4日にもHR＝3程度と息の長い活動が続き，満月を過ぎた10日ごろにほぼ収束した．

おうし座群　事前に南群の火球が頻発する傾向にあると予測され，初期活動となった9月末から10月前半にはとくに異変は認められなかったが，10月20日ごろからこの群特有の明るい火球の出現頻度が急速に増し，11月20日までの約1ヵ月間では−5等を上回る火球が全国的な規模で毎晩1〜2個の出現頻度となった．その中には満月の明るさに匹敵する規模のものも複数含まれている．今回は極大期に月明かりの影響を大きく受け，前回火球が頻発した2015年の出現数にはおよばなかったものの，11月3〜4日にかけては南北群合計でHR＝20に達し，南群が北群を上回る傾向を常に示していた．火球の続発する傾向は11月下旬まで続き，出現自体は12月上旬まで継続していた．

しし座群　今回の活動は11月上旬に開始したものと思われるが，10月26日早朝にかに座北東部を輻射点とする明るい火球が複数認められていて，この活動がしし座群の先駆的なものであった可能性がある．その後は満月を経て17〜20日にかけて火球を含むHR＝15〜20の出現が断続的にとらえられた．その後も活動終盤にかけて明るい流星が頻発する状況が続き，活動が収束したのは11月末となった．

ふたご座群　12月1日ごろに活動を開始し，9／10日には満月過ぎの月明かりがある中でHR値で2桁を突破した．極大期は下弦前の月が輻射点の近傍にある悪条件だったが，13／14日はHR＝48・ZHR＝56，14／15には今回の活動期で最大のHR＝104・ZHR＝120の出現となった．13／14日は明け方にかけて緩やかな上昇傾向を示した一方で，翌14／15はほぼ一晩中ZHR＝110前後の出現が継続し，個別の報告では15日早朝にかけてHR＝200に迫る報告とともに火球クラスの明るい流星が続発したこともあって，かなり見ごたえのある出現となった．しかし大規模な出現は例年どおり継続せず，15／16日はHR＝25・ZHR＝13と前日の1/10程度に激減し，翌17日早朝にはHR＝3・ZHR＝7と散在流星と同程度のレベルまで出現規模が低下し，20日ごろにはほぼ活動を終えた．

こぐま座群　出現は12月20〜26日の1週間に限られ，22／23日にHR＝5程度の出現が眼視と自動TV観測にてとらえられた．海外では国内で日出後となった23日08時台にZHR＝10の極大に達し，事前の予想とほぼ一致しているが世界的規模でとくに異変は認められなかった．

しぶんぎ座群　12月24日ごろには活動が認められ，1月3日早朝にはHR＝6・ZHR

＝9と極大に向けて順調な増加傾向を示していた．今回は極大期が満月直前の月明かりにさらされ，国内では観測できない時間帯が極大と予想されるなど必ずしも良い条件とはいえなかったが，3／4日にはHR＝25・ZHR＝43の出現が各地でとらえられた．明け方にかけて横ばいの出現状況だった一方で，月没後の束の間の暗夜となった05時台に急速な出現数の伸びが認められたとの報告もあり，活動状況の判断がむずかしい．海外では4日午前中に極大に達したものの，出現規模はZHR＝40前後と例年よりかなり低調な出現に終わった．眼視では1月10日ごろまで出現が認められたが，翌11日未明にはこの群に属するものとしては記録的に遅い火球が出現している．

4月こと座群 例年と同様の4月10日ごろに初期活動が認められ，その後は出現数の増加傾向は感じられなかったものの20日早朝にはHR＝3～5，国内で見かけ上のピークに達するものと期待された23日早朝は薄雲の広がった地域が多かった中でHR＝10～15の出現数に達した．明るい群流星もほとんどとらえられず地味な出現に終始したが，23日夜半前にはこの群としては近年最大級となる満月級の大物火球が出現している．その後は25日早朝にHR＝5，27日早朝にHR＝3まで衰え，4月末にはほぼ活動を終えた．

みずがめ座η群 今回の活動は4月中旬に開始し，4月29日早朝にHR＝7，月明かりの影響をギリギリ回避できた5月2日早朝にはHR＝10～15の出現に達していた．例年観測される高原状ピークのほとんどが月明かりの影響を受ける最悪の条件下での観測を強いられたが，5～6日にかけてもHR＝7～10と堅実な出現が継続していた．海外の情報では7日午後にZHR＝33の極大に達し，その後も10日早朝にHR＝5～7，16～18日にもHR＝3と息の長い出現は継続し，活動が収束したのは6月上旬となった．

5月きりん座群 母天体である209P/LINEAR周期彗星より生成・放出されたダストトレイルが最接近するとされた5月24日夜の出現に注目が集まったが，眼視ではHR＝1～2程度の弱い出現報告があったものの，そのほかの光学観測や電波観測では明確な出現はとらえられなかった．

その他 10月りゅう座群は極大期に月明かりの影響を大きく受け，悪天候の影響もあったが9月末から10月中旬にかけて散発的な出現が確認されている．10月20日ごろに極大をむかえたふたご座ε群は微光流星が主体ながらHR＝3の出現を見せ，個別にはHR＝5を超す報告もあった．11月下旬が極大とされるアンドロメダ座群は予報より早期の11月上旬から中旬にかけて弱い活動が認められ，11月オリオン座は11月下旬に微光流星が主体ながらHR＝3程度の出現を見せた．ふたご座群と活動期間が重なるうみへび座σ群といっかくじゅう座群は出現数こそHR＝2～3程度だったものの，前者は永続痕をともなう火球が，後者は上弦の月の明るさに匹敵する火球が複数とらえられている．年末から年始にかけて例年高原状のピークに達するかみのけ座群

と12月こじし座群は，12月下旬に2群合計でHR＝3〜5の火球を含む出現が継続してとらえられ，個別にはHR＝7に達する報告もあり，出現そのものは1月中旬まで認められた．昨年，北アメリカ方面にて突発出現がとらえられたヘルクレス座τ群は今回著しい出現とはならなかったものの，自動TV観測では6月上旬に弱い活動が認められている．昼間群では，9〜10月のろくぶんぎ座昼間群，6月上旬のおひつじ座昼間群ともに電波で例年並みの出現となり，前者は10月上旬に長経路の火球を含む複数の群流星が自動TV観測でとらえられている．

【前年度に出現した火球】

この項では前年度（2022年7月〜2023年6月）に観測された火球についてのべる．

火球とは－4等より明るい流星のことであるが，ここでは出現時刻が判明していて，複数の観測地点より－5等以上の報告があったもの，単独観測でも－10等以上の明るさの報告のあったもの，いずれかの条件を満たした計414個の火球について，その出現日時・光度・推定出現地域を表に示す．NMSや日本火球ネットワーク（JN）の掲示板等に寄せられた目撃情報や，2点以上の写真やビデオ観測から飛行経路がある程度特定できたものに関しては，NMS発行の天文回報に掲載された資料等を元におおその経路を図1に示したが，今後の解析によって出現経路に変更の加わる場合もあるのでご了承願いたい．推定出現地域が括弧でくくられているものは，情報不足等により具体的な飛行経路の推定がされなかったものである．なお，2022年の番号は2023年版『天文年鑑』243ページからの続きとして採番してある．

この1年間に観測された火球は，最大の件数を記録した一昨年を上回る過去最大の報告数となった．この要因として，明るい火球の目撃情報がインターネット上で“＃火球”として拡散され火球を同定しやすくなっていることに加え，火球パトロールに活用が可能なネットワークカメラと検出ソフトが入手しやすくなったことから，多くの方々が手軽にパトロールを開始し火球の情報が随時インターネット上をにぎわせていることが挙げられる．群別では火球が多発すると事前に予測されたおうし座群の規模の大きい火球が10月中旬から11月下旬までほぼ連日出現し，おうし座群の火球だけで実に89個を記録するとともに，そのほとんどが南群となった．今回の活動期で最大のものは愛媛県と広島県に挟まれた今治市東方沖の瀬戸内海上空を南から北へ高角度で飛行した22年No.273（図1-L）で，満月をはるかにしのぐ－15等の明るさであったものと推定されている．この火球以外にも－10等の同群火球の出現がめずらしくないほど，全国で明るい火球が頻発する傾向にあった．次いで極大期が満月だったことから注目度が今一つだったペルセウス座群が48個を記録し，極大から2日後に明るい火球がまとめて出現する傾向にあった．また，ふたご座群は月明かりの影響を受けたこともあって22個と前年から半減したが，次回の活動期に向けて期待が高まるしし座群が16個，前年はほとんどとらえられなかったオリオン座群が10個となり，こ

248

れまで観測実績の少ない7月ペガスス座群に属するものや，平穏期としてさほど期待
されていなかったはくちょう座κ群の火球などがとらえられている．とくに種子島・
屋久島南方海上の上空を東から西へ飛行した22年№211（図1-E）はその後の解析から
ろくぶんぎ昼間群と判定され，輻射点が東天から昇った直後であったことから，経路
長は500kmにもおよぶ雄大なものとなった．その一方で年間3大流星群に数えられる
しぶんぎ座群は極大期こそ目立つものが少なかったが，能登半島上空を北東から南西
に飛行した23年№11（図1-Y）は記録的に遅い末期の出現となった．佐渡島西方沖か
ら能登半島上空を東北東から西南西へ飛行した23年№60（図1-C1）は4月こと座群と
判定され，明るさは－8等とこの群としては近年最大級の火球となった．

　隕石落下が疑われる火球も複数捕捉され，新潟県西部を東から西へ飛行した23年
№77（図1-F1）はその後の上田昌良・司馬康生両氏による解析から，糸魚川市の山中
に200g程度の隕石が落下した可能性が指摘されている．また満月に匹敵する明るさ
であった22年№254（図1-K）は，鳥取県東部から兵庫県北部上空を西北西から東南東
へ飛行し兵庫県北部の但東町付近に，東海地方を中心に関東から中国地方に至る広範
囲で目撃され，福井県東部上空を北西から南東へ飛行した経路が特定された23年№
52（図1-B1）についても，岐阜県関市から郡上市付近にごく小規模な隕石が落下した

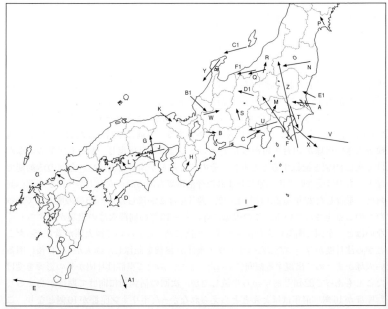

図1　火球の経路（記号は次ページからの表1に対応）

可能性が指摘されているものの，落下推定域はどれも人里離れた山間部であることから発見や回収は事実上不可能なものと思われる．三重県北部から愛知県西部上空を西から東へ飛行した22年№127（図1-B）についてもその後の解析から隕石落下が疑われているが，落下推定域は愛知県あま市と比較的都市部であるものの，推定重量は1g程度とこちらも発見や回収は不可能であろう．

　特異なものではふたご座群の極大期に出現したいっかくじゅう座群の22年№382（図1-V）が大きな話題となった．この火球は房総半島南東沖の太平洋上空を東から西へきわめて浅い角度で大気圏に突入し，静岡県富士市付近では停止火球として目撃・撮影されているほか，この火球にともなう永続痕が各地で1時間程度認められている．このほかにも22年№384・394も出現し，いっかくじゅう座群の規模の大きい火球が頻発するめずらしい一夜となった．

表1　前年度に出現した火球のリスト（2022年7月〜2023年6月）

	番号	月	日	時	分	光度(等)	推定出現地域	群
							2022年	
	100	7	6	00	25	-6	(宮城〜長野)	
	101		7	22	40	-5	岐阜県東部	
	102		8	02	52	-6	高知県東部	7月ペガスス
	103		8	23	30	-5	(福島〜東京)	
	104		11	01	51	-6	隠岐諸島北東沖	7月ペガスス
	105		17	02	27	-6	(奈良〜岡山)	
	106		18	00	15	-6	能登半島北方沖	
	107		19	21	03	-5	佐渡島北西沖	
	108		19	23	52	-7	宮城県南部	
	109		20	22	17	-6	(長野→岡山)	
A	110		21	02	34	-8	鹿島灘→茨城県南部	
	111		22	19	39	-4	(九州各地)	
	112		23	03	02	-5	能登半島北西沖	
	113		23	04	44	-8	山口県東部	
	114		23	19	36	-7	(千葉〜愛知)	
	115		23	20	59	-5	(富山〜鳥取)	
	116		23	23	21	-6	仙台湾東方沖	やぎ
	117		24	02	53	-5	種子島東方沖	
	118		27	03	20	-6	相模湾→房総半島	
	119		28	00	43	-7	能登半島西方沖	
	120		29	00	43	-5	能登半島	
	121		29	21	00	-5	(新潟〜広島)	ペルセウス
	122		30	01	42	-5	(京都〜愛知)	
	123		30	02	10	-6	(東京〜長野)	ペルセウス
	124		31	00	23	-6	山口県西部	
	125	8	1	01	25	-5	(福島〜愛知)	
	126		1	01	34	-7	紀伊半島南方沖	やぎ
B	127		1	23	15	-6	三重県北部→愛知県西部	
C	128		2	02	09	-6	静岡県中部	やぎ
D	129		2	03	09	-8	高知県西部	
	130		3	03	43	-4	(千葉〜長野)	みずがめδ
	131		3	20	43	-6	豊後水道	
	132		4	03	41	-6	奄美大島北西沖	
	133		4	22	26	-6	屋久島西方沖	
	134		5	21	49	-5	土佐湾	
	135		6	02	32	-8	佐渡島東方沖	ペルセウス
	136		6	23	04	-5	(沖縄)	ペルセウス
	137		7	20	45	-5	山形県西方沖	
	138		8	23	26	-6	(長野〜大阪)	ペルセウス
	139		8	01	13	-5	熊野灘	
	140		8	02	02	-6	隠岐諸島近海	
	141		9	00	52	-5	(滋賀・長野)	ペルセウス
	142		9	00	52	-5	石川県西方沖	ペルセウス
	143		9	22	53	-6	山形県西方沖	
	144		10	04	09	-6	(茨城〜愛知)	
	145		11	03	24	-5	(東京〜愛知)	
	146		11	03	41	-7	(東京〜愛知)	ペルセウス

番号	月	日	時	分	光度(等)	推定出現地域	群
147	8	11	19	57	-6	(宮城〜東京)	ペルセウス
148		12	04	16	-6	(東京・神奈川)	ペルセウス
149		12	04	22	-7	(愛知〜徳島)	ペルセウス
150		13	00	02	-6	(宮崎・鹿児島)	ペルセウス
151		13	00	59	-7	山口県南部	ペルセウス
152		13	02	06	-6	(北海道)	ペルセウス
153		13	03	28	-5	(新潟〜東京)	ペルセウス
154		13	03	51	-5	(長野・愛知)	ペルセウス
155		13	03	51	-6	(沖縄)	ペルセウス
156		13	03	58	-6	三宅島東方沖	ペルセウス
157		13	04	00	-6	(新潟〜愛知)	ペルセウス
158		14	00	38	-6	能登半島西方沖	ペルセウス
159		14	00	40	-5	(長野・石川)	ペルセウス
160		14	00	59	-5	(沖縄)	ペルセウス
161		14	02	35	-5	(東京・神奈川)	ペルセウス
162		14	04	57	-6	(沖縄)	ペルセウス
163		15	00	05	-5	(東京〜長野)	ペルセウス
164		15	00	17	-5	(長野〜大阪)	ペルセウス
165		15	00	49	-5	(東京〜長野)	ペルセウス
166		15	01	44	-5	(大分・宮城)	ペルセウス
167		15	01	46	-7	鳥取県東部	ペルセウス
168		15	01	59	-7	大隅半島南東沖	ペルセウス
169		15	02	01	-7	(東京〜長野)	ペルセウス
170		15	02	52	-7	(東京〜長野)	ペルセウス
171		15	02	53	-5	(鹿児島〜沖縄)	ペルセウス
172		15	02	56	-5	山口県北方沖	ペルセウス
173		15	03	20	-6	奄美大島北西沖	ペルセウス
174		15	03	30	-5	(静岡〜愛知)	ペルセウス
175		15	03	40	-5	(岡山〜大分)	ペルセウス
176		15	03	44	-5	(大分〜沖縄)	ペルセウス
177		15	03	47	-7	(岡山〜大分)	ペルセウス
178		15	03	51	-5	(東京〜長野)	ペルセウス
179		15	04	12	-5	(東京・神奈川)	ペルセウス
180		15	04	43	-6	(大分・熊本)	ペルセウス
181		15	05	12	-6	(沖縄)	ペルセウス
182		16	00	35	-5	種子島東方沖	ペルセウス
183		16	01	18	-6	福岡・大分県境	ペルセウス
184		16	03	00	-5	(東京〜長野)	ペルセウス
185		17	03	02	-6	長野県中部	
186		17	04	44	-6	奄美大島東方沖	
187		18	19	22	-4	八丈島近海	
188		18	19	57	-5	福島県はるか東方沖	
189		19	03	10	-5	(千葉〜長野)	ペルセウス
190		21	19	48	-5	長野県南部	はくちょうκ
191		23	00	11	-7	長野県北部	はくちょうκ
192		24	02	43	-7	男鹿半島はるか西方沖	
193		26	21	41	-5	(広島〜熊本)	
194		29	01	39	-6	長野県東部	

	番号	月	日	時	分	光度(等)	推定出現地域	群
	195	9	2	04	03	-5	(沖縄)	
	196		5	04	33	-5	(北海道～秋田)	
	197		5	19	26	-5	長野県中部	
	198		5	21	16	-5	(長野～岡山)	
	199		9	04	35	-5	(長野～岡山)	
	200		10	02	56	-5	(東京・神奈川)	L
	201		11	23	22	-6	広島県北部	M
	202		12	18	50	-7	(静岡～広島)	
	203		13	00	59	-5	(静岡・愛知)	
	204		17	19	13	-6	(広島～長崎)	
	205		30	01	45	-6	大坂埼東方沖	N
	206		30	23	12	-5	(長野～鳥取)	
	207	10	2	00	41	-6	隠岐諸島北方沖	
	208		3	01	28	-8	(北海道)	
	209		3	02	21	-6	奄美大島北東沖	
	210		3	22	07	-6	(沖縄)	
E	211		5	04	05	-5	屋久島南方沖	ろくぶんぎ座群
	212		8	23	56	-5	(宮城・福島)	
	213		10	18	08	-7	房総半島東方沖	
F	214		11	18	16	-6	房総半島南部→群馬県南部	
	215		13	03	55	-7	(岡山・広島)	
	216		14	22	30	-8	和歌山県南部	
	217		15	00	42	-6	土佐湾はるか南方沖	
	218		16	02	27	-6	山口県北方沖	
G	219		16	02	39	-5	徳島県北部→兵庫・岡山県境	
	220		16	03	57	-5	(広島～岡山)	
	221		18	23	51	-5	福岡県北部	
	222		19	01	57	-6	愛媛県西部	オリオン
	223		19	20	11	-6	佐渡島北西沖	おうし
	224		20	00	11	-7	(福島～兵庫)	おうし
	225		20	00	45	-6	隠岐諸島北方沖	オリオン
	226		20	03	11	-6	山口県はるか北方沖	オリオン
	227		20	18	07	-6	三重県南部	
	228		21	00	41	-5	(沖縄)	オリオン
	229		21	02	00	-7	朝鮮半島東方沖	オリオン
	230		21	04	00	-5	隠岐諸島はるか北西沖	おうし
	231		21	04	32	-5	(東京～愛知)	オリオン
H	232		21	04	52	-7	和歌山県北部	オリオン
	233		21	23	22	-6	(山梨・長野)	おうし
	234		22	04	32	-6	(広島～熊本)	
	235		23	00	00	-6	岐阜・愛知県境	オリオン
	236		23	01	28	-6	八丈島北東沖	オリオン
	237		23	01	56	-6	熊野灘東南東沖	おうし
	238		23	04	07	-6	山形県南部	
	239		23	04	40	-6	鳥取県東部	オリオン
	240		24	21	40	-10	(大分～鹿児島)	おうし
	241		25	22	35	-5	紀伊半島はるか南東沖	
	242		26	01	57	-6	八丈島北方沖	
	243		26	02	28	-7	志摩半島東方沖	
I	244		26	03	42	-10	遠州灘はるか南方沖	おうし
	245		26	04	15	-5	(静岡・山梨)	
	246		26	04	27	-5	(静岡・長野)	
	247		26	23	09	-5	長野県北部	
	248		26	23	09	-6	紀伊半島はるか南方沖	おうし
	249		27	01	27	-6	能登半島はるか北方沖	
J	250		27	19	24	-7	兵庫県南部→岡山県南部	おうし
	251		27	23	13	-6	島根・山口県境	
	252		28	01	51	-10	(沖縄)	おうし
	253		28	02	16	-5	徳島・高知県境	
	254		28	02	29	-8	(沖縄)	おうし
	255		28	03	01	-6	土佐湾はるか南方沖	
	256		28	05	31	-8	石川県西方沖→富山県西部	おうし
	257		28	23	02	-5	長野県北部	おうし
	258		29	00	05	-5	(大分～熊本)	
	259		29	00	07	-8	(大分～鹿児島)	おうし
	260		29	01	23	-7	(福岡～鹿児島)	おうし
	261		29	02	56	-6	(岡山～鹿児島)	おうし
	262		29	04	39	-5	(茨城～愛知)	おうし
	263		29	23	20	-5	岐阜県西部	おうし
K	264		30	01	06	-13	鳥取県東部→兵庫県北部	おうし
	265		30	01	44	-6	(広島～熊本)	おうし
	266		30	23	28	-6	紀伊半島はるか南東沖	おうし
	267		30	23	38	-10	(九州各地)	
	268		31	03	13	-6	兵庫県西部	おうし
	269		31	03	16	-6	福島県東部	おうし
	270		31	19	00	-6	長野県北部	おうし
	271		31	22	06	-7	(北海道～千葉)	おうし
	272		31	23	46	-6	(東京～静岡)	おうし
	273	11	1	23	45	-5	能登半島北西沖	
	274		2	02	00	-7	岐阜県北部	おうし
	275		2	02	55	-8	紀伊半島南方沖	おうし
	276		2	03	32	-6	鹿島灘	
	277		2	04	06	-6	(茨城～静岡)	おうし

	番号	月	日	時	分	光度(等)	推定出現地域	群
	278	11	2	04	11	-5	高知・愛媛県境	おうし
	279		2	19	45	-7	(東京～長野)	おうし
	280		2	21	37	-6	能登半島西方沖	おうし
	281		2	23	48	-6	福島県東部	おうし
	282		2	23	49	-6	島根県北方沖	おうし
L	283		3	00	50	-15	愛媛県北方沖瀬戸内海	おうし
M	284		3	00	52	-8	京都府西部→埼玉県南部	おうし
	285		3	04	09	-5	(静岡～大阪)	おうし
	286		3	04	39	-6	遠州灘はるか南方沖	おうし
	287		3	04	45	-7	(岡山～熊本)	おうし
N	288		3	18	57	-5	福島県南部	おうし
	289		4	01	54	-7	大分県南部	おうし
	290		4	02	31	-7	(神奈川～大阪)	おうし
	291		4	02	40	-6	(静岡～兵庫)	おうし
	292		4	03	09	-7	熊野灘	おうし
	293		4	03	51	-8	兵庫県北部	おうし
	294		4	21	26	-6	房総半島東部	おうし
	295		4	21	43	-5	(愛知～兵庫)	おうし
	296		4	21	55	-5	高知・愛媛県境	おうし
	297		4	21	57	-6	長野・岐阜県境	おうし
	298		5	05	29	-6	奄美大島南方沖	おうし
	299		5	05	55	-5	(山口～長崎)	おうし
	300		5	21	35	-5	若狭湾	おうし
	301		6	01	17	-5	紀伊半島はるか南方沖	おうし
	302		6	01	51	-5	岡山県西部	おうし
	303		6	23	49	-6	和歌山県南西部	おうし
	304		6	23	49	-5	山形・新潟県境	おうし
	305		7	01	44	-6	(東京～静岡)	おうし
	306		7	02	29	-7	栃木県東部	おうし
	307		7	02	47	-5	長野県中部	おうし
	308		7	04	14	-5	(東京～長野)	おうし
	309		7	19	56	-5	(東京～長野)	おうし
	310		7	22	04	-5	隠岐諸島北西沖	おうし
	311		7	22	51	-5	広島県南部	おうし
	312		8	04	52	-5	能登半島西方沖	おうし
	313		9	03	51	-6	(東京～静岡)	おうし
	314		9	20	07	-7	房総半島南東沖	おうし
	315		10	00	48	-6	房総半島はるか北方沖	おうし
	316		10	02	34	-6	(長野～兵庫)	おうし
	317		10	03	34	-8	仙台湾	
	318		10	03	51	-6	佐渡島北方沖	おうし
O	319		11	23	00	-8	福岡県北部	おうし
	320		11	00	14	-6	(静岡～奈良)	おうし
	321		11	02	57	-7	(大分～熊本)	
	322		11	04	00	-7	(東京～静岡)	
P	323		11	23	00	-7	宮城県北部	
	324		12	03	41	-5	能登半島はるか北西沖	おうし
	325		12	03	44	-6	渥美半島沖伊勢湾・三河湾	おうし
	326		12	05	17	-6	八丈島東南沖	おうし
	327		13	00	57	-6	能登半島北方沖	おうし
	328		13	02	12	-5	(東京～静岡)	しし
	329		13	03	44	-6	遠州灘	しし
	330		13	22	17	-5	屋久島近海	しし
	331		14	00	00	-6	(大阪～宮崎)	しし
	332		14	01	59	-6	(大分～鹿児島)	しし
	333		16	05	42	-5	福島県東方沖	しし
	334		16	01	48	-6	(広島～静岡)	
	335		16	03	21	-7	遠州灘	しし
	336		16	19	38	-5	八丈島はるか東方沖	しし
	337		17	00	29	-5	(千葉～愛知)	しし
	338		17	00	47	-5	山形県北部	しし
	339		17	01	57	-5	広島県南部	おうし
	340		17	04	16	-5	(東京～大阪)	しし
	341		17	05	17	-6	(千葉～静岡)	しし
Q	342		17	05	17	-6	(千葉～静岡)	しし
	343		17	19	31	-8	新潟県中部	しし
	344		17	21	57	-5	(宮城～長野)	しし
	345		17	23	10	-5	秋田県中部	しし
	346		18	05	21	-6	熊野灘	しし
R	347		18	05	53	-6	新潟県北部	しし
	348		19	00	26	-6	室戸岬南方沖	しし
	349		19	01	14	-5	島根県北方沖	しし
	350		19	04	52	-7	(東京～静岡)	しし
	351		19	04	58	-6	紀伊半島南東沖	しし
	352		19	23	13	-5	遠州灘南方沖	しし
	353		20	02	48	-5	宮城県南部	
	354		20	21	53	-5	岡山県南西部	おうし
	355		21	20	53	-5	兵庫県西部	しし
	356		22	01	56	-6	兵庫県北部	しし
	357		22	05	27	-5	(茨城～山梨)	しし
	358		22	05	54	-6	(東京～長野)	しし
	359		23	01	50	-6	新潟県北部	しし
	360		24	03	02	-6	熊野灘	しし

番号	月	日	時	分	光度(等)	推定出現地域	群
361	11	24	21	25	−7	滋賀県西部	
362		25	04	01	−7	奄美大島北方沖	
S 363		25	05	32	−7	長野県南部	しし
364		25	22	38	−5	(岡山・愛媛)	おうし
365		26	03	07	−6	石川県西方沖	しし
366		27	02	17	−7	渥美半島南方沖	
367		28	02	41	−7	紀伊半島はるか南東沖	おうし
368		29	01	01	−6	三重県中部	おうし
369		30	22	32	−7	(東京～長野)	
T 370	12	2	19	38	−7	千葉・茨城・埼玉境→千葉県南西部	
371		3	02	25	−5	(宮城～長野)	うみへびσ
372		3	04	07	−5	(東京～長野)	
373		6	04	31	−6	紀伊半島南方沖	
374		6	05	37	−6	淡路島南部	
375		7	01	06	−6	鹿島灘東方沖	11月オリオンχ
376		7	05	51	−7	能登半島はるか北方沖	
377		8	00	18	−6	能登半島はるか北方沖	
378		8	03	17	−5	三重県中部	
379		8	04	17	−5	渥美半島南方沖	
380		8	18	07	−5	茨城県中部	
381		8	19	16	−5	石川県南部	
382		8	20	30	−5	遠州灘南方沖	
383		9	03	48	−5	志摩半島東方沖	うみへびσ
384		11	05	18	−7	種子島南東沖	
385		12	01	11	−6	紀伊半島東方沖	ふたご
386		12	03	20	−6	(茨城～長野)	ふたご
387		12	18	17	−5	岐阜県西部→兵庫県南部	
U 388		13	20	03	−6	神奈川県西部→静岡県東部	ふたご
389		13	21	27	−5	渥美半島東方沖	ふたご
390		13	22	35	−6	(大分～熊本)	ふたご
391		14	18	40	−5	熊野灘	
V 392		14	20	30	−8	房総半島南東沖	いっかくじゅう
393		14	20	44	−8	能登半島はるか北西沖	ふたご
394		14	21	08	−7	東京都西部～山梨県北部	いっかくじゅう
395		14	21	57	−6	(千葉～愛知)	ふたご
396		14	23	25	−5	福島県東方沖	
397		14	23	30	−6	福島県西部	ふたご
398		15	00	44	−5	大阪埼東方沖	ふたご
399		15	00	49	−6	(東京～長野)	ふたご
400		15	00	55	−6	(東京～兵庫)	ふたご
401		15	00	59	−5	隠岐諸島西方沖	ふたご
402		15	01	03	−6	(東京～長野)	ふたご
403		15	01	45	−6	(東京～長野)	ふたご
404		15	02	01	−7	(東京～愛知)	いっかくじゅう
405		15	02	04	−6	(埼玉～愛知)	ふたご
406		15	03	00	−7	(埼玉～静岡)	ふたご
407		15	03	12	−5	(埼玉～静岡)	ふたご
408		15	04	02	−5	(東京～愛知)	ふたご
409		15	05	13	−6	能登半島東方沖	ふたご
410		15	19	24	−5	駿河湾はるか南方沖	ふたご
411		15	20	58	−5	隠岐諸島東方沖	ふたご
412		15	22	08	−6	大分県東部	ふたご
413		16	04	44	−6	室戸岬東方沖	
414		18	00	57	−5	(長野・愛知)	
415		18	03	18	−5	(山梨・長野)	
416		19	02	15	−7	(東京～兵庫)	かみのけ
417		19	20	18	−5	鹿島灘東方沖	
418		19	22	25	−6	八丈島東方沖	
419		20	18	47	−5	(岡山～熊本)	
420		21	05	08	−6	福井県東部	
421		22	23	25	−5	(東京～長野)	
422		23	01	33	−5	(東京～兵庫)	
W 423		24	04	12	−7	岐阜県西部	かみのけ
424		24	20	05	−6	能登半島北方沖	
425		24	22	10	−5	房総半島はるか南東沖	
426		26	22	30	−5	岐阜県南部→愛知県北部	
427		27	21	32	−7	能登半島西方沖	
X 428		28	05	17	−8	房総半島東部	
429		29	18	26	−5	能登半島はるか北方沖	
430		29	23	26	−8	長野県北部	
431		30	01	25	−6	(千葉～神奈川)	
432		30	04	31	−5	(香川～熊本)	
433		31	03	53	−5	(岡山～熊本)	
2023年							
1	1	1	21	51	−6	(兵庫～大分)	
2		1	23	16	−7	(広島～鹿児島)	
3		3	03	20	−6	隠岐諸島西方沖	
4		3	03	33	−6	(東京～長野)	
5		4	03	43	−5	(東京～長野)	しぶんぎ
6		4	04	58	−5	静岡県中部	しぶんぎ
7		5	00	55	−5	(栃木～静岡)	
8		6	04	13	−5	富山県東部→佐渡島西方沖	
9		6	05	49	−7	鳥取・岡山県境	

番号	月	日	時	分	光度(等)	推定出現地域	群
Y 10	1	10	04	35	−6	長野県北部	
Y 11		11	01	21	−5	能登半島沖	しぶんぎ
12		11	04	04	−5	八丈島東方沖	
13		18	03	44	−8	宮崎県南部	
14		19	03	24	−5	鳥取県西部	
15		21	22	14	−5	山形県南部	
16		22	04	09	−6	神奈川県東部	
17		29	05	46	−6	神奈川県東部	
18		30	05	01	−5	(東京～長野)	
19		31	05	53	−5	紀伊半島南方沖	
20	2	3	02	05	−5	(静岡～長野)	
21		4	00	35	−5	遠州灘	
22		4	02	00	−5	能登半島沖	
23		4	04	11	−7	長野・岐阜県境	
24		10	00	28	−5	三宅島南方沖	
25		12	04	51	−5	高知県東部	
26		14	05	44	−5	(福島～長野)	
27		14	05	47	−5	三重県中部	
28		16	01	22	−5	韓国ウルルン島北東沖	
29		16	03	47	−5	山梨県中部→東京都西部	
30		16	21	11	−5	茨城県南部	
31		20	00	13	−5	(東京～長野)	
32		21	20	03	−6	(神奈川～岡山)	
33		21	23	56	−7	秋田県西方沖	
Z 34		24	03	03	−6	房総半島南東沖→福島県西部	
35		27	02	55	−5	遠州灘はるか南方沖	
36		27	03	42	−5	土佐沖	
37		28	19	57	−6	佐渡島北方沖	
38		28	20	26	−5	八丈島はるか南東沖	
39		28	23	22	−5	(東京～兵庫)	
40	3	01	51		−5	房総半島南東沖	
41		5	22	57	−5	福島県南西部	
42		6	01	20	−5	(東京～大阪)	
43		6	21	53	−6	秋田県西方沖	
A1 44		7	00	38	−10	種子島はるか東方沖	
45		8	10	30	−12	九州南部	
46		8	10	34	−7	(山梨・静岡)	
47		10	20	57	−9	(鹿児島・沖縄)	
48		12	22	53	−5	岩手・秋田県境	
49		14	01	43	−8	日向灘	
50		19	19	34	−7	北海道十勝地方	
51		22	19	03	−7	駿河湾	
B1 52		22	19	10	−7	福井県南部	
53	4	1	04	26	−5	(岩手～長野)	
54		4	23	32	−7	愛媛県北部	
55		10	01	48	−6	駿河湾はるか南東沖	
56		10	03	47	−5	房総半島南東沖	
57		17	03	33	−6	房総半島南東沖	
58		20	20	55	−6	(岩手～福島)	
59		21	20	17	−5	群馬県北部→茨城県西部	
C1 60		23	23	33	−9	能登半島西方沖	4月こと
61		24	01	06	−5	(長野・岐阜)	4月こと
62		25	00	29	−5	(東京～埼玉)	
63		27	23	59	−6	兵庫県中部～淡路島南部	
64		28	20	16	−5	愛知県西部→山口県東部	
D1 65	5	5	03	31	−5	長野県北部	みずがめη
66		5	04	16	−5	福岡県北部	みずがめη
E1 67		5	04	20	−6	鹿島灘	みずがめη
68		10	04	10	−5	(愛知～岡山)	みずがめη
69		10	20	12	−8	(福岡・大分)	
70		13	02	03	−7	愛知県北部→長野県南部	
71		15	22	05	−8	岡山県南部	
72		16	01	45	−5	兵庫県北部→京都府北部	
73		17	03	01	−5	隠岐諸島北方沖	
74		18	02	40	−6	能登半島はるか北方沖	
75		20	19	48	−5	大阪府東部	
76		24	03	27	−6	島根県東部→鳥取県西部	
F1 77		24	22	27	−8	新潟県南部	
78		24	23	18	−6	新潟県中部	
79	6	1	03	04	−5	遠州灘→愛知県東部	
80		3	02	19	−5	鳥取県北方沖	
81		6	03	35	−5	(青森～新潟)	
82		11	02	04	−7	能登半島北西沖	
83		16	21	04	−5	(岡山～熊本)	
84		18	00	13	−6	(岡山～熊本)	
85		18	19	29	−6	山梨県北部	
86		19	04	02	−5	山梨県北部	
87		20	02	08	−6	室戸岬南東沖	
88		20	02	54	−5	能登半島北西沖	
89		21	03	06	−6	能登半島東方沖	
90		21	03	57	−5	若狭湾	
91		29	03	27	−5	岡山県南部	

隕　石 （米田成一）

【日本に落下した隕石】　2023年版から新しい隕石が1件登録された．1902年（明治35年）に埼玉県越谷市に落下した4.05kgの隕石で，落下した田畑の所有者の中村喜八氏が発見し，中村家に120年以上保管されてきたものである．越谷市郷土研究会を通じて国立科学博物館に依頼があり，国立極地研究所および九州大学と共同で分析した結果，L4コンドライト（球粒隕石）であることがわかった．国際隕石学会に越谷（Koshigaya）隕石として申請，承認されデータベースに2月23日に登録された．

【世界の隕石】　隕石は国際隕石学会にて承認・登録される．その結果はThe Meteoritical Bulletinとして発表されるとともに，学会の隕石データベース（*http://www.lpi.usra.edu/meteor/metbull.php*）に登録される．登録された年ごとに区切られ，2022はNo.111，2023はNo.112となっている．2023年版で途中まで報告したNo.111には最終的に3094個の隕石が登録され，No.112には執筆時現在で2067個の隕石が登録されている．月隕石はそれぞれ82個，53個，火星隕石は22個，14個が報告されている．地域別では，アフリカが1080個，805個，アジアが33個，53個，南北アメリカが186個，654個，オセアニアが1個，1個，ヨーロッパが3個，3個，ロシアが2個，3個，そして南極が1787個，548個，地域不明が2個，0個であった．2023年版以降に報告登録された新落下隕石は16個で，モロッコ（Msied 2021, Oued el Kechbi 2023），カナダ（Golden 2021, Menisa 2022），アメリカ（Great Salt Lake 2022, El Sauz 2023）にそれぞれ2個，オーストラリア（Puli Ilkaringuru 2019），ウガンダ（Loro 2021），フィリピン（Ponggo 2022），オマーン（Al-Khadhaf 2022），インド（Rantila 2022），中国（Tanxi 2022），チャド（Boutel Fil 2023），アルジェリア（El Menia 2023），フランス（Saint-Pierre-le-Viger 2022），そして日本（越谷隕石 1902）に1個ずつ落下している．Rantilaは無球粒隕石のオーブライトで，ほかは普通球粒隕石であった．PonggoとGoldenはどちらも約2.4kgの隕石で民家の屋根を破って落下し，とくにGoldenは寝ていた住人の頭の横の枕の上に落ちてきたとのことである．落下隕石ではないが，リビアで215kgの破片を含む総重量2.5トン以上のユークライト（無球粒隕石の一種）Jikharra 001（2022）が発見されており，これは無球粒隕石ではオーブライトのNorton County（アメリカ1948）の1.1トンを超えて最大となった．

【小惑星と隕石】　小惑星探査機「はやぶさ2」が小惑星リュウグウから持ち帰った試料の分析はすでに3回の国際公募研究が行なわれ，4回目の募集が締め切られたところである．今後は初期分析チーム以外からの成果発表が期待される．一方，NASAの小惑星探査機「OSIRIS-REx」が2023年9月24日に小惑星ベンヌの試料を無事に持ち帰った．まだ正確な重量は発表されていないが，250g以上と推定されている．すでに電子顕微鏡で水を含んだ微小なファイバー状の粘土鉱物などが観察されている．リュウグウより水を多く含んでおり，炭素質球粒隕石の中でも別種と考えられ，今後の比較が期待される．

日本に落下した隕石リスト

名　称	落下年月日	落　下　地	緯度(N)	経度(E)	回収重量(個数)
	年　月　日		°　′	°　′	kg
石質（球粒）隕石					
1 直　方	861　5 19	福岡県直方市	33 44	130 45	0.472　(1)
2 南　野	1632　9 27	名古屋市南区	35 05	136 56	1.04　(1)
3 笹ヶ瀬	1704　2 16	静岡県浜松市東区篠ケ瀬町	34 43	137 47	0.695　(1)
4 小　城	1741　6　8	佐賀県小城市	33 18	130 12	14.36　(4)
5 八王子	1817 12 29	東京都八王子市	35 39	139 20	?　(多数)
6 米納津	1837　7 13	新潟県燕市	37 41	138 54	31.65　(1)
7 気　仙	1850　6 13	岩手県陸前高田市気仙町	38 59	141 37	135　(1)
8 曽　根	1866　6　7	京都府船井郡京丹波町	35 10	135 20	17.1　(1)
9 大　富	1867　5 24	山形県東根市	38 24	140 21	6.51　(1)
10 竹　内	1880　2 18	兵庫県朝来郡	35 23	134 54	0.72　(1)
11 福　富	1882　3 19	佐賀県杵島郡白石町	33 11	130 12	16.75　(3)
12 薩　摩	1886 10 26	鹿児島県伊佐市	32 05	130 34	>46.5 (>10)
13 仁　保	1897　8　8	山口県山口市仁保	34 12	131 34	0.467 (3)
14 東公園	1897　8 11	福岡市博多区東公園	33 36	130 26	0.75　(1)
15 仙　北	1900以前	秋田県大仙市	39 26	140 31	0.866　(1)
16 越　谷	1902　3　8	埼玉県越谷市	35 55	139 47	4.05　(1)
17 神　崎	1905以前発見	佐賀県神埼市	33 18	130 22	0.124　(1)
18 木　島	1906　6 15	長野県飯山市木島	36 51	138 23	0.331　(2)
19 美　濃	1909　7 24	岐阜県岐阜市、美濃市 関市、山県市	35 32	136 53	14.29　(29)
20 羽　島	1910頃	岐阜県羽島市上中町	35 18	136 42	1.11　(1)
21 神大実	1915頃	茨城県坂東市	36 03	139 57	0.448　(1)
22 富　田	1916　4 13	岡山県倉敷市玉島	34 34	133 40	0.60　(1)
23 田　根	1918　1 25	滋賀県長浜市	35 27	136 18	0.906　(2)
24 櫛　池	1920　9 16	新潟県上越市	37 03	138 23	4.50　(1)
25 白　岩	1920発見	秋田県仙北市	39 35	140 37	0.95　(1)
26 神　岡	1921-1949の間	秋田県大仙市	39 31	140 22	0.03　(1)
27 長　井	1922　5 30	山形県長井市	38 07	140 04	1.81　(1)
28 沼　貝	1925　9　4	北海道美唄市光珠内町	43 17	141 51	0.363　(1)
29 笠　松	1938　3 31	岐阜県羽島郡笠松町	35 22	136 46	0.71　(1)
30 岡　部	1958 11 26	埼玉県深谷市	36 11	139 13	0.194　(1)
31 芝　山	1969発見	千葉県山武郡芝山町	35 46	140 25	0.235　(1)
32 青　森	1984　6 30	青森市松森	40 49	140 47	>0.320　(1)
33 富　谷	1984　8 22	宮城県黒川郡富谷町	38 22	140 52	0.0275(2)
34 狭　山	1986　4 29頃	埼玉県狭山市	35 52	139 24	0.43　(1)
35 国分寺	1986　7 29	香川県高松市 及び坂出市	34 18	133 57	11.51 (13)
36 田　原	1991　3 26	愛知県田原市	34 43	137 18	>10　(1)
37 美保関	1992 12 10	島根県松江市	35 34	133 13	6.385 (1)
38 根　上	1995　2 18	石川県能美市	36 27	136 28	>0.42　(1)
39 つくば	1996　1　7	茨城県つくば市、牛久市 土浦市	36 04	140 09	約0.8　(23)
40 十和田	1997発見	青森県十和田市	40 33	141 14	0.0535(1)
41 神　戸	1999　9 26	兵庫県神戸市北区	34 44	135 10	0.135　(1)
42 広　島	2003　2　1~3	広島県広島市安佐南区	34 27	132 23	0.414　(1)
43 小　牧	2018　9 26	愛知県小牧市	35 19	136 57	0.65　(1)
44 習志野	2020　7　2	千葉県習志野市、船橋市	35 41-2	140 02	0.36　(3)
鉄隕石					
1 福　江	1849　1落下?	長崎県五島市	32 40	128 50	0.008　(1)
2 田　上	1885発見	滋賀県大津市	34 55	135 58	174　(1)
3 白　萩	1890発見	富山県中新川郡上市町	36 40	137 26	33.61　(2)
4 岡　野	1904　4　7	兵庫県篠山市	35 05	135 12	4.74　(1)
5 天　童	1910発見	山形県天童市	38 21	140 24	>10.1　(1)
6 坂　内	1913発見	岐阜県揖斐郡揖斐川町	35 38	136 23	4.18　(1)
7 駒　込	1926　4 18	東京都文京区駒込	35 44	139 45	0.238　(1)
8 玖　珂	1938発見	山口県岩国市	34 06	132 02	5.6　(1)
9 長　良	2012発見	岐阜県岐阜市長良	35 27	136 47	16.2　(2)
石鉄隕石					
1 在　所	1898　2　1	高知県香美市	33 42	133 48	0.33　(1)

最近の星食・接食・小惑星による食の観測結果

（広瀬敏夫）

　小惑星などによる食現象は通過観測や曇りなどを除いてこの1年間に56名，1団体による137件（表1）の観測が行なわれ，その測定結果を表2[*1]に掲げた．これらの表には2022年10月6日，札幌市でとらえられた海王星の衛星トリトン（N1）による11.5等星の食（口絵p.6参照）のほか，日本や欧州の探査機により今後の調査が計画されているアモール群やアポロ群に属する（65803）ディディモスや（3200）ファエトン，（98943）2001 CC21の食結果が含まれる．

　137件中に3ヵ所以上で観測されたのは38件，2ヵ所では21件，78件（57%）が単独観測となった．38件中の23件は観測弦長を小惑星3Dモデル

表1 最近1年間の小惑星による恒星食の観測結果（2022年8月〜2023年7月）

観測番号	日付 (JST)	小惑星	恒星UCAC4（等級）	観測弦長／楕円形状／（図番）
1 - 8	8月 2日	（346）Hermentaria	314-242834 （12.1）	114.7×104.7km
9	9日	（832）Karin	341-177534 （13.7）	9.3±9.3km
10	10日	（680）Genoveva	461-002901 （13.6）	9.4±0.3km
11	13日	（264）Libussa	527-006422 （10.9）	38.8±0.6km
12	26日	（1277）Dolores	369-096711 （14.4）	24.5±3.1km
13 - 15	29日	（891）Gunhild	541-029058 （12.7）	Model 3715 適用 （図 1）
16 - 18	9月 6日	（539）Pamina	469-134049 （11.3）	74.4×49.6km＊
19	10日	（485）Genua	446-135065 （14.0）	51.1±0.7km

＊ 赤外線天文衛星「あかり」による面積に等しい楕円形．

次ページへ続く

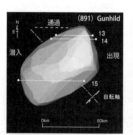

図1 （891）Gunhild
2022年8月29日03^{h}44^{m}

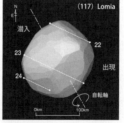

図2 （117）Lomia
2022年9月16日02^{h}09^{m}

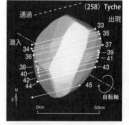

図3 （258）Tyche
2022年10月8日20^{h}26^{m}

図4 （65803）Didymos
2022年10月20日02^{h}02^{m}

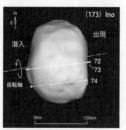

図5 （173）Ino
2022年10月28日20^{h}03^{m}

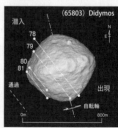

図6 （65803）Didymos
2022年11月5日01^{h}44^{m}

の外縁形状[*2]や実寸
の高精細モデル[*3]と
比較して，複数提案さ
れているモデルの選択
的決定を行ない，適用
モデルと棄却モデルの
番号を表3に掲げた．
モデルが実寸でない場
合，モデルの単位長を
1kmとし，小惑星の外
縁が観測弦長となる大
きさの比率（校正値）
を求めた．この値から
観測時のモデル小惑星
の断面積を直径に換算
し（面積換算直径A），
赤外線天文衛星「あか
り」による直径B[*4]や
IRAS[*5]による直径C
に対して直径比A/B
とA/Cとして比較し
た．この値は校正値の
妥当性を示す指標にな
る．3Dモデルがない場
合については，観測点
に対して最小二乗法を
用いて楕円形状を求め
た（図は省略）．

　NASAの探査機
DRATが(65803)ディ
ディモスの衛星ディモ
ルフォスに2022年9月
26日UTに衝突した．
ディディモスの地球最
接近（0.07124au）は10

表1　最近1年間の小惑星による恒星食の観測結果 前ページからの続き

観測番号	日付 (JST)	小惑星	恒星UCAC4 (等級)	観測弦長/楕円形状/(図番)
20	12日	(7949) 1992 SU	428-114336 (13.6)	20.2±2.0km
21	14日	(334) Chicago	354-187067 (14.7)	163.2±2.7km
22 - 24	16日	(117) Lomia	643-030302 (13.3)	Model 839 適用　　(図 2)
25	22日	(397) Vienna	560-001343 (11.9)	42.3±1.6km
26	24日	(1438) Wendeline	509-002178 (14.8)	7.0±1.3km
27	29日	(803) Picka	559-030587 (11.0)	50.4±0.5km
28	29日	(2414) Vibeke	270-188730 (10.9)	34.9±0.4km
29 - 30	30日	(469) Argentina	HIP 555　(9.6)	136.0×111.5km *
31	10月 4日	(227) Philosophia	470-136376 (14.0)	71.6±0.5km
32		(N1) Triton	431-119560 (11.5)	2391±10km
33 - 45	8日	(258) Tyche	413-099789 (8.9)	Model 329 適用　　(図 3)
46 - 47	13日	(387) Aquitania	331-188423 (12.9)	58.4±7.8, 56.4±3.7km
48	15日	(2246) Bowell	358-192567 (13.4)	30.1±0.3km
49	15日	(2165) Young	330-170860 (12.6)	42.7±0.7km
50 - 51	19日	(65803) Didymos	417-020711 (11.2)	709±38m, 618±78m
52 - 57	19日	(1285) Julietta	601-023255 (11.0)	44.1×38.1km
58 - 63	20日	(65803) Didymos	674-037228 (12.5)	750×643m　　　　(図 4)
64	21日	(318) Magdalena	373-118432 (11.8)	47.9±0.6km
65 - 66	21日	(3200) Phaethon	675-013356 (10.8)	4.0±0.3km, 4.7±0.1km
67	23日	(3200) Phaethon	674-012720 (10.8)	3.5±0.5km
68	24日	(358) Apollonia	366-180273 (8.5)	67.6±0.5km
69	25日	(57) Mnemosyne	492-008470 (13.3)	93.3±8.0km
70 - 71	28日	(65803) Didymos	462-034524 (11.6)	630±28m, 381±28m
72 - 74	28日	(173) Ino	361-181292 (14.3)	VLT/SPHERE 適用 (図 5)
75 - 76	30日	(1469) Linzia	488-011790 (14.4)	43.6±0.4, 38.4±3.5km
77	11月 4日	(3109) Machin	590-012052 (13.9)	16.3±0.8km
78 - 81	5日	(65803) Didymos	491-047590 (13.0)	708×661m　　　　(図 6)
82 - 86	6日	(466) Tisiphone	593-000565 (14.7)	97.7×77.8km
87 - 88	7日	(2363) Cebriones	517-132119 (13.0)	85.9±0.7, 93.3±0.4km
89	8日	(1778) Alfven	515-004335 (12.5)	23.2±0.9km
90	8日	(124) Alkeste	521-005114 (13.0)	41.5±2.3km
91 - 92	11日	(805) Hormuthia	475-041735 (12.4)	59.3±0.1, 73.3±3.5km
93 - 96	12日	(738) Alagasta	457-001295 (12.4)	60.0×47.4km *
97	12日	(344) Desiderata	616-019699 (14.7)	55±10.1±9km
98 - 99	18日	(148) Gallia	383-132817 (10.7)	41.8±0.6, 46.2±0.5km
100	26日	(86053) 1999 RY4	625-002129 (12.9)	7.3±0.1km
101	27日	(2747) Cesky Krumlov	595-040622 (11.4)	23.1±1.4km
102	12月 2日	(680) Genoveva	469-001442 (13.4)	38.7±0.2km
103 - 105	6日	(904) Rockefellia	463-011637 (11.9)	59.0×41.7km
106 - 109	10日	(3596) Meriones	HIP 31748 (8.1)	75.2×75.2km
110	11日	(906) Repsolda	633-034268 (13.5)	71.2±1.9km
111 - 112	14日	(585) Bilkis	501-012122 (13.6)	Model 5592 適用
113 - 116	18日	(65803) Didymos	581-041320 (13.6)	738×655m　　　　(図 7)
117	18日	(945) Barcelona	628-130838 (14.9)	18.2±5.1km
118	19日	(1353) Maartje	508-028196 (13.6)	41.0±1.1km
119	23日	(2120) Tyumenia	461-025186 (13.9)	23.7±0.9km
120 - 123	24日	(117) Lomia	676-036205 (13.5)	Model 839 適用　　(図 8)
124	26日	(1735) ITA	662-051105 (14.5)	57.0±0.8km
125 - 127	27日	(54598) Bienor	670-044659 (14.4)	84.2±2.6, 70.3±10.6km
128	28日	(3223) Forsius	423-000248 (12.1)	19.7±0.3km
129	30日	(449) Hamburga	571-037814 (14.0)	13.2±4.4km
130 - 133	1月 2日	(1794) Finsen	HIP 6720 (9.5)	Model 4726 適用 (図 9)
134	4日	(2098) Zyskin	595-042090 (9.8)	7.9±0.1km
135	7日	(2378) Pannekoek	451-033904 (13.0)	34.0±0.2km
136	8日	(22955) 1999 TH251	665-041447 (12.0)	16.2±0.1km
137	8日	(418) Alemannia	542-021818 (9.3)	19.6±0.1km
138	10日	(6983) Komatsusakyo	560-040131 (12.9)	19.9±0.5km
139 - 140	13日	(259) Aletheia	572-017354 (13.9)	207.9×146.8km *
141 - 142	13日	(994) Otthild	HIP 45688 (3.5)	21.7±0.1, 28.8±0.1km
143	29日	(89) Julia	562-045465 (12.3)	84.2±0.6km
144	2月 5日	(336) Lacadiera	354-068568 (14.0)	89.0±1.9km
145 - 147	14日	(335) Roberta	497-055423 (10.5)	Model 3100 適用 (図10)
148 - 149	15日	(25) Phocaea	408-031887 (12.8)	Model 697 適用
150	16日	(5441) Andymurray	413-064024 (14.4)	14.6±11.8km
151	16日	(490) Veritas	511-025208 (13.3)	103.0±0.8km

* 赤外線天文衛星「あかり」による面積に等しい楕円形.

次ページへ続く

月4日UTで，この前後の数ヵ月間に国内外で食観測が行なわれた．推定直径780m，食の継続時間も最大で0.2秒程度と一般的な現象より厳しい条件になった．国外での観測状況を得ながら，天候悪化のリスクを避けるため掩蔽帯上の各地に分散し，対象星の高度と標高によって掩蔽帯が移動する補正量も考慮されて計7回の布陣が行なわれた．うち5回の結果を表1に，図4，図6，図7に掲げた．各図中のディディモス像は算盤玉形状と予想されるダミー*6であるが，自転周期や自転軸の方向は観測から得られた値を採用した．この小惑星には2024年10月にESAの探査機Heraが打ち上げられる計画があり，実像モデルが得られればより確実な比較が可能になる．

トロヤ群小惑星の食が4件観測された．いずれも2ヵ所での以上の測定があり，3Dモ

表1 最近1年間の小惑星による恒星食の観測結果 前ページからの続き

観測番号	日付(JST)	小惑星	恒星UCAC4(等級)	観測弦長/楕円形状/(図番)
152 -155	23日	(396) Aeolia	519-048328 (12.7)	Model 11585 適用 (図11)
156	25日	(1104) Syringa	559-043356 (13.7)	5.1±0.1km
157 -159	27日	(417) Suevia	357-121833 (13.5)	Model 448 適用 (図12)
160	28日	(166) Rhodope	543-019702 (14.1)	36.8±5.7km
161	3月 1日	(3396) Muazzez	608-042358 (14.2)	29.0±1.5km
162	4日	(191) Kolga	519-039183 (12.1)	80.2±0.2km
163	5日	(98943) 2001 CC21	762-030488 (10.1)	0.45±0.02km
164	8日	(727) Nipponia	553-038450 (13.8)	26.8±0.7km
165	8日	(3876) Quaide	582-030612 (11.9)	20.4±0.1km
166	14日	(959) Arne	328-188959 (12.4)	11.1±2.0, 19.4±1.4km
167	14日	(13859) Fredtreasure	573-025606 (12.7)	15.9±0.1km
168 -171	19日	(12) Victoria	526-025778 (11.7)	VLT/SPHERE 適用 (図13)
172 -174	20日	(224) Oceana	595-027790 (13.2)	33.1×22.2km *
175	22日	(615) Roswitha	582-022728 (13.6)	39.8km
176	27日	(426) Hippo	296-069826 (12.3)	126.8±4.4km
177 -183	28日	(517) Edith	426-056002 (12.4)	Model 5503 適用 (図14)
184 -187	28日	(167) Urda	558-026206 (12.7)	Model 172 適用 (図15)
188 -191	29日	(52) Europa	365-125746 (12.8)	VLT/SPHERE 適用 (図16)
192	29日	(1029) La Plata	331-198372 (12.1)	15.9±0.8km
193	4月 2日	(1817) Katanga	433-074864 (13.1)	19.1±1.1km
194 -196	2日	(1021) Flammario	578-032830 (14.4)	114.5±2.0, 115.8±14.9, 94.9±10.2km
197	3日	(535) Montague	520-052863 (14.3)	74.5±10.0km
198 -199	3日	(246) Asporina	427-080409 (14.8)	41.7±8.7, 54.1±26.6km
200	9日	(4192) Breysacher	338-076904 (12.2)	18.3±2.1km
201 -203	9日	(586) Thekla	468-045589 (13.1)	Model 1061 適用 (図17)
204 -205	13日	(2848) ASP	568-033646 (13.8)	19.6±4.8, 22.2±1.9km
206 -217	20日	(22) Kalliope	499-058125 (12.4)	VLT/SPHERE 適用 (図18)
218	21日	(337) Devosa	340-069587 (12.6)	4.4±2.7km
219	22日	(14394) 1990 SP15	434-057617 (11.6)	20.7±0.1km
220	28日	(1520) Imatra	348-066375 (14.4)	48.5±6.4km
221	29日	(15066) 1999 AX7	279-109351 (13.6)	15.2±11.6km
222 -225	5月 3日	(1116) Catriona	611-040987 (12.0)	Model 4239 不適合
226 -227	3日	(191) Kolga	533-044456 (13.6)	Model 4072 適用
228	10日	(1023) Thomana	504-048476 (14.1)	51.7±9.5km
229	11日	(348) May	*1 (15.0)	41.2±12.0km
230	12日	(423) Diotima	361-075148 (14.5)	173.6±19.4km
231 -246	12日	(52) Europa	369-127384 (13.8)	VLT/SPHERE 適用 (図19)
247 -250	12日	(4829) Sergestus	467-134672 (10.9)	49.9×33.9km
251- 253	16日	(892) Seeligeria	474-063483 (12.1)	88.4×82.3km
254	16日	(26722) 2001 HK7	367-073243 (12.7)	2.5±1.2km
255	18日	(4642) Murchie	359-072995 (13.2)	12.4±0.7km
256	22日	(1952) Hesburgh	363-077264 (13.7)	32.8±3.4km
257 -258	26日	(67) Asia	389-063614 (9.9)	68.7±0.2, 63.2km
259 -266	31日	(554) Peraga	350-071972 (13.3)	Model 6139 適用 (図20)
267 -273	31日	(53) Kalypso	527-050263 (13.8)	Model 1733 適用 (図21)
274	31日	(305) Gordonia	359-090719 (14.2)	33.9±1.8km
275 -276	6月 6日	(676) Melitta	416-096963 (14.2)	79.8±1.3km
277 -281	17日	(536) Merapi	278-230479 (13.8)	Model 5525 適用 (図22)
282	17日	(417) Suevia	387-113474 (14.8)	39.0±5.1km
283 -284	20日	(657) Gunlod	295-169520 (14.1)	21.0±3.8, 29.3±2.1km
285	20日	(393) Lampetia	476-090238 (12.3)	110.0km
286	20日	(417) Suevia	387-111810 (13.0)	28.6±0.6km
287	27日	(495) Eulalia	380-162359 (14.7)	22.2±0.1km
288 -294	7月 3日	(76) Freia	348-093583 (14.0)	Model 443 適用 (図23)
295	15日	(203) Pompeja	311-177961 (11.5)	109.3±16.7km
296	16日	(1695) Walbeck	413-057298 (13.0)	13.2±0.1km
297 -298	17日	(1018) Arnolda	490-002111 (10.6)	18.6×12.6km *
299	20日	(7864) Borucki	*2 (13.3)	10.8±0.5km
300	21日	(2259) Sofievka	339-123975 (13.8)	11.8±0.4km
301 -303	24日	(10795) Babben	420-146011 (13.8)	28.4×13.3km
304 -305	28日	(28876) 2000 KL31	318-098880 (11.8)	20.0×13.9km *
306	31日	(2051) Chang	353-179791 (14.4)	7.0±1.5km
307	31日	(2013) Tucapel	494-004283 (13.5)	13.6±0.1km
308 -309	31日	(25883) 2000 RD88	535-146965 (10.8)	35.3×25.2km *

*赤外線天文衛星「あかり」による面積に等しい楕円形.
*1 G165817.7-171310 *2 G173417.6-195047

表2　小惑星による食の時刻測定結果*1 （JST）24時制

観測番号	観測者名	測定時刻				観測地名	観測位置（WGS84）			観測機材		注釈
		潜入	精度	出現	精度		東経	北緯	標高	口径	露出	
		h m s	±s	s	±s		° ′ ″	° ′ ″	m	cm	s	
1	吉原秀樹	23 30 13.135	0.134	21.489	0.078	総社市	135 38 35.0	34 39 46.2	55	25	0.067	
2	山村秀人	23 29 59.110	0.173	67.802	0.278	京丹波町	135 55 53.3	35 09 57.4	161	20.3	0.113	
3	加瀬部久司	23 30 01.242	0.139	09.749	0.076	三田市	135 12 51.0	34 53 55.5	150	20	0.112	
4	岸本浩	23 30 01.884	0.328	10.064	0.454	神戸市	135 03 49.2	34 39 33.0	113	21.0	0.0622	
5	山下勝	23 29 59.74	0.05	67.88	0.10	池田市	135 26 23.6	34 49 34.6	79	35.5	0.04622	
6	石田正行	23 29 55.884	0.587	63.148	0.578	守山市	135 56 33.6	35 06 22.3	85	30	8フレーム	(1
7	井田三良	23 29 54.519	0.305	60.462	0.175	東近江市	136 11 04.9	35 06 28.4	123	20	0.0718	
8	浅井晃	23 29 52.873	0.088	56.977	0.086	いなべ市	136 31 24.7	35 10 14.7	187	35.5	0.112	
9	山村秀人	21 00 03.522	0.283	04.754	1.202	和歌山市	135 13 51.0	34 14 56.5	10	20.3	0.8918	
10	吉原秀樹	04 15 31.731	0.023	33.467	0.032	総社市	133 38 35.0	34 39 46.2	55	25	0.090	
11	石田正行	02 21 17.135	0.012	19.038	0.023	羽咋市	136 46 46.7	36 55 30.3	20	20	8フレーム	(1
12	吉田秀敏	19 48 53.767	0.308	56.377	0.122	札幌市	141 21 21.0	43 06 25.5	15	30.5	0.327	
13	山下勝	03 44 31.187	0.02	32.202	0.03	池田市	135 26 23.6	34 49 34.6	79	35.5	0.12423	
14	岸本浩	03 44 30.324	0.012	31.562	0.020	神戸市	135 02 22.2	34 41 01.3	39	21.0	0.0993	
15	磯部健	03 44 30.402	0.038	32.205	0.037	宇陀市	136 00 40.7	34 34 23.9	406	35.5	0.490	
16	洞口俊博	20 29 21.995	0.022	29.359	0.003	つくば市	140 06 40.6	36 06 05.8	39	50	1/60	
17	北川遙幹	20 30 54.787	0.017	62.242	0.020	飯塚市	130 40 21.7	33 38 52.4	24	25	0.160958	(2
18	内山茂男	20 29 24.994	0.018	31.110	0.121	柏市	139 58 51.0	35 52 09.1	20	25	2フレーム	
19	吉田秀敏	20 40 56.418	0.018	60.389	0.044	札幌市	141 21 21.0	43 06 25.5	15	30.5	0.0344	
20	加瀬部久司	19 57 35.564	0.109	37.429	0.147	三田市	135 13 37.3	34 54 11.5	213	28	0.202	
21	瀧本麻須美	19 01 07.747	0.277	34.241	0.334	亀山市	136 21 36.7	34 52 54.7	182	40	0.490	
22	吉原秀樹	02 08 56.398	0.030	61.621	0.033	総社市	133 38 35.0	34 39 46.2	55	25	0.327	
23	山村秀人	02 09 01.377	0.079	09.154	0.071	若狭町	135 48 11.2	35 28 53.2	11	20.3	0.940	
24	井田三良	02 09 01.100	0.051	04.485	0.046	東近江市	136 09 25.0	35 05 48.1	112	20	0.338	
25	細井克昌	02 21 18.265	0.240	25.158	0.111	三春町	140 26 04.2	37 25 36.7	274	13	0.246	
26	井田三良	22 54 06.487	0.081	07.520	0.171	東近江市	136 10 41.0	35 06 15.8	120	20	0.49	
27	石田正行	01 44 28.663	0.014	31.848	0.022	かほく市	136 42 07.5	36 42 07.5	1	20	0.0502	(1
28	山村秀人	19 17 01.363	0.020	04.303	0.018	越前町	136 09 13.6	35 59 08.5	11	23.3	0.246	
29	渡辺裕之	05 10 43.212	0.033	49.091	0.031	垂井町	136 30 28.3	35 22 38.7	50	20	0.0344	
30	浅井晃	05 10 41.634	0.144	48.872	0.118	いなべ市	136 32 34.3	35 07 01.9	60	10	0.490	
31	洞口俊博	23 59 56.75		62.06	0.04	つくば市	140 06 40.6	36 06 05.8	39	50	8フレーム	
32	吉田秀敏	23 36 47.2	0.3	*	0.3	札幌市	141 21 21.0	43 06 25.5	15	30.5	0.500	*
33	山村秀人	20 25 52.698	0.012	55.365	0.020	近江八幡市	136 03 45.6	35 09 29.5	87	20.3	0.112	
34	井田三良	20 25 53.203	0.035	56.026	0.045	東近江市	136 10 41.0	35 06 15.8	120	20	0.0208	
35	石田正行	20 25 52.420	0.012	55.233	0.040	守山市	135 56 33.6	35 06 22.3	85	30	1フレーム	(1
36	井狩康一	20 25 52.748	0.011	55.567	0.012	近江八幡市	135 59 23.8	35 09 59.1	105	26.0	0.0344	
37	加瀬部久司	20 25 50.057	0.045	52.880	0.028	丹波篠山市	135 13 06.1	35 04 06.1	204	20	0.0903	
38	瀧本麻須美	20 25 54.558	0.014	57.156	0.013	亀山市	136 21 36.7	34 52 54.7	182	40	0.0718	(3
39	中村祐二	20 25 54.91	0.015	57.48	0.015	亀山市	136 25 26.7	34 51 13.4	72	15.2	0.015	
40	岸本浩	20 25 49.510	0.011	52.048	0.020	西脇市	134 59 55.8	35 00 05.8	74	21	0.0358	
41	磯部健	20 25 52.286	0.008	54.805	0.009	八幡市	135 42 12.5	34 53 23.0	19	20.5	0.0154	
42	林宏憲	20 25 50.344	0.021	52.779	0.025	三田市	135 09 44.7	34 54 53.4	217	26	0.0502	(4
43	吉原秀樹	20 25 44.131	0.009	46.580	0.011	新見市	133 33 43.0	35 03 50.4	344	20	0.0344	
44	山下勝	20 25 51.444	0.009	53.889	0.009	池田市	135 26 23.6	34 49 34.6	79	35.5	0.01302	
45	福田豪一	20 25 49.1		51.0		高砂市	134 45 44.3	34 45 22.3	3	20	1/30	
46	浅井晃	19 06 00.750	0.314	03.197	0.086	いなべ市	136 31 24.7	35 10 14.7	187	35.5	0.0993	
47	渡部勇人	19 06 00.821	0.064	03.186	0.140	いなべ市	136 33 33.8	35 07 09.9	82	20	0.165	
48	浅井晃	18 52 03.546	0.014	05.568	0.015	いなべ市	136 31 24.7	35 10 14.7	187	35.5	0.197	
49	加瀬部久司	18 59 18.154	0.025	20.164	0.018	三田市	135 12 46.6	34 53 45.8	149	20	0.124	
50	渡部勇人	02 56 52.445	0.006	52.602	0.006	松阪市	136 30 12.9	34 32 12.4	28	35.5	0.0502	
51	井田三良	02 56 52.772	0.010	52.909	0.014	松阪市	136 30 58.8	34 33 05.0	30	20	0.0322	
52	橋本秋恵	22 11 49.65	0.5	62.79	0.3	つくば市	140 01 06.8	36 03 34.5	14	21.2	眼視	(5
53	洞口俊博	22 11 48.731	0.006	63.535	0.006	つくば市	140 06 40.6	36 06 05.8	39	50	2フレーム	
54	柏倉満	22 13 28.411		42.959		大江町	140 08 40.3	38 22 47.5	180	30.5		
55	八重座明	23 00 07.565	0.011	09.867	0.020	日立市	140 36 11.8	36 31 28.5	230	20	0.12964	
56	富樫啓	22 13 28.751	0.020	42.535	0.027	大江町	140 12 24.7	38 22 42.5	117	25	0.0998	
57	冨岡啓行	22 12 10.758	0.015	20.880	0.017	日立市	140 41 08.9	36 33 33.2	33	45	4フレーム	(1
58	井田三良	02 02 00.893	0.009	01.005	0.013	伊勢市	136 44 20.4	34 28 32.9	3	20	0.0554	
59	山村秀人	02 02 01.230	0.005	01.366	0.006	伊勢市	136 45 02.7	34 29 09.3	5	23.5	0.0334	
60	渡部勇人	02 02 01.382	0.021	01.529	0.012	伊勢市	136 45 25.9	34 29 36.3	7	35.5	0.0718	
61	北崎勝彦	02 02 58.759	0.006	58.893	0.006	小諸市	138 23 51.6	36 21 13.9	784	28	0.0344	
62	渡辺裕之	02 02 16.310	0.009	16.448	0.011	岡崎市	137 11 24.5	34 58 07.3	34	20	0.0399	
63	浅井晃	02 02 01.664	0.025	01.744	0.015	伊勢市	136 46 05.5	34 29 42.7	1	60	0.0718	(6
64	浅井晃	17 56 57.904	0.014	59.624	0.013	いなべ市	136 31 24.7	35 10 14.7	187	35.5	0.202	
65	石田正行	23 32 12.667	0.005	12.842	0.004	新篠津村	141 39 28.0	43 13 55.4	16	20	1フレーム	(1
66	吉田秀敏	23 32 13.918	0.002	14.121	0.002	札幌市	141 21 21.0	43 06 25.5	15	30.5	0.0087	

次ページへ続く

前ページからの続き

観測番号	観測者名	測定時刻				観測地名	観測位置（WGS84）			観測機材		注釈
		潜入	精度	出現	精度		東経	北緯	標高	口径	露出	
		h m s	±s	s	±s		° ′ ″	° ′ ″	m	cm	s	
67	吉原秀樹	03 52 46.021	0.016	46.170	0.010	三原市	132 55 17.9	34 26 43.3	343	25	0.0344	
68	吉田秀敏	21 06 51.419	0.014	56.879	0.039	札幌市	141 21 21.0	43 06 25.5	15	30.5		
69	井狩康一	22 14 03.259	0.459	13.534	0.755	守山市	135 59 23.8	35 02 59.1	105	26.0	0.067	
70	真砂礼宏	04 07 02.331	0.006	02.508	0.005	阿南市	134 40 41.9	33 55 03.0	1	20	0.0399	(7
71	吉原秀樹	04 07 02.423	0.006	02.530	0.005	阿南市	134 40 58.8	33 54 58.6	1	25	0.0344	
72	井狩康一	20 02 55.884	0.522	60.248	0.536	守山市	135 59 23.8	35 02 59.1	105	26.0	0.202	
73	井田三良	20 02 56.091	0.910	60.470	0.808	東近江市	136 12 08.4	35 05 36.3	135	20	0.338	
74	磯井健	20 02 57.009	1.156	60.960	1.910	宇陀市	136 00 40.7	34 34 23.9	406	35.5	0.202	
75	浅井晃	03 50 41.030	0.026	46.437	0.029	いなべ市	136 31 24.7	35 10 14.7	187	35.5	0.202	
76	渡部勇人	03 50 41.899	0.384	46.670	0.211	いなべ市	136 33 33.8	35 07 09.9	82	35.5	0.338	
77	北崎勝彦	01 02 42.395	0.064	43.941	0.030	武蔵野市	139 33 41.3	35 42 36.9	66	40	0.067	
78	山村秀人	01 44 06.275	0.009	06.512	0.007	伊勢市	136 46 53.0	34 29 48.9	10	23.5	0.0358	
79	浅井晃	01 44 06.305	0.017	06.500	0.016	伊勢市	136 46 57.7	34 29 47.4	6	20	0.0718	(6
80	北崎勝彦	01 44 40.741	0.019	40.834	0.006	土岐市	137 11 39.3	35 21 46.1	134	28	0.0344	
81	井田三良	01 44 06.359	0.014	06.488	0.012	伊勢市	136 47 09.5	34 29 47.7	1	20	0.0502	
82	北崎勝彦	00 59 32.169	0.051	38.099	0.081	武蔵野市	139 33 41.3	35 42 36.9	66	40	0.0456	
83	山村秀人	00 59 47.867	0.167	54.018	0.160	米原市	136 17 40.4	35 19 42.1	93	23.5	0.338	
84	浅井晃	00 59 46.286	0.066	53.852	0.065	いなべ市	136 31 24.7	35 10 14.7	187	35.5	0.202	
85	吉原秀樹	01 00 01.549	0.086	08.763	0.075	総社市	133 38 35.0	34 39 46.2	55	25	0.338	
86	吉原秀樹	00 59 52.772	0.037	59.594	0.044	池田市	135 26 23.6	34 49 34.6	79	35.5	0.16419	
87	橋本成司	19 03 22.294	0.022	26.751	0.024	岡山市	133 55 21.4	34 41 19.1	42	35.6	0.1	
88	吉原秀樹	19 03 21.584	0.011	26.423	0.015	岡山市	133 38 35.0	34 39 46.2	55	25	0.124	
89	山村秀人	02 00 30.373	0.038	31.859	0.037	長浜市	136 11 36.7	35 33 24.6	160	23.5	0.327	
90	橋本成司	18 56 22.752	0.105	25.927	0.138	岡山市	133 55 21.4	34 41 19.1	42	35.6	0.5	
91	北崎勝彦	04 41 18.332	0.003	26.023	0.004	武蔵野市	139 33 41.3	35 42 36.9	66	40	0.0154	
92	橋本秋恵	04 41 11.17	0.4	20.68	0.2	秩父市	139 01 59.6	35 58 04.5	355	40	眼視	(5
93	渡部勇人	19 26 10.129	0.044	14.051	0.054	玉城町	136 39 50.6	34 28 25.4	9	20	0.253	(8
94	小和田稔	19 25 58.852	0.014	63.150	0.018	浜松市	137 44 23.0	34 43 07.0	17	25	0.200	
95	松下浩	19 26 09.7		14.5		志摩市	136 47 50.3	34 21 35.5	53	11	0.3	
96	真砂礼宏	19 26 25.893	0.004	31.581	0.003	上富田町	135 24 32.1	33 41 45.0	75	35	0.0344	
97	井田三良	19 39 19.936	0.514	23.725	0.372	東近江市	136 10 41.0	35 06 15.8	120	20	0.49	(9
		19 39 26.577	0.347	27.546	0.446							
98	磯部健	18 33 40.537	0.001	41.689	0.015	宇陀市	136 00 40.7	34 34 23.9	406	35.5	0.0622	
99	山村秀人	18 33 41.309	0.009	42.583	0.009	松阪市	136 34 32.5	34 36 16.9	6	20.3	0.077	
100	渡辺裕之	21 57 55.019	0.009	55.954	0.009	垂井町	136 29 43.5	35 23 41.3	105	20	0.0502	
101	磯部健	23 58 44.560	0.166	47.555	0.063	宇陀市	136 00 40.7	34 34 23.9	406	35.5	0.126	
102	磯部健	20 09 03.669	0.005	09.816	0.019	宇陀市	136 00 40.7	34 34 23.9	406	35.5	0.0993	
103	小和田稔	23 31 20.652	0.007	06.425	0.005	浜松市	137 44 23.0	34 43 07.0	17	25	0.088	
104	真砂礼宏	23 31 21.507	0.005	26.089	0.004	上富田町	135 24 32.1	33 41 45.0	75	35	0.0344	
105	石田正行	23 31 19.105	0.020	20.644	0.021	紀宝町	135 59 58.1	33 44 02.0	3	20		(1
106	横山郁弘	04 22 53.248	0.005	58.294	0.004	府中市	133 15 24.4	34 33 08.3	36	20	0.0358	
107	石田正行	04 22 55.174	0.007	58.063	0.008	三原市	133 00 33.3	34 22 42.3	17	20	27レーム	(1
108	吉原秀樹	04 22 55.925	0.004	57.828	0.002	竹原市	132 55 52.5	34 20 17.2	12	20	0.0208	
109	飯干民男	04 22 57.218	0.004	57.987	0.006	東広島市	132 45 19.6	34 25 08.1	238	10.6	0.0500	(10
110	磯部健	00 56 27.086	0.119	32.397	0.069	宇陀市	136 00 40.7	34 34 23.9	406	35.5	0.202	
111	北崎勝彦	01 13 06.276	0.040	10.868	0.023	武蔵野市	139 33 41.3	35 42 36.9	66	40	0.0343990	
112	山村秀人	01 13 30.529	0.064	34.522	0.142	大野市	136 36 19.6	35 26 49.7	26	23.5	0.197	
113	渡辺裕之	02 50 13.513	0.022	13.588	0.013	鈴鹿市	136 35 08.2	34 53 56.6	10	20	0.0993	
114	浅井晃	02 50 13.522	0.040	13.706	0.026	鈴鹿市	136 34 58.7	34 53 57.6	10	20	0.126	(11
115	井田三良	02 50 13.486	0.036	13.746	0.068	鈴鹿市	136 34 54.0	34 53 56.0	10	20	0.144	
116	山村秀人	02 50 13.513	0.063	13.777	0.046	鈴鹿市	136 34 49.7	34 53 54.6	11	23.5	0.112	
117	山村秀人	22 52 31.582	0.291	32.846	0.201	愛荘町	136 15 04.3	35 09 37.2	125	23.5	0.327	
118	山村秀人	02 23 58.835	0.039	61.693	0.052	愛荘町	136 15 04.3	35 09 37.2	125	23.5	0.202	
119	浅井晃	04 39 11.146	0.038	12.676	0.041	いなべ市	136 31 24.7	35 10 14.7	187	35.5	0.126	
120	井田三良	00 31 51.270	0.260	64.781	0.211	東近江市	136 11 05.1	35 06 28.8	123	20	0.0903	
121	井狩康一	00 31 52.836	0.048	66.492	0.053	守山市	135 59 23.8	35 02 59.1	105	26.0	0.124	
122	山村秀人	00 31 51.433	0.096	65.178	0.127	東近江市	136 11 13.6	35 02 14.6	131	20.3	0.112	
123	磯部健	00 31 56.209	0.120	———		宇陀市	136 00 40.7	34 34 23.9	406	35.5	0.126	(27
124	北崎勝彦	20 44 58.793	0.038	62.704	0.037	武蔵野市	139 33 41.3	35 42 36.9	66	40	0.165	
125	井田三良	05 09 38.753	0.070	42.612	0.099	津市	136 27 28.5	34 39 58.1	9	20	0.49	
126	磯部健	05 09 39.030	0.185	42.252	0.448	宇陀市	136 00 40.7	34 34 23.9	406	35.5	0.338	
127	渡部勇人	05 09 37.035	0.39	38.219	0.27	尾鷲市	136 11 34.3	34 04 20.6	64	81	0.499	(12,22
128	瀧本麻須美	19 36 23.410	0.009	24.436	0.009	亀山市	136 21 36.3	34 52 54.7	182	40	0.144	(13
129	山村秀人	21 38 03.058	0.415	04.568	0.289	東近江市	136 11 15.3	35 02 14.5	132	20.3	0.327	
130	町田光雄	20 44 58.793	0.038	62.704	0.058	川崎市	139 34 19.2	35 36 54.6	25	12	0.030	
131	内山茂男	20 32 09.150	0.001	14.125	0.001	袖ケ浦市	140 00 29.0	35 23 21.1	13	25	1フレーム	
132	寺久保一巳	20 32 02.69	0.07	07.49	0.07	座間市	139 22 29.7	35 29 15.6	26	7.6	0.0667	

観測番号	観測者名	測定時刻				観測地名	観測位置 (WGS84)			観測機材		注釈
		潜入	精度	出現	精度		東経	北緯	標高	口径	露出	
		h m s	±s	s	±s		° ′ ″	° ′ ″	m	cm	s	
133	山村秀人	20 31 51.259	0.009	51.649	0.013	中川村	137 56 14.9	35 38 49.8	621	20.3	0.0711	
134	井狩康一	03 37 49.610	0.003	50.229	0.003	守山市	135 59 23.8	35 02 59.1	105	26.0	0.0344	
135	北崎勝彦	23 38 03.863	0.011	07.041	0.010	武蔵野市	139 33 41.3	35 42 36.9	66	40	0.0903480	
136	北崎勝彦	01 01 03.827	0.003	04.996	0.003	武蔵野市	139 33 41.3	35 42 36.9	66	40	0.03990	
137	細井克昌	01 35 24.274	0.005	26.158	0.004	三春町	140 26 04.2	37 25 36.7	274	13	0.0502	
138	加瀬部久司	20 36 49.757	0.021	51.052	0.019	三田市	135 16 15.8	34 58 09.9	201	20	0.09030	
139	洞口俊博	02 08 36.80	0.07	50.03	0.06	つくば市	140 06 40.6	36 06 05.8	39	50	8フレーム	
140	北崎勝彦	02 08 33.887	0.022	48.218	0.042	武蔵野市	139 33 41.3	35 42 36.9	66	40	0.07110	
141	吉原秀樹	05 09 10.867	0.011	12.651	0.002	竹原市	132 55 52.7	34 20 17.2	12	20	0.0154	
142	加瀬部久司	05 09 09.179	0.007	11.545	0.005	今治市	133 04 56.6	34 17 35.7	29	20	0.0107030	
143	根元健	20 42 20.372	0.029	26.017	0.021	下田市	138 58 55.2	34 39 51.0	47	20	0.02560	(14
144	山村秀人	03 54 01.488	0.076	06.728	0.076	和歌山市	135 13 58.7	34 13 54.9	9	20.3	0.338	
145	橋本秋忠	21 57 21.36	0.4	26.93	0.3	上野原市	139 02 46.7	35 37 25.8	373	21.2	眼視	(5
146	寺田隆	21 57 29.5	0.4	35.5	0.4	八百津町	137 10 55.5	35 28 39.0	399	10	眼視	(5
147	渡部勇人	21 57 29.914	0.008	35.091	0.007	御嵩町	137 06 35.7	35 26 04.7	113	13	16フレーム	
148	洞口俊博	21 56 44.450	0.012	48.328	0.010	つくば市	140 06 40.6	36 06 05.8	39	50	2フレーム	
149	内山茂男	21 56 43.537	0.075	48.636	0.041	柏市	139 57 39.3	35 52 08.4	20	25	8フレーム	
150	浅井晃	03 29 54.665	0.333	55.518	0.599	いなべ市	136 31 24.7	35 10 14.7	187	35.5	0.490	
151	山下勝	19 48 53.81	0.05	50.95	0.11	池田市	135 26 23.6	34 49 34.6	79	35.5	0.16523	
152	渡部勇人	19 32 42.766	0.013	46.603	0.014	いなべ市	136 33 33.8	35 07 00.9	92	20	0.0502	(15
153	山村秀人	19 32 19.351	0.011	43.319	0.011	豊田市	137 10 51.0	35 03 00.9	34	20.3	0.202	
154	貝塚登	19 32 41.952	0.008	45.663	0.007	桑名市	136 40 43.7	35 03 43.9	113	16	0.246	(16
155	瀧本麻須美	19 32 ——		47.069		亀山市	136 21 36.7	34 52 54.7	182	40	0.202	(17
156	加瀬部久司	21 52 40.379	0.024	42.045	0.021	三田市	135 13 37.3	34 54 11.8	213	28	0.2020	(16
157	吉原秀樹	01 41 41.445	0.023	42.812	0.016	総社市	133 38 35.0	34 39 46.2	55	25	0.197	
158	宇野政文	05 23 41.824	0.237	43.109	0.159	倉敷市	133 47 46.9	34 34 16.6	2	20	0.327	
159	山村秀人	05 23 47.875	0.222	49.018	0.239	紀北町	136 20 18.0	34 12 05.9	2	20.3	0.338	
160	山村秀人	23 50 32.184	0.305	35.481	0.404	敦賀市	136 03 50.8	35 39 36.0	3	20.3	0.490	
161	山村秀人	21 23 26.722	0.089	31.052	0.192	長浜市	136 12 17.2	35 32 31.6	144	23.5	0.327	
162	北崎勝彦	19 17 09.367	0.024	22.981	0.025	武蔵野市	139 33 41.3	35 42 36.9	66	40	0.0828	
163	井田三良	21 46 47.247	0.003	47.352	0.003	東広島市	132 42 24.5	34 24 36.1	217	20	0.0256	
164	北崎勝彦	01 17 48.225	0.089	53.006	0.085	武蔵野市	139 33 41.3	35 42 36.9	66	40	0.1970	
165	洞口俊博	18 34 14.337	0.003	19.800	0.004	つくば市	140 06 40.6	36 06 05.8	39	50	1/60	
166	山村秀人	05 12 58.302	0.055	58.695	0.046	橿原市	135 45 46.4	34 28 26.7	74	20.3	0.338	
		05 12 59.300	0.036	59.986	0.032							
167	北崎勝彦	20 17 53.686	0.006	55.087	0.006	武蔵野市	139 33 41.3	35 42 36.9	66	40	0.05580	
168	石田正行	21 55 52.53		02.49	0.03	能登町	137 08 09.3	37 20 00.9	185	20	0.3460	(1
169	橋本秋忠	21 56 12.82		22.67		いわき市	140 43 02.6	36 54 38.5	157	21.2	眼視	(5
170	冨岡啓行	21 56 16.61		24.42		日立市	140 41 08.9	36 38 33.2	33	45	8フレーム	
171	内山茂男	21 56 17.496	0.012	24.400	0.012	那珂市	140 33 21.7	36 29 13.9	7	25	4フレーム	
172	渡辺裕之	22 12 00.678	0.028	04.571	0.039	垂井町	136 29 43.5	35 23 41.1	104	20	0.165	
173	山村秀人	22 11 59.505	0.051	63.439	0.042	長浜市	136 12 48.9	35 30 19.7	115	20.3	0.338	
174	下里桂司	22 12 04.303	0.102	04.896	0.265	いなべ市	136 31 24.7	35 10 14.7	187	35.5	0.338	(18
175	冨岡啓行	20 51 11.57		14.27		日立市	140 41 08.9	36 38 33.2	33	45	16フレーム	
176	渡辺裕之	20 37 23.896	0.240	34.792	0.283	垂井町	136 29 43.5	35 23 41.3	104	20	0.0993	
177	石田正行	00 49 28.172	0.030	30.362	0.030	守山市	135 56 33.6	35 06 22.3	85	30	0.2020	(1
178	瀧本麻須美	00 49 24.662	0.013	27.433	0.011	亀山市	136 21 36.7	34 52 54.7	182	40	0.144	
179	井狩康一	00 49 27.248	0.013	30.070	0.011	守山市	135 59 23.8	35 02 59.1	105	26.0	0.202	
180	山村秀人	00 49 28.893	0.015	33.138	0.015	南丹市	135 32 06.1	35 04 39.3	110	20.3	0.165	
181	磯部健	00 49 23.931	0.013	29.336	0.019	宇陀市	136 00 40.7	34 34 23.9	406	35.5	0.0773	
182	山下勝	00 49 27.957	0.025	33.356	0.025	池田市	135 26 23.6	34 49 34.6	79	35.5	0.1262	
183	加瀬部久司	00 49 29.377	0.014	34.816	0.026	三田市	135 13 37.3	34 54 11.8	213	28	0.1260	
184	井田三良	00 51 27.678	0.015	28.069	0.021	東近江市	136 10 41.0	35 06 58.6	120	20	0.0773	
185	石田正行	20 51 25.96	0.04	27.75	0.04	守山市	135 56 33.6	35 06 22.3	85	30	0.2020	(1
186	井狩康一	20 51 26.062	0.015	28.547	0.014	守山市	135 59 23.8	35 02 59.1	105	26.0	0.202	
187	瀧本麻須美	20 51 27.848	0.008	30.397	0.009	亀山市	136 21 36.7	34 52 54.7	182	40	0.144	(19
188	山村秀人	01 59 11.331	0.250	28.782	0.151	福井市	136 10 04.0	36 01 26.3	17	20.3	0.490	
189	渡辺裕之	01 59 06.166	0.158	29.466	0.183	垂井町	136 29 43.8	35 23 41.3	104	20	0.197	
190	浅井晃	01 59 04.640	0.120	28.953	0.130	いなべ市	136 31 24.7	35 10 14.7	187	35.5	0.49	
191	磯部健	01 58 59.015	0.158	84.916	0.115	宇陀市	136 00 40.7	34 34 23.9	406	35.5	0.112	
192	山村秀人	04 18 28.543	0.023	29.232	0.024	あわら市	136 13 36.4	36 15 30.9	10	20.3	0.165	
193	渡辺裕之	04 43 24.705	0.068	26.523	0.072	垂井町	136 29 43.5	35 23 41.3	104	20	0.124	
194	水谷正則	22 22 01.566	0.089	10.127	0.049	総社市	133 46 59.0	34 40 02.9	19	40	0.0499	
195	吉原秀樹	22 22 05.038	0.490	09.785	0.355	総社市	133 38 35.0	34 39 46.2	55	25	0.338	
196	宇野政文	22 22 05.542	0.227	10.154	0.441	倉敷市	133 47 47.0	34 34 15.5	2	20	0.327	
197	山村秀人	02 41 31.023	0.827	39.062	0.685	羽咋市	136 46 00.2	36 53 38.4	9	20.3	0.253	
198	宇野政文	02 45 45.871	0.434	48.505	0.334	倉敷市	133 47 46.9	34 34 15.9	2	20	0.327	

次ページへ続く

前ページからの続き

観測番号	観測者名	測定時刻 潜入 (h m s)	精度 (±s)	出現 (s)	精度 (±s)	観測地名	観測位置(WGS84) 東経	北緯	標高 (m)	観測機材 口径 (cm)	露出 (s)	注釈
199	山村秀人	02 45 55.393	1.173	58.812	1.200	南丹市	135 32 06.2	35 04 39.2	109	20.3	0.490	
200	内山茂男	04 11 07.871	0.125	09.181	0.082	常総市	140 00 05.5	36 02 06.8	11	25	8フレーム	
201	洞口俊博	21 08 21.795	0.006	30.545	0.006	つくば市	140 06 40.6	36 05 05.8	39	50	4フレーム	
202	秋田谷洋	21 08 23.748	0.018	26.749	0.018	柏市	140 03 54.6	35 50 59.3	4	28	0.200	
203	内山茂男	21 08 25.300	0.071	27.684	0.045	三田市	139 58 50.7	35 52 08.4	20	25	8フレーム	
204	加瀬部久司	21 25 31.777	0.124	32.644	0.170	三田市	135 13 37.3	34 54 11.8	213	20	0.1970	
205	山村秀人	21 25 35.431	0.056	36.411	0.062	大台町	136 24 10.9	34 23 16.0	93	20.3	0.490	
206	北崎勝彦	20 47 50.989	0.019	58.283	0.018	武蔵野市	139 33 41.3	35 42 36.9	66	40	0.03440	
207	渡辺裕之	20 48 09.685	0.092	18.119	0.089	垂井町	136 29 43.7	35 23 41.5	104	20	0.0334	
208	山村秀人	20 48 11.319	0.375	20.885	1.255	彦根市	136 12 23.7	35 16 56.6	87	20.3	0.197	
209	浅井晃	20 48 09.430	0.047	19.431	0.066	いなべ市	136 31 24.7	35 10 14.7	187	35.5	0.0915	
210	井田三良	20 48 11.417	0.146	21.756	0.171	東近江市	136 11 05.1	35 06 28.8	123	20	0.059	
211	渡部勇人	20 48 09.213	0.082	19.565	0.071	いなべ市	136 33 33.8	35 07 09.9	82	20	0.0502	
212	井狩康一	20 48 12.626	0.059	23.169	0.092	守山市	135 59 23.8	35 02 59.1	105	26.0	0.0993	
213	岸本浩	20 48 17.926	0.103	28.351	0.108	三田市	135 09 37.5	34 54 34.8	220	21.0	0.0622	
214	加瀬部久司	20 48 16.994	0.179	28.039	0.124	神戸市	135 14 23.1	34 52 22.8	150	20	0.05910	
215	山下勝	20 48 15.82	0.11	25.57	0.22	池田市	135 26 23.6	34 49 34.6	79	35.5	0.09122	(20
216	水谷正則	20 48 26.422	0.289	38.059	0.468	井原市	133 34 16.7	34 40 47.4	520	40	0.087935	
217	橋本成司	20 48 25.232	0.440	37.034	0.351	岡山市	133 55 21.4	34 41 19.1	42	20.3	1.0	(21
218	井田三良	22 41 46.251	0.105	46.621	0.199	東近江市	136 11 04.7	35 06 28.5	123	20	0.202	
219	岸本浩	23 49 43.489	0.004	45.049	0.043	神戸市	135 02 47.8	34 40 49.3	89	21.0	0.05020	
220	山村秀人	19 47 44.319	0.379	47.990	0.303	あわら市	136 13 36.6	36 15 30.7	10	23.5	0.510	
221	山村秀人	00 32 47.309	1.461	49.511	0.837	米原市	136 16 21.8	35 19 15.2	86	20.3	0.490	
222	浅井晃	21 09 32.300	0.031	33.797	0.028	岐阜市	136 41 43.5	35 22 12.8	8	20	0.112	
223	山村秀人	21 09 32.069	0.031	33.614	0.025	大野町	136 36 19.9	35 26 49.4	25	20.3	0.144	
224	渡辺裕之	21 09 32.429	0.092	33.699	0.052	垂井町	136 29 43.7	35 23 41.2	104	20	0.0765	
225	井田正行	21 09 31.19	0.05	32.63	0.06	敦賀市	136 07 14.7	35 41 41.8	164	20	0.2460	(1
226	冨岡啓行	21 24 14.956	0.097	19.358	0.074	日立市	140 41 08.9	36 38 33.2	33	45	16フレーム	(1
227	洞口俊博	21 24 18.21	0.04	19.95	0.06	つくば市	140 06 40.6	36 06 05.8	39	50	16フレーム	
228	山村秀人	22 32 34.416	0.387	36.941	0.256	紀北町	136 14 09.7	34 06 16.7	5	20.3	0.510	
229	浅井晃	00 57 22.301	0.803	26.043	0.729	いなべ市	136 31 24.7	35 10 14.7	187	35.5	0.490	(22
230	瀧本麻須美	01 32 37.2	0.5	51.4	1.5	亀山市	136 21 36.7	34 52 54.7	182	40	0.490	(23
231	秋田谷洋	02 04 10.05		30.03		佐倉市	140 10 45.4	35 44 47.3	2	28	0.100	(24
232	北崎勝彦	02 04 16.135	0.037	41.277	0.060	武蔵野市	139 33 41.3	35 42 36.9	66	40	0.03440	
233	渡辺裕之	02 04 49.740	0.618	99.096	0.490	垂井町	136 29 43.9	35 23 41.3	104	20	0.253	
234	山村秀人	02 04 52.419	0.277	101.482	0.697	紀北町	136 17 40.8	35 19 41.7	93	20.3	0.338	
235	浅井晃	02 04 48.832	0.335	99.331	0.323	いなべ市	136 31 24.7	35 10 14.7	187	35.5	0.112	
236	渡部勇人	02 04 48.360	0.360	99.402	0.490	いなべ市	136 34 12.9	35 05 45.7	57	20	0.112	
237	井田三良	02 04 53.470	0.532	105.423	0.676	東近江市	136 11 05.1	35 06 28.8	123	20	0.202	
238	石田正行	02 04 56.1	0.4	109.5	0.6	守山市	135 56 33.6	35 06 22.3	85	30	0.1260	(1
239	井狩康一	02 04 56.200	0.155	108.762	0.312	守山市	135 59 23.8	35 02 59.1	105	26.0	0.0993	
240	瀧本麻須美	02 04 50.140	1.065	103.584	0.800	亀山市	136 21 36.7	34 52 54.7	182	40	0.490	
241	加瀬部久司	02 05 06.354	0.299	59.818	0.605	三田市	135 13 37.3	34 54 11.8	213	28	0.1440	
242	山下勝	02 05 03.2	1.4	57.0	1.5	池田市	135 26 23.6	34 49 34.6	79	35.5	0.33723	(22
243	磯部健	02 04 55.904	0.918	109.819	0.853	宇陀市	136 00 40.7	34 34 23.9	406	20	0.202	
244	吉原秀樹	02 05 28.581	0.945	81.334	0.925	吉備中央町	133 43 38.3	34 48 51.7	465	20	0.327	
245	宇野政文	02 05 25.164	0.556	82.113	0.708	倉敷市	133 47 46.9	34 34 16.0	2	20	0.144	
246	水谷正則	02 05 30.306	0.487	86.248	2.257	浅口市	133 35 23.1	34 28 25.7	3	40	0.50243	(25
247	浅井晃	04 01 15.165	0.009	15.652	0.013	いなべ市	136 31 24.7	35 10 14.7	187	35.5	0.112	
248	渡部勇人	04 01 14.803	0.009	15.631	0.009	いなべ市	136 34 12.9	35 05 45.7	57	20	0.0502	
249	瀧本麻須美	04 01 13.753	0.010	14.837	0.010	亀山市	136 21 36.7	34 52 54.7	182	40	0.0828	
250	磯部健	04 01 12.347	0.010	13.506	0.012	宇陀市	136 00 40.7	34 34 23.9	406	35.5	0.0828	
251	山村秀人	02 52 04.682	0.013	05.645	0.014	大津市	135 55 15.8	34 56 03.6	87	20.3	0.197	
252	磯部健	02 52 00.193	0.034	06.069	0.031	宇陀市	136 00 40.7	34 34 23.9	406	35.5	0.246	
253	加瀬部久司	02 52 05.772	0.008	12.409	0.009	三田市	135 13 37.3	34 54 11.8	213	28	0.1440	
254	加瀬部久司	22 18 23.248	0.057	23.468	0.087	小野市	134 53 58.7	34 50 27.0	60	20	0.1440	
255	北崎勝彦	02 34 59.489	0.034	60.615	0.045	武蔵野市	139 33 41.3	35 42 36.9	66	40	0.1650	
256	山村秀人	02 07 18.401	0.158	20.508	0.143	大野町	136 36 19.6	35 26 49.6	26	20.3	0.510	
257	石田正行	23 08 26.249	0.011	33.736	0.014	四国中央市	133 33 54.2	34 01 09.0	3	20	0.1260	(1
258	阿部孝	23 08 30.587		37.467		新居浜市	133 16 39.7	33 55 41.9	58	20	0.0256	(26
259	井田三良	21 16 20.896	0.119	29.457	0.053	東近江市	136 10 41.0	35 06 15.8	120	20	0.338	
260	瀧本麻須美	21 16 18.617	0.100	28.592	0.103	亀山市	136 21 36.7	34 52 54.7	182	40	0.490	
261	石田正行	21 16 22.713	0.182	32.232	0.138	守山市	135 56 33.6	35 06 22.3	85	30	0.338	(1
262	井狩康一	21 16 21.923	0.036	31.756	0.047	守山市	135 59 23.8	35 02 59.1	105	26.0	0.202	
263	山村秀人	21 16 22.794	0.166	32.700	0.150	木津川市	135 49 37.7	34 44 53.7	26	20.3	0.490	
264	磯部健	21 16 21.467	0.089	31.015	0.087	宇陀市	136 00 40.7	34 34 23.9	406	35.5	0.197	
265	山下勝	21 16 26.26	0.05	35.23	0.045	池田市	135 26 23.6	34 49 34.6	79	35.5	0.14372	

観測番号	観測者名	測定時刻 潜入 (h m s)	精度 (±s)	出現 (s)	精度 (±s)	観測地名	東経	北緯	標高 (m)	口径 (cm)	露出 (s)	注釈
266	加瀬部久司	21 16 28.141	0.044	36.836	0.069	三田市	135 13 37.3	34 54 11.8	213	28	0.2460	
267	山村秀人	21 49 41.121	0.145	41.984	0.216	木津川市	135 49 37.7	34 44 53.7	26	20.3	0.510	
268	磯部 健	21 49 41.036	0.199	42.694	0.057	宇陀市	136 00 40.7	34 34 23.9	406	35.5	0.246	
269	山下 勝	21 49 39.49	0.06	42.03	0.07	池田市	135 26 23.6	34 49 34.6	79	35.5	0.14372	
270	加瀬部久司	21 49 38.827	0.065	41.515	0.083	三田市	135 13 37.3	34 54 11.8	213	28	0.2460	
271	橋本成司	21 49 37.576	0.089	41.248	0.091	岡山市	133 55 21.4	34 41 19.1	42	35.6	0.35	
272	吉原秀樹	21 49 37.388	0.071	40.935	0.074	総社市	133 38 35.0	34 39 46.2	55	25	0.338	
273	宇野政之	21 49 38.319	0.089	41.415	0.152	倉敷市	133 40 12.7	34 30 26.8	3	20	0.327	
274	北崎勝彦	23 37 39.874	0.085	42.140	0.078	武蔵野市	139 33 41.3	35 42 36.9	66	40	0.2460	
275	山下 勝	01 11 40.30	0.12	49.89	0.095	池田市	135 26 23.6	34 49 34.6	79	35.5	0.19623	
276	山村秀人	01 11 29.044	1.118			松阪市	136 28 26.7	34 31 7.7	49	20.3	0.490	(27
277	小和田 稔	02 56 17.083	0.121	28.026	0.117	浜松市	137 44 23.0	34 43 07.0	17	25	0.197	
278	渡辺裕之	02 56 10.883	0.224	24.636	0.145	垂井町	136 29 43.9	35 23 41.2	104	20	0.490	
279	渡部勇人	02 56 12.252	0.155	25.680	0.291	いなべ市	136 33 35.1	35 07 10.1	82	20	0.338	
280	浅井 晃	02 56 11.575	0.120	25.113	0.107	いなべ市	136 31 24.7	35 10 14.7	187	35.5	0.490	
281	山村秀人	02 56 10.807	0.142	23.882	0.059	米原市	136 16 21.7	35 19 15.2	87	23.5	0.490	
282	山村秀人	23 34 56.242	0.351	59.870	0.311	加賀市	136 23 10.4	36 21 58.6	24	20.3	0.490	
283	井田三良	00 06 47.913	0.248	49.722	0.203	東近江市	136 10 41.0	35 06 15.8	120	20	0.338	
284	山下 勝	00 06 52.39	0.12	54.91	0.13	池田市	135 26 23.6	34 49 34.6	79	35.5	0.49022	
285	吉田秀敏	21 07 56.633		73.519	0.148	札幌市	141 21 21.0	43 06 25.5	15	30.5	0.07730	
286	根元 健	23 59 08.485	0.041	11.050	0.033	美浦村	140 18 18.4	36 00 01.1	8	20	0.09030	
287	石田正行	00 48 38.614	0.008	43.516	0.009	にかほ市	139 55 31.4	39 16 02.8	13	20	0.1260	(1
288	渡辺裕之	20 32 19.422	0.723	26.250	0.498	垂井町	136 29 43.6	35 23 41.2	104	20	0.490	
289	山村秀人	20 32 19.280	1.067	29.531	1.219	米原市	136 17 40.0	35 19 41.8	93	20.3	0.510	
290	浅井 晃	20 32 18.162	0.611	27.457	0.613	いなべ市	136 31 24.7	35 10 14.7	187	35.5	0.490	
291	渡部勇人	20 32 18.072	0.468	27.569	0.618	いなべ市	136 33 33.8	35 07 09.9	82	20	0.338	
292	井田三良	20 32 19.8	0.3	29.6	0.3	東近江市	136 11 04.6	35 05 54.4	125	20	0.327	
293	瀧本麻須美	20 32 18.940	0.263	29.308	0.143	亀山市	136 21 36.7	34 52 54.7	182	40	0.490	
294	磯部 健	20 32 21.225	0.548	31.515	0.530	宇陀市	136 00 40.7	34 34 23.9	406	35.5	0.253	
295	磯部 健	21 10 34.428	1.391	44.511	0.657	宇陀市	136 00 40.7	34 34 23.9	406	35.5	0.246	
296	山村秀人	20 42 53.916	0.003	54.683	0.004	大紀町	136 24 23.9	34 19 56.7	124	20.3	0.202	
297	山村秀人	01 10 05.164	0.010	05.528	0.008	土城町	136 28 27.2	34 28 31.1	25	20.3	0.0828	
298	根元 健	01 10 15.775	0.009	16.712	0.009	川越市	139 31 29.4	35 55 37.5	9	20	0.03990	
299	山村秀人	22 24 10.723	0.040	11.988	0.037	鯖江市	136 09 57.1	35 58 18.5	14	23.5	0.338	
300	山村秀人	21 10 00.313	0.072	03.003	0.048	長浜市	136 12 48.7	35 30 19.7	115	20.3	0.338	
301	渡辺裕之	22 42 14.07/8	0.178	15.760	0.245	垂井町	136 29 43.6	35 23 41.6	104	20	0.165	
302	浅井 晃	22 42 16.279	0.018	17.724	0.022	いなべ市	136 31 24.7	35 10 14.7	187	35.5	0.246	
303	瀧本麻須美	22 42 19.503	0.017	19.879	0.019	亀山市	136 21 36.7	34 52 54.7	182	40	0.202	(13
304	高原祺省	21 28 55.566	0.022	59.444	0.017	西脇市	134 59 56.4	34 59 59.9	78	25	0.09930	(28
305	小野高校	21 28 58.937	0.065	59.818	0.032	小野市	134 55 56.5	34 50 40.0	49	20	0.1650	(29
306	山村秀人	00 07 48.349	0.109	48.970	0.068	大野市	136 30 15.5	35 59 09.6	208	23.5	0.2530	
307	根元 健	02 53 57.604	0.003	57.768	0.003	つくば市	140 06 15.5	36 10 24.0	19	20	0.03220	
308	北崎勝彦	04 02 33.211	0.003	35.632	0.003	中野市	138 23 07.5	36 46 13.1	430	28	0.03440	
309	根元 健	04 02 11.060	0.002	14.013	0.003	つくば市	140 06 15.5	36 10 24.0	19	20	0.02560	

＊出現 $23^h38^m31^s2$　1) 時刻測定は井田三良による．　2) ほかに辻塚 隆．　3) ほかに森下和則.
4) ほかに石田 魁・濱垣 舞・大内基生・大河内智美美.　5) 個人誤差補正ずみ.　6) ほかに瀧本麻須美.　7) 時刻測定は宮下和久による.
8) ほかに渡部ひかる.　9) 現象が2回起こったか確度が低い.　10) 時刻測定は吉原秀樹による.　11) ほかに中村祐二.
12) ほかに湯浅祥司・渡部ひかる.　13) 時刻測定は浅井 晃による.　14) 時刻測定は北崎勝彦による.　15) ほかに渡部のぞみ.
16) 継続時間は正しいが現象時刻は不確か.　17) 潜入時は雲り.　18) ほかに浅井 晃・貝塚 稔.　19) ほかに加藤みゆき・渡辺里枝.
20) 出現現象の確度低い.　21) ほかに宇野詩織.　22) 現象の確度低い.　23) 時刻測定は Dave Gault による.
24) 測定精度・潜入 $(-0.33/+0.43)^s$, 出現 $(-1.25/+2.09)^s$.　25) 時刻測定は山村秀人による.　26) 時刻測定は堀川利裕による.
27) 出現時は曇り.　28) 時刻測定は加瀬部久司による.　29) 兵庫県立小野高等学校天文部.

デルはないが，楕円形（表1）の偏平率として（2363）Cebrionesでは0.24，（4829）Sergestusで0.32，（25883）2000 RD88で0.28が得られた．各楕円の面積換算直径と「あかり」による直径を基準に比較すると，それぞれ1.15，1.28，1.00となり，若干「あかり」より大きめになった．一方，（3596）Merionesでは楕円形とも異なる形状の可能性が見いだされた．トロヤ群にはNASAの探査機Lucyが2021年10月に打ち上げられて航行している．その目標とされる複数の小惑星の食現象も国内で起こるほか，帰族する

図7 (65803) Didymos※
2022年12月18日02ʰ50ᵐ

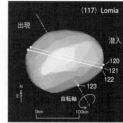

図8 (117) Lomia
2022年12月24日00ʰ32ᵐ

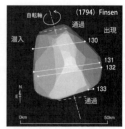

図9 (1794) Finsen
2023年1月2日20ʰ32ᵐ

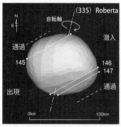

図10 (335) Roberta
2023年2月14日21ʰ57ᵐ

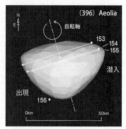

図11 (396) Aeolia
2023年2月23日19ʰ33ᵐ

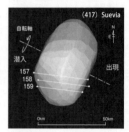

図12 (417) Suevia
2023年2月26日20ʰ24ᵐ

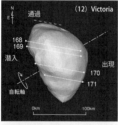

図13 (12) Victoria
2023年3月19日21ʰ56ᵐ

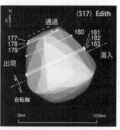

図14 (517) Edith
2023年3月28日00ʰ49ᵐ

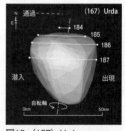

図15 (167) Urda
2023年3月28日20ʰ51ᵐ

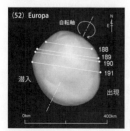

図16 (52) Europa
2023年3月29日01ʰ59ᵐ

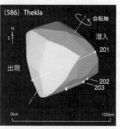

図17 (586) Thekla
2023年4月9日21ʰ08ᵐ

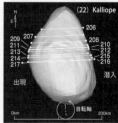

図18 (22) Kalliope
2023年4月20日20ʰ48ᵐ

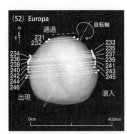

図19　(52) Europa
2023年5月12日02ʰ05ᵐ

図20　(554) Peraga
2023年5月31日21ʰ16ᵐ

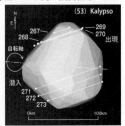

図21　(53) Kalypso
2023年5月31日21ʰ50ᵐ

ほかの小惑星の食も注目される．このほかケンタウルス族の(54598) Bienorが3ヵ所で観測されたが，結果的に観測点が南半球側に片寄ってしまったため，全体像は不明瞭になった．予報精度の向上とともに遠い距離にあっても複数の地点で観測されるようになった．今後も，メインベルト以遠の食観測が期待される．

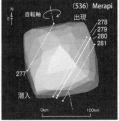

図22　(536) Merapi
2023年6月17日02ʰ56ᵐ

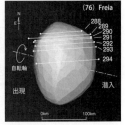

図23　(76) Freia
2023年7月3日20ʰ32ᵐ

出典
*1：JOIN（Japan Occultation Information Network）による恒星の食観測報告より
*2：J.Durech et al（2010）,a database of asteroid models, A&A,513,A46
*3：P.Vernazza et al（2021）VLT/SPHERE imaging survey of the largest main-belt asteroris A&A 645,A56
*4：Fumihiko Usui et al.(2011),the AKARI/IRC Mid-infrared Asteroid Survey
*5：Infrared Astronomical Satellite, *https://sbn.psi.edu/pds/resource/imps.html*
*6：NASA/Goddard/ University of Arizona

表3　観測弦長と3Dモデルの比較により求められた適合モデル番号と大きさの校正値

図番	小惑星		モデル番号		中央面経緯度		位置角	校正値	面積換算	あかり	IRAS	直径比	
	番号	名称	適用	棄却	λ_e	β_e	P		直径A	直径B	直径C	A/B	A/C
					°	°	°		km	km	km		
図 1	(891)	Gunhild	3715	3716	+ 143	+ 1	223	50.3	63.8	63.80	51.95	1.00	1.23
図 2	(117)	Lomia	839	838	+ 8	+ 31	210	129.4	163.6	144.92	148.71	1.13	1.10
図 3	(258)	Tyche	329	330	+ 56	− 28	251	43.6	57.5	64.37	64.78	0.89	0.89
図 5	(173)	Ino	*	—	+ 105	+ 13	100	1.0	137.8	160.61	154.10	0.86	0.89
図 8	(117)	Lomia	839	838	+ 87	+ 35	211	124.4	159.8	144.92	148.71	1.10	1.07
図 9	(1794)	Finsen	4726	4725	− 15	+ 42	17	32.2	39.9	36.93	37.31	1.08	1.07
図10	(335)	Roberta	3100	3101	− 125	− 24	346	0.93	92.1	92.12	89.07	1.00	1.03
図11	(396)	Aeolia	11585	11586	− 214	+ 73	16	30.0	43.5	46.28	34.09	0.94	1.28
図12	(417)	Suevia	448	449	− 307	+ 8	65	41.1	49.6	49.57	40.69	1.00	1.22
図13	(12)	Victoria	*	—	− 87	− 11	120	1.0	119.4	131.51	112.77	0.91	1.06
図14	(517)	Edith	5503	5502	+ 51	+ 5	114	71.8	88.5	83.35	91.12	1.06	0.97
図15	(167)	Urda	172	171	− 153	+ 18	172	1.02	43.1	38.36	39.94	1.12	1.08
図16	(52)	Europa	*	—	+ 219	− 52	333	1.0	340.0	350.36	302.50	0.97	1.12
図17	(586)	Thekla	1061	1060	+ 17	+ 20	326	57.2	70.9	78.35	82.37	0.91	0.86
図18	(22)	Kalliope	*	—	− 92	− 77	184	1.0	172.4	139.78	181.00	1.23	0.95
図19	(52)	Europa	*	—	+ 72	− 52	331	1.0	334.7	350.36	302.50	0.96	1.11
図20	(554)	Peraga	6139	6138	+ 75	+ 24	220	88.3	105.9	96.98	95.87	1.09	1.10
図21	(53)	Kalypso	1733	1732	− 249	− 65	85	82.3	112.9	101.90	115.38	1.11	0.98
図22	(536)	Merapi	5525	—	+ 253	− 25	12	125.2	159.8	146.33	151.42	1.09	1.06
図23	(76)	Freia	443	442	+ 107	− 28	77	130.1	160.2	168.36	183.66	0.95	0.87

*VLT/SPHERE Model

最近の小惑星の観測 (渡辺和郎)

2023年9月12日発行の小惑星回報（MPC）によると，番号登録された小惑星が629,008個に達した．前年同期が618,350個だったことから，約1年で10,658個の新たな小惑星の軌道が確定しことになる．昨年は32,388個だった．地球近傍接近天体の世界的な自動サーベイの成果が，暗い小惑星を根こそぎ発見していたが，少し数的に落ち着いてきた感がある．

これまで毎月発行されてきたMPC（小惑星回報）は，2022年11月10日，2023年1月27日，4月7日，7月6日，9月12日に発行された．その間に，観測データをまとめた

表1 この1年間に日本に関係し新しく命名された小惑星

(登録番号) 小 惑 星 名		仮符号	発見日	code	発 見 者	発見地	出典
(WGSBN Bulletin Vol 2, #12 2022 Sept. 12 1:2186件)							
(14027) Ichimoto	一本（潔）	1994 TJ1	10 02	400	円館　金・渡辺和郎	北見	6
(WGSBN Bulletin Vol 2, #13 2022 Oct. 4 2:2188件)							
(10144) Bernardbigot	＊	1994 AB2	01 09	896	串田嘉男・村松　修	八ヶ岳	5
(19254) Shojitomoko	正司・智子	1994 VD7	11 11	408	平沢正規・鈴木正平	入笠	5
(WGSBN Bulletin Vol 2, #14 2022 Oct. 24 1:2189件)							
(15786) Hoshioka	星岡	1993 RS	09 15	400	円館　金・渡辺和郎	北見	5
(WGSBN Bulletin Vol 3, #02 2023 Feb. 6 1:2190件)							
(13407) Ikukomakino	横野郁子	1999 TF4	10 04	392	渡辺和郎	札幌	12
(WGSBN Bulletin Vol 3, #03 2023 Feb. 27 5:2195件)							
(9656) Kurokawahiroki	黒川弘企	1996 DK1	02 23	411	小林隆男	大泉	6
(16649) Masayasu	正育（宮原）	1993 TY1	10 15	400	円館　金・渡辺和郎	北見	11
(20001) Marinakoren	マリナコーレン＊	1991 CN	02 05	875	新井　優・森　弘	寄居	11
(22397) Minobe	蓑部（樹生）	1994 VV2	11 04	400	円館　金・渡辺和郎	北見	11
(23448) Yasudatakeshi	安田岳志	1988 BG	01 18	399	松山正則・渡辺和郎	釧路	11
(WGSBN Bulletin Vol 3, #06 2023 May 1 1:2196件)							
(19246) Megumisaki	佐々木めぐみ	1994 EL7	03 14	408	平沢正規・鈴木正平	入笠山	10
(WGSBN Bulletin Vol 3, #07 2023 May 22 3:2199件)							
(21120) Naritaatsushi	成田篤	1992 WP	11 16	400	円館　金・渡辺和郎	北見	12
(23662) Jozankei	定山渓	1997 ES17	03 03	400	円館　金・渡辺和郎	北見	12
(43803) Wakakinosakura	ワカキノサクラ	1991 RH2	09 07	372	関　勉	芸西	13
(WGSBN Bulletin Vol 3, #08 2023 June 12 4:2203件)							
(19315) Aizunisshinkan	会津日新館	1996 VY8	11 07	400	円館　金・渡辺和郎	北見	11
(23676) Tomitayoshihiro	冨田宣弘	1997 GR25	04 04	400	円館　金・渡辺和郎	北見	11
(24757) Kusano	草野（敬紀）	1992 VN	09 07	400	箭内政之・渡辺和郎	北見?	12
(24808) Iwanaguchi	岩内口（栄市）	1994 TN1	10 02	400	円館　金・渡辺和郎	北見	12
(WGSBN Bulletin Vol 3, #10 2023 Jul. 03 2:2205件)							
(24673) Ohsugitadao	大杉忠夫	1989 SB1	09 28	400	円館　金・渡辺和郎	北見	8
(24816) Einagahideo	永長英夫	1994 VU6	11 01	400	円館　金・渡辺和郎	北見	8
(WGSBN Bulletin Vol 3, #11 2023 Jul. 24 1:2206件)							
(10849) Onigiri	おにぎり	1995 BO1	01 25	894	大友　哲	清里	7
(WGSBN Bulletin Vol 3, #12 2023 Aug. 14 2:2208件)							
(24830) Kawanotomoyoshi	川野伴睦	1995 ST3	09 20	400	円館　金・渡辺和郎	北見	15
(24844) Hwanginjoon	黄仁駿	1995 VM1	11 15	400	円館　金・渡辺和郎	北見	15

出典：小天体命名WG会報（WGSBN）頁　　＊：10年ルール（他者からの提案）

補足版MPS（サプリメント）が発行されている．これらの情報は小惑星センターの以下のWebサイトからPDF版とテキスト形式版が無料でダウンロードできる．

https://www.iau.org/publications/iau/wgsbn-bulletins/

　新たな小惑星の命名の公表は，国際天文学連合の「小天体命名ワーキング・グループ」で行なわれ，その発表は会報（ビュリティン）で公表され，2022年の第2巻は16号，2023年9月25日までに第3巻は13号まで発行されている．

【惑星防衛実験探査機「ダート」】

　私たちの地球の安全を脅かすおそれのある小天体．NASAはそうした天体に人工

表2　明るくなる小惑星32個の軌道要素

(登録番号)小惑星名	平均近点角M_0	近日点引数ω	昇交点黄経Ω	軌道傾斜角i	離心率e	軌道長半径a (au)	H	G
(144) Vibilia	326.°29586	294.°69760	76.°17449	4.°81502	0.2356085	2.6537439	8.1	0.15
(704) Interamnia	359.28165	94.54693	280.22715	17.30029	0.1561625	3.0596294	6.3	0.15
(37) Fides	303.43594	62.32740	7.26659	3.07072	0.1757188	2.6432133	7.4	0.15
(9) Metis	291.84483	5.90040	68.88386	5.57659	0.1234286	2.3865696	6.3	0.15
(18) Melpomene	303.68405	228.18172	150.35852	10.13265	0.2181677	2.2951370	6.3	0.15
(532) Herculina	282.64950	76.73383	107.42056	16.29863	0.1795012	2.7692749	5.9	0.15
(354) Eleonora	266.60749	7.51912	140.24569	18.36036	0.1115428	2.8012344	6.1	0.15
(6) Hebe	91.86530	239.54004	138.63825	14.73757	0.2027524	2.4252405	5.6	0.15
(27) Euterpe	359.14065	356.36296	94.76850	1.58333	0.1712783	2.3469915	7.0	0.15
(7) Iris	154.48050	145.41270	259.50441	5.51780	0.2296597	2.3869503	5.6	0.15
(39) Laetitia	240.34797	209.70137	156.93556	10.37040	0.1119502	2.7693339	5.9	0.15
(10) Hygiea	39.73549	312.48670	283.17314	3.83173	0.1111590	3.1401811	5.6	0.15
(11) Parthenope	277.86276	195.73723	125.52088	4.63133	0.0994175	2.4530690	6.7	0.15
(54) Alexandra	327.09133	345.26753	313.23188	11.79643	0.1968030	2.7109705	8.0	0.15
(13) Egeria	161.83862	79.90611	43.20837	16.53668	0.0856101	2.5755755	6.9	0.15
(47) Aglaja	333.73313	315.25786	3.05128	4.97562	0.1299682	2.8802805	8.2	0.15
(15) Eunomia	244.14511	98.71326	292.90825	11.75360	0.1870097	2.6430566	5.4	0.15
(26) Proserpina	64.40401	193.72185	45.76211	3.56281	0.0890701	2.6543323	7.5	0.15
(88) Thisbe	348.03062	36.67603	276.43151	5.21390	0.1617149	2.7683150	7.3	0.15
(14) Irene	136.82574	97.76646	86.10786	9.11989	0.1655042	2.5863260	6.5	0.15
(51) Nemausa	116.27059	1.69084	175.95499	9.97939	0.0674040	2.3649194	7.7	0.15
(55) Pandora	301.86661	5.51951	10.36179	7.18168	0.1441161	2.7583717	7.8	0.15
(602) Marianna	312.63944	45.87602	331.47466	15.11252	0.2513725	3.0814483	8.7	0.15
(233) Asterope	322.35188	126.55457	221.94925	7.69224	0.0997035	2.6593435	8.4	0.15
(28) Bellona	212.26892	343.72282	144.28949	9.42906	0.1510258	2.7759222	7.2	0.15
(21) Lutetia	347.05108	250.26726	80.85108	3.06388	0.1635960	2.4345508	7.5	0.15
(29) Amphitrite	262.57693	63.01531	356.32872	6.08279	0.0736824	2.5537536	5.9	0.15
(8) Flora	256.90411	285.60919	110.86405	5.88921	0.1563905	2.2010375	6.6	0.15
(60) Echo	221.59362	271.01671	191.54104	3.60116	0.1851463	2.3916171	8.6	0.15
(148) Gallia	303.40326	252.63177	145.00195	25.29392	0.1881448	2.7700627	7.6	0.15
(97) Klotho	67.76976	268.54203	159.62005	11.77963	0.2579554	2.6673228	7.8	0.15
(135) Hertha	342.44505	340.40851	343.55835	2.30376	0.2069076	2.4277695	8.3	0.15

Epoch 2023 Feb. 25.0 TT

物を衝突させ，地球を守る技術の確立を目指している．その技術を初めて現実の天体で試す機会を得た．2021年11月に打ち上げられた惑星防衛実験探査機「ダート（DART）」は，約10ヵ月後の2022年9月27日，小惑星ディモルフォス（Dimorphos）に衝突した．ディモルフォスは直径160m，小惑星（65803）ディディモス（Didymos，直径780m）の衛星である．衛星の方が衝突の影響が観測しやすいことから選ばれた．重量570kgの探査機が光学航法用カメラの自立航行システムだけで飛行し，2つの天体を識別しながらディモルフォスへ時速2万km以上のスピードで衝突した．

　チリのアマチュア天文家ハーマン氏が，10月9日にディモルフォスに彗星のような尾が伸びているのをとらえ，「衝突から約2週間経っても塵の跡がまだ見えている」と報告している．これは，彗星が尾を引くのと同じプロセスで，衝突で飛散した小惑星本体の物質を太陽風が押し流しているものだ．本体の大きさはわずか160mだが，その尾は1万kmも宇宙空間に延びていた．

表3　最近の地球近傍接近天体（PHAs）の軌道要素表（2022年11月〜2023年9月）

小惑星名	絶対光度 H	元期	平均近点角 M_0	近日点引数 ω	昇交点黄経 Ω	軌道傾斜角 i	離心率 e	軌道長半径 a	型	周期 P	最接近距離	直径	最接近 月 日
2022PW1	27.8	K2289	2.29084	167.02795	137.88598	2.669203	0.5972075	2.4994371	Apo	3.95	0.6LD	10m	8/08
2022QA	27.0	K2289	339.59129	246.26254	147.42109	1.747190	0.5958172	1.8900879	Apo	2.60	0.8LD	14m	8/16
2022QO2	27.7	K228M	16.90438	105.17566	144.64079	0.745837	0.6491620	1.9994337	Apo	2.83	0.5LD	10m	8/20
2022QW1	27.2	K2289	3.85318	329.96324	327.71546	8.940137	0.5445650	2.1198490	Apo	3.09	0.5LD	13m	8/20
2022QE1	28.4	K2289	128.03470	202.92735	327.70353	6.907207	0.2493776	0.8322077	Ate	0.76	0.5LD	8m	8/20
2022RL	28.6	K2289	26.45260	108.89908	158.49552	3.683035	0.2673839	1.1857453	Apo	1.29	0.4LD	7m	8/31
2022RT1	31.4	K2289	19.57976	88.53996	158.36401	11.096856	0.5241031	1.3739049	Apo	1.61	0.1LD	2m	9/01
2022RB2	27.5	K2289	16.15226	292.61729	341.19544	14.995351	0.3693042	1.3366712	Apo	1.55	0.7LD	11m	9/03
2022SJ3	30.6	K2289	4.12464	283.00662	355.98419	1.052332	0.5569284	1.6644734	Apo	2.15	0.4LD	3m	9/17
2022SK4	30.4	K2289	78.48823	14.25078	176.64860	14.133613	0.4454274	0.7120853	Ate	0.60	0 LD	3m	9/19
2022SD9	28.4	K2289	359.01137	113.78726	184.58691	1.338620	0.5279390	1.7342298	Apo	2.28	0.6LD	7m	9/23
2022SF19	29.3	K229R	13.38015	129.58089	182.32666	2.203894	0.5611985	1.9972947	Apo	2.82	0.4LD	5m	9/24
2022TQ2	27.0	K2289	350.99407	110.24851	199.25241	11.469141	0.3832454	1.3218780	Apo	1.52	0.4LD	14m	10/13
2022TM2	25.5	K2289	333.22262	167.93925	201.68199	25.341677	0.3954220	1.6412923	Apo	2.10	0.5LD	29m	10/15
2022TW2	28.4	K2289	48.11635	222.52481	24.10352	1.347120	0.1365295	0.9224700	Ate	0.89	0.7LD	7m	10/16
2022UG3	29.3	K2289	313.20255	71.92095	23.204114	2.285919	0.5874664	1.8004739	Apo	2.42	0.2LD	4m	10/16
2022UA5	29.7	K2289	327.46605	331.33183	24.43499	1.406461	0.1945708	1.2121026	Apo	1.33	0.4LD	4m	10/17
2022UR4	28.9	K2289	334.70440	221.29481	207.21319	11.644995	0.6436560	2.5224076	Apo	4.01	0 LD	4m	10/22
2022UY5	27.1	K2289	339.70382	176.54345	215.80186	0.707118	0.5885263	2.4186437	Apo	3.76	0.6LD	14m	10/22
2022UC7	27.7	K2289	329.73398	200.27264	209.84216	10.937008	0.5303744	2.0780696	Apo	3.00	0.9LD	10m	10/24
2022UV7	29.5	K2289	332.53518	224.67196	210.94349	1.786931	0.6433898	2.4730970	Apo	3.89	0.5LD	5m	10/24
2022UV10	28.0	K2289	339.07667	309.62988	34.63881	1.394692	0.4034007	1.5192225	Apo	1.87	0.9LD	9m	10/24
2022UB13	29.8	K2289	315.15484	190.58287	213.97136	9.412805	0.3654052	1.5624107	Apo	1.95	0.8LD	4m	10/26
2022UC14	29.6	K2289	355.61175	88.35144	212.89467	3.110636	0.1872533	1.0249201	Apo	1.04	0.6LD	4m	10/26
2022UW14	28.4	K2289	340.71161	171.73415	213.92556	4.696459	0.5881960	2.4082915	Apo	3.74	0.7LD	7m	10/27
2022UA14	28.3	K2289	341.27729	355.13413	341.21655	0.146694	0.4645122	1.5796991	Apo	1.99	0.9LD	9m	10/27
2022UW15	30.1	K2289	278.02100	53.10764	37.28599	4.260063	0.3198458	1.3162801	Apo	1.51	0.3LD	3m	10/30
2022UW16	28.9	K2289	345.09454	265.68149	35.63396	6.202399	0.3475811	1.1000510	Apo	1.15	0.1LD	4m	10/31
2022WJ1	33.6	K22BJ	349.72955	35.10555	56.71527	2.617673	0.5131506	1.9047741	Apo	2.63	0 LD	1m	11/19
2022WM3	28.5	K2289	245.17438	216.97189	57.93207	4.141463	0.2224517	0.8562094	Ate	0.79	0.5LD	8m	11/20
2022WR4	29.9	K232P	50.71333	336.33819	59.70102	7.60812	0.4321810	1.6993726	Apo	2.22	0.7LD	4m	11/22
2022WO6	29.0	K232P	247.52616	213.68902	61.06669	6.321040	0.2657578	0.8309103	Ate	0.76	0.8LD	5m	11/23
2022WM7	29.9	K232Q	15.86232	36.41851	66.19330	0.894980	0.6295446	2.4539260	Apo	3.84	0.2LD	4m	11/28

（前ページからの続き）

小惑星名	絶対光度 H	元期	平均近点角 M_0	近日点引数 ω	昇交点黄経 Ω	軌道傾斜角 i	離心率 e	軌道長半径 a	型	周期 P	最接近距離	直径	最接近 月 日
2022WN9	29.5	K232P	37.62181	115.87536	245.74615	2.318189	0.6595797	2.2567496	Apo	3.39	0.1LD	4m	11/27
2022WS10	26.5	K232P	90.80765	303.05188	64.55876	8.842104	0.3191711	1.2883970	Apo	1.46	0.7LD	18m	11/27
2022WE11	29.9	K22BS	351.83524	208.37902	245.92511	9.308930	0.5175506	1.9666094	Apo	2.76	0.8LD	4m	11/29
2022XL	29.3	K232P	117.40449	98.50850	248.77267	4.317942	0.3088489	1.1411680	Apo	1.22	0.4LD	5m	12/01
2022XX	28.7	K239D	174.20786	236.55558	262.61049	5.200446	0.2370825	1.1758818	Apo	1.28	0.5LD	7m	12/14
2022YJ	28.9	K23CH	346.94214	97.21567	87.18398	3.493760	0.7850934	2.2751895	Apo	3.43	0.7LD	6m	12/18
2022YO1	30.0	K239D	110.93837	63.98108	85.49490	13.622800	0.4956563	1.5879883	Apo	2.00	0.1LD	4m	12/17
2022YX2	28.5	K239D	85.86880	227.04577	271.27217	3.541659	0.5376114	1.9039175	Apo	2.63	0.6LD	7m	12/24
2022YR4	28.7	K239D	134.02616	42.87773	98.90144	1.020847	0.3505303	1.3892442	Apo	1.64	0.8LD	6m	12/26
2022YA6	27.9	K239D	104.66130	130.95618	272.70932	1.144520	0.5689818	1.9817860	Apo	2.79	0.4LD	10m	12/26
2023AC1	29.0	K231D	16.28055	120.22737	291.44303	7.170406	0.5602569	1.8411513	Apo	2.50	0.6LD	5m	1/12
2023AV	30.7	K239D	247.87866	265.69470	112.01767	10.648655	0.3972251	1.1329307	Apo	1.21	0 LD	3m	1/12
2023BU	29.7	K239D	198.16537	356.08178	125.11736	3.731674	0.1103671	1.1065409	Apo	1.16	0 LD	5m	1/27
2023BL1	26.2	K239D	68.88552	234.21312	304.85321	11.584680	0.5739978	1.9671316	Apo	2.76	0.6LD	20m	1/29
2023BZ3	29.1	K239D	80.71726	356.41234	132.75008	0.771095	0.5003022	1.9721202	Apo	2.77	0.7LD	5m	1/27
2023DR	29.9	K232P	347.00307	233.94098	336.45037	3.939939	0.5860538	2.0222297	Apo	2.88	0.2LD	4m	2/25
2023EY	26.8	K239D	63.77369	25.31810	174.46749	2.726532	0.4710210	1.8320292	Apo	2.48	0.6LD	17m	3/17
2023FO	29.4	K239D	105.29809	225.47364	357.04150	6.692953	0.2019812	1.1884307	Apo	1.30	0.3LD	4m	3/19
2023DZ2	24.3	K239D	52.96459	10.16977	186.33929	0.149184	0.5241754	2.0824953	Apo	3.00	0.5LD	52m	3/25
2023FH7	28.8	K239D	47.63608	17.11447	191.26532	1.956272	0.5417206	2.1379051	Apo	3.13	0.4LD	4m	3/30
2023GQ	28.8	K239D	43.05116	264.81210	21.19359	13.747352	0.6444688	1.8092266	Apo	2.43	0.3LD	7m	4/11
2023HZ	29.1	K239D	170.87563	261.59608	203.34428	3.867671	0.4335881	1.1447916	Apo	1.22	0.7LD	6m	4/15
2023HB	30.5	K234G	353.09656	216.74458	26.88757	3.300377	0.6392538	2.5670642	Apo	4.11	0.5LD	3m	4/17
2023HH	29.0	K239D	58.71686	58.30915	207.95703	4.572904	0.3948749	1.4366136	Apo	1.72	0.6LD	5m	4/18
2023HT	30.0	K239D	43.30122	220.60389	27.84414	1.876807	0.5169940	1.9114942	Apo	2.64	0.5LD	4m	4/18
2023HK	27.2	K239D	32.12835	239.94687	30.77972	6.070558	0.6315963	2.1794908	Apo	3.22	0.9LD	14m	4/20
2023HW3	28.9	K239D	41.76693	219.03922	32.73208	19.347758	0.5155330	1.9143150	Apo	2.65	0.5LD	6m	4/23
2023HD7	28.6	K239D	39.21307	226.07525	41.31270	2.153852	0.5127904	1.8381820	Apo	2.49	0.6LD	7m	4/30
2023JF	27.7	K239D	50.83537	201.30209	49.92760	3.437528	0.3911468	1.6246924	Apo	2.07	0.8LD	11m	5/09
2023JO	29.2	K239D	53.67401	281.23341	227.79806	4.883190	0.6855181	2.1621984	Apo	3.18	0.2LD	5m	5/08
2023JA3	28.3	K239D	177.39389	268.89962	230.48954	8.055386	0.2281395	1.0592693	Apo	1.09	0.3LD	4m	5/12
2023KK4	27.6	K239D	163.42568	239.85055	245.53777	18.870626	0.5152322	1.0208158	Apo	1.03	0.9LD	11m	5/27
2023KU4	28.2	K239D	82.51563	330.80730	245.07724	8.921038	0.2843571	1.3747649	Apo	1.61	0.3LD	8m	5/27
2023LC	28.7	K239D	101.04066	128.57196	85.44733	0.628284	0.1944963	1.2088203	Apo	1.33	0.7LD	7m	6/07
2023LS	29.9	K239D	173.76760	364.90359	257.83426	2.373701	0.1134029	1.0194036	Apo	1.03	0.2LD	4m	6/09
2023LZ	26.5	K239D	35.15014	228.81333	83.17844	24.207155	0.1896268	1.1826767	Apo	1.29	0.8LD	19m	6/14
2023LP1	29.7	K239D	129.90381	261.17862	261.63055	13.134212	0.3866171	1.1253011	Apo	1.19	0.7LD	4m	6/15
2023LM1	28.5	K239D	21.71764	20.35957	264.88558	3.454907	0.5491828	2.1999032	Apo	3.26	0.3LD	7m	6/15
2023LE2	30.1	K239D	32.58552	33.65085	264.32421	1.066676	0.3394338	1.4793615	Apo	1.80	0.4LD	3m	6/17
2023MB3	30.0	K239D	204.90134	225.11866	268.74810	5.916718	0.3180707	0.8794384	Ate	0.82	0.4LD	4m	6/20
2023MW2	30.0	K239D	21.05988	202.62115	91.13122	8.267152	0.5189585	2.0594486	Apo	2.96	0.3LD	4m	6/23
2023ML3	28.4	K239D	12.43664	240.16468	91.44756	5.127946	0.6110356	2.1315457	Apo	3.11	0.7LD	8m	6/24
2023MU2	29.0	K239D	25.52942	229.87082	94.96951	1.203401	0.1622330	1.1508416	Apo	1.23	0.6LD	5m	6/25
2023NT1	25.1	K239D	36.29369	315.97202	290.73115	5.771045	0.5126937	1.8906289	Apo	2.60	0.3LD	35m	7/13
2023QR	29.3	K239D	352.13087	272.31303	144.29879	1.508758	0.7163594	2.0950078	Apo	3.03	0.5LD	4m	8/20
2023QY	28.6	K238K	9.43802	316.27515	324.84450	5.373576	0.6115849	2.3284309	Apo	3.55	0.2LD	7m	8/20
2023QS1	28.6	K239D	25.84518	294.98153	326.18490	8.702222	0.5793152	1.8968282	Apo	2.61	0.3LD	4m	8/19
2023RS	32.3	K239D	339.20873	234.67223	164.40192	9.982163	0.3951315	1.4669219	Apo	1.78	0 LD	1m	9/07
2023RY2	30.7	K239D	16.92608	320.64037	344.64667	9.334262	0.4332505	1.6551464	Apo	2.13	0.5LD	8m	9/08
2023RK5	29.0	K239D	25.62357	113.96882	176.39838	0.608750	0.4060074	1.4812182	Apo	1.80	0.7LD	6m	9/09
2023RL5	29.2	K239D	274.86260	316.63447	169.67293	5.829686	0.4924016	0.8569198	Ate	0.79	0.5LD	5m	9/13

最接近距離：地球から月までの距離と比較．1LD＝384,401km．1LD＝0.00256au.
型：Apoはアポロ型，Ateはアテン型，反射率G＝0.15.
元期Epoch：K239Dは2023年9月13.0という意味.

番号登録された周期彗星 <small>（中野主一）</small>

　2023年10月10日までに2回以上の回帰が確認され，周期彗星としての登録番号が与えられた周期彗星を296〜305ページの表に示す．表の中で，周期彗星のPrefix（接頭符号）であるP/の代りにD/が与えられている彗星は，複数回の出現の後，消滅したか，あるいは，見失われてしまったことを意味する．彗星が最近観測されたかどうかは，最終観測を見ればわかる．なお，文章は表の作成より後，上記の日付より，しばらく経過した10月31日までの情報を参考にして書かれたものである．そのため，表の作成（10月20日）後に観測された彗星があることに注意．天文台コードは，最終観測を行なった天文台である．天文台コード一覧は *https://www.minorplanetcenter. net/iau/lists/ObsCodes.html* にある．なお，2024年の観測に便利なように，彗星の元期（がんき）をすべて2024年3月31日（JDT 2460400.5）に移してある．したがって，表のこれらの軌道要素を使用すれば，惑星の摂動を考慮しない位置予報でも，軌道が大きくずれていないほとんどすべての彗星は，2024年中の位置予報は概略，0°.1（約6″）の精度で行なえる．

　表の軌道は，表記の元期での接触軌道である．したがって，近日点通過が元期（2024年3月31日）から大きく離れている彗星の実際の近日点通過日は，その間の惑星の摂動の影響で大きく異なることがあることに注意すること．彗星が軌道上のどの付近にいるかは，共に掲げられた平均近点離角（へいきんきんてんりかく）（Mo）を見れば自ずと推定できる．

　以下にこの1年間に再観測された8個の彗星と新たに番号登録された周期彗星を紹介する．この1年間で登録された周期彗星は，449P〜471Pまでの23個．なお，これまで，登録番号は，検出日順に振られていたが，少し前からこの原則が大きく乱れてしまった．また，最近のデジタル技術の進歩につれ，新しく発見された周期彗星の過去の回帰のイメージが，それらのデジタル・イメージ上に発見され，次の回帰の検出を待たずに番号登録されるケースが目立って多くなってきていることに注意のこと．

　「近く訪れる彗星」の中でも注意書きをしたが，小惑星センター（MPC）は，報告されたすべての観測を未処理のまま，発行している．このため，デタラメの観測や新しい回帰で再観測された1夜のみ観測も公表されている．しかし，1夜の観測では，軌道がよくわかった彗星でも，その回帰は確認できない．出現回数の後に '＊' が付けられている周期彗星がこれにあたる．ただし，すべてではない．これらは，新たな出現回数にはカウントされていない．

　表の軌道計算者の略符号は，小林隆男（K），中野主一（N），ドナルド・ヨーマンス（Y）の3名である．なお，下にある中野ノート（NK）は *https://www.oaa.gr.jp/~oaacs/ nk.htm*，天文電報中央局発行のIAUCとCBETは *https://www.cbat.eps.harvard.edu/ iauc/RecentIAUCs.html*，*https://www.cbat.eps.harvard.edu/cbet/RecentCBETs.html*

で参照できる．元期を2024年3月31日に変更したNKフォーマットの軌道要素が
https://www.oaa.gr.jp/~oaacs/comet/20240331.cmt，フルページの軌道要素表が
*https://www.oaa.gr.jp/~oaacs/comet/numcmt_f2024.txt*にある．なお，「この1年間
に発見された彗星」と「太陽系外縁天体TNO」は2024年版は休載した．

●2P/エンケ周期彗星

2023年10月22日に近日点を通過した周期が3.30年（$q = 0.34$ AU，$e = 0.85$，$a = 2.22$
AU）のこの彗星の1786年の出現以来，65回目の出現．彗星が発見されたのは，1819
年の出現．この出現以来，観測されていないのは1944年の回帰のみ．彗星は，その
軌道の全周で観測できる．2023年に入って，初めて彗星が観測されたのは6月25日，
セロトロロで光度は18等級であった．

すでに『天文年鑑2022年版』p.188-189に紹介したとおり，今回の回帰は，秋に近日
点を通過するため，観測条件が良く観測できる．そのため，彗星は10月中旬には，6
等級まで明るくなると期待された．観測位置の予報軌道（NK 4234（＝CH 2023））か
らのずれはなかった．この軌道の非重力効果の係数は，A1＝＋0.004，A2＝＋0.00004
となる．A2パラメータは，1819年の－0.04015以来，増え続けており，今回，初めて
＋0.00004になり，なお，増えている．

再観測直後のCCD全光度は，上尾の門田健一氏が7月28日に16.0等，山口の吉本
勝巳氏が7月29日に14.4等（コマ視直径1′.7），8月13日に14.1等（1′.9），須賀川の佐藤
裕久氏が8月19日に14.5等（1′），門田氏が8月24日に14.2等，佐藤氏が8月25日に
14.1等（1′.6）と，彗星はしだいに明るくなってきた．

8月下旬以降，眼視観測も行なわれ，スペインのゴンザレスが8月22日に11.3等（3′），
27日に11.1等（4′），9月14日に10.4等（5′），アリゾナのハーゲンローザが9月15日に
10.2等（2′），石岡の宮崎修氏が9月17日に10.9等（2′），川越の相川礼仁氏が9月18日
に9.8等（3′），ハーゲンローザが9月20日に9.6等（3′）と観測している．さらに，ゴン
ザレスが9月24日に8.9等（6′），ドイツのメイヤーが9月26日に9.0等（4′）と観測し，
9月下旬には，彗星は9等級まで明るくなった．

同じ時期のCCD全光度を佐藤氏が9月1日に13.2等（1′.5），門田氏が9月9日に11.8
等，佐藤氏が9月12日に10.8等（2′.6），八尾の奥田正孝氏が9月17日に11.8等（東に
扇形の広がり），八束の安部裕史氏が9月18日に11.4等，同日，船橋の張替憲氏が9
月18日に11.0等（2′.5），栗原の高橋俊幸氏が9月23日に10.8等（5′），門田氏が9月24
日に10.4等，このようにCCD光度でも，彗星は急激に明るくなってきた．

近日点通過となった10月には，ゴンザレスが10月10日に8.1等（5′），ハーゲンロー
ザが10月11日に8.6等（2′），13日に8.4等（1′.5）と観測している．

CCD全光度も，吉本氏が10月1日に9.5等（3′，西北西に8′の尾），同日，福知山の
吉見政義氏が10.1等，高橋氏が10月7日に10.4等（4′.9），11日に9.5等（5′.1）と明るく

観測した．しかし，当初予定していたほど，彗星は明るくならなかった．今期の光度変化を図1に示す．この図に引かれた光度曲線は$H_9 = 11.5$等「N」で，10月の観測がすべて集まったわけではないが，彗星は8等級までしか明るくならなかった．なお，彗星は2024年初には15等級まで減光するだろう．

2023年のこれまでに報告された観測は635個（内国内64個）であった．次回の近日点通過は2027年2月10日となる．

●71P/クラーク周期彗星

2023年1月22日に近日点を通過した周期が5.56年（$q = 1.59$ AU，$e = 0.49$，$a = 3.14$ AU）のこの彗星の1973年の発見以来，10回目の回帰．彗星は，これまでの全回帰で観測されている．

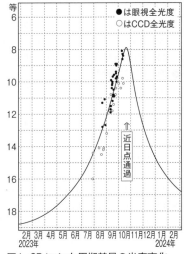

図1　2P/エンケ周期彗星の光度変化

彗星は，2022年2月に再観測された．再観測位置は，NK 3357にある予報軌道から赤経方向に$+25''$，赤緯方向に$-17''$のずれがあり，近日点通過日の補正値にして，$\Delta T = -0.03$日であった．2022年2月から3月にかけて行なわれた観測を使用して，新しい連結軌道（NK 4649）が計算された．

しかし，2023年5月に行なわれた観測は，この連結軌道からも赤経方向に$+25''$，赤緯方向に$+13''$のずれが見られるようになり，再度，2012年から2023年までに行なわれた1193個の観測から連結軌道（NK 4994）が計算された．

ところが，2023年9月の観測は，この軌道からも，赤経方向に$+17''$，赤緯方向に$+11''$のずれを示し，2012年から2023年までに行なわれた1179個の観測から，再び，連結軌道（NK 5071）が計算された．なお，2022年1月から2023年6月までに行なわれた177個の観測は，概略$10''$の残差を示し，この軌道にフィットせず，除外された．非重力効果の係数はA1 $= +2.75$，A2 $= +0.0533$となる．このようにこの彗星の軌道決定はいつも困難がともなう．

再観測後のCCD全光度を新城の池村俊彦氏が2022年2月10日に19.4等，13日に19.3等，栗原の高橋俊幸氏が2月28日に17.9等，池村氏が3月3日に18.7等，高橋氏が3月8日に18.5等，東京の佐藤英貴氏が4月5日に19.6等（$10''$）と，2022年前半は18等級ほどであった．

彗星はこのあと8ヵ月ほど観測できず，再び，観測できた2023年春には，佐藤（英）

氏が2月28日に14.8等（25″），4月9日に13.0等（1′，西南西に3′の尾），上尾の門田健一氏が5月11日に13.5等，6月5日に14.2等と，彗星が13等級まで明るくなっていることを観測した．

このころになって，ブラジルのソーザが5月20日に13.7等（1′），オーストラリアのカミレリが5月21日に13.5等（0′.8），23日に13.2等（0′.5）と，5月には13等級で眼視観測された．

その後のCCD全光度を須賀川の佐藤裕久氏が7月16日に16.0等，同日，門田氏が15.4等，福知山の吉見政義氏が7月21日に16.1等，門田氏が8月18日に15.9等，吉見氏が9月5日に15.5等，門田氏が9月13日に16.1等，吉見氏が10月10日に16.3等，平塚の杉山行浩氏が10月16日に18.3等，佐藤（裕）氏が10月17日に17.2等，門田氏が10月19日に17.0等と観測した．

今期の光度変化を図2に示す．図に引かれた光度曲線は$H_{26} = 4.7$等「N」で，彗星は，

観測できなかった2023年初ごろに12等級まで明るくなっただろう．彗星の今期の観測は432個（内国内51個）が報告された．彗星はもうしばらく観測できるだろう．次回の回帰は2028年9月28日となる．

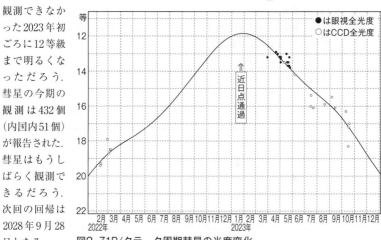

図2　71P/クラーク周期彗星の光度変化

●81P/ウィルド第2周期彗星

2022年12月15日に近日点を通過した周期が6.42年（$q = 1.60$ AU，$e = 0.54$，$a = 3.45$ AU）のこの彗星の1978年の発見以来，8回目の回帰．彗星は，すべての回帰で観測されている．

彗星は，2020年9月に再観測された．その観測位置は，2002年から2017年までに行なわれた4863個の観測から計算した予報軌道（NK 3939（= HICQ 2020））からずれはなく，位置予報によく合っていた．

しかし，彗星の2022年10月の観測位置は，この予報軌道より，赤経方向に＋16″，

赤緯方向に−6″，近日点通過日の補正値にして$\varDelta T = -0.013$日のずれが見られるようになった．そこで，2008年から2022年までに行なわれた4492個の観測から新しい連結軌道（NK 4823）が計算された．この軌道の非重力効果の係数はA1 = + 0.17，A2 = − 0.0248であった．

　2022年前半ごろまでの彗星の光度は，上尾の門田健一氏が2021年11月24日に18.2等，平塚の杉山行浩氏が11月26日に18.4等，新城の池村俊彦氏が11月28日に18.1等，1月3日に17.8等，杉山氏が1月5日に17.9等，池村氏が1月7日に17.4等，栗原の高橋俊幸氏が1月8日に17.8等，門田氏が1月31日に17.6等，池村氏が3月3日に17.0等と17等級であった．しかし，それから半年ほどは，彗星が太陽に近く観測されなかった．

　彗星が太陽から離れた2022年10月に入って，スペインのゴンザレスは，20-cm反射で10月4日にその眼視光度を10.7等（4′），ドイツのピルツが32-cm反射で10月20日に11.3等（西北西に2′の尾）と，彗星が明るくなっていることを観測した．CCD全光度も，船橋の張替憲氏が9月25日に12.4等（1′.7），山口の吉本勝巳氏が9月29日に12.8等（コマ1′.2），八束の安部裕史氏が9月30日に12.2等と観測した．

　さらに，奥田氏が12月1日に10.8等，同日，水野氏が10.2等（西北西に20′以上の尾），安部氏が12月2日に10.8等，門田氏が12月3日に11.1等，奥田氏が12月6日に11.5等（長い尾），水野氏が12月7日に11.1等（西北西に尾），安部氏が12月8日に10.8等と，彗星は，11月の光度より若干明るくなり，長い尾が見られるようになった．

　彗星が近日点に近づいたころ，ゴンザレスは，12月2日に眼視観測を行ない，その眼視全光度を10.5等（5′）と観測している．さらに，近日点通過後には，秩父の橋本秋恵氏が12月26日に9.7等（1′.5），ゴンザレスが12月28日に10.5等（5′）と観測した．彗星は，12月から1月には，眼視光度で10等級で観測され，長い尾も見られた．

　しかし，石岡の宮崎修氏が1月28日に12.2等（0′.9），ゴンザレスが1月31日に11.2等（6′），オーストラリアのワイアットが2月2日に12.8等（0′.9），宮崎氏が2月15日に13.0等（0′.9），20日に12.1等（0′.9），26日に12.1等（1′），27日に12.0等（1′），ワイアットが3月18日に13.9等（0′.6，西に2′.8の尾），同日，宮崎氏が12.1等（0′.5），19日に12.6等（0′.7），ワイアットが3月30日に14.1等（0′.4），宮崎氏が3月31日に11.5等（0′.9）と，彗星は，2022年12月の近日点を過ぎて，しだいに暗くなり，2月〜3月には，眼視光度で12等級まで暗くなった．

　同時期のCCD全光度を張替氏が2月17日に12.8等（1′.9），21日に12.8等（1′.2），池村氏が2月25日に12.0等，安部氏が2月26日に12.2等，高橋氏が2月27日に12.7等，同日，門田氏が12.4等，張替氏が2月28日に12.6等（1′.5），安部氏が3月2日に12.6等と，CCD光度でも，彗星は，2月下旬には12等級を保った．

　しかし，3月下旬には，水野氏が3月29日に14.3等（西に短い尾），張替氏が3月31日に13.1等（1′.3）と，彗星は，3月下旬には13等級まで暗くなった．

　その後，彗星は，しだいに暗くなったが，宮崎氏が4月24日に13.3等（0.7），5月16日に13.0等（1.2），17日に12.6等（0.9），オーストラリアのカミレリが5月21日に13.2等（0.5），23日に13.0等（0.5），宮崎氏が5月24日に12.0等（0.9）と，4月から5月には，まだ眼視光度で13等級で観測された．

　そのころのCCD全光度を高橋氏が4月24日に14.1等，奥田氏が4月26日に14.8等，須賀川の佐藤裕久氏が4月27日に15.0等（0.4），同日，張替氏が14.4等（0.6），水野氏が14.6等（西に短い尾），張替氏が4月28日に13.9等（0.6），高橋氏が6月7日に13.3等（1.4），水野氏が6月7日に12.8等（西に短い尾），16日に14.0等と，5月と6月ごろには，眼視とCCD光度は，ともに若干増光した．小さなバーストがあったのかもしれない．しかし，このあと，彗星は，しだいに暗くなった．このように彗星は，長い間，明るく観測され，息の長い彗星であった．

　今期の彗星の光度変化を図3に示す．図に引かれた光度曲線は H_{18} = 6.4 等「N」で，明るいころのばらつきが大きいが大まかにフィットしている．今期の位置観測は，これまでに1388個（内国内157個）が報告され，さらに継続中．次回の近日点通

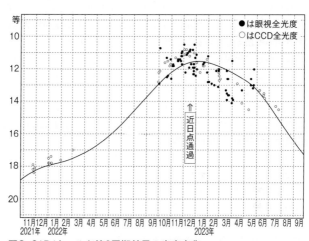

図3　81P/ウィルド第2周期彗星の光度変化

過は2029年5月14日となる．

●96P/マックホルツ第1周期彗星

　2023年1月31日に近日点を通過した周期が5.28年（q = 0.12 AU，e = 0.96，a = 3.03 AU）のこの彗星の1986年の発見以来，8回目の回帰．彗星はすべての回帰で観測されている．

　彗星の再観測は，サイデング・スプリングの51-cm望遠鏡を使用して，東京の佐藤英貴氏により2022年5月6日と26日に行なわれた．彗星の光度は，それぞれ，19.7等と19.9等，形状は恒星状であった．なお，佐藤氏は，同じ望遠鏡で，2022年11月16

日にもこの彗星を観測し，その光度を18.2等，恒星状と報告している．観測位置には，2001年から2017年までに行なわれた970個の観測から計算した予報軌道（NK 4264）からのずれはなかった．しかし，再観測位置を含め，2001年から2022年までに行なわれた976個の観測から新たな連結軌道（NK 4717）を計算した．この軌道の非重力効果の係数はA1 = − 0.01，A2 = − 0.0002であった．

この彗星は，近日点距離が小さく，近日点ごろの観測が行ないがたい彗星である．しかし，『天文年鑑2023年版』p.185に紹介したとおり，近日点を通過後の2月ごろには観測可能となった．

近日点通過ごろにSOHO衛星に搭載されたLASCO C3カメラ上に写った彗星の光度が2023年1月29日に3.3等，30日に2.3等，31日に − 0.1等，2月1日に0.6等，2日に1.6等と報告された．彗星は，太陽近傍では予報どおりに明るくなった．

彗星は，オーストリアのジャガーが2月5日に低空にあるこの彗星を撮影することに成功した．このとき，彗星は明るく，1°を超える長い尾が観測され，2月には予想どおり明るく増光していることが地上からも確認された．さらに，スペインのゴンザレスは，彗星の眼視全光度を2月7日に7.7等（2′），17日に8.8等（1′.7）と観測した．いずれも，薄明が過ぎた空での観測で，彗星の高度は + 6°ほどであった．なお，2月17日の観測では，西北西に9′の尾が見られている．

上尾の門田健一氏も，この彗星の観測に成功し，2月8日に8.1等であったことが報告された．室生の奥田正孝氏も，2月11日に10.3等（西北に尾の広がり），さらに，門田氏は2月15日に10.0等と観測している．

その後のCCD全光度は，船橋の張替憲氏が2月21日に11.1等（1′.3），同日，門田氏が10.4等，東京の佐藤英貴氏が2月25日に11.7等（25″，西北に7′の扇状の尾，南南東に2′の尾），同日，山口の吉本勝巳氏が12.0等（0′.6，西北に5′の太い尾，東南に2′.5の尾），可児の水野義兼氏が2月27日に12.2等（両方向に尾），張替氏が2月28日に11.7等（1′.3），八束の安部裕史氏が3月2日に11.8等，門田氏が3月6日に12.0等，10日に12.4等，15日に12.9等，19日に13.2等と，門田氏の観測では，3月中旬には12

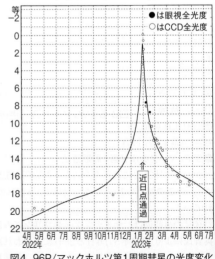

図4　96P/マックホルツ第1周期彗星の光度変化

等～13等級まで減光した. さらに, 門田氏は3月28日に14.5等, 同日, 吉本氏が15.0等 (0.́5, 西北西に2′, 東南に5′の尾), 福知山の吉見政義氏が3月29日に14.3等, 門田氏が4月3日に14.9等, 13日に15.4等, 24日に16.0等, 須賀川の佐藤裕久氏が4月27日に16.2等, 門田氏が5月2日に16.7等, 新城の池村俊彦氏が5月23日に16.7等, 同日, 門田氏が17.1等と観測し, CCD光度は5月には16等級まで減光した.

　今期の彗星の光度変化を図4に示した. 図に引かれた光度曲線は$H_{11} = 11.8$等「N」で, 彗星の光度変化がよくわかるだろう. 位置観測は, 268個 (内国内49個) が報告され, 今期の彗星の観測は終了した. 次回の近日点通過は2028年5月12日となる.

●103P／ハートリー第2周期彗星

　2023年10月12日に近日点を通過した周期が6.48年 ($q = 1.06$ AU, $e = 0.69$, $a = 3.48$ AU) のこの彗星の1986年の発見以来, 7回目の回帰. 彗星は, すべての回帰で観測されている. なお, 彗星は2010年10月に地球に0.12 AUまで接近し明るく観測された. この回帰でも, 彗星は9月26日に地球に0.38 AUまで接近し, 彗星は10月上旬には8等級まで明るくなることが期待された.

　彗星は2023年4月に21等級で再観測された. 再観測位置は, 2004年から2019年までの5962個の観測から計算した連結軌道 (NK 4265 (= CH 2023)) からずれはなかった. しかし, 2023年7月になって, 赤経方向に$+ 15″$, 赤緯方向に$+ 5″$のずれ, 近日点通過日への補正値にして$⊿ T = - 0.005$日のずれが見られるようになり, 2004年から2023年までに行なわれた6442個の観測から新たな連結軌道 (NK 5045) が計算された. この軌道の非重力効果の係数はA1 = + 0.13, A2 = + 0.0242であった.

　再観測後, 彗星は, 新城の池村俊彦氏が5月16日に19.2等, 上尾の門田健一氏が6月16日に17.5等, 須賀川の佐藤裕久氏が6月17日に17.4等, 八束の安部裕史氏が6月19日に17.0等, 門田氏が7月10日に15.9等, 福知山の吉見政義氏が7月11日に15.8等, 安部氏が7月16日に15.4等, 栗原の高橋俊幸氏が7月17日に15.0等, 山口の吉本勝巳氏が7月21日に14.0等 (2′, 西南西に1′の尾), 新城の池村俊彦氏が7月23日に15.8等 (0.́6, 西南西に1.́5の尾), 高橋氏が7月24日と26日に15.0等, 佐藤氏が7月28日に15.8等, 同日, 高橋氏が14.7等, 吉見氏が8月4日に13.7等, 門田氏が8月2日に14.2等, 吉本氏が8月13日に12.6等と, 彗星は, 急速に明るくなった.

　このころには, 彗星は, 11等級まで明るくなっており, スペインのゴンザレスは8月7日に11.8等 (4′), 8月14日に11.6等 (4′), 石岡の宮崎修氏が8月18日に11.6等 (1′), ゴンザレスが8月22日に11.2等 (4′), 27日に11.0等 (5′) と10等級で観測した.

　9月に入ると, 宮崎氏が9月12日に10.8等 (3′), ゴンザレスが9月13日に10.1等 (5′), ハーゲンローザが9月15日に9.8等 (3′), ブラジルのゴイアトが9月17日に9.2等 (4′), 宮崎氏が9月18日に10.4等 (2′), 同日, 川越の相川礼仁氏が9月18日に10.1等 (2′), ゴンザレスが9月24日に8.7等 (7′), 10月10日に8.2等 (8′), ハーゲンローザが10月13日

276

に8.1等（6′），宮崎氏が10月18日に9.8等（4′.3），ゴンザレスが10月21日に9.3等（7′）と観測し，10月には9等級まで明るくなっている．

　10月のCCD全光度も，吉本氏が10月1日に9.2等（7′.3，西に10′の尾），同日，門田氏が9.2等，吉見氏が10月11日に9.6等，高橋氏が10月13日に10.2等，鹿児島の向井優氏が10月15日に10.4等，同日，吉本氏が9.4等（8′.6，西に10′の尾），八束の安部裕史氏が9.7等，室生の奥田正孝氏が10月18日に9.4等（西に長い尾），門田氏が10月19日に9.4等，可児の水野義兼氏が10月20日に9.7等（広く拡散したコマと細い尾），佐藤氏が10月25日に9.5等（8′.6，西に8′の尾）と，CCD光度でも，彗星は9等級まで増光した．

　ここまでの彗星の光度変化を図5に示した．この彗星は，近日点通過前と後では，光度変化が異なることが知られており，1つの曲線で表現するのがむずかしいが，図に引かれた光度曲線は，H_{23} = 10.9等「N」となる．9月と10月の眼視観測は，この曲線より2等級ほど明るい．予報に使われた光度パラメータは，近日点通過前がH_{20} = 10.5等，通過後はH_{13} = 10.5等「G」．位置観測は，これまで1717個（内国内134個）が報告され，さらに継続中である．次回の近日点通過は2030年4月5日となる．

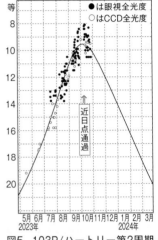

図5　103P/ハートリー第2周期彗星の光度変化

●118P/シューメーカ・レビー第4周期彗星

　2022年11月24日に近日点を通過した周期が6.12年（q = 1.83 AU，e = 0.45，a = 3.35 AU）のこの彗星の1990年の発見以来，6回目の回帰．彗星は，すべての回帰で観測されている．

　今期の再観測は2021年5月に行なわれた．その位置は，1995年から2017年までに行なわれた2158個の観測から計算した予報軌道（NK 3971（= HICQ 2021））によく合っており，近日点通過時刻への補正は必要なかった．この軌道の非重力効果の係数はA1 = + 0.75，A2 = − 0.1497となる．

　再観測から1年ほどが過ぎた2022年になって，そのCCD全光度を上尾の門田健一氏が8月31日に16.1等，山口の吉本勝巳氏が9月29日に14.7等（0′.5，西に0′.6の尾），八束の安部裕史氏が9月30日に15.3等，新城の池村俊彦氏が10月1日に15.3等，門田氏が10月3日に15.2等，福知山の吉見政義氏が10月19日に14.6等，安部氏が10月22日に12.6等，池村氏が10月25日に13.9等，須賀川の佐藤裕久氏が10月26日に14.5等，

同日，船橋の張替憲氏が14.3等（1′.3），28日に13.2等（1′.5），11月2日に14.0等（1′.1），同日，栗原の高橋俊幸氏が14.2等，吉本氏が11月4日に14.1等（1′.3，西に2′.0の尾），佐藤氏が11月5日に14.3等，同日，門田氏が13.8等，可児の水野義兼氏が14.3等（西に尾），池村氏が11月27日に13.7等と観測した．測光値にばらつきがあるが，11月には，彗星は13等級前後まで明るくなった．

このころ，彗星の眼視観測も行なわれ，ワイアットが11月25日に14.0等（1′.1），12月20日に14.0等（1′），ドイツのハーダが1月17日に13.8等（0′.4），ワイアットが2月16日に13.6等（1′.4），ドイツのハスビクが2月20日に13.7等（0′.3）と観測している．なお，かなり多くの観測者からこのころ，12等級であったという報告もある．

同時期のCCD観測を安部氏が12月2日に13.4等，門田氏が12月3日に13.2等，吉見氏が12月9日に13.5等，門田氏が12月30日に13.0等，安部氏が1月2日に12.7等，吉見氏が1月3日と10日に12.8等，吉本氏が1月16日に13.2等，門田氏が1月21日に13.0等，2月8日に13.2等，池村氏が2月15日に13.3等，安部氏が2月16日に13.3等，吉見氏が2月22日に13.6等，同日，佐藤氏が13.4等と，12月から2月までは13等級と明るく観測されている．

3月以後，彗星は減光し，吉見氏が3月14日に14.8等，門田氏が3月19日に14.5等，4月20日に15.8等，6月17日に17.8等となって，今期の観測が終了した．

今期の彗星の光度変化を図6に示す．図に引かれた光度曲線はH₂₃ = 7.2等「N」である．近日点通過と光度の極大がずれているが，この彗星も近日点通過前と後では光度変化の異なる彗星である．予報に使用されたパラメータは，近日点通過前はH₂₁ = 6.5等，通過後はH₁₂ = 8.5「G」であった．今期の位置観測は1381個（内国内122個）が報告され，今期の観測は終了した．次回の近日点通過は2029年1月11日となる．

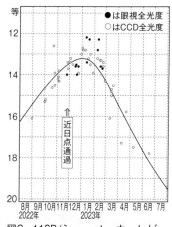

図6　118P/シューメーカ・レビー第4周期彗星の光度変化

●237P/LINEAR 周期彗星

2023年5月14日に近日点を通過した周期が6.58年（q = 1.99 AU，e = 0.43，a = 3.51 AU）のこの彗星の2002年以来，4回目の回帰．彗星はすべての回帰で観測されている．

再観測は，2022年2月に行なわれた．光度は21等級であった．このとき，大泉の小林隆男氏が2002年から2017年までに行なわれた515個の観測から計算した予報軌道

(NK 4272) からのずれはなかった. しかし, 2023年3月になって, その軌道から赤経方向に + 11″, 赤緯方向に + 3″のずれが見られるようになり, 2002年から2023年までに行なわれた581個の観測から新しい連結軌道 (NK 4942) が計算された. この軌道の非重力効果の係数はA1 = + 0.10, A2 = − 0.0257であった.

2023年に入ってからの観測が東京の佐藤英貴氏が1月4日に16.5等, 上尾の門田健一氏が1月7日に16.0等, 八束の安部裕史氏が1月21日に16.0等, 門田氏が1月25日に15.7等, 2月27日に14.0等, 3月28日に13.3等, 4月13日に13.0等, 須賀川の佐藤裕久氏が4月19日に13.1等, 可児の水野義兼氏が4月21日に13.1等 (西に短い尾), 安部氏は4月22日に12.5等, 門田氏が4月24日に12.7等, 同日, 栗原の高橋俊幸氏が13.2等, 山口の吉本勝巳氏が4月26日に13.5等 (0.5, 西に0.5の尾) と観測し, 彗星は13等級まで明るくなった. これらの光度は, 予報光度より4等級ほど明るく, この増光が続くと, 6月には, 11等級で観測できることが期待された.

5月に入った後の彗星の眼視全光度を石岡の宮崎修氏が5月16日に12.1等 (0.9), 17日に13.4等 (0.8), ブラジルのソーザが5月18日と20日に13.3等 (1′), 宮崎氏が5月31日に12.5等 (0.9), スペインのゴンザレスが6月14日に12.3等 (3′), 宮崎氏が6月16日に12.2等 (1.4), 同日, オーストラリアのワイアットが12.3等 (2.2), ワイアットが7月14日に12.2等 (1.2), 宮崎氏が7月15日に12.0等 (1.2), 17日に12.6等 (0.8), ワイアットが7月20日に12.6等 (1.3), 22日に12.3等 (1.6), 同日, 宮崎氏が12.3等 (0.7), 宮崎氏が7月24日に12.6等 (1.1), ゴンザレスが8月7日に12.2等 (2′), ワイアットが8月11日に12.4等 (0.9) と観測した. 彗星は, 5月から8月にかけて, 12等級まで明るくなった.

彗星が明るい時期のCCD光度を門田氏が5月4日に12.5等, 船橋の張替憲氏が5月16日に13.0等 (1.1, 西に短い尾), 新城の池村俊彦氏が5月23日に12.5等, 同日, 門田氏が12.2等, 池村氏が5月24日に12.4等, 室生の奥田正孝氏が5月31日に12.4等 (西に広がった長い尾), さらに6月16日に12.6等 (南西に10′の尾), 同日, 可児の水野義兼氏が12.8等 (西南西に10′以上の尾), 池村氏が6月17日に12.1等, 安部氏が6月19日に12.0等, 門田氏が6月27日に12.3等, 高橋氏が7月6日に12.8等 (1.8), 水野氏が7月16日に12.3等 (西南西に淡い尾), 同日, 安部氏が12.8等, 奥田氏が7月17日に12.6等 (西南に広がり) と, 12等級で観測され, 眼視光度とほぼ同じ光度が報告された.

7月下旬以降のCCD全光度は, 池村氏が7月23日に12.6等 (1.1, 西南に4.8の尾), 平塚の杉山行浩氏が7月24日に12.9等, 同日, 高橋氏が12.7等 (2.1), 張替氏が12.7等 (1.4), 佐藤 (裕) 氏が7月25日に12.8等, 同日, 張替氏が12.5等 (1.3), 高橋氏が7月26日に12.8等, 張替氏が7月28日に12.8等 (1.3), 門田氏が8月2日に12.8等, 水野氏が8月4日に12.6等 (西南西に淡い尾), 佐藤 (裕) 氏が8月10日に13.0等, 門田氏

が8月17日に13.3等と，ほぼ，眼視光度と同じ観測が報告された．

しかし，9月に入ると彗星は，減光を始め，門田氏が9月5日に13.9等，高橋氏が9月24日に14.4等，門田氏が9月28日に14.9等，杉山氏が10月6日に15.6等，福知山の吉見政義氏が10月10日に15.4等，高橋氏が10月14日に15.1等と彗星は，暗くなった．

今期の光度変化を図7に示す．図に引かれた光度曲線は$H_{27} = 3.9$等「N」となる．彗星は，5月から8月にこの曲線より1等級ほど明るく観測されている．今期の位置観測は1670個（内国内130個）が報告され，彗星は，まだしばらく観測されるだろう．次回の回帰は2029年12月19日となる．

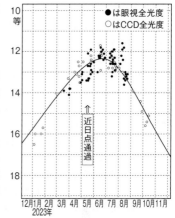

図7　237P/LINEAR周期彗星の光度変化

●364P/PANSTARRS周期彗星

2023年5月14日に近日点を通過した周期が4.89年（$q = 0.80$ AU，$e = 0.72$，$a = 2.88$ AU）のこの彗星の2013年の発見以来，3回目の回帰．

この彗星は，ハレアカラにある1.8-m望遠鏡で行なわれているPan-STARRSサーベイで，2013年2月1日と13日にやまねこ座を撮影した捜索画像上に発見された．発見光度は20等級で，当初，小惑星状天体として報告され，発見後，約4ヵ月が経過した6月2日になって，新周期彗星であることが判明した．初回の近日点通過は2013年8月6日で，最初の回帰は2018年6月24日であった（天文ガイド2013年8月号参照）．

前回，2018年回帰の検出は，シュワーブらがカラーオルトーにある80-cm望遠鏡を使用して，2018年1月16日に行なった．小惑星センターのウィリアムズは，彼らの検出位置が報告されたとき，レモン山から報告されていた1月12日の観測群中にこの彗星の検出前の観測があることに気づき，これら2夜の観測からこの彗星の検出が確認された．なお，検出時，彗星は20等級，コマも尾も見られず，恒星状であった．

検出後のCCD全光度は，1月と2月には19等級であったが，しだいに明るくなり，4月下旬には15等級となった．このとき，彗星は2018年7月19日ごろに地球に0.24 AUまで接近し，南天へと動いて行った．微小の彗星であったが，そのころ，6月1日に13.9等（水野義兼：可児），3日に14.1等（佐藤英貴：東京），7日に13.7等（安部裕史：八束），9日に13.0等，12日に12.8等（水野），16日に12.0等（奥田正孝：八尾），11.8等（安部）と急速に明るくなり，彗星には，細長い尾も見えていた．しかし，6月下旬には，彗星は，南天へと動き，観測できなくなった．

280

　地球への接近が終わり，減光してしまったと思われたこの彗星が，再び，北半球から観測できるようになった2018年8月には，8月14日に13.1等（安部），25日に13.9等，26日に14.0等（門田健一；上尾）と，彗星はまだ明るく観測された．当時，スペインのゴンザレスも，眼視全光度を9月10日に11.8等（2′.7），19日に11.3等（同3′.5）と観測した．眼視光度でも，彗星は，予報光度より，まだ，明るかったことになる．ゴンザレスは，さらに，10月3日に11.0等（同4′）と観測している．近日点からだいぶ離れた位置で11等級で明るさであったということは，眼視観測のない近日点通過時には，彗星は実際もっと明るかったのかもしれない．ただ，同時期のCCD全光度では，10月6日に16.5等（門田），8日に17.1等，13日に17.2等（高橋俊幸；栗原）と，彗星は，すでにCCD光度では，減光していた．おそらく，大きく拡散していていたのだろう．

　今回の回帰を含めた連結軌道（NK 4938）が2013年から2023年3月18日に新城の池村俊彦氏が行なった観測まで868個の観測から計算された．彗星の運動には非重力効果の影響が見られ，そのパラメータはA1 = − 0.004，A2 = − 0.00049であった．

　さて，今回の回帰では，彗星は2023年4月7日に地球に0.12 AUまで接近し，空を大きく動いた．この接近は，彗星発見後，最小の接近距離となり，さらに2050年までに，ここまで地球に近づく接近はない．彗星の標準等級はH_{10} = 14等と小型の彗星ではあるが，最接近ごろに9等級まで明るくなることが期待された．

　2023年に入ってからのCCD全光度を新城の池村俊彦氏が1月24日に19.3等，東京の佐藤（英）氏が2月17日に17.8等，池村氏2月21日に17.2等，水野氏が3月13日に15.5等（東に1′.5の尾）福知山の吉見政義氏が3月14日に15.5等，門田氏が3月15日に15.1等，池村氏が3月18日に14.9等，同日，山口の吉本勝巳氏が15.1等（0′.4，西に1′.6の直線状の尾），安部氏が14.5等，高橋氏が3月19日に14.7等，門田氏が3月20日に14.6等，須賀川の佐藤裕久氏が3月28日に13.0等（1′.2，西南西に22′の尾），同日，門田氏が13.2等，吉本氏が13.8等（0′.5，西南に5′.5の尾），高橋氏が3月29日に13.5等，同日，吉見氏が12.9等，可児の水野義兼氏が13.3等（西に8′の尾），船橋の張替憲氏が3月31日に13.3等（1′.2）と，その光度は，2018年と似たような変化を見せ，3月下旬には14等級まで明るくなった．今回の接近は，2018年よりさらに大きく近づく．したがって，彗星は，どのような活動をするのか，たいへん興味があった．

　同時期の眼視全光度をゴンザレスが3月27日に12.6等（2′.5），石岡の宮崎修氏が4月8日と10日に11.5等（0′.7），ゴンザレスが4月15日に11.3等（2′.5）と観測した．なお，

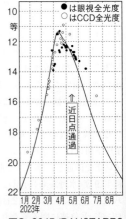

図8 364P/PANSTARRS
　　周期彗星の光度変化

ゴンザレス氏は，3月27日の観測時，その核光度を13.9等と観測している．

　4月に入ってからのCCD光度は，門田氏がCCD全光度を4月3日に12.7等，8日に12.2等，17日に11.8等，佐藤（裕）氏が4月19日に12.1等，安部氏が4月22日に11.4等，高橋氏が4月24日に10.9等，同日，門田氏が11.9等，27日に12.0等，佐藤（英）氏が5月10日に11.5等と観測した．4月下旬以後には，北半球から見えなくなったが，南半球では，5月から6月にかけて12等級で観測された．しかし，門田氏が7月16日に観測したときは，15.6等まで減光していた．

　今期の光度変化を図8に示す．図に引かれた光度曲線はH₁₈ = 16.2等「N」となる．近日点通過後は，彗星が明るく観測されているが，光度変化がより緩やかになって，光度変化が少し異なるのかもしれない．今期の位置観測は727個（内国内85個）が報告され，まだ，しばらく観測できるだろう．次回の近日点通過は2028年4月21日となる．

◎新たに番号登録された周期彗星
●449P／レナード周期彗星（2020 S6 = 1987 A2 = 2013 Y3）

　レモン山サーベイの1.5-m反射望遠鏡で2020年9月29日にペルセウス座とおうし座の境界近くを撮影した捜索画像にレナードが発見した周期が6.83年の新彗星（$q = 1.87$ AU，$e = 0.48$，$a = 3.60$ AU）．発見光度は20等級．発見時，彗星には5″の集光したコマと西に広がった淡い尾が見られた．

　10月10日，ベルギーのブライシンクがスペインにある70-cm反射で行なった観測では，不規則な11″のコマと西南に15″の淡い尾が見られた．同日，イタリーのギドーらによる50-cm望遠鏡による観測では，6″の不規則なコマがあった．さらに，ブライシンクによる10月12日の観測では15″のコマと西南に広がった17″の尾が見られた．10月11日，東京の佐藤英貴氏が米国メイヒルにある43-cm望遠鏡による観測では，集光した6″のコマと西に扇形状の尾が広がり，光度は19.3等であった．10月18日にフランスのクーゲルの40-cm反射による観測では西南西に8″ほどに伸びた7″のコマが見られるなど，この彗星は多くの観測者によってとらえられた．さらに，レモン山サーベイから8月28日と9月18日，Pan-STARRSサーベイからは9月22日の発見前の観測が報告された（CBET 4868）．

　約2年が過ぎた2022年10月になって，ドイツのメイヤーは，この彗星が1987年1月にサイデング・スプリングの1.2-mシュミットでハートリーが発見した1夜のみの17等級の彗星X/1987 A2（IAUC 4355）と同じものであることを見つけた．天体には発見時，2′の尾が見られた．さらに，カリフォルニアのディーンは，2013年と2014年にマウナケアにある3.58-m望遠鏡で撮影した画像上にこの彗星のイメージを見つけ，この同定は確認された．天体の光度は22等級であった．

　これらの観測を含め，1987年から2021年に行なわれた273個の観測から連結軌道

が計算された（NK 4816（＝CBET 5173））．3回の出現を結んだ軌道には，すでに非重力効果の影響が見られ，その係数は，A1 = − 0.12，A2 = − 0.0576であった．なお，2013年から2021年の観測から計算した重力のみの軌道では1987年の観測に0°.08のずれが生じる．彗星は，これで3回の出現を記録した．近日点通過は，1986年6月19日，2014年1月14日，2020年11月23日であった．なお，この彗星は，1983年7月1日に木星に0.064 AUまで接近しており，それ以前の軌道は，T = 1972年10月22日，q = 4.355 AU，e = 0.221，ω = 93°.0，Ω = 250°.6，i = 15°.7，a = 5.587 AU，P = 13.2年と，表1にある軌道とは大きく異なっていた．

彗星のCCD全光度を新城の池村俊彦氏が2020年10月23日に19.1等，11月8日に18.6等，9日に18.3等，12月7日に17.8等，8日に17.9等，2021年1月8日に18.4等，上尾の門田健一氏が1月18日に18.8等，池村氏が2月6日に19.6等と観測している．今期の彗星の標準等級はH_{10} = 14.5等「N」，H_{10} = 15.0等「G」くらいであった．位置観測は289個（内国内24個）が報告され，今期の回帰での観測は終了している．次回の近日点通過は2027年9月25日となる．

●450P/LONEOS周期彗星（2004 A1 = 2022 Q3）

ローエル天文台のスキフがLONEOSサーベイの59-cmシュミットで彼自身が2004年1月13日にかに座を撮影した捜索画像上に発見した周期が17.6年（q = 5.31 AU，e = 0.22，a = 6.77 AU）の彗星の初めての回帰．発見光度は18等級．発見時，彗星は恒星状だった．そのとき，氏は，天体の移動がおかしいと思い，そばにあるパーキン1.8-m望遠鏡での確認を頼んだ．その結果，この天体には，よく集光した3″のコマと西北西に12″の尾が見られ，天体は彗星であることが判明した．彗星は，同夜のうちにテーブル・マウンテンのヤングによって確認され，彗星には，4″のコマと西に淡い10″の尾が見られた．発見前の観測が2003年12月18日のスペースウォッチⅡ，2004年1月5日のカテリナスカイサーベイの捜索画像上から見つかり，さらに，2003年10月25日の行なわれていたスペースウォッチサーベイの1夜の観測群からも，この彗星の観測が見つかった．初回の近日点通過は2004年8月25日，今期の回帰は2027年7月24日（IAUC 8267，天文ガイド2004年3月号参照）．

検出はマウナケアにある8.1-m望遠鏡でシャンボーによって，2022年8月21日と23日に行なわれた．検出光度は24等級．検出時，彗星は恒星状であった．予報軌道（NK 1707）から検出位置は，赤経方向に− 18″，赤緯方向に− 6″のずれがあり，近日点通過時刻への補正値はΔT = + 0.12日であった．2回の出現時に行なわれた513個の観測を結んだ連結軌道が計算された（CBET 5178（＝NK 4818））．彗星は，1992年7月30日に土星に0.031 AUに接近していた．この接近前の軌道は，T = 1951年10月6日，q = 9.809 AU，e = 0.197，ω = 199°.9，Ω = 135°.2，i = 13°.3，a = 12.219 AU，P = 42.7年と，表1とは大きく異なる軌道を動いていた．なお，彗星は，2026年7月11日

に木星まで0.50 AUまで接近する.

　これまでに報告された位置観測は9個, 彗星の観測はこれから始まる. 今期の標準等級はH₁₀ = 7.0等「G」くらい. 次回の近日点通過は2043年6月24日となる.

●451P/クリステンセン周期彗星 (2007 A2 = 2006 WY182 = 2022 S2)

　月惑星研究所のクリステンセンがレモン山サーベイで2007年1月10日にかに座を撮影した捜索画像上に発見した周期が15.9年 (q = 2.80 AU, e = 0.56, a = 6.34 AU) の彗星の初めての回帰. 発見光度は19等級. 発見時, 彗星には集光した5″のコマと西北西に8″の尾が見られた. 初期軌道決定の直後, この彗星は, 発見前に同サーベイで2006年11月に発見されていた20等級の小惑星2006 WY182と同定された. 上尾の門田健一氏による2007年1月14日のCCD全光度は19.0等であった. 初回の近日点通過は2007年1月17日, 今期の回帰は2022年11月27日 (IAUC 8794, IAUC 8796, 天文ガイド2007年3月号参照).

　検出は, ドイツのシュワーブがカラーオルトにある80-cmシュミットで2022年9月27日に行ない, 10月1日にこれを確認した. 検出時, 彗星にはコマも尾もなかった. 予報軌道 (NK 1669) から検出位置は, 赤経方向に+12″.7, 赤緯方向に−11″.9のずれがあり, 近日点通過時刻への補正値はΔT = −1.33日であった. 2回の出現時に行なわれた103個の観測から連結軌道が計算された (NK 4817 (= CBET 5177)).

　CCD全光度を新城の池村俊彦氏が2023年1月21日と2月21日に19.5等と観測している. 今期の標準等級はH₁₀ = 13.0等「G」くらい. 位置観測は2023年4月18日まで行なわれ, 今期の観測はこれで終了した. 次回の近日点通過は2038年12月6日となる.

●452P/シェパード・ジェウィット周期彗星 (2003 CC22 = 2022 B5)

　2003年3月2日にマウナケアにある3.6-m望遠鏡で, 木星の新しい衛星の捜索中にかに座に発見されていた22等級の小惑星2003 CC22は, 2022年になって彗星状であることが確認された. なお, 発見前のイメージがキットピークの4-m反射望遠鏡で2003年2月2日と4日に撮影された画像上に見つかっている.

　メリーランドのイェらの観測グループがパロマーの1.2-mシュミットで2022年9月下旬に観測したところ, 小惑星には, 8″のコマと西に15″の直線状の尾が見られた. さらに, 2022年2月に行なった観測でも彗星らしい形状であった. また, ローエルの4.3-m望遠鏡で10月27日に行なった観測は, 西北西に2′の尾が見られた. 東京の佐藤英貴氏がメイヒルにある43-cm望遠鏡で10月26日に行なった観測でも, 12″に伸びたコマと西北に25″の扇形状の尾が見られ, 光度は18.9等であった. また, 上尾の門田健一氏も, 11月2日に18.6等と観測している.

　2回の出現で報告された161個の観測から連結軌道が計算された (CBET 5186 (= NK 4821)). この軌道によると, 彗星は, 1938年1月に土星から0.12 AU, 1947年6月に木星から0.50 AU, 1997年9月10日に土星から0.73 AU, 2002年9月3日に木星

から0.81 AUまで接近していた．初回の近日点通過は2003年9月17日，今期の回帰は2023年4月25日となる．

位置観測は2023年4月18日まで243個（内国内12個）が報告され，まだ，継続中である．CCD全光度を門田氏が2022年12月18日に18.4等，新城の池村俊彦氏が2023年1月21日に18.6等，2月21日に18.5等，門田氏が2月27日に18.2等と観測している．今期の標準等級は$H_8 = 10.0$等「G」くらい．次回の近日点通過は2043年2月21日となる．

●453P/WISE-レモン周期彗星（2022 V1 = 2010 BN109）

レモン山サーベイで2022年11月1日に発見された周期が12.7年（$q = 2.28$ AU，$e = 0.58$，$a = 5.46$ AU）の新彗星．発見光度は19等級．天体は小惑星状天体として報告された．

発見翌日11月2日にメイヒルにある43-cm望遠鏡でこの天体を観測した東京の佐藤英貴氏は，天体には強く集光した8″のコマがあることに気づいた．氏の観測した光度は19.0等であった．11月3日に30-cm反射によるオーストリアのジャガーの観測でも，強く集光した7″のコマと西に広がった20″の尾が見られた．ベルギーのブライシンクが11月13日に40-cm反射で行なった観測でも，11″のコマと西南西に9″の尾らしきものが観測され，この小惑星は彗星であることが判明した．

報告された2022年の観測から計算された初期軌道から過去の天体を探ると，WISEサーベイで，2010年1月28日から30日に撮影された捜索画像上に発見されていた2010 BN109（MPS 343780）が，初期軌道から赤経方向に－0°.15，赤緯方向に－0°.22ほどずれた位置，近日点通過時刻にして$\varDelta T = -0.81$日の位置に見つかり，同一天体であることが，著者によって見つけられた．これで，彗星には2回の出現が確認され，これら2回の出現時に行なわれた156個の観測から連結軌道が計算された（CBET 5193（＝NK 4850））．初回の近日点通過は2010年6月9日，今期の回帰は2023年3月3日となる．

彗星のCCD全光度を新城の池村俊彦氏が2022年11月26日に18.2等，福知山の吉見政義氏が12月3日に18.4等，池村氏が2023年1月19日に18.1等，上尾の門田健一氏が1月25日に18.3等，池村氏が2月16日に18.1等，吉見氏が3月14日に18.8等，池村氏が5月17日に19.0等と観測している．今期の標準等級は$H_{10} = 13.5$等「G」くらい．位置観測は，池村氏の5月17日の観測まで，330個（内国内27個）が報告され，まだ継続中である．次回の近日点通過は2035年12月22日となる．

●454P/PANSTARRS周期彗星（2022 U5 = 2013 W3）

Pan-STARRSサーベイの1.8-m望遠鏡で2022年10月28日に発見された周期が8.62年（$q = 2.69$ AU，$e = 0.36$，$a = 4.20$ AU）の新彗星．発見光度は21等級．同サーベイからは，同時に，この彗星と同定できる天体の2013年11月25日から2014年1月6日までの観測が報告された．光度は，約21等級であった．また，この彗星は，同サーベ

イの2021年8月から2022年9月までの捜索画像上に見つかった多数の観測も報告された。さらに、2022年11月23日に3.6-m望遠鏡で行なった観測では、彗星には小さなコマと西に8″のはっきりとした尾が見られることが報告された。東京の佐藤英貴氏が11月2日にメイヒルにある43-cm望遠鏡で行なった観測では集光のある6″のコマと西に10″の尾が見られ、光度が20.1等であることが報告された。

2回の出現時に行なわれた75個の観測から連結軌道が計算された（CBET 5197（＝NK 4852））。初回の近日点通過は2013年11月5日、今期の回帰は2022年7月25日であった。今期の彗星の標準等級はH_{10} = 14.0等「G」くらいとなる。位置観測は2023年2月9日まで96個が報告され、今期の観測はこれで終了した。次回の近日点通過は2031年3月21日となる。

●455P/PANSTARRS周期彗星（2017 S9 = 2011 Q5 = 2022 R7）

Pan-STARRSサーベイで2017年9月30日にオリオン座とおうし座境界近くを撮影した捜索画像上に発見された周期が5.60年のこの彗星（q = 2.19 AU, e = 0.31, a = 3.16 AU）の初めての回帰。発見光度は21等級。発見時、西に4″の尾が見られた。また、10月22日にマウナケアの3.6-m望遠鏡で行なった確認観測では西に10″の尾が見られた。東京の佐藤英貴氏がオーベリーの61-cm望遠鏡で10月1日に行なった観測では、西に伸びた10″ほどのコマが見られ、光度は20.5等であった。コンコリーのサーネッキーが1.02-m望遠鏡で行なった観測では、彗星はほぼ恒星状で西に20″の淡い尾があった。初回の近日点通過は、2017年7月23日、今回の回帰は2023年2月25日（CBET 4448）。

検出は、同じくPan-STARRSサーベイで2022年8月6日と9月2日に行なわれた。検出光度は22等級、彗星は恒星状であった。同サーベイのワークは、さらに2011年8月から9月の捜索画像上に写っていたこの彗星の位置を報告した。光度は22等級であった。これで、彗星は3回の出現を記録した。このときの近日点通過は2011年12月19日である。

検出位置は、予報軌道（NK 4285）から赤経方向に + 0°.29、赤緯方向に + 0°.03のずれがあり、近日点通過日への補正値はΔT = − 0.69日であった。3回の出現時に行なわれた70個の観測から連結軌道が計算された（NK 4903（＝CBET 5200））。報告された位置観測は検出観測のみ。3回の出現で71個の観測が報告され、今期の観測は終了した。標準等級はH_{10} = 16.5等「G」くらい。次回の近日点通過は2028年10月1日となる。

●456P/PANSTARRS周期彗星（2021 L4 = 2012 Q3）

Pan-STARRSサーベイで2021年6月14日にてんびん座を撮影した捜索画像上に発見された周期が5.64年（q = 2.79 AU, e = 0.12, a = 3.17 AU）の新彗星。発見光度は21等級で、東南東に6″の直線状の尾が見られた。発見時、同所の6月9日に行なわれていた1夜の観測群にこの彗星の発見前の観測が見つかった。6月14日にマウナケア

の3.6-m望遠鏡で行なわれた確認観測では，小さなコマがあり，直線状の8″の尾が東南に伸びていた．6月15日，東京の佐藤英貴氏がサイデング・スプリングにある51-cm望遠鏡で行なった観測では，集光した8″のコマがあり，光度は20.1等であった（CBET 4986）．

発見から約1年半後になって，カリフォルニアのリーとディーンは，2012年8月と9月に3.6-m望遠鏡で撮影された画像上にこの彗星の1回帰前のイメージを見つけた．彗星は，このとき，恒星状，光度は23等級であった．これらの観測は，NK 4871にある軌道から主に赤経方向に＋2″.5のずれしかなかった．連結軌道が2012年から2022年に行なわれた49個の観測から計算された（CBET 5210（＝NK 4916））．

なお，2022年の観測が行なわれたとき，彗星はすでに遠日点を過ぎており，彗星はこれで3回の出現を記録した．近日点通過日は，2014年1月19日，2019年9月5日，2025年4月15日となる．位置観測は51個が報告され，2025年回帰の観測はこれからとなる．標準等級はH_{10} = 13.0「G」くらい．次回の近日点通過は2030年12月6日となる．

●457P/レモン-PANSTARRS周期彗星（2020 O1 = 2016 N7）

Pan-STARRSサーベイで2020年7月20日にやぎ座を撮影した捜索画像上に発見された周期が4.31年（$q = 2.33$ AU，$e = 0.12$，$a = 2.65$ AU）の新彗星．発見光度は21等級．発見時，小さなコマと西南西に8″以上の尾が見られた．発見と同時に5月26日から6月27日までの多くの発見前の観測があることも報告された．さらに，この彗星は，7月19日にレモン山サーベイでも小惑星状天体として発見された．同サーベイのワークは，3.6-m望遠鏡の確認作業では，彗星には小さなコマと西南西に20″以上の尾があることが付け加えられた．

イタリーのギドーラが7月22日に50-cm望遠鏡で行なった観測では，5″のコマと西南に5″の尾が見られること，さらに7月30日のチリにある60-cm望遠鏡では，西南に伸びた10″の不規則なコマが見られることを報告した．7月23日に東京の佐藤英貴氏がサイデング・スプリングにある51-cm望遠鏡で行なった観測では，彗星は恒星状で，光度は19.8等であったなど，彗星は多くの観測者によってとらえられた．

発見から3年近く経過後，カリフォルニアのリーとディーンは，2016年7月3日と8月1日に8.2-mすばる望遠鏡で撮影された画像上にこの彗星が写っていることを見つけた．7月3日の画像では，恒星状のコマと西南西に40″の薄い尾が見られ，光度が23等級であったが，8月1日には彗星は減光し，尾が見られないことが報告された．2016年の彗星の位置は，NK 4860にある軌道から赤経方向に－35″，赤緯方向に－10″のずれ，近日点通過時刻への補正値にして$\varDelta T = +0.03$日のずれがあった．これら2回の出現時に行なわれた91個の観測から連結軌道が計算された（NK 4923（＝CBET 5235））．この軌道から2021年7月22日に報告されていた1夜の観測（MPC 142043）も，この彗星の観測であることが判明した．初回の近日点通過は2016年1月15日，

今回の回帰は2020年5月4日であった.

　位置観測は, 91個が報告され, 観測は終了したが, まもなく2024年回帰の観測が行なわれるだろう. 標準等級はH$_{10}$ = 15.5等「G」くらい. 次回の近日点通過は2024年8月20日となる.

●458P/ジャーン周期彗星 (2023 C1 = 2016 C3)

　ドイツのジャーンが2023年2月14日と15日にオートプロバンスに置かれた60-cm望遠鏡でかに座とやまねこ座を撮影した画像上に発見した周期が7.57年 (q = 2.63 AU, e = 0.32, a = 3.85 AU) の新彗星. 発見時, 淡い10″のコマが見られた. 報告時, MPCでは, 1夜の観測ファイルに記録されているレモン山サーベイの2023年2月1日の観測, 紫金山天文台の2023年2月19日の観測 (20等級), さらに, Pan-STARRSサーベイの2021年10月11日の観測 (22等級) と同定できそうだということに気づいた. Pan-STARRSサーベイのワークは2022年12月2日の画像では, 西北西に10″以上の尾が見られること, 2021年9月30日の画像では22等級で写っていたことを報告した.

　さらに, 同所で撮影した2016年2月10日から4月10日までの画像上に彗星が写っていることを見つけた. 光度は23等級であった. コンコリーのサーネッキーは, 同所の60-cmシュミットで撮影した2023年1月25日に撮影した画像上に4″のコマと西に7″の尾を持つ彗星として写っていることを見つけた.

　カリフォルニアのディーンは, セロトロロの2013年11月22日と23日, 2016年2月10日, 4月9日, 10日, さらにPan-STARRSサーベイの2014年12月13日の画像上にも彗星が写っていることを見つけた.

　これらの2回の出現で行なわれた53個の観測から連結軌道が計算された (CBET 5236). さらに観測が集まったため, もう一度連結軌道が計算された (CBET 5237 (= NK 4939)). 初回の近日点通過は2015年3月29日, 今回の回帰は2022年10月30日であった.

　位置観測は66個が報告され, 今期の観測は終了した. 標準等級はH$_8$ = 15.0等「G」くらいであった. 次回の近日点通過は2030年6月2日となる.

●459P/カテリナ周期彗星 (2010 VH95)

　2010年11月7日にカテリナスカイサーベイの68-mシュミットで発見された周期が5.83年 (q = 1.37 AU, e = 0.58, a = 3.24 AU) の小惑星が彗星であることが判明し, 彗星として再登録された. 発見光度は19等級. 東京の佐藤英貴氏は, 当時の2010年11月17日にこの小惑星を観測し, 小惑星は恒星状で, 光度は19.2等であることを報告している. さらに秦野の浅見敦夫氏が2011年1月4日と6日に17.5等と観測している.

　小惑星2010 VH25の2023年の回帰時になって, ALTASサーベイから1月から3月にかけて撮られた多数の画像上には, 小惑星の光度は16等級で, 15″ほどの尾が見ら

れることが報告された.

さらに, 1997年と1998年のハレアカラ, 2010年10月8日のキットピークの1夜の観測にも19等級で写っていることが報告された. これら4回の出現に行なわれた926個を結んだ連結軌道が計算された (CBET 5241 (= NK 4950)). 近日点通過は, 1998年3月17日, 2004年8月11日 (観測されていない), 2010年12月7日, 2017年1月25日, 2023年2月21日であった.

位置観測は, 2023年6月14日まで1068個 (内国内42個) が報告され, もう少し観測できるだろう. CCD全光度を福知山の吉見政義氏が2023年3月31日に17.1等, 上尾の門田健一氏が4月3日に17.1等, 佐藤英貴氏が4月1日に18.2等, 平塚の杉山行浩氏が4月4日に16.9等, 門田氏が4月9日に16.9等, 新城の池村俊彦氏が5月16日に17.5等と観測している. 今期の標準等級はH$_8$ = 16.0等「G」くらい. 次回の近日点通過は2028年12月23日となる.

●460P/PANSTARRS周期彗星 (2016 BA14 = 2020 U6)

Pan-STARRSサーベイで2016年1月22日にはと座を撮影した捜索画像上に発見された周期が5.26年 (q = 1.01 AU, e = 0.67, a = 3.03 AU) の彗星の初めての回帰. 天体は, 小惑星としてその仮符号2016 BA14が与えられた. 発見光度は19等級. この小惑星をアリゾナにある4.3-m望遠鏡で2月10日と13日に観測したナイトらは, 東北東に淡い尾があるように見えることを観測した. さらに2月13日の観測では, 同じ方向に少なくとも10″ほどの尾が尾が伸びていることが観測され, 小惑星は彗星であることが判明した. 天体には, 同サーベイで2015年12月1日に撮影された捜索画像上にも, 発見前の観測が見つかった. このとき, 彗星の光度は21等級であった. この彗星は, 地球から2016年3月22日に0.024 AUを通過することが判明し, そのころ, 1日あたり20°近い日々運動で空を移動した.

この回帰では, 我が国でも多くの観測が報告された. 彗星のCCD全光度が2月16日に18.3等, 3月7日に17.3等 (佐藤英貴), 12日に15.3等 (安部裕史), 15日に16.5等 (佐藤), 19日に14.6等 (門田健一), 20日に14.3等 (佐藤), 14.1等 (門田), 21日に13.6等 (奥田正孝), 13.4等 (門田), 13.2等 (井狩康一) と観測され, 佐藤氏によると, いずれの日も彗星は恒星状だった.

地球への接近後のCCD全光度が3月22日に12.9等 (門田), 25日に14.1等 (高橋俊幸), 26日に14.2等 (門田), 14.3等 (高橋), 28日14.8等 (安部), 15.1等 (高橋), 4月5日に16.9等 (高橋), 4月8日に16.6等 (井狩), 5月5日に19.0等 (佐藤) と観測され, 彗星は, 急激に暗くなった. なお, 海外で撮影された画像では, 恒星状であった彗星が接近時に彗星状に変わった画像が報告された (CBET 4257, 天文ガイド2016年4・5・6月号参照).

2023年春になって, Pan-STARRSサーベイのワークは, 同所で2020年10月から12

月，2021年1月に撮影していた画像上にこの彗星を検出したことが報告された．彗星は22等級，検出時，恒星状であった．検出位置には，予報軌道（NK 3669）から2″ほどのずれしかなかった．今回の回帰の観測を含め，1837個の観測から連結軌道が計算された（CBET 5243（= NK 4973））．この軌道によると，2048年3月14日にもう一度，地球に0.052 AUまで接近する．また，彗星は，木星まで2034年1月30日に0.67 AU，2046年7月6日に0.76 AUまで接近する．前回の近日点通過は2016年3月15日，今期の回帰は2021年6月17日であった．

　今期の位置観測は，上記の検出観測のみで，観測はすでに終了している．標準等級はH_{10} = 20.0「N」の微小の彗星が地球に接近して発見されたものであった．次回の近日点通過は2026年9月21日となる．

●461P/WISE周期彗星（2010 OE101 = 2021 LJ31）

　2010年7月25日にWISE衛星サーベイで発見された周期が5.57年の小惑星2010 OE101（q = 1.35 AU，e = 0.57，a = 3.14 AU）が彗星であることが判明し，彗星として再登録された．発見光度は19等級．2010年当時，東京の佐藤英貴氏が10月7日に19.6等と観測，小惑星は，その東側がソフトでわずかに伸びていることを報告している．

　この小惑星は2016年と2021年に回帰し，レモン山サーベイで2021年6月6日に21等級で発見された小惑星2021 LJ31（MPS 1446951）がこの彗星と同一天体であることがわかった．小惑星2021 LJ31の発見後，月惑星研究所のヴィルツチョフが2021年9月6日にレモン山の1.5-m反射で行なった観測では，彗星には集光した12″のコマと南南西に27″の直線状の尾が見られたことを報告した．佐藤氏がメイヒルにある43-cm望遠鏡で9月10日に行なった観測では10″のコマと西南に15″が見られ，光度が17.4等，さらに10月2日の観測では，同じ形状に見え，光度は16.5等だった．山口の吉本勝巳氏が10月5日に同じ望遠鏡で行なった観測では，強く集光した21″のコマと西南西に20″の尾が見え，光度は16.2等など，彗星は多くの観測者によってとらえられた．

　2回の出現で行なわれた736個の観測を結んだ連結軌道が計算された（NK 4986（= CBET 5250））．近日点通過は，2010年8月26日，2016年3月15日（観測されていない），2021年10月4日だった．位置観測は，2022年1月28日まで747個（内国内20個）が報告され，その観測は終了している．その後のCCD全光度を吉本氏が10月9日に16.8等，27日に17.6等と観測している．標準等級はH_{10} = 17.5等「N」くらいであった．次回の近日点通過は2027年5月3日となる．

●462P/LONEOS-PANSTARRS周期彗星（2022 M1 = 2000 OZ_21）

　Pan-STARRSサーベイで2022年6月29日にみずがめ座を撮影した捜索画像上に発見された周期が10.8年（q = 2.06 AU，e = 0.58，a = 4.89 AU）の新彗星．発見光度は21等級．小さなコマと西南西に3″の尾が見られた．6月30日に3.6-m望遠鏡で行なわれた観測では，西南西に少なくとも18″の尾が見られた．同サーベイのワークが2.2-m望

遠鏡で行なった7月5日の観測では，西南西に25″以上の尾が見られた．東京の佐藤英貴氏がメイヒル近郊にある43-cm望遠鏡で7月2日に行なった観測では，集光した6″のコマと西南に25″の尾が見られ，光度は20.1等だった．さらにワークは，レモン山サーベイの5月31日，セロトロロの4-m望遠鏡の6月15日の1夜の観測群の中にこの彗星の発見前の観測を見つけた（CBET 5146）．

著者は，その後の8月25日までの観測から新たな軌道を計算し，過去の観測の中を探ると，この彗星は，2000年7月29日に発見され，小惑星の仮符号2000 OZ21（MPS 17842）が与えられた18等級の小惑星と同一のものであることがわかった．なお，この小惑星の軌道からのずれは，赤経方向に $-3°.3$，赤緯方向に $-1°.4$ で，近日点通過時刻への補正値は $\varDelta T = -4.6$ 日であった．

2回の出現時に行なわれた107個の観測から連結軌道が計算された（NK 4813（= CBET 5166））．さらにその後に報告された178個の観測から新たな連結軌道が計算されている（NK 4887）．近日点通過は2000年9月8日，2011年10月29日（観測されていない），2022年8月2日であった．

位置観測は，2022年11月19日まで179個の観測が報告され，今期の観測は終了した．今期の標準等級は $H_{10} = 15.0$ 等「G」くらいであった．次回の近日点通過は2033年3月20日となる．

● **463P/NEOWISE周期彗星（2018 HT3）**

前回の2回，2012年と2018年の出現は小惑星として観測されていた周期が5.13年（$q = 0.52$ AU，$e = 0.83$，$a = 2.98$ AU）のこの彗星の3回目の回帰．

発見は，2023年4月にカリフォルニアのマトソンがSOHO衛星搭載のSWANカメラ上に見つけた移動天体から始まる．マトソンは，2023年4月5日から16日までに撮影されたSWAN画像上に写っている11等級の明るい彗星状天体を見つけた．マトソンは，これら7個の観測から計算した予報位置を観測者に送ったところ，オーストラリアのマチアゾが27-cm望遠鏡を使用して，4月18日にNGC 1232近くにこの天体を確認した．このとき，天体の光度は14.5等，南南東に尾があった．また，マゼクも，4月19日にチリにある7.5-cm望遠鏡，さらに4月20日にアルゼンチンにある30-cm望遠鏡でこの天体を確認した．天体には，南東に伸びた $1'.3$ のコマとその先に約 $0'.5$ の尾が見られた．東京の佐藤英貴氏も，4月20日にチリにある6.5-cm屈折でこの天体を確認した．このとき，天体は14.7等，天体には集光した30″のコマと東から東南に $1'.4$ の扇形状の尾が見られた．

佐藤氏は，同時に，この天体は2018年4月22日に19等級で発見された周期が5.1年のアポロ型小惑星2018 HT3と同じ天体であることを指摘した．2021年になって，この小惑星には，Pan-STARRSサーベイで2012年，2013年に撮影された捜索画像上に1回帰前の観測が見つかり，小惑星は2回の回帰が観測されていた．このとき，小惑

星の光度は20等〜22等級ほどであった．さらに，カリフォルニアのディーンは，2012年にパロマーのオースチン・シュミットで撮影した画像上にこの小惑星を見つけた．小惑星の光度は17.8等，北を中心に東南まで広がった14″の尾が見られた．さらに今回（2023年）の出現では，キットピークの1.8-mスペースウォッチ望遠鏡で2022年11月に撮影された画像上にこの天体が撮影されていたことがわかった．

これら3回の出現時に行なわれた65個の観測から連結軌道が計算された（CBET 5252（= NK 4988））．彗星は，これで3回の出現を記録した．その近日点通過は2012年12月13日，2018年2月7日，2023年3月29日であった．

位置観測は，2023年7月13日まで103個が報告され，今期の観測はこれで終了した．CCD全光度を佐藤氏が5月13日に16.5等（12″），22日に16.9等（25″，南に1′.1の尾）と観測している．標準等級はH_8 = 12.0等「G」くらいであった．次回の近日点通過は2028年5月15日となる．

●464P/PANSTARRS周期彗星 （2014 OL465）

2014年7月25日にPan-STARRSサーベイで発見された周期が10.2年（q = 3.37 AU，e = 0.28，a = 4.96 AU）の小惑星（MPS 1559396）が彗星であることが判明し，彗星として再登録された．発見光度は21等級．

エラスマスから過去2ヵ月間にATLASサーベイで撮られた画像では，この小惑星は予報より2等級ほど明るかったことが報告された．さらに，2023年2月3日になって，南アフリカにある1.0 m望遠鏡で観測すると，コマと尾は見られないが視直径が3″.6ほどになっていた．フィッツシモンズが12月から1月の過去のATLASサーベイの画像を調べたところ，小惑星はほぼ恒星状であった．しかし，2023年4月13日と5月17日の画像では，8″のコマと尾が見られるようになっていた．東京の佐藤英貴氏が2023年5月19日にチリにある51-cm望遠鏡で行なった観測では，強い集光のある10″のコマが見られ，光度は17.7等であった．

2回の出現時に行なわれた82個の観測から連結軌道が計算された（CBET 5262（= NK 5007））．前回の近日点通過は2012年12月29日，今期の回帰は2023年2月28日であった．位置観測は2023年8月31日まで165個が報告され，もう少し観測できるだろう．佐藤氏はCCD全光度を5月23日に17.9等（10″）と観測している．標準等級はH_{10} = 11.0「G」くらい．次回の近日点通過は2033年4月15日となる．

●465P/ヒル周期彗星 （2008 L2 = 2023 L1）

ヒルがカテリナで2008年6月12日にペガスス座を撮影した捜索画像上に発見した周期が14.8年（q = 2.33 AU，e = 0.61，a = 6.03 AU）のこの彗星の初めての回帰．発見光度は18等級．発見時，彗星には，6″ほどのコマと西に短く拡散した尾が見られた．続いて行なわれた6月13日の観測時には，13″ほどの集光したコマと西北西に10″の拡散した尾が，さらに，14日には，西南西に20″の拡散した扇形の尾が見られている．6

月13日にスペインのアイマミが25-cm反射で観測したところ、彗星は、ほぼ恒星状で、西南西に35″の淡い尾が観測された。上尾の門田健一氏による彗星のCCD全光度は、6月30日に18.0等、7月12日に17.8等であった。前回の近日点通過は2008年4月18日、今期の回帰は2023年5月9日であった（IAUC 8953, IAUC 8960, 天文ガイド2008年8月号参照）。

　検出は、クレスケンらがラシラにある56-cm望遠鏡で2023年6月1日に行ない、6月2日と8日にこれを確認した。彗星は恒星状、18等級であった。検出位置は予報軌道（NK 1840（= HICQ 2021））から赤経方向に + 0°.28、赤緯方向に − 0°.03のずれがあり、近日点通過日への補正値は$\varDelta T = - 1.09$日であった。2回の出現時に行なわれた659個の観測から連結軌道が計算された（CBET 5270（= NK 5035））。

　今期の位置観測は73個（内国内5個）が報告され、まだしばらく観測できるだろう。CCD全光度を新城の池村俊彦氏が6月16日に18.2等（11″）、上尾の門田健一氏が8月3日に17.4等、10月5日に18.1等、栗原の高橋俊幸氏が10月13日に18.3等、17日に19.2等と観測している。今期の標準等級は$H_{10} = 12.0$等「G」くらい。次回の近日点通過は2037年12月19日となる。

●466P/PANSTARRS周期彗星（2015 T3 = 2023 M3）

　Pan-STARRSサーベイで2015年10月13日にくじら座を撮影した捜索画像上に発見された周期が8.12年（$q = 2.15$ AU, $e = 0.47$, $a = 4.04$ AU）のこの彗星の初めての回帰。発見光度は20等級。発見時、天体には、東北東に8″ほどの淡い広がった尾が見られた。同サーベイで10月15日に撮られた画像では、同じ方向に伸びた約10″の明瞭な尾があった。10月14日にマウナケアの3.6-m望遠鏡で行なわれた確認観測では、天体には小さく拡散した明瞭なコマが見られ、約7″の尾が東に伸びていた。10月14日にキットピークの1.8-mスペースウォッチⅡ望遠鏡でこの彗星を観測したブレシーは、彗星の核は淡く広がり、東南に広がった尾があることを報告した。同じ日、サイデング・スプリングにある51-cmと43-cm望遠鏡でこの彗星を観測した東京の佐藤英貴氏は、彗星には集光した15″のコマがあり、光度を18.6等と観測した。同日、マウント・ジョンの1.0-m反射望遠鏡で観測したギルモア夫妻は、集光したコマと東に5″の尾を観測した。10月15日、チリのアタカマ高原にある40-cm望遠鏡でこの彗星を観測したモーリらの観測では、彗星には11″のコマと東に9″の尾と思われる形状が見られた。初回の近日点通過は2015年3月10日、今期の回帰は2023年5月3日であった（CBET 4152, 天文ガイド2016年1月号参照）。

　検出は、月惑星研究所のファゼカスがレモン山サーベイで2023年6月26日にうお座とくじら座の境界近くを撮影した捜索画像上に19等級の新彗星を発見したことに始まる。発見時、彗星には12″のコマと西南に広がった尾が見られた。ランキンによって、カテリナスカイサーベイで6月22日に撮影された捜索画像上に発見前の観測が報

告された．6月29日，イタリーのブッジーらが36-cm反射で行なった観測では，東西に伸びた9″のコマと西に淡い尾のようなものがあった．同日，東京の佐藤英貴氏がチリにある51-cm望遠鏡による観測では，集光した10″のコマと西に広がった20″の扇形状の尾が見られ，光度が18.7等であった．

確認作業が続いているとき，北見の鈴木雅之氏は，この彗星を，2015年出現のP/2015 T3と同定できることを指摘した．発見位置は予報軌道（NK 4409（＝CH 2023））から赤経方向に−0°.19，赤緯方向に−0°.05のずれがあり，近日点通過日への補正値は$\Delta T = + 0.58$日であった．2回の出現に行なわれた96個の観測を結んだ連結軌道が計算された（CBET 5277（＝NK 5037））．

今期の位置観測は75個が報告され，観測は継続中である．標準等級は$H_{10} = 13.5$「G」くらい．次回の近日点通過は2031年2月4日となる．

●467P/LINEAR・グロイアー周期彗星（2010 TO20 ＝ 2023 H6）

レモン山サーベイで2011年10月19日におひつじ座とうお座の境界近くを撮影した捜索画像上にグロイアーが発見した周期が14.1年のこの彗星（$q = 5.51$ AU，$e = 0.06$，$a = 5.83$ AU）の初めての回帰．軌道が丸く，いつ検出されてもおかしくない彗星であった．発見光度は19等級．発見時，彗星には拡散した10″ほどのコマと西南西に25″ほどの扇形の尾が広がっていた．ソステロらのイタリーの観測者グループは，サイデング・スプリングにある2.0-m望遠鏡を遠隔操作して，発見日にこの彗星を観測したところ，彗星には，集光部のある小さなコマと西南西に45″以上に広がった扇形の尾が見られた．彼らは，続く10月20日にも似たような形状を観測した．2夜目の観測が報告されたとき，小惑星センターのスパールは，この彗星を，約1年前の2010年10月1日にLINEARサーベイでうお座に発見されていた19等級のトロヤ型の小惑星2010 TO20と同じ天体であることを見つけた．東京の佐藤英貴氏が10月26日に行なった観測では，彗星には16″の集光したコマが見られ，そのCCD全光度は19.6等であった．

なお，彗星は，2009年10月25日に木星まで0.075 AUまで接近していた．2010年のLINEARサーベイの小惑星の発見時にも，彗星は，木星までまだ0.36 AUの距離にいた．初回の近日点通過は2005年1月9日，今期の回帰は2022年11月27日であった（IAUC 9235，天文ガイド2012年1月号参照）．

検出は，ミチェリーとシャムボーがセロパチョンにある8.1-m望遠鏡で2023年4月20日に行ない，5月25日にこれを確認した．検出時，彗星は23等級，恒星状であった．検出位置は，予報軌道（NK 2433（＝HICQ 2020））から赤経方向に＋4′.0，赤緯方向に＋1′.6のずれがあり，近日点通過日への補正値は$\Delta T = - 1.01$日であった．2009年から2023年に得られた2回の出現時に行なわれた85個の観測から連結軌道が計算された（NK 5048（＝CBET 5283））．

前述したとおり，彗星は2009年10月22日に木星に0.075 AU，2003年8月26日に

0.35 AUまで，さらに1960年8月には土星に0.24 AUまで接近しており，軌道が大きく変化した．1979年時の軌道は，T = 1979年2月12日，ω = 191°.2，Ω = 321°.0，i = 1°.8，q = 5.84 AU，e = 0.33，a = 8.72 AU，P = 25.7年であった．近日点通過は初回が2005年1月9日，今期が2022年11月27日であった．

今期の位置観測は75個が報告され，観測は継続中．標準等級は$H_{7.5}$ = 11.0等「G」くらい．次回の近日点通過は2036年11月24日となる．

●468P/サイデング・スプリング周期彗星（2004 V3 = 2023 O1）

サイデング・スプリングで，50-cmウプサラ・シュミットを使用して行なわれているスカイ・サーベイで，ガラッドが2004年11月3日につる座を撮影した捜索画像上に発見した周期が19.0年（q = 3.95 AU，e = 0.45，a = 7.12 AU）のこの彗星の初めての回帰．発見光度は18等級．同所のマックノートは，この天体を11月5日と6日に同所の1.0-m反射で観測した際，天体が少しぼけていることに気づき，彗星であることが判明した．初回の近日点通過は2004年11月11日，今期の回帰は2023年11月21日となる（IAUC 8429，IAUC 8438，天文ガイド2005年1月号参照）．

検出は，プラーグのマゼクがアルゼンチンにある30-cm反射望遠鏡で2023年7月18日に行ない，7月19日にこれを確認した．彗星は恒星状であった．検出位置は予報軌道（NK 1246R（= HICQ 2020））から赤経方向に + 0°.13，赤緯方向に + 0°.55のずれがあり，近日点通過時刻への補正値はΔT = − 3.20日のずれが見られた．東京の佐藤英貴氏は，この検出を知って，サイデング・スプリングにある51-cm望遠鏡で，6月19日に行なった自身の捜索画像を見直した結果，強い集光のある8″のコマを持つ，同彗星を見つけた．光度は19.0等であった．

2回の出現で行なわれた66個の観測から連結軌道が計算された（NK 5047（= CBET 5282））．彗星は，1980年3月に土星に0.27 AU，1986年9月に木星に1.03 AUまで接近していた．位置観測は，これまで75個が報告され，継続中．佐藤氏は8月11日に18.5等（6″）と観測している．標準等級はH_{10} = 10.0等「G」くらい．次回の近日点通過は2042年10月9日となる．

●469P/PANSTARRS周期彗星（2015 XG422）

2015年12月13日にPan-STARRSサーベイで発見された周期が9.02年（q = 2.99 AU，e = 0.31，a = 4.33 AU）の小惑星（MPS 1096514）が彗星であることが判明し，彗星として再登録された．発見光度は22等級．

カリフォルニアのリーは2016年にサイデング・スプリング，マウナケア，セロトロロなどで撮られたこの小惑星の画像を調べた結果，画像の多くには小さなコマと西に10″ほどに伸びた尾が写っていることが判明し，この小惑星は彗星であることを指摘した．Pan-STARRSサーベイのワークは，同所の2016年4月29日の画像では，この小惑星は彗星状で写っていたことを報告した．さらに，2017年5月26日の画像では，

強く集光した小さなコマと西南西に4″の直線状の尾が見られた.

　さらに，ワークは2010年9月13日，15日，10月3日の画像上に1回帰前の彗星の発見前の観測を見つけた. このとき，光度は22等級であった. これら2回の出現時に行なわれた71個の観測から連結軌道が計算された（CBET 5284（＝NK 5049）). 2015/2017年の観測から決定したMPO 521860にある軌道から2010年の観測は，主に赤経方向に＋35″のずれがあった. なお，彗星は2010年11月12日に木星まで0.34 AUまで接近していた. 近日点通過は，2008年3月27日と2016年12月2日であった.

　2回の出現時の位置観測は，71個が報告され終了した. しかし，間もなく，検出されるだろう. 標準等級はH_8 = 13.0等「G」くらい. 次回の近日点通過は2025年12月8日となる.

●470P/PANSTRRS周期彗星（2014 W1 = 2023 O2）

　Pan-STARRSサーベイで2014年11月17日におうし座を撮影した捜索画像上に発見された周期が9.47年（q = 2.73 AU, e = 0.39, a = 4.48 AU）の彗星の初めての回帰. 発見光度は20等級. 発見時，彗星は拡散状で，コマが南東に広がり尾のように見えた. 11月18日にマウナケアの3.6-m望遠鏡で行なわれた観測では，東南東に広がったコマの中に恒星状の核が見られた. 彗星は11月19日に同サーベイでも再観測されている. マグダレナのライアンが2.4-m反射で11月18日に行なった観測では，彗星には西に淡い尾が見られた. 同日，東京の佐藤英貴氏もサイデング・スプリングにある51-cm望遠鏡で観測し，彗星には強く集光した6″のコマが見られ，光度は19.6等であった. また，上尾の門田健一氏は，11月22日のCCD全光度を19.2等と観測している. 初回の近日点通過は2014年8月1日，今期の回帰は2023年12月18日となる.（CBET 4018, 天文ガイド2015年1月号参照）.

　検出は，ペンシルバニアのマイクナーが30-cm望遠鏡を使用して，8月2日に行ない，8月11日にこれを確認した. 検出光度は19等級，検出時，わずかにコマがあり，8月11日には直線状の30″の尾が見られた. MPCにある1夜の観測を調べた結果，Pan-STARRSサーベイで7月30日の観測群の中にこの彗星の検出前の観測が見つかった. さらに同サーベイのワークは，6月22日，29日，7月29日，8月22日の観測群にもこの彗星のイメージを見つけた. 検出位置は，予報軌道（NK 2909（= HICQ 2023））から赤経方向に＋135″，赤緯方向に＋35″のずれがあり，近日点通過時刻への補正値はΔT = − 0.14日であった. 2回の出現時に行なわれた63個の観測から連結軌道が計算された（CBET 5288（= NK 5065）).

　今期の位置観測は87個が報告され，観測は継続中. 今期の標準等級はH_{10} = 13.0等「G」くらい. 次回の近日点通過は2033年4月30日となる.

●471P/2010 YK3 = 2023 KF3

　この彗星は，まだ名前が決まってないため『天文年鑑2025年版』で紹介する.

表1 番号登録された周期彗星の軌道要素

【注意】軌道の元期は2024年3月31日.

彗星名	近日点通過 T/TT	初回出現	最終出現	出現回数	周期 P	光度（m₁）パラメータ		計算者
	年 月 日	年	年	回	年	H_1	K_1	
1P/Halley	2061 9 7.4446	-239	1986	30	75.5	5.5	8.0	K
2P/Encke	2023 10 22.5287	1786	2023	65	3.30	10.0	10.0	N
3D/Biela	2024 10 24.6023	1772	1852	6	6.69	11.0	15.0	N
4P/Faye	2021 9 9.0930	1843	2021	23	7.49	7.0	17.0	N
5D/Brorsen	2023 4 14.7660	1846	1879	5	5.61	10.5	15.0	N
6P/d'Arrest	2021 9 17.2663	1678	2021	21	6.54	9.0	10.0	N
7P/Pons-Winnecke	2021 5 26.7786	1819	2021	25	6.29	11.5	12.0	N
8P/Tuttle	2021 8 27.9449	1790	2021	13	13.6	13.0	5.0	N
9P/Tempel	2022 3 11.2270	1867	2022	14	5.70	9.5	13.0	N
10P/Tempel 2	2026 8 2.1471	1873	2021	24	5.36	12.5	7.0	N
11P/Tempel-Swift-LINEAR	2026 11 9.5914	1869	2020	7	5.95	10.5	10.0	N
12P/Pons-Brooks	2024 4 21.1183	245	2024	7	71.3	4.0	12.0	N
13P/Olbers	2024 6 30.0179	1815	2024	4	69.4	4.5	20.0	N
14P/Wolf	2026 9 18.6736	1884	2017	17	8.78	6.5	20.0	K
15P/Finlay	2021 7 13.4261	1886	2021	16	6.58	9.0	20.0	N
16P/Brooks 2	2021 4 18.5457	1889	2021	18	7.00	4.5	30.0	N
17P/Holmes	2021 2 19.6415	1892	2021	12	6.94	7.0	15.0	N
18D/Perrine-Mrkos	2025 1 1.6651	1896	1968	5	7.83	11.5	20.0	N
19P/Borrelly	2022 2 2.0464	1905	2022	16	6.85	7.0	12.0	N
20D/Westphal	2038 5 1.6635	1852	1913	2	62.3	13.0	20.0	Y
21P/Giacobini-Zinner	2025 3 25.2099	1900	2018	16	6.53	8.5	18.0	K
22P/Kopff	2022 3 18.5905	1906	2022	18	6.36	7.0	26.0	N
23P/Brorsen-Metcalf	1989 8 23.8882	1847	1989	3	69.7	9.0	10.0	N
24P/Schaumasse	2026 1 8.4639	1911	2017	11	8.17	7.0	20.0	N
25D/Neujmin 2	2025 5 11.3892	1916	1927	2	5.78	12.5	15.0	N
26P/Grigg-Skjellerup	2023 12 25.3407	1808	2023	22	5.24	12.5	11.0	N
27P/Crommelin	2011 7 28.6680	1818	2011	6	27.8	12.0	10.0	N
28P/Neujmin 1	2021 3 11.3464	1913	2021	7	18.5	10.5	6.0	N
29P/Schwassmann-Wachmann 1	2019 5 2.7781	1908	2019	8	14.9	4.0	7.0	N
30P/Reinmuth 1	2024 8 17.1580	1928	2024	13	7.22	9.0	15.0	N
31P/Schwassmann-Wachmann 2	2028 3 19.1472	1929	2019	14	8.71	11.5	7.0	N
32P/Comas Sola	2024 4 20.6170	1927	2024	12	9.71	7.0	18.0	N
33P/Daniel	2024 11 11.2501	1909	2016	11	8.28	9.0	20.0	N
34D/Gale	2026 12 16.7267	1927	1938	2	11.3	11.0	20.0	N
35P/Herschel-Rigollet	2092 4 16.8923	1788	1939	2	153	8.5	10.0	N
36P/Whipple	2020 6 2.3227	1926	2020	13	8.42	7.5	17.0	N
37P/Forbes	2024 10 11.2800	1929	2018	12	6.44	10.5	12.0	N
38P/Stephan-Oterma	2018 11 12.9749	1867	2018	4	37.7	6.0	16.0	N
39P/Oterma	2023 8 2.4015	1942	2023	5	18.9	10.5	10.0	N
40P/Väisälä 1	2025 11 10.5749	1939	2014	8	11.1	5.5	30.0	K
41P/Tuttle-Giacobini-Kresak	2022 9 13.4516	1858	2022	12	5.43	13.5	16.0	N
42P/Neujmin 3	2024 6 30.3450	1929	2015	6	10.8	13.0	9.0	N
43P/Wolf-Harrington	2025 8 5.2592	1925	2016	12	8.99	7.0	18.0	K
44P/Reinmuth 2	2022 4 22.7763	1947	2022	12	7.08	10.0	10.0	N
45P/Honda-Mrkos-Pajdusakova	2022 4 27.1259	1948	2022	14	5.34	14.0	26.0	N
46P/Wirtanen	2024 5 19.0886	1947	2018	12*	5.44	9.0	23.0	N
47P/Ashbrook-Jackson	2025 10 27.7099	1948	2025	11	8.36	4.5	18.0	K
48P/Johnson	2025 3 2.6118	1949	2025	12	6.55	7.0	20.0	N
49P/Arend-Rigaux	2025 4 10.6547	1950	2025	12	6.74	11.3	11.0	K
50P/Arend	2024 5 12.7911	1951	2024	10	8.27	9.5	15.0	N
51P/Harrington	2022 10 1.5720	1953	2022	9	7.13	15.5	10.0	N
52P/Harrington-Abell	2021 10 5.4822	1954	2021	10	7.59	11.0	10.0	N
53P/Van Biesbroeck	2028 12 26.9288	1954	2016	6	12.7	7.0	12.0	N
54P/de Vico-Swift-NEAT	2024 9 3.9033	1844	2009	5*	7.37	13.5	10.0	K
55P/Tempel-Tuttle	2031 5 23.5369	1366	1998	5*	33.3	10.0	25.0	N
56P/Slaughter-Burnham	2027 12 18.5305	1958	2016	6	11.4	7.5	15.0	K
57P/du Toit-Neujmin-Delporte	2021 10 16.8202	1941	2021	6	6.39	7.5	26.0	N
58P/Jackson-Neujmin	2020 5 27.6267	1936	2020	6	8.27	11.5	15.0	N
59P/Kearns-Kwee	2028 3 15.2517	1963	2018	7	9.49	7.0	15.0	N
60P/Tsuchinshan 2	2025 7 20.7634	1965	2018	9	6.62	9.0	30.0	N
61P/Shajn-Schaldach	2022 10 23.7102	1949	2022	9	7.09	9.5	15.0	N
62P/Tsuchinshan 1	2023 12 25.1138	1965	2023	9	6.18	5.0	40.0	N
63P/Wild 1	2026 7 6.8242	1960	2013	4	13.4	8.0	15.0	N
64P/Swift-Gehrels	2018 4 20.3034	1889	2018	7	9.39	8.0	16.0	N
65P/Gunn	2025 6 16.8573	1953	2025	10	7.68	8.0	7.0	N
66P/du Toit	2018 5 15.8535	1944	2018	4	15.0	12.0	10.0	N
67P/Churyumov-Gerasimenko	2021 11 2.3973	1969	2021	9	6.43	8.5	10.0	N
68P/Klemola	2019 11 8.0926	1965	2019	6	11.1	7.0	16.0	N
69P/Taylor	2026 11 12.3804	1916	2019	8	7.65	6.0	30.0	N
70P/Kojima	2021 11 3.3328	1970	2021	8	7.05	11.5	10.0	N
71P/Clark	2023 1 23.1129	1973	2023	10	5.58	8.0	20.0	N
72P/Denning-Fujikawa	2023 6 15.7599	1881	2023	4	8.94	15.5	25.0	N
73P/Schwassmann-Wachmann 3	2022 8 27.1658	1930	2022	9	5.43	8.0	10.0	N
74P/Smirnova-Chernykh	2028 1 31.7697	1967	2028	3	10.7	4.5	15.0	N
75D/Kohoutek	2021 3 5.6415	1975	1987	3	6.65	10.5	10.0	N
76P/West-Kohoutek-Ikemura	2026 4 13.6282	1975	2019	7	6.46	9.5	15.0	N
77P/Longmore	2023 4 2.9571	1974	2023	8	6.89	7.5	14.0	N
78P/Gehrels 2	2026 6 24.7848	1973	2019	7	7.22	1.5	30.0	N
79P/du Toit-Hartley	2023 9 30.3406	1945	2013	6	5.05	15.5	8.0	N
80P/Peters-Hartley	2022 12 8.7837	1846	2022	6	8.07	9.0	25.0	N
81P/Wild 2	2022 12 15.5774	1978	2022	8	6.42	5.0	15.0	N
82P/Gehrels 3	2026 11 16.0411	1977	2018	6	8.40	5.5	20.0	K
83D/Russell 1	2022 5 22.4081	1979	1985	2	7.53	13.0	15.0	N
84P/Giclas	2027 2 12.1192	1931	2020	8	6.69	11.5	10.0	N
85D/Boethin	2020 7 30.2959	1975	1986	2	11.3	6.5	20.0	N
86P/Wild 3	2022 2 8.7140	1980	2022	7	6.90	11.0	15.0	N
87P/Bus	2020 4 28.0739	1981	2020	7	9.08	10.0	15.0	N
88P/Howell	2026 3 18.8993	1955	2020	9	5.48	5.5	27.0	N
89P/Russell 2	2024 3 26.6068	1980	2024	7	7.27	10.0	8.0	N
90P/Gehrels 1	2017 6 23.4980	1973	2017	4	14.9	9.5	10.0	N
91P/Russell 3	2020 10 20.8690	1982	2020	6	7.80	11.0	10.0	N
92P/Sanguin	2027 7 14.8974	1977	2015	4	12.3	9.5	15.0	N
93P/Lovas 1	2026 5 2.8134	1980	2017	5	9.16	9.5	15.0	K
94P/Russell 4	2023 5 21.0461	1984	2023	7	6.58	9.5	15.0	N
95P/Chiron	2046 9 2.8608	1895	2046	4	50.8	2.5	10.0	N

彗星番号	平均近点離角 Mo	近日点距離 q	離心率 e	(2000.0) 近日点引数 ω	昇交点黄経 Ω	軌道傾斜角 i	元期 Epoch 年 月 日	最終観測 年 月 日	天文台コード
		AU							
1P	181.4924	0.583913	0.967313	112.5631	59.9600	162.1397	2024 3 31	2003 3 8	(309)
2P	47.8623	0.339567	0.846943	187.2870	334.0171	11.3372	2024 3 31	2023 10 5	(Q21)
3D	329.4203	0.825331	0.767570	279.2358	189.1411	7.0249	1852 9 26		(084)
4P	122.8782	1.620370	0.576754	207.0952	192.9234	8.0080	2024 3 31	2023 3 25	(F51)
5D	61.6834	0.515567	0.836746	20.4534	94.8242	18.6305	1879 5 19		(582)
6P	139.4993	1.356674	0.612091	178.0883	138.9498	19.5036	2024 3 31	2022 3 1	(703)
7P	162.9132	1.228717	0.639299	172.4842	93.2891	22.4131	2024 3 31	2022 12 16	(X03)
8P	68.4515	1.024450	0.820389	207.4597	270.1906	54.9732	2024 3 31	2022 3 20	(C51)
9P	129.7934	1.568763	0.508432	182.1417	67.5541	10.8440	2024 3 31	2023 9 21	(F52)
10P	202.9276	1.416072	0.537625	195.5249	117.8099	12.0300	2024 3 31	2023 4 12	(V00)
11P	202.0501	1.387107	0.577579	168.0251	238.8662	14.4345	2024 3 31	2021 2 7	(T08)
12P	359.7082	0.780760	0.954611	198.9896	255.8561	74.1916	2024 3 31	2023 10 6	(N89)
13P	358.7067	1.175495	0.930370	64.4108	85.8482	44.6638	2024 3 31	2023 9 27	(A77)
14P	258.8306	2.737557	0.356976	159.1641	202.0387	27.9253	2024 3 31	2021 2 24	(W33)
15P	148.6331	0.994458	0.716658	347.8899	13.7225	6.7946	2024 3 31	2022 3 3	(Q11)
16P	151.6224	1.880923	0.486180	345.3311	138.8481	3.0105	2024 3 31	2021 1 29	(F52)
17P	161.1437	2.085776	0.426960	24.6134	326.6261	19.0169	2024 3 31	2023 1 22	(F52)
18D	325.1872	1.635814	0.585249	157.0486	237.9257	16.9110	1969 1 13		(370)
19P	113.3357	1.306315	0.637905	351.9754	74.2173	29.3149	2024 3 31	2023 5 22	(F52)
20D	278.6388	1.235143	0.921424	56.7337	348.2665	40.8988	1913 10 10		(007)
21P	305.7718	1.008988	0.711153	172.9149	195.3402	32.0539	2020 1 30		(G96)
22P	115.2594	1.540674	0.551041	162.9185	120.5762	4.7528	2023 9 9		(T14)
23P	178.6338	0.466076	0.972489	199.5964	311.5735	19.3548	2023 9 15		(006)
24P	281.7511	1.184473	0.707954	58.4834	78.2842	11.5014	2018 6 19		(G96)
25D	290.7521	1.445396	0.551433	248.7750	276.0719	2.7508	1927 2 10		(754)
26P	18.1891	1.083888	0.660615	2.1444	211.5401	22.4328	2022 12 15		(F51)
27P	164.0575	0.739306	0.919461	195.8331	250.7024	29.4285	2012 1 26		(140)
28P	59.5886	1.583711	0.773207	347.4776	346.3732	14.3042	2023 3 21		(F51)
29P	118.7487	5.785960	0.044110	51.9555	312.4060	9.3591	2023 10 6		(T05)
30P	341.0090	1.813634	0.514592	9.4733	117.2406	8.0523	2024 3 31	2023 10 5	(703)
31P	196.0222	3.416942	0.192858	17.8243	114.1097	4.5495	2021 5 30		(F51)
32P	357.9081	2.024617	0.555278	54.6727	54.5291	9.9210	2024 3 31	2023 9 27	(F51)
33P	333.1899	2.242003	0.452241	20.3759	66.2461	22.2950	2024 3 31	2023 10 6	(Q11)
34D	273.4458	1.212785	0.758896	218.7546	57.1476	10.5468	1938 7 29		(078)
35P	199.4165	0.727023	0.974535	29.0912	356.4941	64.9008	2024 3 31	1940 1 16	(662)
36P	163.5780	3.026840	0.268751	201.1530	181.8408	9.9505	2024 3 31	2022 3 6	(F52)
37P	330.2859	1.617730	0.532847	330.0702	314.5562	8.9175	2024 3 31	2018 12 14	(G96)
38P	51.3287	1.577684	0.859758	359.5416	77.8673	18.4103	2024 3 31	2020 5 21	(G96)
39P	12.5675	5.712714	0.196209	108.2751	292.5618	1.5915	2024 3 31	2021 8 2	(568)
40P	307.5742	1.816032	0.634693	50.2223	130.7884	11.4972	2024 3 31	2015 8 12	(F51)
41P	102.5190	1.051253	0.659612	62.2376	140.9772	9.2168	2023 9 13		(F51)
42P	300.0445	2.027837	0.584126	147.1784	150.1721	3.9894	2015 10 9		(703)
43P	306.0365	2.440686	0.435522	224.0045	243.9975	9.3326	2024 3 31	2023 2 1	(G40)
44P	98.5679	2.112754	0.427086	58.0178	286.4288	5.8964	2024 3 31	2023 3 19	(Q11)
45P	129.8276	0.557045	0.817749	327.9551	87.6684	4.3245	2024 3 31	2022 7 4	(349)
46P	351.1002	1.054806	0.658632	356.3334	82.1623	11.7496	2024 3 31	2023 1 6	(X03)
47P	292.1505	2.807598	0.318560	357.8460	336.9020	13.0375	2024 3 31	2023 4 24	(F52)
48P	309.3496	2.006472	0.426853	216.7685	110.0679	12.2005	2024 3 31	2023 3 27	(W62)
49P	305.0856	1.431551	0.598885	332.9353	118.7938	19.0583	2024 3 31	2023 9 16	(F52)
50P	354.9005	1.922315	0.529954	49.3492	355.1713	19.0997	2024 3 31	2023 10 4	(E94)
51P	75.4947	1.692500	0.543282	269.2603	83.6478	5.4271	2022 11 21		(W62)
52P	117.8180	1.774190	0.540695	139.5631	336.7941	10.2326	2024 3 31	2023 5 26	(F52)
53P	225.3077	2.447469	0.549747	134.4259	148.8428	6.6048	2018 2 3		(F51)
54P	339.0073	2.171934	0.426322	1.9691	358.7987	6.0642	2015 5 21		(F51)
55P	282.7571	0.982260	0.905095	172.4815	235.4253	162.5209	2024 3 31	1998 7 5	(402)
56P	242.5958	2.488476	0.508617	44.1386	345.9386	8.1563	2024 3 31	2018 1 23	(G96)
57P	138.3015	1.718451	0.500784	115.0887	188.7747	2.8523	2024 3 31	2022 2 9	(215)
58P	167.1769	1.381279	0.662339	200.5796	159.0668	13.0964	2024 3 31	2020 11 23	(Q11)
59P	209.8364	2.344659	0.476772	127.5882	312.7509	9.3500	2024 3 31	2019 4 8	(703)
60P	289.0692	1.644868	0.533681	216.9767	267.4116	3.5795	2024 3 31	2019 6 23	(E94)
61P	72.9294	2.126578	0.423544	221.6568	162.9649	5.9991	2024 3 31	2023 2 23	(D95)
62P	15.4446	1.264950	0.624497	47.3011	68.6669	4.7380	2024 3 31	2023 9 28	(T05)
63P	298.9482	1.968750	0.650408	168.8407	357.9283	19.6599	2024 3 31	2013 8 27	(Q62)
64P	206.8050	1.385814	0.688740	97.2677	299.8270	8.9509	2024 3 31	2019 5 4	(Q11)
65P	303.1309	2.925490	0.248139	213.7630	61.9778	9.1758	2024 3 31	2023 5 13	(T05)
66P	141.4134	1.303760	0.785242	257.4636	21.7947	18.6407	2024 3 31	2018 11 10	(F52)
67P	134.8140	1.210330	0.650001	22.1730	36.3274	3.8709	2024 3 31	2023 4 26	(W62)
68P	143.1219	1.803796	0.636457	153.2631	175.0662	11.1072	2024 3 31	2021 1 11	(F51)
69P	236.7904	2.273444	0.414459	343.4245	104.8038	22.0574	2024 3 31	2019 3 6	(H06)
70P	122.8566	2.006047	0.454341	1.7756	119.2402	6.6003	2024 3 31	2022 6 16	(G96)
71P	76.4888	1.591516	0.493992	209.2786	59.3795	9.4404	2024 3 31	2023 9 26	(Q62)
72P	31.8926	0.781213	0.818621	346.7378	26.7039	10.9483	2024 3 31	2023 6 20	(L81)
73P	105.6835	0.961376	0.688664	199.3509	69.5166	11.2964	2024 3 31	2023 6 25	(F51)
74P	230.5123	4.653455	0.039846	122.8489	53.6882	6.4820	2024 3 31	2023 9 18	(F51)
75D	166.1720	1.771326	0.499154	175.5706	269.5519	5.9262	1988 5 19		(568)
76P	246.5732	1.598525	0.539224	359.9557	84.1097	30.4967	2024 3 31	2020 3 23	(C23)
77P	51.9033	2.348379	0.351679	196.6846	14.7628	24.3185	2024 3 31	2023 3 13	(M22)
78P	248.6305	2.005366	0.463152	192.6876	210.5199	6.2578	2024 3 31	2021 4 14	(F52)
79P	35.6437	1.120982	0.619206	281.7798	280.5175	3.1488	2024 3 31	2013 4 4	(F51)
80P	58.4171	1.616218	0.598233	339.2767	259.7836	29.9241	2024 3 31	2014 7 26	(Q62)
81P	72.7243	1.597715	0.537251	41.5918	136.0918	3.2371	2024 3 31	2023 9 13	(M22)
82P	247.3561	3.626324	0.122442	226.3353	239.3123	1.1292	2024 3 31	2020 5 27	(F52)
83D	136.5068	2.147023	0.441380	334.4823	226.2380	17.8319	2024 3 31	1985 6 17	(691)
84P	205.5619	1.718145	0.516029	211.7300	108.1001	17.5533	2024 3 31	2023 5 15	(G37)
85D	116.5566	1.128398	0.776295	65.4322	332.9232	4.1464	1986 3 1		(657)
86P	111.6743	2.280490	0.370512	180.5172	72.1172	15.5156	2024 3 31	2022 8 22	(Q62)
87P	155.4809	3.378244	0.224008	62.4433	179.1502	3.9490	2024 3 31	2020 9 5	(F51)
88P	230.8153	1.357121	0.563235	235.9189	56.6653	4.3819	2024 3 31	2023 3 22	(Q11)
89P	0.5959	2.221844	0.407774	250.4013	41.3457	12.0720	2024 3 31	2022 3 31	(Q11)
90P	163.6729	2.958770	0.511120	29.1363	113.1962	9.6467	2024 3 31	2023 3 31	(Q11)
91P	158.8839	2.664385	0.322472	359.3532	243.0179	16.1623	2024 3 31	2021 8 30	(F52)
92P	264.1608	1.813844	0.600514	163.8195	181.3591	19.4080	2024 3 31	2016 1 13	(G45)
93P	277.9025	1.689614	0.613995	74.9465	339.5817	12.2051	2024 3 31	2018 4 19	(691)
94P	471.1934	2.226833	0.365681	92.4035	70.8518	6.1879	2023 7 6		(M49)
95P	200.9688	8.543369	0.376847	339.2969	209.3074	6.9172	2024 3 31	2023 1 31	(D29)

(296ページからの続き)

彗星名	近日点通過 T/TT	初回出現	最終出現	出現回数	周期 P	光度（m₁）パラメータ		計算者
	年 月 日	年	年	回	年	H_1	K_1	
96P/Machholz 1	2023 1 31.1110	1986	2023	8	5.28	10.5	9.0	N
97P/Metcalf-Brewington	2022 2 15.9720	1906	2022	5	10.4	4.0	20.0	N
98P/Takamizawa	2021 1 4.0595	1984	2021	6	7.38	9.0	20.0	N
99P/Kowal 1	2022 4 10.1310	1977	2022	4	15.1	4.0	15.0	N
100P/Hartley 1	2022 8 10.7767	1985	2022	7	6.35	8.0	25.0	N
101P/Chernykh	2020 1 13.4799	1978	2020	4	14.0	8.0	10.0	N
102P/Shoemaker 1	2021 1 22.4521	1984	2021	6	7.46	3.5	30.0	N
103P/Hartley 2	2023 10 12.5071	1985	2023	7	6.48	8.5	20.0	N
104P/Kowal 2	2022 1 11.9322	1972	2022	7	5.74	10.0	15.0	N
105P/Singer Brewster	2025 1 22.8389	1986	2018	6	6.47	11.0	15.0	K
106P/Schuster	2021 8 19.0657	1978	2021	6	7.31	10.5	15.0	N
107P/Wilson-Harrington	2022 8 24.5853	1949	2022	11	4.25	12.0	10.0	N
108P/Ciffreo	2021 9 10.3975	1985	2021	6	7.24	9.0	22.0	N
109P/Swift-Tuttle	1992 12 19.9367	-68	1992	5	134	4.5	15.0	N
110P/Hartley 3	2021 10 18.7378	1987	2021	6	6.84	5.0	20.0	K
111P/Helin-Roman-Crockett	2021 6 17.8647	1988	2013	4	8.46	11.5	10.0	K
112P/Urata-Niijima	2026 9 21.6272	1986	2020	6	6.61	15.0	10.0	N
113P/Spitaler	2022 6 1.7126	1890	2022	7	7.10	8.5	20.0	N
114P/Wiseman-Skiff	2026 9 14.9401	1986	2020	6	6.67	11.0	15.0	N
115P/Maury	2020 7 28.1524	1985	2020	5	8.83	10.5	15.0	N
116P/Wild 4	2022 7 16.6567	1990	2022	6	6.51	6.0	15.0	N
117P/Helin-Roman-Alu 1	2022 7 10.5319	1987	2022	5	8.29	1.5	21.0	N
118P/Shoemaker-Levy 4	2022 11 24.6544	1990	2022	6	6.13	8.5	12.0	N
119P/Parker-Hartley	2022 8 12.2900	1987	2022	5	7.43	10.5	9.0	N
120P/Mueller 1	2021 5 7.8114	1987	2021	5	7.90	12.0	11.0	N
121P/Shoemaker-Holt 2	2023 6 29.3371	1988	2023	5	9.82	4.5	20.0	N
122P/de Vico	1995 9 18.5603	1846	1995	2	74.0	7.5	13.0	N
123P/West-Hartley	2026 9 22.6866	1988	2019	5	7.65	6.0	21.0	N
124P/Mrkos	2026 8 23.7881	1991	2026	7	6.20	15.0	6.0	N
125P/Spacewatch	2024 3 7.2627	1990	2018	6*	5.54	13.0	15.0	N
126P/IRAS	2023 7 5.2790	1983	2023	4	13.4	6.0	20.0	N
127P/Holt-Olmstead	2022 8 10.3905	1990	2022	6	6.42	11.0	15.0	N
128P/Shoemaker-Holt 1	2026 7 16.3386	1988	2017	4	9.50	2.0	25.0	N
129P/Shoemaker-Levy 3	2022 11 30.9542	1990	2022	5	8.89	10.5	7.0	N
130P/McNaught-Hughes	2024 4 14.8813	1991	2024	6	6.22	10.5	17.0	N
131P/Mueller 2	2026 2 15.3196	1990	2019	5	7.05	8.0	21.0	N
132P/Helin-Roman-Alu 2	2021 11 13.2454	1989	2021	5	7.67	8.5	20.0	N
133P/Elst-Pizarro	2024 5 10.3310	1979	2024	8	5.63	12.0	10.0	N
134P/Kowal-Vavrova	2030 1 11.9254	1983	2014	3	15.7	6.0	15.0	N
135P/Shoemaker-Levy 8	2022 4 7.2953	1992	2022	3	7.41	7.0	17.0	N
136P/Mueller 3	2025 1 3.0335	1990	2016	4	8.56	11.0	10.0	N
137P/Shoemaker-Levy 2	2028 7 28.1969	1990	2018	4	9.62	14.0	6.0	K
138P/Shoemaker-Levy 7	2026 3 24.1567	1991	2019	5	6.88	14.0	15.0	N
139P/Vaisala-Oterma	2027 7 21.9596	1939	2017	4	9.60	9.0	10.0	K
140P/Bowell-Skiff	2031 10 10.4081	1983	1999	2	16.2	11.5	10.0	K
141P/Machholz 2	2026 4 22.9065	1994	2020	5	5.35	12.0	30.0	N
142P/Ge-Wang	2021 5 12.4136	1988	2021	4	11.2	12.5	10.0	N
143P/Kowal-Mrkos	2027 1 31.9189	1984	2026	5	8.79	13.0	7.0	N
144P/Kushida	2024 1 25.7769	1993	2024	5	7.50	9.5	15.0	N
145P/Shoemaker-Levy 5	2026 1 31.7660	1991	2017	4	8.40	10.5	15.0	K
146P/Shoemaker-LINEAR	2024 8 5.4517	1984	2016	4	8.08	14.0	10.0	N
147P/Kushida-Muramatsu	2023 12 7.4778	1993	2008	3	8.03	14.5	7.0	N
148P/Anderson-LINEAR	2022 6 13.8586	1963	2022	4	6.89	12.5	10.0	N
149P/Mueller 4	2026 12 31.4865	1992	2019	4	8.42	7.5	20.0	N
150P/LONEOS	2024 3 12.4633	1978	2024	5	7.61	13.5	10.0	N
151P/Helin	2029 8 16.3817	1987	2015	3	13.8	10.0	15.0	N
152P/Helin-Lawrence	2022 1 14.7646	1993	2022	3	9.49	8.5	11.0	N
153P/Ikeya-Zhang	2002 3 5.8070	877	2002	3	357	4.0	10.0	N
154P/Brewington	2019 11 16.0511	1992	2013	3	10.5	7.0	20.0	N
155P/Shoemaker 3	2019 11 16.0511	1985	2019	3	16.8	10.0	12.0	N
156P/Russell-LINEAR	2027 4 29.9601	1986	2020	6	6.44	9.5	10.0	N
157P/Tritton	2022 9 9.9315	1977	2022	5	6.68	13.0	20.0	N
158P/Kowal-LINEAR	2022 5 6.0922	1981	2021	5	13.1	9.0	10.0	N
159P/LONEOS	2018 5 25.0631	1989	2018	3	14.2	10.0	7.0	N
160P/LINEAR	2027 4 6.7397	1996	2019	4	7.34	10.5	10.0	N
161P/Hartley-IRAS	2026 10 30.0402	1984	2005	2	21.3	8.5	15.0	N
162P/Siding Spring	2026 5 17.6022	1988	2020	6	5.44	13.5	5.0	K
163P/NEAT	2026 11 23.9496	1991	2019	5	7.30	13.5	10.0	K
164P/Christensen	2025 5 27.3796	1997	2018	4	6.98	11.0	10.0	K
165P/LINEAR	2000 3 30.5886	2000		1	75.2	8.0	8.0	N
166P/NEAT	2002 6 10.1446	2002		1	51.4	4.5	10.0	N
167P/CINEOS	2001 4 16.4129	2001		1	65.6	6.5	7.0	N
168P/Hergenrother	2026 5 18.2492	1998	2012	3	6.78	15.5	10.0	K
169P/NEAT	2022 7 9.7541	1988	2022	4	4.20	13.5	10.0	N
170P/Christensen	2023 4 17.7381	1997	2023	4	8.63	6.5	20.0	N
171P/Spahr	2025 9 25.1069	1999	2025	4	6.70	11.5	15.0	N
172P/Yeung	2025 11 3.3868	1995	2025	5	8.67	10.5	10.0	N
173P/Mueller 5	2023 12 16.7467	1994	2021	3	13.7	8.5	10.0	K
174P/Echeclus	2015 4 24.7200	1980	2015	2	35.3	5.0	7.0	K
175P/Hergenrother	2026 9 2.2610	2000	2019	4	7.04	12.0	12.0	N
176P/(118401) LINEAR	2020 1 20.1483	2000	2002	2	5.71	14.5	7.0	N
177P/Barnard 2	2006 9 4.5260	1889	2006	2	121	8.5	25.0	N
178P/Hug-Bell	2027 6 20.8052	1999	2020	4	6.92	13.5	10.0	K
179P/Jedicke	2022 5 31.5356	1993	2022	3	14.5	2.5	20.0	N
180P/NEAT	2023 7 12.1230	1954	2023	5	7.61	11.0	10.0	N
181P/Shoemaker-Levy 6	2022 1 8.6972	1991	2014	3	7.64	14.5	15.0	N
182P/LONEOS	2022 5 12.3785	2002	2012	3	5.07	20.0	10.0	N
183P/Korlevic-Juric	2020 10 5.2489	1955	2017	3	10.5	10.5	8.0	K
184P/Lovas 2	2020 10 26.1863	1986	2020	3	7.41	12.0	20.0	N
185P/Petriew	2023 7 12.8948	2001	2023	4	5.45	10.0	20.0	N
186P/Garradd	2018 12 25.8449	1976	2019	4	10.7	9.5	7.0	N
187P/LINEAR	2028 2 4.2824	1999	2018	3	9.74	4.5	15.0	N
188P/LINEAR-Mueller	2020 4 12.9535	1998	2017	3	9.13	9.5	10.0	N
189P/NEAT	2024 7 8.2348	2002	2017	3	5.05	17.0	10.0	N
190P/Mueller	2024 12 24.0980	1998	2016	3	8.69	10.0	20.0	N

(297ページからの続き)

彗星番号	平均近点離角 Mo	近日点距離 q	離心率 e	近日点引数 ω	昇交点黄経 Ω	軌道傾斜角 i	元期 Epoch	最終観測	天文台コード
	°	AU		° (2000.0)	°	°	年 月 日	年 月 日	
96P	79.3715	0.116299	0.961626	14.7413	93.9551	57.5455	2024 3 31	2023 6 22	(950)
97P	73.3216	2.572347	0.460270	230.0977	184.0803	17.9485	2022 1 28	2022 1 28	(703)
98P	157.9000	1.657163	0.562726	157.7266	114.6317	10.5724	2024 3 31	2021 11 7	(W62)
99P	47.1931	4.703708	0.228530	174.6693	28.0934	4.3394	2024 3 31	2023 8 10	(Q62)
100P	92.7923	2.018384	0.411653	181.9653	37.6854	25.5673	2024 3 31	2022 8 15	(194)
101P	108.1879	2.347086	0.596252	277.8804	116.1609	5.0492	2024 3 31	2022 3 1	(G96)
102P	153.6964	2.074773	0.456640	20.7023	339.2708	25.8667	2024 3 31	2022 1 6	(215)
103P	25.9472	1.064114	0.693727	181.3004	219.7492	13.6107	2024 3 31	2023 10 5	(Q21)
104P	138.8626	1.072056	0.665691	227.2557	207.2106	5.7026	2024 3 31	2022 6 12	(703)
105P	314.6140	2.051901	0.408918	46.3625	192.3973	9.1682	2024 3 31	2019 9 26	(F51)
106P	128.7466	1.529754	0.593875	353.7681	48.8622	19.5404	2024 3 31	2023 3 25	(G96)
107P	135.4154	0.967656	0.631405	95.3020	266.7439	2.7985	2024 3 31	2023 4 18	(V00)
108P	126.9613	1.661462	0.556047	354.5262	50.2711	11.4385	2024 3 31	2022 3 26	(G96)
109P	83.9110	0.977895	0.962690	153.1647	139.4851	113.4037	2024 3 31	1995 4 5	(809)
110P	128.8272	2.454247	0.319005	167.5005	287.4920	11.7075	2024 3 31	2023 5 13	(F52)
111P	118.4876	3.707406	0.107112	1.2889	89.7359	4.2261	2024 3 31	2012 12 21	(291)
112P	225.1995	1.441731	0.590837	21.5029	31.8318	24.2115	2024 3 31	2020 4 25	(I41)
113P	92.7625	2.142889	0.419944	115.6365	306.6548	5.2878	2024 3 31	2023 4 15	(G96)
114P	227.2159	1.572746	0.555926	172.7653	271.0240	18.3007	2024 3 31	2020 5 14	(703)
115P	149.7756	2.061069	0.517554	120.9678	176.0138	11.6770	2024 3 31	2021 1 8	(Q11)
116P	94.3283	2.196077	0.370318	173.2033	20.9738	3.6040	2024 3 31	2023 10 4	(E94)
117P	74.8739	3.046433	0.256022	223.5855	58.8139	8.7056	2024 3 31	2023 10 5	(Q11)
118P	79.2398	1.829063	0.453709	314.8813	142.0836	10.0903	2024 3 31	2023 6 17	(349)
119P	79.1723	2.328615	0.388332	322.1714	104.5577	7.3924	2024 3 31	2023 5 30	(G96)
120P	131.9526	2.481131	0.374707	36.7628	358.6737	8.4860	2024 3 31	2021 12 9	(I81)
121P	27.6670	3.730564	0.186493	11.7495	94.1119	20.1627	2024 3 31	2023 2 14	(A77)
122P	138.7794	0.661708	0.962463	12.9921	79.7252	85.9389	2024 3 31	1996 6 25	(696)
123P	243.2784	2.157267	0.444245	104.0360	45.8819	15.2897	2024 3 31	2019 8 4	(349)
124P	230.3777	1.731164	0.486794	185.1800	0.0665	31.4195	2024 3 31	2023 10 5	(F51)
125P	4.2210	1.526691	0.512133	87.1302	153.1501	9.9848	2024 3 31	2018 10 3	(T05)
126P	19.8824	1.710327	0.696393	356.5784	357.8618	45.8707	2024 3 31	2023 10 5	(A77)
127P	91.9573	2.212312	0.359274	6.3035	13.6086	14.3005	2024 3 31	2023 2 14	(A77)
128P	273.1232	3.039421	0.322374	210.3689	214.3292	4.3704	2024 3 31	2018 3 21	(C97)
129P	53.8817	3.924379	0.085583	307.5553	184.8601	3.4422	2024 3 31	2023 6 5	(G96)
130P	357.6410	1.822985	0.460859	246.1275	70.1787	6.0636	2024 3 31	2022 3 7	(V00)
131P	264.0619	2.408736	0.344917	179.1498	214.1492	7.3621	2024 3 31	2020 1 30	(K81)
132P	111.5815	1.694061	0.564565	216.4545	173.9950	5.3813	2024 3 31	2022 4 2	(G96)
133P	352.9386	2.670712	0.156032	131.9196	160.0997	1.3899	2024 3 31	2023 5 25	(F52)
134P	227.2774	2.600204	0.585130	18.7347	202.0470	4.3338	2024 3 31	2015 9 8	(F51)
135P	96.2714	2.682406	0.294204	22.3986	213.0194	6.0639	2024 3 31	2023 5 8	(G96)
136P	328.0037	2.958562	0.293228	225.2334	137.4202	9.2296	2024 3 31	2017 12 25	(G96)
137P	198.0566	1.928499	0.573566	141.2178	232.9253	4.8603	2024 3 31	2021 4 17	(F51)
138P	256.4681	1.694998	0.531624	95.6811	309.2368	10.0941	2024 3 31	2018 8 8	(F51)
139P	235.9445	3.394571	0.248335	165.8855	242.1428	2.3383	2024 3 31	2019 2 4	(F51)
140P	192.8777	1.947196	0.696049	172.3514	343.3357	3.7809	2024 3 31	1999 5 8	(704)
141P	221.2055	0.806976	0.736076	153.6346	241.7760	13.9625	2024 3 31	2021 3 24	(221)
142P	92.8136	2.518230	0.490672	174.0729	175.9445	12.2497	2024 3 31	2021 11 10	(G96)
143P	243.6760	2.437798	0.427453	320.6447	243.8212	5.0355	2024 3 31	2022 11 26	(F51)
144P	8.5717	1.398928	0.634880	216.3233	242.9222	3.9319	2024 3 31	2023 9 26	(Z10)
145P	281.2082	1.890518	0.542610	10.3357	26.7904	11.2789	2024 3 31	2018 5 14	(Q11)
146P	344.4502	1.419584	0.647403	317.0726	53.3754	23.1227	2024 3 31	2017 1 3	(F51)
147P	14.0502	3.159553	0.212317	348.5832	91.6585	2.3099	2024 3 31	2020 2 28	(215)
148P	93.9042	1.628065	0.550226	8.0548	89.1951	3.6586	2024 3 31	2023 4 18	(G96)
149P	242.2426	2.805767	0.321853	30.8448	143.8425	34.2298	2024 3 31	2019 7 31	(Q11)
150P	2.3998	1.745587	0.548941	246.1130	272.0591	18.5474	2024 3 31	2023 9 26	(G96)
151P	220.0946	2.459526	0.573301	216.1837	143.1144	4.7248	2024 3 31	2016 1 26	(215)
152P	83.7142	3.101858	0.308099	164.3539	91.7982	9.8780	2024 3 31	2023 10 6	(W68)
153P	22.2346	0.504843	0.989974	34.3862	93.6958	28.3872	2024 3 31	2002 10 2	(360)
154P	352.9992	1.552966	0.676291	47.9678	343.0135	17.6339	2024 3 31	2015 1 22	(F51)
155P	93.5116	1.792236	0.727118	14.5287	97.1585	6.4073	2024 3 31	2020 5 22	(160)
156P	187.9094	1.332567	0.615143	0.5042	35.3417	17.2697	2024 3 31	2022 3 31	(F52)
157P	83.8121	1.571936	0.556831	155.1185	287.5217	12.4208	2024 3 31	2023 4 13	(W62)
158P	52.3973	4.906183	0.115844	214.5662	127.1098	7.2944	2024 3 31	2023 10 5	(F52)
159P	148.7254	3.612699	0.382802	4.6488	54.9387	23.4895	2024 3 31	2020 5 6	(F52)
160P	212.1351	1.792558	0.525546	12.8111	333.3492	15.5997	2024 3 31	2005 10 13	(I81)
161P	316.4510	1.266171	0.835441	47.0769	1.5389	95.7903	2024 3 31	2005 10 12	(A32)
162P	219.0494	1.289051	0.583124	357.2154	30.8874	27.5632	2024 3 31	2023 8 6	(F51)
163P	229.3078	2.057640	0.453197	349.5782	102.0666	12.7223	2024 3 31	2023 3 17	(D29)
164P	300.3627	1.675664	0.541231	325.9221	88.2679	16.2766	2024 3 31	2023 3 17	(215)
165P	114.0611	6.805716	0.618082	125.7705	0.7925	15.8995	2024 3 31	2003 4 25	(691)
166P	152.7073	8.513890	0.384190	321.8447	64.3168	15.3909	2024 3 31	2009 2 28	(461)
167P	126.0444	1.894865	0.268438	344.7147	295.7963	19.0873	2024 3 31	2011 10 19	(F51)
168P	246.8630	1.357444	0.621055	15.0700	355.4346	21.6116	2024 3 31	2013 4 17	(L59)
169P	147.8838	0.603221	0.768289	218.0817	176.0918	11.2941	2024 3 31	2020 1 3	(F51)
170P	39.7907	2.920741	0.305604	225.1513	142.7165	10.1131	2024 3 31	2023 9 28	(C23)
171P	280.0614	1.767230	0.502563	347.0697	101.6929	21.9538	2024 3 31	2019 4 10	(I81)
172P	293.7929	3.357196	0.204508	209.0462	30.8775	11.2252	2024 3 31	2023 5 10	(V00)
173P	60.2962	4.215817	0.261994	29.1870	100.3575	16.4905	2024 3 31	2023 6 20	(M45)
174P	91.1887	5.851001	0.455975	163.5260	173.2054	4.3431	2024 3 31	2023 1 13	(F52)
175P	235.9969	2.275982	0.380169	75.1678	110.1253	4.9110	2024 3 31	2023 2 21	(L27)
176P	85.5706	2.580311	0.192250	34.3653	345.7113	0.2313	2024 3 31	2022 2 10	(V00)
177P	52.1121	1.109325	0.954748	60.8707	271.6959	31.0085	2024 3 31	2006 12 11	(704)
178P	192.4877	1.879870	0.482528	297.9213	102.7997	11.0900	2024 3 31	2023 3 17	(Q11)
179P	45.6381	4.119931	0.305796	297.0989	115.5149	19.8938	2024 3 31	2023 4 17	(Q11)
180P	34.0530	2.500668	0.353570	94.6505	84.5599	16.8612	2024 3 31	2023 6 28	(T05)
181P	104.8528	1.161997	0.700330	336.3076	35.3993	17.4854	2024 3 31	2014 6 15	(W96)
182P	133.9887	0.992353	0.663549	54.1934	72.4631	16.2322	2024 3 31	2012 4 10	(I06)
183P	235.3956	4.203540	0.103341	164.7869	3.8605	18.8137	2024 3 31	2019 7 6	(T05)
184P	166.6169	1.707848	0.550464	186.5913	173.2415	4.5727	2024 3 31	2020 11 5	(A77)
185P	47.3645	0.930489	0.699697	181.8959	214.1150	14.0146	2024 3 31	2023 9 25	(215)
186P	177.2754	4.248813	0.124267	269.0529	326.1254	28.6267	2024 3 31	2022 11 4	(W62)
187P	217.7557	3.858123	0.153902	131.1754	109.8499	13.6494	2024 3 31	2022 3 17	(I81)
188P	279.7885	2.546864	0.416931	267.7409	358.9397	10.5238	2024 3 31	2018 4 18	(F51)
189P	113.2569	1.209171	0.589134	16.2736	281.6686	20.0917	2024 3 31	2017 11 1	(C51)
190P	329.5987	2.019714	0.522229	50.5033	335.5029	2.1746	2024 3 31	2017 2 2	(G96)

(298ページからの続き)

彗星名	近日点通過 T/TT	初回 出現	最終 出現	出現 回数	周期 P	光度 (m₁) パラメータ		計算者
	年　　月　　日	年	年	回	年	H_1	K_1	
191P/McNaught	2021　3 20.5522	2001	2021	4	6.94	11.5	10.0	N
192P/Shoemaker-Levy 1	2024　5 24.3875	1990	2007	2	16.4	11.0	10.0	N
193P/LINEAR-NEAT	2021　8 24.8214	2001	2021	4	6.77	5.5	20.0	K
194P/LINEAR	2024　2　4.2008	2000	2016	3	8.36	15.5	10.0	N
195P/Hill	2025　7 31.5351	1992	2025	3	16.5	8.5	10.0	N
196P/Tichy	2022 10 29.3660	2000	2022	4	7.42	12.0	15.0	N
197P/LINEAR	2022 12　8.1406	2003	2013	3	4.88	17.5	8.0	K
198P/ODAS	2025 10　9.6309	1998	2018	4	6.81	13.0	10.0	N
199P/Shoemaker 4	2023　8　7.5930	1994	2023	3	14.2	10.0	10.0	N
200P/Larsen	2019　7 30.1303	1997	2019	3	11.0	11.0	7.0	N
201P/LONEOS	2021　5 27.2815	2002	2015	3	6.14	13.0	10.0	K
202P/Scotti	2024　5 17.4044	1930	2024	5	8.32	13.0	10.0	N
203P/Korlevic	2020　3　6.0125	2000	2020	3	10.1	11.0	8.0	N
204P/LINEAR-NEAT	2022 11 16.9419	2001	2022	4	6.78	13.5	10.0	N
205P/Giacobini	2022　1 13.3755	1896	2022	4	6.67	12.0	10.0	N
206P/Barnard-Boattini	2021　3　4.9496	1892	2008	2	6.52	19.5	10.0	N
207P/NEAT	2024　1 31.8182	2001	2024	3	7.65	16.5	10.0	N
208P/McMillan	2024　8 23.9060	2000	2016	3	8.12	12.5	10.0	N
209P/LINEAR	2024　7 14.4985	2004	2019	4	5.09	16.0	10.0	N
210P/Christensen	2025 11 22.7082	2003	2020	4	5.62	14.5	9.0	K
211P/Hill	2022 10　4.7041	2002	2022	4	6.69	12.0	10.0	N
212P/NEAT	2024　4 25.0919	2001	2016	3	7.71	16.0	10.0	N
213P/Van Ness	2023 11 12.1314	2005	2017	3	6.12	4.0	20.0	K
214P/LINEAR	2022　9 26.1297	2002	2009	2	6.88	13.0	15.0	K
215P/NEAT	2019 11 17.8915	1994	2019	4	9.02	10.5	7.0	N
216P/LINEAR	2021　1　6.8735	2001	2016	3*	7.58	13.0	10.0	N
217P/LINEAR	2025　5 24.8967	2001	2017	3	7.84	10.0	15.0	K
218P/LINEAR	2026　3　4.9593	2003	2015	3	5.41	16.0	10.0	N
219P/LINEAR	2024　2 13.8461	2003	2024	4	6.96	11.5	10.0	N
220P/McNaught	2026　6 13.9748	2004	2020	4	5.51	15.0	10.0	K
221P/LINEAR	2021 12 21.1834	2002	2021	4	6.37	15.0	8.0	K
222P/LINEAR	2024　5 12.8884	2004	2019	4	4.93	16.0	10.0	N
223P/Skiff	2027　7 24.2163	2002	2019	3	8.48	11.5	10.0	N
224P/LINEAR-NEAT	2022　9 30.1307	2003	2022	3	6.40	16.0	10.0	N
225P/LINEAR	2023　8　8.0262	2002	2023	4	6.97	18.5	10.0	N
226P/Pigott-LINEAR-Kowalski	2023 12 27.1947	1783	2023	6	7.31	12.5	10.0	K
227P/Catalina-LINEAR	2024　3　8.2499	1997	2017	3	6.37	15.0	10.0	N
228P/LINEAR	2030　7　8.3391	2003	2020	3	8.50	12.5	8.0	K
229P/Gibbs	2025　3　5.6503	2001	2017	3	7.77	13.0	10.0	K
230P/LINEAR	2022　3 19.5355	1996	2022	5	6.42	13.5	10.0	N
231P/LINEAR-NEAT	2027　8　6.3606	1950	2019	4*	11.0	10.0	10.0	N
232P/Hill	2028　9 20.8848	2000	2019	3	9.46	10.5	10.0	N
233P/La Sagra	2026　1　8.2111	2004	2020	3	5.27	15.5	10.0	K
234P/LINEAR	2024 10 23.5787	2002	2017	3	7.40	12.5	10.0	N
235P/LINEAR	2025 12 19.5027	2002	2018	3	6.45	12.0	10.0	K
236P/LINEAR	2025　2　3.7540	2003	2017	3	7.19	14.0	10.0	K
237P/LINEAR	2023　5 14.7406	2002	2023	4	6.58	12.5	10.0	N
238P/Read	2022　6　5.3937	2005	2022	4	5.63	14.5	10.0	N
239P/LINEAR	2028　6 17.9701	2000	2019	3	9.44	15.0	10.0	N
240P/NEAT	2028 12 19.8869	2003	2018	3	7.59	9.5	10.0	N
241P/LINEAR	2021　7 26.1941	1999	2021	3	10.9	13.0	10.0	N
242P/Spahr	2024 12 23.3943	1999	2024	3	13.0	8.5	10.0	N
243P/NEAT	2026　2 25.2781	2003	2018	3	7.49	12.0	10.0	N
244P/Scotti	2022 11 18.6154	2000	2022	3	10.8	10.0	7.0	N
245P/WISE	2026　3 31.4071	2002	2018	3	8.15	16.0	10.0	N
246P/NEAT	2021　2 26.6888	2005	2021	3	8.26	7.5	10.0	N
247P/LINEAR	2026 10 26.0694	2003	2018	3	7.90	15.5	10.0	N
248P/Gibbs	2025　9 14.8532	1996	2011	2	14.6	13.0	10.0	N
249P/LINEAR	2025　2　1.6923	2006	2020	4	4.60	16.5	10.0	N
250P/Larsen	2025　5 17.2699	1996	2018	4	7.33	13.5	10.0	N
251P/LINEAR	2024　2 13.2264	2004	2017	3	6.59	15.0	10.0	N
252P/LINEAR	2026 11　9.6588	2000	2021	3	5.33	14.5	15.0	N
253P/PANSTARRS	2024 10 20.9561	1998	2018	4*	6.44	13.0	10.0	N
254P/McNaught	2020　9 30.0099	1980	2020	3	9.92	11.0	7.0	N
255P/Levy	2022　9　7.6817	2006	2012	2*	5.05	15.5	10.0	N
256P/LINEAR	2023　3 12.0553	2003	2023	3	9.99	12.5	10.0	N
257P/Catalina	2020　9 18.1228	2006	2020	3	7.31	11.5	10.0	N
258P/PANSTARRS	2020　6 17.1223	2002	2020	3	9.20	13.5	7.0	N
259P/Garradd	2022　2　7.8826	2008	2017	3	4.51	16.0	10.0	N
260P/McNaught	2026　8　4.6830	2005	2019	3	6.90	11.5	10.0	N
261P/Larson	2025 12 27.2528	2005	2019	3	6.52	11.5	10.0	N
262P/McNaught-Russell	2030 12 13.3961	1994	2012	2	18.0	11.0	10.0	N
263P/Gibbs	2023　1 30.6144	2006	2023	4	5.30	17.5	10.0	N
264P/Larsen	2027　3 20.7674	2004	2019	3	8.01	13.5	10.0	N
265P/LINEAR	2021　2　9.2178	2003	2012	2	8.79	12.0	20.0	N
266P/Christensen	2026 12　7.3793	2007	2020	3	6.63	12.0	10.0	N
267P/LONEOS	2024　4 24.8124	2006	2018	3	5.75	19.5	10.0	N
268P/Bernardi	2024 12 18.3532	2005	2015	2	9.87	13.0	10.0	N
269P/Jedicke	2033　7 11.9526	1995	2014	2	18.8	6.5	11.0	N
270P/Gehrels	2030　8 16.0014	1996	2013	2	17.2	3.5	20.0	N
271P/van Houten-Lemmon	2032　3 19.0257	1961	2013	2	18.7	10.0	10.0	N
272P/NEAT	2022　7 17.0762	2003	2022	3	9.42	13.0	10.0	N
273P/Pons-Gambart	2012 12 23.4738	1827	2012	2	181	7.5	10.0	N
274P/Tombaugh-Tenagra	2022　4　8.6244	1931	2022	4	9.16	12.0	10.0	N
275P/Hermann	2026 10 28.5246	1999	2012	2	13.9	16.0	10.0	N
276P/Vorobjov	2022 12 11.3722	2001	2024	3	12.3	12.0	10.0	N
277P/LINEAR	2020 12 30.9740	2005	2020	3	7.56	12.5	10.0	N
278P/McNaught	2027　9 26.3447	2006	2020	3	7.03	12.0	10.0	N
279P/La Sagra	2023　4 19.2113	2003	2023	3	6.75	14.5	10.0	K
280P/Larsen	2023　8　4.5350	2004	2023	3	9.63	13.5	10.0	N
281P/MOSS	2023　2　2.9286	2001	2012	2	10.8	12.5	7.0	N
282P(G321371 2003 BM80	2021 10 23.8795	2004	2021	3	8.72	12.5	7.0	N
283P/Spacewatch	2021　9　7.7003	1996	2013	3	8.40	14.5	10.0	N
284P/McNaught	2021　9 12.2825	2007	2021	3	7.05	10.0	10.0	N
285P/LINEAR	2023　1 12.1571	2003	2023	3	9.57	10.0	10.0	N

(299ページからの続き)

彗星番号	平均近点離角 Mo	近日点距離 q	離心率 e	(2000.0) 近日点引数 ω	昇交点黄経 Ω	軌道傾斜角 i	元期 Epoch	最終観測	天文台コード
	°	AU		°	°	°	年 月 日	年 月 日	
191P	157.0718	2.235689	0.385691	284.2325	98.1929	8.8388	2024　3　31	2022　1　14	(215)
192P	356.7350	1.464523	0.773285	313.0898	51.6124	24.5893	2024　3　31	2008　8　29	(349)
193P	138.2208	2.171335	0.393160	8.1265	335.1875	10.6844	2024　3　31	2022　12　14	(W62)
194P	6.5773	1.799533	0.563180	128.5615	349.5247	11.8060	2024　3　31	2016　5　2	(F51)
195P	330.8883	4.445860	0.314205	250.0058	243.1104	36.4192	2024　3　31	2023　9　11	(215)
196P	68.8890	2.176329	0.427932	12.0864	24.1149	19.3012	2024　3　31	2022　12　24	(G96)
197P	96.7145	1.066338	0.629364	189.0734	66.2640	25.6021	2024　3　31	2013　9　25	(W96)
198P	279.3513	1.995904	0.444730	69.2614	358.2278	1.3387	2024　3　31	2018　12　25	(160)
199P	16.3513	2.910330	0.504853	191.7791	92.3493	24.9587	2024　3　31	2023　9　30	(W68)
200P	152.6716	3.306341	0.332036	114.4439	234.7202	12.0994	2024　3　31	2019　12　20	(F51)
201P	166.6120	1.215854	0.637575	41.5706	19.7337	5.7377	2024　3　31	2023　4　16	(A32)
202P	354.3822	3.069461	0.252195	274.4867	177.3197	2.1415	2024　3　31	2023　9　21	(W62)
203P	145.1866	3.192354	0.316221	154.8462	290.2429	2.9745	2024　3　31	2021　5　7	(G96)
204P	72.6586	1.834169	0.488144	356.6750	108.4837	6.5962	2024　3　31	2023　5　14	(G96)
205P	119.3819	1.531899	0.567572	154.1895	179.6111	15.3050	2024　3　31	2021　11　14	(141)
206P	169.5568	1.565788	0.551463	189.5740	202.3303	33.6360	2024　3　31	2009　1　4	(474)
207P	7.6217	0.938254	0.758402	272.9914	198.1562	10.2014	2024　3　31	2023　9　23	(F51)
208P	342.2823	2.528723	0.373883	310.6756	36.3360	4.4125	2024　3　31	2017　1　1	(215)
209P	339.5651	0.964423	0.674001	152.4942	62.7698	21.2825	2024　3　31	2019　8　24	(Q62)
210P	254.5345	0.524972	0.833984	345.9245	93.7966	10.2845	2024　3　31	2020　7　11	(T08)
211P	80.1000	2.327237	0.344204	4.3039	117.1124	18.9196	2024　3　31	2023　10　21	(F52)
212P	356.7908	1.612452	0.596704	14.0224	97.9753	22.1486	2024　3　31	2017　3　30	(G96)
213P	22.5224	1.998397	0.408692	5.8220	311.2681	10.3779	2024　3　31	2018　12　10	(G96)
214P	79.0437	1.859990	0.485684	190.1312	348.2355	15.1848	2024　3　31	2009　5　3	(415)
215P	174.2796	3.616522	0.165437	262.4059	56.6730	10.5766	2024　3　31	2023　1　16	(W62)
216P	10.9407	2.127072	0.448700	151.7333	359.7986	9.0630	2024　3　31	2016　4　27	(215)
217P	307.2148	1.226423	0.689246	247.4096	125.3833	12.8634	2024　3　31	2018　3　21	(017)
218P	231.6704	1.148439	0.627187	59.7836	175.7949	2.7270	2024　3　31	2013　9　15	(J22)
219P	6.5364	2.354849	0.353975	107.6312	230.9533	11.5401	2024　3　31	2013　10　3	(M22)
220P	215.9626	1.557049	0.500777	180.6127	150.1046	8.1239	2024　3　31	2020　12　4	(T08)
221P	128.4502	1.718956	0.500025	39.5044	229.6043	11.5278	2024　3　31	2023　1　25	(Q11)
222P	351.4295	0.826702	0.714687	346.3016	6.7669	5.0968	2024　3　31	2019　5　26	(Q62)
223P	219.3323	2.426207	0.416538	37.9316	346.7422	27.0123	2024　3　31	2021　3　19	(F51)
224P	84.4337	2.047024	0.405873	16.7190	40.0580	13.3055	2024　3　31	2022　12　29	(L59)
225P	33.3870	1.318737	0.638453	3.8994	14.2019	21.3659	2024　3　31	2023　7　29	(F51)
226P	12.7776	1.773668	0.529224	341.0514	54.0118	44.0462	2024　3　31	2023　10　4	(W68)
227P	3.5207	1.623630	0.527453	105.5685	36.8095	7.5088	2024　3　31	2018　5　18	(Q62)
228P	172.1224	3.428296	0.176785	114.7405	309.7760	7.9134	2024　3　31	2015　5　14	(215)
229P	316.9321	2.440691	0.377999	224.1724	157.8847	26.0946	2024　3　31	2018　5　14	(215)
230P	113.9927	1.569314	0.545666	313.5235	106.9483	15.4689	2024　3　31	2023　5　14	(G96)
231P	212.3020	3.078078	0.240799	44.0685	132.8683	12.2748	2024　3　31	2020　6　26	(F52)
232P	189.6372	2.971622	0.335570	53.2171	56.0291	14.6442	2024　3　31	2021　4　9	(H06)
233P	238.7098	1.777916	0.412716	26.9638	74.9222	11.2905	2024　3　31	2021　4　17	(F51)
234P	332.4672	2.820903	0.256819	357.4193	179.5666	11.5356	2024　3　31	2018　6　18	(F51)
235P	263.9192	1.978215	0.428983	331.0973	200.7365	9.9048	2024　3　31	2019　3　3	(G40)
236P	317.5513	1.828272	0.509315	119.3936	245.5602	16.3555	2024　3　31	2018　1　15	(Q11)
237P	48.1332	1.987549	0.433881	25.3015	245.3551	14.0172	2024　3　31	2023　10　5	(W68)
238P	116.2790	2.370819	0.251164	324.2462	51.6324	1.2640	2024　3　31	2022　12　24	(C96)
239P	199.1637	1.647741	0.631022	220.3431	255.9468	11.3078	2024　3　31	2019　4　19	(C51)
240P	278.3319	2.123013	0.450292	352.0078	74.7517	23.5369	2024　3　31	2020　5　20	(G96)
241P	88.2784	1.918424	0.610434	111.5547	305.4270	21.0947	2024　3　31	2022　4　29	(G96)
242P	339.7257	3.971571	0.281618	248.8743	180.3633	32.6434	2024　3　31	2023　9　26	(G96)
243P	268.3933	2.448100	0.360575	283.7285	87.5786	7.6438	2024　3　31	2020　1　23	(G96)
244P	45.2812	3.921395	0.199784	93.2768	354.0081	2.2588	2024　3　31	2021　5　3	(G96)
245P	271.6752	2.204671	0.455640	316.7803	316.6766	21.1785	2024　3　31	2018　10　4	(215)
246P	134.6072	2.933422	0.282209	182.4603	75.0145	17.0456	2024　3　31	2023　10　6	(F51)
247P	242.8070	1.486036	0.625289	47.4171	54.0318	13.6595	2024　3　31	2019　4　8	(F51)
248P	324.1376	2.158727	0.639353	209.9361	207.8074	6.3512	2024　3　31	2011　3　21	(215)
249P	294.0207	0.499318	0.819379	65.7521	239.0456	8.3854	2024　3　31	2021　1　18	(G96)
250P	304.5958	2.269619	0.398746	45.9162	73.3111	13.1525	2024　3　31	2017　9　21	(F51)
251P	6.9991	1.741267	0.504445	31.2205	219.3416	23.3867	2024　3　31	2017　9　21	(215)
252P	183.7839	1.004498	0.670961	343.3922	190.9075	10.4158	2024　3　31	2021　8　29	(807)
253P	328.7969	2.026900	0.411576	230.8027	146.8661	4.9441	2024　3　31	2018　12　31	(G96)
254P	126.9179	3.144594	0.319086	219.7389	129.1874	32.5505	2024　3　31	2013　3　26	(G96)
255P	111.3626	0.847886	0.711852	186.0323	275.6382	13.4002	2024　3　31	2012　2　15	(H06)
256P	37.9876	2.699802	0.417863	124.1451	81.3277	27.6237	2024　3　31	2023　7　8	(C96)
257P	175.0612	2.149352	0.429302	117.7831	207.7155	20.2194	2024　3　31	2023　3　23	(C96)
258P	148.1190	3.473820	0.208916	25.6155	126.2322	6.7495	2024　3　31	2021　5　18	(V00)
259P	171.0201	1.804109	0.338835	257.4746	51.4326	15.8976	2024　3　31	2017　9　21	(F51)
260P	237.5821	1.416295	0.609128	18.4489	349.3170	15.0466	2024　3　31	2020　3　10	(I81)
261P	263.8336	2.013670	0.423081	67.3403	291.0658	6.0721	2024　3　31	2020　2　12	(A77)
262P	225.9854	1.261965	0.816307	171.0872	217.8616	29.3004	2024　3　31	2013　4　22	(Q62)
263P	79.0439	1.235767	0.593690	35.0333	105.5016	11.5240	2024　3　31	2023　7　8	(G96)
264P	226.5115	2.621382	0.345164	342.2182	219.5722	26.1586	2024　3　31	2019　6　24	(Q62)
265P	128.4857	1.501991	0.647332	33.5450	342.9179	14.3507	2024　3　31	2012　6　23	(H06)
266P	214.1367	2.327529	0.340575	97.6987	4.9683	3.4266	2024　3　31	2021　4　15	(F51)
267P	355.7457	1.237961	0.614216	114.2716	228.5608	6.1446	2024　3　31	2018　11　17	(G96)
268P	333.7923	2.412325	0.476601	359.9517	125.6800	15.6510	2024　3　31	2016　3　5	(F51)
269P	181.9899	4.006154	0.432770	225.6649	241.7710	7.6844	2024　3　31	2017　3　21	(F51)
270P	226.2414	3.526694	0.469930	209.8110	223.0590	2.9257	2024　3　31	2014　3　28	(585)
271P	206.2234	4.246854	0.396153	36.5347	9.2918	6.8687	2024　3　31	2015　1　20	(F51)
272P	65.1424	2.431092	0.455140	27.8828	109.4460	18.0764	2024　3　31	2023　2　14	(W62)
273P	22.4206	0.813233	0.974577	20.2196	320.3776	136.4853	2024　3　31	2014　4　4	(D29)
274P	77.7248	2.451960	0.439931	38.4719	81.3184	15.8192	2024　3　31	2023　5　21	(G96)
275P	293.3672	1.659253	0.713353	173.8846	348.7374	21.2550	2024　3　31	2013　3　18	(E07)
276P	339.5814	3.898560	0.269416	199.3367	211.3403	14.8119	2024　3　31	2012　10　12	(Q62)
277P	154.5279	1.901962	0.506439	152.3864	276.2712	16.7873	2024　3　31	2021　9　11	(Q11)
278P	181.4265	2.054151	0.440436	237.5209	15.1803	6.6765	2024　3　31	2021　9　11	(G96)
279P	50.6033	2.146321	0.399332	5.7725	346.1564	5.0491	2024　3　31	2023　10　6	(T05)
280P	24.4980	2.640049	0.416911	104.7030	131.3772	11.7732	2024　3　31	2023　4　28	(M45)
281P	38.5602	4.034899	0.173584	26.8284	87.1710	4.7176	2024　3　31	2013　5　3	(511)
282P	100.4789	3.441708	0.187704	217.5626	9.2921	5.8121	2024　3　31	2021　4　27	(703)
283P	199.6925	2.131117	0.484429	221.1730	161.1214	14.8598	2024　3　31	2018　8　8	(291)
284P	130.0750	2.298868	0.374882	202.4141	144.2686	11.8574	2024　3　31	2023　2　16	(W62)
285P	45.7346	1.719262	0.618451	178.3921	185.5040	25.0372	2024　3　31	2023　1　9	(349)

(300ページからの続き)

彗星名	近日点通過 T/TT	初回出現	最終出現	出現回数	周期 P	光度 (m₁) パラメータ		計算者
	年 月 日	年	年	回	年	H_1	K_1	
286P/Christensen	2022 5 11.9843	2005	2022	3	8.31	14.0	10.0	N
287P/Christensen	2023 7 6.5753	2006	2023	3	8.51	5.0	20.0	N
288P/(300163) 2006 VW139	2022 3 1.6157	2000	2022	5	5.32	13.0	10.0	N
289P/Blanpain	2025 4 14.3212	1819	2019	4	5.31	21.0	10.0	N
290P/Jager	2029 7 23.6363	1999	2014	2	15.5	10.0	10.0	N
291P/NEAT	2023 5 4.0646	2004	2023	3	9.65	11.5	10.0	N
292P/Li	2029 3 2.8614	1998	2014	2	15.1	10.5	10.0	N
293P/Spacewatch	2028 12 19.6689	2007	2020	3	6.94	14.5	10.0	K
294P/LINEAR	2025 8 10.8391	2008	2019	3	5.70	16.5	10.0	N
295P/LINEAR	2026 7 22.7239	2002	2014	2	12.2	13.5	10.0	N
296P/Garradd	2027 3 24.8220	2001	2020	4	6.51	13.5	10.0	K
297P/Beshore	2021 2 1.8506	2008	2014	2	6.56	11.0	10.0	K
298P/Christensen	2027 6 25.3937	2007	2013	2	6.80	15.0	10.0	N
299P/Catalina-PANSTARRS	2024 4 30.3991	1988	2024	4	9.20	11.0	7.0	N
300P/Catalina	2023 4 11.1065	2005	2018	3	4.43	14.0	10.0	K
301P/LINEAR-NEAT	2028 5 18.7113	2001	2014	2	13.8	12.0	10.0	N
302P/Lemmon-PANSTARRS	2025 3 9.2365	2007	2025	3	8.82	11.0	7.0	N
303P/NEAT	2026 2 19.8015	2003	2014	2	11.3	12.0	10.0	N
304P/Ory	2026 3 18.0221	2002	2020	4	5.59	16.0	10.0	N
305P/Skiff	2024 11 17.1628	2004	2014	2	9.98	14.5	10.0	N
306P/LINEAR	2025 8 1.5795	2003	2014	2	5.52	17.5	15.0	K
307P/LINEAR	2028 12 4.7270	2000	2014	2	13.9	13.0	10.0	N
308P/Lagerkvist-Carsenty	2032 4 27.0639	1998	2015	2	17.0	11.5	7.0	N
309P/LINEAR	2024 3 28.9981	2005	2024	2	9.16	14.0	10.0	N
310P/Hill	2023 10 23.4686	2006	2023	3	8.56	13.0	10.0	N
311P/PANSTARRS	2024 1 1.8479	2004	2024	6	3.24	16.0	10.0	N
312P/NEAT	2027 3 15.0280	2001	2020	3	6.47	14.5	10.0	K
313P/Gibbs	2025 12 2.4858	2003	2020	3	5.63	14.0	10.0	N
314P/Montani	2016 10 9.9898	1997	2016	2	19.5	10.5	7.0	N
315P/LONEOS	2027 11 16.9915	2005	2016	2	11.0	5.0	20.0	N
316P/LONEOS-Christensen	2025 10 22.1108	2006	2015	2	9.29	12.0	7.0	N
317P/WISE	2025 10 31.1138	2005	2020	4	5.10	17.5	10.0	N
318P/McNaught-Hartley	2015 10 25.4764	1994	2015	2	20.6	9.1	13.0	N
319P/Catalina-McNaught	2022 3 31.1568	2008	2015	2	6.73	13.5	10.0	N
320P/McNaught	2026 6 28.0709	2004	2021	3	5.45	18.5	10.0	K
321P/SOHO	2023 10 26.6075	1997	2012	5	3.77	18.5	10.0	N
322P/SOHO	2023 8 21.1233	1999	2015	5	3.97	19.0	10.0	N
323P/SOHO	2025 3 14.3026	1999	2016	5	4.15	21.0	10.0	K
324P/La Sagra	2026 10 14.9551	2010	2021	3	5.45	12.0	10.0	K
325P/Yang-Gao	2022 3 28.2432	1951	2022	4	6.67	16.0	10.0	N
326P/Hill	2023 12 30.2554	1991	2023	4	8.21	13.0	10.0	K
327P/Van Ness	2022 9 2.2855	2002	2022	2	6.72	14.5	10.0	N
328P/LONEOS-Tucker	2024 7 27.9728	1998	2015	2	8.57	14.0	10.0	N
329P/LINEAR-Catalina	2027 9 25.4779	2004	2015	2	11.8	15.5	10.0	N
330P/Catalina	2016 8 27.6204	1999	2016	2	17.0	11.0	10.0	N
331P/Gibbs	2025 12 21.6808	2005	2020	4	5.21	15.0	10.0	N
332P/Ikeya-Murakami	2021 8 18.2007	2010	2016	2	5.42	16.5	10.0	N
333P/LINEAR	2024 11 29.2082	2007	2016	2	8.67	14.5	10.0	N
334P/NEAT	2017 6 3.0151	2000	2017	2	17.9	11.0	7.0	N
335P/Gibbs	2022 8 12.0823	2009	2015	2	6.77	16.0	10.0	N
336P/McNaught	2028 5 18.3339	2006	2017	2	11.3	12.0	10.0	N
337P/WISE	2022 7 2.7878	2010	2022	3	5.98	17.0	10.0	N
338P/McNaught	2024 8 3.0287	2009	2016	2	7.68	12.0	10.0	N
339P/Gibbs	2023 8 30.9311	2009	2016	2	7.12	12.5	10.0	N
340P/Boattini	2025 8 29.1186	2008	2016	2	8.76	12.5	7.0	N
341P/Gibbs	2025 4 22.5968	2007	2016	2	8.88	13.5	10.0	N
342P/SOHO	2021 10 18.9244	2000	2016	4	5.30	20.0	10.0	N
343P/NEAT-LONEOS	2029 11 3.0420	2004	2017	2	12.7	12.0	10.0	N
344P/Read	2027 7 24.4280	1951	2016	4	10.7	9.0	15.0	N
345P/LINEAR	2024 8 31.1160	2008	2016	2	8.10	12.0	7.0	N
346P/Catalina	2026 8 1.1704	1998	2017	3	9.45	12.0	10.0	N
347P/PANSTARRS	2023 7 19.8507	2003	2023	4	6.85	14.5	10.0	K
348P/PANSTARRS	2022 2 12.8743	2010	2022	3	5.60	13.5	10.0	N
349P/Lemmon	2028 5 27.1460	2010	2017	2	6.77	13.5	10.0	N
350P/McNaught	2026 3 16.5155	2009	2018	2	8.25	11.0	10.0	N
351P/Wiegert-PANSTARRS	2025 3 26.4326	1997	2015	3	9.36	13.5	7.0	N
352P/Skiff	2017 6 21.5098	2000	2017	2	17.2	8.0	15.0	N
353P/McNaught	2026 7 1.2049	2009	2017	2	8.52	13.5	10.0	N
354P/LINEAR	2023 10 13.9555	2009	2016	3	3.47	15.0	10.0	N
355P/LINEAR-NEAT	2024 4 1.5033	2004	2017	2	6.46	11.5	15.0	N
356P/WISE	2028 6 11.9776	2009	2017	2	8.47	12.0	10.0	N
357P/Hill	2027 10 29.1900	2008	2018	2	9.41	13.5	10.0	N
358P/PANSTARRS	2023 11 10.4913	2001	2018	3	5.59	14.5	10.0	K
359P/LONEOS	2027 8 23.9287	2007	2017	2	10.0	11.5	7.0	N
360P/WISE	2024 10 3.7341	2010	2017	2	7.11	16.5	10.0	N
361P/Spacewatch	2029 6 19.9827	2007	2018	2	11.0	10.0	10.0	N
362P/ (457175) 2008 GO98	2024 7 20.2105	2000	2024	4	7.92	9.5	10.0	N
363P/Lemmon	2028 11 13.1942	2011	2018	2	6.76	16.5	10.0	N
364P/PANSTARRS	2023 5 14.1098	2013	2023	3	4.90	14.0	10.0	N
365P/PANSTARRS	2023 10 9.3893	2010	2018	2	5.61	16.0	10.0	N
366P/Spacewatch	2025 1 31.0016	2005	2018	2	6.54	14.5	10.0	N
367P/Catalina	2025 1 11.7286	2011	2018	2	6.58	10.5	10.0	N
368P/NEAT	2018 9 16.0126	2005	2018	2	13.0	11.0	15.0	N
369P/Hill	2027 12 18.5306	2009	2018	2	9.17	13.0	10.0	N
370P/NEAT	2018 6 12.2159	2002	2018	2	16.3	11.5	10.0	N
371P/LINEAR-Skiff	2027 4 25.4651	2001	2018	3	8.55	13.5	10.0	N
372P/McNaught	2028 5 23.2909	2009	2018	2	9.58	11.0	7.0	N
373P/Rinner	2028 9 4.9535	2011	2019	2	7.40	12.5	10.0	N
374P/Larson	2019 1 13.4508	2007	2019	2	11.1	12.5	10.0	N
375P/Hill	2018 12 21.9935	2005	2018	2	13.1	16.0	10.0	N
376P/LONEOS	2019 9 15.9443	2005	2019	2	13.8	11.5	10.0	N
377P/Scotti	2020 7 9.9331	2003	2020	2	17.3	10.5	10.0	N
378P/McNaught	2020 10 11.9381	1989	2020	3	15.8	10.5	7.0	N
379P/Spacewatch	2026 2 22.2862	2006	2019	2	6.53	14.5	10.0	N
380P/PANSTARRS	2028 8 8.6977	2009	2019	2	9.30	10.5	7.0	N

（301ページからの続き）

彗星番号	平均近点離角 Mo	近日点距離 q	離心率 e	近日点引数 ω (2000.0)	昇交点黄経 Ω	軌道傾斜角 i	元期 Epoch	最終観測	天文台コード
	°	AU		°	°	°	年 月 日	年 月 日	
286P	81.7135	2.351240	0.426935	24.7238	283.6520	17.0983	2024 3 31	2022 11 30	(G96)
287P	31.0996	3.034716	0.271767	189.2437	139.0227	16.3171	2024 3 31	2023 10 6	(F51)
288P	140.7626	2.438752	0.200164	280.2733	83.1206	3.2382	2024 3 31	2023 2 19	(W62)
289P	289.6194	0.954743	0.686397	9.8579	68.8937	5.9005	2024 3 31	2020 3 15	(118)
290P	236.6249	2.315599	0.627566	181.8371	302.6570	20.0202	2024 3 31	2015 4 24	(E07)
291P	33.8910	2.565243	0.434179	173.5189	237.6642	6.3093	2024 3 31	2023 9 27	(F52)
292P	242.3436	2.500428	0.589999	319.6105	90.9009	24.3143	2024 3 31	2018 4 23	(568)
293P	169.9867	2.114231	0.119035	40.9167	78.4033	9.0624	2024 3 31	2016 5 21	(F52)
294P	273.9320	1.270018	0.602038	237.3849	309.8642	17.7212	2024 3 31	2020 8 15	(F51)
295P	291.8928	2.027896	0.617553	72.9623	7.4072	21.0774	2024 3 31	2015 2 18	(F51)
296P	195.2434	1.812340	0.480370	349.9052	263.5172	25.3071	2024 3 31	2021 6 18	(W62)
297P	173.2901	2.407425	0.312918	141.4407	91.8052	10.8015	2024 3 31	2014 6 18	(Q62)
298P	188.7664	2.202289	0.386425	100.5941	52.8054	7.8708	2024 3 31	2014 4 1	(Q62)
299P	356.7423	3.156374	0.280957	323.6943	271.5825	10.4679	2024 3 31	2023 7 18	(K74)
300P	78.9453	0.831506	0.691765	222.9217	95.6201	5.6756	2024 3 31	2019 1 7	(Q62)
301P	251.9738	2.380038	0.585805	193.4478	351.1362	10.3286	2024 3 31	2014 6 26	(Q62)
302P	321.6648	3.288687	0.229884	208.6020	121.7150	6.0346	2024 3 31	2023 6 22	(F52)
303P	299.8562	2.467528	0.510677	357.0455	347.9413	7.0170	2024 3 31	2015 1 20	(G96)
304P	233.6160	1.256993	0.601003	335.2920	58.9080	2.6073	2024 3 31	2021 2 18	(G96)
305P	337.1765	1.418746	0.693383	147.4142	240.1068	11.6714	2024 3 31	2015 3 9	(703)
306P	272.8091	1.272370	0.592775	9.0031	341.3598	8.3035	2024 3 31	2014 12 15	(G96)
307P	239.0753	1.878469	0.675615	222.2447	158.1239	4.4348	2024 3 31	2015 2 20	(215)
308P	188.5586	4.192793	0.364686	333.6737	63.0332	4.8556	2024 3 31	2016 4 2	(G96)
309P	0.2155	1.669742	0.618511	49.9126	101.1425	17.0216	2024 3 31	2023 10 6	(F51)
310P	18.3635	2.416448	0.422638	31.5674	8.8992	13.1194	2024 3 31	2023 10 6	(F51)
311P	27.1401	1.935189	0.115752	144.2380	279.1716	4.9711	2024 3 31	2023 10 6	(F51)
312P	195.5466	1.988275	0.427186	207.7039	144.6590	19.7530	2024 3 31	2021 1 7	(F51)
313P	252.9223	2.421441	0.234733	254.9383	105.9308	10.9794	2024 3 31	2020 12 14	(G96)
314P	137.7240	2.363002	0.417793	213.8523	267.6153	3.9904	2024 3 31	2018 1 18	(Q62)
315P	240.9280	2.363002	0.521546	65.8047	68.6970	17.7221	2024 3 31	2018 6 14	(F51)
316P	338.2390	3.717372	0.158810	189.4877	245.9566	9.8721	2024 3 31	2014 11 17	(F65)
317P	247.9883	1.269234	0.571380	334.8266	275.4662	11.9674	2024 3 31	2020 2 1	(G96)
318P	147.4717	2.446365	0.674262	313.3867	35.5043	17.8888	2024 3 31	2016 11 11	(G96)
319P	107.0697	1.189155	0.666320	203.6436	111.3618	15.0943	2024 3 31	2016 1 4	(F51)
320P	211.7407	0.975438	0.684840	0.0712	295.9485	4.9015	2024 3 31	2015 10 10	(703)
321P	40.8848	0.045893	0.981054	172.7447	165.0171	20.0739	2024 3 31	2012 6 30	(249)
322P	55.3017	0.050324	0.979936	56.7971	351.6049	11.4676	2024 3 31	2015 8 8	(Q62)
323P	277.3257	0.039903	0.984554	352.9751	324.4317	5.3315	2024 3 31	2016 11 23	(249)
324P	192.0862	2.621473	0.153197	57.5439	270.5766	21.3994	2024 3 31	2021 11 10	(W62)
325P	108.4855	1.448917	0.590940	344.7748	256.9416	16.8136	2024 3 31	2022 9 24	(W62)
326P	11.0099	2.769594	0.319623	278.6137	99.7867	2.4712	2024 3 31	2023 10 5	(W68)
327P	84.3954	1.556964	0.562931	185.0359	173.9901	36.2466	2024 3 31	2023 1 20	(Q62)
328P	346.3184	1.873420	0.552672	30.6508	341.6099	17.6737	2024 3 31	2016 1 4	(H06)
329P	253.7004	1.665844	0.678739	343.5910	87.6537	21.7252	2024 3 31	2016 3 31	(I81)
330P	160.5160	2.979269	0.549788	188.8206	293.0798	15.7280	2024 3 31	2017 4 2	(J22)
331P	240.6310	2.879674	0.041493	184.9828	216.7517	9.7402	2024 3 31	2023 5 12	(F51)
332P	173.6972	1.576054	0.489433	152.2768	3.7740	9.3820	2024 3 31	2016 5 5	(215)
333P	332.3460	1.113038	0.736294	26.0095	115.7017	132.0220	2024 3 31	2017 2 27	(F51)
334P	137.6522	4.432432	0.351044	90.0401	90.4847	20.3765	2024 3 31	2016 11 11	(F52)
335P	86.9343	1.622636	0.546473	162.2980	330.8193	7.2938	2024 3 31	2016 4 27	(691)
336P	228.4369	2.801206	0.443957	308.5822	298.2766	17.8245	2024 3 31	2017 6 23	(F51)
337P	104.9879	1.652121	0.498640	105.2509	155.4799	23.3429	2024 3 31	2022 8 14	(W84)
338P	343.9498	2.287774	0.412163	4.5902	9.7934	25.3867	2024 3 31	2017 1 30	(G96)
339P	29.5033	1.348173	0.635657	27.4516	172.7195	5.7333	2024 3 31	2016 9 26	(Q62)
340P	301.9178	3.057738	0.280342	36.1261	291.6095	2.0783	2024 3 31	2016 11 24	(J22)
341P	316.9775	2.506518	0.415463	312.3284	29.9636	3.7965	2024 3 31	2016 12 7	(130)
342P	166.3165	0.051782	0.982962	74.1874	27.5154	12.0374	2024 3 31	2016 7 2	(249)
343P	202.0593	2.263525	0.585243	137.5736	257.0658	5.5963	2024 3 31	2017 1 29	(G96)
344P	248.5777	2.799387	0.423744	273.1009	273.1009	3.4985	2024 3 31	2016 12 27	(G36)
345P	341.3591	3.139871	0.221233	196.7868	154.5078	2.7277	2024 3 31	2016 12 16	(W68)
346P	271.0473	2.218381	0.503809	336.0092	102.4540	22.2159	2024 3 31	2018 4 9	(G96)
347P	36.7105	2.211557	0.386860	98.3722	260.9864	11.7612	2024 3 31	2023 10 5	(F51)
348P	136.8780	2.183204	0.307340	135.7309	312.9110	17.7371	2024 3 31	2022 2 26	(G11)
349P	351.6795	2.510093	0.298548	255.7955	331.7521	5.8884	2024 3 31	2018 8 8	(F51)
350P	274.4748	3.696440	0.094342	139.9004	65.2964	7.3655	2024 3 31	2018 6 20	(215)
351P	322.0373	3.131504	0.294811	352.6111	283.3942	12.7775	2024 3 31	2016 8 30	(F51)
352P	142.2009	2.547963	0.616880	309.3990	28.0098	21.0118	2024 3 31	2018 2 5	(703)
353P	264.8518	2.210065	0.470073	230.5363	121.4827	28.4059	2024 3 31	2018 1 4	(Q62)
354P	48.0815	2.004670	0.124563	132.7275	320.0734	5.2508	2024 3 31	2017 1 28	(568)
355P	359.7708	1.706807	0.508082	336.3374	51.4345	11.0473	2024 3 31	2018 3 9	(181)
356P	266.5436	2.675357	0.356075	226.1755	160.7694	9.6371	2024 3 31	2018 2 9	(703)
357P	223.0459	2.512868	0.436114	74.8765	44.5576	6.3163	2024 3 31	2019 1 4	(703)
358P	24.9513	2.394376	0.239798	299.6281	85.6705	11.0626	2024 3 31	2018 8 17	(111)
359P	237.6751	3.139129	0.323629	200.3436	149.7295	10.2610	2024 3 31	2019 4 1	(H06)
360P	334.1132	1.851747	0.499180	354.2671	2.1797	24.1091	2024 3 31	2017 12 14	(703)
361P	188.4639	2.765030	0.439508	219.0415	203.2560	13.9024	2024 3 31	2020 3 21	(F51)
362P	346.1617	2.866110	0.278700	53.4951	192.5447	15.5557	2024 3 31	2023 3 19	(X03)
363P	326.8931	1.720415	0.518964	340.7372	146.7899	5.3938	2024 3 31	2018 5 14	(H06)
364P	64.7700	0.802271	0.721839	212.1018	46.1493	12.1334	2024 3 31	2023 10 6	(F51)
365P	30.5097	1.321337	0.581414	67.7765	86.3045	9.8449	2024 3 31	2018 6 2	(A71)
366P	313.9079	2.279844	0.348315	152.9907	70.7612	8.8566	2024 3 31	2018 4 20	(A71)
367P	317.0249	2.527743	0.279843	172.6853	58.7137	8.4590	2024 3 31	2019 4 18	(Q62)
368P	153.2255	2.066994	0.626382	119.0264	257.7895	15.4864	2024 3 31	2019 2 8	(703)
369P	214.0356	1.945283	0.555868	13.1964	47.2944	10.3254	2024 3 31	2019 4 1	(G96)
370P	127.8642	2.475032	0.615509	356.7604	55.0587	19.4325	2024 3 31	2019 1 16	(F51)
371P	230.8027	2.186684	0.476938	308.6178	67.2248	17.3911	2024 3 31	2018 12 28	(J22)
372P	204.1967	3.825511	0.151865	27.7567	325.7989	9.5014	2024 3 31	2019 11 19	(G96)
373P	241.8032	2.303862	0.337233	231.9031	231.9031	17.8700	2024 3 31	2019 4 28	(G40)
374P	169.2766	2.665673	0.463760	51.5050	7.9951	10.7625	2024 3 31	2019 2 1	(F51)
375P	145.2990	1.887690	0.659698	119.3787	359.8990	17.3655	2024 3 31	2019 4 28	(G96)
376P	118.2842	2.797537	0.514125	285.4068	312.8907	1.1663	2024 3 31	2021 9 4	(W84)
377P	77.3260	5.016341	0.251093	354.9094	226.0400	9.0214	2024 3 31	2021 6 12	(G96)
378P	78.9775	3.365459	0.465509	193.4238	93.9944	19.1295	2024 3 31	2023 10 6	(F51)
379P	255.3100	2.272921	0.349206	31.0518	183.6599	12.4286	2024 3 31	2019 7 31	(Q62)
380P	191.2727	2.925258	0.338427	87.8476	128.3202	8.0135	2024 3 31	2020 4 16	(C77)

(302ページからの続き)

彗星名	近日点通過 T/TT	初回出現	最終出現	出現回数	周期 P	光度 (m₁) パラメータ		計算者
	年 月 日	年	年	回	年	H₁	K₁	
381P/LINEAR-Spacewatch	2019 9 26.5819	2000	2019	2	19.1	15.5	10.0	N
382P/Larson	2021 11 24.1526	2007	2022	2	14.6	10.5	7.0	N
383P/Christensen	2026 7 2.3532	2006	2019	2	6.68	17.5	10.0	N
384P/Kowalski	2024 9 19.1391	2014	2019	2	4.93	19.5	10.0	N
385P/Hill	2028 8 3.7920	2010	2019	2	8.88	13.0	10.0	N
386P/PANSTARRS	2020 8 19.5221	2003	2020	3	8.15	14.0	10.0	N
387P/Boattini	2019 9 8.0179	2009	2019	2	10.5	15.0	10.0	N
388P/Gibbs	2019 7 25.5016	2007	2019	2	12.0	13.0	10.0	N
389P/Siding Spring	2019 12 30.5810	2006	2019	2	13.4	16.0	10.0	N
390P/Gibbs	2020 3 22.8904	2006	2020	2	14.0	11.5	10.0	N
391P/Kowalski	2028 5 12.7560	2008	2018	2	10.2	11.5	10.0	N
392P/LINEAR	2020 4 1.9431	2005	2020	2	15.2	14.0	10.0	N
393P/Spacewatch-Hill	2019 10 31.7888	2009	2019	2	10.5	10.5	10.0	N
394P/PANSTARRS	2019 11 29.5177	2001	2019	3	9.01	16.0	6.0	N
395P/Catalina-NEAT	2022 2 18.4391	2005	2021	2	19.2	8.0	10.0	N
396P/Leonard	2019 8 27.7663	2001	2019	2	17.7	12.5	8.0	N
397P/Lemmon	2027 12 20.1975	2012	2020	2	7.50	10.0	15.0	N
398P/Boattini	2026 7 7.9383	2009	2020	2	5.53	12.5	10.0	N
399P/PANSTARRS	2021 5 23.2421	2013	2021	2	7.39	12.0	10.0	N
400P/PANSTARRS	2021 2 10.9326	2014	2021	2	6.72	13.5	7.0	N
401P/McNaught	2019 12 5.4467	2006	2019	2	13.9	12.0	10.0	N
402P/LINEAR	2021 12 15.3695	2003	2021	2	18.7	9.0	7.0	N
403P/Catalina	2020 9 17.2531	2008	2020	2	12.7	10.5	15.0	N
404P/Bressi	2023 11 4.0263	2012	2023	2	10.3	9.0	10.0	N
405P/Lemmon	2020 12 24.7431	2014	2020	2	6.84	17.0	10.0	N
406P/Gibbs	2027 6 24.2717	2007	2020	2	6.77	19.0	10.0	N
407P/PANSTARRS-Fuls	2026 7 25.8017	2013	2020	2	6.51	13.5	10.0	N
408P/Novichonok-Gerke	2022 10 5.6896	2012	2022	2	10.3	10.5	9.0	N
409P/LONEOS-Hill	2021 1 28.0806	2006	2021	2	14.8	12.5	15.0	N
410P/NEAT-LINEAR	2021 6 24.1815	2004	2021	2	17.1	12.5	8.0	N
411P/Christensen	2021 1 24.7798	2007	2021	2	14.0	14.5	10.0	N
412P/WISE	2026 5 30.9016	2009	2020	3	5.49	17.0	10.0	N
413P/Larson	2021 7 18.8378	2014	2021	2	7.21	11.0	15.0	N
414P/STEREO	2025 9 26.3742	2016	2021	2	4.67	13.0	10.0	N
415P/Tenagra	2021 2 13.4912	2012	2021	2	8.33	13.0	7.0	N
416P/Scotti	2021 2 15.6850	2013	2021	2	8.02	15.5	10.0	N
417P/NEOWISE	2021 4 30.3414	2015	2021	2	6.02	16.0	10.0	N
418P/LINEAR	2021 10 16.8325	2010	2021	2	11.5	13.0	10.0	N
419P/PANSTARRS	2021 10 27.5887	2015	2021	2	6.62	9.0	15.0	N
420P/Hill	2022 5 19.9297	1996	2022	3	12.9	12.0	10.0	N
421P/McNaught	2021 1 24.9789	2009	2021	2	11.4	14.0	10.0	N
422P/Christensen	2022 1 11.9424	2006	2022	2	15.7	8.0	15.0	N
423P/Lemmon	2021 9 22.2640	2006	2021	2	15.3	10.5	7.0	N
424P/La Sagra	2021 10 31.5065	2012	2021	2	9.29	16.0	10.0	N
425P/Kowalski	2020 9 21.0169	2005	2021	2	16.0	11.5	10.0	N
426P/PANSTARRS	2023 9 11.3488	2018	2023	2	5.69	13.0	10.0	N
427P/ATLAS	2023 3 18.8582	2017	2023	2	5.63	13.5	10.0	N
428P/Gibbs	2021 5 14.1837	2008	2021	2	6.51	14.5	10.0	N
429P/LINEAR-Hill	2022 1 2.3360	2008	2022	2	6.70	14.0	10.0	N
430P/Scotti	2021 12 2.1927	2010	2021	2	5.47	15.0	10.0	N
431P/Scotti	2022 2 13.5661	2002	2022	3	6.48	14.0	10.0	N
432P/PANSTARRS	2021 8 30.0919	2016	2021	2	5.29	18.0	7.0	N
433P/(248370) 2005 QN173	2026 9 23.8174	1999	2021	5	5.37	12.5	10.0	N
434P/Tenagra	2021 10 26.8532	2013	2021	2	8.40	14.0	7.0	N
435P/PANSTARRS	2026 10 26.3770	2000	2021	3	5.25	17.0	8.0	N
436P/Garradd	2021 12 8.4217	2007	2021	2	14.5	14.5	10.0	N
437P/Lemmon-PANSTARRS	2022 8 19.3703	2004	2022	2	9.75	12.0	10.0	N
438P/Christensen	2027 10 25.0077	2005	2020	2	7.56	16.5	7.0	N
439P/LINEAR	2021 8 26.4005	2009	2021	2	6.52	14.0	15.0	N
440P/Kobayashi	2022 3 29.9697	1997	2022	2	25.1	14.0	10.0	N
441P/PANSTARRS	2025 9 9.2758	2008	2025	3	8.40	12.5	7.0	N
442P/McNaught	2022 8 18.3962	2000	2022	3	11.1	13.0	10.0	N
443P/Christensen	2022 10 10.0586	2005	2022	3	8.38	12.5	10.0	N
444P/WISE-PANSTARRS	2022 7 10.8582	2003	2022	4	6.38	16.0	10.0	N
445P/Lemmon-PANSTARRS	2022 8 16.7709	1998	2022	4	8.15	13.5	10.0	N
446P/McNaught	2022 5 29.3483	2012	2022	2	9.75	17.5	10.0	N
447P/Sheppard-Tholen	2023 8 18.6320	2008	2022	2	13.4	13.0	8.0	N
448P/PANSTARRS	2022 9 6.5210	2008	2022	2	6.93	15.5	10.0	N
449P/Leonard	2020 11 24.5596	1986	2020	3	6.83	14.5	10.0	N
450P/LONEOS	2027 1 17.8706	2004	2027	2	22.5	7.0	10.0	N
451P/Christensen	2022 11 27.6397	2007	2022	2	16.0	13.0	10.0	N
452P/Sheppard-Jewitt	2023 4 25.5733	2003	2023	2	19.7	10.0	8.0	N
453P/WISE-Lemmon	2023 3 3.1484	2010	2023	2	12.8	13.5	10.0	N
454P/PANSTARRS	2023 2 26.3679	2013	2023	2	8.63	14.0	10.0	N
455P/PANSTARRS	2023 2 25.1881	2011	2023	2	5.60	16.5	10.0	N
456P/PANSTARRS	2025 4 17.3389	2014	2025	3	5.65	13.0	10.0	N
457P/Lemmon-PANSTARRS	2024 8 20.3752	2016	2020	2	4.30	15.5	10.0	N
458P/Jahn	2022 10 30.3486	2015	2022	2	7.58	15.0	8.0	N
459P/Catalina	2023 2 21.4328	1998	2023	4	5.83	16.0	8.0	N
460P/PANSTARRS	2026 9 22.0058	2016	2021	2	5.27	20.0	10.0	N
461P/WISE	2021 10 4.8740	2010	2021	2	5.57	17.5	10.0	N
462P/LONEOS-PANSTARRS	2022 8 1.8624	2000	2022	2	10.8	15.0	10.0	N
463P/NEOWISE	2023 3 29.6386	2012	2023	3	5.13	12.0	8.0	N
464P/PANSTARRS	2023 2 27.7990	2012	2023	2	10.1	11.0	10.0	N
465P/Hill	2023 5 9.5902	2008	2023	2	14.8	12.0	10.0	N
466P/PANSTARRS	2023 5 3.9772	2015	2023	2	8.15	14.8	10.0	N
467P/LINEAR-Grauer	2022 12 1.7944	2005	2022	2	14.1	11.0	7.0	N
468P/Siding Spring	2023 11 21.1664	2004	2023	2	19.0	10.0	10.0	N
469P/PANSTARRS	2025 12 8.6535	2003	2016	2	9.04	13.0	8.0	N
470P/PANSTARRS	2023 12 17.9093	2014	2023	2	9.47	13.0	10.0	N
471P	2023 12 20.2556	1997	2023	2	13.7	12.0	10.0	N

(303ページからの続き)

彗星番号	平均近点離角 Mo	近日点距離 q	離心率 e	近日点引数 ω (2000.0)	昇交点黄経 Ω (2000.0)	軌道傾斜角 i (2000.0)	元期 Epoch	最終観測	天文台コード
	°	AU		°	°	°	年 月 日	年 月 日	
381P	85.0562	2.276820	0.681242	173.3486	173.7855	28.3634	2024 3 31	2019 10 24	(F52)
382P	57.9810	4.342492	0.272466	162.5618	172.3124	8.2884	2024 3 31	2022 12 14	(X03)
383P	238.5702	1.423233	0.598857	133.7910	207.8185	12.3264	2024 3 31	2019 11 15	(Q62)
384P	325.6187	1.112156	0.616301	37.7041	354.2016	7.2832	2024 3 31	2020 1 20	(F52)
385P	183.9088	2.563993	0.402150	44.4234	357.0411	16.8242	2024 3 31	2020 1 13	(J22)
386P	159.5214	2.361589	0.410985	353.0806	134.9187	15.2394	2024 3 31	2021 5 12	(F51)
387P	156.2819	1.261245	0.737081	162.8508	259.2164	8.9409	2024 3 31	2020 1 29	(F51)
388P	140.5259	1.995454	0.619231	42.3017	37.0478	23.8894	2024 3 31	2020 4 19	(F52)
389P	114.4503	1.661624	0.705014	249.3883	218.8830	160.0864	2024 3 31	2019 11 15	(Q62)
390P	103.2734	1.702227	0.707245	232.4793	152.2428	18.5405	2024 3 31	2021 3 6	(G96)
391P	213.9812	4.130568	0.118894	187.2662	124.7301	21.2568	2024 3 31	2021 1 5	(F51)
392P	94.5033	1.942230	0.683713	71.8757	24.8686	4.9303	2024 3 31	2021 4 17	(G96)
393P	151.2511	4.221559	0.119922	329.1519	36.3920	16.7874	2024 3 31	2021 4 14	(W62)
394P	173.3004	2.736689	0.367762	54.4049	98.1250	8.5296	2024 3 31	2020 4 4	(673)
395P	39.5794	4.193835	0.415378	99.5893	221.0323	3.5821	2024 3 31	2023 2 3	(G96)
396P	93.2077	3.969375	0.416342	8.3200	136.6266	5.4393	2024 3 31	2020 4 21	(F51)
397P	181.3562	2.279277	0.409072	14.5818	8.1924	10.9254	2024 3 31	2021 2 17	(215)
398P	212.1487	1.301645	0.583554	320.2362	127.4147	11.0226	2024 3 31	2021 5 9	(Q11)
399P	139.1272	2.095845	0.447445	214.3949	207.1310	13.3217	2024 3 31	2022 3 7	(G96)
400P	167.7370	2.102532	0.409720	238.8821	176.3788	10.0276	2024 3 31	2021 2 24	(F52)
401P	111.9526	2.433687	0.578793	309.4248	359.9057	12.8018	2024 3 31	2021 5 6	(474)
402P	44.2093	3.939154	0.439915	326.8504	123.0716	30.8333	2024 3 31	2023 5 25	(T05)
403P	100.5331	2.691902	0.504282	277.6876	163.7844	12.3174	2024 3 31	2021 4 7	(G96)
404P	14.1822	4.132592	0.126105	169.3628	260.0381	9.8011	2024 3 31	2023 2 17	(Q11)
405P	171.6892	1.118160	0.689818	112.2101	3.2736	9.3669	2024 3 31	2023 5 10	(221)
406P	188.1411	1.640440	0.541558	352.4465	11.5121	1.2115	2024 3 31	2020 10 20	(F51)
407P	231.6998	2.170630	0.377107	93.4793	80.2515	4.8759	2024 3 31	2020 6 12	(215)
408P	51.7410	3.468800	0.269691	189.4439	19.3566	2.2303	2024 3 31	2021 7 5	(T08)
409P	76.9912	1.750983	0.709829	15.0580	143.4492	17.1329	2024 3 31	2022 4 29	(W62)
410P	58.1266	3.246603	0.511617	313.1731	139.9492	9.3896	2024 3 31	2022 4 29	(W62)
411P	81.6956	2.432880	0.581360	46.5659	77.6515	12.3883	2024 3 31	2021 4 16	(215)
412P	217.9056	1.620771	0.478939	155.9002	0.8458	8.9310	2024 3 31	2022 3 3	(G37)
413P	134.8739	2.164681	0.419800	186.8028	38.9463	15.9857	2024 3 31	2022 7 26	(F52)
414P	245.0455	0.524804	0.812092	210.6879	257.8178	23.4058	2024 3 31	2022 3 25	(C51)
415P	135.0348	3.308272	0.495887	160.2708	31.7970	2.3623	2024 3 31	2022 4 24	(W62)
416P	139.9501	2.184362	0.454936	134.4065	355.7667	3.3619	2024 3 31	2021 3 10	(867)
417P	174.5894	1.418566	0.571142	133.1482	106.5680	8.5125	2024 3 31	2022 8 13	(Q62)
418P	76.8233	1.712664	0.663794	307.7001	277.3153	5.7849	2024 3 31	2022 9 24	(W62)
419P	131.7355	2.553228	0.276133	187.8644	40.4081	2.8013	2024 3 31	2022 9 22	(F52)
420P	51.9851	2.776663	0.495519	156.5014	173.8004	14.4848	2024 3 31	2022 7 29	(Z10)
421P	100.0504	1.651230	0.674720	259.8962	55.3315	10.0757	2024 3 31	2021 10 31	(F52)
422P	50.6432	3.101150	0.506355	304.8374	36.0254	39.5835	2024 3 31	2021 11 29	(W62)
423P	59.1220	5.420998	0.122287	80.5761	33.2970	8.3460	2024 3 31	2023 3 27	(W62)
424P	93.5185	1.365731	0.690960	312.5821	51.1595	6.8650	2024 3 31	2022 2 4	(V00)
425P	56.8474	2.893443	0.544029	200.9028	210.0756	16.4206	2024 3 31	2023 1 25	(F52)
426P	34.9115	2.673063	0.161505	118.6106	280.3954	17.7793	2024 3 31	2022 7 31	(W62)
427P	66.1496	2.168667	0.315082	99.8064	252.3280	11.8645	2024 3 31	2022 6 13	(I11)
428P	159.2013	1.678216	0.518736	36.9008	299.3290	8.5063	2024 3 31	2021 12 14	(W62)
429P	120.4104	1.808091	0.491306	75.6631	322.0525	7.5167	2024 3 31	2022 3 2	(G96)
430P	153.2279	1.552597	0.499657	94.4045	54.6722	4.4753	2024 3 31	2022 5 22	(G96)
431P	118.0976	1.815288	0.477724	199.9576	202.8432	22.3908	2024 3 31	2022 3 25	(W62)
432P	175.7855	2.304019	0.241331	105.3385	239.1290	10.0684	2024 3 31	2021 11 7	(F51)
433P	193.4559	2.375776	0.224927	146.0355	171.1443	0.0679	2024 3 31	2021 1 5	(Q21)
434P	103.9290	2.997992	0.274704	128.3026	288.9378	6.3361	2024 3 31	2023 3 26	(V00)
435P	183.6137	2.059746	0.318037	244.2435	98.5355	18.8750	2024 3 31	2021 11 1	(F51)
436P	57.5067	1.960820	0.669607	282.7060	87.1685	20.0012	2024 3 31	2022 10 22	(W62)
437P	59.5757	3.401134	0.255015	268.8444	245.8444	3.6889	2024 3 31	2023 1 15	(F52)
438P	190.0373	2.254068	0.414623	59.0378	260.1177	8.2812	2024 3 31	2023 11 14	(G96)
439P	143.1996	1.851916	0.469486	342.1180	56.3972	7.1149	2024 3 31	2022 6 3	(215)
440P	28.7232	2.053990	0.760523	183.2864	328.8444	12.3422	2024 3 31	2022 6 3	(703)
441P	298.1676	3.327465	0.195061	178.8532	143.6034	2.5743	2024 3 31	2022 3 23	(G96)
442P	52.6373	2.319248	0.532757	310.7457	32.0021	6.0579	2024 3 31	2022 12 10	(G96)
443P	63.2718	2.956581	0.283355	145.1115	108.9421	19.8881	2024 3 31	2022 9 16	(F52)
444P	97.1489	1.478616	0.570287	171.7110	88.8484	22.2934	2024 3 31	2022 8 22	(G96)
445P	71.5820	2.374069	0.413997	213.3565	126.5956	1.9886	2024 3 31	2022 12 20	(G96)
446P	67.8650	1.612598	0.646770	344.6765	336.3792	16.6153	2024 3 31	2022 11 27	(G96)
447P	43.5269	4.628239	0.178320	97.6862	302.6397	7.4378	2024 3 31	2022 12 21	(A77)
448P	81.2775	2.113076	0.418666	218.7578	161.7568	12.1501	2024 3 31	2022 12 20	(G96)
449P	176.4105	1.872602	0.479796	176.7280	242.5243	15.4707	2024 3 31	2022 2 13	(215)
450P	315.2081	5.482665	0.312233	21.4561	124.7643	10.5602	2024 3 31	2022 7 30	(T13)
451P	30.1821	2.798444	0.558910	186.7271	300.8931	26.4790	2024 3 31	2023 4 18	(G96)
452P	17.0014	4.177981	0.427901	37.0471	123.6847	6.4215	2024 3 31	2023 4 18	(A77)
453P	30.4033	2.278515	0.582899	70.8632	42.8059	27.0677	2024 3 31	2023 5 17	(Q11)
454P	70.0500	2.686834	0.361582	20.0939	54.5823	19.8128	2024 3 31	2023 4 14	(215)
455P	70.3965	2.191586	0.304838	237.5055	146.1842	14.1378	2024 3 31	2022 9 2	(215)
456P	293.2972	2.798988	0.117607	233.5807	243.1609	16.9677	2024 3 31	2023 6 18	(T14)
457P	327.3989	2.332020	0.118692	104.3963	175.9723	5.2251	2024 3 31	2021 7 22	(250)
458P	67.3350	2.634364	0.317124	104.8385	1.5856	13.6263	2024 3 31	2023 3 25	(U94)
459P	68.2096	1.368115	0.577714	205.2018	256.9895	7.1729	2024 3 31	2021 1 5	(349)
460P	190.6388	1.017069	0.664013	351.9514	180.5151	18.8956	2024 3 31	2021 1 5	(F51)
461P	160.6050	1.351404	0.570077	174.8288	194.3786	18.4094	2024 3 31	2022 1 28	(G96)
462P	55.5696	2.056826	0.578211	4.3632	322.2729	7.0280	2024 3 31	2023 7 13	(Q62)
463P	70.5812	0.518676	0.825623	216.3552	283.2102	29.2863	2024 3 31	2023 7 13	(Q62)
464P	38.5862	3.372012	0.280494	267.6429	309.5797	21.6671	2024 3 31	2023 8 31	(X03)
465P	21.7302	2.327862	0.613910	141.1207	218.0075	25.8690	2024 3 31	2023 9 23	(C23)
466P	40.1636	2.154880	0.468734	119.7861	12.2235	2.4789	2024 3 31	2023 9 21	(V00)
467P	33.9636	5.508685	0.055278	267.8528	43.2691	2.4789	2024 3 31	2023 9 11	(V00)
468P	6.7827	3.949949	0.445489	322.5718	356.1236	50.4166	2024 3 31	2023 10 4	(M22)
469P	292.6730	3.005268	0.307569	43.5253	178.9653	20.1741	2024 3 31	2017 6 3	(G96)
470P	10.8327	2.728541	0.390447	151.9700	246.1735	8.8429	2024 3 31	2023 10 4	(Q62)
471P	7.3461	2.123304	0.628260	94.9606	283.3223	4.7596	2024 3 31	2023 10 5	(Q62)

【注意】軌道の元期は2024年3月31日。ウェッブ・サイト http://www. oaa.gr.jp/~oaacs/comet/numcmt_f2024.txt に同じものがある。出現回数に＊があるものは、新しい回帰の観測が引け夜のためカウントされていない（ただし、気づいたもののみで、すべてではない）。

新　　星（前原裕之）

新星は白色矮星の主星とK-M型の主系列星ないし準巨星の伴星からなる近接連星か，白色矮星の主星と赤色巨星の伴星からなる連星系（共生星であることが多い）である．伴星から主星への質量移動があり，白色矮星の表面に降り積もった物質（水素）がある程度の量に達すると，白色矮星表面の水素の層が暴走的な熱核反応による爆発を起こし増光する．増光幅は小さなものでも7等程度，大きなものでは19等にも達する．新星の極大時の絶対等級は－6等から－10等程度であり，超新星とくらべるとはるかに暗い．表1は2022年9月から2023年8月までに発見された新星の一覧である．この1年間には9個の銀河系内新星が発見された．この1年間の日本人による新星の発見はいて座に3個，さそり座に1個の合計4個だった．以下では明るく日本からも比較的よく観測された新星について紹介する．

V6596 Sgr：茨城県の櫻井幸夫氏は2023年2月19.832日にいて座を撮影した画像から9.6等の新天体を発見した．この天体は静岡県の西村栄男氏とオーストラリアのAndrew Pearce氏によっても10等級の新天体としてそれぞれ独立に発見された．この天体の分光観測は発見翌日の20日に京都大学岡山天文台の3.8mせいめい望遠鏡などによって行なわれ，この天体のスペクトルに水素のバルマー・パッシェン系列，中性ヘリウム，1回・2回電離した窒素，中性酸素の幅の広い輝線が見られることがわかった．輝線の幅（FWZI）は秒速6000kmほどにも達し，これらの特徴からこの天体が爆発によるガスの膨張速度が大きい「速い新星（fast nova）」であることが判明した．

表1　2022年9月から2023年8月に発見された銀河系内の新星（既知の回帰新星の新星爆発を含む）

天体名	赤経 (2000.0) 赤緯		発見日時 (世界時)	発見等級	極大等級	発見者	出典
V6596 Sgr = Nova Sgr 2023 = TCP J17562787-1714548	h m s 17 56 27.90	° ′ ″ －17 14 53.7	2023年02月19.823日	9.6c	9.9V	櫻井幸夫 西村栄男 Andrew Pearce	CBET 5225 ATel #15911
Gaia23azk = AT 2023ctx	19 07 13.71	＋09 28 53.7	2023年03月05.54日	13.9G	13.9G	Gaia	Gaia Alert ATel #15956
PGIR23gjp = AT 2023gde	19 10 19.30	＋10 32 21.4	2023年04月12日	11.7J	9.5J	Palomar Gattini -IR survey	ATel #15993 Atel #15994
ZTF23aagmerr	17 50 19.46	－24 30 33.3	2023年04月19日	16.4r	16.4r	Zwicky Transient Facility	ATel #16181
V1716 Sco = Nova Sco 2023 = PNV J17224490-4137160	17 22 45.02	－41 37 16.5	2023年04月20.678日	8.0c	6.9V	Andrew Pearce 西村栄男	CBET 5245 ATel #16003 ATel #16004
V6597 Sgr = Nova Sgr 2023 No. 2 = TCP J17583414-2652300	17 58 34.14	－26 52 30.0	2023年05月16.668日	12.0C	13.9V	板垣公一	CB3T 5260 ATel #16038
V567 Nor = Nova Nor 2023 = TCP J16272388-4601564	16 27 23.90	－46 01 57.0	2023年06月27.099日	14.9C	14.4V	Brazilian Transient Search	CBET 5275 ATel #16111
V6598 Sgr = Nova Sgr 2023 No. 3 = TCP J17525020-2024150	17 52 49.30	－20 24 15.5	2023年07月15.459日	10.3C	9.6C	Andrew Pearce 中村祐二	CBET 5278 ATel #16038
V1717 Sco = Nova Sco 2023 No. 2 = TCP J17282355-3113163	17 28 23.63	－31 13 17.6	2023年08月06.145日	13.5C	13.5C	Brazilian Transient Search	CBET 5295 ATel #16184

この新星は発見直後の2月20日にガンマ線バースト観測衛星のNeil Gehrels Swift Observatoryに搭載されたX線望遠鏡によって行なわれた観測で，X線でも明るくなっていることが報告され，このことも速い新星の特徴と一致する．VSOLJなどに報告された可視光の測光観測によると，この新星は2月21日ごろにVバンドで9.9等まで明るくなったあとは急速に減光し，3月初旬には15等以下まで暗くなった．

V1716 Sco：オーストラリアのAndrew Pearce氏は2023年4月20.678日に撮影した画像から，さそり座の中に8等級の新天体を発見した．静岡県の西村栄男氏もこの天体を4月20.801日に独立に発見した．この天体の分光観測は4月22日にチリのCTIOのSMARTS 1.5m望遠鏡などによって行なわれ，この天体のスペクトルにはP Cygプロファイルを持つ水素のバルマー系列や1階電離した鉄の輝線が見られることがわかった．P Cygプロファイルの吸収線は，水素のバルマー系列では輝線に対して秒速1800kmと3000km，鉄では輝線に対して秒速1800km青方偏位していた．このような特徴から，この天体が古典新星であると判明した．この天体は発見翌日の4月21日ごろにはVバンドで6.9等まで明るくなった．その後は減光し，6月上旬ごろまでに12等級まで減光した．

V6597 Sgr：山形県の板垣公一氏は5月16.668日に撮影した画像から，いて座の中に12等級の新天体を発見した．ロシアのK. Sokolovsky氏らの観測やAll-Sky Automated Survey for Supernovae の観測によると，この天体は発見前日の15.920には13.1等まで増光していた．この天体の分光観測は発見の直後の5月16.78日に京都大学岡山天文台の3.8mせいめい望遠鏡によって行なわれ，この天体のスペクトルにP Cygプロファイルを持つHα線とHβ線，中性酸素の輝線が見られることがわかった．Hα線のP Cygプロファイルの吸収成分は輝線のピークに対して秒速570kmほど青方偏位しており，これらの特徴からこの天体が古典新星であると判明した．この天体は星間吸収の影響で赤い色をしており，Vバンドでは極大でも14等ほどだった．発見後は途中2回の小規模な増光を示しながらゆっくりと減光し，8月には16等台まで暗くなった．

V6598 Sgr：オーストラリアのAndrew Pearce氏は2023年7月15.459日に撮影した画像からいて座に10.3等級の新天体を発見した．三重県の中村祐二氏は15.522日にこの天体を9.6等で独立に発見した．ロシアのS. Korotkiy氏らの観測によると，14.8日ごろにはすでに13等台に増光しつつあったことがわかった．7月15.979日にO. Garde氏らSouthern Spectroscopic Observatory Teamが行なった分光観測によると，この天体のスペクトルにはP Cygプロファイルを持つ幅の広い水素のバルマー系列の輝線が見られ，P Cygプロファイルの吸収線成分は輝線に対して秒速4100km青方偏移していることがわかった．これらの特徴からこの天体が古典新星であることが判明した．発見直後には1等／日程度の速度で急速に減光し，7月18-19日には13等まで暗くなった．その後は減光速度が遅くなり，8月上旬には14等まで暗くなった．

太陽系外惑星 <small>(平野照幸)</small>

　1995年に初めて太陽以外の主系列星を回る惑星（ペガスス座51番星b）が発見されて以来, 太陽系外惑星（系外惑星）の探査は飛躍的に進み, 2023年9月現在約5500個の系外惑星が報告されている. 系外惑星はその半径や組成などによっていくつかのカテゴリに分類され,「地球型惑星」,「スーパーアース」,「ミニネプチューン」(次の海王星型惑星と一緒に分類されることも多い),「海王星型惑星」,「木星型惑星」などが代表的な分類である. 発見された系外惑星の多くは観測バイアスのため100日以下の公転周期を持つが, 中には太陽系内の巨大惑星のように周期10年以上のものも存在する. 公転周期による系外惑星の分類では, 周期1日未満の小型惑星（一般に2地球半径以下）を「超短周期惑星」, 周期10日以下の木星型惑星を「ホットジュピター」とよぶ. 現在, ほとんどの系外惑星は主系列星（とくにスペクトル型でF, G, K, M星）の周りで見つかっているが, 一部は前主系列星や主系列段階を終えた赤色巨星の周りでも発見されている.

　系外惑星の発見では, 一般に地上・宇宙の光学赤外線望遠鏡が利用される. 最初の系外惑星「ペガスス座51番星b」の発見には, 惑星の重力による主星（惑星のホストとなる恒星）の周期的な運動をスペクトル線のドップラー偏位として観測する「視線速度法」が用いられた. この10年間は, 主星の前を系外惑星が通過する場合の食を検出する「トランジット法」が非常に多くの系外惑星の発見に貢献しており, とくにケプラー望遠鏡やTESSミッションによる宇宙からの大規模な探査によって2010年以降「トランジット惑星」の数は数千個に増加した. これらの手法以外にも, 恒星どうしの固有運動によって惑星を持つ恒星が背景の明るい恒星の前方を通過する際に起こる重力レンズ現象を利用する「重力マイクロレンズ法」, 惑星自身の放射光を主に近赤外線で検出する「直接撮像法」なども代表的な系外惑星発見法となっている. 2022年9月から2023年8月までの1年間に, 合計316個の系外惑星が新たに発見されたが, その発見法の内訳は, 視線速度法50個, トランジット法220個, 重力マイクロレンズ法36個, 直接撮像法8個, その他（タイミング法・アストロメトリ法）2個であった.

【この1年間のニュース】

●トランジット惑星の多様な内部組成が判明

　トランジット惑星系ではトランジットの減光率から惑星の半径を測定することができるが, 惑星半径と視線速度観測等で測定される惑星質量を組み合わせることで, 惑星の内部組成（鉄・岩石・揮発性元素による大気など）を制限することができる. これまでの観測から, 半径が地球の約1.7倍以上の惑星は揮発性元素に富む厚い大気を持ち, 1.6地球半径程度以下のサイズの惑星は主に鉄・岩石を主成分とする惑星であると考えられていた. イタリアの研究者らのグループは, 視線速度法を用いて地球半径の

約3.48倍の質量を持つトランジット惑星TOI-1853bの質量を制限し，この惑星がおよそ9.7g/ccという，きわめて高い平均密度を持つことを突き止めた．これはTOI-1853bが主に岩石と氷（水）でできた惑星であることを示唆し，海王星サイズの惑星としては例外的な組成を持つことを明らかにした．一方，カナダの研究者を中心としたグループは，4惑星が確認されているK2-138系の観測を通じて，1.51地球半径を持つ小型惑星K2-138dの質量および平均密度を制限し，K2-138dが揮発性物質に富む大気によって体積の約51％が占められていることを明らかにした．TOI-1853b，K2-138dの両観測結果は，系外惑星の内部組成が従来考えられていたよりも多様であることを示唆している．

● ジェイムズ・ウェッブ宇宙望遠鏡による系外惑星の大気観測が進む

　ジェイムズ・ウェッブ宇宙望遠鏡（JWST）は，2021年に打ち上げられたNASAによる旗艦ミッションで，口径約6.5mの大集光力を活かした赤外線観測によって遠方宇宙や系外惑星など多様な対象が調査されている．過去1年間に，WASP-39，WASP-18，HD 149026，TRAPPIST-1，GJ 1214，LHS475などの系外惑星系がJWSTによって観測された．主に波長ごとのトランジット減光率から惑星大気を制限する「透過光分光法」や惑星自身の赤外線放射を波長ごとに調べる「放射光分光観測」によって，これらの系の惑星の大気が調査され，かつてない規模・精度で系外惑星大気の特徴が明らかになった．とりわけ，土星ほどの質量を持つHD 149026bの放射光分光観測では，惑星大気の金属量がこれまで見つかった惑星の中でもっとも高い可能性があることが示唆された．とくに地球型惑星TRAPPIST-1b, cに対しては恒星により惑星が掩蔽される「二次食」の観測によって，惑星の赤外線放射光が検出された．観測された放射光強度と理論モデルの比較から，これらの惑星はほとんど大気を持たないか存在した場合もかなり薄い大気であることが明らかになった．

● 日本人グループによる主な成果

　アストロバイオロジーセンター，東京大学の研究者からなる研究チームは，衛星トランジット探査（K2, TESSミッション）で検出された系外惑星候補に対して地上望遠鏡を用いた追観測を実施し，赤色矮星（LP 791-18, K2-415, LP 890-9など）を公転するトランジット惑星を多数発見した．このうち，地球とほぼ同サイズの惑星K2-415bはもっとも低質量な恒星を回る惑星の一つで，ケプラー望遠鏡による観測でこれまでに発見された惑星の中でもっとも地球から近い惑星となった．東京大学，国立天文台の研究者らは，赤色矮星を対象とした惑星種族合成理論をアップデートし，惑星大気中の水の生成を取り入れたシミュレーションを実施した．結果，赤色矮星周りの地球型惑星の一部（5～10％）は適度な海水量を保持し，「生命居住環境」に適した条件を持つ可能性があることを明らかにした．大阪大学，名古屋大学などのグループは，MOA II望遠鏡を用いた9年間におよぶ重力マイクロレンズ探査によって多数の低質量天体によるマイクロレンズイベントを検出した．その多くは銀河系内を移動する「浮遊惑

星」によって引き起こされていると考えられ, イベントの検出効率の統計解析から, 恒星1個につき21個程度もの浮遊惑星（もしくは超長周期の惑星）が存在する可能性があることが示唆された.

2022年9月～2023年8月に発表された主な系外惑星

中心星	惑星	中心星 赤経	中心星 赤緯	中心星 V等級	中心星 距離	中心星 有効温度	惑星 質量	惑星 半径	惑星 公転周期	惑星軌道 長半径	惑星軌道 離心率
		h m s	° ′ ″		pc	K	木星質量	木星半径	日	au	
視線速度法による発見											
GJ 1002	GJ 1002 b	00 06 42.35	−07 32 46.36		4.84867	3024	0.0034		10.3465	0.0457	
GJ 1002	GJ 1002 c	00 06 42.35	−07 32 46.36		4.84867	3024	0.00428		21.202	0.0738	
L 363-38	L 363-38 b	00 43 25.33	−41 17 43.05	13.027	10.2295	3129	0.01469		8.781	0.048	
HD 6860	HD 6860 b	01 09 43.91	+35 37 13.80	2.06763	61.12469	3802	28.26		663.87	2.03	0.28
TOI-4010	TOI-4010 e	01 20 51.56	+66 04 19.92	12.291	177.504	4960	2.17728		762	1.57	0.26
BD-210397	BD-210397 b	02 13 12.58	−21 11 46.37	9.84	23.7324	4051	0.7		1891	2.63	0.1
BD-210397	BD-210397 c	02 13 12.58	−21 11 46.37	9.84	23.7324		4.8		6240	5.9	0.43
TOI-1669	TOI-1669 b	03 03 49.55	+83 35 14.74	10.218	111.276	5542.3	0.573		502		0.14
HD 18438	HD 18438 b	03 06 07.64	+79 25 06.89	5.50474	224.146	3860	21		803	2.1	0.1
HD 36384	HD 36384 b	05 39 43.68	+75 02 38.36	6.18839	209.309	3940	6.6		490	1.3	0.2
TOI-1338 A	TOI-1338 c	06 08 31.94	−59 32 27.55	11.722	399.017	6050	0.205		215.5	0.794	0.16
HIP 29442	HIP 29442 c	06 12 13.88	−14 38 57.54	9.49	68.192	5289	0.01416	0.141	3.53796	0.0436	
HIP 29442	HIP 29442 d	06 12 13.88	−14 38 57.54	9.49	68.192	5289	0.01605	0.122	6.42975	0.0649	
TOI-1694	TOI-1694 c	06 30 59.69	+66 21 38.14	11.446	124.68	5066.4	1.05		389.2		0.18
TOI-969	TOI-969 c	07 40 32.80	+02 05 54.92	11.646	77.2554	4435	11.3		1700	2.52	0.628
HD 73256	HD 73256 b	08 36 22.80	−30 02 14.40	8.08	36.708		16		2690	3.8	0.16
HD 74698	HD 74698 b	08 40 17.87	−71 52 36.74	7.78	52.0648	5783	0.07		15.017	0.121	0.1
HD 74698	HD 74698 c	08 40 17.87	−71 52 36.74	7.78	52.0648	5783	0.4		3449	4.5	0.2
HD 75302	HD 75302 b	08 49 12.38	+03 29 06.05	7.45	30.3288		5.4		4356	5.3	0.39
GJ 328	GJ 328 c	08 55 07.67	+01 32 31.20	9.99	20.5266	3897	0.06733		241.8	0.657	
HD 80653	K2-312 c	09 21 23.38	+14 22 04.33	9.452	109.86	5959	5.41		921.2	1.961	0.853
GJ 367	GJ 367 c	09 44 29.15	−45 46 44.46	10.153	9.41263	3522	0.01299		11.5301		0.09
GJ 367	GJ 367 d	09 44 29.15	−45 46 44.46	10.153	9.41263	3522	0.01897		34.369		0.14
HD 89839	HD 89839 b	10 20 40.53	−53 39 50.50	7.64	57.3063	6314	5.01		3441	4.761	0.187
HD 94771	HD 94771 b	10 55 53.92	−35 06 52.28	7.37	57.7807	5631	0.53		2164	3.48	0.39
HIP 54597	HIP 54597 b	11 10 25.97	−29 24 51.49	9.83	39.7429		2.4		3274	4	0.03
GJ 1151	GJ 1151 c	11 50 55.32	+48 22 23.64	13.76	8.03625	3280	0.03341		389.7	0.5714	
GJ 9404	GJ 9404 b	12 19 23.33	+49 22 51.41		23.8839		0.03744		13.4586	0.0943	0.49
HD 108202	HD 108202 b	12 25 50.72	−01 06 39.32	10.26	38.6846		3		2990	3.7	0.52
HD 112300	HD 112300 b	12 55 35.72	+03 23 50.06	3.39515	62.07324	3657	15.83		466.63	1.33	0.36
HD 114082	HD 114082 b	13 09 16.11	−60 18 30.36	8.2	95.3906	6651	8	1	109.75	0.5109	0.395
HN Lib	HN Lib b	14 34 16.44	−12 31 01.22	11.311	6.24442	3347	0.01718		36.116	0.1417	0.079
HD 135625	HD 135625 d	15 17 48.28	−45 55 21.31	7.72	56.518		2.3		4055	5.4	0.16
rho CrB	rho CrB d	16 01 02.42	+33 18 00.67	5.40816	17.4671	5817	0.00796		282.2	0.827	0
rho CrB	rho CrB e	16 01 02.42	+33 18 00.67	5.40816	17.4671	5817	0.01192		12.949	0.1061	0.126
HD 165131	HD 165131 b	18 05 22.66	−21 40 25.33	8.42	57.4263	5870	18.7		2342.6	3.54	0.6708
HD 167677	HD 167677 b	18 16 49.63	−11 24 24.43	8.9	54.3258	5474	2.85		1820	2.877	0.182
HD 167768	HD 167768 b	18 16 53.12	−03 00 30.89	5.98894	107.214	4851	0.85		20.6532	0.1512	0.149
KIC 3526061	KIC 3526061 b	19 00 44.74	+38 36 40.00	10.372	401.229	4829	18.15		3552	5.14	0.85
Kepler-10	Kepler-10 d	19 02 43.03	+50 14 29.34	11.043	185.506	5708	0.0399		151.04	0.5379	0.26
Kepler-454	Kepler-454 b	19 09 54.88	+38 13 44.67	11.567	230.869	5687	2.31		4073	5.1	0.089
Kepler-68	Kepler-68 e	19 24 07.75	+49 02 24.77	10.077	144.166	5847	0.272		3455	4.6	0.33
HD 184010	HD 184010 b	19 31 21.63	+26 37 02.21	5.88639	60.7993	4971	0.31		286.6	0.94	0
HD 184010	HD 184010 c	19 31 21.63	+26 37 02.21	5.88639	60.7993	4971	0.3		484.3	1.334	0
HD 184010	HD 184010 d	19 31 21.63	+26 37 02.21	5.88639	60.7993	4971	0.45		836.4	1.92	0
DMPP-4	DMPP-4 b	19 34 19.84	+14 51 08.90	5.72936	25.2324	6400	0.03839		3.4982	0.04853	0.063
HD 185283	HD 185283 b	19 41 17.61	−56 19 19.59	9.03	31.395		1.3		4060	4.6	0.07
HD 191939	HD 191939 g	20 08 06.15	+66 51 01.09	8.97	53.6089	5348	0.04248		284	0.812	0.03
Wolf 1069	Wolf 1069 b	20 26 05.82	+58 34 31.10	13.993	9.58341	3158	0.00396		15.564	0.0672	0
TOI-1052	TOI-1052 c	22 30 02.47	−75 38 47.62	9.511	129.804	6146	0.10792		35.806	0.2263	0.237

中　心　星	惑　　星	中心星赤経	中心星赤緯	中心星V等級	中心星距離	中心星有効温度	惑星質量	惑星半径	惑星公転周期	惑星軌道長半径	惑星軌道離心率
		h m s	° ′ ″		pc	K	木星質量	木星半径	日	au	
トランジット法による発見											
TOI-198	TOI-198 b	00 09 05.16	-27 07 18.28	11.688	23.7262	3650		0.128	10.2152	0.1	
TOI-1470	TOI-1470 b	00 40 21.39	+61 12 48.19	13.459	51.9503	3709	0.02303	0.194	2.527093	0.0285	0.3
TOI-1470	TOI-1470 c	00 40 21.39	+61 12 48.19	13.459	51.9503	3709	0.02278	0.22	18.08816	0.106	0.5
TOI-244	TOI-244 b	00 42 16.74	-36 43 04.71	12.861	22.0337	3450		0.092	7.39726	0.073	
TOI-1468	TOI-1468 b	01 06 36.93	+19 13 29.71	12.5	24.7399	3496	0.0101	0.114	1.8805136		
TOI-1468	TOI-1468 c	01 06 36.93	+19 13 29.71	12.5	24.7399	3496	0.02089	0.184	15.532482		
TOI-406	TOI-406 b	01 12 11.64	-56 55 31.40	10.937	261.834	6219	0.3	1	30.08364	0.201	0.15
TOI-277	TOI-277 b	01 16 18.41	-20 57 11.80	13.632	64.6692	4031		0.236	3.994	0.0269	
TOI-4010	TOI-4010 b	01 20 51.56	+66 04 19.92	12.291	177.504	4960	0.03461	0.269	1.348335	0.0229	0.03
TOI-4010	TOI-4010 c	01 20 51.56	+66 04 19.92	12.291	177.504	4960	0.0639	0.529	5.414654	0.058	0.03
TOI-4010	TOI-4010 d	01 20 51.56	+66 04 19.92	12.291	177.504	4960	0.12003	0.551	14.70886	0.113	0.07
GJ 3090	GJ 3090 b	01 21 45.22	-46 42 53.00	11.403	22.4751	3556	0.01051	0.19	2.853136	0.03165	0.32
TOI-2152	TOI-2152 A b	01 45 21.35	+77 47 24.44	11.436	303.006	6630	2.83	1.281	3.3773512	0.05064	0.057
HIP 9618	HIP 9618 b	02 03 37.20	+21 16 52.78	9.2	67.5478	5609	0.03146	0.348	20.772907	0.1438	0.22
HIP 9618	HIP 9618 c	02 03 37.20	+21 16 52.78	9.2	67.5478	5609	0.05758	0.298	52.563491	0.2669	0.23
TOI-262	TOI-262 b	02 10 08.32	-31 04 14.26	8.91	43.932	5310		0.185	11.14529	0.163	
HD 15906	HD 15906 b	02 33 05.10	-10 21 07.84	9.78	45.5621	4757		0.2	10.924709	0.09	0.11
HD 15906	HD 15906 c	02 33 05.10	-10 21 07.84	9.78	45.5621	4757		0.261	21.583298	0.141	0.04
TOI-3688 A	TOI-3688 A b	02 37 07.76	+54 51 04.37	12.241	396.378	5950	1.167	1.167	3.246075	0.0456	0
TOI-4145 A	TOI-4145 A b	02 37 43.14	+80 16 02.58	12.084	205.387	5281	0.43	1.187	4.0664428	0.04823	0
TOI-2443	TOI-2443 b	02 40 43.17	+01 11 58.83	9.51	23.9258	4357		0.247	15.669494		
TOI-4184	TOI-4184 b	02 55 18.83	-79 24 52.93	17.12	69.3649	3238		0.217	4.9019804	0.0336	
HD 18599	HD 18599 b	02 57 02.88	-56 11 30.73	8.99	38.5653	5145	0.07583	0.232	4.1374354	0.048	0.34
TOI-5678	TOI-5678 b	03 09 33.20	-34 11 54.53	11.438	165.393	5485	0.06293	0.438	47.73022	0.249	0.14
HD 20329	HD 20329 b	03 16 42.75	+15 39 22.88	8.76	63.6796	5596	0.02335	0.153	0.926118	0.018	0
TOI-908	TOI-908 b	03 32 38.26	-81 15 02.68	11.316	175.748	5626	0.05077	0.284	3.183792	0.041657	0.132
HD 22946	HD 22946 d	03 39 16.69	-42 45 46.90	8.270001	62.7792	6169	0.0836	0.233	47.42489	0.2958	
HD 23472	HD 23472 d	03 41 50.17	-62 46 02.16	9.73	39.0341	4684	0.00173	0.067	3.97664	0.04298	0.07
HD 23472	HD 23472 e	03 41 50.17	-62 46 02.16	9.73	39.0341	4684	0.00077	0.057	7.90754	0.068	0.07
HD 23472	HD 23472 f	03 41 50.17	-62 46 02.16	9.73	39.0341	4684	0.00242	0.101	12.1621839	0.0906	0.07
TIC 279401253	TIC 279401253 b	03 50 37.73	-15 01 34.41	11.938	285.584	5951	6.14	1	76.8	0.369	0.448
TIC 279401253	TIC 279401253 c	03 50 37.73	-15 01 34.41	11.938	285.584	5951	8.02		155.3	0.591	0.254
K2-411	K2-411 b	03 52 00.87	+19 23 27.56	12.27	298.219	5711		0.088	3.2141	0.0511	
LP 890-9	LP 890-9 b	04 16 31.42	-28 18 56.85	18	32.4298	2850	0.04153	0.118	2.7299025	0.01875	
LP 890-9	LP 890-9 c	04 16 31.42	-28 18 56.85	18	32.4298	2850	0.0796	0.122	8.457463	0.03984	
TOI-444	TOI-444 b	04 16 44.16	-26 45 59.07	9.86	57.3973	5225		0.247	17.9636	0.133	
NGTS-23	NGTS-23 b	04 41 43.75	-40 02 40.31	14.126	1074.95	6057	0.613	1.267	4.0764326	0.0504	0
TOI-2154	TOI-2154 b	04 44 06.74	-81 21 51.35	11.068	296.46	6280	0.92	1.453	3.8240801	0.0513	0.117
K2-412	K2-412 b	05 05 02.91	+21 34 48.58	15.746	654.085	5590		0.189	5.9382	0.0586	
TOI-2338	TOI-2338 b	05 25 22.70	-34 40 05.70	12.483	313.996	5581	5.98	1	22.65398	0.158	0.676
TOI-2459	TOI-2459 b	05 28 34.40	-39 22 22.96	10.772	36.6113	4195		0.263	19.104718		
TOI-4603	TOI-4603 b	05 35 27.82	+21 17 39.27	9.24	255.643	6264	12.89	1.042	7.24599	0.0888	0.325
TOI-2796	TOI-2796 b	05 36 36.65	+00 53 46.60	12.475	350.343	5764	0.44	1.54	4.8084983	0.0569	0
TOI-2525	TOI-2525 b	05 47 24.23	-60 31 16.71	14.216	395.398	5096	0.084	0.774	23.2856	0.1511	0.17
TOI-2525	TOI-2525 c	05 47 24.23	-60 31 16.71	14.216	395.398	5096	0.657	0.904	49.2519	0.249	0.157
TOI-2364	TOI-2364 b	05 56 31.21	-05 00 43.31	12.234	219.614	5306	0.225	0.768	4.0197517	0.04871	0
TOI-2497	TOI-2497 b	06 00 15.02	+11 53 02.61	9.547	285.289	7360	4.82	0.994	10.655669	0.1166	0.195
HIP 29442	HIP 29442 b	06 12 13.88	-14 38 57.54	9.49	68.192	5289	0.0302	0.31	13.63083	0.107	
TOI-2803 A	TOI-2803 A b	06 12 27.54	-23 29 32.98	12.537	494.818	6280	0.975	1.616	1.96229325	0.03185	0
TOI-470	TOI-470 b	06 16 02.38	-25 01 53.08	11.171	130.46	5190		0.387	12.19148	0.19	
TOI-2498	TOI-2498 b	06 21 39.89	+11 15 05.93	11.196	275.265	5905	0.10893	0.541	3.738252	0.0491	0.089
TOI-700	TOI-700 e	06 28 22.97	-65 34 43.01	13.151	31.1265	3459		0.085	27.80978	0.134	0.059
TOI-1694	TOI-1694 b	06 30 56.69	+66 21 38.14	11.446	124.68	5066.4	0.08212	0.485	3.77015		0
TOI-4127	TOI-4127 b	07 01 37.09	+72 24 53.75	11.441	319.632	6096	2.3	1.096	56.39879	0.3081	0.7471
TOI-2589	TOI-2589 b	07 09 57.16	-37 13 51.41	11.415	200.273	5579	3.5	1.08	61.6277	0.3	0.522
HD 56414	HD 56414 b	07 11 22.48	-68 50 00.03	9.217	272.217	8500		0.331	29.04992	0.229	0.05
TOI-1221	TOI-1221 b	07 11 41.05	-65 30 31.88	10.494	138.411	5592	3.5	0.26	91.68278	0.387	0.21

（次ページに続く）

（前ページからの続き）

中心星	惑星	中心星 赤経	中心星 赤緯	中心星 V等級	中心星 距離	中心星 有効温度	惑星 質量	惑星 半径	惑星 公転周期	惑星軌道 長半径	惑星軌道 離心率
		h m s	° ′ ″		pc	K	木星質量	木星半径	日	au	
TOI-2842	TOI-2842 b	07 12 10.61	−10 38 21.62	12.59	460.995	5910	0.37	1.146	3.5514058	0.0475	0
TOI-4791	TOI-4791 b	07 17 33.21	−19 49 44.18	11.541	328.802	6058	2.31	1.11	4.28088	0.0555	0
TOI-4562	TOI-4562 b	07 28 02.41	−63 31 04.00	12.14	339.605	6096	2.3	1.118	225.11781	0.768	0.76
TOI-715	TOI-715 b	07 35 24.56	−73 34 38.67	16.683	42.4048	3075		0.138	19.288004	0.083	
TOI-969	TOI-969 b	07 40 32.80	+02 05 54.92	11.646	77.2554	4435	0.02863	0.247	1.8237305	0.02628	
TOI-2587 A	TOI-2587 A b	07 43 43.61	−01 04 24.00	11.544	373.675	5760	0.218	1.077	5.45664	0.0635	0
TOI-1937 A	TOI-1937 A b	07 45 28.97	−52 22 59.73	13.18	415.135	5814	2.01	1.247	0.94667944	0.01932	0
TOI-2818	TOI-2818 b	07 56 14.36	−35 07 00.16	11.937	312.674	5721	0.71	1.363	4.039709	0.0493	0
TOI-3819	TOI-3819 b	08 07 27.18	+29 23 19.12	12.542	558.141	5859	1.11	1.172	3.2443141	0.04611	0
TOI-622	TOI-622 b	08 21 13.21	−46 29 03.47	8.995	123.297	6400	0.303	0.824	6.402513	0.0708	0.42
TOI-3785	TOI-3785 b	08 43 36.05	+63 04 41.08	14.595	79.7634	3576	0.00704	0.459	4.6747373	0.043	0.11
WASP-84	WASP-84 c	08 44 25.68	+01 51 35.62	10.825	100.588		0.048	0.174	1.4468849	0.02359	
TOI-615	TOI-615 b	08 53 38.09	−40 32 37.32	10.825	360.408	6850	0.435	1.693	4.6615983	0.0678	0.39
TOI-2545	TOI-2545 b	09 02 10.99	−03 25 14.95	9.521	107.118	5846.29		0.245	7.994037		
K2-415	K2-415 b	09 08 48.37	+11 51 44.10	15.33	21.8182	3173	0.0236	0.091	4.0179694	0.027	
TOI-3807	TOI-3807 b	09 16 27.02	+60 04 06.73	11.856	421.745	5772	1.04	1.65	2.8989727	0.0421	0
TOI-2977	TOI-2977 b	09 35 42.36	−60 21 26.91	12.6334		5691	1.68	1.174	2.3505614	0.03386	0
TOI-3364	TOI-3364 b	09 38 09.07	−49 20 06.80	11.875	277.899	5706	1.67	1.091	5.8768918	0.0675	0
TOI-2000	TOI-2000 b	09 45 35.30	−66 41 11.87	10.984	175.713	5611	0.0347	0.241	3.098833	0.04271	0
TOI-2000	TOI-2000 c	09 45 35.30	−66 41 11.87	10.984	175.713	5611	0.257	0.727	9.127055	0.0878	0.063
TOI-2096	TOI-2096 b	10 06 28.49	+74 49 37.96	15.92	48.4809	3300		0.111	3.1190633	0.025	0.1
TOI-2096	TOI-2096 c	10 06 28.49	+74 49 37.96	15.92	48.4809	3300		0.171	6.38784	0.04	0.1
HD 307842	TOI-784 b	10 37 21.89	−63 39 20.49	9.412	64.5997	5558	0.03043	0.172	2.7970365	0.038	0
TOI-733	TOI-733 b	10 37 38.24	−40 53 17.73	9.44	75.2092	5585	0.018	0.178	4.884765	0.0618	0.046
TOI-5398	TOI-5398 b	10 47 31.09	+36 19 45.96	10.059	130.855	6017.1	1.04		10.590923		
WASP-193	WASP-193 b	10 57 23.79	−29 59 49.64	11.972	362.087	6078	0.139	1.464	6.2463345	0.0676	0.056
TOI-3023	TOI-3023 b	11 01 15.80	−72 21 24.14	12.252	389.916	5760	0.62	1.466	3.9014971	0.0505	0
LP 791-18	LP 791-18 d	11 02 45.72	−16 24 23.20	16.91	26.4927	2960	0.00283	0.092	2.753436	0.01992	0.0015
TOI-672	TOI-672 b	11 11 57.81	−39 19 41.21	13.576	66.9071	3765		0.469	3.633575		
NGTS-24	NGTS-24 b	11 14 15.33	−37 54 36.48	13.214	683.062	5820	0.52	1.214	3.4678796	0.0479	0
TOI-5704	TOI-5704 b	11 19 17.97	+44 59 20.68	11.529	89.637	4590		0.288	3.771116		
TOI-2641	TOI-2641 b	11 24 31.29	−42 43 55.70	11.693	344.045	6100	0.386	1.615	4.880974	0.0607	0.18
TOI-5174	TOI-5174 b	11 36 26.28	−02 01 24.06	11.583	197.243	5643.77		0.477	12.214286		
TOI-3884	TOI-3884 b	12 06 17.24	+12 30 25.29	15.744	43.1448	3269	0.05191	0.535	4.5445697	0.0354	0.32
TOI-4860	TOI-4860 b	12 14 15.35	−13 10 24.43	16.47	80.1423	3390	0.67	0.756	1.52275959	0.01845	0.15
EPIC 229004835	EPIC 229004835 b	12 25 56.65	−01 24 17.00	10.23	121.971	5868	0.03272	0.208	16.141132	0.1237	0.23
TOI-1820	TOI-1820 b	12 30 44.81	+27 27 07.21	10.899	248.504	5734		1.14	4.860674	0.061	0.043
TOI-1811	TOI-1811 b	12 35 41.37	+27 12 51.76	11.966	128.23	4766	0.972	0.994	3.7130765	0.04389	0.052
HD 109833	HD 109833 b	12 39 06.21	−74 34 26.47	9.29	79.5561	5881		0.223	9.188526		0.18
HD 109833	HD 109833 c	12 39 06.21	−74 34 26.47	9.29	79.5561	5881		0.231	13.900148		0.3
TOI-1136	TOI-1136 b	12 48 44.38	+64 51 18.99	9.534	84.5362	5770		0.17	4.17278		0.031
TOI-1136	TOI-1136 c	12 48 44.38	+64 51 18.99	9.534	84.5362	5770		0.257	6.25725		0.117
TOI-1136	TOI-1136 d	12 48 44.38	+64 51 18.99	9.534	84.5362	5770		0.413	12.51937		0.016
TOI-1136	TOI-1136 e	12 48 44.38	+64 51 18.99	9.534	84.5362	5770		0.235	18.7992		0.057
TOI-1136	TOI-1136 f	12 48 44.38	+64 51 18.99	9.534	84.5362	5770		0.346	26.3162		0.012
TOI-1136	TOI-1136 g	12 48 44.38	+64 51 18.99	9.534	84.5362	5770		0.226	39.5387		0.036
TOI-3082	TOI-3082 b	13 03 37.94	−19 13 08.34	12.934	113.048	4263		0.327	1.926907		
TOI-778	TOI-778 b	13 17 20.12	−15 16 25.34	9.109	161.743	6643	2.8	1.37	4.633611	0.06	0.21
TOI-3235	TOI-3235 b	13 49 53.72	−46 03 59.45	15.16	72.811	3388.8	0.665	1.017	2.59261842	0.02709	0.029
TOI-3912	TOI-3912 b	14 23 12.36	+24 04 35.63	12.507	465.992	5725	0.406	1.274	3.4936264	0.0463	0
TOI-1416	TOI-1416 b	14 27 41.64	+41 57 10.75	9.91	55.0135	4884	0.01095	0.145	1.0697568	0.019	0
TOI-4087	TOI-4087 b	14 31 42.19	+83 22 21.74	12.107	301.676	6060	0.73	1.164	3.1774835	0.04469	0
TOI-5238	TOI-5238 b	14 53 26.13	+64 51 34.10	12.214	99.2466	5631		0.466	4.872171		
TOI-3976 A	TOI-3976 A b	14 57 25.44	+44 16 27.56	12.403	516.087	5975	0.175	1.095	6.607662	0.0743	0
TOI-836	TOI-836 b	15 00 19.17	−24 27 15.13	9.92	27.5024	4552	0.01425	0.152	3.81673	0.0422	0.053
TOI-836	TOI-836 c	15 00 19.17	−24 27 15.13	9.92	27.5024	4552	0.0302	0.231	8.59545	0.075	0.078
TOI-3984 A	TOI-3984 A b	15 05 20.92	+36 47 13.11	15.694	108.883	3476	0.14	0.71	4.353326	0.041	0.23
TOI-2018	TOI-2018 b	15 19 20.99	+29 12 28.36	10.25	27.9956	4174	0.02895	0.202	7.435583		0

中　心　星	惑　星	中心星赤経	中心星赤緯	中心星V等級	中心星距離	中心星有効温度	惑星質量	惑星半径	惑星公転周期	惑星軌道長半径	惑星軌道離心率
		h　m　s	°　′　″		pc	K	木星質量	木星半径	日	au	
TOI-913	TOI-913 b	15 38 17.36	−80 48 12.34	10.452	65.1769	4969		0.219	11.098644		
TOI-4582	TOI-4582 b	17 07 26.43	+68 51 56.25	11.27	383.846	5190	0.53	0.94	31.034		0.51
TOI-2084	TOI-2084 b	17 17 01.09	+72 44 49.28	15.115	114.549	3551		0.22	6.0784247	0.05006	
TOI-2145	TOI-2145 b	17 35 01.94	+40 41 42.15	9.07	224.731	6177	5.26	1.069	10.26075	0.1108	0.208
TOI-2583 A	TOI-2583 A b	18 09 04.09	+45 20 12.84	12.586	566.189	5936	0.25	1.29	4.5207265	0.0571	0
TOI-2158	TOI-2158 b	18 27 14.41	+20 31 36.79	10.887	198.473	5673	0.82	0.96	8.60077	0.075	0.07
TOI-4463 A	TOI-4463 A b	18 37 25.95	+18 43 47.83	11.036	173.117	5640	0.794	1.183	2.8807198	0.04036	0
TOI-1859	TOI-1859 b	18 39 19.62	+69 31 22.34	10.33	224.385	6341		0.87	63.48347	0.337	0.57
Kepler-880	Kepler-880 c	18 47 53.10	+43 40 22.02	11.845	601.324	6900			11.8061737	0.1216	0
Kepler-311	Kepler-311 d	18 48 14.71	+47 05 07.79	13.902	778.654	5903			232.040326	0.7326	0
Kepler-1999	Kepler-1999 b	18 49 28.94	+48 15 33.24	16.433	701.255	4406			8.7396758	0.0713	0
Kepler-896	Kepler-896 c	18 49 45.39	+43 44 03.94	15.457	2334.93	5510			29.5422566	0.1792	0
Kepler-549	Kepler-549 d	18 52 05.48	+47 15 40.12	14.805	635.145	5312			24.61480613	0.1575	0
Kepler-297	Kepler-297 b	18 52 50.20	+48 46 39.42	14.326	692.14	5618			150.0189511	0.523	0
Kepler-1162	Kepler-1162 c	18 53 10.09	+45 26 02.33	15.749	940.211	5225			59.284064	0.2832	0
Kepler-1998	Kepler-1998 b	18 53 43.00	+47 35 32.63	12.74	340.965	5640			3.03267135	0.0405	0
Kepler-1995	Kepler-1995 b	18 57 22.25	+46 18 59.73	15.516	595.331	5029			73.7578875	0.3259	0
Kepler-1991	Kepler-1991 b	19 00 08.65	+45 04 15.57	15.048	855.82	5478			13.26079792	0.1065	0
Kepler-1991	Kepler-1991 c	19 00 08.65	+45 04 15.57	15.048	855.82	5478			22.79020351	0.1528	0
Kepler-864	Kepler-864 c	19 00 13.70	+46 19 14.19	15.898	2022.9	6213			2.42150341	0.0382	0
Kepler-1814	Kepler-1814 c	19 00 52.00	+41 16 56.80	15.814	726.346	4922			0.62628177	0.0133	0
Kepler-1996	Kepler-1996 b	19 01 00.90	+46 34 55.99	15.11	440.561	4580			32.376163	0.1789	0
Kepler-1996	Kepler-1996 c	19 01 00.90	+46 34 55.99	15.11	440.561	4580			92.7297248	0.3608	0
Kepler-2000	Kepler-2000 b	19 02 17.83	+49 57 43.64	15.642	320.588	3757			6.38315913	0.0562	0
Kepler-2000	Kepler-2000 c	19 02 17.83	+49 57 43.64	15.642	320.588	3757			20.6180348	0.1228	0
TOI-2095	TOI-2095 b	19 02 32.77	+75 25 06.65	13.19	41.9176	3759	0.0129	0.112	17.66484	0.101	0
TOI-2095	TOI-2095 c	19 02 32.77	+75 25 06.65	13.19	41.9176	3759	0.02328	0.119	28.17232	0.137	0
Kepler-1126	Kepler-1126 c	19 02 46.07	+45 41 21.84	14.221	635.736	5678			199.66876	0.6193	0
Kepler-1978	Kepler-1978 b	19 04 01.62	+38 00 34.35	15.49	865.512	5251			10.84969477	0.0914	0
Kepler-290	Kepler-290 d	19 05 38.41	+42 40 53.45	15.775	691.627	5142			0.76401755	0.0154	0
KOI-7913 A	KOI-7913 b	19 06 59.65	+45 09 31.40	14.23	271.277	4324		0.209	24.278553		
Kepler-1982	Kepler-1982 b	19 09 38.40	+39 39 31.06	12.696	558.855	6202			3.82315697	0.0611	0
Kepler-164	Kepler-164 e	19 11 07.39	+47 37 47.44	14.379	890.758	5888			94.886902	0.4025	0
Kepler-1981	Kepler-1981 b	19 11 54.11	+38 44 25.08	13.563	659.395	5874			453.54212	1.3292	0
Kepler-656	Kepler-656 c	19 13 18.69	+47 22 53.54	15.549	890.352	5550			5.25449393	0.0602	0
Kepler-347	Kepler-347 b	19 16 47.90	+49 18 20.31	14.567	1298.88	5592			85.517344	0.3802	0
Kepler-1471	Kepler-1471 c	19 18 39.58	+50 01 12.22	15.421	978.678	5533			11.6044881	0.0981	0
Kepler-1181	Kepler-1181 c	19 18 59.36	+39 31 24.29	13.549	938.417	6688			8.93484887	0.0928	0
Kepler-1979	Kepler-1979 b	19 19 22.30	+38 18 34.64	15.484	1076.27	5942			18.5084526	0.1383	0
Kepler-975	Kepler-975 c	19 22 11.64	+38 29 42.87	14.633	426.088	4883			5.05821338	0.0567	0
Kepler-1977	Kepler-1977 b	19 22 28.29	+37 17 20.76	16.047	592.711	4805			4.53702121	0.0486	0
Kepler-1989	Kepler-1989 b	19 22 56.44	+44 05 28.54	14.289	1252.13	6032			10.16102353	0.0918	0
Kepler-619	Kepler-618 d	19 23 23.78	+48 24 57.52	14.84	900.678	6122			11.67894236	0.1021	0
Kepler-1984	Kepler-1984 b	19 25 08.41	+40 43 48.08	16.192		3638			1.99281234	0.0238	0
Kepler-416	Kepler-416 b	19 26 13.67	+39 13 38.25	14.166	690.819	5670			3.07644709	0.0407	0
Kepler-2001	Kepler-2001 b	19 26 38.27	+50 35 01.89	15.981	776.55	5081			1.090011	0.0197	0
Kepler-2001	Kepler-2001 c	19 26 38.27	+50 35 01.89	15.981	776.55	5081			14.09258319	0.1084	0
Kepler-763	Kepler-763 c	19 28 34.69	+47 09 26.50	15.965	962.459	4999			4.09667624	0.0466	0
Kepler-763	Kepler-763 d	19 28 34.69	+47 09 26.50	15.965	962.459	4999			6.50327035	0.0634	0
Kepler-1976	Kepler-1976 b	19 28 40.09	+48 43 39.12	15.445	1314.51	5712			4.95931924	0.0565	0
TOI-1680	TOI-1680 b	19 29 15.35	+65 58 25.69	15.87	37.209	3225		0.131	4.8026345	0.03144	
Kepler-1869	Kepler-1869 c	19 30 27.60	+42 45 51.64	10.31	113.025	5808			1.7168283	0.028	0
Kepler-1986	Kepler-1986 b	19 31 49.99	+42 51 17.61	15.661	912.085	5549			19.5489666	0.1307	0
Kepler-1985	Kepler-1985 b	19 34 15.93	+42 07 57.30	15.223		5370			3.42064689	0.0426	0
Kepler-1491	Kepler-1491 c	19 34 31.14	+45 44 26.27	15.796	2065.59	5626			61.569765	0.3045	0
Kepler-1993	Kepler-1993 b	19 35 11.25	+45 09 38.61	15.931	1031.91	5159			26.6565737	0.1943	0
KOI-7368	KOI-7368 b	19 35 47.43	+48 03 54.93	12.969	264.995	5241		0.198	6.8430344		
Kepler-1859	Kepler-1859 c	19 35 57.28	+46 43 04.80	15.178	1331.25	5887			3.59645081	0.0473	0

（次ページに続く）

（前ページからの続き）

中心星	惑星	中心星 赤経	中心星 赤緯	中心星 V等級	中心星 距離	中心星 有効温度	惑星 質量	惑星 半径	惑星 公転周期	惑星軌道 長半径	惑星軌道 離心率
		h m s	° ′ ″		pc	K	木星質量	木星半径	日	au	
Kepler-1834	Kepler-1834 c	19 38 39.52	+39 47 01.85	15.18	500.395	4821			0.76669152	0.015	0
Kepler-1992	Kepler-1992 b	19 40 21.66	+45 04 51.98	13.79	532.955	5383			15.6112238	0.1169	0
Kepler-1801	Kepler-1801 c	19 40 39.36	+39 12 05.05	15.28	839.332	5738			116.583183	0.4572	0
Kepler-1980	Kepler-1980 b	19 40 40.13	+38 38 13.34	15.906	1709.4	5819			33.0257179	0.2049	0
Kepler-1052	Kepler-1052 c	19 41 22.26	+46 36 07.97	14.932	943.444	5818			180.921729	0.6135	0
Kepler-1487	Kepler-1487 c	19 41 59.54	+38 38 40.02	13.6	1014.62	5745			35.8007112	0.2588	0
Kepler-1894	Kepler-1894 c	19 42 20.75	+49 40 00.67	15.452	935.191	5772			5.05368985	0.0576	0
Kepler-1987	Kepler-1987 b	19 43 18.11	+42 56 36.14	15.477	595.683	4769			2.345863	0.0318	0
Kepler-1987	Kepler-1987 c	19 43 18.11	+42 56 36.14	15.477	595.683	4769			3.64830183	0.0427	0
Kepler-1987	Kepler-1987 d	19 43 18.11	+42 56 36.14	15.477	595.683	4769			5.64491415	0.0571	0
Kepler-1987	Kepler-1987 e	19 43 18.11	+42 56 36.14	15.477	595.683	4769			8.74292005	0.0765	0
Kepler-1610	Kepler-1610 c	19 43 37.20	+45 24 19.55	16.077	864.331	5295			44.9851885	0.2323	0
Kepler-784	Kepler-784 c	19 43 40.96	+47 26 55.02	13.392	1303.72	5676			17.157236	0.1309	0
Kepler-58	Kepler-58 e	19 45 26.07	+39 06 54.73	15.086	969.252	6100			4.45814897	0.0533	0
Kepler-1983	Kepler-1983 b	19 48 10.08	+39 54 43.87	14.518	424.428	5135			7.32851947	0.0689	0
Kepler-1994	Kepler-1994 b	19 48 35.71	+46 17 48.93	12.01	291.991	5495			4.61225043	0.053	0
Kepler-1669	Kepler-1669 d	19 49 43.29	+39 50 52.37	16.473	543.444	4224			4.72941177	0.0468	0
Kepler-1997	Kepler-1997 b	19 49 55.40	+46 35 20.89	15.454	1502.34	6215			26.7575866	0.1815	0
Kepler-865	Kepler-865 c	19 50 53.81	+43 31 38.21	14.635	586.137	5440			6.20920207	0.061	0
Kepler-949	Kepler-949 c	19 54 25.90	+46 27 13.18	14.718	486.105	5211			20.99757968	0.1394	0
Kepler-1988	Kepler-1988 b	19 54 41.71	+43 47 43.84	12.128	513.426	6033			11.49500229	0.1038	0
TOI-2194	TOI-2194 b	19 56 37.52	-31 20 06.65	8.42	19.5711	4756		0.177	15.337597		
Kepler-1990	Kepler-1990 b	19 58 49.14	+44 26 08.54	11.946	392.739	5751			1.73513619	0.0286	0
Kepler-1990	Kepler-1990 c	19 58 49.14	+44 26 08.54	11.946	392.739	5751			4.06844957	0.0504	0
Kepler-1921	Kepler-1921 c	20 01 15.88	+45 29 43.18	13.103	928.989	6120			3.15722086	0.0454	0
Kepler-1518	Kepler-1518 c	20 01 19.76	+44 59 09.98	13.374	903.51	6432			9.6310258	0.0905	0
HD 235088	HD 235088 b	20 02 27.71	+53 22 38.79	9.19	41.1706	5037		0.182	7.4341393	0.072	
TOI-5542	TOI-5542 b	20 11 11.62	-61 08 07.68	12.42	348.849	5700	1.32	1.009	75.12375	0.332	0.018
NGTS-21	NGTS-21 b	20 45 01.99	-35 25 40.23	15.506	592.891	4660	2.36	1.33	1.5433897	0.0236	0
TOI-5205	TOI-5205 b	20 55 04.96	+24 21 39.52	15.899	86.4493	3430	1.08	1.03	1.630757	0.0199	0.02
TOI-4342	TOI-4342 b	21 37 33.46	-77 58 44.93	12.669	61.5204	3901		0.202	5.5382498	0.05251	
TOI-4342	TOI-4342 c	21 37 33.46	-77 58 44.93	12.669	61.5204	3901		0.215	10.688716	0.0814	
TOI-5803	TOI-5803 b	21 48 59.70	+06 16 41.44	10.655	84.0126	5134		0.292	5.38305		
TOI-4308	TOI-4308 b	21 51 00.74	-43 33 44.51	11.251	108.932	5243		0.216	9.151201		
HD 207496	HD 207496 b	21 54 52.36	-77 20 19.69	8.23	23.606	4819	0.01919	0.201	6.441008	0.0629	0.231
TOI-139	TOI-139 b	22 25 36.58	-34 54 34.97	10.55	42.4061	4570		0.219	11.07085		
TOI-1052	TOI-1052 b	22 30 02.47	-75 37 47.62	9.511	129.804	6146	0.05317	0.256	9.139703	0.09103	0.18
TOI-332	TOI-332 b	23 12 14.15	-44 52 35.35	12.349	222.852	5251	0.17997	0.285	0.777038	0.0159	0
K2-416	K2-416 b	23 16 53.08	-05 12 05.41	14.794	120.311	3746	5.2	0.237	13.102	0.088	
K2-417	K2-417 b	23 20 34.02	-10 02 11.72	13.909	94.0424	3861	2.2	0.295	6.535	0.063	
K2-414	K2-414 b	23 26 32.69	-04 36 23.96	14.289	260.036	4343		0.109	4.3696	0.0487	
K2-414	K2-414 c	23 26 32.69	-04 36 23.96	14.289	260.036	4343		0.172	6.669	0.0552	
TOI-181	TOI-181 b	23 28 41.41	-34 29 29.08	11.191	96.2338	4994	0.1452	0.634	4.532	0.0539	0.1543
K2-413	K2-413 b	23 33 40.22	-07 36 43.30	15.013	285.162	4116		0.068	0.8094	0.0117	
K2-413	K2-413 c	23 33 40.22	-07 36 43.30	15.013	285.162	4116		0.11	5.3301	0.0426	
TOI-5293 A	TOI-5293 A b	23 43 18.88	-02 02 42.34	16.19	162.229	3586	0.54	1.06	2.930289	0.034	0.38
TOI-1260	TOI-1260 d	10 28 34.58	+65 51 15.11	11.922	73.5977	4227	0.03725	0.278	16.608164	0.1116	0

重力マイクロレンズ法による発見

		h m s	° ′ ″		pc	K	木星質量	木星半径	日	au	
OGLE-2017-BLG-1691L	OGLE-2017-BLG-1691L b	17 34 22.52	-29 17 05.39		7290		0.046			2.41	
KMT-2022-BLG-1013L	KMT-2022-BLG-1013L b	17 38 50.22	-28 21 20.41		7710		0.31			1.38	
KMT-2017-BLG-0673L	KMT-2017-BLG-0673L b	17 39 01.69	-33 48 28.9		5080		3.67			2.34	
KMT-2019-BLG-0298L	KMT-2019-BLG-0298L b	17 39 30.72	-27 38 17.30		6710		1.81			5.67	
KMT-2022-BLG-0371L	KMT-2022-BLG-0371L b	17 41 26.86	-34 41 55.21		7140		0.26			3.02	
OGLE-2019-BLG-0249L	OGLE-2019-BLG-0249L b	17 41 36.84	-34 42 06.30		6370		7.12			1.84	
KMT-2017-BLG-1003L	KMT-2017-BLG-1003L b	17 41 38.76	-24 22 26.18		7090		0.01633			1.38	
KMT-2021-BLG-0909L	KMT-2021-BLG-0909L b	17 42 28.85	-27 38 20.90		6480		1.26			1.75	
KMT-2021-BLG-1898L	KMT-2021-BLG-1898L b	17 42 46.05	-27 22 33.02		6900		0.73			1.9	

中 心 星	惑 星	中心星赤経	中心星赤緯	中心星V等級	中心星距離	中心星有効温度	惑星質量	惑星半径	惑星公転周期	惑星軌道長半径	惑星軌道離心率
		h m s	° ′ ″		pc	K	木星質量	木星半径	日	au	
KMT-2021-BLG-1105L	KMT-2021-BLG-1105L b	17 42 55.74	-25 30 32.08		4540		1.3			3.54	
OGLE-2019-BLG-0679L	OGLE-2019-BLG-0679L b	17 42 57.70	-27 46 22.37		5630		3.34			6.99	
KMT-2016-BLG-1105L	KMT-2016-BLG-1105L b	17 45 47.34	-26 15 58.93		5080		0.0073			2.44	
OGLE-2017-BLG-1806L	OGLE-2017-BLG-1806L b	17 46 29.58	-24 16 20.17		6400		0.01658			1.75	
KMT-2021-BLG-0240L	KMT-2021-BLG-0240L b	17 50 18.55	-30 00 17.89		6600		0.21			2.8	
KMT-2021-BLG-1554L	KMT-2021-BLG-1554L b	17 51 12.82	-31 51 51.70		7680		0.12			0.72	
MOA-2019-BLG-008L	MOA-2019-BLG-008L b	17 51 55.89	-29 59 23.03		2700		18				
KMT-2021-BLG-2010L	KMT-2021-BLG-2010L b	17 52 02.04	-32 16 11.10		7090		1.07			1.79	
KMT-2021-BLG-0192L	KMT-2021-BLG-0192L b	17 52 25.19	-30 00 31.28		5120		0.11			1.62	
MOA-2020-BLG-208L	MOA-2020-BLG-208L b	17 53 43.80	-32 35 21.52		7490		0.14473			2.74	
KMT-2019-BLG-1216L	KMT-2019-BLG-1216L b	17 53 55.35	-35 08 11.90		2740		0.094			2.44	
KMT-2019-BLG-0414L	KMT-2019-BLG-0414L b	17 55 24.70	-21 53 43.94		4410		4.57			1.16	
MOA-2022-BLG-249L	MOA-2022-BLG-249L b	17 55 27.73	-28 18 21.82		2000		0.0152			1.63	
KMT-2021-BLG-0712L	KMT-2021-BLG-0712L b	17 57 08.56	-31 11 04.09		3090		0.12016			2.22	
KMT-2019-BLG-2783L	KMT-2019-BLG-2783L b	17 57 10.06	-33 47 18.67		5910		1.16			1.85	
KMT-2021-BLG-2478L	KMT-2021-BLG-2478L b	17 57 14.21	-29 06 07.09		2970		0.9			1.85	
KMT-2021-BLG-0320L	KMT-2021-BLG-0320L b	17 57 33.15	-30 30 14.18		6950		0.1			1.54	
KMT-2022-BLG-0440L	KMT-2022-BLG-0440L b	17 58 20.06	-32 17 43.1		3500		0.04845			1.9	
K2-2016-BLG-0005L	K2-2016-BLG-0005L b	17 59 31.16	-27 36 26.90		5200		1.1		4700	4.16	
KMT-2021-BLG-2294L	KMT-2021-BLG-2294L b	18 00 14.98	-28 36 44.78		6800		0.07			1.15	
KMT-2019-BLG-1806L	KMT-2019-BLG-1806L b	18 02 09.01	-29 24 53.60		6640		0.01469			3.02	
KMT-2017-BLG-0428L	KMT-2017-BLG-0428L b	18 05 32.46	-28 29 25.01		5400		0.01759			1.81	
KMT-2021-BLG-1303L	KMT-2021-BLG-1303L b	18 07 27.33	-29 16 53.69		6280		0.38			2.89	
OGLE-2019-BLG-1470L A	OGLE-2019-BLG-1470L AB c	18 07 47.81	-27 02 00.8		5900		2.2			3.2	
KMT-2019-BLG-1367L	KMT-2019-BLG-1367L b	18 09 53.12	-29 45 43.96		4670		0.01284			1.7	
KMT-2021-BLG-0119L	KMT-2021-BLG-0119L b	18 16 00.13	-29 44 38.00		3130		5.52			2.92	
KMT-2017-BLG-1194L	KMT-2017-BLG-1194L b	18 17 17.31	-25 19 26.18		4240		0.01114			1.78	
直接撮像法による発見											
		h m s	° ′ ″		pc	K	木星質量	木星半径	日	au	
WISE J033605.05-014350.4	WISE J033605.05-014350.4 b	03 36 05.05	-01 43 50.5			415	8.25		2560	0.97	
AF Lep	AF Lep b	05 27 04.78	-11 54 04.23	6.332	26.8564	6130	3.2		8030	8.4	0.24
MWC 758	MWC 758 c	05 30 27.53	+25 19 56.67	8.270001	159.537					100	
HIP 81208 C	HIP 81208 C b	16 35 13.8	-35 43 29.13		147.533		14.8		104100	23.04	
HD 169142	HD 169142 b	18 24 29.78	-29 46 49.91	8.156	113.6		3			37.2	
PZ Tel	PZ Tel b	18 53 05.90	-50 10 51.22	8.43	47.0648		27		44000	27	0.52
HIP 99770	HIP 99770 b	20 14 32.12	+36 48 23.78	4.94292	40.0765	8000	16.1		18600	16.9	0.25
HD 206893	HD 206893 c	21 45 22.00	-12 47 00.07	6.68804	40.7583		12.7	1.46	2090	3.53	0.41
タイミング法による発見											
		h m s	° ′ ″		pc	K	木星質量	木星半径	日	au	
Kepler-1976	Kepler-1976 b	19 28 40.09	+48 43 39.12	15.445	1314.51	5712			4.95931924	0.0565	0
アストロメトリ法による発見											
		h m s	° ′ ″		pc	K	木星質量	木星半径	日	au	
GJ 896 A	GJ 896 A b	23 31 52.81	+19 56 13.20	10.05	6.26022		2.26		284.39	0.63965	0.35

注1：数値は更新される可能性がある．

注2：系外惑星の名前は中心星の名前に続けて発見順に，b, c, d, などと付ける．たとえば，GJ 1002 c は GJ 1002 という恒星の周りで発見された2つめの惑星の意．

注3：視線速度法による惑星質量は軌道傾斜角の不確定性があるので下限値（Msini）．

注4：トランジット法で軌道傾斜角の不確定性がないので真の惑星質量が求められる．また，トランジット（食）の時刻のずれからも惑星質量が求められる．

注5：トランジット惑星は中心星の減光曲線から惑星の半径が求められる．

注6：より詳しい情報は，NASA Exoplanet Archive（ *https://exoplanetarchive.ipac.caltech.edu/* ）や The Extrasolar Planets Encyclopaedia（ *http://exoplanet.eu/* ）を参照．

超 新 星 (遠藤勇夫)

　超新星とは星の進化の終末期に起こる星全体の爆発現象で，極大時の絶対等級は−14等から−19等に達し，太陽の数千万倍から数十億倍の明るさとなる．また，とりわけ明るい超新星SLSN（superluminous supernova）の絶対等級は−21等を超える．

　超新星は1つの銀河あたり数十年に1個の割合で出現するといわれ，スペクトルと光度曲線の特徴から分類される．Ⅰ型のスペクトルには水素が存在せず，Ia, Ib, Icなどに細分類される．Ⅱ型はスペクトルに水素が存在し，ⅡP, Ⅱnなどに細分類される．Ia型は近接連星中の白色矮星が質量降着により重くなり，中心から核反応が暴走して爆発する（熱核反応型）．Ib型，Ic型，Ⅱ型は太陽のおよそ8倍以上の重さの超巨星が重力崩壊を起こして爆発する（重力崩壊型）と考えられ，中性子星やブラックホールを残すことがある．

　超新星の符号は，2015年まではIAU天文電報中央局（CBAT：Central Bureau for Astronomical Telegrams）が確認後，IAUC（IAU Circulars）またはCBET（Central Bureau Electronic Telegrams）で公表していた．2016年からはIAU超新星ワーキンググループが立ち上げた専用サイトTNS（Transient Name Server）に対しアカウントを持つユーザーが報告した時点でAT 2023xyz（ATはastronomical transients の略）などの符号が報告順に自動的に付けられる．符号は2023A〜 2023Z, 2023aa〜 2023zz, 2023aaa〜 2023zzz, 2023aaaa〜 2023zzzzの順に付けられ，超新星であるとTNSに確認報告されればATがSN（Supernova）に置き換えられる（AT 2023xyz → SN 2023xyz）．

　表は2022年8月から2023年8月までにTNS[*]に確認報告された2262個の超新星を示す．この期間，日本のアマチュア観測者による超新星の発見は，板垣公一氏による6個（SN 2022xlp, SN 2022xxf, SN 2022zzz, SN 2022aedu, SN 2023cr, SN 2023ixf）と奥野浩氏による1個（SN 2023fu）であった．詳細は *https://www.nao.ac.jp/new-info/supernova.html* を参照されたい．

　板垣氏がM101（距離2270万光年）に発見したSN 2023ixfは2023年5月下旬には極大光度が10.9等に達した．これはM82（距離1150万光年）に出現したSN 2014Jが2014年2月上旬に記録した10.1等以来の明るさであり，また近距離に出現した超新星である．ハッブル宇宙望遠鏡やスピッツァー宇宙望遠鏡による過去の観測データを解析した結果，SN 2023ixfの爆発前の天体は約15太陽質量の赤色超巨星とみられる．

【2022年8月から2023年8月までに日本のアマチュア観測者が発見した超新星】

SN 2022xlp

　板垣公一氏（山形県山形市）は，2022年10月13日19時23分（UT）の観測からおおぐま座方向の銀河NGC 3938に17等の超新星を発見した（TNS Astronomical Transient Report No. 161534, 以下TRと略）．超新星のタイプはIa-02cx型（TNS Classification

---

　＊：TNS（Transient Name Server）*https://www.wis-tns.org*

Report No. 13589, 以下CRと略). 板垣氏による超新星の発見は独立発見を含め（以下同），通算167個めとなる.

SN 2022xxf

板垣公一氏は，2022年10月17日20時26分（UT）の観測からしし座方向の銀河NGC 3705に15.5等の超新星を発見した（TR 161938）. 超新星のタイプは Ic-BL型（CR 13637）. 板垣氏の発見は通算168個めとなる.

SN 2022zzz

板垣公一氏は，2022年11月12日19時46分（UT）の観測からかみのけ座方向の銀河WISEA J122325.69+164307.6に17.9等の超新星を発見した（TR 164107）. 超新星のタイプはⅡ型（CR 13974）. 板垣氏の発見は通算169個めとなる.

SN 2022aedu

板垣公一氏は，2022年12月31日9時13分（UT）の観測からペガスス座方向の銀河NGC 7769に16.9等の超新星を発見した（TR 167970）. 超新星のタイプはⅡ型（CR 14147）. 板垣氏の発見は通算170個めとなる.

SN 2023cr

板垣公一氏は，2023年1月8日11時04分（UT）の観測からろ座方向の銀河ESO 419-G003に16.2等の超新星を発見した（TR 168184）. 超新星のタイプはⅡ型（CR 14193）. 板垣氏の発見は通算171個めとなる.

SN 2023fu

奥野　浩氏（三重県伊勢市）は，2023年1月12日11時17分（UT）の観測からペルセウス座方向の銀河IC 1874に16.9等の超新星を発見した（TR 168314）. 超新星のタイプはⅡ型（CR 14236）. 奥野氏による超新星の発見は今回が初めてである.

SN 2023ixf

板垣公一氏は，2023年5月19日17時27分（UT）の観測からおおぐま座方向の銀河M101に14.9等の超新星を発見した（TR 178084）. 超新星のタイプはⅡ型（CR 14919）. 板垣氏の発見は通算172個めとなる.

TNSに報告され，超新星の符号（SN）が付けられたもの (2022年8月から2023年8月まで)

符号	発見年月日(UT)	発見等級	タイプ	赤経(2000.0)	赤緯	符号	発見年月日(UT)	発見等級	タイプ	赤経(2000.0)	赤緯	符号	発見年月日(UT)	発見等級	タイプ	赤経(2000.0)	赤緯
	年 月 日	等		h m	° ′		年 月 日	等		h m	° ′		年 月 日	等		h m	° ′
SN 2023rai	2023 08 29	17.9	Ⅱ	04 58.7	−19 35	SN 2023qfq	2023 08 22	19.4	I a	20 33.1	−27 13	SN 2023pod	2023 08 15	19.2	I a	00 08.1	+27 12
SN 2023qxk	2023 08 27	19.7	Ⅱ	22 12.4	+16 35	SN 2023qec	2023 08 21	20.0	Ⅱ	22 31.2	+18 34	SN 2023pnt	2023 08 14	19.5	Ⅱ P	00 02.0	+09 53
SN 2023qwz	2023 08 27	18.0	I a	01 31.2	+09 57	SN 2023qdz	2023 08 20	18.5	I a	00 04.5	−31 19	SN 2023pnd	2023 08 15	19.8	I a	19 57.6	+61 56
SN 2023qsb	2023 08 25	18.6	I a	22 47.6	−03 39	SN 2023qdy	2023 08 20	18.0	I a	03 54.5	+45 42	SN 2023pmv	2023 08 15	18.4	I a	17 58.9	+36 59
SN 2023qrs	2023 08 25	19.4	I a	01 33.8	+28 34	SN 2023pzu	2023 08 19	19.3	I a-91T	00 48.9	+18 38	SN 2023pmc	2023 08 15	18.9	I a	16 38.7	+25 05
SN 2023qre	2023 08 25	18.6	I bn/ I cn	20 51.0	+06 08	SN 2023pwl	2023 08 19	16.7	I a	21 48.1	−50 34	SN 2023pls	2023 08 14	17.5	Ⅱ	14 04.9	+12 43
SN 2023qqg	2023 08 23	19.0	I a	01 04.5	−38 19	SN 2023ptg	2023 08 17	17.8	I a	02 36.6	−05 01	SN 2023plr	2023 08 13	19.2	I a	17 43.7	+33 32
SN 2023qpf	2023 08 18	20.7	I a	19 14.3	+66 12	SN 2023ptc	2023 08 13	17.4	I a	03 36.7	−08 31	SN 2023plh	2023 08 14	19.4	Ⅱ	03 24.1	+34 36
SN 2023qpe	2023 08 23	19.3	I a	23 40.3	+15 28	SN 2023psu	2023 08 12	19.9	I a	02 07.0	−13 25	SN 2023pjx	2023 08 14	19.1	I a	01 31.4	+12 25
SN 2023qov	2023 08 23	17.5	I a	21 12.0	−49 15	SN 2023psp	2023 08 17	19.4	I a	19 40.5	+58 24	SN 2023pjg	2023 08 14	18.5	I a	02 52.2	+47 36
SN 2023qnz	2023 08 22	20.1	I a	00 03.5	−10 45	SN 2023psn	2023 08 07	17.2	I b	23 36.2	+02 09	SN 2023pip	2023 08 12	20.1	I a	23 01.1	+00 49
SN 2023qju	2023 08 20	19.3	I a	01 52.9	−19 57	SN 2023pry	2023 08 17	20.0	I a	23 14.4	+06 39	SN 2023pil	2023 08 12	20.4	I a	00 34.1	+48 06
SN 2023qhq	2023 08 17	20.2	I a	00 44.7	+39 45	SN 2023pru	2023 08 15	18.0	I a	00 39.4	−17 55	SN 2023pgu	2023 08 12	19.3	I a	02 27.1	−13 57
SN 2023qfs	2023 08 22	18.3	I a	03 14.4	−21 27	SN 2023ppa	2023 08 15	20.0	I a	15 22.6	+27 45	SN 2023pgr	2023 08 13	19.2	Ⅱ?	23 47.6	+16 58

符号	発見年月日 (UT)	発見等級	タイプ	赤経 (2000.0)	赤緯 (2000.0)
	年 月 日	等		h m	° ′
SN 2023pfx	2023 08 13	18.9	I a	19 46.7	+68 54
SN 2023pfj	2023 08 13	19.9	II n	02 17.2	+01 36
SN 2023peq	2023 08 12	19.0	I a	01 13.1	-01 44
SN 2023pem	2023 08 13	18.9	I a	15 07.7	+03 41
SN 2023pel	2023 08 13	18.9	I c-BL	16 36.5	+47 52
SN 2023pdy	2023 08 12	20.0	I a	22 36.9	+22 36
SN 2023pcv	2023 08 12	19.4	I a	23 06.8	-13 55
SN 2023pcs	2023 08 12	19.1	I a	00 45.8	-08 36
SN 2023pbk	2023 08 12	17.7	I a	02 53.6	-35 42
SN 2023pbj	2023 08 12	18.9	I a	21 59.6	-06 37
SN 2023pbi	2023 08 12	18.3	I a	01 17.9	+00 47
SN 2023pbh	2023 08 07	20.1	I a	23 57.9	+12 04
SN 2023pbg	2023 08 12	18.7	II	00 14.9	+26 20
SN 2023pbf	2023 08 12	16.6	II	04 16.9	-16 22
SN 2023pbe	2023 08 12	18.5	I a	21 50.7	+13 17
SN 2023ozo	2023 08 10	18.1	I ?	16 19.1	-01 54
SN 2023ozl	2023 08 10	18.9	I a	22 44.2	+10 37
SN 2023ozc	2023 08 09	20.3	I a	21 11.3	+31 06
SN 2023oza	2023 08 10	18.1	I a	17 01.0	+22 40
SN 2023oyz	2023 08 09	20.4	I c	17 12.0	+23 23
SN 2023oxn	2023 08 10	17.4	II	19 35.6	-60 06
SN 2023oxc	2023 08 06	18.8	II ?	16 04.5	+36 19
SN 2023oxa	2023 08 07	18.6	I a	13 41.8	+26 23
SN 2023owj	2023 08 08	20.2	I a	18 42.0	+35 07
SN 2023oun	2023 08 08	16.7	I a	04 53.2	+63 10
SN 2023oth	2023 08 05	19.0	I a	22 56.6	-02 09
SN 2023ote	2023 08 07	18.3	II	23 44.9	+12 21
SN 2023osu	2023 08 05	20.1	I a	16 21.9	-00 57
SN 2023oqy	2023 08 05	17.9	I a	22 04.9	-58 07
SN 2023oqt	2023 08 06	18.9	I a	18 20.7	+59 39
SN 2023oqq	2023 08 06	18.7	I a	02 38.8	-14 53
SN 2023opn	2023 08 04	19.7	I a	20 45.5	+13 01
SN 2023opi	2023 08 05	17.2	I a	06 06.9	+54 44
SN 2023ope	2023 07 31	19.8	I a	23 36.9	+02 58
SN 2023opd	2023 08 04	18.7	I a	22 09.6	-10 22
SN 2023ool	2023 08 05	18.1	I a	02 50.8	-43 42
SN 2023onv	2023 08 05	20.0	I a	14 20.3	+23 30
SN 2023ons	2023 08 05	17.9	I a	22 05.1	-45 25
SN 2023ono	2023 08 04	17.8	I a	02 54.4	-22 30
SN 2023omv	2023 08 02	19.7	I a	15 56.3	+05 38
SN 2023omu	2023 08 04	19.2	I a	04 17.2	+31 18
SN 2023omr	2023 08 04	19.7	I a	01 47.2	+38 29
SN 2023omp	2023 08 04	19.2	I a	14 15.5	+52 54
SN 2023omo	2023 08 04	18.3	I a-91bg	14 17.0	+10 49
SN 2023omk	2023 07 28	18.7	I a	01 06.0	+12 13
SN 2023omd	2023 08 01	20.0	I a	00 23.9	+28 51
SN 2023olz	2023 08 04	19.0	I a	03 39.2	+15 34
SN 2023ols	2023 08 04	19.3	I a	20 07.1	-01 00
SN 2023olf	2023 08 03	18.4	II	03 43.8	+72 58
SN 2023okv	2023 08 03	18.7	II n	02 06.1	-13 24
SN 2023okd	2023 07 30	20.0	I a	00 25.3	+09 06
SN 2023okc	2023 07 30	20.7	I a	23 43.6	+45 40
SN 2023okb	2023 07 30	19.4	I a	22 47.3	+38 58
SN 2023oka	2023 07 30	20.5	I a	22 45.2	+43 04
SN 2023ojf	2023 07 30	15.5	I a	00 13.8	-26 20
SN 2023oiz	2023 08 01	18.0	II	04 40.1	+17 18
SN 2023oih	2023 07 29	20.8	I a	00 54.8	-08 06
SN 2023ohr	2023 07 26	19.4	I a	02 25.8	+45 19
SN 2023oho	2023 07 28	17.2	I a	02 30.1	-10 27
SN 2023ohm	2023 07 28	20.3	I a	19 21.3	+51 59
SN 2023ohi	2023 07 30	19.8	I a	18 47.7	+55 10
SN 2023ogz	2023 07 28	20.4	I a	19 02.7	+53 53
SN 2023ogw	2023 07 27	20.4	I a	00 28.4	+00 26
SN 2023ofv	2023 07 28	20.0	I a	01 39.7	+10 22
SN 2023odm	2023 07 28	20.2	II	02 49.8	+02 06
SN 2023odf	2023 07 23	20.7	I a	23 13.6	+37 14
SN 2023ocs	2023 07 28	18.5	I a	22 42.9	-01 33
SN 2023ocm	2023 07 26	20.4	I a	16 08.1	+25 29
SN 2023ock	2023 07 26	19.2	I a	15 29.9	+66 05
SN 2023ocj	2023 07 22	20.1	I a	14 46.8	+00 28
SN 2023oci	2023 07 27	17.1	I a	12 34.4	-04 23
SN 2023nzu	2023 07 26	19.2	I a	01 51.4	+23 17
SN 2023nzj	2023 07 26	18.6	I a	13 51.9	+34 41
SN 2023nzg	2023 07 24	19.8	I a	15 37.0	+46 28
SN 2023nyg	2023 07 25	18.5	I a	03 54.5	-27 37
SN 2023nxz	2023 07 25	18.8	I a	05 01.6	-37 20
SN 2023nve	2023 07 22	20.6	I a	16 14.2	+38 21
SN 2023nvd	2023 07 24	19.8	I a	15 59.3	+65 22
SN 2023nuv	2023 07 23	19.6	I a	22 41.0	-00 50
SN 2023nup	2023 07 23	20.0	I a	20 41.0	-22 35
SN 2023nul	2023 07 21	20.9	I a	23 26.2	+14 56
SN 2023nsx	2023 07 22	18.9	I a	03 16.4	+22 42
SN 2023nqd	2023 07 19	20.6	I a	20 42.2	+00 47
SN 2023nox	2023 07 21	18.6	I a	13 02.4	+52 13
SN 2023non	2023 07 20	19.4	I a	14 50.7	+46 27
SN 2023nof	2023 07 20	19.0	II	22 39.7	-15 50
SN 2023nnz	2023 07 20	18.1	I a	02 25.5	+20 24
SN 2023nny	2023 07 20	17.7	I b	14 32.0	+36 18
SN 2023nnx	2023 07 18	19.6	I a	16 13.0	+26 59
SN 2023nnl	2023 07 15	20.0	I a	17 07.8	+41 07
SN 2023nmj	2023 07 19	20.0	I a	01 15.3	-03 45
SN 2023nmh	2023 07 18	19.2	II	00 37.6	-04 17
SN 2023nlu	2023 07 19	18.3	II	00 45.2	-09 38
SN 2023nls	2023 07 15	19.3	I a	22 11.3	-23 02
SN 2023nlr	2023 07 19	19.9	I a	15 12.3	+43 17
SN 2023nlq	2023 07 18	20.1	I a	15 46.0	-16 49
SN 2023nlo	2023 07 18	19.2	II	15 04.2	+16 45
SN 2023nlk	2023 07 18	20.0	I a	17 20.9	+22 13
SN 2023nkz	2023 07 14	20.5	I a-SC	22 52.1	+16 19
SN 2023nkq	2023 07 16	19.8	I a	20 24.9	-04 27
SN 2023nko	2023 07 16	19.5	I a	23 41.4	-28 40
SN 2023njg	2023 07 16	18.8	II	02 25.7	+24 50
SN 2023nii	2023 07 16	19.6	I a	22 42.4	+11 27
SN 2023nig	2023 07 16	18.9	I a	03 07.0	+34 27
SN 2023nhm	2023 07 08	19.3	I a	01 43.9	+08 18
SN 2023nhl	2023 07 15	18.7	I a	03 14.4	+37 56
SN 2023nhh	2023 07 16	19.3	I a	13 39.4	+31 13
SN 2023ngy	2023 07 16	18.7	II	22 18.5	+29 15
SN 2023ngb	2023 07 15	19.2	I a	00 25.7	-01 03
SN 2023nfp	2023 07 13	20.3	I a	23 44.3	+02 57
SN 2023nfh	2023 07 13	20.0	I a	19 38.0	-18 32
SN 2023nfg	2023 07 15	18.3	II	03 20.7	-01 07
SN 2023nem	2023 07 12	20.8	I a	01 01.9	+20 03
SN 2023ndu	2023 07 14	18.5	I a	18 40.0	+39 59
SN 2023ndt	2023 07 14	20.0	I a	22 58.5	+50 50
SN 2023ndf	2023 07 14	16.3	I a	01 31.2	-17 42
SN 2023ndd	2023 07 10	20.7	I a	19 04.8	+69 53
SN 2023nby	2023 07 13	18.5	I a	01 25.6	+14 58
SN 2023nbr	2023 07 13	18.7	I a	00 42.9	-09 14
SN 2023nbf	2023 07 11	17.9	I a	13 08.8	+49 24
SN 2023nam	2023 07 12	19.1	I a	01 27.6	+19 59
SN 2023mzb	2023 07 12	19.6	I a	20 01.4	-25 12
SN 2023mza	2023 07 11	17.6	II n	23 07.8	-48 45
SN 2023myo	2023 07 12	20.0	II	01 10.0	+32 55
SN 2023mxn	2023 07 12	19.3	I a	23 23.8	+11 26
SN 2023mxc	2023 07 10	20.3	I a	21 55.9	+24 57
SN 2023mwr	2023 07 10	20.6	I a	22 56.0	+20 00
SN 2023mwj	2023 07 12	17.8	I a	01 07.3	+14 16
SN 2023mvx	2023 07 12	19.6	I a	14 10.8	-04 02
SN 2023mvl	2023 07 10	19.8	I a	19 41.7	-21 16
SN 2023mut	2023 07 11	15.2	II b	04 48.6	+00 15
SN 2023mun	2023 07 11	20.2	I a	17 05.8	+53 10
SN 2023mud	2023 07 11	19.4	I a	00 41.1	-09 38
SN 2023mty	2023 07 11	19.9	I a	01 07.0	+23 33
SN 2023mtr	2023 07 11	18.7	II	14 30.3	+08 13
SN 2023mtq	2023 07 11	17.5	I a	12 41.8	-07 10
SN 2023mti	2023 07 11	18.5	II b	00 06.1	-35 43
SN 2023mtc	2023 07 09	18.9	I a	18 57.2	+30 11
SN 2023msy	2023 07 11	16.9	I a	00 45.4	-54 08
SN 2023msq	2023 07 11	18.3	I a	14 42.4	-36 34
SN 2023msg	2023 07 09	18.9	I a	03 20.2	+40 41
SN 2023mqn	2023 07 03	19.4	I a	17 10.9	+39 37
SN 2023mpz	2023 07 09	17.6	II	20 20.8	+09 30
SN 2023mpy	2023 07 09	19.5	I a	20 32.3	+08 20
SN 2023mpx	2023 07 09	18.9	I a	20 52.8	-25 53
SN 2023mpu	2023 07 09	19.9	II n	23 52.0	+33 49
SN 2023mpt	2023 07 09	18.8	I a	22 45.4	-04 26
SN 2023mpo	2023 07 03	19.0	I a	22 22.1	-09 03
SN 2023mpn	2023 07 09	19.3	I a	17 18.7	+42 44
SN 2023mpi	2023 07 03	19.8	II b	18 10.8	+61 33
SN 2023mnw	2023 07 07	20.2	I a	15 57.8	-13 58
SN 2023mnr	2023 06 28	19.1	I a	21 41.2	-16 55
SN 2023mnn	2023 07 08	18.2	II	19 28.1	+61 32
SN 2023mnf	2023 07 08	19.0	I a	01 09.4	+10 40
SN 2023mnd	2023 07 08	19.1	I a	21 51.1	-19 40
SN 2023mnc	2023 07 08	18.2	I a	02 01.1	+84 46
SN 2023mmz	2023 07 08	18.4	I a	02 03.4	+39 42
SN 2023mmk	2023 07 08	18.8	I a	14 22.5	+23 06
SN 2023mmg	2023 07 08	18.3	I a	16 22.1	+37 23
SN 2023mmb	2023 07 08	17.8	I a	03 12.3	-24 37
SN 2023mma	2023 07 08	18.3	I a	04 06.7	-27 25
SN 2023mly	2023 07 08	18.5	II	02 03.2	+35 01
SN 2023mlq	2023 07 02	19.4	II	17 46.3	+10 06
SN 2023mla	2023 07 07	19.9	I a	15 36.3	+17 55
SN 2023mkt	2023 07 07	18.2	I a	15 18.2	-24 05
SN 2023mkp	2023 07 07	17.0	I a-91bg	13 39.4	+51 03
SN 2023mkg	2023 07 07	18.1	I a	02 01.7	-21 46
SN 2023mkf	2023 07 06	19.9	I a	18 59.5	+83 44
SN 2023mkb	2023 07 06	19.0	I a	18 00.5	+28 00
SN 2023mjz	2023 07 05	19.7	I a	23 42.3	+20 07
SN 2023mju	2023 07 05	18.0	II ?	12 38.8	+12 31
SN 2023mjr	2023 07 05	18.3	I a	12 16.2	-12 05
SN 2023mjq	2023 07 05	18.1	II n	14 09.6	+09 34
SN 2023mjk	2023 07 05	19.7	II b	14 18.6	+13 09
SN 2023mix	2023 07 03	18.0	II b	12 48.1	-27 35
SN 2023mit	2023 07 03	19.4	I a	16 28.3	+23 11
SN 2023mir	2023 06 30	20.2	I a	22 41.0	-05 04
SN 2023mim	2023 07 01	19.5	I a	14 08.0	+05 29
SN 2023mik	2023 06 29	19.6	I a	15 43.4	-07 02
SN 2023mii	2023 06 28	20.5	I a	21 17.1	+34 23
SN 2023mhx	2023 06 30	19.8	I a	16 48.0	+58 33
SN 2023mhj	2023 06 27	18.6	I a	00 00.7	-12 14
SN 2023mhc	2023 07 01	17.6	I a	01 53.1	-18 44
SN 2023mha	2023 07 01	18.1	I a	02 15.4	-24 36
SN 2023mgy	2023 07 01	17.2	I a-91T	21 14.4	-05 06
SN 2023mgt	2023 06 30	20.2	I a	17 43.4	+48 05
SN 2023mgr	2023 07 02	16.2	II n	22 00.4	-33 31
SN 2023mgq	2023 06 30	19.5	I a	14 32.2	+11 21
SN 2023mfz	2023 07 01	18.2	I a	12 51.7	+06 04
SN 2023mft	2023 06 17	20.3	II n	20 28.2	+51 13
SN 2023mfq	2023 07 01	18.4	II	02 45.6	-15 01
SN 2023mfi	2023 06 19	17.7	II	03 37.4	+87 21
SN 2023mey	2023 06 27	20.1	I a	22 50.7	-05 26
SN 2023met	2023 06 30	18.6	I a	02 48.6	+18 31
SN 2023meo	2023 06 24	21.0	II n	21 41.0	+24 00
SN 2023mee	2023 06 30	19.2	I a	22 17.8	+30 16
SN 2023mdv	2023 06 29	18.3	I a	09 59.1	-34 13
SN 2023mdn	2023 06 29	19.0	I a	12 36.1	+11 15
SN 2023mdl	2023 06 29	19.7	I a	14 47.7	+35 54
SN 2023mde	2023 06 29	19.4	I a	17 11.4	+13 34
SN 2023mcs	2023 06 28	17.8	I a	01 24.3	+10 52
SN 2023mca	2023 06 27	17.8	II	18 10.0	+68 49
SN 2023mbz	2023 06 29	19.5	I a	15 00.5	+11 32
SN 2023mby	2023 06 29	19.5	I a	15 00.6	+17 34
SN 2023mbx	2023 06 28	19.9	I a	22 02.6	+00 31
SN 2023mbs	2023 06 28	19.4	I a	00 11.3	+12 58
SN 2023mao	2023 06 26	20.6	I a	15 08.5	+18 43
SN 2023lzr	2023 06 28	18.3	II	01 51.1	+25 44
SN 2023lzn	2023 06 28	18.6	II	00 55.1	+31 33
SN 2023lys	2023 06 27	16.5	I a	10 50.9	+12 57
SN 2023lyh	2023 06 25	20.5	I a	16 11.6	+58 58
SN 2023lyg	2023 06 24	20.2	I a	21 25.8	+23 32
SN 2023lya	2023 06 27	20.1	I bn	17 28.9	+58 23
SN 2023lxz	2023 06 27	19.0	II	12 42.6	+51 12
SN 2023lxo	2023 06 24	20.7	I a	18 42.6	+66 54
SN 2023lxm	2023 06 24	20.5	I a	22 55.1	+17 47
SN 2023lxj	2023 06 24	20.3	I a	23 12.5	+14 05
SN 2023lxi	2023 06 24	20.5	I a	21 39.6	-14 14
SN 2023lwc	2023 06 23	19.8	I a	14 53.3	+38 13
SN 2023luo	2023 06 23	19.9	I a	17 54.0	+70 58
SN 2023lpm	2023 06 25	19.2	II	17 14.4	+39 04
SN 2023lpa	2023 06 24	20.1	I a	18 41.9	+49 55

符号	発見年月日(UT)	発見等級	タイプ	赤経 (2000.0)	赤緯
	年 月 日	等		h m	° ′
SN 2023lok	2023 06 24	20.0	Ⅱ	17 04.9	+17 19
SN 2023loe	2023 06 24	18.4	Ⅰa	03 02.3	+23 51
SN 2023lns	2023 06 23	19.0	Ⅰa	20 42.5	−03 57
SN 2023lnl	2023 06 14	20.5	Ⅱn	20 49.1	−19 48
SN 2023lnh	2023 06 24	18.1	Ⅰa	00 34.0	−09 42
SN 2023lnf	2023 06 23	19.2	Ⅰa	15 49.0	−12 23
SN 2023lkw	2023 06 23	18.2	Ⅱ	16 48.6	+41 36
SN 2023lkm	2023 06 23	20.2	Ⅰb/c	22 41.8	+36 06
SN 2023lki	2023 06 19	19.0	Ⅰa	23 23.7	−07 06
SN 2023lkg	2023 06 22	18.7	ⅡP	23 14.7	−09 26
SN 2023ljf	2023 06 22	18.6	Ⅰb	14 25.9	+34 31
SN 2023lid	2023 06 19	20.8	Ⅰa	16 33.8	+48 25
SN 2023lhy	2023 06 21	19.1	Ⅰa	16 09.8	+15 36
SN 2023lhq	2023 06 20	21.3	Ⅰa	16 48.2	+18 01
SN 2023lhb	2023 06 21	19.2	Ⅰa	23 27.2	+41 37
SN 2023lgz	2023 06 21	18.5	Ⅱ	16 47.7	+52 20
SN 2023lgy	2023 06 19	19.1	Ⅰa	09 59.1	+33 29
SN 2023lgx	2023 06 21	19.0	Ⅱb	23 04.0	+05 29
SN 2023lgw	2023 06 21	19.1	Ⅱ	22 05.4	−01 52
SN 2023lgl	2023 06 20	20.0	Ⅰa	15 46.3	+19 54
SN 2023lga	2023 06 20	18.9	Ⅰa	01 16.9	+35 48
SN 2023lfo	2023 06 19	17.3	Ⅰa	00 31.0	+05 09
SN 2023lfc	2023 06 19	19.0	Ⅰa	17 53.3	+70 37
SN 2023ldy	2023 06 16	19.7	Ⅰa	23 13.1	+00 22
SN 2023lcs	2023 06 18	20.5	Ⅱ	14 11.3	−05 05
SN 2023lcr	2023 06 18	19.3	Ⅰc-BL	16 31.6	+26 22
SN 2023lbk	2023 06 17	20.0	Ⅰc-BL	16 17.5	+15 43
SN 2023lad	2023 06 16	17.1	Ⅱ	03 19.5	+40 44
SN 2023laa	2023 06 17	18.7	Ⅱ	01 54.5	+17 41
SN 2023kzq	2023 06 17	19.2	Ⅰa	17 19.4	+54 06
SN 2023kzm	2023 06 14	21.0	Ⅰa	15 16.9	+28 18
SN 2023kyi	2023 06 17	18.8	Ⅱ	19 16.7	−17 31
SN 2023kyb	2023 06 17	17.7	Ⅰa	14 29.9	−29 45
SN 2023kxk	2023 06 16	19.0	Ⅰa	14 41.1	+30 02
SN 2023kxf	2023 06 14	19.6	Ⅰa	15 18.7	+79 28
SN 2023kwu	2023 06 15	20.4	Ⅰa	14 35.3	+10 33
SN 2023kwk	2023 06 15	19.8	Ⅰa	20 02.8	−02 35
SN 2023kvk	2023 06 13	19.3	Ⅰa	20 02.5	05 05
SN 2023kvi	2023 06 16	19.2	Ⅰa	11 00.1	+23 57
SN 2023kuy	2023 06 14	16.6	Ⅰa	00 11.7	+20 59
SN 2023kur	2023 06 14	18.7	Ⅰa	00 34.4	+24 22
SN 2023kui	2023 06 15	19.5	Ⅱ	18 02.2	+70 29
SN 2023ktw	2023 06 15	19.1	Ⅰa	17 27.5	+34 18
SN 2023ktu	2023 06 15	19.2	Ⅰa	15 45.6	+05 13
SN 2023ktd	2023 06 13	20.2	Ⅰa	21 05.6	+08 30
SN 2023ksz	2023 06 08	19.7	Ⅱ	19 39.8	+59 22
SN 2023ksy	2023 06 13	20.0	Ⅰa	18 06.8	+27 29
SN 2023ksx	2023 06 15	19.2	Ⅰa	17 51.3	+36 34
SN 2023kss	2023 06 15	19.5	Ⅰa	16 34.8	+14 57
SN 2023ksa	2023 06 14	19.8	Ⅰa	21 01.4	+08 03
SN 2023kqw	2023 06 14	20.4	Ⅱn	14 36.7	+12 05
SN 2023kpn	2023 06 10	21.1	Ⅰa	12 12.7	+57 00
SN 2023kpa	2023 06 13	18.6	Ⅰa	02 23.9	+42 12
SN 2023koy	2023 06 14	19.0	Ⅰa-91T	21 47.3	−26 32
SN 2023kos	2023 06 14	18.7	Ⅰa	11 27.6	+18 02
SN 2023koq	2023 06 13	19.7	SLSN-Ⅱ	19 45.6	+66 45
SN 2023knq	2023 06 13	19.6	Ⅰa	22 20.1	−03 20
SN 2023kno	2023 06 13	18.6	Ⅰa	22 26.2	−12 03
SN 2023knn	2023 06 06	19.2	Ⅰa	21 25.9	−09 02
SN 2023knm	2023 06 08	17.0	Ⅰa	02 38.1	+43 34
SN 2023knh	2023 06 13	18.4	Ⅰa	13 23.7	+55 15
SN 2023kml	2023 06 13	18.5	Ⅰa	16 35.5	+05 58
SN 2023kmk	2023 06 13	18.7	Ⅱ	15 02.3	−10 12
SN 2023kmj	2023 06 13	18.5	Ⅰa	15 00.5	+06 27
SN 2023kki	2023 06 10	19.4	Ⅱn	16 53.3	+37 41
SN 2023kkh	2023 06 11	18.7	Ⅰa	18 49.1	+45 07
SN 2023kin	2023 06 11	17.7	Ⅰa	19 49.1	−58 59
SN 2023kih	2023 06 02	18.9	Ⅰa	22 57.4	+27 15
SN 2023kic	2023 06 10	19.6	Ⅰb	22 58.5	+30 52
SN 2023khp	2023 06 10	18.5	Ⅰa-CSM	00 17.9	+23 59
SN 2023kgt	2023 06 10	21.1	Ⅰa	16 48.5	+19 18
SN 2023kfp	2023 06 08	19.3	Ⅰa	13 38.5	+17 40
SN 2023kfl	2023 06 08	17.4	Ⅰa	02 18.2	+37 06
SN 2023ker	2023 06 09	20.1	Ⅰa	16 22.2	+26 37

符号	発見年月日(UT)	発見等級	タイプ	赤経 (2000.0)	赤緯
	年 月 日	等		h m	° ′
SN 2023kei	2023 06 09	18.9	Ⅰa	12 10.4	+41 54
SN 2023kdf	2023 06 09	19.0	Ⅰa	11 08.2	+40 21
SN 2023kda	2023 06 07	18.5	Ⅰa	00 19.0	+36 39
SN 2023kck	2023 06 08	19.4	Ⅰb/c	17 09.8	+27 37
SN 2023kcc	2023 06 05	18.9	Ⅰb/c	22 41.9	+24 25
SN 2023kbu	2023 06 08	18.2	Ⅰa	14 46.6	+19 17
SN 2023kbe	2023 06 08	19.4	Ⅰa	16 12.7	+03 01
SN 2023kbd	2023 06 08	19.1	Ⅰc	15 54.3	+12 08
SN 2023kad	2023 06 05	19.3	Ⅰa	18 47.4	+32 39
SN 2023kac	2023 06 06	17.7	Ⅰa	01 40.8	−06 07
SN 2023jzt	2023 06 06	17.9	Ⅱ	01 36.0	−16 15
SN 2023jzq	2023 06 06	19.3	Ⅰa	17 31.4	+31 10
SN 2023jzh	2023 06 04	19.7	Ⅰa	17 10.0	+34 10
SN 2023jzg	2023 06 04	19.3	Ⅰa	18 20.3	+24 40
SN 2023jyo	2023 06 06	17.6	Ⅱ	01 29.4	−01 12
SN 2023jyn	2023 06 06	17.5	Ⅱ	00 30.6	−11 24
SN 2023jxj	2023 05 27	20.6	Ⅱ	21 39.7	+05 58
SN 2023jxi	2023 06 03	19.2	Ⅰa	22 36.7	+42 11
SN 2023jxf	2023 06 04	18.4	Ⅰa	02 01.9	+31 53
SN 2023jxe	2023 06 05	19.7	Ⅰa	17 18.8	+58 08
SN 2023jww	2023 06 03	19.2	Ⅰa	17 59.4	+17 16
SN 2023jws	2023 06 04	19.1	Ⅱ	12 04.3	+09 12
SN 2023jwr	2023 06 04	18.7	Ⅰa	15 17.1	+11 22
SN 2023jwm	2023 06 02	19.5	Ⅰa	11 58.3	+21 34
SN 2023jwk	2023 06 02	18.4	Ⅰa	11 41.7	−02 15
SN 2023jwj	2023 06 02	19.0	Ⅰa	11 22.9	+01 07
SN 2023jwe	2023 06 03	18.7	Ⅰa	22 06.7	+40 47
SN 2023jwb	2023 06 02	17.2	Ⅱn	01 05.1	+22 05
SN 2023jvu	2023 06 03	18.4	Ⅰa	16 38.0	+55 24
SN 2023jvt	2023 06 03	18.8	Ⅰa	15 22.5	+64 52
SN 2023jvs	2023 05 28	20.2	Ⅰa	13 00.2	+22 30
SN 2023jvp	2023 06 02	18.3	Ⅰa	00 03.4	+53 42
SN 2023jvm	2023 06 02	19.1	Ⅰa	11 01.6	+08 32
SN 2023jvj	2023 06 02	18.9	Ⅰa	13 53.0	+16 49
SN 2023jvi	2023 06 02	18.6	Ⅱ	13 31.4	+25 37
SN 2023jvg	2023 06 02	18.3	Ⅰa	22 21.4	−11 07
SN 2023jvc	2023 05 30	19.8	Ⅱ	01 56.7	+43 20
SN 2023jva	2023 06 02	19.1	Ⅱ	23 45.8	+29 45
SN 2023jux	2023 05 30	17.5	Ⅱn	00 21.4	+07 02
SN 2023jus	2023 05 17	20.9	Ⅰb	13 57.1	+09 37
SN 2023juk	2023 05 25	19.8	Ⅰa	12 54.5	+02 04
SN 2023jto	2023 05 30	18.8	Ⅰa	22 11.9	+18 42
SN 2023jth	2023 05 27	17.8	Ⅰa	21 42.5	−51 14
SN 2023jsc	2023 05 29	18.7	Ⅰa	14 46.7	+42 18
SN 2023jsb	2023 05 29	18.5	Ⅰa	21 50.0	+14 09
SN 2023jri	2023 05 29	16.5	Ⅱ	23 30.5	+30 13
SN 2023jre	2023 05 28	19.6	Ⅰa	11 15.2	+54 28
SN 2023jrd	2023 05 25	20.8	Ⅰa	17 44.6	+35 44
SN 2023jqw	2023 05 29	18.7	Ⅱ	22 29.1	−22 12
SN 2023jqv	2023 05 29	18.8	Ⅱ	22 55.9	−39 06
SN 2023jqm	2023 05 29	18.3	Ⅰa	00 37.6	−25 21
SN 2023jqa	2023 05 22	20.8	Ⅱn	14 42.0	+19 06
SN 2023jpp	2023 05 28	17.6	Ⅱn	01 24.5	+33 48
SN 2023jpi	2023 05 27	18.9	Ⅰa	21 37.3	+18 01
SN 2023jph	2023 05 28	18.7	Ⅰa	11 34.5	+45 15
SN 2023joz	2023 05 27	18.5	Ⅰa	14 19.7	+09 34
SN 2023jou	2023 05 28	18.9	Ⅰa	23 11.2	−12 56
SN 2023joj	2023 05 28	16.9	Ⅱ	23 37.2	−03 44
SN 2023jnj	2023 05 27	16.8	Ⅱ	20 46.0	−27 38
SN 2023jms	2023 05 27	18.8	Ⅰa	23 03.6	−45 10
SN 2023jlz	2023 05 24	20.5	Ⅰa	14 52.8	+32 23
SN 2023jlx	2023 05 24	19.5	Ⅰa	13 37.5	+63 02
SN 2023jlo	2023 05 23	19.9	Ⅰa	13 35.1	−20 15
SN 2023jln	2023 05 23	20.9	Ⅰa	17 19.1	+30 57
SN 2023jkq	2023 05 25	17.5	Ⅱ	13 52.1	+16 58
SN 2023jkp	2023 05 21	20.5	Ⅰa	13 42.1	+00 52
SN 2023jkl	2023 05 25	18.5	Ⅱ	14 02.0	+13 14
SN 2023jjm	2023 05 22	20.2	Ⅰc	20 45.8	+10 51
SN 2023jje	2023 05 24	19.5	Ⅰa	18 16.1	+75 03
SN 2023jiy	2023 05 24	18.0	Ⅰa	11 14.4	−11 42
SN 2023jir	2023 05 24	19.0	Ⅱ-pec	20 17.1	−12 06
SN 2023jil	2023 05 24	19.9	Ⅰa	12 12.9	+57 38
SN 2023jik	2023 05 18	20.1	Ⅰa	20 41.9	−08 36
SN 2023jib	2023 05 20	19.0	Ⅰa	15 08.3	+06 48

符号	発見年月日(UT)	発見等級	タイプ	赤経 (2000.0)	赤緯
	年 月 日	等		h m	° ′
SN 2023jht	2023 05 20	21.0	Ⅰa	13 31.2	+25 19
SN 2023jgu	2023 05 23	18.1	Ⅰa	14 15.4	−02 27
SN 2023jgq	2023 05 22	20.1	Ⅰa	14 51.6	+18 56
SN 2023jgf	2023 05 22	20.3	Ⅱn	23 32.6	−00 44
SN 2023jfl	2023 05 22	19.7	Ⅰa	13 53.9	+18 36
SN 2023jes	2023 05 20	20.0	Ⅰa	15 34.3	−00 12
SN 2023jdk	2023 05 18	20.7	Ⅰa-91T	14 16.0	+63 15
SN 2023jdj	2023 05 20	19.9	Ⅰa	11 59.2	+54 13
SN 2023jdh	2023 05 20	19.9	Ⅱn	20 17.4	−20 35
SN 2023jda	2023 05 22	18.3	Ⅰa	19 47.4	+43 52
SN 2023jcz	2023 05 22	18.8	Ⅰa	15 25.3	+45 43
SN 2023jbk	2023 05 21	17.6	Ⅱ	11 42.4	+20 07
SN 2023jbi	2023 05 21	18.9	Ⅰa	13 05.3	+21 27
SN 2023jbe	2023 05 21	18.9	Ⅰa	20 11.0	−56 43
SN 2023jaz	2023 05 21	18.8	Ⅰa	03 23.1	−80 27
SN 2023jah	2023 05 21	18.1	Ⅰa-91bg	20 31.2	−44 16
SN 2023jac	2023 05 20	18.9	Ⅰc	17 00.1	+51 56
SN 2023izm	2023 05 20	19.4	Ⅰa	14 43.1	+22 53
SN 2023ixy	2023 05 14	19.9	Ⅰa-91T	17 26.3	+23 40
SN 2023ixk	2023 05 17	20.4	Ⅰa	19 33.8	+41 19
SN 2023ixf	2023 05 19	14.9	Ⅱ	14 03.6	+54 19
SN 2023iwz	2023 05 17	19.5	Ⅱ	19 52.3	+42 53
SN 2023iwy	2023 05 19	17.7	Ⅰc-BL	18 00.3	+26 25
SN 2023iwv	2023 05 18	19.2	Ⅰa	14 29.2	+47 07
SN 2023iwu	2023 05 18	19.4	Ⅰa	10 18.4	−06 51
SN 2023iwr	2023 05 16	18.6	Ⅰa	11 33.8	−23 38
SN 2023iwo	2023 05 13	18.7	Ⅰa	15 58.4	+17 09
SN 2023ivv	2023 05 18	19.2	Ⅰa	15 36.7	+04 29
SN 2023iuu	2023 05 17	18.3	Ⅰa	19 36.5	−23 56
SN 2023iuc	2023 05 18	18.0	Ⅱ	14 38.9	+02 17
SN 2023itz	2023 05 16	18.1	Ⅰb	21 49.6	−15 13
SN 2023ito	2023 05 15	19.9	Ⅰa	12 49.7	+13 31
SN 2023itm	2023 05 17	19.8	Ⅰa	13 53.3	+05 11
SN 2023isn	2023 05 17	19.2	Ⅰa	19 15.0	−22 12
SN 2023isf	2023 05 17	18.9	Ⅰa	19 31.4	−39 46
SN 2023irs	2023 05 17	17.9	Ⅰa	21 37.2	−20 38
SN 2023irr	2023 05 17	18.5	Ⅰa	21 13.6	−39 52
SN 2023irq	2023 05 17	18.2	Ⅰa-91T	22 22.7	−15 42
SN 2023irp	2023 05 14	16.8	Ⅱ	18 26.8	+25 24
SN 2023ipx	2023 05 14	20.0	Ⅰa	15 38.0	+14 25
SN 2023ipc	2023 05 13	20.3	Ⅰa	09 38.7	−04 20
SN 2023iop	2023 05 11	19.4	Ⅱ	00 14.7	+21 52
SN 2023iol	2023 05 13	20.4	Ⅰa	10 03.1	−04 20
SN 2023ioi	2023 05 14	20.9	Ⅰa	14 38.6	+45 13
SN 2023ioa	2023 05 15	19.0	Ⅰa	15 25.4	−18 08
SN 2023inx	2023 05 15	18.2	SLSN-Ⅱ	19 17.2	−29 04
SN 2023inl	2023 05 15	19.4	Ⅰa	11 54.5	+32 57
SN 2023inb	2023 05 15	16.6	Ⅰa	15 56.6	−31 22
SN 2023ilw	2023 05 13	19.9	Ⅰa	00 23.3	+24 57
SN 2023ilm	2023 05 13	18.6	Ⅱ	22 22.9	−54 55
SN 2023iks	2023 05 14	19.1	Ⅰa	17 35.2	+06 46
SN 2023ikr	2023 05 11	19.9	Ⅰa	17 37.7	+26 03
SN 2023ijs	2023 05 12	19.2	Ⅱ	15 21.1	−15 14
SN 2023ijl	2023 05 14	19.5	Ⅰa	13 35.9	+46 50
SN 2023ijh	2023 05 13	19.7	Ⅰc	00 20.7	+25 14
SN 2023ijd	2023 05 14	16.8	Ⅱ	12 36.5	+11 13
SN 2023iga	2023 05 13	17.5	Ⅱ	00 24.5	+29 13
SN 2023ifv	2023 05 13	18.1	Ⅰa	16 05.1	+23 55
SN 2023ifn	2023 05 09	20.0	Ⅰa	12 46.9	+17 19
SN 2023ifa	2023 05 13	18.6	Ⅰbn	09 33.6	+51 37
SN 2023iex	2023 05 13	19.8	Ⅱn	21 39.9	+24 40
SN 2023iek	2023 05 13	18.3	Ⅰa	12 32.4	+09 44
SN 2023idt	2023 05 13	19.2	Ⅰa	10 26.2	+21 21
SN 2023idp	2023 05 13	19.8	Ⅰa	12 06.0	+43 26
SN 2023ida	2023 05 12	19.5	Ⅰa	15 50.6	+27 10
SN 2023icq	2023 05 12	20.0	Ⅰa	14 13.5	+22 30
SN 2023icl	2023 05 12	19.0	Ⅰb	12 13.1	+79 02
SN 2023icj	2023 05 12	19.8	Ⅰc	15 55.6	+06 48
SN 2023ibn	2023 05 12	18.9	Ⅰa	19 43.4	+51 33
SN 2023iar	2023 05 12	20.2	Ⅰa	13 31.6	+04 55
SN 2023hzy	2023 05 12	19.1	Ⅰa	13 51.1	+00 28
SN 2023hzw	2023 05 12	19.9	Ⅰa	14 09.3	−04 15
SN 2023hzv	2023 05 12	20.2	Ⅰa	14 43.2	−07 40
SN 2023hzu	2023 05 12	17.4	Ⅰa	12 51.5	+31 49

符号	発見年月日 (UT)	発見等級	タイプ	赤経 (2000.0)	赤緯
	年 月 日	等		h m	° ′
SN 2023hzt	2023 05 12	18.9	II	13 30.0	+75 34
SN 2023hzp	2023 05 12	19.0	Ia	10 56.1	+45 11
SN 2023hzk	2023 05 12	18.9	Ia	15 34.6	+30 35
SN 2023hzi	2023 05 12	18.7	Ia	10 55.1	+43 07
SN 2023hzf	2023 05 08	18.7	Ia	14 19.8	−09 18
SN 2023hyv	2023 05 11	19.4	Ia	18 20.5	+41 01
SN 2023hym	2023 05 11	18.7	Ia-02cx	14 13.6	−45 26
SN 2023hyg	2023 05 09	18.6	Ia	22 16.6	−19 20
SN 2023hyc	2023 05 08	19.0	Ia	12 35.4	+45 50
SN 2023hxp	2023 05 11	19.9	Ic	17 06.3	+38 24
SN 2023hxo	2023 05 11	18.3	Ia	11 05.8	−09 52
SN 2023hwm	2023 05 09	19.0	Ia	11 14.4	+53 12
SN 2023hwg	2023 05 10	18.3	Ia	16 47.7	+09 40
SN 2023hwf	2023 05 09	18.7	II	11 31.5	+08 41
SN 2023hvr	2023 05 09	18.7	Ia	08 48.3	+01 23
SN 2023hvo	2023 05 09	19.2	II	08 41.5	+22 02
SN 2023hvj	2023 05 09	18.5	Ia	10 03.5	+41 38
SN 2023huy	2023 05 09	19.2	Ia	13 15.8	−16 12
SN 2023huv	2023 04 15	20.7	IIn	13 29.1	−10 25
SN 2023hui	2023 05 08	18.8	Ia	17 13.8	+70 35
SN 2023hta	2023 05 09	18.4	Ia	12 17.3	−03 16
SN 2023hsy	2023 05 09	18.1	Ia	11 09.8	+11 12
SN 2023hsx	2023 04 30	18.9	Ia	12 05.2	−09 40
SN 2023hsw	2023 05 09	18.5	Ia	11 08.3	+10 03
SN 2023hsu	2023 04 29	20.0	Ia	14 04.6	−10 14
SN 2023hst	2023 05 09	18.5	Ia	14 50.9	+24 55
SN 2023hss	2023 05 09	18.5	Ia	14 05.2	+07 54
SN 2023hsq	2023 04 26	19.3	Ia	10 12.8	+10 11
SN 2023hsb	2023 05 08	16.9	Ia-91T	18 59.7	+55 23
SN 2023hrw	2023 05 07	19.3	Ia	13 39.5	+30 00
SN 2023hrr	2023 05 08	18.8	Ia	17 38.5	+40 49
SN 2023hro	2023 05 07	17.5	Ia	12 43.8	−20 09
SN 2023hrn	2023 05 08	18.4	Ia	11 08.6	+04 49
SN 2023hrk	2023 05 07	18.8	Ia	13 47.4	+26 23
SN 2023hri	2023 05 07	17.6	Ia	19 14.4	−54 34
SN 2023hqr	2023 05 07	18.8	Ia	09 02.7	+22 14
SN 2023hpw	2023 05 03	19.2	Ia	13 33.5	+25 33
SN 2023hpv	2023 04 29	19.6	Ia	15 45.7	+20 38
SN 2023hpt	2023 05 03	19.2	Ia	14 39.4	+29 20
SN 2023hpr	2023 05 03	19.4	Ia	15 16.0	+36 26
SN 2023hpp	2023 05 03	18.8	II	22 03.9	+20 35
SN 2023hpo	2023 04 28	20.6	Ia	12 15.2	+68 58
SN 2023hpd	2023 05 02	19.8	IIn	20 50.0	−17 32
SN 2023hoz	2023 04 29	20.4	SLSN-I	16 18.4	+01 32
SN 2023hnl	2023 05 02	17.8	Ia	21 42.2	−34 10
SN 2023hlu	2023 05 01	16.0	II	23 01.3	+14 21
SN 2023hlf	2023 05 01	17.8	II	12 26.4	+31 14
SN 2023hle	2023 04 30	19.3	Ia	15 59.0	+27 59
SN 2023hkv	2023 04 27	20.9	Ia	15 57.4	+36 13
SN 2023hka	2023 04 29	19.5	Ia	14 11.0	−27 04
SN 2023hjq	2023 04 30	18.7	Ia	13 33.2	−16 08
SN 2023hdt	2023 04 28	20.0	Ia	13 33.4	+44 20
SN 2023hdf	2023 04 27	21.0	Ia	16 41.9	+51 59
SN 2023hcx	2023 04 27	19.9	Ia	20 09.4	+05 08
SN 2023hcv	2023 04 28	18.7	II	23 39.6	+21 55
SN 2023hcp	2023 04 29	17.9	II	16 48.7	+35 57
SN 2023hbv	2023 04 29	19.3	II	15 44.6	+10 18
SN 2023gyj	2023 04 26	19.9	Ia	11 14.6	+09 42
SN 2023gxy	2023 04 20	19.7	Ia	18 35.7	+46 50
SN 2023gxq	2023 04 28	19.6	II	10 18.2	+34 40
SN 2023gxf	2023 04 27	20.0	Ia	17 08.9	+19 10
SN 2023gxd	2023 04 27	19.8	Ia	08 59.8	+80 22
SN 2023gxc	2023 04 27	20.1	Ia	13 26.3	+01 32
SN 2023gxa	2023 04 27	19.4	II	12 22.7	+21 56
SN 2023gwx	2023 04 27	20.0	Ia	19 44.6	+05 21
SN 2023gws	2023 04 25	20.4	Ia	16 32.7	+27 00
SN 2023gwl	2023 04 27	19.1	IIb	13 15.4	+01 56
SN 2023gvu	2023 04 26	19.2	Ia	13 01.2	+33 03
SN 2023guy	2023 04 26	19.8	Ia	12 55.9	+07 56
SN 2023gti	2023 04 25	17.9	Ia	22 09.0	+06 59
SN 2023gss	2023 04 25	18.9	II	14 04.4	−27 09
SN 2023grs	2023 04 24	19.5	Ia	12 09.1	+51 37
SN 2023grp	2023 04 24	20.4	Ic	15 55.0	+39 40
SN 2023grn	2023 04 22	20.5	Ia	10 07.5	−12 58
SN 2023grm	2023 04 22	20.9	Ia	09 33.2	+67 37
SN 2023gqs	2023 04 24	19.1	Ia	13 49.4	+35 01
SN 2023gqi	2023 04 24	18.8	Ia	21 29.7	−21 12
SN 2023gqh	2023 04 23	18.9	II	22 19.7	+35 32
SN 2023gpy	2023 04 22	20.0	Ia	10 04.8	+54 34
SN 2023gpw	2023 04 17	20.8	SLSN-II	13 02.3	−05 51
SN 2023gps	2023 04 23	20.0	Ia	15 24.7	+68 44
SN 2023gol	2023 04 23	19.0	II	12 43.5	+40 06
SN 2023goe	2023 04 23	18.6	Ia	15 51.6	+13 19
SN 2023gmk	2023 04 19	20.0	Ia	09 48.1	−00 23
SN 2023gkb	2023 04 22	18.8	II	21 31.0	−03 59
SN 2023gjt	2023 04 20	18.9	Ia	08 17.4	+51 44
SN 2023gjg	2023 04 21	19.4	II	09 07.3	+37 30
SN 2023ghu	2023 04 17	18.8	Ia	09 52.2	+38 44
SN 2023ghl	2023 04 19	19.8	II	11 09.2	+53 22
SN 2023ggw	2023 04 20	18.2	Ia	15 02.9	+17 09
SN 2023ggb	2023 04 17	20.5	Ia	18 11.9	+52 50
SN 2023gfx	2023 04 20	19.2	Ia-91T	12 20.3	−10 26
SN 2023gft	2023 04 20	16.7	Ia	21 26.0	−03 48
SN 2023gfs	2023 04 18	19.7	Ia	12 58.4	−12 35
SN 2023gfo	2023 04 20	16.2	II	13 09.7	−07 50
SN 2023gfg	2023 04 19	19.5	Ia	19 20.3	+72 46
SN 2023ger	2023 04 17	20.0	Ia	10 57.2	+42 59
SN 2023gee	2023 04 17	20.1	Ia	15 47.1	+11 09
SN 2023gdx	2023 04 17	20.4	Ia	10 57.9	+55 35
SN 2023gdk	2023 04 16	19.1	Ia	16 43.4	+16 03
SN 2023gdj	2023 04 15	19.8	Ia	08 02.8	+29 28
SN 2023gdg	2023 04 18	19.3	II	17 18.2	+40 32
SN 2023gdb	2023 04 16	21.2	Ia	13 09.3	+39 07
SN 2023gcx	2023 04 17	17.1	Ia	23 12.1	+17 45
SN 2023gcn	2023 04 16	20.0	Ia	14 33.3	+34 56
SN 2023gcm	2023 04 10	19.8	Ia	18 10.6	+33 06
SN 2023gbt	2023 04 18	19.1	Ia	13 35.9	+54 16
SN 2023gbq	2023 04 18	18.1	II	22 11.1	−24 28
SN 2023gbn	2023 04 12	19.9	Ia	11 14.4	+30 07
SN 2023gbb	2023 04 15	20.5	Ia	19 11.1	+45 07
SN 2023gax	2023 04 16	19.8	Ia	11 22.5	−12 25
SN 2023gav	2023 04 16	19.8	Ia	10 47.3	−05 07
SN 2023gat	2023 04 16	20.1	Ia	08 40.7	+18 37
SN 2023gaj	2023 04 15	20.1	Ia	19 50.7	+57 33
SN 2023gaa	2023 04 15	20.3	Ia	15 12.2	+03 47
SN 2023fzk	2023 04 17	18.7	Ia	18 33.7	+29 16
SN 2023fyz	2023 04 17	19.0	Ia	18 26.2	+60 26
SN 2023fyw	2023 04 17	19.0	Ia	10 20.9	−06 43
SN 2023fyq	2023 04 17	19.5	Ib-pec	12 25.8	+12 40
SN 2023fyo	2023 04 17	19.4	II	10 55.0	−10 49
SN 2023fyl	2023 04 17	19.4	Ia	11 59.1	+10 46
SN 2023fxj	2023 04 16	18.9	Ia	11 28.6	+50 50
SN 2023fxb	2023 04 12	20.7	Ia	12 36.3	+46 33
SN 2023fwv	2023 04 16	20.1	Ia	17 13.6	+35 49
SN 2023fwr	2023 04 16	19.3	Ic	16 28.5	+41 13
SN 2023fwb	2023 04 16	18.7	Ia-91bg	21 23.7	+39 35
SN 2023fvs	2023 04 16	19.3	Ia	18 14.6	+59 21
SN 2023fvh	2023 04 16	18.6	Ia	10 01.4	+15 12
SN 2023fvf	2023 04 15	19.4	Ia	13 20.9	+15 18
SN 2023fup	2023 04 16	17.7	Ia	20 30.8	+18 41
SN 2023fuf	2023 04 15	19.0	Ia	14 48.3	+19 53
SN 2023fud	2023 04 15	19.0	Ia	12 57.3	−17 08
SN 2023fub	2023 04 15	19.1	II	07 40.4	+25 08
SN 2023ftr	2023 04 16	18.5	Ia	09 16.8	+20 11
SN 2023ftg	2023 04 16	18.0	II	18 08.2	+11 43
SN 2023fse	2023 04 08	18.7	II	22 03.9	+11 24
SN 2023fsc	2023 04 10	18.5	IIb	18 56.9	−19 24
SN 2023fro	2023 04 14	16.2	Ia	21 04.5	−48 14
SN 2023frj	2023 04 11	20.0	Ia	08 22.5	+16 37
SN 2023fqv	2023 04 15	18.4	Ia	07 59.2	+32 55
SN 2023fpa	2023 04 13	17.8	Ia	05 50.8	−33 06
SN 2023fou	2023 04 14	17.8	II	12 40.3	−10 03
SN 2023fot	2023 04 14	19.1	Ia-91bg	12 21.8	+10 35
SN 2023fog	2023 04 14	19.0	Ia	11 19.4	−00 57
SN 2023foa	2023 04 13	16.3	Ia	17 04.0	+24 11
SN 2023fnx	2023 04 14	18.4	Ic-BL	06 41.1	+40 04
SN 2023fnj	2023 04 14	18.7	Ia	11 50.5	+06 34
SN 2023fmd	2023 04 12	19.4	Ia	12 56.9	+17 28
SN 2023fkb	2023 04 08	19.7	Ia	17 27.8	+73 14
SN 2023fjy	2023 04 10	19.9	Ia	15 16.0	+15 41
SN 2023fix	2023 04 10	19.4	Ia	15 16.2	+19 47
SN 2023fil	2023 04 12	18.8	Ia	09 59.4	−05 24
SN 2023fhm	2023 04 09	19.0	Ia	10 19.5	−27 44
SN 2023fge	2023 04 11	19.9	Ia	08 37.0	+10 37
SN 2023fgc	2023 04 11	19.7	Ia	08 06.3	+20 25
SN 2023ffw	2023 04 09	18.6	Ia	11 35.2	−13 31
SN 2023ffm	2023 04 09	19.9	Ia	11 54.2	+45 17
SN 2023ffg	2023 04 02	19.5	IIb	16 21.9	−25 43
SN 2023fes	2023 04 11	19.2	Ia	08 07.7	+39 49
SN 2023feq	2023 04 11	19.2	Ia	16 39.3	+29 33
SN 2023fep	2023 04 11	18.9	Ia	13 48.4	−21 32
SN 2023fej	2023 04 09	20.1	Ia	10 33.5	+41 46
SN 2023fdj	2023 04 11	17.8	II	13 56.5	−36 34
SN 2023fbk	2023 04 10	19.0	Ic	12 57.2	−10 04
SN 2023fbb	2023 04 08	19.3	Ia	10 30.4	+03 05
SN 2023fax	2023 04 10	19.7	II	14 38.5	+30 02
SN 2023ezo	2023 04 08	19.3	Ia	20 14.0	+18 24
SN 2023eyz	2023 04 08	20.4	Ia	13 46.2	+70 20
SN 2023eyt	2023 04 08	20.1	Ia	14 41.7	+36 39
SN 2023eyr	2023 04 10	19.4	Ia	14 44.7	+06 57
SN 2023eyq	2023 04 08	19.6	Ia	14 12.3	+12 02
SN 2023eyj	2023 04 08	19.6	II	17 17.6	+48 38
SN 2023exy	2023 04 10	18.8	Ia	13 06.1	+50 50
SN 2023exx	2023 04 10	18.2	Ia	08 16.7	+47 07
SN 2023exu	2023 04 09	19.9	Ia-91T	10 32.7	+12 11
SN 2023ext	2023 04 09	19.8	Ia	11 00.1	+08 10
SN 2023exs	2023 04 09	19.3	Ia	10 53.8	+12 01
SN 2023exn	2023 04 10	18.5	Ia	14 47.5	+18 24
SN 2023exm	2023 04 09	17.1	Ia	11 13.6	−14 48
SN 2023exl	2023 03 29	19.8	Ia	12 10.5	+06 19
SN 2023exi	2023 04 09	19.3	Ia	07 04.2	+67 38
SN 2023ewv	2023 04 09	18.8	II	12 14.7	+25 19
SN 2023ewr	2023 04 09	18.7	Ia-91T	08 38.4	+04 23
SN 2023ewp	2023 04 09	19.3	IIP	10 35.5	−00 01
SN 2023ewo	2023 04 09	18.2	Ia	10 22.4	+61 55
SN 2023eui	2023 04 02	20.3	Ia	16 41.1	+26 56
SN 2023euh	2023 04 02	20.2	Ia	16 41.3	+26 45
SN 2023eug	2023 04 09	18.9	II	17 23.7	+13 31
SN 2023esp	2023 04 09	16.5	II	06 46.9	+15 36
SN 2023eso	2023 04 02	19.5	Ia	09 57.0	−25 24
SN 2023esn	2023 04 02	19.8	Ia	09 46.8	−07 25
SN 2023esk	2023 03 13	17.5	II	21 02.6	+08 19
SN 2023esi	2023 04 08	18.5	Ia	18 30.9	+21 57
SN 2023erm	2023 04 08	19.2	Ia	17 33.0	+16 11
SN 2023erk	2023 04 08	19.2	Ia	07 38.3	+42 06
SN 2023erg	2023 03 29	20.0	IIn	15 30.1	+35 40
SN 2023ere	2023 03 29	19.9	Ia	18 25.5	+30 27
SN 2023erb	2023 03 29	20.0	Ia	16 37.9	+43 23
SN 2023eqx	2023 04 08	18.7	II	18 03.4	+21 09
SN 2023eqs	2023 04 07	18.0	Ia	20 44.3	+17 55
SN 2023eqr	2023 04 08	19.3	II	15 04.6	+10 24
SN 2023eqp	2023 04 08	18.2	Ia	13 08.1	+50 12
SN 2023epp	2023 04 07	19.5	Ib	10 48.5	+35 05
SN 2023epo	2023 04 07	18.8	Ia	09 54.2	+34 09
SN 2023epk	2023 04 06	18.1	Ia	19 18.8	+52 52
SN 2023epj	2023 04 07	17.5	Ia	12 59.9	+26 49
SN 2023epb	2023 04 07	17.7	Ia	09 24.6	+33 19
SN 2023eod	2023 04 05	18.6	II	04 56.4	−46 02
SN 2023eoc	2023 04 04	17.4	Ia	16 11.5	+52 28
SN 2023eob	2023 04 04	17.6	Ia	15 31.9	−31 10
SN 2023eoa	2023 04 05	18.6	Ia	21 31.9	−31 45
SN 2023enz	2023 04 05	18.2	Ib/c?	21 13.1	−01 23
SN 2023env	2023 04 03	18.4	Ia	19 06.2	−25 05
SN 2023enr	2023 04 03	17.2	II	05 31.7	−10 24
SN 2023emv	2023 04 02	20.4	Ib/c	21 47.0	+43 01
SN 2023emr	2023 03 27	19.1	IIn	08 05.3	+81 43
SN 2023emq	2023 04 01	18.2	Icn	13 34.4	−23 44
SN 2023emg	2023 04 02	19.1	II	22 55.2	+36 40
SN 2023emd	2023 04 02	18.3	Ia	10 04.9	+37 21
SN 2023emc	2023 04 02	19.1	Ia	08 40.4	+71 57
SN 2023emb	2023 03 27	18.7	Ia	12 07.6	+26 59
SN 2023ema	2023 04 02	18.6	Ia	08 46.0	+52 32

符号	発見年月日 (UT)	発見等級	タイプ	赤経 (2000.0)	赤緯
	年 月 日	等		h m	° ′
SN 2023elu	2023 03 28	20.3	Ia	10 45.6	+54 02
SN 2023elt	2023 04 02	19.3	Ia	07 10.6	+70 57
SN 2023els	2023 03 27	18.4	Ia	07 25.7	+20 04
SN 2023elg	2023 04 01	19.6	Ia	15 47.1	−11 45
SN 2023elc	2023 04 01	19.2	Ia	19 58.6	−11 41
SN 2023elb	2023 04 01	18.2	II	10 35.3	−44 10
SN 2023ekx	2023 03 31	19.1	II	09 41.2	+63 36
SN 2023eix	2023 03 30	20.1	Ia	15 36.5	+14 22
SN 2023eiw	2023 03 30	18.5	Ic-BL	12 28.8	+46 31
SN 2023eip	2023 03 30	18.7	SLSN-II	16 52.3	+23 38
SN 2023eii	2023 03 17	17.1	Ia	20 43.8	−01 53
SN 2023ehl	2023 03 29	17.2	Ia	20 25.2	+05 15
SN 2023egt	2023 03 24	19.3	Ia	13 25.8	−30 43
SN 2023egs	2023 03 18	19.2	Ia	19 52.0	+59 06
SN 2023egq	2023 03 30	18.5	Ia	16 54.6	+37 57
SN 2023egj	2023 03 29	17.7	Ia	12 43.1	−02 53
SN 2023efg	2023 03 21	18.3	II	21 05.3	−10 28
SN 2023ees	2023 03 26	19.9	Ia	13 18.5	+47 12
SN 2023een	2023 03 29	19.9	Ia	13 24.6	+16 33
SN 2023eem	2023 03 29	18.6	Ia	15 05.2	+20 35
SN 2023eei	2023 03 29	18.6	Ia	14 50.3	−12 31
SN 2023eeb	2023 03 29	19.3	Ic	16 00.6	+19 43
SN 2023eds	2023 03 19	16.2	II	20 55.5	−01 14
SN 2023edc	2023 03 28	18.1	Ia	13 36.0	+33 28
SN 2023edb	2023 03 29	19.6	II	15 08.2	+20 11
SN 2023ecw	2023 03 28	18.6	Ia	16 34.9	+73 06
SN 2023ecs	2023 03 28	18.5	Ia	11 56.1	+49 26
SN 2023eco	2023 03 28	19.3	Ia	07 38.7	+48 34
SN 2023ecj	2023 03 28	18.7	Ia	10 26.8	+31 46
SN 2023eci	2023 03 28	19.4	Ia	10 21.4	+24 31
SN 2023ech	2023 03 28	19.8	Ia	10 46.1	+18 28
SN 2023eca	2023 03 28	19.5	Ia	10 54.3	+27 53
SN 2023ebz	2023 03 28	18.4	Ia	17 14.8	+41 59
SN 2023ebu	2023 03 28	19.7	II	15 25.8	+13 43
SN 2023ebt	2023 03 28	20.0	II	15 07.2	+09 38
SN 2023ebl	2023 03 28	18.7	Ib	10 39.4	−27 55
SN 2023ebb	2023 03 27	18.6	II	11 24.6	+46 54
SN 2023eba	2023 03 18	18.7	Ia	07 53.2	+31 16
SN 2023eav	2023 03 28	17.4	Ia	08 14.4	+58 18
SN 2023eau	2023 03 28	19.2	Ia	10 41.5	−06 03
SN 2023eaj	2023 03 18	18.7	II	19 44.8	+44 44
SN 2023eah	2023 03 27	19.1	Ia	06 50.6	+16 34
SN 2023eaf	2023 03 27	19.0	IIb	10 11.9	+58 53
SN 2023dzc	2023 03 27	15.9	Ia	06 12.0	+58 49
SN 2023dyw	2023 03 26	18.8	Ia	14 47.4	+29 55
SN 2023dyl	2023 03 27	18.3	Ia	10 03.0	+02 21
SN 2023dyb	2023 03 26	18.9	Ia	14 14.6	+23 23
SN 2023dxm	2023 03 26	18.9	Ia	13 15.3	+24 46
SN 2023dxk	2023 03 25	18.8	Ia	14 45.3	+09 05
SN 2023dxj	2023 03 25	18.7	Ia	09 43.9	−02 37
SN 2023dxd	2023 03 25	19.0	Ia	09 30.3	+26 39
SN 2023dxb	2023 03 26	17.6	Ia-91T	08 12.0	+19 22
SN 2023dxa	2023 03 17	19.5	Ia	13 45.1	+55 17
SN 2023dwu	2023 03 25	16.9	Ia-91T	09 23.3	+72 04
SN 2023dwj	2023 03 24	18.3	Ia	10 59.8	+61 14
SN 2023dwg	2023 03 24	19.3	Ic	14 28.1	+07 04
SN 2023dwb	2023 03 22	19.5	Ia	12 19.6	+05 21
SN 2023dve	2023 03 21	19.3	Ia	13 59.3	+09 53
SN 2023dva	2023 03 21	18.2	Ia	11 33.5	−10 54
SN 2023duy	2023 03 21	19.1	II	12 41.8	−09 09
SN 2023dut	2023 03 21	18.9	Ia	09 38.6	−08 48
SN 2023dul	2023 03 21	20.0	Ia	07 30.3	+40 58
SN 2023duh	2023 03 21	19.0	II	09 28.9	−12 54
SN 2023dtz	2023 03 21	18.1	Ia	12 41.4	+13 44
SN 2023dtd	2023 03 20	18.5	II	13 40.3	−23 51
SN 2023dtc	2023 03 20	18.6	Ib	08 33.3	−22 58
SN 2023dqa	2023 03 17	19.2	II	14 08.8	−10 48
SN 2023dpk	2023 03 17	18.9	Ia	16 05.2	+13 44
SN 2023dpj	2023 03 18	17.0	II	13 25.7	−29 50
SN 2023dpf	2023 03 18	18.2	Ia	15 32.0	+04 51
SN 2023dpc	2023 03 18	18.7	Ia	13 39.9	−30 56
SN 2023dpb	2023 03 18	18.1	Ia	13 35.1	−15 52
SN 2023dou	2023 03 19	18.7	Ia-91T	12 54.0	−25 52
SN 2023dot	2023 03 17	18.9	II	09 33.7	−13 20
SN 2023dok	2023 03 17	18.8	IIb	12 26.1	+09 38
SN 2023doj	2023 03 18	18.7	Ia	12 56.1	+14 21
SN 2023dof	2023 03 17	18.4	Ia	05 30.2	−08 46
SN 2023dmp	2023 03 17	18.1	Ia	12 59.8	−19 32
SN 2023dls	2023 03 13	20.5	Ia-91T	15 06.0	+47 08
SN 2023dkm	2023 03 18	19.4	Ia	13 59.1	+14 41
SN 2023diq	2023 03 17	19.0	IIb	14 34.7	+03 18
SN 2023dgp	2023 03 17	17.1	Ia-91T	18 04.9	+46 33
SN 2023dgg	2023 03 16	19.1	II	12 33.8	+03 27
SN 2023dfi	2023 03 17	20.1	Ia	08 55.3	+70 37
SN 2023dfg	2023 03 13	18.4	Ia	12 02.1	−04 22
SN 2023dff	2023 03 17	18.2	Ia	10 57.5	+05 42
SN 2023dfe	2023 03 13	18.6	Ia	07 56.8	−04 46
SN 2023deq	2023 03 16	19.2	Ia	12 07.8	−14 44
SN 2023dej	2023 03 16	18.5	IIn	11 42.2	+66 57
SN 2023dea	2023 03 16	16.1	Ia	03 42.1	+41 08
SN 2023ddy	2023 03 14	19.0	II	11 26.3	−14 41
SN 2023ddx	2023 03 14	18.5	Ia	12 37.4	−25 36
SN 2023ddi	2023 03 15	18.1	Ia	15 43.0	−24 42
SN 2023ddh	2023 03 15	17.9	II	20 15.1	−40 03
SN 2023dcn	2023 03 14	18.3	Ia	14 10.8	+32 29
SN 2023dce	2023 03 13	17.3	II	14 50.4	+85 49
SN 2023dbc	2023 03 13	19.5	Ic	11 11.7	+55 40
SN 2023dba	2023 03 13	18.5	Ia-91T	16 45.9	+80 55
SN 2023day	2023 03 13	17.9	Ia	14 13.6	−05 44
SN 2023dar	2023 03 13	18.6	Ia	18 01.7	+74 20
SN 2023daa	2023 03 13	18.7	Ia	12 47.3	+15 42
SN 2023czr	2023 03 13	18.6	Ia	12 46.7	−26 02
SN 2023cze	2023 03 13	18.3	Ia	15 05.1	+28 29
SN 2023czd	2023 03 12	17.8	Ia	13 02.6	+27 26
SN 2023czc	2023 03 13	17.9	IIP	10 15.3	+05 23
SN 2023cza	2023 03 12	18.9	Ia	10 18.7	+08 22
SN 2023cyy	2023 03 13	18.1	Ia	16 34.8	+26 17
SN 2023cyx	2023 03 12	17.4	Ia	13 45.1	+03 48
SN 2023cyu	2023 03 12	18.1	IIn	19 24.4	+47 03
SN 2023cys	2023 03 12	18.5	Ia	15 21.7	+39 37
SN 2023cyr	2023 03 12	18.6	Ia	12 50.4	+65 44
SN 2023cyq	2023 03 12	18.6	Ia	11 28.1	+37 06
SN 2023cyp	2023 03 12	16.3	Ia	15 24.3	+67 09
SN 2023cyo	2023 03 12	16.4	Ia	14 55.5	+41 15
SN 2023cyk	2023 03 12	18.4	Ia	15 03.3	−66 35
SN 2023cxk	2023 03 11	17.9	Ia	09 50.7	+30 29
SN 2023cxh	2023 02 14	17.4	Ia	16 02.7	+19 29
SN 2023cxf	2023 03 02	19.0	II	11 52.6	+13 28
SN 2023cwt	2023 03 06	17.4	II	19 40.1	+38 31
SN 2023cwo	2023 03 10	18.2	Ia	07 16.7	+13 26
SN 2023cvq	2023 03 10	18.3	Ia-91bg	08 38.2	+25 06
SN 2023cvo	2023 03 10	17.9	Ia	07 35.7	+19 44
SN 2023cvn	2023 03 09	18.3	Ia	05 16.6	+06 27
SN 2023cvf	2023 03 09	17.7	I	18 21.0	−63 21
SN 2023cve	2023 03 09	17.3	I	19 58.1	−57 20
SN 2023cun	2023 03 08	18.0	Ia	07 47.5	+22 36
SN 2023cum	2023 03 09	18.9	Ia	06 52.4	−50 43
SN 2023cul	2023 03 08	18.5	Ia	05 53.8	−34 36
SN 2023ctn	2023 03 04	18.5	Ia	08 33.0	−27 27
SN 2023ctf	2023 03 05	18.4	Ia	04 21.7	−38 43
SN 2023crx	2023 03 01	18.6	Ib	04 36.6	−00 09
SN 2023cqz	2023 02 28	17.3	Ia	11 30.2	+24 10
SN 2023cqc	2023 02 18	19.4	Ia	18 11.8	+69 55
SN 2023cpt	2023 02 27	17.1	Ic	15 21.6	−13 05
SN 2023cps	2023 02 27	18.6	II	08 00.5	+07 49
SN 2023cpq	2023 02 27	19.5	Ia-CSM	17 29.3	+14 11
SN 2023con	2023 02 25	19.0	Ia	11 14.1	+06 43
SN 2023com	2023 02 25	19.1	Ia	09 28.5	+07 34
SN 2023col	2023 02 25	18.8	Ia	11 31.0	−01 09
SN 2023cog	2023 02 25	18.5	Ia	12 44.0	−01 38
SN 2023cnq	2023 02 24	17.4	Ia	17 41.9	+63 45
SN 2023cni	2023 02 24	17.6	Ia	16 43.7	+35 54
SN 2023cnd	2023 02 24	18.5	II	14 39.1	−09 18
SN 2023cnc	2023 02 24	17.9	Ia	04 01.3	+28 36
SN 2023cmz	2023 02 24	18.5	II	06 45.4	−34 53
SN 2023cmx	2023 02 24	19.1	SLSN-I	07 06.9	+37 59
SN 2023cml	2023 02 23	18.2	Ia	18 19.6	+12 38
SN 2023cmk	2023 02 18	18.7	II	15 59.9	+18 40
SN 2023cmg	2023 02 23	19.4	IIP	12 49.7	−14 46
SN 2023cmf	2023 02 23	18.9	Ia	15 53.6	−19 24
SN 2023clz	2023 02 23	18.8	Ia	10 20.3	−06 54
SN 2023cly	2023 02 22	19.0	II	07 54.8	−38 55
SN 2023cju	2023 02 21	18.0	Ia	17 50.3	+17 50
SN 2023cjd	2023 02 20	19.3	Ia	10 49.1	−29 22
SN 2023cjc	2023 02 20	18.5	Ia	14 56.2	+35 22
SN 2023ciy	2023 02 19	17.5	II?	13 28.0	−49 02
SN 2023cin	2023 02 20	18.6	Ia	13 06.8	−20 45
SN 2023chz	2023 02 19	19.1	Ia	08 38.1	+07 53
SN 2023chy	2023 02 17	19.6	Ia	07 56.7	+18 39
SN 2023chj	2023 02 19	19.3	II	18 05.7	+31 37
SN 2023bzm	2023 02 18	19.8	Ia	10 05.2	+08 44
SN 2023bwf	2023 02 18	18.9	Ia	12 58.6	+06 23
SN 2023bwd	2023 02 18	18.7	Ia	10 18.7	+17 08
SN 2023bvz	2023 02 18	18.8	Ia	08 00.5	+39 26
SN 2023bvw	2023 02 18	18.3	Ia	08 10.7	+11 17
SN 2023bvt	2023 02 18	18.9	II	08 54.2	+20 48
SN 2023bvs	2023 02 18	18.6	Ia	14 52.9	+30 24
SN 2023bvr	2023 02 18	18.8	Ia	12 19.7	+39 26
SN 2023bvj	2023 02 18	17.3	II	09 50.9	+33 33
SN 2023bvi	2023 02 18	18.3	Ib	11 42.7	+24 49
SN 2023bvh	2023 02 18	17.6	II	08 46.3	+27 21
SN 2023buy	2023 02 17	18.0	II	08 20.9	+39 14
SN 2023bun	2023 02 14	18.3	Ia	13 48.0	+47 24
SN 2023btj	2023 02 16	17.6	Ib	15 40.4	−29 06
SN 2023btc	2023 02 12	18.8	Ia	08 56.8	+14 34
SN 2023bsr	2023 02 15	19.6	Ia-02cx	07 43.7	−56 46
SN 2023bsg	2023 02 13	16.0	II	12 29.8	+22 22
SN 2023bsa	2023 02 12	18.8	Ia	10 59.7	+09 32
SN 2023bry	2023 02 14	18.2	Ia-pec	13 02.3	−05 54
SN 2023bql	2023 02 12	18.8	II	08 11.5	+08 56
SN 2023bqk	2023 02 13	18.3	Ia-pec	11 45.2	+19 35
SN 2023bqj	2023 02 13	19.3	Ic	07 38.1	−55 11
SN 2023bqi	2023 02 12	16.7	II	08 56.4	+42 22
SN 2023bqh	2023 02 12	17.7	II	18 23.4	+60 45
SN 2023bpy	2023 02 09	20.4	Ia	15 01.4	+25 30
SN 2023bpx	2023 02 12	17.0	Ia	11 10.0	−37 32
SN 2023bpw	2023 02 12	15.5	II	17 40.0	−59 35
SN 2023bpv	2023 02 12	18.8	Ic	09 00.7	+50 41
SN 2023bpg	2023 02 12	16.6	Ia	12 53.1	−15 21
SN 2023boe	2023 02 12	19.3	Ia	04 18.2	−22 49
SN 2023boc	2023 02 12	18.0	Ia	07 46.9	+07 18
SN 2023bob	2023 02 10	19.1	Ia	04 58.9	−19 45
SN 2023bng	2023 02 10	18.8	II	09 56.6	−15 34
SN 2023bmz	2023 02 10	18.1	Ia	13 54.5	+28 27
SN 2023bms	2023 02 09	18.6	Ia	08 31.6	−05 34
SN 2023bmp	2023 02 10	17.6	Ia	03 50.6	+13 55
SN 2023bmo	2023 02 10	17.7	II	11 36.9	+19 58
SN 2023bmn	2023 02 10	18.3	Ia	07 59.9	+24 28
SN 2023bmm	2023 02 10	19.3	Ia	12 04.3	+60 49
SN 2023bmj	2023 02 09	18.4	Ia	11 07.4	+24 59
SN 2023bmf	2023 02 07	19.5	Ia	08 17.0	−05 24
SN 2023bmd	2023 02 09	18.4	II	15 10.1	+46 06
SN 2023blr	2023 02 08	19.1	Ia	05 07.6	+03 53
SN 2023blk	2023 02 04	19.7	Ia	08 55.9	+63 09
SN 2023blc	2023 02 08	17.9	II	13 05.5	−09 38
SN 2023bkr	2023 02 08	18.2	I	04 20.7	−06 44
SN 2023bke	2023 02 02	19.4	Ia	08 29.1	+22 40
SN 2023bip	2023 02 02	17.3	II	11 59.9	+26 04
SN 2023bif	2023 01 28	18.8	Ia	16 30.8	+03 12
SN 2023bie	2023 02 02	19.6	IIn	01 10.5	+18 01
SN 2023bid	2023 02 03	19.1	Ia	01 50.2	+48 28
SN 2023bia	2023 02 04	17.7	II	16 11.8	+37 28
SN 2023bhz	2023 02 04	17.5	II	18 54.6	+45 16
SN 2023bho	2023 01 23	19.3	IIn	16 16.1	+44 54
SN 2023bhn	2023 02 02	18.6	Ia	13 48.1	+46 07
SN 2023bhm	2023 02 02	18.1	Ia-91bg	04 42.9	+00 37
SN 2023bhj	2023 02 04	18.7	Ia	07 41.3	+72 51
SN 2023bhd	2023 02 04	18.0	Ia	16 19.5	+18 29
SN 2023bhc	2023 02 04	19.2	Ia	12 36.7	+66 02
SN 2023bhb	2023 02 04	18.2	Ia	12 14.7	+19 10
SN 2023bgz	2023 02 04	18.6	Ia	09 58.6	−24 51
SN 2023bgx	2023 02 04	18.8	Ia	11 46.5	+05 43

符号	発見年月日 (UT)	発見等級	タイプ	赤経 (2000.0)	赤緯 (2000.0)
	年 月 日	等		h m	° ′
SN 2023bgj	2023 02 03	18.7	Ⅱn	06 25.8	−37 46
SN 2023bgb	2023 02 03	18.2	Ⅰa	13 12.0	−58 32
SN 2023bga	2023 01 28	19.9	Ⅰa	02 51.2	+45 09
SN 2023bfz	2023 02 03	17.7	Ⅰa	01 55.4	+46 33
SN 2023bfv	2023 01 27	20.1	Ⅰa	14 54.9	+29 50
SN 2023bfs	2023 02 02	18.8	Ⅱ	14 05.0	+25 02
SN 2023bfq	2023 02 02	18.3	Ⅰa	10 04.1	+27 19
SN 2023bfa	2023 02 02	18.0	Ⅰa	12 52.5	+78 58
SN 2023bev	2023 02 02	19.2	Ⅰa	14 51.7	+08 34
SN 2023bes	2023 01 27	20.0	Ⅰa	16 16.9	+10 34
SN 2023ber	2023 01 27	20.2	Ⅰa	14 23.5	+24 54
SN 2023ben	2023 02 02	18.7	Ⅱ	10 25.8	+38 20
SN 2023bem	2023 02 02	18.8	Ⅰa	13 10.8	−12 27
SN 2023beg	2023 02 01	18.6	Ⅰa	15 08.4	−40 04
SN 2023bee	2023 02 01	17.3	Ⅰa	08 56.2	−03 20
SN 2023bec	2023 02 01	19.4	Ⅱb	12 06.5	−28 35
SN 2023bdy	2023 01 31	18.0	Ⅰa	12 57.3	+48 16
SN 2023bch	2023 01 30	15.4	Ⅰa	14 54.3	+42 33
SN 2023bbp	2023 01 28	19.7	Ⅰa	11 31.2	+22 46
SN 2023bbo	2023 01 24	19.4	ⅡP	18 51.7	+27 14
SN 2023bbd	2023 01 28	17.1	Ⅰa	13 48.4	−43 15
SN 2023bak	2023 01 28	20.2	Ⅰa	15 48.4	+19 29
SN 2023azx	2023 01 28	18.7	Ⅱ	12 03.3	−16 00
SN 2023azu	2023 01 28	17.8	Ⅰa	07 26.6	−84 31
SN 2023azg	2023 01 23	18.2	Ⅰa	18 18.2	+43 04
SN 2023ayq	2023 01 24	20.2	Ⅰa-CSM	13 24.1	−03 34
SN 2023ayp	2023 01 26	19.5	Ⅰa	03 16.9	−26 42
SN 2023ayn	2023 01 28	19.4	Ⅰa	02 28.5	+36 57
SN 2023axu	2023 01 28	15.6	Ⅱ	06 45.9	−18 14
SN 2023awp	2023 01 27	19.6	Ⅱn	15 30.0	+12 59
SN 2023awo	2023 01 23	18.4	Ⅰa	17 42.0	+46 44
SN 2023avz	2023 01 25	19.7	Ⅱ	07 14.7	+05 50
SN 2023avu	2023 01 27	19.1	Ⅰa	11 47.4	−07 27
SN 2023avt	2023 01 27	18.5	Ⅱ	09 48.3	−03 44
SN 2023avq	2023 01 25	17.7	Ⅱ	18 56.3	−68 34
SN 2023avk	2023 01 26	18.8	ⅡP	14 40.7	+13 29
SN 2023aud	2023 01 25	20.1	Ⅰa	07 29.6	+53 42
SN 2023aub	2023 01 26	17.0	Ⅱ	13 18.5	−31 38
SN 2023aua	2023 01 25	19.0	Ⅰa	05 58.3	−45 09
SN 2023atu	2023 01 22	19.6	Ⅰa	00 07.8	+19 06
SN 2023asz	2023 01 25	19.6	Ⅰa	05 42.0	+72 09
SN 2023asp	2023 01 23	19.2	Ⅰa	01 26.2	+08 36
SN 2023asm	2023 01 25	19.6	Ⅰa	03 41.2	+16 30
SN 2023aqi	2023 01 23	18.8	Ⅰa	16 50.2	+35 27
SN 2023apq	2023 01 24	20.0	Ⅰb	15 39.7	−20 36
SN 2023apm	2023 01 23	19.5	ⅡP	15 52.9	+21 06
SN 2023apl	2023 01 23	20.0	Ⅰc	15 24.5	+30 09
SN 2023apg	2023 01 23	18.6	Ⅰc	17 38.0	+60 53
SN 2023apf	2023 01 25	18.7	Ⅰa	14 22.2	+17 24
SN 2023ape	2023 01 23	18.8	Ⅰa	15 30.1	+30 11
SN 2023aoz	2023 01 23	19.5	Ⅰa	08 04.8	+12 24
SN 2023aoy	2023 01 23	18.8	Ⅰa	08 28.0	+36 48
SN 2023aod	2023 01 19	18.7	Ⅰa	06 08.4	+51 07
SN 2023amc	2023 01 24	17.6	Ⅱ	18 36.5	+10 21
SN 2023amb	2023 01 21	18.9	Ⅰa	12 38.6	−07 21
SN 2023alo	2023 01 07	19.4	Ⅱn	14 22.8	−13 17
SN 2023ali	2023 01 23	18.1	Ⅱ	15 48.7	−08 18
SN 2023alh	2023 01 23	18.3	Ⅰa	15 48.1	−08 46
SN 2023alf	2023 01 24	18.4	Ⅰa	13 49.9	−13 12
SN 2023alb	2023 01 24	19.9	Ⅰa	11 07.7	+56 51
SN 2023akp	2023 01 24	18.6	Ⅱ	15 37.4	+10 38
SN 2023aiw	2023 01 23	17.3	Ⅰa	16 31.2	+39 47
SN 2023aim	2023 01 23	19.3	Ⅰa	09 00.1	+53 43
SN 2023agz	2023 01 21	18.6	Ⅰa	11 33.5	+11 00
SN 2023agx	2023 01 21	20.0	Ⅰa	12 06.0	+22 42
SN 2023agw	2023 01 24	18.9	Ⅰa	11 58.9	+01 44
SN 2023agm	2023 01 23	18.7	Ⅰa	12 20.7	+47 40
SN 2023afu	2023 01 07	18.0	Ⅱ	13 52.2	−14 42
SN 2023afd	2023 01 23	18.6	Ⅰa	16 34.5	+43 24
SN 2023afb	2023 01 23	18.2	Ⅰa	05 49.3	+60 40
SN 2023aez	2023 01 23	18.6	Ⅰa	14 40.3	+10 24
SN 2023aew	2023 01 23	18.1	Ⅱb	17 40.9	+66 12
SN 2023aeu	2023 01 12	19.0	Ⅰa	16 48.0	+49 01
SN 2023aet	2023 01 07	19.6	Ⅰa	15 09.1	+03 31

符号	発見年月日 (UT)	発見等級	タイプ	赤経 (2000.0)	赤緯 (2000.0)
	年 月 日	等		h m	° ′
SN 2023ael	2023 01 21	18.6	Ⅰa	17 14.7	+66 51
SN 2023aeh	2023 01 20	19.0	ⅡP	08 26.4	+08 25
SN 2023aeg	2023 01 22	18.2	Ⅰa	14 44.2	+15 22
SN 2023aec	2023 01 22	19.8	SLSN-Ⅰ	12 59.0	+69 34
SN 2023adz	2023 01 22	19.1	Ⅱn	11 32.6	+68 24
SN 2023ady	2023 01 22	19.6	Ⅰa	11 02.7	+58 23
SN 2023acs	2023 01 20	19.1	Ⅰa	11 04.5	−06 25
SN 2023acr	2023 01 22	18.9	Ⅰc	11 20.9	+09 44
SN 2023abv	2023 01 21	19.8	Ⅰa	05 47.0	−43 45
SN 2023abq	2023 01 19	17.6	ⅡP	15 34.6	+41 08
SN 2023abj	2023 01 21	18.7	Ⅰa	11 49.0	+17 41
SN 2023aaz	2023 01 21	19.1	Ⅰa	11 36.1	+45 25
SN 2023aau	2023 01 21	17.8	Ⅰa	01 30.8	+20 06
SN 2023aap	2023 01 13	19.6	Ⅰa	10 20.7	+17 56
SN 2023aai	2023 01 20	19.7	Ⅰa	11 29.7	+27 15
SN 2023ze	2023 01 20	18.8	Ⅰa	11 37.8	−10 53
SN 2023zb	2023 01 09	18.0	Ⅰa	07 03.5	+27 38
SN 2023yv	2023 01 20	19.1	Ⅰa	12 20.8	−06 58
SN 2023yu	2023 01 20	18.7	Ⅰb	10 26.1	−03 25
SN 2023wn	2023 01 19	17.6	Ⅱ	13 36.1	−01 36
SN 2023wm	2023 01 19	18.4	Ⅰa	13 21.7	−19 10
SN 2023wl	2023 01 19	18.3	Ⅰa	11 15.8	+00 51
SN 2023wi	2023 01 19	19.0	Ⅱn	11 28.9	+05 28
SN 2023wh	2023 01 19	19.5	Ⅰa	10 38.4	−09 38
SN 2023wf	2023 01 19	18.6	Ⅱb	10 49.0	−04 45
SN 2023we	2023 01 16	18.3	Ⅰa	04 27.0	−03 50
SN 2023vz	2023 01 16	18.2	Ⅰa	08 47.0	+30 43
SN 2023vd	2023 01 15	19.6	Ⅰa	09 31.6	−02 18
SN 2023uu	2023 01 15	20.1	Ⅰa	23 02.1	+27 03
SN 2023uq	2023 01 16	19.0	Ⅰa	02 43.5	+02 10
SN 2023uo	2023 01 16	19.1	Ⅰa	08 12.6	+14 56
SN 2023un	2023 01 17	18.6	Ⅰa	12 04.1	−25 38
SN 2023su	2023 01 15	19.5	Ⅰa	07 58.0	+40 55
SN 2023so	2023 01 15	18.9	Ⅰa	06 26.0	−14 40
SN 2023sg	2023 01 15	17.6	Ⅰa	04 17.4	−37 17
SN 2023rx	2023 01 16	18.7	Ⅰa	09 18.1	−22 40
SN 2023rn	2023 01 15	17.7	Ⅰa	07 26.7	+56 42
SN 2023rk	2023 01 15	17.3	Ⅰa	05 14.3	+46 22
SN 2023qu	2023 01 15	17.8	Ⅱ	11 01.1	+44 53
SN 2023qp	2023 01 15	18.6	Ⅰa	11 34.9	−26 01
SN 2023qo	2023 01 15	18.3	Ⅰa	16 47.7	+44 54
SN 2023qj	2023 01 14	18.8	Ⅰc	08 27.3	+22 53
SN 2023qh	2023 01 14	19.8	Ⅱ	09 07.3	+37 13
SN 2023qg	2023 01 15	18.8	Ⅰc-BL	10 48.3	+00 50
SN 2023qb	2023 01 13	18.6	Ⅰa	08 16.1	+55 48
SN 2023qa	2023 01 12	17.9	Ⅰa	04 40.0	+49 21
SN 2023pz	2023 01 15	18.4	Ⅰa	08 38.9	+05 07
SN 2023pq	2023 01 07	17.6	Ⅰa	00 34.9	+05 24
SN 2023po	2023 01 09	17.3	Ⅰa	10 41.7	+66 01
SN 2023nv	2023 01 12	19.9	Ⅰa	08 06.3	+25 01
SN 2023nj	2023 01 13	19.3	Ⅰa	09 32.8	−05 32
SN 2023nh	2023 01 14	19.1	Ⅰa	05 39.6	+13 26
SN 2023ng	2023 01 14	18.5	Ⅱ	09 15.4	−18 52
SN 2023kr	2023 01 12	19.4	Ⅰa	12 05.3	+58 57
SN 2023ke	2023 01 13	16.0	Ⅰa	12 58.3	+29 08
SN 2023jt	2023 01 13	19.1	Ⅰa	13 49.6	+56 03
SN 2023jo	2023 01 13	17.5	Ⅱn	08 07.4	+39 12
SN 2023jl	2023 01 13	18.3	Ⅰa	11 32.7	+41 56
SN 2023jf	2023 01 09	16.8	Ⅰa	15 49.1	+44 42
SN 2023je	2023 01 13	19.1	Ⅰa	03 24.0	+12 15
SN 2023jb	2023 01 13	17.2	Ⅰa	10 26.2	+18 31
SN 2023ja	2023 01 12	19.2	Ⅱ	12 02.1	+58 08
SN 2023iy	2023 01 12	16.8	Ⅰa	07 58.1	+56 26
SN 2023it	2023 01 13	18.3	Ⅱ?	08 29.0	−11 03
SN 2023ir	2023 01 07	19.2	Ⅰa	10 48.0	+13 19
SN 2023ip	2023 01 13	17.2	Ⅰa	11 44.0	+30 03
SN 2023ig	2023 01 09	18.1	Ⅰa	02 55.7	+31 12
SN 2023ha	2023 01 12	18.3	Ⅰa	09 19.5	−01 12
SN 2023gz	2023 01 12	18.5	Ⅰa	08 42.0	+03 48
SN 2023gy	2023 01 12	17.6	Ⅰa	10 46.1	+43 43
SN 2023gg	2023 01 12	19.2	Ⅰa	15 19.6	+27 47
SN 2023gf	2023 01 12	19.0	Ⅰa	16 47.4	+48 26
SN 2023gb	2023 01 12	16.4	Ⅰa	13 21.7	−16 25
SN 2023fu	2023 01 12	16.9	Ⅱ	03 06.4	+36 01

符号	発見年月日 (UT)	発見等級	タイプ	赤経 (2000.0)	赤緯 (2000.0)
	年 月 日	等		h m	° ′
SN 2023ff	2023 01 11	18.6	Ⅰa	09 36.2	−13 55
SN 2023fd	2023 01 11	18.5	Ⅰa	01 13.0	−15 05
SN 2023fa	2023 01 11	17.3	Ⅰa	01 26.7	−03 30
SN 2023ex	2023 01 09	16.8	Ⅰa-91bg	12 58.9	+28 08
SN 2023ei	2023 01 08	18.3	Ⅰa	05 16.6	−60 47
SN 2023ed	2023 01 10	18.7	Ⅰa	09 42.8	−29 36
SN 2023ec	2023 01 09	18.5	Ⅱb	03 17.7	−54 23
SN 2023eb	2023 01 05	16.7	Ⅰa	04 53.5	−17 56
SN 2023dr	2023 01 08	17.9	Ⅱ	11 55.8	+09 41
SN 2023dq	2023 01 08	18.3	Ⅰa	02 01.4	+11 24
SN 2023dp	2023 01 09	17.7	Ⅰa	01 03.6	−21 05
SN 2023dl	2023 01 08	17.8	Ⅰa	02 29.7	−02 59
SN 2023dk	2023 01 08	17.2	Ⅰa-91bg	05 11.1	−01 05
SN 2023dj	2023 01 09	18.0	Ⅰa	13 23.1	−14 05
SN 2023di	2023 01 09	18.5	Ⅰa-pec	06 05.1	−32 40
SN 2023da	2023 01 08	17.6	Ⅰa	12 59.6	−16 21
SN 2023cw	2023 01 07	18.5	Ⅱ?	09 08.2	−20 24
SN 2023cv	2023 01 08	17.8	Ⅱ	15 13.5	−20 41
SN 2023cr	2023 01 08	16.2	Ⅱ	03 42.2	−27 52
SN 2023cj	2023 01 05	17.0	Ⅰc	14 06.5	−05 27
SN 2023cg	2023 01 07	16.8	Ⅰa	03 57.7	+36 47
SN 2023cf	2023 01 07	17.5	Ⅱ	04 26.8	+29 57
SN 2023bz	2023 01 07	18.8	Ⅰa	23 42.1	+45 12
SN 2023bu	2023 01 07	17.9	Ⅰa	11 53.2	−17 51
SN 2023bp	2023 01 07	18.5	Ⅰa	16 02.3	+36 11
SN 2023bg	2023 01 05	17.8	Ⅰa	07 42.3	−24 23
SN 2023aw	2023 01 05	18.4	Ⅰb	13 02.7	−22 05
SN 2023af	2023 01 02	16.7	Ⅱ	11 04.6	+29 31
SN 2023R	2023 01 03	18.6	Ⅰa	10 01.1	−05 08
SN 2023Q	2023 01 03	17.5	Ⅰa	01 57.1	−00 28
SN 2023E	2023 01 01	17.0	Ⅰa	01 15.9	−50 11
SN 2023C	2023 01 01	19.6	Ⅱ	11 19.5	−31 03
SN 2023A	2023 01 01	19.0	Ⅰa	12 29.9	+02 53
SN 2022aehz	2022 12 24	19.3	Ⅰa	10 27.4	+10 43
SN 2022aegz	2022 12 22	19.7	Ⅰa	06 53.9	+70 47
SN 2022aegi	2022 12 22	19.4	Ⅱ	15 54.4	+04 02
SN 2022aegh	2022 12 20	20.2	Ⅰa	08 02.3	+12 35
SN 2022aefz	2022 12 22	19.7	Ⅰa	15 24.2	+50 02
SN 2022aefs	2022 12 28	18.3	Ⅰa	13 04.5	−32 15
SN 2022aefe	2022 12 31	18.7	Ⅱ	15 12.0	+21 18
SN 2022aefd	2022 12 30	18.9	Ⅰa	08 16.9	−07 15
SN 2022aeef	2022 12 30	19.0	Ⅰa-91T	09 18.6	+04 11
SN 2022aeee	2022 12 30	19.3	Ⅰa-91T	08 17.3	−03 24
SN 2022aeed	2022 12 29	18.8	Ⅰa	04 07.6	−31 28
SN 2022aeeb	2022 12 30	19.1	Ⅰa-pec	08 30.0	−20 34
SN 2022aedv	2022 12 21	18.9	Ⅰa	02 54.0	+50 39
SN 2022aedu	2022 12 31	16.9	Ⅱ	23 51.1	+20 09
SN 2022aedr	2022 12 17	19.1	Ⅰa	10 42.7	+14 20
SN 2022aedn	2022 12 30	18.4	Ⅰa	10 43.4	+15 54
SN 2022aedm	2022 12 30	18.0	Ⅱ?	11 19.5	+03 07
SN 2022aedl	2022 12 30	17.0	Ⅰa	10 59.3	+05 12
SN 2022aedh	2022 12 29	19.4	Ⅰa	05 34.3	−29 07
SN 2022aede	2022 12 29	19.5	Ⅰa	08 35.6	−16 35
SN 2022aedb	2022 12 29	19.3	Ⅰa	05 51.6	−26 07
SN 2022aecy	2022 12 27	18.8	Ⅱn	05 41.5	+16 46
SN 2022aecx	2022 12 27	18.9	Ⅰa	02 56.9	+13 06
SN 2022aecr	2022 12 28	18.8	Ⅰa	09 42.7	+09 54
SN 2022aecq	2022 12 28	19.4	SLSN-Ⅱ	11 16.5	+00 28
SN 2022aecp	2022 12 27	17.7	Ⅰa	01 06.7	+06 27
SN 2022aecn	2022 12 28	18.2	Ⅰa	08 51.3	+17 03
SN 2022aech	2022 12 22	19.0	Ⅰa	01 16.4	−32 57
SN 2022aecb	2022 12 26	18.0	Ⅰa-91bg	04 59.0	−00 27
SN 2022aebz	2022 12 26	19.6	Ⅰa	07 59.5	−04 08
SN 2022aeby	2022 12 26	19.0	Ⅰa	09 17.4	+14 15
SN 2022aebx	2022 12 26	17.6	Ⅰa	01 03.3	+14 02
SN 2022aebw	2022 12 26	19.2	Ⅰa	08 38.8	+05 17
SN 2022aebu	2022 12 26	18.1	Ⅰa	10 30.5	+14 20
SN 2022aebr	2022 12 26	19.4	Ⅰa	08 53.0	−01 15
SN 2022aebp	2022 12 26	19.4	Ⅰa	10 54.2	−11 13
SN 2022aebk	2022 12 25	18.6	Ⅰa	05 24.5	−25 39
SN 2022aebh	2022 12 25	19.3	Ⅰa	08 01.2	−15 39
SN 2022aebc	2022 12 25	18.6	Ⅰa	05 35.5	−24 32
SN 2022aeay	2022 12 25	19.1	Ⅰa	01 02.2	−20 37
SN 2022adzl	2022 12 24	18.9	Ⅱ	13 32.0	−19 13

符号	発見年月日(UT)	発見等級	タイプ	赤経 (2000.0)	赤緯
	年 月 日	等		h m	° ′
SN 2022adyj	2022 12 23	18.6	Ⅰa	06 58.6	+12 40
SN 2022adxx	2022 12 22	19.0	Ⅰa	08 24.7	+00 52
SN 2022adxs	2022 12 22	19.3	Ⅰa	10 07.9	+00 34
SN 2022adxq	2022 12 22	19.3	Ⅰa	03 27.4	−17 38
SN 2022adww	2022 12 22	19.1	Ⅰa	10 15.6	+06 37
SN 2022adwv	2022 12 22	19.4	Ⅰa	10 06.3	−06 35
SN 2022adwc	2022 12 22	19.9	Ⅰa-91T	10 54.1	−04 22
SN 2022advr	2022 12 22	19.8	Ⅱ	10 22.8	+03 45
SN 2022advo	2022 12 22	17.8	Ⅱ	14 50.8	+73 49
SN 2022advb	2022 12 18	19.4	Ⅰa	09 40.7	+05 10
SN 2022aduz	2022 12 22	18.7	Ⅱ	09 46.3	+05 43
SN 2022adum	2022 12 22	19.3	Ⅰa	08 09.9	−15 59
SN 2022aduk	2022 12 22	19.0	Ⅰa	10 38.8	−17 34
SN 2022adui	2022 12 22	19.0	Ⅰc	03 27.5	−01 08
SN 2022aduf	2022 12 19	18.6	Ⅰa	08 08.5	+51 38
SN 2022adub	2022 12 19	19.6	Ⅰa	05 02.9	+51 44
SN 2022adtt	2022 12 19	19.8	Ⅱ	01 14.1	+38 07
SN 2022adtr	2022 12 20	19.2	Ⅰa	10 58.5	+37 35
SN 2022adth	2022 12 20	19.0	Ⅱ	10 15.7	+45 56
SN 2022adte	2022 12 21	19.9	Ⅰa	01 37.9	+26 48
SN 2022adsx	2022 12 15	19.1	Ⅰa	06 59.7	+41 57
SN 2022adss	2022 12 17	18.4	Ⅰa	08 02.7	−09 09
SN 2022adrt	2022 12 21	19.2	Ⅰa	02 21.8	−26 27
SN 2022adrs	2022 12 21	18.9	Ⅰa	00 27.1	−24 54
SN 2022adqz	2022 12 21	19.1	Ⅰa	03 45.8	−19 18
SN 2022adpu	2022 12 19	17.8	Ⅰa	11 36.8	−08 35
SN 2022adpt	2022 12 20	17.6	Ⅰa	13 25.5	−14 22
SN 2022adgi	2022 12 13	18.8	Ⅰa	04 51.3	−28 19
SN 2022adgh	2022 12 15	19.1	Ⅰa	01 50.7	+08 03
SN 2022adgf	2022 12 18	18.9	Ⅰc	01 46.1	−21 12
SN 2022adgb	2022 12 16	18.8	Ⅰa	05 44.1	−29 40
SN 2022adfs	2022 12 17	19.2	Ⅰa	05 00.2	−04 12
SN 2022adfo	2022 12 19	18.2	Ⅰa	13 21.6	+10 06
SN 2022addz	2022 12 15	19.3	Ⅰb	07 54.6	+18 20
SN 2022addq	2022 12 18	18.9	Ⅰa	12 31.6	+09 31
SN 2022addk	2022 12 18	18.1	Ⅱ	08 24.8	+06 31
SN 2022adcy	2022 12 14	19.5	Ⅰa	02 56.6	−13 21
SN 2022adcg	2022 12 17	20.0	Ⅰa	10 13.7	−01 51
SN 2022adcf	2022 12 17	18.0	Ⅰa	10 24.9	+09 36
SN 2022adcc	2022 12 17	19.1	Ⅰa	12 06.0	+38 05
SN 2022adby	2022 12 15	20.6	Ⅰa	03 39.2	−18 22
SN 2022adbx	2022 12 17	17.3	Ⅰa	11 22.6	+20 42
SN 2022adbo	2022 12 17	18.7	Ⅰa	11 22.8	−24 55
SN 2022adbl	2022 12 15	19.8	Ⅰa	07 57.5	+62 26
SN 2022adbb	2022 12 17	17.7	Ⅰa	09 44.0	+42 38
SN 2022adaj	2022 12 16	19.3	Ⅰa	00 21.9	−29 56
SN 2022aczs	2022 12 15	18.2	Ⅱ	02 05.3	−23 42
SN 2022aczp	2022 12 15	17.8	Ⅰa	12 47.8	−15 20
SN 2022aczk	2022 12 15	17.5	Ⅰa	15 16.7	+14 51
SN 2022acze	2022 12 15	18.6	Ⅰa	13 20.8	+08 02
SN 2022aczc	2022 12 14	18.6	Ⅰa	12 40.1	+61 25
SN 2022acyu	2022 12 15	18.1	Ⅰa	11 14.4	−07 16
SN 2022acyr	2022 12 10	19.2	Ⅰa	05 39.9	+71 40
SN 2022acyq	2022 12 15	17.4	Ⅰa	15 32.7	+46 11
SN 2022acyj	2022 12 15	17.9	Ⅰa	07 44.6	−48 04
SN 2022acyi	2022 12 15	19.3	Ⅰa	01 15.2	+06 49
SN 2022acyf	2022 12 15	18.6	Ⅰb/c	04 40.1	+74 11
SN 2022acye	2022 12 15	18.5	Ⅱ	07 34.2	−67 35
SN 2022acyd	2022 12 15	18.3	Ⅱ	04 01.2	+05 33
SN 2022acyc	2022 12 15	18.3	Ⅰa	03 02.7	−74 16
SN 2022acxe	2022 12 15	18.2	Ⅰa	22 18.8	−03 29
SN 2022acwz	2022 12 15	19.7	Ⅰa	00 27.2	+51 04
SN 2022acws	2022 12 14	17.8	Ⅰa	05 06.9	−05 19
SN 2022acwn	2022 12 13	18.3	Ⅱ	06 33.5	+34 15
SN 2022acwm	2022 12 13	18.4	Ⅰa	07 01.5	+20 36
SN 2022acwl	2022 12 13	19.1	Ⅰa	02 02.9	+31 37
SN 2022acwj	2022 12 13	18.5	Ⅰa	09 14.4	−33 20
SN 2022acwf	2022 12 09	19.4	Ⅰa	02 53.2	−13 30
SN 2022acwe	2022 12 09	18.5	Ⅱ	02 28.1	−05 44
SN 2022acuk	2022 12 09	19.7	Ⅰa	22 32.4	+31 01
SN 2022acui	2022 12 09	20.0	Ⅰa	01 47.2	−04 13
SN 2022acuh	2022 12 09	19.8	Ⅰa	01 40.5	−01 52
SN 2022acug	2022 12 11	17.7	Ⅱ	07 00.2	−46 14
SN 2022acub	2022 12 10	18.8	Ⅰa-91T	09 27.5	+09 41

符号	発見年月日(UT)	発見等級	タイプ	赤経 (2000.0)	赤緯
	年 月 日	等		h m	° ′
SN 2022actt	2022 12 10	17.5	Ⅰa	08 45.8	+49 09
SN 2022acts	2022 12 10	18.0	Ⅰc	09 32.3	+12 06
SN 2022actn	2022 12 10	19.2	Ⅰa	14 40.4	+58 03
SN 2022actd	2022 10 31	20.2	SLSN-Ⅱ	09 34.1	+09 37
SN 2022acsx	2022 11 27	20.7	SLSN-Ⅰ	06 13.0	+68 49
SN 2022acsq	2022 12 01	18.9	Ⅰa	09 34.8	−22 28
SN 2022acsh	2022 12 10	17.4	Ⅰa	10 37.1	+43 39
SN 2022acsg	2022 12 09	17.7	Ⅰa	09 55.7	−27 40
SN 2022acsf	2022 12 09	19.2	Ⅰa	03 14.7	−16 38
SN 2022acsc	2022 12 10	18.2	Ⅰa	07 19.7	+55 59
SN 2022acrz	2022 12 10	18.4	Ⅱb	12 43.7	+22 22
SN 2022acrv	2022 12 09	18.3	Ⅱ	05 46.7	−20 09
SN 2022acru	2022 12 10	18.6	Ⅰa	03 53.5	−10 48
SN 2022acrt	2022 12 09	19.0	Ⅰa	13 18.8	+61 54
SN 2022acrq	2022 12 10	18.0	Ⅰa	05 47.6	−25 33
SN 2022acro	2022 12 10	18.0	Ⅰa	10 35.8	+12 12
SN 2022acrl	2022 12 10	18.4	Ⅱ	11 34.4	+15 40
SN 2022acrk	2022 12 10	17.9	Ⅰa	11 33.7	+22 23
SN 2022acrj	2022 12 10	18.5	Ⅰa	15 17.8	+48 48
SN 2022acri	2022 12 10	18.2	Ⅱ	14 34.3	+25 53
SN 2022acrh	2022 12 10	18.6	Ⅰa	14 26.5	+25 36
SN 2022acqz	2022 12 10	18.0	Ⅰa	14 06.8	−10 22
SN 2022acqw	2022 12 01	20.1	Ⅰa	10 05.2	−04 18
SN 2022acqu	2022 12 01	20.1	Ⅰa	01 20.4	−06 14
SN 2022acqt	2022 12 01	19.7	Ⅰa	00 22.5	+07 56
SN 2022acqg	2022 12 09	18.1	Ⅰa	01 10.0	−14 37
SN 2022acqf	2022 12 09	18.2	Ⅰa	10 55.5	+39 01
SN 2022acnu	2022 11 30	20.8	Ⅰa	07 34.9	+37 26
SN 2022acmu	2022 12 09	18.8	Ⅰa	04 05.6	−05 19
SN 2022acmt	2022 12 09	18.6	Ⅱ	03 15.9	−18 05
SN 2022acmr	2022 11 30	20.5	Ⅰa	02 02.7	−07 02
SN 2022acmq	2022 12 09	18.9	Ⅱ	23 14.7	+21 06
SN 2022acme	2022 12 01	21.4	Ⅱ	10 31.7	−18 31
SN 2022acln	2022 12 01	18.7	Ⅰa	04 18.9	−10 52
SN 2022ackv	2022 12 07	17.5	Ⅰa	03 34.8	−09 51
SN 2022ackp	2022 12 06	18.0	Ⅰa	01 41.7	−14 38
SN 2022acko	2022 12 06	16.5	Ⅱ	03 19.6	−19 24
SN 2022ackm	2022 12 02	20.1	Ⅰa	10 36.3	+44 42
SN 2022acjk	2022 12 04	18.1	Ⅰa	22 04.1	+00 35
SN 2022acji	2022 12 04	18.4	Ⅰa	22 35.4	−08 23
SN 2022acjg	2022 12 05	17.9	Ⅰa	00 54.4	−15 36
SN 2022acjf	2022 12 04	17.6	Ⅱ	05 41.9	−31 14
SN 2022achv	2022 12 01	19.0	Ⅰa	05 22.5	−21 35
SN 2022achj	2022 11 30	19.3	Ⅰa	08 58.8	+17 08
SN 2022achg	2022 12 02	19.3	Ⅰa	10 54.4	+37 19
SN 2022acgi	2022 12 02	19.0	Ⅰa-CSM	09 29.7	+03 04
SN 2022acge	2022 12 02	18.3	Ⅱ	12 23.4	−17 59
SN 2022acfz	2022 11 30	18.0	Ⅱ	07 37.6	+35 36
SN 2022acfw	2022 11 26	19.2	Ⅰa	13 21.1	+27 55
SN 2022acfa	2022 12 01	19.2	Ⅰa	09 17.0	+20 10
SN 2022acch	2022 11 26	19.9	SLSN-Ⅰ	09 24.0	−13 31
SN 2022accf	2022 11 30	18.1	Ⅰa	22 12.2	+17 13
SN 2022acbw	2022 11 27	20.3	Ⅰa	01 40.4	+00 12
SN 2022acbu	2022 11 30	20.3	Ⅱ	02 30.7	−02 56
SN 2022acbf	2022 11 26	19.4	Ⅱ	05 02.2	−12 52
SN 2022acbe	2022 11 27	19.9	Ⅰa	07 23.9	+46 34
SN 2022abzc	2022 11 29	18.6	Ⅰa	10 20.3	−40 24
SN 2022abxs	2022 11 27	19.1	Ⅰa	11 08.8	+54 44
SN 2022abwn	2022 11 26	19.9	Ⅰa	14 01.5	+20 00
SN 2022abwk	2022 11 26	19.5	Ⅱ	13 47.7	+17 43
SN 2022abwi	2022 11 27	18.7	Ⅰa	04 22.2	+85 50
SN 2022abvt	2022 11 26	18.8	Ⅰa	01 30.7	−31 31
SN 2022abuj	2022 11 25	18.7	Ⅰc	13 08.5	+30 45
SN 2022abua	2022 11 26	19.6	Ⅱ	09 19.6	+50 52
SN 2022abto	2022 11 23	17.2	Ⅰc	11 43.5	+03 23
SN 2022abtm	2022 11 13	20.4	SLSN-Ⅰ	23 03.9	+15 46
SN 2022absz	2022 11 21	20.0	Ⅰa	04 57.6	−07 38
SN 2022abom	2022 11 24	20.5	Ⅰa-91bg	03 41.2	−02 51
SN 2022abnf	2022 11 23	19.9	Ⅰa	09 12.2	+08 08
SN 2022ablu	2022 11 24	19.0	Ⅰa	01 20.1	+42 43
SN 2022ablq	2022 11 24	17.5	Ⅰbn	12 13.1	+17 06
SN 2022abln	2022 11 24	17.8	Ⅱ	14 54.1	+73 08
SN 2022abkl	2022 11 24	19.7	Ⅰa	00 39.4	−00 55
SN 2022abjo	2022 11 23	18.4	Ⅰa	10 39.2	+19 02

符号	発見年月日(UT)	発見等級	タイプ	赤経 (2000.0)	赤緯
	年 月 日	等		h m	° ′
SN 2022abjn	2022 11 23	19.2	Ⅰa	04 43.1	−12 27
SN 2022abjc	2022 11 23	20.4	Ⅰa	22 33.1	+25 42
SN 2022abiv	2022 11 21	19.2	Ⅰa	11 47.0	−03 39
SN 2022abio	2022 11 22	18.6	Ⅰa-pec	23 46.5	−52 32
SN 2022abik	2022 11 23	18.3	Ⅰa	21 12.3	+13 01
SN 2022abid	2022 11 23	17.4	Ⅰa	02 07.3	−25 26
SN 2022abic	2022 11 23	18.5	Ⅰa	02 59.2	−04 28
SN 2022abib	2022 11 23	19.4	Ⅰa-91T	23 44.6	+21 56
SN 2022abhx	2022 11 23	19.1	Ⅰa	03 14.3	+46 02
SN 2022abhl	2022 11 22	19.0	Ⅰa	21 40.3	−09 26
SN 2022abgs	2022 11 18	17.2	Ⅱ	11 03.0	−16 17
SN 2022abgg	2022 11 22	19.1	Ⅰa	02 23.0	−09 12
SN 2022abgd	2022 11 20	19.9	Ⅱ	22 40.5	−00 30
SN 2022abfi	2022 11 19	20.3	Ⅰa	01 07.7	+32 27
SN 2022abfd	2022 11 21	19.4	Ⅰa	11 36.1	+29 42
SN 2022aber	2022 11 18	20.3	Ⅱ	10 21.4	+67 32
SN 2022abeg	2022 11 19	20.2	Ⅰa	00 01.8	+08 27
SN 2022abdu	2022 11 21	18.8	SLSN-Ⅰ	03 06.1	−46 43
SN 2022abdh	2022 11 21	18.5	Ⅰa	08 39.1	−08 52
SN 2022abcv	2022 11 20	20.2	Ⅰa	09 47.2	+53 49
SN 2022abcq	2022 11 19	18.6	Ⅰa	02 11.1	+36 29
SN 2022abcg	2022 11 18	20.0	Ⅰa	07 48.4	+18 38
SN 2022abab	2022 11 20	17.6	Ⅰa	13 02.5	+75 24
SN 2022aayf	2022 11 19	19.2	Ⅱ	23 25.4	−20 44
SN 2022aaxy	2022 11 19	18.3	Ⅰa	08 30.8	−30 36
SN 2022aaxr	2022 11 17	19.0	Ⅰa	22 38.9	+11 39
SN 2022aaxq	2022 11 19	19.3	Ⅰa	23 40.8	−10 43
SN 2022aaxm	2022 11 19	18.3	Ⅰa	09 32.4	+29 00
SN 2022aawb	2022 11 15	20.5	SLSN-Ⅰ	01 44.9	+23 01
SN 2022aaum	2022 11 15	20.5	Ⅰa	00 35.6	+02 10
SN 2022aatx	2022 11 19	17.9	Ⅱ	09 15.3	+11 53
SN 2022aatu	2022 11 14	19.1	Ⅱ	08 51.3	+01 27
SN 2022aasv	2022 11 18	18.3	Ⅰa	09 29.2	+26 48
SN 2022aasd	2022 11 16	18.4	Ⅱ	13 01.5	+36 30
SN 2022aart	2022 11 14	20.1	Ⅰa	07 59.5	+03 09
SN 2022aapw	2022 11 17	20.6	Ⅰa	01 55.0	+18 22
SN 2022aapo	2022 11 17	19.7	Ⅰa	07 22.7	+45 03
SN 2022aapl	2022 11 15	19.0	Ⅰa	02 34.7	−26 14
SN 2022aapk	2022 11 15	19.2	Ⅰa	02 21.6	−11 53
SN 2022aapj	2022 11 18	18.8	Ⅰa	22 40.3	−20 58
SN 2022aapg	2022 11 17	17.1	Ⅱ	13 28.9	−02 16
SN 2022aapf	2022 11 17	17.5	Ⅱ	13 29.8	−01 26
SN 2022aapa	2022 11 15	20.5	Ⅰa	00 24.1	+31 10
SN 2022aaoz	2022 11 15	20.0	Ⅰa	00 53.1	+39 02
SN 2022aaoo	2022 11 14	18.7	SLSN-Ⅱ	01 47.2	−56 29
SN 2022aaon	2022 11 15	19.2	Ⅱn	03 54.5	−34 40
SN 2022aaok	2022 11 17	18.9	Ⅰa-91bg	09 15.0	+22 35
SN 2022aaoj	2022 11 17	18.8	Ⅰa	08 55.8	+36 04
SN 2022aaog	2022 11 16	19.1	Ⅰa	00 55.6	−07 00
SN 2022aany	2022 11 17	19.2	Ⅰa	22 24.3	+26 27
SN 2022aanx	2022 11 17	17.8	Ⅰa	05 35.1	−66 07
SN 2022aanm	2022 11 16	19.6	Ⅰa	04 07.4	−22 18
SN 2022aani	2022 11 16	19.1	Ⅱ?	02 34.7	−22 49
SN 2022aang	2022 11 16	19.0	ⅡP	07 59.4	+18 07
SN 2022aanf	2022 11 16	19.1	Ⅰa	04 09.2	+17 07
SN 2022aana	2022 11 14	18.9	Ⅰa-pec	22 34.6	−27 29
SN 2022aamo	2022 11 16	18.7	Ⅰa	08 24.9	+29 57
SN 2022aali	2022 11 14	19.3	Ⅱ	03 21.2	−57 13
SN 2022aalh	2022 11 14	18.3	Ⅰa	00 09.9	−74 49
SN 2022aakg	2022 11 14	19.4	Ⅰa	03 11.8	−15 46
SN 2022aakd	2022 11 14	19.3	Ⅰa	08 49.7	−11 18
SN 2022aaju	2022 11 13	20.4	Ⅰa	21 39.4	+00 49
SN 2022aajn	2022 11 15	18.8	Ⅰa	07 08.3	+21 04
SN 2022aajd	2022 11 14	19.0	Ⅱb	01 58.2	+42 17
SN 2022aajc	2022 11 14	18.9	Ⅰc	05 08.8	−26 26
SN 2022aaiz	2022 11 14	18.4	Ⅰa	05 01.1	+06 31
SN 2022aaiy	2022 11 14	19.2	ⅡP	01 17.9	+28 57
SN 2022aaix	2022 11 15	18.6	Ⅱ	08 57.1	−20 02
SN 2022aaiw	2022 11 14	18.4	Ⅰa	06 10.2	−27 36
SN 2022aaiq	2022 11 15	16.0	Ⅰa	14 26.5	+56 35
SN 2022aaim	2022 11 13	19.0	Ⅰa	22 04.1	+08 41
SN 2022aaij	2022 11 13	18.3	Ⅰa	12 20.7	−09 37
SN 2022aaif	2022 11 14	18.5	Ⅰa	18 38.2	+66 52
SN 2022aahz	2022 11 12	19.8	Ⅰa	12 25.9	+06 45

符　号	発見年月日 (UT)	発見等級	タイプ	赤　経	赤　緯 (2000.0)
	年 月 日	等		h m	° ′
SN 2022aahy	2022 11 06	20.5	Ⅱn	06 58.9	+39 38
SN 2022aahj	2022 11 14	19.4	Ⅰa	07 48.1	+48 03
SN 2022aahi	2022 11 14	18.7	Ⅱ	11 02.9	+28 29
SN 2022aahg	2022 11 14	18.8	Ⅱ	10 24.0	−18 33
SN 2022aagr	2022 11 06	19.1	Ⅰa	11 44.5	+21 35
SN 2022aagq	2022 11 14	18.0	Ⅰa	17 09.2	+40 55
SN 2022aagp	2022 11 14	15.8	Ⅱ	09 10.7	+07 12
SN 2022aagc	2022 11 14	20.1	Ⅰa-91T	23 27.2	−00 04
SN 2022aadr	2022 11 13	20.1	Ⅰa	01 15.6	+15 32
SN 2022aado	2022 11 11	19.2	Ⅰa	04 22.6	−01 56
SN 2022aadl	2022 11 13	17.2	Ⅰa	14 00.7	+20 36
SN 2022aadj	2022 11 13	19.0	Ⅰa	03 49.8	−42 47
SN 2022aadh	2022 11 13	18.8	Ⅰa	02 06.5	−02 43
SN 2022aadb	2022 11 11	20.1	Ⅰa	22 44.7	+21 09
SN 2022aacx	2022 11 10	19.7	Ⅰa	11 11.7	+37 06
SN 2022aacs	2022 11 12	19.8	Ⅰa	13 38.4	+24 45
SN 2022aacq	2022 11 12	17.9	Ⅰa	12 37.4	−05 24
SN 2022aacn	2022 11 13	18.4	Ⅱ	00 44.4	+07 22
SN 2022aack	2022 11 05	18.9	Ⅰa	07 52.5	−52 17
SN 2022aaax	2022 11 11	19.1	Ⅰa	23 17.0	+34 36
SN 2022aaaw	2022 11 11	18.4	Ⅰa	01 06.2	+01 22
SN 2022aaaq	2022 11 11	18.4	Ⅰa	02 28.4	−20 54
SN 2022aaan	2022 11 11	18.6	Ⅱn	21 42.6	−31 28
SN 2022aaah	2022 11 07	18.2	Ⅰa-91T	22 11.7	−35 23
SN 2022aaad	2022 11 12	16.1	Ⅱ	07 49.8	+73 40
SN 2022zzz	2022 11 12	17.9	Ⅱ	12 23.4	+16 43
SN 2022zyp	2022 11 11	18.3	Ⅰa	10 48.7	−04 08
SN 2022zyj	2022 11 04	19.8	Ⅰa	05 50.8	+58 58
SN 2022zyd	2022 11 10	19.4	Ⅱn	02 08.6	+52 50
SN 2022zyb	2022 11 12	19.9	Ⅰa	22 33.6	−26 54
SN 2022zxw	2022 11 10	19.1	Ⅱ	01 55.2	+53 12
SN 2022zxv	2022 11 10	19.2	Ⅰa	03 09.4	−04 54
SN 2022zxt	2022 11 12	18.6	Ⅱ	08 40.3	+56 03
SN 2022zxr	2022 11 10	16.6	Ⅱ	12 55.1	+58 47
SN 2022zxj	2022 11 11	18.1	Ⅰa	00 00.9	−02 18
SN 2022zxc	2022 10 31	20.6	Ⅰa	00 16.1	+46 07
SN 2022zxa	2022 11 11	18.2	Ⅱ	02 40.0	+10 28
SN 2022zwz	2022 11 11	19.4	Ⅰa	22 49.6	+11 01
SN 2022zwx	2022 11 11	19.0	Ⅰa	00 16.7	+12 37
SN 2022zwu	2022 11 04	18.6	Ⅰa	08 43.3	+52 45
SN 2022zwr	2022 11 10	17.7	Ⅰa	21 50.2	−43 47
SN 2022zwj	2022 11 11	19.1	Ⅰa	23 54.1	+07 29
SN 2022zwb	2022 11 10	19.1	Ⅰa	08 58.4	+55 03
SN 2022zwa	2022 11 10	19.4	Ⅰa	07 51.6	+27 23
SN 2022zvy	2022 11 10	18.7	Ⅰa	11 58.8	+19 40
SN 2022zvx	2022 11 10	18.6	Ⅱ	02 05.1	+11 15
SN 2022zvu	2022 11 10	17.2	Ⅰa-91bg	09 53.9	−07 48
SN 2022zvr	2022 11 10	17.7	Ⅰa	11 38.5	−01 11
SN 2022zvq	2022 11 05	18.9	Ⅰa	10 56.2	+19 43
SN 2022zuu	2022 11 09	18.4	Ⅰa	10 51.7	+24 09
SN 2022zut	2022 11 09	14.6	Ⅰa	11 41.0	+11 28
SN 2022zue	2022 11 08	16.4	Ⅰa	10 37.6	−07 16
SN 2022ztk	2022 11 08	16.4	Ⅰa	11 01.7	−14 29
SN 2022zsy	2022 11 07	18.2	Ⅰa-91T	23 18.5	−11 26
SN 2022zsw	2022 11 07	18.1	Ⅰa	21 16.6	+02 44
SN 2022zsr	2022 11 04	20.0	Ⅰa	07 33.9	+23 16
SN 2022zsn	2022 11 06	19.8	Ⅰa	08 38.9	+43 30
SN 2022zsl	2022 11 06	19.0	Ⅰa	10 08.0	+39 15
SN 2022zsk	2022 11 06	19.6	Ⅰa	18 36.5	+58 50
SN 2022zse	2022 11 04	19.5	Ⅰa	13 02.7	+11 03
SN 2022zru	2022 11 04	19.1	Ⅰa	10 48.9	+18 15
SN 2022zqu	2022 11 06	18.6	Ⅰa	05 54.9	−22 58
SN 2022zqa	2022 11 01	20.3	Ⅰa	02 46.1	−26 55
SN 2022zpp	2022 11 04	19.3	Ⅰb	02 03.8	−07 07
SN 2022zob	2022 11 05	18.0	Ⅰa	11 03.0	+32 16
SN 2022zoa	2022 11 05	18.8	Ⅰa	09 58.5	−02 49
SN 2022znz	2022 11 05	19.0	Ⅰa	09 25.4	−10 37
SN 2022znt	2022 11 05	18.5	Ⅱ	09 06.9	−41 47
SN 2022znd	2022 10 29	20.9	Ⅰa	00 50.2	+40 03
SN 2022zmx	2022 11 04	19.3	Ⅰa	08 15.1	+44 13
SN 2022zmv	2022 11 04	17.5	Ⅰa	13 00.7	+08 18
SN 2022zmf	2022 10 27	19.7	Ⅰa	10 42.5	+15 46
SN 2022zmb	2022 11 04	18.6	Ⅱ	10 38.7	+56 33
SN 2022zlz	2022 11 04	18.3	Ⅰc	05 43.1	+00 37

符　号	発見年月日 (UT)	発見等級	タイプ	赤　経	赤　緯 (2000.0)
	年 月 日	等		h m	° ′
SN 2022zkg	2022 11 03	18.3	Ⅰb	21 25.0	−39 49
SN 2022zkf	2022 11 02	18.9	Ⅰa	07 49.8	+30 03
SN 2022zke	2022 11 02	19.0	Ⅰa	04 56.4	+70 34
SN 2022zkd	2022 11 02	17.5	Ⅱ	11 36.9	+54 54
SN 2022zkc	2022 11 02	18.2	Ⅱ	04 48.0	−16 40
SN 2022zkb	2022 11 01	18.3	Ⅱ	11 37.1	+50 49
SN 2022zjz	2022 11 01	18.1	Ⅰa	12 17.9	+60 45
SN 2022zjt	2022 11 01	18.8	Ⅱ	12 07.4	+62 56
SN 2022zil	2022 10 31	19.3	Ⅰa	08 06.4	+01 27
SN 2022zig	2022 11 01	19.0	Ⅰa	10 06.6	−11 26
SN 2022zic	2022 10 27	18.2	Ⅰb	23 20.1	+24 13
SN 2022zhz	2022 11 01	18.5	Ⅰa-pec	03 59.7	−52 41
SN 2022zho	2022 10 31	18.3	Ⅰa	09 21.9	+68 42
SN 2022zfx	2022 10 30	19.1	Ⅰa	08 53.3	−24 45
SN 2022zfh	2022 10 29	20.1	Ⅰa	18 39.3	+34 09
SN 2022zff	2022 10 28	20.4	Ⅰa	00 28.6	−20 32
SN 2022zdn	2022 10 30	19.5	Ⅰa	10 24.7	−18 42
SN 2022zcu	2022 10 14	17.8	Ⅰc	02 16.1	+34 34
SN 2022zcl	2022 10 29	18.7	Ⅰa-91T	20 50.7	+21 31
SN 2022yzg	2022 10 26	19.7	Ⅰa	00 36.5	−25 01
SN 2022yzd	2022 10 28	19.9	Ⅰa	06 29.8	+53 22
SN 2022yzc	2022 10 28	20.3	Ⅰa	06 21.8	+53 54
SN 2022yyz	2022 10 29	19.3	Ⅱ	19 07.0	+29 00
SN 2022yye	2022 10 25	20.9	Ⅰa	00 32.2	+30 42
SN 2022yyc	2022 10 27	20.4	Ⅰa	22 09.7	+09 11
SN 2022yyb	2022 10 29	19.2	Ⅰa	22 18.0	+26 17
SN 2022yya	2022 10 27	20.5	Ⅰa	22 37.0	+29 56
SN 2022yxy	2022 10 27	19.9	Ⅰa	21 42.2	−19 33
SN 2022yxp	2022 10 28	19.6	Ⅰa	04 56.1	+01 49
SN 2022yxh	2022 10 28	17.7	Ⅰa	22 55.3	−58 42
SN 2022ywy	2022 10 28	20.1	Ⅱ?	02 24.7	−07 57
SN 2022ywf	2022 10 28	20.0	Ⅰa	01 22.2	+00 57
SN 2022ywe	2022 10 28	19.0	Ⅰa	05 01.0	−22 54
SN 2022ywc	2022 10 28	18.2	Ⅰa-91bg	03 22.2	−42 53
SN 2022yvw	2022 10 27	18.7	Ⅱb	03 33.8	−19 29
SN 2022yvv	2022 10 26	19.9	Ⅰa	02 41.7	−22 49
SN 2022yuw	2022 10 27	19.8	Ⅰa	23 56.6	−03 54
SN 2022yus	2022 10 27	19.2	Ⅰa	06 33.6	−17 53
SN 2022yuj	2022 10 25	19.0	Ⅰa	07 50.2	+37 27
SN 2022yuh	2022 10 26	19.3	Ⅰa	01 40.4	−26 03
SN 2022yug	2022 10 27	19.4	Ⅰa	03 03.1	−02 46
SN 2022ytx	2022 10 27	18.8	Ⅱb	23 00.8	+13 37
SN 2022ytc	2022 10 24	19.7	Ⅰa	02 20.6	+53 22
SN 2022yru	2022 10 20	20.1	Ⅰa	10 27.5	+70 59
SN 2022yrt	2022 10 20	19.9	Ⅰa	08 48.5	+01 24
SN 2022yrs	2022 10 24	19.7	Ⅰa-91T	03 44.6	−27 31
SN 2022yrp	2022 10 26	19.0	Ⅰa	01 53.2	−14 08
SN 2022yqv	2022 10 25	19.7	Ⅰa-91T	17 46.7	+51 17
SN 2022yqm	2022 10 22	20.4	Ⅱ	00 42.8	−07 36
SN 2022yqa	2022 10 21	20.2	Ⅰa	23 52.3	+24 47
SN 2022ypd	2022 10 25	19.2	Ⅰa	20 31.4	−01 59
SN 2022ypb	2022 10 18	16.8	Ⅰa-91T	04 01.4	−14 55
SN 2022yoz	2022 10 25	19.0	Ⅱ	21 04.4	−21 47
SN 2022you	2022 10 24	18.8	Ⅰa	03 54.6	−45 46
SN 2022yoi	2022 10 20	20.1	Ⅰa	20 06.8	+66 45
SN 2022yog	2022 10 21	21.0	Ⅰa-02cx	03 09.3	+10 07
SN 2022yod	2022 10 24	18.3	Ⅰa	11 49.9	+11 12
SN 2022ymz	2022 10 21	20.8	Ⅰa	01 16.8	+16 09
SN 2022ymx	2022 10 12	19.2	Ⅱ	02 43.7	+42 01
SN 2022yms	2022 10 24	18.8	Ⅰc	21 15.2	−47 36
SN 2022ymn	2022 10 23	18.6	Ⅰa-91T	08 01.0	+39 34
SN 2022ymi	2022 10 23	18.6	Ⅱn	19 31.0	+48 21
SN 2022ymc	2022 10 23	20.5	Ⅱn	03 13.7	−01 17
SN 2022yma	2022 10 23	19.5	Ⅱ	03 08.8	−07 02
SN 2022yll	2022 10 22	19.5	Ⅰa	12 05.7	+30 26
SN 2022yku	2022 10 20	20.8	Ⅰa	21 54.6	+26 24
SN 2022yjy	2022 10 22	20.2	Ⅰa	07 41.7	+09 00
SN 2022yjx	2022 10 22	20.1	Ⅰa	10 53.2	+56 06
SN 2022yjl	2022 10 22	17.7	Ⅱ	22 18.0	+11 00
SN 2022yjk	2022 10 17	19.3	Ⅰa	04 29.1	+04 16
SN 2022yix	2022 10 20	19.2	Ⅰa	22 10.1	−07 15
SN 2022yim	2022 10 21	19.4	Ⅰa	03 56.2	+32 03
SN 2022yil	2022 10 21	19.4	Ⅰa	05 40.6	−29 07
SN 2022yig	2022 10 21	18.4	Ⅰa	05 20.4	−20 55

符　号	発見年月日 (UT)	発見等級	タイプ	赤　経	赤　緯 (2000.0)
	年 月 日	等		h m	° ′
SN 2022yid	2022 10 21	16.3	Ⅰa	02 30.6	+42 14
SN 2022yhl	2022 10 21	20.0	Ⅰa	02 27.5	−01 07
SN 2022yhd	2022 10 17	19.6	Ⅰa	20 55.8	+00 22
SN 2022yfy	2022 10 19	19.9	Ⅰa	20 42.4	+07 35
SN 2022yep	2022 10 18	19.0	Ⅱb	10 48.2	+40 48
SN 2022yeo	2022 10 20	19.8	Ⅰa	00 30.2	+28 04
SN 2022yei	2022 10 20	18.2	Ⅰa	10 35.5	+37 39
SN 2022yeg	2022 10 18	16.9	Ⅱb	08 58.1	−06 42
SN 2022ydv	2022 10 20	18.0	Ⅰc-BL	19 43.9	−60 39
SN 2022ydu	2022 10 20	17.9	Ⅱ	10 47.3	−24 27
SN 2022ydr	2022 10 18	20.3	Ⅰa	17 38.9	+74 50
SN 2022ydn	2022 10 19	19.2	Ⅰc-BL	04 16.1	−02 37
SN 2022ydl	2022 10 19	19.0	Ⅰa	22 40.1	−06 38
SN 2022ydi	2022 10 19	18.7	Ⅰa	01 08.0	+40 14
SN 2022ydb	2022 10 19	19.6	Ⅰa	04 11.2	−08 16
SN 2022ycs	2022 10 14	19.3	Ⅱ	07 50.9	+18 38
SN 2022ycn	2022 10 19	19.4	Ⅰa	00 09.0	−11 18
SN 2022ybv	2022 10 19	19.5	Ⅰa-91T	00 31.2	−07 27
SN 2022ybo	2022 10 15	19.2	Ⅰa	10 32.3	+53 39
SN 2022ybn	2022 10 19	18.9	Ⅰa	00 26.7	−02 32
SN 2022ybd	2022 10 17	20.0	Ⅰa	17 08.1	+26 23
SN 2022ybb	2022 10 18	18.9	Ⅰa	23 30.1	+05 41
SN 2022yaz	2022 10 18	18.7	Ⅰa	08 27.3	−13 25
SN 2022yav	2022 10 18	18.9	Ⅰa	07 33.6	+19 00
SN 2022yau	2022 10 18	19.1	Ⅰa	04 13.4	+27 36
SN 2022yao	2022 10 15	20.3	Ⅰa	21 41.3	+34 31
SN 2022xzm	2022 10 18	19.1	Ⅰa	00 17.0	+22 31
SN 2022xzc	2022 10 17	19.2	Ⅰc-BL	12 01.2	+22 37
SN 2022xya	2022 10 17	19.3	Ⅰa	01 16.1	−24 34
SN 2022xxz	2022 10 16	18.6	Ⅰa	22 20.7	−16 11
SN 2022xxu	2022 10 17	19.2	Ⅰa-91T	20 56.0	+17 48
SN 2022xxq	2022 10 17	18.9	Ⅱ	02 08.9	+45 57
SN 2022xxn	2022 10 17	19.2	Ⅰa	01 18.9	−12 58
SN 2022xxf	2022 10 17	15.5	Ⅰc-BL	11 30.1	+09 17
SN 2022xww	2022 10 17	19.4	Ⅰa	10 56.5	+71 29
SN 2022xwm	2022 10 14	19.1	Ⅰa	07 19.1	+57 14
SN 2022xwi	2022 10 16	19.3	Ⅰa	21 18.6	−25 33
SN 2022xwh	2022 10 17	20.0	Ⅰa	21 48.4	+06 50
SN 2022xvg	2022 10 17	19.1	Ⅰa	16 47.5	+53 52
SN 2022xuw	2022 10 16	19.0	Ⅱb	04 36.7	−02 17
SN 2022xus	2022 10 16	17.9	Ⅱ	06 54.1	+08 34
SN 2022xuq	2022 10 16	17.8	Ⅰa	06 34.0	−62 28
SN 2022xqx	2022 10 14	20.2	Ⅰa	05 36.3	−23 41
SN 2022xqt	2022 10 13	19.0	Ⅱ	21 55.7	−55 47
SN 2022xqq	2022 10 15	18.7	Ⅰa	22 48.1	+11 51
SN 2022xqp	2022 10 14	19.7	Ⅰa	10 14.5	+77 49
SN 2022xpr	2022 10 15	19.1	Ⅰa	21 31.5	+03 56
SN 2022xpl	2022 10 14	18.5	Ⅰa-91T	03 08.1	−11 48
SN 2022xpb	2022 10 15	19.1	Ⅰa	22 04.8	−06 21
SN 2022xoz	2022 10 13	18.8	Ⅰa	02 50.4	+05 48
SN 2022xnq	2022 10 14	18.6	Ⅰa-91bg	00 04.6	−08 06
SN 2022xno	2022 10 14	19.8	Ⅰa	09 24.6	+39 08
SN 2022xnk	2022 10 14	17.4	Ⅰa	11 47.5	+18 05
SN 2022xmo	2022 10 14	18.8	Ⅰa-91T	09 22.3	+28 48
SN 2022xlx	2022 10 13	20.0	Ⅰa	22 50.5	+41 48
SN 2022xlu	2022 10 10	19.6	Ⅰa	07 00.7	+59 24
SN 2022xlp	2022 10 13	17.0	Ⅰa-02cx	11 52.8	+44 06
SN 2022xlm	2022 10 09	19.4	Ⅰa-CSM	21 13.2	+12 51
SN 2022xlh	2022 10 13	19.6	Ⅰ	22 44.0	−06 39
SN 2022xld	2022 10 13	17.8	Ⅰa	10 31.3	−00 37
SN 2022xlc	2022 10 13	19.0	Ⅰa	11 42.0	+26 55
SN 2022xky	2022 10 06	20.8	Ⅰa	06 21.5	−13 15
SN 2022xkv	2022 10 11	18.5	Ⅰa	23 05.0	−21 25
SN 2022xkt	2022 10 13	18.6	Ⅰc	02 33.3	+22 24
SN 2022xkr	2022 10 12	17.7	Ⅰa	03 47.3	−46 56
SN 2022xkq	2022 10 13	18.9	Ⅰa-91bg	05 05.4	−11 53
SN 2022xkp	2022 10 12	18.1	Ⅱ	02 52.4	−41 17
SN 2022xko	2022 10 12	17.5	Ⅱ	02 24.2	−79 56
SN 2022xkn	2022 10 07	20.2	Ⅰa	19 14.8	+33 58
SN 2022xjl	2022 10 06	20.1	Ⅰa	23 57.2	+05 36
SN 2022xjk	2022 10 12	17.7	Ⅱ	02 16.5	−11 21
SN 2022xjd	2022 10 08	19.8	Ⅰa	20 15.5	−02 44
SN 2022xja	2022 10 10	19.8	Ⅰa	23 57.1	+37 29
SN 2022xix	2022 10 10	19.3	Ⅰa	04 15.1	−00 56

符号	発見年月日 (UT)	発見等級	タイプ	赤経 (2000.0)	赤緯 (2000.0)
	年 月 日	等		h m	° ′
SN 2022xiw	2022 10 11	18.3	Ic-BL	19 13.1	+19 46
SN 2022xin	2022 10 08	20.3	Ia	04 25.0	+12 19
SN 2022xim	2022 10 09	18.8	Ia	08 59.2	+18 22
SN 2022xil	2022 10 10	19.2	Ia	10 01.1	+00 16
SN 2022xhp	2022 10 10	18.5	Ia	07 08.7	+03 32
SN 2022xho	2022 10 05	20.6	Ia	05 36.3	+12 09
SN 2022xhn	2022 10 06	20.8	Ia	23 47.0	+39 04
SN 2022xhi	2022 10 08	19.5	Ia	02 00.1	−28 29
SN 2022xhh	2022 10 09	19.0	Ia-91bg	04 16.7	−12 11
SN 2022xhe	2022 10 04	20.9	Ia	02 56.4	+74 49
SN 2022xhd	2022 10 08	19.8	Ia	03 39.5	−17 40
SN 2022xhb	2022 10 06	20.1	Ia	05 42.4	−13 43
SN 2022xgm	2022 10 03	20.5	Ia-91T	00 55.0	−14 43
SN 2022xgl	2022 10 10	17.8	Ia-91T	22 33.5	−26 14
SN 2022xgc	2022 09 24	20.8	SLSN-I	07 12.7	+07 19
SN 2022xbu	2022 10 07	19.5	Ia	21 19.9	−06 26
SN 2022xbt	2022 10 05	20.5	Ia	21 38.6	+28 16
SN 2022xbs	2022 10 01	19.8	Ia	16 53.3	+43 24
SN 2022xbr	2022 10 07	20.1	Ia	19 51.1	+49 47
SN 2022xbp	2022 10 01	17.5	Ia	07 07.4	+10 24
SN 2022xbd	2022 10 08	18.7	Ia	06 14.7	−31 19
SN 2022xaz	2022 10 04	20.6	Ia	02 18.7	+40 13
SN 2022xax	2022 10 04	20.4	Ia	08 03.6	+26 27
SN 2022xaw	2022 10 06	19.8	Ia	22 52.7	+16 05
SN 2022xav	2022 10 06	18.8	II	09 39.3	+32 19
SN 2022xae	2022 10 07	19.0	IIb	10 49.1	+31 39
SN 2022xad	2022 10 04	19.4	Ia	00 55.2	+07 33
SN 2022wza	2022 10 02	20.4	II	03 12.6	+45 13
SN 2022wyt	2022 10 05	18.5	Ia	22 26.1	−63 18
SN 2022wym	2022 09 18	20.9	I	17 10.2	+21 19
SN 2022wxr	2022 10 05	20.2	Ia	08 43.1	+73 49
SN 2022wxo	2022 10 03	19.1	Ia	01 56.3	−07 42
SN 2022wwt	2022 10 01	18.1	Ia	17 48.5	−60 34
SN 2022wwd	2022 10 04	20.3	Ic	03 42.7	−06 23
SN 2022wuy	2022 09 29	20.6	Ia	06 44.4	+32 15
SN 2022wux	2022 10 01	20.2	Ib	07 58.5	+57 04
SN 2022wuw	2022 10 03	19.9	Ia	16 26.3	+80 29
SN 2022wuq	2022 10 04	18.7	II	10 57.5	+28 44
SN 2022wtq	2022 10 01	19.2	Ia	16 22.3	+23 20
SN 2022wtm	2022 10 04	16.2	II	09 48.8	+00 16
SN 2022wte	2022 10 03	18.9	Ia	09 53.2	+07 53
SN 2022wsu	2022 10 02	17.2	Ia	02 16.2	+17 58
SN 2022wss	2022 09 30	20.8	Ia	01 37.8	+40 18
SN 2022wsr	2022 10 02	17.9	II	23 37.9	−03 29
SN 2022wsq	2022 10 02	19.9	Ia	01 20.0	+15 36
SN 2022wsp	2022 10 02	17.1	II	23 00.1	+15 59
SN 2022wqs	2022 10 01	19.1	II	17 29.8	+05 29
SN 2022wqo	2022 10 03	18.7	IIn	07 52.3	−01 08
SN 2022wpy	2022 10 03	19.0	Ia	04 46.5	−04 47
SN 2022wpp	2022 10 01	19.2	Ia	16 41.8	+15 16
SN 2022wpj	2022 10 02	19.7	Ia	22 25.2	−10 34
SN 2022woy	2022 09 30	20.8	Ia	21 35.0	−10 50
SN 2022wov	2022 10 01	19.9	Ia	01 31.2	+00 32
SN 2022won	2022 09 30	19.5	Ia	04 43.7	−20 44
SN 2022wom	2022 10 01	20.3	Ia-pec	01 23.5	+01 13
SN 2022wol	2022 10 02	19.3	II	01 51.5	+36 04
SN 2022wnz	2022 09 29	19.2	Ia	22 03.2	−09 56
SN 2022wmw	2022 10 01	20.0	Ia	16 54.3	+43 03
SN 2022wmv	2022 10 01	18.3	Ia	16 05.6	+17 37
SN 2022wmc	2022 10 01	19.5	Ia	07 32.9	+36 15
SN 2022wln	2022 10 01	19.7	Ia	16 10.6	+64 50
SN 2022wlm	2022 09 28	20.3	Ic-BL	05 56.8	+48 06
SN 2022wli	2022 09 25	20.0	I	06 56.7	+48 22
SN 2022wlh	2022 09 25	20.6	Ia	17 16.8	+66 31
SN 2022wkx	2022 10 01	18.9	Ia	15 58.0	+53 18
SN 2022wku	2022 10 01	18.8	II	08 37.8	+44 30
SN 2022wko	2022 09 30	20.7	Ia	23 52.8	+33 20
SN 2022wkj	2022 09 28	20.1	Ia	18 16.7	+58 00
SN 2022wjr	2022 09 26	18.9	Ia	00 39.1	−38 52
SN 2022wjn	2022 09 28	19.1	Ia	03 56.6	−39 50
SN 2022wji	2022 09 30	18.6	Ia	02 25.1	−63 30
SN 2022wix	2022 09 28	20.8	Ia	03 38.2	+36 17
SN 2022wiw	2022 09 28	20.4	Ia	00 58.7	+15 44
SN 2022wiv	2022 09 28	20.8	Ia	04 25.1	+00 59

符号	発見年月日 (UT)	発見等級	タイプ	赤経 (2000.0)	赤緯 (2000.0)
	年 月 日	等		h m	° ′
SN 2022wil	2022 09 30	19.1	Ia	01 29.5	−60 26
SN 2022wib	2022 09 30	19.0	I	04 39.7	−37 03
SN 2022wht	2022 09 29	19.3	II	22 21.4	+03 54
SN 2022whp	2022 09 29	19.2	Ia	06 40.0	−22 18
SN 2022whm	2022 09 27	19.1	Ia	01 10.1	−41 01
SN 2022whl	2022 09 27	18.6	Ia	22 39.0	−38 05
SN 2022wgm	2022 09 28	18.6	Ia	04 41.0	+06 19
SN 2022wgl	2022 09 28	19.0	Ia	22 17.8	−24 08
SN 2022wgj	2022 09 29	19.1	Ia	17 13.4	+42 54
SN 2022wgb	2022 09 29	20.3	Ia	22 42.8	+04 09
SN 2022wfx	2022 09 29	18.9	II?	23 45.3	−24 47
SN 2022wft	2022 09 27	20.5	Ia	05 34.2	+62 21
SN 2022wfo	2022 09 27	18.6	Ia	20 34.5	−50 00
SN 2022wfm	2022 09 26	19.2	Ia	00 57.3	+27 06
SN 2022wet	2022 09 28	18.8	Ia	05 19.6	−52 25
SN 2022wep	2022 09 25	20.5	Ia	19 07.7	+42 20
SN 2022wen	2022 09 27	19.9	Ia	17 47.2	+64 16
SN 2022wed	2022 09 21	20.5	IIn	07 24.3	+19 05
SN 2022web	2022 09 26	19.8	Ia	19 34.6	−26 54
SN 2022wdq	2022 08 20	20.3	Ib/c	01 40.9	−15 20
SN 2022wdg	2022 09 27	19.4	Ia	20 48.1	−24 10
SN 2022wda	2022 09 28	19.5	Ic-BL	17 52.2	+29 18
SN 2022wcz	2022 09 26	20.8	II	00 22.7	+08 29
SN 2022wcy	2022 09 26	20.6	Ia	02 16.6	+10 15
SN 2022wcw	2022 09 28	19.9	Ia	02 54.3	+44 38
SN 2022wcv	2022 09 26	20.1	Ia	00 50.5	−22 42
SN 2022wcu	2022 09 26	20.9	Ia	00 41.4	+08 58
SN 2022wcs	2022 09 26	20.5	Ia	06 20.1	+49 18
SN 2022wcm	2022 09 28	19.1	Ia	23 51.5	+08 44
SN 2022wbx	2022 09 28	19.8	II-pec	21 27.0	−04 06
SN 2022wbp	2022 09 27	19.6	Ia	21 47.2	+24 55
SN 2022wbo	2022 09 25	20.9	Ia	21 51.5	+22 09
SN 2022wbn	2022 09 25	20.3	Ia	23 09.1	−20 47
SN 2022wbm	2022 09 27	19.9	Ia	23 39.2	+20 41
SN 2022wbh	2022 09 24	20.3	Ia	07 09.6	+24 32
SN 2022wbc	2022 09 27	19.1	Ia	22 08.0	+07 08
SN 2022war	2022 09 20	19.9	Ia	09 31.8	+27 33
SN 2022waq	2022 09 27	17.8	IIn	09 42.5	+07 06
SN 2022wam	2022 09 19	19.3	Ia	23 31.1	40 39
SN 2022wal	2022 09 23	19.4	II	00 11.8	−30 08
SN 2022vzl	2022 09 26	19.1	Ia	03 21.9	−25 41
SN 2022vzg	2022 09 21	21.1	Ia	02 03.1	+36 44
SN 2022vzf	2022 09 22	20.0	Ia	17 12.6	+04 54
SN 2022vyp	2022 09 25	17.9	Ia	20 34.1	−38 02
SN 2022vym	2022 09 24	18.7	II	08 54.0	+18 41
SN 2022vye	2022 09 26	19.3	Ia	23 48.3	+02 20
SN 2022vyc	2022 09 24	19.3	IIP	04 33.2	+76 34
SN 2022vya	2022 09 24	18.5	Ia	03 13.1	−20 22
SN 2022vxl	2022 09 23	20.4	Ia	00 39.7	+30 30
SN 2022vxj	2022 09 26	19.1	Ia	00 46.1	+29 27
SN 2022vxf	2022 09 24	19.0	Ia-91bg	21 11.3	+37 53
SN 2022vxc	2022 07 27	20.6	SLSN-I	20 29.2	−06 46
SN 2022vwu	2022 09 25	19.4	IIn	09 11.5	+16 40
SN 2022vwf	2022 09 23	20.4	Ia	19 23.8	+44 16
SN 2022vwd	2022 09 25	20.7	Ia	22 13.7	+14 13
SN 2022vwa	2022 09 25	19.8	Ia	00 01.0	−11 12
SN 2022vvi	2022 09 24	20.8	Ia	00 23.3	−21 24
SN 2022vue	2022 09 23	18.6	Ia	21 02.6	+11 49
SN 2022vtq	2022 09 25	17.3	Ia-91T	21 28.1	−38 01
SN 2022vtk	2022 09 24	18.9	Ia	08 38.3	+04 21
SN 2022vsq	2022 09 22	19.4	Ia	23 01.9	+43 10
SN 2022vse	2022 09 22	18.4	Ia-91bg	04 01.4	−54 45
SN 2022vrv	2022 09 21	20.5	Ia	04 14.7	−16 36
SN 2022vrr	2022 09 22	19.7	Ia	19 17.7	−07 07
SN 2022vrn	2022 09 24	18.5	Ia	07 52.8	+29 29
SN 2022vrj	2022 09 24	19.2	Ia	01 33.0	+18 05
SN 2022vrd	2022 09 24	18.7	Ia	15 58.0	+40 02
SN 2022vrc	2022 09 24	18.7	II	04 48.5	−10 37
SN 2022vra	2022 09 22	18.9	Ia	09 44.3	+09 40
SN 2022vqz	2022 09 24	18.4	Ia-pec	00 51.1	+29 32
SN 2022vqy	2022 09 17	18.5	Ia	07 50.9	+41 42
SN 2022vqx	2022 09 21	19.8	Ia-pec	07 28.7	+17 15
SN 2022vqo	2022 09 20	19.2	Ia	00 13.3	+27 59
SN 2022vqk	2022 09 23	17.3	Ia	01 51.4	−25 11

符号	発見年月日 (UT)	発見等級	タイプ	赤経 (2000.0)	赤緯 (2000.0)
	年 月 日	等		h m	° ′
SN 2022vqe	2022 09 20	19.0	II	04 03.7	−29 03
SN 2022vqc	2022 09 19	19.1	Ia	00 21.7	−31 10
SN 2022vpu	2022 09 23	19.0	II?	01 19.8	−18 15
SN 2022vpn	2022 09 23	20.2	Ia	22 22.4	+25 50
SN 2022vpm	2022 09 23	17.8	II	17 22.5	+26 46
SN 2022vov	2022 09 22	20.5	II	02 46.8	−00 54
SN 2022voj	2022 09 19	19.2	II	01 20.9	−39 30
SN 2022voh	2022 09 20	20.2	Ia	06 26.1	+55 35
SN 2022voe	2022 09 03	19.2	IIP	09 21.8	+54 04
SN 2022vod	2022 09 21	15.9	Ia	08 49.6	−03 00
SN 2022vnj	2022 09 20	20.8	Ia	00 01.3	+36 58
SN 2022vmv	2022 09 22	18.3	Ia	09 43.0	+14 09
SN 2022vmk	2022 09 20	19.4	Ia	04 59.1	−10 23
SN 2022vmi	2022 09 22	18.8	II	07 46.8	+23 42
SN 2022vjz	2022 09 21	19.5	Ia	06 59.0	+34 03
SN 2022vju	2022 09 19	17.9	Ia	05 20.1	−43 40
SN 2022vik	2022 09 20	16.0	II	09 27.6	+18 27
SN 2022vih	2022 09 21	19.6	II	23 09.8	+19 41
SN 2022vib	2022 09 19	20.4	IIn	05 20.1	+10 38
SN 2022vga	2022 09 18	20.2	Ia	20 45.7	−12 05
SN 2022vfv	2022 09 18	19.6	Ia	02 04.4	−06 39
SN 2022vfu	2022 09 18	19.8	Ia	21 28.1	−00 13
SN 2022vfm	2022 09 18	18.1	Ia	07 29.6	+57 00
SN 2022vfh	2022 09 19	19.6	Ia	20 36.9	+05 11
SN 2022vew	2022 09 19	18.8	Ia	20 41.2	−39 58
SN 2022vek	2022 09 20	18.0	Ia	16 21.1	+50 52
SN 2022vej	2022 09 20	19.4	Ia	16 04.2	+28 20
SN 2022vea	2022 09 18	20.3	Ia	19 38.2	−16 18
SN 2022vds	2022 09 19	20.5	Ia	03 07.0	−11 59
SN 2022vcz	2022 09 18	20.5	Ic-BL	21 39.6	+19 29
SN 2022vcv	2022 09 19	19.7	Ia-91T	03 42.7	−12 50
SN 2022vbc	2022 09 17	19.4	Ia	22 01.8	−17 52
SN 2022uwh	2022 09 17	20.0	Ia	23 53.6	+11 23
SN 2022uva	2022 09 16	20.4	IIb	21 37.3	−13 12
SN 2022uuy	2022 09 19	19.3	Ia	22 30.0	+38 58
SN 2022uuq	2022 09 19	18.9	Ia	05 14.5	+30 43
SN 2022uua	2022 09 17	19.8	Ia	00 36.5	+12 27
SN 2022uto	2022 09 17	18.7	Ia	02 43.0	+17 13
SN 2022uti	2022 09 17	18.6	Ia	08 16.4	+38 36
SN 2022uta	2022 09 18	17.6	Ia	02 55.8	+02 17
SN 2022usx	2022 09 15	18.6	Ia	17 03.1	+34 38
SN 2022usw	2022 09 15	18.7	Ia	20 53.0	−06 19
SN 2022usv	2022 09 18	18.9	Ia	22 55.2	−27 38
SN 2022uso	2022 09 18	19.4	Ia	16 33.0	+63 46
SN 2022usl	2022 09 18	19.0	Ia	18 05.2	+26 21
SN 2022usk	2022 09 18	18.4	Ia	16 16.8	+49 18
SN 2022use	2022 09 15	20.1	Ia	16 06.8	+21 52
SN 2022urs	2022 09 18	19.5	Ia	19 04.5	−22 11
SN 2022urk	2022 09 18	20.1	Ia	21 01.3	−13 07
SN 2022urf	2022 09 18	18.9	Ia	02 53.3	+25 06
SN 2022ura	2022 09 07	20.5	Ia	03 26.1	−16 43
SN 2022uqv	2022 09 17	19.0	II	09 17.8	+09 42
SN 2022uqt	2022 09 18	19.4	Ia	00 07.3	+48 49
SN 2022uqg	2022 09 18	17.2	Ia	18 48.4	−28 44
SN 2022uqd	2022 09 17	20.2	Ia	02 46.6	+04 55
SN 2022upz	2022 09 16	19.9	Ia	00 59.2	−18 06
SN 2022upy	2022 09 17	19.8	Ia	02 07.0	−24 52
SN 2022uph	2022 09 17	19.1	Ia	21 50.2	−19 40
SN 2022upb	2022 09 03	19.8	Ia	07 26.3	+03 50
SN 2022uou	2022 09 05	20.9	Ia	05 09.4	+74 55
SN 2022uot	2022 09 17	19.1	IIn	05 37.2	+68 35
SN 2022uor	2022 09 17	19.5	Ia	05 48.8	+50 05
SN 2022uoq	2022 09 17	19.3	Ia	03 13.4	+19 47
SN 2022uop	2022 09 17	19.6	II	02 16.0	+01 36
SN 2022uoo	2022 09 17	19.2	Ia	22 10.0	−07 34
SN 2022uol	2022 09 17	19.0	Ia	01 09.3	+25 38
SN 2022ukr	2022 09 17	17.8	Ia	09 48.0	+34 45
SN 2022ukp	2022 09 17	19.0	Ia	01 35.5	−01 23
SN 2022ukm	2022 09 17	20.0	Ia	22 21.2	+11 06
SN 2022ujv	2022 09 17	19.4	Ia	23 41.3	−04 03
SN 2022ujs	2022 09 17	18.8	Ia	00 22.0	−10 31
SN 2022ujq	2022 09 17	20.4	Ib	01 07.7	−06 46
SN 2022ujn	2022 09 17	19.2	Ia-CSM	01 14.4	−12 24
SN 2022ujk	2022 09 17	19.2	Ia	00 56.8	+15 31

符号	発見年月日 (UT)	発見等級	タイプ	赤経 (2000.0)	赤緯
	年 月 日	等		h m	° ′
SN 2022uji	2022 09 17	18.7	Ia	01 01.6	−19 49
SN 2022ujb	2022 09 17	18.7	Ia	06 52.6	+28 14
SN 2022uiv	2022 09 17	18.6	Ia	08 48.6	+30 42
SN 2022uit	2022 09 17	18.0	Ia	09 39.5	+33 51
SN 2022uis	2022 09 16	19.2	Ia	01 51.2	−03 23
SN 2022uir	2022 09 16	18.8	Ia	22 01.5	−13 24
SN 2022uip	2022 09 16	18.9	Ia	01 19.1	+08 57
SN 2022uil	2022 09 16	18.4	Ia	02 10.5	+18 08
SN 2022uih	2022 09 16	18.7	Ia	02 05.4	−12 24
SN 2022uib	2022 09 16	19.3	Ia	22 23.5	−16 31
SN 2022uia	2022 09 16	19.7	Ia	00 04.7	−16 26
SN 2022uhy	2022 09 16	19.0	II	01 42.6	+22 20
SN 2022uhm	2022 09 15	19.6	Ia	21 19.8	−24 01
SN 2022uhk	2022 09 15	18.9	II	18 50.3	+75 28
SN 2022uhe	2022 09 16	19.0	Ia	06 29.3	−13 29
SN 2022uhd	2022 09 16	19.0	Ia	00 41.5	−13 35
SN 2022ugg	2022 09 15	20.1	Ia	23 56.4	+14 12
SN 2022ugd	2022 09 15	18.9	Ia	07 35.1	+33 24
SN 2022ufq	2022 09 16	19.6	Ia	21 27.4	+04 20
SN 2022ufp	2022 09 16	19.4	Ia	21 22.5	+03 42
SN 2022ufo	2022 09 16	19.5	Ia	20 45.4	+20 21
SN 2022ufj	2022 09 15	19.6	Ia	20 59.2	−27 14
SN 2022ufg	2022 09 13	18.8	Ia	23 10.4	+30 09
SN 2022uew	2022 09 15	18.5	Ia	00 00.9	−49 19
SN 2022ues	2022 09 15	18.5	II	19 04.3	−46 15
SN 2022uer	2022 09 16	18.6	Ia	03 58.0	−41 31
SN 2022ueq	2022 09 15	18.4	Ia	20 46.8	−52 34
SN 2022uej	2022 09 15	17.3	Ia	07 20.0	+46 01
SN 2022ueh	2022 09 15	18.9	Ia	01 04.2	+20 52
SN 2022ued	2022 09 15	18.5	Ib	08 54.8	+78 50
SN 2022udq	2022 09 15	18.6	II	00 05.9	+22 29
SN 2022udo	2022 09 15	19.2	Ia	00 00.4	+34 10
SN 2022udl	2022 09 15	19.8	Ia	20 07.5	+02 17
SN 2022udk	2022 09 15	18.6	II	19 25.4	+52 20
SN 2022udi	2022 09 15	18.7	Ia	17 09.1	+52 58
SN 2022udg	2022 09 15	19.2	Ia	17 02.8	+29 57
SN 2022udf	2022 09 15	19.1	Ia	17 11.0	+39 10
SN 2022udc	2022 09 14	18.2	Ia	04 23.9	−10 19
SN 2022uda	2022 09 14	19.0	Ib	22 04.5	+16 04
SN 2022ucz	2022 08 28	20.8	II	17 02.2	+82 41
SN 2022ucs	2022 09 14	18.6	Ia	17 51.8	+44 54
SN 2022ucp	2022 09 14	19.0	Ia	17 17.2	+37 28
SN 2022ucm	2022 09 14	18.7	Ia	04 28.9	−18 28
SN 2022ucl	2022 09 13	18.9	Ia	15 52.1	−24 13
SN 2022ucj	2022 09 14	18.2	Ia	04 30.9	−16 18
SN 2022ubt	2022 09 13	19.0	Ia-91bg	19 16.5	+41 53
SN 2022ubr	2022 09 13	18.1	Ia	22 21.8	+26 44
SN 2022ubg	2022 09 13	18.1	Ia	02 51.0	+41 04
SN 2022ube	2022 09 12	19.3	Ia	21 51.9	−03 54
SN 2022ubd	2022 09 12	19.0	Ia	18 45.9	+68 25
SN 2022ubc	2022 09 11	17.9	Ia	14 31.3	+35 34
SN 2022ubb	2022 09 13	18.1	II	23 09.0	+12 03
SN 2022uaz	2022 09 12	18.7	II	22 08.5	−43 17
SN 2022uay	2022 09 12	18.2	Ia	23 51.9	−28 23
SN 2022uax	2022 09 12	18.2	Ia	20 02.7	−37 58
SN 2022tvz	2022 09 09	18.0	Ia	19 55.0	−21 06
SN 2022tug	2022 09 08	19.2	Ia	00 48.2	+37 19
SN 2022tuf	2022 09 08	20.0	Ia	01 50.7	+25 49
SN 2022ttt	2022 09 06	18.3	Ia	16 28.7	+11 28
SN 2022tsp	2022 09 06	20.0	Ia	08 10.2	+44 13
SN 2022tsn	2022 09 04	20.0	Ia-91T	23 26.3	−13 19
SN 2022tsk	2022 09 07	19.3	II	17 19.3	+36 01
SN 2022tsh	2022 09 07	20.1	Ic	23 40.3	−04 09
SN 2022tsg	2022 09 03	20.6	Ia	03 39.2	−17 09
SN 2022tsa	2022 09 06	19.9	IIb	04 16.5	−25 03
SN 2022trz	2022 09 06	18.7	Ia	06 18.0	−74 12
SN 2022trp	2022 09 07	17.9	Ia	03 03.2	−01 58
SN 2022trc	2022 09 04	20.0	Ia	01 15.1	+14 05
SN 2022tra	2022 09 02	19.4	Ia	06 33.3	+41 17
SN 2022tqy	2022 09 07	18.8	Ia	03 04.4	−21 07
SN 2022tqp	2022 09 03	20.7	Ia	16 29.1	+44 47
SN 2022tpl	2022 09 04	18.9	Ia	04 33.3	−64 09
SN 2022tph	2022 09 05	20.8	Ia	02 03.1	+01 09
SN 2022tpe	2022 09 03	19.3	IIn	03 46.2	−40 20
SN 2022tmz	2022 09 05	18.0	Ia	20 52.3	+32 11
SN 2022tmo	2022 09 04	19.5	IIn	04 35.9	−13 20
SN 2022tmb	2022 09 03	20.2	II	03 20.6	+37 30
SN 2022tku	2022 08 31	20.7	Ia	01 22.6	+35 52
SN 2022tjl	2022 08 29	19.1	Ia	21 41.4	−51 27
SN 2022tix	2022 09 01	18.0	Ia	06 58.3	+46 22
SN 2022tiw	2022 09 01	17.7	Ia	06 45.8	+53 02
SN 2022tiv	2022 09 01	18.7	Ia	21 24.0	−22 44
SN 2022tis	2022 09 02	19.2	II	21 10.6	−09 30
SN 2022tim	2022 08 29	19.4	Ia	00 33.6	+00 00
SN 2022tig	2022 09 02	18.3	II	06 10.5	−38 32
SN 2022tia	2022 08 29	19.6	Ia	00 50.6	−48 11
SN 2022tbi	2022 09 01	19.5	Ia	06 17.4	+62 35
SN 2022tbh	2022 09 03	19.0	IIn	17 25.2	+67 50
SN 2022taw	2022 09 01	19.0	Ia	05 01.2	−10 36
SN 2022taf	2022 09 01	17.2	Ia	06 22.1	+29 51
SN 2022tae	2022 08 29	19.8	Ia	16 51.1	+18 12
SN 2022szq	2022 09 01	20.0	Ia	16 25.5	+29 24
SN 2022szh	2022 08 28	21.1	Ia-91T	01 12.7	+22 32
SN 2022szg	2022 08 30	20.3	Ia	02 12.2	−06 13
SN 2022syq	2022 08 31	19.9	Ia	00 07.7	+12 16
SN 2022sxm	2022 09 02	18.4	II	07 23.3	+03 12
SN 2022swf	2022 08 30	20.1	Ia	20 45.7	−10 41
SN 2022swc	2022 08 31	19.1	Ia	08 21.8	+45 31
SN 2022svt	2022 09 02	18.5	II	05 26.8	−19 12
SN 2022svk	2022 09 01	20.4	I	18 18.7	+16 55
SN 2022svf	2022 09 01	19.9	Ia	15 47.8	+35 23
SN 2022suv	2022 09 01	19.1	Ia	04 28.2	−16 12
SN 2022sum	2022 08 23	20.3	Ia	17 59.0	+11 01
SN 2022sue	2022 09 01	19.1	Ia	16 26.5	+25 54
SN 2022suc	2022 08 31	20.7	Ia	23 03.1	+23 39
SN 2022stw	2022 08 31	19.6	Ia	01 14.6	+17 05
SN 2022ssx	2022 08 31	20.0	IIn	01 41.2	+56 28
SN 2022ssl	2022 08 29	20.3	Ia	22 53.8	+51 28
SN 2022ssk	2022 08 28	20.3	Ia	02 29.5	−05 51
SN 2022ssj	2022 08 28	20.1	Ia	00 19.6	−17 35
SN 2022ssi	2022 08 28	20.5	II?	00 07.0	+03 24
SN 2022ssh	2022 08 26	20.7	Ia	02 01.1	+15 19
SN 2022srp	2022 08 27	18.6	Ia	04 53.9	−07 57
SN 2022srn	2022 08 27	19.4	II?	22 16.3	−18 58
SN 2022sqy	2022 08 30	17.5	Ia	03 43.0	−54 56
SN 2022spl	2022 08 28	19.5	Ia	07 56.0	+21 48
SN 2022spd	2022 08 25	20.9	Ia	22 38.5	+06 36
SN 2022soz	2022 08 29	19.8	Ia	01 10.2	+08 27
SN 2022son	2022 08 29	20.0	Ia	21 32.9	−06 11
SN 2022soj	2022 08 28	20.2	Ia	15 58.0	+35 08
SN 2022sog	2022 08 29	19.7	Ia	14 52.7	+43 01
SN 2022snr	2022 08 19	18.6	Ia	23 31.8	+32 36
SN 2022smv	2022 08 26	20.8	Ia	01 34.6	+36 43
SN 2022sml	2022 08 28	19.8	Ia	01 03.3	−10 14
SN 2022sme	2022 08 28	19.7	I	00 29.5	+27 11
SN 2022slu	2022 08 22	21.0	Ia	03 06.1	−11 33
SN 2022slp	2022 08 28	18.8	Ia	07 40.5	+13 53
SN 2022sld	2022 08 24	19.2	Ia	21 13.7	−10 46
SN 2022skw	2022 08 22	19.7	Ia-91bg	01 55.7	−25 15
SN 2022sks	2022 08 22	19.0	IIn	20 16.4	−51 05
SN 2022skp	2022 08 27	20.1	IIb	02 58.5	−24 08
SN 2022skj	2022 08 18	21.0	II?	21 55.6	−26 32
SN 2022ski	2022 08 23	19.7	Ia	00 25.0	−18 34
SN 2022sjs	2022 08 24	19.1	Ia	18 05.0	+23 54
SN 2022sjf	2022 08 26	20.0	Ia	21 17.2	+06 36
SN 2022sje	2022 08 28	18.2	II	18 22.1	+66 37
SN 2022sjc	2022 08 26	18.5	Ia	15 48.0	+74 36
SN 2022siz	2022 08 23	18.9	Ia	19 47.1	−24 05
SN 2022sio	2022 08 27	19.3	II	17 27.4	+56 34
SN 2022sif	2022 08 27	18.4	Ia	07 53.5	+28 46
SN 2022shv	2022 08 25	20.0	Ia	18 11.5	+36 10
SN 2022shl	2022 08 27	19.3	Ia	00 10.5	+42 36
SN 2022shf	2022 08 26	19.8	Ia	20 26.0	−27 03
SN 2022she	2022 08 25	18.2	Ia	20 51.7	−52 46
SN 2022sfg	2022 08 23	19.4	Ia	02 58.7	+09 57
SN 2022sff	2022 08 25	20.1	Ia	07 56.1	+33 28
SN 2022sfd	2022 08 26	19.0	II	16 15.5	+31 25
SN 2022sfc	2022 08 24	21.3	Ia	01 03.3	+28 43
SN 2022sdw	2022 08 25	19.9	Ia	16 24.3	+41 06
SN 2022sdu	2022 08 21	20.8	Ia	17 01.3	+40 17
SN 2022sdb	2022 08 25	16.8	Ia-91T	13 03.1	−41 10
SN 2022sda	2022 08 21	19.3	Ia	21 58.9	−22 12
SN 2022sci	2022 08 24	19.6	Ia	04 54.4	−01 30
SN 2022scb	2022 08 22	18.3	Ia	20 08.3	−59 59
SN 2022saz	2022 08 22	20.0	IIn	01 49.2	+08 31
SN 2022saw	2022 07 02	20.2	Ia	18 09.3	+22 10
SN 2022sau	2022 08 24	19.5	Ic	02 45.9	−05 39
SN 2022sat	2022 08 23	18.5	II	02 02.1	−28 35
SN 2022sas	2022 08 22	19.4	Ia	16 54.1	−05 21
SN 2022san	2022 08 22	19.6	Ia	19 31.4	−18 04
SN 2022sam	2022 08 22	19.4	Ia	03 06.2	−11 58
SN 2022sai	2022 08 20	17.3	Ia-91T	14 34.4	−01 00
SN 2022sah	2022 08 23	18.9	Ia	02 25.4	−76 46
SN 2022rzz	2022 08 21	20.5	Ia	21 37.1	+00 39
SN 2022rzr	2022 08 21	20.6	Ia	22 08.7	−10 50
SN 2022rze	2022 08 21	18.1	IIn	12 22.9	+76 03
SN 2022ryw	2022 08 21	20.0	Ia	18 18.4	+30 04
SN 2022ryv	2022 08 23	18.2	II	18 18.1	+14 29
SN 2022ryp	2022 08 23	19.4	II	01 43.2	−04 51
SN 2022ryo	2022 08 23	19.7	Ia	03 27.7	−12 41
SN 2022rye	2022 08 21	19.1	IIb	23 20.8	−08 08
SN 2022ryd	2022 08 21	19.3	Ib	19 58.6	+02 36
SN 2022rxy	2022 08 19	18.7	Ia	04 35.7	−20 58
SN 2022rxl	2022 08 20	18.4	Ia	05 08.1	+05 54
SN 2022rwy	2022 08 20	18.9	Ic	20 49.8	−04 45
SN 2022rwx	2022 08 20	19.0	II	23 56.5	−27 42
SN 2022rwq	2022 08 18	19.2	Ia	23 56.5	−37 34
SN 2022rvz	2022 08 22	20.0	Ia	19 06.9	+34 37
SN 2022rvy	2022 08 19	20.2	Ia	00 17.6	−11 17
SN 2022rvd	2022 08 21	19.0	II	00 39.1	−41 14
SN 2022rvb	2022 08 20	19.8	Ia	19 23.2	+41 56
SN 2022ruz	2022 08 19	20.5	Ia	00 35.7	+28 33
SN 2022ruw	2022 08 19	19.2	II	02 23.2	+03 00
SN 2022rut	2022 08 20	18.9	Ia	01 01.1	+00 02
SN 2022ruk	2022 08 21	19.0	Ia	03 01.8	+36 13
SN 2022ruh	2022 08 21	18.8	Ia	02 57.4	+10 20
SN 2022rty	2022 08 18	18.9	II	22 19.9	+48 10
SN 2022rti	2022 08 21	20.0	Ia	21 37.0	+15 04
SN 2022rth	2022 08 21	20.1	Ia	01 31.5	+00 40
SN 2022rsx	2022 08 21	19.8	Ic	17 17.8	+39 29
SN 2022rso	2022 08 21	19.6	Ia	23 27.6	+16 39
SN 2022rsk	2022 08 21	19.8	Ia	15 27.8	+25 53
SN 2022rsb	2022 08 21	20.0	Ia	22 10.5	+00 02
SN 2022rqq	2022 08 20	18.4	Ia	00 15.8	−00 39
SN 2022rqg	2022 08 21	20.1	II	16 56.2	+55 01
SN 2022rqc	2022 08 20	18.4	Ia	07 36.8	+55 19
SN 2022rpw	2022 08 18	18.9	Ia	00 01.9	−29 34
SN 2022rpm	2022 08 12	19.6	II?	02 01.2	−05 52
SN 2022rpl	2022 08 18	18.3	Ia	00 01.9	−36 51
SN 2022roy	2022 08 20	20.0	Ia	18 30.7	+59 21
SN 2022rnz	2022 08 18	20.4	Ia	18 48.5	+36 02
SN 2022rnw	2022 08 18	20.3	Ia	18 46.1	+64 10
SN 2022rnu	2022 08 17	19.2	Ia	01 40.7	−14 29
SN 2022rnt	2022 08 20	16.2	Ia	18 56.6	−64 56
SN 2022rns	2022 08 19	18.8	II	06 32.8	−34 07
SN 2022rnn	2022 08 19	19.9	Ia	00 23.1	+21 14
SN 2022rng	2022 08 17	19.5	Ia	23 54.6	−25 06
SN 2022rmq	2022 08 17	19.6	Ia	00 29.0	+12 19
SN 2022rmp	2022 08 18	19.6	Ia	07 27.2	+33 50
SN 2022rmj	2022 08 15	20.4	Ia	17 09.4	+04 10
SN 2022rmg	2022 08 12	19.3	IIn	17 02.8	−21 48
SN 2022rlt	2022 08 15	18.9	Ia	13 19.0	−23 58
SN 2022rls	2022 08 18	18.2	IIb	22 58.5	+40 26
SN 2022rlq	2022 08 16	19.7	Ia	18 03.6	+41 38
SN 2022rlp	2022 08 16	19.4	Ia	16 05.0	+27 15
SN 2022rll	2022 08 18	19.8	Ia	17 09.1	+62 43
SN 2022rld	2022 08 18	19.6	Ia	23 26.0	−09 05
SN 2022rla	2022 08 18	17.8	Ia	12 08.4	+62 56
SN 2022rky	2022 08 18	18.3	Ia-91T	21 14.5	−09 03
SN 2022rkr	2022 08 16	18.8	Ia	19 49.2	−31 02
SN 2022rkp	2022 08 17	18.6	II?	04 37.4	−21 18
SN 2022rkn	2022 08 17	19.0	Ia	00 48.5	−07 02

符号	発見年月日 (UT)	発見等級	タイプ	赤経 (2000.0)	赤緯
	年 月 日	等		h m	° ′
SN 2022rkf	2022 08 14	19.6	Ia	22 41.0	+23 39
SN 2022rkd	2022 08 15	19.8	Ia	15 56.4	+12 08
SN 2022rkc	2022 08 15	19.8	Ia	02 02.2	+31 42
SN 2022rjx	2022 08 17	19.4	Ia	00 19.2	+29 20
SN 2022rjw	2022 08 17	18.3	Ia	22 20.9	−16 34
SN 2022rjv	2022 08 17	18.1	Ic	04 58.2	−21 37
SN 2022rjs	2022 08 17	19.2	Ia-91bg	16 16.5	+21 15
SN 2022rjr	2022 08 17	19.6	Ia	18 52.4	+85 11
SN 2022rjl	2022 08 15	19.8	Ia	01 52.4	−09 18
SN 2022rjj	2022 08 12	19.5	Ia	00 40.5	−09 38
SN 2022rjg	2022 08 17	17.8	Ia	01 45.4	−22 20
SN 2022rje	2022 08 17	18.8	II	04 57.9	−16 15
SN 2022rid	2022 08 16	19.1	Ia	23 51.8	+03 51
SN 2022ria	2022 08 16	19.1	IIn	13 43.9	−08 43
SN 2022rho	2022 08 14	19.1	Ia-91T	15 20.4	+28 55
SN 2022rhm	2022 08 16	19.0	Ia	02 37.7	+26 00
SN 2022rhl	2022 07 03	21.0	IIn	19 20.7	+46 53
SN 2022rhe	2022 08 15	18.6	II	20 20.1	−19 42
SN 2022rhc	2022 08 14	19.1	Ia	15 25.0	+34 13
SN 2022rgz	2022 08 14	18.5	Ia	20 41.5	−12 34
SN 2022rgy	2022 08 15	18.7	Ia	20 07.8	−29 48
SN 2022rgv	2022 08 15	18.6	Ia	23 22.9	+11 26
SN 2022rge	2022 08 08	21.5	Ia-SC	02 20.4	−06 34
SN 2022rgd	2022 08 15	19.2	II	01 52.3	+31 33
SN 2022rfz	2022 08 13	19.5	II	17 22.3	+02 01
SN 2022rfn	2022 08 13	17.6	Ia	19 11.5	−17 11
SN 2022rfj	2022 08 14	19.1	Ia	21 32.7	−07 13
SN 2022rfh	2022 08 08	20.6	Ia	16 37.7	+66 46
SN 2022rey	2022 08 11	20.3	Ia-91bg	17 53.2	+42 47
SN 2022rdw	2022 08 09	19.2	Ia	03 53.1	−05 14
SN 2022rdt	2022 08 07	20.4	Ia	00 20.7	+28 25
SN 2022rdo	2022 08 07	20.8	Ia	00 25.5	+26 51
SN 2022rdj	2022 08 11	18.5	Ia	03 44.6	+18 12
SN 2022rcj	2022 08 07	20.3	Ia	00 23.1	+29 16
SN 2022rbp	2022 08 10	19.3	Ia	01 41.1	−13 21
SN 2022rbo	2022 08 09	18.0	Ib	06 50.4	+43 03
SN 2022rbf	2022 08 06	20.4	Ia	16 52.2	+16 17
SN 2022rau	2022 08 09	18.2	Ib/c	06 02.9	−01 17
SN 2022rar	2022 08 06	20.9	Ia-91T	22 11.4	+29 59
SN 2022raj	2022 08 05	20.2	II	02 03.3	+29 14
SN 2022qzy	2022 08 04	20.1	Ic	16 01.9	+31 54
SN 2022qzx	2022 07 26	20.3	IIn	18 02.3	+80 06
SN 2022qzt	2022 08 05	20.6	Ia	02 40.4	−17 14
SN 2022qzr	2022 08 09	18.1	IIb	00 09.9	−05 01
SN 2022qzn	2022 08 09	16.5	Ia	05 56.4	+77 15
SN 2022qze	2022 08 08	19.9	IIP	01 59.3	+19 01
SN 2022qzc	2022 07 23	20.3	Ia	17 40.3	+16 44
SN 2022qyq	2022 08 05	20.5	IIn	02 24.5	−06 39
SN 2022qye	2022 08 06	18.6	Ia	21 33.5	+28 49
SN 2022qyb	2022 08 02	20.6	Ia	22 45.0	+18 10
SN 2022qxu	2022 08 08	19.6	Ib/c	01 36.3	−13 42
SN 2022qxp	2022 08 07	19.2	II	03 07.1	−05 57
SN 2022qxc	2022 08 07	19.5	II	00 18.2	+01 20
SN 2022qwx	2022 08 07	18.4	Ia	02 02.1	−20 24
SN 2022qww	2022 08 07	20.3	Ia	00 33.6	+05 19
SN 2022quh	2022 08 04	19.1	II	03 04.7	+05 59
SN 2022quf	2022 08 03	19.7	Ia	23 16.5	+21 24
SN 2022qtn	2022 08 05	19.1	Ia	07 05.2	+50 12
SN 2022qtb	2022 08 06	19.5	Ia	15 37.6	+50 54
SN 2022qsp	2022 08 06	19.3	Ia	02 46.6	−20 35
SN 2022qsn	2022 08 05	19.5	Ia	02 43.0	−19 12
SN 2022qsl	2022 08 03	20.1	Ia	21 52.5	+13 28
SN 2022qri	2022 08 05	19.2	Ia	19 44.6	+04 27
SN 2022qqi	2022 08 02	19.3	Ia	02 49.4	+42 53
SN 2022qpp	2022 08 04	19.7	Ia	19 27.9	−35 03
SN 2022qot	2022 08 02	20.7	Ia	22 16.3	−00 27
SN 2022qop	2022 08 04	20.4	Ia	22 04.5	+13 14
SN 2022qoa	2022 07 29	20.4	Ia	22 17.6	−03 33
SN 2022qmy	2022 07 30	20.5	Ia	01 05.7	+29 47
SN 2022qmx	2022 08 01	20.5	Ia	17 35.7	+04 50
SN 2022qmo	2022 08 02	19.0	Ia	21 55.6	+24 25
SN 2022qml	2022 08 02	18.1	IIn	22 29.8	+13 38
SN 2022qmk	2022 07 27	19.0	Ia	19 52.2	+50 47
SN 2022qlo	2022 08 03	19.3	Ia	17 31.8	+59 37
SN 2022qlh	2022 08 02	19.1	Ia	23 00.9	+33 21
SN 2022qku	2022 08 02	19.0	Ia	21 26.9	−07 01
SN 2022qkt	2022 08 02	18.3	II	06 29.2	+37 06
SN 2022qke	2022 08 02	19.4	Ia	01 05.4	−02 19
SN 2022qjh	2022 08 02	18.4	Ia	20 51.5	−20 10
SN 2022qiw	2022 08 01	19.0	Ia	02 25.3	−02 00
SN 2022qio	2022 08 01	18.7	Ia	02 13.2	−20 28
SN 2022qhy	2022 08 01	15.9	Ibn	06 01.1	−23 40
SN 2022qhc	2022 07 31	19.2	II	17 16.6	+07 20
SN 2022qfp	2022 07 22	19.2	Ia	01 24.0	+21 44
SN 2022qfl	2022 07 29	20.6	Ia	15 45.2	+11 12
SN 2022qfj	2022 07 23	20.0	Ia	15 03.5	+10 16
SN 2022qey	2022 07 29	20.3	II	23 11.3	+06 26
SN 2022qes	2022 07 28	19.3	Ia	19 52.3	+08 17
SN 2022qeh	2022 07 30	18.9	Ia	16 09.1	+21 48
SN 2022qdx	2022 07 30	18.8	Ia	19 50.5	+53 19
SN 2022qdl	2022 07 26	20.9	Ia	21 33.1	+09 43
SN 2022qdg	2022 07 30	19.1	Ib	18 42.3	+17 42
SN 2022qcw	2022 07 29	18.6	Ia	00 01.0	−16 57
SN 2022qch	2022 07 29	19.0	Ia	20 26.0	+61 48
SN 2022qbp	2022 07 29	19.2	Ia	20 22.5	−14 43
SN 2022qbg	2022 07 27	19.7	Ia	16 23.9	+26 53
SN 2022qaz	2022 07 29	20.3	Ia	15 56.8	+25 21
SN 2022qaj	2022 07 22	18.9	Ia	19 13.0	−16 16
SN 2022qah	2022 07 19	19.2	Ia	19 15.2	−23 34
SN 2022pzt	2022 07 25	20.0	Ia	15 21.5	−06 36
SN 2022pzh	2022 07 26	20.5	II	00 16.3	+45 08
SN 2022pvt	2022 07 28	20.3	Ib	00 51.7	−13 16
SN 2022pvn	2022 07 26	21.2	Ia	23 25.2	+22 20
SN 2022pux	2022 07 28	17.9	II	21 21.1	+23 05
SN 2022pul	2022 07 26	15.9	Ia	12 26.8	+08 27
SN 2022ptu	2022 07 25	21.0	Ia	23 44.4	−15 47
SN 2022ptl	2022 07 25	20.6	II	00 13.1	−24 13
SN 2022ptk	2022 07 25	18.9	Ia	02 04.9	+04 40
SN 2022pth	2022 07 24	19.5	Ia	19 26.4	−21 12
SN 2022psx	2022 07 25	18.3	IIb	23 04.7	+37 24
SN 2022psv	2022 07 25	19.2	Ia	23 24.5	−20 59
SN 2022pss	2022 07 25	19.7	IIn	01 28.3	+20 24
SN 2022psj	2022 07 25	21.1	Ia	00 10.6	+37 24
SN 2022prd	2022 07 23	20.6	Ia	20 05.6	+09 41
SN 2022pqw	2022 07 22	20.5	Ia	15 28.0	+29 38
SN 2022ppw	2022 07 22	20.6	Ia	22 50.7	−11 36
SN 2022ppl	2022 07 23	20.7	Ia	18 08.1	+66 11
SN 2022ppg	2022 07 23	20.4	Ia	01 55.4	+12 04
SN 2022poy	2022 07 25	19.9	Ia	15 39.6	+03 12
SN 2022pox	2022 07 23	17.9	II	18 00.8	+31 04
SN 2022pom	2022 07 26	19.1	Ia	18 32.2	+22 05
SN 2022pmd	2022 07 24	16.8	Ia	13 50.6	−38 27
SN 2022pjs	2022 07 23	18.7	II	18 03.9	+61 54
SN 2022pjr	2022 07 23	20.0	Ia	20 07.7	−05 42
SN 2022pjl	2022 07 23	18.7	II	21 56.7	−09 31
SN 2022pji	2022 07 23	19.7	Ia	15 09.0	+20 25
SN 2022pje	2022 07 22	20.9	Ia	21 24.2	+08 56
SN 2022pja	2022 07 22	19.7	Ia-CSM	20 17.8	+00 26
SN 2022pio	2022 07 18	19.4	Ia	14 09.1	+41 57
SN 2022pib	2022 07 22	19.3	Ia	18 34.2	+69 06
SN 2022phj	2022 07 22	18.9	II	23 59.8	−15 43
SN 2022pfp	2022 07 19	18.5	Ia	21 12.5	−05 10
SN 2022pfd	2022 07 21	19.0	Ia	15 39.5	+34 51
SN 2022pda	2022 07 19	20.3	Ibn	22 04.2	−18 50
SN 2022pcx	2022 07 09	19.6	Ia-91T	12 32.2	+17 28
SN 2022pcc	2022 07 19	19.6	Ia	21 16.9	+79 15
SN 2022paf	2022 07 18	19.2	IIP	22 05.4	−00 32
SN 2022ozx	2022 07 17	17.7	IIn	19 38.8	−50 12
SN 2022oyr	2022 07 16	20.0	Ia	16 30.1	+35 59
SN 2022oyn	2022 07 17	20.0	Ia	14 57.9	+44 53
SN 2022oxj	2022 07 14	19.5	Ib	21 43.3	+05 35
SN 2022orh	2022 07 05	19.8	Ia	23 42.5	+46 07
SN 2022oqf	2022 07 09	19.4	Ia	01 57.4	+29 00
SN 2022opm	2022 07 04	21.1	SLSN-II	22 11.3	+29 18
SN 2022oor	2022 07 09	19.2	II	15 04.5	+02 20
SN 2022ooh	2022 07 08	18.2	II	01 53.2	−13 44
SN 2022onj	2022 07 08	20.2	Ia	14 57.4	+53 14
SN 2022omr	2022 07 08	19.4	II	23 41.7	+50 03
SN 2022ols	2022 07 04	19.5	Ia	04 24.0	+37 31
SN 2022ojy	2022 07 06	18.8	IIb	23 58.5	+00 47
SN 2022ojm	2022 07 06	19.5	SLSN-I	23 37.8	+40 05
SN 2022oid	2022 06 27	20.6	II	00 05.2	+17 14
SN 2022oic	2022 07 04	18.3	II	03 03.9	+10 31
SN 2022ofv	2022 07 04	19.3	Ic-BL	23 50.4	+29 53
SN 2022oey	2022 07 04	17.3	II	03 48.5	+70 08
SN 2022oex	2022 06 28	19.6	Ia	13 33.6	+01 05
SN 2022oeh	2022 07 03	19.8	IIn	19 16.8	+45 57
SN 2022odp	2022 07 03	20.0	IIn	23 45.6	+29 38
SN 2022nxs	2022 06 27	19.8	Ia	19 13.5	+53 17
SN 2022npv	2022 06 26	19.6	IIP	18 53.5	+68 29
SN 2022npq	2022 06 20	20.9	SLSN-I	16 21.1	+14 51
SN 2022nnx	2022 06 25	18.9	II	23 43.7	+05 50
SN 2022nen	2022 06 09	20.1	SLSN-II	17 47.4	+12 04
SN 2022nce	2022 06 19	18.7	II	02 29.3	−22 08
SN 2022nah	2022 06 19	17.8	II	00 46.9	−21 51
SN 2022msv	2022 06 07	20.7	IIn	18 19.2	+41 01
SN 2022lvm	2022 06 02	20.5	II	14 49.3	+27 17
SN 2022lsh	2022 06 01	18.6	II	01 58.5	−26 17
SN 2022lix	2022 05 27	20.2	II	14 18.1	+37 14
SN 2022lbz	2022 05 26	20.2	Ia	10 49.1	+42 55
SN 2022jux	2022 05 13	19.0	II	08 07.4	+40 24
SN 2022igm	2022 04 20	19.3	Ia-CSM	06 43.2	+43 23
SN 2022eui	2022 03 11	18.7	II	15 25.9	+38 46
SN 2022alv	2022 01 26	18.8	II	03 08.8	−07 02
SN 2021ynn	2021 09 06	20.6	SLSN-I	02 50.6	−19 52
SN 2021ydc	2021 09 02	20.8	IIn	01 25.3	+22 23
SN 2021xdx	2021 08 29	19.5	Ia	22 12.4	−13 24
SN 2021mju	2021 04 08	20.7	II	16 41.8	+19 22
SN 2021htb	2021 03 31	20.1	Ic-BL	07 45.5	+46 40
SN 2021ekf	2021 01 16	21.5	Ia-91T	04 22.4	−25 08
SN 2020adgs	2020 12 19	19.4	Ia	08 10.6	+52 43
SN 2020abhx	2020 12 01	18.0	IIn	11 27.2	−00 46
SN 2020abah	2020 11 23	20.1	II	11 36.9	+21 00
SN 2020zfo	2020 11 11	19.7	Ib	22 49.1	+20 40
SN 2020yui	2020 11 02	19.4	II	08 38.1	+31 40
SN 2020xlt	2020 10 19	19.9	IIb	08 17.2	+64 32
SN 2020wly	2020 10 14	18.9	Ia	22 34.9	−05 00
SN 2020rsc	2020 08 19	19.6	IIb	01 19.9	+38 11
SN 2020oem	2020 06 20	20.2	II	15 27.5	+03 47
SN 2020dcn	2020 01 28	21.2	Ia	13 45.4	+39 33
SN 2019aarm	2019 05 13	19.5	Ia	14 26.6	+15 24
SN 2019aaoz	2019 07 30	19.5	Ia	17 03.2	+59 40
SN 2019zfc	2019 12 28	20.9	II	03 46.9	+00 02
SN 2019uzd	2019 11 16	18.9	Ia	22 57.2	+08 30
SN 2019iev	2019 06 25	19.1	Ia	20 41.6	−20 57
SN 2019ckw	2019 03 15	20.4	Ia	15 30.2	−00 54
SN 2019bsn	2019 03 11	19.2	Ia	16 48.2	+16 22
SN 2019qa	2019 01 11	19.1	II	10 35.0	+46 56
SN 2018mev	2018 05 10	19.9	Ia	14 00.9	+47 14
SN 2018met	2018 05 11	17.4	Ia	15 08.5	+07 35
SN 2018men	2018 04 09	19.0	I	09 49.1	+10 58
SN 2018mef	2018 06 07	17.5	Ia	14 54.3	+42 33
SN 2018mcs	2018 05 31	18.6	Ia	11 14.2	+29 38
SN 2018mcn	2018 12 03	19.5	Ia	02 51.8	+43 37
SN 2018lsg	2018 09 05	19.3	II	20 46.7	−01 22
SN 2018lrq	2018 06 10	20.0	II	13 34.9	+34 03
SN 2018jex	2018 11 17	19.2	Ic-BL	11 54.2	+20 44
SN 2018ego	2018 07 25	18.8	II	15 52.9	+19 58
SN 2018cub	2018 06 23	18.7	II	15 05.7	+60 48
SN 2018cdr	2018 06 03	17.8	Ia	10 13.4	−03 14
SN 2018cdh	2018 06 02	17.0	II	15 11.7	+06 25
SN 2018byh	2018 05 21	19.5	Ib	17 22.1	+35 20
SN 2018bws	2018 05 21	19.3	Ia	16 20.4	+20 41
SN 2018bpi	2018 02 28	16.1	Ia	14 34.5	+31 33
SN 2018xv	2018 02 19	17.6	Ia	06 01.0	−18 00
SN 2017kdb	2017 10 27	19.2	Ia	21 21.9	−19 44
SN 2017bde	2017 02 21	19.6	Ia	12 29.1	+36 27
SN 2015fn	2015 11 07	19.6	Ic	02 30.3	+37 14
SN 2011ko	2011 11 30	20.8	Ic	12 40.7	+12 53
SN 2011kn	2011 08 31	21.5	Ic	00 34.2	+02 49
SN 2010mj	2010 05 30	20.9	Ib	15 55.0	+53 46
SN 2009of	2009 08 12	18.0	Ib	23 09.2	+07 48

星　　座 <small>(山田陽志郎)</small>

星 座 名	学　名	所有格	略符	概略位置	
				赤経	赤緯
アンドロメダ	Andromeda	Andromedae	And	0ʰ 40ᵐ	+38°
いっかくじゅう（一角獣）	Monoceros	Monocerotis	Mon	7　0	− 3
いて（射手）	Sagittarius	Sagittarii	Sgr	19　0	−25
いるか（海豚）	Delphinus	Delphini	Del	20 40	+12
インディアン	Indus	Indi	Ind	21 20	−58
うお（魚）	Pisces	Piscium	Psc	0 20	+10
うさぎ（兎）	Lepus	Leporis	Lep	5 25	−20
うしかい（牛飼）	Bootes	Bootis	Boo	14 35	+30
うみへび（海蛇）	Hydra	Hydrae	Hya	10 30	−20
エリダヌス	Eridanus	Eridani	Eri	3 50	−30
おうし（牡牛）	Taurus	Tauri	Tau	4 30	+18
おおいぬ（大犬）	Canis Major	Canis Majoris	CMa	6 40	−24
おおかみ（狼）	Lupus	Lupi	Lup	15　0	−40
おおぐま（大熊）	Ursa Major	Ursae Majoris	UMa	11　0	+58
おとめ（乙女）	Virgo	Virginis	Vir	13 20	− 2
おひつじ（牡羊）	Aries	Arietis	Ari	2 30	+20
オリオン	Orion	Orionis	Ori	5 20	+ 3
がか（画架）	Pictor	Pictoris	Pic	5 30	−52
カシオペヤ	Cassiopeia	Cassiopeiae	Cas	1　0	+60
かじき（旗魚）	Dorado	Doradus	Dor	5　0	−60
かに（蟹）	Cancer	Cancri	Cnc	8 30	+20
かみのけ（髪）	Coma Berenices	Comae Berenices	Com	12 40	+23
カメレオン	Chamaeleon	Chamaeleontis	Cha	10 40	−78
からす（烏）	Corvus	Corvi	Crv	12 20	−18
かんむり（冠）	Corona Borealis	Coronae Borealis	CrB	15 40	+30
きょしちょう（巨嘴鳥）	Tucana	Tucanae	Tuc	23 45	−68
ぎょしゃ（馭者）	Auriga	Aurigae	Aur	6　0	+42
きりん（麒麟）	Camelopardalis	Camelopardalis	Cam	5 40	+70
くじゃく（孔雀）	Pavo	Pavonis	Pav	19 10	−65
くじら（鯨）	Cetus	Ceti	Cet	1 45	−12
ケフェウス	Cepheus	Cephei	Cep	22　0	+70
ケンタウルス	Centaurus	Centauri	Cen	13 20	−47
けんびきょう（顕微鏡）	Microscopium	Microscopii	Mic	20 50	−37
こいぬ（小犬）	Canis Minor	Canis Minoris	CMi	7 30	+ 6
こうま（小馬）	Equuleus	Equulei	Equ	21 10	+ 6
こぎつね（小狐）	Vulpecula	Vulpeculae	Vul	20 10	+25
こぐま（小熊）	Ursa Minor	Ursae Minoris	UMi	15 40	+78
こじし（小獅子）	Leo Minor	Leonis Minoris	LMi	10 20	+33
コップ（盃）	Crater	Crateris	Crt	11 20	−15
こと（琴）	Lyra	Lyrae	Lyr	18 45	+36
コンパス	Circinus	Circini	Cir	14 50	−63
さいだん（祭壇）	Ara	Arae	Ara	17 10	−55
さそり（蠍）	Scorpius	Scorpii	Sco	16 30	−26

：ケンタウルス座のα星は，α¹が−0.01等星，α²が1.35等星なので，それぞれ0等星，1等星としてカウントしている．

現在使用されている88星座と，その星座に属する肉眼恒星数を実視等級で1等ごと（小数点以下四捨五入）に示した．恒星のデータは Extended Hipparcos Compilation（XHIP）（Anderson+, 2012）で調査．変光星の総数は，The AAVSO International Variable Star Index（Version 2012-08-26）で調査．惑星が発見されている恒星の数（全星座で4056個）と惑星総数（全星座で5438個）は，NASA Exoplanet Archive（2023年5月26日更新時）による．惑星が公転している中心天体は恒星ひとつとしてカウントしているが，Open Exoplanet Catalogue（2023年2月19日更新時）によると，中心天体が連星というケースが28件（未確認も含め33件）見つかっている．

面積 平方度	含まれる星の数											20時に正中 (月 旬)	設定者 *
	-1等星の数	0等星の数	1等星の数	2等星の数	3等星の数	4等星の数	5等星の数	6等星の数	変光星総数	惑星のある恒星の数	惑星の総数		
722	0	0	0	3	1	12	34	104	682	31	35	11 下	Pt
482	0	0	0	0	0	8	25	104	958	26	31	3 上	Pl
867	0	0	0	2	8	10	44	131	5563	167	174	9 上	Pt
189	0	0	0	0	0	5	7	32	315	6	6	9 下	Pt
294	0	0	0	0	1	3	6	33	122	10	10	10 上	KH
889	0	0	0	0	0	13	29	106	225	60	78	11 下	Pt
290	0	0	0	0	4	7	15	46	87	16	26	2 上	Pt
907	0	1	0	1	4	8	32	96	337	22	29	6 下	Pt
1303	0	0	0	1	5	14	49	142	562	46	58	4 下	Pt
1138	0	1	0	0	3	29	41	121	289	51	70	1 中	Pt
797	0	0	1	1	4	24	55	136	1425	63	85	1 下	Pt
380	1	0	0	4	3	12	31	97	435	18	24	2 下	Pt
334	0	0	0	1	6	14	27	76	396	11	15	7 上	Pt
1280	0	0	0	6	8	7	43	142	391	43	56	5 上	Pt
1294	0	0	1	0	4	11	39	115	607	148	188	6 上	Pt
441	0	0	0	1	1	14	17	62	112	14	19	12 下	Pt
594	0	2	0	5	4	16	48	127	2796	18	29	2 上	Pt
247	0	0	0	0	1	1	12	35	75	15	24	2 上	La
598	0	0	0	3	3	7	34	112	1309	22	30	1 下	Pt
179	0	0	0	0	1	3	11	15	86	10	20	1 下	KH
506	0	0	0	0	0	4	19	78	270	96	129	3 下	Pt
386	0	0	0	0	0	3	20	45	309	13	17	5 下	Vo
132	0	0	0	0	0	5	7	20	237	7	7	4 下	KH
184	0	0	0	0	4	2	5	17	52	6	6	5 下	Pt
179	0	0	0	1	0	4	13	19	127	7	9	7 中	Pt
295	0	0	0	0	1	5	9	30	160	20	22	11 中	KH
657	0	1	0	0	4	5	33	111	827	15	15	2 中	Pt
757	0	0	0	0	0	5	38	112	517	19	20	2 中	Pl
378	0	0	0	1	1	9	17	59	412	15	18	9 上	KH
1231	0	0	0	1	4	10	39	136	227	57	80	12 中	Pt
588	0	0	0	1	4	10	32	108	807	22	25	10 中	Pt
1060	0	#1	#2	4	7	24	61	183	1368	52	63	6 上	Pt
210	0	0	0	0	0	0	13	20	131	12	13	9 下	La
183	0	1	0	0	1	2	9	32	162	7	11	3 中	Pt
72	0	0	0	0	0	2	4	11	32	6	7	10 上	Pt
268	0	0	0	0	0	1	22	46	462	9	12	9 中	He
256	0	0	0	2	1	4	8	24	58	11	11	7 中	Pt
232	0	0	0	0	0	3	10	24	64	6	7	4 下	He
282	0	0	0	0	0	4	6	23	68	15	19	5 上	Pt
286	0	1	0	0	1	7	14	48	766	728	1042	8 下	La
93	0	0	0	0	1	2	7	29	171	3	4	6 下	La
237	0	0	0	0	4	4	9	54	895	9	16	8 上	Pt
497	0	0	1	5	9	9	35	108	1378	78	93	7 下	Pt

＊設定者符号：Pt：プトレマイオス　KH：ケイザーおよびハウトマン　La：ラカイユ　Vo：フォーベル　He：ヘヴェリウス　Pl：プランキウス

星座の設定者については、How Astronomical Objects Are Named（Jeanne E. Bishop, IPS Planetarian September 2004）や Ian Ridpath's Star Tales（Web）などの資料に基づいている。

330

星座名	学名	所有格	略符	概略位置 赤経	赤緯
さんかく（三角）	Triangulum	Trianguli	Tri	2ʰ 0ᵐ	+32°
しし（獅子）	Leo	Leonis	Leo	10 30	+15
じょうぎ（定規）	Norma	Normae	Nor	16 0	−50
たて（楯）	Scutum	Scuti	Sct	18 35	−10
ちょうこくぐ（彫刻具）	Caelum	Caeli	Cae	4 50	−38
ちょうこくしつ（彫刻室）	Sculptor	Sculptoris	Scl	0 30	−35
つる（鶴）	Grus	Gruis	Gru	22 20	−47
テーブルさん（テーブル山）	Mensa	Mensae	Men	5 40	−77
てんびん（天秤）	Libra	Librae	Lib	15 10	−14
とかげ（蜥蜴）	Lacerta	Lacertae	Lac	22 25	+43
とけい（時計）	Horologium	Horologii	Hor	3 20	−52
とびうお（飛魚）	Volans	Volantis	Vol	7 40	−69
とも（船尾）	Puppis	Puppis	Pup	7 40	−32
はえ（蝿）	Musca	Muscae	Mus	12 30	−70
はくちょう（白鳥）	Cygnus	Cygni	Cyg	20 30	+43
はちぶんぎ（八分儀）	Octans	Octantis	Oct	21 0	−87
はと（鳩）	Columba	Columbae	Col	5 40	−34
ふうちょう（風鳥）	Apus	Apodis	Aps	16 0	−76
ふたご（双子）	Gemini	Geminorum	Gem	7 0	+22
ペガスス	Pegasus	Pegasi	Peg	22 30	+17
へび（蛇）（頭部・尾部総合）	Serpens	Serpentis	Ser	$15 35	+10
へびつかい（蛇遣）	Ophiuchus	Ophiuchi	Oph	17 10	− 5
ヘルクレス	Hercules	Herculis	Her	17 10	+27
ペルセウス	Perseus	Persei	Per	3 20	+42
ほ（帆）	Vela	Velorum	Vel	9 30	−45
ぼうえんきょう（望遠鏡）	Telescopium	Telescopii	Tel	19 0	−52
ほうおう（鳳凰）	Phoenix	Phoenicis	Phe	1 0	−48
ポンプ	Antlia	Antliae	Ant	10 0	−35
みずがめ（水瓶）	Aquarius	Aquarii	Aqr	22 20	−13
みずへび（水蛇）	Hydrus	Hydri	Hyi	2 40	−70
みなみじゅうじ（南十字）	Crux	Crucis	Cru	12 20	−60
みなみのうお（南の魚）	Piscis Austrinus	Piscis Austrini	PsA	22 10	−32
みなみのかんむり（南冠）	Corona Australis	Coronae Australis	CrA	18 30	−41
みなみのさんかく（南三角）	Triangulum Australe	Trianguli Australis	TrA	15 40	−65
や（矢）	Sagitta	Sagittae	Sge	19 40	+18
やぎ（山羊）	Capricornus	Capricorni	Cap	20 50	−20
やまねこ（山猫）	Lynx	Lyncis	Lyn	7 50	+45
らしんばん（羅針盤）	Pyxis	Pyxidis	Pyx	8 50	−28
りゅう（竜）	Draco	Draconis	Dra	17 0	+60
りゅうこつ（竜骨）	Carina	Carinae	Car	8 40	−62
りょうけん（猟犬）	Canes Venatici	Canum Venaticorum	CVn	13 0	+40
レチクル	Reticulum	Reticuli	Ret	3 50	−63
ろ（炉）	Fornax	Fornacis	For	2 30	−33
ろくぶんぎ（六分儀）	Sextans	Sextantis	Sex	10 10	− 1
わし（鷲）	Aquila	Aquilae	Aql	19 30	+ 2

$：へび座概略位置は頭部のもの.

面積 平方度	含まれる星の数								変光星総数	惑星のある恒星の数	惑星の総数	20時に正中	設定者*
	-1等星の数	0等星の数	1等星の数	2等星の数	3等星の数	4等星の数	5等星の数	6等星の数				月　旬	
132	0	0	0	0	2	1	7	15	122	3	4	12 中旬	Pt
947	0	0	1	2	5	12	28	74	264	61	73	4 下	Pt
165	0	0	0	0	0	2	12	30	484	5	5	7 中	La
109	0	0	0	0	0	2	9	20	492	3	4	8 下	He
125	0	0	0	0	0	1	3	16	25	10	11	1 下	La
475	0	0	0	0	0	3	11	40	120	15	21	11 下	La
366	0	0	0	2	2	6	10	37	150	11	11	10 下	KH
153	0	0	0	0	0	0	6	17	83	7	12	2 上	La
538	0	0	0	0	3	5	20	59	361	26	41	7 上	Pt
201	0	0	0	0	0	4	16	47	458	6	6	10 下	He
249	0	0	0	0	0	1	9	20	61	11	14	1 上	La
141	0	0	0	0	0	6	7	19	65	10	13	3 中	KH
673	0	0	0	1	6	17	64	154	704	24	32	3 中	La
138	0	0	0	0	2	4	12	45	351	9	12	5 下	KH
804	0	0	1	2	3	18	51	193	2602	1199	1653	9 下	Pt
291	0	0	0	0	0	3	13	44	171	11	13	10 上	La
270	0	0	0	0	2	5	11	50	83	11	11	2 上	Pl
206	0	0	0	0	0	3	8	28	364	5	6	7 中	KH
514	0	0	1	2	4	13	24	72	435	19	22	3 上	Pt
1121	0	0	0	3	3	10	35	127	425	26	30	10 下	Pt
637	0	0	0	0	2	10	22	76	499	22	24	7 下	Pt
948	0	0	0	2	7	16	28	118	2675	56	66	8 上	Pt
1225	0	0	0	0	7	17	50	168	1172	36	47	8 上	Pt
615	0	0	0	2	5	17	37	101	1059	18	18	1 上	Pt
500	0	0	0	4	2	14	52	140	520	16	21	4 中	La
252	0	0	0	0	1	1	13	40	368	12	13	9 上	La
469	0	0	0	1	2	6	16	48	136	24	27	12 上	KH
239	0	0	0	0	0	1	7	34	105	6	6	4 下	La
980	0	0	0	0	3	17	35	117	315	76	120	10 下	Pt
243	0	0	0	0	3	2	5	24	133	12	25	12 下	KH
68	0	0	2	1	1	5	12	25	180	2	2	5 下	Pl
245	0	0	1	0	0	5	8	32	54	7	9	10 下	Pt
128	0	0	0	0	0	3	17	24	733	3	4	8 下	Pt
110	0	0	0	1	2	2	5	24	335	1	2	7 中	KH
80	0	0	0	0	0	4	3	18	372	4	4	9 下	Pt
414	0	0	0	0	2	9	19	51	122	16	21	10 上	Pt
545	0	0	0	0	1	5	22	69	186	7	8	3 中	He
221	0	0	0	0	0	3	9	30	140	5	7	4 上	La
1083	0	0	0	1	5	10	57	140	378	153	235	8 上	Pt
494	1	0	0	3	7	14	46	150	834	23	25	3 下	La
465	0	0	0	0	1	1	13	44	194	7	9	6 上	He
114	0	0	0	0	1	3	6	13	48	11	19	1 中	La
398	0	0	0	0	0	2	9	50	79	16	23	12 下	La
314	0	0	0	0	0	0	5	34	98	20	33	4 下	He
652	0	0	1	0	5	7	29	84	1718	21	23	9 中	Pt

＊設定者符号：Pt：プトレマイオス　KH：ケイザーおよびハウトマン　La：ラカイユ　V₀：フォーベル　He：ヘヴェリウス　Pl：プランキウス

星座の設定者については、How Astronomical Objects Are Named（Jeanne E. Bishop, IPS Planetarian September 2004）や Ian Ridpath's Star Tales（Web）などの資料に基づいている.

主な恒星 （山岡　均）

全天の，V等級が3.3等よりも明るい恒星を示す．恒星の位置と固有運動，年周視差とその逆数の距離はヒッパルコスカタログ（1997），その他の項は輝星カタログ（Bright Star Catalog, 5th Revised Ed.）による．ヒッパルコスカタログには改訂版（2007）も存在するが，初版から指摘されていたプレヤデス星団の距離の問題点も解決されておらず，ここでは採用しない．次世代の位置測定観測機ガイア（GAIA）は，明るい恒星の位置測定は苦手で，この表の作成には適さない．固有名は，筆者もメンバーの一員に加わっている国際天文学連合の恒星名称ワーキンググループが数度にわたって承認を公表したもの（2022年4月最終更新）．太陽系外惑星命名キャンペーンを経て固有名を持つ恒星は469個にまで増えたが，キャンペーンで命名された恒星は暗く，この表には現われない．連星・多重星の場合はα Cen系を除き主星のみに対する名前であることに注意．

恒星の赤経・赤緯は，2000年分点に準拠したものとした．固有運動による変化を考慮し，2023年の年央における値とした．表中の固有運動（赤経方向$\Delta\alpha\cos\delta$，赤緯方向$\Delta\delta$）はいずれもミリ秒単位で書かれている．恒星の距離は便宜上2桁与えてあるが，1000光年以上の距離はここまでの精度はない．

V等級（実視等級）は，肉眼で見える波長範囲（400nm～700nm）の一部のみで測定したものであるから，肉眼での見え方とは異なることに注意．肉眼の分解能にあたる1分角以内の重星・実視連星は，合成した明るさを記す（dと表記）．この欄にvとあるのは，おおむね0.5等以上の変光を起こすもので，数字は極大（食連星や脈動が周期的な変光星）もしくは平均的な時期（その他）でのおよその明るさを示す．

星　名	固有名	位置（J2000）		固有運動		銀経	銀緯	実視等級V	色指数B-V	スペクトル型	視線速度	回転速度	年周視差	距離
		赤　経	赤　緯	$\Delta\alpha\cos\delta$	$\Delta\delta$									
		h　m　s	°　′	ミリ秒/年	ミリ秒/年	°	°	等	等		km/s	km/s	ミリ秒	光年
α And	Alpheratz	00 08 24	+29 05.4	+0136	-0163	111.7	-32.8	2.06	-0.11	B8IVpMnHg	-12	56	34	97
β Cas	Caph	00 09 12	+59 08.9	+0523	-0180	117.5	-3.3	2.27	+0.34	F2III-IV	12	70	60	54
γ Peg	Algenib	00 13 14	+15 11.0	+0005	-0008	109.4	-46.7	2.83	-0.23	B2IV	4	3	10	330
β Hyi		00 26 02	-77 15.1	+2220	+0324	304.8	-39.8	2.80	+0.62	G2IV	23		134	24
α Phe	Ankaa	00 26 18	-42 18.5	+0233	-0354	320.0	-74.0	2.39	+1.09	K0III	75		42	77
δ And		00 39 20	+30 51.6	+0115	-0083	119.9	-31.9	3.27	+1.28	K3III	-7	<17	32	100
α Cas	Schedar	00 40 31	+56 32.2	+0050	-0032	121.4	-6.3	2.23	+1.17	K0IIIa	-4	21	14	230
β Cet	Diphda	00 43 36	-17 59.2	+0233	+0033	111.3	-80.7	2.04	+1.02	G9.5IIICH-1	13	18	34	96
γ Cas		00 56 43	+60 43.0	+0026	-0004	123.6	-2.2	2.47v	-0.15	B0IVe	-7	300	5	610
β And	Mirach	01 09 44	+35 37.2	+0176	-0112	127.1	-27.1	2.06	+1.58	M0+IIIa	3		16	200
δ Cas	Ruchbah	01 25 50	+60 14.1	+0297	-0049	127.2	-2.4	2.68	+0.13	A5III-IV	7	113	33	99
α Eri	Achernar	01 37 43	-57 14.2	+0088	-0040	290.8	-58.8	0.46	-0.16	B3Vpe	16	251	23	140
β Ari	Sheratan	01 54 39	+20 48.4	+0096	-0109	142.2	-39.7	2.64	+0.13	A5V	-2	79	55	60
α Hyi		01 58 47	-61 34.2	+0263	+0027	289.5	-53.8	2.86	+0.28	F0V	1	153	46	71
γ And	Almach	02 03 54	+42 19.8	+0043	-0051	137.0	-18.6	2.18d	+1.37	K3IIb+B8V+A0V	-12	<17	9	350
α Ari	Hamal	02 07 11	+23 27.7	+0191	-0149	144.6	-36.2	2.00	+1.15	K2-IIICa-1	-14	<17	49	66
β Tri		02 09 33	+34 59.2	+0149	-0039	140.6	-25.2	3.00	+0.14	A5III	10	76	26	120
ο Cet	Mira	02 19 21	-02 58.8	+0010	-0239	167.8	-58.0	2.00v	+1.42	M7IIIe+Bep	64		8	420

星 名	固有名	位置（J2000）赤 経	赤 緯	固有運動 Δαcosδ	Δδ	銀経	銀緯	実視等級V	色指数 B-V	スペクトル型	視線速度	回転速度	年周視差	距離
		h m s	° ′	ミリ秒/年	ミリ秒/年	°	°	等	等		km/s	km/s	ミリ秒	光年
α UMi	Polaris	02 31 55	+89 15.8	+0044	−0012	123.3	+26.5	2.02	+0.60	F7: I b-II	−17	17	8	430
θ Eri	Acamar	02 58 16	−40 18.3	−0054	+0026	247.9	−60.7	2.91d	+0.13	A4III+A1V	12	74	20	160
α Cet	Menkar	03 02 17	+04 05.4	−0012	−0079	173.3	−45.6	2.53	+1.64	M1.5IIIa	−26		15	220
γ Per		03 04 48	+53 30.4	+0001	−0004	142.1	−4.3	2.93	+0.70	G8III+A2V	3	≤50	13	260
β Per	Algol	03 08 10	+40 57.3	+0002	−0001	149.0	−14.9	2.12dv	−0.05	B8V	4	65	35	93
α Per	Mirfak	03 24 19	+49 51.7	+0024	−0026	146.6	−5.9	1.79	+0.48	F5 I b	−2	18	6	590
δ Per		03 42 56	+47 47.2	+0024	−0042	150.3	−5.8	3.01	−0.13	B5IIIe	4	259	6	530
γ Hyi		03 47 15	−74 14.3	+0051	+0115	289.1	−37.8	3.24	+1.62	M2III	16		15	210
η Tau	Alcyone	03 47 29	+24 06.3	+0019	−0043	166.7	−23.5	2.87d	−0.09	B7IIIe	10	215	9	370
ζ Per		03 54 08	+31 53.0	+0004	−0009	162.3	−16.7	2.85	+0.12	B1 I b	20	59	3	980
ε Per		03 57 51	+40 00.6	+0013	−0024	157.4	−10.1	2.89	−0.18	B0.5V+A2V	1	153	6	540
γ Eri	Zaurak	03 58 02	−13 30.6	+0061	−0111	205.2	−44.5	2.95	+1.59	M0.5IIICa-1Cr-1	62		15	220
α Dor		04 34 00	−55 02.7	+0058	+0013	263.8	−41.4	3.27d	−0.10	A0IIISi+B9IV	26	82	19	180
α Tau	Aldebaran	04 35 55	+16 30.5	+0063	−0189	181.0	−20.3	0.85	+1.54	K5+III	54	<17	50	65
π³ Ori	Tabit	04 49 51	+06 57.7	+0463	+0012	191.5	−23.1	3.19	+0.45	F6V	24	17	125	26
ι Aur	Hassaleh	04 57 00	+33 10.0	+0004	−0019	170.6	−6.2	2.69	+1.53	K3II	18	<17	6	510
ε Aur	Almaaz	05 01 58	+43 49.4	+0000	−0002	162.8	+1.2	2.99dv	+0.54	F0 I ae+B	−3	29	2	2000
ε Lep		05 05 28	−22 22.3	+0019	−0072	223.3	−32.7	3.19	+1.46	K5III	1		14	230
η Aur	Haedus	05 06 31	+41 14.0	+0031	−0068	165.4	+0.3	3.17	−0.18	B3V	7	132	15	220
β Eri	Cursa	05 07 51	−05 05.2	−0083	−0075	205.3	−25.3	2.79	+0.13	A3III	9	196	37	89
β Ori	Rigel	05 14 32	−08 12.1	+0002	−0001	209.2	−25.3	0.12	−0.03	B8 I a:	21	33	4	770
α Aur	Capella	05 16 42	+45 59.7	+0076	−0427	162.6	+4.6	0.08d	+0.80	G5III e+G0III	30		77	42
γ Ori	Bellatrix	05 25 08	−06 21.0	−0009	−0013	196.9	−16.0	1.64	−0.22	B2III	18	59	13	240
β Tau	Elnath	05 26 18	+28 36.4	+0023	−0174	178.0	−3.7	1.65	−0.13	B7III	9	71	25	130
β Lep	Nihal	05 28 15	−20 45.6	−0005	−0086	223.6	−27.2	2.83d	+0.82	G5II	−14	11	20	160
δ Ori	Mintaka	05 32 00	−00 17.9	+0002	+0001	203.9	−17.7	2.22d	−0.22	O9.5II+B2V	16	152	4	920
α Lep	Arneb	05 32 44	−17 49.3	+0003	−0001	221.0	−25.1	2.58	+0.21	F0 I b	24	13	3	1300
ι Ori	Hatysa	05 35 26	−05 54.6	+0002	−0001	209.5	−19.6	2.76d	−0.24	O9III+B7IV	22	130	2	1300
ε Ori	Alnilam	05 36 13	−01 12.1	+0001	−0001	205.2	−17.2	1.70	−0.19	B0 I a	26	87	2	1300
ζ Tau	Tianguan	05 37 39	+21 08.5	+0002	−0018	185.7	−5.6	3.00d	−0.19	B4IIIpe	20	310	8	420
α Col	Phact	05 39 39	−34 04.5	−0000	−0026	238.8	−28.9	2.64	−0.12	B7IVe	35	176	12	270
ζ Ori	Alnitak	05 40 46	−01 56.6	+0004	+0003	206.5	−16.6	1.77d	−0.21	O9.7I b+B0III	18	140	4	820
κ Ori	Saiph	05 47 45	−09 40.2	+0002	−0001	214.5	−18.5	2.06	−0.17	B0.5 I a	21	82	5	720
β Col	Wazn	05 50 58	−35 45.9	+0056	+0405	241.4	−27.1	3.12	+1.16	K2III	89		38	86
α Ori	Betelgeuse	05 55 10	+07 24.4	+0027	+0011	199.8	−9.0	0.50v	+1.85	M1-2 I a-I ab	21		8	430
β Aur	Menkalinan	05 59 32	+44 56.8	−0056	−0001	167.5	+10.4	1.90	+0.03	A2IV	−18	37	40	82
θ Aur	Mahasim	05 59 43	+37 12.7	+0042	−0074	174.3	+6.7	2.62d	−0.08	A0pSi+G2V	30	49	19	170
η Gem	Propus	06 14 53	+22 30.4	−0063	−0010	188.9	+2.5	3.28dv	+1.60	M3III	19		9	350
ζ CMa	Furud	06 20 19	−30 03.8	+0008	+0004	237.5	−19.4	3.02	−0.19	B2.5V	32	63	10	340
β CMa	Mirzam	06 22 42	−17 57.4	−0003	−0000	226.1	−14.3	1.98	−0.23	B1 II-III	34	36	7	500
μ Gem	Tejat	06 22 58	+22 30.8	+0057	−0109	189.7	+4.2	2.88	+1.64	M3IIIab	55		14	230
α Car	Canopus	06 23 57	−52 41.7	+0020	+0024	261.2	−25.3	−0.72	+0.15	F0II	21	0	10	310
γ Gem	Alhena	06 37 43	+16 23.9	−0002	−0067	196.8	+4.5	1.93	0.00	A0IV	−13	32	31	100
ν Pup		06 37 46	−43 11.8	−0000	−0004	251.9	−20.5	3.17	−0.11	B8III	28	228	8	420
ε Gem	Mebsuta	06 43 56	+25 07.9	−0006	−0013	189.5	+9.6	2.98	+1.40	G8 I b	10	<17	4	900
α CMa	Sirius	06 45 08	−16 43.5	−0546	−1223	227.2	−8.9	−1.46	0.00	A1Vm	−8	13	379	8.6
α Pic		06 48 11	−61 56.4	−0068	+0242	271.9	−24.1	3.27	+0.21	A7IV	21	205	33	99
τ Pup		06 49 56	−50 36.9	+0034	−0066	260.2	−20.9	2.93	+1.20	K1III	36		18	180
ε CMa	Adhara	06 58 38	−28 58.3	+0003	+0002	239.8	−11.3	1.50	−0.21	B2II	27	44	8	430
o² CMa		07 03 01	−23 50.0	−0002	+0004	235.6	−8.2	3.02	−0.08	B3 I ab	48	44	1	2600
δ CMa	Wezen	07 08 23	−26 23.6	−0003	+0003	238.4	−8.3	1.84	+0.68	F8 I a	34	28	2	1800
π Pup		07 17 09	−37 05.8	−0011	+0007	249.0	−11.3	2.70	+1.62	K3 I b	16		3	1100
η CMa	Aludra	07 24 06	−29 18.2	−0004	+0007	242.6	−6.5	2.45	−0.08	B5 I a	41	45	1	3200
β CMi	Gomeisa	07 27 09	+08 17.3	−0050	−0038	209.5	+11.7	2.90	−0.09	B8Ve	22	276	19	170

星 名	固有名	位置 (J2000) 赤 経	赤 緯	固有運動 Δαcosδ	Δδ	銀経	銀緯	実視等級V	色指数 B-V	スペクトル型	視線速度	回転速度	年周視差	距離
		h m s	° ′	ミリ秒/年	ミリ秒/年	°	°	等			km/s	km/s	ミリ秒	光年
σ Pup		07 29 14	-43 18.0	-0060	+0189	255.7	-11.9	3.25	+1.51	K5Ⅲ	88		18	180
α Gem	Castor	07 34 35	+31 53.2	-0206	-0148	187.4	+22.5	1.59d	+0.03	A1V+A2Vm	6	14	63	52
α CMi	Procyon	07 39 17	+05 13.1	-0717	-1035	213.7	+13.0	0.38	+0.42	F5Ⅳ-Ⅴ	-3	6	286	11
β Gem	Pollux	07 45 18	+28 01.6	-0626	-0046	192.2	+23.4	1.14	+1.00	K0Ⅲb	3	<17	97	34
ζ Pup	Naos	08 03 35	-40 00.2	-0031	+0017	256.0	-4.7	2.25	-0.24	O5f	-24	211	2	1400
ρ Pup	Tureis	08 07 32	-24 18.2	-0083	+0046	243.2	+4.4	2.81	+0.43	F6Ⅱpδ	46	14	52	63
γ Vel		08 09 32	-47 20.2	-0006	+0010	262.8	-7.7	1.66d	-0.22	WC8+O9Ⅰ+B1Ⅳ	35		4	840
ε Car	Avior	08 22 31	-59 30.6	-0025	+0023	274.3	-12.6	1.86	+1.28	K3Ⅲ+B2:Ⅴ	2		5	630
δ Vel	Alsephina	08 44 42	-54 42.6	+0029	-0104	272.1	-7.4	1.96d	+0.04	A1V	2	40	40	80
ζ Hya		08 55 23	+05 56.7	-0100	+0015	222.3	+30.2	3.11	+1.00	G9Ⅱ-Ⅲ	23	<17	22	150
ι UMa	Talitha	08 59 11	+48 02.4	-0441	-0215	171.5	+40.8	3.14	+0.19	A7Ⅳ	9	151	68	48
λ Vel	Suhail	09 08 00	-43 25.9	-0023	+0014	265.9	+2.8	2.21	+1.66	K4.5Ⅰb-Ⅱ	18		6	570
β Car	Miaplacidus	09 13 11	-69 43.0	-0158	+0109	286.0	-14.4	1.68	0.00	A2Ⅳ	-5	133	29	110
ι Car	Aspidiske	09 17 05	-59 16.5	-0019	+0013	278.5	-7.0	2.25	+0.18	A8Ⅰb	13	0	5	690
α Lyn		09 21 03	+34 23.6	-0223	+0015	190.2	+44.7	3.13	+1.55	K7Ⅲab	38		15	220
κ Vel	Markeb	09 22 07	-55 00.6	-0011	+0011	275.9	-3.5	2.50	-0.18	B2Ⅳ-Ⅴ	22	49	6	540
α Hya	Alphard	09 27 35	-08 39.5	-0014	+0033	241.5	+29.1	1.98	+1.44	K3Ⅱ-Ⅲ	-4	<17	18	180
N Vel		09 31 13	-57 02.1	-0033	+0006	278.2	-4.1	3.13	+1.55	K5Ⅲ	-14		14	240
θ UMa		09 32 49	+51 40.4	-0947	-0536	165.5	+45.7	3.17	+0.46	F6Ⅳ	15	12	74	44
ε Leo		09 45 51	+23 46.5	-0046	-0010	206.8	+48.2	2.98	+0.80	G1Ⅱ	4	<17	13	250
υ Car		09 47 06	-65 04.3	-0012	+0005	285.0	-8.8	2.96d	+0.28	A6Ⅰb+B7Ⅲ	14	0	2	1600
α Leo	Regulus	10 08 22	+11 58.0	-0249	+0005	226.4	+48.9	1.35	-0.11	B7V	6	329	42	77
γ Leo	Algieba	10 19 59	+19 50.4	+0311	-0153	216.6	+54.7	1.90d	+1.15	K1-ⅢbFe0.5+G7ⅢFe-1	-37	<17	26	130
μ UMa	Tania Australis	10 22 20	+41 30.0	-0080	+0034	177.9	+56.4	3.05	+1.59	M0Ⅲ	-21		13	250
θ Car		10 42 57	-64 23.7	-0019	+0012	289.6	-4.9	2.76	-0.22	B0Vp	24	151	7	440
μ Vel		10 46 46	-49 25.2	+0063	-0054	283.0	+8.6	2.65d	+0.90	G5Ⅲ+G2V	-6		28	120
ν Hya		10 49 38	-16 11.5	+0093	+0199	265.1	+37.6	3.11	+1.25	K2Ⅲ	-1	<17	24	140
β UMa	Merak	11 01 51	+56 23.0	+0082	+0034	149.2	+54.8	2.37	-0.02	A1V	-12	39	41	79
α UMa	Dubhe	11 03 43	+61 45.0	-0136	-0035	142.9	+51.0	1.79d	+1.07	K0Ⅲa+F0V	-9	<17	26	120
ψ UMa		11 09 40	+44 29.9	-0062	-0027	165.8	+63.2	3.01	+1.14	K1Ⅲ	-4	<19	22	150
δ Leo	Zosma	11 14 07	+20 31.4	+0143	-0130	224.2	+66.8	2.56	+0.12	A4V	-20	181	57	58
λ Cen		11 35 47	-63 01.2	-0034	-0007	294.5	-1.4	3.13	-0.04	B9Ⅲ	-1	0	8	410
β Leo	Denebola	11 49 03	+14 34.3	-0499	-0114	250.7	+70.8	2.14	+0.09	A3V	0	121	90	36
γ UMa	Phecda	11 53 50	+53 41.7	+0108	+0011	140.8	+61.4	2.44	0.00	A0Ve	-13	168	39	84
δ Cen		12 08 21	-50 43.3	-0048	-0006	296.0	+11.6	2.60	-0.12	B2Ⅳne	11	181	8	400
ε Crv		12 10 07	-22 37.2	-0072	+0011	290.6	+39.3	3.00	+1.33	K2.5Ⅲ aBa0.2:	5		11	300
δ Crv	Imai	12 15 09	-58 44.9	-0037	-0011	298.2	+3.8	2.80	-0.23	B2Ⅳ	22	194	9	360
γ Crv	Gienah	12 15 48	-17 32.5	-0160	+0022	291.0	+44.5	2.59	-0.11	B8ⅢpHgMn	-4	41	20	160
α Cru	Acrux	12 26 36	-63 06.0	-0035	-0015	300.1	-0.4	0.76d	-0.25	B0.5Ⅳ+B1Ⅴ	-11	117	10	320
δ Cru	Algorab	12 29 51	-16 30.9	-0210	-0139	295.5	+46.1	2.95	-0.05	B9.5V	9	148	37	88
γ Cru	Gacrux	12 31 10	-57 06.9	+0028	-0264	300.2	+5.7	1.63	+1.59	M3.5Ⅲ	21		37	88
β Crv	Kraz	12 34 23	-23 23.8	+0001	-0056	297.9	+39.3	2.65	+0.89	G5Ⅱ	-8	<17	23	140
α Mus		12 37 11	-69 08.1	-0040	-0012	301.7	-6.3	2.69	-0.2	B2Ⅳ-Ⅴ	13	147	11	310
γ Cen		12 41 31	-48 57.6	-0187	-0001	301.1	+13.9	2.17d	-0.01	A0Ⅲ+A0Ⅲ	8	81	25	130
γ Vir	Porrima	12 41 39	-01 26.9	-0617	+0061	297.9	+61.3	2.75d	+0.36	F0V+F0V	-20	28	85	39
β Mus		12 46 17	-68 06.5	-0040	-0010	302.5	-5.2	3.05d	-0.18	B2.5V	42	184	10	310
β Cru	Mimosa	12 47 43	-59 41.3	-0048	-0013	302.5	+3.2	1.25	-0.23	B0.5Ⅲ	16	38	9	350
ε UMa	Alioth	12 54 02	+55 57.6	+0112	-0009	122.2	+61.2	1.77	-0.02	A0pCr	-9	38	40	81
α CVn	Cor Caroli	12 56 01	+38 19.1	-0233	+0055	118.3	+78.8	2.81d	-0.12	A0pSiEuHg+F0V	-3	29	30	110
ε Vir	Vindemiatrix	13 02 10	+10 57.6	-0275	+0020	312.3	+73.6	2.83	+0.94	G8Ⅲab	-14	<17	32	100
γ Hya		13 18 55	-23 10.3	+0068	-0041	311.1	+39.3	3.00	+0.92	G8-Ⅲa	-5	<17	25	130
ι Cen		13 20 35	-36 42.8	-0341	+0038	309.4	+25.8	2.75	+0.04	A2V	0	85	56	59
ζ UMa	Mizar	13 23 56	+54 55.5	+0121	-0022	113.1	+61.6	2.06d	+0.02	A1VpSrSi+Alm	-6	32	42	78
α Vir	Spica	13 25 12	-11 09.7	-0043	-0032	316.1	+50.8	0.98d	-0.23	B1Ⅲ-Ⅳ+B2V	1	159	12	260

星　名	固有名	位置 (J2000) 赤経	赤緯	固有運動 Δαcosδ	Δδ	銀経	銀緯	実視等級V	色指数 B-V	スペクトル型	視線速度	回転速度	年周視差	距離
		h　m　s	°　′	ミリ秒/年	ミリ秒/年	°	°	等	等		km/s	km/s	ミリ秒	光年
ε Cen		13 39 53	-53 28.0	-0015	-0013	310.2	+ 8.7	2.30	-0.22	B1Ⅲ	3	159	9	380
η UMa	Alkaid	13 47 32	+49 18.8	-0121	-0016	100.7	+65.3	1.86	-0.19	B3V	-11	205	32	100
μ Cen		13 49 37	-42 28.4	-0024	-0019	314.2	+19.1	3.04v	-0.17	B2Ⅳ-Ve	9	175	6	530
η Boo	Muphrid	13 54 41	+18 23.7	-0061	-0358	5.3	+73.0	2.68	+0.58	G0IV	0	13	88	37
ζ Cen		13 55 32	-47 17.3	-0057	-0045	314.1	+14.2	2.55	-0.22	B2.5Ⅳ	7	219	8	380
β Cen	Hadar	14 03 49	-60 22.4	-0034	-0025	311.8	+ 1.3	0.61d	-0.23	B1Ⅲ	6	139	6	520
π Hya		14 06 22	-26 41.0	+0043	-0141	323.0	+33.3	3.27	+1.12	K2-Ⅲ-ⅢbFe-0.5	27		32	100
θ Cen	Menkent	14 06 40	-36 22.4	-0519	-0518	319.5	+24.1	2.06	+1.01	K0-Ⅲb	1		54	61
α Boo	Arcturus	14 15 38	+19 10.1	-1093	-1999	15.1	+69.1	-0.04	+1.23	K1.5ⅢFe-0.5	-5	<17	89	37
γ Boo	Seginus	14 32 04	+38 18.6	-0116	+0152	67.3	+66.2	3.03	+0.19	A7Ⅲ	-37	139	38	85
η Cen		14 35 30	-42 09.5	-0035	-0032	322.8	+16.7	2.31	-0.19	B1.5Vne	0	333	11	310
α Cen*1	Rigil Kentaurus	14 39 24	-60 49.8	-3678	+4482	315.8	- 0.7	-0.28d	+0.76	G2V	-22		742	4.4
α Lup		14 41 56	-47 23.3	-0021	-0024	321.6	+11.4	2.30	-0.20	B1.5Ⅲ/Vn	5	24	6	550
α Cir		14 42 30	-64 58.6	-0193	-0234	314.3	- 4.6	3.19	+0.24	ApSrEuCr:	7	0	61	53
ε Boo	Izar	14 44 59	+27 04.5	-0051	+0020	39.4	+64.8	2.37d	+0.97	K0-Ⅱ-Ⅲ+A2V	-17		16	210
β UMi	Kochab	14 50 42	+74 09.3	-0032	+0012	112.7	+40.5	2.08	+1.47	K4-Ⅲ	17	<17	26	130
α² Lib	Zubenelgenubi	14 50 53	-16 02.5	-0106	-0069	340.3	+38.0	2.75d	+0.15	A3Ⅳ	-10	84	42	77
β Lup		14 58 32	-43 08.1	-0034	-0038	326.3	+13.9	2.68	-0.22	B2Ⅲ/Ⅳ	0	127	6	520
κ Cen		14 59 10	-42 06.3	-0018	-0021	326.9	+14.8	3.13	-0.20	B2Ⅳ	8	28	6	540
σ Lib	Brachium	15 04 04	-25 16.9	-0072	-0045	337.2	+28.6	3.29	+1.70	M3-Ⅲ	-4		11	290
β Lib	Zubeneschamali	15 17 00	-09 23.0	-0096	-0021	352.0	+39.2	2.61	-0.11	B8V	-35	230	20	160
γ TrA		15 18 54	-68 40.8	-0066	-0032	315.7	- 9.6	2.89	+0.00	A1V	-3	214	18	180
γ UMi	Pherkad	15 20 44	+71 50.0	-0018	+0018	108.5	+40.8	3.05	+0.05	A3Ⅱ-Ⅲ	-4	171	7	480
δ Lup		15 21 22	-40 38.9	-0019	-0024	331.3	+13.8	3.22	-0.22	B1.5Ⅳ	0	221	6	510
ι Dra	Edasich	15 24 56	+58 58.0	-0008	+0017	94.0	+48.6	3.29	+1.16	K2Ⅲ	-11	<17	32	100
α CrB	Alphecca	15 34 41	+26 42.8	+0120	-0089	41.9	+53.8	2.23	-0.02	A0V+G5V	2	133	44	75
γ Lup		15 35 08	-41 10.0	-0016	-0026	333.2	+11.9	2.78d	-0.20	B2V	2	266	6	570
α Ser	Unukalhai	15 44 16	+06 25.6	+0135	+0044	14.2	+44.1	2.65	+1.17	K2ⅢbCN1	3	<17	45	73
β TrA		15 55 08	-63 26.0	-0188	-0402	321.9	- 7.5	2.85	+0.29	F2Ⅲ	0	92	81	40
π Sco	Fang	15 58 51	-26 06.9	-0012	-0026	347.2	+20.2	2.89d	-0.19	B1V+B2V	-3	100	7	460
δ Sco	Dschubba	16 00 20	-22 37.3	-0009	-0037	350.1	+22.5	1.86dv	-0.12	B0.3Ⅳe	-7	181	8	400
β Sco	Acrab	16 05 26	-19 48.3	-0007	-0025	353.2	+23.6	2.50d	-0.07	B1V+B2V	-1	130	6	530
δ Oph	Yed Prior	16 14 21	-03 41.6	-0046	-0143	8.9	+32.2	2.74	+1.58	M0.5Ⅲ	-20		19	170
ε Oph	Yed Posterior	16 18 19	-04 41.5	+0082	+0040	8.6	+30.8	3.24	+0.96	G9.5ⅢFe-0.5	-10	<17	30	110
σ Sco	Alniyat	16 21 11	-25 35.6	-0010	-0018	351.3	+17.0	2.89d	+0.13	B1Ⅲ	3	53	4	730
η Dra	Athebyne	16 23 59	+61 30.9	-0017	+0057	92.6	+41.0	2.74	+0.91	G8-Ⅲab	-14	<17	37	88
α Sco	Antares	16 29 24	-26 25.9	-0010	-0023	352.0	+15.1	0.96dv	+1.83	M1.5Ⅰab-Ⅰb+B4Ve	-3	≤20	5	600
β Her	Kornephoros	16 30 13	+21 29.4	-0098	-0014	39.0	+40.2	2.77	+0.94	G7Ⅲa	-26	<19	22	150
τ Sco	Paikauhale	16 35 53	-28 13.0	-0009	-0023	351.5	+12.8	2.82	-0.25	B0V	2	24	8	430
ζ Oph		16 37 10	-10 34.0	+0013	+0025	6.3	+23.6	2.56	+0.02	O9.5Vn	-15	379	7	460
ζ Her		16 41 16	+31 36.3	-0463	+0345	52.7	+40.3	2.81d	+0.65	G0Ⅳ+G7V	-70	≤10	93	35
α TrA	Atria	16 48 40	-69 01.7	+0018	-0033	321.5	-15.3	1.92	+1.44	K2Ⅰb-Ⅲa	-3		8	420
ε Sco	Larawag	16 50 09	-34 17.7	-0612	-0256	348.8	+ 6.6	2.29	+1.15	K2.5Ⅲ	-3		50	65
μ¹ Sco	Xamidimura	16 51 52	-38 02.9	-0009	-0022	346.1	+ 3.9	3.08d	-0.20	B1.5V+B6.5V	-25	239	4	820
κ Oph		16 57 40	+09 22.5	-0293	-0010	28.4	+29.5	3.20	+1.15	K2Ⅲ	-56	<17	38	86
ζ Ara		16 58 37	-55 59.4	-0018	-0035	332.8	- 8.2	3.13	+1.60	K3Ⅲ	-6		6	570
ζ Dra	Aldhibah	17 08 47	+65 42.9	-0021	+0019	96.0	+35.0	3.17	-0.12	B6Ⅲ	-17	31	10	340
η Oph	Sabik	17 10 23	-15 43.5	+0041	+0098	6.7	+14.0	2.43d	+0.06	A2V+A3V	-1	26	39	84
α Her	Rasalgethi	17 14 39	+14 23.4	-0007	+0033	35.5	+27.8	3.08dv	+1.44	M5Ⅰb-Ⅱ+G5Ⅲ+F2V	-33	21	9	380
δ Her	Sarin	17 15 02	+24 50.3	-0021	-0158	46.8	+31.4	3.14	+0.08	A3Ⅳ	-40	290	42	78
π Her		17 15 03	+36 48.6	-0027	+0003	60.7	+34.3	3.16	+1.44	K3Ⅰab	-26	<17	9	370
θ Oph		17 22 01	-24 60.0	-0009	-0024	0.5	+ 6.6	3.27d	-0.20	B2Ⅳ	-2	35	6	560
β Ara		17 25 18	-55 31.8	-0008	-0025	335.4	-11.0	2.85	+1.46	K3Ⅰb-Ⅱa	0		5	600
γ Dra	Rastaban	17 30 26	+52 18.1	-0016	+0012	79.6	+33.3	2.79	+0.98	G2Ⅰb-Ⅱa	-20	13	9	360

*1) α Cen Bの固有名はToliman. α Cen Cの固有名はProxima Centauri

星名	固有名	位置 (J2000) 赤経	赤緯	固有運動 Δαcosδ	Δδ	銀経	銀緯	実視等級V	色指数B-V	スペクトル型	視線速度	回転速度	年周視差	距離
		h m s	° ′	ミリ秒/年	ミリ秒/年	°	°	等	等		km/s	km/s	ミリ秒	光年
υ Sco	Lesath	17 30 46	−37 17.8	−0004	−0029	351.3	− 1.8	2.69	− 0.22	B2IV	8	73	6	520
α Ara		17 31 50	−49 52.6	−0031	−0067	340.8	− 8.8	2.95	− 0.17	B2V ne	0	298	13	240
λ Sco	Shaula	17 33 37	−37 06.2	−0009	−0030	351.7	− 2.2	1.63	− 0.22	B2IV+B	− 3	163	5	700
α Oph	Rasalhague	17 34 56	+12 33.5	+0110	−0223	35.9	+22.6	2.08d	+ 0.15	A5III	13	219	70	47
θ Sco	Sargas	17 37 19	−42 59.9	+0006	−0001	347.1	− 6.0	1.87	+ 0.40	F1II	1	105	12	270
κ Sco		17 42 29	−39 01.8	−0006	−0026	351.0	− 4.7	2.41	− 0.22	B1.5III	−14	131	7	460
β Oph	Cebalrai	17 43 28	+04 34.1	−0041	+0159	29.2	+17.2	2.77	+ 1.16	K2III	−12	≦17	40	82
ι¹ Sco		17 47 35	−40 07.6	+0000	−0006	350.6	− 6.1	3.03	+ 0.51	F2I ae	−28	36	2	1800
G Sco	Fuyue	17 49 52	−37 02.6	+0042	+0028	353.5	− 4.9	3.21	+ 1.17	K2III	25		26	130
γ Dra	Eltanin	17 56 36	+51 29.3	−0009	−0023	79.1	+29.2	2.23	+ 1.52	K5III	−28	<17	22	150
γ² Sgr	Alnasl	18 05 48	−30 25.5	−0056	−0182	0.9	− 4.5	2.99	+ 1.00	K0III	22		34	96
η Sgr		18 17 37	−36 45.8	−0129	−0167	356.4	− 9.7	3.11d	+ 1.56	M3.5III	1		22	150
δ Sgr	Kaus Media	18 21 00	−29 49.7	+0030	−0026	3.0	− 7.2	2.70	+ 1.38	K3-IIIa*	−20		11	310
η Ser		18 21 18	−02 54.2	−0548	−0701	26.9	+ 5.4	3.26	+ 0.94	K0III-IV	9	<19	53	62
ε Sgr	Kaus Australis	18 24 10	−34 23.1	−0040	−0124	359.2	− 9.8	1.85	− 0.03	B9.5III	−15	140	23	140
λ Sgr	Kaus Borealis	18 27 58	−25 25.4	−0045	−0186	7.7	− 6.5	2.81	+ 1.01	K1+IIIb	−43		42	77
α Lyr	Vega	18 36 57	+38 47.1	+0201	+0287	67.4	+19.2	0.03	0.00	A0Va	−14	15	129	25
φ Sgr		18 45 39	−26 59.4	+0051	+0000	8.0	−10.8	3.17d	− 0.11	B8III	22	68	14	230
σ Sgr	Nunki	18 55 16	−26 17.8	+0014	−0053	9.6	−12.4	2.02	− 0.22	B2.5V	−11	201	15	220
γ Lyr	Sulafat	18 58 57	+32 41.4	−0003	+0002	63.3	+12.8	3.24	− 0.05	B9III	−21	76	5	630
ζ Sgr	Ascella	19 02 37	−29 52.8	−0014	+0004	6.8	−15.4	2.60d	+ 0.08	A2III+A4IV	22	72	37	89
ζ Aql	Okab	19 05 25	+13 51.8	−0007	−0095	46.9	+ 3.3	2.99	+ 0.01	A0Vn	−25	331	39	83
π Sgr	Albaldah	19 09 46	−21 01.4	−0001	−0037	15.9	−13.3	2.89d	+ 0.35	F2II	−10	28	7	440
δ Dra	Altais	19 12 34	+67 39.7	+0094	+0092	98.7	+23.0	3.07	+ 1.00	G9III	25	<17	33	100
β Cyg	Albireo	19 30 43	+27 57.6	−0007	−0006	62.1	+ 4.6	3.08d	+ 1.13	K3II+B9.5V+B8Ve	−24	≦25	8	390
δ Cyg	Fawaris	19 44 59	+45 07.9	+0043	+0048	78.7	+10.2	2.87d	− 0.03	B9.5IV+F1V	−20	149	19	170
γ Aql	Tarazed	19 46 16	+10 36.8	+0016	−0003	48.7	− 7.1	2.72	+ 1.52	K3II	− 2	<17	7	460
α Aql	Altair	19 50 48	+08 52.3	+0537	+0386	47.7	− 8.9	0.77	+ 0.22	A7V	−26	242	194	17
θ Aql		20 11 18	−00 49.3	+0035	+0006	41.6	−18.1	3.23	− 0.07	B9.5III	−27	63	11	290
β Cap	Dabih	20 21 01	−14 46.9	+0048	+0014	29.2	−26.4	3.08d	+ 0.79	F8V+A0	−19	54	9	340
γ Cyg	Sadr	20 22 14	+40 15.4	+0002	−0001	78.2	+ 1.9	2.20	+ 0.68	F8Ib	− 8	20	2	1500
α Pav	Peacock	20 25 39	−56 44.1	+0008	−0086	340.9	−35.2	1.94	− 0.2	B2IV	2	39	18	180
α Ind		20 37 34	−47 17.5	+0049	+0066	352.6	−37.2	3.11	+ 1.00	K0IIICN III-IV	− 1		32	100
α Cyg	Deneb	20 41 26	+45 16.8	+0002	+0002	84.3	+ 2.0	1.25	+ 0.09	A2Ia	− 5	21	3	3200
ε Cyg	Aljanah	20 46 13	+33 58.4	+0356	+0330	75.9	− 5.7	2.46	+ 1.03	K0-III	−11	<17	45	72
ζ Cyg		21 12 56	+30 13.6	+0007	−0068	76.8	−12.5	3.2	+ 0.99	G8+III-IIIaBa0.6	17	<17	22	150
α Cep	Alderamin	21 18 35	+62 35.2	+0150	+0048	101.0	+ 9.2	2.44	+ 0.22	A7V	−10	246	67	49
β Cep	Alfirk	21 28 40	+70 33.6	+0013	+0009	107.5	+14.0	3.22d	+ 0.83	B1IV+A2.5V	− 8	28	5	590
β Aqr	Sadalsuud	21 31 34	−05 34.3	+0023	−0007	48.0	−37.9	2.91	+ 0.83	G0Ib	7	18	5	610
ε Peg	Enif	21 44 11	+09 52.5	+0030	+0001	65.6	−31.5	2.39	+ 1.53	K2Ib	5	<17	5	670
δ Cap	Deneb Algedi	21 47 03	−16 07.8	+0263	−0296	37.6	−46.0	2.87d	+ 0.29	Am	− 6	87	85	39
γ Gru	Aldhanab	21 53 56	−37 21.9	+0096	−0012	6.1	−51.5	3.01	− 0.12	B8III	− 2	68	16	200
α Aqr	Sadalmelik	22 05 47	−00 19.2	+0018	−0010	59.9	−42.1	2.96	+ 0.98	G2Ib	8	<17	4	760
α Gru	Alnair	22 08 14	−46 57.7	+0128	−0148	350.0	−52.5	1.74	− 0.13	B7IV	12	236	32	100
α Tuc		22 18 30	−60 15.6	−0071	−0038	330.2	−48.0	2.86	+ 1.39	K3III	42		16	200
β Gru	Tiaki	22 42 40	−46 53.1	+0136	−0005	346.3	−58.0	2.10	+ 1.60	M5III	2		19	170
η Peg	Matar	22 43 00	+30 13.3	+0013	−0026	92.5	−25.0	2.94d	+ 0.86	G2II-III+F0V	4	9	15	210
δ Aqr	Skat	22 54 39	−15 49.3	−0044	−0025	49.6	−60.7	3.27	+ 0.05	A3V	18	71	20	160
α PsA	Fomalhaut	22 57 40	−29 37.4	+0329	−0164	20.5	−64.9	1.16	+ 0.09	A3V	7	100	130	25
β Peg	Scheat	23 03 47	+28 05.0	+0188	+0138	95.7	−29.1	2.42	+ 1.67	M2.5II-III	9		16	200
α Peg	Markab	23 04 46	+15 12.3	+0061	−0043	88.3	−40.4	2.49	− 0.04	B9V	− 4	148	23	140
γ Cep	Errai	23 39 20	+77 38.0	−0049	+0127	119.0	+15.3	3.21	+ 1.03	K1III-IV	−42	<17	73	45

主な星雲・星団 (川崎 渉)

【星雲・星団の分類】

　望遠鏡が登場するよりもずっと以前から，オリオン大星雲（M42）やアンドロメダ銀河（M31）のように，星と違って淡く広がって見える天体が存在することが認識されていた．18世紀になると，望遠鏡を用いた彗星の探索に際して，彗星と紛らわしいそのような天体が数多く存在することがわかり，メシエカタログやNGC，ICといった一覧が作られた．小型望遠鏡でも楽しめる天体が多く含まれているため，これらの天体カタログは現在でもよく使われているが，その中には，光る雲状のもの（星雲）以外に，渦巻状の星雲（銀河）や星の集団（星団）といった異なる種類の天体が含まれる．小型望遠鏡や双眼鏡，肉眼で観察できる星雲・星団は，従来，以下の6種類に大別されてきた．ここではその分類を踏襲しつつ，それぞれの性質について解説する．

1. 散開星団

　数十～数百個程度の星がゆるやかに集合した天体で，天の川に沿って多く見られる．星は暗黒星雲（後述）の中で多数がほぼ同時に誕生するため，誕生したばかりの星は集団をなしており，これが散開星団として認識される．基本的に若い星の集団であるため，青白い星（O型星，B型星）が目立つことが多い．散開星団の星は，初めは密集しながら一緒に銀河系円盤の中を回っているが，暗黒星雲と遭遇するたびに重力的な攪乱を受け，各々の星の速度にわずかな違いが生じてばらばらに離れていき，やがて，星団として認識されるほどではないがほぼ同じ方向に向かって移動する星の集団に変化していく．おおぐま座やその周辺の星ぼしは，ほとんど同じ方向に同じ速度で運動していることが知られており，そのような古い散開星団の名残であると考えられている．M67などのように，50億年程度の年齢を持つ散開星団もあるが多くはない．いずれにせよ，散開星団の星はやがて銀河系の円盤内にばらばらに散らばっていき，太陽のような単独の星になっていく．

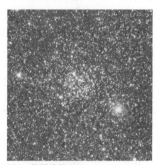

図1　散開星団 M35

2. 球状星団

　球状星団は数十万～百万個の星が球状に密に集

図2　球状星団 M13

合した天体であり, 散開星団と異なって中心部に強く集中した構造を持つ. 銀河系内での空間分布も, 散開星団が銀河円盤内にあるのに対して, 銀河全体を球状に包み込むように分布している. 我々の銀河系だけでなく, アンドロメダ銀河などほかの銀河の周囲にも多数の球状星団が存在することが知られている.

球状星団の星は一般に非常に年老いた星であり, 重元素の割合も太陽の1/100程度と少なく, 銀河系の中でももっとも早い時期に誕生した天体であると考えられている. ただし, 銀河系の隣の銀河である大マゼラン雲には最近できたと思われる若い球状星団が存在するという報告があり, また最近アルマ望遠鏡によって, アンテナ銀河として知られるNGC4038/4039の中に, 球状星団になる直前の状態ではないかと思われる巨大な高密度ガスの塊が初めて発見された. 球状星団の形成プロセスについてはまだよくわかっていないが, そのような問題に対する何らかの手掛かりが得られると期待される. さらに, 我々の銀河系に存在する球状星団の約1/4は, 元もとは銀河系外で作られたものが, 銀河系に取り込まれたのではないかという研究結果もあり, 我々の銀河系の形成・進化過程についても何らかの示唆を与えるものと思われる.

以前は, 星の進化モデルから推定された球状星団の年齢 (140億年～160億年) が銀河の観測から推定された宇宙の年齢 (約120億年) より大きいことが問題とされていたものだったが, その後, Hipparcos衛星の観測から, 球状星団の年齢は従来より小さな100～130億年程度であると推定された. 一方, 宇宙年齢の方も, WMAP衛星などによる精密な宇宙背景放射の観測に基づき約138億年と推定され, 球状星団と宇宙の年齢の矛盾は解消された. 球状星団の年齢推定にもっとも決め手となるのは, 星団までの距離の測定精度である. 2013年末に打ち上げられたHipparcosの後継となるGAIA衛星によって, 球状星団の年齢がより精密に推定できると期待されている.

球状星団は, その中の星どうしに働く重力によって球形を保っている. このようなものを重力多体系という. 球状星団の中心部では星が非常に密集しており (太陽近傍の3万倍以上), このような系の力学的な振る舞いに対する興味から, 計算機を用いたシミュレーションなどの研究がなされている. 一方で, ハッブル宇宙望遠鏡によって中心部まで個々の星が分解された球状星団の画像も得られており, 観測の方面からも球状星団の中心部の様子を具体的に調べることができるようになっている.

球状星団の内部には, 青色はぐれ星やブラックホール, ミリ秒パルサー, 低質量X線連星といった特異な天体が数多く見つかっている. ミリ秒パルサーは数ミリ秒という非常に短い周期で光や電波・X線のパルスを発する天体で, その正体は連星系をなす中性子星であると思われている. 低質量X線連星は中性子星やブラックホールを伴星に持つ近接連星系であり, 光にくらべて100倍ものX線放射を発する. 球状星団の内部では非常に星が密集しているため, 中性子星やブラックホールを含む連星系が作られやすいのではないかと考えられている. 惑星状星雲や, 巨大な塵の雲を内部に持つ球状

星団も見つかっている.

　ちなみに,典型的な球状星団は絶対等級(V)で-7.3等ほどの明るさを持つので,これを利用して近傍銀河までの距離を求めるのに用いられる.

3. 惑星状星雲

　太陽質量の7倍以下程度の中小質量星は,赤色巨星となった後,穏やかに表層のガスを放出して一生を終える.放出されたガスが丸く広がっている様子があたかも惑星のように見えたということから,これを惑星状星雲とよぶ.星雲の中心には元の星の中心核が残っているが,放出されたガスはこの中心核からの紫外線によって電離され,水素や酸素,窒素等の原子に由来する輝線を発する.惑星状星雲の美しい色はこの輝線放射による.

図3　惑星状星雲 M57

　惑星状星雲の形というと,まず,こと座のリング星雲のようにリング状に見えるものを連想するが,ハッブル望遠鏡によって撮影された惑星状星雲にはもっと多彩で複雑な様相を見せるものも多くある.こうした形状・色などの構造は,中小質量星の終末におけるガス放出過程の様子を反映しており,それらを解明するための手がかりになる.ちなみに,赤色巨星から惑星状星雲に移行する前の段階では,中心星の両側に伸びる一対のコンパクトな星雲が見られ,これを原始惑星状星雲とよぶ.原始惑星状星雲では,星雲のガスはまだ電離されていないため,惑星状星雲のような輝線星雲ではなく,反射星雲(後述)として観測される.

図4　惑星状星雲 M27

　球状星団と同様に惑星状星雲もまた,近傍の銀河までの距離を測定するのに用いられる.この場合,たとえば酸素原子の出す波長500.7nmの輝線のみを通すフィルターを用いて観測することによって,銀河の中の惑星状星雲だけをとらえることができる.

　一方,中心に残された星の芯は白色矮星となる.その密度は1立方cmあたり約1トンにもなる.宇宙には,白色矮星やそれが冷えてできた黒色矮星が大量に存在するのではないかと考えられており,宇宙論における最大の謎の一つであるダークマター(暗黒物質)の一つの候補にもされている.

4. 散光星雲

　従来より,宇宙に漂うガスや塵の塊が近くにある星の光を受けて光っている不定形

の星雲を，まとめて散光星雲と称してきた．実際には以下のようなさまざまな天体が該当し，一方でHⅡ領域のことを狭義の散光星雲とするなど，混乱しかねないため，散光星雲という用語はもはや使用すべきではないのだが，ここでは便宜上ひとまとめにして説明を行なう．散光星雲とされる天体には以下のようなものがある．

■HⅡ（エイチ・ツー）領域：生まれたばかりの若い星の周囲の主に水素原子からなるガスが星からの紫外線によって電離し，1万度程度に加熱されて発光しているものである．電離状態の水素原子をHⅡと表記することからこの名がある．代表的な例としてはM8やM42などがある．赤い光は主に水素原子の出すHα線（波長656.3nm）による．暗黒星雲（次項）の中で星が誕生すると，星の周囲の暗黒星雲は星からの強い紫外線放射によって電離され，HⅡ領域となる．そのためHⅡ領域の周囲には暗黒星雲があり，両者が入り組んだ複雑な様相を示し，また散開星団をともなう場合が多い．ばら星雲やM16などがそのよい例である．HⅡ領域は，内部の星からの輻射圧や超新星爆発によって，数百万年後には吹き払われてなくなってしまう．

図5　HⅡ領域 M8

星からの放射によって電離したガスが輝線放射で光っているという意味では，HⅡ領域も惑星状星雲も同じ輝線星雲である．惑星状星雲が単独の白色矮星によって発光するのに対し，HⅡ領域は多数のO型星・B型星によって発光しており，空間的にもより複雑な構造を持つ．我われの銀河系の中では天の川に沿って分布し，ほかの銀河にも多数確

図6　ばら星雲（HⅡ領域・散開星団・暗黒星雲が混在する例）

認されている．大マゼラン雲の中のタランチュラ星雲（NGC2070）や，M33銀河の中のNGC604といった巨大なHⅡ領域はそれ単独で独立したNGC番号が与えられている．渦巻き銀河の腕に沿って，あるいは不規則型銀河の中に存在するが，楕円銀河にはもはやガスがないため，存在しない．

　HⅡ領域は大量の星が作られる現場であり，たとえばオリオン大星雲では，ハッブル望遠鏡による観測で，その内部に多数の原始惑星系円盤が見つかっている．

■反射星雲：星の近くに塵を含むガスの塊がある場合，その星の光を反射・散乱して光って見えるものがあり，これを反射星雲とよぶ．この場合,星の表面温度は約2万度以下である（それよりも温度が高い場合,ガス雲は電離してHⅡ領域になる）．代表的

な例は、プレヤデス星団の星の周囲に見える青白い星雲である。三裂星雲M20にも青味を帯びた反射星雲が存在する。光の散乱は波長の短い青色光の方が強く起こるため、反射星雲は青味を帯びて見える。昼間の空が青く見えるのと同じ理由である。

■**超新星残骸**：太陽質量の7〜8倍以上の大質量星は、超新星とよばれる大爆発を起こして一生を終える。爆発で飛び散ったガスが星雲として見えるものがあり、これを超新星残骸とよぶ。約30年前大マゼラン雲で爆発した超新星1987Aでは、リング状の星周ガスの中央で広がりつつある超新星残骸が観測されている。300〜400年前に爆発したケプラーの超新星やCas Aの場所にもリング状に広がる星雲が見えている。1054年におうし座の方向で爆発した超新星は現在のかに星雲である。さらに古い超新星の残骸として、約1万5千年前に爆発したと思われるはくちょう座の網状星雲がある。

図7　M45の星ぼしの周囲（反射星雲）

図8　超新星残骸 M1

　超新星は、爆発にともなう衝撃波によって周囲のガスを圧縮し、新たな星形成のきっかけを作るほか、自身が超新星残骸として放出したガスを宇宙空間にもどすことによって次の世代の星の原料を供給する。超新星から放出されるガスは、超新星になる前に星の内部での核融合反応によって生成された鉄やケイ素などの重元素を含んでおり、この重元素が惑星や生命の素となってゆく。

5. 暗黒星雲

　極低温（およそ−250〜−260℃）のガスや塵の塊はそれ自身は光を出さず、我われから見ると周囲にくらべてその部分だけ星がない（あるいは少ない）ように見えるため、暗黒星雲とよばれる。ただし、光では見えないが電波で観測することができる。暗黒星雲は水素、一酸化炭素、シアン化水素をはじめとするさまざまな分子を含んでおり、それらの分子が電波を出しているのである。そのため、天文学の世界では、暗黒星雲というよりもむしろ分子雲とよぶのが一般的である。暗黒星雲で

図9　馬頭星雲（暗黒星雲）

342

は，現在でも次つぎと新しい星が生まれており，生まれた星の周囲のガスは電離されてHII領域となる．

1990年代，CGRO衛星に搭載された観測装置EGRETによって，ギガ電子ボルトの超高エネルギーガンマ線のみで観測され，可視光などほかの波長の電磁波で対応天体が見当たらない未同定天体が多数発見されたが，その候補天体の一つとして，暗黒星雲と超新星爆発からの衝撃波面との相互作用領域が提案されている．

6. 銀河

我われの銀河系は2千億個もの星やガス，塵などからなる巨大な天体であるが，宇宙には銀河系と同様な天体がほかにもたくさんあることが知られている．これらを銀河とよぶ．1.～5.の星雲星団はすべて，銀河の中の一小部分である．しかし，昔から数多くの「渦巻星雲」の存在が知られていたにもかかわらず，それらが銀河系外の，銀河系と同等の天体であることが正確に認識されるようになったのは1920年代のことである．

図10 楕円銀河 M87

銀河にはさまざまな形のものがあり，たとえばハッブルの音叉図のように分類されている．円～楕円形をしたものを楕円銀河（E），渦巻状のものを渦巻銀河（S），不規則な形状のものを不規則銀河（Irr）と称する．渦巻銀河のうち中心部に棒状構造が見えるものを棒渦巻銀河（SB）という（最近の観測結果から，銀河系は棒渦巻銀河であると考えられている）．また，形状は楕円銀河に似るが質量が1/100以下しかない矮小楕円銀河（dE）も存在する．さらに，銀河系と同程度の大きさを持ちながら星がきわめて少なく非常に淡い「超拡散銀河（UDG）」や，矮小銀河よりもさらにずっと小型で，矮小銀河と球状星団の間の中間的な性質を持つ「超小型矮小銀河（UCD）」などといった，きわめて観測が困難なため従来まったく知られていなかったタイプの銀河が最近になって我われの近傍宇宙で発見されている．このようなさまざま

図11 渦巻銀河 M101 （正面向き）

図12 渦巻銀河 NGC4565 （横向き）

な形・大きさ・明るさの銀河がそれぞれどのように
してできたのかということは,現在でも最大の
謎の一つである.上に挙げた通常の形態のほか,銀
河どうしの衝突によってリング状など特異な形態
を持つ銀河も見つかっている.我々から50億光
年程度離れたところでは,我々の近傍にくらべ
てこのような特異な形態の銀河が多く見られると
いう報告もある.これは,50億年ほど昔では現在
よりも銀河どうしの衝突が頻繁に起こっていたこ
とを意味しており,銀河の形成や進化を考えるう
えで興味深い.

図13 棒渦巻銀河 M83

　銀河の中で,その中心部から強い光や電波・X
線等を放射するものがある.セイファート銀河や
クェーサー（クェーサーという場合,中心部のみ
を指す）とよばれるものがそれで,クェーサーは
その母体である銀河全体と同程度から100倍程度
という明るさを持っており,遠方のものでは銀河
本体は見えず中心部であるクェーサーだけが見え
ている.銀河の中心には太陽の100万倍から1億倍
程度の質量を持つブラックホールがあり,その周
囲には高速で回転する降着円盤があると考えられ
ている.銀河のガスがその降着円盤に大量に流れ
込むと,重力エネルギーが解放されて強いX線や光
を放射し,これがクェーサーが明るく輝く原因で
あると説明されている.

図14 大マゼラン雲（不規則銀河）

　銀河の多くは,孤立して存在するのではなく集
団をなしている.100個以下程度の小さな集団を
銀河群,それ以上の大規模なものを銀河団とよぶ.
銀河系も例にもれず,大小マゼラン雲やアンドロ
メダ銀河などとともに局部銀河群とよばれる集団
に属している.銀河団どうしはさらに隣り合って,
宇宙空間の中で,宇宙の大規模構造とよばれる網

図15 矮小楕円銀河 M110とM32

目状のネットワークを形成している.銀河団や大規模構造の統計的性質を詳細に調べ
ることによって,宇宙論パラメータのような,宇宙全体の進化に関連する情報や,ダー
クマターの正体に関する情報が得られるだろうと期待されている.

【星雲・星団　相互の関係性】

　上に紹介したさまざまな星雲や星団は,相互に関連し影響をおよぼし合っている.

1. 空間的な関係性

　もっとも大きなスケールの天体は銀河であり,ほかの星雲・星団は銀河の構成要素として,その中に含まれる.球状星団は,可視光で見えないハローとよばれる銀河の外周部にまで広がって分布し,そのほかの星雲・星団は基本的に,渦巻銀河の円盤部や不規則型銀河の内部に分布する.渦巻銀河においては,渦巻腕に沿うように暗黒星雲・散光星雲・散開星団が入り交じり分布するのが見える.惑星状星雲に関しては,銀河円盤内だけでなく,球状星団と同じくその周囲のハロー,さらに,銀河どうしの重力相互作用の結果,銀河間の空間に出て行ったと思われるものも存在することが知られている.これらの星雲・星団の運動や諸性質から,銀河における星形成の歴史や進化についての情報が得られる.

2. 時間的な関係性

　銀河の内部では,星の誕生から死までの過程に結びついて各々の星雲・星団が登場する.まず,星間ガスが自己の重力によって,あるいは外部からの圧力によって圧縮されて暗黒星雲となり,その中で星が生まれると,星の周囲のガスが電離されてHⅡ領域になったり,あるいはガス中の塵粒子が光を散乱することで反射星雲となる.集団で生まれた星は散開星団となり,HⅡ領域や暗黒星雲は数百万年後には星の輻射圧や超新星爆発の衝撃で吹き払われ,希薄な星間ガスにもどる.散開星団は数億年程度経つとばらばらになり,銀河の円盤部に散らばっていく.太陽質量の7〜8倍以上の大質量星は最後は超新星爆発を起こし,そののち10万年程度,超新星残骸となる.一方,中小質量星の最後は,約1万年程度,惑星状星雲として輝く.超新星残骸や惑星状星雲のガスはやがて冷えて,周囲の星間ガスに同化していき,次の世代の星（団）や星雲の素になる.

　球状星団は銀河とほぼ時期を同じくして,銀河の周縁部などで形成され,その内部では,最初はやはり暗黒星雲からの星形成が進行したものと思われる.大質量星は1000万年程度の後に超新星爆発を起こし,その後何らかの理由で球状星団の中のガスは失われ,後に外部から新たなガスが供給されない限り,基本的に星形成は行なわれない.残った中小質量星はやがて赤色巨星を経て惑星状星雲となり,それもやがて消えていく.

　次ページ以降に暗黒星雲を除いた主な星雲・星団の表を掲載する.銀河については10等より明るいもの,それ以外については見やすいもの,写真写りのよいものを記載した.

主な散開星団

NGC / IC	赤経 (2000.0)	赤緯	大きさ 単位(')	光年	距離 (光年)	実視等級	星数	タイプ	星座	備考
581	01^h 33.^{m}3	+60° 42′	5	6	3740	7.4	60	d	カシオペヤ	M103
663	01 46.0	+61 14	11	8	2570	7.1	80	e		
752	01 57.8	+37 40	45	45	3420	7.0	70	d	アンドロメダ	
869	02 19.1	+57 08	36	77	7330	4.4	350	f	ペルセウス	h Per
884	02 22.5	+57 06	36	77	7330	4.7	300	e	〃	χ Per
1039	02 42.0	+42 46	18	7	1430	5.5	80	d	〃	M34
Mel 22	03 46.9	+24 07	100	27	410	1.4	130	c	おうし	M45
Mel 25	04 19.6	+15 38	330	33	130	0.8	40	c	ヒヤデス	
1912	05 28.7	+35 50	20	21	3580	7.4	100	e	ぎょしゃ	M38
1960	05 36.2	+34 08	12	13	3780	6.3	60	f	〃	M36
2099	05 52.3	+32 32	20	27	4720	6.2	150	f	〃	M37
2168	06 08.8	+24 20	40	31	2570	5.3	120	e	ふたご	M35
2287	06 47.1	− 20 46	30	22	2470	5.0	50	e	おおいぬ	M41
2301	06 51.8	+00 27	15	11	2470	5.8	60	d	いっかくじゅう	
2323	07 02.9	− 08 20	16	12	2600	6.9	100	e	〃	M50
2422	07 36.6	− 14 28	25	27	3740	4.5	50	d	とも	M47
2437	07 41.9	− 14 49	24	42	5930	6.0	150	f	〃	M46
2447	07 44.6	− 23 52	25	26	3580	6.0	60	g	〃	M93
2477	07 52.3	− 38 33	25	45	6220	5.7	300	g	〃	
2516	07 58.2	− 60 52	60	78	4300	3.0	80		りゅうこつ	
2546	08 12.5	− 37 38	40	26	2150	4.6	50		とも	
2548	08 13.7	− 05 47	30	27	3090	5.3	80	f	うみへび	M48
2632	08 40.1	+19 59	95	13	510	3.7	75	d	かに	M44
2682	08 51.1	+11 48	15	12	2700	6.1	65	f	〃	M67
3114	10 02.7	− 60 07	30	8	970	4.4	100	e	りゅうこつ	
I. 2602	10 42.8	− 64 23	70	13	650	1.6	32	c	〃	
3532	11 06.5	− 58 40	60	30	1690	3.3	130	f	〃	
Mel 111	12 25.1	+26 07	275	22	270	2.7	30	c	かみのけ	
5822	15 05.2	− 54 20	40	69	5900	6.4	120	d	おおかみ	
6124	16 25.6	− 40 41	25	20	2700	6.3	120	e	さそり	
6167	16 34.4	− 49 36	18	18	3470	6.4	110		さいだん	
H 12	16 56.2	− 40 43	40	14	1230	8.5	200		さそり	
6405	17 40.0	− 32 13	25	13	1850	5.3	50	e	〃	M6
6475	17 54.0	− 34 48	60	22	1230	3.2	50	e	〃	M7
6494	17 57.0	− 19 01	25	33	4490	6.9	120	e	いて	M23
6531	18 04.6	− 22 29	10	8	2960	6.5	50	d	〃	M21
6603	18 18.5	− 18 23	4	19	16300	4.6	50	g	〃	M24
6611	18 18.8	− 13 45	25	39	5410	6.4	55	c	へび	M16
6633	18 27.5	+06 34	20	9	1620	4.9	65	d	へびつかい	
I. 4725	18 31.8	− 19 14	40	21	1790	6.5	50	d	いて	M25
I. 4756	18 39.1	+05 29	70	33	1620	5.1	80	d	へび	
6705	18 51.1	− 06 15	10	16	5670	6.3	200	g	たて	M11
6871	20 05.9	+35 46	37	43	3940	5.6	60		はくちょう	
6940	20 34.6	+28 18	20	55	9380	8.2	100	e	こぎつね	
7092	21 32.2	+48 26	30	7	810	5.2	25	e	はくちょう	M39
7654	23 24.3	+61 35	12	13	3810	7.3	120	e	カシオペヤ	M52
7789	23 57.1	+56 43	30	113	13000	9.6	200	e	〃	

注) タイプは c 〜 g で集中度を表し，g がもっとも集中している．

主な球状星団

NGC	赤経 (2000.0)	赤緯 (2000.0)	大きさ 単位(′)	大きさ 光年	距離 (万光年)	写真等級	タイプ	星座	備考
104	00h24m.1	-72°04′	23.0	147	1.9	3.0	Ⅲ	きょしちょう	47 Tuc
288	00 52.6	-26 35	10.0	137	4.1	7.2	X	ちょうこくしつ	
362	01 02.4	-70 50	5.3	65	4.1	6.8	Ⅲ	きょしちょう	
1851	05 14.0	-40 00	5.3	72	5.4	6.0	Ⅱ	はと	
1904	05 24.3	-24 31	3.2	62	4.3	8.1	V	うさぎ	M79
2808	09 11.9	-64 51	6.3	98	2.6	5.7	I	りゅうこつ	
3201	10 17.6	-46 24	7.7	68	1.5	7.4	X	ほ	
4372	12 26.0	-72 40	12.0	111	2.0	7.8	XⅡ	はえ	
4590	12 39.4	-26 45	2.9	42	3.7	7.6	X	うみへび	M68
4833	12 59.4	-70 52	4.7	23	1.7	6.8	Ⅷ	はえ	
5024	13 13.0	+18 10	3.3	55	6.5	6.9	V	かみのけ	M53
5139	13 26.8	-47 18	23.0	153	1.6	3.0	Ⅷ	ケンタウルス	ω Cen
5272	13 42.3	+28 22	9.8	114	4.5	4.5	Ⅵ	りょうけん	M3
5466	14 05.5	+28 31	5.0	81	4.7	10.0	XⅡ	うしかい	
5897	15 17.4	-21 00	7.3	114	4.5	6.8	XI	てんびん	
5904	15 18.6	+02 05	12.7	130	2.7	3.6	V	へび	M5
5927	15 28.0	-50 39	3.0	59	1.0	8.8	Ⅷ	おおかみ	
5986	15 46.0	-37 46	3.7	59	4.5	7.0	Ⅶ	〃	
6093	16 17.1	-22 59	3.3	55	3.6	6.8	Ⅱ	さそり	M80
6121	16 23.6	-26 30	14.0	95	0.7	5.2	IX	〃	M4
6205	16 41.7	+36 26	10.0	98	2.2	4.0	V	ヘルクレス	M13
6218	16 47.2	-01 57	9.3	98	1.9	6.0	IX	へびつかい	M12
6254	16 57.1	-04 06	8.2	85	1.6	5.4	Ⅶ	〃	M10
6266	17 01.3	-30 07	4.3	46	2.2	7.0	Ⅳ	〃	M62
6273	17 02.6	-26 15	4.3	65	2.2	6.8	Ⅷ	〃	M19
6341	17 17.1	+43 08	8.3	88	3.6	5.1	Ⅳ	ヘルクレス	M92
6333	17 19.2	-18 31	2.4	49	2.6	7.4	Ⅷ	へびつかい	M9
6352	17 25.4	-48 28	2.5	46	1.3	7.9	XI	さいだん	
6362	17 31.8	-67 03	6.7	95	2.2	7.1	X	〃	
6388	17 36.2	-44 45	3.4	55	4.1	7.1	Ⅲ	さそり	
6402	17 37.6	-03 17	3.0	55	2.3	7.4	Ⅷ	へびつかい	M14
6397	17 40.8	-53 41	19.0	101	0.7	4.7	IX	さいだん	
6541	18 08.0	-43 43	6.3	52	1.4	5.8	Ⅲ	みなみのかんむり	
6624	18 23.7	-30 20	2.0	42	4.1	8.6	Ⅵ	いて	
6626	18 24.5	-24 51	4.7	75	1.5	6.8	Ⅳ	〃	M28
6637	18 31.3	-32 20	2.8	68	2.3	7.5	V	〃	M69
6656	18 36.3	-23 55	17.3	111	1.0	6.3	Ⅶ	〃	M22
6681	18 43.2	-32 18	2.5	59	6.5	7.5	V	〃	M70
6715	18 55.2	-30 27	2.1	55	4.9	7.1	Ⅲ	〃	M54
6723	18 59.6	-36 37	5.8	49	3.3	6.0	Ⅶ	〃	
6752	19 10.8	-59 59	13.3	98	2.2	4.6	Ⅵ	くじゃく	
6809	19 40.1	-30 56	10.0	81	1.9	4.4	XI	いて	M55
6838	19 53.7	+18 47	6.1	32	1.8	6.1		や	M71
7078	21 30.0	+12 10	7.4	88	4.9	5.2	Ⅳ	ペガスス	M15
7089	21 33.5	-00 49	8.2	104	5.2	5.0	Ⅱ	みずがめ	M2
7099	21 40.3	-23 11	5.7	75	4.1	6.4	V	やぎ	M30
7492	23 08.3	-15 37	3.3	62	9.5	10.8	XⅡ	みずがめ	

注) タイプはⅠ～Ⅻで集中度を表し, Ⅰがもっとも集中している.

主な惑星状星雲

NGC IC	赤経 (2000.0)	赤緯	大きさ 単位(″)	大きさ 光年	距離 (光年)	写真等級	星　座	備　考
40	00^{h}13^{m}1	+72°31′	60×38	0.95×0.60	3300	10.2	ケフェウス	
246	00 47.2	−12 08	240×210	1.73×1.52	1500	8.5	くじら	
650-1	01 42.0	+51 34	157×87	6.23×3.45	8180	12.2	ペルセウス	M76
1514	04 09.3	+30 46	120×90	2.50×1.88	4300	10.8	おうし	
1535	04 14.3	−12 43	20×17	0.21×0.18	2150	9.3	エリダヌス	
1714	04 52.1	−66 55	8	6.21	16万	10.0	かじき	
I.418	05 27.7	−12 41	14×11	0.51×0.40	7460	12.0	うさぎ	
—	05 43.2	−67 51	420	13.3	6500	10.6	かじき	
I.2149	05 56.3	+46 07	15×10	0.21×0.14	2800	9.9	ぎょしゃ	
2392	07 29.2	+20 54	47×43	0.31×0.28	1360	8.3	ふたご	
2438	07 41.9	−14 43	68	1.78	5410	11.3	とも	
2440	07 42.1	−18 12	54×20	1.70×0.63	6500	11.7	〃	
2867	09 21.4	−58 18	13×11	0.16×0.14	2600	9.7	りゅうこつ	
3132	10 07.1	−40 25	84×53	1.15×0.72	2820	8.2	ほ	
3211	10 17.8	−62 41	14	0.46	6810	11.8	りゅうこつ	
3242	10 24.8	−18 38	40×35	0.37×0.32	1890	9.0	うみへび	木星状
3587	11 14.8	+55 01	203×199	7.34×7.20	7460	12.0	おおぐま	M97 ふくろう
Fg1	11 28.6	−52 55	45×30			11.4	ケンタウルス	
4361	12 24.6	−18 46	81	1.69	4300	10.8	からす	
I.3568	12 33.7	+82 34	18	0.54	6200	11.6	きりん	
I.4406	14 22.5	−44 08	100×37	1.90×0.70	3900	10.6	おおかみ	
5882	15 16.9	−45 38	7	0.13	3710	10.5	〃	
Shapley1	15 51.1	−51 30	72			12.6	じょうぎ	
I.4593	16 11.9	+12 04	15×11	0.24×0.17	3250	10.2	へび	
6153	16 31.4	−40 14	28×21	0.80×0.60	5930	11.5	さそり	
6210	16 44.6	+23 46	20×13	0.25×0.16	2570	9.7	ハルクレス	
6309	17 14.0	−12 55	19×10	0.57×0.30	6190	11.6	へびつかい	
6369	17 29.3	−23 46	28	3.20	23600	9.9	〃	
6543	17 58.6	+66 37	22	0.18	1690	8.8	りゅう	
6572	18 12.1	+06 50	16×13	0.19×0.16	2470	9.6	へびつかい	
6567	18 13.8	−19 04	11×7	0.35×0.22	6500	11.7	いて	
6629	18 25.7	−23 11	16×14	0.55×0.48	7130	10.6	〃	
6720	18 53.6	+33 02	83×59	0.87×0.61	2150	9.3	こと	M57 環状
6741	19 02.6	−00 26	9×7	0.28×0.22	6510	11.7	わし	
6818	19 43.9	−14 08	22×15	0.30×0.21	2830	9.9	いて	
6826	19 44.8	+50 31	27×24	0.22×0.20	1690	8.8	はくちょう	
6853	19 59.6	+22 43	480×240	2.26×1.13	970	7.6	こぎつね	M27 あれい状
6891	20 15.2	+12 42	15×7	0.41×0.19	5670	11.4	わし	
6905	20 22.4	+20 07	44×37	1.52×1.28	7130	11.9	いるか	
7009	21 04.3	−11 21	44×26	0.31×0.18	1430	8.4	みずがめ	土星状
7027	21 07.1	+42 14	18×11	0.31×0.19	3580	10.4	はくちょう	
7048	21 14.2	+46 16	60×50	1.57×1.31	5410	11.3	〃	
7293	22 29.7	−20 47	900×700	2.53×1.97	580	6.5	みずがめ	らせん状
I.1470	23 05.3	+60 15	70×45	2.31×1.49	6810	8.1	ケフェウス	
7635	23 20.7	+61 11	205×180	1.68×1.47	1690	8.5	カシオペヤ	
7662	23 25.9	+42 32	32×28	0.28×0.24	1790	8.9	アンドロメダ	

主な散光星雲

NGC IC	赤経	赤緯	大きさ 単位(′)	大きさ 光年	距離 (光年)	タイプ	星座	備考
	(2000.0)							
281	00ʰ52ᵐ9	+56°37′	27×23	44×37	5500	e	カシオペヤ	
I.1795	02 24.8	+61 53	27×13	44×21	5500	e	〃	
I.1805	02 32.0	+61 28	50×44	37×32	2500	e	〃	
I.1848	02 51.3	+60 25	60×30	38×19	2200	e	〃	
1333	03 29.2	+31 22	9×5	10.2×5.7	3900	c	ペルセウス	
I.349	03 46.2	+23 45	30×30	3.6×3.6	410	c	おうし	メローペ
1499	04 03.3	+36 25	145×40	82×23	2000	e	ペルセウス	カリフォルニア
I.405	05 16.3	+34 19	30×19	19×12	2200	e	ぎょしゃ	
I.410	05 22.6	+33 31	23×20	15×13	2200	c	〃	
1952	05 34.5	+22 01	6×4	12.6×8.34	7200	s	おうし	M1 かに
1973	05 35.2	−04 43	40×25	15.2×9.5	1300	c	オリオン	
1976	05 35.4	−05 22	66×60	25×23	1300	e	〃	M42大星雲
1982	05 35.6	−05 15	20×15	9.6×5.7	1300	ce	〃	M43
I.434	05 41.1	−02 24	60×10	22.7×3.8	1300	ce	〃	馬頭
2070	05 38.5	−69 04	20×20	930×930	16万	e	かじき	毒ぐも
2023	05 41.8	−02 12	10×10	3.8×3.8	1300	ce	オリオン	
2024	05 42.0	−01 49	30×30	11×11	1300	e	〃	
2068	05 46.8	+00 03	8×6	3.7×2.8	1600	c	〃	M78
2071	05 47.2	+00 18	4×3	1.9×1.4	1600	c	〃	
2174-5	06 09.7	+20 30	29×25	27×24	3300	e	〃	
I.443	06 16.9	+22 46	27×5	39.3×7.3	5000	s	ふたご	
2237-9	06 30.3	+05 02	64×61	67×64	3600	e	いっかくじゅう	バラ
2261	06 39.2	+08 43	4×2	2.9×1.5	2500	ce	〃	変形
2264	06 41.2	+09 53	60×30	57×28	3300	e	〃	
I.2177	07 05.5	−10 33	85×25	45×13	1820	e	〃	
3372	10 45.1	−59 40	85×80	89×83	3600	e	りゅうこつ	η カリーナ
I.2944	11 35.9	−63 00	66×36	13.1×7.1	680	c	ケンタウルス	
I.4603-4	16 25.3	−23 27	145×70	16.4×7.9	390	c	へびつかい	
I.4628	16 52.8	−40 23	34×16			e	さそり	
6334	17 20.6	−36 04	20×20	7.2×7.2	1230	c	〃	
6357	17 24.7	−34 09	57×44	54×42	3300	e	〃	
6514	18 02.3	−23 01	29×27	18×17	2200	e	いて	M20 三裂
6523	18 03.1	−24 22	60×35	44×26	2500	e	〃	M8 干潟
6611	18 18.8	−13 45	35×28	46×37	4600	e	へび	M16
6618	18 20.8	−16 09	46×37	43×35	3300	e	いて	M17 オメガ
6729	19 01.8	−36 57	2.5×2	0.31×0.24	420	ce	みなみのかんむり	
6820	19 42.7	+23 05	40×30	76×57	6500	e	こぎつね	
6888	20 12.9	+38 19	18×12	15×10	3000	e	はくちょう	
I.1318	20 23.8	+40 44	85×50	13.6×8.0	550	e	〃	γ Cyg
6960	20 45.7	+30 42	70×6	26.5×2.3	1300	s	〃	網状
I.5067-0	20 48.7	+44 22	85×75	22×20	910	ce	〃	ペリカン
6992-5	20 56.4	+31 41	78×8	29.5×3.0	1300	s	〃	網状
7000	21 01.8	+44 12	120×100	32×26	910	ce	〃	北アメリカ
I.1396	21 39.0	+57 27	165×135	120×99	2500	e	ケフェウス	
7129	21 41.2	+66 05	7×7	7.3×7.3	3600	c	〃	
I.5146	21 53.3	+47 16	12×12	19×19	5500	c	はくちょう	まゆ
7538	23 14.2	+61 29	10×5	26×23	9000	e	ケフェウス	

注) タイプ e：HⅡ領域，c：反射星雲，ce：HⅡ領域と反射星雲が混在するもの，s：超新星残骸

主な銀河

NGC IC	赤 経	赤 緯	大きさ		距離	等級	タイプ	星 座	備 考
	(2000.0)		単位(′)	万光年	(万光年)	(B)			
55	00^{h}15^m.2	−39°13′	32×6	4.0×0.7	420	8.4	SBn	ちょうこくしつ	
205	00 40.4	+41 41	20×10	1.3×0.7	230	8.9	E5	アンドロメダ	M110
221	00 42.7	+40 51	9×7	0.6×0.4	230	9.0	cE2	〃	M32
224	00 42.8	+41 16	191×62	13×4.1	230	4.4	Sb	〃	M31
247	00 47.2	−20 45	21×7	4.7×1.5	750	9.7	Sd	くじら	
253	00 47.6	−25 17	28×7	8.3×2.1	1040	8.0	Sc	ちょうこくしつ	
——	00 52.7	−72 48	316×186	1.5×0.9	22	2.7	Sm	きょしちょう	SMC
300	00 54.9	−37 40	22×16	3.3×2.3	520	8.7	Sd	ちょうこくしつ	
I. 1613	01 04.9	+02 08	16×15	1.1×1.0	230	9.9	Im	くじら	
598	01 33.9	+30 39	71×42	5.4×3.2	260	6.3	Scd	さんかく	M33
628	01 36.7	+15 47	11×10	10×8.7	3160	10.0	Sc	うお	M74
——	02 40.0	−34 26	17×13	0.25×0.18	46	9.0	dE	ろ	ろ
1068	02 42.7	+00 26	7×6	9.7×8.2	4690	9.6	Sb	くじら	M77
1291	03 17.3	−41 06	10×8	8.0×6.6	2800	8.9	SBa	エリダヌス	
1313	03 18.2	−66 29	9×7	3.2×2.4	1210	9.2	SBd	レチクル	
1316	03 22.7	−37 12	12×9	19×14	5510	9.4	S0	ろ	
I. 342	03 46.8	+68 05	21×22	7.9×7.7	1270	9.1	Scd	きりん	
——	05 23.6	−69 44	646×550	3.0×2.6	16	0.9	Sm	テーブルさん	LMC
2403	07 36.9	+65 35	22×12	7.5×4.2	1180	8.9	Scd	きりん	
2903	09 32.2	+21 29	13×6	7.5×3.6	2050	9.7	Sbc	しし	
3031	09 55.5	+69 03	27×14	14×7.3	1790	7.9	Sab	おおぐま	M81
3034	09 55.9	+69 40	11×4	5.8×2.2	1790	9.3	I0	〃	M82
3115	10 05.3	−07 43	7×3	4.6×1.6	2180	9.9	S0	ろくぶんぎ	
3521	11 05.8	+00 01	11×5	7.5×3.5	2350	9.8	Sbc	しし	
3627	11 20.3	+12 59	9×4	5.7×2.6	2150	9.7	Sb	〃	M66
4258	12 19.0	+47 18	19×7	12×4.6	2220	9.1	Sbc	りょうけん	M106
4382	12 25.4	+18 11	7×6	11×8.8	5480	10.0	S0	かみのけ	M85
4406	12 26.2	+12 56	9×6	14×9.2	5480	9.8	E3	おとめ	M86
4449	12 28.2	+44 05	6×4	1.8×1.3	980	10.0	IBm	りょうけん	
4472	12 29.8	+07 59	10×8	16×13	5480	9.4	E2	おとめ	M49
4486	12 30.9	+12 33	8×7	13×11	5480	9.6	cD	〃	M87
4594	12 40.0	−11 37	9×4	17×6.6	6520	9.0	Sa	〃	M104
4631	12 42.2	+32 32	16×3	10×1.8	2250	9.8	SBd	りょうけん	
4649	12 43.7	+11 32	7×6	12×9.6	5480	9.8	E2	おとめ	M60
4736	12 50.9	+41 07	11×9	4.6×3.7	1400	9.0	Sab	りょうけん	M94
4826	12 56.8	+21 41	10×5	3.9×2.1	1340	9.4	Sab	かみのけ	M64
4945	13 05.4	−49 28	20×4	9.9×1.9	1700	9.3	SBcd	ケンタウルス	
5055	13 15.9	+42 02	13×7	8.6×4.9	2350	9.3	Sbc	りょうけん	M63
5128	13 25.5	−43 01	26×20	12×9.3	1600	7.8	S0	ケンタウルス	
5194	13 29.9	+47 11	11×7	8.2×5.0	2510	9.0	Sbc	りょうけん	M51
5236	13 37.0	−29 52	13×12	5.7×5.1	1530	8.2	Sc	うみへび	M83
5457	14 03.3	+54 20	29×27	19×18	2250	8.3	Scd	おおぐま	M101
6744	19 09.7	−63 51	20×13	20×13	3390	9.1	Sbc	くじゃく	
6822	19 45.0	−14 47	16×14	1.0×0.9	230	9.3	IBm	いて	
6946	20 34.8	+60 09	12×10	6.0×5.1	1790	9.6	Scd	ケフェウス	
7793	23 57.8	−32 35	9×6	2.8×1.9	1040	9.6	Sdm	ちょうこくしつ	

注）LMC：大マゼラン雲，SMC：小マゼラン雲，ろ：ろ座矮小銀河

ユリウス日 (相馬 充)

ユリウス日は紀元前4713年1月1日を0日として数えた通日である.

現在, 我われが使っている暦はグレゴリオ暦である. これは太陽暦の一種で, 1年の長さを365日とする (この年は平年と呼ばれる) が, 4年に1回, 西暦年数が4で割り切れる年は閏年とし, 1年の長さを366日とする. ただし, 西暦年数が100で割り切れる年は100で割った数が4の倍数のときに閏年, 4で割りきれないときに平年とする. そのため, 例えば, 2100年, 2200年, 2300年, 2400年は年数が4の倍数だが, このうち, 2100年, 2200年, 2300年は平年, 2400年が閏年となる. これにより, 400年のうち, 閏年は97回, 平年は303回あり, 1年の平均の長さは (365日×303＋366日×97)/400＝365.2425日となって, 実際の季節の巡る周期である1太陽年の365.24219日に近くなっている. このように, 現在の暦は1年の日数が変化する上に, 1ヵ月の長さも1月は31日, 2月は28日 (閏年は29日) などと異なるから, 年月日が与えられた2つの間に何日あるか等を計算するのに困難が生じる. ユリウス日を使えば, このような計算を簡単に行うことができる.

グレゴリオ暦はローマ教皇グレゴリウス13世が1582年に制定した暦で, 西洋では, それ以前は, 4年ごとに閏年になるユリウス暦が使われていた. ユリウス暦の1582年10月4日の翌日を同年10月15日とし, つまり10日を飛ばして, グレゴリオ暦に改めたのである. これは, 西暦325年に開かれたニカイアの宗教会議で春分の日を3月21日と決めたのに, 1582年のころには実際の春分の日が3月11日のころになってしまっていたためである. なお, ユリウス暦からグレゴリオ暦に変えた年は国によって異なり, 例えば, イギリスでは1752年9月2日までユリウス暦を使用し, その翌日を同年9月14日としてグレゴリオ暦を採用した. 日本では長い間, 太陰太陽暦を使用していたが, 明治5年12月2日の翌日を明治6年 (西暦1873年) 1月1日としてグレゴリオ暦を採用した.

A表とB表はグレゴリオ暦による1970〜2070年のユリウス日を求めるための表である. A表を使って年からaの値を求め, 月からbの値を求める. ユリウス日＝a＋b＋日で与えられた年月日のユリウス日が求められる. 例題で使い方を示す.

例題 2024年3月20日のユリウス日を求める. A表から2024年に対してa＝2460310. 2024年は閏年であるから, B表から3月に対してb＝60. したがって, ユリウス日＝2460310＋60＋20＝2460390.

年月日から表を使わずにユリウス日JDを計算で求めることもできる.

$$JD = (年＋4800－(14－月)/12)×1461/4 ＋ (月＋(14－月)/12×12－2)×367/12$$
$$－(年＋4900－(14－月)/12)/100×3/4 ＋ 日 －32075$$

ここで斜線で示したのは割り算で, 小数点以下を切り捨て, 整数値にすることを意味する. この式はグレゴリオ暦に対するもので, ユリウス暦に対するユリウス日が必要な

ときは次の式を用いる. 割り算は上と同様に行うこととする.

$$JD = (年 + 4800 - (14 - 月)/12) \times 1461/4 + (月 + (14 - 月)/12 \times 12 - 2) \times 367/12$$
$$+ 日 - 32113$$

逆に, ユリウス日が与えられたときに, それに対応する年月日を計算で求める方法も紹介しておく. ユリウス日JDから次の計算を行う. 割り算は上で説明したように, 整数の範囲で行うこととする. 同じ変数が何度も現れるが, それらは同じ値を表しているのではなく, イコール (=) は右辺の計算値を左辺の変数の値とするという意味で用いているので, 同じ変数でも値は変化する. この計算の結果, 得られたIの値が年, Jの値が月, Kの値が日である. これはグレゴリオ暦の年月日である.

$$L = JD + 68569 ; N = 4 \times L/146097 ; L = L - (146097 \times N + 3)/4 ;$$
$$I = 4000 \times (L + 1)/1461001 ; L = L - 1461 \times I/4 + 31 ; J = 80 \times L/2447 ;$$
$$K = L - 2447 \times J/80 ; L = J/11 ; J = J + 2 - 12 \times L ; I = 100 \times (N - 49) + I + L$$

ユリウス日で時刻まで表す場合は, 世界時 (または地球時) から12時間を減じて時刻を日の小数にする. 例として2024年3月20日9時 (世界時) のユリウス日を求める. 12時間を減じて2024年3月19日21時. 2024年3月19日のユリウス日は2460389. また, 21時を日の小数にして0.875. したがって求めるユリウス日は2460389.875.

A表 (1970～2070年) 1月0日12時のユリウス日 (a) 表

年	a	年	a	年	a	年	a	年	a
1970	2440587	1990	2447892	2010	2455197	2030	2462502	2050	2469807
1971	2440952	1991	2448257	2011	2455562	2031	2462867	2051	2470172
1972	2441317	1992	2448622	2012	2455927	2032	2463232	2052	2470537
1973	2441683	1993	2448988	2013	2456293	2033	2463598	2053	2470903
1974	2442048	1994	2449353	2014	2456658	2034	2463963	2054	2471268
1975	2442413	1995	2449718	2015	2457023	2035	2464328	2055	2471633
1976	2442778	1996	2450083	2016	2457388	2036	2464693	2056	2471998
1977	2443144	1997	2450449	2017	2457754	2037	2465059	2057	2472364
1978	2443509	1998	2450814	2018	2458119	2038	2465424	2058	2472729
1979	2443874	1999	2451179	2019	2458484	2039	2465789	2059	2473094
1980	2444239	2000	2451544	2020	2458849	2040	2466154	2060	2473459
1981	2444605	2001	2451910	2021	2459215	2041	2466520	2061	2473825
1982	2444970	2002	2452275	2022	2459580	2042	2466885	2062	2474190
1983	2445335	2003	2452640	2023	2459945	2043	2467250	2063	2474555
1984	2445700	2004	2453005	2024	2460310	2044	2467615	2064	2474920
1985	2446066	2005	2453371	2025	2460676	2045	2467981	2065	2475286
1986	2446431	2006	2453736	2026	2461041	2046	2468346	2066	2475651
1987	2446796	2007	2454101	2027	2461406	2047	2468711	2067	2476016
1988	2447161	2008	2454466	2028	2461771	2048	2469076	2068	2476381
1989	2447527	2009	2454832	2029	2462137	2049	2469442	2069	2476747
1990	2447892	2010	2455197	2030	2462502	2050	2469807	2070	2477112

B表　各月1日までの通日 (b) 表

	1月	2月	3月	4月	5月	6月	7月	8月	9月	10月	11月	12月
平年	0	31	59	90	120	151	181	212	243	273	304	334
閏年	0	31	60	91	121	152	182	213	244	274	305	335

最近の「時」 <small>(相馬 充)</small>

　日本でテレビなどで通報され，日常使用している日本標準時JSTは協定世界時UTCを9時間進めた時刻である．UTCは国際原子時TAIの秒を刻みながら，必要に応じてうるう秒を挿入または削除することによって，天文観測から定められる世界時UT1との差が±$0^s\!.9$以内になるように管理されている時刻である．UT1を知るために必要な$\varDelta$UT1＝UT1−UTCの値を表1に示す．以前の値については昨年以前の天文年鑑を参照のこと．前回のうるう秒の挿入は2017年1月1日0時UTCになされた．図1には1980年以降の地球の自転周期の24時間からのずれの変化を示した．図を見ると，1999年ごろから2006年ごろまで，地球の自転周期がそれ以前に比べて短くなり，自転速度が速くなったことが分かる．そのため，1999年初めからの7年間には，うるう秒挿入がなかった．2017年以降はさらに自転速度が速くなっている．UT1は恒星時を求める際に必要になる時刻である（p.110-111参照）．

　小惑星や彗星などの天体を観測した場合，観測時刻はJSTまたはUTCで与えられるが，観測を軌道計算に使用するには，天体暦で使用される地球時TT（従来の力学時TDと同じ）に変換する必要がある．TTは国際原子時TAIと TT＝TAI＋$32^s\!.184$の関係にある．TAIとUTCの差は1972年以降常に整数秒で，2024年初めは37^sであり，TT＝UTC＋$69^s\!.184$の関係がある．定数$69^s\!.184$はUTCにうるう秒が挿入される度に1^sずつ増加する（表2参照）．

　うるう秒は将来の挿入時期が定まっていないため，コンピューター内部の時計が誤作動する可能性があるなどの理由で廃止論が出てきた．UT1とUTCの差の許容範囲の±$0^s\!.9$を±1^mあるいは±1^hなどと拡大し，実質的にうるう秒を廃止しようというのである．そのため，時刻の管理を担う国際組

表1　過去1年間の$\varDelta$UT1

日	付		$\varDelta$UT1	日	付		$\varDelta$UT1
年	月	日	s	年	月	日	s
2022	6	29	− 0.072	2023	1	5	− 0.018
	7	9	− 0.062			15	− 0.018
		19	− 0.051			25	− 0.015
		29	− 0.042		2	4	− 0.013
	8	8	− 0.033			14	− 0.012
		18	− 0.025			24	− 0.013
		28	− 0.016		3	6	− 0.016
	9	7	− 0.011			16	− 0.021
		17	− 0.009			26	− 0.024
		27	− 0.005		4	5	− 0.026
	10	7	− 0.004			15	− 0.030
		17	− 0.005			25	− 0.033
		27	− 0.009		5	5	− 0.036
	11	6	− 0.013			15	− 0.042
		16	− 0.017			25	− 0.046
		26	− 0.020		6	4	− 0.046
	12	6	− 0.019			14	− 0.043
		16	− 0.018			24	− 0.040
		26	− 0.018		7	4	− 0.034

表2　近年のTAI−UTCとTT−UTC

期			間 (UTC)			TAI − UTC	TT − UTC
年	月	日	年	月	日	s	s
1990	1	1 ～	1990	12	31	25.0	57.184
1991	1	1 ～	1992	6	30	26.0	58.184
1992	7	1 ～	1993	6	30	27.0	59.184
1993	7	1 ～	1994	6	30	28.0	60.184
1994	7	1 ～	1995	12	31	29.0	61.184
1996	1	1 ～	1997	6	30	30.0	62.184
1997	7	1 ～	1998	12	31	31.0	63.184
1999	1	1 ～	2005	12	31	32.0	64.184
2006	1	1 ～	2008	12	31	33.0	65.184
2009	1	1 ～	2012	6	30	34.0	66.184
2012	7	1 ～	2015	6	30	35.0	67.184
2015	7	1 ～	2016	12	31	36.0	68.184
2017	1	1 ～				37.0	69.184

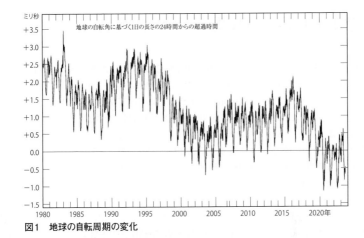

図1　地球の自転周期の変化

織の会議「国際度量衡総会」は2022年11月の会議で，UT1とUTCの差の許容範囲をどこまで拡大するかを2035年までに決定することを目指すこととした.

　福島県大鷹鳥谷山に国立研究開発法人情報通信研究機構NICTの1局目の標準電波送信所が，また，佐賀県と福岡県の境界の羽金山に2局目の標準電波送信所が建設され，それぞれ，1999年6月10日と2001年10月1日より長波標準電波の送信を行っている.送信周波数は40kHzと60kHz，呼び出し符号はJJYである.これに伴い，従来の短波JJYは廃止された.長波JJYでは年月日・曜日・時刻などの情報がタイムコードで通報され，電波時計などに利用されやすくなっている.標準電波が短波局から長波局に切り替えられたのは，長波の方が電離層の影響を受けにくく精度が安定していること，長波の時報による電波時計が開発され使用されていることなどがあげられる.ただし，一般に市販されている電波時計は電波を受信して自動修正した直後でも，内部処理をして表示するまでに要する時間約0.2秒の遅れがあるのが一般的であり，その遅れの量も時間や機種により差があるため，精密な時刻測定に使用するには注意が必要である.なお，BPM（中国），BSF（台湾），HLA（韓国），WWVH（ハワイ）などの外国の報時信号はこれまで同様に利用できる.ただし，BPMは毎時25〜29分と55〜59分にUT1を通報しているので，利用の際は注意する必要がある.

　NICTは2022年6月，光格子時計を参照して標準時を生成することに世界で初めて成功したと発表した.NICTが自前で生成する標準時の精度は，世界の原子時計の平均として決められるUTCに対して，20nsから5ns以内に向上した.光格子時計とは原子の光学遷移を利用した原子時計である光時計の1種で，東京大学の香取秀俊教授が2001年に考案したもの.従来の原子時計は原子のマイクロ波遷移の周波数を利用していた.

冷却CCD/CMOS・デジタル一眼カメラ

（岡野邦彦）

　2023年7月末での主な機種をまとめた．冷却CCDおよびCMOSカメラ（表1）は，アマチュア向け機種の主なものをイメージセンサー別に整理してある．デジタル一眼カメラ（表2）では，センサーが35mm判フルサイズ以下の天文用にも適した主な機種を掲載し，発売時期とおおよその市販価格（税込）も併記した．図1には各種データを掲載している．

　冷却カメラはCMOSへの移行が進み，冷却CCDカメラは8機種まで減っている．TELEDYNE 2EVのCCDを搭載の2機種は，用途別にCCD表面コーティングの種類が選べる特殊な機種で，裏面照射型※なので量子効率が93％に達する．その特性を図1-Cに示した（※：回路がない裏側から光を当てることで高感度にした素子）．冷却CMOSカメラは29機種を掲載した．表中の17のCMOS素子のうち，12素子が裏面照射型（仕様欄#）である．新登場のLI3030SAMは従来の35MMFHDXSMより大幅に赤外領域の感度が高くなっている．図1-Aにそれらの分光感度特性を示す．かつての高感度CCDのような特性で，研究用途だけでなく，赤外線も多く出す銀河などでの撮像では高感度の威力を発揮するだろう．

　デジタル一眼カメラでは，超高速の電子シャッターも可能な機種が多くなったが，天文用途を考えて，表1では機械式シャッター使用時の数値に統一した．ペンタックスはRGBフィルターがないモノクロCMOSを採用したK-3 MarkⅢ Monochromeを発売した．デジタル一眼でのLRGB撮影も可能となり，高感度，高精細を活かした天体撮像でも威力を発揮しそうだ．なお，このモノクロCMOSは赤外ブロックフィルターレスではない．ミラーレス機の電子式ファインダー解像度も944万ドットの機種が3機種になり，ますます高精細化が進む．キヤノンは，2021年発売のEOS R3に自社開発初の裏面照射型CMOSを初めて採用したが，新登場のEOS R6 MarkⅡでは，素子規格はまったく同じながら裏面照射型は採用されなかった．同じことがOM SYSTEM（旧オリンパス）の製品にも見られる．先に発売した最上位機OM-1には裏面照射型CMOSが載ったが，同じ素子規格のOM-5では採用が見送られている．ソニーは，フルサイズカメラで画素ピッチを最小3.7μmから最大8.4μmまで裏面照射型CMOSの機種をそろえ，感度と解像度の組み合わせをユーザーが選べる商品体系である．富士フイルムは，RGB各画素の配置をモアレが出にくい形式に工夫した新CMOS※を，X-H2Sに続き，新機種X-T5でも採用し，光学ローパスフィルターレス#も継承している（※：従来のベイヤー配列と異なり，画素並びの，どの列，どの行，どの対角線にもG（緑）画素が存在する配列．#：境界線や点像で偽色の発生を防止する光学的拡散フィルタを省くこと）．

　図1 A～Dに代表的なイメージセンサーの分光感度特性を示す. Hα (656nm), Hβ (486nm), OⅢ (500nm) の輝線位置も示してある. E1, E2, F1には, カラー分解撮像に使われるRGBフィルターの透過特性を, F2に水素のHαとHβ, 酸素のOⅢ, 硫黄のSⅡの各輝線のみを透過するナローバンドフィルター, および金星撮像などで使用される紫外光透過フィルターの特性例を示す.

表1　主な冷却CCD＆CMOSカメラの性能・仕様

型　番	仕様	受光面 mm×mm	解像度	画素ピッチ μm	画素数 万	最大感度波長 nm	最大量子効率 %	飽和電荷 万e	対応するイメージセンサーを採用した主な冷却CCDカメラ		
									SBIG [CCD] (2) BITRAN [BJ/BH/CS]	ATIK [Atik] (2) ZWO[ASI] (3)	QHY(4)
TELEDYNE E2V (CCD)											
CCD47-10 %	M#	13.3×13.3	1056×1027	13	100	575	93	10		CCD47-10	
CCD77-00 %	M#	12.3×12.3	512×512	26.2	26.2	575	93	30		CCD77-00	
SONY (CCD)											
ICX285AL	M	8.98×6.7	1392×1040	6.5	140	540	65	2.7		Atik314L	
ICX285AQ	C	8.8×6.6	1360×1024	6.5	140	460, 540, 620	n/a	2.7		Atik314L	
ICX694ALG	M	12.5×10.0	2750×2200	4.5	600	540	77	2.0		Atik460EX	
ICX694AQG	C	14.6×12.8	2758×2208	4.5	600	460, 540, 620	n/a	2.0		Atik460EX	
ICX814ALG	M	12.5×10.0	3380×2704	3.7	910	540	77	1.5		Atik490EX	
ICX814AQG	C	12.5×10.0	3380×2704	3.7	910	460, 540, 620	n/a	1.5		Atik490EX	
SONY (CMOS)											
IMX071	C	23.8×15.8	4952×3288	4.8	1600	460, 525, 610	n/a	4.6		ASI 071MC	
IMX128	C	36.0×24.1	6036×4028	5.9	2400	n/a	n/a	7.4		ASI 2400MC	QHY128C
IMX183	M#	14.9×8.8	5496×3672	2.4	2000	550	84	1.5		ASI 183MM/GT	QHY183M
IMX183	C#	14.9×8.8	5496×3672	2.4	2000	460, 525, 600	84	1.5		ASI 183MC	QHY183C
IMX294	M#	19.3×12.9	4164×2794	4.6	1170	515	90	6.4		ASI 294MM	QHY294M
IMX294	C#	19.3×12.9	4164×2794	4.6	1170	465, 525, 615	75	6.4		ASI 294MC	QHY294C
IMX432	M#	14.4×9.9	1604×1100	9.0	176	580	77	10	BJ-70M	ASI 432MM	
IMX461	M#	43.8×32.8	11656×8742	3.7	10000	535	80	5.0	BJ-71M	ASI 461MM	
IMX455	M#	36.0×24.0	9576×6388	3.7	6120	525	85	5.1	BJ-72M	ASI 6200MM	QHY600
IMX455	C#	36.0×24.0	9576×6388	3.7	6120	n/a	80	5.1		ASI 6200MC	
IMX533	M#	11.3×11.3	3008×3008	3.8	900	525	80	5.0		ASI 533MM	
IMX533	C#	11.3×11.3	3008×3008	3.8	900	470, 525, 610	80	5.0		ASI 533MC	
IMX571	M#	23.5×15.7	6248×4176	3.7	2600	530	90	5.0	BJ-73M	ASI 2600MM	QHY268M
IMX571	C#	23.5×15.7	6248×4176	3.7	2600	470, 530, 600	80	5.0		ASI 2600MC	QHY268C
Canon (CMOS)											
LI3030SAM*	M	41.0×24.3	2160×1280	19	276	550	85	n/a	CS-702M* BH-67M*		
35MMFHDXSM	M	38.0×21.4	2000×1128	19	226	510	82	n/a	BH-60M		
Panasonic (CMOS) *											
MN34230*	C	17.6×13.3	4656×3520	3.8	1600	460, 545, 605	60	2.0		ASI 1600GT*	

%: ABGなし. *: 新発売の冷却カメラやイメージセンサー. M: モノクロイメージセンサー　C: カラーイメージセンサー　#: 裏面照射型イメージセンサー n/a: (公表値が見つからなかったもの). (1)ビットラン株式会社. (2)SBIG, ATIK製品輸入総代理店国際光器. (3)ZWO製品国内総代理店: エレクトリックシープ. (4)QHYCCD製品国内総代理店: 天文ハウスTOMITA.

356

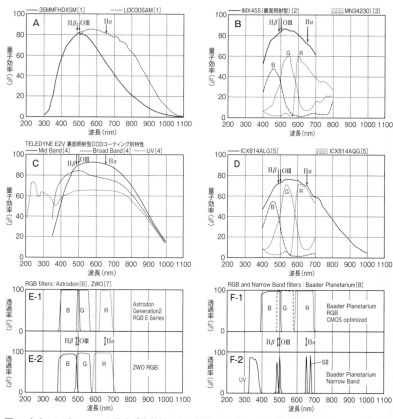

図1 主なCCDとCMOSの分光感度特性と主な撮像用フィルターの分光透過特性

A：35MMFHDXSMとLI3030SA，B：IMX455とMN34230，C：TELEDYNE E2V裏面照射型CCD（コーティング別），
D：ICX814ALGとICX814AQG．E-1，E-2，F-1：RGB分解フィルター，F-2：各種ナローバンドフィルター．

参考資料

[1] 35MMFHDXSMとLI3030SA：*canon.jp/business/solution/indtech/cmos/lineup/li3030*
[2] IMX455：*www.baader-planetarium.com/en/blog/comparing-the-imx455-industry-grade-and-kai-11002-35mm-format-monochrome-sensors/*
[3] MN34230：*www.electricsheep.co.jp/astroshop/images/asimcc05d.jpg*
    www.gophotonics.com/products/cmos-image-sensors/panasonic-corporation/21-215-mn34230
[4] Teledyne-E2V：*www.teledyne-e2v.com/en/solutions/scientific/scientific-ccd-image-sensors/*
[5] ICX814：*www.1stvision.com/cameras/sensor_specs/ICX814.pdf*
    ピーク量子効率値はICX694からの推定．
[6] ASTRODON：*astrodon.com*
[7] ZWO：*astronomy-imaging-camera.com/product/zwo-2-lrgb-filters/*
[8] Baader：*www.baader-planetarium.com/en/baader-lrgb-filter-set-%E2%80%93-cmos-optimized.html*

表2　主なデジタル一眼カメラの性能・仕様

機種名	新機種	ミラー形式	画面サイズ mm×mm	有効画素数 万	画素ピッチ μm	記録ビット数 bits	設定感度 最小/最大 ISO	ボディー質量 g	シャッター速度設定（電子式含めず）	ビューファインダー	その他天文関連機能	発売時期市場価格（税抜）
キヤノン												
EOS-1D-X Mark III		可動ミラー	35.9×23.9	2010	6.6	14	50 409600	1440	1/8000～30秒 Bulb*	光学式	ガウス型光学ローパスフィルター	2020年2月 96万円前後
EOS R3		ミラーレス	36.0×24.0	2410	6.0	14	50 204800	1015	1/8000～30秒 Bulb*	電子式 576万ドット	自社裏面照射CMOS SD/CFデュアルスロット	2021年11月 86万円前後
EOS R6 Mark II	◎	ミラーレス	36.0×24.0	2010	6.6	14	50 204800	670	1/8000～30秒 Bulb*	電子式 369万ドット	SDダブルスロット	2022年12月 40万円前後
EOS R7		ミラーレス	22.3×14.8	3230	3.2	14	100 32000	612	1/8000～30秒 Bulb*	電子式 236万ドット	デュアルピクセルCMOS	2022年6月 20万円前後
EOS R8	◎	ミラーレス	36.0×24.0	2410	6.0	14	50 204800	461	1/4000～30秒 Bulb*	電子式 236万ドット	軽量・フルサイズ	2023年4月 26万円前後

＊：時間上限なし.

機種名	新機種	ミラー形式	画面サイズ mm×mm	有効画素数 万	画素ピッチ μm	記録ビット数 bits	設定感度 最小/最大 ISO	ボディー質量 g	シャッター速度設定（電子式含めず）	ビューファインダー	その他天文関連機能	発売時期市場価格（税抜）
ニコン												
D6		可動ミラー	35.9×23.9	2082	6.4	12/14	100 3280000	1450	1/8000～30秒 Bulb*, Time	光学式	CF, XQD両対応	2020年6月 91万円前後
Z 9		ミラーレス	35.9×23.9	4571	4.3	14	32 102400	1340	1/32000～30秒 Bulb*, Time	電子式 369万ドット	裏面照射CMOS CF/XQDスロット	2021年12月 77万円前後
Z 8	◎	ミラーレス	35.9×23.9	4571	4.3	14	32 102400	910	1/32000～30秒 Bulb*, Time	電子式 369万ドット	裏面照射型CMOS CF/XQDスロット	2023年5月 60万円前後
Z 7II		ミラーレス	35.9×23.9	4575	4.3	12/14	32 102400	705	1/8000～900秒 Bulb*, Time	電子式 369万ドット	比較明/加算合成$	2020年12月 43万円前後
Z 6II		ミラーレス	35.9×23.9	2450	5.9	12/14	50 204800	705	1/8000～900秒 Bulb*, Time	電子式 369万ドット	比較明/加算合成$	2020年11月 29万円前後

＊：時間上限なし.　$：SDダブルスロット.

機種名	新機種	ミラー形式	画面サイズ mm×mm	有効画素数 万	画素ピッチ μm	記録ビット数 bits	設定感度 最小/最大 ISO	ボディー質量 g	シャッター速度設定（電子式含めず）	ビューファインダー	その他天文関連機能	発売時期市場価格（税抜）
ペンタックス（リコーイメージング製）												
K-1 Mark II #		可動ミラー	35.9×24.0	3640	4.9	14	100 819200	1010	1/8000～30秒 Bulb*, Time	光学式	天体追尾機能 ローパスセレクタ	2018年4月 26万円前後$
K-3 Mark III #		可動ミラー	23.3×15.6	2573	3.8	14	100 1600000	820	1/8000～30秒 Bulb*, Time	光学式	SDダブルスロット	2021年4月 21万円前後
K-3 Mark III Monochrome #	◎	可動ミラー	23.3×15.6	2573	3.8	14	100 1600000	820	1/8000～30秒 Bulb*, Time	光学式	ローパスセレクタ SDダブルスロット	2023年4月 33万円前後

#：光学ローパスフィルターレス.　＊：時間上限なし.　$：Limitedボディ (33万円前後).

機種名	新機種	ミラー形式	画面サイズ mm×mm	有効画素数 万	画素ピッチ μm	記録ビット数 bits	設定感度 最小/最大 ISO	ボディー質量 g	シャッター速度設定（電子式含めず）	ビューファインダー	その他天文関連機能	発売時期市場価格（税抜）
OM SYSTEM（OMデジタルソリューションズ）												
OM-1		ミラーレス	17.4×13.0	2037	3.4	12	80 102400	599	1/8000～60秒 Bulb, Time	電子式 576万ドット	裏面照射CMOS, 星空AF 長時間手持ちアシスト	2022年3月 26万円前後
OM-5	◎	ミラーレス	17.4×13.0	2037	3.4	12	64 25600	414	1/8000～60秒 Bulb, Time	電子式 236万ドット	防滴耐低温ボディ 星空AF	2022年11月 16万円前後

機種名	新機種	ミラー形式	画面サイズ mm×mm	有効画素数 万	画素ピッチ μm	記録ビット数 bits	設定感度 最小/最大 ISO	ボディー質量 g	シャッター速度設定（電子式含めず）	ビューファインダー	その他天文関連機能	発売時期市場価格（税抜）
ソニー												
α1		ミラーレス	35.9×23.8	5010	4.2	14	50 102400	737	1/8000～30秒 Bulb*	電子式 944万ドット	メモリ内蔵 裏面照射CMOS	2021年3月 91万円前後
α9 II		ミラーレス	35.6×23.8	2420	5.9	14	50 204800	678	1/8000～30秒 Bulb*	電子式 369万ドット	メモリ内蔵 裏面照射CMOS	2019年11月 63万円前後
α7 IV		ミラーレス	35.9×23.9	3300	5.1	14	50 204800	658	1/8000～30秒 Bulb*	電子式 369万ドット	of同シャッター閉	2021年12月 37万円前後
α7R V #	◎	ミラーレス	35.7×23.8	6100	3.7	14	50 102400	723	1/8000～30秒 Bulb*	電子式 944万ドット	裏面照射CMOS, $	2022年11月 56万円前後
α7S III		ミラーレス	35.6×23.8	1210	8.4	16/14	40 409600	614	1/8000～30秒 Bulb*	電子式 944万ドット	大画素8.4μm角 裏面照射CMOS, $	2020年10月 50万円前後

#：光学ローパスフィルターレス.　＊：時間上限なし.　$：SDダブルスロット.

機種名	新機種	ミラー形式	画面サイズ mm×mm	有効画素数 万	画素ピッチ μm	記録ビット数 bits	設定感度 最小/最大 ISO	ボディー質量 g	シャッター速度設定（電子式含めず）	ビューファインダー	その他天文関連機能	発売時期市場価格（税抜）
富士フイルム												
X-H2S		ミラーレス	23.5×15.6	2616	3.8	14	80 51200	660	1/8000～15分	電子式 576万ドット	モアレ防止配列 裏面照射CMOS	2022年7月 33万円前後
X-T5 #	◎	ミラーレス	23.5×15.7	4020	3.0	14	64 51200	557	1/8000～30分 Bulb*	電子式 369万ドット	モアレ防止配列 裏面照射CMOS	2022年11月 26万円前後

#：光学ローパスフィルターレス.　＊：最長60分.

機種名	新機種	ミラー形式	画面サイズ mm×mm	有効画素数 万	画素ピッチ μm	記録ビット数 bits	設定感度 最小/最大 ISO	ボディー質量 g	シャッター速度設定（電子式含めず）	ビューファインダー	その他天文関連機能	発売時期市場価格（税抜）
パナソニック												
LUMIX S1H		ミラーレス	35.6×23.8	2420	5.9	14	50 204800	1164	1/8000～60秒 Bulb*	電子式 576万ドット	SD ダブルスロット	2019年9月 39万円前後
LUMIX S1R #		ミラーレス	36.0×24.0	4730	4.3	14	50 51200	1016	1/8000～60秒 Bulb*	電子式 576万ドット	SD/XQD ダブルスロット	2019年3月 45万円前後
LUMIX S5 II #	◎	ミラーレス	35.6×23.8	2420	5.9	14	50 204800	740	1/8000～60秒 Bulb*	電子式 368万ドット	SD ダブルスロット	2023年2月 25万円前後

#：光学ローパスフィルターレス.　＊：最長30分.

天体撮影の露出データ <small>(天文年鑑編集部)</small>

表1　原板上のスケール

レンズの焦点距離	35mm判カメラの画角		対角線	像の大きさ				1mm当りの角度	月の像(31′)
				15″	1′	15′	1°		
				mm	mm	mm	mm		
21mm	81°	×59°	92°	0.0015	0.006	0.09	0.37	2°.7	0.19
28	65°	×46°	75°	0.0020	0.008	0.12	0.49	2°.0	0.25
35	54°	×38°	62°	0.0025	0.010	0.15	0.61	1°.6	0.32
50	40°	×27°	46°	0.0036	0.015	0.21	0.87	1°.2	0.45
55	36°	×25°	43°	0.004	0.016	0.24	0.96	1°.0	0.50
85	25°50′	×16°00′	28°30′	0.006	0.025	0.37	1.48	41′	0.77
105	19°30′	×13°00′	23°20′	0.008	0.031	0.46	1.83	33′	0.95
135	15°10′	×10°10′	18°	0.010	0.04	0.59	2.36	25′	1.2
180	11°30′	×7°40′	13°40′	0.013	0.05	0.79	3.14	19′	1.6
200	10°20′	×6°50′	12°20′	0.015	0.06	0.87	3.49	17′	1.8
300	6°50′	×4°30′	8°10′	0.022	0.09	1.31	5.24	11′	2.7
400	5°10′	×3°30′	6°10′	0.03	0.12	1.75	6.98	9′	3.6
500	4°10′	×2°40′	5°	0.04	0.15	2.18	8.73	7′	4.5
800	2°30′	×1°40′	3°	0.06	0.24	3.05	13.93	5′	7.2
1000	2°00′	×1°20′	2°30′	0.08	0.31	4.36	17.45	4′	9.0

表2　月と惑星と衛星の露出時間表

標準露出時間表 (直焦点、拡大撮影とも感度ISO100～125、フィルムの場合)

天体		F	5.6	8	11	16	22	32	45	64	90	128	180
月	二日月地球照		8秒	16秒	32秒	秒	秒	秒	秒	秒	秒	秒	秒
	三日月形		1/30	1/15	1/8	1/4	1/2	1	2	4			
	五日月形		1/60	1/30	1/15	1/8	1/4	1/2	1	2	4		
	半月(下弦、上弦)		1/125	1/60	1/30	1/15	1/8	1/4	1/2	1	2	4	
	月齢11形		1/250	1/125	1/60	1/30	1/15	1/8	1/4	1/2	1	2	4
	満月		1/500	1/250	1/125	1/60	1/30	1/15	1/8	1/4	1/2	1	2
惑星	水星		1/1000	1/500	1/250	1/125	1/60	1/30	1/15	1/8	1/4	1/2	1
	金星		1/8000	1/4000	1/2000	1/1000	1/500	1/250	1/125	1/60	1/30	1/15	1/8
	火星		1/500	1/250	1/125	1/60	1/30	1/15	1/8	1/4	1/2	1	2
	木星		1/125	1/60	1/30	1/15	1/8	1/4	1/2	1	2	4	8
	土星		1/30	1/15	1/8	1/4	1/2	1	2	4	8		
	天王星		1/8	1/4	1/2	1	2	4	8				
衛星	木星四大衛星		2	4	8								
	土星ティタン		4	8									

表3 大気の減光による補正

高度	減光量	露出倍数
	等級	倍
天頂	0.00	1.00
50°	0.06	1.06
40	0.1	1.10
30	0.2	1.20
25	0.3	1.32
15	0.7	1.91
10	1.0	2.51
8	1.2	3.02
6	1.5	3.98
4	2.0	6.31
2	3.1	17.38

天体の高度が低くなるにともない、露出を増す目安。透明度が悪いとさらに増える。

天体写真のほとんどは圧倒的に便利なデジタルに移行しているが、それでもまだフィルムでの撮影を好まれる人もあり、ここではそのための撮影データのいくつかを念のために紹介してある。もちろんデジタル撮影でも参考になることだろう。

表4　星を点像に写す表

		固定撮影での露出時間 (上段:0.03mm、下段:0.05mm)									ガイド星のずれの許容量
	赤緯	赤道	10°	20°	30°	40°	50°	60°	70°	80°	
レンズの焦点距離	20mm	21秒 / 34	21秒 / 35	22秒 / 36	24秒 / 40	27秒 / 45	32秒 / 53	41秒 / 69	60秒 / 100	118秒 / 197	3′36″
	24mm	17 / 29	17 / 29	18 / 30	20 / 33	22 / 37	27 / 44	34 / 57	50 / 84	99 / 165	2′52″
	28mm	15 / 24	15 / 25	16 / 26	17 / 28	19 / 32	23 / 38	29 / 49	43 / 72	85 / 141	2′23″
	35mm	12 / 20	12 / 20	13 / 21	14 / 23	15 / 26	18 / 30	24 / 39	34 / 57	68 / 113	1′54″
	50mm	8 / 14	8 / 14	9 / 15	10 / 16	11 / 18	13 / 21	16 / 27	24 / 40	47 / 79	1′22″
	85mm	5 / 8	5 / 8	5 / 9	6 / 9	6 / 11	8 / 13	10 / 16	14 / 24	28 / 46	50″
	135mm	3 / 5	3 / 5	3 / 5	4 / 6	4 / 7	5 / 8	6 / 10	9 / 15	18 / 29	30″

表5　部分日食の食分による露出補正

食分	露出倍数
0%	1.0倍
60%	2.0
80%	3.0
95%	4.0

部分日食の食分の小さい場合は食分による露出補正はほとんど必要ない。

表6　日・月多重撮影の継続可能時間の目安

35mm判			6×4.5cm判			6×6cm判			6×7cm判			6×9cm判		
焦点距離	対角線	継続時間	焦点距離	対角線	継続時間	焦点距離	対角線	継続時間	焦点距離	対角線	継続時間	焦点距離	対角線	継続時間
mm	°	分	mm	°	分	mm	°	分	mm	°	分	mm	°	分
35	63	248	55	65	260	65	63	252	55	78	312	65	75.7	302
50	46	184	75	50	200	105	41	164	75	61	244	100	53.5	214
105	23.3	94	105	29	116	180	25	100	105	45	180	150	37.2	148
135	18.2	72	150	26	104	250	18	72	165	30	120	250	22.8	91

画面の対角線上に太陽や月を一列に並べて写す場合で，露出時間の間隔はできるだけ正確にすること．時間の間隔は5分前後の等間隔が適当．太陽や月のカメラ画角内での移動方向の見当を間違えないように．

表7　月食撮影のための露出時間表

感度 食分	ISO100		ISO400		ISO1600		ISO3200	
	F	露　出	F	露　出	F	露　出	F	露　出
半影食（満月）	8	1/250～1/500秒	11	1/500～1/1000秒	16	1/1000～1/2000秒	16	1/2000～1/4000秒
欠け始め,終わり	8	1/125～1/250	11	1/250～1/500	16	1/500～1/1000	16	1/1000～1/2000
20　%	8	1/125～1/250	11	1/250～1/500	16	1/500～1/1000	16	1/1000～1/2000
40　%	8	1/60 ～1/125	11	1/125～1/250	16	1/250～1/500	16	1/500～1/1000
60　%	8	1/30 ～1/60	11	1/60 ～1/125	16	1/125～1/250	16	1/250～1/500
80　%	8	1/8 ～1/15	11	1/15 ～1/30	16	1/30 ～1/60	16	1/60 ～1/125
皆既の始め,終わり	4	2　～1	5.6	1　～1/2	8	1/2 ～1/4	8	1/4 ～1/8
皆既中	4	10　～5	5.6	5　～3	8	3　～1	8	1　～1/2

月食時の月面の明るさは毎回違いがあるため，露出を変えて数枚撮影しておくのが無難．皆既中の暗い月面や月食時の月の地平線が低いときには大気の減光による補正値を考慮に入れる．

表8　減光フィルターを使用した太陽面撮影のための露出時間表

D4 フィルター（露出倍数10,000倍）					ND400+ND8フィルター（露出倍数3,200倍）					D5 ソーラー・フィルター（露出倍数100,000倍）				
ISO F	100	200	400	800	ISO F	100	200	400	800	ISO F	100	200	400	800
8	1/8000秒	－ 秒	－ 秒	－ 秒	8	－ 秒	－ 秒	－ 秒	－ 秒	8	1/800秒	1/1600秒	1/3200秒	1/6400秒
11	1/4000	1/8000	－	－	11	－	－	－	－	11	1/400	1/800	1/1600	1/3200
16	1/2000	1/4000	1/8000	－	16	1/6400	－	－	－	16	1/200	1/400	1/800	1/1600
22	1/1000	1/2000	1/4000	1/8000	22	1/3200	1/6400	－	－	22	1/100	1/200	1/400	1/800
32	1/500	1/1000	1/2000	1/4000	32	1/1600	1/3200	1/6400	－	32	1/50	1/100	1/200	1/400

上表は太陽撮影のための露出時間の目安で，前後一段階ずつ露出を変えてテスト撮影しておき，自分の光学系での適正露出や露出補正値を事前に求めておくことが必要．部分日食ではその値に食分に応じた露出表を作成しておくようにする．ND400+ND8フィルターの組合せではその露出倍数は3200倍になる．ソーラーフィルターはD5（露出倍数10万倍）相当の対物レンズ側に取り付ける蒸着フィルターでの例．

表9　固定撮影の限界等級（ISO100, 天の赤道）

		レンズの有効径（mm）									赤緯による補正	
		10	15	20	25	30	35	40	50	60	赤緯	最終等級の のび
レンズの焦点距離	mm										0°	0.0等
	35	6.2	7.1	7.7	8.2	8.6	9.0				20	0.1
	50	5.9	6.8	7.4	7.8	8.2	8.6	9.0			50	0.4
	85	5.3	6.2	6.8	7.3	7.7	8.0	8.3	8.8		70	1.0
	105	5.0	5.9	6.5	7.0	7.4	7.8	8.1	8.9		80	1.6
	135	4.8	5.7	6.3	6.8	7.2	7.5	7.8	8.3	8.7	85	2.2
	200	4.4	5.2	5.9	6.3	6.7	7.1	7.3	7.9	8.3	89	3.7

設定感度が2倍になると，この表よりもさらに0.8等級程度の暗い星まで写せる．単位は等級．

天体望遠鏡データ (西條善弘)

■天体の眼視観測, 写真撮影でよく使われる望遠鏡の光学計算式一覧表

主に眼視観測に使う式
　倍率＝望遠鏡対物レンズ（あるいは主鏡）の焦点距離／接眼レンズの焦点距離
　　　＝tan（見かけ視界／2）／tan（実視界／2）
　集光力＝（望遠鏡の有効口径／瞳孔の直径）^{2}
　分解能（ドーズの限界）＝115″.8／mmで表わした望遠鏡の有効口径
　射出瞳の直径＝望遠鏡の有効口径／倍率
　光明度＝（射出瞳の直径）^{2}

主に直接焦点写真撮影に使う式
　対角線画角＝2×tan^{-1}（撮影画面の対角線の長さの1／2／焦点距離）
　撮影画面中心での対象天体の大きさ＝2×焦点距離×tan（対象天体の視半径）
　F数＝焦点距離／望遠鏡対物レンズ（あるいは主鏡）の有効口径
　口径比＝1／F数＝望遠鏡対物レンズ（あるいは主鏡）の有効口径／焦点距離
　像面深度＝2×F数×許容できる像のボケ直径

主に拡大写真撮影に使う式
　拡大率＝（拡大用レンズからフィルム面までの距離／拡大用レンズの焦点距離）－ 1
　合成焦点距離＝望遠鏡対物レンズ（あるいは主鏡）の焦点距離×拡大率
　合成F数＝合成焦点距離／望遠鏡の有効口径
　対象天体の像の大きさ＝2×合成焦点距離×tan（対象天体の視半径）

※望遠鏡の有効口径, 望遠鏡対物レンズ（あるいは主鏡）の焦点距離, 接眼レンズの焦点距離, 接眼レンズの見かけ視界は機材に標記してある.
※撮影画面の対角線の長さは354～357ページの冷却CCDカメラの受光面サイズないしデジタル一眼レフカメラの画面サイズから算出して用いればよい.

■天体望遠鏡のエアリーディスクの直径

　光は波の性質を持つので, 天体望遠鏡に入射してきた恒星からの光は, 対物レンズ（あるいは主鏡）の縁の部分で回折現象を生じる. このため, 幾何学的には面積のない完全な1点の恒星像が得られる無収差の天体望遠鏡でも, 実際の恒星像は完全な点像にはならず, 同心の多重リングをともなった微小面積のある円盤像となる（このような回折像になるのは, 屈折望遠鏡のような入射瞳の形が円形の場合に限られる. 斜鏡や2次鏡をスパイダーで支えている反射望遠鏡の場合は, それの回折像も加わる）. この中心部の円盤像をエアリーディスクという. エアリーディスクの直径は光の波長λと望遠鏡のF数によって決まる. 下表によって示した値は, 暗所での視感度が高い波長 λ＝507nm（＝0.000507mm）と, 光学計算で主に使われるd線の波長 λ＝588nm（＝0.000588mm）を採用したときの, 望遠鏡の対物レンズ（あるいは主鏡）のF数に対するエアリーディスクの直径d_Aである.

無収差で円形開口の天体望遠鏡による恒星像
図はわかりやすく表示するためにコントラストを非常に強調してある. 実際の光環はこれよりも非常に淡い.

F数	1.0	1.4	2.0	2.8	4.0	5.6	8.0	11	16
$d_A$mm　λ＝507mm	0.0012	0.0017	0.0025	0.0035	0.0049	0.0069	0.0099	0.0136	0.0198
λ＝588mm	0.0014	0.0020	0.0029	0.0040	0.0057	0.0080	0.0115	0.0158	0.0230

エアリーディスクの直径d_A＝2.44×波長λ×F数

■天体望遠鏡の分解能

天体望遠鏡で2点として見分けられる等光二重星の最小の離角を分解能という。望遠鏡の分解能はその有効口径によって決まる。眼視観測での分解能は、W. R. ドーズの実験式から導かれる値が一般に用いられる。回折理論では、接近した2点の回折像の中心間の距離が、そのエアリーディスクの半径だけ離れる時の角度を分解能と定めてある。以下の表にドーズの分解能 ε_1 と回折理論の分解能 ε_2 を示す。

角距離0″.5	角距離0″.6	角距離0″.7
見分けられない	見分けられる限界	見分けられる

無収差で円形開口の口径200mm天体望遠鏡で観察した等光二重星

有効口径 ϕ mm	25	50	65	75	100	125	150	200	250	300	400	500	600	800
ε_1	4″.6	2″.3	1″.8	1″.5	1″.2	0″.9	0″.8	0″.6	0″.5	0″.4	0″.3	0″.2	0″.2	0″.1
ε_2 (λ=507nm)	5″.1	2″.6	2″.0	1″.7	1″.3	1″.0	0″.9	0″.6	0″.5	0″.4	0″.3	0″.3	0″.2	0″.1

$\varepsilon_1 = 115''.8 / \phi$ mm　　　　$\varepsilon_2 = 251575'' \times \lambda / \phi$ mm

■望遠鏡で眼視観測をしたときの限界等級

天体望遠鏡を使って見ることのできる最も暗い恒星の等級をその望遠鏡の限界等級という。以下に、肉眼の瞳孔直径を7mm、肉眼での限界等級を6.0等とした場合の、口径別の限界等級を示す。

有効口径（mm）	25	50	65	75	100	125	150	200	250	300	400	500
限界等級（等）	8.8	10.3	10.8	11.1	11.8	12.3	12.7	13.3	13.8	14.2	14.8	15.3

$m_t = m_e + 5\log(\phi_t / \phi_e)$

m_t：望遠鏡での限界等級　　m_e：肉眼での限界等級　　ϕ_t：望遠鏡の有効口径　　ϕ_e：瞳孔の直径

■MTFと遮断空間周波数

MTF（Modulation Transfer Function 変調伝達関数）とは、像がどの程度まで物体のコントラストを再現しているか、その度合いを空間周波数特性として表現したものである。物体の明暗模様が細かくなる（つまり空間周波数が高くなる）ほど、コントラスは低くなる（つまりMTFが低下する）という性質がある。明暗模様が細かくなるとやがて像の明暗差は完全に失われるが、このときの像の明暗模様を見分けられなくなる細かさの限界が遮断空間周波数である。遮断空間周波数 ν は次の式で求められる。

$$\nu = 1 / (\lambda F) = D / (\lambda f)$$

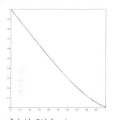

D は有効口径、f は焦点距離、F はF数、λ は光の波長である。遮断空間周波数は、たとえばデジタル撮影機材を使って望遠鏡が検出できる惑星面の模様の限界を見積もるときに有意である（実視でそこまで見分けられるというわけではない）。

無収差、円形開口の望遠鏡のMTF曲線を右図に示す。横軸は遮断空間周波数で正規化してある。

■望遠鏡が結ぶ像の明暗模様の周波数限界とイメージセンサーのナイキスト周波数

イメージセンサーの表面に整然と並ぶセルの間隔（ピクセルピッチ）によって、完全に記録できる像の明暗の細かさが決まる。ピクセルピッチを d とするとき、

$$\nu_n = 1 / (2d)$$

で求められる ν_n をナイキスト周波数という。像の明暗周波数が、このナイキスト周波数よりも小さければ、1次元方向に見て像の明暗は完全に記録できる。したがって天体望遠鏡の遮断空間周波数 ν と、イメージセンサーのナイキスト周波数 ν_n が

$$\nu_n \geqq \nu$$

であれば、その望遠鏡が結ぶ像の明暗模様の細かさの限界まで画像に記録できる。しかしふつうの天体望遠鏡の対物レンズとイメージセンサーの組み合わせでは $\nu_n < \nu$ であり、この条件を満たさない。この条件を満たすための最低必要倍率 M は

$$M = (2d) / (\lambda F)$$

で計算できる。F は対物レンズのF数、λ は光の波長である。

■波面誤差によるMTFの低下

対物レンズないしは主鏡の補正過剰（過修正）や補正不足（負修正）で球面収差があるとき，MTFは低下する．その様子を図とシミュレーション画像で示す．波面誤差λ/8では劣化は非常に小さく，λ/4でも充分小さいのでこれを高倍率性能をねらうときの許容誤差とすることが多い．

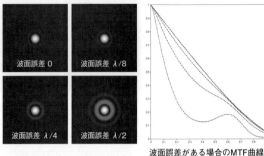

波面誤差がある場合のMTF曲線

■副鏡遮蔽によるMTFの低下

ニュートン式反射望遠鏡の写真や，カセグレン式反射望遠鏡の副鏡のように，入射光束を遮るものがある場合もMTFは低下する．その様子を図とシミュレーション画像で示す．この場合の遮蔽率とは，主鏡の直径に対する副鏡ないしは斜鏡の直径の割合を指す．これらには副鏡金具を支えるスパイダーの影響は加味していない．

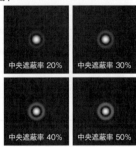
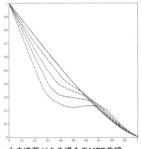

中央遮蔽がある場合のMTF曲線

■極軸の設定誤差による追尾誤差

赤道儀の極軸方向が，天の極に対して，時角H_Pの方向に角距離ε_Pの大きさの据え付け誤差があるとき，赤緯δ，時角Hの位置にある天体をt時間追尾した後の，時角方向の追尾角距ΔH，赤緯方向の追尾誤差の角距離$\Delta\delta$は以下の式で表わされる．（注；H, H_P, t は^{hms}単位なので，実際に計算を行なうときは，「°」単位に直す．）

$$H' = H - H_P$$
$$\Delta H = \varepsilon_P \tan\delta \left[\sin(H'+t) - \sin(H') \right]$$
$$\Delta\delta = \varepsilon_P \left[\cos(H'+t) - \cos(H') \right]$$

全体での追尾誤差の角距離$\Delta\varepsilon$の余弦は

$$\cos\Delta\varepsilon = \sin\delta\sin(\delta+\Delta\delta) + \cos\delta\cos(\delta+\Delta\delta)\cos\Delta H$$

で与えられるので，焦点距離fの望遠鏡での焦点面での星像の流れの大きさΔdは以下の式で表わされる．

$$\Delta d = f \tan\Delta\varepsilon$$

この式を逆に利用すると，天体の追尾誤差から極軸を修正する方向と量がわかる．

■ガイド星のずれを利用した極軸の簡易修正

望遠鏡視野内のガイド星のずれる方向から，極軸の向きを修正する簡易的な方法を下表に示す．ずれ量と修正量の具体的な数値は「極軸の設定誤差による追尾誤差」で与えられた式に準ずるが，くり返し試みることで許容範囲に修正できる．

北半球での場合	極軸高度の修正		極軸方位の修正	
ガイド星の時角と赤緯	$H=18^h$ $\delta=45°$ 付近		$H=0^h$ $\delta=0°$ 付近	
ガイド星のずれる方向	北	南	北	南
極軸の向きの修正方向	下	上	東	西

■大気差

地表から天体を観察すると，大気による光線の屈折現象のために，天体は下表のように実際よりも浮き上がって見える．これを大気差という．大気差は望遠鏡の表示系，追尾系に誤差となって現われる．大気差の角度$R_{(Z)}$は天頂距離zで決まり，以下の実験式でも実用的な値が平均値として表現できる．

$R_{(Z)} = 58\overset{''}{.}3 \tan z$

$R_{(Z)}$の赤経方向の成分$\varDelta a$，赤緯方向の成分$\varDelta \delta$，時角方向の成分$\varDelta H$は次式で表わされる．

$\varDelta a = -R_{(Z)} \sin \eta \, \sec \delta$　　　$\varDelta \delta = R_{(Z)} \cos \eta$　　　$\varDelta H = -\varDelta a$

式中のδは天体の赤緯，ηは天体が天頂と極に張る角である．

見かけの高度	真の高度	大気差	見かけの高度	真の高度	大気差	見かけの高度	真の高度	大気差
0°	− 35′ 22″	35′ 22″	6°	5° 51′ 31″	8′ 29″	20°	19° 57′ 21″	2′ 39″
1	35 16	24 44	7	6 52 36	7 24	30	29 58 19	1 41
2	1° 41 33	18 27	8	7 53 26	6 34	40	39 58 50	1 10
3	2 45 33	14 27	9	8 54 07	5 53	50	49 59 11	49
4	3 48 13	11 47	10	9 54 41	5 19	60	59 59 26	34
5	4 50 07	9 53	15	14 56 25	3 35	70	69 59 39	21

■大気差を補正するための赤道儀の極軸モータードライブのスピード設定値

天体の見かけの日周運動による速さは，大気差によって連続的な変動を受ける．大気差に適当な平均値を採用すると，大気差による赤経方向の追尾誤差をきわめて小さくできる極軸の運動速度（秒/回転）の値が，観測する天体の赤緯と時角，観測地の緯度から算出できる．下の表は北緯35度における大気差を補正した極軸の回転速度（秒/回転）を，天体の赤緯，時角ごとに表わしたものである．赤緯方向の修正は，先に示した大気差の赤緯方向の成分を時間で微分すると得られる．

時角／赤緯	0ʰ／24ʰ	1ʰ／23ʰ	2ʰ／22ʰ	3ʰ／21ʰ	4ʰ／20ʰ	5ʰ／19ʰ	6ʰ／18ʰ	7ʰ／17ʰ
+80°	86129.81	86134.24	86146.75	86165.13	86185.77	86203.99	86214.56	86212.80
+60	86148.11	86150.66	86158.22	86170.49	86186.97	86206.97	86229.36	86212.80
+40	86161.09	86162.87	86168.39	86178.29	86194.45	86222.42	86282.56	86492.46
+35	86164.09	86165.76	86171.00	86180.71	86197.50	86229.70	86312.88	86753.14
+20	86173.27	86174.77	86179.69	86189.93	86211.63	86270.66	86582.55	—
0	86188.09	86189.81	86196.16	86212.09	86260.09	86522.36	—	—
−20	86213.04	86216.66	86231.60	86281.85	86564.96	—	—	—
−40	86292.01	86315.41	86448.02	87856.73	—	—	—	—

$$86164.09 + 24 \times \left\{ \frac{\cos \varphi}{\cos \delta} \left[\frac{\cos \varphi \cos \delta + \sin \varphi \sin \delta \cos H}{(\sin \varphi \sin \delta + \cos \varphi \cos \delta \cos H)^2} \right] - \cot \varphi \tan \delta \cos H \right\}$$

恒星時運転=86164.09秒/回転　　φ；観測地の緯度　δ；天体の赤緯　H；天体の時角

■望遠鏡と赤道儀の機械的誤差による位置表示エラーの補正

アマチュア向け天体望遠鏡でとくに誤差が多いと思われる，極軸の設定誤差，機械的組立誤差，鏡筒のたわみによる誤差から生じる表示位置エラーを補正する式を示す．総合的な補正量は，これらの和で表わされる．さらに精度を上げるには，赤緯軸のたわみ，極軸のたわみ，大気差，基点とした天体の位置セット誤差（零点誤差），ギヤ系の周期的誤差の項を加えるとよい．

誤　　　差	略　　号	時角方向の補正量	赤緯の補正量
極軸の設定誤差	極からの離角 ε_p 時角H_p	$\varepsilon_p \sin (H - H_p) \tan \delta$	$\varepsilon_p \cos (H - H_p)$
極軸と赤緯軸の直交誤差	角度誤差 k	$k \tan \delta$	———
極軸と望遠鏡の光軸の平行誤差（赤経方向の誤差）	角度誤差 c	$c \sec \delta$	———
水平状態の鏡筒のたわみによる鉛直方向の視準誤差	視準誤差 ω_D	$\omega_D \sin z \sin \eta \, \sec \delta$	$\omega_D \sin z \cos \eta$

H；導入した天体の時角　δ；導入した天体の赤緯　η；天体から天頂と極に張る角　z；天頂距離

星　図 （渡辺和郎）

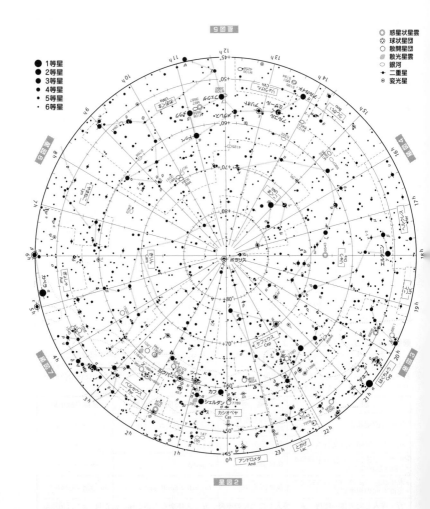

星図凡例

◎ 惑星状星雲
✵ 球状星団
◌ 散開星団
▨ 散光星雲
░ 銀河
╋ 二重星
◉ 変光星

● 1等星
● 2等星
● 3等星
• 4等星
· 5等星
· 6等星

星図2

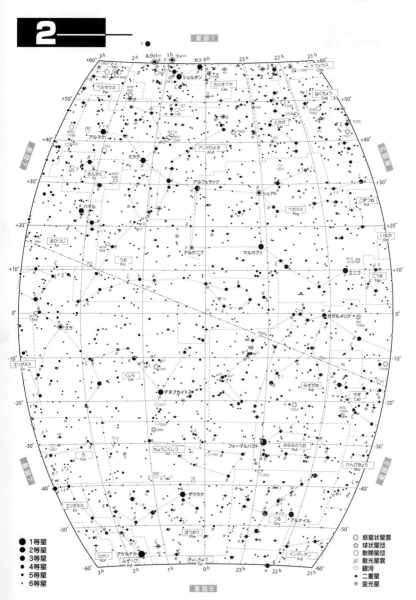

2

星図1

+60° 3h 2h ルクバー 1h ツィー カフ 0h 23h 22h 21h +60°

ケフェウス
Cep

ペルセウス
Per

シェルダン

カシオペヤ
Cas

はくちょう
Cyg

+50° +50°

とかげ
Lac

M76
650

アルマク

M31
224

アンドロメダ
And

+40° +40°

ミラク

こぎつね
Vul

さんかく
Tri

M33
598

アルフェラッツ

シェアト

+30° +30°

ハマル

ペガスス
Peg

いるか
Del

おひつじ
Ari

うお
Psc

アルゲニブ

マルカブ α

エニフ

こうま
Equ

+20° +20°

+10° +10°

M2
2089

サダルメリク

ミラ

0° 0°

エリダヌス
Eri

くじら
Cet

みずがめ
Aqr

-10° -10°

デネブカイトス

やぎ
Cap

-20° -20°

ちょうこくしつ
Scl

フォーマルハウト

みなみのうお
PsA

けんびきょう
Mic

-30° -30°

ザウラク

-40° -40°

エリダヌス
Eri

ほうおう
Phe

つる
Gru

アルナイル

インディアン
Ind

-50° -50°

とけい
Hor

アケルナル

みずへび
Hyl

きょしちょう
Tuc

-60° 3h 2h 1h 0h 23h 22h 21h -60°

星図8

● 1等星
● 2等星
● 3等星
● 4等星
· 5等星
· 6等星

◎ 惑星状星雲
✧ 球状星団
◇ 散開星団
◇ 散光星雲
◯ 銀河
•—• 二重星
⊙ 変光星

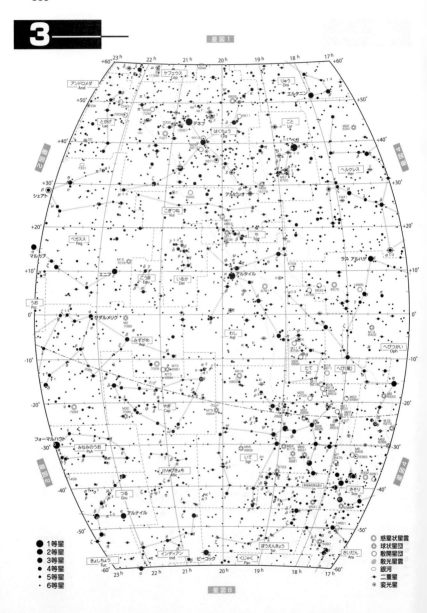

星図3

凡例:
- 1等星
- 2等星
- 3等星
- 4等星
- 5等星
- 6等星

◎ 惑星状星雲
✷ 球状星団
✳ 散開星団
▨ 散光星雲
○ 銀河
✦ 二重星
◉ 変光星

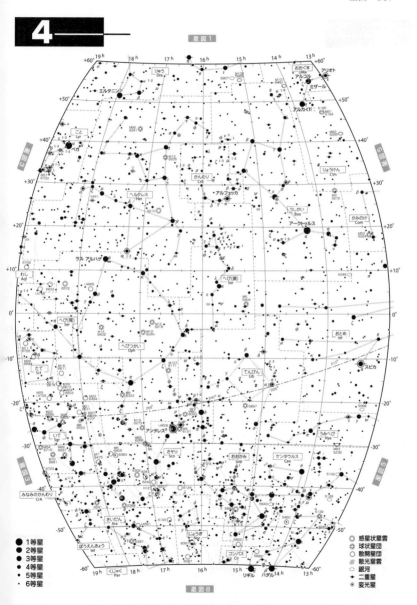

星図 1

| +60° | 19 h | 18 h | 17 h | 16 h | 15 h | 14 h | 13 h | +60° |

4

星図 2

星図 5

星図 3

星図 8

● 1等星
● 2等星
● 3等星
● 4等星
・ 5等星
・ 6等星

◎ 惑星状星雲
✳ 球状星団
○ 散開星団
▨ 散光星雲
○ 銀河
" 二重星
◉ 変光星

星図 8

5

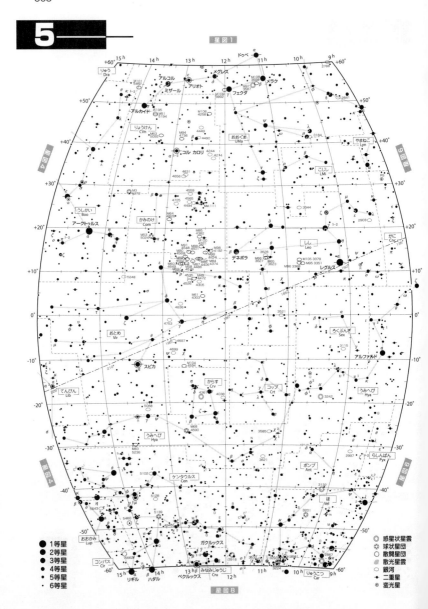

星図1

星図8

◎ 惑星状星雲
✪ 球状星団
○ 散開星団
▨ 散光星雲
▨ 銀河
＋ 二重星
⊛ 変光星

● 1等星
● 2等星
● 3等星
● 4等星
· 5等星
· 6等星

6

星図1

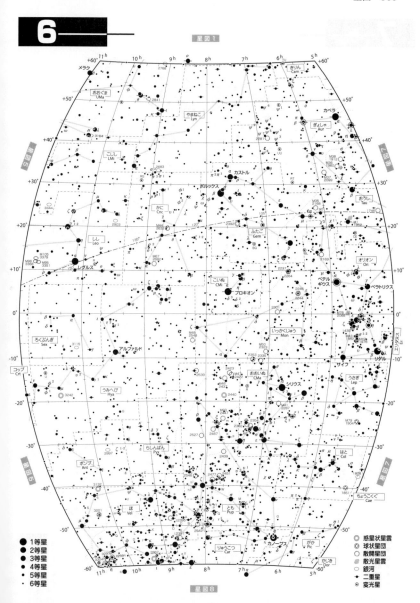

● 1等星
● 2等星
● 3等星
• 4等星
· 5等星
· 6等星

◎ 惑星状星雲
⊕ 球状星団
◇ 散開星団
▨ 散光星雲
○ 銀河
+ 二重星
⊛ 変光星

星図8

7

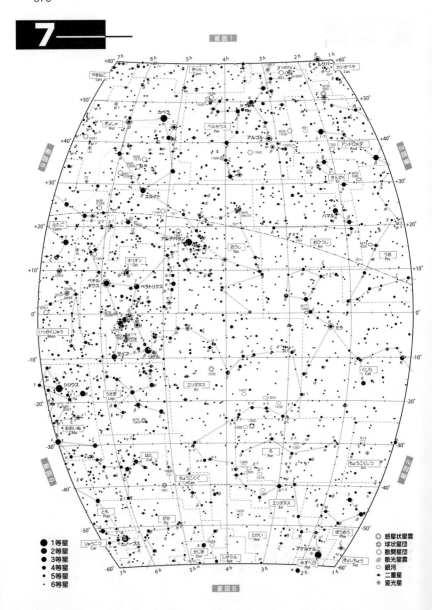

星図 1

星図 8

凡例:
- ● 1等星
- ● 2等星
- ● 3等星
- ● 4等星
- · 5等星
- · 6等星

- ◎ 惑星状星雲
- ✳ 球状星団
- ○ 散開星団
- ▨ 散光星雲
- ○ 銀河
- ← 二重星
- ⊙ 変光星

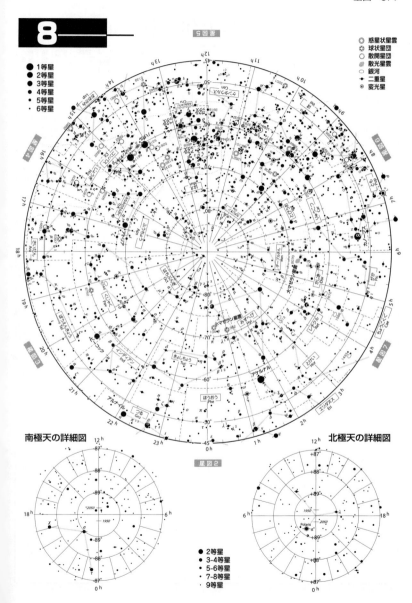

8

◎	惑星状星雲
✷	球状星団
◌	散開星団
▨	散光星雲
◯	銀河
━	二重星
◉	変光星

- ● 1等星
- ● 2等星
- ● 3等星
- • 4等星
- · 5等星
- · 6等星

南極天の詳細図

北極天の詳細図

- ● 2等星
- ● 3-4等星
- · 5-6等星
- · 7-8等星
- · 9等星

メシエ天体一覧 <small>(渡辺和郎)</small>

M番号	赤経 (2024.5)	赤緯 (2024.5)	赤経 (2000.0)	赤緯 (2000.0)	等級(V)	種類	NGC番号
1	05 36.0	+22 02	05 34.5	+22 01	8.4	光	1952
2	21 34.7	-00 43	21 33.5	-00 49	6.3	球	7089
3	13 43.4	+28 15	13 42.3	+28 22	6.4	球	5272
4	16 25.1	-26 34	16 23.6	-26 30	6.4	球	6121
5	15 19.8	+02 00	15 18.6	+02 06	6.2	球	5904
6	17 41.6	-32 13	17 40.0	-32 13	5.3	散	6405
7	17 55.6	-34 48	17 54.0	-34 48	4.1	散	6475
8	18 04.6	-24 23	18 03.1	-24 23	6.0	光	6523
9	17 20.6	-18 33	17 19.2	-18 32	7.3	球	6333
10	16 58.4	-04 08	16 57.1	-04 06	6.7	球	6254
11	18 52.4	-06 14	18 51.0	-06 16	6.3	散	6705
12	16 48.5	-02 00	16 47.2	-01 58	6.6	球	6218
13	16 42.6	+36 24	16 41.7	+36 27	5.7	球	6205
14	17 38.9	-03 18	17 37.6	-03 17	7.7	球	6402
15	21 31.2	+12 17	21 30.0	+12 11	6.0	球	7078
16	18 20.2	-13 46	18 18.8	-13 46	6.4	散	6611
17	18 22.2	-16 10	18 20.7	-16 10	7.0	光	6618
18	18 19.9	-17 08	18 18.5	-17 08	7.5	散	6613
19	17 04.1	-26 17	17 02.5	-26 15	6.6	球	6273
20	18 03.8	-23 02	18 02.3	-23 02	9.0	光	6514
21	18 06.1	-22 30	18 04.6	-22 30	6.5	散	6531
22	18 37.8	-23 54	18 36.3	-23 56	5.9	球	6656
23	17 58.4	-19 01	17 57.0	-19 01	6.9	散	6494
24	18 19.9	-18 24	18 18.5	-18 24	4.6	散	6603
25	18 33.2	-19 14	18 31.7	-19 15	6.5	散	——
26	18 46.7	-09 22	18 45.4	-09 23	8.0	散	6694
27	20 00.6	+22 47	19 59.6	+22 43	7.6	惑	6853
28	18 26.0	-24 51	18 24.5	-24 52	7.3	球	6626
29	20 24.8	+38 37	20 23.9	+38 32	7.1	散	6913
30	21 41.7	-23 04	21 40.3	-23 11	8.4	球	7099
31	00 44.0	+41 24	00 42.6	+41 16	4.8	銀	224
32	00 44.0	+41 00	00 42.6	+40 52	8.7	銀	221
33	01 35.3	+30 47	01 33.9	+30 40	6.7	銀	598
34	02 43.6	+42 53	02 42.0	+42 46	5.5	散	1039
35	06 10.3	+24 20	06 08.8	+24 21	5.3	散	2168
36	05 37.8	+34 09	05 36.2	+34 08	6.3	散	1960
37	05 53.9	+32 33	05 52.3	+32 32	6.2	散	2099
38	05 30.3	+35 51	05 28.7	+35 50	7.4	散	1912
39	21 33.1	+48 33	21 32.2	+48 27	5.2	散	——
40	誤記録						
41	06 48.1	-20 47	06 47.1	-20 46	4.6	散	2287
42	05 36.5	-05 22	05 35.3	-05 23	4.0	光	1976
43	05 36.7	-05 15	05 35.5	-05 16	9.0	光	1982
44	08 41.4	+19 54	08 40.0	+20 00	3.7	散	2632
45	03 48.3	+24 12	03 46.9	+24 07	1.6	散	——
46	07 43.0	-14 53	07 41.8	-14 50	6.0	散	2437
47	07 37.7	-14 32	07 36.5	-14 28	5.2	散	2422
48	08 14.8	-05 52	08 13.6	-05 48	5.5	散	2548
49	12 31.0	+07 53	12 29.8	+08 01	8.6	銀	4472
50	07 04.1	-08 22	07 02.9	-08 20	6.3	散	2323
51	13 31.0	+47 04	13 30.0	+47 11	8.1	銀	5194
52	23 25.3	+61 43	23 24.2	+61 35	7.3	散	7654
53	13 14.1	+18 02	13 12.9	+18 10	7.6	球	5024
54	18 56.8	-30 26	18 55.1	-30 28	7.6	球	6715
55	19 41.6	-30 53	19 40.1	-30 56	7.6	球	6809
56	19 17.5	+30 13	19 16.6	+30 11	8.2	球	6779
57	18 54.4	+33 04	18 53.5	+33 02	9.3	惑	6720
58	12 39.0	+11 42	12 37.8	+11 50	9.8	銀	4579
59	12 43.3	+11 31	12 42.1	+11 39	9.3	銀	4621
60	12 44.9	+11 26	12 43.7	+11 34	9.2	銀	4649
61	12 23.2	+04 21	12 22.0	+04 29	9.6	銀	4303
62	17 02.9	-30 09	17 01.3	-30 07	6.6	球	6266
63	13 16.5	+41 54	13 15.8	+42 02	10.1	銀	5055
64	12 57.9	+21 33	12 56.7	+21 41	8.5	銀	4826
65	11 20.2	+12 58	11 18.9	+13 06	9.5	銀	3623
66	11 21.5	+12 52	11 20.2	+13 00	8.8	銀	3627
67	08 52.4	+11 43	08 51.1	+11 48	6.1	散	2682
68	12 40.7	-26 53	12 39.4	-26 45	8.2	球	4590
69	18 32.9	-32 20	18 31.3	-32 21	8.9	球	6637
70	18 44.8	-32 17	18 43.2	-32 18	9.6	球	6681
71	19 54.8	+18 51	19 53.7	+18 47	9.0	球	6838
72	20 53.5	-12 27	20 53.5	-12 32	9.8	球	6981
73	21 00.3	-12 31	20 59.0	-12 37	4.0	星	6994
74	01 38.0	+15 55	01 36.6	+15 48	10.2	銀	628
75	20 07.6	-21 51	20 06.2	-21 56	8.0	球	6864
76	01 43.5	+51 42	01 42.0	+51 35	12.2	惑	650/
77	02 43.9	+00 05	02 42.7	-00 02	8.9	銀	1068
78	05 48.0	+00 04	05 46.8	+00 04	8.3	光	2068
79	05 25.2	-24 30	05 24.2	-24 32	7.9	球	1904
80	16 18.6	-23 03	16 17.1	-23 00	7.7	球	6093
81	09 57.6	+68 57	09 55.6	+69 04	6.9	銀	3031
82	09 57.9	+69 34	09 55.9	+69 41	8.8	銀	3034
83	13 38.5	-29 59	13 37.1	-29 52	10.1	銀	5236
84	12 26.7	+12 46	12 25.1	+12 54	9.3	銀	4374
85	12 26.7	+18 04	12 25.5	+18 12	9.3	銀	4382
86	12 27.5	+12 49	12 26.3	+12 57	9.7	銀	4406
87	12 32.1	+12 16	12 30.9	+12 24	9.2	銀	4486
88	12 33.3	+14 18	12 32.1	+14 26	10.2	銀	4501
89	12 36.9	+12 26	12 35.7	+12 34	9.5	銀	4552
90	12 38.1	+13 02	12 36.9	+13 10	10.0	銀	4569
91	不明 NGC4548か?						4548
92	17 17.9	+43 07	17 17.2	+43 08	6.1	球	6341
93	07 45.6	-23 56	07 44.6	-23 53	6.0	散	2447
94	12 52.0	+41 00	12 50.9	+41 08	7.9	銀	4736
95	10 45.2	+11 34	10 43.9	+11 42	10.4	銀	3351
96	10 48.0	+11 41	10 46.7	+11 49	9.1	銀	3368
97	11 16.1	+54 54	11 14.7	+55 02	12.0	惑	3587
98	12 15.1	+14 46	12 13.9	+14 55	10.7	銀	4192
99	12 20.1	+14 18	12 18.9	+14 26	10.1	銀	4254
100	12 24.2	+15 42	12 23.0	+15 50	10.6	銀	4321
101	14 04.1	+54 15	14 03.3	+54 22	9.6	銀	5457
102	誤記録						
103	01 34.9	+60 50	01 33.3	+60 43	7.4	散	581
104	12 41.2	-11 45	12 39.9	-11 37	8.7	銀	4594
105	10 49.1	+12 27	10 47.8	+12 35	9.2	銀	3379
106	12 20.1	+47 11	12 18.9	+47 19	8.6	銀	4258
107	16 33.9	-13 05	16 32.5	-13 02	9.2	球	6171
108	11 13.0	+55 33	11 11.6	+55 41	10.7	銀	3556
109	11 58.9	+53 14	11 57.6	+53 22	9.8	銀	3992
110	00 41.7	+41 49	00 40.4	+41 41	9.4	銀	205

種類の略号説明　球：球状星団　散：散開星団　光：散光星雲　惑：惑星状星雲　銀：銀河　星：数個の星の集まり

月面図 (渡辺和郎)

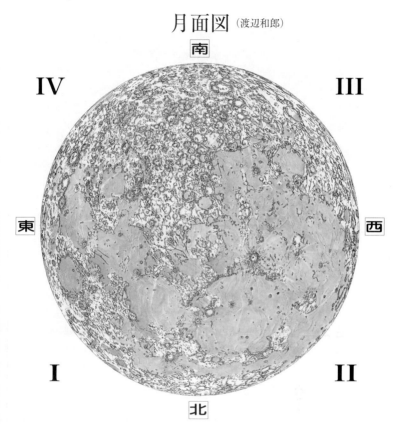

　月面全体図は小口径の天体望遠鏡で見たときの地形の概略を示している．よりリアルな表現ができるよう，また，白図として利用しやすいよう余計な文字の記入はさけた．天体望遠鏡では像が倒立しているので，実際の月と比較しやすいよう上を南にしてある．なお，月の東西は月面上で太陽の昇ってくる方向を東としている．

　月面展開図は4象限（I，II，III，IV）に分割し，象限ごとにクレーターに番号を付けた．スペースの関係で，各象限の主なクレーター名は図の左部に，他の小クレーター名は後部にまとめて一覧表として掲載した．文字や索表番号は煩雑にならない程度に直接記入し，上下左右の座標メッシュによって，表の方からも位置が割り出せるよう配慮した．具体的には，第III象限の27番は有名なティコである．表からは第III象限のD-2のメッシュ内の27番にさがし出すことができる．

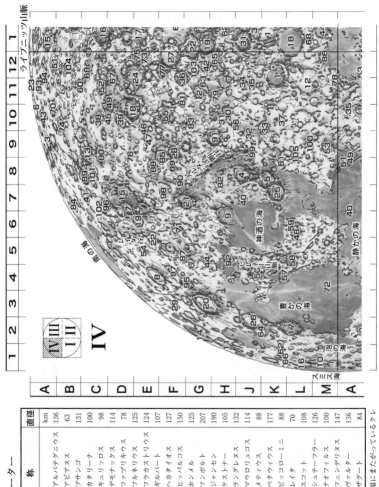

第Ⅳ象限の主なクレーター

番号	座標	名	称	直径
				km
1*	K-12	Albategnius	アルバテグニウス	136
2	G-11	Apianus	アピアヌス	63
3	A-9	Boussingault	ブサンゴ	131
4	J-8	Catharina	カタリーナ	100
5*	K-8	Cyrillus	キュリッロス	98
6	A-10	Demonax	デモナックス	114
7	D-7	Fabricius	ファブリキウス	78
8*	E-4	Furnerius	フルネリウス	125
9*	H-6	Fracastorius	フラカストリウス	124
10	M-1	Gilbert	ギルバート	107
11*	H-2	Hecataeus	ヘカタイオス	127
12*	L-11	Hipparchus	ヒッパルコス	150
13*	C-9	Hommel	ホンメル	125
14	G-2	Humboldt	フンボルト	207
15*	D-7	Janssen	ジャンセン	190
16	L-1	Kastner	ケストナー	105
17*	L-2	Langrenus	ラングレヌス	132
18*	E-10	Maurolycus	マウロリュコス	114
19	E-6	Metius	メティウス	88
20*	G-3	Petavius	ペタヴィウス	177
21*	G-7	Piccolomini	ピッコローミニ	88
22*	E-5	Rheita	レイタ	70
23	A-11	Scott	スコット	108
24*	E-12	Stofler	シュテーフラー	126
25	K-7	Theophilus	テオフィルス	100
26*	J-2	Vendelinus	フェンデリヌス	147
27*	F-12	Walter	ヴァルター	136
28	F-9	Zagut	ザグート	84

*：画像の座標メッシュに大幅にまたがっているクレーター

第I象限の主なクレーター

番号	座標	名称		直径
				km
1	A-10	Agrippa	アグリッパ	46
2*	A- 2	Apollonius	アポッロニオス	53
3	M-10	Arnold	アルノルト	95
4	G-12	Aristyllus	アリステュッロス	55
5	K-10	Aristoteles	アリストテレス	87
6	J- 7	Atlas	アトラス	87
7	M-11	Baillaud	バイヨー	90
8	M-12	Barrow	バロウ	93
9	G- 3	Berossos	ベロッソス	74
10	H-12	Cassini	カシニ	57
11	G- 7	Chacornac	シャコルナク	51
12	F- 4	Cleomedes	クレオメデス	126
13*	C- 1	Condorcet	コンドルセ	74
14*	L- 8	De la Rue	ドラルー	136
15*	K- 7	Endymion	エンデュミオン	125
16	J-10	Eudoxus	エウドクソス	67
17	B- 2	Firmicus	フィルミクス	56
18	H- 6	Franklin	フランクリン	56
19*	H- 3	Gauss	ガウス	177
20	G- 4	Geminus	ゲミノス	86
21	G- 3	Hahn	ハーン	84
22	J- 7	Hercules	ヘラクレス	69
23*	B- 9	Julius Caesar	ユリウス・カエサル	90
24	F-10	Linne	リンネ	3
25	E- 5	Macrobius	マクロビウス	64
26*	H- 5	Messahala	メッサラ	124
27	D- 3	Picard	ピカール	23
28*	G- 7	Posidonius	ポセイドニオス	95

＊：隣接の座標メッシュに大幅にまたがっているクレーター

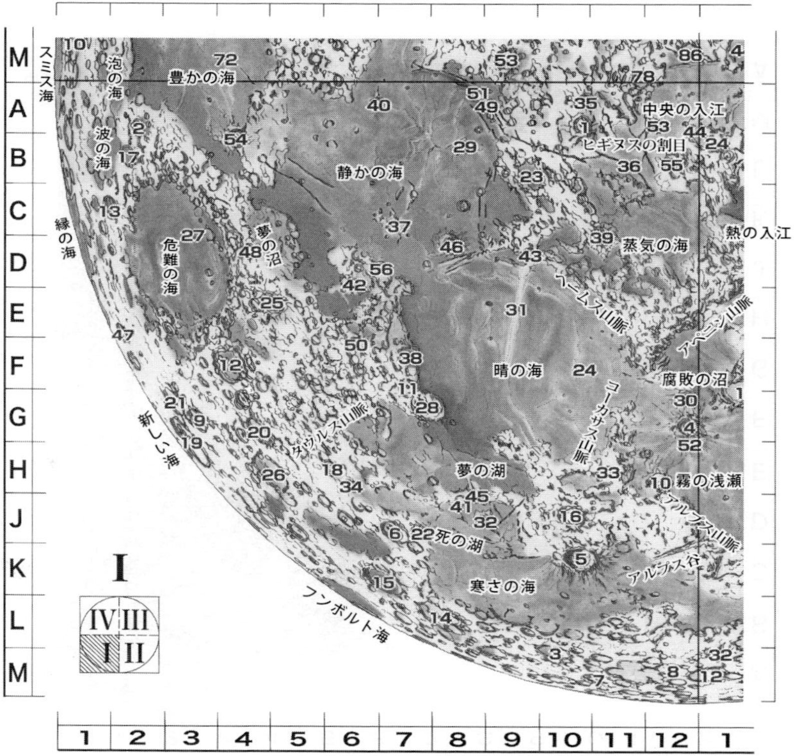
M
A
B
C
D
E
F
G
H
J
K
L
M
1
2
3
4
5
6
7
8
9
10
11
12
1
スミス海
泡の海
豊かの海
波の海
縁の海
危難の海
夢の沼
静かの海
ヒギヌスの割目
中央の入江
蒸気の海
熱の入江
ヘームス山脈
アペニン山脈
晴の海
腐敗の沼
コーカサス山脈
タウルス山脈
新しい海
夢の湖
霧の浅瀬
死の湖
アルプス山脈
アルプス谷
寒さの海
フンボルト海
I
IV
III
II

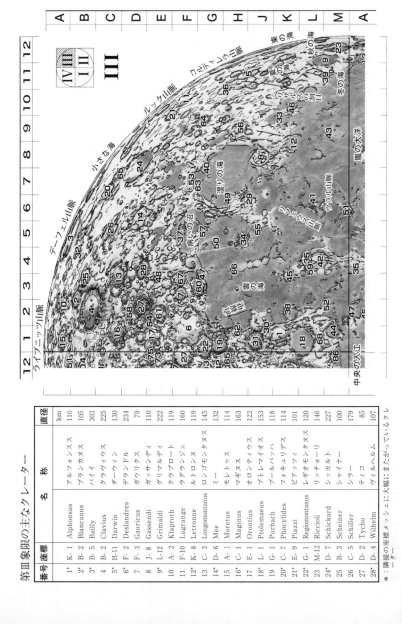

第Ⅲ象限の主なクレーター

番号	座標	名　称		直径
				km
1*	K- 1	アルフォンスス	Alphonsus	110
2*	B- 2	ブランカヌス	Blancanus	105
3*	B- 5	バイイ	Bailly	303
4	B- 2	クラヴィウス	Clavius	225
5*	H-11	ダーウィン	Darwin	130
6*	F- 2	デランドル	Deslandres	234
7	F- 3	ガウリクス	Gauricus	79
8	J- 8	ガッサンディ	Gassendi	110
9*	L-12	グリマルディ	Grimaldi	222
10	A- 2	クラプロート	Klaproth	119
11	F-10	ラグランジュ	Lagrange	160
12*	K- 8	ルトロンヌ	Letronne	119
13	C- 3	ロンゴモンタヌス	Longomontanus	145
14*	D- 6	ミー	Mee	132
15	A- 1	モレトゥス	Moretus	114
16*	C- 1	マギヌス	Maginus	163
17	E- 1	オロンティウス	Orontius	122
18*	L- 1	プトレマイオス	Ptolemaeus	153
19	G- 1	プールバッハ	Purbach	118
20*	C- 7	フォキュリデス	Phocylides	114
21*	J- 8	ピアッツィ	Piazzi	101
22*	G- 1	レギオモンタヌス	Regiomontanus	120
23	M-12	リッチョーリ	Riccioli	146
24*	D- 7	シッカルト	Schickard	227
25	B- 3	シャイナー	Scheiner	100
26	C- 5	シラー	Schiller	179
27	D- 2	ティコ	Tycho	85
28*	D- 4	ヴィルヘルム	Wilhelm	107

＊：隣接の座標メッシュに大幅にまたがっているクレーター

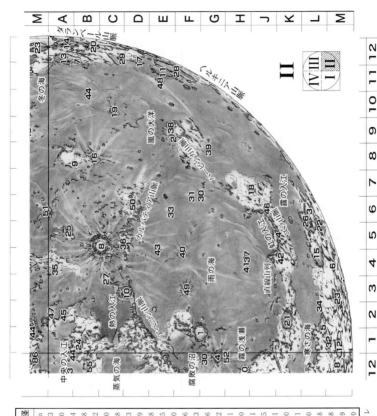

第Ⅱ象限の主なクレーター

番号	座標	名称	名称	直径
				km
1*	G- 1	Archimedes	アルキメデス	83
2	E- 9	Aristarchus	アリスタルコス	40
3	L- 6	Babbage	バベジ	144
4	K- 5	Bianchini	ビアンキーニ	38
5*	L- 1	Birmingham	バーミンガム	92
6	M- 4	Carpenter	カーペンター	60
7*	B-11	Cavalerius	カワレリウス	58
8*	C- 5	Copernicus	コペルニクス	93
9*	B- 8	Enke	エンケ	29
10*	D- 3	Eratosthenes	エラトステネス	58
11	E-11	Eddington	エディントン	125
12	M- 1	Goldschmidt	ゴルトシュミット	120
13*	A-12	Hevelius	ヘヴェリウス	106
14*	A-12	Hedin	ヘディーン	143
15*	L- 4	J.Herschel	J.ハーシェル	156
16	B- 8	Kepler	ケプラー	32
17	D-11	Krafft	クラフト	51
18*	J- 7	Mairan	メラン	40
19	C-10	Marius	マリウス	41
20	B-12	Olbers	オルバース	75
21	K- 2	Plato	プラトン	101
22	L- 5	Pythagoras	ピュタゴラス	130
23*	M- 2	Philolaus	フィロラウス	71
24	B- 1	Pallas	パラス	50
25	A- 5	Reinhold	ラインホルト	48
26*	L- 5	South	サウス	108
27	C- 3	Stadius	スタディウス	69
28*	F-11	Struve	シュトルーヴェ	170

*：隣接の座標メッシュに大幅にまたがっているクレーター

その他の主なクレーター (1)

番号	座標	名　称		直径
		I　象限		km
29	B- 8	Arago	アラゴ	26
30	G-12	Autolycus	アウトリュコス	39
31	E- 9	Bessel	ベッセル	16
32*	J- 8	Burg	ビュルク	40
33	H-11	Calippus	カッリッポス	33
34	H- 6	Cepheus	ケフェウス	40
35	A-10	Godin	ゴダン	35
36	B-11	Hyginus	ヒギュノス	10
37	C- 7	Jansen	ヤンセ	23
38	F- 7	le Monnier	ルモニエ	61
39	D-11	Manilius	マニリウス	39
40*	A- 6	Maskelyne	マスケリン	24
41	J- 8	Mason	メースン	38
42*	E- 6	Maraldi	マラルディ	40
43	D- 9	Menelaus	メネラオス	27
44*	B-12	Murchison	マーチスン	58
45	J- 8	Plana	プラーナ	44
46	D- 8	Plinius	プリニウス	43
47	E- 2	Plutarch	プルタルコス	68
48	D- 4	Proclus	プロクロス	28
49	A- 9	Ritter	リッター	31
50	F- 6	Romer	レーマー	40
51	A- 8	Sabine	サバイン	30
52	H-11	Theaetetus	テアイテトス	25
53	A-12	Triesnecker	トリースネッカー	26
54	B- 4	Taruntius	タルンティウス	56
55	B-12	Ukert	ウケルト	23
56	D- 7	Vitruvius	ウィトルウィウス	30
		II　象限		
29	C-12	Cardanus	カルダヌス	50
30	G- 6	Delisle	ドリル	25
31	F- 6	Diophantus	ディオファントス	18
32	M- 1	Epigenes	エピゲネス	55
33	E- 6	Euler	オイラー	28
34	K- 2	Fontenelle	フォントネル	38
35	A- 4	Gambart	ガンバール	25
36	C- 5	Gay-Lussac	ゲリュサック	26
37	H- 4	Helicon	ヘリコン	25
38	E- 9	Herodotus	ヘロドトス	35
39	F- 8	Krieger	クリーガー	22
40	F- 4	Lambert	ランバート	30
41		le Verrier	ルヴェリエ	20
42	K- 4	Maupertuis	モペルテュイ	46
43	E- 4	Pytheas	ピュテアス	20
44	B-10	Reiner	ライナー	30
45	A- 2	Schroter	シュレーター	34
46	J- 6	Sharp	シャープ	40
47*	A- 2	Soemmering	ゼンメリング	28
48	E-11	Seleucus	セレウコス	43
49	F- 3	Timocharis	ティモカリス	34
50	D- 6	T.Mayer	T・マイヤー	33
		III　象限		
29*	H- 6	Agatharchides	アガタルキデス	49
30*	J- 1	Alpetragius	アルベトラギウス	40
31	J- 1	Arzachel	アルザケール	97
32	B- 4	Bettinus	ベッティヌス	71

番号	座標	名　称		直径
		III　象限		km
33	K- 9	Billy	ビリー	46
34	H- 5	Bullialdus	ブリアルドゥス	61
35	L- 4	Bonpland	ボンプラン	60
36*	G-10	Byrgius	ビュルギウス	87
37	F- 5	Capuanus	カプアヌス	60
38	K- 2	Davy	ディヴィー	35
39*	L-11	Damoiseau	ダモアゾー	37
40*	G- 7	Doppelmayer	ドッペルマイアー	64
41	L- 6	Euclides	エウクレイデス	12
42*	L- 4	Fra Mauro	フラマウロ	95
43	M- 9	Flamsteed	フラムスティード	21
44*	M- 1	Flammarion	フラマリオン	75
45*	K- 3	Guericke	ゲーリケ	58
46	K-10	Hansteen	ハンスティーン	45
47	G- 3	Hesiodus	ヘシオドス	43
48	E- 3	Heinsius	ハインジウス	64
49*	H- 6	Hippalus	ヒッパルス	58
50	G- 5	Kies	キース	44
51	M- 6	Lansberge	ランスベルゲ	39
52	M- 2	Lalande	ラランド	24
53*	F- 7	Lee	リー	41
54*	E- 2	Lexell	レキセル	63
55	J- 1	Lubiniezky	ルビニエツキ	44
56	H- 9	Mersenius	メルセニウス	84
57	G- 5	Mercator	メルカートル	47
58	D- 2	Pictet	ピクテ	62
59	L- 4	Parry	パリ	48
60*	F- 3	Pitatus	ピタトス	97
61	E- 2	Sasserides	サッセリデス	90
62	H- 1	Thebit	セービト	57
63	F- 7	Vitello	ウィテロ	42
64	G- 9	Vieta	ヴィエタ	87
65	C- 7	Wargentin	ワルゲンティン	84
66	H- 4	Wolf	ウォルフ	25
67	F- 3	Wurzelbauer	ヴルツェルバウアー	88
68	L- 1	Herschel	ハーシェル	41
		IV　象限		
29	F- 3	Adams	アダムズ	66
30	H-10	Abenezra	アベンエズラー	42
31	H-10	Azophi	アゾーフィー	48
32*	J- 9	Almanon	アルマノン	49
33*	K-10	Abulfeda	アブルフェーダー	62
34	J-11	Airy	エアリ	37
35	J-11	Argelander	アルゲランダー	34
36*	F-12	Aliacensis	アリアケンシス	80
37	K-10	Andel	アンデル	35
38	C-10	Baco	ベイコン	70
39	D-10	Barocius	バロキウス	82
40	J- 7	Beaumont	ボモン	53
41	C- 7	Biela	ビエーラ	76
42	G-12	Blanchinus	ブランキヌス	62
43	A-10	Boguslawsky	ボグスラフスキ	97
44	G- 5	Borda	ボルダ	44
45*	C-10	Breislak	ブレイスラク	50
46	E-10	Buch	ブーフ	50
47	E- 9	Busching	ビュシング	52
48	L- 6	Capella	カペッラ	49
49	D-11	Clairaut	クレロ	75

その他の主なクレーター (2)

番号	座標	名　称		直径
		IV　象　限		
				km
50*	J- 4	Colombo	コロンボ	76
51*	A-12	Curtius	クルツィウス	95
52	C-11	Cuvier	キュヴィエ	75
53	M- 9	Delambre	デランブル	52
54	E- 5	Fraunhofer	フラウンホーファー	57
55	F-10	Gemma Frisius	ゲンマ フリシウス	88
56*	H-10	Geber	ゲーベル	45
57	K- 4	Goclenius	ゴクレニウス	62
58	L- 5	Gutenberg	グーテンベルク	74
59	L- 6	Isidorus	イシドルス	42
60	B-11	Jacobi	ヤコービ	68
61	K- 8	Kant	カント	32
62	K- 1	Kapteyn	カプテイン	49
63*	G-11	Krusenstern	クルーゼンシュテルン	47
64*	K- 2	Lame	ラメ	84
65	H-12	La Caille	ラカーユ	68
66	K- 1	La Peyrouse	ラペイルーズ	78
67*	D-12	Licetus	リケトス	75
68	C-12	Lilius	リリウス	61
69	F- 8	Lindenau	リンデナウ	53
70*	A-10	Manzinus	マンチヌス	98
71	F- 6	Neander	ネアンデル	50
72	M- 4	Messier	メシエ	10
73	E-12	Miller	ミラー	75
74	B-10	Mutos	ムートス	78
75*	E-12	Nasireddin	ナシーレッディーン	52
76	D- 9	Nicolai	ニコライ	42
77	F-12	Nonius	ノニウス	70

番号	座標	名　称		直径
		IV　象　限		
				km
78*	M-11	Rhaeticus	レーティクス	45
79	H-11	Playfair	プレイフェアー	48
80*	C- 9	Pitiscus	ピティスクス	82
81	F-11	Poisson	ポアソン	42
82	H- 8	Polybius	ポリュビオス	41
83	G-10	Pontanus	ポンタヌス	58
84	B- 7	Pontecoulant	ポントクラン	91
85*	F- 9	Rabbi Levi	ラッビ・レヴィー	81
86	M-12	Reaumer	レオミュール	53
87*	F- 5	Reichenbach	ライヒェンバッハ	71
88	E- 8	Riccius	リッチウス	71
89*	C- 8	Rosenberger	ローゼンベルガー	96
90	F- 8	Rothmann	ロートマン	42
91*	H- 9	Sacrobosco	サクロボスコ	98
92	H- 5	Santbech	サントベック	64
93	A-11	Schomberger	シェーンベルガー	85
94*	A-12	Simpelius	シンペリウス	70
95	G- 4	Snellius	スネッリウス	83
96	C- 7	Steinheil	シュタインハイル	67
97	F- 4	Stevinus	ステヴィヌス	75
98	F- 7	Stiborius	スティボリウス	44
99	J- 9	Tacitus	タキトス	40
100	L- 9	Taylor	テイラー	38
101	C- 8	Vlacq	ヴラーク	89
102	C- 7	Watt	ワット	66
103	G-12	Werner	ヴェルナー	70
104	B-12	Zach	ツァッハ	71
105	L- 9	Zollner	ツェルナー	42

＊隣接の座標メッシュに大幅にまたがっているクレーター

主な月面到達の歴史

探査機名		到着日	活　動　内　容　と　成　果
ルナ2号	ソ連	1959　9 13	「腐敗の沼」に衝突命中. 初月面到達
レインジャー7号	米国	1964　7 31	月面「雲の海」に衝突まで4,308枚の月面写真の撮影, 解像度1m
レインジャー8号	米国	1965　2 20	月面「静かの海」に衝突まで7,137枚の月面写真の撮影
レインジャー9号	米国	1965　3 24	「アルフォンスス環状山」に衝突. 5,814枚の月面写真, 解像度25cm. 初のテレビの生中継撮影
ルナ9号	ソ連	1966　2　3	初の月面「嵐の大洋」に軟着陸. 4パノラマ写真撮影
サーベイヤー1号	米国	1966　6　2	月面「嵐の大洋」軟着陸. 11,240枚の写真撮影
ルナ13号	ソ連	1966 12 24	「嵐の大洋」に軟着陸. 3パノラマ写真撮影, 土壌データ
サーベイヤー3号	米国	1967　4 20	月面「嵐の大洋」軟着陸. 6,326枚の写真及び土壌データ
サーベイヤー5号	米国	1967　9 11	「静かの海」に軟着陸. 19,118枚の写真及び土壌の化学データ
サーベイヤー6号	米国	1967 11 10	「中央の入り江」に軟着陸. ロケットをふかして月面ジャンプ. 29,952枚の写真及び土壌データ
サーベイヤー7号	米国	1968　1 19	「ティコ環状山」に軟着陸. 21,038枚の写真及び土壌データ
アポロ11号	米国	1969　7 20	「人類の第1歩」である初月面着陸. アームストロング, オルドリン飛行士
アポロ12号	米国	1969 11 19	コンラッド, ビーン飛行士. 同地点. 過去サーベイヤー3号着陸. 地震計設置
ルナ16号	ソ連	1970　9 21	「豊かの海」に軟着陸. 月面採集器にて月面標本を採取し回収
ルナ17号	ソ連	1970 11 17	「雨の海」に軟着陸し, 自動月面車「ルノホート1号」をおろし, 月面など探査
アポロ14号	米国	1971　2　5	シェパード, ミッチェル飛行士. 月面車使用. 曲射砲で人工地震
アポロ15号	米国	1971　7 30	スコット, アーウィン飛行士. 活躍. ボーリング. ミニ衛星で重力測定
ルナー20号	ソ連	1972　2 21	「豊かの海」に軟着陸. 月面標本を採集し回収
アポロ16号	米国	1972　4 21	ヤング, デューク飛行士. 砲弾と手持ちダンパーによる人工地震19回
アポロ17号	米国	1972 12 11	サーナン, シュミット飛行士. 火山活動 (シンダー・コーンなど) 跡を発見
ルナ21号	ソ連	1973　1 15	「晴の海」に軟着陸し, 自動月面車「ルノホート2号」をおろし, 月面など探査
ルナ24号	ソ連	1976　8 18	「危難の海」に軟着陸. 月面標本を採集して帰還

到達地点は2014年版の天文年鑑を参照.

北極標準星野 <small>(相馬 充)</small>

天の北極付近は, 北半球の観測者から, いつも同じ高度に見えるので, 等級の比較星として使えるように, 20等級までの写真等級 Pg と写真実視等級 Pv が北極標準光度系列（North Polar Sequence＝NPS）として決められている. この光度系列は1922年の国際天文学連合の第25分科会で採用されたもので, 旧国際式と呼ばれている. 現在, 広く使われているジョンソンの U, B, V 式による等級とは系統差がある.

図1は北極星を含む13.9等までの星を示し, 破線で囲まれた範囲を図2に拡大し, 19等星までを図示した. 星の番号は両図に共通で, 下表に Pg と Pv の等級を示した.

真の天の北極は地球の自転軸の歳差運動のため, 赤経 0^h の方向に年間に約20″角ずつ移動している. 北極星は2024年初頭, 真の天の北極から約38′ 離れている. この角距離は現在, 徐々に小さくなっており, 2102年には最小の27′ 37″ まで近づく.

赤道儀の極軸設定の便宜をはかって, 図1に2000年前後の天の北極位置を記した.

表1　右ページの星図の星番号に対応する Pg（写真等級）と Pv（写真実視等級）

番号	Pg	Pv	番号	Pg	Pv	番号	Pg	Pv	番号	Pg	Pv
1	2.54	2.08	26	13.02	12.51	51	16.18	15.44	76	18.71	17.64
2	6.45	6.33	27	13.13	12.31	52	16.23	15.57	77	18.75	17.13
3	7.11	7.05	28	13.22	12.06	53	16.41	15.62	78	18.84	17.38
4	7.94	6.35	29	13.33	12.48	54	16.44	15.49	79	18.87	17.29
5	8.32	8.13	30	13.44	12.81	55	16.57	15.71	80	18.88	17.34
6	8.88	8.81				56	16.59	15.83			
7	9.12	9.07	31	13.60	13.10	57	16.63	15.29	81	18.99	——
8	9.22	8.26	32	13.84	12.46	58	16.76	15.58	82	19.02	17.47
9	9.73	9.53	33	13.03	13.33	59	16.86	15.50	83	19.06	17.53
10	10.09	9.80	34	14.08	13.60	60	17.06	15.97	84	19.08	17.43
			35	14.14	12.74				85	19.18	——
11	10.13	8.65	36	14.33	13.81	61	17.19	15.89	86	19.23	——
12	10.25	9.83	37	14.40	13.78	62	17.24	16.29	87	19.28	——
13	10.46	9.21	38	14.64	13.72	63	17.63	16.04	88	19.48	——
14	10.53	10.37	39	14.75	13.85	64	17.78	16.80	89	19.49	——
15	10.94	9.90	40	14.91	14.33	65	17.94	16.91	90	19.52	——
16	10.98	10.54				66	17.95	16.72			
17	11.09	10.06	41	14.93	14.23	67	18.01	16.81	91	19.53	——
18	11.22	10.89	42	15.20	14.42	68	18.10	16.81	92	19.56	——
19	11.38	10.73	43	15.27	14.54	69	18.16	16.95	93	19.59	——
20	11.44	10.44	44	15.29	14.49	70	18.26	17.05	94	19.65	——
			45	15.31	14.35				95	19.68	——
21	11.62	11.23	46	15.33	14.69	71	18.53	17.45	96	19.70	——
22	11.87	11.28	47	15.54	14.54	72	18.58	17.13	97	19.80	——
23	12.27	11.89	48	15.57	14.93	73	18.60	17.19	98	19.82	——
24	12.61	12.10	49	15.82	15.21	74	18.65	17.33	99	19.86	——
25	12.69	12.28	50	15.99	15.07	75	18.70	17.41	100	20.10	——

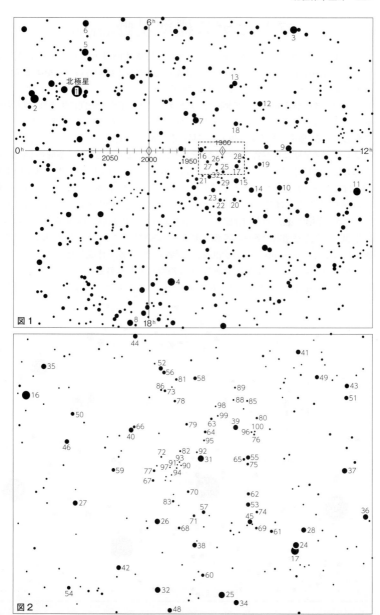

プレヤデス標準星野 （相馬 充）

　プレヤデス星団はおうし座にある散開星団で，距離は400光年余りである．肉眼でも
ふつう5〜7個の星を見ることができ，双眼鏡で見ると数十個の青白い星が集まってい
るのが見える．メシエカタログではM45である．

　プレヤデスの名前はギリシア神話で，アトラスとプレイオネの間に生まれた7人の姉
妹（アステローペ，メローペ，エレクトラ，マイア，タイゲタ，ケラエノ，アルキオーネ）
を指している．猟夫オリオンに追われて星になったという．

　プレヤデス星団は日本名を「すばる」という．1つにまとまるという意味の「すまる」
が転じて「統ばる（すばる）」になったといわれる．後に，中国でプレヤデス星団を昴
宿（ぼうしゅく）と表すことから「昴」の漢字を当てた．日本ではまた「六連星（む
つらぼし）」ともよばれた．なお，「すばる」は国立天文台が標高4,200mのハワイ島
マウナケア山頂に建設した口径8.2mの大型光学赤外線望遠鏡の名前にもなっている．

　星図に示した星団内の各星の等級を次ページの表に示す．これはG. D. Roth（1975）
編集による『Astronomy：A Handbook』記載のデータから作成したもので，ジョンソ
ンのU, B, V式によるVとB等級である．主な肉眼星の固有名とフラムスチード番号等
による表記を示す．1：ケラエノ（16 Tau），3：エレクトラ（17 Tau），7：タイゲタ

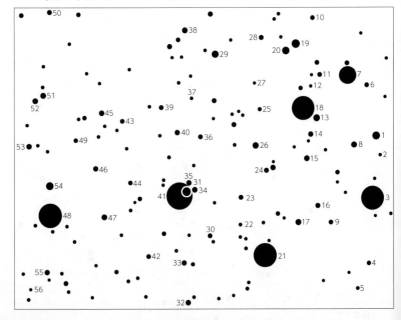

(19 Tau)，18：マイア（20 Tau），19：アステローペ（21 Tau），21：メローペ（23 Tau），41：アルキオーネ（25 η Tau），48：アトラス（27 Tau），54：プレイオネ（28 BU Tau）．プレヤデス星団は容易に見つけられるので，環境省が実施していた光害問題の判定基準に採用されてきた．双眼鏡などを使用して見える極限等級を確認し，光害判定の基準に使用されたい．

　プレヤデス星団はメローペを中心に淡い星雲が存在するので，長時間露出の写真観測による極限等級の検定は困難である．また，「北極星野」とは異なり，観測時刻によりプレヤデス星団の高度が変化するので大気の吸収による減光の補正が必要になることにも注意を要する．

撮影すると，このように淡い星雲に取り囲まれている

表1　星番号に対応する実視等級と写真等級　（番号は天文年鑑独自のものである）

番号	実視等級	写真等級	番号	実視等級	写真等級	番号	実視等級	写真等級
1	5.46	5.42	21	4.18	4.12	41	2.87	2.78
2	11.40	12.25	22	12.12	13.14	42	9.88	10.42
3	3.71	3.60	23	9.29	9.75	43	8.27	8.63
4	10.81	11.61	24	7.96	8.28	44	9.25	9.80
5	11.93	12.87	25	12.89	13.68	45	6.95	7.07
6	10.39	11.02	26	7.35	7.45	46	9.05	9.54
7	4.31	4.20	27	11.34	12.20	47	10.02	10.58
8	8.58	8.92	28	10.42	11.06	48	3.64	3.56
9	8.04	8.25	29	6.82	6.84	49	10.91	11.77
10	9.70	10.25	30	8.37	8.67	50	10.44	11.06
11	8.60	8.95	31	6.29	6.31	51	7.52	7.62
12	11.27	12.19	32	6.99	7.02	52	6.60	6.57
13	7.18	7.34	33	7.26	7.31	53	7.97	8.15
14	9.45	9.97	34	8.69	9.15	54	5.09	5.01
15	10.55	11.22	35	8.25	8.51	55	8.12	8.34
16	10.13	10.75	36	9.46	9.93	56	11.35	12.13
17	7.85	8.05	37	12.61	13.79			
18	3.81	3.81	38	7.66	7.87			
19	5.76	5.72	39	10.48	11.12			
20	6.43	6.41	40	6.81	6.87			

●執筆者等紹介（五十音順）

安達　誠（月惑星研究会関西支部）
遠藤勇夫（国立天文台）
岡野邦彦（天体写真家）
長田和弘（日本流星研究会）
川崎　渉（元国立天文台）
西條善弘（八ヶ岳観測所, 天体写真家）
鈴木充広（海上保安庁海洋情報部）
相馬　充（国立天文台）
中野主一（IAU天文電報中央局アソシエイツ）
萩野正興（科学技術振興のための教育改革支援計画(SSISS)）

橋本就安（LAT,低高度人工衛星追跡組織）
平野照幸（自然科学研究機構アストロバイオロジーセンター）
広瀬敏夫（掩蔽観測グループ）
堀川邦昭（東亜天文学会/月惑星研究会）
前原裕之（国立天文台）
山岡　均（国立天文台）
山田陽志郎（元相模原市立博物館）
米田成一（国立科学博物館）
渡辺和郎（東亜天文学会）
国立天文台暦計算室

天文年鑑2024年版

2023年11月30日　発　行　　　　　　　　　　　　　NDC440

編　　　者　天文年鑑編集委員会
発　行　者　小川雄一
発　行　所　株式会社 誠文堂新光社
　　　　　　〒113-0033　東京都文京区本郷3-3-11
　　　　　　電話 03-5800-5780
　　　　　　https://www.seibundo-shinkosha.net/
印刷・製本　大日本印刷 株式会社

ISBN978-4-416-62341-1

星座略符表

略符	星座名	略符	星座名	略符	星座名
And	アンドロメダ	Cyg	はくちょう	Pav	くじゃく
Ant	ポンプ	Del	いるか	Peg	ペガスス
Aps	ふうちょう	Dor	かじき	Per	ペルセウス
Aql	わし	Dra	りゅう	Phe	ほうおう
Aqr	みずがめ	Equ	こうま	Pic	がか
Ara	さいだん	Eri	エリダヌス	PsA	みなみのうお
Ari	おひつじ	For	ろ	Psc	うお
Aur	ぎょしゃ	Gem	ふたご	Pup	とも
Boo	うしかい	Gru	つる	Pyx	らしんばん
Cae	ちょうこくぐ	Her	ヘルクレス	Ret	レチクル
Cam	きりん	Hor	とけい	Scl	ちょうこくしつ
Cap	やぎ	Hya	うみへび	Sco	さそり
Car	りゅうこつ	Hyi	みずへび	Sct	たて
Cas	カシオペヤ	Ind	インディアン	Ser	へび
Cen	ケンタウルス	Lac	とかげ	Sex	ろくぶんぎ
Cep	ケフェウス	Leo	しし	Sge	や
Cet	くじら	Lep	うさぎ	Sgr	いて
Cha	カメレオン	Lib	てんびん	Tau	おうし
Cir	コンパス	LMi	こじし	Tel	ぼうえんきょう
CMa	おおいぬ	Lup	おおかみ	TrA	みなみのさんかく
CMi	こいぬ	Lyn	やまねこ	Tri	さんかく
Cnc	かに	Lyr	こと	Tuc	きょしちょう
Col	はと	Men	テーブルさん	UMa	おおぐま
Com	かみのけ	Mic	けんびきょう	UMi	こぐま
CrA	みなみのかんむり	Mon	いっかくじゅう	Vel	ほ
CrB	かんむり	Mus	はえ	Vir	おとめ
Crt	コップ	Nor	じょうぎ	Vol	とびうお
Cru	みなみじゅうじ	Oct	はちぶんぎ	Vul	こぎつね
Crv	からす	Oph	へびつかい		
CVn	りょうけん	Ori	オリオン		

惑星の記号とユニコード

記号	ユニコード	天体名	記号	ユニコード	天体名	記号	ユニコード	天体名
☉	02609	太陽	☾	0263E	月	♅	02645	天王星
☿	0263F	水星	♂	02642	火星	♆	02646	海王星
♀	02640	金星	♃	02643	木星	♇	02647	冥王星
♁	02641	地球	♄	02644	土星	☄	02604	彗星

ギリシャ文字の読み方

ギリシャ文字		ギリシャ読み	英語読み	ローマ文字表記
大文字	小文字			
A	α	アルファ	アルファ	alpha
B	β	ベータ	ビータ	beta
Γ	γ	ガンマ	ガンマ	gamma
Δ	δ	デルタ	デルタ	delta
E	ε	エ・プシーロン	エプサイラン	epsilon
Z	ζ	ゼータ	ジータ	zeta
H	η	エータ	イータ	eta
Θ	θ	テータ	シータ	theta
I	ι	イオータ	アイオタ	iota
K	κ	カッパ	カッパ	kappa
Λ	λ	ランブダ	ラムダ	lambda
M	μ	ミュー	ミュー	mu

※日本ではギリシャ読みと英語読みがまざって使われ，なまって慣用されている読み方もある．